Ingrid Stephan, Horst Neuhaus, Nicole Panus, Manfred Parchettka

Herausgeberin: Ingrid Stephan

Unser Büro

Vielseitige Kompetenzen – praxisnah vermittelt

Band 1

Bestellnummer 94100

 Bildungsverlag EINS

Haben Sie Anregungen oder Kritikpunkte zu diesem Produkt?
Dann senden Sie eine E-Mail an 94100_001@bv-1.de
Autoren und Verlag freuen sich auf Ihre Rückmeldung.

www.bildungsverlag1.de

Bildungsverlag EINS GmbH
Hansestraße 115, 51149 Köln

ISBN 978-3-427-94100-2

Vorwort

Dieses Lehrbuch deckt die Lernfelder des KMK-Rahmenlehrplans für den Ausbildungsberuf „Kaufmann für Büromanagement und Kauffrau für Büromanagement" im 1. Ausbildungsjahr ab. Ziel des Lernens in der Berufsschule ist die Entwicklung einer umfassenden Handlungskompetenz. Die Auszubildenden sollen die Fähigkeit und Bereitschaft erwerben, komplexe Aufgaben- und Problemstellungen in beruflichen, gesellschaftlichen und privaten Handlungssituationen zu bewältigen. Diese Handlungskompetenz wird im Berufsschulunterricht durch die Bearbeitung von Lernsituationen gefördert.

Vor jedem Lernfeld steht ein Advanced Organizer. Damit können sich die Lernenden einen Überblick über das relevante Wissen und die Zusammenhänge verschaffen. Jedes Kapitel beginnt mit einer Lernsituation, die eine betriebliche Handlungssituation abbildet. Die aus der jeweiligen Situation abgeleiteten Handlungsaufträge erfordern in der Regel von den Lernenden – entsprechend einer vollständigen Handlung – das Erstellen eines Handlungsergebnisses. Zur erfolgreichen Bewältigung ihrer Lernhandlung können die Lernenden auf die sich anschließenden informativen Ausführungen des Lehrbuches zurückgreifen. Eine Zusammenfassung bringt das in der Lernsituation erworbene Wissen auf den Punkt. Abschließend können die Lernenden ihr erworbenes Wissen und ihre Kompetenzen in angemessenen Aufgaben- und Problemstellungen anwenden.

Den Lehrkräften kommt in einem kompetenzorientierten Lernfeldunterricht vor allem die Aufgabe zu, die Lernenden in ihrem eigenverantwortlichen Lernen angemessen zu begleiten. Ergänzend zum Lehrbuch werden deshalb auf der Internet-Plattform Lehr- und Lernmaterialien angeboten, die die Lehrenden und Lernenden in ihrer jeweils neuen Rolle unterstützen.

Der Lösungsband enthält Erklärungen zu den jeweiligen „Lernsituationen" – entsprechend einer vollständigen Handlung – und Lösungshinweise zu den Aufgaben- und Problemstellungen zum Abschluss eines jeden Kapitels.

Aufbau des Buches im Überblick

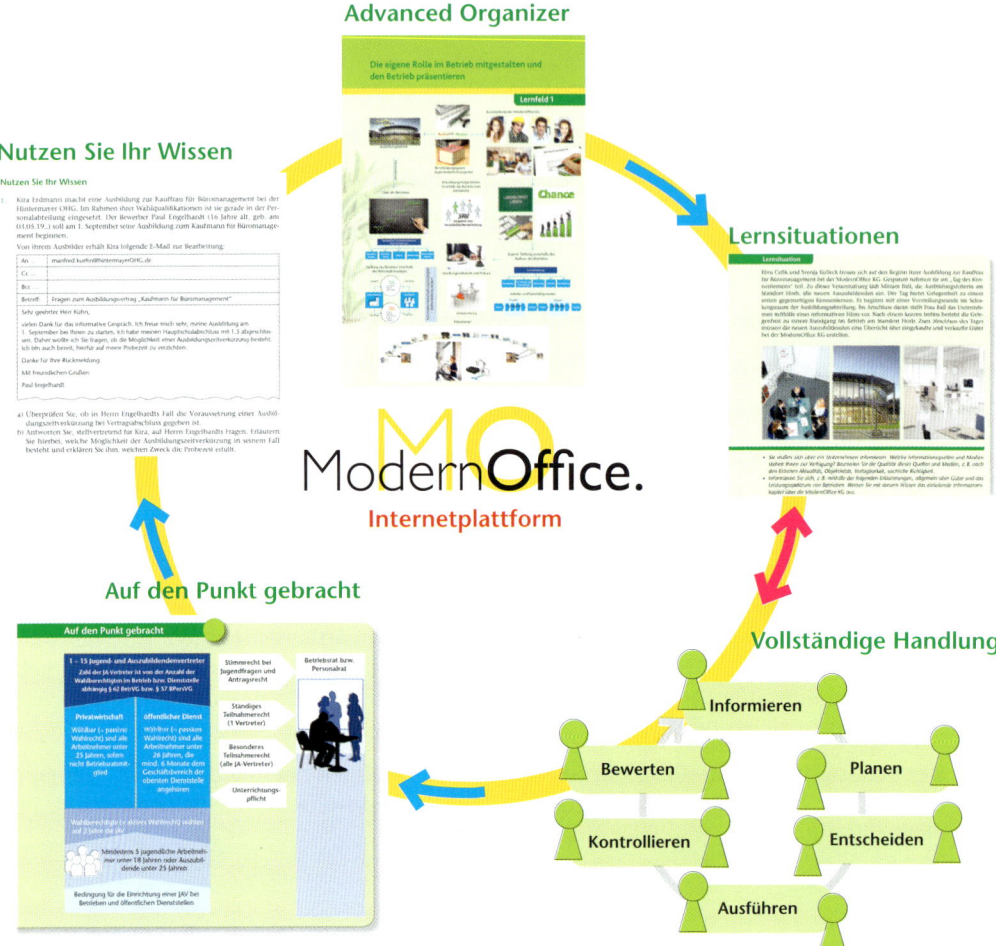

Wir wünschen allen Schülerinnen und Schülern mit dem vorliegenden Buch viel Freude und Erfolg.

Die Autoren

Inhaltsverzeichnis

ModernOffice KG – Ein Unternehmen gestaltet Büroszenarien

Die ModernOffice KG ist ein Komplettanbieter für den Arbeits- und Lebensraum „Büro".

Angebots-Portfolio

Sparte Factory   Produktion von Büromöbeln für die Bürozonen Empfang, Arbeitsplatz, Konferenz, Management, Stauraum, Kantine/Großraum:
- **Produktgruppe (1): Arbeitsplatzsysteme** (Schreibtische, Arbeitstische, Counter, kombinierte Steh-Sitzlösungen)
- **Produktgruppe (2): Sitzmöbel** (Bürodrehstühle, Großraumstühle, Besucherstühle, Empfangssessel)
- **Produktgruppe (3): Konferenz/Management** (Besprechungstische, Konferenztische, Rednerpults)
- **Produktgruppe (4): Stauraum** (Aktenschränke, Beistellmöbel, Container, Racks)
- **Produktgruppe (5): Raumsysteme** (Schrankwände, Trennwände)

In allen Produktgruppen:
- Verschiedene Design-Linien von klassisch bis innovativ
- Verwendung hochwertiger Materialien (Holz, Metall, Kunststoffe, Glas)

Sparte Service   Erbringung von Dienstleistungen:
- **Planung** und Umsetzung ganzheitlicher **Raumkonzepte und Büroszenarien**
- **Seminare/Schulungen** zum Lebensraum Büro (BüroAkademie)
- **Entsorgung** von Altmöbeln

Sparte Trading   Verkauf von **Handelswaren**:
Beamer und Projektionsleinwände, Beleuchtungssysteme, Schreibtisch- und Stehleuchten, Lautsprechersysteme, Flipcharts, Pinnwände

Produktionsprogramm (Auszug)

Produktgruppe (1): Arbeitsplatzsysteme

Produktgruppe (3): Konferenz/Management

Produktgruppe (4): Stauraum

Produktgruppe (5): Raumsysteme

Wichtige Unternehmensdaten

Firma	ModernOffice KG
Geschäftssitz	Industriestraße 10 – 14, 72160 Horb am Neckar
Registergericht	Amtsgericht Stuttgart HRA 722079
Steuernummer	220/360/2842 (Finanzamt Freudenstadt, Außenstelle Horb)
Umsatzsteuer-Identifikations-Nr.	DE 258034416
Betriebs-Nr. Sozialversicherung	99965677

Gesellschafter	Dr. Anja Tischler (Komplementärin)
	Dipl.-Kfm. Jens Tischler (Komplementär)
	Anton Tischler (Kommanditist)
	Dr. Christine Tischler (Kommanditistin)

Kontakt

Telefon	+49 (0)7451 801-0
Telefax	+49 (0)7451 801-100
Homepage im World Wide Web	www.mo-modernoffice.com
E-Mail	info@mo-modernoffice.com
Facebook	www.facebook.com/mo-modernoffice
Twitter	https://twitter.com/mo-modernoffice

Bankverbindungen

	Postbank Stuttgart	Kreissparkasse Freudenstadt
Institut	Postbank Stuttgart	Kreissparkasse Freudenstadt
Kontonummer	813600010	1701802244
Bankleitzahl (BLZ)	600 100 70	642 510 60
IBAN	DE53 6001 0070 0813 6000 10	DE68 6425 1060 1701 8022 44
SWIFT-BIC	PBNK DE FF600	SOLA DE S1FDS

Fertigungsverfahren	Einzel- und Serienfertigung (Factory in Germany)
	Die Einführung der neuen automatischen Einzelteilfertigung „Single-Setting" ermöglicht eine effiziente Produktion bei kleineren Auftragsvolumina. Dadurch kann die ModernOffice KG flexibel reagieren: auf sich ändernde Markterfordernisse und auf immer individuellere Kundenwünsche.

Materialien	**Rohstoffe**
	Holzwerkstoffe, Edelstahlwerkstoffe, Aluminiumwerkstoffe, Glasteile, Bezug- und Polsterstoffe u. Ä.
	Hilfsstoffe
	Farben, Leime, Lacke, Schrauben, Nägel u. Ä.
	Betriebsstoffe
	Strom, Wasser, Gas, Schmierstoffe u. Ä.
	Fremdbauteile
	Kunststoffbauteile, Schlösser, Beschläge u. Ä. (siehe dazu auch Auszug aus der Liefererdatei)

Zertifizierungen	Zertifizierung nach DIN EN ISO 9001
	Zertifiziertes Umweltmanagement-System nach DIN EN ISO 14.001

Mitarbeiter/-innen

Anzahl der Beschäftigten	650 gewerbliche und kaufmännische Mitarbeiter/-innen
Anzahl der Auszubildenden	12 Holzmechaniker/-innen
	6 Mechatroniker/-innen
	3 Technische Produktdesigner/-innen
	3 Industriekaufleute
	11 Kaufleute für Büromanagement
Arbeitnehmervertretung	Klärle Bader, Vorsitzende Gesamtbetriebsrat
	Stephan Dachser, stellv. Vorsitzender Gesamtbetriebsrat
Jugend- und Auszubildenden-vertretung	Hauptsitz Horb:
	Ebru Celik, Auszubildende Büromanagement
	Tom Wildermuth, Auszubildender Büromanagement
	Martin Enderle, Auszubildender Holzmechaniker
	Weitere Vertretungen in den Niederlassungen

Auszubildende im Beruf „Kauffrau/Kaufmann für Büromanagement" am Standort Horb

Diese drei Auszubildenden begleiten Sie in zahlreichen Handlungssituationen dieses Lehrbuches.

Ebru Celik   Tom Wildermuth   Svenja Kolleck

Inklusionsbeauftragte	Nina Gerstmayer
Datenschutzbeauftragter	Anton Geringer

Standorte

Hauptsitz
ModernOffice KG, Industriestraße 10 – 14, 72160 Horb am Neckar

Das ist die Postanschrift des Stammsitzes. 1925 gründet Johann Tischler an diesem Standort einen Betrieb zur Herstellung von Büromöbeln. Das Betriebsgrundstück wird kontinuierlich vergrößert. In verschiedenen Bauabschnitten kommen immer neue Produktionsanlagen hinzu. Heute befinden sich auf dem 150.000 m^2 großen Betriebsgelände moderne Werkhallen, die Hauptverwaltung sowie ein neuzeitliches Informations- und Ausstellungszentrum.

Niederlassungen

Werk Ostwestfalen, Ludwig-Erhard-Allee 25 – 27, 33719 Bielefeld

1990 übernimmt die ModernOffice KG die Bürowerke Ostwestfalen in Bielefeld. In kurzer Zeit wird diese Produktionsstätte zu einem leistungsfähigen Fertigungsbetrieb entwickelt.

Büromöbelwerk Thüringen, Mühlhäuserstraße 10, 99867 Gotha

Mit der Wiedervereinigung Deutschlands im Jahre 1990 eröffnen sich neue Märkte. Die ModernOffice KG reagiert darauf und baut im Gewerbegebiet Gotha-Ost (Thüringen) ein modernes Büromöbelwerk.

Showrooms

Zum 75-jährigen Jubiläum wird am Hauptsitz in Horb am Neckar das erste Informations- und Ausstellungszentrum mit modernem Ambiente und neuzeitlichen Raumkonzepten eröffnet. Hier finden Veranstaltungen zur Aus- und Weiterbildung im engen Dialog mit den Fachhandelspartnern und Kunden statt. Bis heute sind weitere Showrooms in Berlin, Hamburg, Köln und München hinzugekommen. Diese Beratungszentren garantieren die Nähe der ModernOffice KG zum Kunden.

Organigramm

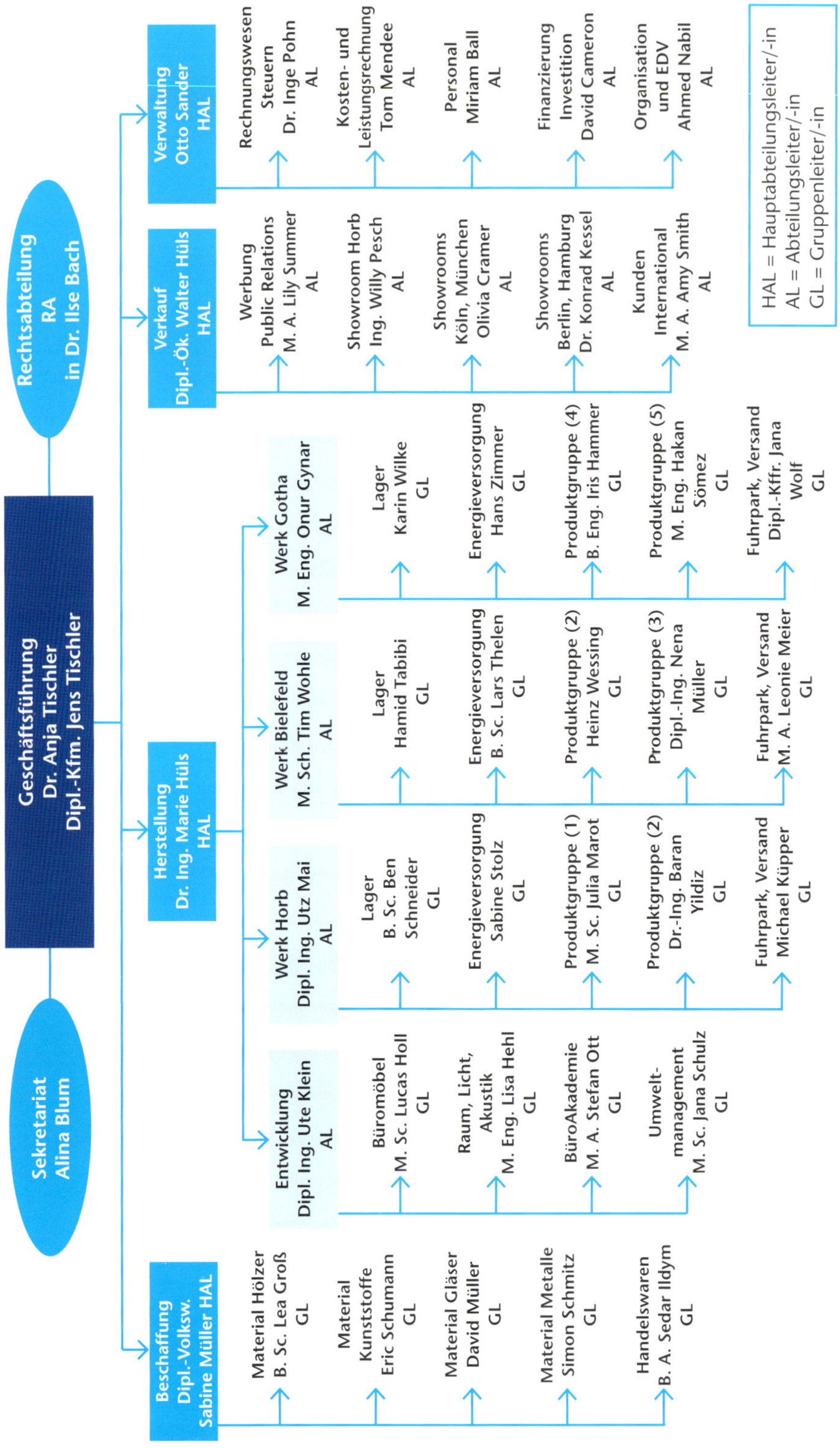

Geschäftsführung
Dr. Anja Tischler
Dipl.-Kfm. Jens Tischler

Sekretariat
Alina Blum

Rechtsabteilung
RA
in Dr. Ilse Bach

Legende:
HAL = Hauptabteilungsleiter/-in
AL = Abteilungsleiter/-in
GL = Gruppenleiter/-in

Beschaffung
Dipl.-Volksw. Sabine Müller HAL

- Material Hölzer — B. Sc. Lea Groß — GL
- Material Kunststoffe — Eric Schumann — GL
- Material Gläser — David Müller — GL
- Material Metalle — Simon Schmitz — GL
- Handelswaren — B. A. Sedar Ildym — GL

Herstellung
Dr. Ing. Marie Hüls HAL

Entwicklung — Dipl. Ing. Ute Klein — AL
- Büromöbel — M. Sc. Lucas Holl — GL
- Raum, Licht, Akustik — M. Eng. Lisa Hehl — GL
- BüroAkademie — M. A. Stefan Ott — GL
- Umweltmanagement — M. Sc. Jana Schulz — GL

Werk Horb — Dipl. Ing. Utz Mai — AL
- Lager — B. Sc. Ben Schneider — GL
- Energieversorgung — Sabine Stolz — GL
- Produktgruppe (1) — M. Sc. Julia Marot — GL
- Produktgruppe (2) — Dr.-Ing. Baran Yildiz — GL
- Fuhrpark, Versand — Michael Küpper — GL

Werk Bielefeld — M. Sch. Tim Wohle — AL
- Lager — Hamid Tabibi — GL
- Energieversorgung — B. Sc. Lars Thelen — GL
- Produktgruppe (2) — Heinz Wessing — GL
- Produktgruppe (3) — Dipl.-Ing. Nena Müller — GL
- Fuhrpark, Versand — M. A. Leonie Meier — GL

Werk Gotha — M. Eng. Onur Cynar — AL
- Lager — Karin Wilke — GL
- Energieversorgung — Hans Zimmer — GL
- Produktgruppe (4) — B. Eng. Iris Hammer — GL
- Produktgruppe (5) — M. Eng. Hakan Sömez — GL
- Fuhrpark, Versand — Dipl.-Kffr. Jana Wolf — GL

Verkauf
Dipl.-Ök. Walter Hüls HAL

- Werbung Public Relations — M. A. Lily Summer — AL
- Showroom Horb — Ing. Willy Pesch — AL
- Showrooms Köln, München — Olivia Cramer — AL
- Showrooms Berlin, Hamburg — Dr. Konrad Kessel — AL
- Kunden International — M. A. Amy Smith — AL

Verwaltung
Otto Sander HAL

- Rechnungswesen Steuern — Dr. Inge Pohn — AL
- Kosten- und Leistungsrechnung — Tom Mendee — AL
- Personal — Miriam Ball — AL
- Finanzierung Investition — David Cameron — AL
- Organisation und EDV — Ahmed Nabil — AL

Leitbild der ModernOffice KG

Wir gestalten Areas in Office-Welten.
Ein Büro ist wie eine Stadt. In beiden gibt es Zonen mit unterschiedlichen Aufgaben:
- Areas zum Arbeiten
- Areas zum Zusammenarbeiten
- Areas zum Kommunizieren
- Areas zum Entscheiden
- Areas zum Relaxen

Jeder Bereich muss genau auf seinen Zweck und auf die Bedürfnisse der Mitarbeiterinnen und Mitarbeiter abgestimmt sein. Das ist die Voraussetzung für effizientes Arbeiten.

Wir gestalten Freiräume für Leistung, auch für Menschen mit Handicaps.
Das Büro ist ein Lebensraum. Rund 80.000 Stunden seines Lebens verbringt der Mensch an seinem Arbeitsplatz „Büro". Das erfordert ganzheitliche Lösungen. Die Interessen aller Beteiligten sind zu berücksichtigen. Ein besonderes Anliegen sind uns die Arbeitsplatzanforderungen der Menschen mit Handicaps.
- **Ergonomie:** Unsere Produkte entsprechen dem aktuellsten Stand der Ergonomieforschung. Sie bieten ein Höchstmaß an Funktionalität und Qualität.
- **Akustik:** Lärmpegel und Arbeitsleistung stehen in engem Zusammenhang. Wenn die Raumakustik nicht stimmt, sinkt die Leistungsfähigkeit. Durch schalldämmende und dämpfende Materialien sowie durch eine akustische Raumplanung optimieren wir das Akustikprofil in Büroräumen.
- **Inspiration und Motivation:** Formen, Farben, Lichtakzente und das Ambiente unserer Büroeinrichtungen und unserer Bürowelten vermitteln ein Wohlfühlerlebnis.

Wir gestalten maßgeschneiderte Bürolösungen und begleiten Anpassungsprozesse.
Maßnehmen bedeutet für uns die Ausrichtung auf alle Anforderungen unserer Kunden. Unsere Kunden können auf Lösungen vertrauen, die zu ihrer Unternehmenskultur sowie zu ihrer Aufbau- und Ablauforganisation passen.

Arbeits-, Büro- und Organisationsstrukturen wandeln sich in immer kürzeren Zeitabständen. Darauf reagieren wir mit flexiblen und zukunftsfähigen Office-Konzepten.

Wir denken verantwortungsbewusst und handeln nachhaltig.
Verantwortung gegenüber der Natur und nachkommenden Generationen ist für uns eine Selbstverständlichkeit.

Wir verpflichten uns zur kontinuierlichen Verbesserung des Umweltschutzes in unserer gesamten Wertschöpfungskette. Ressourcenschonende Produktionsverfahren und eine ökologische Logistik sind die Leitziele unserer innovativen Investitionspolitik.
- Energieerzeugung durch modernste Fotovoltaik-Anlagen
- Wertstoffverwertung zur Wärmeversorgung
- Wasseraufbereitungsanlagen für Lackierabwässer
- Elektrofilteranlage zur Rauchgasentstaubung
- Verwendung ökologischer Materialien (umweltschonende Lacke, Holzwerkstoffe mit geringem Formaldehydanteil, alternative Kunststoffe ohne PVC)
- Kennzeichnung von Kunststoffteilen für die Wiederverwertung
- Umstellung der Lkw auf AdBlue-Technologie zur Reduzierung des NO_x-Ausstoßes
- Umstellung der Kartonagen auf Mehrwegverpackungen
- Ersatz von Kartons und Luftpolsterfolienverpackungen durch Möbeldecken zum Transportschutz

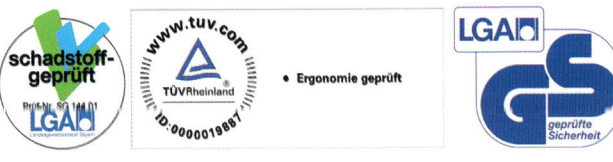

Auszug aus dem Handelsregister

Amtsgericht Stuttgart					Blatt 1 **HRA 3815**
Nr. der Eintragung	a) Firma b) Ort der Niederlassung (Sitz der Gesellschaft) c) Gegenstand des Unternehmens (bei juristischen Personen)	Geschäftsinhaber Persönlich haftende Gesellschafter Geschäftsführer	Prokura	Rechtsverhältnisse	a) Tag der Eintragung b) Bemerkungen
1	2	3	4	5	6
1	a) Modern-Office KG b) Horb am Neckar	Dr. Anja Tischler, Horb a. N. Jens Tischler, Stuttgart	Prokura zusammen mit einem anderen Prokuristen: Dr. Marie Hüls, Tübingen Walter Hüls, Tübingen	Kommandit-gesellschaft, Kommanditisten: Anton Tischler, Baden-Baden, 2.000.000,00 EUR Dr. Christine Tischler, Stuttgart, 10.000,00 EUR	a) 02.05.1978 Eberle

Showroom Berlin der ModernOffice KG

Gesellschaftsvertrag (Auszug)

Die Gesellschafter

- Dr. Anja Tischler, Fichtenwaldstraße 2, 72160 Horb am Neckar
- Jens Tischler, Zaunwiesen 5, 70597 Stuttgart
- Anton Tischler, Sophienstraße 12, 76530 Baden-Baden
- Dr. Christina Tischler, Zaunwiesen 7, 70597 Stuttgart

verbinden sich zu einer Kommanditgesellschaft und schließen zu diesem Zweck den folgenden Gesellschaftsvertrag.

§ 1 Zweck der Gesellschaft

(1) Die Gesellschafter gründen eine Kommanditgesellschaft.
(2) Zweck der Gesellschaft sind die Herstellung und der Vertrieb von Büroeinrichtungen.

§ 2 Firma und Sitz der Gesellschaft

(1) Die Gesellschaft führt die Firma ModernOffice KG.
(2) Der Sitz der Gesellschaft ist: Industriestraße 10 – 14, 72160 Horb am Neckar

§ 3 Beginn, Dauer der Gesellschaft

(1) Die Gesellschaft beginnt mit dem Eintrag in das Handelsregister.
(2) Ihre Dauer ist unbestimmt.

§ 4 Gesellschafter/Einlagen

(1) Persönlich haftende Gesellschafter (Komplementäre) sind die Gesellschafter Dr. Anja Tischler und Jens Tischler. Kommanditisten sind die Gesellschafter Anton Tischler und Dr. Christina Tischler.

(2) Die Gesellschafter erbringen folgende Einlagen:

Einlage der Komplementärin Dr. Anja Tischler	2.500.000,00 Euro
Einlage des Komplementärs Jens Tischler	1.500.000,00 Euro
Einlage des Kommanditisten Anton Tischler	2.000.000,00 Euro
Einlage der Kommanditistin Dr. Christina Tischler	1.000.000,00 Euro

(3) Die Kapitalanteile sind Festkapitalanteile, die auf einem Kapitalkonto I zu buchen sind. Die in das Handelsregister einzutragende Haftsumme des Kommanditisten Anton Tischler entspricht seinem Festkapitalanteil. Die in das Handelsregister einzutragende Haftsumme der Kommanditistin Dr. Christina Tischler beträgt 10.000,00 Euro.

§ 5 Geschäftsführung und Vertretung

(1) Zur Geschäftsführung und Vertretung sind die Komplementäre berechtigt und verpflichtet. [...]

§ 6 Gesellschafterversammlungen, Gesellschafterbeschlüsse, Stimmrecht

(1) Die Gesellschafter entscheiden über die ihnen nach Gesetz oder Gesellschaftervertrag zugewiesenen Angelegenheiten durch Beschlüsse, die in Gesellschafterversammlungen gefasst werden.
(2) Eine Gesellschafterversammlung wird durch die Komplementäre einberufen und geleitet. Sie ist mindestens einmal im Jahr einzuberufen. [...]

(3) Die Gesellschafterbeschlüsse werden mit einfacher Mehrheit der abgegebenen Stimmen gefasst. Je 100.000,00 Euro des Kapitalkontos I gewähren eine Stimme. Stimmenthaltungen zählen nicht als abgegebene Stimme. Bei Stimmengleichheit gilt der Antrag als abgelehnt. [...]

(4) Jeder Kommanditist ist berechtigt, eine Ausfertigung des Jahresabschlusses zu verlangen und dessen Richtigkeit unter Einsicht in die entsprechenden Unterlagen zu prüfen. [...]

§ 8 Buchführung, Bilanzierung

(1) Geschäftsjahr ist das Kalenderjahr. Die Gesellschaft hat unter Beachtung der steuerlichen Vorschriften Bücher zu führen und jährliche Abschlüsse zu erstellen.

(2) Für jeden Gesellschafter wird ein bewegliches Kapitalkonto (Kapitalkonto II) geführt, über das laufende Entnahmen und Einlagen (mit Ausnahme der in § 4 aufgeführten) sowie Gewinn- und Verlustanteile gebucht werden.

§ 9 Verteilung von Gewinn und Verlust

(1) Die Komplementäre erhalten für ihre Tätigkeit – unabhängig davon, ob ein Gewinn erzielt worden ist – eine monatliche Vergütung, deren Höhe von der Gesellschafterversammlung festgesetzt und die dem Umfang der Tätigkeit entsprechend angepasst wird.

(2) An dem danach verbleibenden Gewinn oder Verlust der Gesellschaft sind die Gesellschafter entsprechend ihrer Beteiligung am Gesellschaftsvermögen gem. § 4 Abs. (2) beteiligt.

(3) Über die Entnahme der Gewinnanteile beschließt die Gesellschafterversammlung mit einfacher Mehrheit. [...]

§ 10 Schlussbestimmungen

(1) Änderungen und Ergänzungen dieses Vertrages bedürfen der Schriftform.

(2) Sollten einzelne Bestimmungen dieses Vertrages unwirksam oder undurchführbar sein oder werden, wird hierdurch die Wirksamkeit des Vertrages im Übrigen nicht berührt.

Horb am Neckar, den 15. April 1978

Dr. Anja Tischler	*Jens Tischler*	*Anton Tischler*	*Dr. Christine Tischler*
Dr. Anja Tischler	Jens Tischler	Anton Tischler	Dr. Christine Tischler

Auszug aus der Liefererdatei (Kreditoren)

Lieferer-Nr. Konto-Nr.	Lieferer	Bankverbindung	Produkte	Konditionen	Umsatz in € (Vorjahr)
K 50003 44003	Holzwerkstoffe Gaildorf GmbH Aalener Straße 100 74405 Gaildorf-Bröckingen Tel. +49 7971 555-50 Fax +49 7971 555-99	Sparkasse Schwäbisch Hall Konto-Nr. 608050444 BLZ 622 500 30 IBAN DE23 6225 0030 0608 0504 44 SWIFT-BIC SOLA DE S1SHA	**Holzwerkstoffe:** Massivholzplatten Spanplatten Furnierholzplatten Akustikelemente Holzfaserprodukte	frei Haus netto Kasse	1.200.000,00
K 50005 44005	Edelstahlwerk Witten AG Hans-Böckler-Straße 15 – 19 58455 Witten Tel. +49 2302 30-0 Fax +49 2302 30-400	Deutsche Bank AG Witten Konto-Nr. 2002500566 BLZ 430 700 61 IBAN DE89 4307 0061 2002 5005 66 SWIFT-BIC DEUT DE DE431	**Aluminium- und Edelstahlwerkstoffe:** Edelstahlbleche Aluminiumstangen, -rohre Aluminiumprofile	ab Werk 30 Tage Ziel, 10 Tage 3 % Skonto	2.500.000,00
K 50008 44008	Schraubentechnik KG Postfach 2050 74665 Ingelfingen Tel. +49 7940 127-0 Fax +49 7940 127-50	Volksbank Hohenlohe eG Konto-Nr. 666552020 BLZ 620 918 00 IBAN DE24 6209 1800 0666 5520 20 SWIFT-BIC GENO DE S1VHL	**Qualitätsschrauben:** Edelstahl-, Messing-, Aluminiumschrauben Holz- u. Spanplattenschrauben Kunststoffverschraubungen	frei Haus 14 Tage Ziel	180.000,00
K 50009 44009	Kunststofftechnik GmbH Otto-Hahn-Straße 50 34253 Lohfelden Tel. +49 561 95839-00 Fax +49 561 95839-21	Kasseler Sparkasse Konto-Nr. 100200555 BLZ 520 503 53 IBAN DE24 5205 0353 0100 2005 55 SWIFT-BIC HELA DE F1KAS	**Kunststoffbauteile:** Rollen Kantenschutz Sichtschutzblenden Kabelkanäle Tisch- u. Stuhlverbindungen	ab Werk 30 Tage Ziel, 10 Tage 2 % Skonto	450.000,00
K 50016 440016	Luxo Lichtdesign AG Von-Thünen-Straße 28 28307 Bremen Tel. +49 421 58860-0 Fax +49 421 58860-44	Commerzbank AG Bremen Konto-Nr. 214666988 BLZ 290 400 90 IBAN DE65 2904 0090 0214 6669 88 SWIFT-BIC COBA DE FF290	**Leuchten:** Downlights Strahler Arbeitsplatzleuchten Lichtsteuerungselemente Notlichtelemente	ab Werk 60 Tage Ziel, 14 Tage 2 % Skonto	680.000,00

Auszug aus der Kundendatei (Debitoren)

Kunden-Nr. Konto-Nr.	Kunde	Bankverbindung	Ansprechpartner/-in	Konditionen	Umsatz in € (lfd. Jahr)
D 80003 24003	**Allgemeine Versicherung AG** Gereonshof 50 – 52 50670 Köln Tel. +49 221 155-1 Fax +49 221 155-10 info@avag.com	Deutsche Bank AG Köln Konto-Nr. 4002500813 BLZ 370 700 24 IBAN DE24 3707 0024 4002 5008 13 SWIFT-BIC DEUT DE BKKOE	Herr Lars Beckmann	frei Haus 60 Tage Ziel, 10 Tage 3 % Skonto 20 % Rabatt	2.100.000,00
D 80005 24005	**International Air Cargo GmbH** Flughafenstraße 1 – 3 22335 Hamburg Tel. +49 40 5075-0 Fax +49 40 5075-15 service@aircargo.com	Postbank Hamburg Konto-Nr. 2479635001 BLZ 200 100 20 IBAN DE26 2001 0020 24796 3500 1 SWIFT-BIC PBANK DE FF200	Frau Hamida Pejanovic	frei Haus 30 Tage Ziel, 10 Tage 3 % Skonto 15 % Rabatt	1.500.000,00
D 80008 24008	**Stadt Oberhausen** Rathaus Oberhausen Schwartzstraße 72 46045 Oberhausen Tel. +49 208 825-10 Fax +49 208 825-50	Stadtsparkasse Oberhausen Konto-Nr. 10002000 BLZ 365 500 00 IBAN DE24 3655 0000 0010 0020 00 SWIFT-BIC WELA DE D1OBH	Frau Beigeordnete Britta Schulze	frei Haus 30 Tage Ziel, 7 Tage 3 % Skonto 10 % Rabatt	280.000,00
D 80009 24009	**Bürowelt GmbH & Co. KG** Möbelgroßhandlung Loschwitzer Straße 66 – 68 01309 Dresden Tel. +49 351 900-10 Fax +49 351 900-20 einkauf@buerowelt.de	Dresdner Volksbank Raiffeisenbank eG Konto-Nr. 1501605544 BLZ 850 900 00 IBAN DE58 8509 0000 1501 6055 44 SWIFT-BIC GENO DE F1DRS	Herr Adam Nowak	ab Werk 30 Tage Ziel, 10 Tage 2 % Skonto 25 % Rabatt	1.450.000,00
D 80016 240016	**office4you OHG** Landsberger Straße 161 80687 München Tel. +49 89 102030-1 Fax +49 89 102030-15 kontakt@office4you.com	Commerzbank AG München Konto-Nr. 214666988 BLZ 290 400 90 IBAN DE65 2904 0090 0214 6669 88 SWIFT-BIC COBA DE FF290	Frau Zümra Canavar	ab Werk 30 Tage Ziel, 14 Tage 2 % Skonto 5 % Rabatt	150.000,00

Die eigene Rolle im Betrieb mitgestalten und den Betrieb präsentieren

AUSBILDUNGSVERTR

Modern Office.

Ausbildungsbetrieb

Rechte und Pflichten

Auszubildende der ModernOffice KG

Informationen

Berufsbildungsgesetz
Jugendarbeitsschutzgesetz

Arbeitszeugnis

Ziele des Betriebes

ERFOLG!
UMSETZUNG
PLANUNG
ANALYSE

Mitwirkungsmöglichkeiten
innerhalb des Betriebs bzw.
Dienststelle

JAV
Jungend- und
Auszubildendenvertretung

LEBENSLANGES
LERNEN

Chance

Betriebliche Produktionsfaktoren
(Betriebsfaktoren)

| Standort-boden | Betriebs-mittel | Arbeit | Werkstoffe | Information Wissen |

Eigene Stellung innerhalb des
Aufbau des Betriebes

Stellung des Betriebes innerhalb
des Wirtschaftskreislaufs

Angebot — Güter-märkte — Nachfrage
– Sachgüter
– Dienst-leistungen

Unternehmen — Haushalte

Faktor-märkte
– Arbeit
– Kapital
– Info/Wissen
– Boden
(Natur)

Nachfrage — Angebot

Informationsbeschaffungsstrategien
Elaborationsstrategien

Handlungsvollmacht und Prokura

Arbeitsteilung

Präsentieren

| Geschäftsführung |

| Produktion | Forschung und Entwicklung | Marketing | Vertrieb | Verwaltung |

Arbeits- und Geschäftsprozesse

Prozess
Input — Teilaufgaben — Output

Prozess
Input — Teilaufgaben — Output

1   Die eigene Rolle im Betrieb aktiv mitgestalten

1.1   Inhalte und Regelungen eines Ausbildungsvertrags analysieren

Lernsituation

Frida-Marie Mayer hat vor zwei Jahren bei der ModernOffice KG ihre Ausbildung begonnen. Sie fühlt sich in ihrem Ausbildungsbetrieb sehr wohl, versteht sich gut mit ihren Kollegen und wurde vor nun bald zwei Jahren sogar zur Jugend- und Auszubildendenvertreterin gewählt. Zurzeit ist sie in der Personalabteilung tätig. In acht Wochen findet die Einführungsveranstaltung für die Auszubildenden des neuen Ausbildungsjahrganges statt. Frida-Marie ist im Rahmen ihrer Tätigkeit als Jugend- und Auszubildendenvertreterin für den Vortrag „JAV – Deine Rechtsvertretung im Betrieb" verantwortlich.

Heute hat sie eine eilige E-Mail-Nachricht der Personalleiterin Miriam Ball erhalten.

An …	frida.mayer@mo-modernoffice.com
Cc …	
Bcc …	
Betreff:	Ausbildungsvertrag

Guten Tag, Frau Mayer,

Tom Wildermuth und Ebru Celik haben gestern Abend telefonisch einer Ausbildung zum/zur Kaufmann/-frau für Büromanagement zugesagt.

Den Berufsausbildungsvertrag von Herrn Wildermuth habe ich bereits aufgesetzt. Sie finden ihn im Anhang. Leider bin ich den restlichen Vormittag mit Bewerbungsgesprächen beschäftigt. Wir sollten die Ausbildungsverträge jedoch so schnell wie möglich per Post versenden. Bitte setzen Sie deshalb den Berufsausbildungsvertrag für Frau Celik noch auf. Im Anhang finden Sie ihren Lebenslauf, mithilfe dessen Sie den Vordruck des IHK-Berufsausbildungsvertrags ausfüllen können. Bei der Ausbildungsvergütung nehmen wir Bezug auf den Entgelttarifvertrag der Holz und Kunststoff verarbeitenden Industrie, ansonsten halten wir uns an die gesetzlichen Bestimmungen.

1. Ausbildungsjahr 806 Euro
2. Ausbildungsjahr 841 Euro
3. Ausbildungsjahr 881 Euro

Achten Sie beim Ausfüllen des Ausbildungsvertrags bitte auf die Bestimmungen des Jugendarbeitsschutzgesetzes. Ich habe mit Frau Celik die Wahlqualifikationen Personalwirtschaft sowie Einkauf und Logistik vereinbart.

Mit freundlichen Grüßen

Miriam Ball

E-Mail: M.Ball@mo-modernoffice.com
Internet: www.mo-modernoffice.com
Telefon: 07451 801-154
Telefax: 07451 801-100

Postanschrift: Postfach 10 15, 72160 Horb am Neckar
Hausanschrift/Sitz: Industriestraße 10 – 14, 72160 Horb am Neckar
Gesellschafter: Dr. Anja Tischler, Dipl.-Kfm. Jens Tischler
Handelsregister HRB 722079 beim Amtsgericht Stuttgart

Das Telefon klingelt.

Frida-Marie Mayer: „ModernOffice KG, Frida-Marie Mayer, guten Morgen!"

Ebru Celik: „Guten Morgen, Frau Mayer. Hier spricht Ebru Celik. Könnte ich bitte mit Frau Ball sprechen?"

Frida-Marie Mayer: „Frau Ball ist den gesamten Vormittag in einem Termin. Kann ich Ihnen vielleicht weiterhelfen?"

Ebru Celik: „Nun, es geht um die Inhalte meines Ausbildungsvertrages. Ich werde bei Ihnen Anfang September mit meiner Ausbildung zur Kauffrau für Büromanagement beginnen. Frau Ball und ich haben uns gestern telefonisch auf zwei Wahlqualifikationen geeinigt. Nachdem ich nun eine Nacht darüber geschlafen habe, bin ich doch unschlüssig bezüglich der Wahlqualifikationen. Meine Fragen sind nun, ob ich diese Wahlqualifikationen im Laufe der Ausbildung auch noch ändern kann oder ob wir die Wahlqualifikationen vorerst einfach nicht im Ausbildungsvertrag festhalten könnten? Dann hätte ich noch etwas Zeit für die Entscheidungsfindung. Schließlich handelt es sich hierbei um meinen beruflichen Schwerpunkt. Außerdem wollte ich fragen, ob die Möglichkeit einer Ausbildungszeitverkürzung besteht?"

Frida-Marie Mayer: „Leider kann ich Ihnen so spontan keine Antwort geben. Ich werde mich jedoch darüber informieren und Ihnen so schnell wie möglich Bescheid geben. Die Entscheidung bezüglich einer Ausbildungszeitverkürzung muss Frau Ball treffen. Aber ich kann Ihnen gerne, nachdem ich Ihre Bewerbungsunterlagen gesichtet habe, mitteilen, ob Sie die Voraussetzungen einer Ausbildungszeitverkürzung generell erfüllen. Kann ich Sie unter der angezeigten Telefonnummer erreichen?"

Ebru Celik: „Ja, ich bin den gesamten Vormittag unter dieser Nummer erreichbar. Vielen Dank für Ihre Bemühungen im Voraus."

Frida-Marie Mayer: „Sehr gerne, Frau Celik. Auf Wiederhören."

Ebru Celik: „Auf Wiederhören."

Nach dem Telefongespräch mit Frau Celik und der Durchsicht des Ausbildungsvertrages von Herrn Wildermuth macht sich Frida-Marie folgende Notizen:

- Welche gesetzlichen Bestimmungen gibt es für folgende Punkte im Ausbildungsvertrag?
  - Probezeit
  - monatliche Vergütung
  - tägliche/wöchentliche Arbeitszeit
  - Urlaubsanspruch
- Kann ich die Daten aus Herrn Wildermuths Ausbildungsvertrag bezüglich dieser Punkte nicht einfach in Frau Celiks Ausbildungsvertrag übertragen?
- Besteht die Möglichkeit einer Ausbildungszeitverkürzung bei Frau Celik?
- Was versteht man unter Wahlqualifikationen und müssen diese im Ausbildungsvertrag festgelegt werden?
- Können die Wahlqualifikationen im Laufe der Ausbildung geändert werden?

Anlage 1

Berufsausbildungsvertrag des Auszubildenden Tom Wildermuth (18 Jahre)

Berufsausbildungsvertrag
(§§ 10, 11 Berufsbildungsgesetz - BBiG)

Zwischen dem Ausbildenden (Ausbildungsbetrieb)   und der / dem Auszubildenden   männlich ●   weiblich ☐

KNR	Firmenident-Nr.	Tel.-Nr.
		07 451 801 0

Anschrift des Ausbildenden

ModernOffice KG

Straße, Haus-Nr.
Industriestraße 10–14

PLZ	Ort
72160	Horb am Neckar

E-Mail-Adresse des Ausbildenden
M.Ball@mo-modernoffice.com

	geb. am
Miriam Ball	06.09.1976

Name	Vorname
Wildermuth	Tom

Straße, Haus-Nr.
Dietenbachhof 58

PLZ	Ort
72401	Haigerloch

Geburtsdatum	Geburtsort
16.12.19..	Stuttgart

Staatsangehörigkeit	Gesetzliche Vertreter[1]
deutsch	

Namen, Vornamen der gesetzlichen Vertreter

Straße, Hausnummer

PLZ	Ort

wird nachstehender Vertrag zur Ausbildung im Ausbildungsberuf

Kaufmann für Büromanagement

mit der Fachrichtung/ dem Schwerpunkt/ dem Wahlbaustein etc.

Personalwirtschaft/Marketing und Vertrieb

nach Maßgabe der Ausbildungsordnung[2] geschlossen.

Änderungen des wesentlichen Vertragsinhaltes sind vom Ausbildenden unverzüglich zur Eintragung in das Verzeichnis der Berufsausbildungsverhältnisse bei der Industrie- und Handelskammer anzuzeigen.

Die beigefügten Angaben zur sachlichen und zeitlichen Gliederung des Ausbildungsablaufs (Ausbildungsplan) sind Bestandteil dieses Vertrages.

A Die Ausbildungszeit beträgt nach der Ausbildungsordnung **36** Monate.
Die vorausgegangene Berufsausbildung/Vorbildung:
Hochschulreife
wird mit **12** Monaten angerechnet, bzw. es wird eine entsprechende Verkürzung beantragt.

Das Berufsausbildungsverhältnis
beginnt am **01.09.20..** endet am **31.08.20..**

B Die Probezeit (§ 1 Nr. 2) beträgt **4** Monate.[3]

C Die Ausbildung findet vorbehaltlich der Regelungen nach D (§ 3 Nr. 12) in

und den mit dem Betriebssitz für die Ausbildung üblicherweise zusammenhängenden Bau-, Montage- und sonstigen Arbeitsstellen statt.

D Ausbildungsmaßnahmen außerhalb der Ausbildungsstätte (§ 3 Nr. 12) (mit Zeitraumangabe)

E Der Ausbildende zahlt der/dem Auszubildenden eine angemessene Vergütung (§ 5); diese beträgt zur Zeit monatlich brutto

EUR	806	841		
im	ersten	zweiten	dritten	vierten

Ausbildungsjahr.

F Die regelmäßige tägliche Ausbildungszeit beträgt **8** Stunden.[4]
Die regelmäßige wöchentliche Ausbildungszeit beträgt **40** Stunden.[4]

G Der Ausbildende gewährt der/dem Auszubildenden Urlaub nach den geltenden Bestimmungen. Es besteht ein Urlaubsanspruch

Im Jahr	20..	20..		
Werktage				
Arbeitstage	7	20		

H Sonstige Hinweise auf anzuwendende Tarifverträge und Betriebsvereinbarungen

Ausbildungsvergütung richtet sich nach Entgelttarifvertrag der Holz und Kunststoff verarbeitenden Industrie

J Die beigefügten Vereinbarungen sind Gegenstand dieses Vertrages und werden anerkannt

Ort und Datum:

Der Ausbildende:

_____
Stempel und Unterschrift

Die/Der Auszubildende:

_____
Vor- und Familienname

Die gesetzl. Vertreter der/des Auszubildenden:

_____
Vater und Mutter/Vormund

Anlage 2

E-Mail-Anhang: Lebenslauf der Auszubildenden Ebru Celik

Ebru Celik
Desiderius-Lenz-Str. 74
72401 Haigerloch
E-Mail: Ebru.Celik@gmx.de
Telefon: 07474 1748539

Persönliche Daten

Geburtsdatum/-ort:	9. November 19.. in Istanbul (17 Jahre)
Staatsangehörigkeit:	Deutsch
Eltern:	Andrea Celik, Industriekauffrau
	Göksal Celik, Bankkaufmann

Schulbildung

09/.. bis 07/..	Konrad-Adenauer-Schule (Hauptschulabschluss), Note 1,3
09/.. bis jetzt	Geschwister-Scholl-Schule (Fachschulreife)
	aktueller Notendurchschnitt: 1,5
	voraussichtlicher Abschluss: 07/20..

Praktikum

08/.. bis 08/..	Maschinenfabrik EDELMANN AG, Haigerloch
	4-wöchiges Praktikum in der Abteilung Human Resources
	Aufgaben:

- Unterstützung bei Personalmarketingveranstaltungen
- Erfassung von Bewerbungsunterlagen (SAP HR 3)
- Terminkoordination
- Erledigung allgemeiner Korrespondenz

PC-Kenntnisse

Microsoft Office	Word: sehr gute Kenntnisse
	PowerPoint: gute Kenntnisse
	Excel: Grundkenntnisse

Sprachen

Deutsch / Türkisch	Muttersprache
Englisch	gute Kenntnisse

Interessen

Karate, Handball, Klavier spielen und Freunde treffen

Haigerloch, 15.08.20..   *Ebru Celik*

Besprechen Sie im Plenum, was in dieser Lernsituation zu tun ist.

- *Welche Informationen benötigt Frida-Marie, um den Arbeitsauftrag von Frau Ball und das bevorstehende Telefongespräch erfolgreich bewältigen zu können. Wo findet sie die benötigten Informationen?*
- *Verwenden Sie als Informationsquelle das Lehrbuch.*
- *Erstellen Sie in Partnerarbeit für das bevorstehende Telefongespräch mit Frau Celik eine Gesprächsvorlage. Gehen Sie dabei auf alle Fragen von Frau Celik ein.*
- *Wählen Sie zwei Partnerarbeitsteams aus, die das Telefonat mit Ebru Celik in einem Rollenspiel nacheinander darstellen. Beurteilen Sie, ob Ebru Celiks Fragen im Rollenspiel begründet beantwortet wurden. Falls nicht, reflektieren Sie, warum das Telefongespräch für Ebru nicht aufschlussreich war.*
- *Frau Ball teilt Ihnen mit, dass eine Verkürzung der Ausbildungszeit bei Frau Celik vonseiten der ModernOffice KG nicht erwünscht ist. Setzen Sie in Partnerarbeit, stellvertretend für Frida-Marie Mayer, den Ausbildungsvertrag für Ebru Celik auf. Begründen Sie Ihre Angaben stichwortartig zum Verständnis für Frida-Marie.*
- *Wählen Sie im Plenum ein Partnerarbeitsteam aus, das sein Arbeitsergebnis präsentiert. Überprüfen Sie die inhaltliche Richtigkeit des präsentierten Ausbildungsvertrages und vergleichen Sie das Ergebnis mit Ihrem Arbeitsergebnis. Nehmen Sie, falls notwendig, entsprechende Korrekturen oder Ergänzungen vor.*
- *Reflektieren Sie im Plenum, weshalb einzelne Partnerarbeitsteams erfolgreicher waren als andere beim Ausfüllen des Ausbildungsvertrags.*
- *Notieren Sie, was zukünftig innerhalb Ihres Partnerarbeitsteams besser gemacht werden muss, damit Sie den Arbeitsauftrag fehlerfrei umsetzen.*

· Metho-
denblatt
Rollenspiele

· Formular
Gesprächs-
vorlage

· Vorlage
Ausbil-
dungs-
vertrag

Die Ausbildungsordnung für den Beruf „Kaufmann/Kauffrau für Büromanagement"

Die Ausbildungsordnung für den Beruf „Kaufmann/Kauffrau für Büromanagement" definiert die bundeseinheitlichen Anforderungen der Berufsausbildung im Rahmen des dualen Ausbildungssystems. Zur Anerkennung des Ausbildungsberufes muss nach der Ausbildungsordnung ausgebildet werden.

Der Berufsausbildungsvertrag

Vor Beginn der Berufsausbildung muss der Ausbildende (ModernOffice KG; Ausbilderin Frau Ball) mit dem Auszubildenden (Tom Wildermuth) einen Berufsausbildungsvertrag abschließen nach § 10 (1) des Berufsbildungsgesetz (BBiG). Im Ausbildungsvertrag müssen folgende wesentlichen Vertragsinhalte nach **§ 11 BBiG** schriftlich festgehalten werden:

1. Art, sachliche und zeitliche Gliederung der Berufsausbildung, insbesondere die Berufstätigkeit, für die ausgebildet werden soll,
2. Beginn und Dauer der Berufsausbildung,
3. Ausbildungsmaßnahmen außerhalb der Ausbildungsstätte,
4. Dauer der regelmäßigen täglichen Ausbildungszeit,
5. Dauer der Probezeit,
6. Zahlung und Höhe der Vergütung
7. Dauer des Urlaubs,
8. Voraussetzungen, unter denen der Berufsausbildungsvertrag gekündigt werden kann,
9. ein in allgemeiner Form gehaltener Hinweis auf die Tarifverträge, Betriebs- oder Dienstvereinbarungen, die auf das Berufsausbildungsverhältnis anzuwenden sind.

Der Berufsausbildungsvertrag ist von dem Ausbildenden und dem Auszubildenden zu unterschreiben. Sollte der Auszubildende beim Vertragsabschluss noch nicht volljährig sein (unter 18 Jahren), so hat nach § 11 (3) BBiG der gesetzliche Vertreter den Berufsausbildungsvertrag ebenfalls zu unterzeichnen.

Art, sachliche und zeitliche Gliederung der Berufsausbildung

Die Art sowie die sachliche und zeitliche Gliederung der Berufsausbildung ist in der Ausbildungsordnung für die Berufsausbildung „Kaufmann/Kauffrau für Büromanagement" niedergelegt.

Die berufsprofilgebenden und integrativen Fertigkeiten, Kenntnisse und Fähigkeiten, die laut Ausbildungsordnung Gegenstand der Berufsausbildung sind, basieren auf drei Teilbereichen:

> **Teilbereich A = berufsprofilgebende Kernqualifikationen**
> **Teilbereich B = Wahlqualifikationen**
> **Teilbereich C = integrative Qualifikationen**

Teilbereich A legt die berufsprofilgebenden Kernqualifikationen fest, welche für alle Ausbildungsbetriebe **verpflichtend** sind.

Teilbereich B definiert 10 mögliche Wahlqualifikationen.

Aus den 10 Wahlqualifikationen wählt der Ausbildungsbetrieb, entsprechend seinem Leistungsportfolio, zwei aus. Für den **öffentlichen Dienst** bieten sich die Wahlqualifikationen „Verwaltung und Recht" und „öffentliche Finanzwirtschaft" an. Spätestens beim Abschluss des Berufsausbildungsvertrags müssen die zwei Wahlqualifikationen festgelegt und im Berufsausbildungsvertrag festgehalten werden. Ein Wechsel der Wahlqualifikationen während der Berufsausbildung ist bis zur Anmeldung zum zweiten Teil der Abschlussprüfung jedoch möglich. Die Wahlqualifikationen werden bei der Abschlussprüfung im Rahmen eines 20-minütigen fallbezogenen Fachgesprächs geprüft. Leistungsstarke Auszubildende können zudem eine dritte Wahlqualifikation als Zusatzqualifikation belegen, welche ebenfalls bei der Abschlussprüfung geprüft wird.

Teilbereich C definiert die integrativen Fertigkeiten, Kenntnisse und Fähigkeiten, welche dem Auszubildenden im Zusammenhang mit den fachbezogenen Inhalten während der Ausbildungszeit zu vermitteln sind.

Der **Ausbildungsrahmenplan** ist in der Ausbildungsordnung zu finden und legt die sachliche und zeitliche Gliederung der zu vermittelnden Kenntnisse und Fähigkeiten während der Berufsausbildung fest. Die Ausbildungsordnung bzw. der Ausbildungsrahmenplan ist für die Abschlussprüfung zugrunde zu legen.

Beispiel • *zusammengefasster Auszug aus dem Ausbildungsrahmenplan für die Berufsausbildung zum Kaufmann/zur Kauffrau für Büromanagement:*

Lfd. Nr.	Teil des Ausbildungs-berufsbildes	Zu vermittelnde Fertigkeiten, Kenntnisse und Fähigkeiten = **sachliche Gliederung**	**Zeitliche Gliederung**
1	2	3	
1	Büroprozesse (§ 4 Absatz 2 Nummer 1)		
1.1	Informationsmanagement (§ 4 Absatz 2 Nummer 1.1)	a) betriebliche Kommunikationssysteme auswählen und anwenden b) Grundfunktionen des Betriebssystems anwenden c) Nutzen des Einsatzes von elektronischen Dokumentenmanagement-systemen aufzeigen d) Nutzen und Risiken von Online-Anwendungen aufzeigen e) Wege der Informationsbeschaffung beherrschen f) Maßnahmen zur Datensicherung und Datenpflege veranlassen	Innerhalb des 1. bis 15. Ausbildungs-monats in einem Zeitraum von insgesamt vier bis sechs Monaten

Mithilfe des Ausbildungsrahmenplans erstellt der Ausbildungsbetrieb den **betrieblichen Ausbildungsplan** für den Auszubildenden. Der betriebliche Ausbildungsplan führt auf, welche Fertigkeiten und Kenntnisse dem Auszubildenden innerhalb welchen Zeitraums der Berufsausbildung vermittelt werden sollen. Er muss dem Auszubildenden mit dem Ausbildungsvertrag ausgehändigt werden. Der Betrieb muss hierbei insbesondere auf die Einhaltung der zeitlichen Gliederung des Ausbildungsrahmenplans achten. Nur so kann der Auszubildende optimal auf die Abschlussprüfung vorbereitet werden.

Die gestreckte Abschlussprüfung des Ausbildungsberufes „Kaufmann/Kauffrau für Büromanagement" gliedert sich in zwei Teile. **Teil 1 „Informationstechnisches Büromanagement"** der Abschlussprüfung findet bereits nach ca. 18 Monaten Ausbildungszeit auf Basis der ersten 15 Ausbildungsmonate statt. **Teil 2** der Abschlussprüfung umfasst die zwei schriftlichen Prüfungen „**Wirtschafts- und Sozialkunde**" und „**Kundenbeziehungsprozesse**" und eine **mündliche Prüfung im Bereich der Wahlqualifikationen**. Die Vermittlung der Wahlqualifikationen findet nach der zeitlichen Gliederung des Ausbildungsrahmenplans erst im zweiten Ausbildungsabschnitt (16. bis 36. Ausbildungsmonat) statt.

Berufsausbildungsverträge ohne betrieblichen Ausbildungsplan werden von der zuständigen Industrie- und Handelskammer nicht in das Verzeichnis der Berufsausbildungsverhältnisse eingetragen, da sie nicht den Anforderungen des Berufsausbildungsgesetzes entsprechen.

Beginn und Dauer der Berufsausbildung

Die **Ausbildungsdauer** für den Ausbildungsberuf „Kaufmann/Kauffrau für Büromanagement" beträgt 3 Jahre. Die Ausbildungsdauer kann unter bestimmten Voraussetzungen verkürzt werden. Folgende Gründe können nach § 8 (1) S. 1 BBiG bereits **bei Vertragsabschluss** zu einer **Verkürzung von bis zu 6 Monaten** führen:

• Realschulabschluss,
• Versetzungszeugnis in die 11. Klasse eines Gymnasiums oder
• gleichwertiger Abschluss einer allgemeinbildenden Schule.

Eine **Verkürzung der Ausbildungszeit von bis zu 12 Monaten** ist z. B. bei einer abgeschlossenen Berufsausbildung oder der Hochschulreife möglich. Eine Verkürzung der Ausbildungszeit **während der Berufsausbildung** kann bei **überdurchschnittlichen Leistungen** des Auszubildenden vorgenommen werden. Der Auszubildende muss hierfür belegen, dass seine Ausbildungsleistungen im Betrieb wie in der Berufsschule in den prüfungsrelevanten Fächern oder Lernfeldern mit besser als 2,49 bewertet werden.

Grundsätzlich ist auch eine Verlängerung der Ausbildungszeit möglich, beispielsweise wegen längerer Krankheit oder der Nichterreichung des Leistungsziels der Berufsschulklasse.

Ausbildungsmaßnahmen außerhalb der Ausbildungsstätte
Kenntnisse und Fertigkeiten, die der Ausbildungsbetrieb nicht vermitteln kann, kann er durch Ausbildungsmaßnahmen außerhalb der Ausbildungsstätte dem Auszubildenden nahebringen. Diese Ausbildungsmaßnahmen müssen im Berufsausbildungsvertrag ausdrücklich vereinbart sein.

Dauer der regelmäßigen täglichen Ausbildungszeit
Die **tägliche und wöchentliche Ausbildungszeit** muss im Berufsausbildungsvertrag angegeben werden. Bei minderjährigen Auszubildenden ist das **Jugendarbeitsschutzgesetz (JArbSchG)** zu beachten:

> **§ 8 (1) JArbSchG** Jugendliche dürfen nicht mehr als 8 Stunden täglich und nicht mehr als 40 Stunden wöchentlich beschäftigt werden.

Bei volljährigen Auszubildenden kann das **Arbeitszeitgesetz (ArbZG)** angewendet werden, nach § 3 ArbZG ist eine **maximale Arbeitszeit von 48 Stunden wöchentlich** möglich. Ist der Ausbildungsbetrieb tariflich gebunden, d. h., der Arbeitgeber gehört dem Arbeitgeberverband an und die Arbeitnehmer sind Mitglied in der dazugehörigen Gewerkschaft, dann ist der Ausbildungsbetrieb an die **tarifliche Arbeitszeit** gebunden.

Dauer der Probezeit
Das Berufsausbildungsverhältnis zwischen Ausbildendem und Auszubildenden beginnt mit einer Probezeit. Die Probezeit räumt beiden Vertragsparteien die Möglichkeit ein, das Ausbildungsverhältnis **innerhalb der Probezeit ohne Angabe von Gründen** jederzeit zu beenden.

Stellt der Auszubildende beispielsweise während der Probezeit fest, dass der gewählte Ausbildungsberuf nicht seinen Interessen entspricht, so kann er problemlos das Ausbildungsverhältnis beenden. Genauso hat der Ausbildende die Möglichkeit, innerhalb der Probezeit das Ausbildungsverhältnis zu beenden, wenn er feststellt, dass der Auszubildende beispielweise keine Freude an der Ausbildung hat oder nicht die notwendigen Qualifikationen für die Berufsausbildung mitbringt.

Die **Dauer der Probezeit** muss im Berufsausbildungsvertrag angegeben werden. Nach § 20 BBiG muss sie **mindestens einen Monat** und darf **höchstens vier Monate** betragen. Bei einer längeren Unterbrechung der Probezeit, z. B. infolge einer Krankheit, kann die Probezeit entsprechend verlängert werden. Die Probezeitverlängerung erfolgt nicht automatisch. Sie muss zwischen dem Ausbildungsbetrieb und dem Auszubildenden schriftlich mithilfe einer „Zusatzvereinbarung zum Berufsausbildungsvertrag" vereinbart werden.

Zahlung und Höhe der Vergütung

Nach § 17 BBiG hat der Auszubildende das Recht, eine angemessene Vergütung zu erhalten. Diese ist „nach dem Lebensalter des Auszubildenden so zu bemessen, dass sie mit fortschreitender Berufsausbildung, mindestens jährlich, ansteigt". Gehört der Ausbildungsbetrieb dem Arbeitgeberverband an, so muss die Ausbildungsvergütung dem Tarif entsprechen. Nicht tarifgebundene Ausbildungsbetriebe richten sich häufig nach der in ihrer Branche und Region geltenden tariflichen Ausbildungsvergütung. Sie darf jedoch nach der derzeitigen Rechtsprechung bei nicht tarifgebundenen Ausbildungsbetrieben nicht mehr als 20 % unter den tariflichen Sätzen liegen.

> **§ 18 (2) BBiG** Die Vergütung für den laufenden Kalendermonat ist spätestens am letzten Arbeitstag des Monats zu zahlen.

Dauer des Urlaubs

Im Berufsausbildungsvertrag muss die Dauer des bezahlten (Erholungs-)Urlaubs angegeben werden. Bei der Höhe des Urlaubsanspruches ist zwischen minderjährigen und volljährigen Auszubildenden zu unterscheiden. Für minderjährige Auszubildende gelten die Bestimmungen des JArbSchG.

Minderjährige Auszubildende haben **nach § 19 (2) JArbSchG** Anspruch auf:

- mindestens 30 Werktage, wenn der Jugendliche zu Beginn des Kalenderjahrs noch nicht 16 Jahre alt ist,
- mindestens 27 Werktage, wenn der Jugendliche zu Beginn des Kalenderjahrs noch nicht 17 Jahre alt ist,
- mindestens 25 Werktage, wenn der Jugendliche zu Beginn des Kalenderjahrs noch nicht 18 Jahre alt ist.

Laut § 3 (2) Bundesurlaubsgesetz (BUrlG) sind **Werktage** alle Kalendertage, die nicht Sonntage oder gesetzliche Feiertage sind, d. h., eine Woche hat 6 Werktage. Der Urlaub kann im Berufsausbildungsvertrag, aber auch nach Arbeitstagen (i. d. R. Montag bis Freitag) festgelegt werden. Bei einer 5-Tage-Woche reduziert sich somit der Urlaubsanspruch eines 15-jährigen (16- bzw.17-jährigen) Auszubildenden auf 25 Arbeitstage (23 bzw. 21 Arbeitstage).

> **§ 19 (3) JArbSchG** Der Urlaub soll den jugendlichen Auszubildenden während der Berufsschulferien gegeben werden. Soweit er nicht in den Berufsschulferien gegeben wird, ist für jeden Berufsschultag, an dem die Berufsschule während des Urlaubs besucht wird, ein weiterer Urlaubstag zu gewähren.

Ist der Auszubildende zu Beginn des Kalenderjahres, in welchem er das Ausbildungsverhältnis eingeht, schon 18 Jahre alt, dann gelten für ihn die Regelungen des **Bundesurlaubsgesetzes (BUrlG)**. Nach § 3 BUrlG sind volljährigen Auszubildenden mindestens 24 Werktage bzw. 20 Arbeitstage zu gewähren. Erstreckt sich die Ausbildungsdauer nicht über die gesamte Hälfte des ersten Kalenderjahres (einschließlich 30. Juni), dann kann für jeden Monat der Ausbildungsdauer 1/12 des Urlaubs erteilt werden. Halbe Urlaubstage sind dabei aufzurunden.

Beispiele •
- *Clarissa Proff (19 Jahre) hat am 15. Juli dieses Jahres ihre Abschlussprüfung zur Industriekauffrau erfolgreich bestanden und scheidet damit aus dem Betrieb aus. Sie hat somit einen Urlaubsanspruch von 20 Arbeitstagen. Die Monate bis zum Ende des Kalenderjahres, welche Clarissa nicht mehr bei der ModernOffice KG tätig ist, haben **keine** verkürzende Wirkung auf ihren Urlaubsanspruch.*
- *Lina Beutenmüller (20 Jahre) beendet zum 30. März dieses Jahres ihre verkürzte Ausbildung zur technischen Produktionsdesignerin bei der ModernOffice KG. Lina hat somit einen gekürzten Urlaubsanspruch. Für jeden vollen Monat der Betriebszugehörigkeit hat sie einen Anspruch auf 1/12 des Jahresurlaubes. Daraus folgt, dass Lina einen Urlaubsanspruch von 5 Arbeitstagen hat.*

Beginnt die Berufsausbildung vor dem 01.07. oder endet die Berufsausbildung nach dem 30.06., dann hat der Auszubildende immer den vollen Urlaubsanspruch nach JArbSchG bzw. BUrlG.

Bei tarifgebundenen Betrieben ergibt sich der Umfang des Urlaubsanspruches aus dem Tarifvertrag.

Voraussetzungen, unter denen der Berufsausbildungsvertrag gekündigt werden kann
Eine Kündigung des Berufsausbildungsverhältnisses ist für den Ausbildenden **nach der Probezeit** laut 22 (2) Satz 1 BBiG nur noch aus einem **wichtigen Grund** möglich.

Die fristlose Kündigung muss schriftlich und unter Angabe des Kündigungsgrundes erfolgen. Außerdem muss sie innerhalb von zwei Wochen nach Bekanntgabe des Fehlverhaltens des Auszubildenden erfolgen, sonst ist sie unwirksam. Bei der Kündigung von Auszubildenden unter 18 Jahren muss das Kündigungsschreiben den gesetzlichen Vertretern schriftlich zugestellt werden.

Beispiel • *Einem Auszubildenden der ModernOffice KG kann nachgewiesen werden, dass er während seines Einsatzes in der Abteilung „Rechnungswesen" einen größeren Geldbetrag entwendet hat. Der Auszubildende wird fristlos gekündigt.*

Das Berufsausbildungsverhältnis kann nach der Probezeit **vom Auszubildenden** laut § 22 (3) BBiG mit einer Kündigungsfrist von vier Wochen gekündigt werden, wenn er die Ausbildung aufgeben möchte oder sich für eine andere Berufstätigkeit ausbilden lassen will.

In allgemeiner Form gehaltener Hinweis auf die Tarifverträge, Betriebs- oder Dienstvereinbarungen, die auf das Berufsausbildungsverhältnis anzuwenden sind
Gelten für den Betrieb bestimmte tarifliche bzw. betriebliche Regelungen, so ist dies im Berufsausbildungsvertrag zu vermerken.

Ein Tarifvertrag ist eine Vereinbarung zwischen den Arbeitgeberverbänden und den Gewerkschaften (Interessenvertreter der Arbeitnehmer).

Im Tarifvertrag werden Mindestnormen, wie beispielsweise das Entgelt der jeweiligen Lohn- und Gehaltsgruppen (Entgelttarifvertrag) vereinbart, welche nur abgeändert werden dürfen, wenn dies zugunsten der Arbeitnehmer erfolgt, z.B. im Rahmen von einzelvertraglichen Vereinbarungen.

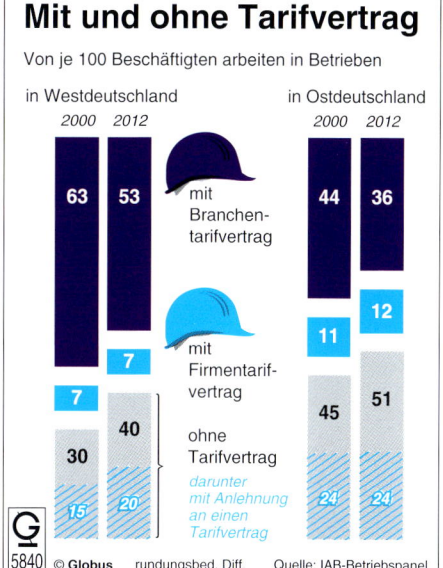

Mit und ohne Tarifvertrag

Von je 100 Beschäftigten arbeiten in Betrieben

in Westdeutschland
2000 2012

in Ostdeutschland
2000 2012

63 53 mit Branchen-tarifvertrag 44 36

7 mit Firmentarif-vertrag 11 12

7 40 ohne Tarifvertrag 45 51
30

15 20 *darunter mit Anlehnung an einen Tarifvertrag* 24 24

5840 © Globus   rundungsbed. Diff.   Quelle: IAB-Betriebspanel

Gehört der Arbeitgeber dem Arbeitgeberverband an und ist der Arbeitnehmer Mitglied der jeweiligen Gewerkschaft, dann gilt der Tarifvertrag automatisch. Außerdem kann der Arbeitgeber mit dem Arbeitnehmer im Arbeitsvertrag vereinbaren, dass ein bestimmter Tarifvertrag auf das Arbeitsverhältnis Anwendung finden soll. Man spricht hier von Geltung des Tarifvertrages kraft einzelvertraglicher Vereinbarung („Bezugnahme"). Diese Möglichkeit besteht unabhängig davon, ob der Arbeitgeber tarifgebunden ist oder der Arbeitnehmer Gewerkschaftsmitglied ist. Das Bundesministerium für Arbeit und Soziales hat außerdem die Möglichkeit, Tarifverträge für allgemein verbindlich zu erklären. Dann haben die tariflich getroffenen Regelungen auch Gültigkeit für nicht tarifgebundene Unternehmen.

Eine **Betriebsvereinbarung** *ist eine schriftliche Vereinbarung zwischen dem Betriebsrat und dem Arbeitgeber.*

Der **Betriebsrat** ist ein von den Arbeitnehmern gewähltes Gremium, welches deren Rechte und Interessen gegenüber dem Arbeitgeber vertritt.

„Der Betriebsrat ist vom Gesetz mit speziellen Rechten ausgestattet und steht dadurch unter einem besonderen Schutz. So hat er viel mehr Möglichkeiten als ein einzelner Arbeitnehmer, die Angelegenheiten der Belegschaft gegenüber dem Arbeitgeber zu vertreten und seine Ziele auch tatsächlich zu erreichen. Außerdem kann der Betriebsrat im Rahmen seiner Befugnisse die Mitarbeiter vor willkürlichen Unternehmensentscheidungen schützen. Denn der Arbeitgeber darf in vielerlei Hinsicht, beispielsweise bei Kündigungen oder bei der Anordnung von Überstunden, nicht einfach einseitig handeln. Er ist vielmehr verpflichtet, den Betriebsrat zu informieren und entsprechend an der Entscheidung über die bestimmte Maßnahme zu beteiligen."

Quelle: Institut zur Fortbildung von Betriebsräten KG, Aufgaben, Rechte und Pflichten eines Betriebsrats, abgerufen unter: http://www.brwahl.de/de/aufgaben-rechte-und-pflichten-eines-betriebsrat.html, 23.10.2013

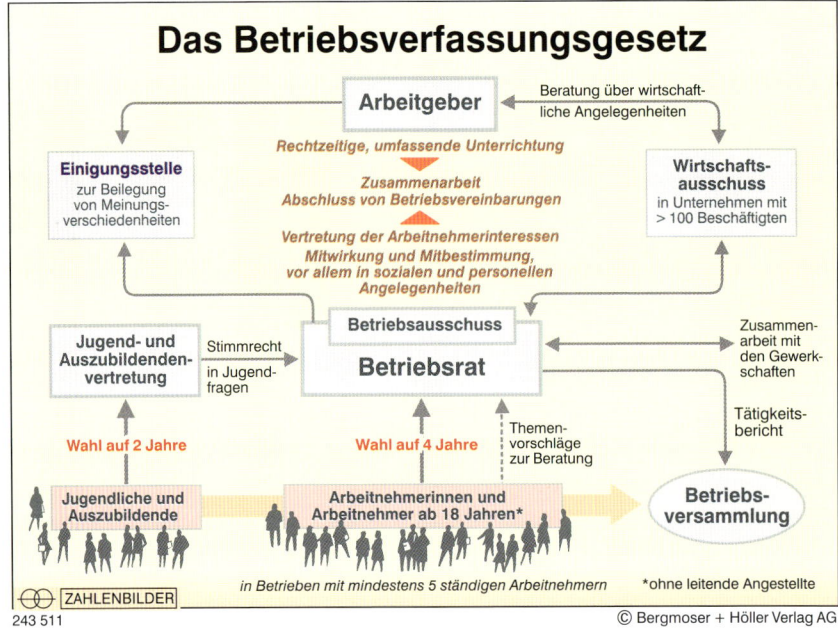

Gegenstand von Betriebsvereinbarungen können beispielsweise die Durchführung von betrieblichen Bildungsmaßnahmen, personelle Auswahlrichtlinien oder Maßnahmen zur Förderung der Vermögensbildung sein.

Im öffentlichen Dienst *bezeichnet man die Vereinbarung zwischen der Dienststelle und dem Personalrat als* Dienstvereinbarung.

Auf den Punkt gebracht

	Berufsschule – schulische Ausbildung –	Duale Berufsausbildung „Kaufleute für Büromanagement"	Betrieb – betriebliche Ausbildung –

1. Ausbildungsjahr	– **Ziel:** Vermittlung der beruflichen Handlungskompetenz
	– **Grundlage:** Rahmenlehrplan; Gliederung nach Lernfeldern (LF)
	– LF orientiert sich an betrieblichen Handlungssituationen
		– **Grundlage:** schriftlicher Berufsausbildungsvertrag, vorgeschriebene Mindestinhalte:
		– Art/sachliche u. zeitliche Gliederung
		– Beginn und Dauer
		– Ausbildungsmaßnahmen außerhalb
		– Arbeitszeit und Dauer der Probezeit
		– Vergütung (Höhe und Termin)
		– Anzahl der Urlaubstage
		– Kündigungsvoraussetzungen
		– Hinweis auf Tarifverträge etc.
			– **Ziel:** Vermittlung der beruflichen Handlungsfähigkeit
			– **Grundlage:** Ausbildungsverordnung
			– Vermittllung von Kernqualifikationen und integrativen Qualifikationen
			  - Büroprozesse
			  - Geschäftsprozesse
			  - Ausbildungsbetrieb
			  - Arbeitsorganisation
			  - Information, Kommunikation, Kooperation

	Teil 1 der Abschlussprüfung „informationstechn. Büromanagement" nach 18 Monaten (Prüfungsbasis: erste 15 Monate)		
2. und 3. Ausbildungsjahr	– Keine Differenzierung nach Wahlqualifikationen – identische Lernfelder für alle – Lernfelder werden in praxis- und berufsbezogene Lernsituationen unterteilt – In Lernsituationen werden die Fach-, Sozial-, Selbst- und Methodenkompetenz vermittelt	– Festlegung von zwei Wahlqualifikationen bereits im Berufsausbildungsvertrag – Bei minderjährigen Auszubildenden muss gesetzlicher Vertreter den Berufsausbildungsvertrag auch unterzeichnen	– Vermittlung von Kernqualifikationen, integrativen Qualifikationen und der zwei ausgewählten Wahlqualifikationen

Teil 2 der Abschlussprüfung in Wirtschafts- und Sozialkunde, Kundenbeziehungsprozesse und mündliche Fachaufgabe in Wahlqualifikation
Ende der Berufsausbildung: nach Ablauf der Ausbildungszeit bzw. mit Bestehen der Abschlussprüfung

Nutzen Sie Ihr Wissen

1. Kira Erdmann macht eine Ausbildung zur Kauffrau für Büromanagement bei der Hintermayer OHG. Im Rahmen ihrer Wahlqualifikationen ist sie gerade in der Personalabteilung eingesetzt. Der Bewerber Paul Engelhardt (16 Jahre alt, geb. am 03.05.19..) soll am 1. September seine Ausbildung zum Kaufmann für Büromanagement beginnen.

   Von ihrem Ausbilder erhält Kira folgende E-Mail zur Bearbeitung:

An …	manfred.kuehn@hintermayerOHG.de
Cc …	
Bcc …	
Betreff:	Fragen zum Ausbildungsvertrag „Kaufmann für Büromanagement"

   Sehr geehrter Herr Kühn,

   vielen Dank für das informative Gespräch. Ich freue mich sehr, meine Ausbildung am 1. September bei Ihnen zu starten. Ich habe meinen Hauptschulabschluss mit 1,5 abgeschlossen. Daher wollte ich Sie fragen, ob die Möglichkeit einer Ausbildungszeitverkürzung besteht. Ich bin auch bereit, hierfür auf meine Probezeit zu verzichten.

   Danke für Ihre Rückmeldung.

   Mit freundlichen Grüßen

   Paul Engelhardt

   a) Überprüfen Sie, ob in Herrn Engelhardts Fall die Voraussetzung einer Ausbildungszeitverkürzung bei Vertragsabschluss gegeben ist.
   b) Antworten Sie, stellvertretend für Kira, auf Herrn Engelhardts Fragen. Erläutern Sie hierbei, welche Möglichkeit der Ausbildungszeitverkürzung in seinem Fall besteht und erklären Sie ihm, welchen Zweck die Probezeit erfüllt.
   c) Kira soll den Ausbildungsvertrag zwischen Herrn Engelhardt und der Hintermayer OHG aufsetzen. Berechnen Sie, wie hoch Herr Engelhardts Urlaubsanspruch für die kommenden drei Ausbildungsjahre ist. Erklären Sie, von welchen Personen der Ausbildungsvertrag zu unterzeichnen ist.

2. Im Berufsschulunterricht von Ebru und Tom wird das Thema Ausbildungsvertrag behandelt. Die Schüler sollen hierzu ihre Ausbildungsverträge in den Unterricht mitbringen. Tom stellt beim Vergleich mit seinem Tischnachbarn fest, dass dieser, obwohl er in derselben Branche wie Tom arbeitet, im ersten Ausbildungsjahr nur 620 Euro verdient. Tom hingegen verdient 806 Euro. Begründen Sie, ob Toms Tischnachbar einen Anspruch auf eine höhere Vergütung hat.

3. Vier Wochen nach Ausbildungsbeginn hat Vivien Funk einen Verkehrsunfall und ist aufgrund dessen für acht Wochen krankgeschrieben. Nachdem Vivien in den Ausbildungsbetrieb zurückkehrt, teilt ihre Ausbilderin ihr mit, dass sie ihre dreimonatige Probezeit um weitere zwei Monate verlängern möchte.
   a) Erklären Sie, unter welcher Voraussetzung dies möglich ist.
   b) Führen Sie mindestens ein Argument auf, welches aus Sicht von Vivien für eine Probezeitverlängerung spricht.

1.2 Sich über die Mitbestimmungsrechte durch die Jugend- und Auszubildendenvertretung informieren

Lernsituation

Schon nächste Woche findet die Einführungsveranstaltung für die Auszubildenden des neuen Ausbildungsjahrganges statt. Insgesamt beschäftigt die ModernOffice KG ab dem 1. September dieses Jahres 35 Auszubildende. Der Auszubildende Luca Friedrich ist seit zwei Wochen in der Personalabteilung eingesetzt. Frau Ball teilt ihm heute Vormittag mit, dass Frida-Marie Mayer aus gesundheitlichen Gründen für mindestens vier Tage ausfällt. Aufgrund dessen bittet sie Luca, die Präsentation für die Einführungsveranstaltung zum Thema „JAV – Deine Rechtsvertretung im Betrieb" zu erstellen. Frau Ball merkt an, dass die Thematik für Luca kein Problem darstellen sollte, da das Präsentationsthema in der Berufsschule im 1. Schuljahr behandelt wurde.

Während des Gespräches notiert sich Luca folgende Punkte:

- Was ist die Jugend- und Auszubildendenvertretung (JAV) und welche Aufgaben und Rechte hat sie?
- Erfüllt die ModernOffice KG weiterhin die Voraussetzungen zur Einrichtung einer JAV? (Anzahl der Wahlberechtigten sind laut Frau Ball ab dem 01.09.20.. 35 Personen)
- Wer darf wählen und wer kann gewählt werden?
- Wovon ist die Anzahl der JA-Vertreter abhängig und wie viele JA-Vertreter sind für die kommende Wahl zu bestimmen?

- *Legen Sie im Plenum das Handlungsergebnis der Lernsituation fest. Was hat Luca zu tun?*
- *Besprechen Sie im Plenum, welche Informationen und Kenntnisse Luca benötigt, um den Arbeitsauftrag von Frau Ball erfolgreich auszuführen. Wo findet er die benötigten Informationen?*
- *Verwenden Sie zur Problemlösung das Lehrbuch oder die von Ihnen im Plenum besprochenen und ausgewählten Informationsquellen.*
- *Erstellen Sie in Partnerarbeit, stellvertretend für Luca, die Präsentation für die bevorstehende Einführungsveranstaltung. Achten Sie darauf, dass alle Fragen auf Lucas Notizzettel in Ihrer Präsentation berücksichtigt werden.*
- *Tauschen Sie sich mit einem anderen Partnerarbeitsteam aus und vergleichen Sie Ihre Präsentationen. Kontrollieren Sie, ob Sie den Arbeitsauftrag vollständig, formgerecht und begründet ausgeführt haben. Nehmen Sie, falls notwendig, entsprechende Korrekturen und Ergänzungen vor.*
- *Wählen Sie im Plenum zwei Partnerarbeitsteams aus, die ihr Arbeitsergebnis der Klasse präsentieren. Bewerten Sie die Präsentation hinsichtlich des Inhaltes und der Darstellungsform. Diskutieren Sie im Plenum begründet, wo es evtl. Verbesserungs- bzw. Optimierungsmöglichkeiten gibt.*
- *Reflektieren Sie im Plenum, weshalb einzelne Partnerarbeitsteams erfolgreicher waren als andere bei der Erstellung der Präsentation.*
- *Notieren Sie zwei Entwicklungsaufgaben, die Sie bei der nächsten Arbeit mit dem Präsentationsprogramm PowerPoint umsetzen möchten.*

*Einführung
Power-
Point*

Aufgaben der Jugend- und Auszubildendenvertretung (JAV)

Die JAV vertritt die Rechte und Interessen der Auszubildenden und jugendlichen Beschäftigten im Betrieb oder der Dienststelle und ist bei Problemen deren Ansprechpartner. Die gesetzlichen Bestimmungen für die Jugend- und Auszubildendenvertretung (JAV) sind im **Betriebsverfassungsgesetz (BetrVG)** für die Privatwirtschaft und im **Bundespersonalvertretungsgesetz (BPersVG)** für den öffentlichen Dienst verankert.

Zu den **Hauptaufgaben** der Jugend- und Auszubildendenvertretung gehören:
- Überwachung der Einhaltung von Gesetzen, Betriebsvereinbarungen bzw. Dienstvereinbarungen und Tarifverträgen zugunsten der Jugendlichen
- Entgegennahme von Anregungen der Jugendlichen und Hinwirkung auf deren Erledigung beim Betriebsrat oder beim Personalrat, wenn sie berechtigt sind
- Beantragung von Maßnahmen beim Betriebsrat oder beim Personalrat zur Durchsetzung der tatsächlichen Gleichstellung von jugendlichen Frauen und Männern
- Beantragung von Maßnahmen beim Betriebsrat oder beim Personalrat zur Übernahme der Auszubildenden nach der Ausbildung
- Förderung der Integration von ausländischen Jugendlichen und Auszubildenden und Beantragung von entsprechenden Maßnahmen

Rechte der Jugend- und Auszubildendenvertretung

Aus den Aufgaben lassen sich folgende Rechte der JAV ableiten:
- Kontrollrecht
- Anregungsrecht
- Teilnahmerecht bei Betriebs- bzw. Personalratssitzungen
- Antragsrecht
- Stimmrecht bei Betriebs- bzw. Personalratssitzungen
- Unterrichtungsrecht durch den Betriebs- bzw. Personalrat

Um dem **Kontrollrecht** gerecht zu werden, hat die JAV unterschiedliche Handlungsmöglichkeiten. Zum einen ist die JAV berechtigt, **Jugend- und Auszubildendenversammlungen** durchzuführen. Hierbei werden die Auszubildenden über die Arbeit der JAV informiert. Es werden aktuelle Themen besprochen und Anregungen sowie Beschwerden der Jugendlichen entgegengenommen. Zum anderen hat die JAV die Möglichkeit, Betriebsbegehungen durchzuführen oder Umfragen zu starten. Zudem haben die Auszubildenden das Recht, auch während der Ausbildungszeit und ohne Angabe von Gründen, die JAV oder den Betriebsrat bzw. den Personalrat aufzusuchen.

Beispiel • *Die JAV der ModernOffice KG veranstaltet jährlich vier Jugend- und Auszubildendenversammlungen. Die Jugend- und Auszubildendenvertreterin Frida-Marie Mayer stellt fest, dass es einige Auszubildende gibt, die in den Sitzungen nicht den Mut haben, Probleme offen anzusprechen. Einige wissen auch nicht, welche Rechte sie als Auszubildende haben. Frida-Marie hat die Idee, eine Ja/Nein-Kartenabfrage durchzuführen, um mögliche Missstände im Betrieb aufzudecken. Hierzu notiert sie im Vorfeld Fragen wie beispielsweise „Werde ich bei einem hohen Krankenstand in meiner Abteilung für den Besuch der Berufsschule freigestellt?". Die Kartenabfrage zeigt, dass die Ausbilder der ModernOffice KG ihren Pflichten vorbildlich nachkommen. Bei der anschließenden Gesprächsrunde wird das Thema „Fahrtkostenzuschüsse für Auszubildende" angesprochen. Frida-Marie Mayer beschließt, den Betriebsrat diesbezüglich zu kontaktieren.*

Die JAV kann auch Sprechstunden einrichten. § 69 BetrVG regelt die Bestimmungen für die Einrichtung einer Sprechstunde der JAV im Betrieb:

> § 69 BetrVG In Betrieben, die in der Regel mehr als fünfzig der in § 60 Abs. 1 (siehe Seite 39) genannten Arbeitnehmer beschäftigen, kann die Jugend- und Auszubildendenvertretung Sprechstunden während der Arbeitszeit einrichten. Zeit und Ort sind durch Betriebsrat und Arbeitgeber zu vereinbaren. § 39 Abs. 1 Satz 3 und 4 und Abs. 3 gilt entsprechend. An den Sprechstunden der Jugend- und Auszubildendenvertretung kann der Betriebsratsvorsitzende oder ein beauftragtes Betriebsratsmitglied beratend teilnehmen.

> § 39 (2) BetrVG Führt die Jugend- und Auszubildendenvertretung keine eigenen Sprechstunden durch, so kann an den Sprechstunden des Betriebsrats ein Mitglied der Jugend- und Auszubildendenvertretung zur Beratung der in § 60 Abs. 1 genannten Arbeitnehmer teilnehmen.

Im **öffentlichen Dienst** hingegen ist die Einrichtung einer Sprechstunde unabhängig von der Anzahl der Jugendlichen und Auszubildenden möglich. Aber auch hier hat der Personalrat die Möglichkeit, an den Sprechstunden beratend teilzunehmen.

Zur Problemlösung sollte die JAV die folgenden **rechtlichen Grundlagen** heranziehen:
• Verordnungen
• Betriebsvereinbarungen bzw. Dienstvereinbarungen
• Tarifverträge
• Jugendarbeitsschutzgesetz (JArbSchG)
• Betriebsverfassungsgesetz (BetrVG) bzw. Bundespersonalvertretungsgesetz (BPersVG) oder Landespersonalvertretungsgesetze
• Berufsbildungsgesetz (BBiG)

Stellt die JAV fest, dass geltende Gesetze oder Vorschriften vom Arbeitgeber nicht beachtet wurden, so hat sie sich an den Betriebsrat bzw. Personalrat zu wenden, da lediglich dieser die Einhaltung der Gesetze beim Arbeitgeber einfordern kann.

Die JAV hat außerdem das Recht und die Pflicht nach § 70 (1) Nr. 3 BetrVG bzw. § 61 (1) S. 3 BPersVG, die Anregungen der Jugendlichen auf ihre Berechtigung zu überprüfen **(Anregungsrecht)**. Berechtigte Anregungen sind von der JAV an den Betriebs- bzw. Personalrat weiterzuleiten und auf deren Erledigung hinzuwirken.

Der Betriebs- bzw. Personalrat seinerseits hat die Aufgabe, die Angelegenheit auf deren Begründung zu überprüfen. Erachtet er die Angelegenheit als begründet, so wird er sie mit dem Arbeitgeber verhandeln.

Nach § 67 (1) BetrVG bzw. § 40 BPersVG kann die JAV zu allen Betriebs- bzw. Personalsitzungen einen Vertreter entsenden **(ständiges Teilnahmerecht)**. Ist die zu verhandelnde Maßnahme für die Jugendlichen von besonderer Bedeutung, so haben alle Mitglieder der JAV nach § 67 (1) BetrVG bzw. § 40 (1) BPersVG ein **besonderes Teilnahmerecht** zu diesem Tagesordnungspunkt bei der Betriebsrats- bzw. Personalratssitzung. Außerdem darf die JAV in diesem Fall auch an der Besprechung mit dem Arbeitgeber bzw. dem Dienststellenleiter und dem Betriebsrat bzw. Personalrat nach § 68 BetrVG bzw. § 61 (4) BPersVG teilnehmen.

Die JAV ist gesetzlich verpflichtet, den jugendlichen Arbeitnehmer oder Auszubildenden, der sich an die JAV gewandt hat, während des gesamten Vorgangs „über den Stand und das Ergebnis der Verhandlungen zu informieren" nach § 70 (1) Nr. 3 BetrVG bzw. § 61 (1) Nr. 3 BPersVG.

Die JAV hat daneben ein **Antragsrecht** bezüglich aller Maßnahmen, welche die jugendlichen Arbeitnehmer oder Auszubildenden betreffen und einen Bezug zur betrieblichen Arbeit haben. Hierzu muss sie die Maßnahmen in den JAV-Sitzungen besprechen und abstimmen. Findet der Beschluss eine Mehrheit, so hat sie den Antrag beim Betriebs- bzw. Personalrat einzureichen. Der Betriebs- bzw. Personalrat muss bei der nächsten Sitzung darüber beraten. Die gesamte JAV kann hierbei von ihrem Teilnahmerecht an der Betriebsrats- bzw. Personalratssitzung Gebrauch machen.

Außerdem hat die JAV bei der Betriebsrats- bzw. Personalratssitzung nach § 67 (2) BetrVG bzw. § 40 (1) BPersVG unter folgender Bedingung ein **Stimmrecht**:

> **§ 67 BetrVG** (2) Die Jugend- und Auszubildendenvertreter haben Stimmrecht, soweit die zu fassenden Beschlüsse des Betriebsrats **überwiegend** die in § 60 Abs. 1 genannten Arbeitnehmer betreffen.

> **§ 40 BPersVG** (1) [...] An der Behandlung von Angelegenheiten, die besonders die in § 57 genannten Beschäftigten betreffen, kann die gesamte Jugend- und Auszubildendenvertretung beratend teilnehmen. Bei Beschlüssen des Personalrates, die **überwiegend** die in § 57 genannten Beschäftigten betreffen, haben die Jugend- und Auszubildendenvertreter Stimmrecht.

Beispiel • *Der Betriebsrat der ModernOffice KG hat die JAV zur kommenden Betriebsratssitzung eingeladen und über die Tagesordnungspunkte informiert. Unter anderem soll hierbei der Tagesordnungspunkt „Fahrtkostenzuschüsse für Auszubildende" verhandelt und beschlossen werden. Die JAV der ModernOffice KG hat bezüglich dieses Themas nicht nur ein Teilnahme-, sondern auch ein Stimmrecht, da dieser Beschluss überwiegend die Auszubildenden der ModernOffice KG betrifft.*

Die JAV hat umfangreiches **Unterrichtungsrecht** gegenüber dem Betriebs- bzw. Personalrat nach § 70 (2) BetrVG bzw. § 61 (3) BPersVG.

> **§ 70 (2) BetrVG** Zur Durchführung ihrer Aufgaben ist die Jugend- und Auszubildendenvertretung durch den Betriebsrat rechtzeitig und umfassend zu unterrichten. Die Jugend- und Auszubildendenvertretung kann verlangen, dass ihr der Betriebsrat die zur Durchführung ihrer Aufgaben erforderlichen Unterlagen zur Verfügung stellt.

Jugend- und Auszubildendenvertretung in der Privatwirtschaft

Betriebe, die einen Betriebsrat haben und die Bestimmungen des § 60 (1) BetrVG erfüllen, haben eine Jugend- und Auszubildendenvertretung einzurichten.

> **§ 60 BetrVG** (1) In Betrieben mit in der Regel mindestens fünf Arbeitnehmern, die das 18. Lebensjahr noch nicht vollendet haben (jugendliche Arbeitnehmer) oder die zu ihrer Berufsausbildung beschäftigt sind und das 25. Lebensjahr noch nicht vollendet haben, werden Jugend- und Auszubildendenvertretungen gewählt.

Die regelmäßigen Wahlen der Jugend- und Auszubildendenvertretung finden laut § 64 (1) BetrVG alle **zwei Jahre** in der Zeit vom **1. Oktober bis 30. November** statt. Die **Wahlberechtigung (= aktives Wahlrecht)** und die Wählbarkeit (= **passives Wahlrecht**) regelt § 61 BetrVG.

> **§ 61 BetrVG** (1) Wahlberechtigt sind alle in § 60 Abs. 1 genannten Arbeitnehmer des Betriebs. (2) Wählbar sind alle Arbeitnehmer des Betriebs, die das 25. Lebensjahr noch nicht vollendet haben; § 8 Abs. 1 Satz 3 findet Anwendung. Mitglieder des Betriebsrats können nicht zu Jugend- und Auszubildendenvertretern gewählt werden.

Beispiele •
- *Jela Frank ist 21 Jahre alt und macht eine Ausbildung zur Kauffrau für Büromanagement in der Privatwirtschaft. Obwohl Frau Frank volljährig ist, darf sie an den Wahlen der Jugend- und Auszubildendenvertretung teilnehmen, da sie Auszubildende ist und das 25. Lebensjahr noch nicht vollendet hat.*
- *Daniel Tengler ist 25 Jahre alt und beginnt im August seine Ausbildung zum Kaufmann für Büromanagement. Obwohl Herr Tengler Auszubildender ist, darf er an den Wahlen der Jugend- und Auszubildendenvertretung nicht teilnehmen, da er 25 Jahre alt ist.*

Die Zahl der Jugend- und Auszubildendenvertreter (1 bis 15 Vertreter) richtet sich laut § 62 BetrVG nach der Anzahl der Wahlberechtigten.

§ 62 BetrVG: Zahl der Jugend- und Auszubildendenvertreter	
Anzahl der Wahlberechtigten nach § 61 (1) BetrVG	**Zahl der Jugend- und Auszubildendenvertreter**
5 bis 20	eine Person
21 bis 50	3 Mitglieder
51 bis 150	5 Mitglieder
151 bis 300	7 Mitglieder
301 bis 500	9 Mitglieder
501 bis 700	11 Mitglieder
701 bis 1 000	13 Mitglieder
mehr als 1 000	15 Mitglieder

Die Jugend- und Auszubildendenvertretung sollte in ihrer Zusammensetzung die verschiedenen Beschäftigungsarten und Ausbildungsberufe des Betriebes widerspiegeln laut § 62 (2) BetrVG. Zudem muss das Geschlecht, welches unter den Wahlberechtigten in der Minderheit ist, entsprechend seinem zahlenmäßigen Verhältnis in der Jugend- und Auszubildendenvertretung vertreten sein, wenn diese aus mindestens drei Mitgliedern besteht.

Jugend- und Auszubildendenvertretung im öffentlichen Dienst

Dienststellen, die eine Personalvertretung haben und die Bestimmungen des § 57 BPersVG erfüllen, haben eine Jugend- und Auszubildendenvertretung einzurichten.

§ 57 BPersVG In Dienststellen, bei denen Personalvertretungen gebildet sind und denen in der Regel mindestens fünf Beschäftigte angehören, die das 18. Lebensjahr noch nicht vollendet haben (jugendliche Beschäftigte) oder die sich in einer beruflichen Ausbildung befinden und das 25. Lebensjahr noch nicht vollendet haben, werden Jugend- und Auszubildendenvertretungen gebildet.

Die regelmäßigen Wahlen der Jugend- und Auszubildendenvertretung finden laut § 60 (2) BPersVG alle **zwei Jahre** in der Zeit vom **1. März bis 31. Mai** statt. Die **Wahlberechtigung (= aktives Wahlrecht)** und die **Wählbarkeit (= passives Wahlrecht)** regelt § 58 BPersVG.

„Wahlberechtigt sind danach alle in § 57 genannten Beschäftigten […]", laut § 58 (1) BPersVG. Wählbar sind Beschäftigte, die am Wahltag noch nicht das 26. Lebensjahr vollendet haben und die seit sechs Monaten dem Geschäftsbereich ihrer obersten Dienststelle angehören, laut § 58 (2) Satz 2 i. V. m. § 14 Abs. 1 Nr. 1 BPersVG.

Beispiel • *Amalia Klose beginnt im September ihre Ausbildung zur Kauffrau für Büromanagement bei der Landeshauptstadt Stuttgart. Am 6. September dieses Jahres wird Amalia 25 Jahre alt. Ende März kommenden Jahres werden die Wahlen der JAV stattfinden. Begründen Sie, welche Wahlrechte Amalia hat.*

Lösung: Da Amalia bereits 25 Jahre alt ist, hat sie **keine Wahlberechtigung** *(aktives Wahlrecht). Jedoch hat sie ein* **passives Wahlrecht**. *Bis zum Wahltag gehört Amalia sechs Monate dem Geschäftsbereich ihrer Dienststelle an und hat das 26. Lebensjahr noch nicht vollendet. Somit gehört sie zu der Personengruppe, welche sich zur Wahl aufstellen lassen darf.*

Im öffentlichen Dienst ist die Anzahl der Jugend- und Auszubildendenvertreter nach § 59 (1) BPersVG leicht abweichend im Vergleich zur Privatwirtschaft geregelt.

§ 59 BPersVG: Zahl der Jugend- und Auszubildendenvertreter	
Anzahl der Wahlberechtigten nach § 57 BPersVG	**Zahl der Jugend- und Auszubildendenvertreter**
5 bis 20	eine Person
21 bis 50	3 Mitglieder
51 bis 200	5 Mitglieder
201 bis 300	7 Mitglieder
301 bis 1 000	11 Mitglieder
mehr als 1 000	15 Mitglieder

Auf den Punkt gebracht

1 – 15 Jugend- und Auszubildendenvertreter

Zahl der JA-Vertreter ist von der Anzahl der Wahlberechtigten im Betrieb bzw. Dienststelle abhängig § 62 BetrVG bzw. § 57 BPersVG

Privatwirtschaft	öffentlicher Dienst
Wählbar (= passives Wahlrecht) sind alle Arbeitnehmer unter 25 Jahren, sofern nicht Betriebsratsmitglied	Wählbar (= passives Wahlrecht) sind alle Arbeitnehmer unter 26 Jahren, die mind. 6 Monate dem Geschäftsbereich der obersten Dienststelle angehören

Wahlberechtigte (= aktives Wahlrecht) wählen auf 2 Jahre die JAV

 Mindestens 5 jugendliche Arbeitnehmer unter 18 Jahren oder Auszubildende unter 25 Jahren

Bedingung für die Einrichtung einer JAV bei Betrieben und öffentlichen Dienststellen

Stimmrecht bei Jugendfragen und Antragsrecht

Ständiges Teilnahmerecht (1 Vertreter)

Besonderes Teilnahmerecht (alle JA-Vertreter)

Unterrichtungspflicht

Betriebsrat bzw. Personalrat

Nutzen Sie Ihr Wissen

1. Maia Müller (Betriebsratsmitglied) ist 22 Jahre alt und hat vor zwei Jahren ihre Ausbildung bei der Maschinenfabrik RUDOLF Werke GmbH in Göppingen zur Kauffrau für Büromanagement abgeschlossen. Am 30. November dieses Jahres finden die Wahlen zur Jugend- und Auszubildendenvertretung statt. Maia überlegt, sich zur Wahl aufstellen zu lassen.

   a) Nennen Sie zwei Aufgaben der JAV und erklären Sie mithilfe von Beispielen, wie sie der Erledigung dieser Aufgaben nachkommt.

   b) Erklären Sie, was man unter dem aktiven und passiven Wahlrecht versteht. Prüfen Sie, ob Maia bei den Wahlen zur JAV aktiv und passiv wahlberechtigt ist.

   c) Maias Freund, Savas Gül (24 Jahre), hat seine Ausbildung zum Kaufmann für Büromanagement bei der Stadt Kornwestheim erfolgreich abgeschlossen. Aufgrund seiner sehr guten Leistungen wird Savas übernommen. Erklären Sie, ob Savas bei den bevorstehenden JAV-Wahlen aktiv und passiv wahlberechtigt ist.

2. Der 16-jährige Patrick Richter macht eine Ausbildung zum Kaufmann für Büroma-
    nagement bei der KIEGER GmbH. Das Unternehmen beschäftigt ständig 65 Arbeit-
    nehmer und hat einen Betriebsrat, darunter drei Auszubildende unter 18 Jahren
    und vier Auszubildende unter 25 Jahren. Die Auszubildenden treffen sich einmal
    monatlich zum Azubi-Stammtisch. Hier können sich die Auszubildenden austau-
    schen, neue Ideen besprechen und etwas mit Gleichgesinnten unternehmen. Bei
    ihrem heutigen Treffen merkt Patrick an, ob es nicht vorteilhaft wäre, eine Jugend-
    und Auszubildendenvertretung im Betrieb einzurichten. Diese könnte dann Sprech-
    stunden für die Jugendlichen und Auszubildenden der KIEGER GmbH anbieten.
    a) Erklären Sie, welche Voraussetzungen für die Wahl einer JAV gelten, und prüfen
       Sie, ob die KIEGER GmbH diese Voraussetzungen erfüllt.
    b) Begründen Sie, ob die JAV der KIEGER GmbH den Vorschlag von Patrick, eine
       JAV-Sprechstunde anzubieten, umsetzen kann.

3. Erstellen Sie ein Kurzreferat über Ihren Betrieb bzw. Ihre Dienststelle zum Thema
    „Jugend- und Auszubildendenvertretung". Gehen Sie bei Ihrer Präsentation auf die
    folgenden Fragestellungen ein und begründen Sie Ihre Antworten, wenn möglich,
    mithilfe des entsprechenden Gesetzes.
    a) Werden die Bestimmungen des § 60 (1) BetrVG bzw. § 57 BPersVG in Ihrem
       Betrieb bzw. Ihrer Dienststelle erfüllt?
    b) Wie viele Mitglieder hat die JAV in Ihrem Betrieb bzw. Ihrer Dienststelle?
    c) Wann finden die nächsten JAV-Wahlen statt und welche Wahlrechte besitzen Sie?
    d) Gibt es in Ihrer bisherigen Ausbildungszeit Anlässe und Probleme, bei welchen
       Sie sich an die JAV wenden könnten? Wenn ja, erklären Sie, wie die JAV zur Pro-
       blemlösung beitragen kann.

4. a) Analysieren Sie das Schaubild. Definieren Sie hierbei die Begriffe „Personalrat,
       Haupt-, Bezirks- und Gesamtpersonalrat".
    b) Besprechen Sie im Plenum, welche relevanten Informationen zum Thema JAV
       im Schaubild hinzugefügt werden könnten.

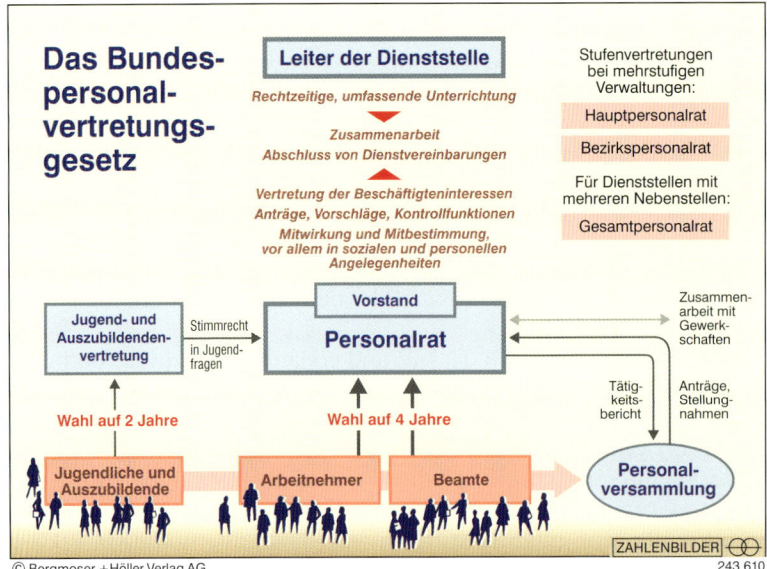

© Bergmoser + Höller Verlag AG   243 610

1.3   Eigene Rechte und Pflichten als Auszubildender analysieren

Lernsituation

Ebru Celik, Tom Wildermuth und Martin Enderle wurden zu Jugend- und Auszubildendenvertretern der ModernOffice KG gewählt. Im Rahmen ihrer Arbeit als Jugend- und Auszubildendenvertreterin liest Ebru folgende E-Mail:

An …	jugendundauszubildendenvertretung@mo-modernoffice.com
Cc …	
Bcc …	
Betreff:	Anfrage zu Arbeitsmitteln, Freistellung und Aufgaben

Liebe JAV,

mein Name ist Svenja Kolleck, ich bin 18 Jahre alt und aktuell Auszubildende im ersten Ausbildungsjahr zur Kauffrau für Büromanagement. Ich habe ein paar Fragen zu meinen Rechten als Auszubildende und hoffe, Ihr könnt mir weiterhelfen.

Meine Schulfreundin, Laura Rodriguez, hat von ihrem Ausbildungsbetrieb das Schulbuch für das Unterrichtsfach „Berufsfachliche Kompetenz" erhalten. Nachdem ich bei meiner Ausbilderin nachgefragt habe, wann ich mein Schulbuch erhalte, meinte sie nur, dass der Ausbildungsbetrieb das Schulbuch nicht bereitstellen muss. Ist es aber nicht die Pflicht des Ausbilders, mir das Schulbuch kostenlos zur Verfügung zu stellen?

Außerdem habe ich dienstags und donnerstags Berufsschulunterricht. Laura muss dienstagnachmittags nach sechs Unterrichtsstunden nicht mehr in den Betrieb gehen. Der Tag wird ihr jedoch mit acht Stunden auf die Wochenarbeitszeit angerechnet. Meine Ausbilderin verlangt von mir, dass ich dienstagnachmittags noch in den Ausbildungsbetrieb komme. Als ich sie darauf angesprochen habe, meinte sie, diese Regelung gilt nur für jugendliche Auszubildende. Ich bin doch aber eine jugendliche Auszubildende, oder?

Nun zu meiner letzten Frage. Seit drei Wochen muss ich jeden Freitag mit Frau Müller (Sachbearbeiterin aus meiner Abteilung) die Ablage machen. Zudem muss ich, meiner Meinung nach, relativ viele Kopierarbeiten der anderen Mitarbeiter übernehmen. Gehören diese Aufgaben wirklich zu meiner Ausbildung? Oder ratet Ihr mir, meine Ausbilderin diesbezüglich anzusprechen?

Bitte gebt mir schnellstmöglich Bescheid.

Viele Grüße

Svenja Kolleck

Ebru fällt beim Sichten der E-Mails im Posteingangskorb der JAV auf, dass auch andere Auszubildende Fragen bezüglich ihrer Rechte und Pflichten haben. Für den geplanten Intranetauftritt der JAV und für ihre eigene Arbeit als Jugendvertreterin möchte sie daher eine tabellarische Übersicht bezüglich der Rechte und Pflichten der Auszubildenden erstellen.

To-do-Liste
- Erstellung einer tabellarischen Übersicht bezüglich der Rechte und Pflichten von Auszubildenden → anhand von Gesetzen belegen.
- E-Mail von Svenja beantworten → wurde Svenja in ihren Rechten verletzt? Antwort anhand des Gesetzes belegen.

- *Legen Sie im Plenum die Handlungsergebnisse fest.*
- *Besprechen Sie im Plenum, welche Informationen Ebru benötigt, um die Aufgaben auf ihrer To-do-Liste erledigen zu können. Wo findet sie die benötigten Informationen?*
- *Verwenden Sie zur Aufgabenbearbeitung das Lehrbuch oder die von Ihnen im Plenum besprochenen und ausgewählten Informationsquellen.*
- *Erstellen Sie in Partnerarbeit, stellvertretend für Ebru, die Übersicht bezüglich der Rechte und Pflichten von Auszubildenden. Beantworten Sie anschließend in einem E-Mail-Schreiben die Fragen von Svenja.*
- *Wählen Sie im Plenum ein Partnerarbeitsteam aus, das sein Arbeitsergebnis präsentiert. Überprüfen Sie, ob das Team alle Aufgaben auf der To-do-Liste vollständig und richtig umgesetzt haben.*
- *Reflektieren Sie im Plenum, weshalb einzelne Partnerarbeitsteams erfolgreicher waren als andere bei der Ausführung des Arbeitsauftrags.*
- *Halten Sie, falls notwendig, schriftlich fest, was Sie persönlich zukünftig bei der Arbeit mit Gesetzestexten berücksichtigen müssen.*

Methoden-blatt Gesetzes-texte verstehen

Während der Berufsausbildung haben die Auszubildenden sowie der Ausbildende bestimmte **Pflichten**, welche gleichzeitig die Rechte des anderen Vertragspartners darstellen. Die Pflichten der jeweiligen Vertragspartner sind im **Berufsbildungsgesetz (BBiG)** geregelt.

Pflichten des Ausbildenden nach den §§ 14 ff. BBiG

Ausbildungspflicht gemäß Ausbildungsordnung

§ 14 (1) Nr. 1 BBiG Ausbildende haben dafür zu sorgen, dass den Auszubildenden die berufliche Handlungsfähigkeit vermittelt wird, die zum Erreichen des Ausbildungsziels erforderlich ist, und die Berufsausbildung in einer durch ihren Zweck gebotenen Form planmäßig, zeitlich und sachlich gegliedert so durchzuführen, dass das Ausbildungsziel in der vorgesehenen Ausbildungszeit erreicht werden kann.

Das Ziel der Berufsausbildung ist das Erlangen der **beruflichen Handlungsfähigkeit.** *Berufliche Handlungsfähigkeit ist definiert als die „beruflichen Fertigkeiten, Kenntnisse und Fähigkeiten, die für die Ausübung einer qualifizierten beruflichen Tätigkeit in einer sich wandelnden Arbeitswelt notwendig sind" (§ 1 (3) BBiG).*

Die Hauptziele der Berufsausbildung bestehen darin, den Auszubildenden bestmöglich auf seine Abschlussprüfung vorzubereiten und ihm, neben dem Fachwissen, Fähigkeiten und Kenntnisse zu vermitteln, welche es ihm ermöglichen, in einer sich wandelnden Arbeitswelt erfolgreich zurechtzukommen. Zur Zielerreichung muss der Ausbildungsbetrieb nach der **Ausbildungsordnung** bzw. dem **Ausbildungsrahmenplan** ausbilden. Der Ausbildungsbetrieb hat hierzu einen **betrieblichen Ausbildungsplan** zu erstellen und nach diesem die Ausbildung durchzuführen.

Beispiel • *Der betriebliche Ausbildungsplan wurde Ebru Celik mit ihrem Ausbildungsvertrag ausgehändigt. Mithilfe des betrieblichen Ausbildungsplanes kann Ebru ganz genau nachvollziehen, wann und mit welchem zeitlichen Rahmen sie in den kommenden drei Ausbildungsjahren in welcher Abteilung der ModernOffice KG eingesetzt ist und welche Fertigkeiten, Kenntnisse und Fähigkeiten ihr dort vermittelt werden.*

Eignung des Ausbildenden

§ 14 (1) Nr. 2 BBiG Ausbildende haben selbst auszubilden oder einen Ausbilder oder eine Ausbilderin ausdrücklich damit zu beauftragen.

Beispiel • *Alle Ausbilder bei der ModernOffice KG haben die Ausbilder-Eignungsprüfung bei der IHK abgelegt und somit die Befähigung auszubilden.*

Kostenlose Bereitstellung der Ausbildungsmittel

§ 14 (1) Nr. 3 BBiG Ausbildende haben Auszubildenden kostenlos die Ausbildungsmittel, insbesondere Werkzeuge und Werkstoffe zur Verfügung zu stellen, die zur Berufsausbildung und zum Ablegen von Zwischen- und Abschlussprüfungen, auch soweit solche nach Beendigung der Berufsausbildungsverhältnisse stattfinden, erforderlich sind.

Zu den Ausbildungsmitteln, welche kostenlos vom Ausbildungsbetrieb zur Verfügung gestellt werden müssen, gehören beispielsweise die Berichtshefte, Schreibmaterialien oder Fachbücher, welche für die Ausbildung **im Ausbildungsbetrieb** benötigt werden. Die Materialien und Lehrbücher, welche für den Berufsschulunterricht benötigt werden, zählen hier nicht dazu.

Forderung des Berufsschulbesuchs und der Führung eines Berichtshefts

§ 14 (1) Nr. 4 BBiG Ausbildende haben Auszubildende zum Besuch der Berufsschule sowie zum Führen von schriftlichen Ausbildungsnachweisen anzuhalten, soweit solche im Rahmen der Berufsausbildung verlangt werden, und diese durchzusehen.

Mithilfe des betrieblichen Ausbildungsplans und des Berichtshefts ist ein späterer Vergleich des tatsächlichen Ausbildungsverlaufs gewährleistet. Das **Führen des Berichtshefts** ist Zulassungsvoraussetzung für die Abschlussprüfung laut § 43 (1) Ziff. 2 BBiG, es muss bei der IHK-Abschlussprüfung vom Auszubildenden vorgelegt werden.

Beispiel • *Frida-Marie Mayer muss ein wöchentliches Berichtsheft führen. Ihre Ausbilderin, Frau Ball, setzt sich alle zwei Wochen mit Frida-Marie zusammen und kontrolliert ihre Einträge. Zu Beginn hat Frau Ball ihr oft bei den Formulierungen der Tätigkeiten geholfen. So musste Frida-Marie lernen, dass es nicht genügt, im Berichtsheft unter dem Eingabefeld „Betriebliche Tätigkeit" z.B. lediglich Einkauf zu notieren, sondern dass die ausgeübte Tätigkeit genau beschrieben werden muss: „Vergleich von Angeboten aus dem Bereich Rohstoffe bezüglich Preis, Lieferzeit und Qualität." Nach der Besprechung unterzeichnet Frau Ball das Berichtsheft.*

Fürsorgepflicht

> **§ 14 (1) Nr. 5 BBiG** Ausbildende haben dafür zu sorgen, dass Auszubildende charakterlich gefördert sowie sittlich und körperlich nicht gefährdet werden.

Beispiel • *Die Ausbilderin Miriam Ball kann nachweisen, dass der Auszubildende Andreas Trunk eine Auszubildende seit geraumer Zeit mobbt. Dieses Verhalten von Andreas kann Frau Ball mit verschiedenen disziplinarischen Maßnahmen – von der Ermahnung bis hin zur fristlosen Kündigung – ahnden. Frau Ball entscheidet, Andreas eine Abmahnung auszusprechen.*

Im Rahmen seiner Fürsorgepflicht muss der Ausbilder seinen Auszubildenden beispielsweise vor Mobbingangriffen in Schutz nehmen. Außerdem müssen sich Ausbilder sowie Kollegen gegenüber dem Auszubildenden so verhalten, dass dieser sittlich in keiner Weise gefährdet werden kann (z. B. Verleitung zum Rauchen, Genuss von Alkohol etc.). Auszubildende sollen auch vor körperlichen Überforderungen geschützt werden. Volljährige Auszubildende haben deshalb bei einer täglichen Arbeitszeit von mehr als 6 Stunden einen Anspruch auf eine Ruhepause von 30 Minuten laut § 4 Arbeitszeitgesetz (ArbZG).

Einer besonderen Fürsorge unterliegen die Jugendlichen (= Personen, die über 15, aber noch nicht 18 Jahre alt sind) nach dem Jugendarbeitsschutzgesetz (JArbSchG).

Im Rahmen seiner Fürsorgepflicht muss der Ausbildende darauf achten, dass die minderjährigen Auszubildenden vor Überbeanspruchung und Überforderung geschützt werden und dass das Jugendarbeitsschutzgesetz im Ausbildungsbetrieb eingehalten wird.

Folgende Schutzvorschriften sind bei jugendlichen Auszubildenden zu beachten:

Arbeitsschutz	Freizeitschutz	Gesundheitsschutz
– **Arbeitszeit § 8 JArbSchG** = ist die Zeit vom Beginn bis zum Ende der täglichen Beschäftigung ohne die Ruhepause - täglich 8 Stunden - wöchentlich max. 40 Stunden – **Schichtzeit § 12 JArbSchG** = Arbeitszeit einschließlich Ruhepause - max. 10 Stunden – **Beschäftigungsverbot § 22 (1) Nr. 1 und 2 JArbSchG** - Arbeiten, die die körperliche und psychische Leistungsfähigkeit übersteigen – **Beschäftigungsbeschränkung § 22 (2) JArbSchG** - Arbeiten, die besondere Unfallgefahren und gesundheitliche Gefahren bergen	– **5-Tage-Woche § 15 JArbSchG** - dürfen nur an 5 Tagen in der Woche beschäftigt werden – **Ruhepausen § 11 (1) JArbSchG** = Arbeitsunterbrechung von mind. 15 Min. - 4,5 – 6 Stunden = 30 Min. - mehr als 6 Stunden = 60 Min. – **Nachtruhe § 14 JArbSchG** - 20:00 bis 06:00 Uhr - Ausnahmeregelungen z. B. im Hotelgewerbe, Bäckerei etc.	– **Ärztliche Untersuchungen § 32 JArbSchG** - Erstuntersuchung vor Beginn der Ausbildung. Arzt überprüft, ob der Jugendliche vor bestimmten beruflichen Belastungen geschützt werden muss, um Gesundheitsschäden zu vermeiden - 1. Nachuntersuchung nach einem Ausbildungsjahr. Überprüfung, ob die Beschäftigung sich negativ auf die Gesundheit des Auszubildenden ausgewirkt hat

Arbeiten, die dem Ausbildungszweck dienen

§ 14 (2) BBiG Auszubildenden dürfen nur Aufgaben übertragen werden, die dem Ausbildungszweck dienen und ihren körperlichen Kräften angemessen sind.

Beispiele •
* *Frida-Marie Mayer hat alle anfallenden Arbeiten für den heutigen Tag ausgeführt. Als die Sachbearbeiterin Greta Funk sie auffordert, die Büroräumlichkeiten zu putzen, da die Reinigungskraft sich krankgemeldet hat, schreitet Frau Ball ein und erklärt Frau Funk, dass Frida-Marie nur Tätigkeiten übertragen werden dürfen, die dem Ausbildungszweck dienen.*
* *Andreas Trunk macht eine Ausbildung zum Holzmechaniker bei der ModernOffice KG. Als sein Ausbilder, Utz Mai, ihn auffordert, die von ihm verwendeten Werkzeuge sowie die Hobel- und Fräsmaschinen zu reinigen, meckert Andreas, „er wäre doch keine Putzfrau". Sein Ausbilder klärt ihn anschließend darüber auf, dass Aufgaben, die mit der Sauberkeit am Arbeitsplatz und der Pflege von Werkzeugen zusammenhängen, dem Ausbildungszweck dienen und von Andreas zu erledigen sind.*

Freistellungspflicht

§ 15 BBiG Ausbildende haben Auszubildende für die Teilnahme am Berufsschulunterricht und an Prüfungen freizustellen. Das Gleiche gilt, wenn Ausbildungsmaßnahmen außerhalb der Ausbildungsstätte durchzuführen sind.

„Die Zeit dieser Freistellung umfasst den Unterricht einschließlich Pausen und die Wegstrecke zwischen der Ausbildungsstätte und der Unterrichtsstätte. Auch für Veranstaltungen im Rahmen des Berufsschulunterrichts, die außerhalb der eigentlichen Unterrichtszeit durchgeführt werden und die den Unterricht notwendig ergänzen (z. B. Betriebsbesichtigungen), müssen die Auszubildenden freigestellt werden."

Quelle: Bundesministerium für Bildung und Forschung, Ausbildung & Beruf – Rechte und Pflichten während der Berufsausbildung, abgerufen unter: http://www.bmbf.de/pub/ausbildung_und_beruf.pdf, 24.10.2013

Für die Zeit der Freistellung ist die Ausbildungsvergütung fortzuzahlen (§ 19 (1) Nr. 1 BBiG).

Bei **jugendlichen Auszubildenden** sind darüber hinaus folgende Besonderheiten nach § 9 (1) JArbSchG zu beachten:

§ 9 JArbSchG (1) Der Arbeitgeber hat den Jugendlichen für die Teilnahme am Berufsschulunterricht freizustellen. Er darf den Jugendlichen nicht beschäftigen
1. vor einem vor 9 Uhr beginnenden Unterricht; dies gilt auch für Personen, die über 18 Jahre alt und noch berufsschulpflichtig sind,
2. an einem Berufsschultag mit mehr als fünf Unterrichtsstunden von mindestens je 45 Minuten, einmal in der Woche,
3. in Berufsschulwochen mit einem planmäßigen Blockunterricht von mindestens 25 Stunden an mindestens fünf Tagen; zusätzliche betriebliche Ausbildungsveranstaltungen bis zu zwei Stunden wöchentlich sind zulässig.

Beispiel • Die Auszubildende Ebru Celik (17 Jahre) hat dienstags von 07:40 Uhr bis 12:50 Uhr und donnerstags von 07:40 Uhr bis 12:50 Uhr Berufsschule. Ebru muss am Dienstagnachmittag nicht mehr in den Betrieb kommen, da ihre Unterrichtszeit mehr als fünf Unterrichtsstunden beträgt. Die ModernOffice KG rechnet den Berufsschultag mit acht Stunden auf Ebrus Arbeitszeit an. Donnerstags kehrt Ebru nach der Berufsschule in den Betrieb zurück.

Zudem sind minderjährige Auszubildende an dem Arbeitstag, welcher der schriftlichen Abschlussprüfung unmittelbar vorausgeht, freizustellen laut § 10 (1) Nr. 2 JArbSchG.

Ausstellung eines Zeugnisses

§ 16 BBiG (1) Ausbildende haben den Auszubildenden bei Beendigung des Berufsausbildungsverhältnisses ein schriftliches Zeugnis auszustellen. [...]
(2) Das Zeugnis muss Angaben enthalten über Art, Dauer und Ziel der Berufsausbildung sowie über die erworbenen beruflichen Fertigkeiten, Kenntnisse und Fähigkeiten der Auszubildenden **(einfaches Zeugnis)**. Auf Verlangen Auszubildender sind auch Angaben über Verhalten und Leistung aufzunehmen **(qualifiziertes Zeugnis)**.

Beispiel • Die Auszubildende Theresa Erdmann weiß durch ihre Tätigkeit in der Personalabteilung, dass ein qualifiziertes Zeugnis im Vergleich zum einfachen Zeugnis für einen Personaler viel aussagekräftiger und aufschlussreicher ist und somit bei der Bewerberauswahl eine wichtige Rolle spielt. Theresa möchte, dass sich ihre hervorragenden beruflichen Leistungen auch in ihrem Abschlusszeugnis widerspiegeln, deshalb fordert sie nach Abschluss ihrer Berufsausbildung ein qualifiziertes Zeugnis bei der Personalabteilung der ModernOffice KG an.

Zahlung einer angemessenen Vergütung

§ 17 BBiG (1) Ausbildende haben Auszubildenden eine angemessene Vergütung zu gewähren. Sie ist nach dem Lebensalter der Auszubildenden so zu bemessen, dass sie mit fortschreitender Berufsausbildung, mindestens jährlich, ansteigt.
[...]
(3) Eine über die vereinbarte regelmäßige tägliche Ausbildungszeit hinausgehende Beschäftigung ist besonders zu vergüten oder durch entsprechende Freizeit auszugleichen.

Beispiel • Die ModernOffice KG nimmt bei der Zahlung der Ausbildungsvergütung Bezug auf den Entgelttarifvertrag der Holz und Kunststoff verarbeitenden Industrie. Im Berufsausbildungsvertrag von Ebru Celik ist vereinbart, dass sie im 1. Ausbildungsjahr 806,00 €, im 2. Ausbildungsjahr 841,00 € und im 3. Ausbildungsjahr 881,00 € verdient.
Ebrus Ausbildungsvergütung wird immer am letzten Arbeitstag des Monats von der ModernOffice KG auf ihr Bankkonto überwiesen. Im Krankheitsfall von Ebru ist die ModernOffice KG gesetzlich verpflichtet, die Ausbildungsvergütung bis zu sechs Wochen weiterzuzahlen, danach erhält Ebru Krankengeld (70 % des Bruttoentgelts) von ihrer zuständigen Krankenversicherung.

Die Vergütung darf nach der derzeitigen Rechtsprechung nicht mehr als 20 % unter den tariflichen Sätzen liegen.

Pflichten der Auszubildenden nach § 13 BBiG

Lernpflicht

§ 13 BBiG Auszubildende haben sich zu bemühen, die berufliche Handlungsfähigkeit zu erwerben, die zum Erreichen des Ausbildungsziels erforderlich ist. [...]

Beispiel • *Miriam Ball, die Ausbilderin von Tom Wildermuth, ist bereits nach wenigen Wochen aufgefallen, dass Tom sehr engagiert und aufmerksam arbeitet. Tom hat von Ausbildungsbeginn an alle Arbeitsschritte, die Frau Ball ihm erklärt hat, notiert und bisher alle Aufgaben zur vollsten Zufriedenheit erledigt. Beim Ausbilder-nachmittag in der Schule erfährt Frau Ball, dass Tom auch regelmäßig und pünktlich zum Berufsschulunterricht erscheint, seine Hausaufgaben immer erledigt und sehr fleißig im Unterricht mitarbeitet.*

Sorgfaltspflicht

§ 13 Nr. 1 BBiG Auszubildende sind insbesondere verpflichtet, die ihnen im Rahmen ihrer Berufsausbildung aufgetragenen Aufgaben sorgfältig auszuführen.

Beispiel • *Alle zwei Wochen haben die Auszubildenden der ModernOffice KG ein vertrauliches Feed-backgespräch mit ihren jeweiligen Ausbildern. Hierbei wird auch das Berichtsheft kontrolliert und vom Ausbilder unterzeichnet. Der Auszubildende Andreas Trunk legt seinem Ausbilder ein unvollständiges, lückenhaft geführtes und mit Kaffeeflecken beschmutztes Berichtsheft vor. Sein Ausbilder, Herr Mai, ermahnt ihn daraufhin, seiner Sorgfaltspflicht in Zukunft besser nachzukommen.*

Teilnahmepflicht am Berufsschulunterricht und an Prüfungen

§ 13 Nr. 2 BBiG Auszubildende sind insbesondere verpflichtet, an Ausbildungsmaßnah-men teilzunehmen, für die sie nach § 15 freigestellt werden.

Beispiel • *Andreas Trunk hat im 1. Ausbildungsjahr mehrmals den Berufsschulunterricht geschwänzt und deshalb eine Abmahnung von Herrn Mai erhalten. Gleich zu Beginn des zweiten Ausbildungsjah-res bleibt Andreas der Berufsschule wieder unentschuldigt fern, woraufhin er das zweite Mal abge-mahnt wird. Bereits seit vier Tagen bleibt Herr Trunk nun unentschuldigt dem Betrieb fern. Herr Mai und Frau Ball beschließen, Herrn Trunk aufgrund seines vertragswidrigen Verhaltens zu kündigen.*

Bei Fernbleiben von der schulischen oder betrieblichen Ausbildung haben Sie umgehend Ihren Ausbildungsbetrieb darüber zu informieren. Sollten Sie am Berufsschulunterricht aus gesund-heitlichen Gründen nicht teilnehmen können, rufen Sie vor Unterrichtsbeginn im Schulsekreta-riat und im Ausbildungsbetrieb an und geben Sie Bescheid. Zudem müssen Sie spätestens am 3. Tag Ihrem Ausbilder eine ärztliche Arbeitsunfähigkeitsbescheinigung zukommen lassen. Ihr Ausbilder hat das Recht, diese auch bereits ab dem 1. Krankheitstag von Ihnen zu verlangen, wenn er dies mit Ihnen schriftlich vereinbart hat.

Weisungen Folge leisten

§ 13 Nr. 3 BBiG Auszubildende sind insbesondere verpflichtet, den Weisungen zu fol-gen, die ihnen im Rahmen der Berufsausbildung von Ausbildenden [...] oder von ande-ren weisungsberechtigten Personen erteilt werden.

Beispiel • *Die Auszubildende Frida-Marie Mayer darf im Rahmen ihrer Ausbildung morgen an einem Vorstellungsgespräch teilnehmen. Ihre Ausbilderin bittet sie, hierfür morgen ein Kostüm oder einen Hosenanzug zu tragen. Frida-Marie befolgt die Weisung.*

Pflicht zur Einhaltung der Betriebsordnung

§ 13 Nr. 4 BBiG Auszubildende sind insbesondere verpflichtet, die für die Ausbildungs-stätte geltende Ordnung zu beachten.

Beispiel • *In der Betriebsordnung der ModernOffice KG ist festgehalten, dass die private Handynutzung während der Arbeitszeit untersagt ist. Die Auszubildenden haben sich daran zu halten.*

Bewahrungspflicht

§ 13 Nr. 5 BBiG Auszubildende sind insbesondere verpflichtet, Werkzeuge, Maschinen und sonstige Einrichtungen pfleglich zu behandeln.

Pflicht zur Verschwiegenheit

§ 13 Nr. 6 BBiG Sie sind insbesondere verpflichtet, über Betriebs- und Geschäftsgeheimnisse Stillschweigen zu wahren.

Auf den Punkt gebracht

Pflichten des Ausbildenden
– Ausbildungspflicht nach Ausbildungsordnung (betrieblichen Ausbildungsplan aushändigen)
– Geeigneten Ausbilder stellen
– Kostenlose Bereitstellung der betrieblichen Ausbildungsmittel
– Forderung des Berufsschulbesuchs und der Führung eines Berichtsheftes
– Fürsorgepflicht (Einhaltung des JArbSchG, Beachtung der Unfallverhütung etc.)
– Nur Arbeiten anordnen, die dem Ausbildungszwecke dienen
– Vergütungspflicht (jährlich ansteigend, muss 80 % des tariflichen Satzes entsprechen)
– Freistellungspflicht
– Zeugnispflicht

= Rechte des Auszubildenden

Pflichten des Auszubildenden
– Lernpflicht
– Sorgfaltspflicht
– Teilnahme am Berufsschulunterricht und an Prüfungen
– Weisungen Folge zu leisten
– Pflicht zur Einhaltung der Betriebsordnung
– Bewahrungspflicht
– Pflicht zur Verschwiegenheit

= Rechte des Ausbildenden

Nutzen Sie Ihr Wissen

1.   Ebrus Freundin Ayla Günana ist 17 Jahre alt und macht seit drei Monaten eine Ausbildung zur Kauffrau für Büromanagement bei der WINTERBACH GmbH. Bei einem gemeinsamen Abendessen erzählt Ayla, wie unglücklich sie in ihrem Ausbil-

dungsbetrieb ist. Sie berichtet, dass sie bereits mehrmals während der Arbeitszeit auf die Kinder ihrer Chefin aufpassen musste. Donnerstags hat sie ab 09:30 Uhr Berufsschulunterricht. Die Chefin verlangt von ihr, dass sie an diesem Tag von 07:00 Uhr bis 08:45 Uhr in den Betrieb zum Arbeiten kommt. Außerdem ist die Chefin nicht sehr freundlich zu Ayla. Beim kleinsten Fehler wird Ayla von ihr beschimpft und beleidigt. Bei einer Arbeitszeit von acht Stunden verbringt sie ihre 30-minütige Pause am liebsten alleine. Ayla erklärt, dass sie sich schon darüber Gedanken gemacht hat, die Ausbildung abzubrechen. Sie ist jedoch unsicher, ob dies überhaupt möglich ist. Ihr Onkel hat ihr aber nun angeboten, in seinem Betrieb eine Ausbildung zur Industriekauffrau zu absolvieren.

a) Begründen Sie, ob ein Verstoß gegen das Berufsbildungsgesetz bzw. das Jugendarbeitsschutzgesetz vorliegt.

b) Erklären Sie, bei welchen Stellen Ayla um Hilfe bitten kann und ob die Möglichkeit besteht, das Ausbildungsverhältnis zu kündigen.

2. Am Dienstag, den 08.11.20.. hat der 17-jährige Tim Fuchs (geb. am 16.12.19..) seine Abschlussprüfung. Damit er am Montag nochmals den gesamten Prüfungsstoff wiederholen kann, möchte er für Montag, den 07.11.20.. freigestellt werden. Tims Ausbilder ist der Auffassung, dass Tim sich hierfür einen Urlaubstag nehmen muss. Begründen Sie Ihre Antwort bei den folgenden Aufgaben anhand der jeweiligen gesetzlichen Grundlage.

a) Erklären Sie, wer von beiden recht hat.

b) Erläutern Sie, wie viele Urlaubstage Tim in diesem Kalenderjahr zustehen.

c) Beim Lernen stößt Tim auf die Begrifflichkeiten Arbeitszeit/Schichtzeit und Arbeitstage/Werktage. Erklären Sie diese Begriffe.

d) Welche Zeugnisart erhält Tim von der Personalabteilung unaufgefordert nach Abschluss seiner Berufsausbildung? Erklären Sie den Unterschied zwischen den beiden Zeugnisarten.

3. Mara Mayer (17 Jahre) macht ihre Ausbildung zur Kauffrau für Büromanagement beim öffentlichen Dienst und ist zurzeit im Bürgerbüro eingesetzt. Dort geht gerade eine Magen-Darm-Infektion um. Als Mara heute Vormittag zur Arbeit erscheint, erfährt sie von Herrn Hase, dass ihre Ausbilderin auch krank ist. Herr Hase legt ihr fünf Reisepassanträge auf den Schreibtisch und bittet sie, die Bestellung per PC zu veranlassen. Anschließend soll sie 25 „Informationsmappen für Neubürger" zusammenstellen. Bevor Herr Hase den Raum verlässt, erklärt er Mara, dass sie morgen nicht zur Berufsschule gehen müsse. Er habe die Berufsschule bereits per Fax informiert, dass er aufgrund des hohen Krankenstandes auf jede Arbeitskraft im Bürgerbüro angewiesen sei. Mara ist verärgert und der Überzeugung, dass Herr Hase ihr überhaupt nichts zu sagen hat, er ist ja schließlich nicht ihr Ausbilder. Außerdem bezweifelt sie, dass Herr Hase das Recht hat, sie aus diesem Grund vom Berufsschulunterricht zu beurlauben.

a) Begründen Sie mithilfe des Gesetzes, ob Mara die ihr übertragenen Aufgaben ausführen muss und ob Herr Hase sie aus betrieblichen Gründen vom Berufsschulunterricht beurlauben kann.

b) Der Berufsschulunterricht beginnt morgen um 08:25 Uhr. Herr Hase fordert Mara auf, vorher von 07:00 bis 08:00 Uhr noch zur Arbeit zu erscheinen. Die Berufsschule wäre ja gleich um die Ecke. Prüfen Sie anhand des Gesetzes, ob Herr Hase von Mara verlangen kann, dass sie vor dem Berufsschulunterricht zur Arbeit kommt.

1.4   Sich über Möglichkeiten der beruflichen Fort- und Weiterbildung informieren

Lernsituation

Tom Wildermuth ist zurzeit in der Personalabteilung tätig. Bei der wöchentlichen Teamsitzung informiert die Abteilungsleiterin, Frau Ball, die Mitarbeiter der Personalabteilung über die bevorstehenden Personalentwicklungsmaßnahmen.

Miriam Ball: „Guten Morgen, liebe Kolleginnen und Kollegen! Gerne möchte ich Sie heute über die bevorstehenden Personalentwicklungsmaßnahmen informieren. Die Qualität des Personals ist ein wesentlicher Wettbewerbsfaktor des Unternehmens! Aufgrund der ständig wachsenden Anforderungen am Arbeitsplatz gewinnt  die berufliche Weiterbildung zunehmend an Bedeutung. Lebenslanges Lernen ist hier das Schlüsselwort. Unsere Aufgabe ist es, die berufliche Handlungsfähigkeit der Mitarbeiter zu fördern. Fachliche und überfachliche Kompetenzen stehen hierbei gleichwertig nebeneinander. Aufgrund dessen ist es wichtig, dass wir unsere Weiterbildungsangebote im Unternehmen ausbauen und unsere Mitarbeiter individuell fördern. Davon werden beide Seiten, die Mitarbeiter sowie die ModernOffice KG, profitieren."

Ilona Kordes: „Das ist eine sehr gute Idee. So können wir zum einen die Innovationsfähigkeit unseres Unternehmens sichern und zum anderen die Mitarbeiterbindung fördern. Die Vergangenheit hat gezeigt, dass häufig unsere fachlich besten Mitarbeiter zur Konkurrenz wechseln, da sie in unserem Unternehmen keine Entwicklungsmöglichkeit sehen. Haben Sie sich auch mit dieser Problematik beschäftigt?"

Miriam Ball: „Mit der Geschäftsleitung habe ich natürlich auch über diese Problematik gesprochen. Die Analyse der Kennzahlen im Rahmen des Personalcontrollings hat gezeigt, dass die Fluktuationsquote besonders bei unseren jungen, qualifizierten Mitarbeitern relativ hoch ist. Häufig verlassen uns die besten Auszubildenden. Dieser Entwicklung müssen wir entgegenwirken. Unser Ziel muss es sein, genau diese Auszubildenden langfristig für die ModernOffice KG zu gewinnen. Dieses Ziel können wir jedoch nur erreichen, wenn wir diesen jungen, motivierten Mitarbeitern eine klare Entwicklungsmöglichkeit in unserem Unternehmen aufzeigen. Daher hat die Geschäftsleitung beschlossen, speziell für diese Personengruppe ein Förderprogramm zu gründen. Mit der Aufnahme in dieses Förderprogramm bereiten wir die Teilnehmer auf eine Fach- oder Führungsposition vor und möchten sie somit langfristig an unser Unternehmen binden."

Ilona Kordes: „Kommen dafür nur bestimmte Berufsgruppen infrage?"

Miriam Ball:	„Nein, das Förderprogramm soll für jede Berufsart in unserem Unternehmen angeboten werden. Die Aufnahme in das Förderprogramm ist sogar bereits während der Ausbildung möglich. Voraussetzung ist, dass sich der Auszubildende innerhalb der ersten zwei Ausbildungsjahre durch herausragende Leistungen und besonderes Engagement im Betrieb ausgezeichnet hat und am Ende des zweiten Ausbildungsjahres einen Schulnotendurchschnitt von mindestens 1,3 vorweisen kann. Welche konkreten Weiterbildungsmaßnahmen wir im Rahmen dieses Förderprogrammes anbieten möchten, steht noch nicht fest. Hierfür benötige ich Ihre Hilfe. Herr Wildermuth, bitte erstellen Sie eine Übersicht über die beruflichen Weiterbildungsmöglichkeiten in Ihrem Ausbildungsberuf und lassen Sie mir diese vor der nächsten Teamsitzung zukommen. Frau Kordes könnten Sie bitte ...“

Während der Teamsitzung hat sich Tom folgende Notizen gemacht:

- Welche Faktoren begründen die Notwendigkeit lebenslangen Lernens?
- Weshalb ist die Vermittlung von überfachlichen Kompetenzen genauso wichtig wie die Fachkompetenz?
- Welche Auswirkungen hat dies auf meine berufliche Zukunft?
- Welche beruflichen Fortbildungsmöglichkeiten gibt es für den Beruf „Kauffrau/-mann für Büromanagement"?

- *Besprechen Sie im Plenum, welche Informationen Tom benötigt, um den Arbeitsauftrag von Frau Ball lösen zu können. Wo findet er die benötigten Informationen?*
- *Verwenden Sie als Informationsquelle das Lehrbuch oder recherchieren Sie im Internet nach den benötigten Informationen.*
- *Erstellen Sie in Einzelarbeit, stellvertretend für Tom, die Übersicht bezüglich der Fortbildungsmöglichkeiten. Beantworten Sie alle Fragen in einem E-Mail-Schreiben an Tom Wildermuth.*
- *Wählen Sie im Plenum einen Schüler aus, der seine Arbeitsergebnisse der Klasse präsentiert. Überprüfen Sie, ob die Arbeitsaufträge fachlich richtig und vollständig umgesetzt wurden.*
- *Reflektieren Sie im Plenum, weshalb einzelne Schüler erfolgreicher waren als andere bei der Umsetzung der Arbeitsaufträge.*
- *Halten Sie, falls notwendig, schriftlich fest, was Sie zukünftig bei der Internetrecherche beachten und besser machen möchten.*

Fortbildung und Weiterbildung

Alle Arbeitnehmer stehen aufgrund der Globalisierung und dem Wandel von der Industrie- zu einer Wissens- und Informationsgesellschaft vor neuen beruflichen Herausforderungen. Die damit einhergehenden Veränderungen der Arbeitsplatzanforderungen, z. B. durch technischen Fortschritt, führen dazu, dass das einmal erworbene Fachwissen veraltet. „Wissen sowie die Fähigkeit, das erworbene Wissen anzuwenden, müssen durch Lernen im Lebenslauf (lebenslanges Lernen) ständig angepasst und erweitert werden." Die berufliche Weiterbildung gewinnt somit zunehmend an Bedeutung.

Methodenblatt Internetrecherche

Berufliche Weiterbildung umfasst alle Lernprozesse, die zur Erweiterung der Fähigkeiten sowie zur Verbesserung der beruflichen Qualifikation (Fortbildung) oder beruflichen Neuausrichtung (Umschulung) des Arbeitnehmers beitragen.

Das Ziel der beruflichen Fortbildung ist im Berufsbildungsgesetz (BBiG) geregelt. Danach soll die berufliche Fortbildung den Arbeitnehmer dazu befähigen, „berufliche Handlungsfähigkeit zu erhalten und anzupassen oder zu erweitern und beruflich aufzusteigen" (§ 1 (4) BBiG). Berufliche Fortbildung wird unterteilt in **Anpassungs- und Aufstiegsfortbildung.**

Beispiel • *für eine Anpassungsfortbildung*
Die ModernOffice KG erhält in letzter Zeit immer häufiger Bewerbungsunterlagen in englischer Sprache. Um auf diese Bewerbungsunterlagen sach- und fachgerecht reagieren zu können, möchte die Personalsachbearbeiterin Ilona Kordes einen firmeninternen Englischkurs belegen.

Beispiel • *für eine Aufstiegsfortbildung*
Günther Mötsch ist als Mechatroniker bei der ModernOffice KG tätig. Seit September besucht er den IHK-Lehrgang „Industriemeister Mechatronik". Der Lehrgang ist berufsbegleitend und dauert 2,5 Jahre. Ziel des Lehrganges ist es, dass Herr Mötsch nach erfolgreicher Teilnahme u. a. qualifiziert ist, unterschiedliche Sach-, Organisations- und Führungsaufgaben wahrzunehmen.

Berufliche Fortbildungsmöglichkeiten im Beruf „Kaufmann/Kauffrau für Büromanagement"

Die Industrie- und Handelskammer bietet ein **dreistufiges System der Aufstiegsfortbildung an**. Nach der Ausbildung zum Kaufmann bzw. zur Kauffrau für Büromanagement ist z. B. eine Weiterbildung zum **geprüften Fachkaufmann** bzw. zur **geprüften Fachkauffrau für Büro- und Projektorganisation** nach einer mindestens einjährigen Berufspraxis möglich. Mit der erfolgreich bestandenen öffentlich-rechtlichen IHK-Fortbildungsprüfung zum/zur Fachkaufmann/-frau für Büro- und Projektorganisation erhalten die Absolventen gleichzeitig die **Ausbildereignung**. Die Fortbildung qualifiziert die Absolventen u. a. dazu, im Unternehmen auszubilden, Projekte eigenständig zu planen und umzusetzen sowie die Führungsebene zu unterstützen. Die Fachkaufleute sind **Funktionsspezialisten**, es gibt hier eine Reihe von Spezialisierungsmöglichkeiten.

Beispiel • *Daniela Köck hat ihre Ausbildung zur Kauffrau für Büromanagement (Wahlqualifikationen: kaufmännische Steuerung und Kontrolle, Personalwirtschaft) vor zwei Jahren erfolgreich absolviert. Seit ihrem Abschluss ist sie in der Personalabteilung tätig. Um sich zukünftig für eine Funktionsstelle zu qualifizieren, beginnt Frau Köck nächsten Monat berufsbegleitend die Weiterbildung zur geprüften Personalfachkauffrau.*

Nach der Bewährung als Fachkaufmann/Fachkauffrau besteht die **Weiterbildungsmöglichkeit zum/zur geprüften Betriebswirt/-in**. Ziel dieser Weiterbildung ist es, die Führungskompetenz der Arbeitnehmer auszubauen und zu erweitern. Dieser Abschluss befähigt die Absolventen, Managementaufgaben selbstständig auszuführen.

Der dritte Bildungsweg: Studium ohne Abitur

Grundsätzlich besteht in allen 16 Bundesländern der Zugang zur Hochschule für beruflich Qualifizierte ohne Hochschul- oder Fachhochschulreife. Das folgende Schaubild stellt die Zugangsvoraussetzungen zusammengefasst dar.

Wege zum Studium
– ohne Abitur oder Fachhochschulreife –

Personen ohne Abitur und Fachhochschule allgemein	Personen mit abgeschlossener Berufsausbildung und Berufserfahrung	Fachkaufleute, geprüfte Betriebswirte etc.
– Erwerb der Hochschulzugangsberechtigung durch das Ablegen einer Begabtenprüfung möglich	– Studienfach sollte fachliche Nähe zum Beruf aufweisen – i. d. R. Beratungsgespräch und Eignungsprüfung notwendig	– Unter bestimmten Voraussetzungen direkter Einstieg und Fach frei wählbar, i. d. R. Beratungsgespräch erforderlich – Unterschiedliche Detailregelungen je Bundesland

Weitere Informationen sind erhältlich unter:
www.studieren-ohne-abitur.de
www.wege-ins-studium.de
www.studienwahl.de
www.hochschulkompass.de

Beispiel • *David Branca arbeitet als Kaufmann für Büromanagement in der Abteilung „Verkauf" bei der ModernOffice KG. Kommendes Semester wird er berufsbegleitend an der AKAD-Hochschule Stuttgart das Studienfach Dienstleistungsmanagement (Bachelor of Arts) studieren. Für die Zulassung zum Studium an der Hochschule in Baden-Württemberg musste Herr Branca, neben seiner Berufsausbildung und seiner dreijährigen Berufserfahrung, nachweisen, dass er folgende Zulassungskriterien erfüllt (§ 59 (2) Landeshochschulgesetz [LHG]):*
- *Beratungsgespräch an der Hochschule,*
- *Nachweis, dass der gewünschte Studiengang fachlich der Ausbildung und Berufserfahrung entspricht,*
- *Eignungsprüfung für Studium erfolgreich bestanden.*

Auf den Punkt gebracht

Berufliche Weiterbildung = umfasst alle Lernprozesse, die zur Erweiterung der Fähigkeiten sowie zur Verbesserung der fachlichen Qualifikation (Fortbildung) oder beruflichen Neuausrichtung (Umschulung) des Arbeitnehmers beitragen

Möglichkeiten der beruflichen (Aufstiegs-)Fortbildung

Berufserfahrung ⌐　　Berufserfahrung ⌐

Berufausbildung „Kaufmann/-frau für Büromanagement"

Fachkaufmann/-frau für Büro- und Projektorganisation

= Funktionsspezialist mit Ausbildereignung

geprüfte(r) Betriebswirt/-in

= kaufmännische Führungskraft innerhalb der Branche

Nutzen Sie Ihr Wissen

1. Stefanie Mittermüller (24 Jahre) ist seit vier Jahren als Kauffrau für Büromanagement im öffentlichen Dienst tätig. Aufgrund ihrer hervorragenden Leistungen bei der Berufsabschlussprüfung (Durchschnittsnote 1,3) hatte sie die Wahlmöglichkeit zwischen mehreren Stellenangeboten im öffentlichen Dienst sowie in der Privatwirtschaft. Seit Längerem spielt sie mit dem Gedanken, eine Weiterbildung zur Fachkauffrau für Büro- und Projektorganisation zu machen. Die Weiterbildungskosten halten sie bislang davon ab. In der Zeitung liest sie folgenden Artikel:

Wie man sich fit hält für den Arbeitsmarkt

Ausbildung, Arbeit, Rente – das funktioniert heute nur noch selten. Lebenslanges Lernen und ständige Weiterbildung sind unerlässlich, um mit der immer schneller werdenden Arbeitswelt Schritt zu halten. Doch das Angebot ist riesig – und mitunter undurchsichtig. [...]

Um auf dem riesigen Weiterbildungsmarkt den Überblick zu behalten, hat die Bundesagentur für Arbeit das Informationsheft „Weiter durch Bildung" herausgegeben. [...] Wer sich beruflich weiterbildet, muss auch über die Finanzierung nachdenken. Es gibt regionale und bundesweite Förderung. Je nach Angebot kann man mit mehreren Hundert Euro rechnen, wenn man die Voraussetzungen erfüllt. Das Meister-

BAföG gibt es für alle, die eine Aufstiegsfortbildung planen. Voraussetzung ist, dass man über eine anerkannte Erstausbildung verfügt. Wer nicht älter ist als 25 Jahre, kann sich um ein Weiterbildungsstipendium der Stiftung Begabtenförderung berufliche Bildung gGmbH bewerben. Wer älter als 25 Jahre ist, kann ein Aufstiegsstipendium beantragen. Für Erwerbstätige, deren zu versteuerndes Jahreseinkommen 25.600 Euro bei Alleinstehende oder 51.200 Euro bei gemeinsam Veranlagten nicht übersteigt, kann die Bildungsprämie interessant sein. Sie setzt sich zusammen aus dem Prämiengutschein (500 Euro jährlich) und dem Weiterbildungssparen (über vermögenswirksame Leistungen). [...]

Quelle: Haas, Sibylle: Weiterbildung im Job – wie man sich fit hält für den Arbeitsmarkt, 26.04.2012, abgerufen unter: http://www.sueddeutsche.de/karriere/weiterbildung-im-job-wie-man-sich-fit-haelt-fuer-den-arbeitsmarkt-1.1342218, 25.11.2013

a) Recherchieren Sie die im Zeitungsartikel angesprochenen Unterstützungsmöglichkeiten für Fortbildungsmaßnahmen. Mögliche hilfreiche Internetlinks: http://www.meister-bafoeg.info, www.sbb-stipendien.de
Erstellen Sie anschließend eine tabellarische Übersicht über die finanziellen Unterstützungsmöglichkeiten bei Fortbildungsmaßnahmen. Gehen Sie hierbei auch auf die Bewerbungsvoraussetzungen ein.
b) Erklären Sie, welche Unterstützungsmöglichkeiten Stefanie Mittermüller für ihre Fortbildung zur Fachkauffrau für Büro- und Projektmanagement in Anspruch nehmen kann.

2. Erklären Sie den Unterschied zwischen Anpassungs- und Aufstiegsfortbildung. Halten Sie anschließend schriftlich fest, welche Anpassungs- und Aufstiegsfortbildungen für Sie persönlich, momentan und nach der Ausbildung, aufgrund Ihrer Qualifikationen und Ihrer Lebensumstände sinnvoll sind.

2 Sich im Ausbildungsbetrieb informieren und orientieren

2.1 Das Leistungsspektrum eines Betriebes erschließen

Lernsituation

Ebru Celik und Svenja Kolleck freuen sich auf den Beginn ihrer Ausbildung zur Kauffrau für Büromanagement bei der ModernOffice KG. Gespannt nehmen sie am „Tag des Kennenlernens" teil. Zu dieser Veranstaltung lädt Miriam Ball, die Ausbildungsleiterin am Standort Horb, alle neuen Auszubildenden ein. Der Tag bietet Gelegenheit zu einem ersten gegenseitigen Kennenlernen. Er beginnt mit einer Vorstellungsrunde im Schulungsraum der Ausbildungsabteilung. Im Anschluss daran stellt Frau Ball das Unternehmen mithilfe eines informativen Films vor. Nach einem kurzen Imbiss besteht die Gelegenheit zu einem Rundgang im Betrieb am Standort Horb. Zum Abschluss des Tages müssen die neuen Auszubildenden eine Übersicht über eingekaufte und verkaufte Güter bei der ModernOffice KG erstellen.

- *Sie wollen sich über ein Unternehmen informieren. Welche Informationsquellen und Medien stehen Ihnen zur Verfügung? Beurteilen Sie die Qualität dieser Quellen und Medien, z. B. nach den Kriterien Aktualität, Objektivität, Verfügbarkeit, sachliche Richtigkeit.*
- *Informieren Sie sich, z. B. mithilfe der folgenden Erläuterungen, allgemein über Güter und das Leistungsspektrum von Betrieben. Werten Sie mit diesem Wissen das einleitende Informationskapitel über die ModernOffice KG aus.*
- *Erstellen Sie, stellvertretend für Ebru Celik und Svenja Kolleck, eine Übersicht über die eingekauften Güter und über das Leistungsspektrum der ModernOffice KG. Präsentieren und erläutern Sie Ihre Übersicht in Ihrer Lerngruppe.*
- *Erkunden Sie in Ihrem Ausbildungsbetrieb das Leistungsspektrum. Nutzen Sie dazu verschiedene Recherchemöglichkeiten, z. B. Auswertung von Katalogen, Befragung von Mitarbeiterinnen und Mitarbeitern, Betriebserkundungen und Beobachtungen.*
- *Stellen Sie das Leistungsspektrum Ihres Ausbildungsbetriebs in einem Fachbericht dar. Beachten Sie dabei den Grundsatz des Datenschutzes.*

Die Vielfalt der Güter

Bedürfnisse als Antriebskräfte im Wirtschaftsleben

Jeder hat Wünsche, die er sich gerne erfüllen möchte: attraktives Aussehen, Leben in der eigenen Wohnung, Erholung an Sonnenstrand, Anerkennung im Beruf usw. Noch unbefriedigte Wünsche sind wichtige Antriebskräfte des Menschen und veranlassen ihn zur Teilnahme am Wirtschaftsleben. Sie werden als **Bedürfnisse** bezeichnet. Bedürfnisse sind sehr vielfältig.

Nach der Dringlichkeit können unterschieden werden:
* **Existenzbedürfnisse** (aus dem Selbsterhaltungstrieb entstehende, lebensnotwendige, kurzfristig zu befriedigende Mangelgefühle wie Hunger und Durst)
* **Kulturbedürfnisse** (über das Existenzminimum hinausgehende Bedürfnisse wie der Wunsch nach angemessenem Wohnraum, nach Bildung und Unterhaltung)
* **Luxusbedürfnisse** (übersteigerte Ansprüche wie das Streben nach einem exklusiven Lebensstil)

Güter als Mittel zur Bedürfnisbefriedigung

Alle Mittel, die direkt oder indirekt der Befriedigung von Bedürfnissen dienen, werden als Güter bezeichnet.

Güter = Mittel zur Bedürfnisbefriedigung

Die folgende Übersicht informiert über die wichtigsten Güterarten.

Unterscheidungsmerkmal	Güterarten	Beispiele
Verfügbarkeit	**Freie Güter** Sie sind im fertigen Zustand in der natürlichen Umwelt vorhanden und frei zugänglich. Folglich kann für die Nutzung kein Preis gefordert werden.	*Umweltgüter wie Luft, Sonnenlicht, Wind, Niederschlagswasser, natürliche Gewässer (Meere, Seen, Flüsse).*
	Wirtschaftliche Güter Sie müssen durch Arbeits- und Materialeinsatz hergestellt werden. Diese Herstellung verursacht Kosten. In der Folge begrenzt der Anbieter dieser Güter die Nutzung auf diejenigen Personen, die den von ihm geforderten Preis zahlen. Nur dadurch bekommt er seine Kosten erstattet.	*Lebensmittel, Kleidung, Wohnraum für die Haushalte der Beschäftigten der ModernOffice KG; Werks- und Bürogebäude, Maschinen, Fahrzeuge, Gegenstände der Geschäftsausstattung, Materialien (Roh-, Hilfs- und Betriebsstoffe) der ModernOffice KG.*
	Durch die Problematik der Umweltzerstörung ist in den letzten Jahrzehnten deutlich geworden, dass auch die freien Güter begrenzte Ressourcen darstellen und knapp sind.	*Elektrofilteranlagen zur Rauchgasentstaubung in den Werken der ModernOffice KG: Durch diese Umweltschutzinvestitionen wird die begrenzte Umweltressource einer intakten Atmosphäre geschützt.*

Verwendungs-bereich	**Konsumgüter** Sie werden in den privaten Haushalten unmittelbar zur Bedürfnisbefriedigung eingesetzt.	*Lebensmittel, Kleidung, Möbel, PC, Pkw in den Haushalten der Beschäftigten der ModernOffice KG.*
	Produktions- oder Investitionsgüter Sie werden in Unternehmen zur Herstellung anderer Güter eingesetzt. Sie dienen damit mittelbar der Bedürfnisbefriedigung.	*Fahrzeuge des Fuhrparks und PC der Geschäftsausstattung der Modern-Office KG.* *Je nach Einsatzort (Haushalt oder Unternehmen) sind ein Fahrzeug oder ein PC unterschiedlich als Konsum- oder Investitionsgut einzuordnen.*
Nutzungs-häufigkeit	**Verbrauchsgüter** Sie können nur einmal zur Bedürfnis-befriedigung bzw. zur Güterproduktion genutzt werden.	*Lebensmittel, Genussmittel, Reinigungs-mittel in den Privathaushalten; Roh-, Hilfs- und Betriebsstoffe in der ModernOffice KG.*
	Gebrauchsgüter Sie können wiederholt eingesetzt werden und nutzen sich allmählich ab. Bei Investitionsgütern wird dieser nutzungsbedingte Werteverschleiß in den sogenannten Abschreibungen erfasst.	*Möbel, Kleidung, Pkw in den Privat-haushalten; Betriebsgebäude, maschi-nelle Anlagen, Fahrzeuge, Geschäftsaus-stattung in der ModernOffice KG.*
Gegenständ-lichkeit	**Materielle Güter (Sachgüter)** Es handelt sich um fassbare Güter aus festen, flüssigen oder gasförmigen Stoffen. Sie sind lagerfähig. Ihre Verwendung kann zeitlich aufgescho-ben werden.	*Getränke in den Privathaushalten; Druckluft, Warmluft, Industriegase in den Produktionsbereichen der Modern-Office KG.*
	Immaterielle Güter – **Dienstleistungen** Arbeitsleistungen, durch die ein nicht körperlicher Wert oder Nutzen entsteht.	*Die Entwicklungsabteilung „Raum, Licht, Akustik" der ModernOffice KG erstellt für die Verwaltungszentrale der Württembergische Versicherung AG ein ganzheitliches Raumkonzept.*
	– **Rechte** Ansprüche und Befugnisse (Eigentums-, Besitz-, Nutzungs-rechte).	*Die ModernOffice KG lässt ihr neu-artiges Raumtrennsystem patentieren und hat damit das alleinige Verwer-tungsrecht an dieser neuen Technik.*
	– **Informationen** Zugriffsmöglichkeiten auf Wissen: Informationen können für eine spätere Nutzung gespeichert werden. Mit anderen verfügbaren Informationen können sie zu neuen Informationen verarbeitet werden.	*Die ModernOffice KG will schnell auf sich ändernde Marktentwicklungen und Kundenwünsche reagieren. Die Abteilung „Verkauf" kooperiert deshalb mit dem Marktforschungsunternehmen GfK SE in Nürnberg und sichert sich den Zugriff auf die umfangreiche Datenbank der GfK SE.*

Unternehmens- und Betriebsarten in Abhängigkeit vom Leistungsspektrum

Durch ihre Produktion machen Unternehmen die unterschiedlichsten Güter verfügbar. In Abhängigkeit von ihrer Produktionsleistung lassen sich verschiedene Arten von Unternehmen und Betrieben unterscheiden.

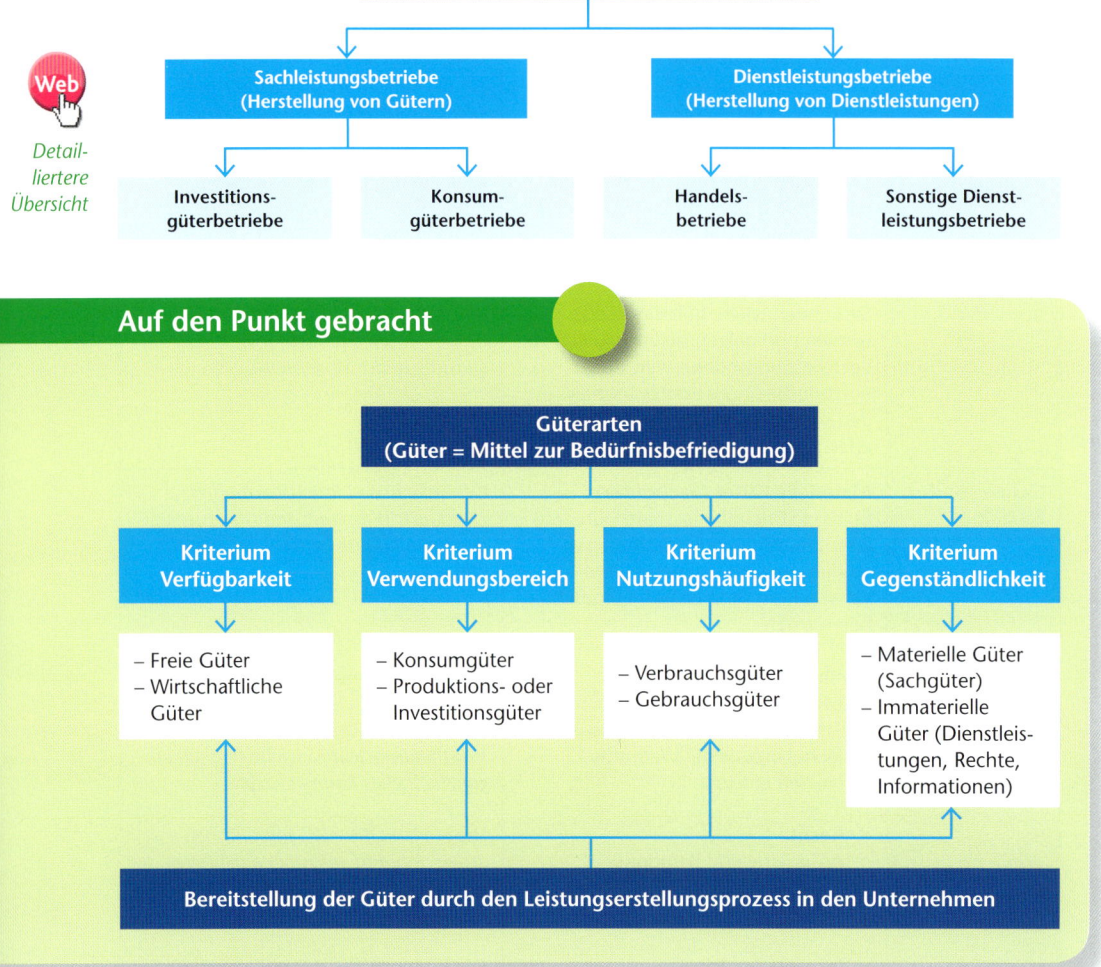

*Detail-
liertere
Übersicht*

2.

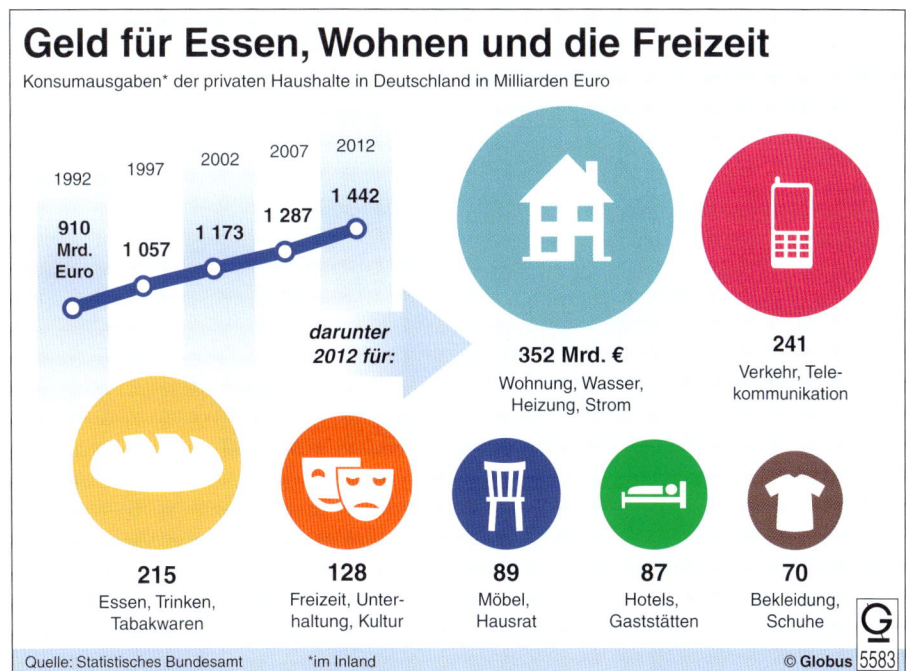

Geld für Essen, Wohnen und die Freizeit

Konsumausgaben* der privaten Haushalte in Deutschland in Milliarden Euro

1992 · 1997 · 2002 · 2007 · 2012

910 Mrd. Euro · 1 057 · 1 173 · 1 287 · 1 442

darunter 2012 für:

352 Mrd. €
Wohnung, Wasser, Heizung, Strom

241
Verkehr, Telekommunikation

215
Essen, Trinken, Tabakwaren

128
Freizeit, Unterhaltung, Kultur

89
Möbel, Hausrat

87
Hotels, Gaststätten

70
Bekleidung, Schuhe

Quelle: Statistisches Bundesamt   *im Inland   © Globus 5583

a) Bedürfnisse sind ursächlich für den Kauf von Konsumgütern. Erklären Sie allgemein, was unter Existenz-, Kultur- und Luxusbedürfnissen zu verstehen ist.
b) Welche Bedürfnisart löst den Erwerb von Gütern der in der Grafik dargestellten Konsumbereiche aus? Begründen Sie Ihre Antwort.
c) Bestimmen Sie aus jedem Konsumbereich ein konkretes Gut, z. B. Smartphone aus dem Bereich „Verkehr, Telekommunikation". Ordnen Sie diese Güter begründet den verschiedenen Güterarten zu.
d) Der Anteil der einzelnen Konsumbereiche an den gesamten Konsumausgaben ändert sich im Laufe der Zeit. Wie stellen Sie sich die Aufteilung in den 1960er-Jahren vor?
e) Fassen Sie die in der Grafik veranschaulichten Informationen in einem Kurzbericht zusammen.

3. Die Wirtschaftslehre unterscheidet u. a. folgende Bedürfnisarten: offene und latente Bedürfnisse, materielle und immaterielle Bedürfnisse.
   a) Erklären Sie diese Bedürfnisarten. Informieren Sie sich bei Bedarf z. B. durch eine Internetrecherche.
   b) Wählen Sie aus einer Zeitschrift eine Werbeanzeige aus. Stellen Sie dar, welche Arten von Bedürfnissen in dieser Anzeige angesprochen werden.

4. Erklären Sie, wie die verschiedenen Arten von Betrieben nach dem jeweiligen Leistungsspektrum unterschieden werden. Geben Sie für jede Art von Betrieb ein konkretes Unternehmen an, mit dem Ihr Ausbildungsbetrieb in Geschäftsbeziehung steht.

2.2 Die eingesetzten Produktionsfaktoren unterscheiden

Lernsituation

Einmal in der Woche führt Miriam Ball, die Ausbildungsleiterin am Standort Horb, mit den kaufmännischen Auszubildenden eine betriebliche Unterweisung durch. Im Gespräch sammeln die Auszubildenden heute Beispiele für die verschiedenen Arten von Unternehmen und Betrieben: Handelsunternehmen, Reiseagenturen, Speditionen, Versicherungsagenturen, Steuerberatungskanzleien, Automobilhersteller, Banken u. Ä.

Angesichts dieser Vielfalt behauptet Miriam Ball: „Im Wesentlichen unterscheiden sich alle diese Unternehmen und Betriebe jedoch nicht. Alle produzieren nach einem einheitlichen Schema Güter."

Miriam Ball stellt den Lernenden dazu folgende Prozesskette zur Verfügung:

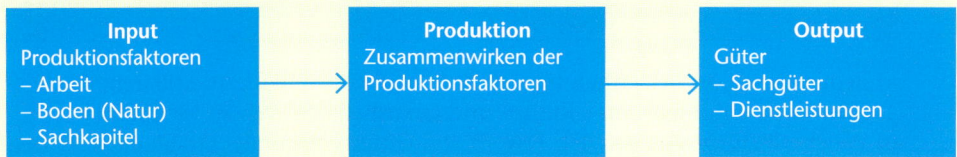

Input	Produktion	Output
Produktionsfaktoren	Zusammenwirken der	Güter
– Arbeit	Produktionsfaktoren	– Sachgüter
– Boden (Natur)		– Dienstleistungen
– Sachkapitel		

Für die nächste Unterweisungsstunde erteilt Frau Ball den Auszubildenden einen Arbeitsauftrag: „Analysieren Sie zum einen den Produktionsprozess in einem unserer Möbelwerke und zum anderen in unserer BüroAkademie."

In der Mittagspause stellt Tom Wildermuth im Gespräch mit Svenja Kolleck fest: „So ein Unsinn, in unserer BüroAkademie produzieren wir doch nichts." Svenja Kolleck erwidert ihm spontan: „Das glaube ich aber schon."

- *Analysieren Sie anhand der obigen Prozesskette die betrieblichen Abläufe in den Möbelwerken sowie in der „BüroAkademie" der ModernOffice KG.*
- *Informieren Sie sich mithilfe dieses Kapitels über die verschiedenen Produktionsfaktoren und Betriebsfaktoren.*
- *Entscheiden Sie, ob in der „BüroAkademie" ein Produktionsprozess stattfindet.*
- *Beschreiben Sie in einem Fachbericht den jeweiligen Prozess in einem Möbelwerk sowie in der „BüroAkademie" der ModernOffice KG. Begründen Sie mit Ihrer Beschreibung auch Ihre obige Entscheidung.*

Produktionsfaktoren im Leistungserstellungsprozess

Nur wenige Güter (z. B. Luft, Sonnenlicht) werden von der Natur im verwendungsfähigen Zustand bereitgestellt. In der Regel müssen Güter produziert werden. Diese Herstellung erfordert den Einsatz sogenannter Produktionsfaktoren.

Drei grundsätzliche **Arten von Produktionsfaktoren** sind zu unterscheiden:

Produktionsfaktor Arbeit

Zum Produktionsfaktor Arbeit zählt jede geistige oder körperliche Tätigkeit zur Bereitstellung von Gütern.

Dabei sind verschiedene **Arten von Arbeit** zu unterscheiden:
• Leitende (dispositive) und ausführende Arbeit
• Gelernte, angelernte und ungelernte Arbeit
• Geistige und körperliche Arbeit
• Selbstständige und unselbstständige Arbeit

Unterschei-dungsmerk-male Arbeit

Produktionsfaktor Boden (Natur)

Bodennutzung als zentrales Naturelement

Zum Produktionsfaktor Boden (Natur) zählen alle natürlichen Elemente, die für die Güterpro-duktion genutzt werden.

Ein wichtiger Naturfaktor ist der Boden. Er wird grundsätzlich in dreierlei Weise eingesetzt.

Produk-tionsfaktor Boden

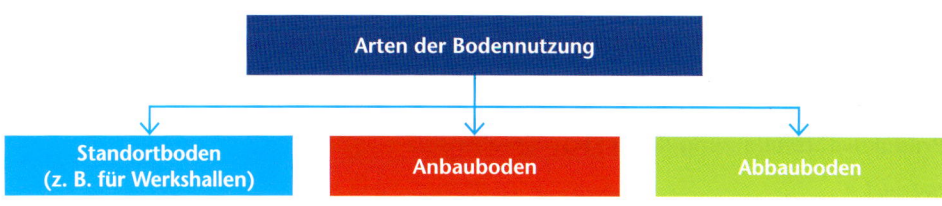

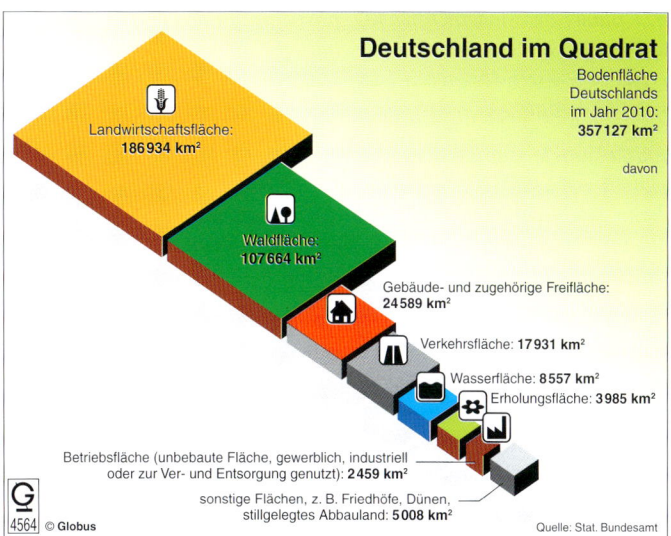

Produktionsfaktor Kapital

Sachkapital als derivativer Faktor

Zum Produktionsfaktor Sachkapital zählen alle Güter, die produziert wurden, um ihrerseits wieder für die Produktion anderer Güter genutzt zu werden.

Beispiele • *Gebäude, Maschinen, Fahrzeuge, Werkzeuge, Vorräte an Roh-, Hilfs- und Betriebsstoffen sowie an Fremdbauteilen.*

Sachkapital = produzierte Produktionsmittel

Die Faktoren Arbeit und Boden (Natur) sind ursprünglich vorhanden (**originäre Faktoren**). Sachkapital muss erst durch den Einsatz von Faktoren gebildet werden (abgeleiteter oder **derivativer Faktor**). Sein Einsatz führt zu einer Produktionssteigerung. Voraussetzung für die Bildung von Sachkapital ist Sparen (Bildung von Geldkapital).

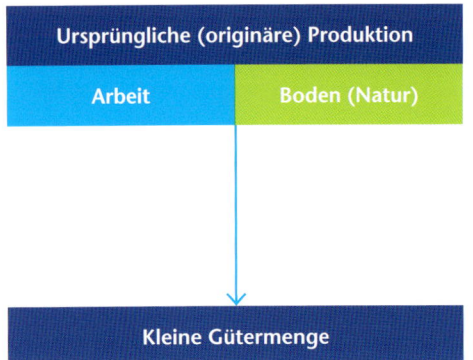
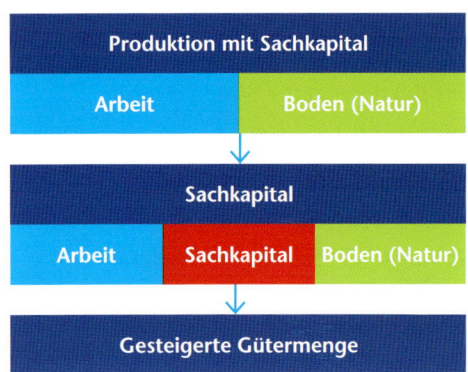

Produktivitätssteigerung durch Sachkapitaleinsatz

Beispiel •

*Johann Tischler, Gründer der ModernOffice KG, produziert in den ersten Jahren ab 1925 in seiner kleinen Möbelwerkstatt erste Büromöbel. Er beschäftigt fünf Tischlergesellen (Faktor **Arbeit**). Aus Baumstämmen (Faktor **Natur**) werden mit relativ einfachen Werkzeugen (Faktor **Sachkapital**) Hölzer und in der Folge Möbelstücke gefertigt.*

*Wegen ihrer Qualität kann Johann Tischler seine Produkte zu guten Preisen verkaufen. Am Ende eines jeden Geschäftsjahres verbleibt von den Verkaufserlösen nach Abzug der Kosten ein Gewinn. Diesen Gewinn gibt Johann Tischler nicht in voller Höhe für den privaten Konsum aus: Er leistet **Konsumverzicht** und bildet über mehrere Jahre durch Sparen **Geldkapital**. Mit diesem Geldkapital bezahlt er die Errichtung einer großen Werkstatthalle mit modernen Holzverarbeitungsmaschinen. Das heißt, Johann Tischler legt sein Geldkapital in Sachkapital an. Diesen Vorgang bezeichnet man als **Investition**.*

*Mit den modernen Maschinen können die Qualität und die Menge der Büromöbelproduktion gesteigert werden. Nur mit den einfachen Werkzeugen sind 10 Arbeitsstunden für die Fertigung eines Schreibtisches erforderlich gewesen. Unter Einsatz der neuen halbautomatischen Holzverarbeitungsanlage produziert ein Geselle in einer Arbeitsstunde zwei Schreibtische. Durch den Einsatz des Faktors Sachkapital erhöht sich die **Produktivität**.*

$$\text{Arbeitsproduktivität (alt)} = \frac{1 \text{ Tisch}}{10 \text{ Stunden}} = 0,1$$

$$\text{Arbeitsproduktivität (neu)} = \frac{2 \text{ Tische}}{1 \text{ Stunde}} = 2$$

$$\text{Produktivität} = \frac{\text{Güteroutput}}{\text{Faktorinput}}$$

Betriebsfaktoren: betriebliche Differenzierung des Sachkapitals

Für betriebliche Zwecke wird der Faktor Sachkapital genauer unterteilt.

Arten des Sachkapitals	Erklärung	*Beispiele • aus der* ModernOffice KG
Betriebsmittel	Als Gebrauchsgüter werden sie über einen längeren Zeitraum bei der Produktion eingesetzt und verschleißen sich nur allmählich. In der Bilanz gehören sie zum Anlagevermögen.	*Produktionshallen, Verwaltungsgebäude, Maschinen, Fahrzeuge, Gegenstände der Betriebs- und Geschäftsausstattung*
Werkstoffe	Als Verbrauchsgüter können sie nur einmalig in der Produktion verwendet werden. In der Bilanz gehören sie zum Umlaufvermögen.	
– Rohstoffe	Hauptbestandteile der Endprodukte	*Holzteile, Edelstahlteile, Glasteile, Polsterstoffe*
– Hilfsstoffe	Nebenbestandteile der Endprodukte	*Schrauben, Nägel, Lacke, Leim*
– Betriebsstoffe	Kein Bestandteil der Endprodukte	*Strom, Benzin zum Betrieb von Betriebsmitteln*
– Fremdbauteile	Bestandteile der Endprodukte, von Dritten bezogene Vorprodukte	*Schlösser, Beschläge, Stuhlrollen, Kabelkanäle*

Produzieren nach dem ökonomischen Prinzip

Die Grundstruktur aller Produktionsprozesse ist einheitlich.

Der Einsatz von Produktionsfaktoren verursacht Kosten. Diese Mittel sollen deshalb möglichst sparsam eingesetzt werden. Die fertigen Güter stellen die Leistung des Betriebs dar. Als Ziel soll das Produktionsergebnis in Menge und Qualität optimal sein. Aus diesem Zusammenhang ergibt sich die Notwendigkeit des Wirtschaftens.

Wirtschaften = Jedes Handeln und Verhalten von Personen unter Beachtung des ökonomischen Prinzips.

Beispiele •

1. **Wirtschaftliches Handeln in der ModernOffice KG nach dem Minimalprinzip:**
   Ein vorgegebenes Ziel (Leistung) mit minimalen Mitteln (Kosten) erreichen

   Die Entwicklungsabteilung der ModernOffice KG entwirft unter der Leitung von Dipl.-Ing. Ute Klein ein ganzheitliches innovatives Raumkonzept für die Office-Zone der Allgemeine Versicherung AG in Köln. Nach dieser Planung wird der Auftrag mit einem Gesamtwert von 1,5 Mio. EUR an die ModernOffice KG erteilt. Die zu erbringende Leistung ist damit als Produktionsziel vorgegeben. Jetzt kommt es darauf an, dieses gegebene Ziel mit einem möglichst geringen Einsatz an Produktionsfaktoren zu erreichen. In der Vorkalkulation geht Tom Mende, Abteilungsleiter Kosten- und Leistungsrechnung, von 1,2 Mio. EUR Kosten aus. Nach Fertigstellung des Auftrags ergibt die Nachkalkulation nur Kosten von 1,125 Mio. EUR. Der Auftrag ist damit wirtschaftlicher realisiert worden.

Planung (Vorkalkulation)	Realisierung (Nachkalkulation)
$\text{Wirtschaftlichkeit} = \dfrac{\text{Kosten}}{\text{Leistung}} = \dfrac{1,2}{1,5} = 0,8$	$\text{Wirtschaftlichkeit} = \dfrac{\text{Kosten}}{\text{Leistung}} = \dfrac{1,125}{1,5} = 0,75$

   Ein Umsatz von 1,00 EUR wird nicht mit 0,80 EUR Kosten, sondern mit nur 0,75 EUR Kosten erwirtschaftet. Die Kosten (Mittel) sind minimiert worden.

2. **Wirtschaftliches Handeln in der ModernOffice KG nach dem Maximalprinzip:**
   Mit vorgegebenen Mitteln (Kosten) ein maximales Ziel (Leistung) erreichen

   Im Rahmen einer einmaligen Sonderaktion bietet die ModernOffice KG Möbeldiscountern Schreibtische der Marke „economic" zum Stückpreis von 200,00 EUR an. Die Schreibtische werden für diese Aktion gesondert produziert. Utz Mai, Werksleiter am Standort Horb, erhält für dieses Vorhaben ein Budget von 800.000,00 EUR. Jetzt kommt es für Utz Mai darauf an, mit diesen vorgegebenen Mitteln (Kosten) ein möglichst hohes Produktionsergebnis zu erreichen. Er plant zunächst die Herstellung von 5.000 Tischen. Durch gezielte Materialeinsparung gelingt aber tatsächlich die Produktion von 6.000 Stück. Die Sonderaktion wird wirtschaftlicher realisiert.

Planung (Vorkalkulation)	Realisierung (Nachkalkulation)
$\text{Wirtschaftlichkeit} = \dfrac{\text{Leistung}}{\text{Kosten}} = \dfrac{1.000.000}{800.000} = 1,25$	$\text{Wirtschaftlichkeit} = \dfrac{\text{Leistung}}{\text{Kosten}} = \dfrac{1.200.000}{800.000} = 1,5$

   Mit Kosten von 1,00 EUR wird nicht nur ein Umsatz von 1,25 EUR, sondern ein Umsatz von 1,50 EUR erwirtschaftet. Die Leistung (Ziel) ist maximiert worden.

Auf den Punkt gebracht

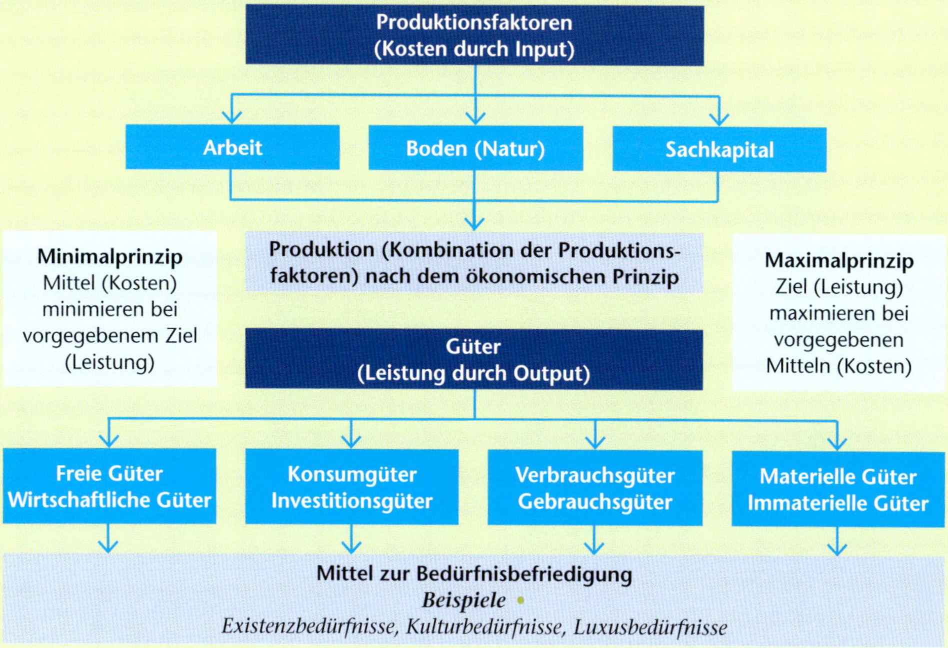

**Produktionsfaktoren
(Kosten durch Input)**

Arbeit | **Boden (Natur)** | **Sachkapital**

Minimalprinzip
Mittel (Kosten)
minimieren bei
vorgegebenem Ziel
(Leistung)

**Produktion (Kombination der Produktions-
faktoren) nach dem ökonomischen Prinzip**

**Güter
(Leistung durch Output)**

Maximalprinzip
Ziel (Leistung)
maximieren bei
vorgegebenen
Mitteln (Kosten)

**Freie Güter
Wirtschaftliche Güter** | **Konsumgüter
Investitionsgüter** | **Verbrauchsgüter
Gebrauchsgüter** | **Materielle Güter
Immaterielle Güter**

Mittel zur Bedürfnisbefriedigung
Beispiele •
Existenzbedürfnisse, Kulturbedürfnisse, Luxusbedürfnisse

Nutzen Sie Ihr Wissen

Holen Sie im Bedarfsfall zusätzliche Informationen ein. Nutzen Sie alle Ihnen zugänglichen Informationsquellen, z. B. Internetrecherche.

1.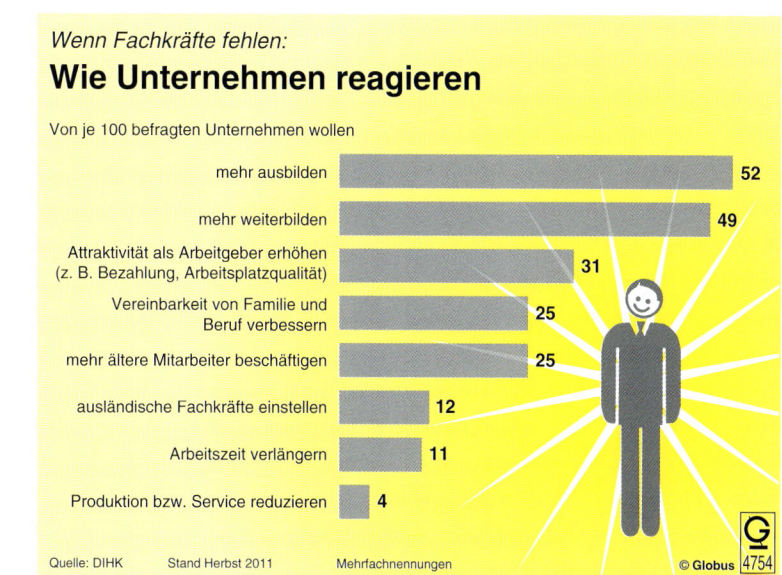

Wenn Fachkräfte fehlen:
Wie Unternehmen reagieren

Von je 100 befragten Unternehmen wollen

mehr ausbilden — 52
mehr weiterbilden — 49
Attraktivität als Arbeitgeber erhöhen (z. B. Bezahlung, Arbeitsplatzqualität) — 31
Vereinbarkeit von Familie und Beruf verbessern — 25
mehr ältere Mitarbeiter beschäftigen — 25
ausländische Fachkräfte einstellen — 12
Arbeitszeit verlängern — 11
Produktion bzw. Service reduzieren — 4

Quelle: DIHK   Stand Herbst 2011   Mehrfachnennungen   © Globus 4754

a) Erklären Sie die verschiedenen Arten des Faktors Arbeit.

b) In jüngerer Zeit ist häufig vom demografischen Wandel und dem dadurch ausgelösten Fachkräftemangel die Rede. Erklären Sie diese Begriffe.

c) Welche Maßnahmen ergreift Ihr Ausbildungsbetrieb bereits, um dem Fachkräftemangel vorzubeugen? Welche Maßnahmen könnte er zusätzlich ergreifen? Interviewen Sie bei Bedarf die in Ihrem Ausbildungsbetrieb verantwortlichen Personen.

2. Die Abteilung Kosten- und Leistungsrechnung der ModernOffice KG legt für die Trennwand „AGIL" aus der Produktgruppe 5 folgende Daten vor:

	Jahr 1	Jahr 2	Jahr 3
Produktions- und Absatzmenge	7 500	8 000	9 500
Geleistete Arbeitsstunden	17 600	19 360	22 880
Arbeitskostensatz je Stunde	40,00 €	42,00 €	44,00 €
Materialkosten je Stück	750,00 €	750,00 €	750,00 €
Sonstige Kosten	3.875.000,00 €	3.950.000,00 €	4.150.000,00 €
Verkaufspreis je Stück	1.500,00 €	1.400,00 €	1.450,00 €

a) Ermitteln Sie für die drei Jahre jeweils den Erlös, die Kosten und den Gewinn.

b) Beurteilen Sie in den drei Jahren die Entwicklung der Produktivität, der Wirtschaftlichkeit und der Umsatzrentabilität.

c) Recherchieren Sie in der Branche Ihres Ausbildungsbetriebs die durchschnittliche Umsatzrentabilität. Begründen Sie, warum die Umsatzrentabilität eine wichtige betriebswirtschaftliche Kennziffer ist.

3.

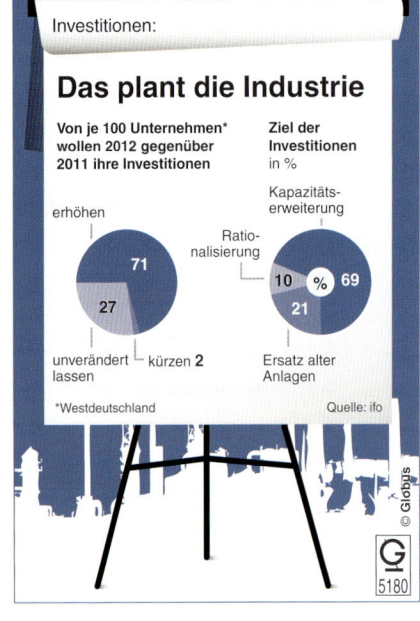

a) Erklären Sie, was unter Geldkapital und Sachkapital zu verstehen ist. Erläutern Sie, inwiefern die obige Grafik den Zusammenhang von Geld- und Sachkapital thematisiert.

b) Begründen Sie, warum der Produktionsfaktor Sachkapital ein sogenannter abgeleiteter Faktor ist.

c) Beschreiben Sie an einem Beispiel Ihrer Wahl, inwiefern der Einsatz von Sachkapital zu einer Produktivitätssteigerung führt.

d) Eine Ursache von Arbeitslosigkeit ist der technische Fortschritt. Erklären Sie, was in diesem Zusammenhang unter der Substitution von Arbeit durch Kapital zu verstehen ist. Welche Beispiele für diesen Substitutionsprozess gibt es in Ihrem Ausbildungsbetrieb?

e) Nennen Sie, nach Möglichkeit bezogen auf Ihren Ausbildungsbetrieb, je drei Beispiele für Betriebsmittel, Rohstoffe, Hilfsstoffe, Betriebsstoffe und Fremdbauteile.

4. Sie planen die Anschaffung eines höherwertigen Gebrauchsgutes, z. B. ein neues Smartphones. Dabei wollen Sie wirtschaftlich vorgehen. Beschreiben Sie jeweils Ihre Vorgehensweise, wenn Sie nach dem Minimalprinzip oder nach dem Maximalprinzip agieren.

5. a) Erklären Sie die verschiedenen Arten der Nutzung des Produktionsfaktors Boden.

b) Erläutern Sie, was unter Standortfaktoren zu verstehen ist. Erklären Sie drei Standortfaktoren Ihrer Wahl. Welche Standortfaktoren sind für die Standortwahl Ihres Ausbildungsbetriebs ausschlaggebend gewesen?

c) Beschreiben Sie, welche Naturfaktoren außer dem Boden in den Produktionsprozessen Ihres Ausbildungsbetriebs eingesetzt werden?

d) Erklären Sie, was im wirtschaftlichen Zusammenhang unter Nachhaltigkeit zu verstehen ist. Findet das Prinzip der Nachhaltigkeit im Leitbild Ihres Ausbildungsbetriebs (Unternehmensphilosophie) Berücksichtigung?

e) Welche Maßnahmen zum Umweltschutz werden in den betrieblichen Abläufen Ihres Ausbildungsbetriebs umgesetzt? Auf welche Art und Weise leisten Sie persönlich in Ihrem betrieblichen Arbeitsalltag einen Beitrag zum Umweltschutz?

f) Durch welche Verhaltensweisen können Sie in Ihrem privaten Lebensbereich zum Umweltschutz beitragen?

6. Analysieren und beschreiben Sie den Produktionsprozess in Ihrem Ausbildungsbetrieb. Beurteilen Sie in Ihrer Beschreibung auch die Bedeutung der verschiedenen Produktionsfaktoren und Betriebsfaktoren für Ihren Ausbildungsbetrieb.

*LF1
Aufgaben
2.2*

2.3   Die Ziele eines Betriebes erschließen

Lernsituation

Die Auszubildenden Ebru Celik und Svenja Kolleck interviewen im Rahmen einer Betriebserkundung Jens Tischler, den Geschäftsführer der ModernOffice KG.

Auszug aus dem Interview:

Ebru Celik: „Herr Tischler, stimmt es, dass die ModernOffice KG im laufenden Geschäftsjahr erneut eine Gewinnsteigerung erzielen wird?"

Jens Tischler: „Das Jahr ist noch nicht ganz abgeschlossen. Aber in der Tat, wir erwarten wieder ein gutes Ergebnis. Wir streben eine Senkung unseres Kostenniveaus um 5 % an. Durch unsere flexiblen Produkte für den Lebensraum Büro wollen wir die Erlöse um 10 % steigern. Aber berücksichtigen Sie bitte: Der Gewinn ist nicht die alleinige Zielgröße einer Unternehmung!"

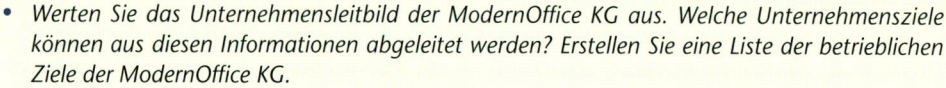

- *Werten Sie das Unternehmensleitbild der ModernOffice KG aus. Welche Unternehmensziele können aus diesen Informationen abgeleitet werden? Erstellen Sie eine Liste der betrieblichen Ziele der ModernOffice KG.*
- *Informieren Sie sich über die verschiedenen Arten von Unternehmenszielen. Ordnen Sie die Ziele der ModernOffice KG begründet zu.*
- *Erstellen Sie eine Präsentation zu den Unternehmenszielen der ModernOffice KG.*
- *Verfügt Ihr Ausbildungsbetrieb über ein Unternehmensleitbild oder eine Unternehmensphilosophie? Ermitteln Sie die Unternehmensziele Ihres Ausbildungsbetriebs. Stellen Sie dieses Zielsystem in einem schriftlichen Kurzbericht dar.*
- *Begründen Sie die Wichtigkeit und Notwendigkeit klarer unternehmerischer Zielvorgaben.*

Unternehmen und Betrieb

Unternehmen sind rechtlich selbstständig. Die Produktionsstätten innerhalb eines Unternehmens sind rechtlich unselbstständig. Sie werden als Betriebe bezeichnet.

Der Betrieb als Teil einer Unternehmung ist der eigentliche Ort der Produktion (Sachgüter oder Dienstleistungen).

Beispiel • *Die ModernOffice KG ist ein Unternehmen. Betriebe des Unternehmens ModernOffice KG sind die Werke in Horb, Bielefeld und Gotha sowie die Showrooms in Horb, Berlin, Hamburg, Köln und München. In den Werken werden Sachgüter (Büromöbel) hergestellt. In den Showrooms erfolgt die Erstellung von Dienstleistungen, z.B. Beratungen und Schulungen.*

Sachziele und Formalziele

*Die Produktion von Gütern (Sachgüter und Dienstleistungen) ist das **Sachziel** eines Unternehmens. Das Sachziel ergibt sich aus der Frage „Was soll produziert werden?".*

Davon zu unterscheiden sind die **Formalziele** *eines Unternehmens. Sie ergeben sich aus der Frage „Warum soll produziert werden?".*

Wichtige Formalziele von Unternehmen sind:
- **Ökonomische Ziele** (Gewinnerzielung, Sicherung der Zahlungsfähigkeit und des Unternehmensvermögens, Sicherung und Ausweitung von Marktanteilen, positives Image in der Öffentlichkeit)
- **Soziale Ziele** (sichere Arbeitsplätze, gerechte Entlohnung, gutes Betriebsklima, Eingliederung von Menschen mit Handicaps)
- **Ökologische Ziele** (Schutz der Umwelt)

Erwerbswirtschaftliches und gemeinwirtschaftliches Prinzip
Ein übergeordnetes **ökonomisches Ziel** ist die **Gewinnerzielung**. Unternehmen erstellen Leistungen und verkaufen sie. Bei der Leistungserstellung fallen Kosten an: Materialien werden verbraucht, Maschinen werden abgenutzt und Arbeitskräfte müssen entlohnt werden. Als Gegenwert werden Erlöse (Umsatzerlöse) erzielt. Die Erlöse aus dem Verkauf müssen höher sein als die Kosten. Nur dann erwirtschaftet das Unternehmen Gewinn und kann langfristig bestehen.

> **Gewinn = Erlöse – Kosten**

Unternehmen, für die die Gewinnerzielung eine bedeutende Zielsetzung ist, agieren nach dem **erwerbswirtschaftlichen Prinzip**. In der Regel trifft das auf private Unternehmen zu. Im Gegensatz dazu orientieren sich öffentliche Betriebe und Verwaltungseinrichtungen sowie viele sogenannte Non-Profit-Organisationen am **gemeinwirtschaftlichen Prinzip**. Übergeordnetes Ziel ist in diesem Fall die kostengünstigste Versorgung mit den hergestellten Sachgütern und Dienstleistungen. Die Gewinnerzielung steht nicht im Vordergrund. Die Erlöse sollen nach Möglichkeit nur die Kosten decken.

Formulierung von Zielen
Die Formulierung eines Ziels muss drei Bestandteile aufweisen: **Zielinhalt, Zielausmaß und Zielzeit**. Nur dann ist die Erreichung eines Ziels eindeutig kontrollierbar.

Beispiel • *Leonie Meier, Gruppenleiterin Fuhrpark im Werk Bielefeld der ModernOffice KG, gibt ihren Mitarbeiterinnen und Mitarbeitern folgende Zielsetzung vor: Im Vergleich zum 2. Quartal des Vorjahres soll im 2. Quartal des laufenden Jahres (**Zielzeit**) der Kraftstoffverbrauch eines jeden Fahrzeugs durch energiesparende Fahrweise (**Zielinhalt**) um 5 % (**Zielausmaß**) gesenkt werden.*

Rentabilität – Kennziffer zur Zielkontrolle
Die **Überprüfung von Zielen** erfolgt **mithilfe wirtschaftlicher Größen**, z.B. Kosten, Erlöse, Gewinn. Eine Größe für sich alleine (absolut) betrachtet ist dabei in der Regel wenig aussagekräftig. Erst im Vergleich mit einer zweiten sinnvollen Größe gewinnen die einzelnen Werte an Aussagekraft. Durch die Gegenüberstellung von zwei Größen entstehen wichtige Kennziffern. Eine bedeutende Kennziffer ist die **Rentabilität**. Dabei wird der Gewinn einer Periode mit einer zweiten sinnvollen Größe verglichen, z.B. mit den Umsatzerlösen dieser Periode.

$$\text{Umsatzrentabilität} = \frac{\text{Gewinn}}{\text{Umsatzerlöse}} \cdot 100$$

Beispiel • *Sowohl im Werk Horb als auch im Werk Bielefeld fertigt die ModernOffice KG Sitzmöbel (Bürodrehstühle, Großraumstühle, Besucherstühle u. Ä.). Im April erzielt das Werk Horb in dieser Produktgruppe einen Gewinn von 50.000,00 EUR, in Bielefeld sind es nur 20.000,00 EUR. Eine Bewertung allein aufgrund dieser Zahlen ist jedoch problematisch: Erst im Vergleich des Gewinns mit der jeweiligen Leistung des Betriebs sind Beurteilungen möglich. In Horb werden für die im April gefertigten Sitzmöbel Umsatzerlöse von 500.000,00 EUR erzielt. Die Umsatzerlöse des Werkes in Bielefeld betragen 125.000,00 EUR.*

$$\text{Umsatzrentabilität (Horb)} = \frac{50.000}{500.000} \cdot 100 = 10\,\% \qquad \text{Umsatzrentabilität (Bielefeld)} = \frac{20.000}{125.000} \cdot 100 = 16\,\%$$

Trotz eines absolut niedrigeren Gewinns ist das Werk in Bielefeld im April in dieser Produktgruppe rentabler: Von 100,00 EUR Umsatzerlösen verbleiben im Werk Bielefeld 16,00 EUR Gewinn; in Horb sind es nur 10,00 EUR Gewinn.

Zielbeziehungen in Zielsystemen

Unternehmen verfolgen in der Regel gleichzeitig mehrere Sach- und Formalziele. In diesem System von Zielen können die einzelnen Ziele in unterschiedlicher Beziehung stehen.

- **Zielharmonie:** Maßnahmen zur Förderung eines Ziels begünstigen auch ein zweites Ziel.
- **Zielkonflikt:** Maßnahmen zur Förderung eines Ziels beeinträchtigen die Erreichung eines zweiten Ziels.
- **Zielneutralität:** Zwischen zwei Zielen besteht kein Wirkungszusammenhang.

Beispiel • *Otto Sander, Hauptabteilungsleiter Verwaltung, will die hohen Bankguthaben in Wertpapieren anlegen. Im Gegensatz zu Bankguthaben erzielen Wertpapieranlagen Zins- und Dividendenerträge. Diese erhöhen wiederum den Gewinn der ModernOffice KG. David Cameron, Abteilungsleiter Finanzierung, warnt: Geringe Bankguthaben können zur Zahlungsunfähigkeit und damit zur Insolvenz führen. Es besteht ein Zielkonflikt zwischen dem Gewinnziel und dem Liquiditätsziel (Zahlungsfähigkeit).*

Auf den Punkt gebracht

Nutzen Sie Ihr Wissen

1. Informieren Sie die anderen Mitglieder Ihrer Lerngruppe über das Zielsystem Ihres Ausbildungsbetriebs. Bereiten Sie dazu unter Verwendung eines Präsentationsprogramms eine Präsentation vor. Die Präsentationszeit beträgt fünf Minuten. Beachten Sie die Regeln für eine gelungene Präsentation.

2. Die Abteilung Kosten- und Leistungsrechnung der ModernOffice KG stellt für einen Kleincontainer der Produktgruppe „Stauraum" folgende Daten zur Verfügung:

Jahr	Absatzmenge in Stück	Verkaufspreis in EUR	Erlöse in EUR	Kosten in EUR	Gewinn in EUR
1	10 000	50,00		400.000,00	
2	12 000	45,00		420.000,00	
3	14 000	40,00		440.000,00	
4	14 000	40,00		450.000,00	
5	17 000	35,00		520.000,00	

a) Ermitteln Sie für die Jahre 1 bis 5 die Erlöse, den Gewinn und die Umsatzrentabilität.
b) Ermitteln Sie, mithilfe Ihnen verfügbarer Informationsquellen, die durchschnittliche Umsatzrentabilität in der Branche Ihres Ausbildungsbetriebs. Erläutern Sie den Informationsgehalt dieser betriebswirtschaftlichen Kennziffer.
c) Erklären Sie, warum die Erlöse trotz sinkender Verkaufspreise steigen können.
d) Erklären Sie, warum der Gewinn trotz erhöhter Erlöse abnehmen kann.
e) Erläutern Sie in den Jahren 1 bis 5 den Zusammenhang zwischen Erlösen, Kosten und Gewinn.

3. Welche Zielbeziehung kann bei den folgenden Zielpaaren bestehen? Begründen Sie Ihre jeweilige Entscheidung.
a) Steigerung des Marktanteils und Erhöhung der Erlöse
b) Senkung der Kosten und Steigerung des Gewinns
c) Erhöhung der Marktmacht und Sicherung der Arbeitsplätze
d) Steigerung des Gewinns und Schutz der Umwelt
e) Sicherung der Zahlungsfähigkeit und Steigerung des Gewinns
f) Verbesserung des Images und Verbesserung der Produktqualität

4. Beurteilen Sie folgende Zielvorgabe des Produktmanagers eines Unternehmens an seine Mitarbeiter: „Die Produktionskosten müssen in Zukunft gesenkt werden!" Formulieren Sie diese Zielvorgabe bei Bedarf so um, dass die Zielerreichung überprüfbar wird.

2.4   Die Stellung eines Betriebes in der arbeitsteiligen Wirtschaft nachvollziehen

Lernsituation

Marie Schmitz, Auszubildende zur Kauffrau für Büromanagement in der Kölner Niederlassung der ModernOffice KG, beschäftigt sich im Betriebsunterricht mit der Arbeitsteilung in der deutschen Volkswirtschaft. Christine Keller, die Ausbilderin im Showroom Köln, stellt ihren Auszubildenden folgende Grafik zur Verfügung:

Frau Keller behauptet: „Im Vergleich zu anderen Regionen der Welt genießen wir einen relativ hohen Wohlstand. Diesen Wohlstand verdanken wir vor allem auch der Arbeitsteilung. Dieses Prinzip bestimmt nicht nur die Abläufe in den Betrieben, sondern auch unsere Gesamtwirtschaft und unsere wirtschaftlichen Beziehungen zu anderen Ländern. In Verbindung mit dieser Arbeitsteilung auf allen Ebenen hat sich die deutsche Wirtschaft zu einer Dienstleistungsgesellschaft entwickelt."

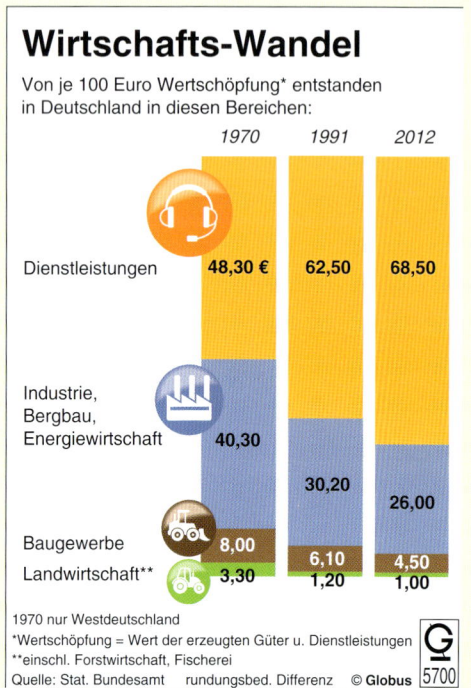

Wirtschafts-Wandel

Von je 100 Euro Wertschöpfung* entstanden in Deutschland in diesen Bereichen:

	1970	1991	2012
Dienstleistungen	48,30 €	62,50	68,50
Industrie, Bergbau, Energiewirtschaft	40,30	30,20	26,00
Baugewerbe	8,00	6,10	4,50
Landwirtschaft**	3,30	1,20	1,00

1970 nur Westdeutschland
*Wertschöpfung = Wert der erzeugten Güter u. Dienstleistungen
**einschl. Forstwirtschaft, Fischerei
Quelle: Stat. Bundesamt   rundungsbed. Differenz   © **Globus** 5700

Bilden Sie Arbeitsgruppen zu jeweils drei Personen und entwerfen Sie eine Stellungnahme zur obigen Behauptung von Frau Keller. Gehen Sie dabei systematisch vor. Teilen Sie einzelne Arbeiten in der Gruppe sinnvoll auf.

- *Analysieren Sie die Aussage von Frau Keller. Welche einzelnen Behauptungen sind in der Gesamtaussage enthalten?*
- *Analysieren Sie die obige Grafik. Welche Informationen können dem Diagramm entnommen werden?*
- *Sammeln Sie weitere Informationen zu den Aussagen von Frau Keller sowie zum Sachverhalt der Grafik. Wichtige Informationsquellen sind das Statistische Bundesamt: www.destatis.de und die folgenden Seiten des Lehrbuches.*
- *Werten Sie Ihre gesammelten Informationen in der Gruppe aus und verfassen Sie eine Stellungnahme zu der obigen Behauptung von Frau Keller.*
- *Präsentieren Sie Ihre Stellungnahme, z. B. vor den anderen Auszubildenden Ihrer Ausbildungsgruppe.*

Spezialisierung durch Arbeitsteilung

Die Spezialisierung auf bestimmte Tätigkeiten steigert die Leistung. Spezielle Begabungen, Kenntnisse und Fertigkeiten können optimal genutzt werden. Gewonnene Erfahrungen und Routinen verbessern kontinuierlich die Ausführung. Die Vorteile der Spezialisierung führen im Wirtschaftsleben zur Arbeitsteilung.

Arbeitsteilung = Aufteilung einer Arbeit auf verschiedene Menschen, Betriebe, Unternehmen oder Regionen

In der Wirtschaft vollzieht sich Arbeitsteilung auf drei Ebenen:

- **Betriebliche Arbeitsteilung** (Arbeitsteilung im einzelnen Betrieb oder in der einzelnen Unternehmung)
- **Volkswirtschaftliche Arbeitsteilung** (Arbeitsteilung zwischen den Unternehmen der Wirtschaft eines Landes)
- **Internationale Arbeitsteilung** (Arbeitsteilung zwischen den Volkswirtschaften verschiedener Länder)

Betriebliche Arbeitsteilung

In jedem Unternehmen fällt eine Vielzahl von Einzelaufgaben an. Aufgaben werden so zusammengefasst, dass sie von einzelnen Mitarbeitern bewältigt werden können.

Der Aufgabenbereich einer Person wird als **Stelle** bezeichnet. In der **Stellenbeschreibung** werden die Aufgaben, aber auch die Qualifikationsanforderungen, die Verantwortungsbereiche, die Vorgesetzten, die Weisungsbefugnisse, die Entgeltgruppe u.Ä. schriftlich festgehalten. Der **Stellenplan** umfasst alle Stellenbeschreibungen eines Unternehmens.

Der **Organisationsplan** dokumentiert das Gesamtsystem aller Stellen mit ihren Über- und Unterordnungen.

Beispiel • *Das **Organigramm** der ModernOffice KG veranschaulicht diese betriebliche Arbeitsteilung.*

Volkswirtschaftliche Arbeitsteilung

Sektoren einer Volkswirtschaft
Alle Unternehmen eines Landes spezialisieren sich und produzieren das gesamte Güterangebot somit in Arbeitsteilung. Drei übergeordnete Wirtschaftsbereiche sind Ausdruck dieser Arbeitsteilung in einer Volkswirtschaft.

Bruttowertschöpfung der Sektoren im Jahre 2013 in Mrd. EUR		
Primärer Sektor (Urproduktion: landwirtschaftlicher Anbau und Abbau/ Gewinnung natürlicher Rohstoffe)	– Landwirtschaft – Forstwirtschaft – Fischerei – Bergbau	**18,75**
Sekundärer Sektor (Weiterverarbeitung)	– Verarbeitendes Gewerbe – Energieversorgung – Wasserversorgung, Entsorgung – Baugewerbe	**740,06**
Tertiärer Sektor (Dienstleistungserstellung)	– Handel, Verkehr, Gastgewerbe – Information und Kommunikation – Finanz- und Versicherungsdienstleister – Grundstücks- und Wohnungswesen – Unternehmensdienstleister – Öffentliche Dienstleister, Erziehung, Gesundheit – Sonstige Dienstleister	**1.692,41**

Web

Wandel in der Arbeits- welt

Strukturwandel zur Dienstleistungsgesellschaft

Entsprechend des Anteils der Gütererzeugung erhöht sich der Anteil der Beschäftigten im tertiären Sektor. Über 70 % der Erwerbstätigen erzielen ihr Einkommen mit der Produktion von Dienstleistungen. Die deutsche Wirtschaft hat sich von einer Industriegesellschaft zu einer Dienstleistungsgesellschaft entwickelt **(Strukturwandel)**.

Innerhalb des Dienstleistungsbereichs gewinnen die Erstellung, die Verarbeitung und die Bereitstellung von Informationen und Wissen eine immer größere Bedeutung. Die Dienstleistungsgesellschaft entwickelt sich zusehends zur **Informationsgesellschaft** mit einem eigenständigen **quartären Sektor** (Unternehmen der Bereiche Medien, Telekommunikation, IT-Dienstleistungen, Recht-, Steuer-, Wirtschaftsberatung, Forschung usw.).

Internationale Arbeitsteilung

Internationale Kostenvorteile

Bestimmte Länder können bestimmte Erzeugnisse besser herstellen als andere. Eine Spezialisierung dieser Länder auf diese Güterproduktion mit anschließendem internationalem Handel ist dann für alle beteiligten Volkswirtschaften vorteilhaft.

Beispiel • Im Betriebsunterricht veranschaulicht die Ausbilderin Frau Keller diese internationale Arbeitsteilung.
Das Land A ist reich an Bodenschätzen. Die Ölvorkommen können mit relativ geringen Kosten gefördert werden. Das Land B verfügt nur über geringe, schwer zugängliche natürliche Rohstoffvorkommen. Es ist aber eine Industriegesellschaft mit einem hoch entwickelten technischen Wissensstand und Bildungsniveau. Beide Länder spezialisieren sich auf ihre Vorzüge und tauschen die Güter aus. Land A erhält von Land B moderne Computertomographen für Krankenhäuser im Gesamtwert von 100 Mio. EUR. Land A erhält dafür im Gegenzug von Land B Rohöl im Wert von 100 Mio. EUR.

Bedeutung des Außenhandels für die deutsche Volkswirtschaft

Als rohstoffarmes Industrieland ist die deutsche Volkswirtschaft auf die internationale Arbeitsteilung mit anschließendem Außenhandel angewiesen. Einerseits braucht sie die **Importe** (Einfuhr) vor allem von Rohstoffen, landwirtschaftlichen Erzeugnissen und industriellen Vorprodukten. Andererseits sichern die **Exporte** (Ausfuhr) viele Arbeitsplätze. Nahezu die Hälfte aller im Inland produzierten Güter wird exportiert.

Wirtschaftliche Folgen der Arbeitsteilung

Wohlstand durch wirtschaftliche Leistungsfähigkeit

Die Optimierung der Aufgabenteilung in den Geschäftsprozessen der Unternehmen, die Spezialisierung der Unternehmen und die Nutzung der Vorzüge internationaler Arbeitsteilung haben die deutsche Wirtschaft zu einer der leistungsfähigsten Volkswirtschaften der Welt gemacht.

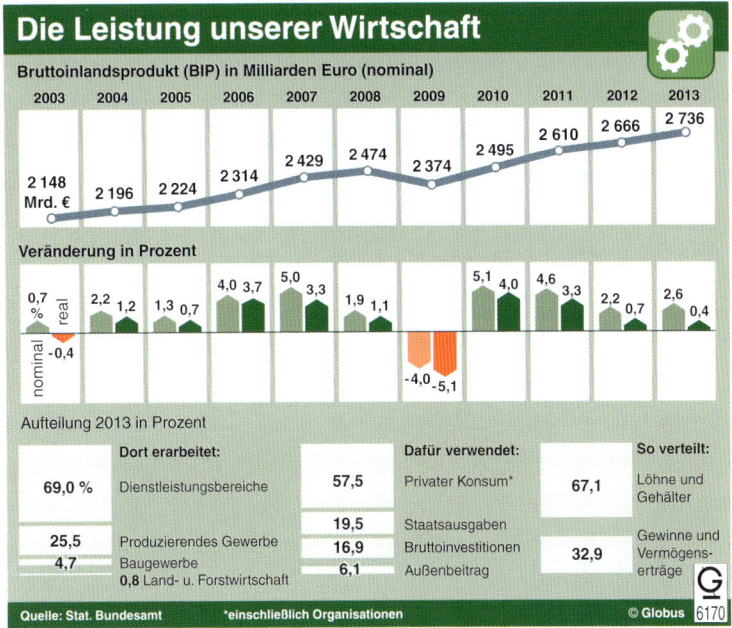

Die Leistung unserer Wirtschaft

Bruttoinlandsprodukt (BIP) in Milliarden Euro (nominal)

2003	2004	2005	2006	2007	2008	2009	2010	2011	2012	2013
2 148 Mrd. €	2 196	2 224	2 314	2 429	2 474	2 374	2 495	2 610	2 666	2 736

Veränderung in Prozent

nominal / real %: 0,7 / -0,4 | 2,2 1,2 | 1,3 0,7 | 4,0 3,7 | 5,0 3,3 | 1,9 1,1 | -4,0 -5,1 | 5,1 4,0 | 4,6 3,3 | 2,2 0,7 | 2,6 0,4

Aufteilung 2013 in Prozent

Dort erarbeitet:		Dafür verwendet:		So verteilt:
69,0 %	Dienstleistungsbereiche	57,5	Privater Konsum*	67,1	Löhne und Gehälter
25,5	Produzierendes Gewerbe	19,5	Staatsausgaben		Gewinne und Vermögenserträge
4,7	Baugewerbe	16,9	Bruttoinvestitionen	32,9	
0,8	Land- u. Forstwirtschaft	6,1	Außenbeitrag		

Quelle: Stat. Bundesamt   *einschließlich Organisationen   © Globus 6170

Messgröße (Indikator) für die Leistungsfähigkeit einer Volkswirtschaft ist das **Bruttoinlandsprodukt** (BIP).

Bruttoinlandsprodukt = Gesamtwert aller in einer Volkwirtschaft in einer Periode (z. B. pro Jahr) produzierten Güter

Mit der Produktion von Gütern erzielen die Menschen in einer Volkswirtschaft ihr Einkommen. Eine hohe Güterproduktion führt automatisch zu einem hohen Gesamteinkommen und damit zu wirtschaftlichem Wohlstand in einer Volkswirtschaft.

Messgröße (Indikator) für den wirtschaftlichen Wohlstand in einer Volkswirtschaft ist das **Bruttonationaleinkommen**.

Bruttonationaleinkommen = in der Güterproduktion entstandenes Gesamteinkommen aller Inländer einer Volkswirtschaft

Bei einem hohen Bruttoinlandsprodukt, automatisch verbunden mit einem hohen Bruttonationaleinkommen, stehen in einer Volkswirtschaft ausreichend Güter und Einkommen für die Bedürfnisbefriedigung zur Verfügung.

Arbeitsteilung → **Steigerung der wirtschaftlichen Leistungsfähigkeit** → **Steigerung des wirtschaftlichen Wohlstands**

Arbeitsteilung

Auf den Punkt gebracht

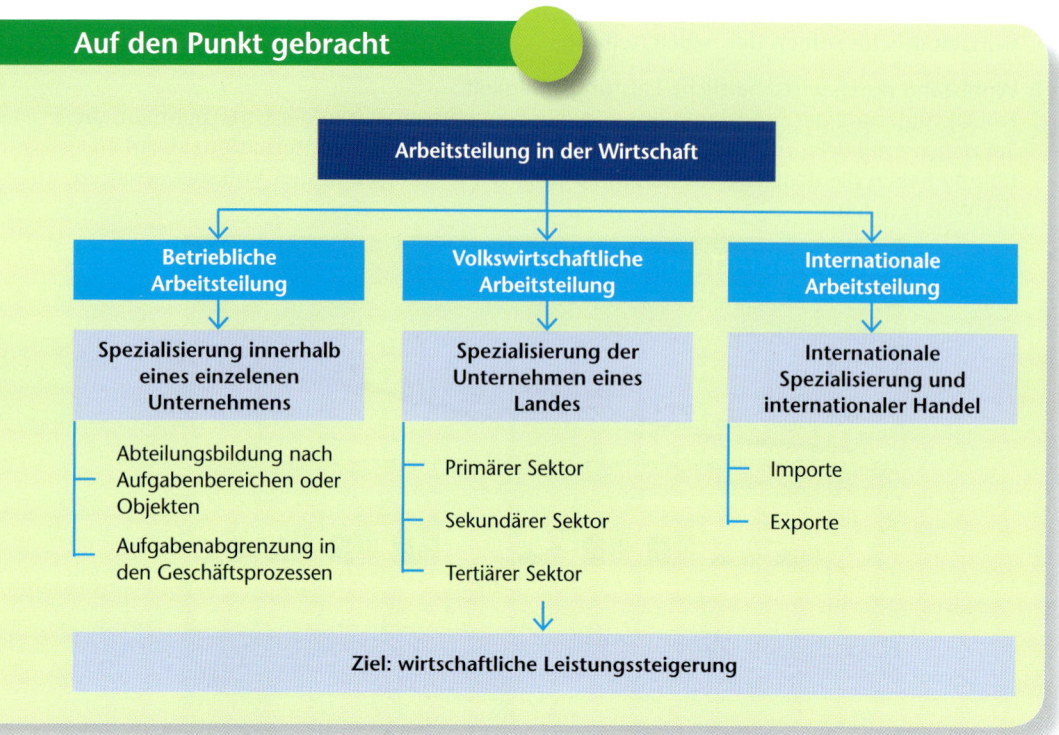

Nutzen Sie Ihr Wissen

1.

Inlandsproduktsberechnung

Bruttowertschöpfung nach Wirtschaftsbereichen

Wirtschaftsbereich	2011	2012	2013
in jeweiligen Preisen, Millarden Euro			
Land- und Forstwirtschaft; Fischerei	18,46	19,98	18,75
Produzierendes Gewerbe ohne Baugewerbe	607,80	616,94	625,17
darunter: Verarbeitendes Gewerbe	529,79	534,36	534,79
Baugewerbe	109,18	111,32	114,89
Handel, Verkehr, Gastgewerbe	339,09	347,48	355,68
Information und Kommunikation	94,66	96,02	96,55
Finanz- und Versicherungsdienstleister	101,47	94,42	98,51
Grundstücks- und Wohnungswesen	283,15	289,29	298,27
Unternehmensdienstleister	253,94	264,51	280,53
Öffentliche Dienstleister, Erziehung, Gesundheit	421,87	438,11	450,56
Sonstige Dienstleister	105,27	108,72	112,31
Alle Wirtschaftsbereiche	2.334,89	2.386,79	2.451,22

Quelle: https://www.destatis.de/DE/ZahlenFakten/GesamtwirtschaftUmwelt/VGR/Inlandsprodukt/Tabellen/BWSBereichen.html

a) Erklären Sie allgemein, was unter dem primären, sekundären und tertiären Wirtschaftssektor zu verstehen ist. Ordnen Sie die oben aufgelisteten Wirtschaftsbereiche diesen Sektoren zu.

b) Ermitteln Sie für das Jahr 2013 den prozentualen Anteil der drei Sektoren an der gesamten Wertschöpfung.

c) Erklären Sie in diesem Zusammenhang das Wesen eines wirtschaftlichen Strukturwandels. Welche Vor- und Nachteile sind mit diesem Strukturwandel verbunden?

d) Einige Wirtschaftswissenschaftler sind der Meinung, dass die deutsche Wirtschaft auf dem Weg in eine Informationsgesellschaft ist. In diesem Zusammenhang sprechen sie von einem quartären Sektor. Erklären Sie diesen Begriff. Wie ist Ihre Auffassung zu der behaupteten Entwicklung?

e) Ordnen Sie Ihren Ausbildungsbetrieb begründet einem Sektor zu.

2.

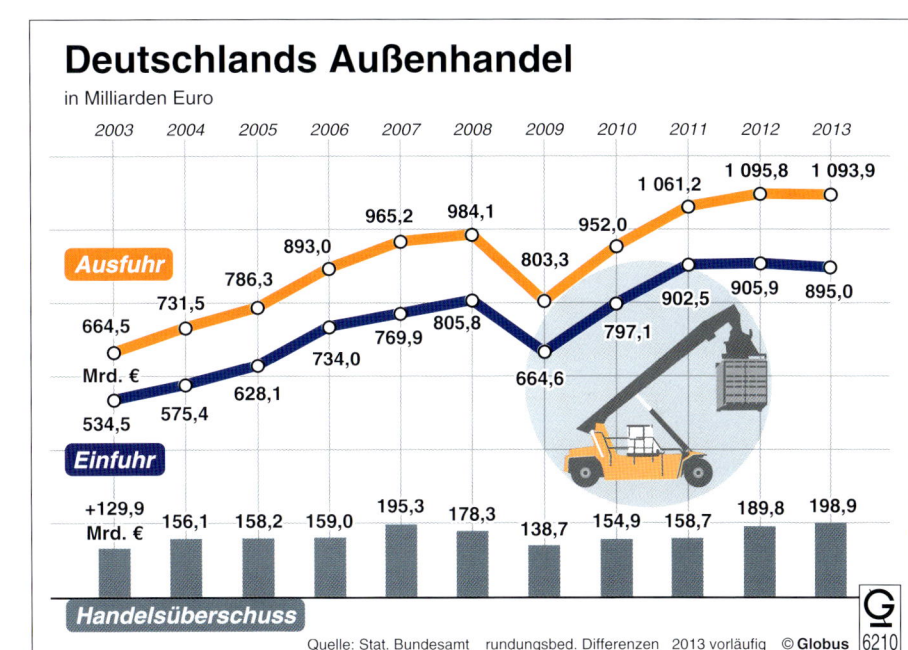

a) Fassen Sie die in der obigen Grafik veranschaulichten Informationen in einem Kurzbericht zusammen.

b) Erklären Sie, was unter einem Handelsüberschuss zu verstehen ist. Begründen Sie, warum die deutsche Volkswirtschaft in der Regel einen Handelsüberschuss aufweist.

c) Ein wirtschaftspolitisches Ziel ist u.a. ein sogenanntes außenwirtschaftliches Gleichgewicht. Nach übereinstimmender Auffassung ist es erreicht, wenn der Handelsüberschuss nicht mehr als 2 % des Bruttoinlandsprodukts beträgt. Ist das Ziel im Jahr 2013 erreicht worden?

d) Welche Probleme können durch einen zu hohen Außenhandelsüberschuss ausgelöst werden?

e) Begründen Sie, ausgehend von der Grafik, inwiefern die deutsche Volkswirtschaft auf die internationale Arbeitsteilung angewiesen ist.

LF1
Aufgaben
2.4

2.5   Einen Betrieb in den erweiterten Wirtschaftskreislauf einordnen

Lernsituation

Anke Gellert, angehende Kauffrau für Büromanagement der ModernOffice KG im Werk Thüringen, hat neben ihrer Ausbildung eine Fahrschule in Gotha besucht und den Führerschein erworben. Jetzt möchte sie auch über ein eigenes Auto verfügen. Ihre Mutter Irene Gellert, Facharbeiterin bei der ModernOffice KG, ist dagegen: „Für einen Zweitwagen reicht  unser Familieneinkommen trotz meines Nebenjobs im Fitnessstudio nicht aus." Um ihre Tochter zu überzeugen, stellt sie die monatlichen Einnahmen und Ausgaben in einem Konto zusammen.

Ausgaben	Haushaltskonto Familie Gellert		Einnahmen
Wohnungsmiete	480,00	Einkommen Irene Gellert	2.200,00
Nebenkosten	220,00	Einkommen Anke Gellert	650,00
Nahrungs- und Genussmittel	450,00	Kindergeld	184,00
Körperpflege, Gesundheit	240,00	Nebenjob Irene Gellert	250,00
Bekleidung	220,00		
Hausrat	200,00		
Versicherungen	160,00		
Pkw-Kosten	550,00		
Medien, Telekommunikation	140,00		
Sparen	400,00		
Freizeitgestaltung	224,00		
Summe	**3.284,00**	**Summe**	**3.284,00**

- *Informieren Sie sich im Internet über die Möglichkeiten einer PC- oder handygestützten „Haushaltsbuchführung".*
- *Erstellen Sie für Ihren eigenen Haushalt eine Übersicht der monatlichen Einnahmen und Ausgaben.*
- *Informieren Sie sich mithilfe dieses Lehrbuches über das Modell des Wirtschaftskreislaufs. Ordnen Sie Ihren Ausbildungsbetrieb und Ihren privaten Haushalt mit den jeweiligen wirtschaftlichen Aktivitäten in dieses Modell ein. Stellen Sie Ihre Zuordnung in einem Kurzbericht dar.*
- *Ordnen Sie die ModernOffice KG in das Modell des erweiterten Wirtschaftskreislaufes ein. Erläutern Sie, inwiefern die ModernOffice KG von anderen Wirtschaftssubjekten aus den Sektoren des Kreislaufs abhängig ist.*

Modellbildung als Methode der Wirtschaftslehre

Millionen von Menschen führen tagtäglich eine unübersehbare Vielzahl von wirtschaftlichen Aktivitäten aus, z. B. kaufen, verkaufen, arbeiten, sparen, produzieren, mieten und vermieten, Arbeitskräfte einstellen und entlassen.

Diese Vielfalt ist nicht zu überblicken. Deshalb werden in der Wirtschaftslehre Denkmodelle entwickelt. Modelle entstehen durch **Zusammenfassung (Aggregation)** gleichartiger Elemente und durch **Beschränkung (Reduktion)** auf wesentliche Aspekte. Dadurch wird die Wirklichkeit überschaubar. Dies zeigt das Modell des einfachen Wirtschaftskreislaufs.

Einfacher Wirtschaftskreislauf

Aggregation der Sektoren Haushalte und Unternehmen

Wirtschaftssubjekte mit vergleichbarer wirtschaftlicher Aktivität werden zu Sektoren zusammengefasst. Das führt zu den Sektoren der Haushalte und der Unternehmen.

Beispiele •

1. Haushaltssektor mit der Familie Irene und Anke Gellert

*Genauso wie Millionen anderer Menschen stellen Irene und Anke Gellert ihre Arbeitskraft als Produktionsfaktor zur Verfügung und erhalten dafür ein Einkommen in Form von Arbeitslohn. Andere Personen können auch Naturgüter (z. B. Boden) oder Geldkapital überlassen und beziehen Pachten, Mieten, Zinsen und Gewinnanteile als Einkommen. Wegen dieser grundsätzlichen Gemeinsamkeit (Überlassung von Produktionsfaktoren zur Einkommenserzielung) wird die Familie Gellert mit den Millionen anderen privaten Haushalten zum **Sektor Haushalte** zusammengefasst.*

2. Unternehmenssektor mit der ModernOffice KG

*Die ModernOffice KG und das Fitnessstudio als Arbeitgeber bzw. Ausbildungsbetrieb von Irene und Anke Gellert weisen eine andersartige Gemeinsamkeit auf: Sie setzen die Arbeitskraft der Familie Gellert ein. Von anderen Haushalten nutzen sie weitere Produktionsfaktoren (Arbeit, Boden/Natur, Kapital) in ihrem Produktionsprozess. Wegen dieser gleichartigen wirtschaftlichen Aktivität (Beschaffung und Kombination von Produktionsfaktoren zur Güterherstellung) bilden die zwei Unternehmungen zusammen mit den Hunderttausenden anderer Produzenten den **Sektor Unternehmen**.*

Aggregation der realen und monetären Ströme

Gleichartige wirtschaftliche Handlungen bzw. gleichartige Vorgänge werden zu Strömen zusammengefasst. Ergebnis sind **reale Ströme** (Güter- und Faktorströme) und **monetäre Ströme** (Geldströme). Dabei gilt, dass es zu jedem Güterstrom einen entgegengesetzten Geldstrom gibt.

Beispiele •

1. Strom der Produktionsfaktoren

*Irene und Anke Gellert stellen der ModernOffice KG bzw. dem Fitnessstudio und damit dem Sektor Unternehmen ihre Arbeitskraft zur Verfügung. Millionen anderer Haushalte tun Ähnliches und überlassen ihre **Produktionsfaktoren** Arbeit, Boden (Natur) und Kapital ebenfalls den Unternehmen. Als Produktionsfaktorstrom können all diese Vorgänge zu einem **realen Strom** gebündelt werden. Er fließt vom Sektor Haushalte zum Sektor Unternehmen.*

2. Strom der Einkommenszahlungen

*Irene und Anke Gellert erhalten für ihre Arbeit Lohn. Auch andere Haushalte beziehen für andere Produktionsfaktoren Löhne, Mieten, Pachten, Zinsen und Gewinne. Allen diesen Zahlungen ist gemeinsam, dass sie als Entgelt für das Bereitstellen von Produktionsfaktoren fließen. Als **Einkommen** können sie deshalb zu einem **monetären Strom** gebündelt werden. Er fließt entgegengesetzt zum Produktionsfaktorstrom vom Sektor Unternehmen zum Sektor Haushalte.*

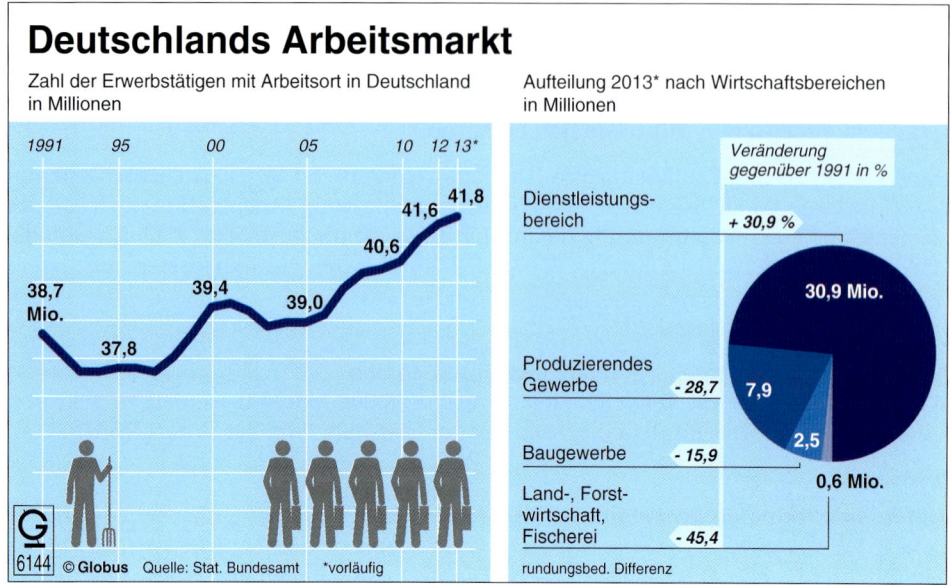

Deutschlands Arbeitsmarkt

Zahl der Erwerbstätigen mit Arbeitsort in Deutschland in Millionen

Aufteilung 2013* nach Wirtschaftsbereichen in Millionen

Veränderung gegenüber 1991 in %

Dienstleistungsbereich   + 30,9 %   30,9 Mio.

Produzierendes Gewerbe   - 28,7   7,9

Baugewerbe   - 15,9   2,5   0,6 Mio.

Land-, Forstwirtschaft, Fischerei   - 45,4

6144 © Globus   Quelle: Stat. Bundesamt   *vorläufig   rundungsbed. Differenz

---

Beispiele •

1. Strom der Konsumausgaben

Das erzielte Einkommen verbleibt nicht bei der Familie Gellert: Zur Befriedigung ihrer Bedürfnisse benötigen alle Mitglieder der Familie Gellert Güter. Ihr Einkommen setzen sie für den Erwerb dieser Güter ein. In ähnlicher Weise verwenden auch alle anderen Haushalte der Volkswirtschaft ihr jeweiliges Einkommen. Als **Konsumausgaben** *können all diese Transaktionen zu einem* **monetären Strom** *zusammengefasst werden. Er fließt vom Sektor Haushalte zum Sektor Unternehmen.*

Wofür geben wir unser Geld aus?

Pro Kopf werden im Jahr 2013* 5 500 Euro im deutschen Einzelhandel ausgegeben. Davon für:

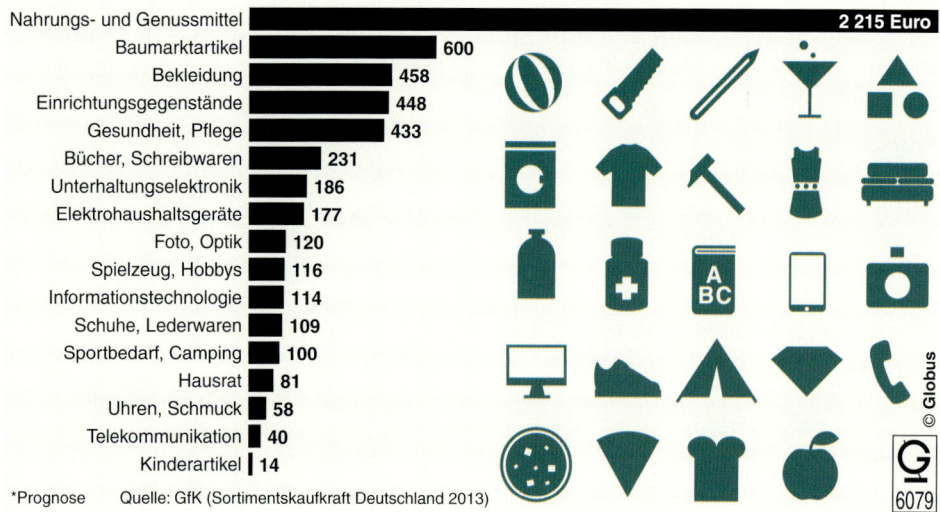

Nahrungs- und Genussmittel	2 215 Euro
Baumarktartikel	600
Bekleidung	458
Einrichtungsgegenstände	448
Gesundheit, Pflege	433
Bücher, Schreibwaren	231
Unterhaltungselektronik	186
Elektrohaushaltsgeräte	177
Foto, Optik	120
Spielzeug, Hobbys	116
Informationstechnologie	114
Schuhe, Lederwaren	109
Sportbedarf, Camping	100
Hausrat	81
Uhren, Schmuck	58
Telekommunikation	40
Kinderartikel	14

*Prognose   Quelle: GfK (Sortimentskaufkraft Deutschland 2013)

© Globus   6079

2. Strom der Konsumgüter

Irene Gellert besorgt in einem Fachgeschäft ein Set energiesparender Kochtöpfe für die Küchenausstattung.

Anke Gellert genießt nach einem langen Arbeitstag im Chill-up-Bereich des Fitnessstudios einen erfrischenden Cocktail.

Irene Gellert besucht mit einem Bekannten eine Filmvorführung.

Anke Gellert liest am Abend nach Erledigung der Hausaufgaben die neue Ausgabe eines Modejournals.

Die genannten Güter (Topf-Set, Cocktail, Filmvorführung, Modezeitschrift) sind von Unternehmen produziert worden und gelangen von dort in den Haushalt der Familie Gellert. Tagtäglich kommt es zu einem millionenfachen Abfluss von Konsumgütern vom Sektor Unternehmen zum Sektor Haushalte. Dieser Konsumgüterstrom fließt entgegengesetzt zum Geldstrom der Konsumausgaben.

Grafische Darstellung des einfachen Wirtschaftskreislaufs

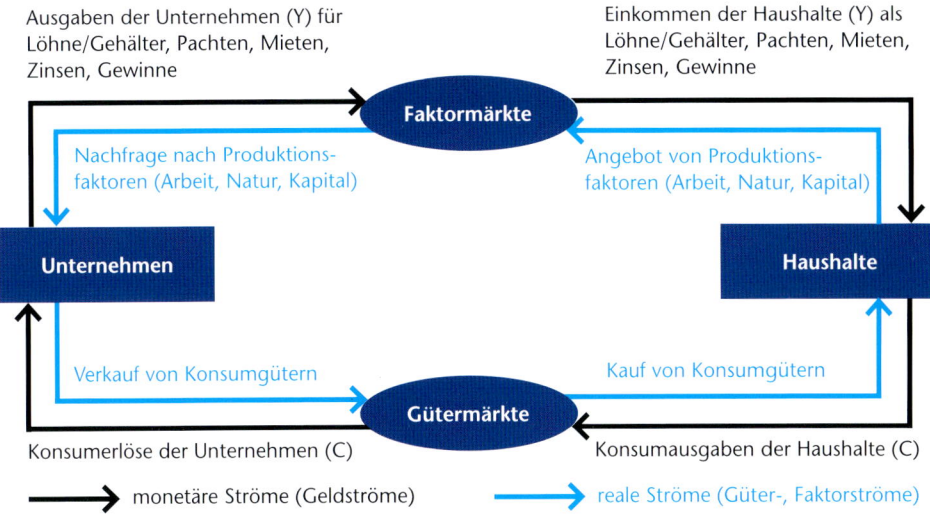

Ausgaben der Unternehmen (Y) für Löhne/Gehälter, Pachten, Mieten, Zinsen, Gewinne

Einkommen der Haushalte (Y) als Löhne/Gehälter, Pachten, Mieten, Zinsen, Gewinne

Faktormärkte

Nachfrage nach Produktionsfaktoren (Arbeit, Natur, Kapital)

Angebot von Produktionsfaktoren (Arbeit, Natur, Kapital)

Unternehmen

Haushalte

Verkauf von Konsumgütern

Kauf von Konsumgütern

Gütermärkte

Konsumerlöse der Unternehmen (C)

Konsumausgaben der Haushalte (C)

→ monetäre Ströme (Geldströme)   → reale Ströme (Güter-, Faktorströme)

Y (Yield) = Einkommen, C (Consumption) = Wert der produzierten Konsumgüter

Reduktion auf ausgewählte Sektoren und Ströme

Im Modell wird die komplexe wirtschaftliche Realität auf eine überschaubare Anzahl von Elementen und Zusammenhängen reduziert. Diese Beschränkung führt dazu, dass die in der Modellbetrachtung gewonnenen Erkenntnisse nur unter bestimmten **Prämissen** (Voraussetzungen) zutreffen. Dem Modell des einfachen Wirtschaftskreislaufs liegen folgende Prämissen zugrunde:

Erkenntnisse Wirtschaftskreislauf

- Es gibt nur die Sektoren Haushalte und Unternehmen.
- Der Staat greift nicht in den Wirtschaftsprozess ein.
- Die Volkswirtschaft hat keine wirtschaftlichen Beziehungen zum Ausland.
- Die Haushalte konsumieren ihr Einkommen in voller Höhe, d.h., es wird nicht gespart.
- Die Unternehmen produzieren nur Konsumgüter für die Bedürfnisbefriedigung in den Haushalten und keine Investitionsgüter (stationäre Wirtschaft).

Erweiterter Wirtschaftskreislauf

Sparen und Investieren

In Wirklichkeit geben viele Haushalte nur einen Teil ihres Einkommens für den Erwerb von Konsumgütern aus, den Rest sparen sie. **Sparen** liegt aber nur dann vor, wenn die Haushalte die Geldmittel bei **Kapitalsammelstellen** (Banken, Sparkassen, Versicherungen, Fonds) anlegen.

Unternehmen stellen in der Realität nicht nur Konsumgüter, sondern auch Produktionsgüter her. Das Geldkapital zur Finanzierung dieser Investitionsgüterproduktion erhalten die Unternehmen von den Kapitalsammelstellen (Kredite für **Investitionen**).

Beispiele •

1. Sparen im Haushalt Gellert

• *Irene Gellert will für sich und ihre Tochter in zwei Jahren eine Eigentumswohnung erwerben. Mit dieser Zielsetzung spart sie seit längerer Zeit jeden Monat 400,00 EUR. Sie hat mit einer Bausparkasse einen Bausparvertrag abgeschlossen und zahlt monatlich 250,00 EUR in den Vertrag ein. Die von allen Bausparern gesammelten Mittel vergibt die Bausparkasse als Kredite. Die Kreditnehmer finanzieren damit den Bau von Gebäuden zu Wohn- oder Gewerbezwecken. Für die Errichtung dieser Immobilien setzen die beauftragten Bauunternehmen Produktionsfaktoren (z.B. Arbeit der beschäftigten Bauarbeiter) ein und zahlen in Höhe der geschaffenen Immobilienwerte Einkommen an die Haushalte.*

• *Weitere 150,00 EUR überweist Irene Gellert an einen Investmentfonds. Die Fondsgesellschaft erwirbt mit den eingezahlten Mitteln Beteiligungen an zukunftsorientierten Unternehmungen aus dem Euroraum. Diese nutzen die Gelder für die Entwicklung und Herstellung innovativer Konsum- und Investitionsgüter. Auch in der Produktion dieser Güter entsteht wieder Einkommen, das an die entsprechenden Haushalte fließt.*

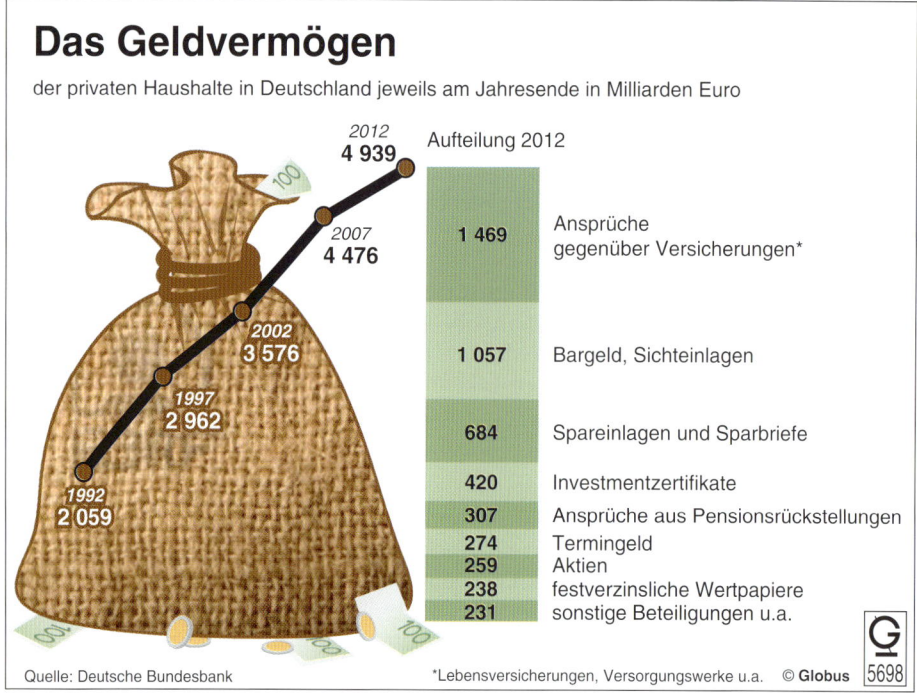

Das Geldvermögen

der privaten Haushalte in Deutschland jeweils am Jahresende in Milliarden Euro

2012
4 939

Aufteilung 2012

2007
4 476

2002
3 576

1997
2 962

1992
2 059

1 469	Ansprüche gegenüber Versicherungen*
1 057	Bargeld, Sichteinlagen
684	Spareinlagen und Sparbriefe
420	Investmentzertifikate
307	Ansprüche aus Pensionsrückstellungen
274	Termingeld
259	Aktien
238	festverzinsliche Wertpapiere
231	sonstige Beteiligungen u.a.

Quelle: Deutsche Bundesbank   *Lebensversicherungen, Versorgungswerke u.a.   © **Globus**   5698

2. Investitionen bei der ModernOffice KG

- *Fünf Fahrzeuge aus dem Fuhrpark der ModernOffice KG sind am Ende ihrer betriebsgewöhnlichen Nutzungsdauer voll abgeschrieben. Sie werden durch die Neuanschaffung der entsprechenden Nachfolgemodelle ersetzt (**Ersatzinvestition**).*
- *Aufgrund neuer Arbeitssicherheitsvorschriften für die Gestaltung von Büroarbeitsplätzen ist die Nachfrage nach dem ergonomischen Arbeitssessel „ergo-designnatur" sprunghaft gestiegen. Zur Ausweitung der Kapazität investiert die ModernOffice KG im Werk Bielefeld in eine neue Fertigungsstraße für dieses Erzeugnis (**Erweiterungsinvestition**).*

Darstellung des erweiterten Wirtschaftskreislaufs in Kontenform

Ein Wirtschaftskreislauf kann in Kontenform veranschaulicht werden. Für jeden Sektor wird ein Konto eingerichtet. Es erfasst jeweils die zu- und abfließenden Geldströme.

Beispiel •

In einer Volkswirtschaft zahlen die Unternehmen 10.000 Geldeinheiten (GE) Einkommen an die Haushalte. In Höhe dieses Wertes sind mit den zur Verfügung gestellten Produktionsfaktoren Güter geschaffen worden. Die Haushalte konsumieren aber nur Güter im Wert von 8.000 GE, 2.000 GE sparen sie bei Kapitalsammelstellen. Da die Haushalte nicht den gesamten produzierbaren Güterwert konsumieren wollen, können die Unternehmen einen Teil der Produktionsfaktoren auch für die Herstellung von Investitionsgütern im Gesamtwert von 2.000 GE einsetzen. Die Geldmittel zur Finanzierung der Produktionsfaktoren für diese Investitionsgüterproduktion werden den Unternehmen von den Kapitalsammelstellen zur Verfügung gestellt (Kredite für Investitionen).

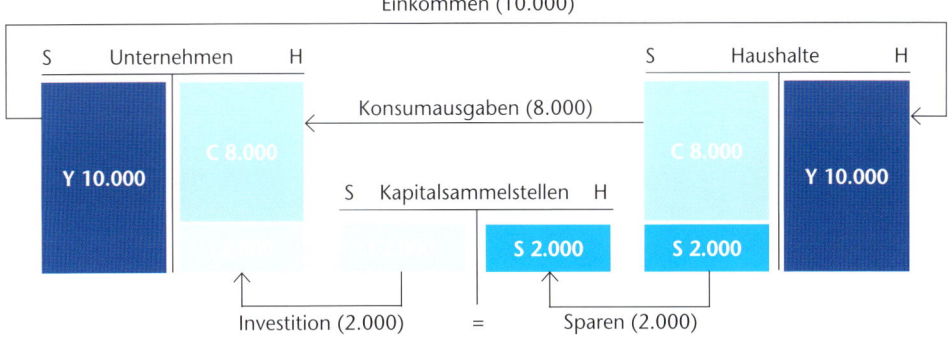

Erkenntnisse aus dem Modell des erweiterten Wirtschaftskreislaufs

- Das Konto für den Sektor Unternehmen zeigt die Einkommensentstehung in einer Volkswirtschaft. Einkommen entsteht durch die Produktion von Gütern. Nur in Höhe des Wertes der Güterproduktion fließt den Haushalten Einkommen zu.

> **Einkommensentstehungsgleichung:**
> **Y (Einkommen) = C (Wert der produzierten Konsumgüter) +**
> **I (Wert der produzierten Investitionsgüter)**

- Das Konto für den Sektor Haushalte zeigt die Einkommensverwendung in einer Volkswirtschaft. Haushalte können Einkommen für Konsumausgaben oder für Sparen verwenden.

> **Einkommensverwendungsgleichung:**
> **Y (Einkommen) = C (Konsumausgaben) + S (Sparen)**

- Aus den Gleichungen für die Einkommensentstehung und für die Einkommensverwendung ergibt sich die Wertgleichheit von Investitionen und Sparen.

> **Wertgleichheit von Investitionen und Sparen:**
> **I (Investitionen) = S (Sparen)**

- Investitionsgüterproduktion setzt den **Konsumverzicht der Haushalte** voraus: Sie müssen sparen. Die Haushalte dürfen nicht den Anspruch haben, alle Güter, die mit dem Produktionsfaktorpotenzial der Volkswirtschaft produziert werden können, zu konsumieren. Nur dann stehen Produktionsfaktoren und Geldmittel für die Investitionsgüterproduktion zur Verfügung.

Arten von Investitionen

- Einkommen, das nicht für Konsum ausgegeben wird, muss bei **Kapitalsammelstellen** gespart werden. Nur dann können die Geldmittel als Kredite den Unternehmen zur Finanzierung der Investitionsgüterproduktion zufließen.
- Wenn die Haushalte Konsumverzicht leisten und sparen, kann sich eine Volkswirtschaft entwickeln. Durch **Investitionen** erhöht sich die volkswirtschaftliche Produktionskapazität. Der Gesamtwert der produzierten Güter kann gesteigert werden, die Wirtschaft wächst. Eine Volkswirtschaft mit **Wirtschaftswachstum** ist eine **evolutorische** (sich entwickelnde) **Wirtschaft**.

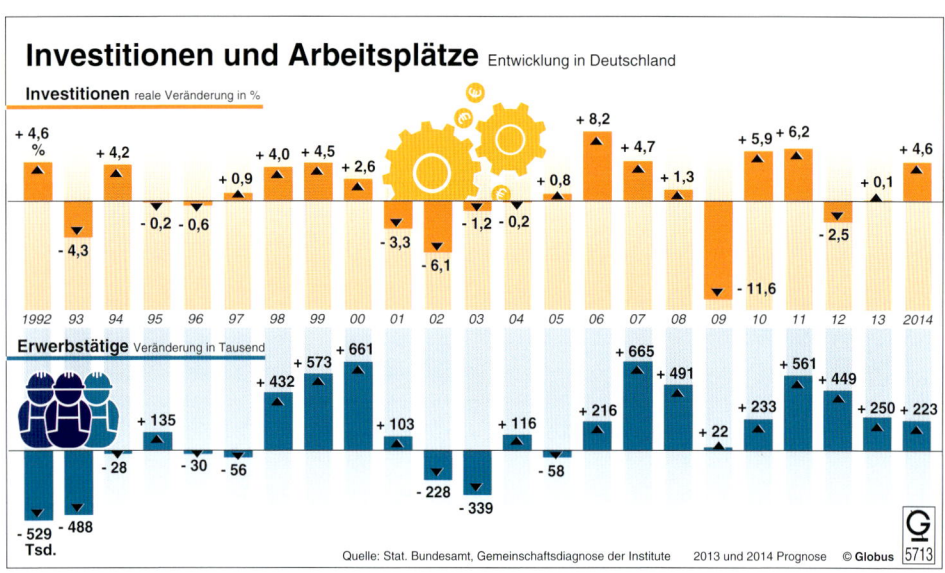

Investitionen und Arbeitsplätze — Entwicklung in Deutschland

Investitionen reale Veränderung in %

1992	93	94	95	96	97	98	99	00	01	02	03	04	05	06	07	08	09	10	11	12	13	2014
+ 4,6 %	+ 4,2	- 4,3	- 0,2	- 0,6	+ 0,9	+ 4,0	+ 4,5	+ 2,6	- 3,3	- 6,1	- 1,2	- 0,2	+ 0,8	+ 8,2	+ 4,7	+ 1,3	- 11,6	+ 5,9	+ 6,2	- 2,5	+ 0,1	+ 4,6

Erwerbstätige Veränderung in Tausend

1992	93	94	95	96	97	98	99	00	01	02	03	04	05	06	07	08	09	10	11	12	13	2014
- 529 Tsd.	- 488	- 28	+ 135	- 30	- 56	+ 432	+ 573	+ 661	+ 103	- 228	- 339	+ 116	- 58	+ 216	+ 665	+ 491	+ 22	+ 233	+ 561	+ 449	+ 250	+ 223

Quelle: Stat. Bundesamt, Gemeinschaftsdiagnose der Institute   2013 und 2014 Prognose   © **Globus**   5713

Auf den Punkt gebracht

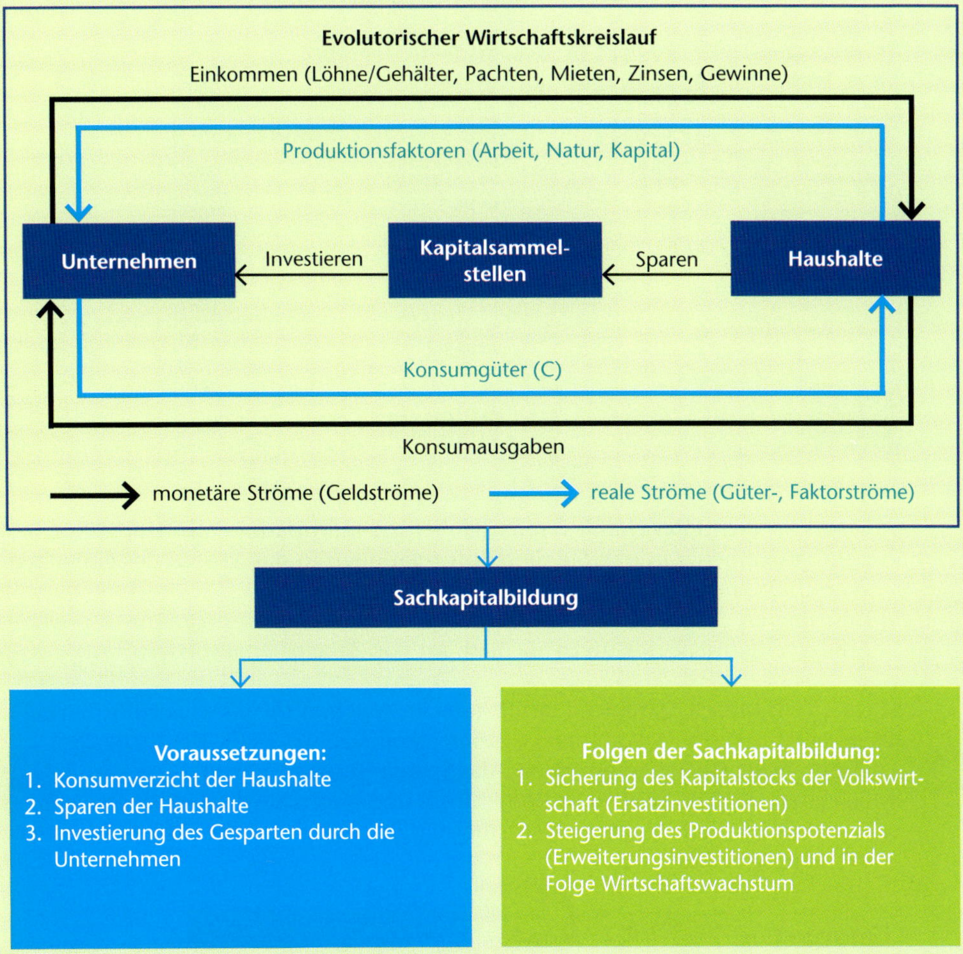

Evolutorischer Wirtschaftskreislauf

Einkommen (Löhne/Gehälter, Pachten, Mieten, Zinsen, Gewinne)

Produktionsfaktoren (Arbeit, Natur, Kapital)

| Unternehmen | ← Investieren | Kapitalsammel-stellen | ← Sparen | Haushalte |

Konsumgüter (C)

Konsumausgaben

→ monetäre Ströme (Geldströme)   → reale Ströme (Güter-, Faktorströme)

Sachkapitalbildung

Voraussetzungen:
1. Konsumverzicht der Haushalte
2. Sparen der Haushalte
3. Investierung des Gesparten durch die Unternehmen

Folgen der Sachkapitalbildung:
1. Sicherung des Kapitalstocks der Volkswirtschaft (Ersatzinvestitionen)
2. Steigerung des Produktionspotenzials (Erweiterungsinvestitionen) und in der Folge Wirtschaftswachstum

Nutzen Sie Ihr Wissen

1. In einer stationären Wirtschaft beträgt der Gesamtwert der produzierten Güter 4.000.000 Geldeinheiten (GE). Die Unternehmen zahlen an Arbeitnehmerhaushalte 3.600.000 GE Löhne und 100.000 GE Mieten, Pachten und Zinsen. Die Haushalte der Unternehmer erhalten den Gewinn als Einkommen.
   a) Ermitteln Sie das Einkommen der Arbeitnehmerhaushalte sowie der Unternehmerhaushalte und die Umsatzerlöse der Unternehmen.
   b) Stellen Sie die Geld- und Güterströme mit den entsprechenden Wertangaben in einem Kreislaufschema grafisch dar.

2.

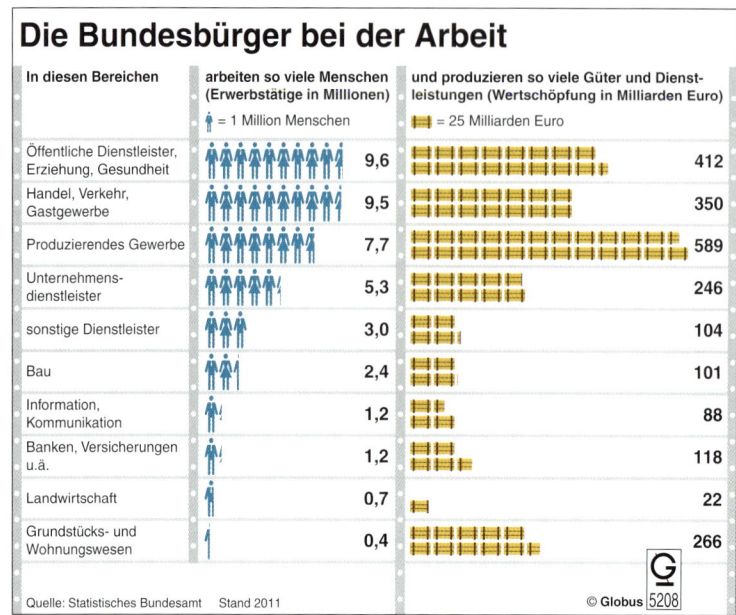

Die Bundesbürger bei der Arbeit

In diesen Bereichen	arbeiten so viele Menschen (Erwerbstätige in Millionen) 👤 = 1 Million Menschen		und produzieren so viele Güter und Dienstleistungen (Wertschöpfung in Milliarden Euro) 💶 = 25 Milliarden Euro	
Öffentliche Dienstleister, Erziehung, Gesundheit		9,6		412
Handel, Verkehr, Gastgewerbe		9,5		350
Produzierendes Gewerbe		7,7		589
Unternehmens- dienstleister		5,3		246
sonstige Dienstleister		3,0		104
Bau		2,4		101
Information, Kommunikation		1,2		88
Banken, Versicherungen u.ä.		1,2		118
Landwirtschaft		0,7		22
Grundstücks- und Wohnungswesen		0,4		266

Quelle: Statistisches Bundesamt   Stand 2011   © Globus 5208

a) Fassen Sie die in der Grafik veranschaulichten Informationen in einem Kurzbericht zusammen. Ordnen Sie diese Informationen in das Modell des einfachen Wirtschaftskreislaufes ein.

b) Informieren Sie sich, z. B. mithilfe des Internets, über sogenannte prekäre Arbeitsverhältnisse. Erläutern Sie diese Art von Arbeitsverhältnissen.

3. In einer Volkswirtschaft werden Konsumgüter im Wert von 150.000 Geldeinheiten (GE) hergestellt und verkauft. Von ihrem Gesamteinkommen sparen die Haushalte 20 %.

a) Ermitteln Sie das Einkommen und das Sparen in GE.

b) Zeichnen Sie den Kreislauf in Kontenform und tragen Sie die Geldströme ein.

c) Erstellen Sie die Einkommensentstehungsgleichung und die Einkommensverwendungsgleichung.

4.

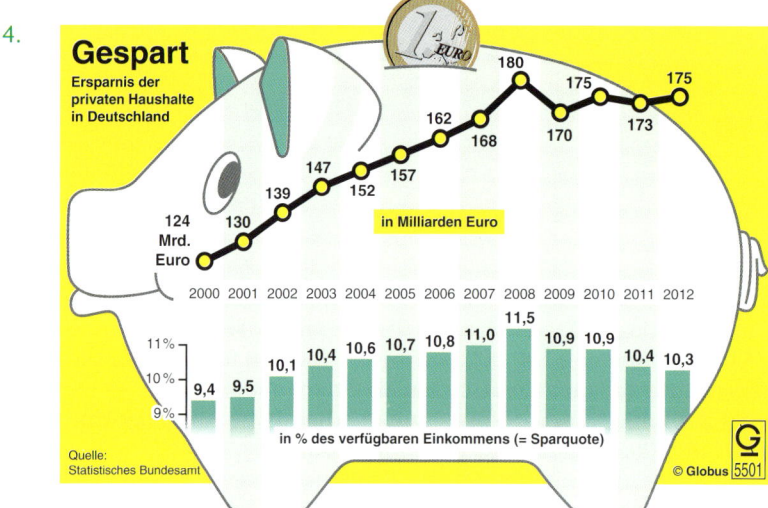

Gespart

Ersparnis der privaten Haushalte in Deutschland

in Milliarden Euro

124 Mrd. Euro · 130 · 139 · 147 · 152 · 157 · 162 · 168 · 180 · 170 · 175 · 173 · 175

2000 2001 2002 2003 2004 2005 2006 2007 2008 2009 2010 2011 2012

9,4 · 9,5 · 10,1 · 10,4 · 10,6 · 10,7 · 10,8 · 11,0 · 11,5 · 10,9 · 10,9 · 10,4 · 10,3

in % des verfügbaren Einkommens (= Sparquote)

Quelle: Statistisches Bundesamt   © Globus 5501

a) Erläutern Sie in einem Bericht die in der Grafik dargestellten Informationen.

b) Erläutern Sie die Bedeutung des Sparens für die Entwicklung einer Volkswirtschaft.

c) Von 2000 bis 2008 sind die Ersparnisse der privaten Haushalte kontinuierlich angestiegen. Im Jahr 2009 kommt es zu einem auffälligen Rückgang. Informieren Sie sich, z. B. mithilfe des Internets, über die allgemeine wirtschaftliche Entwicklung in 2009 und begründen Sie den Rückgang der privaten Ersparnisse.

d) Ermitteln Sie anhand der Daten der Grafik das verfügbare Einkommen der privaten Haushalte in 2012.

e) Recherchieren Sie selbstständig die Entwicklung der privaten Ersparnis und der Sparquote nach dem Jahr 2012. Fassen Sie das Ergebnis Ihrer Recherche in einem Kurzbericht zusammen.

5. Die Berücksichtigung der Sektoren Staat und Ausland nähert das Modell des Wirtschaftskreislaufs der Realität an.

Evolutorischer Wirtschaftskreislauf einer offenen Volkswirtschaft mit staatlicher Aktivität

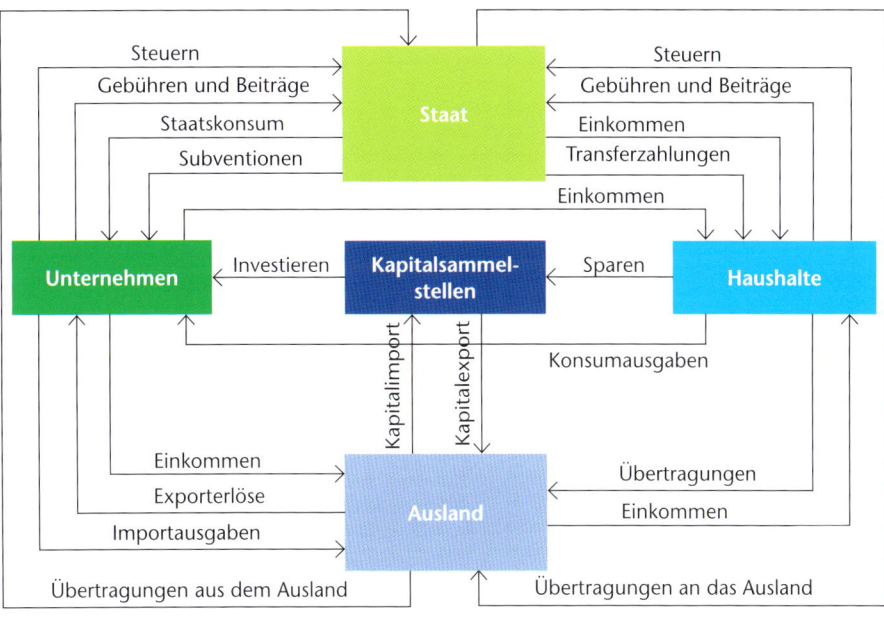

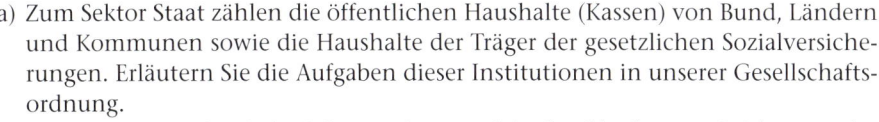

a) Zum Sektor Staat zählen die öffentlichen Haushalte (Kassen) von Bund, Ländern und Kommunen sowie die Haushalte der Träger der gesetzlichen Sozialversicherungen. Erläutern Sie die Aufgaben dieser Institutionen in unserer Gesellschaftsordnung.

b) Erklären Sie die durch die Sektoren Staat und Ausland bedingten Geldströme des obigen Modells. Geben Sie für jeden dieser Ströme ein Beispiel an.

Web

*LF1
Aufgaben
2.5*

2.6   Den Aufbau eines Betriebes und seine Arbeits- und Geschäftsprozesse erfassen

Lernsituation

Ebru Celik, Svenja Kolleck und Tom Wildermuth, Auszubildende der ModernOffice KG am Standort Horb, liegt folgender Auszug aus dem Ausbildungsrahmenplan vor:

**Ausbildungsrahmenplan
für die Berufsausbildung
zum Kaufmann für Büromanagement und zur Kauffrau für Büromanagement
– Sachliche Gliederung –**

Lfd. Nr.	Teil des Ausbildungs-berufsbildes	Zu vermittelnde Fertigkeiten, Kenntnisse und Fähigkeiten
1	2	3
2	Geschäftsprozesse (§ 4 Absatz 2 Abschnitt A Nummer 2)	
2.1	Kundenbeziehungs-prozesse (§ 4 Absatz 2 Abschnitt A Nummer 2.1)	a) eigene Rolle als Dienstleister im Kundenkontakt berücksichtigen b) Kundendaten zusammenstellen, aufbereiten und auswerten c) situationsgerecht und kundenorientiert Auskunft geben und beraten d) Informationen kundengerecht aufbereiten e) Bedeutung von Kundenservice für die Kundenzufriedenheit erkennen und berücksichtigen
2.2	Auftragsbearbeitung und Nachbereitung (§ 4 Absatz 2 Abschnitt A Nummer 2.2)	a) Kundenanfragen bearbeiten und bei deren Abwicklung mitwirken b) Kundenaufträge annehmen, bearbeiten sowie dabei Rechtsvorschriften und Verfahrensregeln beachten c) Auftragsabwicklung mit Kunden festlegen d) Begleitdokumente und Rechnungen erstellen e) Vor- und Nachkalkulation durchführen und auswerten f) Beschwerden und Reklamationen bearbeiten
2.3	Beschaffung von Material und externen Dienstleistungen (§ 4 Absatz 2 Abschnitt A Nummer 2.3)	a) Material- und Dienstleistungsbedarf ermitteln b) Bezugsquellen ermitteln, Auswahl begründen und dabei Beschaffungsrichtlinien sowie Rahmenverträge beachten c) Angebote einholen, prüfen, vergleichen und Entscheidungen begründen d) Bestellungen durchführen e) Liefertermine überwachen und bei Verzug mahnen f) Bestellungen mit den Wareneingangsunterlagen vergleichen, Dienstleistungen abnehmen, bei Abweichungen Differenzen klären

Die drei Auszubildenden fragen sich, in welchen Abteilungen der ModernOffice KG die aufgeführten Fertigkeiten, Kenntnisse und Fähigkeiten jeweils von besonderer Bedeutung sind.

- *Analysieren Sie den obigen Auszug aus dem Ausbildungsrahmenplan und das Organisationsdiagramm der ModernOffice KG (vgl. Seite 14). In welchen Abteilungen der ModernOffice KG sind die im Ausbildungsrahmenplan genannten Kompetenzen besonders wichtig? Stellen Sie Ihre Zuordnung in einer Übersicht zusammen.*
- *Wählen Sie aus dem Organigramm der ModernOffice KG drei Abteilungen aus, die in Ihrer Übersicht keine Berücksichtigung finden. Welche Zuständigkeiten und Verantwortungsbereiche haben die Mitarbeiterinnen und Mitarbeiter in diesen Abteilungen? Welche Kenntnisse, Fähigkeiten und Fertigkeiten sind für die Ausübung dieser Aufgaben erforderlich? Erstellen Sie zu den Antworten auf diese Fragen einen Kurzbericht.*
- *Gibt es bereits zum jetzigen Zeitpunkt eine Abteilung, in der Sie nach Ihrer Ausbildung eingesetzt werden möchten? Begründen Sie Ihre Entscheidung, indem Sie die besonderen Anforderungen in dieser Abteilung mit Ihren eigenen Fähigkeiten und Begabungen vergleichen.*
- *Informieren Sie sich mithilfe der folgenden Erläuterungen über grundsätzliche Möglichkeiten der Aufbauorganisation eines Unternehmens. Stellen Sie die Aufbauorganisation Ihres Ausbildungsbetriebs in einem Diagramm dar. Entscheiden Sie begründet, welches System der Aufbauorganisation (Einlinien-, Stablinien-, Mehrliniensystem oder anderes System) vorliegt. Nach welchen Kriterien werden die Abteilungen gebildet?*
- *Informieren Sie sich mithilfe der folgenden Erläuterungen über das Wesen von Geschäftsprozessen. Beschreiben Sie exemplarisch einen Geschäftsprozess aus Ihrem Ausbildungsunternehmen.*

Systeme der Aufbauorganisation von Unternehmen

Bekannte Systeme der Aufbauorganisation in Unternehmen sind:
- Einliniensystem
- Stabliniensystem
- Mehrliniensystem

Einliniensystem
Bei diesem Organisationssystem hat jede Stelle nur eine übergeordnete Stelle, die ihr Weisungen erteilen kann. Stellen mit Weisungsbefugnis heißen **Instanzen**.

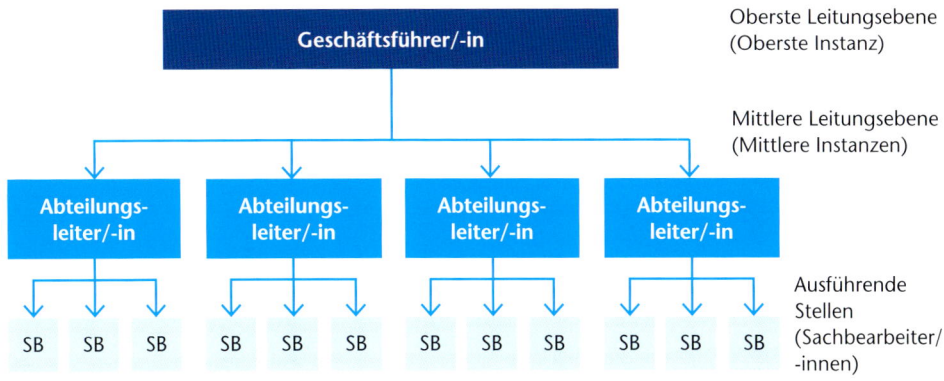

Stabliniensystem

Hier kommen sogenannte **Stabsstellen** hinzu. Stelleninhaber von Stabsstellen sind Spezialisten. Sie stehen den Leitungsstellen mit ihrem Spezialwissen zur Seite. Stabsstellen selbst haben keine Weisungsbefugnis.

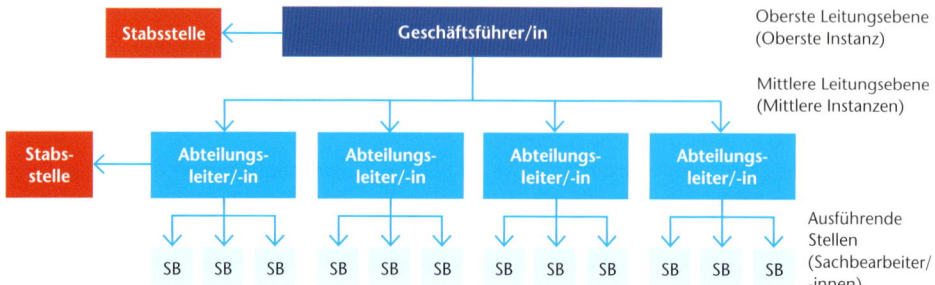

Mehrliniensystem

Beim **Mehrliniensystem** haben Stellen mehrere übergeordnete Stellen, die Weisungen erteilen können.

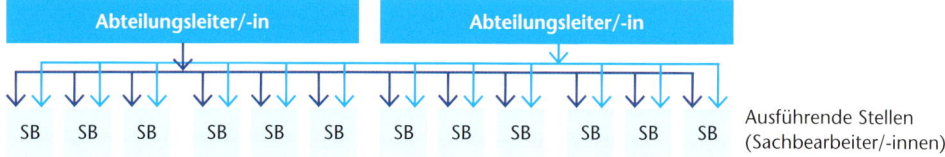

Kriterien für die Abteilungsbildung

Abteilungen können nach unterschiedlichen Kriterien gebildet werden. Häufig anzutreffen sind
• die Funktionsorganisation sowie
• die Spartenorganisation.

Funktionsorganisation

In diesem Fall werden die Abteilungen nach den zentralen betrieblichen Verrichtungen (Einkauf, Lager, Produktion, Verkauf usw.) eingeteilt. Diese Organisation findet sich oft bei kleineren und mittleren Unternehmen mit einem überschaubaren Produktionsprogramm.

Spartenorganisation

Hier werden die Abteilungen nach Objekten, z. B. nach Produktgruppen, gebildet. Die Spartenorganisation wählen meist Unternehmen mit einem aus unterschiedlichen Produktgruppen bestehenden Produktionsprogramm.

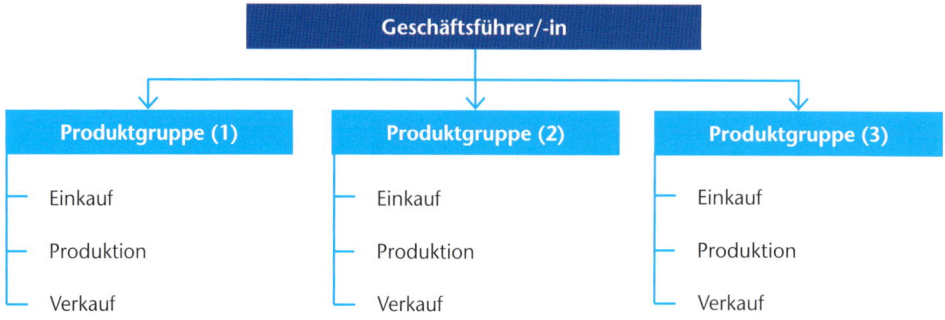

Geschäftsprozessorientierung in Unternehmen

Zwei Tendenzen bestimmen immer stärker die Abläufe in den Unternehmen:

1. Von der Produktorientierung zur Marktorientierung

Früher produzierten Unternehmen ihre Erzeugnisse. Diese wurden dann „an den Mann gebracht". In Zeiten der Marktsättigung, des intensiven Wettbewerbs und aufgeklärter, anspruchsvoller Kunden ist diese Schrittfolge umzukehren: Unternehmen müssen sich in erster Linie **am Absatzmarkt orientieren** und die Anforderungen möglicher Kunden ergründen. Die Erzeugnisse müssen dann diese Kundenwünsche optimal befriedigen.

2. Von der Industriegesellschaft zur Informationsgesellschaft

Wissen und Informationen sind wichtige betriebliche Produktionsfaktoren. Informationen über Kunden und Märkte, über Mitbewerber, Lieferer, Mitarbeiter, technische Entwicklungen, Materialien, politische Entwicklungen steuern alle betrieblichen Prozesse.

Über- und untergeordnete Abteilungen können dabei hinderlich wirken.
* Entscheidungen werden häufig nur aus Sicht einer einzelnen Abteilung getroffen.
* Die umständlichen Informationswege in dem komplexen Netzwerk aller Abteilungen und Stellen beeinträchtigen den so wichtigen Informations- und Wissensaustausch.

Wesen der Geschäftsprozessorientierung

Den aufgeführten Problemen soll durch die Organisation von ganzheitlichen Geschäftsprozessen entgegengewirkt werden.

Geschäftsprozess (GP) = Abfolge von Einzelaktivitäten (Tätigkeiten, Vorgängen, Aufgaben) zur Erreichung eines betrieblichen Ziels

Zentrale **Merkmale eines Geschäftsprozesses** sind:
* Ein Geschäftsprozess kann Teil eines anderen Geschäftsprozesses sein oder andere Geschäftsprozesse enthalten bzw. diese anstoßen **(Prozessketten)**.
* Geschäftsprozesse sind immer kunden- und erfolgsorientiert.

Ziel der Prozessorientierung ist die **Optimierung der betrieblichen Prozesse**. Der Verbrauch von betrieblichen Produktionsfaktoren, die Durchlaufzeiten und die Qualität der Prozessergebnisse sollen kontinuierlich verbessert werden. Alle haben sich dem Prozess unterzuordnen, der durch einen Prozessverantwortlichen gesteuert wird.

Beispiel •

Geschäftsprozess: Bearbeitung eines spezifischen Kundenauftrags **Prozessverantwortliche: Olivia Kramer**				
Kundenanfrage prüfen	**Angebot erstellen**	**Vertrag abschließen**	**Produktion planen**	**Weitere Teilprozesse**
– **Beteiligte** Verkauf Entwicklung Kostenrechnung – **Untergeordnete Prozesse** Kundenwunsch klären Technische Umsetzung prüfen u. skizzieren Kosten schätzen usw.	– **Beteiligte** Verkauf Entwicklung Einkauf Kostenrechnung Rechtsabteilung – **Untergeordnete Prozesse** Konstruktion planen Vorkalkulation erstellen Angebot entwerfen usw.	– **Beteiligte** Rechtsabteilung Verkauf – **Untergeordnete Prozesse** Verhandlung vorbereiten Verhandlung führen Vertrag formulieren usw.	– **Beteiligte** Einkauf Entwicklung Herstellung Verkauf – **Untergeordnete Prozesse** Konstruktion erstellen Stückliste erstellen Maschinenbelegung planen usw.	– **Beteiligte** Abteilungsübergreifend in Abhängigkeit von den jeweiligen untergeordneten Prozesse – **Untergeordnete Prozesse** ...

Auf den Punkt gebracht

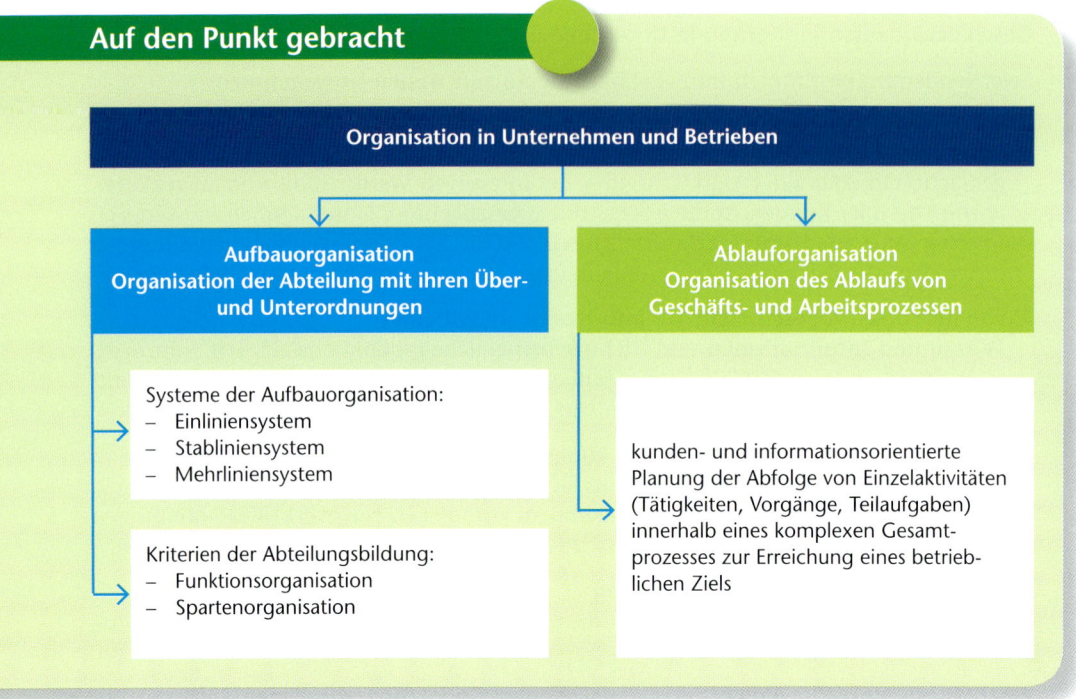

Nutzen Sie Ihr Wissen

1.   Informieren Sie sich über die Aufbauorganisation der ModernOffice KG (vgl. Seite 14).

    a) Erklären Sie allgemein folgende Systeme der Aufbauorganisation bzw. Prinzipien der Abteilungsbildung:
- Einliniensystem
- Stabliniensystem
- Mehrliniensystem
- Funktionsorientierung
- Spartenorientierung

    b) Analysieren und beschreiben Sie unter Bezug auf diese Kategorien den Organisationsplan der ModernOffice KG.

    c) Beschreiben Sie mit diesen Kategorien den Organisationplan Ihres Ausbildungsunternehmens.

2.   Die Geschäftsprozessorientierung gewinnt eine immer größere Bedeutung.

    a) Erläutern Sie die Vorzüge einer geschäftsprozessorientierten Aufgabenorganisation angesichts neuzeitlicher Entwicklungen, wie Informationsvielfalt und Marktsättigung.

    b) Gibt es in Ihrem Ausbildungsunternehmen Beschreibungen oder Darstellungen von Geschäftsprozessen? Wenn ja, informieren Sie die anderen Auszubildenden Ihrer Fachklasse im Rahmen einer Kurzpräsentation beispielhaft über diese Geschäftsprozesse.

2.7   Den Handlungsrahmen von Vertretungsvollmachten erfassen

Lernsituation

Marie Schmitz, Auszubildende zur Kauffrau für Büromanagement in der Kölner Niederlassung der ModernOffice KG, assistiert bei den Verhandlungen mit der Entertainment
AG, einer in Köln ansässigen Fernsehproduktionsgesellschaft. Die ModernOffice KG
soll für die Verwaltung der Entertainment AG ein innovatives Raumkonzept entwickeln
und die Einrichtungsgegenstände liefern. Der Auftragswert beträgt rund 400.000,00 EUR.
Zur Vertragsunterzeichnung reist Dr. Anja Tischler, Geschäftsführerin der ModernOffice
KG, aus Horb an. Der Vorstand der Entertainment AG erkrankt kurzfristig. Deshalb
unterschreibt Bill Norman, ein Angestellter der Produktionsgesellschaft, den Vertrag für
die AG.

Marie Schmitz, die den Vorgang in der Management-Area des Showrooms Köln beobachten darf, stellt sich folgende Frage: Ist dieser Vertrag gültig? Muss bei einem so hohen
Auftragsvolumen nicht auch der Vorstand der AG unterschreiben?

- *Analysieren Sie die obige Situation. Warum reist Frau Dr. Tischler aus Horb nach Köln an?
  Warum hat Marie Schmitz Bedenken bezüglich der Gültigkeit des Vertrages?*
- *Informieren Sie sich über den Handlungsrahmen von Vertretungsvollmachten. Nutzen Sie dazu
  die Ausführungen dieses Kapitels und bei Bedarf weitere Informationsquellen.*
- *Schreiben Sie an Marie Schmitz eine E-Mail. Erläutern Sie in dieser E-Mail, unter welchen Vor-
  aussetzungen ein Mitarbeiter der Entertainment AG den Vertrag unterschreiben kann.*
- *Informieren Sie sich in Ihrem Ausbildungsunternehmen über erteilte Vertretungsvollmachten.
  Stellen Sie diese Vollmachten in einer Übersicht zusammen.*
- *Franz Schramm, Hausmeister im Showroom Köln, stellt gegenüber Marie Schmitz fest: „Auszu-
  bildende besitzen nie eine Vollmacht. Das ist erst nach bestandener IHK-Prüfung möglich."
  Nehmen Sie zu dieser Aussage Stellung.*

Beauftragung von Mitarbeiterinnen und Mitarbeitern

Selbst in kleinen Unternehmen kann sich der Eigentümer nicht um alles kümmern. Er muss daher Aufgaben auf seine Mitarbeiterinnen und Mitarbeiter übertragen. Einerseits entlastet er sich dadurch und kann sich auf wesentliche Angelegenheiten konzentrieren. Andererseits motiviert die Delegation von Verantwortung auch die Beschäftigten.

Die Beauftragung von Mitarbeiterinnen und Mitarbeitern kann sich sowohl auf die **Geschäftsführung (Innenverhältnis)** als auch auf die **Vertretung (Außenverhältnis)** beziehen.

Beauftragung im Rahmen der Geschäftsführung

Zur Steuerung der internen Betriebsabläufe erhalten bestimmte Beschäftigte Entscheidungs- und Weisungsbefugnisse. Diese Befugnisse sind in der Stellenbeschreibung dokumentiert und zeigen sich auch im Organisationsplan eines Unternehmens.

Beispiele •
- *Linda Müller ist die Ausbilderin von Marie Schmitz im Showroom Köln. Nach ihrer Ausbildung zur Kauffrau für Büromanagement hat Frau Müller die AdA-Prüfung (Ausbildung der Ausbilder) gemäß Ausbildereignungsverordnung (AEVO) abgelegt und die Ausbildungsbefähigung erhalten. Sie ist Ansprechpartnerin für die Auszubildenden und für den betriebsinternen Ablauf der Ausbildung verantwortlich. Im Rahmen dieser Beauftragung ist Frau Müller entscheidungs- und weisungsbefugt. So entscheidet sie z.B. über die Inhalte und Zeiten des betriebsinternen Unterrichts und sie weist die Auszubildenden bestimmten Arbeitsteams zu.*
- *Walter Hüls ist Hauptabteilungsleiter im Verkauf der ModernOffice KG. Im Organigramm der ModernOffice KG (siehe Seite 14) ist erkennbar, dass er gegenüber allen untergeordneten Verkaufsabteilungen weisungsbefugt ist, z.B. gegenüber Olivia Cramer, Leiterin der Showrooms Köln und München.*

Beauftragung im Rahmen der Vertretung

Zur Sicherstellung eines widerspruchsfreien Auftretens des Unternehmens gegenüber außenstehenden Dritten (z.B. Kunden, Lieferern, staatlichen Einrichtungen) erhalten bestimmte Mitarbeiterinnen und Mitarbeiter **Vertretungsbefugnisse**.

Vertretungsbefugnis ist die Berechtigung, anstelle eines anderen rechtlich aufzutreten. Der Bevollmächtigte ist also befugt, rechtsgeschäftliche Erklärungen im Namen des anderen abzugeben oder entgegenzunehmen. Die ausgelösten Rechtsfolgen treffen dabei den anderen.

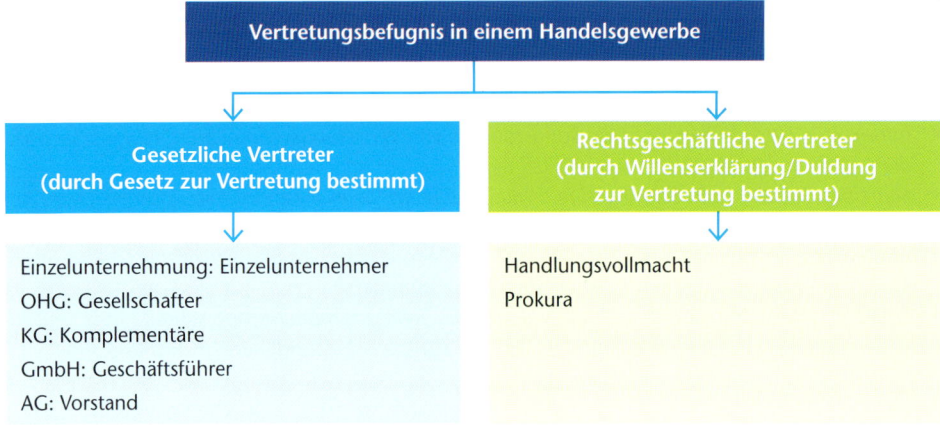

Handlungsvollmacht

Mitarbeiterinnen und Mitarbeiter müssen für ihr Unternehmen rechtssicher handeln können. Sie erhalten deshalb Handlungsvollmacht.

Handlungsvollmacht ist die Befugnis, für das Unternehmen Rechtsgeschäfte und Rechtshandlungen vorzunehmen. Die Handlungsvollmacht gilt aber nur für Rechtsgeschäfte, die in dem Handelsgewerbe des Unternehmens gewöhnlich sind.

Das heißt, die Geschäfte und Handlungen müssen in dem entsprechenden Geschäftszweig des Unternehmens typisch sein und häufig vorkommen.

Arten der Handlungsvollmacht

Nach dem Umfang des Handlungsrahmens sind drei Arten der Handlungsvollmacht zu unterscheiden:

- **Allgemeine Handlungsvollmacht**
  Die allgemeine Handlungsvollmacht ist die umfangreichste Handlungsvollmacht. Sie berechtigt zu **allen gewöhnlichen Geschäften eines bestimmten Handelsgewerbes**.

  Nicht gewöhnlich und damit ausgenommen von der allgemeinen Handlungsvollmacht sind:
  – Verkauf von Grundstücken
  – Belastung von Grundstücken (mit Grundschulden oder Hypotheken)
  – Aufnahme von Darlehen
  – Eingehen von Wechselverbindlichkeiten
  – Prozessführung

- **Artvollmacht**
  Die Artvollmacht berechtigt nur zu einer **bestimmten Art von gewöhnlichen Geschäften** eines bestimmten Handelsgewerbes.

  Beispiel • *Alle Kundenberaterinnen und Kundenberater in den Showrooms der ModernOffice KG sind mit Artvollmacht ausgestattet. Für die ModernOffice KG können sie Kaufverträge mit Kunden abschließen.*

- **Einzelvollmacht**
  Die Einzelvollmacht (Spezialvollmacht) berechtigt zur **Vornahme eines einzelnen Rechtsgeschäftes**. Die inhaltliche Bedeutung des einzelnen Geschäftes kann dabei sehr unterschiedlich sein.

  Beispiele •
  – *Linda Müller, Ausbilderin im Showroom Köln, bevollmächtigt die Auszubildende Marie Schmitz, in einer nahe gelegenen Buchhandlung im Namen und auf Rechnung der ModernOffice KG ein Lehrbuch zur Betriebswirtschaftslehre zu bestellen.*
  – *David Cameron, Abteilungsleiter Finanzierung/Investition, besitzt allgemeine Handlungsvollmacht. Grundsätzlich ist er damit nicht berechtigt, für die ModernOffice KG ein Darlehen aufzunehmen. Zur Abwicklung der Finanzierung einer neuen Fertigungsstraße erteilt Jens Tischler, Geschäftsführer der ModernOffice KG, Herrn Cameron die Einzelvollmacht zum Abschluss eines Kreditvertrags mit der Kreissparkasse Freudenstadt, der Hausbank der ModernOffice KG.*

Handlungsbevollmächtigte unterzeichnen Geschäftsbriefe mit einem Zusatz vor ihrer Unterschrift. Der Zusatz muss die Bevollmächtigung deutlich machen, es genügt die Abkürzung: **i. V. (in Vollmacht) oder i. A. (im Auftrag)**.

Beispiel • *In der ModernOffice KG unterzeichnen alle mit Handlungsvollmacht ausgestatteten Mitarbeiterinnen und Mitarbeiter mit dem Zusatz i. V. (in Vollmacht).*

Erteilung und Widerruf der Handlungsvollmacht

Die allgemeine Handlungsvollmacht kann nur durch den Inhaber eines Handelsgeschäftes, durch den gesetzlichen Vertreter (OHG-Gesellschafter, Komplementär, GmbH-Geschäftsführer, AG-Vorstand) oder durch einen Prokuristen erteilt werden. Bevollmächtigte können aber wiederum Untervollmachten erteilen.

Beispiele •
- *Olivia Cramer, Abteilungsleiterin der Showrooms Köln und München, besitzt allgemeine Handlungsvollmacht. Sie stellt Lars König als neuen Kundenberater ein und erteilt ihm damit Artvollmacht im Rahmen seiner Verkaufstätigkeit.*
- *Monika Bachem, Mitarbeiterin im Empfang des Showrooms Köln, verfügt über Artvollmacht. Sie beauftragt die Auszubildende Marie Schmitz, eine in der Postfiliale hinterlegte Paketsendung abzuholen. Damit erteilt sie der Auszubildenden eine Einzelvollmacht. Marie Schmitz ist damit befugt, für die ModernOffice KG eine bestimmte Sendung in Empfang zu nehmen.*

Für die Erteilung von Handlungsvollmachten gibt es **keine Formvorschriften**. Das heißt, sie können schriftlich, mündlich oder stillschweigend erteilt werden. Die allgemeine Handlungsvollmacht und die Artvollmacht erlöschen durch **formlosen Widerruf**. Die Einzelvollmacht endet automatisch mit Erledigung des speziellen Auftrags.

Einschränkungen der Handlungsvollmacht sind Dritten gegenüber nur wirksam, wenn diese sie kannten oder kennen mussten.

Beispiel • *Anna Lehmann ist Sachbearbeiterin im Sekretariat des Showrooms Köln. Zu ihrem Aufgabenbereich gehört die Organisation der Geschäftsreisen der Abteilungsleiterin Olivia Cramer. Für die Wahrnehmung dieses Aufgabenbereichs hat Anna Lehmann Artvollmacht erhalten. Verträge mit Hotels darf sie allerdings nur abschließen, wenn der Preis für eine Übernachtung im Einzelzimmer 250,00 EUR nicht übersteigt. Andernfalls muss sie zuvor Rücksprache mit Frau Cramer halten. In einem Hotel in München bucht Anna Lehmann ohne Rücksprache ein Einzelzimmer für drei Nächte zum Gesamtpreis von 1.150,00 EUR. Die ModernOffice KG ist an den Vertrag gebunden, es sei denn, die Einschränkung der Vollmacht ist dem Hotel bekannt gewesen.*

Prokura

Die Prokura ermächtigt zu **allen Arten von gerichtlichen und außergerichtlichen Geschäften und Rechtshandlungen**, die der Betrieb eines **beliebigen Handelsgewerbes** mit sich bringt. Das heißt, die Geschäfte und Handlungen müssen nicht im Zusammenhang mit dem konkreten Geschäftszweck des Unternehmens stehen. Prokura ist die **umfangreichste Vertretungsbefugnis**. Sie setzt ein absolutes Vertrauen zu der bevollmächtigten Person voraus.

Ein Prokurist darf grundsätzlich alles, was der Unternehmer selbst auch darf. Der Prokurist darf sogar rechtswirksam Geschäfte vornehmen, die weit außerhalb des Tätigkeitsbereichs seines Unternehmens liegen.

Ausgenommen von der Prokura sind nur die sogenannten Grundlagen- und Prinzipalgeschäfte.

- **Grundlagengeschäfte:** Handlungen, die das Handelsgeschäft in seinem Wesen betreffen.
  - Verkauf des Unternehmens
  - Aufnahme neuer Gesellschafter
  - Änderung des Unternehmensgegenstandes
  - Änderung der Rechtsform

- – Antrag auf Insolvenz
- – Belastung und Verkauf von Grundstücken (nur mit Einzelvollmacht möglich)
- **Prinzipalgeschäfte:** höchstpersönliche Angelegenheiten des Kaufmanns
  - – Anmeldung zum Handelsregister
  - – Unterzeichnung des Jahresabschlusses
  - – Unterzeichnung der Steuererklärung des Kaufmanns
  - – Eidleistung für den Kaufmann
  - – Erteilung der Prokura

Arten der Prokura

- **Einzelprokura:** Eine einzelne Person ist alleine vertretungsberechtigt, und das in allen gerichtlichen und außergerichtlichen Angelegenheiten eines Handelsgewerbes.
- **Filialprokura:** Sie ist auf eine Filiale oder Geschäftsstelle eines Unternehmens beschränkt. Die Firmen der Niederlassungen müssen sich wenigstens durch einen Zusatz unterscheiden.
- **Gesamtprokura:** Dies ist eine sogenannte **Gesamtvertretung**. Bei ihr wird die Prokura an zwei oder mehrere Personen gemeinschaftlich erteilt. Die Prokuristen sind dann nur in Gemeinschaft zur Vertretung berechtigt. Die Willenserklärung nur einer Person reicht nicht aus, alle müssen gemeinschaftlich handeln und z. B. gemeinsam unterschreiben.

Prokuristen unterzeichnen Geschäftsbriefe mit einem Zusatz vor ihrer Unterschrift. Der Zusatz muss die Prokura deutlich machen: **ppa. oder pp. (per procura)**.

Beispiel • *In der ModernOffice KG verfügen die Hauptabteilungsleiter und die Werksleiter über Prokura (vgl. Organigramm, Seite 14).*

Einzelprokura	Gesamtprokura		Filialprokura
…	…		…
Mit freundlichem Gruß	Mit freundlichem Gruß		Mit freundlichem Gruß
ModernOffice KG	ModernOffice KG		ModernOffice KG Werk Horb
Dr. Hüls	*W. Hüls*	*Otto Sander*	*Utz Mai*
ppa. Dr. Ing. Marie Hüls	ppa. Walter Hüls	ppa. Otto Sander	ppa. Utz Mai

Erteilung und Widerruf der Prokura

Prokura kann nur durch den Inhaber eines Handelsgeschäftes oder den gesetzlichen Vertreter erteilt werden. Sie kann nur durch **ausdrückliche Erklärung** (schriftlich oder mündlich) erteilt werden. Der Geschäftsinhaber oder der gesetzliche Vertreter muss die Prokura zur **Eintragung ins Handelsregister** anmelden. Die Prokura entsteht jedoch bereits mit der entsprechenden Erklärung.

Die Prokura erlischt durch:
- Widerruf seitens des Geschäftsinhabers,
- Ausscheiden des Prokuristen aus dem Unternehmen,
- Auflösung des Unternehmens.

Das Erlöschen der Prokura ist zur Eintragung ins Handelsregister anzumelden.

Nur im **Innenverhältnis** (das heißt zwischen Geschäftsinhaber und Prokurist) ist eine **Beschränkung** des Umfangs der Prokura **möglich**. Im **Außenverhältnis** (das heißt Dritten gegenüber) ist eine **Beschränkung unwirksam**. Von einem Prokuristen ohne Vertretungsbefugnis abgeschlossene Geschäfte sind für den Geschäftsinhaber also verbindlich. Der Prokurist ist dem Inhaber dann aber zum Schadenersatz verpflichtet.

Auf den Punkt gebracht

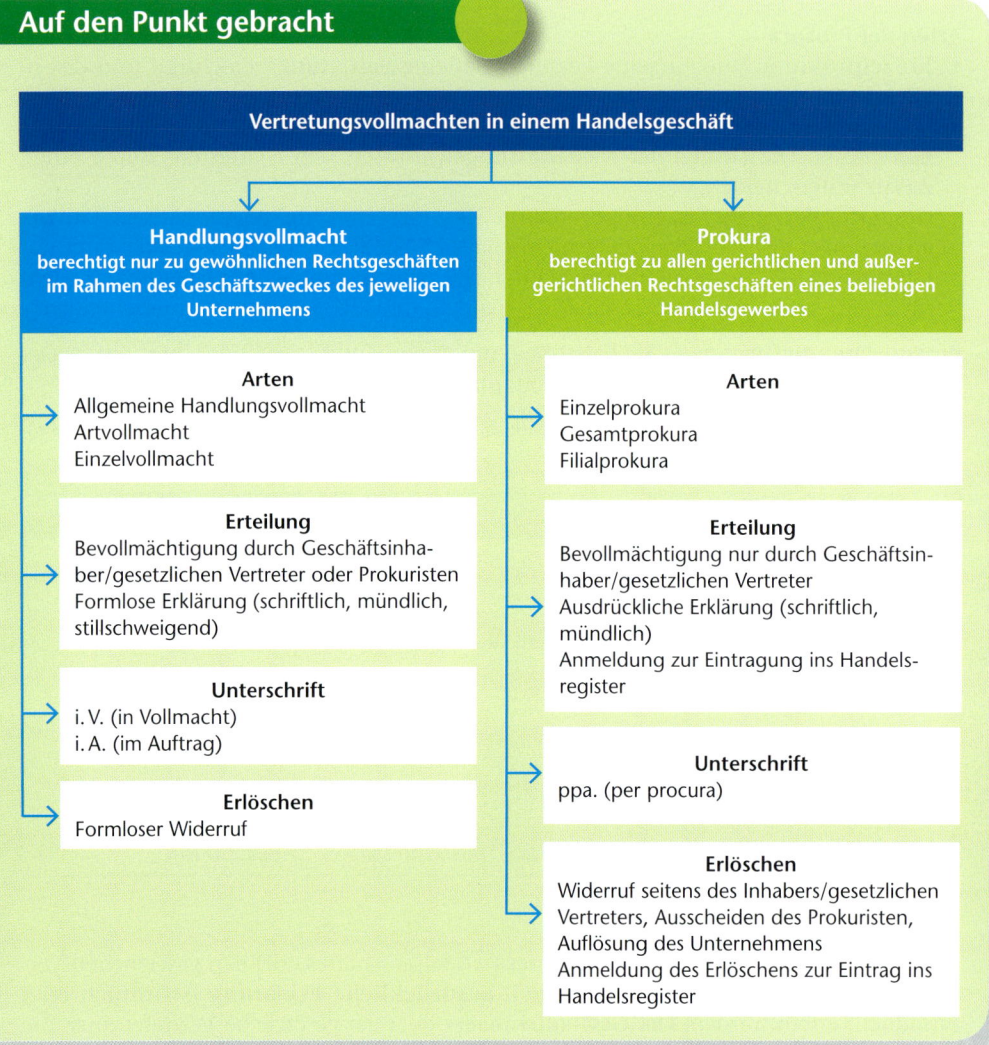

Nutzen Sie Ihr Wissen

1. Begründen Sie die selbst für Kleinbetriebe bestehende Notwendigkeit, Mitarbeiterinnen und Mitarbeiter mit Befugnissen auszustatten. Unterscheiden Sie dabei die beiden Bereiche der Geschäftsführung und der Vertretung.

2. Stefan Ott ist Leiter der BüroAkademie der ModernOffice KG. Diese Abteilung orga-
    nisiert insbesondere die Verkaufsschulungen für die Mitarbeiterinnen und Mitar-
    beiter des Fachhandels, über den die ModernOffice KG ihr Sortiment verkauft. Aber
    auch andere Fortbildungen zum Lebensraum Büro werden vorbereitet und gegen
    Entgelt als Seminarveranstaltungen durchgeführt. Stefan Ott verfügt über allge-
    meine Handlungsvollmacht.
    a) Erläutern Sie allgemein den Vollmachtsumfang, die Erteilung und das Erlöschen
       der allgemeinen Handlungsvollmacht. Grenzen Sie dabei auch die allgemeine
       Handlungsvollmacht gegenüber der Artvollmacht und der Einzelvollmacht ab.
    b) Erläutern Sie, inwiefern Stefan Ott bevollmächtigt ist, anderen Beschäftigten der
       ModernOffice KG ebenfalls Vollmacht zu erteilen.
    c) Entscheiden Sie, ob Stefan Ott zum Abschluss folgender Rechtsgeschäfte für die
       ModernOffice KG berechtigt ist. Begründen Sie jeweils Ihre Entscheidung.
       • Einkauf von zehn Tablet-PC nebst Beamern für die Durchführung von Ver-
         kaufsschulungen
       • Verkauf von Büromöbeln an Kunden der ModernOffice KG
       • Aufnahme eines Darlehns bei der Kreissparkasse Freudenstadt zur Finanzie-
         rung der Modernisierung von Schulungsräumen im Showroom Berlin
       • Abschluss eines Honorarvertrags mit einer Fachreferentin für ein Seminar
       • Einstellung einer Sekretärin für den Empfang im Showroom Hamburg
       • Kündigung eines angestellten Referenten der Abteilung BüroAkademie

3. Dr. Anja Tischler, Geschäftsführerin der ModernOffice KG, ernennt die Handlungs-
    bevollmächtigte Olivia Cramer, Leiterin der Showrooms in Köln und München, zur
    Prokuristin. Diese Bevollmächtigung wird am 15.07.20.. im Rahmen einer Zusam-
    menkunft aller Showroom-Leitungen mündlich bekannt gegeben. Am 16.07.20..
    werden die Kunden und Lieferer der ModernOffice KG mit einem Rundschreiben
    informiert. Gleichzeitig erfolgt die Anmeldung zur Eintragung ins Handelsregister.
    Die Bekanntmachung im Internet erfolgt ab dem 10.08.20.. im gemeinsamen Jus-
    tizportal des Bundes und der Länder.
    a) Verfassen Sie das Rundschreiben an die Geschäftspartner der ModernOffice KG.
    b) Welche Voraussetzung muss erfüllt sein, damit einer Mitarbeiterin oder einem
       Mitarbeiter Prokura erteilt wird?
    c) Informieren Sie sich noch einmal über die Gesellschafter der ModernOffice KG.
       Anton Tischler, Seniorchef des Unternehmens, nimmt an der Sitzung der Show-
       room-Leitungen ebenfalls teil. Hätte er die Prokura erteilen können? Begründen
       Sie Ihre Entscheidung und erläutern Sie allgemein die Erteilung der Prokura.
    d) Olivia Cramer wird Filialprokura erteilt. Erläutern Sie diese Art der Prokura und
       stellen Sie sie den anderen Arten gegenüber. Welche Vor- und Nachteile haben
       die verschiedenen Arten der Prokura aus Sicht der ModernOffice KG?
    e) Nennen Sie sechs Rechtsgeschäfte oder Rechtshandlungen, zu denen die Proku-
       ristin Cramer nicht berechtigt ist.
    f) Vor der Veröffentlichung der Prokuraerteilung im Handelsregister will Olivia
       Cramer am 02.08.20.. für die Modernisierung des Showrooms Köln ein Darlehen
       für die ModernOffice KG aufnehmen. Kann sie als Prokuristin agieren? Begrün-
       den Sie Ihre Antwort.
    g) Erläutern Sie, wie eine zuvor erteilte Prokura erlischt.

LF1
Aufgaben
2.7

3 Präsentationen unter Berücksichtigung der Rahmenbedingungen und Präsentationsregeln erstellen und bewerten

3.1 Eine Präsentation vorbereiten

Lernsituation

Svenja Kolleck und Tom Wildermuth absolvieren ihre Ausbildung zu Kaufleuten für Büromanagement in der ModernOffice KG in Horb. In den ersten Wochen lernen sie das Unternehmen und ihre Berufsschule kennen. Anlässlich eines Informationsabends „Schule und Beruf" in der Berufsschule welcher in zwei Wochen stattfindet, sollen sie ihren Ausbildungsbetrieb in einer kurzen Präsentation vorstellen.

- *Versetzen Sie sich in die Lage von Svenja und Tom und erstellen Sie eine Präsentation über Ihren Ausbildungsbetrieb. Informieren Sie sich über die Planungsfaktoren und wenden Sie diese bei der Vorbereitung Ihrer Präsentation an.*
- *Gestalten Sie einen Termin- und Aufgabenplan, der die rechtzeitige Fertigstellung Ihrer Präsentation gewährleistet.*
- *Stimmen Sie den Termin- und Aufgabenplan gemeinsam ab.*
- *Entscheiden Sie sich, welche Inhalte Sie in Ihre Präsentation aufnehmen.*
- *Bringen Sie die Inhalte in eine logische Reihenfolge.*
- *Prüfen Sie, ob alle Planungsfaktoren berücksichtigt und realistisch eingeschätzt wurden.*

Bevor Sie eine Präsentation detailliert planen, sollten Sie sich folgende W-Fragen stellen:

Präsentationen mit Power-Point erstellen

- Welches Thema hat die Präsentation?
- Welches Ziel verfolgt meine Präsentation?
- Warum wird die Präsentation durchgeführt?
- Wer ist die Zielgruppe?
- Welche Inhalte möchte ich präsentieren?
- Welches Medium/welche Medien werde ich einsetzen?
- Welche Möglichkeiten bietet der Raum, in dem präsentiert wird?
- Wie viel Zeit steht für die Präsentation zur Verfügung?
- Welche Fähigkeiten kann ich einbringen?

Durch eine Präsentation können Sie beispielsweise
- über ein Produkt informieren,
- Ihre oder die innerhalb einer Gruppe erarbeiteten Arbeitsergebnisse vorstellen,
- Entscheidungen herbeiführen,
- neue Lösungen anbieten.

Der Erfolg einer Präsentation hängt ganz entscheidend von einer guten Vorbereitung ab.

Folgende Faktoren sind bei der Planung zu berücksichtigen:

Ziel und Zielgruppe analysieren

Zunächst muss das **Ziel der Präsentation** definiert werden. Nur wer das Ziel kennt, kann Argumente, Fakten und Inhalte darauf abstimmen. Häufig werden Thema und Ziel miteinander verwechselt.

Beispiel •

Thema	Ziel
Die ModernOffice KG – ein innovativer Büromöbelhersteller	Die Teilnehmer sollen nach der Präsentation das Unternehmen ModernOffice KG und seine Produkte gut kennen.

Folgende Fragen helfen Ihnen, das Ziel zu finden:

- Wer veranlasst die Präsentation?
- Warum wird präsentiert?
- Was soll mit der Präsentation erreicht werden?
- Soll eher informiert oder eher gelehrt werden? Möchten Sie auch die Gefühlsebene ansprechen?
- Wen möchte man von was überzeugen?
- Was sollen die Zuhörer/-innen am Ende wissen oder tun?

Die übergeordnete Zielsetzung kann beispielsweise die Vermarktung eines neuen Produktes, eine Fortbildung oder die Vermittlung von neuen Erkenntnissen sein.

Die Faktoren Ziel und Zielgruppe bedingen sich gegenseitig. Deshalb muss bei der Zielfindung auch die **Zielgruppe** analysiert werden.

Folgende Fragen helfen Ihnen, die Zielgruppe zu analysieren:

- Wie viele Zuhörer sind es?
- Wie alt sind die Zuhörer?
- Wer sind die Zuhörer?
- Welche Vorerfahrung bringen die Zuhörer mit?
- Welche Zuhörer kenne ich persönlich?
- Was erwarten die Zuhörer von meiner Präsentation?
- Welchen Nutzen haben die Zuhörer?

Sind die Zuhörer weitgehend unbekannt, können Sie sich im Internet, durch persönliche Kontakte oder Gespräche vor der Präsentation über die entsprechenden Personen und ihre Bedürfnisse informieren.

Machen Sie sich die Rolle (z. B. als Auszubildende/-r, Lehrer/-in, Verkäufer/-in oder Führungskraft), in der Sie vor einem Publikum sprechen, vorher bewusst und teilen Sie dies den Zuhörern mit. Das schafft Transparenz und Glaubwürdigkeit.

Beispiel •
Svenja und Tom machen ihre Rolle vor dem Publikum wie folgt transparent:
Svenja: „Unsere Aufgabe ist es heute, Ihnen unseren Ausbildungsbetrieb, die ModernOffice KG, und die Produkte vorzustellen."

Inhalte auswählen

Durch die Zielformulierung fällt es leichter, Inhalte und Kernbotschaften für die Präsentation auszuwählen. Passt ein Inhalt nicht zur Zielformulierung, fällt er weg!

Bearbeiten Sie die Inhalte für eine Präsentation in folgenden Schritten:

1. Schritt: Stoffsammlung
  – Möglichst im Team Inhalte sammeln.
  – Dabei helfen Methoden zur Ideenfindung, z. B. Brainstorming, Brainwriting oder Mindmapping.

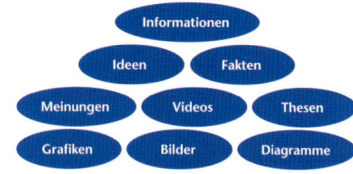

2. Schritt: Inhalte auswählen
Welche Inhalte, Kernaussagen, Ideen brauche ich, um meine Ziele in der zur Verfügung stehenden Zeit zu erreichen?

3. Schritt: Inhalte ordnen
Es gibt viele Möglichkeiten, das ausgewählte Material **dramaturgisch** so aufzubereiten, dass ein Spannungsbogen entsteht:
z. B.
– vom Leichten zum Schweren,
– vom Allgemeinen zum Besonderen,
– vom Problem zu Lösungsmöglichkeiten,
– von den Auswirkungen zu den Ursachen,
– zuerst große Zusammenhänge, dann Detailinformationen.

Nachdem die gesamten Materialien, Texte, Informationen, Bilder u. Ä. für die Präsentation ausgewählt worden sind, müssen sie aufbereitet werden.

Eine Präsentation sollte in drei Phasen aufgebaut werden: **Einleitung (15 %)**, **Hauptteil (75 %)** und der **Ausstieg (10 %)**. Bei der Anordnung der Inhalte ist auf die richtige **Dramaturgie** zu achten. Die Grafik zeigt, wie ein **Spannungsbogen** entsteht:

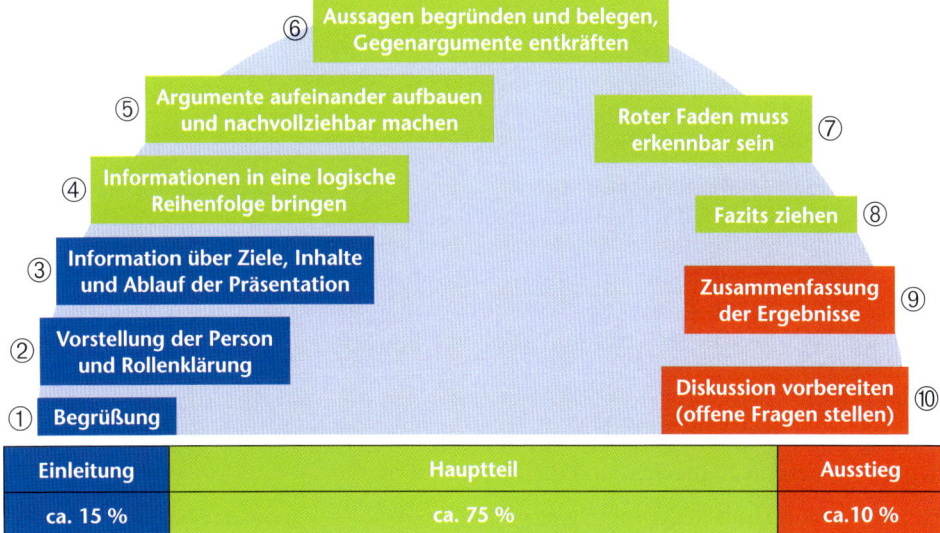

Medien wirkungsvoll einsetzen

Der Erfolg einer Präsentation hängt im Wesentlichen von der Auswahl des richtigen Mediums ab, mit dem Sie Ihre Präsentation unterstützen wollen. Die Auswahl ist wiederum abhängig vom Thema, von den Zuhörern, dem Präsentator und den örtlichen Gegebenheiten. Gezielt eingesetzte Präsentationsmittel setzen optimale Impulse zur besseren Vermittlung der Inhalte.

Da vom Präsentationsmedium die Visualisierung stark abhängt, ist es wichtig zu wissen, wie Informationen aufgenommen und behalten werden.

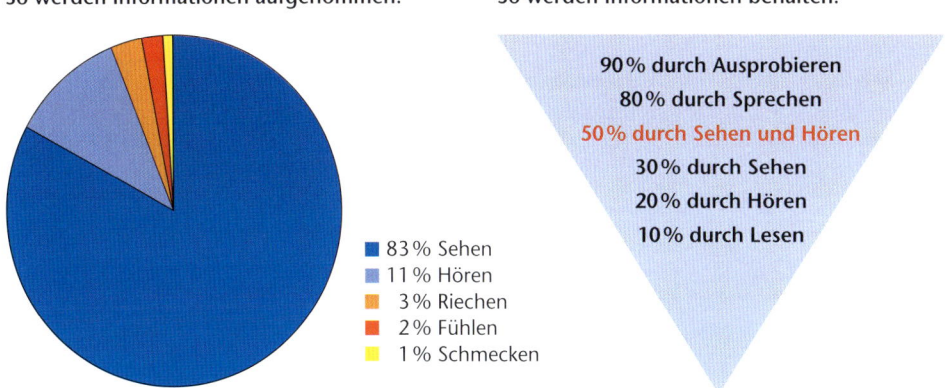

Folgende grundsätzliche Fragen helfen Ihnen, das richtige Medium auszuwählen:
- Welche Medien können eingesetzt werden?
- Wie lassen sich wichtige Inhalte am besten visualisieren?

Weitere Kriterien zur Auswahl des geeigneten Präsentationsmediums:
- Verfügbarkeit
- Eignung
- Vorbereitungszeit
- Souveräner Umgang mit dem Medium
- Beherrschung der Technik

Regeln für den Medieneinsatz:
- Freie Sicht für alle Teilnehmer auf das Medium.
- Dargestellte Inhalte müssen klar lesbar und erkennbar sein.
- Dem Publikum genügend Zeit für das Aufnehmen und Lesen der Inhalte lassen.
- Kein Medium kann Sie als Präsentatorin/Präsentator ersetzen!
- Zu viel Technik erschwert den Kontakt zum Publikum.

Raum prüfen

Günstig ist es, wenn vor der Präsentation genügend Zeit bleibt, um sich mit den Räumlichkeiten vertraut zu machen und die Technik zu prüfen.

Zu überprüfen sind: Rednerpult, Ablagetische, Anzahl der Sitzplätze, evtl. Sitzordnung festlegen, Namensschilder, Stromanschlüsse, Beleuchtung und Verdunkelung, Technik (Beamer in Verbindung mit Ihrem Laptop: Stromsparmechanismen der Geräte ausschalten, Notfallplan, falls Technik streikt), Moderationsmaterial, Papier für Flipchart, ausreichend Stifte, Wegbeschreibung, Hinweisschilder, Unterlagen für die Teilnehmer.

Zeit planen

Steht der Präsentationstermin fest, ist die sofortige Planung der zur Verfügung stehenden Zeit für die Vorbereitung vorzunehmen. Anfängliches Aufschieben führt später zu einem erheblichen Arbeits- und Leistungsdruck. Ein konkreter Termin- und Aufgabenplan mit einem darauf abgestimmten Selbstmanagement ist ein wertvoller Helfer in der Vorbereitungsphase und trägt letztendlich auch zur größeren persönlichen Sicherheit bei.

Um Ihren Termin- und Aufgabenplan optimal zu gestalten, sollten Sie sich folgende Fragen stellen:
- Wie viel Zeit steht für die Vorbereitung zur Verfügung?
- Wie lange soll die Präsentation dauern?
- Wann soll der Entwurf für die Präsentation fertig sein?
- Sind genügend Zeitpuffer eingeplant?

Auf den Punkt gebracht

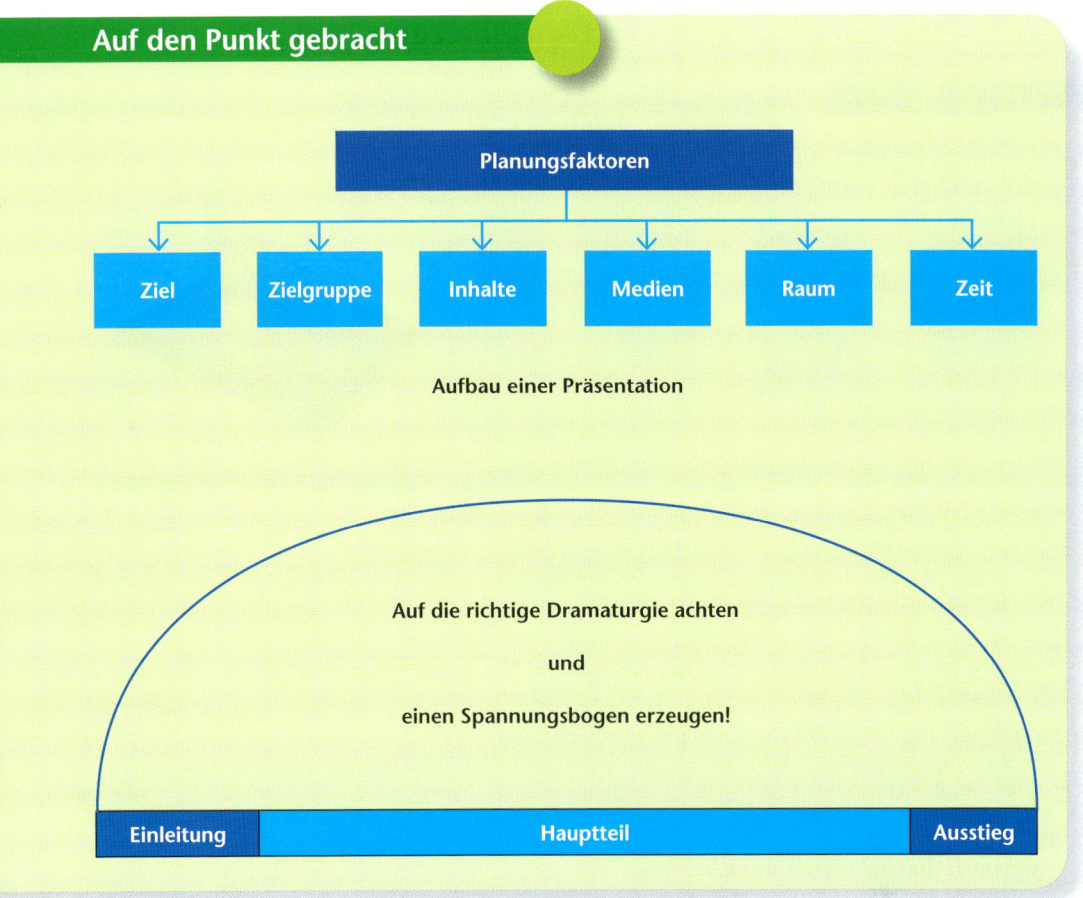

Nutzen Sie Ihr Wissen

1. Welche grundsätzlichen Fragen sollten Sie sich vor der konkreten Planung einer Präsentation stellen?

2. Unterscheiden Sie Ziel und Thema einer Präsentation. Formulieren Sie ein eigenes Beispiel.

3. Beschreiben Sie, wie Sie die Zielgruppe für eine Präsentation analysieren können.

4. Wie gehen Sie vor, um die Inhalte einer Präsentation festzulegen?

5. Worauf ist beim Aufbau einer Präsentation zu achten?

3.2   Präsentationsformen und -medien auswählen

Nachdem Svenja Kolleck und Tom Wildermuth alle notwendigen Vorbereitungen für die Präsentation getroffen haben, stellt sich nun die Frage, welches Medium sich für die Präsentation eignen. Es ist nicht ganz leicht, das passende Medium für eine Präsentation auszuwählen.

- *Informieren Sie sich über Präsentationsformen und -medien.*
- *Analysieren Sie die verschiedenen Präsentationsformen und -medien.*
- *Entscheiden Sie sich für die am besten geeignete Form und für das passende Medium, um Ihre Präsentation wirkungsvoll durchzuführen.*
- *Machen Sie sich mit den Funktionen des ausgewählten Mediums vertraut.*
- *Erstellen Sie einen Ablaufplan aus dem hervorgeht, wie Sie die Funktionen für Ihre Präsentation wirkungsvoll einsetzen.*
- *Prüfen Sie gemeinsam die Wirkung der eingesetzten Medien.*
- *Nehmen Sie unter dem Grundsatz „weniger ist mehr" entsprechende Korrekturen vor.*

Präsentationsformen unterscheiden

Es gibt viele Möglichkeiten, Inhalte und Informationen zu präsentieren. Dabei ist es wichtig, die richtige Präsentationsform auszuwählen.

Präsentationsformen:

mündlich	multimedial	schriftlich
– Vortrag – Informationsgespräch – Informations-Hotline – Sketch	– Bildschirmpräsentation – Videopräsentation – Internetseiten – Blog – Podcast	– Flipchart – Flug- und Faltblätter – Wandzeitung – Ausstellung – Vernissage – Handout

Präsentationsmedien treffend einsetzen

Präsentationsmedien sind Geräte und Informationsträger, die geeignet sind, einem bestimmten Personenkreis Informationen zu präsentieren.

Mit den Präsentationsmedien visualisieren Sie vor allem die Inhalte Ihrer Präsentation. Dabei sollten auch die unterschiedlichen Sinnesorgane der Zuhörer angesprochen werden.

Es gibt eine Vielzahl von Präsentationsmedien. Die wichtigsten werden im Folgenden beschrieben.

Flipchart

Das Flipchart besteht aus einem Ständer und einem Papierblock in der Größe 100 x 70 cm. Das Papier wird mit dicken, gut lesbaren Filzstiften beschriftet.

Flipcharts eignen sich für erklärungsbedürftige Themen, die aktiv mit den Zuhörern erarbeitet werden. Sie werden aber auch gerne in Kombination mit anderen Medien eingesetzt.

Eine Darstellung auf dem Flipchart kann vorbereitet sein oder entwickelt werden. Vorbereitete Blätter helfen, die Vortragsinhalte strukturiert zu präsentieren. Die Blätter können mit aufgeklebten Bildern, Zeichnungen u. Ä. vorbereitet und während des Vortrags durch Text ergänzt werden. Abgehandelte Blätter werden zur Dokumentation mit geeignetem Klebeband an die Wand des Vortragsraums geheftet und bilden so den roten Faden für die Zuhörer.

Anwendungsmöglichkeiten:

- Beiträge der Zuhörer auf Zuruf sammeln,
- Darstellung des Tagesablaufes einer Veranstaltung,
- Inhalte spontan visualisieren.

Pinnwand

Die Pinnwand hat eine Oberfläche aus Hartschaum oder Filz und misst in der Regel 118 x 149 cm. Die meisten Tafeln können im Hoch- oder Querformat aufgestellt werden und sind mit Rollen ausgestattet. Ähnlich wie das Flipchart eignet sich die Pinnwand sowohl zur Präsentation vorbereiteter Darstellungen als auch zur Entwicklung von Inhalten aktiv mit den Zuhörern.

Zur Grundausstattung gehören Moderationstafeln, Packpapier Größe A0, Filzschreiber und Gestaltungselemente wie Wolken, Kreise, rechteckige Karten, Klebepunkte, ovale Karten, lange und kurze Streifen in verschiedenen Größen und Farben.

Tageslichtprojektor

Der Einsatz des Tageslichtprojektors ist möglich, wenn es darum geht, bei kurzer Vorbereitungszeit und mit geringen technischen Kenntnissen Inhalte darzustellen oder Lehrstoff zu vermitteln. In diesen Fällen unterstützt der Tageslichtprojektor den Vortrag und bringt folgende Vorteile:

- Veränderungen in der Reihenfolge bzw. Ergänzungen der Folien im laufenden Vortrag sind problemlos möglich.
- Der Vortragende ist von der Technik weitgehend unabhängig: Kompatibilitätsprobleme, Datenverlust und Absturz sind ausgeschlossen.

Beamer

Der Beamer ist für eine computerunterstützte Präsentation unerlässlich. Er projiziert das Computerbild auf eine Projektionswand oder auf ein interaktives Whiteboard. Durch den Einsatz von Videos, Sound und Animationen können Sie Inhalte effektvoll in Szene setzen.

Dokumentenkamera (Visualizer)

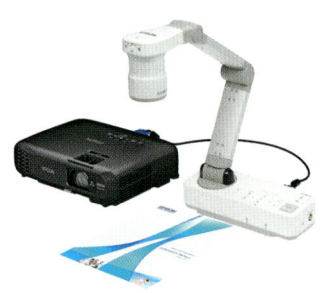

Mit der Dokumentenkamera können Vorlagen, Buchseiten und dreidimensionale Gegenstände über den Beamer präsentiert werden. Manche Geräte verfügen auch über die Möglichkeit, Videosequenzen aufzunehmen. Durch die Zoomfunktion lassen sich auch ganz bestimmte Ausschnitte von der Vorlage in mehrfacher Vergrößerung über den Beamer zeigen. Die dargestellten Bilder oder auch Videosequenzen lassen sich meist in sehr guter Qualität abspeichern und in Bildschirmpräsentationen einbinden. Ist die technische Ausstattung vorhanden, ersetzt der Visualizer den Tageslichtprojektor.

Whiteboard

Über das interaktive Whiteboard kann ein Tafelbild sukzessive entstehen. Das fertige Tafelbild sollten Sie vorher planen. Elemente wie z. B. komplexe Zeichnungen, Bilder oder Videos können Sie vorher erstellen, speichern und während der Präsentation abrufen und in das Tafelbild einbinden.

Zur Beschriftung des Whiteboards stehen farbenreiche Spezialstifte zur Verfügung. Geschriebenes kann jederzeit leicht und sauber gelöscht oder korrigiert werden. Die Präsentationsfläche ist jedoch insgesamt begrenzt und eignet sich nur für kleine Präsentationen. Während der Präsentation können auch Bilder in Papierform mithilfe von Magneten befestigt werden. Das fertige Tafelbild kann über die Ausdruckfunktion am Ende der Präsentation an alle Teilnehmer verteilt werden.

Prüfen Sie, welche Präsentationsformen und -medien zu den Inhalten und zu Ihrer persönlichen Arbeitsweise und Ihren Fähigkeiten passen. Nicht immer sind PC und Beamer die richtigen Mittel der Wahl.

Auf den Punkt gebracht

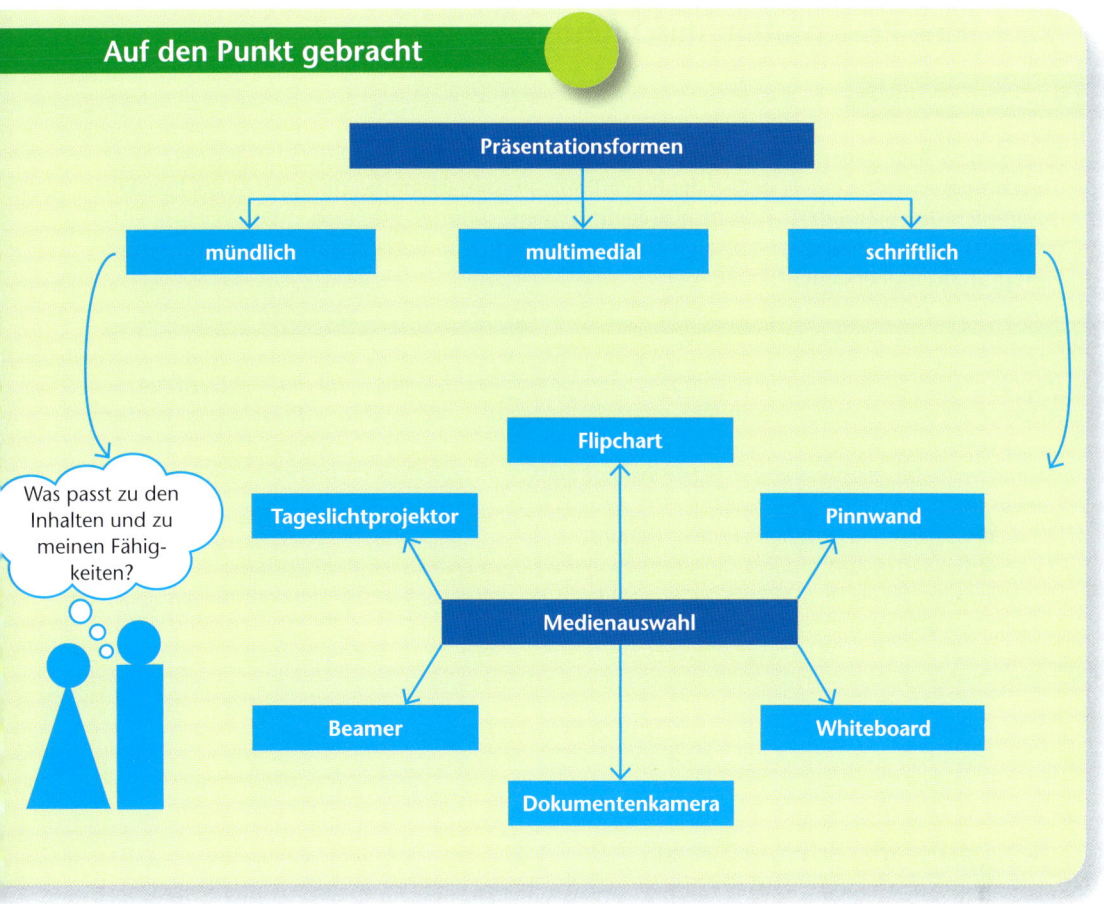

Nutzen Sie Ihr Wissen

1. Welche Präsentationsformen kennen Sie? Nennen Sie zu jeder Präsentationsform ein Beispiel.

2. Sie sollen die Präsentation eines neuen Bürodrehstuhls vorbereiten. Wählen Sie ein passendes Medium und begründen Sie Ihre Auswahl.

3. Welche Präsentationsmedien stehen Ihnen in der Berufsschule zur Verfügung? Beschreiben Sie die Medien und stellen Sie deren Vor- und Nachteile in einer Tabelle gegenüber.

3.3   Eine Präsentation durchführen

Lernsituation

Svenja und Tom haben sich für eine PowerPoint-Präsentation entschieden, die sie zu zweit durchführen wollen. Sie erstellen die PowerPoint-Präsentation und überprüfen die Darstellung nach den geltenden Gestaltungsregeln. Zudem sollen Sie sich über die Wirkung von verbalen und nonverbalen Signalen informieren und zur Vorbereitung der Präsentation einen Merkzettel erstellen.

- *Informieren Sie sich, welche Wirkung verbale und nonverbale Signale auf Ihre Zuhörer haben.*
- *Analysieren Sie, worauf Sie als Präsentatorin/Präsentator während Ihrer Präsentation achten sollten.*
- *Prüfen Sie, ob die Gestaltungsregeln bei der Gestaltung der Präsentationsfolien eingehalten wurden.*
- *Halten Sie Ihre Präsentation vor dem Plenum.*
- *Bewerten Sie gemeinsam Ihre Präsentation mithilfe Ihres erstellten Kriterienkatalogs.*
- *Reflektieren Sie im Plenum, was gut war und was zukünftig noch besser gemacht werden sollte. Achten Sie dabei auf die Einhaltung der Feedbackregeln.*

Die Körpersprache richtig einsetzen

Ein häufig unterschätzter Faktor für eine erfolgreiche Präsentation ist der richtige Einsatz der **Körpersprache**. Alles, was gesagt wird, lebt vom Ausdruck. Dabei spielen die verbalen (stimmlichen) und nonverbalen (körpersprachlichen) Signale zusammen. Die Körpersprache muss mit dem Gesprochenen übereinstimmen. Sagen Mimik, Gestik und Körperhaltung etwas anderes aus, wird dies von den Zuhörern – meist unbewusst – negativ aufgenommen.

Tipps

- Reden Sie möglichst **frei** und lesen Sie nicht stur vom Manuskript ab.
- Nehmen Sie eine **offene** und **freundliche Haltung** an.
- Unterstreichen Sie Ihre Aussagen durch eine **natürliche Gestik**.
- Achten Sie auf eine **entspannte Mimik**.
- Formulieren Sie Ihre **Sätze** möglichst **kurz** und **verständlich**. Erklären Sie Fach- und Fremdwörter.
- Achten Sie auf eine **deutliche Sprechweise**, die in der **Lautstärke angemessen** ist. Legen Sie Wert auf die richtige **Betonung**.
- **Sprechen** Sie **gleichmäßig** und legen Sie an geeigneten Stellen **kleine Pausen** ein.

Blickkontakt

Halten Sie Blickkontakt zu Ihren Zuhörern. Teilen Sie Ihr Publikum gedanklich in vier Bereiche auf und setzen Sie abwechselnd Ihren Blick gezielt auf einzelne, Ihnen sympathische, aufmerksame Zuhörer aus jedem Bereich – ohne den Blick dabei schweifen zu lassen.

Kleidung

Achten Sie auf Ihre Kleidung, die Sie für die Präsentation auswählen, denn der Spruch „Kleider machen Leute" gilt nach wie vor. Wie finden Sie aber heraus, was eine angemessene Kleidung ist? Folgende Fragen können Ihnen dabei helfen:

- Welche Kleidung passt zu mir und zu meinen Zuhörern?
- Könnte mein Äußeres vom Thema ablenken, weil es zu modisch oder zu auffallend ist?
- Wirkt mein Gesamtbild seriös (nicht zu viel nackte Haut zeigen, wenig Schmuck, dezentes Make-up, gut geschnittene/frisierte Haare)?

Lampenfieber

Jeder, der schon mal vor einer Gruppe stand, kennt das Gefühl: Sie haben sich gut vorbereitet, trotzdem kommt es zu Schweißausbrüchen, Kopfschmerzen, Blackouts, mangelnder Aufmerksamkeit oder Ermüdung. Diesen Zustand nennt man Lampenfieber. Das ist eine ganz natürliche Reaktion eines gesunden Körpers. Versuchen Sie nicht dagegen anzukämpfen, sondern lassen Sie es zu.

Gehen Sie mit Lampenfieber richtig um:

- Sorgen Sie für gute Startbedingungen. Eine gute Vorbereitung nimmt einen Großteil der Angst.
- Üben Sie vorher Ihren Vortrag und den Einsatz der technischen Hilfsmittel.
- Testen Sie Beamer, Laptop usw. schon vor der Präsentation, damit Sie bei Störungen nicht in eine Stresssituation geraten.
- Entspannen Sie sich, indem Sie ausgiebig und langsam atmen. Das können Sie auch während der Präsentation einsetzen, ohne dass jemand etwas davon bemerkt.

Eine wichtige Bemerkung zum Schluss: Auch wenn Sie noch so aufgeregt sind, in der Regel bemerken die Zuhörer davon nichts!

Gestaltungsregeln für Bildschirmpräsentationen anwenden

Schrift

- Möglichst serifenlose Schriften (z. B. Arial) verwenden. Sie wirken sachlich und lassen sich gut lesen.
- Begrenzen Sie die Schriftenvielfalt: Pro Folie nicht mehr als zwei Schriftarten einsetzen.

- Die Schrift muss ausreichend groß sein. Deshalb den Folientitel mit mindestens 28 pt formatieren, den restlichen Text mit mindestens 20 pt. Die Folie muss bis zur letzten Sitzreihe lesbar sein.
- Im fortlaufenden Text ist die Auszeichnung „Fett" zum Hervorheben geeignet. Zu vermeiden sind Unterstreichen, Sperren und zu häufiger Schriftwechsel.

Farbeinsatz
- Begrenzen Sie die Farbenvielfalt. Verwenden Sie in einem Text bzw. in einer Bildschirmpräsentation grundsätzlich **höchstens vier Farben**.
- **Gezielter Farbeinsatz** signalisiert die Wichtigkeit.
- Farben können **Bedeutungsträger** sein. Achten Sie deshalb auf die **grundlegende Farbsymbolik** wie z. B. **Rot** für Blut, Liebe, Gefahr usw., **Grün** für Natur, Hoffnung, **Schwarz** für Trauer.
- Viele Unternehmen haben wie Parteien eine Farbe, mit der sie sich nach außen präsentieren. Solche einmal gewählten **Farbcodes** müssen, um wirksam zu sein, konsequent beibehalten werden.
- Bedenken Sie, dass der Beamer oft nicht die hohe Anzahl der Farbtöne unterstützt, die Ihr PC darstellen kann. Daher sollten Sie eher Grundfarben aus der Skala der 16 Grundtöne verwenden.

Absätze
- Gestalten Sie den Text in Sinnabsätzen. Absätze sind vom vorhergehenden und vom folgenden Text jeweils durch eine Leerzeile zu trennen.
- Aufzählungen und Nummerierungen eignen sich zur inhaltlichen Strukturierung von Texten.
- Reihen- bzw. Rangfolgen sind durch eine Nummerierung zu gestalten.
- Als Aufzählungszeichen eignen sich Punkte, Striche, Quadrate oder Pfeile. Das Zeichen muss zum Text passen.
- In Aufzählungen pro Folie höchstens sechs Aufzählungsglieder verwenden.
- Formulieren Sie den Aufzählungs-/Nummerierungstext möglichst einzeilig.
- Zweizeilige Aufzählungs-/Nummerierungstexte durch **eine Leerzeile** bzw. Abstand trennen.
- Den Abstand zwischen Aufzählungs-/Nummerierungszeichen und Text auf 0,7 cm einstellen.
- Formulieren Sie die Überschriften prägnant und in einheitlichem Stil und Layout.

Layout
- Beachten Sie die einheitlichen Visualisierungsregeln (**Corporate Design**) Ihres Unternehmens oder Ihrer Schule.
- Legen Sie einen **einheitlichen Aufbau** Ihrer Präsentation fest. Die Grundgestaltung (Logos, Farbe usw.) bleibt unverändert.
- Etwa 30 % der Bildfläche sollte frei bleiben. Man spricht von der sogenannten „Weißfläche", die aber nicht weiß sein muss: Der Begriff „Weißfläche" bezeichnet den nicht beschrifteten Raum auf einer Folie.
- Platzieren Sie die wichtigsten Aussagen in der **optischen Mitte** der Folie. Die optische Mitte ist etwas höher als die mathematische Mitte.

Beispiel •

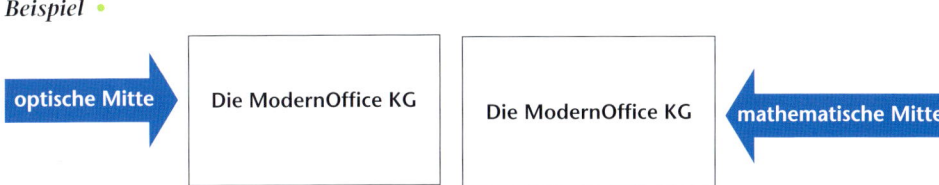

- Achten Sie auf die **Sehgewohnheiten** der Zuschauer. Nach wissen-schaftlichen Untersuchungen fällt der Blick **von links nach rechts** und **von oben nach unten rechts**. Werden die natürlichen Sehgewohnheiten nicht beachtet, entstehen **kognitive Dissonanzen**, d. h., von den Lesern/Zuschauern werden die Aussagen nicht oder nur eingeschränkt wahrgenommen.
- Zur Positionierung wichtiger Informationen sollten die **natürlichen Brennpunkte** einer Präsentationsfolie oder eines Blattes, also die **beiden oberen Ecken**, das **Zentrum** und die **rechte untere Ecke** beachtet werden, damit sie sofort ins Auge fallen.
- Die **Anordnung bzw. Reihenfolge** der Gestaltungsmöglichkeiten signalisiert die Wichtigkeit der Information.
- Nehmen Sie Sprichwörter wie *„Sprich, damit ich dich sehe!"* (Antiker Spruch), *„Jede Sprache ist Bildersprache"* (Wilhelm Busch) wörtlich und gestalten Sie auf Ihren Folien **„Hingucker"** durch passende Grafiken und Symbole.

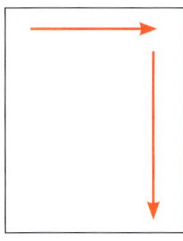

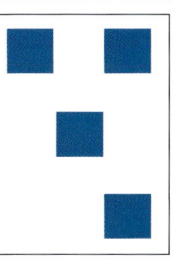

Teilnehmerunterlagen (Handout) zielgruppenorientiert erstellen

In einem Handout können komplexe Darstellungen ergänzt werden. Dies sind zusätzliche Informationen auf ergänzenden Folien, die bis ins kleinste Detail ausgearbeitet sein können. Aber auch Textseiten mit Fakten und Hintergründen können dem Folienausdruck als Anhang beigefügt werden.

Gestaltungsregeln für das Handout
- Die Präsentationsfolien und das Handout sind nicht als identische Vorlagen zu planen und einzusetzen.
- Im Gegensatz zu den Folien, die in der Präsentation verwendet werden, erhalten die abgedruckten Folien im Handout eine Fußzeile mit den Metadaten.
- Achten Sie darauf, dass die Inhalte der Teilnehmerunterlagen mit denen in der Präsentation übereinstimmen: Reihenfolge der Folien, Layout u. Ä.
- Kennzeichnen Sie zusätzliche Texte, Bilder und Grafiken deutlich.
- Machen Sie sich im Vorfeld Gedanken darüber, zu welchem Zeitpunkt Sie das Handout verteilen wollen: am Anfang, einzeln und nach Bedarf, während der Präsentation oder am Ende.
- Bei wichtigen Präsentationen empfiehlt es sich, die Teilnehmerunterlagen in einer Spiralbindung oder Klebebindung zusammenzuheften.

Gestaltungsregeln für Kopf- und Fußzeilen
- Kopf- und Fußzeilen sind dezent zu gestalten.
- Die verwendete Schriftgröße für die Fußzeile sollte in der Regel immer 2 pt kleiner als die Textschrift in der Kopfzeile sein.
- Eine dunkelgraue Schriftfarbe unterstützt eine dezente Wirkung.
- Deckblätter erhalten keine Kopf- und Fußzeile.

Auf den Punkt gebracht

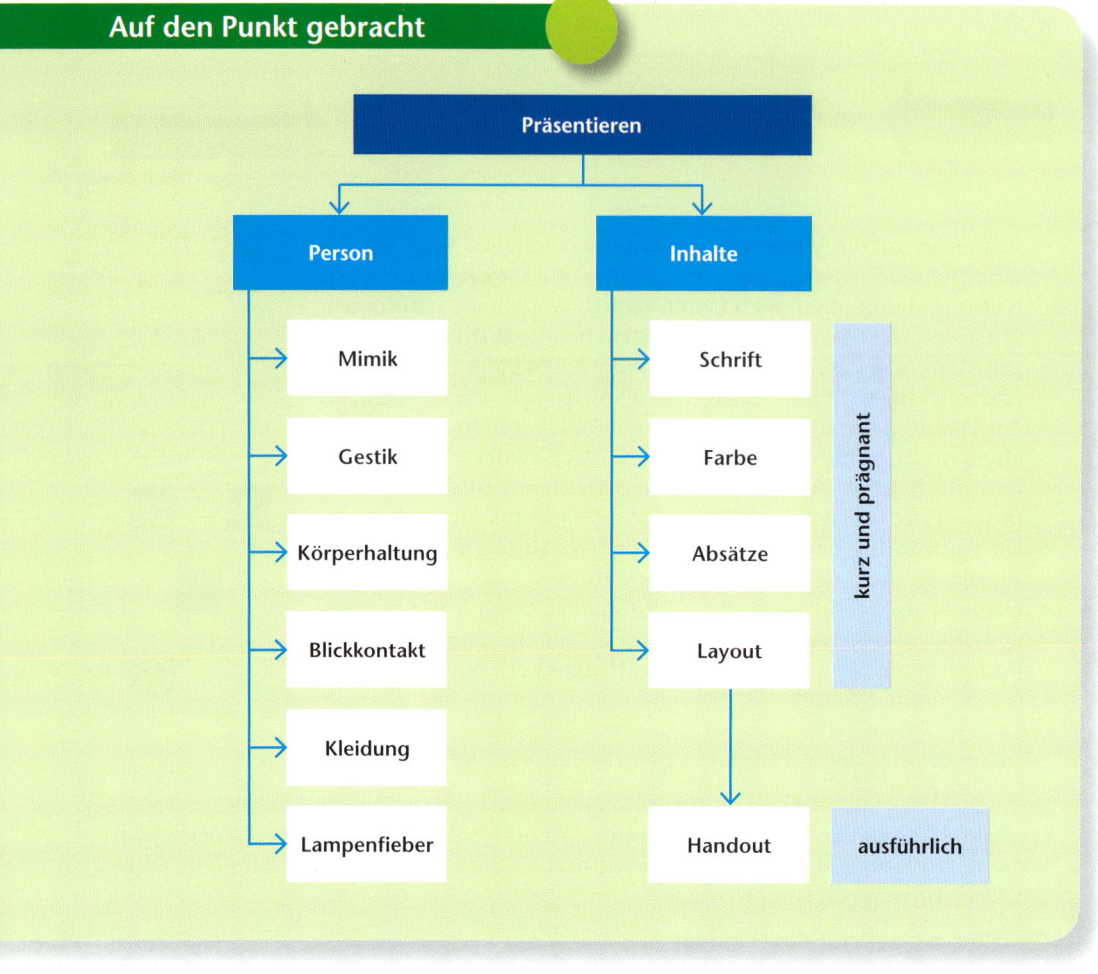

Nutzen Sie Ihr Wissen

1. Die Körpersprache ist ein nicht zu unterschätzendes Element während einer Präsentation. Beschreiben Sie, wie Sie sich verhalten sollten, ohne gekünstelt zu wirken.

2. Wie halten Sie am besten mit Ihrem Publikum Blickkontakt?

3. Sie sollen Ihr Unternehmen vor anderen Auszubildenden präsentieren. Welche Kleidung ist angemessen?

4. Lampenfieber ist ganz natürlich. Was können Sie tun, um möglichst entspannt in eine Präsentation zu gehen?

5. Welche Regeln müssen Sie bei der Gestaltung einer Bildschirmpräsentation beachten?

6. Zu Ihrer Präsentation erstellen Sie ein Handout. Welche Gestaltungsregeln sind zu berücksichtigen?

3.4 Eine Präsentation bewerten

Die Bildschirmpräsentation ist fertig. Svenja und Tom sind mit ihrem Ergebnis zufrieden. Dennoch haben sie Zweifel, ob auch wirklich alles so klappt, wie sie es geplant haben. Nach Rücksprache mit ihrer Klassenlehrerin wollen sie eine Woche vor der Präsentation einen Probedurchlauf vor ihren Mitschülern durchführen. Um ein optimales Feedback zu bekommen, entwerfen sie vorher gemeinsam mit ihren Mitschülern einen Bewertungsbogen.

- *Sammeln und bewerten Sie Kriterien zur Beurteilung einer Präsentation.*
- *Erstellen Sie einen Kriterienkatalog.*
- *Beachten Sie die Regeln als Feedbackgeber und Feedbacknehmer.*
- *Prüfen Sie, ob Ihr Kriterienkatalog alle wesentlichen Elemente zur Bewertung enthält.*
- *Bewerten Sie Ihren Kriterienkatalog und nehmen Sie gegebenenfalls Korrekturen vor.*

Bewertungskriterien anlassgerecht erstellen

Die Bewertung einer Präsentation kann durch eine Vielzahl von Kriterien erfolgen. Wie und welche Elemente einer Präsentation mit welcher Gewichtung bewertet werden, ist abhängig vom Anlass (z. B. Information, Prüfung) und davon, wer die Feedbackgeber (z. B. Fachleute, Teamkollegen, Mitschüler, Lehrer) sind. Deshalb kann es keinen allgemeingültigen Kriterienkatalog geben.

Die vier Hauptbereiche einer Präsentationsbewertung sind:

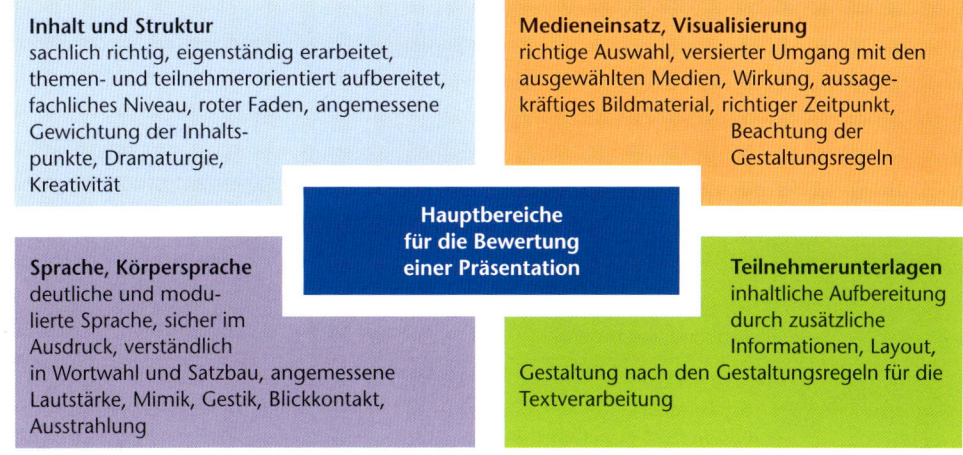

Inhalt und Struktur
sachlich richtig, eigenständig erarbeitet, themen- und teilnehmerorientiert aufbereitet, fachliches Niveau, roter Faden, angemessene Gewichtung der Inhaltspunkte, Dramaturgie, Kreativität

Medieneinsatz, Visualisierung
richtige Auswahl, versierter Umgang mit den ausgewählten Medien, Wirkung, aussagekräftiges Bildmaterial, richtiger Zeitpunkt, Beachtung der Gestaltungsregeln

Hauptbereiche für die Bewertung einer Präsentation

Sprache, Körpersprache
deutliche und modulierte Sprache, sicher im Ausdruck, verständlich in Wortwahl und Satzbau, angemessene Lautstärke, Mimik, Gestik, Blickkontakt, Ausstrahlung

Teilnehmerunterlagen
inhaltliche Aufbereitung durch zusätzliche Informationen, Layout, Gestaltung nach den Gestaltungsregeln für die Textverarbeitung

In einer Präsentationsprüfung sollten Sie
- unter Beweis stellen, dass Sie das Thema verstanden haben und durch Ihre fachlichen Kenntnisse in der Lage sind, die Inhalte zu strukturieren und zu beurteilen;
- vertiefende Fragen beantworten und Zusammenhänge herstellen können;
- zeigen, dass Sie selbstständig eine für das Thema geeignete Methode zur Darstellung der Inhalte ausgewählt haben;

- angemessen kommunizieren und Ihre Gedanken und Ideen verständlich mitteilen;
- durch Ihre Vortragstechnik bei den Zuhörern Interesse wecken;
- die Inhalte in angemessener Form visualisieren und die Grundtechniken der ausgewählten Medien beherrschen;
- die Teilnehmerunterlagen inhaltlich ergänzend, nach den Gestaltungsregeln kreativ und in einer angemessenen Form gestalten.

Einen Kriterienkatalog erstellen

Beispiel *eines Kriterienkatalogs zur Bewertung einer Präsentation*

Präsentation	
Thema:	
Name(n):	

Beginn:		Ende:		Raum:	

Bereiche	Kriterien positiv	++	+	0	–	– –	Kriterien negativ
Inhalt:	sachlich richtig, eigenständig erarbeitet, fachlich kompetent, themen- und teilnehmerorientiert, angemessene Gewichtung der Inhaltspunkte, kreative Umsetzung durch Vergleiche oder Beispiele						sachliche Fehler, fachliche Mängel, wesentliche Inhalte nicht/nur teilweise eigenständig erarbeitet, passt nicht zum Thema oder zur Zielgruppe, nicht gelungene Gewichtung der Inhaltspunkte
Struktur:	roter Faden ersichtlich, dramaturgisch gut aufgebaut, kreative Elemente						kein roter Faden ersichtlich, unsystematisch, nicht folgerichtig, nicht nachvollziehbar
Sprache:	Sprechweise deutlich, gutes Sprechtempo mit angemessenen Pausen, gute Wortwahl und korrekter Satzbau, spannend, interessant						Sprechweise undeutlich, zu schnell, zu laut, zu leise, keine Pausen, unvollständige Sätze, monoton, langweilig, eintönig
Körpersprache:	guter Blickkontakt zu den Zuhörern, unterstreicht Aussagen mit Mimik und Gestik, spricht frei, gute Ausstrahlung						wenig Blickkontakt, übertrieben, gekünstelt, steif, verschlossen, wirkt fad
Visualisierung:	sehr anschaulich, an den Inhalten ausgerichtet, aussagekräftig						das Wesentliche nicht erkennbar, ohne Aussage, Gestaltungsregeln nicht beachtet

Medien:	richtige Auswahl, versierter Umgang, gute zeitliche Einteilung						zu viel, nicht passend, unbeholfener Umgang mit den Medien
Teilnehmer- unterlagen:	gutes, ansprechendes Layout, enthält ergänzendes Material zum besseren Verständnis, keine Rechtschreib- und Grammatikfehler, keine Gestaltungsfehler						schlechtes Layout, Inhalt nicht aussage- kräftig genug, Rechtschreib- und Grammatikfehler, Gestaltungsfehler
Gesamtwirkung:	positive Ausstrahlung, begeisterte Zuhörer						eintönig, fantasielos, gelangweilte Zuhörer
Besondere Stärken:							
Bewertung:							

Regeln zum Feedbackgeben gemeinsam erarbeiten

Erstellen Sie die Kriterien für ein Feedback gemeinsam. Damit schaffen Sie die Grundlage zur objektiven Wahrnehmung.

Feedbackgeber	Feedbacknehmer
Geben Sie Feedback, wenn Sie darum gebeten werden.	Prüfen Sie, ob Sie auch wirklich ein Feedback wünschen.
Ordnen Sie vor dem Feedbackgeben Ihre Gedanken in Positives und Negatives und beginnen Sie mit dem Positiven.	Hören Sie dem Feedbackgeber aufmerksam zu und versuchen Sie, die Rückmeldung zu verstehen.
Gehen Sie mit dem Feedbacknehmer respektvoll um und bleiben Sie sachlich.	Stellen Sie Fragen, wenn Sie etwas nicht verstanden haben. Versuchen Sie nicht, sich zu rechtfertigen.
Verwenden Sie „Ich-Botschaften" um auszu- drücken, was Sie wahrgenommen haben.	Hören Sie dem Feedbackgeber aufmerksam zu und unterbrechen Sie ihn nicht.
Geben Sie das Feedback zeitnah.	Melden Sie dem Feedbackgeber zurück, wie Sie das Feedback empfunden haben und welche Kritik für Sie besonders wertvoll war.

Auf den Punkt gebracht

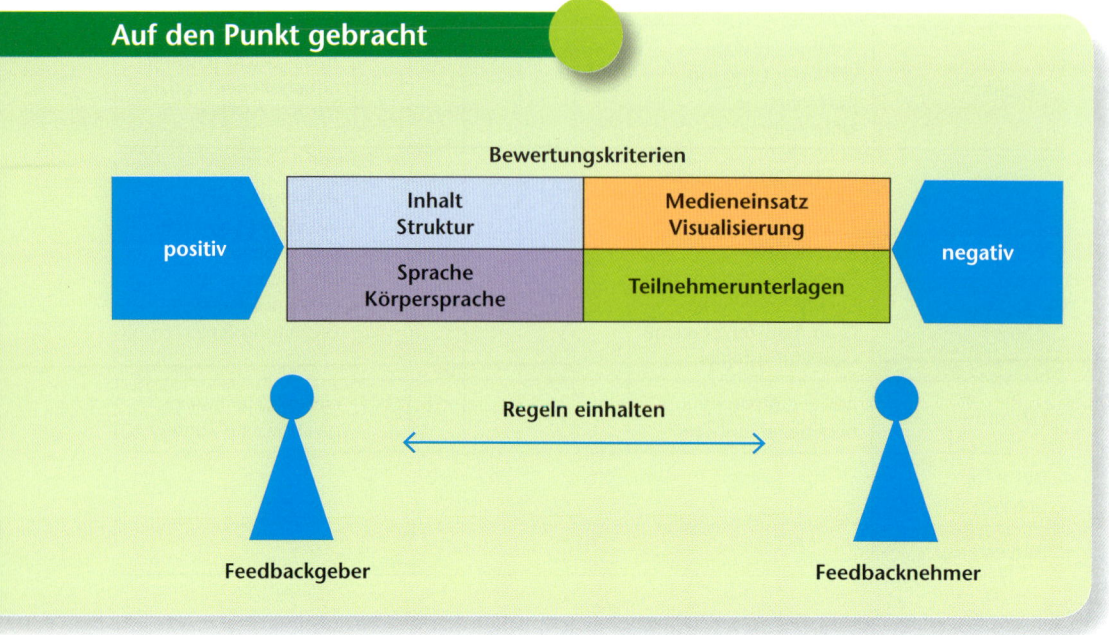

Nutzen Sie Ihr Wissen

1. Erläutern Sie die vier Hauptbereiche einer Präsentationsbewertung.

2. Analysieren Sie, warum ein Feedback wichtig ist.

3. Welche Regeln sind beim Feedbackgeben und Feedbacknehmen zu beachten?

4. Wie bereiten Sie sich auf eine Präsentationsprüfung vor?

Büroprozesse gestalten und Arbeitsvorgänge organisieren

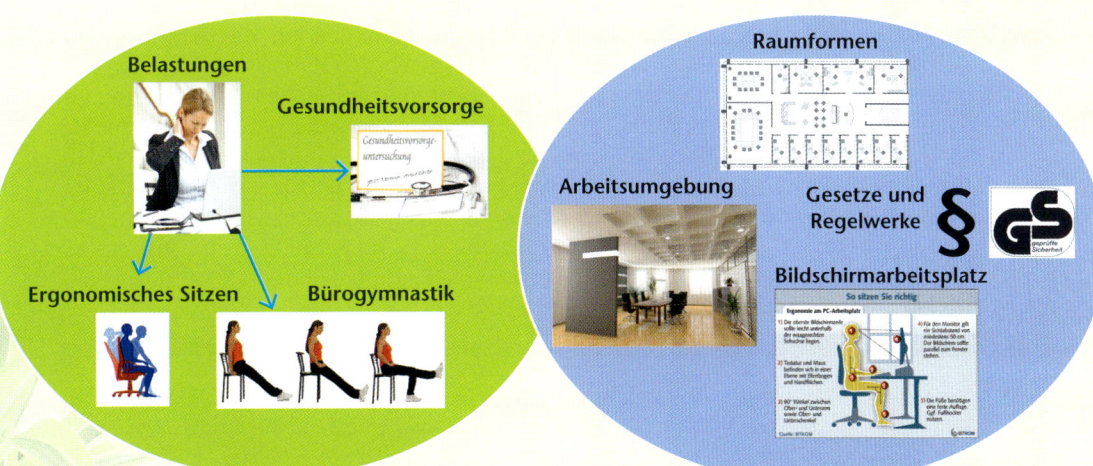

Belastungen

Gesundheitsvorsorge

Ergonomisches Sitzen

Bürogymnastik

Raumformen

Arbeitsumgebung

Gesetze und Regelwerke

Bildschirmarbeitsplatz

Personale Voraussetzungen

Büroarbeitsplatz

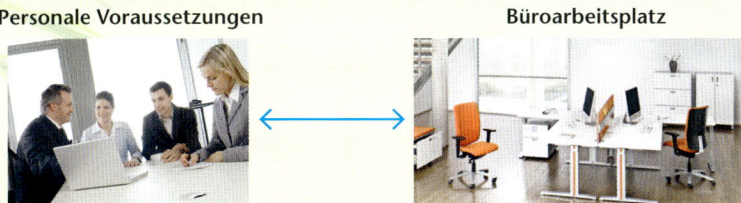

Schreibfertigkeit und -sicherheit

Büroprozesse

Anfang → Ende

Auslöser · Aktivität 1 · Aktivität 2 · Aktivität 3 · Aktivität 4 · Aktivität 5 · Output

Informationen aufbereiten

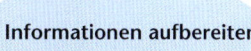

Verbale und nonverbale Kommunikation

Inhalt

Botschaft

Physische und elektronische Ablage

Im Team arbeiten

Sitzungen und Besprechungen

Protokolle

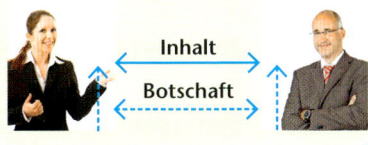

Zeit- und Terminmanagement

1 Anforderungen an die Arbeitsprozesse am Arbeitsplatz analysieren

1.1 Handlungsorientiert Arbeitsprozesse gestalten

Lernsituation

Svenja Kolleck hat es geschafft: Sie ist eine von drei Auszubildenden, die in diesem Jahr die Ausbildung bei der ModernOffice KG beginnen. Im Vorfeld hatte sie sich durch viele Gespräche mit ihren Eltern, Lehrern und Bürokaufleuten über den Beruf der Kauffrau für Büromanagement informiert und fand schnell heraus, dass es der richtige Beruf für sie ist. Sie wurde durch eine Stellenanzeige auf das Unternehmen aufmerksam. Im Vergleich mit anderen Annoncen fielen ihr Formulierungen auf wie z. B. „Sie möchten gerne im Team arbeiten und sind bereit, ein hohes Maß an Engagement zu zeigen und Verantwortung zu übernehmen" oder „In diesem Beruf kommt es auf schnelle Auffassungsgabe, sicheres Zahlenverständnis, Kontaktfreude und Organisationstalent an." Svenja ist sich nicht ganz sicher was hinter den Formulierungen steckt.

- *Informieren Sie sich, welche überfachlichen Kompetenzen Ihr Betrieb an seine Mitarbeiterinnen und Mitarbeiter stellt. Analysieren Sie die personalen Anforderungen an die Auszubildenden.*
- *Begründen Sie die Forderung nach einer umfassenden Handlungskompetenz.*
- *Reflektieren Sie Ihr Ergebnis mit einem Partner/einer Partnerin.*
- *Ergänzen und korrigieren Sie Ihr Ergebnis.*

Handlungskompetenz erwerben

Formular – Kompetenzen im Betrieb

Die rasante Zunahme und der schnelle Wandel des Wissens in allen Bereichen von Gesellschaft, Wissenschaft und Technik machen die Fähigkeit des problemlösenden und vernetzten Denkens sowie wertbezogene Einstellungen und Haltungen unverzichtbar.

Neben der Handlungskompetenz (Fach-, Selbst- und Sozialkompetenz) gewinnen deshalb die Methodenkompetenz, die kommunikative Kompetenz und die Lernkompetenz zunehmend an Bedeutung. Diese Elemente sind immanenter Bestandteil von Fach-, Selbst- und Sozialkompetenz und ergänzen und bedingen sich zu umfassender Handlungskompetenz.

Durch ständige Fortbildung (lebenslanges Lernen) im späteren Berufsleben wird die Handlungskompetenz des Einzelnen gefördert und gefestigt.

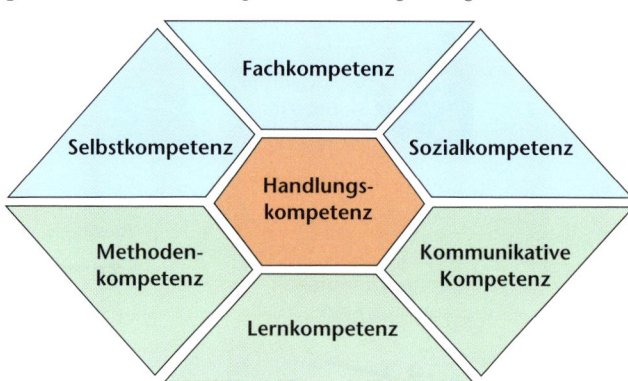

	Fachkompetenz	Fähigkeit und Bereitschaft Aufgaben und Problemstellungen eigenständig, fachlich angemessen, methodengeleitet zu bearbeiten und das Ergebnis zu beurteilen.	– Fachwissen – Sprachkenntnisse – Auslandserfahrung – Praxiserfahrung – PC-Kenntnisse	Hardskills
Handlungskompetenz	Selbstkompetenz	Bereitschaft und Fähigkeit eigenständig und verantwortlich zu handeln, eigenes und das Handeln anderer zu reflektieren und die eigene Handlungsfähigkeit weiterzuentwickeln.	– Selbstständigkeit – Kritikfähigkeit – Selbstvertrauen – Zuverlässigkeit – Verantwortungs- und Pflichtbewusstsein	Softskills
	Sozialkompetenz	Fähigkeit und Bereitschaft zielorientiert mit anderen zusammenzuarbeiten, sich rational und verantwortungsbewusst auseinanderzusetzen.	– Teamfähigkeit – Kontaktstärke – Reflexionsbereitschaft – Konfliktfähigkeit	
	Methoden-kompetenz	Fähigkeit an Regeln orientiert zu handeln. Selbstständiges Planen und Beherrschung von Methoden zur Problemlösung. Reflektierte Auswahl und Entwicklung von Methoden.	– planmäßiges Vorgehen bei der Erarbeitung von Aufgaben und Problemen	
	Kommunikative Kompetenz	Bereitschaft und Fähigkeit kommunikative Situationen zu verstehen und zu gestalten	– eigene Absichten und Bedürfnisse erkennen und darzustellen – Absichten und Bedürfnisse von Partnern erkennen und verstehen.	
	Lernkompetenz	Bereitschaft und Fähigkeit, Informationen über Sachverhalte und Zusammenhänge selbstständig und gemeinsam mit anderen zu verstehen, auszuwerten und in gedankliche Strukturen einzuordnen.	– Lerntechniken – Lernstrategien	

Hardskills = Fachkenntnisse, die während eines Studiums oder einer beruflichen Ausbildung erworben und in der Regel durch Prüfungen nachgewiesen werden.

Softskills = alle Eigenschaften, die über die fachlichen Qualifikationen hinausgehen und die Persönlichkeit prägen.

Auf den Punkt gebracht

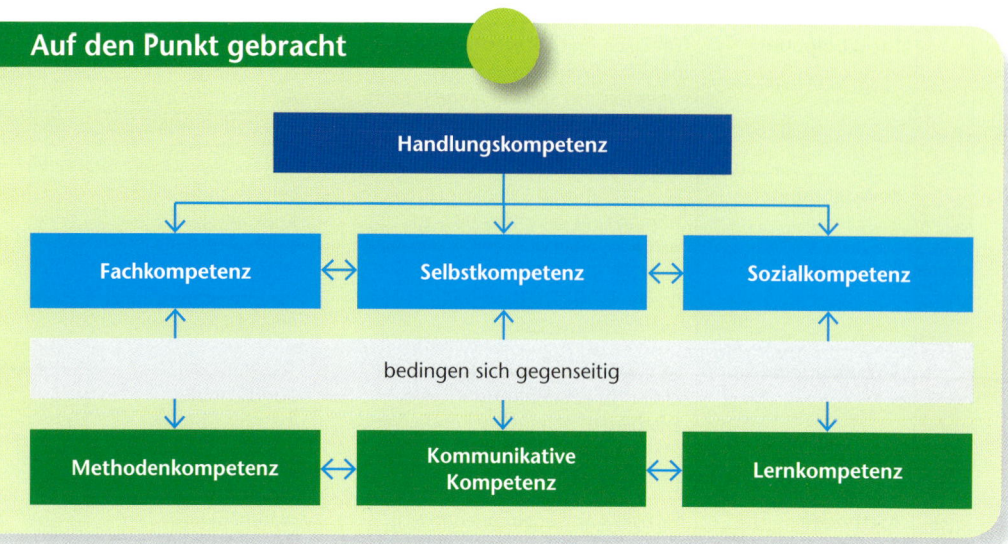

Nutzen Sie Ihr Wissen

1. Bereiten Sie ein Interview vor und befragen Sie Ihren Ausbildungsleiter zu den geforderten Soft- und Hardskill an Auszubildende in Ihrem Unternehmen. Fassen Sie das Ergebnis geordnet nach den jeweiligen Kompetenzen in einer Übersicht zusammen. Reflektieren Sie Ihr Ergebnis mit Ihren Mitschülerinnen und Mitschülern.

2. Unterscheiden Sie Soft- und Hardskills. Ordnen Sie die folgenden Softskills den entsprechenden Kompetenzfeldern zu: Selbstbewusstsein, Kommunikationsfähigkeit, Konfliktlösungsfähigkeit, Kooperationsfähigkeit, Kritikfähigkeit, Offenheit, soziale Sensibilität, Teamfähigkeit, Kreativität, Kontaktstärke, Leistungsbereitschaft, Lernbereitschaft, Reflexionsbereitschaft, analytisches Denken und strukturierendes Denken.

3. Svenjas Freundin Juliane hat ihre Ausbildung als Kauffrau für Bürokommunikation beendet. Sie blättert in Zeitungen nach entsprechenden Stellenangeboten durch. Dabei fällt ihr auf, dass in den Annoncen immer wieder die gleichen Softskills verlangt werden: Teamgeist, Kreativität Eigeninitiative, Organisationstalent. Warum legen die Betriebe gerade auf diese Kompetenzen besonderen Wert?

4. Svenja und Tom durchforsten ebenfalls die Stellenanzeigen, um herauszufinden, welche Kompetenzen die Betriebe von ihren zukünftigen Mitarbeiterinnen und Mitarbeiter erwarten. Sie finden folgende Aussagen:
„Die englische Sprache beherrschen Sie in Wort und Schrift"
„Sicherheit im Umgang mit modernen Kommunikationsmitteln und eine aktive Nutzung der digitalen Medien setzen wir voraus."
„Sie zeichnen sich durch Ihr ausgeprägtes Organisationstalent sowie die Fähigkeit Prioritäten zu erkennen und diese auch selbstständig umzusetzen"
Nehmen Sie zu diesen drei Aussagen Stellung.

1.2 Büro- und Geschäftsprozesse unterscheiden

Lernsituation

Svenja Kolleck beginnt in der Verwaltung ihren nächsten Ausbildungsabschnitt. Dort erklärt ihr Herr Sander zunächst die aktuellen Büro- und Geschäftsprozesse.

Otto Sander: „In der ModernOffice KG wird nicht nur in der Produktion, sondern auch im Büro prozessorientiert gearbeitet."

Svenja Kolleck: „Die Rationalisierung der Arbeitsabläufe in der Produktion kenne ich. Was heißt das aber im Bürobereich?"

Otto Sander: „Es bedeutet, dass wir versuchen, uns auch in der Büroarbeit ständig zu verbessern. Unser Ziel ist es, dass jeder Mitarbeiter an jedem Arbeitsplatz die für die aktuelle Arbeitsaufgabe notwendigen Werkzeuge und Schriftstücke ohne Hindernisse nutzen kann. Am besten informieren Sie sich zunächst in unserem ‚Bürohandbuch', danach können Sie direkt mit Ihrer ersten Arbeitsaufgabe beginnen. Alles Weitere werden Ihnen die zuständigen Mitarbeiterinnen und Mitarbeiter bestimmt gerne erklären."

- *Informieren Sie sich über Büro- und Geschäftsprozesse und darüber, welche Qualitätsanforderungen an die Büroarbeit in Ihrem Betrieb gestellt werden.*
- *Analysieren Sie einen Büroprozess in Ihrem Unternehmen.*
- *Beschreiben und dokumentieren Sie den Prozess mithilfe Ihres Textverarbeitungsprogramms. Nutzen Sie dazu die entsprechenden Funktionen.*
- *Besprechen Sie Ihre Ergebnisse mit einer Kollegin oder einem Kollegen.*
- *Reflektieren Sie, wie Sie Ihre Arbeitsvorgänge weiter verbessern können.*

Was ist ein Prozess?

Ein Prozess ist die Abfolge mehrerer Aktivitäten, die unternommen werden, um ein Ergebnis in Form eines Produkts oder einer Dienstleistung zu erhalten. Jeder Prozess ist gekennzeichnet durch einen definierten Anfang und ein definiertes Ende. Der Ablauf der Aktivitäten erfolgt nach bestimmten Mustern oder Regeln, die so lange gültig sind, bis sie z. B. durch eine Verbesserungsmaßnahme geändert werden.

Anfang →→→→→→→→→→→→→→→→→→→→→→→→→→→ Ende

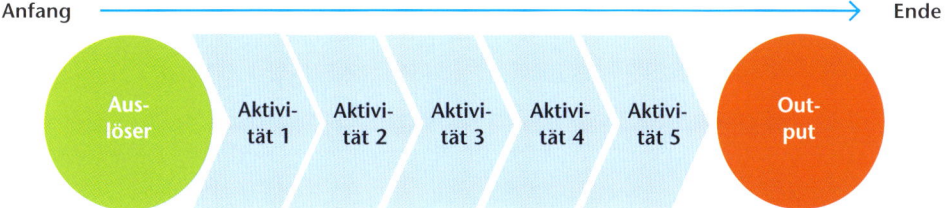

Auslöser | Aktivität 1 | Aktivität 2 | Aktivität 3 | Aktivität 4 | Aktivität 5 | Output

Im administrativen Bereich eines Unternehmens werden **Geschäfts- und Büroprozesse** unterschieden:

Die **Geschäftsprozesse** sind in der Regel Kernprozesse (z. B. Verkaufsprozess), die ein Ergebnis/Output für externe Abnehmer (z. B. Kunden) erzeugen.

Büroprozesse sind **interne Unterstützungsprozesse**, die vor allem die Organisation eines Unternehmens betreffen. Sie gewährleisten die Qualität der Büroarbeit. Die Büroarbeit wird durch die Büroprozesse optimiert und standardisiert. Büroprozesse unterstützen Abläufe in Geschäftsprozessen und sind den Veränderungen im Arbeitsprozess anzupassen, sodass ein kontinuierlicher Verbesserungsprozess entsteht.

Die gängigsten Symbole in der Prozessdarstellung:

▭	Prozessschritt, Verarbeitungseinheit
◇	Entscheidung, Verzweigung
▭	Beginn und Ende eines Prozesses

Was sind Standards?

Standards beschreiben die Anforderungen an die Tätigkeiten, Arbeitsabläufe und Prozesse im Unternehmen. Standards sichern den Stand einer Verbesserung, verhindern Fehler und fördern effizientes, entspanntes Arbeiten. Wichtig dabei ist, dass auch die Standards an sich ständig verbessert werden.

Beispiel • *Das Qualitätsteam der ModernOffice KG hat für die richtige Nutzung der Arbeitsstühle eine Anleitung erstellt, die zeigt, wie der Bürostuhl eingestellt und genutzt wird, um gesundheitlichen Schädigungen vorzubeugen.*

Leitfaden für Standards in der

Ergonomisches Sitzen

Überprüfen Sie Ihr Sitzverhalten und beugen Sie Gesundheitsbeeinträchtigungen vor.

So verhalten Sie sich richtig:

Die Sitzfläche muss vollständig besessen sein. Nur so ist der Kontakt zur stützenden Rückenlehne gewährleistet.

Was ist ein Bürohandbuch?

Die im Unternehmen entwickelten Standards müssen nachvollziehbar, eindeutig und einfach gestaltet sein. Die Standards werden in einem **elektronischen Bürohandbuch** gesammelt und sind für alle Mitarbeitenden zugänglich.

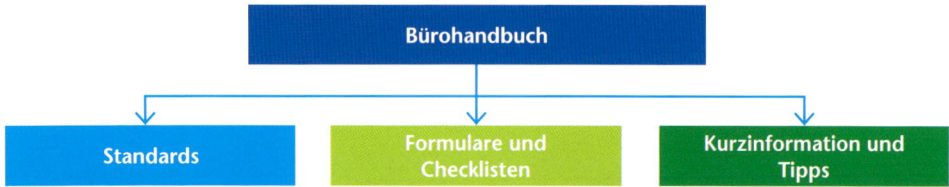

Die Formulare und Checklisten sind nach dem Corporate Design des Unternehmens erstellt und als geschützte Vorlagen abgespeichert. Alle Mitarbeiterinnen und Mitarbeiter können die Vorlagen nutzen, aber nicht verändern.

Unter Kurzinformationen und Tipps von A bis Z findet man z. B. Passwörter, Personalnummern, Kreditkartennummern, Arbeitsabläufe, Tipps usw.

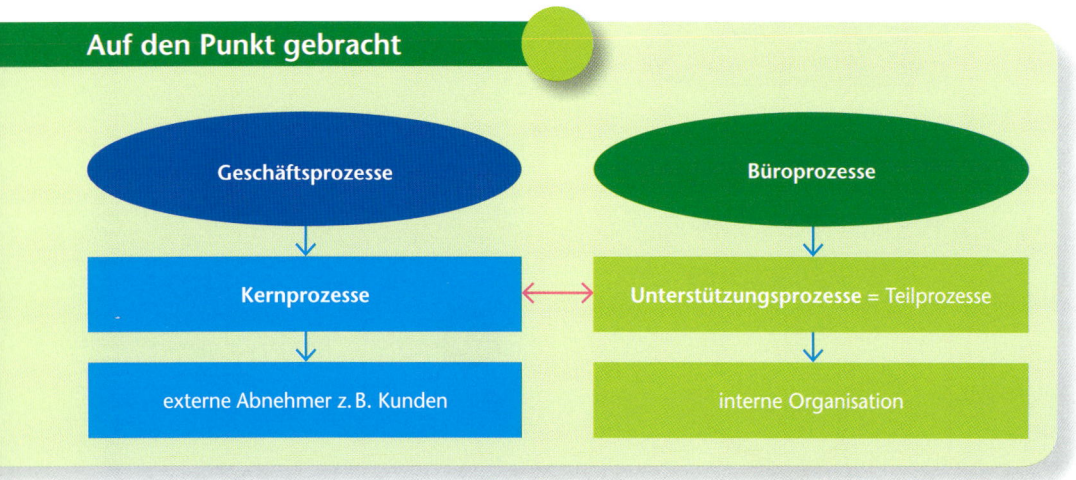

Nutzen Sie Ihr Wissen

1. Erläutern Sie, was einen Büroprozess von einem Geschäftsprozess unterscheidet.

2. Beschreiben Sie, was Standards sind.

3. Welche Funktion hat ein „Bürohandbuch"?

1.3 Den Arbeitsplatz nach bürowirtschaftlichen Abläufen gestalten

Lernsituation

Nachdem Svenja einige Büroprozesse in der ModernOffice KG kennengelernt hat, ist ihr bewusst, dass ihre Arbeit unmittelbaren Einfluss auf die Qualität der Produkte und Dienstleistungen hat. Auch die Kolleginnen und Kollegen profitieren davon, wenn Svenja ihre Aufgaben ohne Fehler erledigt.

Herr Sander führt Svenja zu ihrem neuen Schreibtisch, den sie in den nächsten vier Wochen während der Ausbildungsphase in der Verwaltung nutzen soll.

Otto Sander: „Leider sind wir nicht mehr dazu gekommen, den Schreibtisch aufzuräumen. Die Stapel auf der Schreibtischplatte und auf der Fensterbank bestehen aus alten Katalogen und Zeitschriften. Werfen Sie bitte alles weg, was älter als ein Jahr ist."

Svenja Kolleck: „Kann ich mir den Schreibtisch so einrichten, wie ich es möchte?"

Otto Sander: „Grundsätzlich ja. Aber im Zuge unserer Qualitätsentwicklung haben wir auch für den Informationsfluss rund um den Schreibtisch Standards entwickelt. Sie finden die Standards im Intranet im Verzeichnis ‚MO-Qualitätsentwicklung'. Damit können Sie Ihren Arbeitsplatz direkt optimal einrichten!"

- *Informieren Sie sich, wie Sie die „Bürowerkzeuge" an Ihrem Arbeitsplatz nach den bürowirtschaftlichen Abläufen am besten anordnen.*
- *Analysieren Sie die Büroprozesse rund um Ihren persönlichen Arbeitsplatz.*
- *Dokumentieren Sie mithilfe des eingesetzten Textverarbeitungsprogramms die Büroprozesse und Standards rund um Ihren Schreibtisch.*
- *Reflektieren Sie mit Ihren Mitschülerinnen und Mitschülern Ihr Ergebnis.*
- *Nehmen Sie Korrekturen vor und ergänzen Sie Ideen oder Verbesserungsvorschläge.*

Ordnung und Sauberkeit am Arbeitsplatz

Eine wichtige Ausgangsbasis für effizientes Arbeiten im Büro ist Ordnung und Sauberkeit am Arbeitsplatz. Um dies zu erreichen, kann die **5-A-Methode** eingesetzt werden. Die folgenden Arbeitsschritte sind nacheinander durchzuführen:

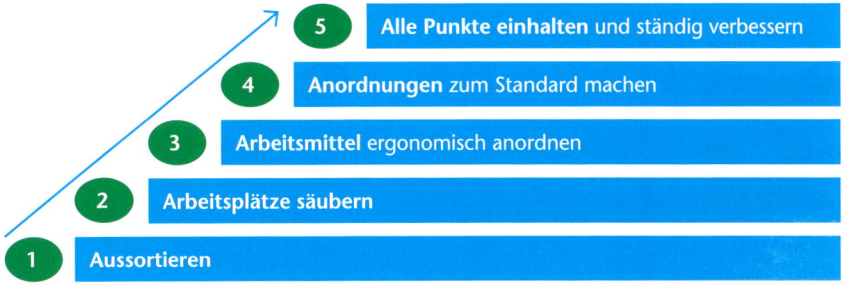

5 **Alle Punkte einhalten** und ständig verbessern
4 **Anordnungen** zum Standard machen
3 **Arbeitsmittel** ergonomisch anordnen
2 **Arbeitsplätze säubern**
1 **Aussortieren**

Um nach der Aufräumaktion die erreichte Verbesserung zu halten, werden **Standards** definiert. Sie sollen den erreichten Stand der Verbesserung sichern und helfen zu verhindern, dass man in alte Gewohnheiten zurückfällt. Im Fokus stehen dabei nicht nur die eigenen Arbeitsabläufe, sondern auch die übergeordneten Prozesse.

Regeln, die nach der 5-A-Aktion helfen, den Standard zu halten und zu verbessern:

* Am Arbeitsplatz ist für **Sauberkeit** und **Ordnung** zu sorgen und der aktuelle Zustand durch neue Ideen ständig zu verbessern.
* Der **Arbeitsplatz** ist **ergonomisch** zu gestalten. Nur die **Dinge**, die wirklich **notwendig** sind, liegen auf dem Schreibtisch.
* Die **sinnvolle Anordnung der Arbeitsmittel** (Locher, Schere u. Ä.) ist einzuhalten. Die Arbeitsmittel werden nach folgenden Kriterien angeordnet: Verfügbarkeit, Zugriffszeit und Übersichtlichkeit.

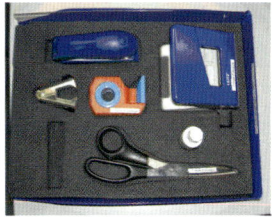

Beispiel 1 • *Die Arbeitshilfsmittel werden an einem geeigneten Standort aufbewahrt. Die Plätze für die Gegenstände sind hier aus der Schaumstoffplatte ausgeschnitten. So hat jedes Teil seinen festen Platz.*

* Eine Ansammlung von losen Blättern zu verschiedenen Vorgängen auf dem Schreibtisch ist zu vermeiden.
* Planen Sie täglich zehn Minuten Zeit für Ihre persönliche Arbeitsplatzorganisation ein.

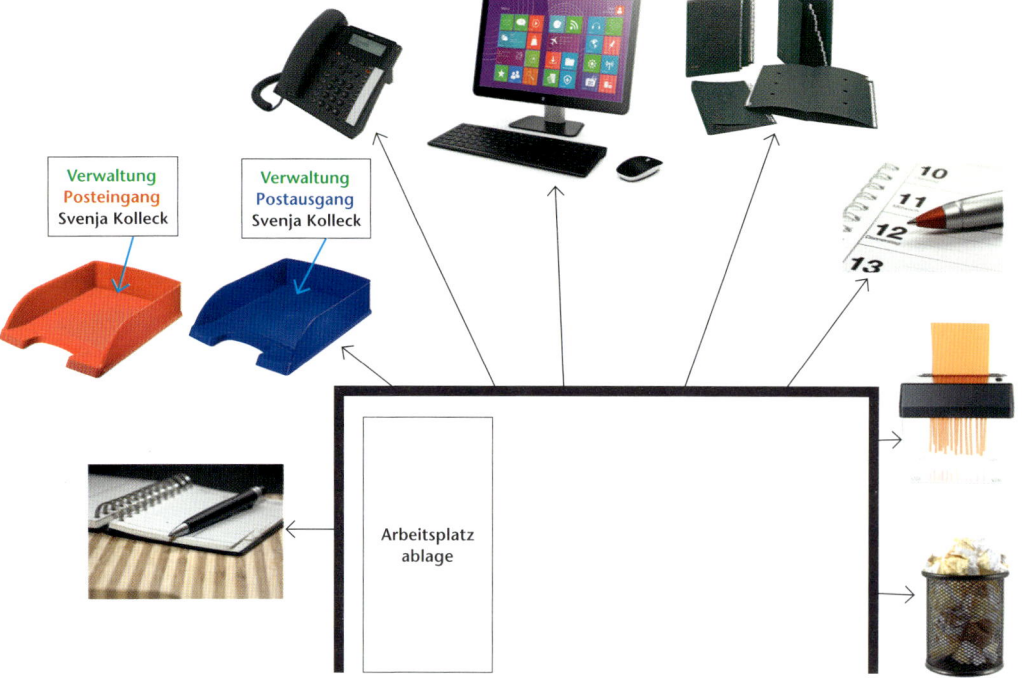

Beispiel 2 • *Standard der ModernOffice KG – Anordnung der Arbeitsmittel am Arbeitsplatz*

Leitfaden für Standards in der

ModernOffice.

Arbeitsmittel auf dem Schreibtisch anordnen

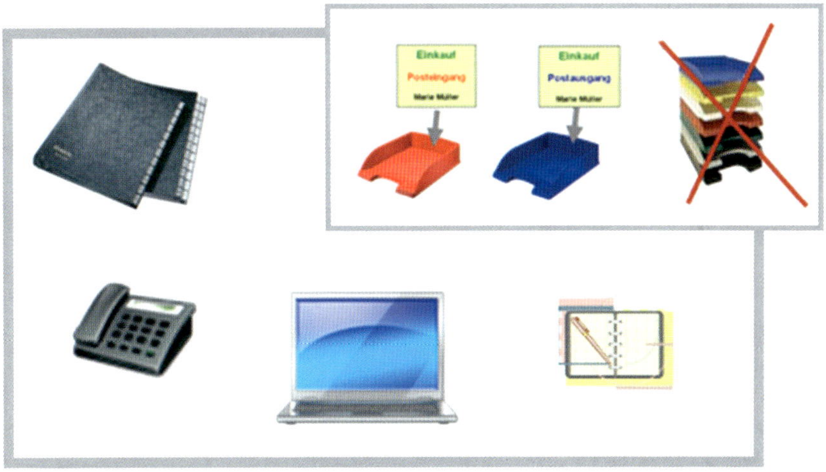

Einkauf Posteingang Marie Müller

Einkauf Postausgang Marie Müller

Auf dem Schreibtisch

Telefon: Das Telefon steht links, damit die rechte Hand frei ist, um Notizen zu machen.

Bildschirm und Tastatur: Der Bildschirm sollte möglichst parallel zum Fenster aufgestellt werden. Künstliche Beleuchtung sollte so angeordnet werden, dass das Licht von der Seite auf den Arbeitsplatz fällt. Eine

Posteingangs- und -ausgangskorb

Auf Ihrem Schreibtisch sollten zwei eindeutig beschriftete Ablageschalen stehen: Eine Ablageschale für den persönlichen Posteingang und eine Ablageschale für den persönlichen Postausgang. Alle Schriftstücke, die vom zentralen Posteingang an Sie weitergeleitet oder von Kollegen gebracht werden, liegen im Posteingangskorb und werden von Ihnen systematisch bearbeitet. Schriftstücke, die Sie erstellen und weiterleiten, legen Sie in die Ablageschale Postausgang. Achten Sie darauf, dass die Ablageschalen am Ende eines Arbeitstages leer sind. So verhindern Sie Stapel auf Ihrem Schreibtisch und behalten den Überblick.

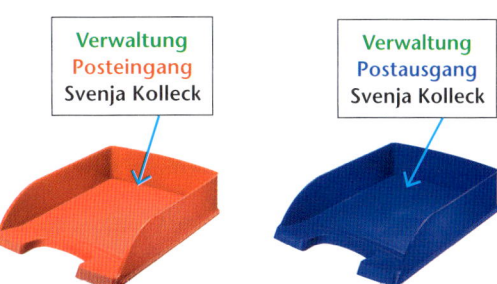

Verwaltung
Posteingang
Svenja Kolleck

Verwaltung
Postausgang
Svenja Kolleck

Die im Posteingangskorb liegenden Schriftstücke können Sie nach dem folgenden Büroprozess bearbeiten: Sobald Sie einen Brief, ein Fax oder Ähnliches in die Hand nehmen, verschaffen Sie sich kurz einen Überblick über den Inhalt und entscheiden in maximal drei Minuten, was mit dem Dokument geschehen soll. Dabei können Sie schon wichtige Stellen markieren oder kurze Bemerkungen notieren. Bewährt hat sich auch, die Schriftstücke mit entsprechenden Kürzeln zu versehen: „A" für Ablage, „T" für Termin, „R" für Rücksprache und „W" für Wiedervorlage.

Nicht relevante Einladungen, Zeitschriften, Prospekte u. Ä. werden sofort weggeworfen. Sollte es Ihnen schwerfallen, etwas wegzuwerfen, dann setzen Sie sich eine „Wegwerffrist". Haben Sie bis zum Ende der Frist die Unterlagen nicht mehr gebraucht oder angeschaut, dann können Sie sie wegwerfen. Unterlagen, die Sie weiterleiten, legen Sie gleich in den Postausgangskorb. Schriftstücke, die Sie zu einem späteren Zeitpunkt bearbeiten, kommen in die Wiedervorlagemappe.

Posteingangsroutine – Papierpost			
Nr.	**Teilprozess**	**Hilfsmittel**	**Bemerkung**
1	Posteingangskorb bearbeiten	Posteingangskorb	
2	Schriftstück bearbeiten — Nein → Schriftstück wegwerfen / Ja	Aktenvernichter Papierkorb	vertrauliches Schriftstück
3	selbst bearbeiten — Nein → Schriftstück weiterleiten / Ja	Postausgangskorb	
4	sofort bearbeiten — Nein → Wiedervorlage / Ja	Wiedervorlage	realistisch terminieren
5	Schriftstück bearbeiten	Postausgang Ablage	
6	Posteingangskorb leer	Posteingangskorb	

Elektronischer Posteingang und -ausgang

Zur Posteingangsroutine gehört auch der elektronische Posteingang und -ausgang. Bearbeiten Sie alle eingegangenen E-Mails möglichst noch am gleichen Tag. Geben Sie einen kurzen Zwischenbericht, falls die Antwort etwas länger dauert.

Der unten abgebildete Büroprozess hilft Ihnen, Ihren elektronischen Posteingang effizient abzuarbeiten. Um wichtige E-Mails gleich zu erkennen, prüfen Sie zuerst die **Betreffzeilen**. Spam und Werbung löschen Sie sofort.

E-Mails mit Informationen, die Sie nur kurzfristig benötigen, legen Sie in den aktuellen **Quartalspapierkorb**. Die Quartalspapierkörbe richten Sie unter Ihrem persönlichen Eingangsordner ein. Ist ein Quartal abgelaufen, dann nutzen Sie den nächsten Quartalspapierkorb. Die dort gespeicherten E-Mails aus dem letzten Jahr können Sie dann getrost löschen.

E-Mails, die nicht für Sie bestimmt sind oder die von jemand anderem bearbeitet werden sollen, leiten Sie sofort weiter.

Im elektronischen Posteingang befinden sich auch viele Informationen, die zum Lesen und Bearbeiten Zeit erfordern. Deshalb sollten Sie in Ihrem persönlichen Posteingang einen Ordner „Lesen" und einen Ordner „Bearbeiten" anlegen und dort konsequent die an diesem Tag zu bearbeitenden E-Mails ablegen. Nach der Posteingangsroutine ist der elektronische Posteingang leer. Am Ende des Arbeitstages müssen die Ordner „Lesen" und „Bearbeiten" ebenfalls leer sein.

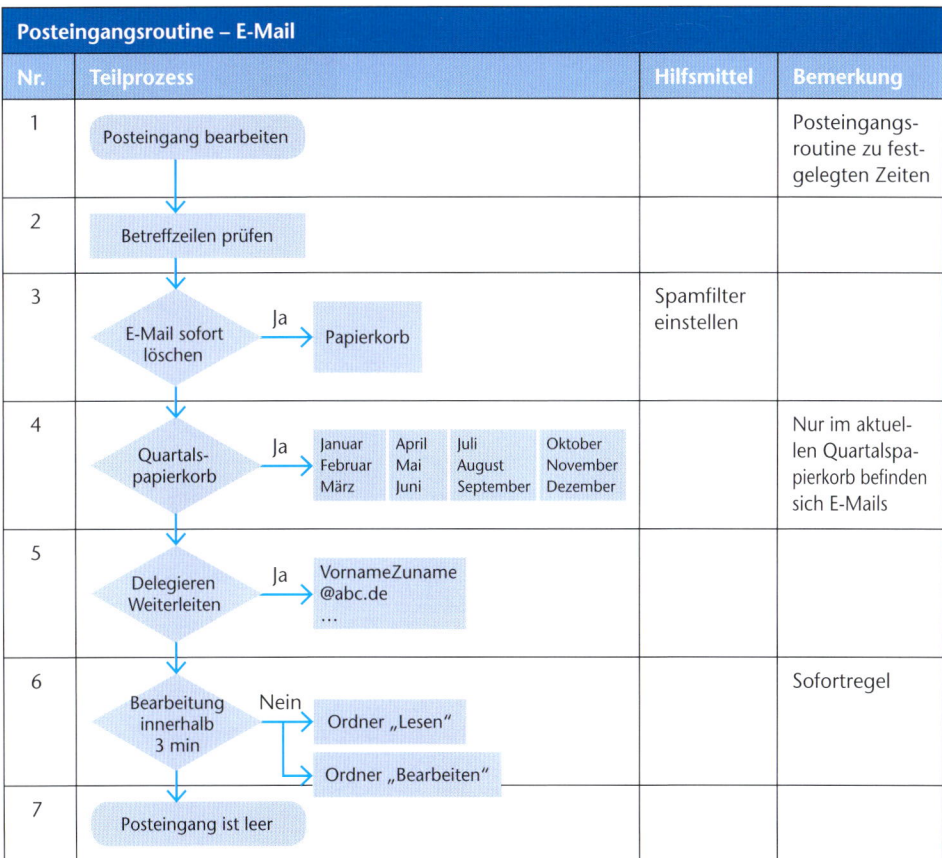

Posteingangsroutine – E-Mail			
Nr.	**Teilprozess**	**Hilfsmittel**	**Bemerkung**
1	Posteingang bearbeiten		Posteingangsroutine zu festgelegten Zeiten
2	Betreffzeilen prüfen		
3	E-Mail sofort löschen → Ja → Papierkorb	Spamfilter einstellen	
4	Quartalspapierkorb → Ja → Januar Februar März / April Mai Juni / Juli August September / Oktober November Dezember		Nur im aktuellen Quartalspapierkorb befinden sich E-Mails
5	Delegieren Weiterleiten → Ja → VornameZuname @abc.de ...		
6	Bearbeitung innerhalb 3 min → Nein → Ordner „Lesen" / Ordner „Bearbeiten"		Sofortregel
7	Posteingang ist leer		

Wiedervorlagesysteme

Das Herzstück einer guten Organisation rund um den Schreibtisch ist die Wiedervorlage. Eingehende Schriftstücke, die nicht am gleichen Tag bearbeitet werden können, kommen in die Wiedervorlage. Sie ist ein wesentlicher Bestandteil einer gut funktionierenden Arbeitsplatzorganisation. Sie verhindert, dass sich Unterlagen auf dem Schreibtisch stapeln oder in Ablageschalen verschwinden. Die Nutzung erfordert Disziplin: Der entsprechende Ordner muss vor Tagesbeginn durchgesehen werden. Am Monatsletzten muss der Inhalt des folgenden Monatsordners auf die einzelnen Tagesordner verteilt werden.

Als Wiedervorlagemappe können Sie Pultordner, Hängemappen mit Sichtschienen/Reitern oder Einstellmappen verwenden, die Einteilung ist immer gleich.

Chronologisch

1 – 31	Tageswiedervorlage	⟶	Kalendertage	1 – 31
1 – 12	Monatswiedervorlage	⟶	Monate	Januar – Dezember oder 1 – 12

Alphabetisch

A – Z   Unterlagen werden nach dem Anfangsbuchstaben abgelegt; Eintrag in den Terminkalender

Pultordner
mit Fächern und durchnummerierter Seitenleiste

Sammelbox
mit Stehmappen, gekennzeichnet durch Reiter

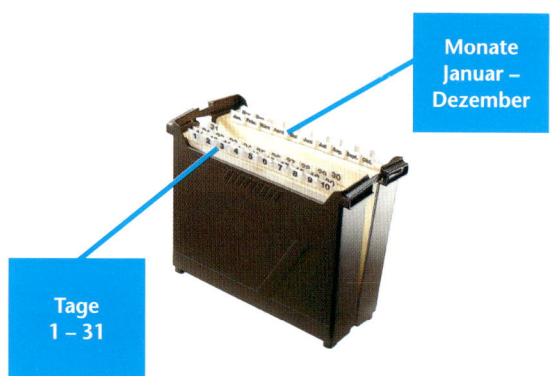

Monate
Januar –
Dezember

Tage
1 – 31

Elektronische Wiedervorlage
mit den Hauptordnern Monate und Tage

- Elektronische-Wiedervorlage
  - Monate
    - 01-Janauar
    - 02-Februar
    - 03-März
    - 04-April
    - 05-Mai
    - 06-Juni
    - 07-Juli
    - 08-August
    - 09-September
    - 10-Oktober
    - 11-November
    - 12-Dezember
  - Tage
    - 01-Tag
    - 02-Tag

Das Prinzip der physischen Wiedervorlage lässt sich ganz leicht auf eine **elektronische Wiedervorlage** übertragen: Für jeden Monat und jeden Tag wird ein Ordner angelegt. Die anfallenden Dokumente/Vorgänge werden in die Ordner gezogen, die dem Bearbeitungsdatum entsprechen.

Die Wiedervorlage in Papierform und die elektronische Wiedervorlage müssen diszipliniert geführt und ständig aufeinander abgestimmt werden.

Vorteile von Wiedervorlagesystemen

- Was in der Wiedervorlage vorläufig abgelegt ist, wird nicht vergessen.
- Auf dem Schreibtisch befinden sich nur die Unterlagen und Vorgänge, die für den jeweiligen Tag terminiert sind.
- Vorgänge werden termingerecht bearbeitet.
- Auch andere Mitarbeiterinnen und Mitarbeiter sind bei Abwesenheit informiert.

Der Wiedervorlageprozess

Ein Wiedervorlagesystem nutzen				
Nr.	**Teilprozess**		**Hilfsmittel**	**Bemerkung**
1	Posteingang am Arbeitsplatz			
2	Bereichsablage Dokument zum Vorgang ← Dokumente ablegen? → Wiedervorlage Dokument mit Vorgang ... Bearbeitungshinweise terminieren			
3			Bearbeitungs-/ Erinnerungsnotiz	
4	Schriftstücke/Vorgänge in die entsprechenden Tages- und Monatsmappen einordnen ... Am Monatsletzten werden alle Dokumente für den folgenden Monat auf die einzelnen Tagesmappen verteilt ... Die aktuelle Tagesmappe steht vorne			

Es gibt zwei Methoden, wie Sie die Wiedervorlage nutzen können:

Methoden	Vorteile	Nachteile
1. Methode: Der Vorgang bzw. die Unterlagen befinden sich komplett in der Wiedervorlage.	Alle Unterlagen stehen sofort zur Verfügung.	Die Unterlagen befinden sich nicht an ihrem angestammten Platz und müssen – falls sie vorher gebraucht werden – in der Wiedervorlage-mappe gesucht werden.
2. Methode: In der Wiedervorlage liegt nur ein Bearbeitungszettel, der über den Standort und die Bearbeitung der Unterlagen Auskunft gibt.	Die Unterlagen befinden sich an ihrem angestammten Platz.	Die Unterlagen müssen vor ihrer Bearbeitung aus der Ablage herausgesucht werden.

Arbeiten mit einer Wiedervorlage

Wiedervorlage ohne Bearbeitungsnotiz
Die Wiedervorlage stellt Unterlagen termingerecht zur Verfügung. Dabei unterscheidet man folgende Unterlagen:

Wiedervorlage mit Bearbeitungsnotiz
Mithilfe der Wiedervorlage können auch Aufgaben überwacht werden. Dabei werden zwei Aufgabentypen unterschieden:

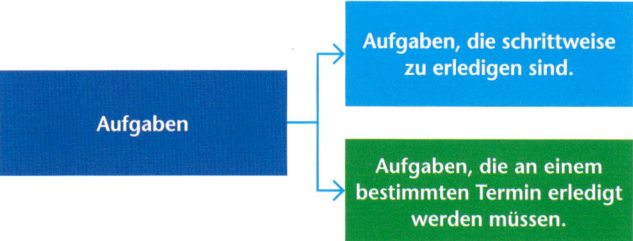

Bearbeitungsnotizen helfen, die Übersicht bei der Erledigung der Aufgaben zu behalten. Da kleine Zettel in der Wiedervorlage unübersichtlich sind und leicht verloren gehen, ist das Format DIN A4 zu wählen.

Wiedervorlage mit Ablagenotiz

Umfangreiche Vorgänge bleiben an ihren angestammten Plätzen. Statt des Vorgangs legt man lediglich eine Ablagenotiz in die Wiedervorlagemappe.

Eine Wiedervorlagemappe hat einzelne Fächer und ist auf der rechten Seite von 1 bis 31 bzw. von 1 bis 12 durchnummeriert. Damit man weiß, wo sich welcher Vorgang befindet, wird der Standort der Akten im Terminkalender oder auf der To-do-Liste notiert.

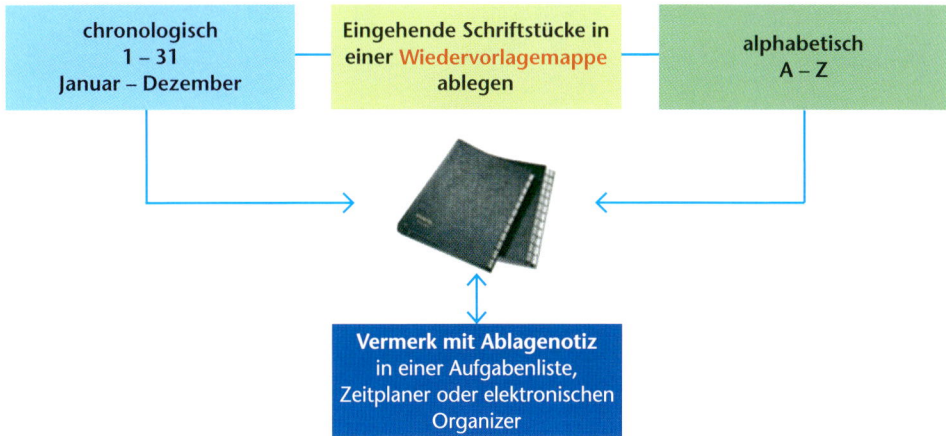

Einzelblätter und kleine Vorgänge werden direkt in die Wiedervorlagemappe gelegt.

Beispiele •
Bei Verwendung der Wiedervorlagemappe 1 – 31:

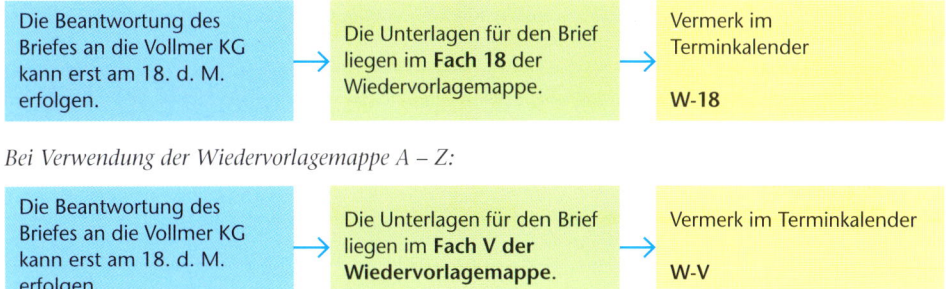

Bei Verwendung der Wiedervorlagemappe A – Z:

| Die Beantwortung des Briefes an die Vollmer KG kann erst am 18. d. M. erfolgen. | Die Unterlagen für den Brief liegen im **Fach V der Wiedervorlagemappe.** | Vermerk im Terminkalender W-V |

Die Arbeitsplatzablage

Die Arbeitsplatzablage sollte übersichtlich strukturiert sein und einen schnellen Zugriff auf die aktuellen Informationen gewährleisten. Sie befindet sich in der Regel in einer Hängeregistratur direkt am Schreibtisch und enthält Vorgänge, die noch in Bearbeitung sind.

Die Hängemappen mit den nicht abgeschlossenen Vorgängen werden laufend mit weiteren eingehenden Dokumenten ergänzt und sind übersichtlich mit beschrifteten Reitern oder Organisationsleisten gekennzeichnet.

Die Einteilung der Arbeitsplatzablage kann individuell vorgenommen werden. Die Akten sollten jedoch eine thematische Struktur aufweisen, damit auch die anderen Mitarbeiterinnen und Mitarbeiter die gesuchten Unterlagen leicht finden können.

Beispiel •

Aktionsmappen
für allgemeine Tätigkeiten, z. B.
– Telefonieren
– Prüfen
– Besprechen

Arbeitsmappen
z. B. für aktuelle Vorgänge, deren Unterlagen ständig gebraucht werden

Themenmappen
z. B. für bestimmte Produkte oder Bereiche, für die Informationen gesammelt werden

Info-Mappen
z. B. für Preislisten, Adressverzeichnisse u. Ä.

Projektmappen
für Projekte wie z. B.
– Hausmesse
– Untersuchungen
– besondere Marketingmaßnahmen

Die To-do-Liste

Da nicht alle an einem Arbeitstag anfallenden Aufgaben sofort erledigt werden können, empfiehlt es sich, eine To-do-Liste anzulegen.

Vorlage für eine To-do-Liste

Priorität	Aufgabe	Geschätzter Zeitbedarf	Erledigt
			☐
			☐
			☐
			☐
			☐

Im Folgenden wird eine Methode vorgestellt, die als Anregung zu verstehen ist, um eine individuell geeignete Arbeitsweise zu entwickeln. Tipp:

Probieren Sie über einen längeren Zeitraum bewährte Arbeitstechniken aus und passen Sie diese kontinuierlich an Ihre eigenen Bedürfnisse an.

Tagesmappe

Als Ergänzung zur To-do-Liste sollten Sie eine Tagesmappe anlegen. Die Tagesmappe ist ein Archiv für die zu erledigenden Aufgaben und Vorgänge eines Arbeitstages. Dadurch können alle Aufgaben gebündelt und der Reihe nach abgearbeitet werden.

Fallen wenige Unterlagen an, bietet sich für die Aufgabenverwaltung ein Pultordner an. Der **Pultordner** ist in 12 Fächer eingeteilt, die entsprechend den Unterlagenarten beschriftet werden. So können die Aufgaben für den Tag thematisch gut organisiert werden. Günstig ist es, noch zwei freie Fächer für Unvorhergesehenes offen zu lassen.

Schriftstücke im Posteingang, die am Tag des Eingangs bearbeitet werden müssen, aber nicht sofort erledigt werden können, kommen in das entsprechende Fach der Tagesmappe. So können bestimmte Tätigkeiten im Block abgearbeitet werden.

Beispiel • Ein Fach in Svenjas Tagesmappe heißt „Telefonate". In diesem Fach legt Svenja alle Vorgänge ab, die ein Telefonat erfordern. Weitere Fächer in der Tagesmappe beinhalten z.B. Korrespondenz, Erledigungen, Besprechungen, Rücksprachen, Weiterleiten, Lesen, Ablage, Projekte u. Ä.

Die aktuellen Unterlagen dürfen nur einen Tag in der Tagesmappe lagern. Am Ende eines Arbeitstages muss die Tagesmappe leer sein.

Schafft man es nicht, alle Unterlagen in der Tagesmappe zu bearbeiten, kommen die entsprechenden Schriftstücke in die Wiedervorlage.

Papierkorb und Aktenvernichter

Schriftstücke, die unerwünscht sind oder für das Unternehmen keinen Wert haben, werden sofort entsorgt. In den meisten Firmen gibt es Listen, auf denen die Schriftstücke vermerkt sind, die für das Unternehmen keinen Wert haben.

Tagesmappe

Wenige Unterlagen
To-do-Zettel
Bearbeitungsnotizen

↓

Umfangreiche Unterlagen
thematisch organisieren 12 Fächer entsprechend den Unterlagenarten beschriften

↓

01 Telefonate
02 Korrenspondenz
03 Erledigungen
04 Besprechungen
05 Rücksprachen
06 Weiterleiten
07 Lesen
08 Ablage
09 Informationen
10 Projekte
11 ...
12 ...

↓

Alle eingehenden Informationen sofort den Fächern zuordnen = Bündelung der Aufgaben

↓

Nach Plan – im Block – bearbeiten

↓

Bearbeitung innerhalb eines Tages bzw. einer Woche

Anfänglich ist es immer schwer, sich von überflüssigem Papier zu trennen. Stellen Sie deshalb unter Ihren Schreibtisch einen Karton, in den Sie alle Papiere, bei denen Sie nicht ganz sicher sind, ob Sie sie noch brauchen, hineinlegen. Entsorgen Sie den Inhalt nach längeren Zeitabständen als den Inhalt des Papierkorbs, indem Sie die Hälfte des Inhalts – von unten nach oben – wegwerfen. Dann haben Sie immer noch die Möglichkeit, ein Papier „wiederherzustellen".

tägliche Leerung

wöchentliche/monatliche Leerung

Der elektronische Papierkorb in Outlook heißt „Löschen". Im elektronischen Papierkorb bleiben die gelöschten E-Mails so lange stehen, bis sie endgültig gelöscht werden. Um einen besseren Überblick zu haben, sollte auch hier die Hälfte der ältesten Mails in regelmäßigen Abständen gelöscht werden.

In jeder Abteilung sollte ein Aktenvernichter stehen. Vertrauliche Dokumente und Schriftstücke mit sensiblen Informationen, die für das Unternehmen wertlos sind, dürfen nur mithilfe des Aktenvernichters entsorgt werden.

Auf den Punkt gebracht

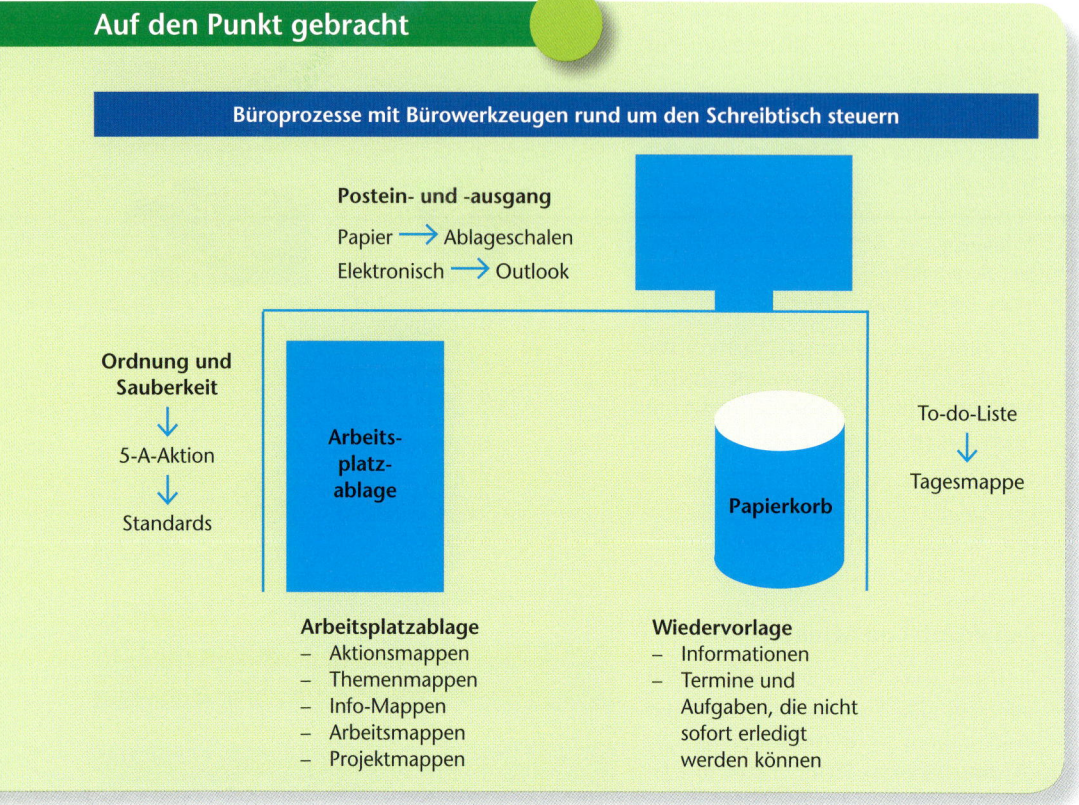

Büroprozesse mit Bürowerkzeugen rund um den Schreibtisch steuern

Postein- und -ausgang

Papier ⟶ Ablageschalen
Elektronisch ⟶ Outlook

Ordnung und Sauberkeit
↓
5-A-Aktion
↓
Standards

Arbeitsplatzablage

Papierkorb

To-do-Liste
↓
Tagesmappe

Arbeitsplatzablage
– Aktionsmappen
– Themenmappen
– Info-Mappen
– Arbeitsmappen
– Projektmappen

Wiedervorlage
– Informationen
– Termine und Aufgaben, die nicht sofort erledigt werden können

Nutzen Sie Ihr Wissen

1. Beschreiben Sie die fünf Stufen der 5-A-Methode.

2. Welche Funktionen übernimmt der Posteingangs- und -ausgangskorb auf Ihrem Schreibtisch?

3. Warum ist der Papierkorb ein nicht zu unterschätzendes Bürowerkzeug?

4. Sie wollen Ihre Arbeitsplatzablage strukturieren. Welche Möglichkeiten haben Sie?

5. Nach welchen Kriterien können Sie eine Aufgabenliste sortieren?

6. Svenja legt zur Ergänzung ihrer Aufgabenliste eine Tagesmappe an. Welche Aufgabe erfüllt die Tagesmappe?

7. Welche Faktoren sind bei der Terminplanung zu berücksichtigen?

8. Was ist eine Wiedervorlage? Beschreiben Sie die unterschiedlichen Systeme.

9. Wie wird eine Wiedervorlage geführt?

2 Anforderungen an die Gestaltung eines Arbeitsraumes analysieren

2.1 Büroraumformen unter ergonomischen und ökonomischen Erfordernissen erkunden

Lernsituation

Miriam Ball aus der Personalabteilung begrüßt die neuen Auszubildenden der ModernOffice KG. Zum ersten Kennenlernen hat sie direkt eine ausführliche Betriebsführung organisiert. Svenja Kolleck und Tom Wildermuth sind in der Gruppe von Frau Petzold. Gaby Petzold ist seit 15 Jahren als Ergonomiebeauftragte im Unternehmen tätig und war maßgeblich an der Gestaltung und Ausstattung der Büroräume beteiligt. Sie erläutert den Auszubildenden die komplexen Zusammenhänge, die die heutigen Arbeitsorte im Büro beeinflussen.

Während der Führung notieren sich Svenja und Tom die wichtigsten Fakten zu den besichtigten Büroräumen. Mithilfe ihrer Notizen können sie schon am Ende der ersten Arbeitswoche einen gut dokumentierten Bericht für ihr Berichtsheft erstellen.

- *Informieren Sie sich über die verschiedenen Büroraumformen.*
- *Analysieren Sie, welche Anforderungen an die Gestaltung der Arbeitsplätze unter Berücksichtigung der Arbeitsabläufe gestellt werden müssen.*
- *Erstellen Sie mit den Zeichenwerkzeugen Ihres Textverarbeitungsprogramms eine Skizze Ihres derzeitig genutzten Büros in Ihrem Ausbildungsbetrieb.*
- *Kontrollieren Sie, ob die ergonomischen Forderungen erfüllt sind.*
- *Arbeiten Sie die neu gewonnenen Erkenntnisse in Ihre Skizze ein.*

Ergonomische Erfordernisse

Achtzig Prozent aller Kosten in der Verwaltung sind Aufwendungen für das Personal. Wenn man weiter berücksichtigt, dass der größte Teil der arbeitenden Menschen seinen Arbeitsplatz in einem Büro hat, dann ist offensichtlich, dass es einer sorgfältigen Planung und Gestaltung jedes Arbeitsplatzes bedarf. Zumal Arbeitsmediziner und -organisatoren festgestellt haben, dass sich ungünstige Arbeitsverhältnisse negativ auf die Arbeitsleistung auswirken.

Die Grundlagen zu dieser Erkenntnis wurden durch die Ergonomie und Anthropometrie gelegt.

Ergonomie	← →	Anthropometrie
Die Ergonomie ist die Wissenschaft vom Menschen in seiner Arbeitswelt. Im Einzelnen ist damit die Anpassung der Arbeitsmittel und Arbeitsbedingungen im Büro an die gesundheitlichen und physischen Bedürfnisse des Menschen gemeint. Dabei werden die wissenschaftlichen Ergebnisse der Medizin, der Psychologie, der Physiologie sowie soziale und ökologische Aspekte berücksichtigt.		Die Ergonomie hat auch die Erkenntnisse der Anthropometrie zu berücksichtigen. Darunter ist die Lehre von den Maßverhältnissen des menschlichen Körpers zu verstehen, die bei der Gestaltung der Arbeitsplätze und der Arbeitsmittel zu berücksichtigen sind.

Die Planung der Büroräume sollte von der organisatorischen Aufgabenstellung und den gewählten Arbeitsformen (Einzel- oder Gruppenarbeit) ausgehen. Deshalb schreibt die Norm DIN 4543 „Flächen für die Aufstellung und Benutzung von Büromöbeln" keine festen Quadratmeterangaben vor. Unter Einbeziehung der Möbel sollten je Person 15 bis 20 m² veranschlagt werden; für Bildschirmarbeitsplätze je nach Art der Tätigkeit mindestens 8 bis 10 m².

Empfohlene Aufteilung der Bürofläche:
- Arbeitsfläche: im Zentrum sollte der Arbeitstisch stehen
- Stellfläche: Platz für Schränke, Regale usw.
- Möbelfunktionsfläche: z. B. Schubladenöffnung
- Bewegungsfläche am Arbeitsplatz
- Verkehrs- und Durchgangswege

Klassische Büroraumformen

Zellenbüro
Das Zellenbüro ist meist den Vorgesetzten vorbehalten. Es können vertrauliche Gespräche mit Mitarbeitern oder Geschäftspartnern geführt werden. Andere Mitarbeiter werden durch die Besucher nicht gestört.

Ein Zellenbüro gewährleistet eine individuelle Arbeitsweise und garantiert die größte Ruhe bei der Arbeit. Die Isolation wirkt sich jedoch nachteilig auf die Kommunikation mit den anderen Mitarbeitern aus. Die Arbeitsmittel müssen alle im gleichen Raum untergebracht sein; denn Registratur oder Akteien sollten sich am Arbeitsplatz befinden, um unnötige Wegzeiten zu vermeiden.

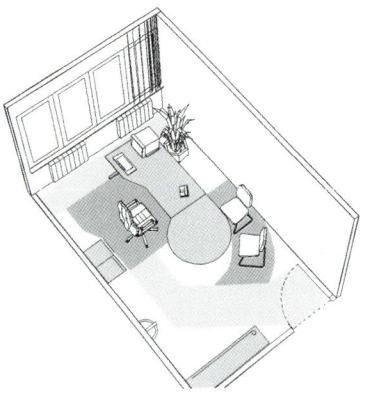

Gruppenbüro
Ein Gruppenbüro besteht aus zwei bis vier Arbeitsplätzen. Diese Gruppe gehört vom Arbeitsablauf organisatorisch zusammen. Die Raumausnutzung ist besser als beim Einpersonenraum. Das Gruppenbüro hat den Vorteil, dass die Mitarbeiter eng zusammenarbeiten können. Akten können von Tisch zu Tisch gereicht werden. Teure Arbeitsmittel werden gemeinsam benutzt und müssen daher nur einmal angeschafft werden. Auch Ablagen werden von mehreren Mitarbeitern genutzt. Aber: Besucher oder Telefongespräche stören die ganze Gruppe. Sehr störend wirkt sich die Summation der Arbeitsgeräusche aus, die der Einzelne an Maschinen und Geräten macht und die dann häufig die Grenze zur Lärmbelästigung überschreitet.

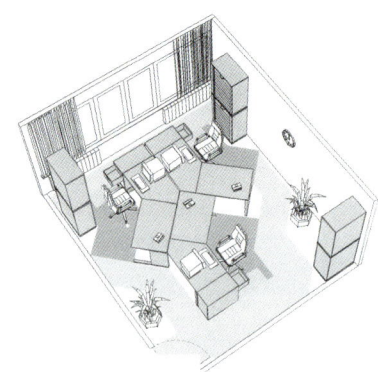

Großraumbüro

Die Entwicklung des Großraumbüros:

1928	Bürosaal	1958	Großraumbüro	2005	Open-Space-Büro
→	Endlosreihung von Arbeitsplätzen, die an ein Klassenzimmer erinnern.	→	Offene Bürolandschaften mit mehr Privatsphäre.	→	Offene Gestaltung von Bereichen für unterschiedliche Bedürfnisse.

Der Vorläufer des Großraumbüros war der **Bürosaal**. Die Anordnung der Arbeitsplätze erinnerte an ein Klassenzimmer. Am Kopf des Bürosaals befand sich der Schreibtisch des Chefs, der die Angestellten ständig im Blick hatte. Aufgrund der Nachteile, die sich durch diese Anordnung ergaben, entwickelte sich in den 50er-Jahren das Konzept des **Großraumbüros** mit offenen Bürolandschaften. Durch eine kommunikationsfreundliche Planung konnte trotz der Vielzahl der Arbeitsplätze eine gewisse Privatsphäre für die einzelnen Mitarbeiter bewahrt werden. Mit zunehmend flacheren Hierarchien und schnellerer Kommunikation wurde das Großraumbüro-Konzept zum heutigen **Open-Space-Büro** weiterentwickelt. Durch innovative Büromöbel- und Trennwandsysteme werden im Open-Space-Büro Bereiche für unterschiedliche Bedürfnisse geschaffen. Open-Space-Konzeptionen haben die Aufgabe, zwei Zonenarten in einem offenen Raum in Einklang zu bringen:

Öffentliche Zone	Individuelle Zone
zur Förderung der Kommunikation	für konzentriertes Arbeiten

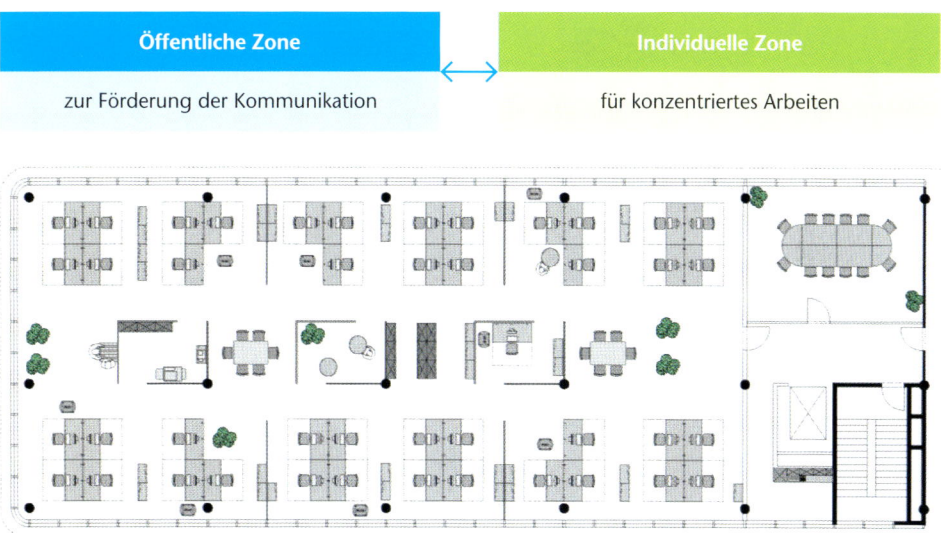

Kombibüro

Eine Mischform vorhandener Konzepte findet man im Kombibüro. Diese Raumform vereint die Vorteile des Großraumbüros mit denen des Einpersonenbüros. In einem großen Gemeinschaftsraum befinden sich viele kleine individuell gestaltete Arbeitsräume. Dadurch bleibt die Verbindung zu den anderen Mitarbeitern erhalten. Gleichzeitig hat jeder einen persönlichen Arbeitsbereich, der besonders für kreative Tätigkeiten wichtig ist.

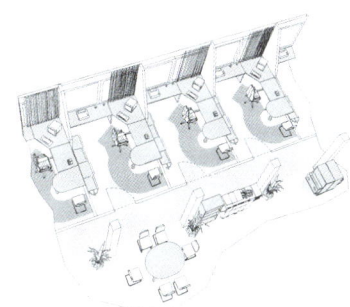

Gemeinsam erarbeitete **Verhaltensregeln** sorgen für ein gutes Arbeitsklima:
- Die Lautstärke beim Telefonieren drosseln. Sollte es dennoch passieren, dass jemand zu laut telefoniert, kann man ein Zeichen (z. B. das Zeigen einer „Roten Karte") vereinbaren, um den Mitarbeiter darauf hinzuweisen.
- Bei Abwesenheit das Telefon auf das Sekretariat oder einen Mitarbeiter umstellen, damit die Kollegen nicht durch lang anhaltendes lautes Klingeln gestört werden.
- Mobiltelefone sollten grundsätzlich auf Vibration eingestellt werden.
- Keine lauten Gespräche führen.
- Nicht über die Köpfe der Kollegen jemandem etwas zurufen.
- Sich nicht hinter den Stühlen der Kollegen vorbeidrücken.
- Am Arbeitsplatz keine stark riechenden Lebensmittel essen.
- Abends einen aufgeräumten Arbeitsplatz verlassen.

Projekt-Büro für 53 Mitarbeiter mit einer Fläche von 9 m² pro Mitarbeiter (HNF gesamt ca. 477 m²)

Moderne Büroraumformen

Business Club
Eine Weiterentwicklung des Kombibüros ist der „Business Club". Die Mittelzone dieser offenen Raumform bietet genug Platz für Sonderflächen, vor allem für zufällige oder verabredete Begegnungen. Die Arbeitsplätze enthalten Zonen sowohl für konzentriertes als auch für kommunikatives Arbeiten. Neben den persönlichen Arbeitsplätzen bieten Business Clubs eine Vielfalt von Arbeitsorten, die je nach Tätigkeiten und Arbeitsstil zeitweise genutzt werden können.

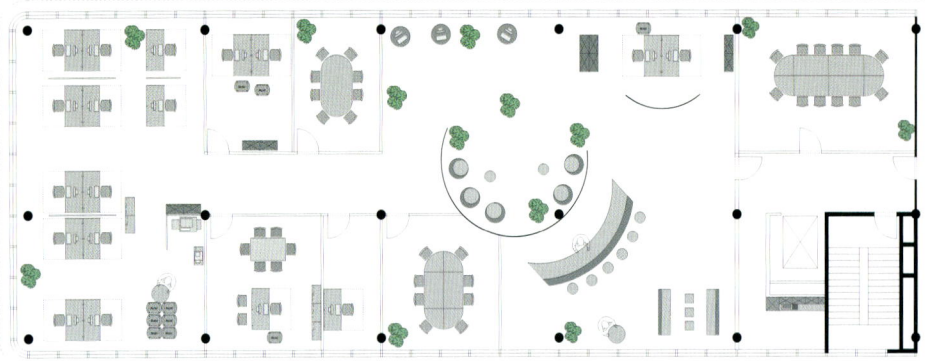

Business Club für 18 Mitarbeiter mit einer Fläche von 26,5 m² pro Mitarbeiter (insgesamt 477 m²)

Reversibles Büro

Das reversible Büro ist ein flexibles Büroraumkonzept, bei dem verschiedene Büroraumformen auf einer Etage gleichberechtigt nebeneinander existieren und genutzt werden.

Büroraumform	Klassische Büroraumformen				Moderne Büroraumformen	
	Zellenbüro	Gruppenbüro	Großraumbüro	Kombibüro	Business Club	Reversibles Büro
Vorteile	– ungestörtes, kreatives und konzentriertes Arbeiten – laute Tätigkeiten stören niemanden – individuelle Regelung der Beleuchtung und des Raumklimas – individuelle Raumgestaltung – gut geeignet für Beratungsgespräche – Statussymbol – Privatsphäre	– kommunikative Teamarbeit – prozessorientierte Gruppenarbeit – kurze Wege zu Technik-, Besprechungs- und Regenerationsbereichen – fördert Teamgeist – schnelle und gezielte Kommunikation	– gute Voraussetzungen für Teamgeist und Teamarbeit – schnelle Kommunikation – fließende Arbeitsabläufe – gleichwertige Arbeitsplätze – flexible Organisations- und Kommunikationsstrukturen – kurze Wege – höchstmögliche Flächennutzung	– Zufriedenheit der Mitarbeiter nimmt zu – Arbeitsklima, Stil der Zusammenarbeit u. Ä. lassen sich individuell beeinflussen – Wechsel zwischen konzentrierter Einzelarbeit und kommunikativer Teamarbeit – Gliederung in Organisationseinheiten – gemeinsame Nutzung der Arbeitsmittel	– geeignet für Projektarbeit – fördert Kommunikation – unterstützt eigenverantwortlich handelnde Mitarbeiter – bietet räumliche Umgebung für Desksharing	– anpassungsfähiges, ökonomisches Raumkonzept (z. B. bei schwankender Mitarbeiterzahl) – geeignet für wechselnde Unternehmensstrukturen – verschiedene Raumformen möglich – flexible und gleichzeitig effektive Flächennutzung
Nachteile	– weniger geeignet für prozessorientierte Teamarbeit – geringer Kontakt zu den Mitarbeitern – Gefahr der Isolierung – hoher Raumbedarf	– wechselseitige Störungen – eingeschränkte Privatsphäre – geringere Konzentrationsmöglichkeit	– mehr Lärm – mangelnde Vertraulichkeit – Klima und Beleuchtung nicht individuell regulierbar – wenig Rückzugsmöglichkeiten	– Störungen in den Durchgangsbereichen – wenig Platz für die individuelle Ablage	– eingeschränkte Privatsphäre – Gefahr der Überbelegung – wenig Rückzugsmöglichkeiten für konzentriertes Arbeiten	– hohe Investitionskosten – großer Raumbedarf auf einer Ebene

Auf den Punkt gebracht

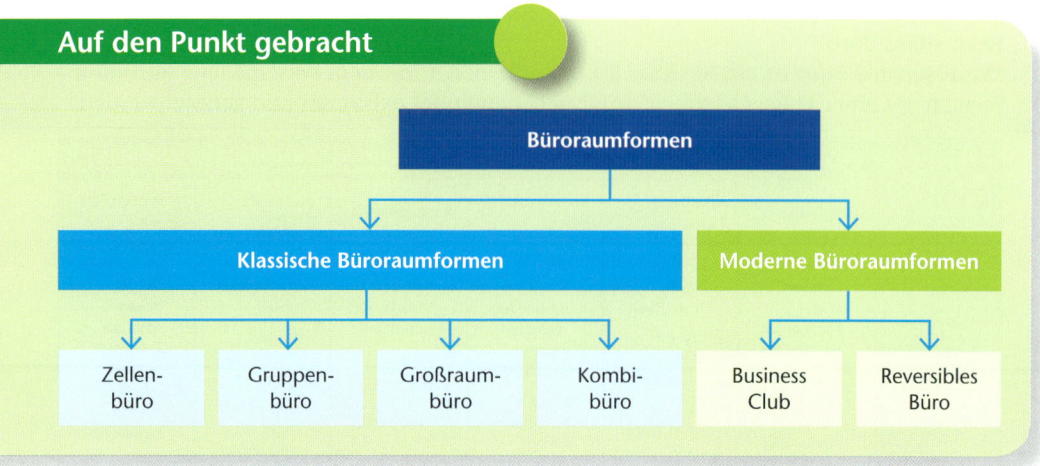

Nutzen Sie Ihr Wissen

1. Bei einer Arbeitsplatzdiskussion tauchen immer wieder die Begriffe „Ergonomie" und „Anthropometrie" auf. Was verstehen Sie darunter?

2. Die Geschäftsleitung der ModernOffice KG hat sich entschlossen, für die Niederlassung in Bielefeld ein neues Bürohaus zu bauen. Bei der Konzeption der einzelnen Büroräume bestehen noch Meinungsverschiedenheiten über die Vor- und Nachteile von
   • Zellenbüros,
   • Großraumbüros,
   • Business Clubs,
   • Kombibüros und
   • reversiblen Büros.

   Nehmen Sie zu diesen Raumformen Stellung. In welcher Büroform würden Sie gerne arbeiten? Begründen Sie Ihre Wahl.

3. Beschreiben Sie die Entwicklung vom Bürosaal zum Open-Space-Büro.

4. Svenja und Tom werden die ersten drei Monate während ihrer Ausbildung in einem Großraumbüro arbeiten. Welche Regeln helfen ihnen, sich korrekt zu verhalten?

5. Beschreiben Sie die Aufgabe, die Open-Space-Konzeptionen erfüllen sollen. Analysieren inwiefern die Umsetzung zur Zufriedenheit der Mitarbeiterinnen und Mitarbeiter beiträgt.

2.2 Flexible Arbeitsorte erkunden

Lernsituation

Während der Betriebsbesichtigung lernen Svenja und Tom Herrn Aichele kennen. Herr Aichele arbeitet an mehreren Projekten gleichzeitig. Wenn er morgens zur Arbeit fährt, weiß er noch nicht, wo er arbeiten wird. An welchen Projekten heute gearbeitet wird, hängt von vielen Komponenten ab:

- Welche Arbeiten sind dringend?
- Welche Experten sind heute anwesend?
- Welche Mitarbeiterinnen und Mitarbeiter stehen zur Verfügung?

In der neuen Arbeitswelt fand sich Herr Aichele nach anfänglichen Schwierigkeiten gut zurecht, die Freude an der Arbeit und seine Motivation haben sich gesteigert. Svenja und Tom befragen Herrn Aichele ausführlich und nehmen das Gespräch mithilfe der Sprachaufzeichnung ihres Handys auf. Anschließend setzen sie sich zusammen, um die entscheidenden Inhalte herauszufiltern und in einer Präsentation zu dokumentieren.

- *Informieren Sie sich über flexible Arbeits- und Raumkonzepte.*
- *Prüfen Sie, unter welchen Voraussetzungen flexible Arbeits- und Raumkonzepte eingesetzt werden können.*
- *Dokumentieren Sie mithilfe Ihres Präsentationsprogramms die Ergebnisse in einer Präsentation. Beschreiben Sie die Chancen, die flexible Arbeits- und Raumkonzepte für die Mitarbeiterinnen und Mitarbeiter der ModernOffice KG mitbringen.*
- *Präsentieren Sie Ihre Ergebnisse.*
- *Ergänzen und verbessern Sie ggf. Ihre Arbeitsergebnisse.*

Voraussetzungen für flexibles Arbeiten

Die breite Einführung von kabellosen Netzwerken brachte in den Unternehmen einen Wechsel der Arbeitsstrukturen mit sich, da sie die Mitarbeiter ortsunabhängig machen. Sie können sich weltweit ins geschützte Firmennetz einloggen und haben jederzeit Zugriff auf Geschäftsdaten, Onlineanwendungen und Informationsquellen.

Damit flexible Arbeitswelten funktionieren, müssen folgende Komponenten berücksichtigt werden:

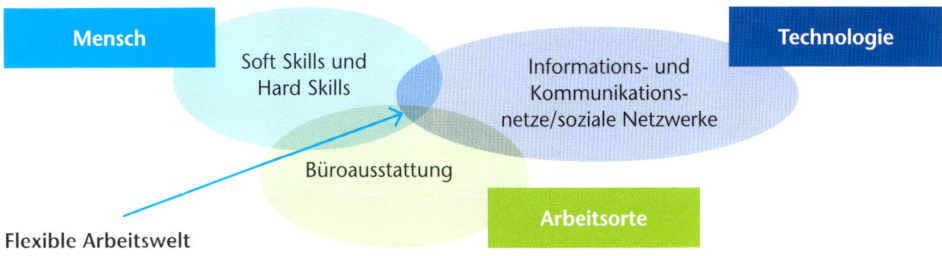

Voraussetzung für das Gelingen ist die Sicherung der sozialen, digitalen und räumlichen Infrastrukturen.

Die Veränderungen in der Arbeitswelt finden auch ihren sprachlichen Niederschlag:

- Der flexible Arbeitsplatz heißt Non-territorial-Office.
- Ein Kurzzeitarbeitsplatz heißt Hot Desk.
- Zum konzentrierten Arbeiten zieht man sich in einen Think Tank zurück.
- Zum informellen Gespräch mit Kollegen trifft man sich im Meeting Point.
- Personen, die häufig in verschiedenen Büros im Einsatz sind, heißen Nomaden.
- Personen mit einem hohen Anteil an externen Kundenkontakten werden als Helikopter bezeichnet.
- Netzwerker arbeiten an vielen Projekten gleichzeitig.
- Eine Sekretärin mit einem festen Arbeitsplatz ist die typische Siedlerin.

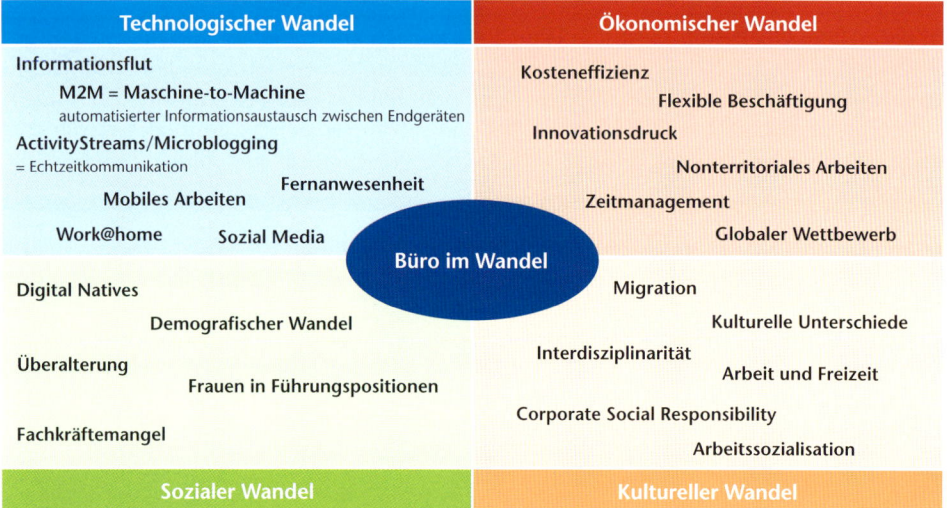

Zusammenhänge von Arbeitsmethoden und Büroformen

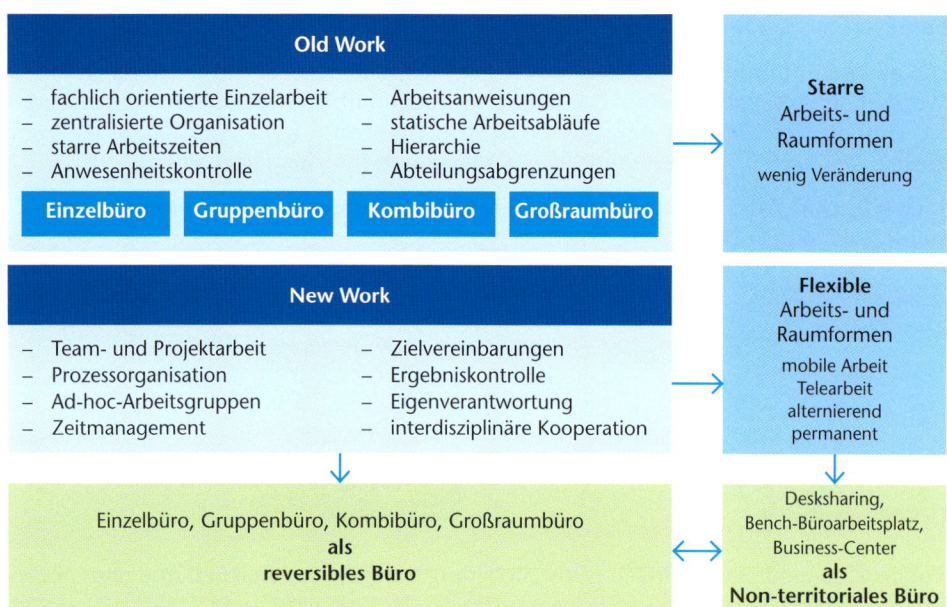

Mobilität und Flexibilität mit Rollcontainer

Mobilität und Flexibilität heißen die Zauberwörter, die die Arbeitswelt verändern. Nach Meinung der Arbeitsforscher sind die Tage des festen Schreibtisches gezählt.

Die Angestellten arbeiten stattdessen in einem nach Funktionen gegliederten Büro:

- eine Zone für ungestörtes Arbeiten,
- das Besprechungszimmer für die Teamarbeit,
- ein Kreativraum für das Finden von Ideen und
- die Cafeteria zur Kommunikation oder Entspannung.

Beispiel • Wenn Herr Aichele morgens zur Arbeit erscheint, erhält er seinen Rollcontainer, einen Laptop und ein Mobilfunkgerät. Im Rollcontainer befinden sich seine Unterlagen und seine persönlichen Gegenstände, die früher auf seinem Schreibtisch zu finden waren. Dann sucht sich Herr Aichele den passenden Arbeitsplatz aus. Dies kann im Teambüro, im Einzelzimmer für ungestörtes Arbeiten oder im Kombibüro sein. Eine Sekretärin mit einem festen Arbeitsplatz sorgt für den nötigen Überblick. Mithilfe eines Funkortungssystems weiß sie, welche Mitarbeiter heute im Haus sind und wer wo sitzt.

Desksharing

Desksharing (= „sich einen Tisch teilen") ist ein Raum sparendes Bürokonzept, bei dem sich mehrere Personen einen Arbeitsplatz teilen. In der Praxis wird Desksharing überwiegend von Außendienstmitarbeiterinnen und -mitarbeitern genutzt, die zu unterschiedlichen Zeiten anwesend sind. Die persönlichen Unterlagen werden in einem Rollcontainer untergebracht, der nach erledigter Büroarbeit an einem zentralen Ort abgestellt wird. Um Überschneidungen zu vermeiden, werden die zur Verfügung stehenden Arbeitsplätze durch eine zentrale Organisationsstelle koordiniert.

Bench-Arbeitsplatz

Ein Bench-Büroarbeitsplatz (bench = engl. Bank, Werkbank) ist ein Gemeinschaftsarbeitstisch für mehrere Mitarbeiter. Teamarbeit und Informationsaustausch stehen hier im Vordergrund. Jeder kann arbeiten, wie es die Situation gerade erfordert. Durch die klare Anordnung wird das Miteinander in einer kommunikativen Atmosphäre gefördert. Jeder kann dazukommen, sich einen Platz suchen und mit der Arbeit beginnen. Ein weitgehend störungsfreies Arbeiten wird durch Raumteiler, Sicht- und Schallschutzelemente möglich. In den „Caddys" befinden sich die Arbeitsmittel und Unterlagen der Mitarbeiter.

Teamarbeit mit ständigem Informationsaustausch   *Teamarbeit mit individuellen Arbeitsphasen*

Business-Center

Business-Center sind Dienstleistungsunternehmen, die auf Zeit Büroraum und Dienstleistungen mit der dazugehörigen Infrastruktur anbieten. Vergleichbar mit einer Autovermietung werden Büroräume in allen nur denkbaren Größen mit dem dazu benötigten Personal zu einem tagesbezogenen Festpreis vermietet. Business-Center befinden sich überwiegend in größeren Städten und wirtschaftlichen Ballungsgebieten mit guten Verkehrsanbindungen.

Das Outsourcing von Büro- und Dienstleistungen hat Vorteile:
• Hohe Anschaffungskosten entfallen,
• Kosten sind leicht kalkulierbar,
• Flexibilität des Standortes.

Das Büropersonal übernimmt Aufgaben wie z.B.
• Firmenrepräsentanz mit Empfangsservice,
• Postbearbeitung,
• Sekretariatsdienste,
• Telefondienste,
• Übersetzungsdienste,
• Gerätewartung,
• Netzwerkbetreuung,
• Organisation von Veranstaltungen,
• Cateringservice.

Telearbeit

Die Telearbeit gewinnt in unserer Gesellschaft immer mehr an Bedeutung. Durch den Einsatz modernster Computer- und Kommunikationstechniken können auch Arbeiten zu Hause ausgeführt werden, die früher nur im Büro zu erledigen waren. Der ständige Kontakt mit dem Arbeitgeber und den Kunden wird durch Mobiltelefon, Fax, E-Mail, Videokonferenz usw. hergestellt.

Wie hat sich Telearbeit ausgewirkt auf ...?

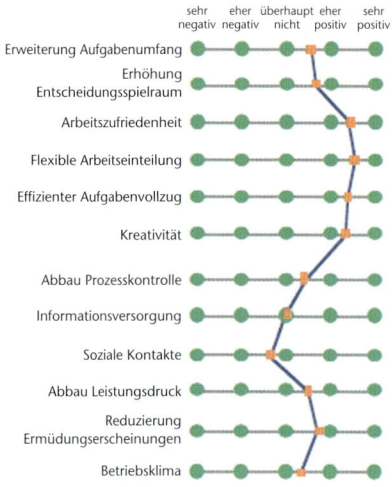 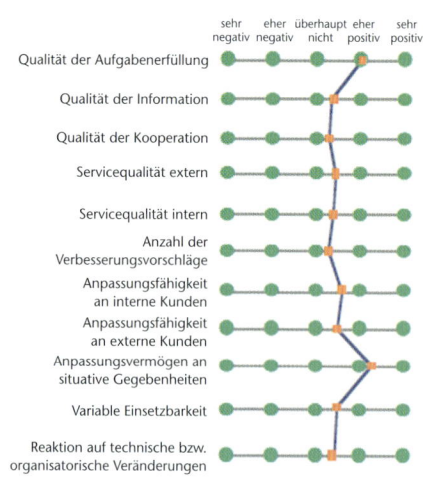

Quelle: BPU Befragung

Telearbeitsformen

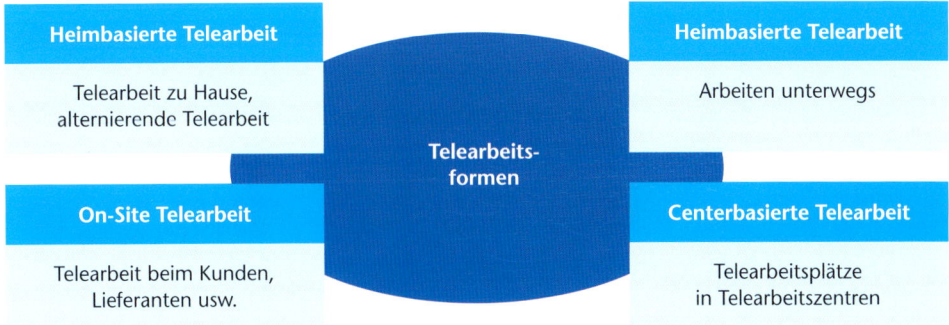

Viele Unternehmen, die Telearbeit praktizieren, haben ein eigenes Modell entwickelt. Grundsätzlich kann man folgende Formen der Telearbeit unterscheiden:

Telearbeit zu Hause	Hierbei wird ausschließlich in der Privatwohnung „telegearbeitet". Nachteil ist, dass kein direkter persönlicher Kontakt zu Vorgesetzten und Kollegen besteht.
Alternierende Telearbeit	Es besteht ein außerbetrieblicher Arbeitsplatz, z. B. in der Wohnung des Arbeitnehmers, gleichzeitig wird aber weiterhin der Arbeitsplatz im Betrieb benutzt. Diese Arbeitsform erfreut sich großer Beliebtheit, weil für den Arbeitnehmer die sozialen Bindungen im Unternehmen erhalten bleiben und der Arbeitgeber den Überblick über die Arbeitsfortschritte behält.
Mobile Telearbeit	Diese Arbeitsform wird hauptsächlich von Außendienstmitarbeitern und Servicetechnikern genutzt. Der Arbeitnehmer kann mithilfe mobiler Kommunikationstechnik ortsunabhängig arbeiten. Dadurch hat er auch meistens online Zugriff auf den Zentralrechner des Unternehmens.
On-Site-Telearbeit	Der Arbeitnehmer arbeitet „vor Ort" beim Kunden und ist über mobile Kommunikationsmedien mit dem eigenen Unternehmen ständig verbunden. Beispielsweise Softwareentwickler und Systemspezialisten arbeiten projektbezogen am Kundenstandort. Dabei ist der Telearbeitsplatz stationär eingerichtet.
Satellitenbüro	Dies ist eine Zweigstelle eines Unternehmens, die mit der entsprechenden Informations- und Kommunikationstechnik ausgestattet ist. Sitz der Zweigstelle ist meistens in Wohnortnähe oder am Stadtrand.
Nachbarschaftsbüro	Telearbeiter verschiedener Arbeitgeber sind zusammen in einem für sie gut erreichbaren Büro tätig. Das Nachbarschaftsbüro wirkt einer möglichen Isolation von Telearbeitern entgegen, gleichzeitig können Investitionskosten gesenkt werden, da Teile der technischen Einrichtung gemeinsam genutzt werden.
Telezentren/ Telehaus	Telezentren oder Telehäuser sind Nachbarschaftsbüros, die auch Kultur- oder Freizeitangebote für die unmittelbare Umgebung anbieten.

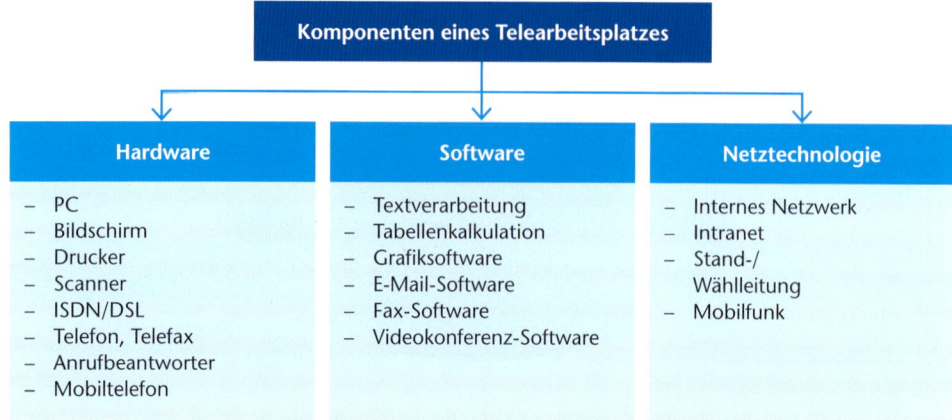

Der Telearbeitsplatz wird wie jeder Büroarbeitsplatz ergonomisch und nach den gesetzlichen Bestimmungen vom Arbeitgeber im häuslichen Umfeld eingerichtet. Auch hier gilt die Bildschirmarbeitsverordnung. Demnach ist der Arbeitgeber verpflichtet, eine Sicherheits- und Gesundheitsanalyse des Telearbeitsplatzes durchzuführen.

Kosten eines Telearbeitsplatzes

Die Kosten für einen Telearbeitsplatz setzen sich folgendermaßen zusammen:

- Raumkosten (Zuschusspauschale),
- Büromöbel,
- PC-Betreuung,
- Hard- und Software für die eigentliche Arbeit,
- Hard- und Software zur Datenkommunikation mit der Zentrale,
- monatliche Grundgebühren für ISDN- oder Telefonanschluss,
- anfallende Gebühren durch Nutzung von Informations- und Kommunikationsdiensten.

Vor- und Nachteile der Telearbeit

Durch die Telearbeit ergeben sich Vor- und Nachteile:

Vorteile	Nachteile
– weniger Probleme bei der Vereinbarkeit von Familie und Beruf – Rückgang der Fehlzeiten – Kosten- und Raumersparnis – bessere betriebliche Bindung – weniger Stress – höhere Produktivität – Beschäftigungschancen für Behinderte – keine Wegezeiten – dadurch mehr Freizeit – Konzentration auf die Arbeitsinhalte – keine Störungen durch Mitarbeiter o. Ä.	– Gefahr der Isolation – kein innerbetriebliches „Wir-Gefühl" – schlechtere Chancen für die Karriere, da die Teilnahme an der betriebsinternen Kommunikation fehlt – Gefahr von Interessenkonflikten von Beruf und Privatleben – kein Austausch von Emotionen – Werk- und Honorarverträge statt feste Anstellung

Auf den Punkt gebracht

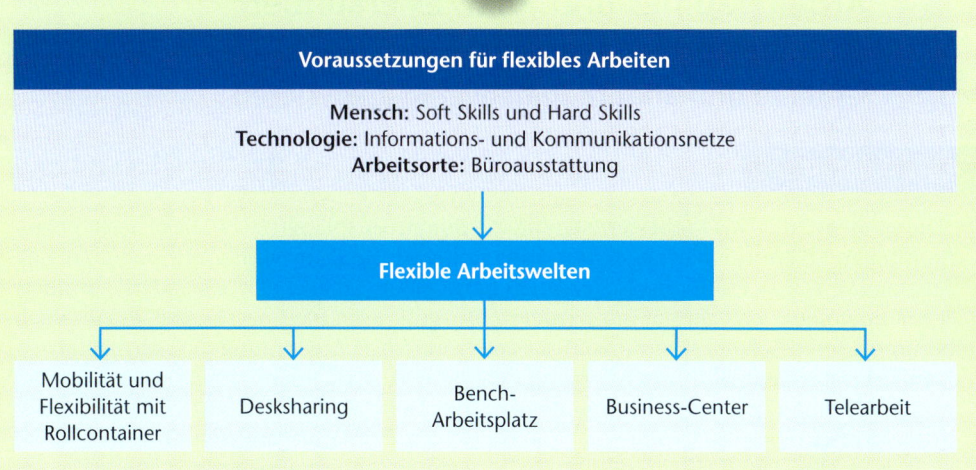

Voraussetzungen für flexibles Arbeiten

Mensch: Soft Skills und Hard Skills
Technologie: Informations- und Kommunikationsnetze
Arbeitsorte: Büroausstattung

Flexible Arbeitswelten

| Mobilität und Flexibilität mit Rollcontainer | Desksharing | Bench-Arbeitsplatz | Business-Center | Telearbeit |

Nutzen Sie Ihr Wissen

1. Die Veränderungen in der Arbeitswelt erfordern immer mehr Flexibilität. Welche Voraussetzungen müssen gegeben sein, damit flexibles Arbeiten gelingt?

2. Frau Reichenbach, seit fünf Jahren als Kauffrau für Büromanagement bei der ModernOffice KG tätig, erwartet in vier Monaten ein Baby. Sie würde nach der Babypause gerne weiterhin halbtags für die Firma tätig sein. Der lange Anfahrtsweg und die vielen Staus machen dies aber zeitlich unmöglich. Ihr Vorgesetzter möchte auch zukünftig nicht auf das Wissen von Frau Reichenbach verzichten und bietet ihr eine halbe Stelle in Form eines Telearbeitsplatzes an. Frau Reichenbach ist begeistert und sagt zu. Listen Sie auf, welche Überlegungen Frau Reichenbach und die ModernOffice KG dazu bewogen haben könnten, diese Lösung anzustreben.

3. Die ModernOffice KG ist ein ständig wachsendes Unternehmen. Die Büroräume platzen aus allen Nähten. Nach einer eingehenden Untersuchung wurde festgestellt, dass viele Büroräume während der Arbeitszeit nicht genutzt werden, weil sich Mitarbeiterinnen und Mitarbeiter gerade auf einer längeren Geschäftsreise befinden, Kunden außerhalb der Firma betreuen, bestimmte Arbeiten von zu Hause aus erledigen u. Ä. Wie kann die ModernOffice KG ihr Büro so organisieren, dass keine Büroerweiterung notwendig ist? Begründen Sie Ihren Vorschlag.

4. Frau Dr. Tischler, die Geschäftsführerin der ModernOffice KG, ist auch Vorsitzende des „Verbandes für deutsche Unternehmer". Im kommenden Jahr möchte der Verband einen zweiwöchigen Kongress in Frankfurt abhalten. Für die Durchführung werden entsprechende Räumlichkeiten und das dazugehörige Personal gebraucht. Wie kann dies am besten umgesetzt werden?

3   Gesetzliche Regelungen zur Gestaltung des Arbeitsraumes und -platzes erkunden

3.1   Gesetze und andere Regelwerke analysieren

Lernsituation

„Die ModernOffice KG verbessert ständig die Büroarbeitsplätze nach den neuesten ergonomischen Erkenntnissen", berichtet Anna Kolbe, als sie Tom Wildermuth seinen neuen
Arbeitsplatz zeigt. „Früher fühlte ich mich nach jedem Arbeitstag wie gerädert", erinnert
sich Frau Kolbe. „Jetzt geht es mir wieder richtig gut!" Tom fragt nach: „Aber es gibt doch
bestimmt gesetzliche Bestimmungen zur ergonomischen Ausstattung der Arbeitsplätze?"
Frau Kolbe bestätigt: „Natürlich! Aber in dem Betrieb, in dem ich vorher beschäftigt war,
war das Thema Ergonomie am Arbeitsplatz eher Nebensache. Das bestätigt auch dieser
Artikel, den ich vor Kurzem in einer Fachzeitschrift der Berufsgenossenschaften las. Das
Fazit ist erschreckend!" Frau Kolbe reicht Tom einen Zeitungsausschnitt.

> In einer Befragung zum Arbeitsschutz in den Betrieben wurde festgestellt, dass
> – viele Unternehmen noch keine Arbeitsplatzanalyse vorgenommen haben,
> – sich die meisten Bildschirmgeräte als mangelhaft erwiesen haben,
> – Tische und Stühle zu wünschen übrig lassen,
> – die gesamte Büroausstattung mangelhaft ist,
> – Klagen über das Raumklima zu verzeichnen sind.

Frau Kolbe fügt hinzu: „Die richtige Ausstattung allein ist leider noch keine Garantie,
dass es am Arbeitsplatz niemals zu gesundheitlichen Beeinträchtigungen kommt. Sie
müssen Ihren Arbeitsplatz auch richtig nutzen!"

- *Informieren Sie sich über die Gesetze, Bestimmungen und Verordnungen, die bei der Gestaltung
  und Nutzung von Arbeitsplätzen und -räumen berücksichtigt werden müssen.*
- *Beurteilen Sie Ihren Arbeitsplatz nach den geltenden Bestimmungen.*
- *Erläutern Sie das Ziel einer Arbeitsplatzanalyse.*
- *Führen Sie eine Arbeitsplatzanalyse durch und dokumentieren Sie diese mithilfe Ihres Textverar-
  beitungsprogramms.*
- *Prüfen Sie, ob alle wesentlichen Punkte berücksichtigt wurden.*
- *Vergleichen und verbessern Sie Ihr Ergebnis.*

*Formular:
Arbeits-
platz-
analyse*

Gesetzliche Regelungen

Richtlinien für die Gestaltung der Arbeitsplätze findet man in Gesetzen, Bestimmungen
und Verordnungen.

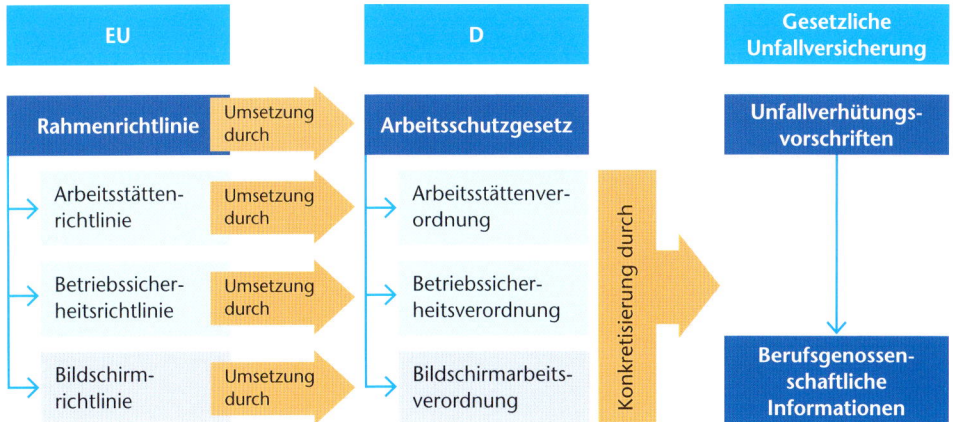

Die wichtigsten Fundstellen zum Thema „Büro" sind:

- Arbeitsschutzrahmenrichtlinie,
- Arbeitsschutzgesetz (ArbSchG),
- Arbeitssicherheitsgesetz (ASiG),
- Bildschirmrichtlinie,
- Bildschirmarbeitsverordnung (BildscharbV),
- Arbeitsstättenverordnung (ArbStättV),
- Arbeitsstättenrichtlinien (ASR),
- Betriebssicherheitsverordnung (BetrSichV),
- Produktsicherheitsrichtlinie,
- Geräte- und Produktsicherheitsgesetz (GPSG),
- Bau- und Gewerbeordnung,
- Unfallverhütungsvorschriften (VBG 104 „Arbeit an Bildschirmgeräten"),
- Umweltschutzbestimmungen (z. B. Umgang mit gefährlichen Arbeitsmitteln),
- DIN-Normen (DIN = Deutsches Institut für Normung e. V.),
- DIN EN = die Norm entspricht der EU-Norm,
- ISO = International Organization for Standardization (internationale Norm).

Bildschirmarbeitsplätze können gesundheitliche Beeinträchtigungen für die Beschäftigten mit sich bringen. Deshalb hat die EU die „Richtlinie über Mindestvorschriften bezüglich der Sicherheit und des Gesundheitsschutzes bei der Arbeit an Bildschirmgeräten" und die „Rahmenrichtlinie des Rates der EU über die Durchführung von Maßnahmen zur Verbesserung der Sicherheit und des Gesundheitsschutzes der Arbeitnehmer bei der Arbeit" erlassen.

Zahlreiche deutsche Arbeitssicherheitsgesetze wurden in die BildscharbV eingebaut. Die EU-Richtlinie wurde somit in nationales Gesetz umgewandelt oder in eine Unfallverhütungsvorschrift (UVV) der Berufsgenossenschaft übernommen.

Jeder Arbeitgeber ist verpflichtet, für jeden Bildschirmarbeitsplatz eine Arbeitsplatzanalyse durchzuführen und sie zu dokumentieren, um mögliche Gefährdungen und Belastungen frühzeitig zu erkennen. Außerdem ist er verpflichtet, seine Mitarbeiter im richtigen Verhalten am Bildschirmarbeitsplatz zu unterweisen, zu kontrollieren und gegebenenfalls die Unterweisung regelmäßig zu wiederholen.

Ökologische Standards

Nach der Einführung des Umweltschutzes in den Büros haben die Hersteller sehr schnell erkannt, dass Umweltschutz nicht automatisch teuer sein muss: Der Einsatz ökologischer Materialien hat nicht zwangsläufig einen höheren Preis zur Folge. Auch die Werbewirksamkeit eines Produktes wird durch den entsprechenden „Öko-Aufkleber" erhöht – er verschafft ein gutes Image. Dennoch ist für den Verbraucher Vorsicht angesagt: Manche Artikel, die mit Umwelt-Prüfsiegeln ausgestattet sind, halten nur teilweise, was ihre Etiketten versprechen.

Prüfsiegel sollen über die Qualität eines Produktes Auskunft geben. Sie sind meistens auf den Geräten/Gegenständen mit einem Aufkleber sichtbar gekennzeichnet. Hier eine Übersicht über die wichtigsten Prüfsiegel und was geprüft wird:

Prüf- und Qualitätszeichen	Was wird geprüft?	Kontrolle
Der „Blaue Engel"	Der „Blaue Engel" zeigt in seinem Logo den Grund des besonderen Umweltvorteils (weil ...). Das Prüfsiegel verlangt vom Hersteller, die MPR-II-Norm für Monitore einzuhalten und für eine Energiesparfunktion zu sorgen. Es fordert die Herstellung aufrüstbarer und recycelbarer Computer. Die alten Geräte müssen vom Hersteller zurückgenommen und ordnungsgemäß verwertet werden. Deshalb ist auf eine recyclinggerechte Produktion zu achten.	schriftliche Erklärung des Herstellers oder Prüfberichte unabhängiger Institute
FSC-Zertifikate	FSC-Zertifikate (FSC = Forest Stewardchip Council) kennzeichnen, wie FSC-zertifizierte Rohstoffe in den Produktionsprozess eingeflossen sind. Das FSC-Recycling-Zeichen kennzeichnet Papierprodukte, die ohne Verwendung von Frischfasern hergestellt werden.	Selbstkontrolle
„Ergonomie geprüft"	Das Siegel „Ergonomie geprüft" wird für Büromöbel, Bildschirme und Software vergeben. Das Prüfsiegel bescheinigt einem Bildschirm die elektrische Sicherheit (GS-Zeichen), geringe Strahlungen nach MPR-II und die Erfüllung ergonomischer Anforderungen. Die Software muss der DIN EN 9241, Teile 10 bis 17, entsprechen.	eingehende Prüfung durch den TÜV Rheinland
ECO-Kreis	Der ECO-Kreis vereinigt verschiedene Prüfsiegel: – CE-Zeichen zur elektromagnetischen Verträglichkeit – „Ergonomie geprüft" – GS-Zeichen für elektrische und mechanische Sicherheit – MPR-II-Teile des „Blauen Engels" Der ECO-Kreis prüft Bildschirmstrahlung, Energiesparfunktion, Bildschirmergonomie, Softwareergonomie, Umweltverträglichkeit, Recyclingfähigkeit, Lärmemission, Betriebssicherheit, Arbeitssicherheit und elektromagnetische Verträglichkeit.	eingehende Prüfung durch den TÜV, jährliche Aktualisierung
ECO-Kreis 99	Beim ECO-Kreis 99 wurde die Prüfung durch Ergonomie und Produkterweiterung ergänzt.	siehe ECO-Kreis

CE-Zeichen	Bei dem CE-Kennzeichen handelt es sich um eine Eigenerklärung des Herstellers, mit der dieser die Konformität des Produkts mit geltenden europäischen Richtlinien bestätigt. Das CE-Zeichen ist eine Art „Warenpass".	Stichproben
DGVU Test-Zeichen	Das DGVU Test-Zeichen ist ein Prüfzeichen, das maximal fünf Jahre gültig ist. Es wird geprüft, inwieweit das Produkt die Anforderungen an **Sicherheit** und **Gesundheitsschutz** einhält. Wenn das Produkt weiterhin die sicherheitstechnischen Voraussetzungen erfüllt, ist eine Verlängerung möglich.	Zertifizierung
GS-Zeichen	Das GS-Zeichen der Berufsgenossenschaften kennzeichnet sicherheitstechnisch und ergonomisch einwandfreie Arbeitsmittel. Dies wird durch eine Prüfbescheinigung dokumentiert.	Stichproben
Energy-Star	Das Prüfsiegel bescheinigt den Geräten, die es tragen, dass sie die Stromsparkriterien der amerikanischen Umweltschutzbehörde EPA erfüllen.	keine
NUTEK	NUTEK prüft die Energiesparfunktion. Bildschirme müssen sich in zwei Stufen abschalten, wenn sie länger nicht genutzt werden.	keine
ISO-Symbol	Das ISO-Symbol kennzeichnet Batterien, die umweltbelastend sind und nach Gebrauch dort zurückgegeben werden sollten, wo sie gekauft worden sind.	Selbstkontrolle
Europäische Umweltblume	Das Umweltzeichen kennzeichnet Produkte, die über ihren gesamten Lebenszyklus hinweg geringe Umweltauswirkungen haben. Mit der „Europäischen Umweltblume" wurde ein einheitliches Zertifizierungssystem für ganz Europa angestrebt, das sich aber bis heute noch nicht richtig durchsetzen konnte.	Zertifizierung
Nordic Swan	Dieses Umweltzeichen wird überwiegend in den skandinavischen Ländern eingesetzt. In Deutschland findet man das Label vor allem an Geräten, die einen niedrigen Energie- und Rohstoffverbrauch haben und recycelbar sind.	Selbstkontrolle
Original-Umweltschutz-Papier	Besonders umweltfreundlich durch die Art der Herstellung	Selbstkontrolle
Aqua Pro Natura Weltpark Tropenwald	– Kein Recyclingpapier – Keine Verwendung von Tropenholz, Schutz anderer Urwälder nicht garantiert	Selbstkontrolle

Auf den Punkt gebracht

Gestaltung von Arbeitsplatz und Arbeitsumgebung

nach den Bedürfnissen des Menschen

nach den Anforderungen der Aufgabe

nach den Rahmenbedingungen gesetzlicher und anderer Regelwerke

mit dem Ziel, die Arbeitseffizienz und die Gesundheit zu fördern, zur Stärkung der Wettbewerbsfähigkeit

Durch die gesetzlich vorgeschriebene **Arbeitsplatzanalyse** werden die Büroarbeitsplätze auf die Einhaltung der Regelwerke geprüft.

Ökololgische Standards: Prüf- und Qualitätszeichen auf Büromöbeln und -geräten geben Auskunft über die Umweltfreundlichkeit, Sicherheit und Ergonomie.

Nutzen Sie Ihr Wissen

1. Erläutern Sie, was Sie unter einer Arbeitsplatzanalyse verstehen.

2. a) Informieren Sie sich im Internet über Gesetze und andere Regelwerke, die bei der Gestaltung von Büroarbeitsplätzen eingehalten werden müssen. Zeigen Sie in einer Präsentation die Bereiche, die das jeweilige Gesetz/Regelwerk prüft.
   b) Besprechen Sie Ihr Ergebnis im Plenum.
   c) Nehmen Sie gegebenenfalls Korrekturen vor.

3. a) Suchen Sie die von Ihnen genutzten Büromöbel und -geräte nach Prüf- und/oder Qualitätszeichen ab und informieren Sie sich, worüber das gefundene Prüfsiegel Auskunft gibt.
   b) Erstellen Sie in Ihrem Textverarbeitungsprogramm eine Tabelle und führen Sie die gefundenen Prüf- und/oder Qualitätszeichen mit Erläuterungen auf.
   c) Vergleichen Sie Ihr Ergebnis mit einem Partner.
   d) Korrigieren Sie gegebenenfalls Fehler.

4. In der ModernOffice KG sollen zukünftig Schriftstücke möglichst in digitaler Form weitergegeben werden. Damit wird ein erheblicher Beitrag zum Umweltschutz geleistet.
   a) Welches Dateiformat eignet sich für die Weitergabe.
   b) Beschreiben Sie, wie Sie das Dokument vor Manipulationen schützen können.

5. Untersuchen Sie, welche Belastungsquellen für Umwelt und Gesundheit im Büro auftreten können. Beschreiben Sie mit welchen Maßnahmen die Belastungsquellen ausgeschaltet oder reduziert werden können.

6. Wie können Sie sich beim Einkauf von Büromaterialien und -geräten umweltfreundlich verhalten? Begründen Sie Ihre Aussagen.

3.2 Arbeitsplätze nach ergonomischen Erfordernissen analysieren und gestalten

Lernsituation

Frau Kolbe zeigt auch Svenja ihren Bürostuhl. „Dieser Stuhl ist unser Paradestück! Er stammt aus unserer neuen Produktion und ist, wenn man auf ihm sitzt, Wellness pur!"

Svenja Kolleck: „Die meisten jammern ja, wenn sie den ganzen Tag im Sitzen gearbeitet haben. Neulich habe ich gelesen, dass die Hauptursache für Krankschreibungen und Krankenhausaufenthalte Rückenbeschwerden sind."

Anna Kolbe: „Ja, das stimmt! Viele Büroangestellte leiden an Rückenbeschwerden, obwohl die Büroarbeitsplätze ergonomisch ausgestattet sind. Es kommt eben auch auf das Arbeitsverhalten des Einzelnen an. Natürlich müssen Sie den Arbeitstisch und die benötigten Bürowerkzeuge ebenfalls in Ihre Gestaltung einbeziehen."

Svenja Kolleck: „Haben Sie da konkrete Tipps für mich?"

Anna Kolbe: „Am besten vereinbaren Sie mit unserer Ergonomiebeauftragten, Frau Petzold, einen Beratungstermin. Sie prüft mit Ihnen die richtigen Einstellungen und berät Sie bei der individuellen Arbeitsplatzgestaltung. Das Ergebnis halten Sie in einem Ergonomiepass fest. Den bekommen Sie von Frau Petzold. Wenn Sie den Arbeitsplatz in der nächsten Ausbildungsphase wechseln, haben Sie gleich die richtigen Werte für Ihre individuelle Sitzhöhe und alle anderen Einstellungen."

- *Informieren Sie sich über Sitzkonzepte, Arbeitstische und arbeitsablaufgerechte Gestaltung.*
- *Analysieren Sie, welche Einstellungen und Anordnungen der Büromöbel für Sie persönlich richtig sind.*
- *Erstellen Sie mit einer Partnerin/einem Partner eine Checkliste für eine optimale Ausstattung des Büroarbeitsplatzes.*
- *Gestalten Sie mithilfe Ihres Textverarbeitungsprogramms eine Vorlage für einen Ergonomiepass.*
- *Vergleichen Sie Ihre Checkliste mit der Checkliste eines weiteren Paares, nehmen Sie Ergänzungen sowie Korrekturen vor und fassen Sie die Ergebnisse zusammen.*
- *Präsentieren Sie Ihren Vorschlag zu einem Ergonomiepass.*

Die Arbeit am Bildschirm stellt sowohl in physischer (körperlicher) als auch in psychischer (geistiger) Hinsicht besonders hohe Anforderungen. Die Verbesserung der Sicherheit am Arbeitsplatz und die Vermeidung von arbeitsplatzbedingten Erkrankungen stellen deshalb eine ständige Herausforderung für den Arbeitnehmer und -geber dar. Sowohl Bildschirmarbeitsplätze als auch Arbeitsplätze, an denen kein Bildschirmgerät steht, sind regelmäßig nach ergonomischen Gesichtspunkten zu prüfen und zu gestalten.

Bürostuhl

Die meisten Büroangestellten verbringen fast 75 % ihrer Arbeitszeit im Sitzen. Zwei Faktoren können dabei zu Erkrankungen führen: Entweder entspricht der Bürodrehstuhl nicht den ergonomischen Anforderungen oder der Mensch verhält sich falsch beim Sitzen. Häufig sind Fehler in beiden Bereichen festzustellen. Die Folgen sind verschiedenartige Erkrankungen der Rückenmuskulatur und/oder der Wirbelsäule. Das Sitzen bei der Arbeit ist deshalb im Zusammenhang von Belastung und Beanspruchung und persönlichem Verhalten zu sehen.

Von Mensch zu Mensch bestehen erhebliche Unterschiede in den Körpermaßen, Proportionen und im Gewicht. Deshalb muss ein Bürodrehstuhl so konstruiert sein, dass er sich allen Anforderungen anpassen lässt.

Sitzmechaniken bei Bürostühlen

Gleitmechanik	**Synchronmechanik**	**Pendelmechanik**
Die Neigung der Rückenlehne ist mit einem Nach-vorne-Gleiten der Sitzfläche gekoppelt.	Sitzfläche und Rückenlehne sind neigbar. Das dynamische Sitzverhalten wird gefördert.	Sitzfläche und Rückenlehne sind fest verbunden. Der Benutzer steuert von der Mitte aus das dynamische Sitzen.

Die Anforderungen an einen Bürostuhl sind in DIN EN 1335 geregelt:

- Sitztiefe: 38 bis 44 cm
- Sitzbreite: 40 bis 48 cm
- Breite der Rückenlehne: 36 bis 48 cm
- stufenlose Verstellbarkeit der Sitzhöhe von 42 bis 53 cm
- stufenlose Verstellbarkeit der Rückenlehne von 17 bis 24 cm über dem Sitz
- Drehbarkeit des Stuhloberteils
- kipp- und rollsichere Konstruktion durch mindestens fünf bewegliche Rollen
- Sicherung gegen unbeabsichtigtes Lösen vom Oberteil
- Standardsicherheitsmaß: Stuhlsäule bis Innenkante der Rolle mindestens 19,5 cm

An einen Bürostuhl, der ein dynamisches Sitzen gewährleistet, sind folgende arbeitsmedizinische Forderungen zu stellen:

- Die Rückenlehne soll durch ein Pendelgelenk permanent neigbar sein und bis unter die Schulterblätter oder höher reichen.
- Der Bewegungswiderstand der Rückenlehne sollte sich individuell auf das Körpergewicht einstellen lassen.

- Der Arbeitsstuhl sollte einen verstellbaren Abstützpunkt im Lendenwirbelbereich besitzen, um die Wirbelsäule in ihrer natürlichen Form zu unterstützen.
- Die leicht gepolsterte, anatomisch geformte Sitzfläche sollte neigbar sein und so auf jeden Haltungswechsel reagieren können.
- Eine Sitzfederung soll beim Hinsetzen die Wirbelsäule entlasten.
- Eine Anbringungsmöglichkeit höhenverstellbarer Armlehnen sollte gegeben sein.
- Rückenlehne und Sitzfläche sollten mit einem atmungsaktiven Bezug ausgestattet sein.

Bei Bürostühlen mit Pendelgelenk verteilt sich die Druckbelastung beim Sitzen gleichmäßig auf die Wirbelsäule. Damit kommt das Pending-System dem natürlichen Bewegungsablauf entgegen und animiert dazu, sich trotz des Sitzens ständig und dynamisch zu bewegen.

Sitzkonzepte

	Bürostuhl	Balans Stuhl	Sattelstuhl	Pendelstuhl	Swopper	Sitzball
	90 Grad Sitzwinkel	**geöffneter Winkel**		**mit pendelndem Sitz**		
Vorteile	– verstellbare Sitzhöhe – verstellbare Rückenlehne – Lendenwirbelstütze – verstellbare Armauflagen – unterstützt in der Regel dynamisches Sitzen – passt sich den Körperbewegungen an	– Schienbeine werden durch Polster abgestützt – ermöglicht aktives und entspanntes Sitzen – vielfältige und abwechslungsreiche Sitzpositionen	– individuelle Anpassung der Sitzhöhe – aufrechte Sitzposition – ständige Bewegung	– dreidimensionales Sitzen möglich – optimal für die Wirbelsäule – vor allem bei dauerhaftem Sitzen – körperliche Flexibilität – trainiert die Koordinationsfähigkeit – gut für das Gleichgewicht	– dreidimensionales Sitzen möglich – Stärkung der Rückenmuskulatur – fördert die Durchblutung der Rückenmuskulatur – Entlastung der Bandscheiben – Verbesserung der Atmung	– zwingt zum aufrechten Sitzen – Stärkung der Rückenmuskulatur – auch für Pausengymnastik geeignet
Nachteile	– bei falschem Sitzverhalten zu statisches Sitzen – je nach Modell nur zweidimensionales Sitzen möglich	– im Beinbereich ungünstige Blutzirkulation – Kippgefahr – keine Lendenwirbelstütze	– problematisch bei längerem Sitzen – nicht alle Modelle entsprechen der üblichen Büromöbelnorm		– als Sitzalternative nur für ein bis drei Stunden pro Tag geeignet – nicht geeignet für Nutzer mit bereits geschädigter Wirbelsäule	– als Sitzalternative nur für kurze Sitzphasen geeignet – Unfallgefahr – entspricht nicht der üblichen Büromöbelnorm

Richtiges Sitzen

Eine korrekte Sitzhaltung hängt von der richtigen Einstellung der Sitzhöhe ab. Die Sitzhöhe muss so gewählt werden, dass der Winkel zwischen Ober- und Unterschenkel ca. 90° beträgt. Die Füße müssen ganzflächig am Boden oder auf der Fußstütze aufstehen. Das Gesäß muss die Sitzfläche ganzflächig besitzen. Dabei liegt die Rückenlehne ganzflächig dem Rücken an. Die Höhe der Rückenlehne muss so eingestellt sein, dass

So sitzen Sie richtig

Ergonomie am PC-Arbeitsplatz

1) Die oberste Bildschirmzeile sollte leicht unterhalb der waagerechten Sehachse liegen.

2) Tastatur und Maus befinden sich in einer Ebene mit Ellenbogen und Handflächen.

3) 90° Winkel zwischen Ober- und Unterarm sowie Ober- und Unterschenkel

4) Für den Monitor gilt ein Sichtabstand von mindestens 50 cm. Der Bildschirm sollte parallel zum Fenster stehen.

5) Die Füße benötigen eine feste Auflage. Ggf. Fußhocker nutzen.

Quelle: BITKOM

der Lendenbausch die Wirbelsäule etwa in Höhe der Gürtellinie abstützt. Bei entspannter Haltung hängen die Oberarme locker am Körper und die Unterarme bilden eine waagerechte Linie zur Arbeitsebene. Die Ober- und Unterarme bilden dabei ungefähr einen rechten Winkel.

Dynamisches Sitzen

Vermeiden Sie verkrampfte, einseitige Körperhaltungen. Dies bedeutet: Sitzen Sie bewegungsreich, verändern Sie häufig Ihre Sitzhaltung. Man unterscheidet eine vordere, mittlere und hintere Sitzhaltung. Auch ein Wechsel zwischen sitzender und stehender Tätigkeit kann zur Vermeidung von körperlichen Beschwerden beitragen. Stehen Sie häufig auf. Man spricht in diesem Zusammenhang vom dynamischen Sitzen bzw. vom dynamischen Arbeitsstil.

Bei der Bildschirmarbeit können je nach dem Schwerpunkt der Tätigkeit unterschiedliche Belastungen und damit verschiedenartige Beschwerden auftreten, z. B. an Rücken und Wirbelsäule sowie im Hals-/Nacken- und Schulterbereich, an den Augen, im Kopf oder an Armen und Händen. Viele Beschwerden und Haltungsschäden sind auf falsches Sitzen zurückzuführen.

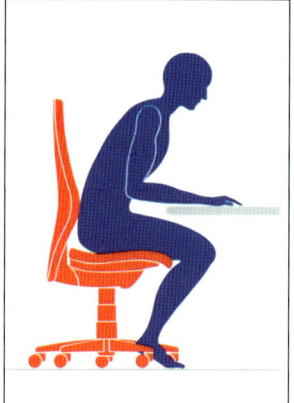

Statisches Sitzen

Ursachen für falsches Sitzen sind:

• falsche Sitzhöhe,
• Flachsitz,
• Lehne hinten fixiert,
• fehlende Beckenstütze,
• Zwangshaltung durch falsche Beleuchtung.

Ein Bürodrehstuhl muss sich dem natürlichen Bewegungsablauf des Menschen anpassen, ihn unterstützen und ihm so wenig wie möglich bestimmte Sitzhaltungen aufzwingen. Er muss durch Form und Gestaltung einerseits eine offene Bewegung zulassen, andererseits Halt und Stütze bieten.

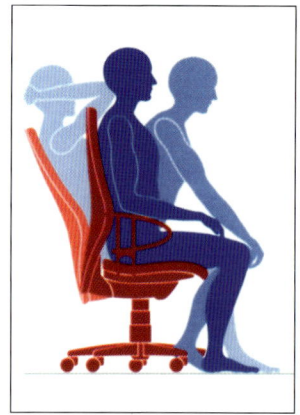

Dynamisches Sitzen

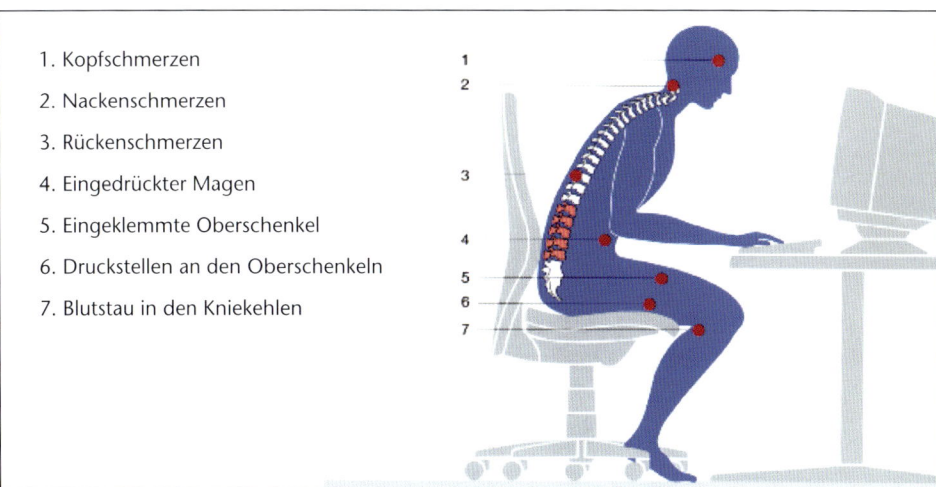

1. Kopfschmerzen
2. Nackenschmerzen
3. Rückenschmerzen
4. Eingedrückter Magen
5. Eingeklemmte Oberschenkel
6. Druckstellen an den Oberschenkeln
7. Blutstau in den Kniekehlen

Durchblutungsstörungen – Muskelinaktivität

Hilfsmittel zur Förderung einer guten Sitzhaltung

Die Fußstütze

· *Fußstütze*
· *Vorlagenhalter*

Wenn trotz Verstellmöglichkeiten keine ergonomisch günstige Arbeitshaltung erreicht werden kann, weil die Füße des Benutzers nicht ganzflächig auf dem Fußboden stehen, so kann mit einer verstellbaren **Fußstütze** ein Ausgleich erreicht werden. Die Fußstütze verhindert ein Überstrecken der Beinmuskulatur und ein zu festes Aufliegen der Oberschenkel auf der Sitzfläche, was zu Durchblutungsstörungen führen kann.

Der Vorlagenhalter

Ein Vorlagenhalter trägt zu einer korrekten Sitzhaltung bei und sollte stabil konstruiert und verstellbar sein. Durch eine Neigung zwischen 15° und 75° zur Horizontalen wird eine verkrampfte Körperhaltung beim Lesen weitgehend ausgeschlossen. Die Schreibvorlage sollte sich auf gleicher Höhe wie der Bildschirm befinden. Um einen sicheren Stand zu gewährleisten, muss die Auflagefläche des Halters der Vorlagengröße entsprechen. Vorlagenhalter gibt es in den Ausführungen mit Tragarm, Fußplatte oder Klemmfuß. Empfehlenswert sind Vorlagenhalter mit Zeilenlineal oder ähnlicher Lesehilfe.

Der Arbeitstisch

In der DIN EN 527-1:2011 werden die Büroarbeitstische in vier Tischtypen eingeteilt:

Typ A	**Höhenverstellbare Tische mit großem Verstellbereich.** Während der Arbeit kann die Tischhöhe des Sitz- oder Stehtisches verändert werden.
Typ B	**Höheneinstellbare Tische mit großem Verstellbereich.** Die Tischhöhe des Sitz- oder Stehtisches kann bei der Aufstellung an die Körpermaße des Nutzers angepasst werden.
Typ C	**Tische mit starrer Höhe.** Ausführung als Sitz- und Steharbeitstisch.
Typ D	**Höhenverstellbare und höheneinstellbare Tische mit eingeschränktem Ver- bzw. Einstellbereich.** Ausführung als Sitzarbeitstisch und Sitz- und Steharbeitstisch.

Neue Tischhöhen:

Typ	Einsatzbereich		
	sitzend	stehend	Steh-Sitz-Tische
A und B	650 bis 850	950 bis 1 250	650 bis 1 250[1]
D	680 bis 760	1 000 bis 1 180	680 bis 1 180[1]
C	740 +/– 20[2]	1 050 +/– 20[2]	

Alle Maßangaben in mm.[12]

Durch diese Einteilung wird man den ergonomischen Anforderungen insbesondere im Hinblick auf Körpergrößen und bewegungsreiches Arbeiten gerecht. Mithilfe einer computergesteuerten Elektronik kann eine schnelle und individuelle Einstellung der Schreibtischhöhe erreicht werden. Der Nutzer schiebt dazu seine persönliche Chipkarte in den dafür vorgesehenen Schlitz am Schreibtisch, und die Schreibtischhöhe wird nach den gespeicherten Daten eingestellt.

Je häufiger Unterlagen benötigt werden, desto näher sollten sie am Arbeitsplatz untergebracht sein. Sie sollten so am Schreibtisch verstaut werden, dass sie bequem zu erreichen sind. Ein schneller Zugriff wird dadurch gewährleistet. Die Tischfläche eines Bildschirmarbeitsplatzes muss mindestens 1 600 mm x 800 mm groß sein und eine reflexionsarme Oberfläche haben. Eine flexible Anordnung der Arbeitsmittel (Bildschirm, Tastatur, Maus, Vorlagenhalter usw.) muss möglich sein.

Höhenverstellbare Arbeitstische

Höhenverstellbare Arbeitstische fördern das dynamische Sitzen:
Der Einsatz eines höhenverstellbaren Arbeitstisches fördert den dynamischen Arbeitsstil. Durch den Wechsel der Körperhaltungen bei der Arbeit wird Gesundheitsrisiken vorgebeugt. Als ideal gelten
- **60 Prozent dynamisches Sitzen,**
- **30 Prozent Arbeiten im Stehen und**
- **10 Prozent gezieltes Umhergehen.**

Der Bildschirm

Der Bildschirm als visuelle Schnittstelle zwischen Mensch und Computer muss so gestaltet sein, dass er sich dem menschlichen Auge anpasst, und nicht umgekehrt. Bei der ergonomischen Beurteilung von Bildschirmen dürfen somit nicht nur technische Gesichtspunkte zugrunde gelegt werden. Bildschirmarbeit beansprucht den Sehapparat stark. Um hier Grenzen zu setzen, müssen folgende ergonomische Forderungen an den Bildschirm gestellt werden:
- Die dargestellten Zeichen auf dem Bildschirm müssen scharf, deutlich und ausreichend groß sein.
- Bildschirme dürfen nicht blenden.
- Der Bildschirm muss frei von störenden Spiegelungen sein.
- Das auf dem Bildschirm dargestellte Bild muss stabil und frei von Flimmern und Verzerrungen sein.
- Der Bildschirm sollte strahlungsarm sein.
- Der Bildschirm muss frei und leicht dreh- und neigbar sein.

---

[1] *Nur für höhenverstellbare Varianten relevant.*
[2] *Normkonform sind Tischhöhen zwischen 720 und 760 bzw. zwischen 1 030 und 1 070 mm.*

Die platzsparenden TFT-Flachbildschirme (Thin Film Transistor = Dünnfilmtransistor) entsprechen den höchsten ergonomischen Anforderungen (keine Strahlungen, geringer Stromverbrauch) und garantieren ein scharfes, flimmerfreies Bild.

Halb- und Ganzseitenbildschirme

Bildschirme dienen der Ein- und Ausgabenkontrolle von Texten und Grafiken. Sie sind sowohl Arbeits- als auch Ausgabegeräte. Beim Kaufentscheid für einen Bildschirm müssen folgende Qualitätsmerkmale berücksichtigt werden:

* Bildschirmgröße,
* Bildschirmauflösung,
* Bildwiederholfrequenz,
* Anzahl der Farben.

Neben den technischen Gesichtspunkten ist auch die Anordnung des Bildschirms am Arbeitsplatz von besonderer Wichtigkeit. Beim Aufstellen eines Bildschirms ist auf folgende Komponenten zu achten:

* Der Bildschirm sollte so angeordnet sein, dass das Raumlicht von der Seite kommt. Auf keinen Fall soll der Apparat mit der Rückseite zum Fenster stehen: Das Sonnenlicht würde blenden. Wird die Frontseite zum Fenster platziert, spiegelt sich die Landschaft im Schirm. Bei künstlicher Beleuchtung müssen die Lampen so angeordnet werden, dass sich ihr Licht nicht auf dem Bildschirm spiegelt.
* Der Bildschirm sollte möglichst „aus der Ferne" betrachtet werden. Aktuelle Forschungsergebnisse schlagen einen Abstand von 1 m vor – dies setzt aber einen größeren Bildschirm (mindestens 17 Zoll) voraus. Die alten Empfehlungen gehen von einem Abstand von 60 cm bis 80 cm aus.

Die Tastatur

Die Tastatur muss vom Bildschirm getrennt und neigbar sein. Nur so kann eine ergonomisch günstige Arbeitshaltung eingenommen werden. Die Bauhöhe der Tastatur wird an der mittleren Tastenreihe gemessen und sollte 30 mm nicht überschreiten. Der Neigungswinkel der Tastatur ist möglichst gering zu halten; er sollte weniger als 15° betragen.

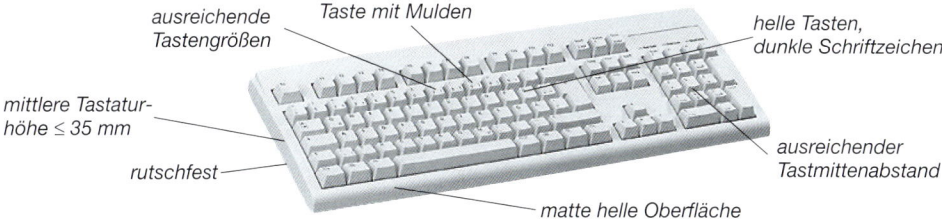

ausreichende Tastengrößen — Taste mit Mulden — helle Tasten, dunkle Schriftzeichen — mittlere Tastaturhöhe ≤ 35 mm — rutschfest — matte helle Oberfläche — ausreichender Tastmittenabstand

Die Formgebung der Tasten sollte griffig und die Oberfläche angeraut und rutschfest sein. Der Abstand der Tasten sollte den Größenverhältnissen der Finger entsprechen. Der Tastenhub (Tastenweg beim Anschlag nach unten) ist optimal bei 3 bis 4 mm.

Die DIN 2137-2 „Büro- und Datentechnik; Alphanumerische Tastaturen; Deutsche Tastatur für Text- und Datenverarbeitung; Belegung mit Schriftzeichen" lässt die ergonomische Tastatur als Alternative zu. Umfangreiche Untersuchungen haben ergeben, dass die geteilte oder abgewinkelte Tastatur die natürliche Arm- und Handhaltung bei der Tastaturbedienung unterstützt. Einige Modelle lassen sich in der Mitte

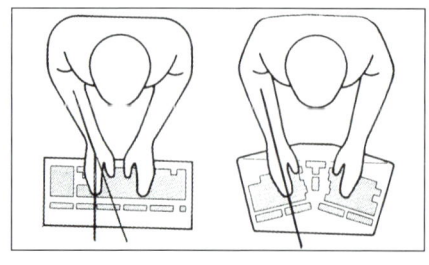

deltaförmig auseinanderzuziehen und dachförmig abknicken. So kann die Tastatur den individuellen Bedürfnissen ihrer Anwender weitestgehend angepasst werden.

Auf den Punkt gebracht

Angewandte Ergonomie und Anthropometrie erhöhen die berufliche Leistungsbereitschaft und Leistungsfähigkeit des Menschen.

| Büro-stuhl | Arbeits-tisch | Bild-schirm | Tastatur |

Nutzen Sie Ihr Wissen

1. Erklären Sie anhand konkreter Beispiele die hohe Bedeutung von Ergonomie und Anthropometrie am Arbeitsplatz.

2. Auf einem Flyer werden Bürostühle mit verschiedenen Sitzmechaniken angeboten: Gleit- Synchron- und Pedelmechanik. Charakterisieren Sie die Sitzmechaniken. Entscheiden Sie sich für eine Sitzmechanik und begründen Sie Ihre Entscheidung.

3. Welche Anforderungen sind an einen guten Bürodrehstuhl zu stellen?

4. Was verstehen Sie unter einem „dynamischen Arbeitsstil"?

5. Viele körperliche Beschwerden und Haltungsschäden entstehen durch falsches Sitzen. Begründen Sie diese Aussage.

6. Beschreiben Sie die Anforderungen an einen Arbeitstisch nach DIN.

7. Bildschirmarbeit bedeutet „Stress für die Augen". Erklären Sie diese Aussage.

3.3   Die Arbeitsumgebung gestalten

Lernsituation

Während der Betriebsführung macht Frau Kolbe die Auszubildenden auch auf die moderne Raumgestaltung der ModernOffice KG aufmerksam. „Viele Elemente beeinflussen uns, sowohl in funktioneller als auch in ästhetischer Hinsicht. Die Beleuchtung, die Geometrie der Möbel, die Raumakustik sowie die Farben wirken auf unser Verhalten und unsere Emotionen. Eine Rolle spielt auch, ob der Raum eine formelle oder informelle Atmosphäre ausstrahlt", erläutert Frau Kolbe. Tom stellt fest: „Die minimalistisch und modern gestalteten Räume mit viel Licht und Luft machen richtig Lust auf Arbeit. Ich freue mich schon auf meinen neuen Arbeitsplatz!" Frau Kolbe antwortet: „Nicht nur gut gestaltete Arbeitsräume tragen dazu bei, dass sich der Mensch im Büro wohlfühlt. Wichtig ist auch Ihr eigenes Verhalten!"

- *Informieren Sie sich über alle Einflüsse der erwähnten Raumfaktoren.*
- *Analysieren Sie die Faktoren im Hinblick auf Wohlbefinden und Konzentrationsfähigkeit am Arbeitsplatz.*
- *Erstellen Sie eine Checkliste, aus der hervorgeht, ob alle Aspekte in einem Büroraum berücksichtigt wurden.*
- *Beurteilen Sie Ihren Arbeitsplatz nach ökologischen, ökonomischen und ablauforganisatorischen Kriterien.*
- *Tauschen Sie Ihre Ergebnisse mit Ihren Mitschülern aus.*
- *Ergänzen und verbessern Sie gegebenenfalls Ihre Unterlagen.*

Raumfaktoren

Das Wohlbefinden, das Konzentrationsvermögen und damit die Leistungsfähigkeit hängen in hohem Maße von der Arbeitsumgebung ab. Die Arbeitsumgebung wird von verschiedenen Faktoren beeinflusst.

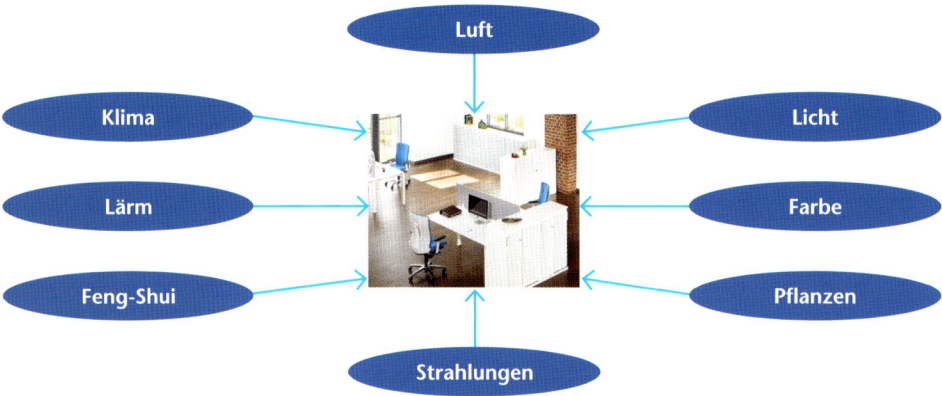

Raumluft und -klima

Ein angenehmes Raumklima hängt vom richtigen Zusammenspiel der sogenannten **Klimafaktoren** ab. Es handelt sich hierbei vor allem um die **Raumtemperatur**, die **Luftbewegung** und die **Luftfeuchtigkeit**. Der Temperaturbereich, bei dem sich der Mensch bei der Büroarbeit wohlfühlt, liegt in der Regel bei ca. 22 °C. Das Temperaturempfinden ist von Mensch zu Mensch sehr unterschiedlich. Es ist abhängig vom Alter, Geschlecht, der Bekleidung, der Gewöhnung und von der Tätigkeit. Auf keinen Fall darf ein Büro überheizt sein – Müdigkeit ist die Folge, außerdem wird mehr Staub durch die Luft gewirbelt, was Allergikern Probleme bereiten kann. Bei der Dimensionierung der Heizungsanlage muss die Wärmeabstrahlung von Geräten eingerechnet werden. Zeitgemäße elektronische Einzelraumregelungen berücksichtigen diese Störgröße bei der Raumtemperaturregelung.

Neben einem Thermometer sollte auch ein Hygrometer zur Messung der Luftfeuchtigkeit im Büro vorhanden sein. Die Luftfeuchtigkeit darf 40 % nicht unter- sowie 65 % nicht überschreiten. Bei zu geringer Luftfeuchtigkeit im Arbeitsraum können die Schleimhäute der Augen und Atemwege austrocknen, was die Widerstandsfähigkeit gegen Infektionen herabsetzt. Entzündungen dieser Organe sind die Folgen. Außerdem kann es bei zu geringer Luftfeuchtigkeit zu unangenehmen elektrostatischen Aufladungen kommen. Ein einfaches Mittel, um eine zuträgliche Luftfeuchtigkeit und gesunde Luftbewegung zu erzielen, ist die **Lüftung durch geöffnete Fenster**. Hygienefachleute empfehlen die Belüftung von Büroräumen nach folgendem Schema:

Belüftungssysteme

Stoßlüftung bei ganz geöffnetem Fenster	
– Frühjahr: 16 bis 20 Minuten/Tag – Herbst: 12 bis 15 Minuten/Tag	– Sommer: 25 bis 30 Minuten/Tag – Winter: 4 bis 6 Minuten/Tag

Arbeitsplatzbeleuchtung

Das natürliche Sonnenlicht ist für die Gesundheit und das Wohlbefinden des Menschen unerlässlich. Deshalb muss das künstliche Licht dem **Tageslicht** möglichst ähnlich sein.

Forderungen an einen richtig ausgeleuchteten Arbeitsplatz sind:

• Die Beleuchtung richtet sich nach der Art der Tätigkeit (Lesen, Bildschirmarbeit, Zeichenbrett ...).
• Die Beleuchtungsstärke im Arbeitsbereich sollte mindestens 500 Lux (Lux = Einheit für die Beleuchtungsstärke) betragen. Schreibtischleuchten ergänzen die Raumbeleuchtung. In diesem Bereich sollte sich die Beleuchtungsstärke auf mindestens 750 Lux steigern lassen. Schreibtischleuchten sollten daher 300 Lux und mehr erzeugen können.
• Der Raum und die Arbeitsfläche eines Schreibtisches sollten gleichmäßig ausgeleuchtet sein.
• Das Licht sollte aus der „richtigen Richtung" kommen (bei Rechtshändern in der Regel von links, damit beim Schreiben kein störender Schattenwurf entsteht).
• Am Bildschirmarbeitsplatz müssen die Leuchten so angebracht sein, dass von ihnen keine Blendwirkung ausgehen kann und Reflexionen und Spiegelungen auf dem Bildschirm vermieden werden.
• Die Leuchtmittel (Birnen, Leuchtstäbe, Halogenbrenner) dürfen nicht flimmern.

Gutes Licht fördert das physische und psychische Wohlbefinden, steigert die Leistungsbereitschaft und motiviert. Schon bei der Planung von Bürobauten versuchen Architekten – so weit wie möglich – das Tageslicht einzuplanen. Über Prismensysteme kann das Licht vom Fenster in das Gebäude umgelenkt werden. Dadurch kann wenigstens stundenweise auf Kunstlicht verzichtet werden.

Um einen Arbeitsplatz mit Lampen günstig auszuleuchten, gibt es mehrere Möglichkeiten:

Für die reine Bildschirmarbeit ist eine geringe Grundbeleuchtung des umgebenden Raumes ausreichend. Zum mühelosen Lesen von Vorlagen benötigt das Auge aber wesentlich mehr Licht. Beleuchtungssysteme aus indirektem Raumlicht und direkter Arbeitsplatzbeleuchtung führen zu einer optimalen Ausleuchtung am Bildschirmarbeitsplatz. Fachleute sprechen hier von einer Zweikomponentenbeleuchtung.

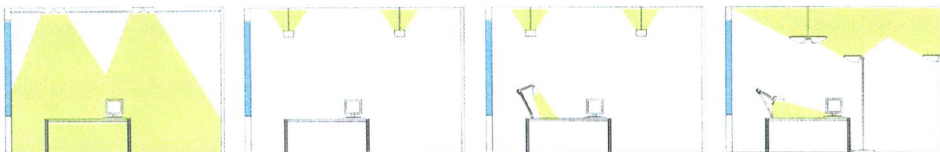

1. Direktbeleuchtung; 2. Indirektbeleuchtung; 3. Zweikomponentenlicht;
4. Zweikomponentenlicht mit Arbeitsplatzleuchte

Lärm

<150	unerträglich
120	
110	
100	sehr laut
90	
80	
70	laut
60	
50	
40	sehr leise
30	
20	
0–10	unhörbar

Quelle: VBG

Wirkung von Lärm

Lärm kann sehr belastend sein. Ständiger Lärm stört die Konzentration, macht nervös und trägt letztendlich zur Minderung der Leistungsbereitschaft und -fähigkeit bei. In den Büros wird deshalb der Schallpegel so niedrig wie möglich gehalten. An Arbeitsplätzen, an denen überwiegend geistig gearbeitet wird, darf ein Geräuschpegel von 55 dB (Dezibel = Maß für den Schalldruck) nicht überschritten werden. Bei überwiegend mechanisierten Bürotätigkeiten liegt der Maximalwert bei 70 dB. Bei sonstigen Tätigkeiten liegt der Beurteilungspegel bei 85 dB. Mit Maschinenunterlagen, schallschluckenden Wänden, Decken, Teppichböden, Vorhängen und Stellwänden (Höhe etwa 1,20 m) kann eine gewisse Geräuschdämpfung erreicht werden.

Farbgestaltung

Auch Farben beeinflussen das menschliche Verhalten. Die im Büro verwendeten Farbtöne sollten daher eine harmonische Einheit bilden. Bei der Farbwahl ist die Kenntnis der jeweiligen Farbwirkungen eine wichtige Voraussetzung. Nicht ohne Grund bedienen sich Großbetriebe bei der Gestaltung ihrer Büroräume eines Farbdesigners. Unter dem Gesichtspunkt der psychologischen Wirkung auf Menschen werden Farben in **kalte und warme Farben** eingeteilt. Als kalte Farben gelten blaue und grüne Farbtöne. Als warme Farben werden Rot, Orange und Gelb eingestuft. Bei der Gestaltung der Räume sind neben der Farbwirkung noch weitere Gesichtspunkte zu berücksichtigen: Form, Größe und Lage des Raumes, Lage des Arbeitsplatzes, Art und Dauer der Arbeit, Farbe und Intensität der Beleuchtung.

Beispiele •
- *In Räumen mit starkem Besucherverkehr wirken Grüntöne beruhigend und fördern Aufgeschlossenheit und Kontaktfreudigkeit.*
- *In Arbeitsräumen, in denen monotone Tätigkeiten ausgeführt werden, bringen größere Farbkontraste eine positive Wirkung.*
- *Gelbe Farbtöne geben den Arbeitsräumen eine freundliche und anregende Ausstrahlung, sie regen zu geistiger Tätigkeit und Aktivität an.*
- *Für Räume mit wenig Sonnenlicht bieten sich warme Farbtöne an.*

Auswirkungen einer überlegten Farbgebung
- Verbesserung der Wahrnehmung,
- Steigerung der Leistungsfähigkeit,
- Hebung der Stimmung,
- Erhöhung der Sicherheit,
- Erhöhung der Ordnung,
- Erhöhung der Orientierung,
- Begünstigung der Erholung.

Farbe als Gesundheits- und Umweltfaktor am Arbeitsplatz

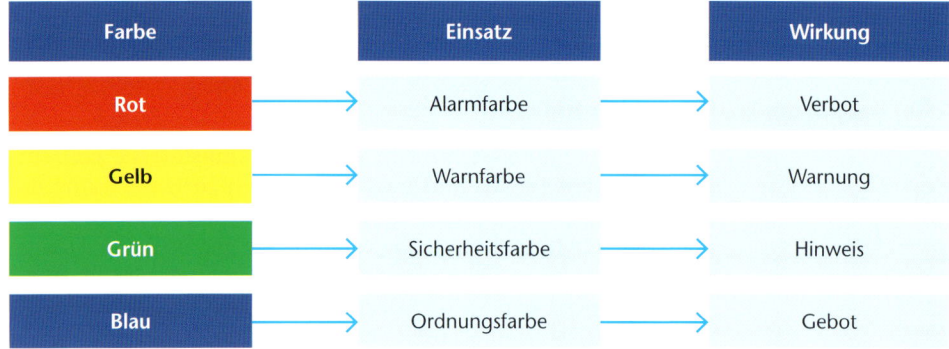

Farbe	Einsatz	Wirkung
Rot	Alarmfarbe	Verbot
Gelb	Warnfarbe	Warnung
Grün	Sicherheitsfarbe	Hinweis
Blau	Ordnungsfarbe	Gebot

Pflanzen

Pflanzen im Büro sind für den Menschen nützlich: Sie schaffen eine individuelle Arbeitsumgebung und bringen Farbe in den Raum. Dabei sorgen sie für Wohlgefühl und eine lebendige Atmosphäre. Sie fördern eine positive Stimmung und helfen bei der Stressbewältigung. Pflanzen tragen außerdem zur Verbesserung des Raumklimas bei: Sie beeinflussen die Luftfeuchtigkeit und verbessern die Luftqualität, indem sie bei Licht Kohlenstoffdioxid aufnehmen und Sauerstoff abgeben sowie Staub und Schadstoffe binden.

Feng-Shui

Die 5 000 Jahre alte asiatische Lehre Feng-Shui (Wind und Wasser), in deren Mittelpunkt die Balance im Leben steht, findet manchmal bei der Planung von Büroräumen ihre Berücksichtigung. Die Lehre ist darauf ausgerichtet, harmonische Energieflüsse zu erzeugen und Energie so zu lenken, dass sie sich positiv auf den Menschen auswirkt.

Zehn Feng-Shui-Regeln für eine ausgeglichene Gestaltung von Büroräumen:

1. Der Schreibtisch sollte so im Raum stehen, dass eine Wand den Rücken schützt. Falls dies nicht möglich ist, kann eine bewegliche Wand als Sichtschutz aufgestellt werden.
2. Beachten Sie, dass Computer, Faxgeräte und Drucker abstrahlen und Elektrosmog erzeugen. Deshalb sollten Sie möglichst weit von diesen Geräten entfernt sitzen.
3. Nur in einem aufgeräumten Büro kann das Qi, die Energie, fließen. Stellen Sie auf dem Boden weder Ordner noch Papierberge oder Flaschen ab. Auch auf den Schränken wird nichts abgestellt.
4. Vermeiden Sie grelles Licht und achten Sie auf gut ausgeleuchtete Ecken.
5. Blumen, gut gemachte Blumenbilder und Seidenblumen steigern die Energie im Raum.
6. Stellen Sie nur Pflanzen mit großen, runden Blättern auf. Die Yucca-Palme gehört nicht ins Büro, ihre Spitzen greifen an.
7. Sitzen Sie möglichst nicht im Durchzug zwischen Tür und Fenster.
8. Stellen Sie keine Glastische auf. Sie vermitteln ein Gefühl von Instabilität.
9. Wer bei Sitzungen das Geschehen kontrollieren will, sollte sich auch hier an die geschützte Kopfseite setzen.
10. Überwiegt z. B. durch tristes Grau die Monotonie in einem Büro, müssen verstärkt frische Farben eingesetzt werden, damit der Arbeitsplatz wieder inspirierender wirkt.

Strahlungen

Hochfrequente Strahlungen können zu einer Erwärmung des Körpergewebes führen und in massiver Dosis das zentrale Nervensystem schädigen und die Leistung der Augen beeinträchtigen. Deshalb sind die durch Hersteller angegebenen Mindestabstände zu entsprechenden Geräten einzuhalten.

Ultraviolette Strahlungen gehen vor allem von Halogenlampen ohne Schutzglas aus. Dies kann zu Bindehautentzündungen der Augen führen. Schreibtischlampen, die sehr nah am Körper stehen, sollten unbedingt mit einem Schutzglas versehen sein.

Auf den Punkt gebracht

Das Wohlbefinden und das Konzentrationsvermögen hängen in hohem Maße von folgenden Raumfaktoren ab:

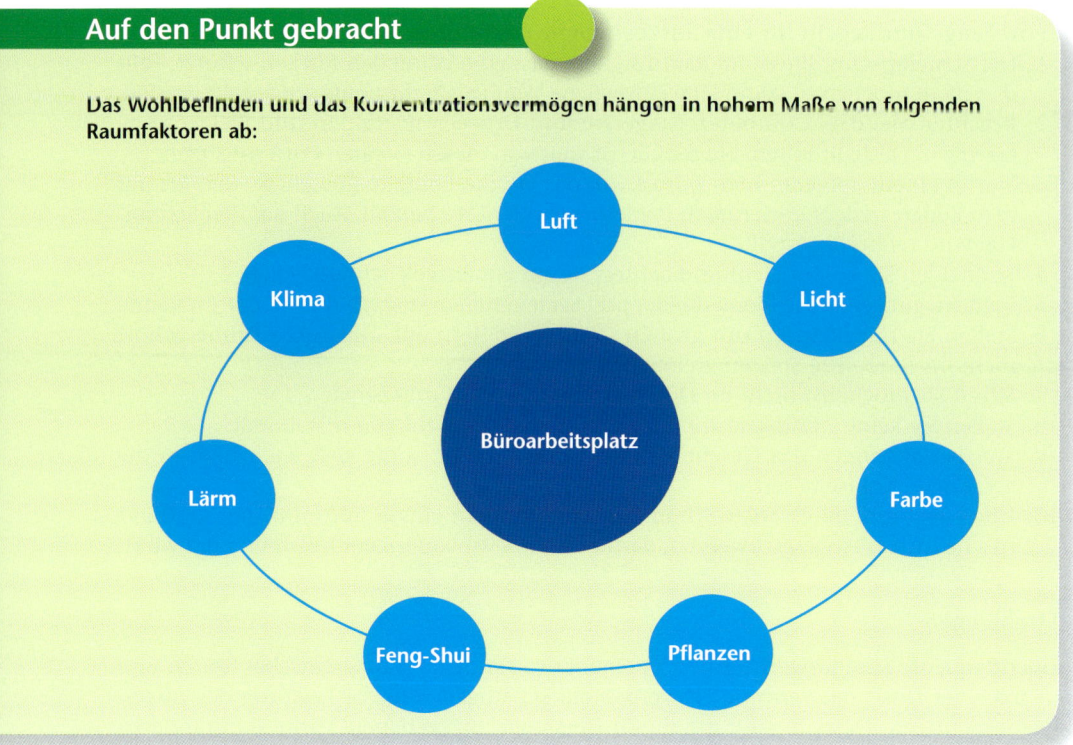

Nutzen Sie Ihr Wissen

1. Nennen Sie möglichst viele Faktoren der Arbeitsumwelt „Büro". In welcher Weise beeinflussen sie die Leistungsbereitschaft und -fähigkeit des Menschen?

2. Bei der Renovierung Ihres Büroraumes dürfen Sie Ihre Vorstellungen mit einbringen. Welche Wünsche haben Sie?

3. Das Thema Beleuchtung ist auch unter dem Aspekt des Umweltschutzes zu betrachten. Durch welche Maßnahmen können bei der Beleuchtung von Arbeitsplätzen Energie und Kosten gespart werden?

4. Beschreiben Sie die Bedeutung des Faktors „Licht" am Arbeitsplatz.

5. Farben haben psychologische Auswirkungen auf das menschliche Verhalten. Nennen Sie dazu Beispiele. Welche Schlussfolgerungen ziehen Sie aus dem Gelernten für die Farbgebung von Büroräumen?

6. Lärm kann sehr belastend sein. Wie verhalten Sie sich im Großraumbüro, damit unnötiger Lärm vermieden wird?

7. Frau Weber hat schon sehr viel über die asiatische Lehre Feng-Shui gelesen und möchte, nachdem sie zu Hause ihre Wohnräume erfolgreich danach gestaltet hat, auch ihr Büro verändern. Wie könnte sie dies umsetzen?

8. „Farben gehören zu den Umwelt- und Gesundheitsfaktoren am Arbeitsplatz!" Erläutern Sie diese Aussage.

4 Belastungen am Arbeitsplatz bewältigen

4.1 Physische, psychische und soziale Belastungen erkennen und abbauen

Lernsituation

Seit einigen Monaten arbeitet Pia Bernau mit Nicole Schwarz und Ilona Kordes in der Personalabteilung. Aus privaten Gründen pendelt sie am Wochenende zwischen München und Horb. Eigentlich wäre Frau Bernau mit ihrer neuen Arbeitsstelle sehr zufrieden, wenn sie sich nicht den ständigen Attacken von Frau Schwarz und Frau Kordes erwehren müsste. Die beiden sehen sie als Konkurrentin und versuchen sich bei ihrer Vorgesetzten auf Kosten von Frau Bernau zu profilieren. Dies geht sogar so weit, dass Frau Bernau zu manchen Besprechungen nicht mehr hinzugezogen wird und Arbeiten verrichten muss, die nicht ihrer Qualifikation entsprechen. Selbst einige Kolleginnen und Kollegen aus anderen Abteilungen behandeln sie neuerdings wie Luft.

- *Analysieren Sie das Problem in der oben geschilderten Situation und informieren Sie sich über weitere mögliche Stressoren am Arbeitsplatz.*
- *Planen Sie eine Präsentation. Unterscheiden Sie zwischen psychischen, physischen und sozialen Belastungen. Machen Sie deutlich, wann es zu Beeinträchtigungen kommen kann und welche Maßnahmen helfen, Belastungen erst gar nicht entstehen zu lassen oder bereits vorhandene Belastungen abzubauen.*
- *Suchen Sie sich eine Partnerin oder einen Partner. Tauschen Sie Ihr Wissen aus, besprechen Sie – falls möglich – eigene Erfahrungen und erstellen Sie gemeinsam die Präsentation.*
- *Präsentieren Sie zu zweit Ihr Ergebnis. Legen Sie vorher fest, wer welchen Teil der Präsentation übernimmt.*
- *Nehmen Sie bei Bedarf Korrekturen und Ergänzungen vor.*

Ungünstige Bedingungen bei der Büroarbeit können die Gesundheit eines Menschen in vielfältiger Weise beeinträchtigen:

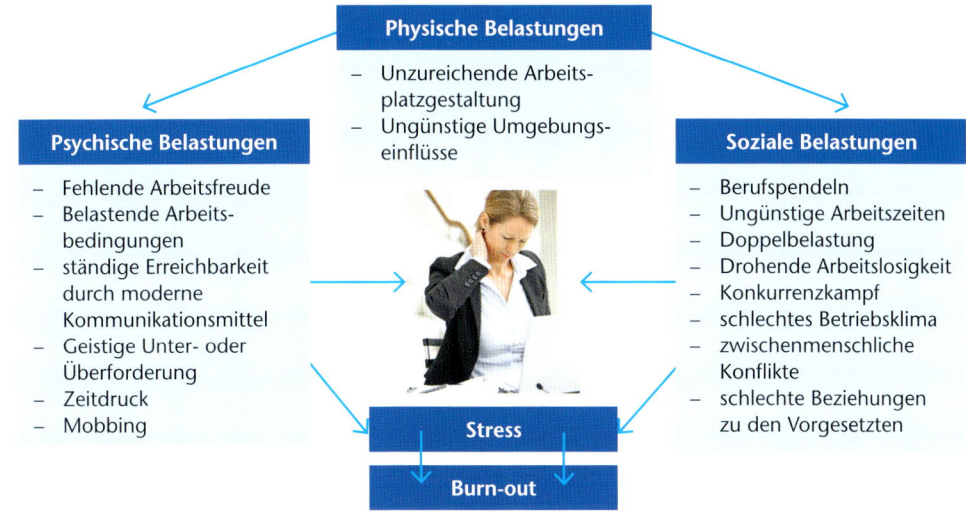

Physische Belastungen
- Unzureichende Arbeitsplatzgestaltung
- Ungünstige Umgebungseinflüsse

Psychische Belastungen
- Fehlende Arbeitsfreude
- Belastende Arbeitsbedingungen
- ständige Erreichbarkeit durch moderne Kommunikationsmittel
- Geistige Unter- oder Überforderung
- Zeitdruck
- Mobbing

Soziale Belastungen
- Berufspendeln
- Ungünstige Arbeitszeiten
- Doppelbelastung
- Drohende Arbeitslosigkeit
- Konkurrenzkampf
- schlechtes Betriebsklima
- zwischenmenschliche Konflikte
- schlechte Beziehungen zu den Vorgesetzten

Stress

Burn-out

Physische Belastungen analysieren

Physische bzw. körperliche Belastungen entstehen, wenn ungünstige Umgebungseinflüsse (siehe Arbeitsumgebung) oder ergonomisch unzureichende Bedingungen (siehe Büroausstattung) zu Überlastungen führen. Auslöser sind Mängel in der Büroeinrichtung, unzureichend gestaltete Bildschirmarbeitsplätze, zu enge Räume, schlechte Beleuchtung, Lärm verursachende Geräte, gesundheitsgefährdende Ausgasungen und Emissionen. Eine typische Verletzung durch sich ständig wiederholende Muskelanspannungen ist die RSI-Krankheit (Repetitive Strain Injury), die in Deutschland zurzeit noch keine anerkannte Berufskrankheit ist. Die RSI-Krankheit macht sich durch Schmerzen in der Hand, im Handgelenk, in der Schulter oder im Nackenbereich bemerkbar. Typisch ist ein tiefer, brennender Schmerz, der nach längerer Dateneingabe auftritt.

Psychische Belastungen erkennen

Psychische Belastungen entstehen vor allem durch ungünstige Arbeitsbedingungen:

* Ständige Unterbrechungen durch Personen und Telefonanrufe stören den Arbeitsablauf. Diese kleinen Ärgernisse mögen zwar – einzeln betrachtet – geringfügig erscheinen, langfristig und in ihrer Gesamtheit gesehen sind sie dennoch belastend und können zu Gesundheitsbeeinträchtigungen führen.
* Viele Arbeitnehmerinnen und Arbeitnehmer sind auch außerhalb ihrer regulären Arbeitszeiten für Kollegen, Vorgesetzte oder Kunden per Mobiltelefon oder E-Mail erreichbar. Das kann auf Dauer zu Belastungen führen. Es sind daher klare Vereinbarungen zwischen den Arbeitgebern und den Arbeitnehmern über Arbeitszeiten und die Erreichbarkeit in der Freizeit zu treffen.
* In vielen Betrieben, Behörden und Verwaltungen wird genau festgelegt, auf welchem Weg das Arbeitsergebnis „erzeugt" werden soll. Es wird z. B. in allen Einzelheiten beschrieben, welche Formulare und Geräte zu verwenden sind. Dienstwege, Bearbeitungsregeln, Termine und Kompetenzabgrenzungen sind vorgegeben. Eine Abweichung ist nicht möglich. Die meist begrenzte Zeit wirkt belastend und schlägt sich letztlich auf das Arbeitsergebnis negativ nieder.
* Häufig wird eine Unter- bzw. Überforderung durch eine monotone Arbeitstätigkeit erzeugt. Monotone Arbeiten sind Tätigkeiten, die in ständiger Gleichförmigkeit wiederkehren und keine Überlegungen oder Entscheidungen erfordern und niedrige Anforderungen an die berufliche Qualifikation stellen. Die Gleichförmigkeit der Arbeit erfordert aber auch ständige Konzentration, was im Laufe eines Tages die psychische Leistungsfähigkeit überfordern kann. Zudem können Monotoniezustände durch eine triste Umgebung, Mangel an körperlicher Bewegung, eintönige Geräusche, Wärme sowie fehlende Gelegenheit zu Kontakt und Kommunikation mit Kolleginnen und Kollegen verstärkt werden.

Symptome und Reaktionen auf		
Unterforderung	**Überforderung**	**Optimale Anforderung**
– Unzufriedenheit – Schlechte Arbeitsmoral – Müdigkeit – Langeweile – Frustration	– Eingeschränkte Arbeitsqualität – Notdürftige Lösung der Probleme – Hoher Krankenstand – Gereiztes Arbeitsklima	– Kreatives und rationelles Arbeiten – Finden von Problemlösungen – Fortschritte werden erzielt – Arbeitszufriedenheit

- Eine weitere Form der Überforderung ist der Zeitdruck. Zeitdruck kann dadurch entstehen, dass die Arbeit in einem vorgegebenen Arbeitstempo erledigt werden muss und ein „Ruhenlassen der Arbeit" nicht möglich ist. Andererseits führen Arbeiten, die immer mit einer gleichbleibend hohen Geschwindigkeit erledigt werden, zu einer Überforderung, da das Arbeitstempo nicht an die natürlichen Leistungsschwankungen angepasst werden kann. Dadurch wird die Konzentration beeinträchtigt, was wiederum Fehler zur Folge hat.

Soziale Belastungen bewerten

In Deutschland pendeln viele Erwerbstätige täglich zwischen Wohn- und Arbeitsstätte. Dies bedeutet meist einen zeitlichen Mehraufwand von ein bis zwei Stunden. Wegzeiten von vier bis fünf Stunden täglich gelten als besonders belastend und werden von den Betroffenen als unzumutbar empfunden. Die Gründe dafür, dass sehr lange Arbeitswege hingenommen werden, sind vielschichtig. Oft mangelt es an geeigneten Arbeitsplätzen am Wohnort, die bessere berufliche Chancen und höheres Einkommen bieten. Aber auch familiäre und soziale Bindungen sowie geringe Lebenshaltungskosten und Mieten sind ausschlaggebend. Empirische Untersuchungen bestätigen, dass durch das „Berufspendeln" nicht nur finanzielle Belastungen entstehen, sondern auch persönliche Beeinträchtigungen wie Minderung der beruflichen Leistungsfähigkeit, Steigerung der Unfallgefahr und letztendlich eine Schädigung der Gesundheit in Kauf genommen werden.

Zu lange Arbeitszeiten unter Einsatz bewusster Willensanspannung, die über einen längeren Zeitraum hinwegreichen, können sich auf die Gesundheit schädigend auswirken. Die mobilisierten Leistungsreserven können nur durch eine ausreichende Erholungszeit ausgeglichen werden. Geschieht das nicht, reagiert der Körper mit chronischen Ermüdungszuständen.

Der Mensch arbeitet jedoch nicht nur, um materiell abgesichert zu sein, sondern um im Beruf soziale Zugehörigkeit und Anerkennung in der Gesellschaft zu erfahren. Fehlt die Gelegenheit zur Erwerbstätigkeit, so besteht die Gefahr einer Beeinträchtigung der Gesundheit, Leistungsfähigkeit und Persönlichkeit. Länger anhaltende Arbeitslosigkeit stellt deshalb für die Betroffenen eine erhebliche Belastung in materieller, finanzieller, psychischer und sozialer Hinsicht dar.

Mobbing

Psychische Belastungen können auch durch Mobbing ausgelöst werden. Mobbing leitet sich ab vom englischen Verb „to mob", was übersetzt bedeutet „jemanden anpöbeln, herfallen über". Gemeint sind damit nicht gelegentliche Meinungsverschiedenheiten oder Unverschämtheiten, sondern Handlungen, die sich systematisch mindestens einmal pro Woche über einen Zeitraum von einem halben Jahr oder länger gegen eine Person erstrecken.

Als Ursachen für Mobbing gelten:
- Überbelastung und Stress,
- Konkurrenzdenken,
- Angst vor dem Verlust des Arbeitsplatzes,
- Langeweile,
- Mängel im Führungsstil des Unternehmens.

Heute muss sich jeder mit jedem auseinandersetzen, das isolierte „Vor-sich-hin-Arbeiten" ist durch projekt- und prozessorientiertes Arbeiten abgelöst worden. Dies bringt auch Konflikte mit sich.

Die Handlungen, denen ein „Gemobbter" ausgesetzt ist, werden in der Fachliteratur in fünf Gruppen eingeteilt:

1. Angriffe auf die Möglichkeiten, sich mitzuteilen

Eine der beliebtesten und effektivsten Waffen, um ein Opfer mürbe zu machen, ist die Zerstörung der sozialen Bindungen. Der Betroffene wird ständig unterbrochen, angeschrien oder beschimpft. Die Kollegen ziehen sich zurück und verweigern den Kontakt.

2. Angriffe auf die sozialen Beziehungen

Das Opfer wird isoliert. Gespräche mit ihm werden „verboten". Der Betroffene wird „wie Luft" behandelt.

3. Angriffe auf das soziale Ansehen

- Beliebt sind Attacken, die das Selbstvertrauen des Opfers schmälern:
- Die Kollegen verbreiten Gerüchte und machen das Opfer lächerlich.
- Das Opfer wird verdächtigt, psychisch krank zu sein.
- Stimme und Gestik werden nachgeahmt.
- Das Privatleben gerät in die Schusslinie.

4. Angriffe auf die Qualität der Arbeit

Durch Über- bzw. Unterforderung wird versucht, den Betroffenen aus dem Arbeitsprozess auszuschließen. Dem Opfer werden keine Arbeiten oder nur sinnlose Aufgaben übertragen.

5. Angriffe auf die Gesundheit

Die Mobbingmethoden gehen teilweise so weit, dass dem Opfer körperliche Gewalt angedroht oder sogar angetan wird. Mögliche Angriffe auf die Gesundheit sind:
- zwangsweise Übernahme von gesundheitsschädlichen Arbeiten,
- Androhung körperlicher Gewalt oder Misshandlung,
- sexuelle Belästigungen.

Es ist schwierig, sich gegen Mobbing zu schützen. Ohne die Hilfe von Unbeteiligten erscheint dies fast unmöglich. Vorgesetzte tragen hierbei für ihre Mitarbeiterinnen und Mitarbeiter eine besondere Verantwortung. Allerdings kann man im Vorfeld einiges tun, um Mobbing erst gar nicht aufkommen zu lassen.

Strategien gegen Mobbing:
- Erste Anzeichen von Mobbing ernst nehmen.
- Auf Attacken sofort reagieren.
- Abzuwarten, bis die Attacken aufhören, ist vergebens.
- Je länger man sich nicht zur Wehr setzt, umso schlimmer wird es.
- Gespräche unter vier Augen führen.
- Suchen Sie Unterstützung im Kollegenkreis.
- Vorgesetzte, Betriebsrat und Personalverantwortliche rechtzeitig informieren.
- Arbeitsplatzwechsel innerhalb der Firma erwägen.

Stress

Physische, psychische und soziale Belastungen am Arbeitsplatz sind äußere Einflüsse, die körperlich empfundenen Stress auslösen. Verhaltensforscher bezeichnen Belastungen als Stressoren. Diese rufen im Körper immer wiederkehrende Reaktionen hervor. Die Folgen: Angespanntheit, Gereiztheit und Nervosität. So unterlaufen auch Fehler, die sonst nicht passieren.

Stress kann unter anderem folgende Symptome auslösen:

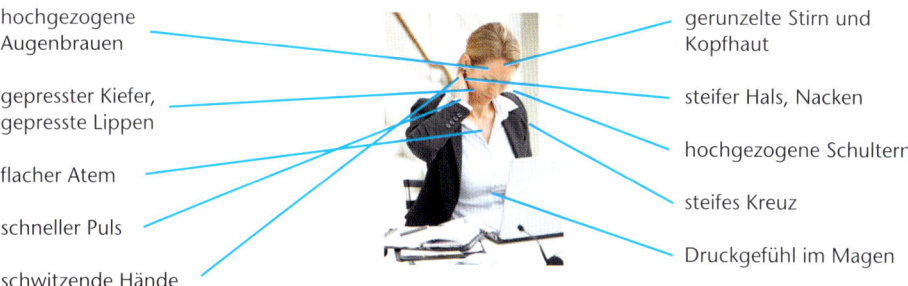

hochgezogene
Augenbrauen

gepresster Kiefer,
gepresste Lippen

flacher Atem

schneller Puls

schwitzende Hände

gerunzelte Stirn und
Kopfhaut

steifer Hals, Nacken

hochgezogene Schultern

steifes Kreuz

Druckgefühl im Magen

Allgemein bezeichnet man einen Zustand, bei dem die Erwartungshaltung nicht befriedigt wird, als Stress. Stress ist grundsätzlich weder negativ noch positiv.

Es werden zwei Arten von Stresszuständen unterschieden:

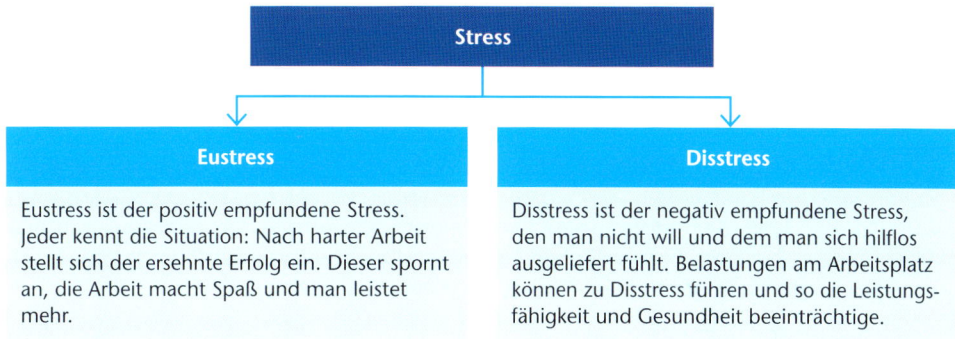

Stress	
Eustress	**Disstress**
Eustress ist der positiv empfundene Stress. Jeder kennt die Situation: Nach harter Arbeit stellt sich der ersehnte Erfolg ein. Dieser spornt an, die Arbeit macht Spaß und man leistet mehr.	Disstress ist der negativ empfundene Stress, den man nicht will und dem man sich hilflos ausgeliefert fühlt. Belastungen am Arbeitsplatz können zu Disstress führen und so die Leistungsfähigkeit und Gesundheit beeinträchtige.

Bei Stressereignissen ist meist die persönliche Einstellung zur Situation ausschlaggebend.

Beispiel • *Eine Hausaufgabe, die nicht erledigt wird, weil man keine Lust dazu hat, die aber dennoch gemacht werden muss, erzeugt unnötigerweise Disstress.*

Nicht jeder Stressor wirkt bei jedem Menschen in gleichem Maße Stress auslösend. Eine positive Einstellung kann Stress zwar nicht verhindern, aber die krank machenden Symptome reduzieren. Oft hat der Körper nicht genügend Zeit, nach dem Stress zu regenerieren. Die Anforderungen folgen schnell aufeinander. Halten die Anforderungen und Schwierigkeiten an, kommt es zu Disstress. Der Betroffene sollte in einer solchen Situation die Möglichkeit haben, sich völlig zu entspannen – denn chronischer Stress greift die Gesundheit an.

Umgang mit Stress:

- Die häufigsten Stressoren sind Hilflosigkeit, Ratlosigkeit, Angst, Traurigkeit und Resignation. Finden Sie heraus, welche dieser Stressoren Sie ausschalten oder verringern können bzw. mit welchen Stressoren Sie zukünftig leben müssen.
- Schaffen Sie sich einen Raum der Ruhe, in dem Sie sich entspannende Situationen vorstellen, lesen oder Musik hören.
- Durch Weinen oder auch tiefes Durchatmen können unbewältigte Spannungen, die Kopfschmerzen verursachen, gelöst werden.
- Versuchen Sie herauszufinden, wo Ihre Grenzen liegen, und akzeptieren Sie diese.

- Suchen Sie in Ihrer Freizeit nach Tätigkeiten, die Ihnen Spaß machen und so Ihr geistiges und körperliches Wohlbefinden heben. Verfallen Sie aber nicht vom Alltagsstress in den Freizeitstress!
- Sprechen Sie mit Vertrauenspersonen über Ihre Ängste und Sorgen. Oft ergeben sich daraus völlig neue Perspektiven und Lösungen.
- Erstellen Sie sich einen Terminplan für die Erledigung Ihrer Aufgaben. Legen Sie rechtzeitig eine Rangordnung der anstehenden Aufgaben fest. Belohnen Sie sich für erledigte Aufgaben.
- Schaffen Sie sich den nötigen körperlichen Ausgleich, damit lösen Sie den inneren Druck. Dies kann durch Ausüben einer Sportart, aber auch durch Gartenarbeit erreicht werden.
- Versuchen Sie Stress nicht durch fragwürdige Ersatzhandlungen wie übermäßiges Essen und Trinken, träges Herumhängen oder Dauerfernsehen zu kompensieren.
- Ausreichend Schlaf und gesunde Ernährung steigern Ihre Fähigkeit, Stress zu bewältigen.
- Seien Sie kooperativ und streiten Sie nicht ständig darum, dass alles nach Ihrem Willen geht.

Weitere Mittel, die sich zur Stressbekämpfung eignen: Aerobic, Massage, Meditation, mentales Training, Rückenübungen, richtige Schlafhaltung, Stretching-Übungen, Yoga, Schwimmen u. a. m.

Burn-out

Lang anhaltende Belastungen können zu einem Burn-out führen. Der Begriff Burn-out („to burn out" bedeutet „ausbrennen") wurde erstmalig in den 70er-Jahren durch den Psychotherapeuten Herbert Freudenberger geprägt. Er war selbst betroffen und beschrieb seine Symptome wie folgt: total erschöpft, überfordert, ausgebrannt.

Betroffene arbeiten über einen längeren Zeitraum über ihre Kräfte hinaus und kommen dann zu einem Punkt, an dem nichts mehr geht. Die ersten Anzeichen sind Konzentrationsstörungen, Flüchtigkeitsfehler, chronische Müdigkeit, Mutlosigkeit, Desinteresse und Schlaflosigkeit. Den Endzustand könnte man mit „absoluter Handlungsunfähigkeit" beschreiben. Viele Betroffene berichten, dass sie morgens nicht mehr aufstehen können oder nicht mehr in der Lage sind, sich anzuziehen. In extremen Fällen muss eine stationäre Therapie durchgeführt werden.

Es muss nicht so weit kommen! Sie können selbst viel tun, um einem Burn-out vorzubeugen. Entwickeln Sie rechtzeitig Strategien zur Stressbewältigung und ein gutes Zeitmanagement. Nehmen Sie sich regelmäßig Zeit für Entspannungstechniken und treiben Sie Sport.

Auf den Punkt gebracht

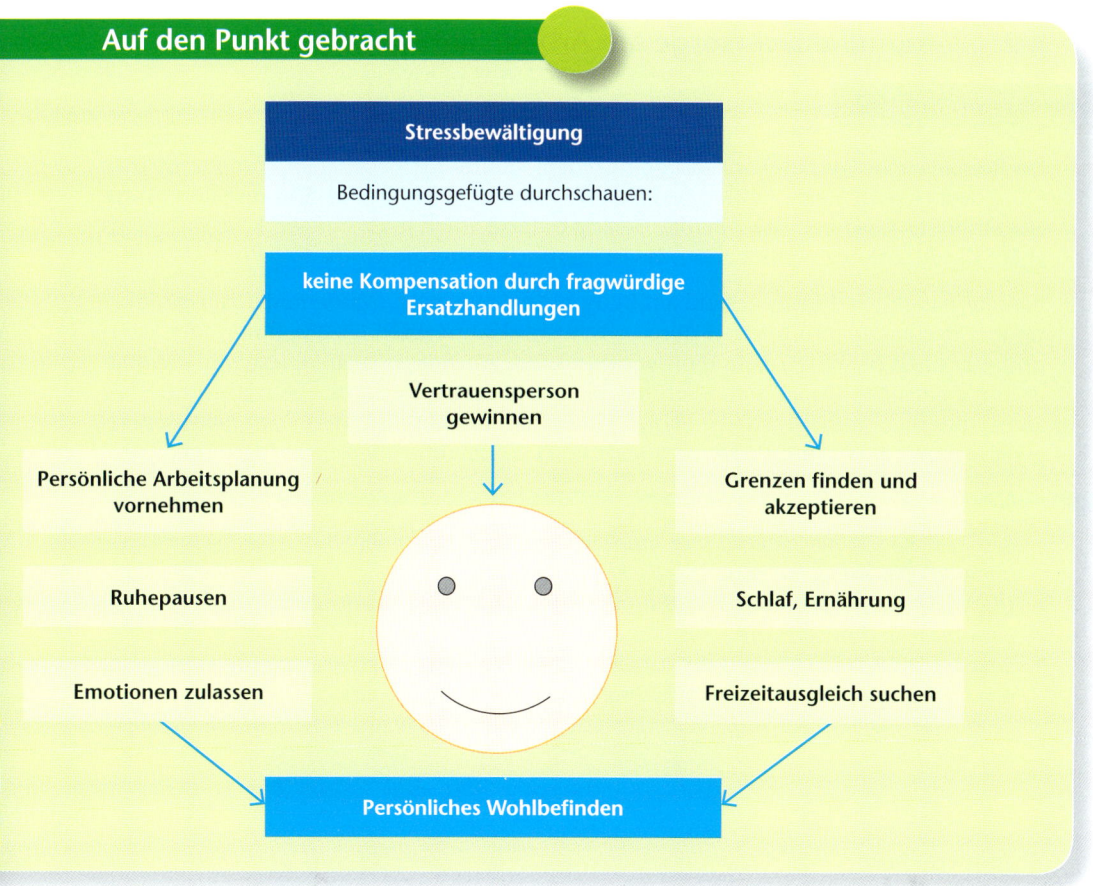

Stressbewältigung

Bedingungsgefüge durchschauen:

keine Kompensation durch fragwürdige Ersatzhandlungen

Vertrauensperson gewinnen

Persönliche Arbeitsplanung vornehmen

Grenzen finden und akzeptieren

Ruhepausen

Schlaf, Ernährung

Emotionen zulassen

Freizeitausgleich suchen

Persönliches Wohlbefinden

Nutzen Sie Ihr Wissen

1. Worin sehen Sie die Hauptursachen der physischen, psychischen und sozialen Belastungen am Büroarbeitsplatz?

2. Was verstehen Sie unter Mobbing und woran können Sie Mobbing erkennen?

3. Wie kann man sich vor Mobbing schützen?

4. Belastungen am Arbeitsplatz können Stress erzeugen. Nehmen Sie zu dieser Aussage Stellung.

5. Frau Sommer, Sachbearbeiterin in der Abteilung „Verkauf" der ModernOffice GmbH, arbeitet häufig über acht Stunden am Tag. Ihre Arbeit macht Spaß. Auch ihr Chef weiß, was er an Frau Sommer hat. Erst kürzlich hat er sich erfolgreich für ihre längst fällige Beförderung eingesetzt. Frau Sommer und ihr Chef sind ein gutes Team. Anders sieht es bei einer befreundeten Arbeitskollegin von Frau Sommer aus. Sie ist schon länger mit ihrer Arbeitsstelle unzufrieden. Die Gründe liegen in den ständig wachsenden Anforderungen, die nicht zu ihrem Aufgabenbereich gehören, und an der mangelnden Anerkennung durch ihren Vorgesetzten. Jetzt hat sie heftige Magenprobleme. Wie sieht die Zukunft der beiden Frauen aus?

4.2   Gesundheitsvorsorge am Arbeitsplatz praktizieren

Lernsituation

Pia Bernau sucht Rat bei Christian Brandt, dem Gesundheitsmanager der ModernOffice KG. Bevor sie sich Herrn Brandt anvertraute, informierte sie sich im Internet und führte ein Mobbing-Tagebuch. Frau Bernau gelang es tatsächlich nach einigen Konfliktgesprächen, die Situation zu entschärfen. Sie ist dennoch weiterhin gestresst:

Frau Bernau arbeitet überwiegend am Bildschirmarbeitsplatz. Während der Pausen führt sie ihre Recherchen im Internet durch – weil sie ja sonst nicht dazu kommt. Zum Essen und Ausruhen bleibt wenig und oft gar keine Zeit. Abends ist sie total fertig, manchmal ist ihr sogar übel. Da sie sich nach der Mittagspause immer schlechter konzentrieren kann, unterlaufen ihr ärgerliche Fehler. Pia Bernau merkt selbst, dass es so nicht weitergehen kann, daher bittet sie Herrn Brandt noch einmal um einen Beratungstermin.

- *Besorgen Sie sich bei verschiedenen Krankenkassen Broschüren über die Gesundheitsvorsorge am Arbeitsplatz und analysieren Sie die Empfehlungen.*
- *Überprüfen Sie kontinuierlich das Belastungspotenzial an Ihrem Arbeitsplatz.*
- *Entwickeln Sie Strategien zur Prävention.*
- *Erstellen Sie eine Tabelle, aus der hervorgeht, wie Sie Gesundheitsvorsorge am Arbeitsplatz durch Ernährung, Pausen und Ausgleichsübungen praktizieren können.*
- *Vergleichen Sie Ihr Ergebnis mit den Ergebnissen Ihrer Mitschüler und ergänzen Sie gegebenenfalls Ihre Tabelle.*

Richtig ernähren

Wenn es nach den Medien geht, ist eine ausgewogene Ernährung ein Kinderspiel. Doch der Schein trügt: Es ist schwierig, den vielen Ernährungsvorschriften der Ärzte und den Ratschlägen der Krankenkassen, Fachzeitschriften und Ähnlichem zu folgen. Dies gilt besonders während der Arbeitszeit. Hier helfen Ihnen ein paar einfache Grundsätze, sich richtig zu verhalten:

Essen Sie	Vermeiden Sie zu viel
– abwechslungsreich – regelmäßig – geringe Mengen – frische, natürliche Produkte – eine ausgewogene Mischkost	– Fett – Zucker – Koffein – Nikotin – Alkohol

Damit Sie nach einer Zwischenmahlzeit wieder mit frischen Kräften an die Arbeit gehen können, müssen Sie die Pause – neben der Bewegung – auch dazu nutzen, den Energievorrat des Körpers wieder aufzufüllen. Dafür ist schon die richtige Zusammenstellung des Frühstücks ausschlaggebend. Ernährungswissenschaftler empfehlen, mit dem Frühstück ein Viertel der täglich benötigten Energie zu sich zu nehmen. Eine Zwischenmahlzeit sollte dann ein weiteres Zehntel des Tagesenergiebedarfs decken. Das bedeutet aber nicht, dass ein Frühstück oder eine Zwischenmahlzeit aus möglichst energiereichen

Lebensmitteln bestehen soll! Achten Sie auf eine ausgewogene, leichte Ernährung am Arbeitsplatz. Als vitaminreiche Zwischenmahlzeit eignen sich Obst, Gemüse oder Salat. Mit Vollkornprodukten, einem frischen Müsli oder Nüssen decken Sie Ihren Energiebedarf und erhalten alle wichtigen Nährstoffe und Mineralien im richtigen Verhältnis.

Pausen einplanen

Der Mensch ist, über den ganzen Tag betrachtet, nicht gleichmäßig leistungsfähig. Dies hängt mit der sogenannten Leistungskurve zusammen, der jeder Mensch – mehr oder weniger – unterliegt. Am Tag ist man aktiv, in der Nacht regeneriert man, aber auch innerhalb des Tages wechseln die Phasen von Aktivitätsbereitschaft und Erholungsbedarf. Deshalb ist bei der Pausengestaltung die Kenntnis der menschlichen Leistungsfähigkeit von großer Bedeutung. Eine sinnvolle Pausengestaltung muss sich an der individuellen Leistungskurve orientieren.

Grad der Leistungsfähigkeit

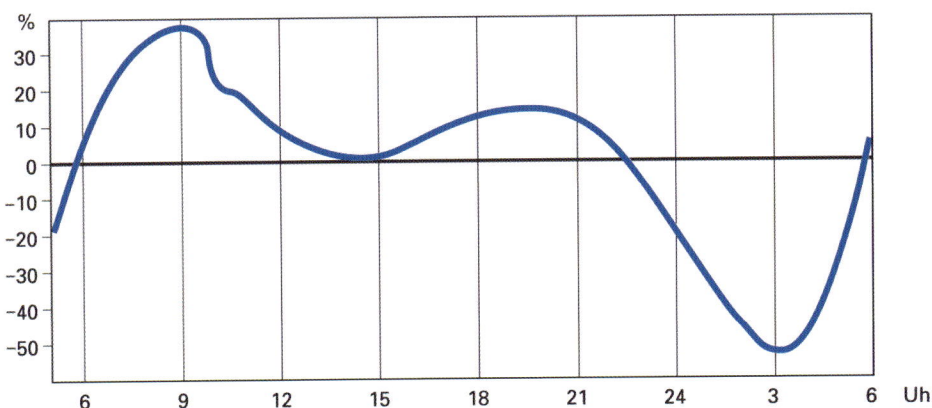

Von Arbeitsmedizinern wird folgende Pausengestaltung empfohlen:

- Mehrere kurze Pausen haben einen höheren Erholungswert als wenige lange Pausen.
- Die Häufigkeit der Pausen sollte sich am Schwierigkeitsgrad der Arbeit orientieren. Je nach Schwierigkeitsgrad der Arbeitsaufgabe sind nach einer Stunde Bildschirmarbeit fünf bis zehn Minuten und nach zwei Stunden 15 bis 20 Minuten zu empfehlen.
- Während der Pausen muss darauf geachtet werden, dass der Regenerationswert nicht durch andere Arbeiten gemindert wird.
- Um die individuellen Schwankungen der Leistungsfähigkeit aufzufangen, sollten die Arbeitnehmer nach Möglichkeit die Pausen frei wählen können.
- In den Pausen können kleine Gymnastikübungen – ohne organisatorischen Aufwand – zur Entspannung und Vorbeugung beitragen.

Ausgleichsübungen praktizieren

Übungsvorschläge für Nacken und Rücken

Verschränken Sie die Hände im Nacken und ziehen Sie den Kopf gegen den Widerstand der Hals-/Nackenmuskulatur nach unten. Richten Sie anschließend den Kopf gegen den Widerstand der Hände wieder auf. Danach die Spannung lösen und von vorne beginnen.

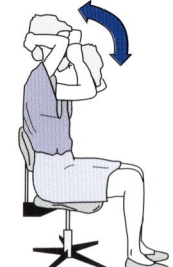

Halten Sie mit einer Hand die Sitzfläche Ihres Stuhles fest, die andere Hand umfasst den Kopf und zieht ihn behutsam auf die andere Seite. Die Hals- und Nackenmuskulatur wird gedehnt. Wechseln Sie auf die andere Seite. Wiederholen Sie die Übung.

Setzen Sie sich aufrecht auf den Stuhl, winkeln Sie die Arme an und legen Sie die Daumen in die Achseln. Kreisen Sie mit den ange-winkelten Armen vorwärts und rückwärts. Achten Sie auf große Kreisbewegungen, Kopf aufrecht halten.

Umfassen Sie ein Knie mit beiden Händen und drücken Sie mit dem Knie gegen den Widerstand der Hände. Halten Sie die Spannung drei bis sechs Sekunden. Nachdem Sie die Spannung gelöst haben, ziehen Sie das Knie ganz fest an die Brust heran.

Stützen Sie sich mit beiden Händen auf die Lehne Ihres Stuhles und lassen Sie den Körper locker hängen. Halten Sie die Spannung im Schultergürtel, ohne durchzuhängen.

Übungsvorschläge für die Augen

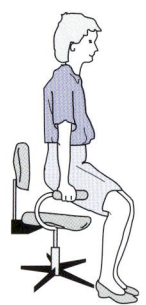

Bei der Bildschirmarbeit werden besonders die am Sehvorgang beteiligten Muskeln bean-sprucht. Sie müssen nicht nur ständig die Linse auf die jeweilige Entfernung einstellen, sondern das Auge auch auf die herrschende Helligkeit umstellen, wenn der Blick von der weißen Papiervorlage auf den dunklen Bildschirm wandert. Reihenuntersu-chungen haben gezeigt, dass die Bildschirmarbeit den Sehapparat stark ermüdet. Deshalb ist es wichtig, die Pausen auch für die Entspannung der Augenmuskeln zu nutzen. Dazu dient die Augengymnastik.

- Suchen Sie sich vier bis sechs Gegenstände auf Ihrem Schreibtisch aus, die von Ihnen unterschiedlich weit entfernt stehen. Sehen Sie jeden dieser Gegenstände nacheinan-der – in einer festen Reihenfolge – genau an. Zum Beispiel: Telefon, Maus, Schreib-tischlampe. Wiederholen Sie die Übung und steigern Sie allmählich das Tempo. Diese Übung entlastet nicht nur, sondern trainiert gleichzeitig die Scharfstellmuskeln.
- Lockern Sie Ihr Gesicht, indem Sie Grimassen schneiden oder „mit Ihrem ganzen Gesicht" die Vokale „a, e, i, o, u" aussprechen.
- Anspannungen im Gesicht, besonders um die Augen, können Sie durch leichtes Beklopfen oder leichten Druck mit den Fingern gegen die verspannte Muskulatur lockern.

Auf den Punkt gebracht

Ernährung		
Essen Sie	**Meiden Sie zu viel**	**Leistungskurve**
– abwechslungsreich – regelmäßig – geringe Mengen – frische, naturbelassene Produkte, – ausgewogene Mischkost	– Fett – Zucker – Koffein – Nikotin – Alkohol	Berücksichtigen Sie Ihre Persönliche.

Pausen
Am Bildschirmarbeitsplatz werden folgende Pausen empfohlen   5 bis 10 Minuten nach 1 Stunde   15 bis 25 Minuten nach 2 Stunden   Entspannungsübungen für – Herz/Kreislauf, – Augen, – Nacken/Rücken, – Finger/Arme, – Beine.

Nutzen Sie Ihr Wissen

1. Warum sind regelmäßige Pausen – gerade am Bildschirmarbeitsplatz – besonders wichtig?

2. Wie sieht eine sinnvolle Pause aus?

3. Welche Grundsätze müssen Sie beachten, um sich ausgewogen zu ernähren? Welche Aussagen können Sie aufgrund der Grafik „Der Gesund-essen-Teller" treffen?

4. Stress ist nicht immer vermeidbar. Wie gehen Sie mit Stress richtig um?

5. Warum sind regelmäßige Pausen – gerade am Bildschirmarbeitsplatz – besonders wichtig?

6. Wie sieht eine sinnvolle Pause aus?

7. Welche Grundsätze müssen Sie beachten, um sich ausgewogen zu ernähren? Welche Aussagen können Sie aufgrund der Grafik „Der Gesund essen-Teller" treffen?

5 Arbeitsprozesse effizient gestalten und Methoden des Zeitmanagements nutzen

5.1 Arbeitsprozesse strukturieren und Störungen identifizieren

Lernsituation

Svenja ist sehr stolz: Seit drei Wochen übernimmt sie viele Arbeitsprozesse in der Abteilung Verkauf selbstständig. Sie unterstützt Herrn Hüls, der große Stücke auf Svenja hält. Sie kann gut strukturieren, ist klar in ihren Entscheidungen und erledigt ihre Aufgaben zügig und korrekt. Viele Kolleginnen und Kollegen von Herrn Hüls bitten Svenja immer wieder um einen kleinen Gefallen, was dazu führt, dass sie zunehmend unter Zeitdruck kommt. Da ihr die Erfahrung fehlt, kann sie den Zeitbedarf für die zusätzlichen Aufgaben nicht richtig einschätzen. Durch den zusätzlich laufenden Publikumsverkehr und ungeplante Telefonate muss sie ihre Arbeit ständig unterbrechen. Was sich anfänglich richtig toll angefühlt hat, wird zunehmend zur Belastung. Svenja sucht Rat bei ihrer Ausbildungsleiterin.

- *Informieren Sie sich über Strategien, die ein effizientes Zeitmanagement ermöglichen.*
- *Identifizieren Sie mögliche Störungen, Zeitdiebe und Zeitfallen.*
- *Entwickeln Sie Strategien gegen eine schlechte Zeitplanung.*
- *Erstellen Sie eine Übersicht, die Störungen, Zeitdiebe und Zeitfallen mit Gegenmaßnahmen zeigt.*
- *Präsentieren und bewerten Sie Ihr Ergebnis.*
- *Reflektieren Sie Ihr Ergebnis und nehmen Sie gegebenenfalls Korrekturen vor.*

5.1.1 Störungen der Arbeitsprozesse

Eine der Hauptaufgaben des Zeitmanagements ist die Beseitigung von Störungen des Tagesablaufs. Störungen können vielfältig sein. Unterschieden werden:

Äußere Störungen	Innere Störungen
Kolleginnen und Kollegen, ungeregelter Publikumsverkehr, Kommunikationsmittel, Geräusche, Lärm, schlechtes Raumklima, Unordnung	Unlust, Schwatzhaftigkeit, Tagträumen, Scheinarbeit, Übermüdung, Ängste und Sorgen

Der Sägeblatteffekt

Viele arbeitende Menschen im Büro kommen erst nach Dienstschluss zu ihren „eigentlichen Aufgaben". Gerade hat man sich in eine Aufgabe eingelesen und arbeitet konzentriert, da klingelt das Telefon. Will man nach der Störung an der gleichen Stelle weiterarbeiten, braucht man eine zusätzliche Anlauf- und

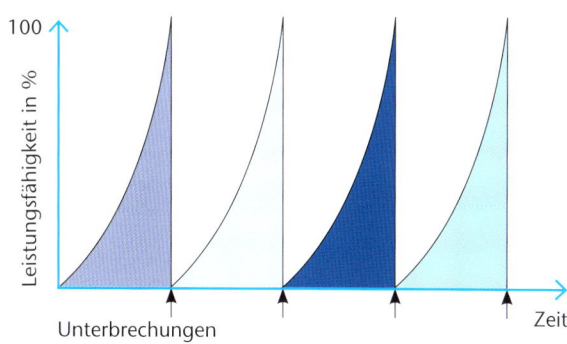

Bearbeitungszeit. Häufen sich solche Störmomente, tritt der sogenannte Sägeblatteffekt in Erscheinung. Bis zu 28 Prozent der Arbeitszeit können dadurch verloren gehen.

Die „Stille Stunde"

Planen Sie ab und zu eine „stille Stunde", in der Sie sich zurückziehen können, in den Tagesablauf ein. Vermerken Sie diese in Ihrem Zeitplanbuch wie einen Besprechungstermin. Das ungestörte Arbeiten ist nämlich nur dann gewährleistet, wenn alle Telefone umgestellt sind bzw. ein Anrufbeantworter eingeschaltet ist.

> Man sollte nie so viel zu tun haben, dass man zum Nachdenken keine Zeit mehr hat.
>
> *Georg Christoph Lichtenberg*

5.1.2 Regeln und Strategien zur effizienten Ziel- und Zeitplanung

Klare Regeln helfen, einfache und schnell umsetzbare Strategien zu erlernen, die ein effektives Zeitmanagement ermöglichen:

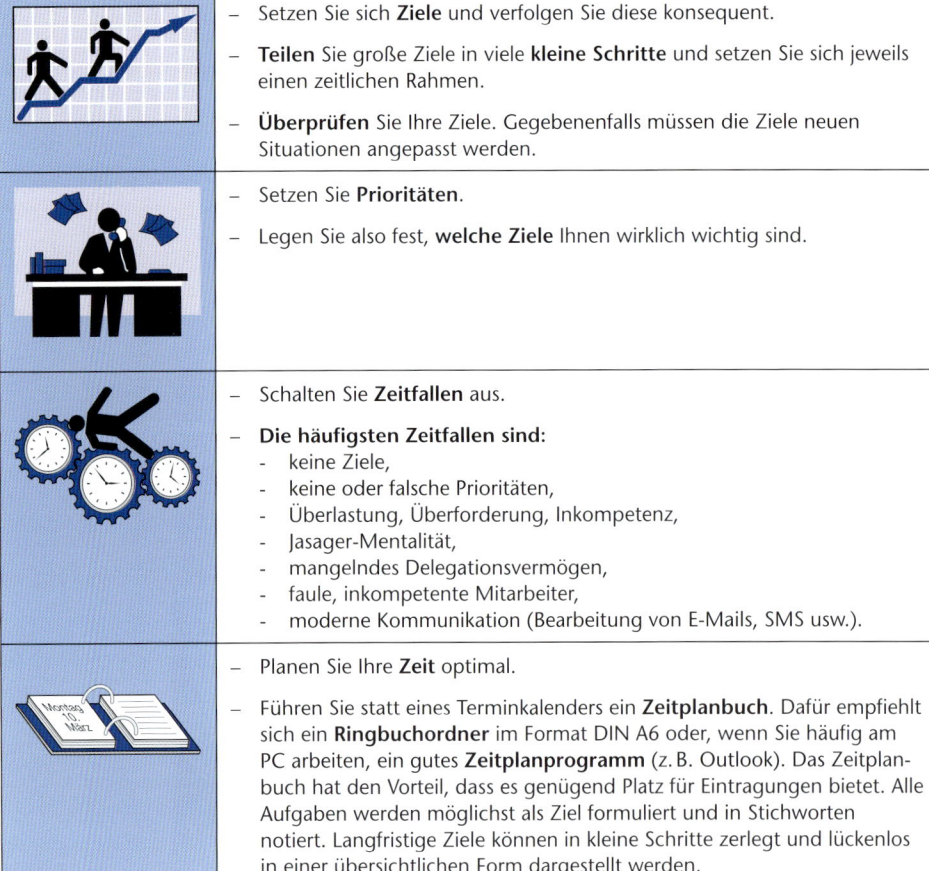

	– Setzen Sie sich **Ziele** und verfolgen Sie diese konsequent. – **Teilen** Sie große Ziele in viele **kleine Schritte** und setzen Sie sich jeweils einen zeitlichen Rahmen. – **Überprüfen** Sie Ihre Ziele. Gegebenenfalls müssen die Ziele neuen Situationen angepasst werden.
	– Setzen Sie **Prioritäten**. – Legen Sie also fest, **welche Ziele** Ihnen wirklich wichtig sind.
	– Schalten Sie **Zeitfallen** aus. – **Die häufigsten Zeitfallen sind:** - keine Ziele, - keine oder falsche Prioritäten, - Überlastung, Überforderung, Inkompetenz, - Jasager-Mentalität, - mangelndes Delegationsvermögen, - faule, inkompetente Mitarbeiter, - moderne Kommunikation (Bearbeitung von E-Mails, SMS usw.).
	– Planen Sie Ihre **Zeit** optimal. – Führen Sie statt eines Terminkalenders ein **Zeitplanbuch**. Dafür empfiehlt sich ein **Ringbuchordner** im Format DIN A6 oder, wenn Sie häufig am PC arbeiten, ein gutes **Zeitplanprogramm** (z. B. Outlook). Das Zeitplanbuch hat den Vorteil, dass es genügend Platz für Eintragungen bietet. Alle Aufgaben werden möglichst als Ziel formuliert und in Stichworten notiert. Langfristige Ziele können in kleine Schritte zerlegt und lückenlos in einer übersichtlichen Form dargestellt werden.

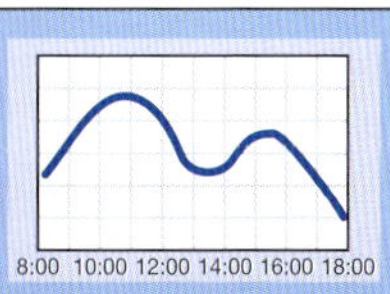 8:00 10:00 12:00 14:00 16:00 18:00	– Berücksichtigen Sie Ihren **Lebensrhythmus** bei der Planung. – Achten Sie darauf, dass Sie die **wichtigsten Aufgaben** dann erledigen, wenn Sie am leistungsfähigsten sind. – **Tiefpunkte** in Ihrer Leistungskurve können Sie für unwichtige Arbeiten oder Routineaufgaben nutzen.
	– Reservieren Sie sich Zeiträume für **Unvorhergesehenes**. – Das **Verhältnis 60:40** hat sich bewährt. Verplanen Sie also nur 60 Prozent Ihrer Zeit und reservieren Sie 40 Prozent für unvorhergesehene Dinge.
	– Planen Sie angemessene **Pausen** ein. – Kurze Pausen von **fünf bis zehn Minuten** ungefähr **jede Stunde** fördern die Konzentration und Leistungsfähigkeit.
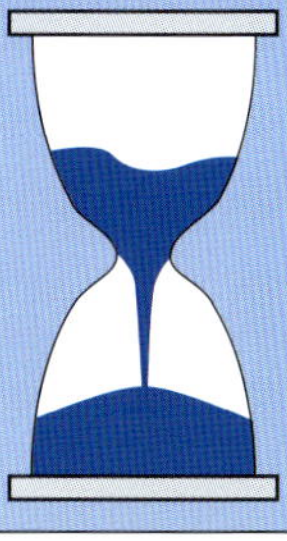	– Achten Sie darauf, dass Ihre **Tagespläne** so gestaltet sind, dass Sie sich nicht überfordern. – Verschaffen Sie sich am Vorabend einen Überblick über die am kommenden Tag **zu erledigenden Aufgaben** und überprüfen Sie die dafür eingeplante Zeit. – Planen Sie in den Tagesablauf etwas ein, was Ihnen **Freude** bereitet. – Bereiten Sie den **abgelaufenen Tag** nach. Die fünf Minuten lohnen sich: Die erkannten Schwächen und Fehler werden Sie nicht mehr wiederholen.

Auf den Punkt gebracht

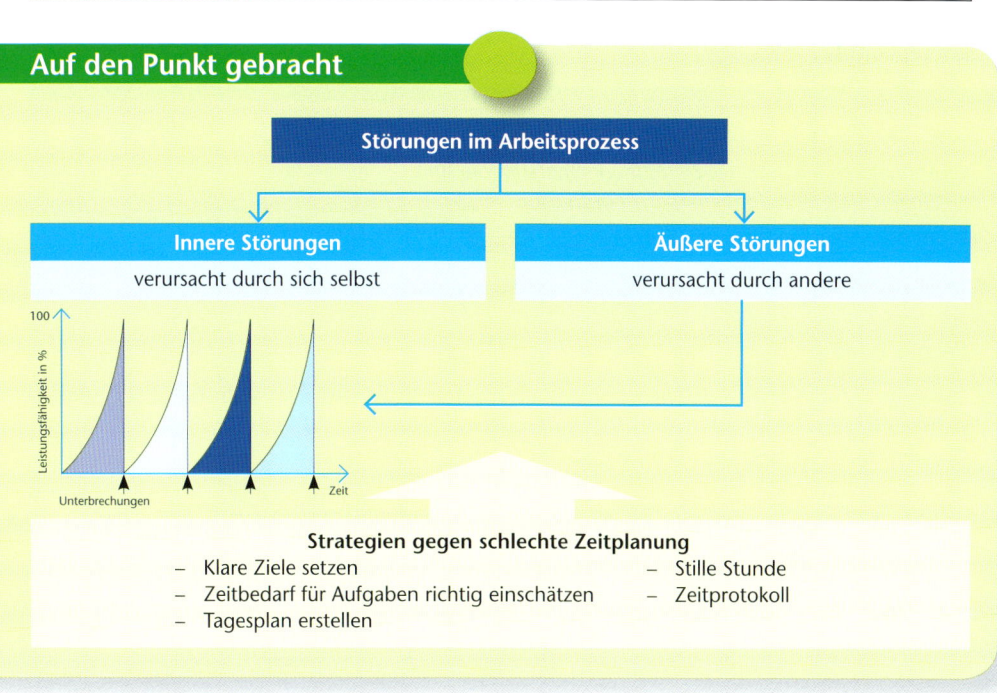

Nutzen Sie Ihr Wissen

1. Sie haben ständig das Gefühl, Ihrer Zeit hinterherzurennen. Was könnten die Ursachen sein?

2. Was haben Ziele und Prioritäten mit der Zeitplanung zu tun?

3. Welche Hilfsmittel eignen sich für eine optimale Zeitplanung?

4. Beschreiben Sie eine gute Tagesplanung.

5.2 Methoden des Zeitmanagements anwenden

Lernsituation

Die Maßnahmen, die Svenja mit ihrer Ausbildungsleiterin entwickelt hat, tragen zur Entspannung der Situation bei. Damit die Arbeitsprozesse auch bei anderen Mitarbeiterinnen und Mitarbeitern besser laufen, hat Frau Ball eine firmeninterne Schulung zum Thema „Zeitmanagement" organisiert. Svenja hat sich angemeldet und ist gespannt auf weitere Methoden, die ihr Zeitmanagement verbessern können. Ihr ist nämlich noch nicht ganz klar, wie sie die theoretischen Ansätze in ihren praktischen Arbeitsalltag integrieren kann.

- *Informieren Sie sich über die Methoden eines effektiven Zeitmanagements.*
- *Analysieren Sie, welcher Zeitmanagement-Typ Sie sind.*
- *Planen Sie Ihre Aufgaben nach Prioritäten.*
- *Kontrollieren Sie Ihre Ziele für Ihr Zeitmanagement mithilfe einer Checkliste.*

Pareto-Prinzip

Vilfredo Pareto (1848 – 1923) war ein italienischer Volkswirt und Soziologe, der herausgefunden hatte, dass 20 Prozent der italienischen Familien 80 Prozent des italienischen Volksvermögens besaßen. Daraus leitete er seine 20 : 80- oder 80 : 20-Regel ab.

Innerhalb einer gegebenen Gruppe oder Menge weisen einige wenige Teile einen weitaus größeren Wert auf, als dies ihrem relativen, größenmäßigen Anteil an der Gesamtmenge in dieser Gruppe entspricht.

Vilfredo Pareto

Für das **Zeitmanagement** bedeutet das Pareto-Prinzip grundsätzlich: **20 Prozent der ein-gesetzten Zeit bringen 80 Prozent des Erfolges.**

Das Pareto-Prinzip, übertragen auf die **Arbeitsplatzorganisation**, bedeutet, dass 20 Pro-zent der **Aufgaben** so wichtig sind, dass damit 80 Prozent des **Arbeitserfolges** erreicht wird.

Deshalb sollten immer Prioritäten gesetzt und Wichtiges zuerst erledigt werden. Zügeln Sie Ihren Perfektionismus – die Effektivität wird nicht besser, auch wenn Sie 24 Stunden arbeiten!

ABC-Analyse

Nach der ABC-Analyse werden die zu erledigenden Aufgaben nach ihrer Wichtigkeit ein-geteilt:

Der Anteil und Zeitaufwand der **A-Aufgaben** ist in der Regel am geringsten, trägt aber am stärksten zur Zielerreichung bei. Bei den **B-Aufgaben** stehen der Zeitaufwand und die Zielerreichung im gleichen Verhältnis zueinander. Die **C-Aufgaben** benötigen die meiste Zeit und beeinflussen den Arbeitserfolg am wenigsten.

Analysieren Sie Ihre Aufgaben und delegieren Sie möglichst viele B- und C-Aufgaben. Erledigen Sie die A-Aufgaben immer selbst.

Wertanalyse der Zeitverwendung

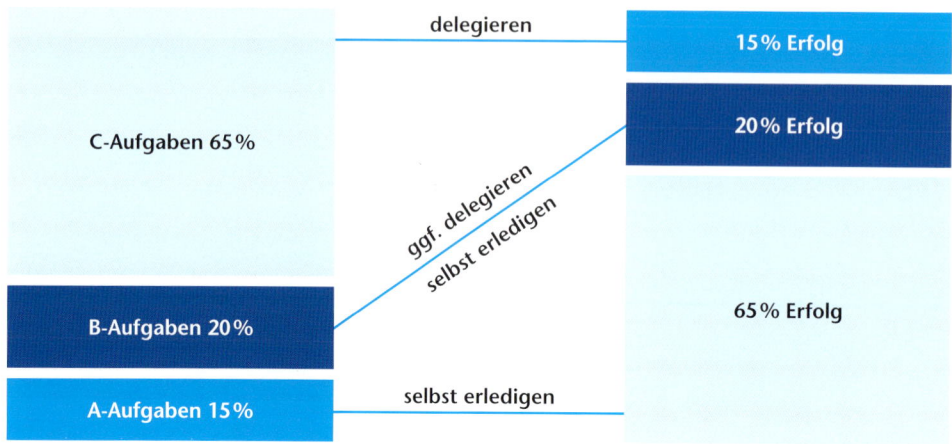

ALPEN-Methode

Die ALPEN-Methode ist eine Hilfe, die Zeitplanung realistisch zu machen. Dazu dient die folgende Merkregel:

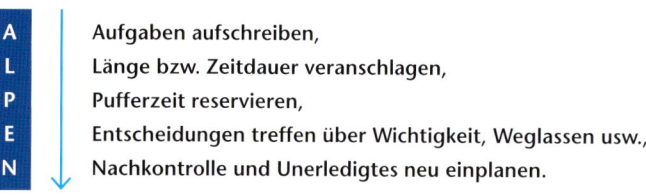

A	Aufgaben aufschreiben,
L	Länge bzw. Zeitdauer veranschlagen,
P	Pufferzeit reservieren,
E	Entscheidungen treffen über Wichtigkeit, Weglassen usw.,
N	Nachkontrolle und Unerledigtes neu einplanen.

Auf die Tagesplanung angewandt sollte man, um zu einer realistischen Einschätzung zu kommen, alle wichtigen Aufgaben schriftlich **notieren** und die notwendige Zeit für die Erledigung **schätzen**. Je nach Berufsgruppe sind **Pufferzeiten** von etwa 40% einzuplanen. Nun werden Prioritäten festgelegt und entschieden, was weggelassen werden kann. Denken Sie daran: Die Planung bzw. Festlegung der Prioritäten entscheidet über den Erfolg!

Kontrollieren Sie am Ende eines Arbeitstages, welche Aufgaben erledigt sind, und übertragen Sie Unerledigtes. Achten Sie unbedingt darauf, dass eine Aufgabe nicht mehrfach übertragen wird. Diese sollte dann schleunigst erledigt oder gestrichen werden.

Eisenhower-Prinzip

Das Eisenhower-Prinzip ist benannt nach dem US-General und späteren Präsidenten Dwight D. Eisenhower. Dieses Prinzip hat er angewandt, um mit seinen Mitarbeiterinnen und Mitarbeitern Aufgaben und Prioritäten festzulegen.

Prioritäten festzulegen ist nicht immer ganz einfach. Deshalb sollte nach dem Eisenhower-Prinzip zunächst einmal zwischen wichtigen und dringenden Aufgaben unterschieden werden.

Wichtige Aufgaben	Dringende Aufgaben
Sie sind unmittelbar mit Ihren Zielen verknüpft. Wann diese Aufgaben erledigt werden, hängt von ihrer Dringlichkeit ab.	Sie müssen sofort erledigt werden. Wer die Aufgaben erledigt, hängt von deren Wichtigkeit ab.

Daraus entwickelte sich die **Eisenhower-Box**. Sie bietet vier Möglichkeiten, die Aufgaben in Kategorien einzuteilen:

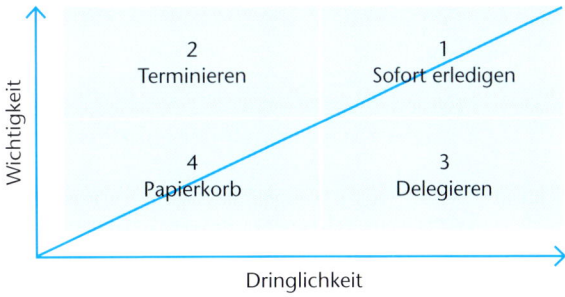

1. Die Aufgaben werden **sofort** selbst **erledigt**.

2. Die Aufgaben werden neu **terminiert**.

3. Die Aufgaben werden **delegiert**.

4. Die Aufgaben wandern in den **Papierkorb**.

- Aufgaben, die dringend und wichtig sind, müssen sofort erledigt werden (1-Aufgaben).
- Wichtige Aufgaben, die aber noch nicht dringend sind, können später bearbeitet werden (2-Aufgaben).
- Unwichtige, aber dringende Aufgaben können delegiert werden (3-Aufgaben).
- Aufgaben, die weder wichtig noch dringend sind, müssen unbedingt in den Papierkorb wandern (4-Aufgaben).

Versuchen Sie, die beste Methode für die Erledigung Ihrer Aufgaben zu finden. Behalten Sie dabei aber die Zeit im Auge!

> Die Menschen verlieren die meiste Zeit damit, dass sie Zeit gewinnen möchten.
>
> *John Ernest Steinbeck*

Auf den Punkt gebracht

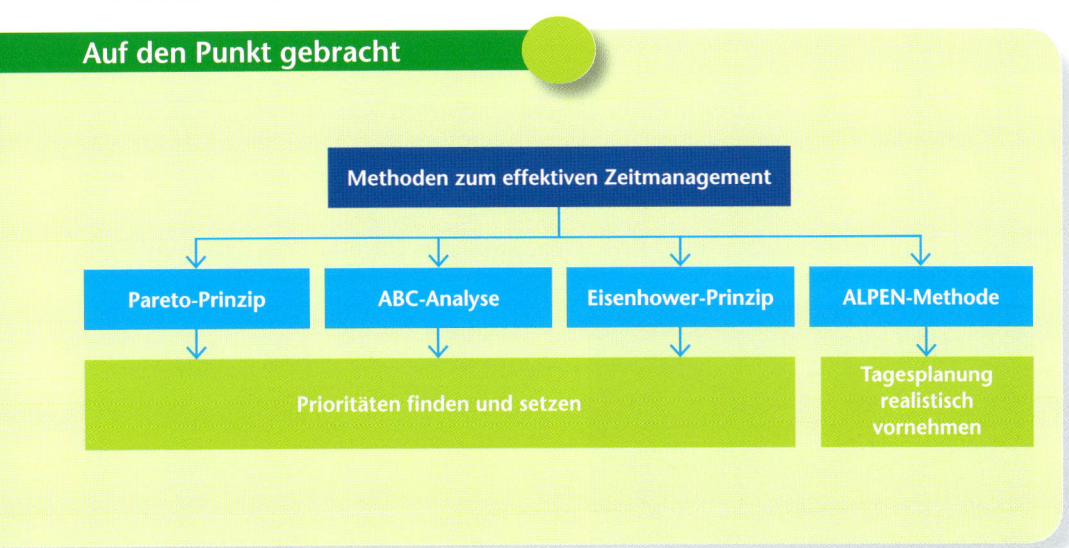

Nutzen Sie Ihr Wissen

1. Zur Prioritätenfindung und -setzung können Sie unterschiedliche Methoden einsetzen.
    a) Unterscheiden Sie die Methoden des Zeitmanagements.
    b) Analysieren Sie, welche Methode am besten zu Ihrem persönlichen Arbeitsstil passt.

2. Ein Bürowerkzeug, das Ihnen hilft, Ihr Zeitmanagement effektiv zu gestalten, ist der Tagesplan.
    a) Welche Methode können Sie einsetzen, um Ihre Tagesplanung realistisch vorzunehmen?
    b) Erläutern Sie diese Methode am Beispiel Ihrer Tagesplanung.

5.3 Termine planen, koordinieren und überwachen

Lernsituation

Frau Dr. Pohl, Leiterin der Abteilung Rechnungswesen und Steuern, betreut Svenja, die in ihrer Abteilung einen weiteren Ausbildungsabschnitt absolviert. Nach Durchsicht der Belege, die von Svenja bearbeitet wurden, stellt Frau Dr. Pohl fest, dass einige Rechnungen zu spät bezahlt worden sind. Dadurch ging der ModernOffice KG ein Betrag von 60,00 € verloren. Im wöchentlichen Ausbildungsgespräch macht Frau Dr. Pohl Svenja auf den Verlust aufmerksam. Zusammen erarbeiten sie eine Checkliste, die Svenja helfen soll, in Zukunft solche Pannen zu vermeiden.

- *Informieren Sie sich über die wesentlichen Planungskomponenten bei der Terminführung.*
- *Entscheiden Sie sich, welche Hilfsmittel Sie zur Terminkoordination einsetzen.*
- *Unterscheiden Sie Termine und Fristen.*
- *Erstellen Sie eine Übersicht in Ihrem Textverarbeitungsprogramm, aus der hervorgeht, welche Terminarten es gibt und wie eine Terminkoordination durchgeführt werden kann.*

Termine und Fristen unterscheiden

Ein wichtiger Teil der Büroarbeit ist die Planung der Arbeitszeit. Gemeint ist damit die Wahrnehmung, Überwachung und Einarbeitung von Terminen in den täglichen Arbeitsablauf. Durch ein vorausschauendes Zeitmanagement wird Stress reduziert, was letztlich qualitativ bessere Arbeitsergebnisse nach sich zieht.

Werden Termine übersehen oder vergessen, kann das für alle Beteiligten unangenehme Folgen haben:

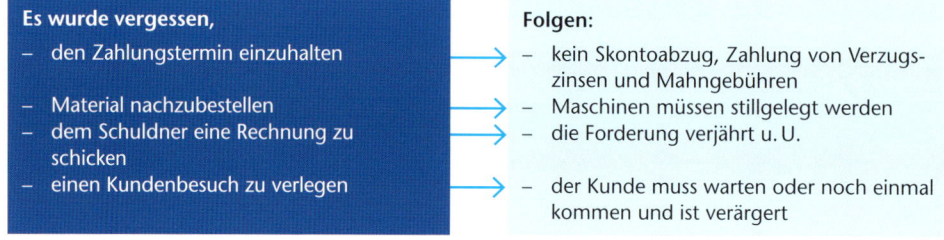

Es wurde vergessen,	Folgen:
– den Zahlungstermin einzuhalten	– kein Skontoabzug, Zahlung von Verzugszinsen und Mahngebühren
– Material nachzubestellen	– Maschinen müssen stillgelegt werden
– dem Schuldner eine Rechnung zu schicken	– die Forderung verjährt u. U.
– einen Kundenbesuch zu verlegen	– der Kunde muss warten oder noch einmal kommen und ist verärgert

Unter einem Termin versteht man einen festen Zeitpunkt (Tag, Uhrzeit), an dem etwas Wichtiges stattfindet.

Beispiele •
- *Geburtstag*
- *Beginn und Ende der Ferien*
- *Klassenarbeit*
- *Arztbesuch*

Unter einer Frist versteht man einen festen Zeitraum.

Beispiele •
- *Zahlungsfrist*
- *Steuerfrist*
- *Kündigungsfrist*

Termine müssen richtig geplant werden. Voraussetzung dafür ist, dass die Hintergründe eines Termins bekannt sind. Deshalb ist es zweckmäßig, sich vor jeder Terminplanung einige Fragen zu stellen:

Weshalb findet der Termin statt?
Wer kommt zu diesem Termin?
Wann findet der Termin statt?
Wo findet der Termin statt?
Wie lange dauert der Termin?

Terminarten kennen

Bei den **Terminarten** unterscheidet man zwei Gruppen:

- die **festen (unveränderlichen)** Termine und
- die **flexiblen (beweglichen)** Termine.

Die **festen** Termine wiederholen sich periodisch. Sie werden möglichst frühzeitig – teilweise schon am Jahresanfang – eingetragen, um späteren Terminüberschneidungen vorzubeugen.

Beispiele •
- *Geburtstage*
- *Schul- und Betriebsferien*
- *Steuerzahlungen*
- *Jubiläen*
- *Messen und Ausstellungen*
- *Hauptversammlungen*

Die **flexiblen Termine** werden, sobald sie festgelegt sind, eingetragen. Gegebenenfalls müssen sie mit den schon festliegenden Terminen abgestimmt werden.

Beispiele •
- *Besprechungen, Sitzungen, Tagungen*
- *Geschäftsreisen*
- *Bearbeitungs- und Planungstermine*
- *Wiedervorlage- und Abgabetermine für Unterlagen*
- *private und geschäftliche Vereinbarungen (Essen mit Geschäftsfreunden, Theaterbesuch, Sportveranstaltung)*

Bei der **Terminüberwachung** ergeben sich folgende Terminarten:

- **Kontrolltermine**, z. B. für Rücksprachen,
- **Erledigungstermine**, z. B. bei Projekten,
- **gesetzlich vorgeschriebene Termine**, z. B. Steuern, Sozialabgaben.

Zur besseren Unterscheidung können die Termine in **verschiedenen Farben** eingetragen werden.

Terminkoordination durchführen

Im Geschäftsleben ist es notwendig, Termine zu planen, festzuhalten, abzustimmen und zu überwachen. Diese Aufgabe übernimmt meist das Sekretariat.

Muss für eine Besprechung, Konferenz oder Ähnliches ein Termin gefunden werden, an dem alle betroffenen Personen teilnehmen müssen, sollte vor der Terminfestlegung eine Terminabfrage gemacht werden. Legen Sie dazu ein Formular an.

Beispiel •
Terminabfrage zur Konferenz

Terminvorschläge		
Personen, die teilnehmen sollten:	**8. Juni 20..** **14:00 Uhr**	**12. Juni 20..** **15:00 Uhr**	**15. Juni 20..** **14:30 Uhr**
Blum, Sonja	•	•	–
Bauer, Edda	–	•	•
Hermann, Robin	–	•	–
Kleiner, Frank	•	•	–
Konrad, Stefan	•	•	•
Zimmer, Anja	•	•	–

Noch leichter geht die Terminabstimmung über Online-Terminfindungs-Tools. Die selbsterklärenden Tools ersparen viele Telefonate und E-Mails, die zur Terminabstimmung notwendig wären.

Um einen Termin nicht zu **vergessen**, ist es unbedingt erforderlich, ihn sofort im Kalender **einzutragen** und seine Einhaltung zu **überwachen**.

Hilfsmittel zur Terminüberwachung einsetzen

Für die Überwachung der verschiedenen Termine stehen im Büro unterschiedliche Hilfsmittel zur Verfügung. Dies sind:

- Terminkalender und -planer,
- Planungstafeln,
- Terminmappen,
- Terminkarteien sowie
- elektronische Medien.

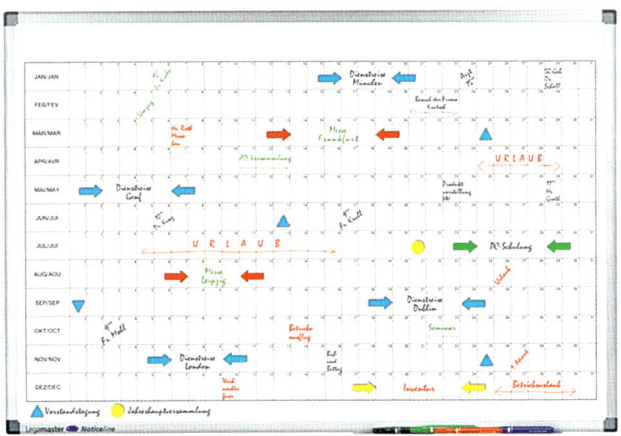

Jahresplaner

Terminkalender

Je nach dem Verwendungszweck und den privaten oder beruflichen Erfordernissen werden Termine in Jahres-, Monats- oder Tageskalender eingetragen. Diese können als Wand-, Tisch- oder Taschenkalender geführt werden. Während Jahres- und Monatskalender eine gute Übersicht zur Terminüberwachung bieten, eignen sich Taschenkalender zur stundenweisen Planung des Tagesablaufs.

Da zahlreiche Termine heute sehr langfristig festgelegt werden, ist es ab der Jahresmitte angebracht, auch Kalender des folgenden Jahres anzulegen.

Terminplaner

Beim Terminplaner handelt es sich um einen **Jahreskalender** aus kräftigem Papier, der an der Wand befestigt wird und eine langfristige Planung von Terminen ermöglicht. Er ist nach **Monaten**, **Wochen** und **Tagen** geordnet. Samstage sowie Sonn- und Feiertage sind farblich besonders hervorgehoben. Die Termine werden am besten mit farbigen Filzstiften eingetragen.

Terminmappen

Die Terminmappen dienen zur **Aufbewahrung** von **Schriftstücken**, die zu **einem bestimmten Termin** wieder bearbeitet oder vorgelegt werden sollen. Am zweckmäßigsten für die Wiedervorlage ist ein Pultordner mit Fächern für die Tage 1 bis 31 und die Monate 1 bis 12. Der laufende Monat wird chronologisch geordnet. Unterlagen für die weiteren Monate werden im Monatsregister abgelegt.

Terminmappen gibt es auch in der Form der Hängeregistratur. Für jeden Kalendertag wird eine Mappe angelegt. Morgens entnehmen Sie der Tagesmappe die entsprechenden Unterlagen und stecken die Mappe hinter die anderen Tagesmappen. So haben Sie stets eine optische Kontrolle, ob die aktuelle Mappe beachtet wurde.

Planungstafeln

Auch Planungstafeln ermöglichen die Terminübersicht über ein ganzes Jahr. Das Sichtbarmachen von Terminen erfolgt meist durch farbige Kärtchen oder Symbole, die auf einer Magnettafel oder einer abwaschbaren Kunststofftafel haften bzw. (auf einer Stecktafel) gesteckt werden.

Planungstafeln

Planungstafeln können auch als Belegungsplaner für Reservierungen aller Art (Zimmer, Kurse, Sportplätze, …) oder als Aktionsplaner für Fertigungssteuerung und Projektverfolgung eingesetzt werden.

Auf den Punkt gebracht

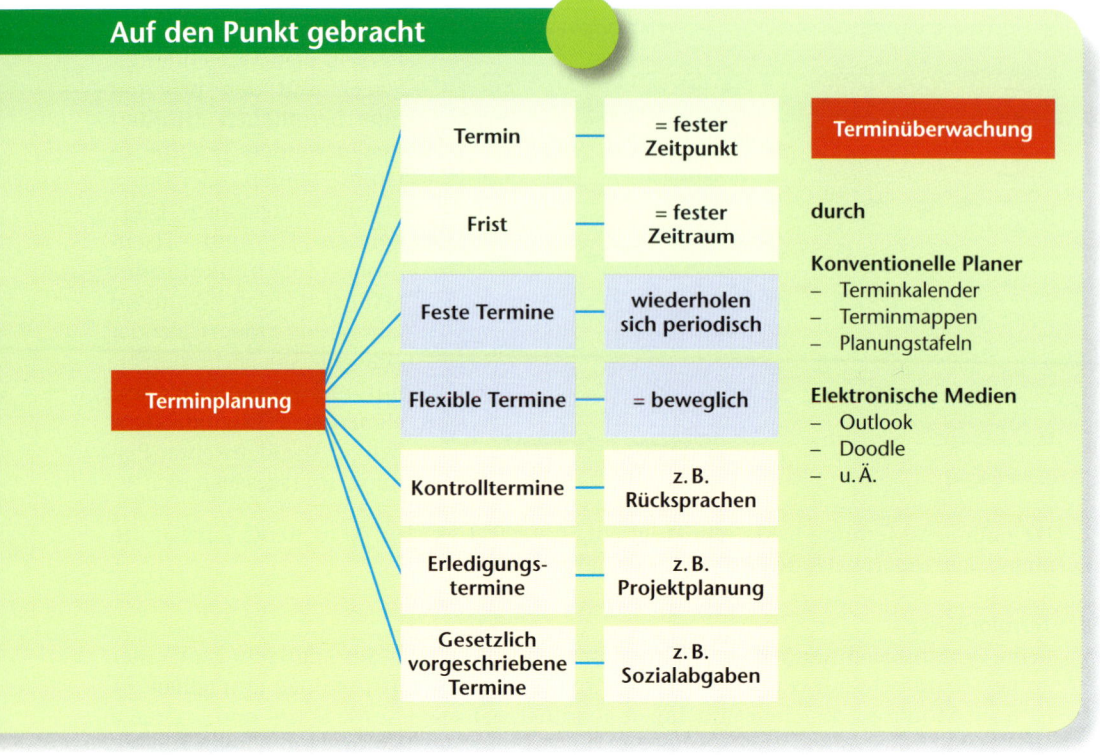

Nutzen Sie Ihr Wissen

1. Welche Termine sollten
   a) von einer Schülerin/einem Schüler,
   b) von einer Bürokraft
   bereits am Jahresanfang in den Terminkalender eingetragen werden?

2. Was verstehen Sie unter beweglichen Terminen? Nennen Sie Beispiele.

3. Das Vergessen eines Termins kann sehr unangenehme Folgen nach sich ziehen. Erläutern Sie diese Aussage.

4. Nach welchen Merkmalen unterscheiden sich Terminkalender?

5. Beschreiben Sie einen Jahresplaner.

6. Worauf ist zu achten, um Pannen bei der Terminplanung und -überwachung möglichst zu vermeiden?

7. Sie stellen im Sekretariat fest, dass die Sekretärin für die Termine Ihres Chefs nur einen Taschenkalender benutzt. Sie sind der Meinung, dass sie unbedingt noch einen Terminplaner braucht. Mit welchen Argumenten können Sie sie überzeugen?

8. Um Personalprobleme bei der Festlegung der Urlaubszeiten zu vermeiden, sollen Sie einen Urlaubsplan anlegen und eventuelle Überschneidungen rechtzeitig feststellen. In der Abteilung „Marketing" arbeiten außer Ihnen noch die Mitarbeiterin-

nen Irene Boldt, Karin Joos und Frauke Beck sowie die Mitarbeiter Frank Keil und Roland Fürst. Entwerfen Sie einen Urlaubsplan (Tabelle mit den Monaten April bis Dezember) und stellen Sie durch Eintragung der bereits vorliegenden Urlaubswünsche fest, zu welchen Überschneidungen es kommt, wenn Frau Joos und Frau Boldt, Sie und Frau Beck, Herr Keil und Herr Fürst nicht gleichzeitig abwesend sein sollen.

Frau Boldt	2., 3. und 4. Maiwoche 1., 2. und 3. Augustwoche	Herr Keil	3. und 4. Maiwoche ganzer September
Frau Joos	3. und 4. Maiwoche 2., 3. und 4. Oktoberwoche 4. Dezemberwoche	Herr Fürst	4. Aprilwoche 4. Septemberwoche 1. und 2. Oktoberwoche
Frau Beck	2., 3. und 4. Augustwoche 1. Septemberwoche 3. und 4. Oktoberwoche	Sie	3. und 4. Juliwoche 1. und 2. Augustwoche 3. und 4. Dezemberwoche

9. Svenja unterstützt zurzeit Alina Blum im Chefsekretariat. Frau Dr. Tischler, die Geschäftsführerin der ModernOffice KG, will in der nächsten Woche eine dreistündige Besprechung mit einigen Außendienstmitarbeiter/-innen einberufen, die sowohl vormittags als auch nachmittags stattfinden kann. Frau Dr. Tischler ist am Mittwoch nächster Woche auf einer Messe in Hannover. Svenja befragt die vier Außendienstmitarbeiter/-innen nach ihren Terminen und erhält folgende Auskünfte:

Frau Zitter		Herr Meister	
Montag:	den ganzen Tag abwesend	**Montag:**	den ganzen Tag auf einer Ausstellung in Frankfurt
Dienstag:	ab 08:30 Uhr in der Firma	**Dienstag:**	von 09:00 bis 13:00 Uhr Besprechung mit der Abteilung Entwicklung
Mittwoch:	Besprechung von 09:00 bis 11:00 Uhr		
Donnerstag:	Gerichtstermin von 10:30 bis 13:00 Uhr	**Mittwoch:**	der gesamte Tag ist für einen Geschäftsbesuch aus Brasilien reserviert
Einen Vertreter hat sie nicht.		**Freitag:**	um 10:12 Uhr Abflug nach Amerika
		Sein Stellvertreter, Herr Oskar, hat nur noch am Dienstagvormittag einen freien Termin.	

Herr Papel		Frau Nolte	
Montag:	Besprechung von 09:00 bis 10:30 Uhr	**Dienstag:**	Besprechung von 08:00 bis 08:30 Uhr, ab 14:00 Uhr nicht mehr anwesend
Dienstag:	den ganzen Tag zu einem Verkaufsgespräch in Hamburg	**Mittwoch:**	den ganzen Tag auf Geschäftsreise
Mittwoch:	von 10:00 bis 12:00 Uhr ein Lieferantengespräch und ab 15:00 Uhr bei der IHK	**Donnerstag:**	erst ab 14:00 Uhr in der Firma
Donnerstag:	Kundenbesprechung von 10:00 bis 12:00 Uhr	Ihr Vertreter, Herr Herbst, ist am Montag nicht in der Firma.	
Freitag:	Gespräch in der Organisationsabteilung von 14:00 bis 16:00 Uhr.	Am Dienstag eine Besprechung von 14:00 bis 16:30 Uhr.	
Seine Vertreterin, Frau Spring, ist ab Dienstagnachmittag in Urlaub.			

a) Lösen Sie diese Aufgabe mit einer Matrix. Zur Lösung der Aufgabe verwenden Sie eine Tabelle nach dem unten stehenden Muster. Reduzieren Sie alle Fakten auf eine Ja-Nein-Entscheidung und tragen Sie das Ergebnis ein. (Nein = x)

b) An welchem Tag kann die Konferenz mit allen Außendienstmitarbeiter/-innen stattfinden?

c) An welchem Tag könnte die Konferenz noch stattfinden, wenn Frau Dr. Tischler auch die Teilnahme von Vertretern der Außendienstmitarbeiter/-innen akzeptieren würde?

Muster für die Lösungstabelle:

Tag	Montag		Dienstag		Mittwoch		Donnerstag		Freitag	
Name	Vorm.	Nachm.	Vorm.	Nachm.	Vorm.	Nachm.	Vorm.	Nachm.	Vorm.	Nachm.

10. Rufen Sie Outlook auf und nehmen Sie die Terminplanung vor: Erstellen Sie einen neuen Kalender für das laufende Jahr.

Bestätigen Sie die Aufforderung „**Sämtliche Feiertage – Deutschland vermerken**".

Kennzeichnen Sie den Steuertermin: **1. Mai bis 28. Dezember.**

Kennzeichnen Sie den Betriebsurlaub: **1. August bis 30. August.**

Legen Sie eine Terminserie fest: **An jedem Arbeitstag von 08:00 bis 08:30 Uhr Postbesprechung**.

Wählen Sie den 30. Oktober und planen Sie den Tag mit den angegebenen Terminen:
09:00 bis 10:30 Uhr   Besprechung mit den Abteilungsleitern
11:00 Uhr   Besuch Dr. Krause
12:00 Uhr   Mittagessen mit Herrn Dr. Krause – Tisch reservieren
14:15 bis 16:00 Uhr   PC-Training
18:00 Uhr   VHS Spanisch-Kurs

Im Aufgabenblock vermerken Sie „**Hochzeitstag – Blumen besorgen**".

Speichern Sie den Terminkalender unter **Termin1**.

6 Sitzungen und Besprechungen vor- und nachbereiten

6.1 Sitzungen und Besprechungen vorbereiten und begleiten

Lernsituation

Stefan Ott, der Leiter der BüroAkademie, plant das neue Lehrgangsprogramm für Fach- und Führungskräfte. Das Angebot im Bereich „Gesundheitsmanagement" soll erweitert werden. Ein paar Kollegen aus dem Verkauf hat Herr Ott bereits angesprochen, um im Vorfeld Ideen zu entwickeln. Nun soll eine Sitzung mit allen Beteiligten (10 Personen) stattfinden, in der die Ideen aufgegriffen und konkrete Ergebnisse erarbeitet werden. Herr Ott bittet Tom Wildermuth um seine Unterstützung.

Stefan Ott	„Hallo Tom, wie ich sehe, haben Sie sich schon gut bei uns eingearbeitet. Ich brauche Ihre Unterstützung: Können Sie mir bei der Vorbereitung der Sitzung in zwei Wochen behilflich sein?"
Tom Wildermuth:	„Kein Problem, ich habe gerade das Protokoll der letzten Projektsitzung fertiggestellt und verschickt. Guter Zeitpunkt, um eine neue Aufgabe zu übernehmen! Was soll ich tun?"
Stefan Ott:	„Die Einladungen müssen verschickt, die Tischvorlage vorbereitet, der Raum gebucht werden, und Sie wissen ja: Flipchart, Getränke usw. Die notwendigen Unterlagen finden Sie im Intranet, in meinem Laufwerk unter ‚Besprechungen'. Der Ordner ist unter dem Datum der Besprechung angelegt, er heißt ‚20..-10-18-Ideen-Gesundheitsmanagement'."
Tom Wildermuth:	„Bis wann brauchen Sie denn die ersten Ergebnisse?"
Stefan Ott:	„Sie wissen ja, am besten vorgestern! Nein, es reicht bis Ende der Woche, und schon mal vielen Dank! Kommen Sie einfach auf mich zu, wenn Sie Fragen haben."

- *Informieren Sie sich, wie Sie Sitzungen und Besprechungen effizient vorbereiten.*
- *Erstellen Sie eine Checkliste zur Besprechungsvorbereitung.*
- *Bereiten Sie die geplante Besprechung vor und erstellen Sie die notwendigen Vorlagen.*
- *Vergleichen und kontrollieren Sie Ihre Ergebnisse.*
- *Überarbeiten Sie gegebenenfalls Ihre Unterlagen.*

Besprechung und Sitzung

Besprechungen und Sitzungen sind die häufigsten Formen der Zusammenkunft im Geschäftsleben.

Besprechung/Meeting	Sitzung
Unter einer Besprechung oder einem Meeting versteht man den Gedankenaustausch zwischen Kollegen. Eine Besprechung kann kurzfristig erforderlich sein. Meist findet sie im Hause statt.	Eine Sitzung ist das Treffen eines kleinen Teilnehmerkreises unter einer bestimmten formalen Regelung, z. B. Einberufung, Tagesordnung.

Besprechung/Meeting	Sitzung
Beispiel • *Mitarbeiterbesprechung*	*Beispiel* • *Vorstandssitzung eines Fördervereins*
Es entfallen zeitaufwendige Formalitäten. Die Vorbereitungen sind gering. Die Einladung zu der Besprechung erfolgt im Allgemeinen mündlich oder telefonisch, seltener schriftlich. Die Besprechung im Hause hat den Vorteil, dass die Teilnehmer leicht zu erreichen sind. Die Mitarbeiter müssen nur so lange teilnehmen, wie ihre Anwesenheit erforderlich ist. Die Unterlagen können schnell beschafft werden. Die Kosten sind gering.	Die Teilnehmer sind z. B. Angehörige von Verbänden oder Körperschaften. Sie sind bei der Abwicklung ihrer Tagesordnung meist ihrer Satzung verpflichtet. Wenn keine eigene Tagungsstätte zur Verfügung steht, geht man gelegentlich ins Nebenzimmer eines öffentlichen Lokals. Die Einladung erfolgt satzungsgemäß meist schriftlich, selten mündlich.

Besprechungen und Sitzungen vorbereiten

Besprechungsziele

Wenn konkret definiert wird, zu welchem **Zweck** eine Besprechung angesetzt wird, ist schnell klar, ob diese Besprechung tatsächlich notwendig ist. Dazu ist es erforderlich, die **Ziele** oder die **gewünschten Ergebnisse** zu klären. So können z. B. regelmäßig stattfindende Besprechungen nach der Zielfindung auch mal abgesagt werden, wenn es nichts zu besprechen gibt.

Die Tagesordnung

- Erstellen Sie zu jeder Besprechung eine Tagesordnung. Formulieren Sie die Tagesordnungspunkte in Form von Besprechungszielen. Dann wissen die Teilnehmer genau, welche Ziele in der Besprechung erreicht werden sollen.
- Durch eine **Tagesordnung** werden die Teilnehmer vorab über die Themen der Zusammenkunft informiert. Dies hat den Vorteil, dass sich alle entsprechend vorbereiten und gegebenenfalls vorab schriftliche Lösungsvorschläge formulieren können.
- Legen Sie für jeden Tagesordnungspunkt einen Zeitrahmen fest und signalisieren Sie damit die Bedeutung der einzelnen Punkte.
- Verschicken Sie die Tagesordnung mit der Einladung und evtl. Informationsmaterial rechtzeitig. Informieren Sie die Teilnehmer über die Anfangs- und Endzeiten.
- Bei wichtigen Sitzungen oder Besprechungen bereiten Sie eine Sitzungsmappe für die Unterlagen vor. Die Tagesordnung liegt oben auf der Sitzungsmappe. Die Unterlagen sind nach den Tagesordnungspunkten sortiert. Terminieren Sie die Besprechungsunterlagen ein bis zwei Tage vor der Zusammenkunft in der Wiedervorlage.

Beispiel • *Vorlage für die Tagesordnung*

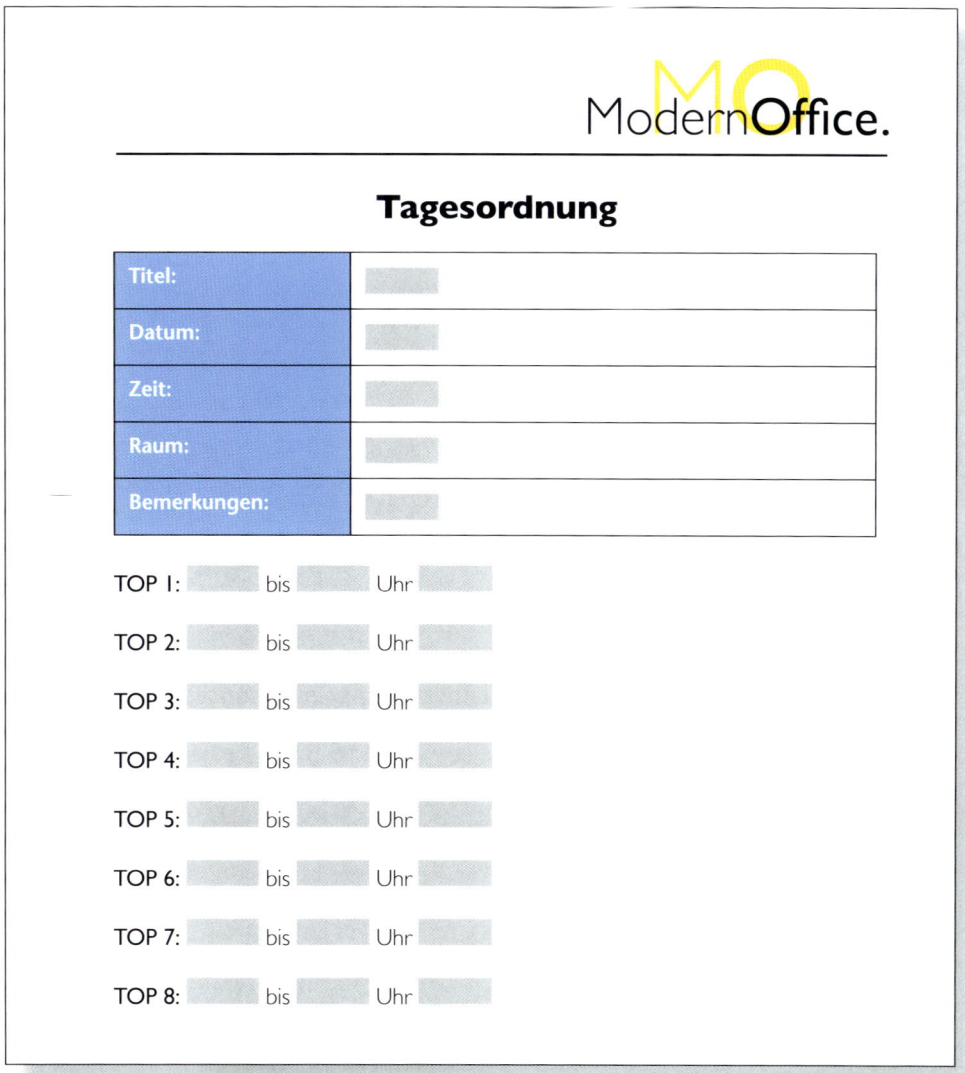

Teilnehmer
- Welche Mitarbeiter müssen wirklich anwesend sein? Für wen reicht es aus, später die Ergebnisse zu erhalten? Die Einladung der Besprechungsteilnehmer ist nach klaren **Auswahlkriterien** vorzunehmen. Kriterien sind z. B. besondere Qualifikationen, erforderliche Meinungen oder die Koordination mit anderen Abteilungen.
- Mit einer Gruppengröße von **fünf bis sieben Teilnehmern** ist die Effektivität am größten. Mehr Teilnehmer erhöhen das Risiko ergebnisloser Gespräche.
- Erstellen Sie Namensschilder, falls sich die Teilnehmer nicht kennen.

Beispiel • *Vorlage für die Anwesenheitsliste*

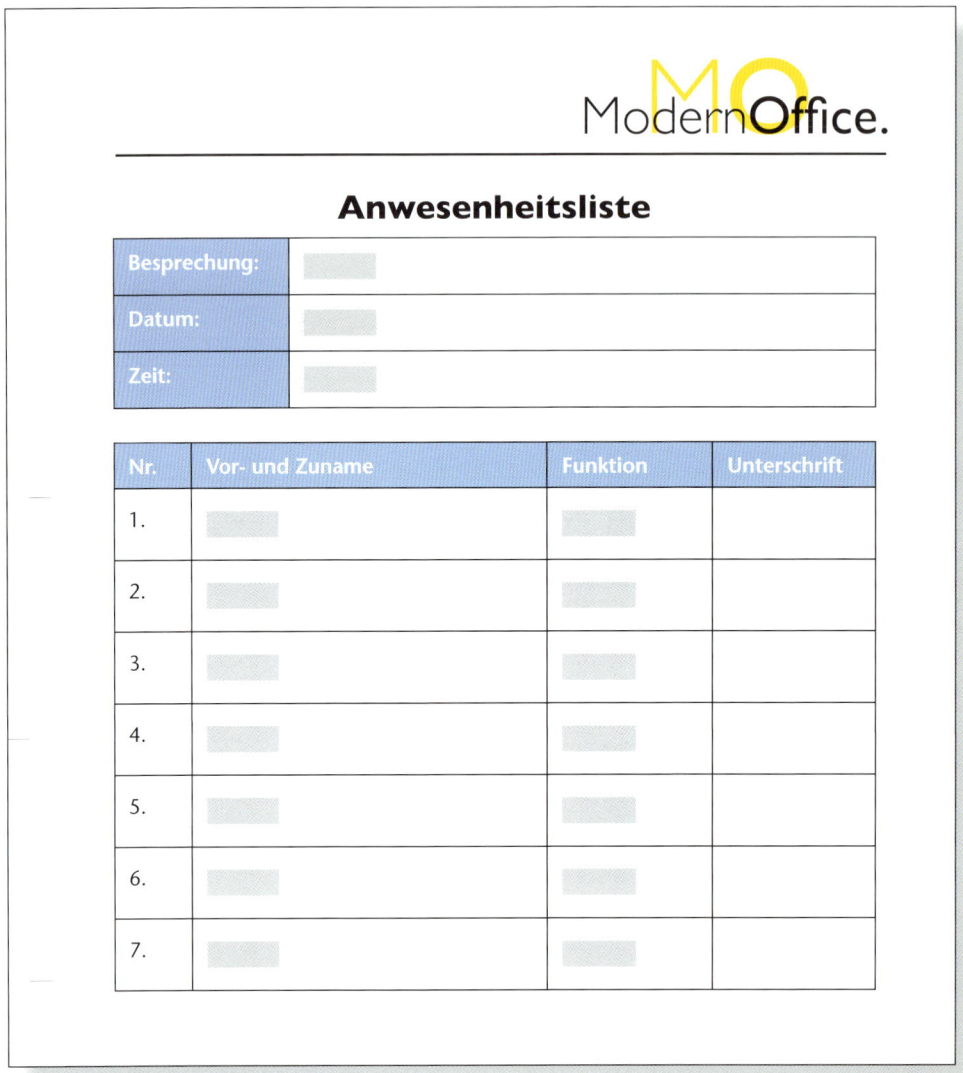

Zeitplanung
- Eine **Besprechung** sollte nicht länger als 45 Minuten bis zu einer Stunde dauern. **Sitzungen** können länger dauern.
- Um zu einer **realistischen Zeitplanung** zu kommen, sind die Themen zunächst in Unterthemen zu gliedern.
- Anschließend werden die Themenbereiche gebündelt und priorisiert. Für jedes Themengebiet ist eine realistische Zeitplanung mit Pufferzeiten vorzunehmen.
- Reicht der Zeitrahmen nicht aus, müssen weniger wichtige Themenbereiche gestrichen bzw. vertagt werden.
- Planen Sie kurze **Pausen** ein. Nach einer Stunde Sitzungszeit sollte eine fünf- bis zehnminütige Pause eingeplant werden.

Raumausstattung und Bewirtung

Für die Raumausstattung und die Bewirtung ist meistens der Hausdienst oder eine entsprechende Stelle zuständig. Die folgenden Beispiele zeigen ein Anforderungsformular für die Raumausstattung und einen Bewirtungsauftrag, die rechtzeitig ausgefüllt an die entsprechende Stelle weitergeleitet werden müssen.

Beispiele • *Anforderungsformular für die Raumausstattung*

ModernOffice.

Raumausstattungswünsche

Vor- und Zuname:	
Besprechung:	
Datum:	
Zeit:	
Raum:	

Anzahl	Präsentationsmedien
	Notebook
	Beamer
	Overhead-Projektor
	Flipchart
	Moderationskoffer
	Moderationstafel(n)
	TV
	Video

Bemerkungen:	

Ort, Datum:	Unterschrift:

Rückmeldung bis

Vorlage für den Bewirtungsauftrag

Bewirtungsauftrag

Besprechung:	
Datum:	
Zeit:	
Raum:	
Kostenstelle:	

Getränke:

Anzahl	Getränk
_____ Flaschen	Mineralwasser mit Kohlensäure
_____ Flaschen	Mineralwasser ohne Kohlensäure
_____ Flaschen	Apfelsaft
_____ Flaschen	Orangensaft
_____ Kanne(n)	Kaffee mit Koffein
_____ Kanne(n)	Kaffee ohne Koffein

Snacks

Anzahl	Getränk
_____	Belegte Brötchen mit Wurst
_____	Belegte Brötchen mit Käse
_____	Belegte Brötchen mit Wurst und Käse

Bemerkungen:	

Ort, Datum:	Unterschrift:

Checkliste für den Raum

Veranstaltungsraum vorbereiten	OK
Raum rechtzeitig reservieren	☐
Sitzordnung einrichten (Reihen- oder Konferenzbestuhlung, Stuhlkreis, ...) **Beispiele:** U-Form Bankett Parlament Kino Block Schulungsreihen	☐
Richtige Sitzordnung vorbereiten (optimale Sicht von allen Plätzen, freie Sitzwahl oder reservierte Plätze, Namensschilder)	☐
Beleuchtung und Verdunklungsmöglichkeiten überprüfen	☐
Rednerpult bereitstellen	☐
Zeigestock bereitlegen	☐
Stromanschlüsse testen	☐
Reduzierung der Außengeräusche	☐
Hinweisschilder zum Veranstaltungsraum aufstellen	☐
Heizung, Belüftung und Klima – auch während der Veranstaltung – überprüfen	☐
Verbrauchsmaterialien für Flipchart, Pinnwand u. Ä. bereitstellen	☐
Bewirtung vorbereiten	☐
Technik überprüfen	
Beamer und Laptop überprüfen – Probelauf	☐
Filzschreiber überprüfen – ggf. eigene mitbringen	☐
Flipchart vorhanden – ausreichend Papier	☐
Pinnwände vorhanden – ausreichend Papier	☐
Moderationskoffer	☐
Lautsprecher	☐
Verlängerungskabel	☐

Auf den Punkt gebracht

Planungskomponenten	
Tagesordnung	**Teilnehmer**
– Anfangs- und Endzeiten festlegen – Besprechungsziele formulieren – Unterlagen zusammenstellen	– Begründete Auswahl treffen – Namensschilder vorbereiten – Anwesenheitsliste vorbereiten
Zeitplanung	**Raum und Bewirtung**
– Themenbereiche bündeln – Pufferzeiten einplanen – Pausen festlegen	– Raum reservieren – Raum vorbereiten – Bewirtung organisieren

Nutzen Sie Ihr Wissen

1. Sie legen in Ihrem Unternehmen häufig Termine für Sitzungen und Besprechungen fest. Worauf müssen Sie dabei achten?

2. In der ModernOffice KG soll am 14. Juni eine Besprechung zum Thema „Soziale Netzwerke in unserem Unternehmen" stattfinden. Beginn um 09:00 Uhr, Ende spätestens um 12:00 Uhr. Es nehmen insgesamt 8 Personen an der Besprechung teil.

   Als Referenten sind vorgesehen:

   • Herr Abele, Geschäftsführer des Softwarehauses DATA-UNION GmbH, Thema: „Social-Media-Leitfaden für Unternehmen" (20 Minuten)

   • Frau Konrad, INTERMEDIA, Vortrag: „Wie Marketing und PR Social-Media-tauglich werden" (45 Minuten)

   Stefan Ott leitet und eröffnet die Besprechung. Die Einführung dauert 15 Minuten. Nach jedem Vortrag ist eine Diskussion vorgesehen. Beendet werden soll die Besprechung mit einem kurzen Statement der einzelnen Teilnehmer. Entwerfen Sie für die Besprechung eine Tagesordnung.

6.2 Sitzungen und Besprechungen nachbereiten und Protokolle erstellen

Lernsituation

Die Besprechung findet wie geplant statt. Tom hat 15 Minuten vor Beginn mit Herrn Ott den Raum gecheckt und sichergestellt, dass alle Geräte funktionieren.

Stefan Ott: „Herr Wildermuth, Sie haben alles perfekt vorbereitet. Ich könnte mir vorstellen, dass Sie auch das Protokoll erstellen können. Was meinen Sie?"

Tom Wildermuth: „Ja gerne, es ist ja nicht das erste Mal. An welche Protokollart haben Sie gedacht?"

Stefan Ott: „Ein Ergebnisprotokoll reicht. Am besten schreiben Sie gleich am Laptop mit."

- *Informieren Sie sich, wie Protokolle richtig erstellt werden.*
- *Analysieren Sie den Zweck eines Protokolls.*
- *Wählen Sie eine geeignete Protokollart aus.*
- *Bereiten Sie sich auf die Protokollführung vor.*
- *Schreiben Sie das Protokoll der nächsten Besprechung.*
- *Besprechen Sie das Protokoll mit Ihrem Ausbildungsleiter oder mit der Lehrkraft.*
- *Führen Sie gegebenenfalls Korrekturen durch.*

Sinn und Zweck eines Protokolls

Das Protokoll ist ein übersichtlich gegliederter, je nach seinem Zweck kürzerer oder längerer Bericht über eine Besprechung oder Sitzung. Es soll über den Verlauf bzw. das Ergebnis dieser Veranstaltung informieren und dient bei Unklarheiten und Meinungsverschiedenheiten als Beweismittel.

Das Protokoll kann folgenden Zwecken dienen:

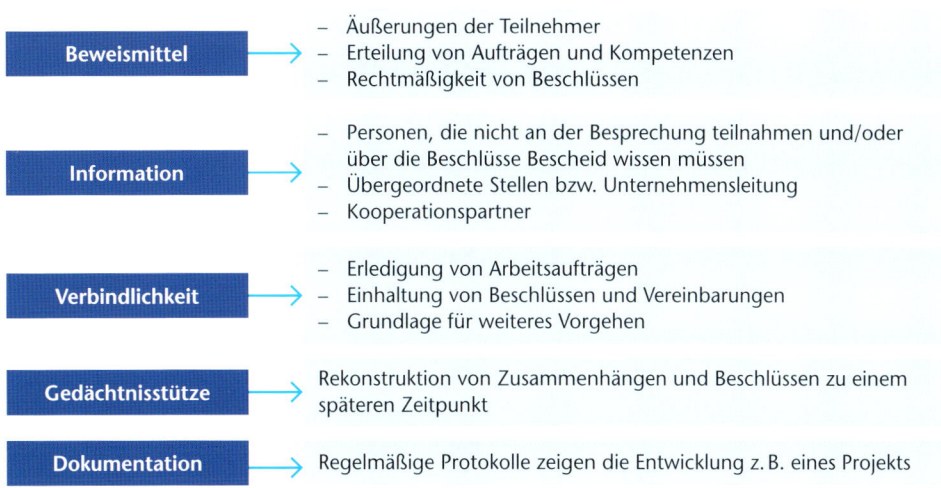

Beweismittel	– Äußerungen der Teilnehmer – Erteilung von Aufträgen und Kompetenzen – Rechtmäßigkeit von Beschlüssen
Information	– Personen, die nicht an der Besprechung teilnahmen und/oder über die Beschlüsse Bescheid wissen müssen – Übergeordnete Stellen bzw. Unternehmensleitung – Kooperationspartner
Verbindlichkeit	– Erledigung von Arbeitsaufträgen – Einhaltung von Beschlüssen und Vereinbarungen – Grundlage für weiteres Vorgehen
Gedächtnisstütze	Rekonstruktion von Zusammenhängen und Beschlüssen zu einem späteren Zeitpunkt
Dokumentation	Regelmäßige Protokolle zeigen die Entwicklung z. B. eines Projekts

Protokolle sind in erster Linie am Sachverhalt orientiert und verlangen daher eine den Tatsachen entsprechende, folgerichtige und nach Themen gegliederte, genaue und richtige Wiedergabe des Geschehens.

Bei der Erstellung des Protokolls muss der Protokollant darauf achten,
- dass es **inhaltlich richtig** ist,
- dass er sich nur auf das **Wesentliche** (mit Ausnahme des wörtlichen Protokolls) beschränkt,
- dass er nur **Tatsachen** (nicht Gefühle, Stimmungen, Vermutungen) darlegt,
- dass er in leicht verständlichen, knappen und klaren Sätzen schreibt.

Protokollarten unterscheiden

Protokollarten	Vorteile	Nachteile	Anwendung	Stilmittel
Wortprotokoll	höchste Beweiskraft	höchstes kurzschriftliches Können erforderlich, sehr hoher Zeitaufwand, unübersichtlich, keine schnelle Information möglich	in den Parlamenten, bei Gericht	direkte Rede
Verlaufsprotokoll personenbezogene, gekürzte Beiträge, chronologischer Verlauf	hohe Beweiskraft, übersichtlicher als Wortprotokoll	hohes kurzschriftliches Können erforderlich, hoher Zeitaufwand	bei sehr wichtigen Anlässen	indirekte Rede, Präsens, Indikativ und Konjunktiv
Kurzprotokoll enthält Ergebnisse, Aufträge und Gründe für das Zustandekommen von Ergebnissen	in der Regel ausreichende Beweiskraft, wenig Zeitaufwand, schnelle Information, kurzschriftliche Kenntnisse nicht unbedingt erforderlich	kaum Nachteile, jedoch nicht geeignet, wenn der Anspruch der „höchsten Beweiskraft" gestellt wird	Besprechungen aller Art	indirekte Rede, Präsens, Indikativ, ab und zu Konjunktiv
Ergebnisprotokoll enthält Ergebnisse, Aufträge	kurzschriftliches Können nicht Voraussetzung, wenig Zeitaufwand, schnelle Information	bietet keine Information über das Zustandekommen von Ergebnissen	bei partnerschaftlichen Besprechungen, bei denen es nur auf das Ergebnis ankommt	indirekte Rede, Präsens, Indikativ
Gedächtnisprotokoll	kann nachträglich erstellt werden	die Genauigkeit hängt von der Erinnerungsfähigkeit des Protokollanten ab	Besprechungen aller Art	indirekte Rede, Präsens, Indikativ
Simultanprotokoll	am Ende der Besprechung liegt das Protokoll vor	Bereitstellung von Notebook und Beamer erforderlich	Besprechungen aller Art	indirekte Rede, Präsens, Indikativ

Einen Protokollrahmen erstellen

Unter dem Protokollrahmen versteht man die Gestaltung des Kopfes und des Schlusses eines Protokolls.

Aus dem Protokollrahmen muss Folgendes ersichtlich sein:

* Name des Veranstalters (Firmennamen, Behörde, Verein),
* Tag der Protokollerstellung,
* Angabe der Protokollart (Verlaufs- oder Ergebnisprotokoll) und Protokollnummer, z. B. bei Besprechungsserien,
* Thema,
* die anwesenden Personen in folgender Reihenfolge:
    – Leiter/-in oder Moderator/-in,
    – Teilnehmer/-innen (Aufführung nach Alphabet oder nach Rang bzw. Funktion),
    – Protokollführer/-in;
* Tagesordnung,
* Ort (Straße, Raum),
* Datum,
* Zeit (Dauer von ... bis ...).

An erster Stelle wird in der Regel der/die Vorsitzende genannt. Ob die übrigen Anwesenden alphabetisch oder nach der Rangfolge, ob mit oder ohne Bezeichnung der Position aufgeführt werden, wird von Fall zu Fall entschieden. Sind es mehr als etwa zehn Anwesende, wird eine Teilnehmerliste erstellt und dem Protokoll beigefügt. Bei verhinderten und entschuldigten Eingeladenen kann hinter den Namen ein entsprechender Vermerk angefügt werden.

Das Protokoll schließt mit der Unterschrift des Protokollführers und dem Genehmigungsvermerk des Vorsitzenden. Die Namen sind maschinenschriftlich zu wiederholen. Falls außer den Sitzungsteilnehmern noch andere Personen das Protokoll erhalten sollen, sind sie im Verteilvermerk aufzuführen. Werden Anlagen beigefügt, sollten sie am Ende des Protokolls einzeln erwähnt werden.

Beispiele •

Ergebnisprotokoll

Thema:	Neubesetzung der offenen Stelle des Verkaufsleiters
Ort:	Zentrale, Besprechungsraum 104
Datum:	19. März 20..
Zeit:	10:15 – 10:45 Uhr
Teilnehmer:	Frau Dr. Anja Tischler – Geschäftsführerin Frau Maria Roth – Vorsitzende der Personalvertretung Frau Miriam Ball – Leiterin der Personalabteilung Herr Tom Wildermuth – Protokollant

Frau Dr. Tischler informiert die Anwesenden über das Ausscheiden von Herrn Koch zum 31. März d. J. und über drei Bewerber, die in der engeren Wahl sind.

Nach Abwägung der sachlichen und menschlichen Gesichtspunkte stimmen alle Anwesenden der Einstellung des 50 Jahre alten, verheirateten Herrn Jens Wagner zu. Herr Wagner wird ein Monatsgehalt von 6.250,00 € brutto erhalten. Die ModernOffice KG ist bereit, Herrn Wagner bei der Suche nach einem geeigneten Haus zu helfen.

Frau Ball wird beauftragt, sich mit Herrn Wagner in Verbindung zu setzen und einen Vertrag vorzubereiten.

Ort, Datum: 20. März 20..	Unterschrift: *Tom Wildermuth* Protokollant
Gelesen und anerkannt: 25. März 20..	Unterschrift: *Dr. Anja Tischler* Geschäftsführerin

Verlaufsprotokoll

Thema:	Abteilungsleiterbesprechung
Ort:	Zentrale, Konferenzraum B 100
Datum:	10. Juli 20..
Zeit:	09:10 – 10:00 Uhr
Teilnehmer:	Frau Dr. Anja Tischler – Geschäftsführerin Herr Dipl.-Kfm. Jens Tischler – Geschäftsführer Fr. Dipl.-Vw. Sabine Müller – Beschaffung (TOP 3) Fr. Dr. Ing. Marie Hüls – Herstellung Herr Dipl.-Ök. Walter Hüls, Verkauf (bis 09:30 Uhr) Herr Otto Sander – Verwaltung Herr Tom Wildermuth – Protokollant
Tagesordnung:	TOP 1: Eröffung und Begrüßung TOP 2: Probleme der Verkaufsabteilung TOP 3: Probleme der Einkaufsabteilung TOP 4: Verschiedenes
TOP 1	**Eröffnung und Begrüßung**
Frau Dr. Tischler	Eröffnet die Sitzung und begrüßt die Anwesenden.
TOP 2	**Probleme der Verkaufsabteilung**
Herr Hüls	gibt einen Überblick über die Abteilung. Er weist insbesondere darauf hin, dass der Umsatz um 4,8 % gestiegen ist. Das habe zur Folge, dass er mit dem derzeitigen Personalstand nicht mehr auskomme. Es sei dringend nötig, zwei zusätzliche Mitarbeiterinnen oder Mitarbeiter einzustellen.
Herr Sander	bekundet Verständnis für diesen Wunsch. Er schränkt aber ein, dass die hohen Personalkosten nur eine weitere Kraft zu ließen.
TOP 3	**Probleme der Einkaufsabteilung**
Frau Müller	berichtet über ihre Abteilung. Sie freut sich über die leicht zurückgegangenen Kosten. Sorgen bereitet ihr dagegen das aus allen Nähten platzende Lager. Sie beantragt deshalb eine Erweiterung um 150 m².
Frau Dr. Hüls	unterstützt diese Bitte. Es entstünden zwar zunächst hohe Baukosten, dafür wären aber die Lagerabläufe rationeller und schneller.

Das Protokoll sprachlich gestalten

Das Protokoll ist in der **Gegenwart** (im Präsens) zu schreiben. Der Leser soll den Eindruck haben, dass die Sitzung im Augenblick des Lesens stattfindet. Die Sprache des Protokolls muss verständlich, sachlich, knapp und stilistisch einwandfrei sein. Stilgefühl, Beherrschung der Grammatik, Rechtschreibung und Zeichensetzung sind wesentliche Anforderungen an einen Protokollanten. Der **Modus** (die Darstellungsart) des Protokolls ist die direkte Rede im Indikativ (auch Redebericht genannt) und die indirekte Rede mit Konjunktiv. Die folgende Übersicht zeigt die Anwendung der Modi:

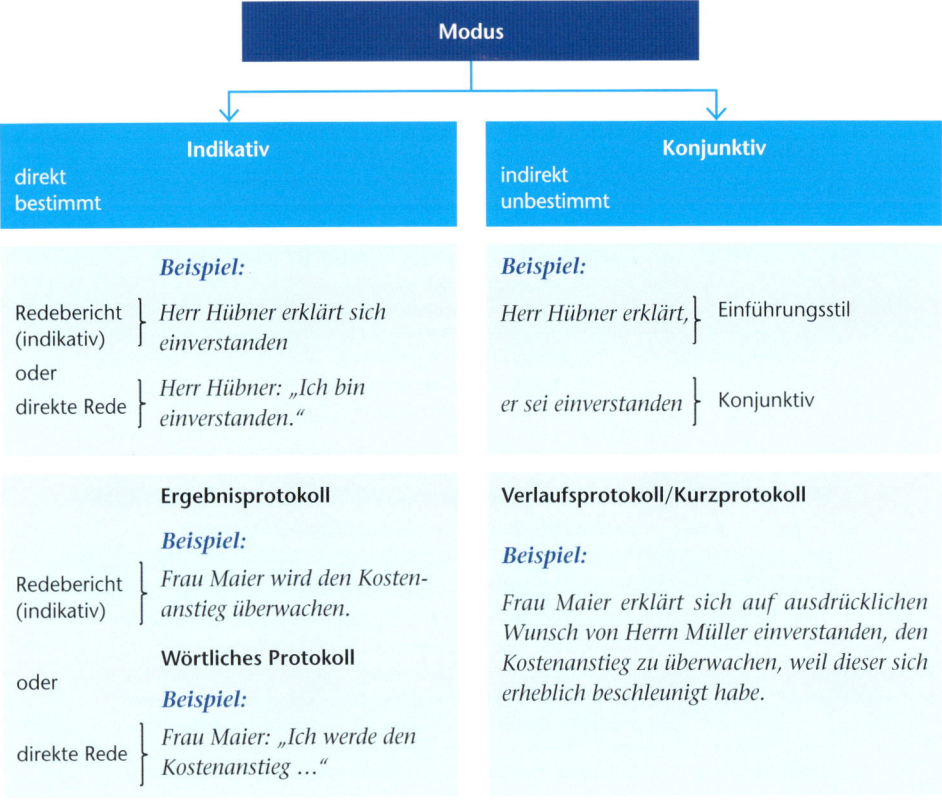

Was der Protokollant selbst als feststehende Tatsache für den Gang der Verhandlung oder als Ergebnis oder Vorschlag (Formulierung von Anträgen und Beschlüssen) wahrnimmt, muss er grundsätzlich im Indikativ formulieren.

Beispiele •
- *Herr Baier* **stimmt** *dem Vorschlag zu.*
- *Die Versammlung* **einigt** *sich darauf, dass ...*
- *Frau Koch* **berichtet** *...*
- *Frau Reichle* **bedankt** *sich bei ...*

Die Aussage eines Sitzungsteilnehmers gibt der Protokollant in der **indirekten Rede** wieder. In diesem Fall ist in der Regel der **Konjunktiv** zu verwenden.

Beispiele •
- *Herr Fuchs sagt, er **sei** dagegen, dass ...*
- *Frau Weber betont, sie **müsse** diesen Antrag ablehnen.*
- *Herr Alber bedauert, er **könne** den Wunsch nicht erfüllen.*
- *Frau Winter bittet, man **möge** ihr den Bericht zuschicken.*
- *Herr Dr. Schmid führt aus, er **habe** sich schon immer dafür eingesetzt.*

Wie die Beispiele zeigen, folgen den Namen der Sitzungsteilnehmer Verben des sprachlichen Handelns (sagt, betont, erklärt usw.). Mit diesen wird die Art der Äußerung bezeichnet, d. h. die damit verbundene Stimmung oder Absicht des Sprechers.

Der Protokollant darf den Charakter einer Aussage nicht verfälschen, weshalb er darauf achten sollte, aus möglichen Verben zutreffend auszuwählen und Wiederholungen zu vermeiden.

Beispiele •

Herr Fischer	*begrüßt, bezweifelt*	Frau Herter	*bemerkt, schildert, erwähnt*
	betont, bittet, fragt		*weist darauf hin, macht*
	beklagt sich, versichert		*geltend, gibt zu verstehen*
	stellt klar, fasst zusammen		*spricht die Erwartung aus*
	erklärt, schlägt vor		*wendet sich gegen, erwidert*
			stellt fest, führt aus

Nachbereitung des Protokolls

Es ist der Sinn eines Protokolls, den Verlauf einer Besprechung, Sitzung, Tagung oder Verhandlung in zweifelsfreier, von den Teilnehmern anerkannter, objektiver Form so festzuhalten, dass es später als Beweis angeführt und auch allgemein anerkannt wird.

Um als Beweis anerkannt zu werden, hat das Protokoll verschiedene Voraussetzungen zu erfüllen: Es muss vom Vorsitzenden oder einer beauftragten Person (z. B. dem Geschäftsführer) **und** vom Protokollführer **unterschrieben werden**. Außerdem müssen die Teilnehmer das Protokoll bestätigen. Es wird ihnen entweder zugesandt oder bei der nächsten Sitzung ausgehändigt. Erhebt niemand Widerspruch, so gilt das Protokoll als angenommen. Durch die Unterschriften und die Genehmigung der Beteiligten erhält das Protokoll sozusagen den Charakter einer Urkunde, d. h., es darf vom Protokollführer nachträglich nicht verändert werden.

Der Protokollführer muss dafür sorgen, dass das Protokoll möglichst schnell verteilt wird. Der **Verteiler** kann durch die Situation vorgegeben sein: Bei einer Mitgliederversammlung bekommen alle Mitglieder das Protokoll, bei einer Gesellschafterversammlung alle Gesellschafter. Häufig richtet sich die Verteilung nach einem im Protokoll festgelegten Verteilerschlüssel. Es ist üblich, ein Protokoll an folgende Personen zu verschicken:
- an alle Teilnehmer,
- an alle Personen, die an einer Teilnahme verhindert waren,
- an Personen, die zwar nicht eingeladen waren, deren Unterrichtung jedoch zwingend ist.

Alle drei Gruppen werden im Verteiler, d. h. am Ende des Protokolls, aufgeführt.

Beispiel • **Verteiler**
> *Herrn Kübler, Exportabteilung*
> *Frau Teufel wegen des Mietwagens*

Häufig ergeben sich aus dem Protokoll Termine, die der Protokollführer zu verfolgen hat, z. B. Termine für die nächste Sitzung, für das Einreichen von Unterlagen usw. Deshalb ist es zweckmäßig, dass der Protokollführer die Termine in den Terminkalender einträgt.

Teilnehmer an Sitzungen müssen die Möglichkeit haben, dem Protokoll zu widersprechen. Es könnte ja sein, dass ein Beschluss missverständlich oder sogar falsch niedergeschrieben, dass ein Diskussionsbeitrag entstellt wiedergegeben oder dass etwas Wichtiges vergessen wurde. Für solche Widersprüche sehen die Satzungen oder Geschäftsordnungen im Allgemeinen bestimmte Fristen vor. Wenn ein Einspruch vorliegt, muss der Protokollführer dafür sorgen, dass über die Änderungen im Protokoll u. U. abgestimmt wird.

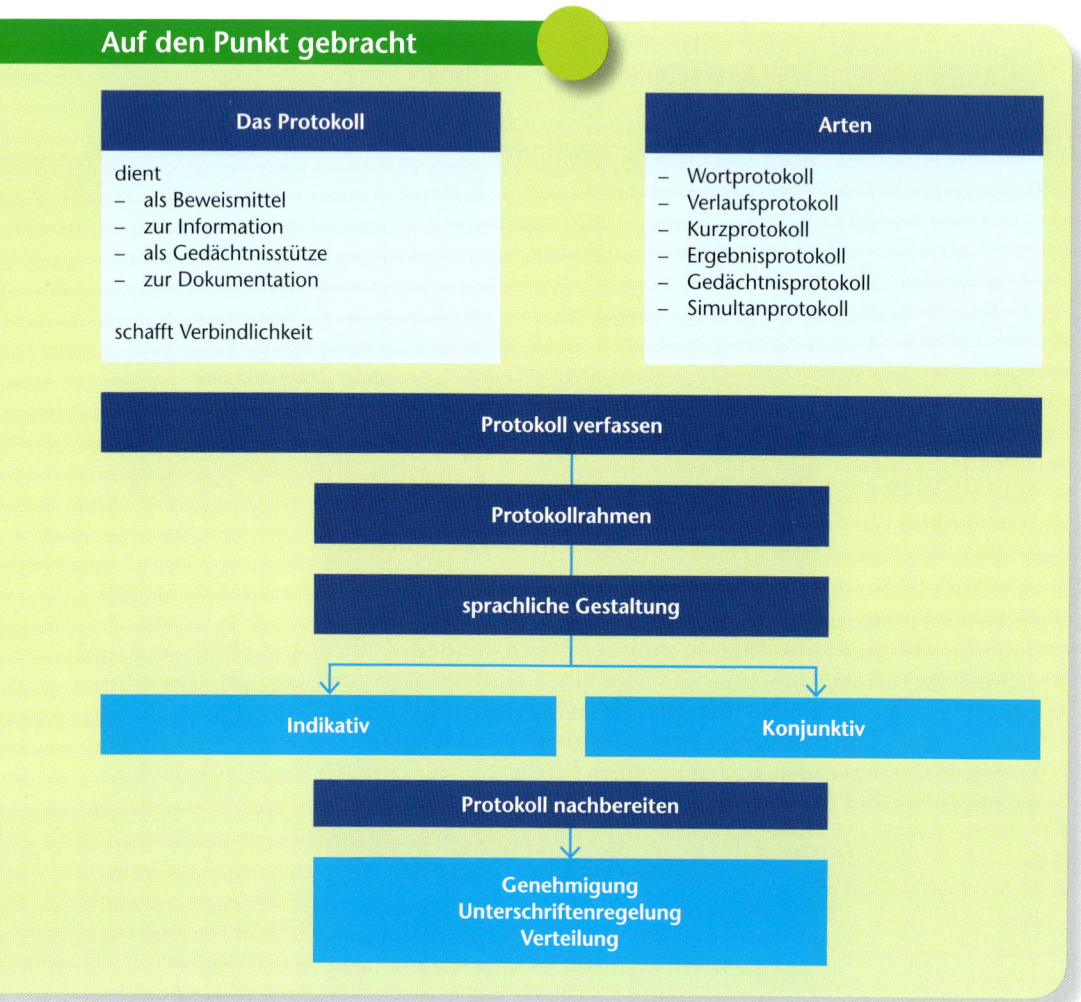

Auf den Punkt gebracht

Das Protokoll

dient
– als Beweismittel
– zur Information
– als Gedächtnisstütze
– zur Dokumentation

schafft Verbindlichkeit

Arten

– Wortprotokoll
– Verlaufsprotokoll
– Kurzprotokoll
– Ergebnisprotokoll
– Gedächtnisprotokoll
– Simultanprotokoll

Protokoll verfassen

Protokollrahmen

sprachliche Gestaltung

Indikativ — **Konjunktiv**

Protokoll nachbereiten

Genehmigung
Unterschriftenregelung
Verteilung

Nutzen Sie Ihr Wissen

1. Nennen und beschreiben Sie die verschiedenen Protokollarten.

2. Was versteht man unter einem Protokollrahmen?

3. Was müssen Sie bei der sprachlichen Gestaltung eines Protokolls beachten?

4. Welche Arbeiten gehören zur Nachbereitung eines Protokolls?

7 Informationen zur innerbetrieblichen Weitergabe aufbereiten

7.1 Tätigkeiten im Posteingang durchführen

Lernsituation

Für Tom Wildermuth beginnt die Ausbildung in der Poststelle der ModernOffice KG. Die Poststelle ist die zentrale Bearbeitungsstelle für alle ein- und ausgehenden Informationen in der ModernOffice KG.

Doris Klöpf berichtet: „Trotz zunehmender E-Mail-Kommunikation werden immer noch viele klassische Briefe in der ModernOffice KG versandt. Wir nennen das die physische Briefkommunikation, da der Empfänger immer noch ein Schriftstück in der Hand hält. Die Bearbeitung elektronisch erstellter Dokumente ohne Medienbruch spielt in unserem Unternehmen aber eine immer größere Rolle. Deshalb wird die Poststelle der ModernOffice KG zunehmend zum Dokumenten- und Kommunikationszentrum ausgebaut."

Durch die Arbeit in der Poststelle gewinnt Tom sehr schnell einen Überblick über die Abteilungen und die Mitarbeiterinnen und Mitarbeiter. Frau Klöpf erklärt ihm, wie die Poststelle eingerichtet ist. Sie zeigt ihm zuerst alle Arbeitsabläufe im Posteingang. In den nächsten Tagen soll Tom morgens, bevor er ins Unternehmen kommt, die Post bei der Postfiliale aus dem Postfach abholen, sie vorsortieren und für die Weiterleitung bearbeiten.

- *Informieren Sie sich über die Abläufe im Posteingang.*
- *Analysieren Sie, wie Sie die Bearbeitung richtig und effizient erledigen.*
- *Dokumentieren Sie im Berichtsheft Ihre Aufgaben in der Poststelle Ihres Betriebes unter Berücksichtigung der firmeninternen Regelungen.*
- *Kontrollieren Sie Ihre Tätigkeiten auf Richtigkeit und Vollständigkeit.*
- *Reflektieren Sie Ihren Bericht mit den anderen Auszubildenden.*

Zentrale Poststelle

In jedem Unternehmen ist die täglich eintreffende Post eilig und muss dementsprechend behandelt werden. Oft ist noch am Tag des Posteingangs eine Reaktion auf den Brief erforderlich. Deshalb muss die Postbearbeitung in jedem Unternehmen perfekt organisiert und technisch unterstützt werden.

Wichtige Informationen gelangen nicht nur „per Post", sondern auch als Fax oder E-Mail in den Betrieb. Der größte Anteil wird jedoch in der **zentralen** Poststelle zur weiteren Verarbeitung in den einzelnen Abteilungen vorbereitet. Ebenso werden die ausgehenden Informationen in der Poststelle zum Versand fertig gemacht.

Beispiel • *Poststelle der ModernOffice KG*

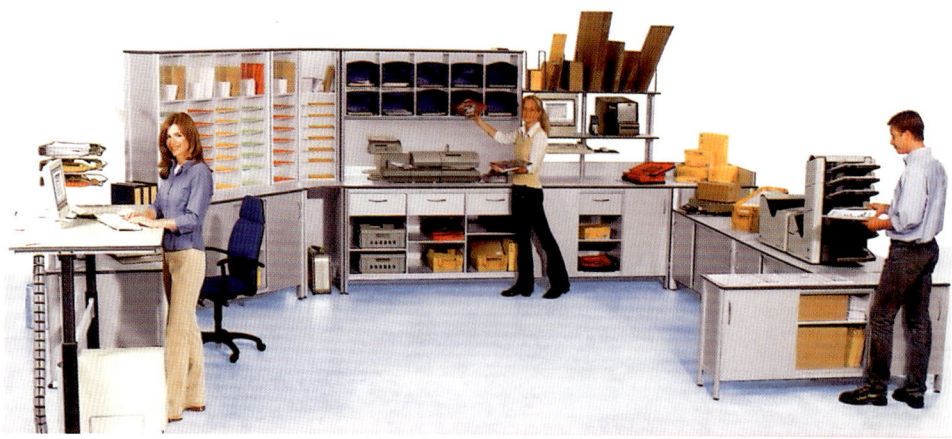

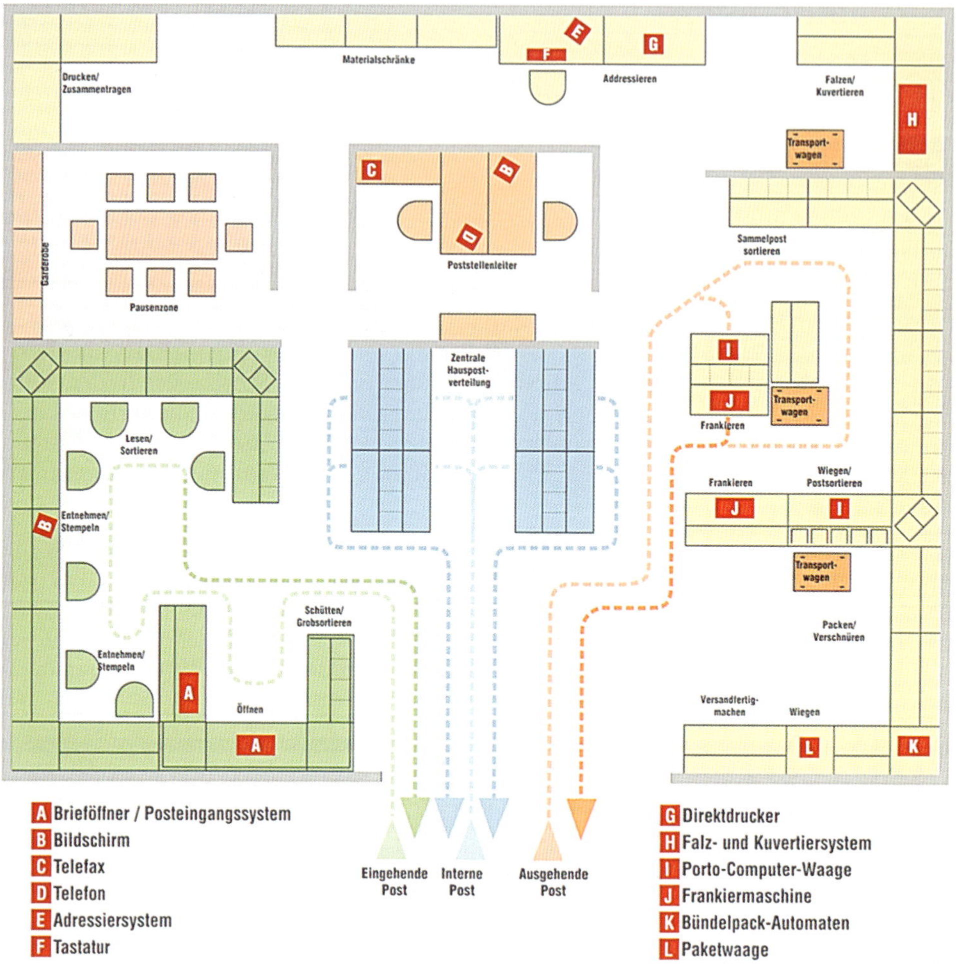
Materialschränke
Drucken/
Zusammentragen
Addressieren
Falzen/
Kuvertieren
Transport-
wagen
Garderobe
Pausenzone
Poststellenleiter
Sammelpost
sortieren
Zentrale
Hauspost-
verteilung
Lesen/
Sortieren
Entnehmen/
Stempeln
Frankieren
Wiegen/
Postsortieren
Schütten/
Grobsortieren
Öffnen
Packen/
Verschnüren
Versandfertig-
machen
Wiegen
Eingehende
Post
Interne
Post
Ausgehende
Post
A Brieföffner / Posteingangssystem
B Bildschirm
C Telefax
D Telefon
E Adressiersystem
F Tastatur
G Direktdrucker
H Falz- und Kuvertiersystem
I Porto-Computer-Waage
J Frankiermaschine
K Bündelpack-Automaten
L Paketwaage

Physischer Posteingang

Auf folgenden Wegen kann die **Briefpost** ins Unternehmen kommen:
– Briefzusteller/Postbote
– Zustellung durch Dienstleister zu vereinbarten Zeiten
– Abholung aus dem Postfach

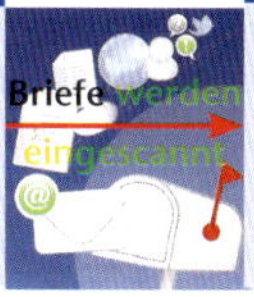

Briefe werden eingescannt

Elektronischer Posteingang

Auf folgenden Wegen können Informationen **digital** ins Unternehmen kommen:
– eingescannte Briefe, E-Mail, PC-Fax, Telefon
– Web, Chat, Internet, Social Media

Poststelle

Post sortieren

Briefe öffnen

↓

Kontrolle des Briefinhalts

↓

Eingangsstempel anbringen

Briefe nicht öffnen

– Post an die **Geschäftsleitung**
– **Privatbriefe**
– Post an die **Personalabteilung**
– Post an den **Betriebsrat**

↓

Sortierung, z. B. nach Abteilungen, Sachgebieten

↓

Verteilung

Dokumente/Belege **nacharbeiten** (z. B. mit elektronischem Eingangsstempel versehen usw.)

Dokumente/Belege **klassifizieren und indizieren**

Intelligente **Erkennung und Auswertung** der Dokumentinhalte

Verteilung/Weiterleitung

↓

Elektronische Akte

Inputmanagement

= die Erfassung und Bereitstellung von strukturierten und unstrukturierten Daten aus verschiedenen Quellen mit einem geeigneten Informationssystem. Der Vorgang beinhaltet folgende Prozessschritte:
– Dokumente empfangen
– Dokumente archivieren
– Daten extrahieren

Zustellung und Abholung der Post organisieren

Um vom Postzusteller unabhängig zu sein, können Postkunden ein **Postfach** mieten. So können sie früh morgens und auch mehrmals täglich ihre Post selbst abholen und sind damit in der Lage, eilige Vorgänge sofort bearbeiten zu können. Das Postfach wird dem Interessenten durch Antrag auf einem bei der Post erhältlichen Formblatt von der Post zuge

teilt. Für die Einrichtung des Postfaches verlangt die Post eine **einmalige Einrichtungspauschale**. Die Größe des Postfachs hängt von der täglich anfallenden Post ab. Der Postfachbesitzer ist zur **regelmäßigen Abholung** der Post verpflichtet, sonst kann das Postfach gekündigt werden.

Zur Abholung von hinterlegten Postsendungen, die nur gegen Unterschrift ausgehändigt werden, ist eine **Postvollmacht** erforderlich. In größeren Betrieben haben meistens mehrere Mitarbeiter eine Innenvollmacht. Durch die Erteilung von Innenvollmachten stellt die Firma sicher, dass nur berechtigte Mitarbeiter Postsendungen entgegennehmen dürfen. Die Innenvollmacht reicht aber zur Abholung von **eigenhändig auszuhändigenden Sendungen** nicht aus – ein besonderer Vermerk ist dazu notwendig.

Nicht im Postfach liegen Sendungen mit dem Vermerk „Eigenhändig", Postzustellungsaufträge, Express-Sendungen, Pakete, Päckchen, großformatige Sendungen und Infopost Schwer (einschließlich Kataloge).

Postfächer in einer Postfiliale

Bei **Briefsendungen mit Zusatzleistungen** (z. B. „Einschreiben") findet der Postabholer einen Auslieferungsschein im Postfach. Die Aushändigung der Sendung erfolgt in der Regel gegen Vorlage des Postfachschlüssels am Schalter.

Bei Firmen mit sehr großen Postmengen werden die bei der Postfiliale eingehenden Sendungen in spezielle Behältnisse (Postkörbe) zur Abholung einsortiert.

Briefe sortieren

Nach Eingang der Post (Briefe, Karten, Päckchen usw.) werden die Sendungen sortiert. **Privatpost**, **Post für die Geschäftsleitung**, Post für die **Personalabteilung** sowie Post für den **Betriebsrat** werden von der Geschäftspost getrennt und ungeöffnet dem Empfänger direkt zugeleitet.

Bei der Privatpost steht der Name zuerst, bei der Geschäftspost an zweiter Stelle (Name des Mitarbeiters im Betrieb, der die Post bearbeiten soll). **Fehlgeleitete Sendungen** (Irrläufer) werden an die Post zurückgegeben.

Beispiele •

Briefe an die Geschäftsleitung	Privatbrief Beispiel 1	Privatbrief Beispiel 2	Geschäftsbrief
3 • 2 • 1 •	3 • 2 • 1 •	3 • 2 • 1 •	3 • 2 • 1 •
1 Herrn Geschäftsführer 2 Dipl.-Kfm. Jens Tischler 3 ModernOffice KG 4 Industriestraße 10–14 5 72160 Horb am Neckar 6 •	1 Frau 2 Svenja Kolleck 3 ModernOffice KG 4 Industriestraße 10–14 5 72160 Horb am Neckar 6 •	1 Herrn 2 Tom Wildermuth 3 ModernOffice KG 4 Industriestraße 10–14 5 72160 Horb am Neckar 6 •	1 ModernOffice KG 2 Herrn Tom Wildermuth 3 Postfach 10 15 4 72153 Horb am Neckar 5 • 6 •

Zusätze wie z. H. (zu Händen), i. H. (im Hause), i. Fa. (in Firma) oder c/o (care of) sind überflüssig und sollten entfallen.

Beispiel • *In der ModernOffice KG legt die Geschäftsleitung schriftlich in einer betrieblichen Postordnung fest, welche Post geöffnet und welche Post ungeöffnet an die Mitarbeiter und Abteilungen weitergegeben wird: Alle Privatbriefe (siehe Privatbrief 1) werden ungeöffnet weitergeleitet. Wenn der Absender eine Verfügung in Form von „vertraulich", „persönlich" oder „eigenhändig" in die Anschrift (siehe Beispiel 2) gesetzt hat, geht immer das Briefgeheimnis vor. Diese Briefe müssen ungeöffnet weitergegeben werden.*

Briefe öffnen

Der Arbeitsablauf im Posteingang ist von der Betriebsgröße abhängig. In großen Betrieben wird die Ein- und Ausgangspost meist in einer zentralen Poststelle bearbeitet. In kleineren Betrieben sortiert die Bürokraft die Post und legt sie den Vorgesetzten

Elektrischer Brieföffner

vor. Diese öffnen sie und entscheiden, wer die Post weiterbearbeiten soll. Bei geringem Posteingang werden die Briefhüllen von Hand mit einem Brieföffner (Handmesser) geöffnet.

Unternehmen mit größeren Postmengen (ab 50 Briefe pro Tag) öffnen die Briefhüllen mit einem elektrischen Brieföffner (Brieföffnermaschine). Die elektrische Brieföffnermaschine schlitzt in minimalem Abstand von der oberen Kante die Briefhülle auf. Dadurch wird der Briefinhalt nicht zerschnitten und kann bequem entnommen werden.

Die Eingangspost digitalisieren

Um die Papierpost in das Dokumentenmanagementsystem des Unternehmens zu überführen, werden alle Dokumente bereits in der zentralen Posteingangsstelle digital erfasst, archiviert und elektronisch verteilt.

Nachdem ein automatisches Posteingangssystem die Briefe geöffnet und entnommen hat, werden sie an einer oder mehreren Scannerstationen eingelesen und im Intranet des Unternehmens gespeichert. So besteht für die Mitarbeiter die Möglichkeit, direkt auf die für sie bestimmte Eingangspost zuzugreifen. Der Vorteil dieses Verfahrens liegt in einem deutlich beschleunigten Informationsfluss, da die Dokumente ohne weitere Verteilvorgänge den Fachabteilungen über das firmeninterne Netzwerk zur Verfügung stehen.

Briefe kontrollieren

Nach dem Öffnen wird das Schriftgut dem Umschlag entnommen. Dabei ist darauf zu achten, dass

- der Briefumschlag vollständig **entleert** wird (Leerkontrolle),
- auch alle im Brief erwähnten **Anlagen** vorhanden sind; fehlt eine Anlage, so wird dies handschriftlich auf dem Brief bei „Anlagen" vermerkt (Anlagenkontrolle),

- das **Datum des Poststempels** auf dem Briefumschlag und das **Briefdatum** nicht zu sehr voneinander abweichen; diese Kontrolle ist vor allem bei Terminsachen (Liefer- und Zahlungsfristen, Anmeldungen usw.) wichtig,
- durch **Zusammenheften** garantiert wird, dass **Brief und Anlagen** zusammenbleiben.

Optische Leerkontrolle

Bei umfangreichem Schriftgut verwendet man für die Leerkontrolle eine **Leerkontrollanlage**. Leere Briefhüllen werden nur dann aufgehoben und weitergeleitet, wenn die Absenderangabe auf dem Brief fehlt, Briefdatum und Poststempel zeitlich weit auseinander liegen oder wenn es sich um nachzuweisende Sendungen (z. B. Einschreiben), Kündigungen oder Rechtsangelegenheiten (z. B. Vorladung vor Gericht) handelt.

Briefe stempeln

Der **Eingangsstempel** ist auf einem Geschäftsbrief rechts neben der Anschrift des Empfängers anzubringen. Das Abstempeln ermöglicht **einen späteren Vergleich von Ausfertigungstag des Schriftstücks, Datum des Poststempels und dem Tag des Eingangs**, aber auch **die innerbetriebliche Durchlaufzeit** kann verfolgt werden. Eingangsstempel können enthalten:

- Firmenname,
- Datum und Uhrzeit des Eingangs (dies ist häufig ein wichtiger Nachweis für die Einhaltung von Terminen),
- Felder für Bearbeitungsvermerke wie Angabe der Abteilung, die den Brief bearbeiten soll.

Beispiele •

Urkunden (Zeugnisse, Verträge), Schecks, Wechsel usw. dürfen nicht mit einem Eingangsstempel versehen werden. Bei diesen Unterlagen empfiehlt es sich, den Briefumschlag abzustempeln und anzuheften.

Bei Behörden und kleineren Betrieben ist es noch üblich, ein **Posteingangsbuch** zu führen. Dieses Verfahren ist sehr zeitaufwendig, ermöglicht jedoch eine genaue Kontrolle darüber, wann eine Postsendung eingegangen ist.

Elektronisch eingegangene Dokumente erhalten einen elektronischen Eingangsstempel.

Die Post verteilen

Die in der Posteingangsstelle vorbereitete Post muss an die verschiedenen Abteilungen verteilt werden. Dazu gibt es mehrere Möglichkeiten:

- Jede Abteilung holt ihre Post selbst ab.
- Ein Botendienst wird eingerichtet. Mithilfe eines elektrisch angetriebenen Umlaufwagens kann schweres Postgut bequem transportiert werden.
- Automatische Verteilung mit Büroförderanlagen, wie z. B. Rohrpost- oder Schienenförderanlagen.

Umlaufwagen

Rohrpost

Über die Rohrpostanlage können Papierformate bis zu DIN A3 quer, EDV-Ausdrucke, Geld, Kleinmaterialien, Diktatträger, Laborproben usw. transportiert werden. Das Beförderungsgut wird je nach Größe in eine entsprechende **Rohrpostbüchse**, die aus schlagfestem Kunststoff besteht, eingelegt. Im **Rohrpostsystem** befinden sich mehrere **Stationen**, die über **Zielnummern** angesteuert werden. Durch Druck- und Saugluft wird die Büchse zur **Empfangsstation** transportiert. Moderne Rohrpostanlagen besitzen eine **mikroprozessorgesteuerte Zentrale**, die das ganze System überwacht und steuert.

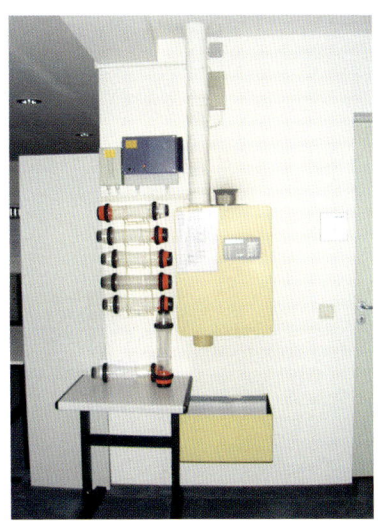

Rohrpoststation

Schienenförderanlagen

Schienenförderanlagen bestehen aus einem System fest installierter Profilschienen und geschlossenen Behältern. Die Anlagen eignen sich für waagerechten und senkrechten Transport des Schriftguts. Die Empfangsstation wird durch Einstellen einer Zahlenkombination am Förderbehälter bestimmt. Im Gegensatz zur Rohrpost beträgt die Fahrgeschwindigkeit maximal einen Meter pro Sekunde.

Schienenförderanlage

Posteingangssysteme nutzen

Posteingangssysteme ermöglichen eine schnelle Bearbeitung auf engstem Raum. Die Eingangspost wird unsortiert in einen Ablageschacht gestapelt. Danach werden die Briefe durch ein Vakuumsystem vereinzelt und dem Brieföffner zugeführt. Nach dem Öffnen wird der geschlitzte Briefumschlag durch Saugarme geöffnet, sodass der Inhalt leicht zu entnehmen ist. Gleichzeitig wird der Briefumschlag durch Ausleuchtung kontrolliert. Die weiteren Bearbeitungsschritte wie Heften, Datieren und Sortieren können durch angegliederte Zusatzeinrichtungen erfolgen.

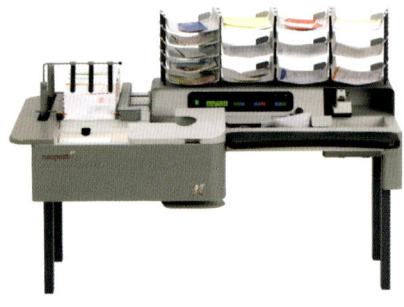

Die Bearbeitungsmaschinen und Sortiereinrichtungen sind nach dem Baukastenprinzip aufgebaut: Jedes Unternehmen kann eine Grundausstattung wählen, die nach Bedarf ergänzt werden kann.

Auf den Punkt gebracht

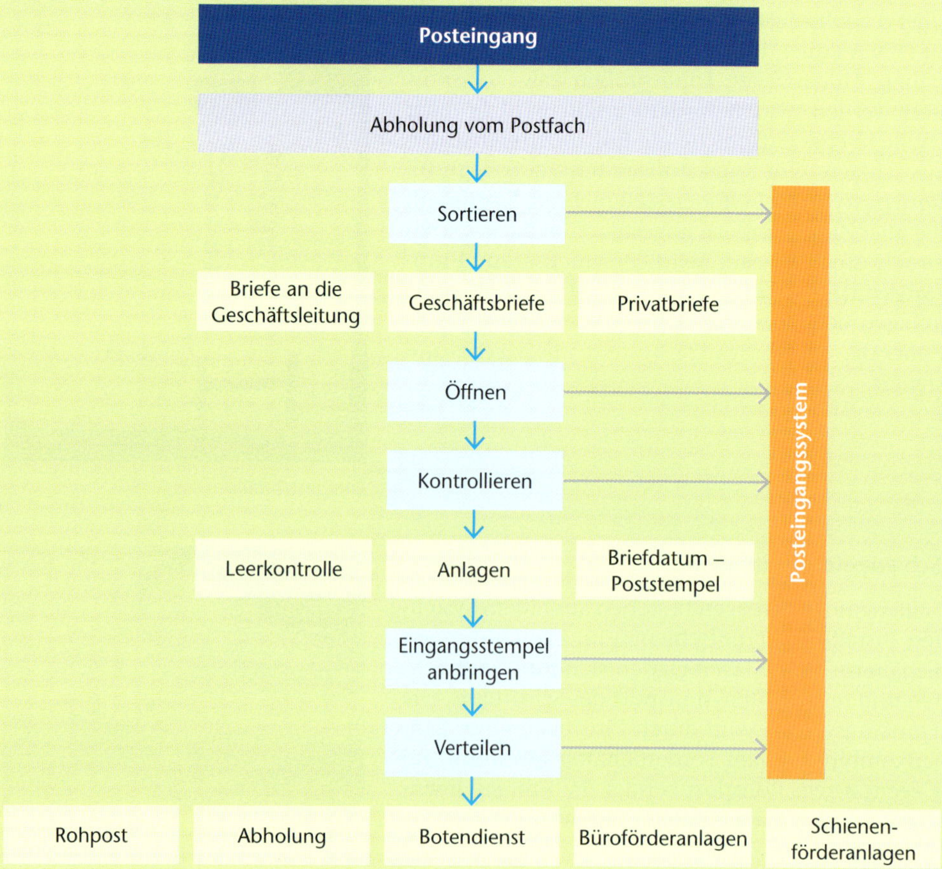

Posteingang

Abholung vom Postfach

Sortieren

| Briefe an die Geschäftsleitung | Geschäftsbriefe | Privatbriefe |

Öffnen

Kontrollieren

| Leerkontrolle | Anlagen | Briefdatum – Poststempel |

Eingangsstempel anbringen

Verteilen

Posteingangssystem

| Rohpost | Abholung | Botendienst | Büroförderanlagen | Schienenförderanlagen |

Nutzen Sie Ihr Wissen

1. Die ModernOffice KG hat bei ihrer Postfiliale ein Postfach gemietet. Welche Vorteile ergeben sich daraus?

2. Sie sollen bei der Postfiliale die für Ihren Betrieb eingegangene Post (Briefe, Einschreibesendungen usw.) abholen. Benötigen Sie dazu eine Genehmigung?

3. Neben der Papierpost geht auch sehr viel elektronische Post in der zentralen Poststelle der ModernOffice KG ein. Beschreiben Sie die elektronische Weiterbearbeitung.

4. Was verstehen Sie unter der digitalen Archivierung der Eingangspost und welche Vorteile ergeben sich durch dieses Verfahren?

5. In der DIN 5008 ist die Schreibweise der Postfachnummern festgelegt.
   a) Korrigieren Sie die falschen Schreibweisen: 123 – 2345 – 121343
   b) Formulieren Sie die Regel für die richtige Schreibweise.

6. Die Anschriften auf zwei eingegangenen Briefen lauten:

Frau Geschäftsführerin Dr. Anja Tischler ModernOffice KG Industriestraße 10 – 14 72160 Horb am Neckar	ModernOffice KG Frau Svenja Kolleck Industriestraße 10 – 14 72160 Horb am Neckar

   Darf die Poststelle der ModernOffice KG die beiden Schreiben öffnen (Begründung)?

7. Nach welchen Gesichtspunkten sortieren Sie die Eingangspost in der ModernOffice KG?

8. Welche Kontrollen muss Tom Wildermuth beim Öffnen der Eingangspost durchführen?

9. Tom Wildermuth hat beim Öffnen eines Briefes festgestellt, dass
   a) eine Anlage fehlt,
   b) zwischen Briefdatum und Eingangsdatum ein großer Zeitunterschied besteht.
   Wie verhält sich Tom richtig?

10. Begründen Sie den Sinn eines Eingangsstempels.

11. Welche Hilfsmittel eignen sich in der ModernOffice KG für die innerbetriebliche Postbeförderung?

7.2 Tätigkeiten im Postausgang durchführen

Lernsituation

Nachdem Tom mit der Bearbeitung der physischen Eingangspost fertig war, wurde es keineswegs ruhig in der Posteingangsstelle: Mittlerweile hat sich das elektronische Postfach mit Druckaufträgen gefüllt, die über die integrierte Unternehmenssoftware der Poststelle zugesteuert wurden. In der Poststelle wird die Korrespondenz – vor allem Rechnungen, Mahnungen, Bescheide, Rundschreiben und Werbebriefe – zu Briefen verarbeitet und zur Zustellung übergeben.

Um die Mittagszeit wird die erste Papierpost aus den einzelnen Abteilungen über den Botendienst gebracht. Frau Klöpf erklärt Tom nun ausführlich die Arbeitsabläufe im Postausgang der ModernOffice KG.

- *Informieren Sie sich, wie der Postausgang effizient in einem Betrieb durchgeführt wird.*
- *Analysieren Sie die Arbeitsabläufe im Postausgang Ihres Ausbildungsbetriebs.*
- *Entscheiden Sie sich an den betreffenden Schnittstellen für eine effiziente Bearbeitung der Aufträge.*
- *Führen Sie die einzelnen Arbeitsschritte durch und dokumentieren Sie diese in Ihrem Berichtsheft.*
- *Vergleichen und kontrollieren Sie im Plenum Ihre Arbeitsergebnisse.*
- *Nehmen Sie gegebenenfalls Korrekturen vor.*

Physischer Postausgang	Elektronischer Postausgang
Die Ausgangspost wird in **Papierform** bei den Abteilungen abgeholt oder zur Poststelle gebracht.	Die zu versendenden Dokumente werden der Poststelle über das EDV-System (z. B. integrierte Unternehmenssoftware) digital zugesteuert.

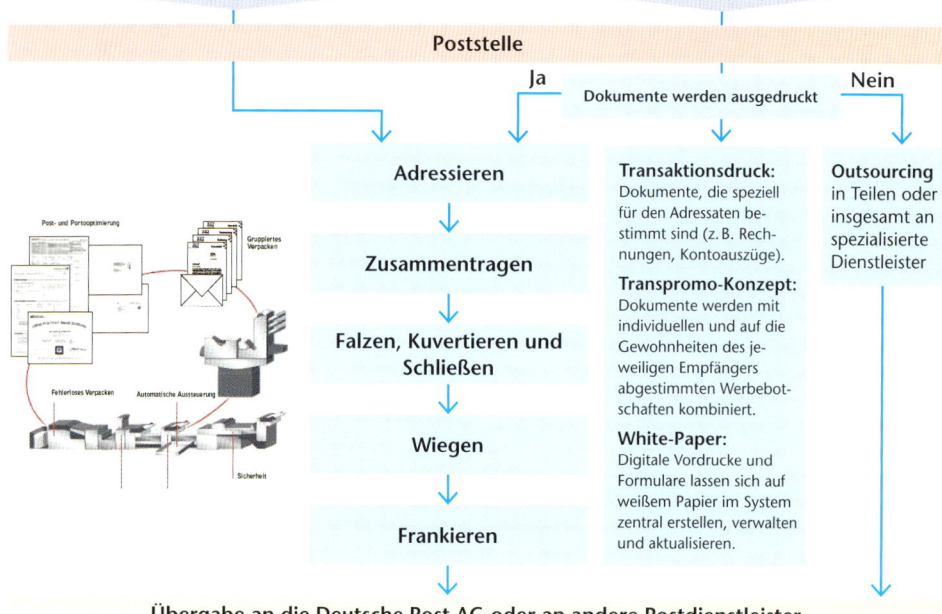

Poststelle

Ja — Dokumente werden ausgedruckt — Nein

Adressieren
↓
Zusammentragen
↓
Falzen, Kuvertieren und Schließen
↓
Wiegen
↓
Frankieren

Transaktionsdruck: Dokumente, die speziell für den Adressaten bestimmt sind (z. B. Rechnungen, Kontoauszüge).

Transpromo-Konzept: Dokumente werden mit individuellen und auf die Gewohnheiten des jeweiligen Empfängers abgestimmten Werbebotschaften kombiniert.

White-Paper: Digitale Vordrucke und Formulare lassen sich auf weißem Papier im System zentral erstellen, verwalten und aktualisieren.

Outsourcing in Teilen oder insgesamt an spezialisierte Dienstleister

Übergabe an die Deutsche Post AG oder an andere Postdienstleister

> ### Outputmanagement
> beinhaltet die Verteilung physisch und elektronisch vorliegender Dokumente innerhalb und außerhalb des Unternehmens. Typische Prozessschritte des Outputmanagements sind:
> – Daten aufbereiten
> – Dokumente archivieren
> – Daten erstellen und versenden

Die physische Briefkorrespondenz der einzelnen Abteilungen wird von einem organisierten Botendienst eingesammelt und zur Poststelle gebracht. Die Poststelle bereitet die Briefe zum Versand vor. Dabei werden zwei Briefarten unterschieden:

Tagespost. Dies sind individuelle Briefe, die an bestimmte Personen gerichtet sind. Sie werden in den Abteilungen gesammelt und nach Versandart, Gewicht, In- und Auslandssendungen sortiert. Um Entgelt zu sparen, können Sendungen für denselben Empfänger zusammengefasst werden.

Massenpost. Darunter versteht man Briefe mit gleichem Inhalt zu Werbezwecken, Kataloge und Prospekte. Diese können mit den Postbearbeitungsmaschinen schnell und rationell für den Versand vorbereitet werden.

Richtig adressieren

Je größer der tägliche Postanfall ist, desto mehr ist man bemüht, rationell zu adressieren. Deshalb wird die Tagespost in Fensterbriefhüllen versandt, sodass ein nochmaliges Adressieren einer Briefhülle nicht notwendig ist. Die Anschriften für die Massenpost (Werbebriefe, Zeitschriftenversand u. Ä.) werden aus der Datenbank entnommen und mit Etikettendruckern oder herkömmlichen Druckern direkt auf den Umschlag oder auf Adressaufkleber ausgedruckt.

Deutschland regional gesehen.

Regionen der ersten Ziffer der fünfstelligen Postleitzahl

Postleitzahlen

Die Postleitzahl ermöglicht durch ihren fünfstelligen Schlüssel eine direkte Zuordnung über die Städte und Gemeinden hinaus bis zur Zustellung, zum Postfach oder zu einem Großkunden. Die erste Ziffer der fünfstelligen Postleitzahl kennzeichnet eine Region in Deutschland.

Firmen oder Privatpersonen können zwei oder auch drei verschiedene Postleitzahlen haben, und zwar jeweils eine

- für die *Hausadresse*,
- für die *Postfachadresse* und
- als *Großkunde*.

Beispiele •

Hausadresse	Postfachadresse	Großkundenadresse
3 • 2 • 1 •	3 • 2 • 1 •	3 • 2 • 1 •
1 ModernOffice KG 2 Herrn Tom Wildermuth 3 Industriestraße 10 – 14 4 72160 Horb am Neckar 5 • 6 •	1 ModernOffice KG 2 Frau Svenja Kolleck 3 Postfach 10 15 4 72153 Horb am Neckar 5 • 6 •	1 ModernOffice KG 2 72150 Horb am Neckar 3 • 4 • 5 • 6 •
Die Hausadresse sollte nur dann verwendet werden, wenn kein Postfach bekannt ist. In der Anschrift darf nur die Straße angegeben werden.	In der Anschrift darf nur das Postfach angegeben werden.	Postfach und/oder Straße dürfen nicht angegeben werden. Vorteil: Die Briefe werden vorrangig befördert.

Bei der **Postfachadresse** muss die **Postfachnummer** unbedingt angegeben werden.

- **Postleitzahlen** sind immer fünfstellig und bleiben ungegliedert.
- **Postfachnummern** werden zweistellig gegliedert.
  Beispiele • *12 34, 12 34 56, 1 23 (selten)*

Die Gestaltung der Empfängeranschrift

Die Gestaltung der Empfängeranschrift nach DIN 5008 wurde den Vorgaben der Deutschen Post AG wegen der Maschinenlesbarkeit angepasst. Demnach ergeben sich zwei Möglichkeiten der Beschriftung:

Sofern mehr als drei Zeilen in der Zusatz- und Vermerkzone oder mehr als sechs Zeilen in der Anschriftzone benötigt werden, ist es zulässig, den Platz der jeweils anderen Zone mit zu nutzen. Sollte dies nicht ausreichen, ist die Schriftgröße zu reduzieren; eine Schriftgröße von 8 pt darf jedoch nicht unterschritten werden. Bei Schriftgrößen kleiner 10 pt sind serifenlose Schriften wie Arial oder Helvetica zu verwenden.

1. Anschriftfeld ohne Rücksendeangabe

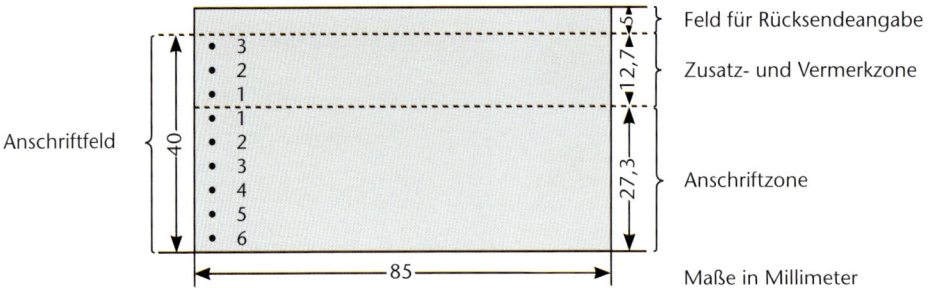

Maße in Millimeter

Rücksendeangabe und Zusatz- und Vermerkzone dürfen auch zu einer Zone zusammengefügt werden. Die Rücksendeangabe wird dann wie Zusätze und Vermerke behandelt. Mit Verwendung der für Rücksendeangaben empfohlenen Schriftgröße von 8 Punkt stehen in der Zusatz- und Vermerkzone mit Rücksendeangabe fünf Zeilen.

2. Anschriftfeld mit Rücksendeangabe

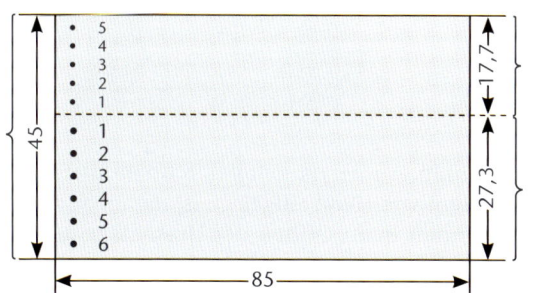

Anschriftfeld mit Rücksendeangabe

Zusatz- und Vermerkzone mit integrierter Rücksendeangabe

Anschriftzone

Maße in Millimeter

Unterlagen zum Postversand zusammentragen

Manche Sendungen bestehen aus mehreren Teilen. Dies können z.B. Rundschreiben, Berichte, Kataloge und Preislisten sein. In kleinen Betrieben werden diese Beilagen mit der Hand zusammengetragen. In Mittel- und Großbetrieben arbeiten halb- oder vollautomatische **Zusammentragmaschinen**.

Die leistungsfähigsten tragen von vielen Stapeln Anlagen zusammen und stoßen die fertigen Sätze, soweit ein Rütteltisch angeschlossen ist, ab. Papiere zwischen 50 g und 260 g Gewicht können nach dem Saug-Blasluft-Prinzip verarbeitet werden. Ein integrierter Zähler stoppt die Maschine nach Erreichen der voreingestellten Stückzahl automatisch. Durch einen Impulsgeber lassen sich aus beliebigen Stationen Deckblätter und/oder Rückendeckel einschließen.

Briefe falzen, kuvertieren und schließen

Um kleinere Umschläge verwenden zu können und um Entgelt einzusparen, werden die meisten Geschäftsbriefe gefaltet. Aufgedruckte Faltmarken eines Geschäftsbriefbogens erleichtern das Falten von Hand.

Falzmaschinen ermöglichen ein rasches, kantenfreies Falten von Briefen, Prospekten u. Ä. Die Maschinen sind auf verschiedene Falzarten einstellbar. Die Arbeitsgeschwindigkeit hängt vom Papierformat, der Falzart und dem Papiergewicht ab. Kombinierte **Falz- und Kuvertiermaschinen** falzen z.B. Rechnungen, fügen automatisch das vorgedruckte Überweisungsformular hinzu und kuvertieren das Füllgut in die passenden Briefhüllen.

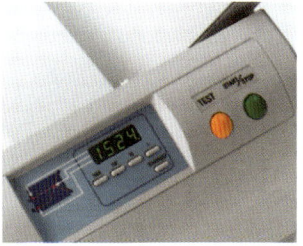

Bedienelemente und LED-Anzeige

Einstellung der Falzart

Papierauswurf

Gebräuchliche Falzarten

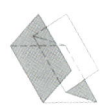    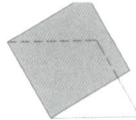

Mithilfe von **Kuvertiermaschinen** werden die gefalteten Briefe automatisch in die Briefhüllen eingelegt. Wird das Füllgut von Hand eingelegt, ist darauf zu achten, dass der Falz unten ist. Sonst könnte der Inhalt beim Öffnen der Umschläge zerschnitten werden. Beim Einlegen in Fensterbriefhüllen ist zu kontrollieren, dass die ganze Adresse im Sichtfenster lesbar ist.

Briefhüllen mit Adhäsionsverschluss (selbstklebenden Streifen) eignen sich besonders für das Verschließen von Hand. Müssen täglich viele Briefe verschlossen werden, kann in der Kombination mit der Kuvertiermaschine eine **Briefschließmaschine** eingesetzt werden. Die meisten Hersteller bieten die Postbearbeitungsmaschinen als Module an. Eine spätere Ergänzung eines Moduls ist meistens kostengünstiger und platzsparender.

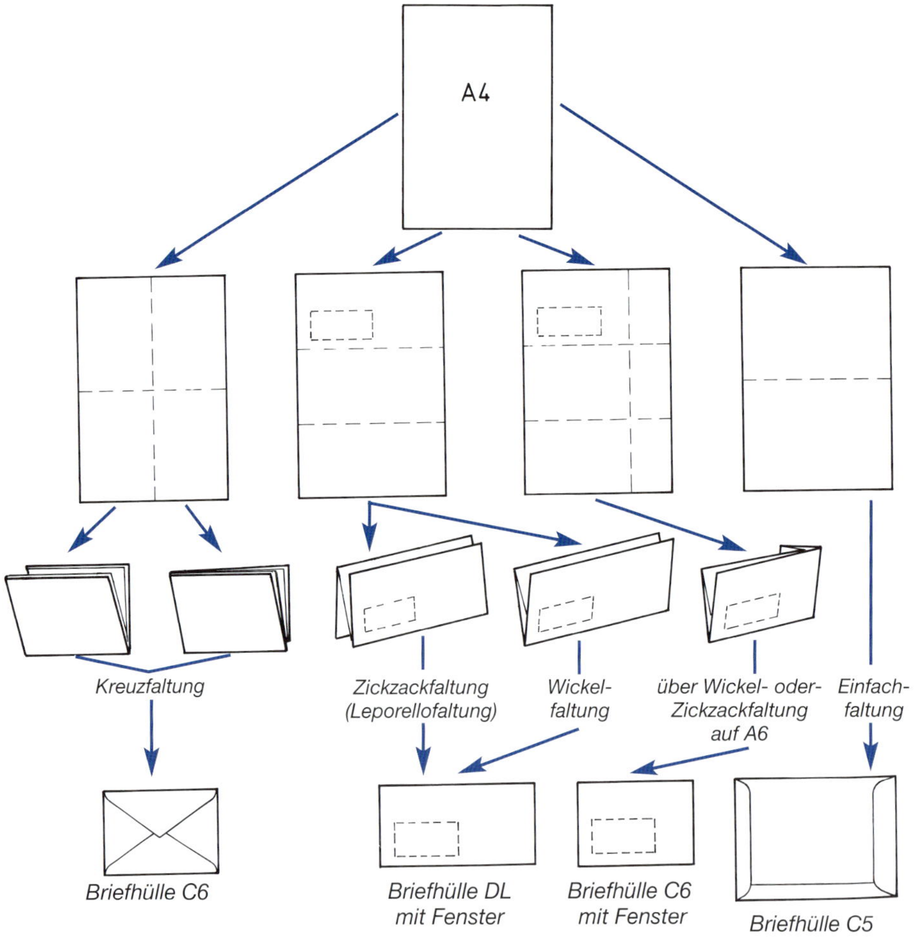

A4

Kreuzfaltung

Zickzackfaltung (Leporellofaltung)

Wickelfaltung

über Wickel- oder Zickzackfaltung auf A6

Einfachfaltung

Briefhülle C6

Briefhülle DL mit Fenster

Briefhülle C6 mit Fenster

Briefhülle C5

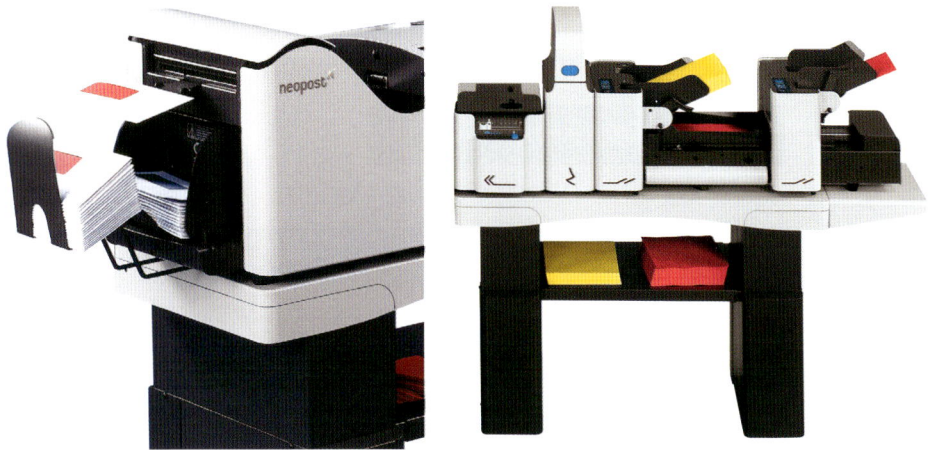

Briefe wiegen

Bei den sich häufig ändernden Entgelten ist der Arbeitsvorgang „Wiegen" besonders wichtig. Deshalb sollten nach Möglichkeit nur Standardbriefe (Höchstgewicht 20 g) versendet werden. Es ist empfehlenswert, auf das Papiergewicht der Briefbögen zu achten. Bei der Verwendung von Normaldruckpapier (80 g/m2) bleibt man mit drei DIN-A4-Bögen (16 A4-Bögen = 80 g) einschließlich Umschlag unter der 20-Gramm-Grenze.

Das Wiegen mit herkömmlichen Briefwaagen ist zeitaufwendig und führt durch Ungenauigkeiten häufig zu Überfrankierungen.

Elektronische Portowaagen und -computer gewährleisten größte Sicherheit bei der Entgeltermittlung. Sie zeigen nicht nur das Gewicht und das Entgelt auf Tastendruck an, sondern berücksichtigen auch die vielfältigen Versendungsarten und Zusatzleistungen. Einige Modelle arbeiten mit einem sogenannten Optimierungsprogramm, das anzeigt, ob es zu der vorgewählten Versendungsart eine günstigere Alternative gibt. Portocomputer haben noch zusätzliche Leistungsmerkmale, wie kleine Datenbanken, die z.B. alle Postleitzahlen enthalten. So erscheint nach dem Eintippen des Ortsnamens die richtige Postleitzahl auf Knopfdruck. Ändert die Deutsche Post AG die Entgelte, so können die Geräte durch Auswechseln des entsprechenden Chips an die neuen Gebührensätze angepasst werden.

Briefe frankieren

Folgende Möglichkeiten der Frankierung können genutzt werden:

```
                  ┌─────────────────────────────────┐
                  │  Möglichkeiten der Frankierung   │
                  └─────────────────────────────────┘
                       │                      │
                       ▼                      ▼
      ┌──────────────────────┐   ┌────────────────────────────────┐
      │  kleines Postvolumen │   │       großes Postvolumen        │
      └──────────────────────┘   └────────────────────────────────┘
```

kleines Postvolumen
- Postwertzeichen
- Internetmarke
- Handyporto
- Plusbrief

großes Postvolumen
- DV-Frankierung
- PC-Frankierung
- Frankierservice
- Frankiermaschine
  - Frankit-Technologie
  - Abrechnungsarten:
    - Wertvorgabesystem
    - Fernwertvorgabesystem

Postwertzeichen (Briefmarke)

Neben einer großen Auswahl an Motiven besteht auch die Möglichkeit, selbst Briefmarken zu gestalten. Für besondere Werbezwecke, wie z. B. Betriebsjubiläum, neues Produkt, Weihnachten oder Ostern, kann so der Geschäftspost eine persönliche Note verliehen werden.

Internetmarke

Über das Internetportal der Deutschen Post AG kann das Porto für Briefe, Päckchen und Pakete selbst gedruckt werden. Eine Bildergalerie für Briefmarken bietet verschiedene Motive zur Auswahl. Der Ausdruck erfolgt über PDF auf Etiketten, Umschläge oder Papier. Die Internetmarke online bezahlt und ist unbegrenzt gültig.

Handyporto

Wenn Sie auf die Schnelle eine Briefmarke brauchen und keine zur Hand haben, bietet die Deutsche Post AG mit dem Service „Handyporto" ihren Kunden die Möglichkeit, per SMS oder Anruf Porto zu kaufen. Die Abrechnung erfolgt über die Mobilfunkrechnung.

SMS mit **Brief** oder **Karte** an 22122 schicken oder per Handy anrufen

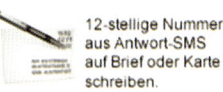
12-stellige Nummer aus Antwort-SMS auf Brief oder Karte schreiben.

Und ab die Post!

Plusbrief

Der Plusbrief ist ein Briefumschlag mit eingedruckter Sondermarke. Die Preise für den Plusbrief sind gestaffelt. Geschäftskunden und Großabnehmer bekommen Sonderkonditionen.

DV-Frankierung

Mithilfe einer speziellen Software (z. B. MAILOPTIMIZER) erfolgt das Freimachen über die EDV-Anlage. Dieses Verfahren muss von der Deutschen Post AG genehmigt werden. Es ist kostengünstig und bietet sich beim Versand von Massenpost an. Der Frankiervermerk wird direkt auf die Briefumschläge oder bei sperrigen Sendungen auf einen Aufschriftzettel gedruckt. Bei Verwendung von Fensterbriefhüllen steht der Frankiervermerk im Anschriftfeld.

PC-Frankierung mit E-Porto

Die E-Porto-Frankierung löst die auslaufende STAMPIT-Frankierung ab. Die Software zur Frankierung ist kostenfrei und wird beim Herunterladen automatisch in das Textverarbeitungsprogramm integriert. Direkt aus dem Textverarbeitungsprogramm ist der Ausdruck des passenden Portos mit Adresse auf Briefe, Etiketten oder Umschläge möglich. Bezahlt wird über die „persönliche Portokasse". Dazu muss sich der Nutzer bei der Deutschen Post AG registrieren.

Vorteile:

- Integration der kostenfreien Software (E-Porto Add-in) in das Textverarbeitungsprogramm,
- unbegrenzte Gültigkeit der ausgedruckten Briefmarken und Frankierungen – die digitale Entwertung erfolgt erst nach der Einlieferung im Briefzentrum,
- bei Fehldrucken ist keine umständliche Rückerstattung erforderlich,
- auch online frankierte Einschreiben sind möglich,
- Briefmarken können als Werbeträger selbst gestaltet werden.

Frankierservice

Die unfrankierten Sendungen werden vom Kunden nach Formaten und Beförderungsentgelt getrennt zur Post gebracht. Der Frankierservice übernimmt die Frankierung von gewöhnlichen Briefsendungen (Briefe, Postkarten, Bücher- und Warensendungen sowie Infopostsendungen). Der Preis für diese Dienstleistung richtet sich nach der Sendungsmenge.

Frankiermaschine

Schon bei einem geringen Postanfall ab etwa 15 Briefen am Tag lohnt sich die Anschaffung einer Frankiermaschine. Ab 40 bis 50 Briefen täglich ist bereits eine erhebliche Ein-

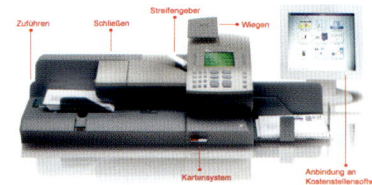

Frankiermaschine

sparung möglich, wenn die Frankiermaschine richtig in den Arbeitsablauf integriert ist. Frankiermaschinen müssen vor der Nutzung bei der Deutschen Post AG angemeldet werden.

Digitale Frankiermaschinen arbeiten nach der **Frankit-Technologie**:

Die Frankit-Technologie verschlüsselt alle relevanten Daten für die Frankierung in einem zweidimensionalen Matrixcode (2-D-Matrixcode), der die eigentliche „Briefmarke" bzw. den bisherigen Stempelabdruck ersetzt. Neben den lesbaren Daten aus dem Klartext enthält der Matrixcode weitere Informationen, wie z. B. Frankierart, Kundennummer, eventuelle Briefzusatzleistungen oder laufende Seriennummer. Diese Informationen werden in den Briefzentren der Deutschen Post AG automatisch gelesen.

Briefzusatzleistungen können durch einen 1-D-Barcode gekennzeichnet und von der Frankiermaschine automatisch mitgedruckt werden. Dadurch entfällt z. B. beim Einschreiben das manuelle Aufkleben des 1-D-Barcode-Etiketts auf den Umschlag.

Stempelabdruck einer digitalen Frankiermaschine

Bei Briefen drucken die Frankiermaschinen die eingestellte Gebühr direkt auf den Briefumschlag, bei sperrigen Sendungen (Pakete, Päckchen, Rollen usw.) auf einen selbstklebenden Frankierstreifen.

Der Stempelabdruck einer Frankiermaschine besteht aus folgenden Teilen:

- Klartext mit lesbaren Informationen wie Logo der Deutschen Post AG, Frankierdatum, Portowert, Seriennummer, Sendungsart und Zusatzleistung,
- zweidimensionaler Matrixcode mit weiteren Informationen in verschlüsselter Form, die dem Nutzer umfangreiche Analysemöglichkeiten seiner Sendungen erlauben (z. B. Anzahl der frankierten Sendungen, Kundennummer),
- Werbeklischee und Zusatztext der Firma, die nach Bedarf ausgetauscht werden können (z. B. Hinweis auf Sonderaktionen),
- integrierter eindimensionaler Barcode für Briefzusatzleistungen. Damit entfällt das manuelle Aufkleben des Barcodes auf den Umschlag.

Durch den Einsatz von Frankiermaschinen ergeben sich folgende Vorteile:

- Es muss kein Portobuch geführt werden.
- Es gibt keine Portokasse mit Bargeld.
- Es müssen keine Briefmarken gekauft und bevorratet werden.
- Sendungen werden schneller freigemacht.
- Individuelle Botschaften wie Werbemotiv und Zusatztexte können auf die Briefumschläge gedruckt werden.
- Durch einen Nummerator, der die frankierten Briefe für die Postleitzahlensortierung nummeriert, können Portorabatte genutzt werden.
- Da die Briefe in der Postfiliale nicht mehr gestempelt werden müssen, können sie sofort weitergeleitet werden.
- Frankiermaschinen haben Zählwerke, die Auskunft geben

- über den täglichen Portoverbrauch (Portozähler),
- über die Zahl von Sendungen,
- über den Portovorrat.
- Durch eine integrierte Kostenstellenverwaltung und -übersicht können die Portokosten direkt den Kostenstellen zugeordnet werden.

Es werden verschiedene **Abrechnungsarten** unterschieden:

- Wertvorgabesystem. Ein bestimmter Entgeltbetrag wird im Voraus bezahlt und in der Frankiermaschine eingestellt. Durch das Freistempeln der Sendungen wird der Betrag nach und nach aufgebraucht.
- Fernwertvorgabesystem mit Telefon. Der Benutzer ruft zum Portoabruf bei einer Datenzentrale an. Zur Identifikation gibt er seine Kunden- und Frankiernummer an. Außerdem werden die Zählerstände der Entgeltvorgabe und des Entgeltverbrauchs sowie der gewünschte Vorgabebetrag mitgeteilt. Die Datenzentrale prüft die Angaben und teilt dem Benutzer einen Code mit. Dieser Code wird in die Frankiermaschine eingegeben. Auf diese Weise wird die gewünschte Wertvorgabe selbst eingestellt.
- Computergesteuertes Fernwertvorgabesystem. Das System wählt die Datenzentrale automatisch an. Die Zugangsdaten und der gewünschte Vorgabebetrag werden im direkten Dialog mit der Datenzentrale ausgetauscht und die Vorgabe durchgeführt.

Poststraße

Viele Arbeitsgänge des Postausgangs können in sogenannten Poststraßen auf engstem Raum zentral zusammengefasst werden. In einem automatischen Maschinengang werden Falzen, Beilegen, Kuvertieren, Schließen, Trennen nach Portoklassen und Frankieren miteinander verbunden. Eine Poststraße ist schon bei 150 Sendungen täglich mit Gewinn einzusetzen. Die meisten Poststraßen werden im Baukastensystem (modular) angeboten. So kann jede Firma nach ihren augenblicklichen Erfordernissen und finanziellen Möglichkeiten ihre maßgeschneiderte Poststraße komplett kaufen, leasen oder nach und nach zusammenstellen und erweitern. Die höchste Ausbaustufe ist die Online-Kombination. Sie macht postfertig, was der Computer in großen Mengen ausdruckt.

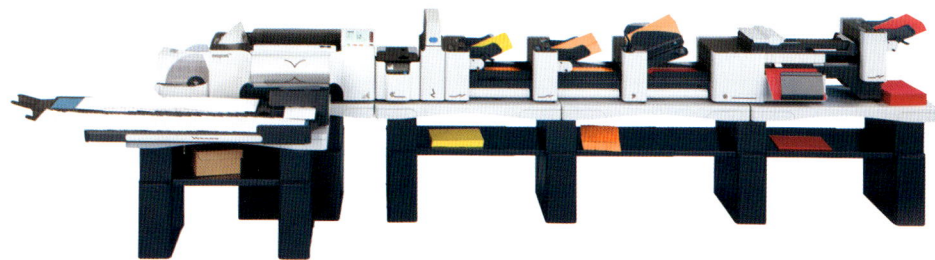

Poststraße

Auf den Punkt gebracht

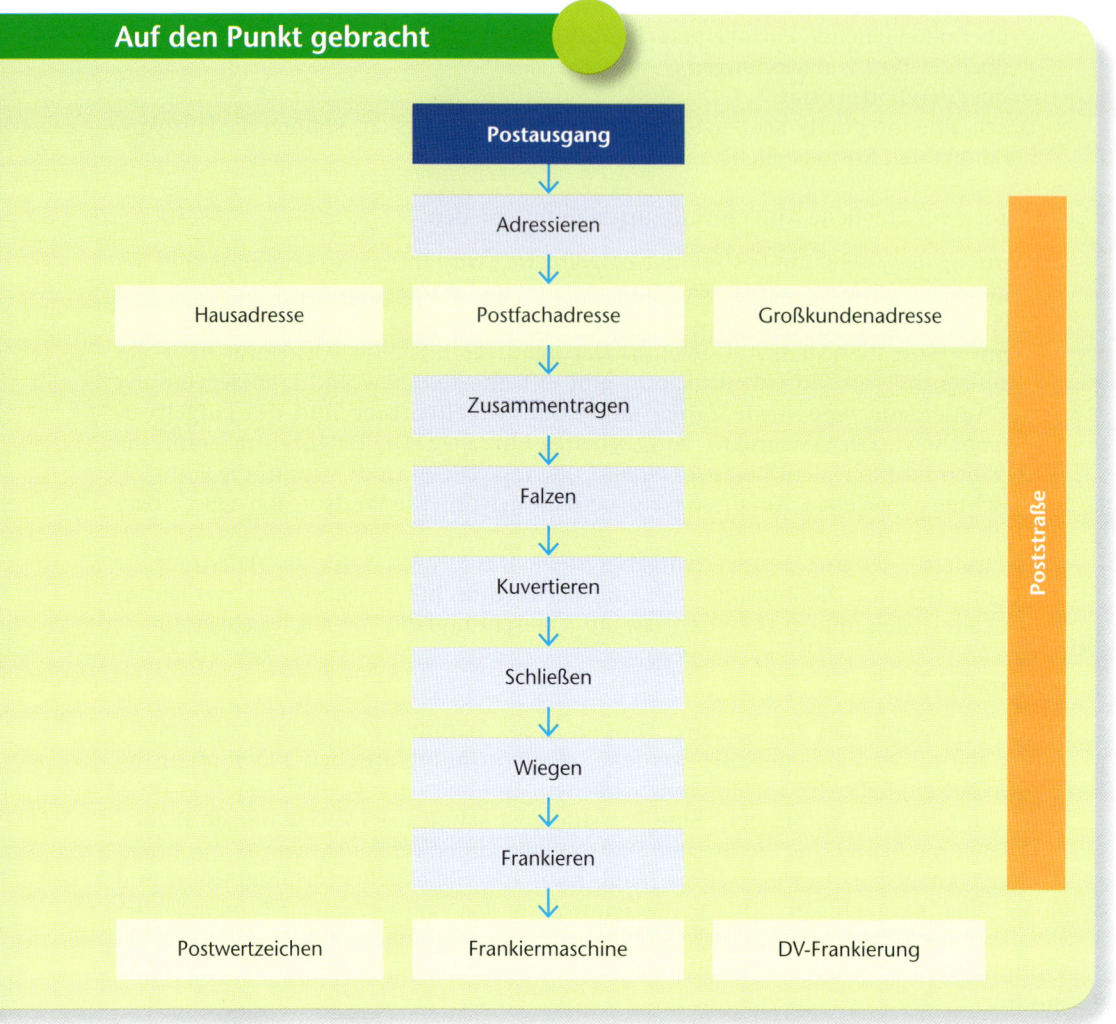

Nutzen Sie Ihr Wissen

1. In der ModernOffice KG werden mehrmals jährlich an alle Kunden Werbebriefe verschickt. Machen Sie Vorschläge, wie die Briefe rationell adressiert werden können.

2. Überwiegend werden die Geschäftsbriefe der ModernOffice KG in Fensterbriefumschlägen verschickt. Was ist beim Falzen und Kuvertieren dieser Briefe zu beachten und wie kann man die Arbeitsschritte effizient abwickeln?

3. Tom hat einige Geschäftsbriefe nach unterschiedlichen Falzarten gefaltet: Kreuzfalz, Wickelfalz, Zickzackfalz und Einfachfalz. Welche dieser Falzarten eignen sich für die Fensterbriefhülle DL?

4. Seit es in der Poststelle der ModernOffice KG eine Poststraße gibt, wird die anfallende Post sehr rationell bearbeitet. Erläutern Sie die Funktion und Arbeitsweise einer Poststraße.

5. Die Standardbriefe der ModernOffice KG, die frankiert an den Postdienstleister übergeben werden, sehen wie folgt aus:

Erläutern Sie das hier eingesetzte Frankierverfahren, die Zusammensetzung des Stempelabdrucks sowie die Behandlung des Briefes im Posteingang des Edelstahlwerks Witten AG.

6. Die Postbearbeitungsmaschinen wurden in der Poststelle der ModernOffice KG sukzessive angeschafft und zu einer Poststraße zusammengeschaltet. In welcher Reihenfolge wird die Post bearbeitet?

7. Um Porto zu sparen, will Tom möglichst viele Briefe als Standardbriefe versenden.
   a) Welche Briefhüllen kann er verwenden?
   b) Wie viele A4-Briefbögen (80 g) kann er in einer Briefhülle versenden? Begründen Sie Ihre Antwort.

8. Der Einsatz von elektronischen Briefwaagen und Frankiermaschinen bringt viele Vorteile. Nehmen Sie zu dieser Aussage Stellung.

9. Beschreiben Sie die Abrechnungsmöglichkeiten beim Einsatz von Frankiermaschinen.

10. Frankiermaschinen sind mit der integrierten Frankit-Technologie ausgestattet. Was verstehen Sie darunter?

11. Die ModernOffice KG denkt darüber nach, mit der DV- bzw. PC-Frankierung das Frankieren zu verbessern.
    a) Nehmen Sie dazu Stellung.
    b) Welche Möglichkeiten der Frankierung bieten sich für ein großes Postvolumen noch an?

7.3   Die richtige Versandart wählen: Sicherheit, Vertraulichkeit, Schnelligkeit, Kosten und Rechtsverbindlichkeit berücksichtigen

Lernsituation

Obwohl ein Großteil der Korrespondenz elektronisch in Form von E-Mails abgewickelt wird, produzieren die Mitarbeiterinnen und Mitarbeiter des Stammhauses der Modern-Office KG täglich eine Menge Post. Doris Klöpf informiert die Auszubildenden: „Wir geben rund 250.000,00 € jährlich allein für Briefporto aus! Täglich verlassen rund 1 500 Briefe das Unternehmen. Es sind überwiegend Standardbriefe, doch die Zahl der Kompakt-, Groß- oder Maxibriefe ist mit etwa 500 auch nicht gerade klein. Hinzu kommen ungefähr 500 Päckchen, Buch- und Warensendungen."

Frau Klöpf beauftragt Tom, sich über die Organisation des gesamten Postversands zu informieren und Vorschläge für eine Rationalisierung zu erarbeiten.

Tom notiert zunächst folgende Fragen:
- Was sind die häufigsten Versandarten?
- Was befindet sich in den Briefhüllen?
- Gibt es Adressaten, die von mehreren Abteilungen regelmäßig Post erhalten?
- Gibt es alternative Versandformen, die preiswerter sind?
- Wo kommen die Adressen für den Versand her? Und wer pflegt sie?

- *Informieren Sie sich über die Anbieter von Kurier-, Express- und Postdiensten sowie über die Gesetze und Vorschriften, die für den Postmarkt gelten.*
- *Planen Sie die Beförderung der Ausgangspost unter Berücksichtigung von Sicherheit, Vertraulichkeit, Schnelligkeit, Kosten und Rechtsverbindlichkeit.*
- *Erstellen Sie eine Vorlage mit den wichtigsten Kriterien für den Entscheidungsprozess, um einen geeigneten Postdienstleister zu ermitteln.*
- *Präsentieren Sie Ihre Ergebnisse.*
- *Kontrollieren Sie gemeinsam mit Ihren Mitschülern Ihre Ergebnisse.*
- *Bewerten und korrigieren Sie ggf. Ihre Unterlagen.*

Kurier-, Express- und Postdienste (KEP-Markt) nutzen

Neben der Deutschen Post AG gibt es Anbieter für Kurier-, Express- und Postdienste, den sogenannten **KEP-Markt**.

Der Begriff „Post" darf nicht mehr ausschließlich von der Deutschen Post AG genutzt werden. Nach einem Urteil des Bundesgerichtshofs (BGH) können die Wettbewerber den Begriff im Firmennamen verwenden, wenn sie sich durch entsprechende Zusätze von der Deutschen Post AG abgrenzen. Die Verwendung der Farbe Gelb und des Posthorns ist jedoch nicht gestattet (AZ: I ZR 108/05 und 169/05).

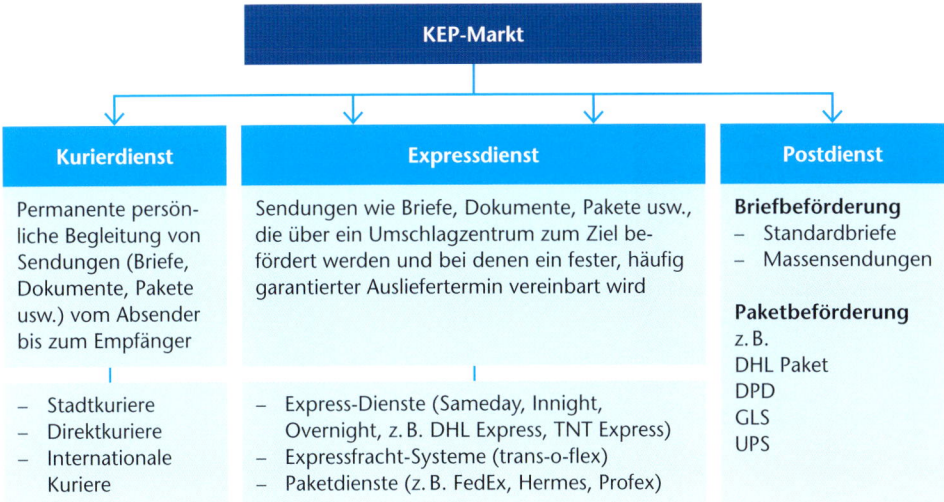

Gesetze und Vorschriften

Für den Postmarkt gelten folgende Gesetze und Vorschriften:

Postgesetz (PostG)

Durch dieses Gesetz sollen im Bereich des Postwesens der Wettbewerb gefördert und flächendeckend angemessene sowie ausreichende Dienstleistungen gewährleistet werden.

Post-Universaldienstleistungsverordnung (PUDLV)

Durch diese Verordnung werden die Universaldienstleistungen zur Beförderung von Briefsendungen im Sinne des PostG sowie die Qualitätsmerkmale der Brief-, Paket-, Zeitungs- und Zeitschriftenbeförderung bestimmt.

Lizenzen

Alle Zustelldienste benötigen seit 2008 eine Lizenz für die Briefzustellung. Die Lizenzen werden in Deutschland von der **Bundesnetzagentur** vergeben. Nur wer seine Leistungsfähigkeit nachweisen kann, bekommt eine Lizenz.

Briefe sicher, günstig und schnell versenden

Briefbeförderung durch Postdienstleister

Im Zuge der Liberalisierung des gesamten Briefmarktes vergibt die Bundesnetzagentur unter bestimmten Voraussetzungen Lizenzen an Dienstleister für die Briefbeförderung. Bei Briefen von weniger als 200 Gramm bieten die meisten Dienstleister einen sogenannten höherwertigen Service wie Abholung und Zustellung am gleichen Tag. Die Abholung der Briefe erfolgt bei Großkunden oder bei einer Mindestmenge, die vom jeweiligen Dienstleister bestimmt wird. Um auch die Privatkunden zu erreichen, stellen manche Dienstleister Briefkästen auf. **Die günstigen Preise beschränken sich allerdings meistens auf ein bestimmtes Liefergebiet.**

Das umfassende Nachschlagewerk „Das Rote Buch" führt alle Brief-, Express- und Paketlogistiker übersichtlich nach den Leitzonen 0 bis 9 auf. Die Angebote enthalten Preise, Abholungs- und Zustellregionen, Leistungen und Mehrwertdienste sowie Kontaktdaten.

Die gängigsten Postdienstleistungen im Überblick

Leistungen	Möglicher Leistungsumfang
Abholung	– deutschlandweit – örtlich oder regional nach Leitzonen – Mindestmenge für kostenlose Abholung – Anzahl der Kundenfilialen für Geschäfts- und Privatkunden – Postfachservice (Postfächer werden in den Filialen – sog. Lettershops – zur Verfügung gestellt) – Postfachleerung – Kurierfahrten – Anzahl der Briefkästen für Privatkunden
Zustellung	– **deutschlandweit** – **örtlich oder regional** nach Leitzonen – **international** (nur bei Auslandspost-Dienstleistern) – **Zustellung mit Partnern** – **kostenfreie zweite Zustellung** – **Laufzeiten**. Die Angabe gibt Aufschluss darüber, wie lange ein Brief von der Übergabe bis zum Empfänger unterwegs ist. **Mögliche Laufzeiten:** – Zustellung einen Tag nach der Einlieferung, – Zustellung am selben Tag, – termingenaue Zustellung (an einem bestimmten Tag), z. B. bei Rechnungen und Weihnachtspost.
Allgemeiner Briefdienst	Die meisten Dienstleister orientieren sich an den Produkten der Deutschen Post AG. **Vorteil:** die angegebenen Preise sind vergleichbar. **Schwer vergleichbar sind** – **Format- und Gewichtsklassen** mit eigenen Bezeichnungen, – Klassifizierung nach **Kuvertformat**, – Klassifizierung nach **Gewicht**.

Sonderbriefdienste	– **Massensendungen, z. B. Infopost** Preise werden in der Regel nach Menge, Gewicht, Format und nach dem Zustellgebiet berechnet.
	– **Postzustellungsaufträge** Die förmliche Zustellung amtlicher Schriftstücke von Gerichten, Verwaltungsbehörden von Bund, Ländern und Kommunen (z. B. Bußgeldstellen).
	– **Identsendungen und Identitätsprüfungen**
	– **Päckchen** Der Preis bezieht sich in der Regel auf kleinstmögliche Sendungen, die nicht mehr als 2 kg wiegen.
	– **Blindensendungen**
	– **Wertsendungen**
	– **Auslandsbriefe** Die meisten Dienstleister arbeiten mit Auslandsspezialisten zusammen und können den Kunden ein entsprechend günstiges Angebot machen.
Mehrwertdienste	– **Sendungsverfolgung** (Englisch: Tracking and Tracing) Der Kunde kann den aktuellen Status einer Sendung per Internet oder Telefon abfragen. Die meisten Dienstleister schicken ihren Kunden per E-Mail einen Link, über den sie direkt zum ausführenden Postdienstleister gelangen. Auch wenn Sie einen überregional tätigen Paket- und Kurierdienst für Auslieferungen nutzen, haben Sie die Möglichkeit, unter *www.letmeship.de* zu ermitteln, ob und wann die Lieferung zugestellt wurde. Für die Statusabfrage haben Sie direkten Zugriff auf die Systeme der Kurierdienste TNT, UPS, DHL, FedEx und Legatus.
	– **Redress-Management** Ist eine Sendung nicht zustellbar, handelt es sich um eine sogenannte Redresse. Das Redress-Management beschreibt die Erfassung, Prüfung, Bearbeitung, Auswertung und Weitergabe von Redressen.
	– **Hybridpost** Hybridpost ist eine Mischung zwischen digitalem und physischem Briefversand. Der Kunde übergibt dem Dienstleister die zu versendenden Briefe in digitaler Form. Dieser leitet die Briefe an die entsprechenden Zielregionen weiter, druckt sie dort aus, kuvertiert die Briefe und stellt sie selbst zu oder er übergibt sie einem Kooperationspartner.
	– **Konsolidierung** Dienstleister, die postvorbereitende Tätigkeiten ausführen, nennt man Konsolidierer. Zu ihren Tätigkeiten gehören die Abholung der Tagespost beim Kunden, das Ordnen der Briefsendungen nach Postleitzahlen und die Übergabe der Sendungen ins nächste Briefzentrum der Deutschen Post AG. Die Konsolidierer können so die Rabatte der Deutschen Post AG ausschöpfen und den Kunden gutschreiben. Die anschließende Einlieferung bei der örtlichen Postfiliale heißt in der Fachsprache „**Postauflieferung**".
	– **Lagerung von Sendungen**
	– **Lettershop-Leistungen** Lettershops bieten Scan-, Druck- und Kuvertierservice (z. B. Flyerdruck und -verteilung).
	Poststellen-Management Der Dienstleister übernimmt komplette Postbearbeitungsprozesse für Unternehmen, die ihre Poststellen outsourcen.

Briefbeförderung durch die Deutsche Post AG

Inlandsbriefe gibt es in folgenden vier Basisgruppen:

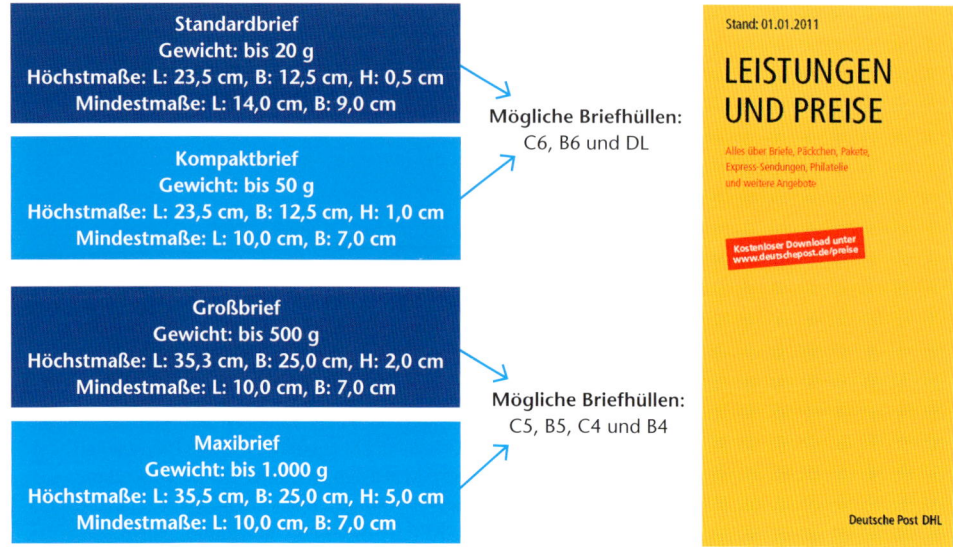

Standardbrief
Gewicht: bis 20 g
Höchstmaße: L: 23,5 cm, B: 12,5 cm, H: 0,5 cm
Mindestmaße: L: 14,0 cm, B: 9,0 cm

Mögliche Briefhüllen:
C6, B6 und DL

Kompaktbrief
Gewicht: bis 50 g
Höchstmaße: L: 23,5 cm, B: 12,5 cm, H: 1,0 cm
Mindestmaße: L: 10,0 cm, B: 7,0 cm

Großbrief
Gewicht: bis 500 g
Höchstmaße: L: 35,3 cm, B: 25,0 cm, H: 2,0 cm
Mindestmaße: L: 10,0 cm, B: 7,0 cm

Mögliche Briefhüllen:
C5, B5, C4 und B4

Maxibrief
Gewicht: bis 1.000 g
Höchstmaße: L: 35,5 cm, B: 25,0 cm, H: 5,0 cm
Mindestmaße: L: 10,0 cm, B: 7,0 cm

Stand: 01.01.2011

LEISTUNGEN UND PREISE

Alles über Briefe, Päckchen, Pakete, Express-Sendungen, Philatelie und weitere Angebote

Kostenloser Download unter www.deutschepost.de/preise

Deutsche Post DHL

Überschreitet eine Briefsendung Gewicht, Format oder Dicke des Maxibriefs, so kann sie nur als Päckchen oder Paket befördert werden. Eine nützliche Hilfe, um die Maße und damit das richtige Entgelt für Briefsendungen ermitteln zu können, bietet die Briefschablone, die bei jeder Postfiliale gekauft werden kann.

Briefe und Pakete werden von der Aufgabepostfiliale an die regionalen Brief- und Frachtpostzentren weitergeleitet. Bei über 90 % aller maschinengeschriebenen Anschriften erkennt ein Anschriftenlesegerät die Postleitzahl und den Bestimmungsort.

Infopost
Werbebriefe, Einladungen, Unterlagen (z. B. Proben, Muster, Werbeartikel) sowie Datenträger (z. B. CDs oder Kataloge) können werbewirksam und preiswert als Infopost oder Kataloge zu den vier Basisprodukten versandt werden, wenn

- die Sendungen **inhaltsgleich** sind,
- die festgelegten **Mindestmengen** (ab 4.000 Stück) eingehalten werden,
- die Sendungen nach **auf- oder absteigenden Postleitzahlen geordnet sind**.

Infopost-Sendungen sind mit einem Freimachungsvermerk (Zahlung bei Einlieferung), einer Freistempelung bzw. einer DV-Freimachung oder einer Absenderstempelung und mit einer **Einlieferungsliste** in der Postfiliale abzugeben.

Inhaltsgleich bedeutet: Die Sendungen dürfen sich durch folgende Merkmale unterscheiden:

- Codier- und Steuerzeichen,
- Ort und Tag der Absendung, Unterschriften,
- zusätzliche Angaben zum Absender wie Name und Anschrift eines Vertreters, Geschäftszeiten von Niederlassungen u. Ä.,

- je zehn unterschiedliche Ordnungsbezeichnungen wie Nummern, Buchstaben und Zeichen, jedoch keine Wörter,
- die Anrede darf sich zwischen der Begrüßung und der Wiederholung im Text unterscheiden.

Für den Versand als Infopost müssen folgende Mindestmengen vorliegen:

- 4000 Sendungen nach Postleitzahl in auf- oder absteigender Reihenfolge geordnet oder
- 250 Sendungen für dieselbe Leitregion (Übereinstimmung der ersten beiden Stellen der Postleitzahl) in auf- oder absteigender Reihenfolge der Postleitzahl geordnet oder
- 50 Sendungen für den Leitbereich der Einlieferungsstelle in auf- oder absteigender Reihenfolge geordnet.

Infobrief
- Kleinere Mengen inhaltsgleicher Briefe (mindestens 50 Sendungen) mit unterschiedlichen Postleitzahlen können unsortiert eingeliefert und als Infobriefe versandt werden.
- Bei Infobriefen gelten die gleichen Bestimmungen über Inhaltsangaben, Freimachung und Vorausverfügung wie bei der Infopost.
- Infosendungen (Infopost und Infobrief) ins Ausland können zum Kilotarif (mindestens 50 Sendungen in dasselbe Land) verschickt werden. Die Tarife sind von der Land- bzw. Luftbeförderung und vom Gewicht abhängig.
- Liegt die Stückzahl unter der Mindestmenge, empfiehlt es sich oft, das Porto für die fehlenden Sendungen aufzuzahlen, um so den Normaltarif für Briefe zu umgehen.

Infopost-Manager
Die Software „Infopost-Manager" bietet Funktionen wie Adressmanagement, Informationen und Formulare für die Einlieferung von Infopost und Infobrief. Sie kann bei der Deutschen Post AG gekauft werden.

Leistungsmerkmale:
- Automatische Berechnung der günstigsten Entgelte,
- Unterstützung aller gängigen Dateiformate beim In- und Export von Adressdateien,
- Berichtigung falscher Postleitzahlen, Orts- und Straßenbezeichnungen durch integrierte Anschriftenüberprüfung,
- Erkennen und Löschen von doppelten Anschriften,
- Druck von Endlos- und Einzelblattetiketten, Serienbriefen und Briefumschlägen mit Freimachungsvermerk,
- Druck aller Einlieferungsunterlagen und Aufschriftzettel.

Postwurfsendung
Im Gegensatz zur Infopost mit Empfängeranschrift tragen Postwurfsendungen keine konkrete Anschrift. Unter dem Angebot der **unadressierten** Postwurfsendung kann der Absender zwischen folgenden Möglichkeiten auswählen:

- Postwurfsendung an alle Haushalte mit Tagespost,
- Postwurfsendung an **alle Haushalte**,
- Postwurfsendung an **alle Briefabholer** (Postfachinhaber).

Eine Postwurfsendung an Haushalte mit Tagespost erreicht etwa 65 % aller Haushalte. Postwurfsendungen an alle Haushalte und Haushalte mit Tagespost werden nicht zugestellt, wenn der Empfänger keine Werbesendungen wünscht. Für inhaltsgleiche Prospekte und Kataloge kommt auch „Postwurfspezial" infrage (z.B. „An die Bewohner des Hauses Hohe Straße 224, 70184 Stuttgart"). Die Post verteilt die teiladressierten Postwurfsendungen an die einzelnen Häuser.

Die Preise der Postwurfsendungen mit Tagespost und an alle Haushalte hängen vom Gewicht (höchstens 250 g) und den Zustellungsgebieten (Ballungszentren, Zwischenbereiche, Landbereiche), bei Briefabholern nur vom Gewicht (höchstens 1 000 g) ab.

Büchersendung

Bücher, Broschüren, Notenblätter, Fernkursunterlagen und Landkarten, deren Inhalt nicht geschäftlichen Zwecken (Werbung) dient, können wie Briefe zu den vier Basisprodukttarifen versandt werden. Höchst- bzw. Mindestmaße sowie Höchstgewicht entsprechen den Regelungen der Briefsendungen.

Blindensendung

Informationen für Blinde, wie Schriftstücke in Blindenschrift (Brailleschrift) oder für Blinde bestimmte Tonaufzeichnungen (z.B. Hörbücher auf Kassetten) sind gebührenfrei. Nicht zugelassen sind hand- oder maschinenschriftliche Zusätze. Die Verpackung darf nicht verschlossen sein und muss über der Anschrift die Bezeichnung „Blindensendung" tragen.

Warensendung

Warenproben, Muster oder kleine Gegenstände (z.B. Filme/Kataloge) können als
• Warensendung **Standard**,
• Warensendung **Kompakt** oder
• Warensendung **Maxi**

verbilligt versandt werden. Gegenüber den Brief- und Büchersendungen darf das Basisprodukt Maxi höchstens 500 g wiegen (im Vergleich: Maxibrief und Büchersendung Maxi bis 1 000 g). Briefliche Mitteilungen sind nicht zugelassen, dagegen können eine Rechnung, ein Zahlungsvordruck oder eine Gebrauchsanweisung beigefügt werden. Warensendungen müssen grundsätzlich offen eingeliefert werden.

Werbeantwort

Die Werbeantwort eignet sich insbesondere für Anmeldungen, Reservierungen und Bestellungen. Die Kennzeichnung erfolgt durch „Antwort" bzw. „Werbeantwort" und muss oberhalb der Anschrift stehen. Die Werbeantwort ist bereits frankiert, sodass derjenige, der die Antwortkarte erhält, sie nur noch ausfüllen und an den Absender zurückschicken muss.

7.3.1   Päckchen und Pakete sicher, günstig und schnell versenden

Beförderung durch Paketdienstleister

In Deutschland bieten etwa 6 000 Paketdienstleister ihre Produkte an. Die Angebote zeichnen sich durch **Schnelligkeit** (garantierte Zustellungszeiten) und den **Haus-zu-Haus-Service** (Abholung der Päckchen und Pakete, Erledigung der Zollformalitäten usw.)

aus. Viele Dienstleister bieten auch **Terminzustellungen** an. Hier kann der Kunde die Zustellung des Päckchens oder Pakets für den folgenden Tag, z. B. bis 08:00, 09:00, 10:00 oder 12:00 Uhr bestimmen.

In der Regel garantieren die Dienstleister eine Zustellung am folgenden Tag (innerhalb von 24 Stunden), wenn der Bestimmungsort in Deutschland liegt. Gegen Aufpreis werden die Päckchen und Pakete auch samstags zugestellt.

Ein Grundsatz gilt jedoch bei allen Anbietern: Je schneller, desto teurer. Für ganz eilige Päckchen und Pakete bieten einige Anbieter einen besonderen Dienst an: Die Sendungen werden sofort abgeholt und so schnell wie möglich zum Empfänger transportiert.

Die Postdienstleister unterscheiden sich durch unterschiedliche Kernkompetenzen wie z. B.

- Lokal- und Regional-Postdienstleistung,
- Beförderung nur im Inland,
- schwere und großformatige Sendungen deutschlandweit,
- Beförderung nur ins Ausland,
- Beförderung ins In- und Ausland,
- Hybridpost und Zustellung,
- Konsolidierung.

Die Übergänge zwischen Brief- und Paketlogistik sind fließend. Deshalb werden hier überwiegend zusätzliche Dienstleistungen von Paketdienstleistern genannt.

Leistungsmerkmale sind z. B.:

- Abwicklung von Zollformalitäten,
- Gefahrguttransport,
- Lagerlogistik,
- Retourenmanagement,
- Ausfüllen der Frachtscheine durch den Abholer,
- Zahlungsmöglichkeiten: Rechnung, Barzahlung, Scheck oder Kreditkarte,
- Sendungsverfolgung (Tracking and Tracing) per Internet, E-Mail oder Handy,
- Regellaufzeiten in andere Länder zwischen 2 bis höchstens 7 Tage.

Beförderung durch die Deutsche Post DHL

Päckchen
Wie die Warensendung dient das Päckchen dem Versand verschiedener kleiner Gegenstände, jedoch mit folgenden Unterschieden:

- Höchstgewicht 2.000 g,
- briefliche Mitteilungen sind erlaubt,
- Versand auch in Rollenform möglich.

Pakete National und International
Gegenstände aller Art können bis zu 31,5 kg als **Paket** versandt werden. Pakete sind automatisch mit dem Standardbetrag versichert. Liegt der Wert der Sendung über dem Standardbetrag, kann

für das Paket eine Transportversicherung gegen eine zusätzliche Gebühr abgeschlossen werden. Überschreitet ein Paket die festgelegte Größe, muss es als **Sperrgut** versandt werden.

Alle Pakete erhalten **scannerlesbare Codes**, die für eine schnellere Verteilung und Bearbeitung der Pakete sorgen. Sie dienen als Informationsträger für Absenderangaben, Empfängerbezeichnung und Produktkennung. Der **Identcode** wird bei der Einlieferung, der **Leitcode** im Frachtpostzentrum auf das Haftetikett aufgeklebt.

Privatkunden oder Firmen können Pakete mit **Paketmarken** selbst postfertig machen. Der Absender kauft bei einer Postfiliale eine oder mehrere Paketmarken und klebt sie nach dem Ausfüllen auf das Paket. Das so vorfrankierte Paket kann dem Frachtpostzusteller mitgegeben oder am Postschalter einfach durchgereicht werden.

Alternativer Versand und Zustellung von Paketen, Päckchen und Retouren

1. Packstation

In vielen deutschen Städten bietet DHL die Packstation an. Die Kunden erhalten nach der Registrierung per Einschreiben eine Identifikationskarte mit einer persönlichen PIN-Nummer, die zusammen die Bedienung des Paketautomaten ermöglichen. Der Kunde wird per E-Mail oder SMS über den Eingang eines Paketes benachrichtigt. Die eingegangenen Pakete werden maximal neun Tage in der Packstation gelagert.

Über eine Packstation können Pakete, Päckchen und Retouren gegen einen Einlieferungsbeleg aufgegeben werden. Mittlerweile stellen auch andere Paketdienstleister für ihre Kunden Packstationen auf.

2. Paketbox

Sendungen bis zu einer Größe von 50 x 40 x 30 cm mit einem maximalen Höchstgewicht von 31,5 kg können über die Paketbox versendet werden. Das Prinzip ist einfach: Sie frankieren Pakete und Päckchen, bei Retouren kleben Sie den Rücksendeschein auf und legen die Sendung in die Paketbox.

Vorteile:
- Unabhängigkeit von den Öffnungszeiten,
- Funktionsweise wie beim Briefkasten,
- kostenlose Nutzung,
- kein Zugriff durch Unbefugte möglich.

Nachteil:

Bei Abgabe der Sendung wird **kein Beleg** ausgestellt.

Briefe, Päckchen und Pakete schnell und sicher befördern

Express-Dienst

Für **Briefe und Pakete**, die den Empfänger besonders schnell erreichen sollen, bieten die meisten Postdienstleister einen Express-Dienst an. Die Zustellung erfolgt in der Regel am nächsten Werktag. Muss es schneller gehen, kann der Absender unter folgenden Möglichkeiten wählen:

Express vor 12:00 Uhr, Express vor 10:00 Uhr, Express vor 09:00 Uhr, Express Samstagszustellung, Express Sonn- und Feiertagszustellung.

Einschreiben, Eigenhändig, Rückschein, Nachnahme

Eine besondere Behandlung der Sendung bieten die Zusatzleistungen:

- Einschreiben
- Einschreiben Einwurf
- Eigenhändig ⎫ nur in Verbindung mit Einschreiben oder
- Rückschein ⎭ **Nachnahme** möglich.
- Nachnahme

Bei der **Portoberechnung** wird das Entgelt für die **Zusatzleistung** zum **Beförderungsentgelt der Sendung** hinzugerechnet.

Einschreiben	Beim Einschreiben wird der Versand durch einen **Einlieferungsschein** nachgewiesen. Die **Auslieferung** der Sendung dokumentieren der Zusteller und der Empfänger mit ihren Unterschriften. Ist der Empfänger nicht persönlich anwesend, können auch Ehegatte, Empfangsberechtigte oder Familienangehörige sowie andere in der Wohnung anwesende Personen das Einschreiben gegen Unterschrift in Empfang nehmen.
Einschreiben Einwurf	Das Einschreiben Einwurf wird vom Zusteller **nicht persönlich** übergeben, sondern in den Briefkasten oder in das Postfach geworfen. Nur der Zusteller unterschreibt und bestätigt damit den Einwurf der Sendung.
Einschreiben Rückschein	Benötigt man einen Nachweis über die Übergabe an den Empfänger, sollte das Einschreiben mit der Zusatzleistung Rückschein gekoppelt werden. Der Empfänger bestätigt die Übergabe auf dem Rückschein, der dann an den Absender zurückgeschickt wird.
Einschreiben Eigenhändig	Das Einschreiben Eigenhändig ist zum Versand von vertraulichen Unterlagen und besonders sensiblen Informationen geeignet. Nur der Empfänger selbst oder eine von ihm bevollmächtigte Person ist berechtigt, die Sendung entgegenzunehmen.
Einschreiben Eigenhändig Rückschein	Nur der Empfänger oder eine von ihm bevollmächtigte Person darf die Sendung entgegennehmen. Der Rückschein mit Datum und Unterschrift des Empfängers wird als Empfangsbestätigung an den Absender zurückgeschickt.

Neben der Möglichkeit, die **Barcode-Label** manuell oder maschinell aufzubringen, können die Label auch in einem Vorgang zusammen mit der Adresse gedruckt werden. Die Verknüpfung der Sendungsnummer mit der Empfängeradresse und die Erstellung der Einlieferungslisten können damit einfacher erfolgen. Die Integration des Sendungsbarcodes in die Freimachung der PC- und DV-Frankierung ist ebenfalls möglich.

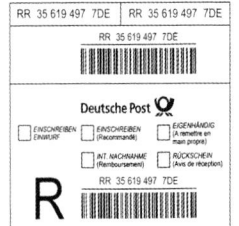   

Universal-Label   *Produktspezifisches Label zur manuellen Aufbringung*   *Produktspezifisches Label zur maschinellen Aufbringung*   *In die Adresse integriertes Label*

Der **Sendestatus** von einem oder mehreren Einschreiben kann einen Tag nach der Zustellung im Internet oder telefonisch abgefragt werden.

Mit der **Post-Versandsoftware** „PostKIT" und „MAILING MANAGER" ist eine schnelle Abwicklung von Sendungen mit Zusatzleistungen möglich. Die Integration der Sendungsbarcodes erfolgt bei der PC- oder DV-Frankierung direkt im Anschriftfeld. Die Verknüpfung der Sendungsnummer mit der Empfängeradresse und die Erstellung der Einlieferungslisten können damit noch einfacher erfolgen.

Versandvorbereitung mehrerer Sendungen mit Zusatzleistungen:

- Jede Sendungskategorie wird fortlaufend zu einem Block sortiert.
- Kennzeichnung jeder Sendung eines Blocks mit einem Label.
- Die Sendungen in aufsteigender Reihenfolge nach den Sendungsnummern der Labels sortieren.

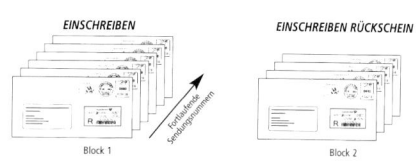

Nachnahme

Mit einer Nachnahmesendung kann man

- Geldbeträge durch die Post einziehen lassen,
- eine Ware (Päckchen, Paket) nur gegen Zahlung des Nachnahmebetrages ausliefern lassen,
- fällige Beträge anmahnen und den Schuldner zur Zahlung veranlassen.

Die Nachnahme wird wie eine gewöhnliche Briefsendung eingeliefert, somit entfällt zukünftig der Ein- und Auslieferungsnachweis. Der Inkassobeleg erhält auch den Sendungsbarcode, sodass die Statusabfrage zur Geldübermittlung per Telefon oder Internet möglich ist.

Treten bei der Geldübermittlung Fehler auf, haftet die Deutsche Post AG bis zu einem Höchstbetrag von maximal 1.600,00 €.

Einlieferungsbeleg für alle sortierten Sendungen. Die Zusatzleistung wird angekreuzt. Der Barcode der niedrigsten und der höchsten Sendungsnummer wird in die entsprechenden Felder auf dem Einlieferungsbeleg geklebt.

Postzustellungsauftrag

Postdienstleister übernehmen auch die förmliche Zustellung amtlicher Schriftstücke von Gerichten, Verwaltungsbehörden von Bund, Ländern und Kommunen (z. B. Bußgeldstellen) sowie von anderen Körperschaften des öffentlichen Rechts, die befugt sind, nach den Vorgaben der Zivilprozessordnung (ZPO) zuzustellen.

Im Rahmen dieser Zustellung wird festgehalten, wem, wann, wo und unter welchen Umständen das Schriftstück zugestellt wurde. Die ausgefüllte Zustellungsurkunde geht an den Auftraggeber zurück und hat weitreichende Rechtswirkungen. Der Zustellungsempfänger kann sich der Zustellung nicht willkürlich entziehen. Kann die Postzustellungsurkunde nicht an eine empfangsberechtigte Person ausgeliefert werden, wird sie bei der zuständigen Postfiliale hinterlegt. Der Empfangsberechtigte wird benachrichtigt. Das Schriftstück gilt als zugegangen – auch wenn es nicht innerhalb der dreimonatigen Aufbewahrungspflicht abgeholt wird.

PZA der Deutschen Post AG:

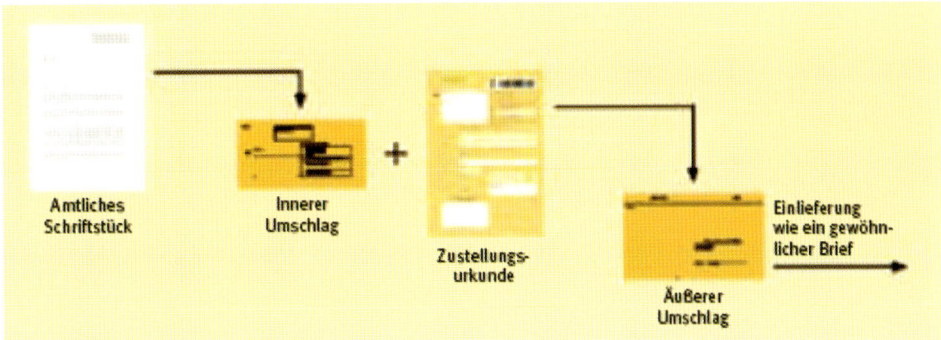

Die vorbereitete Zustellungsurkunde und der verschlossene und mit Empfängeranschrift versehene Innenumschlag, der das zu versendende Schriftstück enthält, werden mit einem besonderen Versandumschlag (äußerer Umschlag) kuvertiert.

Vorausverfügungen

Wenn der Absender möchte, dass eine unzustellbare Sendung zurückgeschickt wird oder eine Benachrichtigung erfolgt, bietet die Deutsche Post AG folgende Vorausverfügungen:
- Bei Umzug mit neuer Anschrift zurück!
- Nicht nachsenden!

Die Rücksendung unzustellbarer Briefsendungen, z. B. Briefe, Postkarten, Büchersendungen usw. (außer Infopost und Infobrief), ist kostenlos. Die zurückgesandte Sendung trägt einen entsprechenden Unzustellbarkeitsvermerk.

Auf den Punkt gebracht

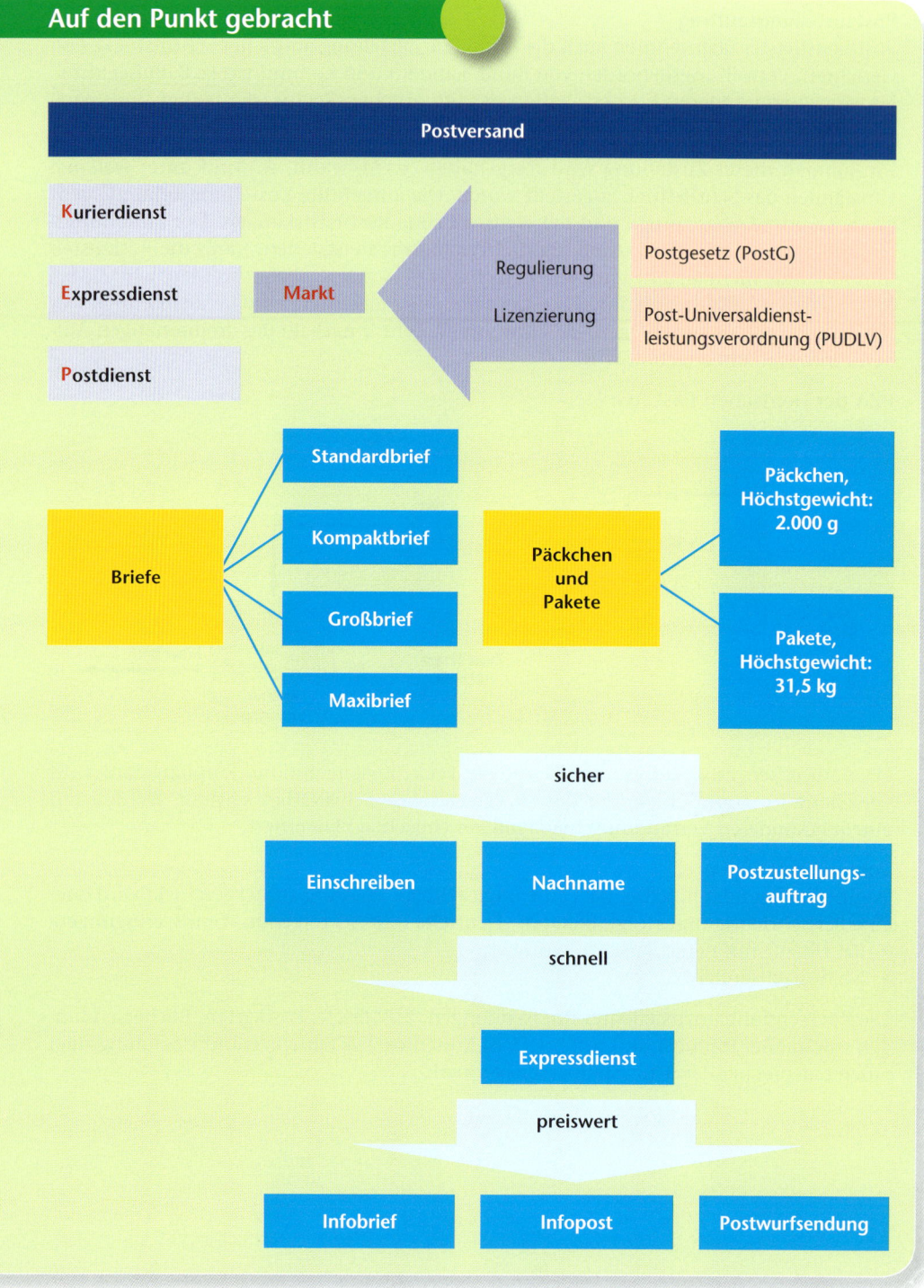

Nutzen Sie Ihr Wissen

1. Erläutern Sie den Begriff KEP-Markt.

2. Neben der Deutschen Post AG gibt es über 5 000 registrierte Postdienstleister. Welche allgemeinen Brief- und Sonderbriefdienste bieten sie in der Regel an?

3. Informieren Sie sich über die Leistungen und Preise der Deutschen Post AG und nennen Sie die wichtigsten Sendungsarten
   a) im Inland,
   b) ins Ausland.

4. Im Postausgangskorb befinden sich fünf Briefe, die weniger als 20 g wiegen, aber in verschiedenen Briefhüllen versandt werden sollen. Welche der folgenden Briefhüllen kann Tom nicht als Standardbrief versenden? Begründen Sie Ihre Entscheidung: C6, C5, B6, DL, C4

5. Tom soll folgende Schriftstücke zum Versand vorbereiten und entscheiden, welche Briefhüllen sich jeweils für den Versand eignen:
   a) Eine Urkunde im Format A4, die nicht gefaltet werden darf.
   b) Zwei DIN-A4-Bogen, die im Kreuzfalz gefaltet sind.
   c) Ein DIN-A4-Brief, der im Zickzackfalz gefaltet wurde.
   d) Zwei Fotos im Format A5.
   e) Ein Schnellhefter, in dem viele Schriftstücke abgeheftet sind.

6. Ein Standardbrief soll nach Kanada verschickt werden. Unter welchen Briefarten kann Tom wählen?

7. Tom hat die Ausgangspost in die untenstehenden Kategorien sortiert. Erläutern Sie, was beim Versand zu beachten ist bei
   a) einer Infopost,
   b) einem Postpaket,
   c) einem Einschreiben Rückschein.

8. Unterscheiden Sie:
   a) Infopost und Infobrief,
   b) Infopost und Postwurfsendung.

9. Machen Sie Vorschläge, wie Sie Portokosten sparen können.

10. Postpakete können Sie „frei" oder „unfrei" aufgeben. Erklären Sie den Unterschied.

11. Ein Brief und ein Postpaket sollen die office4you OHG in München besonders schnell erreichen.
    a) Welche Versandmöglichkeit bietet die Deutsche Post AG?
    b) Bis zu welchem Höchstgewicht können Sie das Paket aufgeben?
    c) Wären außer mit der Post auch andere schnelle Versandarten möglich?
    d) Welche schnelle Post-Versandart wäre zweckmäßig, wenn das Paket an eine Firma in London versandt werden soll?

12. Sie wollen nach Geschäftsschluss eine Retoure bei der örtlichen Postfiliale aufgeben und benötigen einen Einlieferungsbeleg als Beweis. Welche Möglichkeiten bieten sich Ihnen?

13. In der ModernOffice KG sollen die Versandkosten von Päckchen, Paketen und evtl. Briefen reduziert werden. Frau Klöpf bittet Sie, mindestens drei private Anbieter am Ort zu vergleichen. Folgende Vergleichskriterien sollen zugrunde gelegt werden: Abholung der Päckchen/Pakete, maximales Beförderungsgewicht, notwendige Menge für kostenlose Abholung, Laufzeiten, Versicherung, Auslandsversand möglich, weltweiter Versand, Beförderung von Briefen. In einer kurzen Präsentation sollen Sie die Kolleginnen und Kollegen der Poststelle über das Ergebnis Ihrer Recherchen informieren.

14. Die Post bietet mehrere Varianten des Einschreibens an.
    a) Wie werden sie bezeichnet?
    b) Wodurch unterscheiden sie sich?
    c) Welche Sendungen kann man als Einschreiben versenden?

15. Welche Sendungsarten können mit dem Zusatz „Rückschein" und/oder „Eigenhändig" versandt werden? Was bedeuten diese Zusätze?

16. Karoline, eine Freundin von Tom, ist Auszubildende am Amtsgericht Stuttgart und lernt dort zurzeit die Arbeitsabläufe in der Poststelle kennen. Ihr Chef, Herr Schäufele, beauftragt Karoline, wichtige Dokumente, für die eine nachvollziehbare Zustellung gemäß der ZPO zwingend vorgeschrieben ist, für den Versand mit der Deutschen Post AG vorzubereiten.
    a) Welche Zustellung kommt infrage?
    b) Wie viel kostet ein Umschlag im Format A4 und welche Leistungen sind im Preis enthalten?
    c) Gibt es noch eine andere Möglichkeit der Versendung?

7.4 Elektronische Briefe sicher versenden

Lernsituation

Die ModernOffice KG möchte alle Prozesse im Postausgang schneller und effizienter gestalten. Vor allem im Bereich der Rechnungsstellung könnten die Kosten durch einen elektronischen Versand der Dokumente gesenkt werden. Dabei stellt sich aber die Frage der Datensicherheit und der Rechtsverbindlichkeit. Frau Klöpf beauftragt Tom, die Möglichkeiten eines elektronischen Versands zu prüfen.

- *Informieren Sie sich über E-Postbrief und De-Mail.*
- *Prüfen Sie die Leistungsmerkmale der einzelnen Anbieter und stellen Sie diese in einer Tabelle gegenüber. Nutzen Sie dazu die Tabellenfunktion im Textverarbeitungsprogramm.*
- *Erstellen Sie eine Präsentationsfolie, aus der die Vorteile des elektronischen Briefes hervorgehen.*
- *Präsentieren und reflektieren Sie im Plenum Ihre Ergebnisse.*

Die E-Mail hat gegenüber dem verschlossenen Brief erhebliche Sicherheitsnachteile. Jedem sollte bewusst sein, dass eine abgeschickte Nachricht auf dem Weg durchs Internet abgefangen, unbemerkt gelesen und auch verändert werden kann. Die E-Mail gewinnt dennoch im Geschäftsleben eine immer größere Bedeutung, sie löst zunehmend den klassischen Postbrief ab.

Der klassische Postbrief hat jedoch gegenüber der E-Mail einen großen Vorteil: Die Zustellung ist verbindlich und rechtssicher. Normale E-Mails sind weder vor Veränderungen geschützt, noch kann ihre Zustellung vor Gericht nachgewiesen werden. Außerdem können Absender und Empfänger nicht immer sicher sein, mit wem sie kommunizieren. Durch den **elektronischen Brief** soll die elektronische Kommunikation **sicher und rechtsverbindlich** werden.

Bei vier Anbietern kann eine rechtssichere E-Brief-Adresse beantragt werden: Deutsche Post, Telekom, GMX und WEB.DE. Jeder Anbieter stellt ein eigenes Programm zur Verfügung, mit dem der Nutzer seine elektronischen Briefe schreiben kann. Die herkömmlichen E-Mail-Programme können nicht genutzt werden. Auch ein Nachrichtenaustausch zwischen E-Brief- und E-Mail-Adressen ist nicht möglich.

E-Postbrief nutzen

Seit dem 01.07.2010 bietet die Deutsche Post den E-Postbrief an. Er ist genauso einfach konzipiert wie eine E-Mail, besitzt aber die folgenden wesentlichen Eigenschaften eines Briefes:

- **Verbindlichkeit:** Bei der Erstregistrierung wird die Identität des Nutzers über das Postident-Verfahren überprüft. Durch die kombinierte Eingabe von Passwort und Handy-TAN erfolgt ein eindeutiger Identifikationsnachweis. Alle Willenserklärungen des Nutzers sind durch die Verifikation seiner Identität rechtsgültig.
- **Vertraulichkeit:** Der E-Postbrief wird auf seinem Weg durch das Internet verschlüsselt übermittelt. Der Briefinhalt kann nicht mitgelesen oder gar verändert werden – auch nicht durch die Post.
- **Verlässlichkeit:** Die Deutsche Post garantiert die Zustellung des E-Postbriefs durch einen durchgängig protokollierten Transport innerhalb eines geschlossenen Systems. Die vom klassischen Brief bekannten Versendungsarten, wie z.B. das Einschreiben, können auch beim E-Postbrief genutzt werden.

Nach der Registrierung und gegen Vorlage des Personalausweises erhält der Nutzer eine E-Postbrief-Adresse mit seinem vollen Namen, die wie folgt aufgebaut ist:

Vorname.Nachname@epost.de

Druck, Kuvertierung   physische Zustellung

elektronischer Versand   elektronische Zustellung

elektronische Zustellung   elektronischer Versand

Unternehmen

Scan-Service   physischer Versand

Brief im Internet

Kunde

Kosten des E-Postbriefes

kostenlos	kostenpflichtig
– Einrichtung einer persönlichen E-Postbrief-Adresse – Registrierung und Bereitstellung des elektronischen Briefkastens – Empfang von E-Postbriefen	– Versand von E-Postbriefen: Gebühren wie beim klassischen Brief, je nach Art und Umfang (Standardbrief 0,58 €) – Zusatzleistungen wie Einschreiben oder Farbdruck werden zusätzlich berechnet

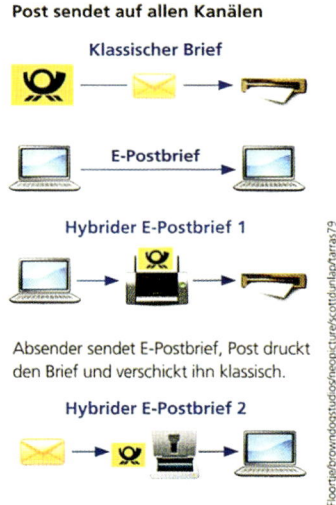

Post sendet auf allen Kanälen

Klassischer Brief

E-Postbrief

Hybrider E-Postbrief 1

Absender sendet E-Postbrief, Post druckt den Brief und verschickt ihn klassisch.

Hybrider E-Postbrief 2

Absender versendet einen Brief an die Post, die ihn einscannt und elektronisch weiterleitet.

Quelle: Börsen-Zeitung, Deutsche Post DHL

Fotos: stockphoto/Floortje/browndogstudios/neopicture/xcottdunlap/tarras79

Vor- und Nachteile des E-Postbriefes

Vorteile:

- Reduzierung des Medienbruchs (Verbindung der papierbasierten und elektronischen Welt).
- Die Authentizität des Absenders ist gewährleistet.
- Kosteneinsparung in der Poststelle eines Unternehmens.
- Wichtige Dokumente – auch Einschreiben – werden noch am gleichen Tag zugestellt.
- Ausschluss von Spam und Phishing.
- Ein zentraler Briefkasten für die gesamte elektronische Kommunikation, da externe E-Mail-Konten ins E-Postfach eingebunden werden können.
- Kostenlose Benachrichtigung per SMS nach Eingang eines E-Postbriefes.
- Zustellung der E-Postbriefe auch an Empfänger ohne E-Postfach möglich.

Nachteile:

- Der Nutzer verpflichtet sich, regelmäßig das E-Postfach zu überprüfen.
- Der E-Postbrief fällt nicht unter das Briefgeheimnis, sondern unter das Fernmeldegeheimnis.
- Auf gelöschte E-Postbriefe kann die Post über einen gewissen Zeitraum zugreifen, der Nutzer jedoch nicht.

- Datenschutz: Die Allgemeinen Geschäftsbedingungen (AGB) müssen im Hinblick auf den Schutz der persönlichen Daten geprüft werden.
- Einmal an den E-Postbrief angehängte Dateien können nicht mehr gelöscht werden.

De-Mail nutzen

In Zusammenarbeit mit dem Bundesministerium des Innern (BMI) haben die Deutsche Telekom, GMX und WEB.DE die De-Mail entwickelt. Mit der De-Mail können Privatnutzer, Behörden und Unternehmen rechtsgültige elektronische Nachrichten und Dokumente **rechtsverbindlich**, **vertraulich sowie fälschungssicher** verschicken.

Voraussetzung für die Nutzung von De-Mail ist, dass sich Absender und Empfänger **eindeutig identifizieren**. Darüber hinaus bekommt der Versender einer De-Mail vom Provider eine **rechtsverbindliche Bestätigung**, dass die Information versendet wurde und beim Adressaten angekommen ist. Die über De-Mail verschickten Nachrichten und Dokumente werden verschlüsselt übermittelt und sind so vor Veränderungen geschützt. Auch die Identität von Absender und Empfänger ist eindeutig feststellbar.

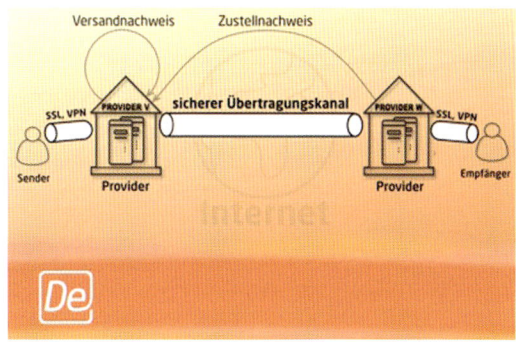

De-Mail-Konto eröffnen

Die Anmeldung und Zertifizierung erfolgt bei einer autorisierten Stelle (z. B. Bürgerportal). Zur Eröffnung eines De-Mail-Kontos muss jeder Nutzer einen amtlichen Ausweis (elektronischer Personalausweis) vorlegen oder sich beispielsweise über das Postident-Verfahren anmelden.

Der Nutzer erhält bei der Anmeldung eine oder mehrere De-Mail-Adressen mit der speziellen Endung „de-mail.de". Die Adresse setzt sich wie folgt zusammen:

Vorname.Nachname@De-Mail-Provider.de-mail.de

Beispiele •
> *Personen-Adresse: svenja.kolleck@provider-XYZ.de-mail.de*
> *Unternehmens-Adresse: mo-modernoffice.de-mail.de*

Durch diese Kennung erhält der Nutzer eine eindeutige Identität.

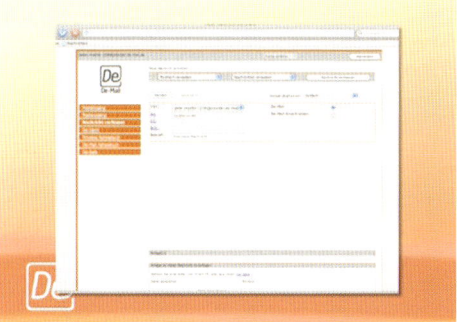

Unabhängig voneinander können folgende Versandarten genutzt werden:

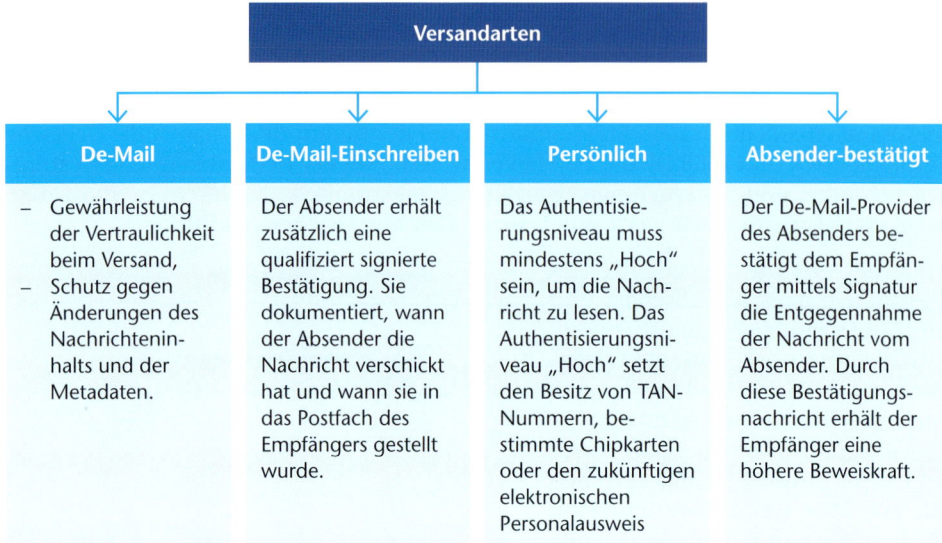

Versandarten			
De-Mail	**De-Mail-Einschreiben**	**Persönlich**	**Absender-bestätigt**
– Gewährleistung der Vertraulichkeit beim Versand, – Schutz gegen Änderungen des Nachrichteninhalts und der Metadaten.	Der Absender erhält zusätzlich eine qualifiziert signierte Bestätigung. Sie dokumentiert, wann der Absender die Nachricht verschickt hat und wann sie in das Postfach des Empfängers gestellt wurde.	Das Authentisierungsniveau muss mindestens „Hoch" sein, um die Nachricht zu lesen. Das Authentisierungsniveau „Hoch" setzt den Besitz von TAN-Nummern, bestimmte Chipkarten oder den zukünftigen elektronischen Personalausweis voraus.	Der De-Mail-Provider des Absenders bestätigt dem Empfänger mittels Signatur die Entgegennahme der Nachricht vom Absender. Durch diese Bestätigungsnachricht erhält der Empfänger eine höhere Beweiskraft.

Vorteile:
- Nachrichten und Dokumente werden fälschungssicher und rechtsverbindlich wie ein Einschreiben per Brief verschickt.
- De-Mail ermöglicht eine schnelle Abwicklung durch vollelektronische Vorgangsbearbeitung ohne Medienbrüche.

  Beispiel •
  Ein Angebot wird am PC erstellt, dann ausgedruckt und per Post verschickt. Der Adressat scannt das Dokument ein und legt es elektronisch ab. Dieser ständige Wechsel zwischen Elektronik und Papier wird durch De-Mail reduziert.

- Durch die Vermeidung von Medienbrüchen werden auch Übertragungsfehler verhindert und gleichzeitig Zeit und Geld gespart.
- Geringe Kosten für die technologische Einbindung der De-Mail.

Anwendungsbereiche

Die De-Mail eignet sich zum Versand von
- Dokumenten in Geschäftsprozessen, z. B. Aufträge, Kostenvoranschläge, Mahnungen, Verträge usw.,
- persönlichen Dokumenten, z. B. Gehaltsmitteilungen, Arbeitsverträge, Vollmachten,
- Dokumenten, die sich an Behörden richten, z. B. Steuererklärungen, Visa-Anträge,
- Dokumenten an Kammern und Verbände, z. B. Anträge.

Auf den Punkt gebracht

Elektronischer Brief

E-Postbrief　　　　　　　　　　　　De-Mail

verbindlich

vertraulich

verlässlich

Nutzen Sie Ihr Wissen

1. Erklären Sie den Unterschied zwischen einer normalen E-Mail und einem elektronischen Brief.

2. Welche Anbieter gibt es in Deutschland für den elektronischen Brief?

3. Welche Leistungsmerkmale enthalten die jeweiligen Angebote?

4. Erläutern Sie die Versandarten der De-Mail-Anbieter.

5. Welche Dokumente eignen sich insbesondere für den elektronischen Versand?

8 Schriftstücke und elektronische Dokumente aufbewahren

8.1 Schriftstücke ordnen

Lernsituation

Svenja arbeitet zurzeit in der Verwaltung im Bereich Schriftgutaufbewahrung. Dort werden vor allem Schriftstücke archiviert, die am Arbeitsplatz nicht mehr gebraucht werden, deren Aufbewahrung jedoch gesetzlich geregelt ist. Morgens liegen im Eingangskorb viele Belege, die Svenja nach dem Alphabet in die jeweiligen Schriftgutbehälter einsortieren soll. Dabei muss sie die Regeln der DIN 5007 anwenden. Heute liegen ihr viele Schriftstücke mit Umlauten in den Namen vor. Bevor Svenja die Schriftstücke einsortiert, vergewissert sie sich, welche Regelungen in der ModernOffice KG gelten.

Svenja Kolleck: „Mit dem PC kann man viel leichter sortieren. Das geht da vollautomatisch. In der Schule haben wir deshalb auch beide Möglichkeiten gelernt: Die Rückführung auf den Grundbuchstaben (ä = a; ö = o; ü = u) und die Auflösung der Umlaute (ä = ae; ö = oe; ü = ue). Wie ist das in unserem Unternehmen geregelt?"

Otto Sander: „Stimmt, hier gibt es zwei Möglichkeiten. In der ModernOffice KG haben wir uns bei der Ordnung von Umlauten in elektronischen Listen auf die Rückführung auf den Grundbuchstaben geeinigt. In der Schriftgutablage lösen wir die Umlaute auf. Ä, ö und ü werden wie ae, oe und ue behandelt."

- *Informieren Sie sich über die Ordnungssysteme und die Regelungen nach DIN 5007.*
- *Entwickeln Sie mit einem Partner/einer Partnerin eine Checkliste, aus der hervorgeht, wie Schriftgut einsortiert und wie digitale Listen geordnet werden sollen.*
- *Berücksichtigen Sie in Ihrer Checkliste auch die Regelungen, die speziell in Ihren Ausbildungsbetrieben getroffen worden sind.*
- *Erstellen Sie die Checkliste in Ihrem Textverarbeitungsprogramm. Nutzen Sie die Tabellenfunktion und Formularwerkzeuge.*
- *Vergleichen Sie Ihr Ergebnis mit einem weiteren Paar und nehmen Sie gegebenenfalls Verbesserungen vor.*

„Wer sucht, der findet", heißt ein bekanntes Sprichwort. Auf den betrieblichen und behördlichen Alltag angewandt, sollte es besser heißen: „Wer richtig ordnet, findet schneller!"

Je mehr Papier und Dateien anfallen, umso wichtiger ist eine klare und übersichtliche Ordnung. Entscheidend für die Wahl der geeigneten Ordnungsweise ist die Art der zu ordnenden Dokumente. Man unterscheidet zwischen personen- oder firmenbezogenen Unterlagen (Geschäftsbriefe, Rechnungen, Lieferscheine usw.) und innerbetrieblichen

Vorgängen, die sachbezogen sind (Statistiken, Kalkulationsunterlagen usw.). Die Wahl des zweckmäßigen Ordnungssystems hängt u. a. von folgenden Überlegungen ab:

- Unterlagen müssen schnell wiederzufinden sein.
- Das Ordnungssystem muss möglichst einfach und logisch sein.

Die bekanntesten Ordnungsmerkmale sind:

- Buchstaben (Namen, Sachen),
- Ziffern,
- Zeit (Datum),
- Farben und Symbole.

Namen alphabetisch ordnen

Die Regeln für die alphabetische Ordnung sind in der DIN 5007, DIN 5007-1 und DIN 5007-2 „Ordnen von Schriftzeichenfolgen – Allgemeine Regeln für die Aufbereitung (ABC-Regeln)" festgelegt.

Der Anwender hat immer wieder Schwierigkeiten sich zurechtzufinden, da nicht alle Möglichkeiten behandelt werden können. Dazu ist in der DIN vermerkt:

> „Diese Norm enthält Festlegungen für die Ansetzung und Ordnung von Namen. Sie sollen einen **allgemeinen Orientierungsrahmen** bilden, der jedoch nicht alle möglichen Sonderfälle abdeckt."

Namen natürlicher Personen
1. Regeln für die Buchstabenfolge:

- Die Buchstabenfolge ist die des ABC. Für die Einordnung eines Namens ist zunächst der Anfangsbuchstabe maßgebend.
- Beginnen mehrere Namen mit dem gleichen Buchstaben, so muss nach dem zweiten, dritten usw. Buchstaben geordnet werden.

Beispiele •

Abele	Bachmann	Ganzer	Huber	Keller
Adelmann	Bender	Gerber	Iller	Kelter
Anders	Berger	Gester	Illter	Keltir
Augustin	Berter	Herber	Illwer	Kelzer

- Nach DIN 5007-1:2005-08 ist das Ordnen von Umlauten sowohl in Namensverzeichnissen als auch in Nachschlagewerken allgemeiner Art einheitlich geregelt. Demnach ist die Rückführung **auf den Grundbuchstaben** (ä = a; ö = o; ü = u) ausnahmslos anzuwenden.
- Die Umlaute ä, ö, ü gelten in Registraturen in der Regel als ae, oe, ue (also sind die Umlaute nach ad, od und ud einzuordnen).
- **ch, ck, sch, sp, st** sind zwei bzw. drei Buchstaben, **ß** wird wie ss eingeordnet.

Beispiele •

Variante 1: Rückführung auf den Grundbuchstaben (ä = a; ö = o; ü =u)			
Bach, Michael	Biber, Oliver	Böttner, Anita	Bruck, Walter
Bäcker, Edeltraud	Blaser, Andrea	Breske, Simone	Bruckner, Marc
Bader, Cornelia	Boban, Norbert	Bressner, Ralf	Brückner, Matthias
Baganz, Erika	Bodmann, Tim	Breßner, Ruth	Brückner, Norbert
Bäse, Gerd	Boff, Roman	Breuer, Evi	Bruder, Tobias
Beer, Anita	Boger, Barbara	Brück, Caroline	Brugger, Maria

Variante 2: Auflösung der Umlaute: (ä = ae; ö = oe; ü = ue)			
Bach, Michael	Biber, Oliver	Boger, Barbaa	Bruckner, Marc
Bader, Cornelia	Blaser, Andrea	Breske, Simone	Bruder, Tobias
Bäcker, Edeltraud	Boban, Norbert	Bressner, Ralf	Brück, Caroline
Bäse, Gerd	Bodmann, Tim	Breßner, Ruth	Brückner, Matthias
Baganz, Erika	Böttner, Anita	Breuer, Evi	Brückner, Norbert
Beer, Anita	Boff, Roman	Bruck, Walter	Brugger, Maria

In Registraturen können Namen, die mit **sch** und **st** beginnen, eine eigene Ordnungsgruppe bilden. Sie werden dann hinter den Namen mit s eingeordnet.

Beispiele •

Sauters	Schaber	Stadler
Siemenes	Schmidd	Stehle
Sommer	Scholl	Strobel
Speidel	Schubert	Stuck

2. Regeln für das Ordnen von Personennamen:

- Der Familienname ist das erste, der Vorname das zweite Ordnungswort.
- Reicht das nicht aus, können weitere Ordnungsmerkmale (Ort, Straße, Beruf) verwendet werden.
- „Gebrüder" und „Geschwister" werden wie Vornamen behandelt.
- Abgekürzte Vornamen gelten als selbstständige Wörter.

Beispiele •

Krause	Schaber
Krause, Brigitte	Schmidd
Krause, F.	Scholl
Krause, Franz	Schubert
Krause, Gebr.	

Namenszusätze wie Mc, Mac, de, d', Le, La, Ben, O' usw. werden **im Allgemeinen nicht** als Ordnungswort behandelt. Sie werden nach dem Vornamen angegeben. Sind sie jedoch mit dem Familiennamen **verschmolzen** oder stehen sie innerhalb eines mehrteiligen Familiennamens, werden sie mit dem Familiennamen geordnet.

Beispiele •

Anny **O'**Neill	wird eingeordnet unter:	**O'**Neill, Anny
Robert **De** Niro	wird eingeordnet unter:	**De** Niro, Robert
Thomas **De** Quincey	wird eingeordnet unter:	**De** Quincey, Thomas

> Vorsatzwörter wie **von**, **der**, **de**, **da**, **de la** usw. werden beim Einrichten nicht berücksichtigt.

Beispiele •

Emilio **da** Costa	wird eingeordnet unter:	Costa, Emilio **da**
Max **von** Bergen	wird eingeordnet unter:	Bergen, Max **von**

> Zusammengesetzte Familiennamen folgen auf einfache Namen; akademische Grade, Adelsbezeichnungen bleiben unberücksichtigt.

Beispiele •

Bergen, Max von	Müller, Werner, Dr.
Costa, Emilio da	Müller-Klaus, Elly
De Niro, Robert	Müller-Schmidt, Anna
De Quincey, Thomas	Müller-Ufer, Jasmin
Mayer, Doris	O'Neill, Anny
Müller, Hans	Steuben-Magnis, Johann
Müller, Sonja van	Steuer, Hildegard
Müller, Walter, Prof.	

Namen juristischer Personen und Institutionen
1. Regeln zum Einordnen von Behörden, Firmen und Vereinen:

> - Verhältniswörter (**im**, **zum**, **für**), Bindewörter (**und**, **&**) und Artikel (**der**, **die**, **das**) bleiben unberücksichtigt; am Anfang stehende Verhältniswörter werden immer berücksichtigt (**Am**, **Zum**, **Für** usw.).
> - Durch Bindestrich verbundene Teile eines zusammengesetzten Wortes werden wie selbstständige Ordnungswörter behandelt.
> - Feststehende Abkürzungen werden wie ein Wort behandelt.
> - Vornamen in Firmennamen in Verbindung mit der Branchenbezeichnung sind ein Eigenname (z. B. wird „Friedrich-Schiller-Theater" unter „F" eingeordnet).

Beispiele •

Albert-Schweitzer-Heim	Müller & Schulz
DAG	Verband für das Buchdruckergewerbe
Konrad-Adenauer-Stiftung	Verband für **S**teuerwesen
Maschinen- und Apparatefabrik	**Z**ur Krone

2. Regeln beim gemeinsamen Einordnen der Namen von Personen, Behörden, Betrieben usw.:

- Das erste Wort übernimmt die Ordnungsfunktion.
- Ist das erste Ordnungswort gleich, erhält das zweite oder dritte Wort die Ordnungsfunktion.

Beispiele

Bayer	Dehlert, **A.**	Mannheimer Transport-Gesellschaft
Bayerische Motorenwerke	Dehlert, Arthur	
Bayerische Treuhand	Dehlert & Co.	Mannheimer Transport-Station
Dehlert	Mannheimer, Franz	

Orts- und Staatennamen
Regeln beim Ordnen nach geografischen Namensbegriffen:

- Einzelne Namensbestandteile gelten als ein Wort (Artikel, Verhältnis- und Eigenschaftswörter, die getrennt von Ortsnamen stehen, werden mit diesen zusammen als ein Wort behandelt).
- Vorsatzwörter wie Bad, Burg, Dorf, Markt usw. werden zum Namen gezogen und mit ihm als ein Wort aufgefasst.
- Gleichlautende Ortsnamen werden zur Bestimmung der genaueren Lage durch Zusätze unterschieden (z. B. Neustadt b. Coburg, Neustadt an der Donau) und nach der Buchstabenfolge ihrer Zusätze alphabetisch eingeordnet.
- Die den Ortsnamen nachfolgenden Bezeichnungen Kr. (Kreis), Bz. (Bezirk) bleiben bei der Einordnung unberücksichtigt.
- Bei Orten und Staaten wird die in Deutschland übliche Schreibweise verwendet.

Beispiele

Backnang	**Bad** Peterstal	**Burg** Adendorf	Neustadt a. d. Donau
Bad Abbach	**Bad** Sachsa	**Burgd**orf	Neustadt
Bad Abtenau	Buch am Erlbach	**Burgh**eim	(Kr. Marburg)
Bad Orb	Buch am Forst	Neustadt b. Coburg	Neuwied
			Neuwied-Gladbach
Napoli = **Neapel**	Nice = **Nizza**	France = **Frankreich**	España = **Spanien**

Numerisch ordnen

Die numerische Ordnung ist nützlich, weil viele Belege mithilfe von EDV erstellt werden. Solche Vorgänge können einfach mit einer Nummer (z. B. Kunden-Nr., Personal-Nr., Versicherungs-Nr., Konto-Nr., Aktennummer, Auftrags-Nr. usw.) versehen und nach dieser geordnet werden.

Vorteile:

- Die Ordnung nach fortlaufenden Nummern ist die sicherste Ordnung.
- Die Ordnungsweise ist einfach und logisch.
- Nach Ziffern kann schnell sortiert und geordnet werden.
- Besonders geeignet für Schriftstücke, die bereits eine Nummer haben.

Nachteile:
- Die Kennzeichnung durch eine Nummer ist im Allgemeinen anonym.
- Die Ordnungsweise setzt ein Suchverzeichnis (Index) voraus.

Fortlaufende Nummerierung

Man unterscheidet Nummernverzeichnisse und Suchverzeichnisse. Das Suchverzeichnis erleichtert das Auffinden der Schriftstücke.

Beispiele •

Nummernverzeichnis		Suchverzeichnis	
3401 – Zander	3405 – Keller	**Abel** – **3404**	Baader – 2701
3402 – Berger	**3406 – Bader**	Arber – 3402	**Bader– 3406**
3403 – Halber	3407 – Zeller	Astor – 1604	Birner – 2804
3404 – Abel	3408 – Rothe	Attig – 1424	Borge – 1084

Bei der Nummerierung unterscheidet man zwischen **sprechenden** und **nicht sprechenden Nummern**.

Beispiele •

Sprechende Nummer zur Klassifizierung	= 3.108.03
Warengruppe	= 3
Artikelnummer	= 108
Herstellungsmonat	= 03
Sprechende Nummer bei Vorwahlnummern (Telefon)	= 07543
Vorwahlnummer	= 07
Stuttgart	= 075
Ravensburg	= 0754
Friedrichshafen	= 07543
Langenargen	
Nicht sprechende Nummern	= 1 bis 600 fortlaufend

Dekadische Ordnung

Die dekadische Ordnung benutzt die **Zehnerstaffel** (Zehnergruppe = Dekade). Die Unterlagen werden nach den fortlaufenden Ziffernreihen 0 bis 9 eingeteilt. Man beschränkt sich auf das Ordnen von Gruppen mit nicht mehr als zehn Einteilungspunkten. Zunächst wird das gesamte zu ordnende Schriftgut in **zehn Klassen** (0 bis 9) gegliedert. Jede Klasse kann wieder in **zehn Hauptgruppen** (z. B. 20 bis 29) untergliedert werden. Falls erforderlich, kann dann jede Hauptgruppe in **zehn Gruppen** (z. B. 210 bis 219) und jede Gruppe in **zehn Untergruppen** (z. B. 2180 bis 2189) aufgeteilt werden. Die Nummern können mit oder ohne Punkt bzw. Bindestrich geschrieben werden (z. B. 2185 oder 2.1.8.5 oder 2-1-8-5).

Je kleiner der Umfang einer Ablage ist, desto früher wird man mit der Untergliederung aufhören. Häufig genügt eine zwei- oder dreistellige Ordnung. Das dekadische System erlaubt so eine klare, systematische Gliederung mit einheitlicher Klassifikation.

Neben dem dekadischen Ordnungssystem gibt es noch ein **halbdekadisches System**. Es unterscheidet sich vom dekadischen Ordnungssystem darin, dass die Nummerierung der Gruppe und der Untergruppe über die Zehnerstaffel hinausgehen kann.

Beispiele • *Dekadische Ordnerstruktur am PC*

1. Ebene			
0			
1	**2. Ebene**		
2	2-0	**3. Ebene**	
3	2-1	2-1-0	**4. Ebene**
4	2-2	2-1-1	2-1-1-0
5	2-3	2-1-2	2-1-1-1
6	2-4	2-1-3	2-1-1-2
7	2-5	2-1-4	2-1-1-3
8	2-6	2-1-5	2-1-1-4
9	2-7	2-1-6	2-1-1-5
	2-8	2-1-7	2-1-1-6
	2-9	2-1-8	2-1-1-7
		2-1-9	2-1-1-8
			2-1-1-9

Alphanumerisch ordnen

Alphanumerische Ordnung ist eine Kombination von **alpha**betischer und **numerischer** Ordnung. Dieses System macht sich die Erfahrung zunutze, dass sich Verbindungen von Buchstaben und Ziffern leichter behalten lassen als z. B. eine Gruppe von acht und mehr Ziffern. Beispiele für alphanumerische Ordnung sind unsere polizeilichen Kraftfahrzeug-kennzeichen, Klassenbezeichnungen oder die Kalenderdaten.

Beispiele •

HD – UM 839	*Das Fahrzeug ist im Rhein-Neckar-Kreis (Heidelberg) zugelassen.*
2 BF BT 1	*Berufsfachschule für Bürotechnik, zweijährig, 1. Klasse*
19. Mai 2014	*alphanumerische Schreibweise*
3. Aug. 2014	*alphanumerische Schreibweise*
2014-08-03	*numerische Schreibweise*

Chronologisch ordnen

Die chronologische (zeitliche) Ordnung erfasst Sachverhalte in ihrer zeitlichen Reihenfolge, z. B. nach Tagen,
Monaten und Jahren. Rechnungen
können beispielsweise zunächst nach
dem Kundennamen alphabetisch
abgelegt werden, während dann die
Rechnungen desselben Kunden nach
dem Rechnungsdatum geordnet sind.

Die chronologische Ordnung ist vor
allem dann zu empfehlen, wenn Termine
(Fälligkeitsdaten) überwacht werden
müssen. **Die Reihenfolge der Heftung
wird dabei unterschiedlich gewählt:**

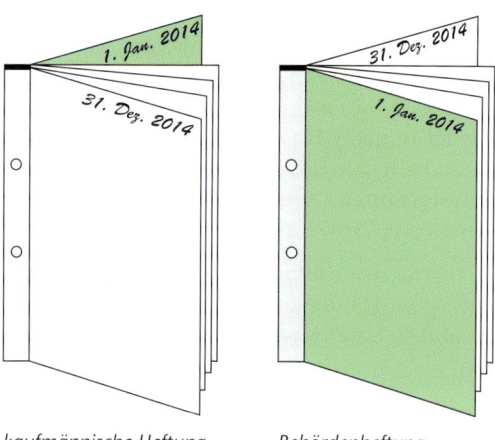

kaufmännische Heftung   Behördenheftung

- Bei der **kaufmännischen Heftung** liegt das zuletzt erhaltene Schriftstück oben.
- Bei der **Behördenheftung** liegt das zuletzt erhaltene Schriftstück unten.

Die *kaufmännische Heftung* ist bei Massenschriftgut (Bestellungen, Rechnungen) üblich. *Behördenheftung* ist dagegen für Einzelakten (Personalakten, Prozessakten) geeignet.

Nach Farben und Symbolen ordnen

Farben dienen als zusätzliche Ordnungsmittel, die eine bestehende Ordnung sinnvoll ergänzen. Verschiedenfarbige Vordrucke erleichtern später das Sortieren dieser Schriftstücke.

Beispiele •

Rechnungskopien = *Gelb*
Lieferscheinkopien = *Blau*
Mahnkopien = *Rot*

Bei Schriftgutbehältern erleichtern Farben das richtige Abstellen in der Gruppe. Zu viele Farben und grelle Farbtöne sollte man vermeiden; sie wirken eher unübersichtlich.

Symbole (Piktogramme, Icons) werden z. B. auf Plantafeln für die Terminplanung (Urlaub, Zimmerbelegung), bei Telefonen für bestimmte Leistungsmerkmale oder bei Programmen mit menügesteuerten Benutzeroberflächen verwendet.

Beispiele •

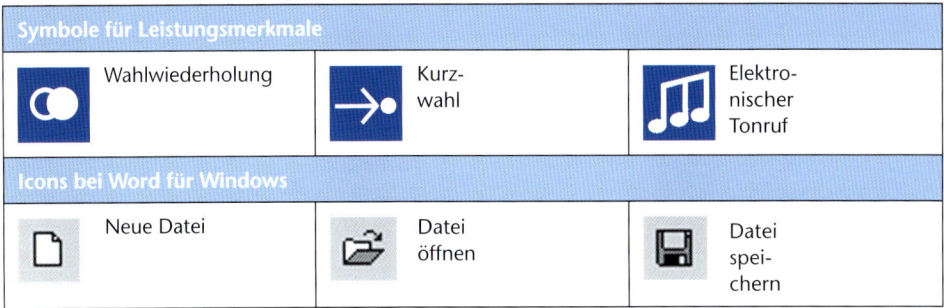

Symbole für Leistungsmerkmale		
Wahlwiederholung	Kurz-wahl	Elektro-nischer Tonruf
Icons bei Word für Windows		
Neue Datei	Datei öffnen	Datei spei-chern

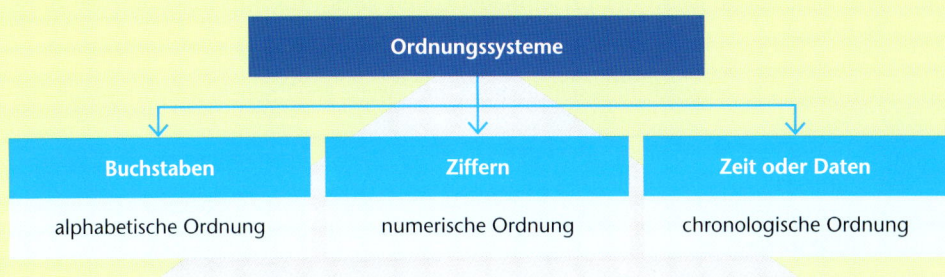

Auf den Punkt gebracht

Ordnungssysteme

Buchstaben	Ziffern	Zeit oder Daten
alphabetische Ordnung	numerische Ordnung	chronologische Ordnung

können durch Farben oder Symbole ergänzt werden

Nutzen Sie Ihr Wissen

1. Begründen Sie die Notwendigkeit der Schriftgutaufbewahrung.

2. Welche Normblätter sind beim alphabetischen Ordnen zu beachten?

3. Welche Merkmale (Ordnungspunkte) bieten sich als Ordnungsfaktoren für Ordnungssysteme an?

4. Unterscheiden Sie drei Formen der alphabetischen Ordnung.

5. Bei einer umfangreichen Registratur haben Sie viermal den Namen „Müller, Karl". Wie ordnen Sie Nachnamen mit dem gleichen Vornamen?

6. Ordnen Sie nach DIN 5007 alphabetisch:
   Deutscher & Co.; Karl Deutsch; Deutscher & Ackermann; Maria Deutscher-Bauer; Deutsche Gesellschaft für wirtschaftliche Zusammenarbeit; Deutsches Wirtschaftsinstitut; Rolf Deutschermann; S. Deutscher; Deutsche Gesellschaft für Unternehmensforschung.

7. Ordnen Sie folgende Namen und Firmenbezeichnungen nach den ABC-Regeln der DIN 5007:

Mannheimer Versicherung	Madjar Georg
Maschinenfabrik & Autoteile KG	Mayr Max
Macher Erika	Maier Kurt
Maschinen- und Gerätebau	Maas Hans
Mattes Werner	Mäurer Erich
Maschinenfabrik Berger	Manfred-Mager-Stiftung
Maaß Anton	Mayer Peter
Maschimplex GmbH	Maier S.
Mader Kurt	Mannheimer Zeitung
Matthes Bruno	Mager Franz
Maier-Kobler Bernd	Mack Werner
Maier Kurt-Hermann	Maschinenfabrik A. Schneider
Maile Fritz	Mäder Anny

8. Wie behandeln Sie in der ortsalphabetischen Ordnung Vorsatzwörter wie Burg, Bad, Markt?

9. Wie ordnen Sie folgende in ausländischer Schreibweise geschriebenen Städtenamen ein?
   - Firence
   - Lisboa
   - Athenai
   - Bruxelles
   - Warszawa

10. Worin sehen Sie die Vorteile der numerischen Ordnung?

11. Wie erleichtert man sich das Auffinden eines Begriffes in der numerischen Ordnung?

12. Was versteht man unter sprechenden und nicht sprechenden Nummern? Geben Sie Beispiele.

13. Gliedern Sie folgende Begriffe nach dem dekadischen System. Die Einteilung der Hauptgruppen ist wie folgt vorzunehmen:

1 Postbearbeitung	2 Ordnungssysteme
Frankiermaschine	Paket
Chronologische Ordnung	Aktenplan
Brieföffner	Standardbrief
Dekadische Ordnung	Sendungsarten
Postausgang	Postwurfsendung
Numerische Ordnung	Ordnen nach Stichwörtern
Posteingang	Adressiermaschine
Eingangsstempel	Kompaktbrief
Infopost	Briefe
Alphabetische Ordnung	Fortlaufende Nummerierung
Päckchen	Kuvertiermaschine

14. In Behörden und in vielen Unternehmen wird nach einem Aktenplan geordnet.
    a) Wann ist der Einsatz eines Aktenplans sinnvoll?
    b) Welche Vorteile sehen Sie bei der Verwendung eines Aktenplans?

15. Wo treten uns täglich Beispiele der Anwendung der alphanumerischen Ordnung entgegen?

16. Erklären Sie die Unterschiede zwischen kaufmännischer Heftung und Behördenheftung.

17. Nennen Sie Beispiele für eine sinnvolle Anwendung
    a) von Farben,
    b) von Symbolen als Ordnungsfaktor.

18. Was verstehen Sie unter chronologischer Ordnung? Nennen Sie Beispiele.

19. Sie sollen Eingangsrechnungen ordnen. Welche Ordnungssysteme kommen infrage?

20. Ordnen Sie die folgenden Städte, Länder und Kontinente
    a) alphabetisch,
    b) dekadisch,
    c) sachlich:
    Frankreich, Genf, Sao Paulo, Rom, Europa, Spanien, Paris, San Francisco, Wien, Schweiz, Nizza, Bern, Rio de Janeiro, Argentinien, Zürich, Amerika, Genua, Österreich, New York, Buenos Aires, Marseille, Brasilien, Salzburg, Italien, Madrid, Los Angeles, Neapel, Innsbruck, Barcelona, USA.

8.2 Schriftstücke nach gesetzlichen und betrieblichen Vorschriften ablegen (Registratur)

Lernsituation

Seit einigen Jahren beliefert die Holzwerkstoffe Gaildorf GmbH die ModernOffice KG mit Massivholzplatten und Spanplatten. Nun plant die ModernOffice KG ein neues Möbelprogramm und benötigt zukünftig auch Furnierholzplatten und Holzfaserprodukte. Da ein Vertragsentwurf vorbereitet werden muss, bittet Herr Sander Svenja, den alten Vertrag aus der Registratur zu holen.

Trotz längerer Suche kann Svenja den Vertrag nicht finden. In der Registratur ist zwar alles gut aufgeräumt, aber es gibt unterschiedliche Registraturformen. Auf der Suche nach einem idealen System hat man immer wieder die Registraturform gewechselt, mit dem Ergebnis, dass die Unterlagen teils in Ordnern und teils in Hängemappen oder Stehsammlern liegen. Herr Sander ist Svenja behilflich, nach einer Weile finden sie auch endlich die Vertragsunterlagen.

Herr Sander beauftragt Svenja zu prüfen, welche Verbesserungen in der Registratur vorgenommen werden müssen, damit die abgelegten Schriftstücke schnell zu finden sind. Dabei soll sie auch die gesetzlichen Aufbewahrungsfristen im Blick behalten. Denn bei der Suchaktion ist den beiden aufgefallen, dass einige Schriftstücke weder aus gesetzlichen noch aus betrieblichen Gründen aufbewahrt werden müssen.

- *Informieren Sie sich über die Notwendigkeit der Schriftgutablage und eine optimale Organisation der Aufbewahrung.*
- *Planen Sie eine Checkliste, aus der hervorgeht, welche Schriftstücke aus gesetzlichen oder aus betrieblichen Gründen aufbewahrt werden müssen und wo sie jeweils am besten abgelegt werden.*
- *Entscheiden Sie, welche Ablagetechniken und Registraturformen für die Schriftgutablage geeignet sind.*
- *Gestalten Sie die Checkliste in Ihrem Textverarbeitungsprogramm.*
- *Präsentieren und reflektieren Sie Ihre Ergebnisse.*

Aufbewahrung von Schriftstücken

Die Registratur (Schriftgutablage) dient der geordneten Aufbewahrung der täglich anfallenden Schriftstücke, die für inner- und außerbetriebliche Vorgänge benötigt werden.

Alle Vorgänge, die sich in Bearbeitung befinden, werden im dynamischen Arbeitsbereich – also am Schreibtisch und in der Abteilung – aufbewahrt. Im statischen Bereich – also in der Altablage und im Archiv – befinden sich die abgeschlossenen Vorgänge. Dieser Bereich ist sorgfältig zu organisieren, denn er ist das Gedächtnis des Unternehmens.

Gesetzliche Vorgaben und betriebliche Erfordernisse berücksichtigen

Gesetzliche Vorschriften

Nach dem Handelsgesetzbuch (HGB) und dem Steuerrecht (UStG und AO) sind nur Unterlagen aufbewahrungspflichtig, die in unmittelbarem Zusammenhang mit einem Handelsgeschäft stehen.

Die Aufbewahrungspflicht ist in folgenden Paragrafen geregeltHGB §§ 238, 239, 257 – 261, AO (Abgabeordnung) §§ 146 und 147, UStG (Umsatzsteuergesetz) § 14 b

sechs Jahre	zehn Jahre
Handelsbriefe, z. B.	– **Bilanzen und Jahresabschlüsse**
- Geschäftsbriefe	– **Handelsbücher**, z. B.
- Angebote mit Auftragsfolge	- Wareneingangs- und -ausgangsbücher
- Frachtbriefe	- Lagerbücher
- Transportunterlagen	– **Buchungsbelege**, z. B.
- Mahnbescheide	- Bankauszüge
- Bruttolohnlisten	- Ausgangsrechnungen
- Betriebsabrechnungsbögen	- Eingangsrechnungen
	- Bewirtungsunterlagen
	- Auszahlungsbelege

Die Aufbewahrungsfrist beginnt mit dem Schluss des Kalenderjahres, in dem das Schriftgut entstanden ist.

Beispiel •

Ein Geschäftsbrief, der am 12. Juli 2013 ausgestellt wurde, muss vom 1. Januar 2014 an sechs Jahre aufbewahrt werden.

1. Januar 2014   31. Dezember 2019

12. Juli 2013	2014	2015	2016	2017	2018	2019

Nach Ablauf der Aufbewahrungsfrist (31. Dezember 2019) kann das Schriftgut vernichtet werden.

GDPdU (Grundsätze zum Datenzugriff und zur Prüfbarkeit digitaler Unterlagen)

Seit 2002 müssen elektronische Belege auch elektronisch archiviert werden. Ursprünglich erstellte digitale Unterlagen sind nach der AO § 146 Abs. 5 auf maschinell verwertbaren Datenträgern zu archivieren. E-Mails mit steuerlich relevantem Inhalt müssen während der gesamten gesetzlichen Aufbewahrungsfrist elektronisch archiviert werden. Das Ausdrucken und Abheften einer E-Mail genügt nicht.

Betriebliche Gründe

Schriftgut, das keiner gesetzlichen Aufbewahrungspflicht unterliegt, kann als Arbeits- oder Beweismittel eine begrenzte Zeit aufbewahrt werden.

Arbeitsmittel	Beweismittel
– zur Dokumentation von Abläufen	– gegenüber Geschäftspartnern
– um ähnliche Vorgänge gleich entscheiden zu können	– bei gerichtlichen Auseinandersetzungen
– um frühere Fehler zu vermeiden	– gegenüber dem Finanzamt
– als Gedächtnisstütze	– zur Abwehr unberechtigter Ansprüche von außen
– für schnelle Auskunfterteilung	– zur Sicherung von Ansprüchen nach außen
– um Briefe nicht neu entwerfen zu müssen	– als Nachweis darüber, was getan wurde

Schriftstücke nach Wertigkeitsstufen ordnen

Untersuchungen haben ergeben, dass nur etwa 50 % aller im Betrieb anfallenden Unterlagen täglich oder mehrmals wöchentlich benötigt werden. 20 bis 30 % aller Unterlagen werden so gut wie nie benutzt, müssen aber aufgrund der gesetzlichen Aufbewahrungsfristen abgelegt werden. 10 bis 15 % des Schriftguts werden aus nicht erkennbaren Gründen aufbewahrt und verursachen dadurch unnötige Kosten.

Aus diesen Gründen ist das täglich anfallende Schriftgut nach folgenden Wertigkeitsstufen zu überprüfen:

Wertigkeitsstufen	Definitionen	Aufbewahrungsmöglichkeiten
1. Tageswert	Einmalige Information ohne bleibenden Wert (z. B. Infos, unverlangte Angebote, Prospekte, Zeitungen)	Nach Kenntnisnahme vernichten bzw. löschen
2. Prüfwert	**Dynamische Daten:** In Bearbeitung befindliche Vorgänge und Unterlagen mit zeitlich befristetem Wert (z. B. Projekte, Mahnungen, Statistiken, Preislisten)	Arbeitsplatzbezogene Zwischenablage
3. Gesetzeswert	**Statische Daten:** Unterlagen mit gesetzlicher Aufbewahrungspflicht, z. B. nach HGB oder AO (Handelsbriefe, Rechnungen, Zahlungsbelege usw.)	Raumsparende Registraturen, sechs und zehn Jahre
4. Dauerwert	Unterlagen von langfristiger Bedeutung für das Unternehmen/die Verwaltung (z. B. Fotos, Umsätze, Rechtsverhältnisse, Verträge, Patente, Muster, Verfahren)	Archive, Spezial-Ablagen, zehn Jahre und länger

Beispiele für aufbewahrungspflichtige Unterlagen:

Aufbewahrungspflichtige Unterlagen	Beispiele	Fristen
1. Handelsbücher	Kontenblätter	zehn Jahre
2. Inventar	Alle Aufzeichnungen über die körperliche Bestandsaufnahme aller Vermögensgegenstände, z. B. Grundstücksverzeichnis	zehn Jahre
3. Eröffnungsbilanz Jahresabschluss Lagebericht Konzernabschluss	Geprüfter und mit Bestätigungsvermerk versehener Abschlussbericht – Wertpapieraufstellungen – Geschäftsberichte	zehn Jahre zehn Jahre zehn Jahre zehn Jahre
4. Arbeitsanweisungen Organisationsunterlagen	Für EDV-Buchführung	zehn Jahre
5. Handelsbriefe	Alle Schriftstücke, die das Handelsgeschäft betreffen, aus dem Verkehr mit Behörden, Lieferanten usw. – Angebote mit Auftragsfolge – Frachtbriefe – Mahnbescheide – Leasingverträge – Lieferscheine – Urlaubslisten – Transportunterlagen – Prozessakten – Mietunterlagen – Gehaltslisten und -quittungen	sechs Jahre

6. Buchungsanweisungen	Alle Belege, nach denen Buchungen in den Handelsbüchern vorgenommen werden können
	– Rechnungen
	– Gehaltskonten
	– Kontoauszüge
	– auch interne Buchungsanweisungen, u. a.:
	  - Belege mit Buchfunktion
	  - Bewertungsunterlagen für Inventur
	– Nachnahmebelege
	– Quittungen
	– Preislisten
	– Reisekostenabrechnungen
	– Kaufverträge
		zehn Jahre

Ablagearten

Loseblatt-Ablage

Das Schriftgut wird lose in die Behälter (Mappen, Taschen, Aktendeckel, Sichthüllen) eingelegt. Bei umfangreichen Akten ergeben sich dadurch längere Suchzeiten. Schriftstücke können auch leichter verloren gehen.

Hauptvorteil der Loseblatt-Ablage ist der Zeitgewinn beim Ablegen. Dadurch entstehen weniger Personalkosten.

Besonders **geeignet** ist diese Ablageart, wenn
- Hauptwert auf schnelles Ablegen gelegt wird,
- Akten nicht zu umfangreich sind,
- es Vorgänge sind, die **nicht** in einem Arbeitsprozess weitergereicht werden,
- schwebende Vorgänge, Termine, Prospekte und Formulare am Arbeitsplatz abgelegt werden.

Geheftete Ablage

Man versteht darunter das Abheften von gelochtem Schriftgut in Heftern und Ordnern. Diese Ablageart erfordert mehr Zeit, weil das Schriftgut gelocht und eingeheftet werden muss. Als besonders zeitaufwendig gestaltet sich das Zwischenheften, wenn in Schnellheftern abgelegt wird.

Vorteilhaft sind jedoch
- die sichere Aufbewahrung,
- das schnelle Wiederfinden bei richtiger Reihenfolge,
- der sichere Aktenumlauf.

Wichtige Akten wie z. B. Personal-, Kredit-, Bauspar- und Behördenakten sollte man abheften. Wenn keiner der genannten Gründe für die geheftete Ablage spricht, ist wegen der Zeitersparnis die Loseblatt-Ablage vorzuziehen.

Akten führen

Die **Einzelakte** enthält einen einzelnen „Vorgang" mit allen dazugehörigen Schriftstücken. Sie muss deshalb handlich sein und schnell aus der Registratur entnommen, transportiert und wieder eingefügt werden können. Für die Führung von Einzelakten eignen sich vor allem Hefter, Mappen und Taschen.

Die **Sammelakte** nimmt Schriftgut vieler gleichartiger Vorgänge auf. Im Gegensatz zur Einzelakte werden zur Bearbeitung fast nur einzelne Blätter benötigt. Als Schriftgutbehälter eignen sich Ordner und Sammler.

Beispiel •
für *Einzelakten:*
Kreditakten, Personalakten, Kundenakten

Beispiel •
für den Inhalt einer **Sammelakte:**

Angebote, Liefer- scheine, Rechnungen

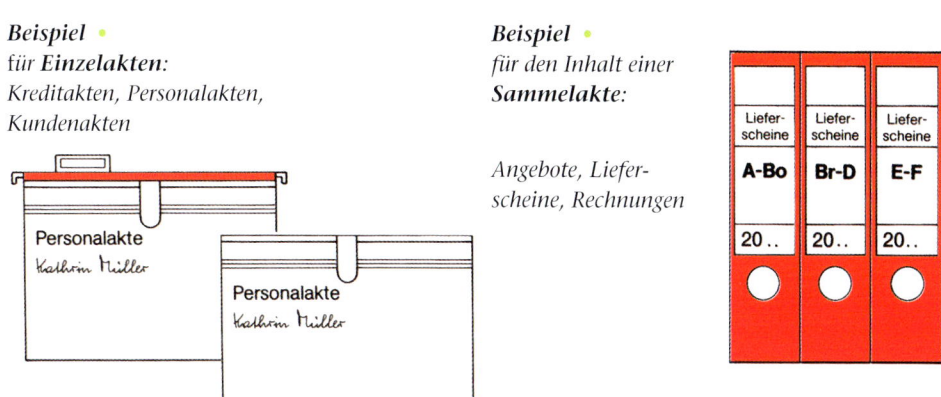

Registraturformen verwenden

Registraturformen		Schriftgutbehälter
Liegend	**Flachablage** für Aktendeckel, Schnellhefter und Jurismappen	
Stehend	**Ordner-registratur** mit unterschied-lichen Rücken breiten, Forma-ten und Farben	
	Stehsammler-registratur für Einstell mappen, Stehsammler, Kassetten und Archiv-schachteln	
Hängend	**Hängeregis-tratur** (vertikal) für Hängemap-pen, Hänge-taschen, Hängeordner und Hänge-sammler	
	Pendelregistra-tur (lateral) für Pendeltaschen, Pendelmappen, Pendelhefter und Pendel-sammler	

Registraturformen		Einsatzmöglichkeiten	Vorteile	Nachteile
Liegend	**Flachablage** für Aktendeckel, Schnellhefter und Jurismappen	Für Akten, die selten gebraucht werden	– Niedrige Materialkosten – Raumausnutzung bis zur Griffhöhe	– Schlechte Übersicht – Umständliche Bearbeitung – Sehr unflexibel
Stehend	**Ordnerregistratur** mit unterschiedlichen Rückenbreiten, Formaten und Farben	– Für umfangreiche Sammelakten und fortlaufend anfallende Belege – Starke Einzelakten	– Gute Übersicht – Erweiterungsfähig bei Verwendung von Mappen und Taschen – Kein Verlust beim Transport – Raumausnutzung bis zur Griffhöhe	– Zeitaufwendig beim Ablegen (Lochen und Heften) – Fehlende Flexibilität – Totraum (nicht genutzter Raum im Ordner)
	Stehsammlerregistratur für Einstellmappen, Stehsammler, Kassetten und Archivschachteln	Große Mengen dünner Einzelakten	– Raumausnutzung bis zur Griffhöhe – Direkter Zugriff – Kostengünstig	– Fehlende Flexibilität (feststehende Bodenbreite der Kassetten) – Größerer Planungsaufwand
Hängend	**Hängeregistratur** (vertikal) für Hängemappen, Hängetaschen, Hängeordner und Hängesammler	– Arbeitsplatzregistratur für alle Handakten – Zwischenablage für noch nicht abgeschlossene Vorgänge – Bereichs- und Abteilungsregistratur	– Ausgezeichnete Übersicht – Große Flexibilität (bei Verwendung von Mappen und Taschen) – Ideale Lose-Blatt-Ablage (passt sich dem Schriftgutanfall an) – Beste Arbeitsplatzregistratur – Schneller Zugriff	– Fehlende Flexibilität (feststehende Bodenbreite der Kassetten) – Größerer Planungsaufwand
	Pendelregistratur (lateral) für Pendeltaschen, Pendelmappen, Pendelhefter und Pendelsammler	Für nicht sehr umfangreiche Einzelakten (z. B. bei Behörden, Banken, Bausparkassen)	– Raumausnutzung bis zur Griffhöhe – Große Flexibilität – Niedrige Beschaffungskosten	– Weniger gute Übersicht – Langsamer Zugriff – Für Loseblattablage nicht geeignet – Mehr Zeitaufwand für Beschriften

Standorte festlegen

Je häufiger Unterlagen aus einer Ablage benötigt werden (lebendes Schriftgut), desto näher sollten sie beim Bearbeiter aufbewahrt werden. In der Praxis unterscheidet man je nach Betriebsgröße folgende Standorte:

* Arbeitsplatzablage (direkter Zugriffsbereich),
* Abteilungsablage (indirekter Zugriffsbereich),
* Zentralregistratur (Altablage – Distanzbereich),
* Archiv (Distanzbereich).

Standorte	Aktualitätsstufe	Schriftgutbehälter	Möbel
Arbeitsplatz	– Vorgänge in Bearbeitung – ständig benötigte Sachakten	– Hängemappen – Hängetaschen – Hängesammler für Einstellmappen	– Organisations-schreibtisch mit Hängeauszügen – fahrbare Beistell-möbel für Hängebehälter
Abteilungs- bzw. Bereichsablage	Erledigte bzw. in Überwachung befindliche Vorgänge	– Ordner – Stehsammler – Pendelmappen oder -taschen	– Ordner- bzw. Sammlertheken – Ordner-, Sammler- bzw. Pendelregale
Altablage (Zentralregistratur)	Abgeschlossene Vorgänge, die z. B. der gesetzlichen Aufbe-wahrungspflicht unter-liegen	– Steh- oder Hängeordner – Pendelhefter – Archivschachteln – Archivsammler	– Verschiebbare Regalanlagen – Umlaufregale – Tresore für feuersichere Ablage

Akten-/Informationsstrukturplan einsetzen

Der **Informationsstrukturplan** schafft Ordnungsstrukturen, die sowohl im DMS (Dokumentenmanagementsystem) als auch in der konventionellen Schriftgutverwaltung gelten.

Ein Aktenplan empfiehlt sich vor allem dann, wenn **umfangreiche Unterlagen** übersichtlich aufzubewahren sind. Wegen der Systematik kann beim Aktenplan die dekadische Ordnung angewandt werden.

Der Aktenplan und eine alphabetische Auflistung aller Ordnungsbegriffe müssen zur schnellen Information griffbereit am Arbeitsplatz zur Verfügung stehen. Damit ist ein gezielter und schneller Zugriff auf den Schriftgutbehälter (Ordner, Mappe usw.) möglich, in dem sich die gesuchte Unterlage befindet oder ein Schriftstück abzulegen ist.

Allerdings sollte ein Aktenplan flexibel sein, um neu erscheinende Begriffe nachträglich aufnehmen zu können. Deshalb sollten möglichst viele Gruppen und Untergruppen freie Stellen enthalten. Auch darf der Aktenplan nicht zu detailliert gegliedert sein, damit er überschaubar und für die Mitarbeiter verständlich bleibt. Einen Universalaktenplan, der überall einsetzbar wäre, gibt es nicht. Aktenpläne sind unternehmenstypisch, d.h., sie müssen für jede Verwaltung neu erarbeitet werden.

Akten archivieren

Aktenpläne

* haben einen logischen Aufbau, der das Zuordnen und Wiederfinden erleichtert,
* sind flexibel: neue Begriffe können jederzeit eingegliedert werden,
* sparen Zeit und damit Geld, da ein schneller Zugriff garantiert ist.

Datenschutz praktizieren

Nach Ablauf der gesetzlichen Aufbewahrungsfrist kann das Schriftgut vernichtet werden. Dabei sind die Bestimmungen des Bundesdatenschutzgesetzes zu beachten und die personenbezogenen Daten vor Einsicht Dritter zu schützen. Wissenschaftler fanden jedoch heraus, dass deutsche Unternehmen mit vertraulichen Daten zu leichtsinnig umgehen.

Für Unterlagen, die nicht in den Papierkorb gehören, eignen sich handliche, elektrisch betriebene **Aktenvernichter**. Nach DIN 32757 ist dabei zwischen unterschiedlichen Sicherheitsstufen, nach denen das Papier in breite oder schmälere Streifen zerschnitten wird, zu unterscheiden. Während Aktenvernichter der Sicherheitsstufe 1 (S1) das Schriftgut so zerschneiden, dass seine Rekonstruktion zwar zeitaufwendig, aber ohne besondere Hilfsmittel möglich ist, wird das Papier bei der Sicherheitsstufe 5 (S5) in so winzige Partikel zerschnitten, dass die darin enthaltene Information nicht wieder herstellbar ist.

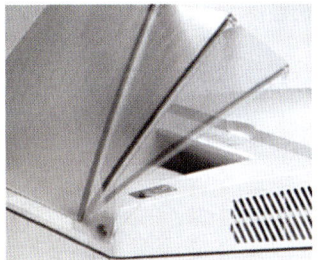  

Sicherheitsstufe	Dokumente	Zerkleinerung
1	allgemeines Schriftgut	Streifenschnitt ungefähr 12 mm
2	internes Schriftgut	Streifenschnitt 4 mm oder 6 mm
3	vertrauliches Schriftgut	Streifenschnitt ungefähr 2 mm oder Partikelschnitt 4 x 80 mm
4	geheim zu haltendes Schriftgut	Partikel von 2 x 15 mm oder mit einer Teilfläche von 30 mm²
5	extrem hohe Sicherheits- anforderungen	Partikel von 0,8 x 13 mm oder eine maximale Partikelfläche von 10 mm²
6	außerhalb der DIN 32757	Super-Feinschnitt von 0,8 x 5 mm für ganz spezielle Anwenderkreise

Auf den Punkt gebracht

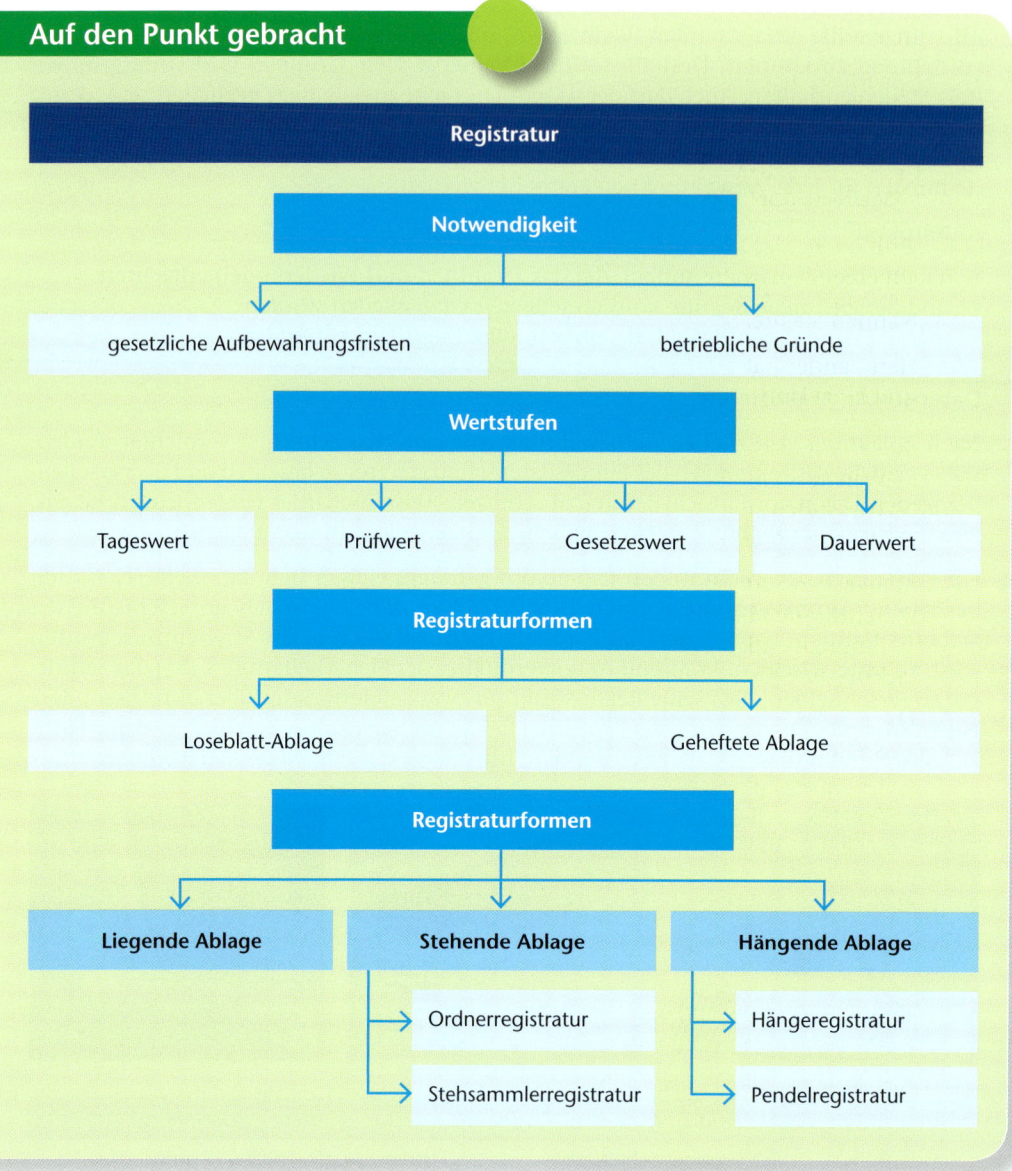

Registratur

Notwendigkeit
- gesetzliche Aufbewahrungsfristen
- betriebliche Gründe

Wertstufen
- Tageswert
- Prüfwert
- Gesetzeswert
- Dauerwert

Registraturformen
- Loseblatt-Ablage
- Geheftete Ablage

Registraturformen
- Liegende Ablage
- Stehende Ablage
  - Ordnerregistratur
  - Stehsammlerregistratur
- Hängende Ablage
  - Hängeregistratur
  - Pendelregistratur

Nutzen Sie Ihr Wissen

1. Svenja erzählt ihrer Mitschülerin Kim von ihrer Arbeit in der Registratur. Wie kann sie Kim die Notwendigkeit der Schriftgutablage erklären?

2. Herr Sander erklärt Svenja die Funktionen eines Akten-/Informationsstrukturplans.
   a) Welche Funktionen erfüllt ein Akten-/Informationsstrukturplan?
   b) Nach welchem Ordnungssystem kann er gegliedert werden?
   c) Beschreiben Sie kurz den Prozess, wie ein Akten-/Informationsstrukturplan entwickelt werden kann. Stellen Sie den Prozess mithilfe der Formen-Werkzeuge in Ihrem Textverarbeitungsprogramm dar.

3. In Svenjas Ablagekorb liegen folgende Schriftstücke:

Angebote ohne Auftragsfolge	Telefonrechnungen	Kassenbelege
Angebote mit Auftragsfolge	Preislisten	Frachtbriefe
Quittungen	Bilanzen	Einladungen
Spendenbescheinigungen	Rechnungen	Mahnbescheide
Bankbelege	Kontoauszüge	Lieferscheine
Tageszeitungen		

Ordnen Sie das Schriftgut der jeweiligen Wertstufe zu und nennen Sie die entsprechenden Aufbewahrungsfristen.

4. Nennen Sie drei Schriftgutbehälter für gelochtes und ungelochtes Schriftgut.

5. Herr Sander hat am 15. Oktober 2014 einen Tischkopierer bestellt. Wann (Monat und Jahr) kann die Kopie dieser Bestellung vernichtet werden?

6. Svenja möchte in ihrem Schreibtisch eine Hängeregistratur einrichten.
   a) Welche Schriftgutbehälter eignen sich für diese Registraturform?
   b) Was spricht für eine geheftete Ablage und was für die Loseblatt-Ablage?
   c) Welche Vorteile erwartet Svenja von dieser Registraturform?

7. Vergleichen Sie Ordner-, Stehsammler-, Hänge- und Pendelregistratur hinsichtlich der
   a) Schriftgutbehälter,
   b) Einsatzmöglichkeiten,
   c) Vor- und Nachteile.

8. Ordnen Sie den Abbildungen folgende Schriftgutbehälter zu:
   a) Stehordner   b) Schnellhefter   c) Jurismappe
   b) Hängetasche   e) Stehsammler   f) Hängehefter
   c) Einstellmappe   h) Pendeltasche   i) Pendelhefter
   d) Hängemappe   k) Pendelmappe

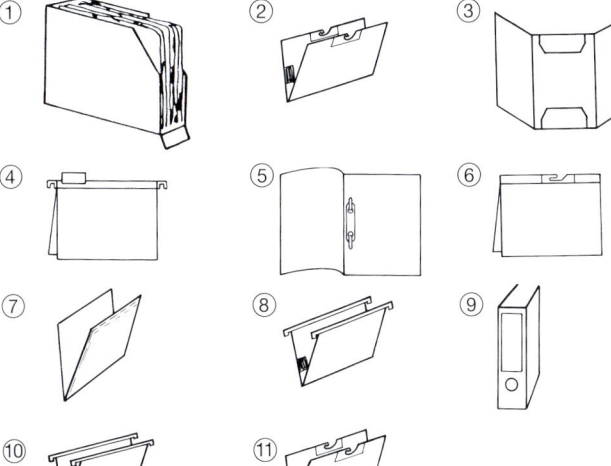

9. Welche Kriterien sind für den Standort einer Ablage entscheidend?

10. Worauf müssen Sie beim Wegwerfen (Vernichten) Ihrer Unterlagen achten?

11. Registraturen verursachen Kosten. Welche Kostenarten werden dabei unterschieden?

8.3 Dokumentenmanagementsysteme (DMS) nutzen

Lernsituation

In der ModernOffice KG sollen zukünftig alle digital gespeicherten Daten standortüber-greifend zugänglich gemacht werden. Die Niederlassungen in Bielefeld und Gotha bekommen durch ein Enterprise-Content-Management-System (ECM) den digitalen Anschluss an die Hauptverwaltung in Horb am Neckar. Für die Verwaltung bedeutet dies, dass alle, egal wo ihr Standort ist, auf relevante Daten zugreifen und diese bearbeiten können. Die im DMS zur Verfügung stehenden Teamwork-Funktionen sollen helfen, standortübergreifend in gemeinsamen Projekten zu kommunizieren.

Da Svenja viel Erfahrung im Bereich Dokumentenmanagement und Registratur gesam-melt hat, bittet sie Herr Sander, eine Präsentation zur Information der Auszubildenden vorzubereiten.

- *Informieren Sie sich über die Funktionsweise eines Dokumentenmanagementsystems.*
- *Suchen Sie sich eine Partnerin/einen Partner und bereiten Sie eine Präsentation vor. Arbeiten Sie die Unterschiede zum Enterprise-Resource-Planning-System (ERP) und zum Enterprise-Content-Managementsystem (ECM) heraus.*
- *Gestalten Sie die Präsentation mit Ihrer Partnerin/Ihrem Partner in dem von Ihnen genutzten Präsentationsprogramm. Erstellen Sie zusätzlich in Ihrem Textverarbeitungsprogramm ein Infor-mationsblatt über die Funktionen eines Dokumentenmanagementsystems.*
- *Vergleichen Sie Ihre Ergebnisse mit einem anderen Paar und nehmen Sie gegebenenfalls Korrek-turen vor.*
- *Präsentieren und reflektieren Sie Ihre Ergebnisse.*

Wir leben heute in einer Informationsgesellschaft. Neue und sich immer weiter ausbrei-tende Technologien machen es fast unmöglich, den täglich wachsenden Informations-fluss vernünftig zu nutzen. Informationen werden beschafft, erstellt und verteilt. **Sind wir aber noch in der Lage, die große Menge an Informationen in einer angemesse-nen Zeit zu lesen, zu interpretieren und letztendlich in Wissen umzusetzen?** Denn Wissen ist notwendig, um Entscheidungen treffen zu können und fundiert zu handeln.

„Wir können die Schwerkraft überwinden, aber der Papierkram erdrückt."

Wernher v. Braun

Diese Aussage spiegelt das Problem der Informationsverarbeitung wider. Die meisten Informationen gelangen auf **Papier** in ein Unternehmen, nur ein geringer Teil, ungefähr **20%, in digitaler Form** – Tendenz zunehmend.

Unterschiedliche Archivierungsmethoden (Papierablage, Mikroverfilmung) führen zu Medienbrüchen im Unternehmen und ermöglichen keinen parallelen Zugriff auf die gespeicherten Informationen. Die gezielte Informationssuche ist in diesen Fällen zeitauf-wendig, kostenintensiv und ineffizient. **Mit Dokumentenmanagementsystemen**

(DMS) können Medienbrüche vermieden und eine gemeinsame Verwaltung unterschiedlicher Daten realisiert werden.

Moderne Dokumentenmanagementsysteme übernehmen die Verwaltung des gesamten Lebenszyklus von Dokumenten, von der Entstehung über die Veröffentlichung und Archivierung bis zur Entsorgung.

Ein DMS ist vergleichbar mit dem Dateisystem eines Betriebssystems (z. B. Windows). Es ermöglicht die elektronische Verwaltung von Informationen jeglicher Art. Sobald eine Information als Datei mit der Funktion „Speichern unter" gespeichert wird, übergibt das Anwendungsprogramm (z. B. Word) die Datei in die Verantwortung des Betriebssystems. Im Dateiverwaltungsprogramm des Betriebssystems (Windows-Explorer) können die Dateien verschoben, gesucht, kopiert, gelöscht oder umbenannt werden.

Das Dateisystem bei Windows-Explorer bietet aber nur die Möglichkeit, vier **Suchmerkmale** (sog. **Indexe**) zur Identifikation eines Dokuments zu nutzen: **Dateiname, Pfad, Dateityp und Änderungsdatum**. Das Problem dieser Dokumentenverwaltung ist, dass die Indexe nicht zentral in einer Datenbank verwaltet werden. Hier leisten Dokumentenmanagementsysteme Abhilfe. Durch eine fast unbegrenzte Vergabe von Suchmerkmalen kann eine Datei aus den verschiedensten Blickwinkeln der Anwender identifiziert werden.

8.3.1 DMS, ERP und ECM unterscheiden

Durch die Veränderungen des Marktes haben sich auch die Begrifflichkeiten für Dokumentenmanagementsysteme geändert. Die Bezeichnungen Dokumentenmanagementsystem (DMS), Enterprise-Resource-Planning-System (ERP) oder Enterprise-Content-Managementsystem (ECM) sind keine geschützten Begriffe und können je nach Softwareanbieter unterschiedliche Funktionen umfassen.

Die wesentlichen Unterschiede sind in der folgenden Tabelle zusammengefasst:

	ERP	DMS	ECM
Funktion	System zur Verwaltung der wesentlichen Ressourcen eines Unternehmens.	Steuerung der Dokumenterstellung und -bearbeitung sowie elektronische Archivierung.	ECM hat einen ganzheitlichen Ansatz und geht über den Begriff DMS hinaus. Es umfasst alle relevanten Informationsobjekte eines Unternehmens.
Funktionsbereiche	– Materialwirtschaft – Produktion – Rechnungswesen – Personalwesen – Verkauf und Marketing – u. Ä.	– Elektronische Archivierung – Verwaltung lebender Dokumente	– Dokumentenverwaltung – Web-Publishing – Management elektronischer Formulare und der Prozesse – Web-basierte Collaboration – Output-Management-Lösungen

8.3.2 DMS nutzen

Früher diente ein Dokumentenmanagementsystem überwiegend der Archivierung von Ein- und Ausgangspost. Die heutigen Systeme verwalten Dokumente von der Entstehung über die Veröffentlichung und Archivierung bis zur Entsorgung.

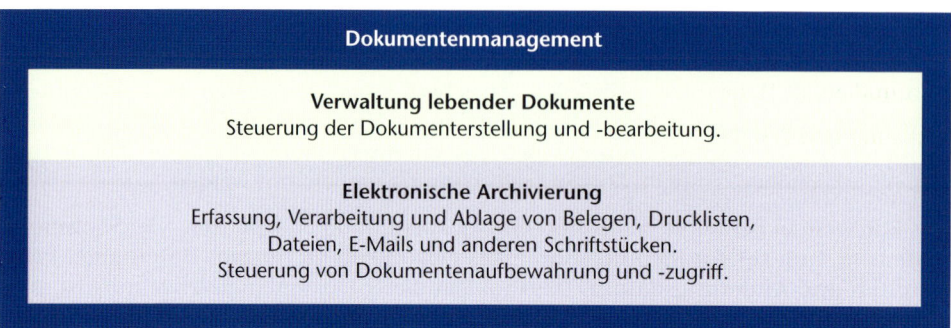

Dokumentenmanagement
Verwaltung lebender Dokumente Steuerung der Dokumenterstellung und -bearbeitung.
Elektronische Archivierung Erfassung, Verarbeitung und Ablage von Belegen, Drucklisten, Dateien, E-Mails und anderen Schriftstücken. Steuerung von Dokumentenaufbewahrung und -zugriff.

Dokumentenlebenszyklus

Der Lebenszyklus eines Dokuments innerhalb eines Dokumentenmanagementsystems beschreibt das Leben eines Dokuments von der Entstehung bis zur Löschung.

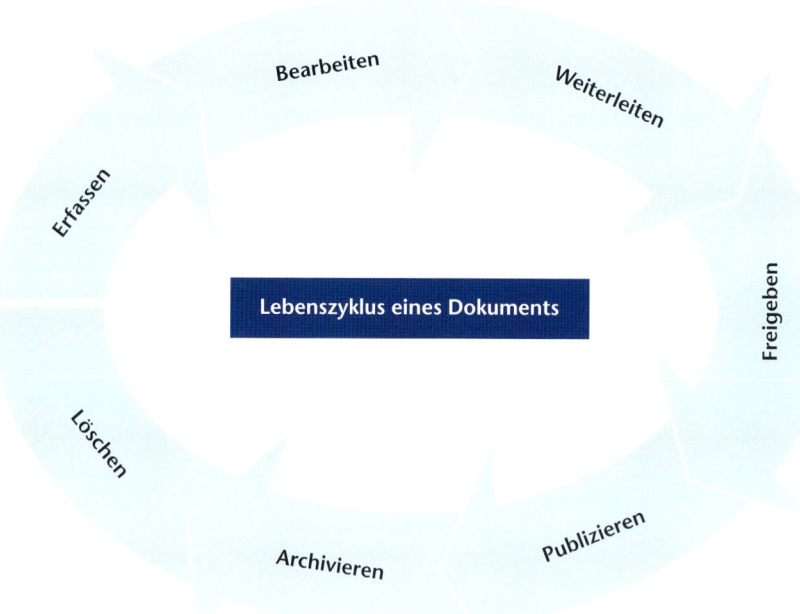

Aufgaben des DMS

Archivierung kaufmännischer Belege

Ein- und ausgehende Rechnungen, Lieferscheine, Auftragsbestätigungen, Journale usw. werden automatisch im DMS abgelegt und stehen den Anwendern am PC zur Verfügung. Die zur Erstellung genutzte kaufmännische Software wird in das DMS integriert.

Verwaltung allgemeiner Korrespondenz

Briefe, Faxe, E-Mails und Textdateien werden im DMS aufgenommen, thematisch gruppiert und auf zentralen Dokumentenservern abgelegt.

Erfassung und Erstellung von Dokumentationen

Protokolle, Berichte, Präsentationen und technische Zeichnungen werden im DMS internen und externen Kollegen zur Verfügung gestellt.

8.3.3 Dokumente ins DMS übergeben und verwalten

Dokumentenerfassung

Die in Papierform vorliegenden Dokumente – Rechnungen, Belege, Schriftverkehr, Fotos, also Unterlagen aller Art – werden nach Typ **vorsortiert** und über einen Scanner **einge-scannt** und **digitalisiert**. Der Scanner ist an das Computersystem angeschlossen, sodass die Daten automatisch übernommen werden können.

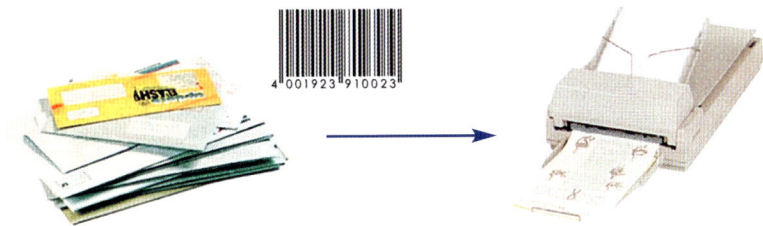

Dokumente werden mit einem Barcode versehen   *Dokumente einscannen*

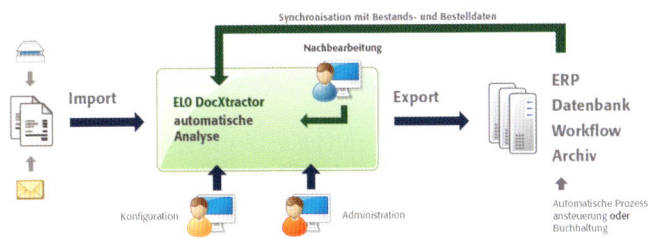

Erkennen – zuordnen – weiterleiten – vollautomatisch in EASY CAPTURE

Soll ein gescanntes Dokument für eine Volltextsuche zur Verfügung stehen, setzt dies das **Extrahieren des Textes mit einer OCR-Software** voraus. Dieser Vorgang wandelt einen Text, der im Bildformat gespeichert ist, in Standardtext um.

Dokumente werden meistens in einem Textverarbeitungsprogramm erstellt. Die Anwendungsprogramme sind in der Regel über eine Schnittstelle mit dem Dokumentenmanagementsystem verbunden. Nach der Übernahme ins DMS können Dokumente geändert werden. Diesen Vorgang bezeichnet man als Versionierung. Besteht keine Schnittstelle, müssen die Dokumente im Dateisystem abgelegt und dann in das DMS übernommen werden. In diesem Fall erfolgt die Dokumenterfassung in das DMS durch eine Kopie eines bestehenden Dokuments. Dateien aus allen möglichen Programmen, elektronische Faxe und E-Mails, beispielsweise aus Outlook oder Lotus, lassen sich ebenfalls ins System übernehmen.

Indizieren

Im nächsten Schritt werden die erfassten Dokumente mit Merkmalen versehen. Das DMS übernimmt die Archivierung und Verwaltung der Dokumente, die sogenannte Indizierung.

Bei der Indizierung (Zuordnung von Merkmalen) unterscheidet man drei Arten:

1. **Vergabe eines Indexes**, der das Dokument eindeutig identifiziert. Vor dem Einscannen wird das Dokument z. B. mit einem Barcode versehen, wodurch eine Verwechslung weitgehend ausgeschlossen werden kann.

2. **Dokument**. Dieses Merkmal wird von dem Programm, in dem das Dokument erzeugt wurde, automatisch vergeben. Ist das nicht der Fall, muss dies durch Einscannen manuell ergänzt werden.

3. **Suchmerkmale**. Dies sind Merkmale, die zur Recherche z. B. bei der **Volltextsuche** benutzt werden. Suchmerkmale können sein:
   - Rechnungsnummer,
   - Datum,
   - Firmenname,
   - Dokumententyp,
   - inhaltliches Stichwort.

Bei der **Volltextsuche** werden die Dokumente nach enthaltenen Wörtern oder Buchstabenfolgen durchsucht. Die **Wörter oder Buchstabenfolgen** müssen zuvor der **Datenbank** als **Stichwörter** hinzugefügt werden. Dieser Vorgang wird in der Fachsprache als „**Verschlagwortung**" bezeichnet. Das DMS übernimmt beim Einscannen oder Einlesen des Dokumentes Schlagworte automatisch.

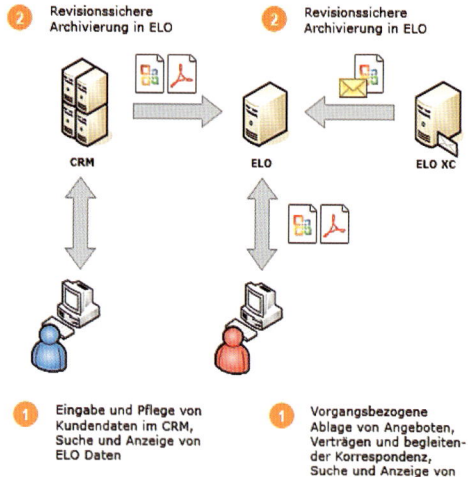

Die meisten Systeme identifizieren nicht den Inhalt des Dokumentes, sondern die dem Dokument zugeordneten Merkmale. So kann z. B. nach einem Dokument, das zum Projekt „Verbesserung der Kundenbetreuung" gehört und gleichzeitig eine Rechnung ist, gesucht werden.

Das **Indizieren** ermöglicht es,

- Dokumente verschiedenen Typen zuzuordnen,
- die zeitliche Abfolge nachzuvollziehen,
- festzustellen, wann welche Dokumente von wem erstellt wurden,
- festzustellen, wer wann welche Änderungen an Daten vorgenommen hat.

Spezielle **Indexmasken** helfen, das Dokument zu indizieren bzw. einen Index zum Wiederfinden eines Dokumentes einzugeben.

Ablegen und Archivieren

Diesen Arbeitsvorgang übernimmt die Software weitgehend selbstständig. Zweckmäßig ist, wenn die Dokumente im Posteingang vollständig eingelesen und anschließend auf die verschiedenen virtuellen Briefkörbe der Mitarbeiterinnen und Mitarbeiter verteilt werden. Es sollte zuvor unbedingt in einer Ablagestruktur festgelegt werden, wo die Archivierung zu erfolgen hat: in der Poststelle, nach der Bearbeitung oder bei der Ablage. Weiterhin sollte festgelegt werden, wie weitergeleitet wird, von wem und wann.

Dokumente, die im Unternehmen neu erstellt werden, können automatisch nach der Erzeugung oder auf Aufforderung der dafür zuständigen Mitarbeiter zu einem bestimmten Zeitpunkt archiviert werden.

Um die Revisionssicherheit zu erreichen, werden die Daten in verschlüsselten Containern gespeichert, die zwar das Anschauen gestatten, aber keine Veränderung zulassen.

Archive bzw. **Endablagen** dienen zur revisionssicheren und unveränderbaren Speicherung von Informationen. **Elektronische Archivierungssysteme** besitzen die Möglichkeit, große Informationsmengen in sogenannten **Jukeboxen** zu verwalten. Eine Jukebox ist ein Plattenwechselautomat für optische Speichermedien. Jukeboxen erlauben heute einen Zugriff auf nahezu unbegrenzte Datenmengen.

Dokumente suchen

Die Suche nach Dokumenten, die im Archiv abgelegt sind, erfolgt in Sekundenschnelle. Mit einer Volltextsuche kann sogar nach sämtlichen Begriffen recherchiert werden, die in einem Dokument enthalten sind.

Bei der Suche nach Dokumenten bieten DMS-Programme verschiedene Möglichkeiten:

- **Indexsuche** ist die Suche nach **Merkmalen (Indizes)**, die mit den Dokumenten abgespeichert wurden.
- Bei der **Suche über Dokumenttypen** können die Indizes des jeweiligen Dokumenttyps verknüpft werden. Als Ergebnis werden nur Dokumente des ausgewählten Dokumenttyps angezeigt.
- Die **Volltextsuche** ermöglicht das Auffinden von Dokumenten und Dateien über Textelemente, die in dem gesuchten Dokument vorkommen. Die Suche erfolgt über einen bestimmten Begriff oder über einen Platzhalter für einen Begriff (z. B. *, ?).

Auf die im Archiv gespeicherten Dokumente können alle angeschlossenen PCs **zeitgleich** zugreifen. Lebende Dokumente können zur Bearbeitung ausgecheckt werden. Sie stehen während dieser Zeit anderen Nutzern nicht zur Verfügung.

8.3.4 DMS-Funktionen nutzen

Für die Dokumentbearbeitung im DMS werden die typischen Funktionen im Folgenden dargestellt:

Versionsverwaltung

Sobald ein Dokument verändert und abgespeichert wird, entsteht im DMS eine neue Version. Es können verschiedene Stände desselben Dokumentes zurückverfolgt werden.

Check-in und Check-out von Dokumenten

Ein Dokument kann nur von einer Person aus dem DMS zur Bearbeitung ausgecheckt werden. Will während dieser Zeit ein anderer Nutzer auf das Dokument zugreifen, ist das nicht möglich. Erst nach der fertigen Bearbeitung, der Versionierung und durch den Check-in können andere Anwender wieder auf das Dokument zugreifen.

Schnittstelle zu Anwendungsprogrammen

Damit ein Dokument ausgecheckt bearbeitet werden kann, muss das DMS über eine Schnittstelle zu den Anwendungsprogrammen verfügen. Zur Bearbeitung wird das Anwendungsprogramm geöffnet und nach der Bearbeitung eine Version erstellt.

RenditionVerwaltung

Rendition bedeutet die Erzeugung einer Dokumentkopie in einem anderen Format. Damit für alle Nutzer die im DMS gespeicherten Dokumente ungehindert zur Verfügung stehen, wird im DMS eine Kopie parallel zum Format des Anwendungsprogramms erzeugt. Meistens handelt es sich um eine Bilddatei im TIF-Format.

Berechtigungen

Über die Bearbeitungsfunktionen (z. B. nur Leserechte) kann im Voraus festgelegt werden, wer beispielsweise Dokumente freigeben darf.

Teamworkfunktionen

z. B. Diskussion, Umfragen, News, Benachrichtigungen bei Änderungen

Leistungsmerkmale

DMS erbringen folgende Leistungen:

- **Schneller Informationszugriff** – auch von mehreren Personen gleichzeitig,
- **kurzfristiger Zugriff** auf bereits vorhandene Informationen,
- hohe **Auskunftsbereitschaft**,
- Möglichkeit, **virtuelle Ordner/Mappen** anzulegen und nach verschiedenen Aspekten sortiert zu bündeln,
- OCR-Texterkennung auch in **farbigen** Dokumenten,
- Steuerung der **Zugriffsrechte** einzelner Personen und Gruppen,
- Möglichkeit, den **Lebenszyklus eines Dokumentes** nachzuverfolgen,
- eine **Workflow-Schnittstelle** ermöglicht eine vollständige elektronische Vorgangsbearbeitung und Geschäftsfallsteuerung; Geschäftsprozesse können optimiert, Bearbeitungs-, Transport- und Liegezeiten verkürzt und innerbetriebliche Strukturen transparent gemacht werden,
- eine **SAP-Schnittstelle** ermöglicht eine separate Archivierung der SAP-Daten und entlastet somit die Datenbank,
- mit dem **COLD-Verfahren** (computer output on laser disc) können große Datenmengen automatisch erfasst, indiziert und archiviert werden, um sie revisionssicher zu lagern und jederzeit suchen zu können.

Vorteile

Folgende Vorteile von DMS sind zu nennen:

- Dokumente werden schnell gefunden und Kundenfragen unmittelbar beantwortet. Die Kundenzufriedenheit wird dadurch erhöht.
- Die ständige Verfügbarkeit von Informationen für alle Mitarbeiterinnen und Mitarbeiter macht eine aufwendige Suche überflüssig.
- Durchlauf- und Reaktionszeiten werden verkürzt.
- Arbeitsproduktivität und Geschäftsprozesse werden verbessert.
- Der sogenannte Medienbruch zwischen analogen und digitalen Systemen wird vermieden.
- Eine redundante (doppelte) Speicherung, und damit die Änderung mehrerer Kopien, entfällt.
- Organisatorische Anpassungen können schneller realisiert werden.
- Raumeinsparung sowie
- verbesserter Personaleinsatz.

Datensicherheit beachten

Jedes Unternehmen ist verpflichtet, für die **Sicherheit der gespeicherten Daten** zu sorgen. Sicherheitsvorkehrungen erstrecken sich auf die Räume, die Hard- und Software und die Mitarbeiter.

Datenverluste können entstehen durch

- höhere Gewalt (Brände, Wasser usw.),
- Fehler bei der Hard- oder Software,
- menschliches Versagen (Irrtum oder Nachlässigkeit der Mitarbeiter),
- absichtliches Herbeiführen von Schäden (Computerkriminalität).

Um Bedienungsfehler, technische Störungen, Verluste oder Manipulation von Daten nach Möglichkeit ausschließen zu können, sollte Folgendes beachtet werden:

- Zutrittskontrollen (Closed-Shop-Betrieb, Ausweisleser, Schleusentüren, optische Überwachung),
- Rauchverbot, Temperatur- und Luftfeuchtigkeitskontrolle, Alarmanlagen, Raumüberwachungsanlagen in EDV-Räumen,
- Zugang zum PC und zur Festplatte nur mit Schlüssel oder Chipkarte,
- Zugriff auf Programme oder Daten nur mit Passwort, Benutzercode oder Plausibilitätskontrolle (Verschlüsselung von Daten),
- Kopierschutz für bestimmte Software,
- Protokollführung am PC,
- Regelung der PC-Benutzung (Zuständigkeitsregelung),
- Regelung des Personaleinsatzes und der Verantwortlichkeit (klare Funktionstrennung).

Auf den Punkt gebracht

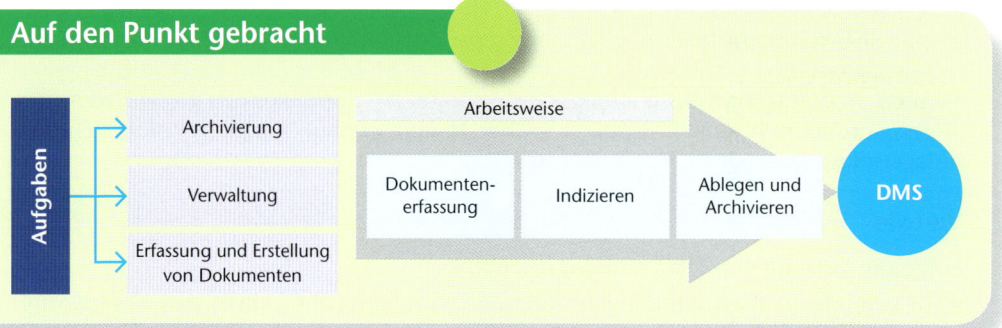

Nutzen Sie Ihr Wissen

1. Nachdem das Dokumentenmanagementsystem erfolgreich in der ModernOffice KG eingeführt wurde, interessiert sich der Zulieferer Luxo Lichtdesign AG aus Bremen ebenfalls für das gleiche Programm. Deshalb bittet Axel Plautner, der Geschäftsführer der Luxo Lichtdesign AG, Herrn Sander, ihn beim nächsten Treffen über das neue DMS zu informieren.
   Erklären Sie Herrn Plautner, was ein Dokumentenmanagementsystem ist und welche Vorteile der Einsatz bringt.

2. Wie kann der Einsatz eines DMS realisiert werden, wenn 90 % der Informationen in Papierform in den Betrieb gelangen?

3. Für die elektronische Verarbeitung müssen Dokumente eindeutig identifizierbar sein. Welche Möglichkeiten bietet ein DMS?

4. Was verstehen Sie unter der Volltextsuche?

5. Um die Sicherheit der Daten zu garantieren, sind bestimmte Vorsichtsmaßnahmen zu treffen. Welche Maßnahmen betreffen
   - die Räume,
   - die Hardware,
   - die Software,
   - die Mitarbeiter?

8.4 Speichermedien gezielt verwenden

Lernsituation

In der ModernOffice KG entstehen in den Geschäfts- und Büroprozessen sowohl Schriftstücke als auch elektronische Dokumente, die entsprechend archiviert werden müssen. Die Vielzahl und Unterschiedlichkeit von Speichermedien ist groß. Die Anforderungen an das Speichermedium sind jeweils unterschiedlich. Deshalb soll Svenja eine Übersicht über die gebräuchlichsten Speichermedien erstellen, damit von Fall zu Fall schnell entschieden werden kann, welches Speichermedium für die Sicherung und Archivierung geeignet ist.

- *Informieren Sie sich über die gängigen Speichermedien und die verschiedenen Einsatzmöglichkeiten.*
- *Gestalten Sie eine Übersicht, aus der die aktuellen Speichermedien und deren Einsatzmöglichkeiten hervorgehen. Verwenden Sie dazu die Tabellenfunktion in Ihrem Textverarbeitungsprogramm und setzen Sie die Gestaltungsfunktionen für eine DIN-gerechte Tabelle ein.*
- *Prüfen Sie die Eignung der Speichermedien für verschiedene Einsatzbereiche im Büro.*
- *Vergleichen Sie Ihr Ergebnis mit Ihren Mitschülern und nehmen Sie gegebenenfalls Korrekturen vor.*

Datenträger gezielt auswählen

Immer schneller stehen immer mehr Informationen zur Verfügung. Das erfordert von vornherein eine gute Organisation. Grundsätzlich kann man Informationen in zwei Bereiche einordnen: **dynamische und statische Daten**. Dynamische Daten sind Daten, die häufig ergänzt und verändert werden. Von statischen Daten spricht man, wenn keine Änderungen und Ergänzungen mehr vorgenommen werden.

Um den geeigneten Datenträger zu wählen, sind folgende Kriterien zu beachten:

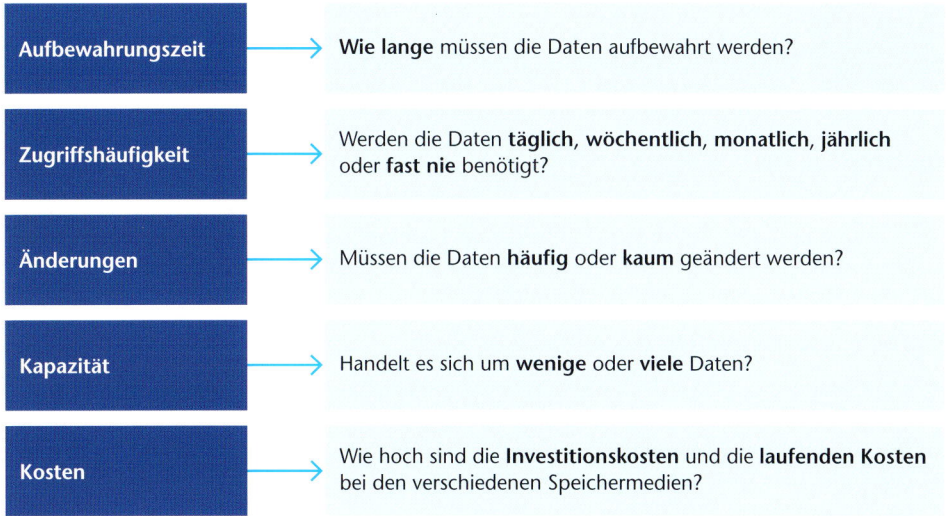

Aufbewahrungszeit	**Wie lange** müssen die Daten aufbewahrt werden?
Zugriffshäufigkeit	Werden die Daten **täglich, wöchentlich, monatlich, jährlich** oder **fast nie** benötigt?
Änderungen	Müssen die Daten **häufig** oder **kaum** geändert werden?
Kapazität	Handelt es sich um **wenige** oder **viele** Daten?
Kosten	Wie hoch sind die **Investitionskosten** und die **laufenden Kosten** bei den verschiedenen Speichermedien?

Papier

Form	Typischer Einsatz
Schriftgut Zeichnungen Literatur	Schriftverkehr am Arbeitsplatz und in der Registratur Pläne, Grundrisse, Skizzen usw. Zeitschriften, Bücher, Kataloge

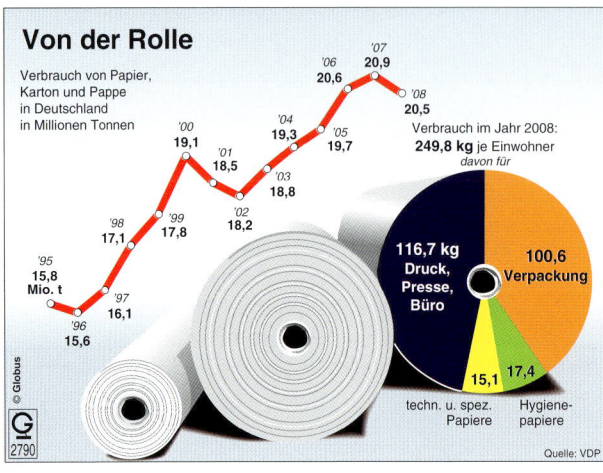

Von der Rolle

Verbrauch von Papier, Karton und Pappe in Deutschland in Millionen Tonnen

'95 15,8 Mio. t
'96 15,6
'97 16,1
'98 17,1
'99 17,8
'00 19,1
'01 18,5
'02 18,2
'03 18,8
'04 19,3
'05 19,7
'06 20,6
'07 20,9
'08 20,5

Verbrauch im Jahr 2008:
249,8 kg je Einwohner
davon für

116,7 kg Druck, Presse, Büro
100,6 Verpackung
15,1 techn. u. spez. Papiere
17,4 Hygienepapiere

© Globus
2790

Quelle: VDP

Statistiken zeigen, dass immer mehr Informationen immer mehr Papier erfordern. Das von vielen Seiten propagierte „papierlose Büro" wird es in naher Zukunft nicht geben. Der Papierverbrauch wächst zurzeit trotz moderner Kommunikationsmedien um ca. 4 % jährlich.

Alterungsbeständiges Papier hat eine Lebensdauer von ungefähr 500 Jahren, Zeitungspapier 10 – 20 Jahre.

Magnetspeicher

Unter den Magnetspeichern gibt es die Diskette, die Festplatte und Magnetbänder. Die Lebensdauer von Magnetspeichern beträgt 10 bis 30 Jahre.

Festplatte intern	Die Festplatte dient als Massenspeicher für Programme und Daten. In Bearbeitung befindliche Daten und Dateien, auf die häufig zugegriffen werden muss, sollten auf der Festplatte gespeichert werden.
Festplatte extern	Externe Festplatten lassen sich in der Regel über die USB-Schnittstelle an einen PC anschließen. Sie sind klein und handlich und können leicht transportiert werden. Auswahlkriterien für die Festplatte sind die Kapazität und die Übertragungsgeschwindigkeit: Eine eSATA-Festplatte ist meist doppelt so schnell wie eine USB-Festplatte. Weitere gebräuchliche Typen sind Firewire- und Netzwerkfestplatten.

Optische Speicher

Neben der magnetischen Speichertechnik auf Disketten und Festplatten gibt es optische Speichermedien. Mit ihnen kann man riesige Datenmengen auf kleinstem Raum unterbringen. Die Informationen werden über einen stark gebündelten Laserstrahl in Form winziger Punkte (Pits) in die Platte eingebrannt.

Optische Speicherplatten eignen sich vor allem:

- zur Speicherung großer Datenbestände (Archivierung),
- für Dokumentationen, bei denen ständig mit Suchbegriffen gearbeitet wird (Bibliotheken, Archive in Verlagen usw.),
- zur bildlichen Speicherung von Originalvorlagen,
- für Multimediaanwendungen (Interaktion).

Sicher werden die optischen Speichertechniken andere Speichertechniken (magnetische Datenträger, Mikrofilme) teilweise ablösen, aber vorerst nicht ersetzen. Die geschätzte Lebensdauer optischer Speichermedien beträgt **30 bis 100 Jahre**.

CD-ROM (compact disc read only memory)

Auf einer CD-ROM können große Datenmengen gespeichert werden. Die Daten sind auf der CD-ROM als winzig kleine Vertiefung in die Metallschicht eingebrannt. Darüber ist eine durchsichtige und widerstandsfähige Plastikhaut gezogen, die der abtastende Laserstrahl durchdringt. Verschmutzungen auf der CD-ROM (Fettflecke, Kratzer, Beschriftungen) mindern den Durchblick des Lasers und verursachen Lesefehler. Deshalb sollten CD-ROMs sehr pfleglich behandelt und bei Verschmutzungen mit einem geeigneten Reinigungsmittel aufpoliert werden.

CD-R (compact disc recordable)

Die CD-R eignet sich besonders zum Speichern umfangreicher Datenbestände, die archiviert werden sollen. Sie lässt sich nur einmal beschreiben. Beim Schreibvorgang wird die Information mit einem Laser so eingebrannt, dass Farbstoffmoleküle in der Scheibe eine nicht umkehrbare chemische Reaktion eingehen. Sie sieht grün, golden oder blau aus. Eine unbeschriebene optische Speicherplatte heißt Rohling.

CD-R

CD-RW (compact disc rewritable)

Im Gegensatz zu CD-ROM und CD-R lässt sich die CD-RW **löschen und wieder beschreiben**. Ein Rohling kann bis zu 1.000 Mal beschrieben werden, weil der Laser des CD-Rekorders die Daten führende Schicht nicht chemisch wie bei der CD-R, sondern physikalisch verändert. Eine dateiweise Beschreibung und Löschung ist möglich.

DVD (digital versatile disc)

DVD bedeutet so viel wie „**digitale, vielseitige Scheibe**". Sie sieht auf den ersten Blick aus wie eine CD, kann aber die **siebenfache** Datenmenge einer CD speichern. Im Unterschied zur CD kann sie aus zwei zusammengeklebten Scheiben bestehen. Dadurch ergeben sich zwei Informationsschichten. Die DVD-R ist ein einmal beschreibbarer Rohling; die DVD-RW ein wiederbeschreibbarer Rohling. Es gibt verschiedene DVD-Größen: DVD 5, einseitig, eine Schicht, 4,7 GByte; DVD 9, einseitig, zwei Schichten, 8,5 GByte; DVD 10, zweiseitig, je eine Schicht, 9,4 GByte; DVD 18, zweiseitig, je zwei Schichten, 17 GByte.

Blu-Ray-Disc

Die Blu-Ray-Disc (kurz BD) ist ebenfalls ein digitales, optisches Speichermedium. Die Blu-Ray-Technik basiert auf einem tiefvioletten Laser mit 405 mm Wellenlänge. Blu-Ray-Discs gibt es in drei Varianten: als nur lesbare BD-ROM, als einmal beschreibbare BD-R und als wiederbeschreibbare BD-RE.

Digitale Speichermedien

Mobile Speicherkarten

Speicherkarten haben eine hohe Speicherkapazität und werden in PDAs, Handys, digitalen Kameras, digitalen Diktiergeräten u. Ä. verwendet. Neue PCs verfügen in der Regel über integrierte Kartenlesegeräte, sodass die gespeicherten Daten ohne Probleme zur weiteren Verarbeitung am PC in das entsprechende Programm eingelesen werden können. Ohne neue Stromzufuhr bleiben die Daten bis zu **zehn Jahre** auf der Karte gespeichert.

Memory-Stick

Compact-Flash-Card

MircoSD-Card

SD-Card

USB-Stick

USB-Stick

Der USB-Stick – auch Memory-Stick genannt – ist ein leichtes, kompaktes Speichermedium mit einem USB-Stecker. Das lange Stäbchen wird über die USB-Schnittstelle an den PC angeschlossen. Dabei ordnet das Betriebssystem dem USB-Stick automatisch einen Laufwerkbuchstaben zu. Ab dem Betriebssystem Windows 2000 läuft der USB-Stick ohne Installation eines Treibers.

USB-Sticks gibt es mit unterschiedlichen Speicherkapazitäten: **256 MB, 512 MB, 1 GB, 2 GB, 4 GB, 8 GB. Mittlerweile werden USB-Sticks mit einem Speichervolumen bis zu 32 GB angeboten.**

Vorteile:
- Massenspeicher für **alle Dateien**,
- dauerhaftes Ablegen von Dateien **unabhängig** von der Stromversorgung,
- **unempfindlich** gegen extreme Luftfeuchtigkeit und magnetische Felder,
- **Schreibschutz** durch integrierten Schalter.

Anwendungsgebiete:
- Ersatz für Diskettenlaufwerke bei Notebooks.
- Datentransport von PC zu PC, die nicht durch ein Netzwerk verbunden sind.
- Versenden von umfangreichen Dateien.

Mikrofilm

Dank seiner **Alterungsbeständigkeit** werden auch heute noch viele Informationen auf Mikrofilm archiviert. Die Lebensdauer eines Mikrofilms liegt zwischen **30 und 100 Jahren**. Bei guter Lagerung kann von einer weitaus höheren Lebensdauer ausgegangen werden.

Es gibt drei verschiedene Mikrofilmformen:

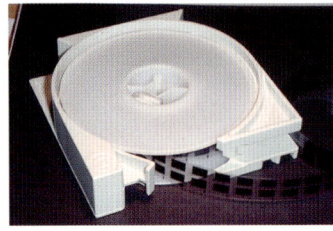

Rollfilmkassette

Rollfilm

Dieser eignet sich vor allem zur Aufbewahrung von abgeschlossenen Vorgängen bei seltenem Zugriff. Der entwickelte Rollfilm wird auf Spulen in einer geschützten Kassette oder in einem Magazin aufbewahrt. Außerdem werden Daten auf einem Rollfilm archiviert, wenn

- eine große Zahl sachlich zusammenhängender Unterlagen (z. B. Rechnungen, Lieferscheine) aufzubewahren ist,
- Unterlagen verhältnismäßig selten benötigt werden (Archivverfilmung von Zeitungen, Krankenberichten),
- unersetzliche Dokumente wie Urkunden aus Politik und Geschichte, Baupläne (z. B. des Kölner Doms) und Bibliotheken vor Verlust und Zerstörung geschützt werden müssen.

Es gibt Rollfilme mit einer Filmbreite von 16 mm und 35 mm. Ein Rollfilm fasst etwa 3 000 Seiten.

Jacket

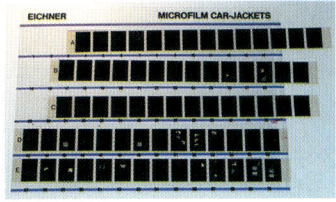

Wenn erforderlich, kann ein Rollfilm nach sachlichen Gesichtspunkten **zerschnitten** werden. Die Filmstreifen oder Einzelbilder werden zeitweise in die „Hüllen" des durchsichtigen Jackets eingeschoben. Ein Jacket im Format A6 nimmt in der Regel 60 – 70 DIN-A4-Seiten auf und ist am oberen Rand von Hand oder maschinell beschriftbar. Somit kann ein Jacket wie eine Karteikarte gekennzeichnet und benutzt werden. Das Jacketieren ist von Hand oder maschinell (Jacketiergerät) möglich.

Jackets können für einen bestimmten Vorgang bzw. für eine Akte angelegt werden.

Beispiel • *In der Personalabteilung der office4you OHG wird für jeden Mitarbeiter ein Jacket angelegt, das sämtliche Personalakten aufnimmt. Änderungen oder Ergänzungen können leicht vorgenommen werden.*

Mikrofiche (Planfilm)

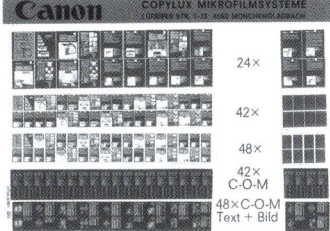

Mikrofiches sind Planfilme im Format A6, die je nach der Verkleinerung der verfilmten Originale Hunderte von DIN-A4-Seiten aufnehmen können. Bei der Herstellung von Mikrofiches gibt es drei Möglichkeiten:

- Duplizieren (Vervielfältigen) von Jackets;
- Originaldokumente werden von einer Mikrofichekamera unmittelbar auf Mikrofiches aufgenommen;

Mikrofiche

- vom EDV-Magnetband werden Daten mit einem COM-Aufnahmegerät (COM = computer output on microfilm) direkt auf Mikrofiches umgesetzt.

Mikrofiche

Mikrofiches werden überall dort eingesetzt, wo eine Unterlage gleichzeitig an vielen Arbeitsplätzen benötigt wird. Auch am Arbeitsplatz sind Mikrofiches wie eine Kartei einsetzbar und können in bestimmten Zeitabschnitten durch neue ausgetauscht werden.

Seit 1965 ist die Mikroverfilmung gesetzlich anerkannt. Im § 257 HGB heißt es:

> Empfangene Handelsbriefe können statt in Urschrift in der Form einer verkleinerten Wiedergabe auf einem Bildträger aufbewahrt werden, wenn das Verfahren ordnungsgemäßen Grundsätzen entspricht und sichergestellt ist, dass die Wiedergabe mit der Urschrift übereinstimmt. Nach der Kontrolle können die Urbelege (Originalbelege) vernichtet werden.

Eröffnungsbilanzen, Jahresabschlüsse und Konzernabschlüsse müssen allerdings zehn Jahre im Original aufbewahrt werden, auch wenn sie mikroverfilmt sind.

Lese- und Reproduziergerät

Aufnahmegerät

Vorteile der Mikroverfilmung

Durch den Einsatz der Mikrografie ergeben sich gegenüber der konventionellen Speicherung auf Papier vor allem folgende Vorteile:

- Raumersparnis von 95 % durch eine hohe Speicherdichte.
- Auf digitalisierte Daten kann am Bildschirm jederzeit zugegriffen werden.
- Alle Daten werden langfristig vor Verlust oder Missbrauch geschützt.

Auf den Punkt gebracht

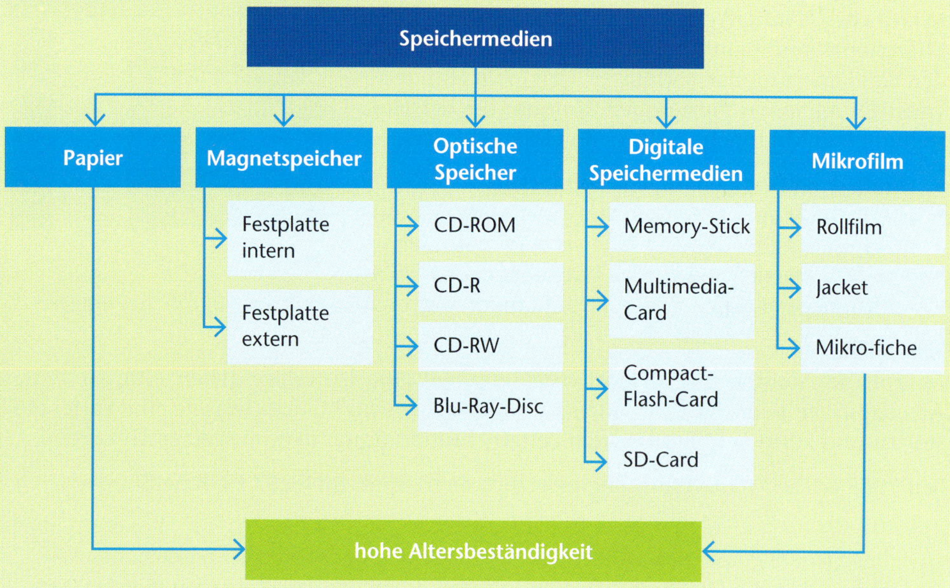

Speichermedien

Papier	Magnetspeicher	Optische Speicher	Digitale Speichermedien	Mikrofilm
	Festplatte intern	CD-ROM	Memory-Stick	Rollfilm
		CD-R	Multimedia-Card	Jacket
	Festplatte extern	CD-RW	Compact-Flash-Card	Mikro-fiche
		Blu-Ray-Disc	SD-Card	

hohe Altersbeständigkeit

Nutzen Sie Ihr Wissen

1. Ein PC ist sowohl mit einer Festplatte als auch mit einem CD-ROM-/DVD-Laufwerk ausgestattet. Wodurch unterscheiden sich die beiden Datenträger?

2. Wann ist der Einsatz von Magnetbändern für die Datenspeicherung sinnvoll?

3. Welche optischen Speichermedien kennen Sie?

4. Die meisten PCs haben heute kein Diskettenlaufwerk mehr, dafür aber ein CD- oder DVD-Laufwerk. Wie erklären Sie sich das?

5. Welche Gründe sind Ihrer Meinung nach ausschlaggebend dafür, dass sich die optischen Datenträger durchgesetzt haben?

6. Sie brennen regelmäßig Ihre Daten auf CD/DVD und nutzen dabei die Speicherkapazität des Rohlings nicht ganz aus. Ist es möglich, auf einer bereits gebrannten CD/DVD Daten zu ergänzen?

7. Unterscheiden Sie die optischen Speichermedien nach Eigenschaften und Anwendung. Erstellen Sie dazu eine Tabelle.

8. Die office4you OHG entscheidet sich zur Einführung des Speichermediums CD-R.
   a) Welche Gründe könnten dafür entscheidend gewesen sein?
   b) Welche zusätzlichen Anschaffungen werden für die PC-Arbeitsplätze erforderlich?

9. Sie arbeiten mit einem PDA und einem digitalen Diktiergerät und wollen die gespeicherten Daten auf Ihrem PC weiterverarbeiten. Wie gehen Sie dabei vor?

10. Warum werden auch heute noch Informationen auf Mikrofilm gespeichert?

11. Erläutern Sie die Vorteile der digitalen Speichermedien.

12. Tom möchte einen USB-Stick kaufen. Worauf muss er achten?

9   Im Team kooperativ arbeiten

Lernsituation

Die ModernOffice KG führt jedes Frühjahr eine Hausmesse durch. Traditionell unterstützen die neuen Auszubildenden das Planungsteam. Tom und Svenja bekommen eine Einladung zur ersten Planungssitzung.

Tom: „Hast du hier im Betrieb schon einmal im Team gearbeitet?"

Svenja: „Nein, aber in der Schule führen wir oft Projekte im Team durch. Da gab es auch schon mal Schwierigkeiten. Manche hatten Aufgaben übernommen, aber als der Abgabetermin war, kam nichts. Das hat uns ganz schön in Bedrängnis gebracht."

Tom: „Ähnliche Erfahrungen habe ich auch gemacht. Hast du gesehen, dass Frau Blum, die Sekretärin von Frau Dr. Tischler, die Teamleitung übernimmt? Sie achtet sicherlich auf pünktliche Aufgabenerledigung!"

Svenja: „Nicht nur das, ich glaube, sie verlangt einiges von uns. Sie hat mich gestern angerufen und gebeten, mit ihr das Kick-off-Meeting vorzubereiten. Ich habe keine Ahnung, wie das ablaufen soll? Wenn ich vor der Gruppe etwas sagen soll, klopft mir vor Aufregung das Herz bis zum Hals, manchmal bekomme ich kaum ein Wort heraus."

Tom: „Ich frage mal meinen Bruder, ob er ein paar Tipps für uns hat. Er arbeitet ständig im Team und weiß bestimmt, worauf man dabei achten muss."

- *Informieren Sie sich über Teambildung, richtiges Arbeiten im Team, die Anforderungen an die eigene Person und den Ablauf eines Kick-off-Meetings.*
- *Planen Sie mit einem Partner/einer Partnerin das Kick-off-Meeting! Erstellen Sie einen Ablaufplan und eine Checkliste, wie Sie sich positiv auf das Meeting einstimmen können.*
- *Besprechen Sie Ihre Ergebnisse mit Ihrem Ausbildungsleiter oder mit der Lehrkraft.*
- *Nehmen Sie gegebenenfalls Ergänzungen Ihrer Unterlagen vor.*

Ein Team bilden

Was ist ein Team? Laut Duden ist ein Team eine Gruppe von Personen, die gemeinsam an einer Aufgabe arbeiten. Teams sind heute ein fester Bestandteil im Wirtschaftsleben. Sie übernehmen Verantwortung und helfen, Probleme zu lösen. Teammitglieder sollten einander respektieren, um erfolgreich miteinander arbeiten zu können.

Bereits in der Schule arbeiten mehrere Schülerinnen und Schüler in einer Gruppe – meist kurzfristig – zusammen. Man spricht in diesem Fall von Gruppenarbeit.

In Unternehmen können Teams zentral oder dezentral gebildet werden. Bei der zentralen Teamarbeit sind die Mitarbeiter in einem Gruppenbüro oft dauerhaft zusammen. Das dezentrale Team besteht aus Mitarbeitern aus verschiedenen Abteilungen. In virtuellen Teams arbeiten Experten weltweit mithilfe von modernen Kommunikationsmitteln zusammen.

Phasen der Teambildung

Nach einem bekannten Modell von Bruce W. Tuckman durchlaufen Teams während des Gruppenprozesses folgende Phasen:

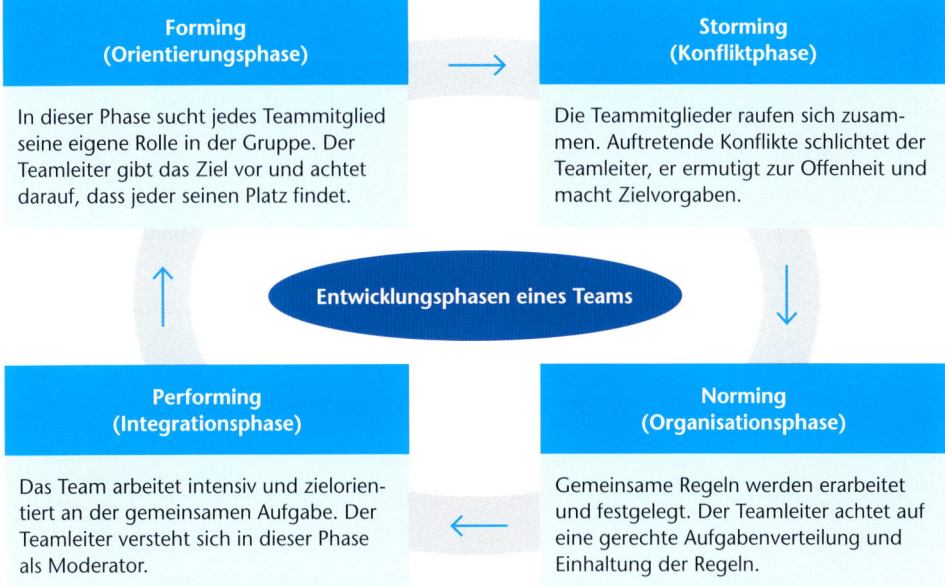

Forming
(Orientierungsphase)

In dieser Phase sucht jedes Teammitglied seine eigene Rolle in der Gruppe. Der Teamleiter gibt das Ziel vor und achtet darauf, dass jeder seinen Platz findet.

Storming
(Konfliktphase)

Die Teammitglieder raufen sich zusammen. Auftretende Konflikte schlichtet der Teamleiter, er ermutigt zur Offenheit und macht Zielvorgaben.

Entwicklungsphasen eines Teams

Performing
(Integrationsphase)

Das Team arbeitet intensiv und zielorientiert an der gemeinsamen Aufgabe. Der Teamleiter versteht sich in dieser Phase als Moderator.

Norming
(Organisationsphase)

Gemeinsame Regeln werden erarbeitet und festgelegt. Der Teamleiter achtet auf eine gerechte Aufgabenverteilung und Einhaltung der Regeln.

Eine besondere Rolle hat der **Teamleiter**. Er wird meist vom Team selbst gewählt und hat Vorbildfunktion. Er ist Ansprechpartner und vertritt das Team nach außen. Er steuert und koordiniert die Arbeit des Teams.

Vor- und Nachteile der Teamarbeit

Die Teamarbeit hat viele Vorteile. Dies kommt auch in Stellenanzeigen zum Ausdruck. Dort heißt es beispielsweise: „Wir suchen eine Mitarbeiterin/einen Mitarbeiter, die/der teamfähig ist." Teamarbeit birgt jedoch auch Gefahren. Wer sie kennt, kann frühzeitig entgegenwirken.

Vorteile	Nachteile
– mehr Ideen – gegenseitige Anregungen – mehr Kompetenzen – Arbeitsaufgaben und auch die Verantwortung werden auf mehrere Personen verteilt – interne Kommunikation – Austausch von Erfahrungen – höhere Problemlösekompetenz – wechselseitige Unterstützung – Erfolgserlebnisse – mehr Kontakt zu den Kollegen	– in der Anfangsphase eine zeitliche Mehrbelastung – Zielsetzung ist unklar – ein Teammitglied dominiert – das Team ist zwangsweise zusammengestellt – das Team ist zu groß – die Zusammensetzung des Teams ist falsch – Teammitglieder wollen sich nur profilieren

Teamarbeit erfolgreich starten: Das Kick-off-Meeting

Stehen die Mitglieder eines Teams fest, kommt es zu einem ersten Treffen. Diese Einstiegsveranstaltung wird meist als Kick-off-Meeting bezeichnet. Da sich die Mitglieder zuerst einmal kennenlernen sollten, ist eine Lokalität außerhalb des Unternehmens günstig. In der Einstiegsveranstaltung werden alle über das gemeinsame Ziel sowie die jeweiligen Rollen und Aufgaben informiert.

1. Schritt: Vorstellungsrunde

Die Mitglieder
– machen sich miteinander bekannt,
– geben Auskunft über ihre Arbeitsbereiche,
– wählen die Teamleitung – falls noch nicht festgelegt, und
– tauschen ihre Kommunikationsdaten aus.

2. Schritt: Ziele und Aufgaben klären

Die Ziele und Aufgaben werden eindeutig und für alle erkennbar festgelegt.

Folgende Fragen helfen, die Ziele und Aufgaben zu definieren:

– Was ist das Ziel der gemeinsamen Arbeit?
– Wer ist wofür verantwortlich?
– Wer arbeitet mit wem?
– Wer macht wann was?
– Wer sind die Kontaktpersonen?
– Wer ist über welche Aktivität zu informieren?

3. Schritt: Teamregeln entwickeln

Die Teammitglieder entwickeln gemeinsam Regeln, wie sie zukünftig miteinander arbeiten und umgehen wollen. Für die Einhaltung der gemeinsam aufgestellten Regeln wird ein Teamwächter bestimmt.

Beispiele •
• Wir ziehen alle an einem Strang.
• Wir sind kompromissbereit.
• Wir achten auf eine gleichmäßige Aufgabenverteilung, orientiert an den Kompetenzen der einzelnen Mitglieder.
• Wir gehen miteinander respektvoll und wertschätzend um.

Kommunikationsfähigkeit entwickeln

Persönliche Voraussetzungen

Die Qualität der Arbeit wird durch die Teamfähigkeit der Gruppenmitglieder entscheidend geprägt. Toleranz und Offenheit im Umgang mit anderen sowie gegenseitiges Vertrauen sind wichtige Voraussetzungen. Die Teammitglieder gehen solidarisch miteinander um, sind kompromissbereit und würdigen die individuellen Fähigkeiten der einzelnen Teammitglieder.

Anforderungen an die Person:

- Bereitschaft, sich die Aufgaben zu teilen.
- Konstante Motivation für die gestellte Aufgabe.
- Engagement, indem man eigene Vorschläge einbringt.
- Zuverlässigkeit, indem man Absprachen einhält und Arbeitsaufträge pünktlich durchführt.
- Fähigkeit, Kritik von anderen anzunehmen.
- Einsicht in eigene Fehler.
- Übernehmen von Verantwortung.
- Fähigkeit, Aufgaben zu koordinieren.
- Rücksichtnahme und gegenseitige Unterstützung.

Verhalten im Team

Neben der Höflichkeit sind Selbstbeherrschung, Hilfsbereitschaft und Toleranz wünschenswerte Eigenschaften, die zu einem möglichst reibungslosen Miteinander beitragen.

Folgende Regeln sollten Sie beachten:

- Zeigen Sie Hilfsbereitschaft und lassen Sie sich nicht um jede Gefälligkeit bitten.
- Seien Sie pünktlich und zuverlässig!
- Bringen Sie Ihren Kollegen und Mitmenschen Toleranz entgegen.
- Zeigen Sie Ihren Kollegen gegenüber Kooperationsbereitschaft.
- Vermeiden Sie es, mit Ihren Kenntnissen zu prahlen!
- Spielen Sie sich nicht in den Vordergrund.
- Machen Sie keine sarkastischen Bemerkungen.
- Tratschen Sie nicht über andere!
- Versuchen Sie immer, das Positive hervorzuheben und Negatives aufzufangen.
- Machen Sie sich nicht über andere lustig!

Selbstwirksamkeit und Selbsteinschätzung

Selbstwirksamkeit bedeutet, dass wir davon überzeugt sind, dass wir das, was wir gerade tun, auch wirklich können. Es gibt Menschen, die nicht an ihre Fähigkeiten glauben, mit der Einstellung „Das schaffe ich doch sowieso nicht!", geht es dann auch meistens schief. Man spricht in diesen Fällen von der „selbst erfüllenden Prophezeiung", denn diese Überzeugung steuert unbewusst unser Handeln.

Wird im Team eine Aufgabe übernommen, sollte man seine eigenen Fähigkeiten und Fertigkeiten richtig einschätzen, damit Misserfolge vermieden werden. Durch Misserfolge vertraut man immer weniger auf seine eigenen Fähigkeiten und wird zunehmend demotivierter. Deshalb sollten sich die Teammitglieder idealerweise gegenseitig bestärken und ermutigen und die Leistung der anderen realistisch anerkennen.

Beispiel • *Vor der Gruppe zu sprechen fällt Svenja schwer. Sie hat Angst, Fehler zu machen oder sich ungeschickt auszudrücken. Daher sendet sie durch ihre Körperhaltung und Mimik Abwehrsignale aus, die tatsächlich dazu führen können, dass keiner in der Gruppe sich traut, sie anzusprechen. Obwohl Svenja eigentlich gute Ideen hatte, konnte sie die Chance nicht nutzen, sich als kompetente Gesprächspartnerin zu präsentieren. Hätte sie sich vorher positiv eingestimmt und sich in der Rolle als verantwortungsvolles Planungsmitglied gesehen, würde man sie sicherlich gerne ansprechen und sie nach ihrer Meinung fragen.*

Verbale und nonverbale Kommunikationstechniken

Kommunikation verbindet Menschen durch den Austausch von Inhalten und Botschaften, verbal und nonverbal.

Verbale Kommunikation = Sprache		Nonverbale Kommunikation = Körpersprache
– Wortwahl		
– Satzbau		– Mimik
– Sprechtempo		– Gestik
– Sprechpausen		– Blickkontakt
– Betonung		– Distanzzone
– Lautstärke		

Die Körpersprache und die Signale der Stimme werden meist unbewusst wahrgenommen.

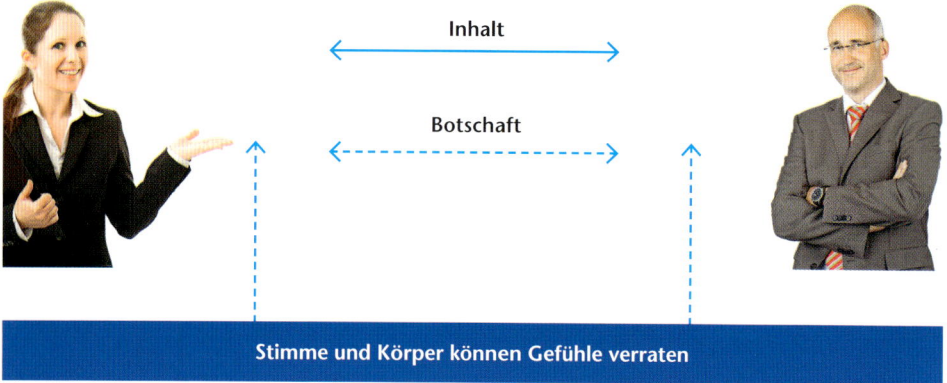

Inhalt

Botschaft

Stimme und Körper können Gefühle verraten

Beispiel • *Sie wollen jemanden davon überzeugen, einen höheren Preis für ein Produkt zu zahlen, das Sie eher minderwertig einschätzen. Hier könnte Sie Ihre Körpersprache verraten: Sie wirken nur dann überzeugend, wenn Stimme, Körpersprache und der Inhalt des Gesprochenen eine Einheit bilden.*

Distanzzonen

Während der Gespräche im Team wird bewusst oder unbewusst ein mehr oder weniger großer Abstand eingehalten. Verhaltenswissenschaftler sprechen von Distanzzonen, die in vier Kategorien eingeteilt sind:

1. **Intime Zone:** Sie reicht vom direkten Körperkontakt bis hin zu 50 cm Abstand. Diese Distanzzone bleibt nur sehr vertrauten Personen vorbehalten, sie ist im Berufsleben mit größter Vorsicht zu behandeln.

2. **Persönliche Zone:** Sie reicht von 50 cm bis zu 1 m, dies ist auch der Abstand, der bei einer Begrüßung eingehalten wird (2-mal die Armlänge).

3. **Gesellschaftliche Distanzzone:** Die dritte Zone beträgt etwa ein bis zwei Meter oder etwas mehr. Dieser Abstand kann durch einen Tresen oder Schreibtisch verstärkt wer-

den. Man bezeichnet sie deshalb auch als Distanzvergrößerer. Will man seinem Gesprächspartner näherkommen, steht man zur Begrüßung auf und geht um den Schreibtisch herum. Dies hilft, eine entspannte Gesprächsatmosphäre vorzubereiten.

4. **Öffentliche Distanzzone:** In dieser Zone wird kein persönlicher Kontakt hergestellt. Auch der direkte Blickkontakt unterbleibt (z. B. Redner, der in mehreren Metern Entfernung zum Publikum spricht).

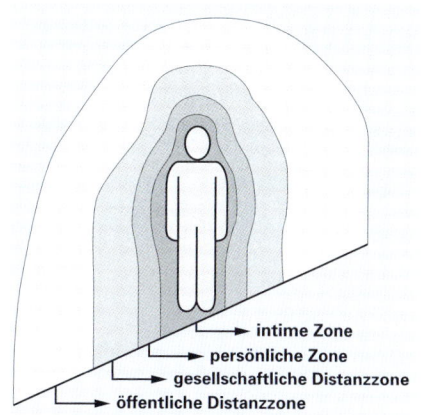

intime Zone
persönliche Zone
gesellschaftliche Distanzzone
öffentliche Distanzzone

Aktives Zuhören

Während eines Gesprächs sollte keiner der Gesprächspartner in Unterlagen blättern oder aus dem Fenster schauen. Ein solches Verhalten signalisiert Desinteresse. Zeigen Sie Ihrem Gesprächspartner, dass Sie ihm aktiv zuhören, indem Sie ihn ausreden lassen, ihn durch „Ja" oder „Genau" oder durch kleine Gesten positiv verstärken.

Blickkontakt

Schaut ein Gesprächspartner seinem Gegenüber während eines Gesprächs in die Augen, gilt er als offen, selbstsicher und ehrlich. Schaut er aber am anderen vorbei, so wird ein Gefühl der Unsicherheit oder des Desinteresses geweckt. Wie lange ein Blickkontakt dauern darf, ohne dass der Angeschaute irritiert oder gar verärgert wird, ist von Situation zu Situation verschieden.

Tipp: Falls es Ihnen schwerfällt, Blickkontakt zu halten, schauen Sie Ihrem Gesprächspartner einfach auf die Nasenwurzel – er wird keinen Unterschied bemerken.

Mimik, Gestik und Körperhaltung

Mimik heißt, mit dem Gesicht zu sprechen. Dabei ist besonders auf die Kopfhaltung, Stirn, Augenbrauen, Augen und Mund zu achten. Beobachten und analysieren Sie Ihre Gesichtszüge im Spiegel. Ein guter Beobachter kann einem Mienenspiel sehr viel entnehmen. Vermeiden Sie bei dieser nonverbalen Kommunikation starke Übertreibungen.

Gesten können etwas über Ihre Einstellung oder Gefühle verraten. So bedeutet Achselzucken eine Aussage, die etwas infrage stellt. Vor der Brust verschränkte Arme können unter Umständen Barrieren zum Gesprächspartner aufbauen. Hastige und unruhige Bewegungen signalisieren Unsicherheit.

Ein weiteres wichtiges Element der Körpersprache ist die **Körperhaltung**. Stehen Sie vor einem Publikum, dann lassen Sie die Hände locker an der Seite herunterhängen oder halten Sie beide Hände locker vor dem Bauch. Auf keinen Fall sollten die Hände hinter dem Rücken verborgen werden.

Auf den Punkt gebracht

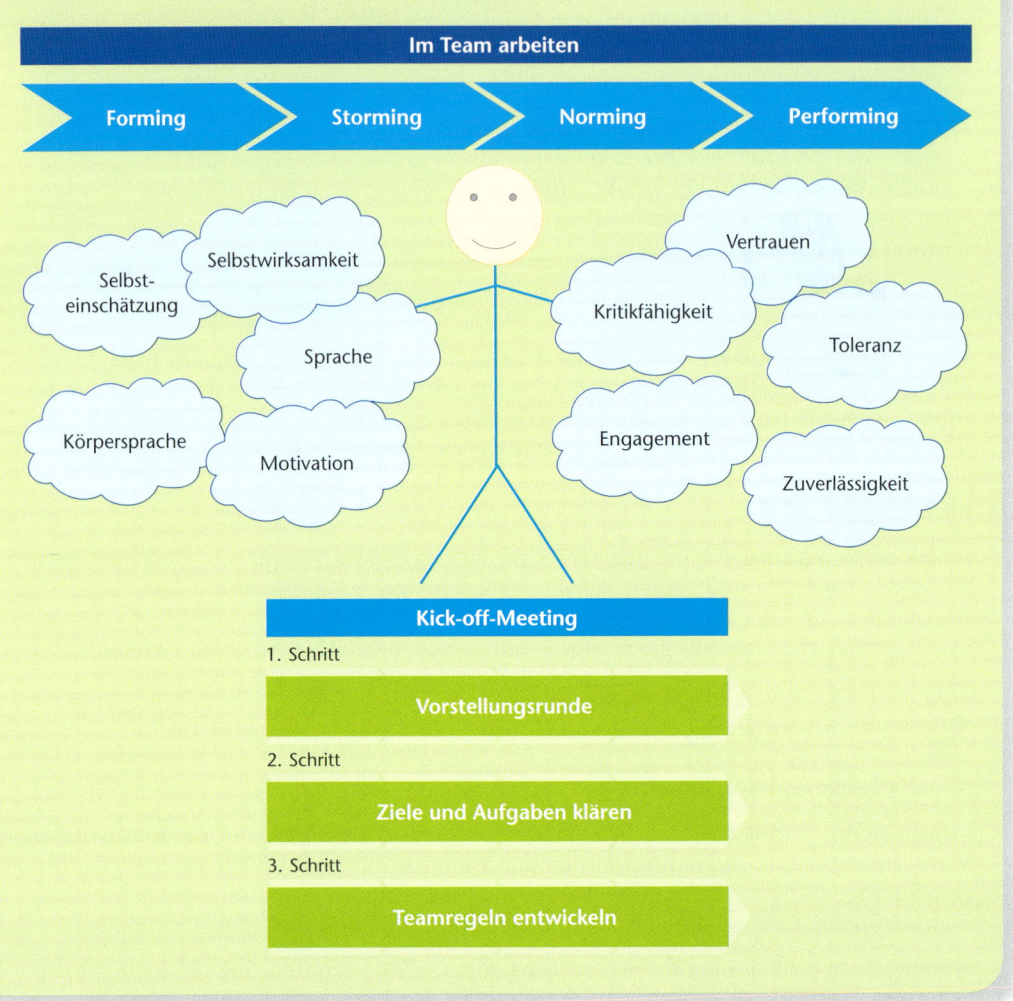

Im Team arbeiten

Forming → Storming → Norming → Performing

Selbsteinschätzung

Selbstwirksamkeit

Sprache

Körpersprache

Motivation

Vertrauen

Kritikfähigkeit

Toleranz

Engagement

Zuverlässigkeit

Kick-off-Meeting

1. Schritt

Vorstellungsrunde

2. Schritt

Ziele und Aufgaben klären

3. Schritt

Teamregeln entwickeln

Nutzen Sie Ihr Wissen

1. Beschreiben Sie die Teambildungsphasen nach Bruce W. Tuckman.

2. Was bedeutet für Sie „im Team arbeiten"?

3. Welche Eigenschaften helfen Ihnen, ein guter Teamplayer zu sein?

4. Beschreiben Sie den Ablauf eines Kick-off-Meetings.

Aufträge erfassen und dokumentieren

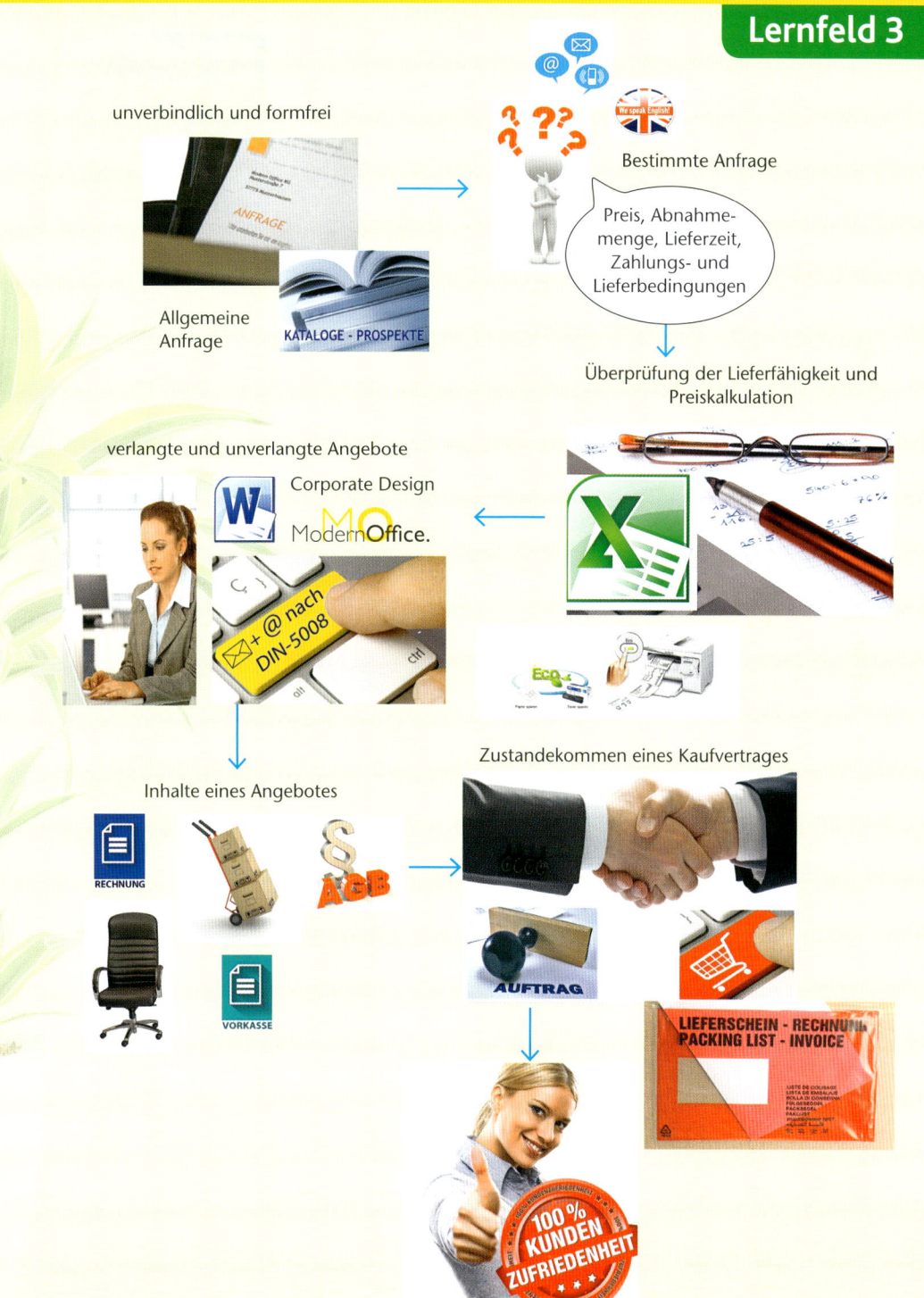

unverbindlich und formfrei

Allgemeine Anfrage

KATALOGE - PROSPEKTE

ANFRAGE

Bestimmte Anfrage

Preis, Abnahme-
menge, Lieferzeit,
Zahlungs- und
Lieferbedingungen

Überprüfung der Lieferfähigkeit und
Preiskalkulation

verlangte und unverlangte Angebote

Corporate Design

ModernOffice.

+ @ nach
DIN-5008

Inhalte eines Angebotes

RECHNUNG

VORKASSE

AGB

Zustandekommen eines Kaufvertrages

AUFTRAG

LIEFERSCHEIN - RECHNUNG
PACKING LIST - INVOICE

100 %
KUNDEN
ZUFRIEDENHEIT

1 Die Struktur einer EDV-Anlage erschließen

Lernsituation

Die meisten Arbeitsplätze in der ModernOffice KG sind Bildschirmarbeitsplätze. Ahmed Nabil ist für die Organisation der EDV in Horb zuständig. Er informiert die Auszubildenden über die EDV-Systeme sowie die Prozessregelungen, damit sie ihre Arbeit erfolgreich und effizient bewältigen. Ganz neu ist das Arbeiten im Intranet und in der Cloud, was vor allem den Mitarbeiterinnen und Mitarbeitern im Außendienst eine große Arbeitserleichterung bringt.

- *Informieren Sie sich über die Funktionsweise der EDV-Anlage in Ihrem Betrieb.*
- *Analysieren Sie, welche Vorteile sich durch das Arbeiten mit EDV-Systemen – insbesondere in einer Cloud – ergeben.*
- *Erstellen Sie eine Präsentation, die den Aufbau eines modernen Computers und der Netzwerke zeigt.*
- *Zeigen Sie die Präsentation im Plenum und lassen Sie Ihre Mitschüler/-innen die Präsentation mithilfe eines gemeinsam erstellten Bewertungsbogens bewerten.*
- *Werten Sie die Bewertungsbögen zuerst in Partner- und dann in Gruppenarbeit aus.*
- *Ergänzen und korrigieren Sie bei Bedarf Ihre Präsentationen.*

– Methodenblätter
– Partnerarbeit
– Gruppenarbeit

Um mit einem Computer Daten verarbeiten zu können, benötigt man entsprechende Geräte und leistungsfähige Programme. Alle maschinellen Bestandteile eines Computers (Zentraleinheit, Bildschirm, Tastatur, Drucker, Datenträger usw.) bezeichnet man als **Hardware**. Die Leistungsfähigkeit eines Computers hängt neben der Hardware jedoch auch von der Qualität der Software ab. Unter **Software** versteht man alle Programme und Daten, die zur Lösung eines bestimmten Problems benötigt werden. Ein **Programm** besteht aus einer Folge von Computerbefehlen (Arbeitsanweisungen), die den Arbeitsablauf steuern.

Der Aufbau eines Personal Computers entspricht dem Grundprinzip aller Computersysteme. Im Mittelpunkt steht die Zentraleinheit, die mit den Peripheriegeräten über eine Leitung oder Funk verbunden ist. **Peripheriegeräte** sind Ein- und Ausgabege-

① *Eigentlicher Computer (Zentraleinheit, CD-/DVD-Laufwerk, Festplatte);* ② *Tastatur;* ③ *Maus;* ④ *Bildschirm;* ⑤ *Lautsprecher*

räte, externe Speicher und Bildschirme. Die Zusammenstellung verschiedener Geräte zu einem Computersystem wird als **Konfiguration** bezeichnet. Sie ist jederzeit veränderbar und hängt von den jeweiligen betrieblichen bzw. schulischen Erfordernissen ab.

Die Zentraleinheit (CPU)

Die Zentraleinheit besteht aus dem Mikroprozessor (Steuereinheit und Rechenwerk), der Eingabe-/Ausgabe-Steuerung und dem Hauptspeicher, der auch als interner Speicher bezeichnet wird.

Der **Hauptspeicher** unterteilt sich in zwei Speichertypen: den **ROM-Speicher** (Read-Only-Memory = Nur-Lese-Speicher) und den **RAM-Speicher** (Random-Access-Memory = Schreib-Lese-Speicher). Während im ROM-Speicher Teile des Betriebssystems fest (Festspeicher = nicht veränderbar) einprogrammiert sind, werden in den RAM-Speicher (Arbeitsspeicher) nach dem Einschalten des PC die Programme und Daten abgelegt (geladen), mit denen gearbeitet werden soll. Wird der Strom abgeschaltet, werden alle Daten im RAM-Speicher gelöscht (flüchtiger Speicher). Aus diesem Grund müssen die Daten regelmäßig auf einem externen Speicher (CD, DVD, USB-Stick, Festplatte) gespeichert werden. Je größer der Arbeitsspeicher ist, desto schneller und komfortabler kann man mit dem PC arbeiten.

Die **Kapazität eines Speichers** wird angegeben in:
• Bytes = Speicherplatz für 1 Zeichen,
• Kilobytes (KB) = 1.024 Bytes (Speicherplatz für rund 1.000 Zeichen),
• Megabytes (MB) = 1.024 Kilobytes (Speicherplatz für rund 1 Million Zeichen),
• Gigabytes (GB) = 1.024 Megabytes (Speicherplatz für rund 1 Milliarde Zeichen),
• Terabytes (TB) = 1.024 Gigabytes (Speicherplatz für 1 Billion Zeichen).

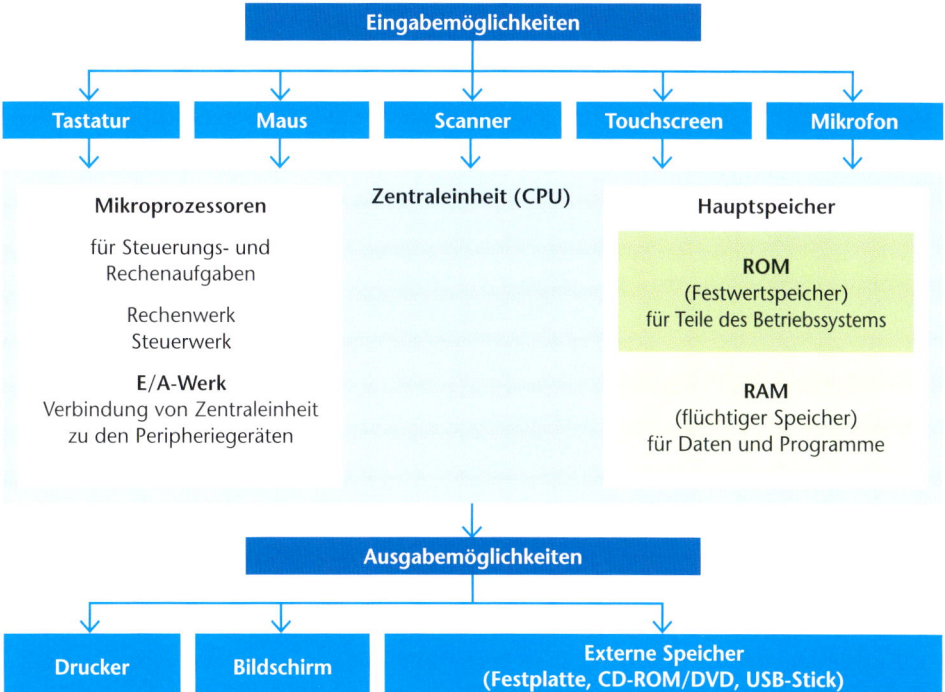

Beispiele • *für unterschiedliche Speicherkapazität*

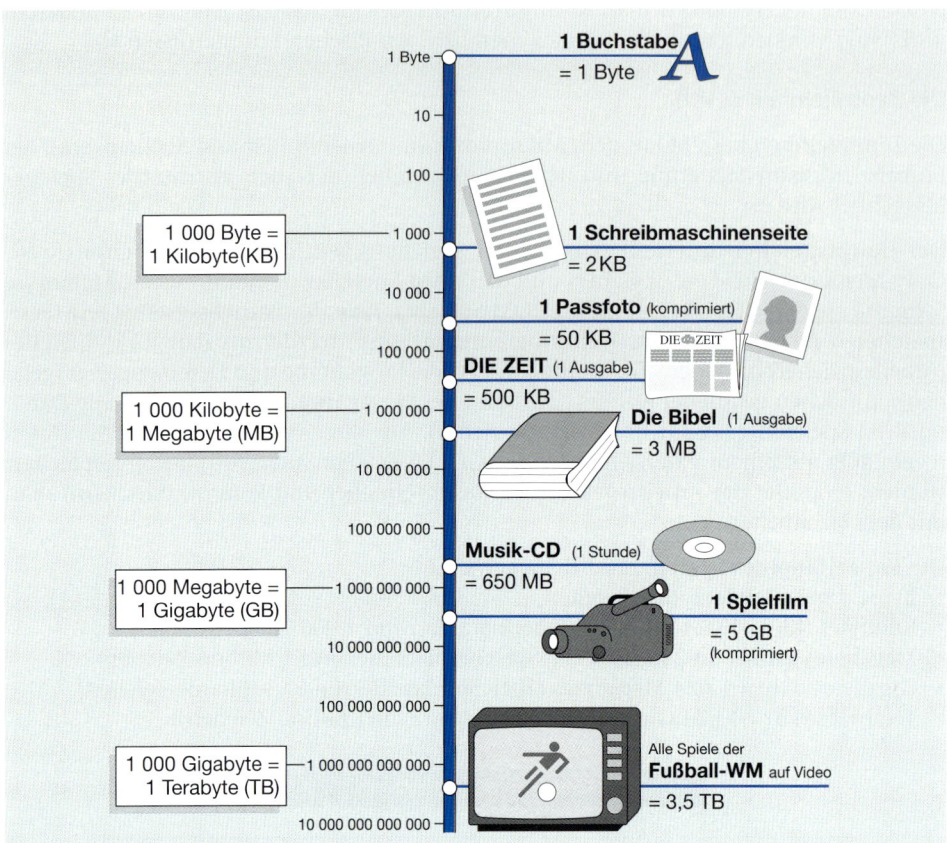

Der wichtigste Teil der Zentraleinheit ist der **Prozessor**, der die Daten mithilfe von Programmen verarbeitet. Wie schnell der PC arbeitet, hängt vom Prozessortyp (Intel, AMD) und von der Taktfrequenz (Taktrate) des Prozessors ab.

Als **Cache** wird der besondere schnelle Zwischenspeicher bezeichnet, der den Datentransfer vom und zum Prozessor beschleunigt. Der Cache wird in KB (Kilobyte) angegeben. Für Videokarte, Soundkarte usw. braucht der PC Steckplätze auf der Platine. Ein neuer PC sollte noch freie Steckplätze für die Ergänzung der Computerkonfiguration haben.

Software (Programme)

Grundsätzlich muss man zwei verschiedene Programmarten unterscheiden:
• Betriebssystem (Betriebssoftware) und
• Anwendersoftware.

Das **Betriebssystem** ist ein Programmpaket zur Steuerung und Überwachung des Computers. Es erleichtert die Bedienung und ermöglicht die optimale Nutzung eines Computers. Von ihm hängt es auch ab, welche Aufgaben vom Computer gelöst werden können. Beim Computerkauf sollte dem Betriebssystem daher besondere Beachtung geschenkt werden.

Als **Anwendersoftware** bezeichnet man Programme, die zur Lösung einer ganz bestimmten Aufgabe benötigt werden. Die Anwendersoftware ist Voraussetzung dafür, dass der einzelne Anwender den PC an seinem Arbeitsplatz in verschiedener Weise nutzen kann, ohne selbst programmieren zu müssen.

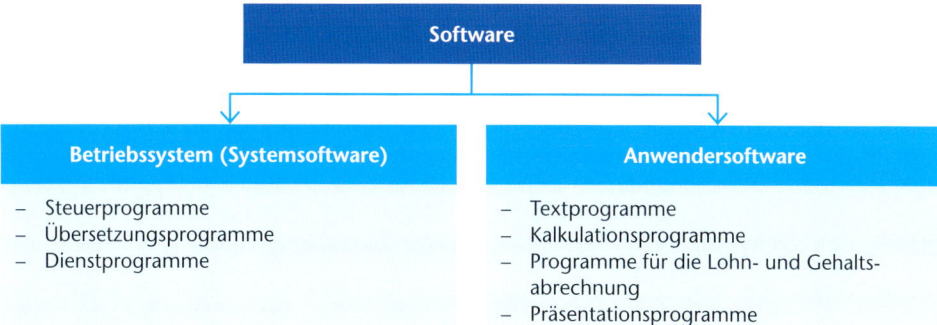

Moderne Software, besonders Multimediaprogramme, benötigt viel Speicherplatz auf der Festplatte. Deshalb reicht die angebotene Festplattenkapazität heute schon weit in den Gigabyte-Bereich hinein.

Computernetzwerke

Ein gut organisiertes und funktionierendes Computernetzwerk ist die Grundlage eines reibungslosen Informationsflusses in einem Unternehmen und unterstützt die schriftliche Kommunikation – vor allem bei der Umsetzung von Unternehmensstandards. Dafür benötigt man eine entsprechende Software, die das Unternehmenswissen mit seinen Prozessen verwaltet. Dies betrifft nicht nur die Dokumentenverwaltung, sondern auch die Unterstützung eines ganzheitlichen und unternehmensweiten Informationsmanagements.

Die Dokumenten- und Informationsverwaltung eines Unternehmens kann in folgenden Netzwerken erfolgen:

Örtliches Netzwerk

In einem örtlichen Netzwerk werden mehrere Computer und Peripheriegeräte miteinander verbunden. Daten und Programme können auf verschiedenen Rechnern gemeinsam genutzt werden. So können z. B. alle angeschlossenen Computer auf Vorlagen für die Geschäftskorrespondenz zugreifen, auf einem einzigen Drucker drucken und einen gemeinsamen Internetzugang nutzen.

Intranet und Extranet

Das **Intranet** ist ein Computernetz, das einem geschlossenen Kreis bekannter Nutzer zur Verfügung steht. Der geschlossene Benutzerkreis umfasst bei einem Intranet nur Angehörige eines Unternehmens bzw. einer Organisation. Innerhalb des Benutzerkreises können unterschiedliche Rechte eingeräumt werden.

Das **Extranet** ist wie das Intranet ein Netz, das unternehmensinternen, aber auch unternehmensexternen Nutzern zur Verfügung steht. Über Zugangsberechtigungen werden bestimmte Informationen, Dateien und Anwendungen des Intranets auch Partnern oder Kunden zugänglich gemacht.

Cloud-Computing

Für die Software- und Dokumentenverwaltung eines Unternehmens gewinnen immer mehr die sogenannten „Clouds" (Wolken) an Bedeutung. Beim Cloud-Computing werden die im Unternehmen genutzten Programme nicht auf Rechnern, sondern im Internet in einer externen virtuellen Umgebung – der sogenannten Cloud – zur Verfügung gestellt und genutzt. Außerdem kann man bei einem Cloud-Anbieter Speicherplatz für eigene Daten (z. B. Kundendaten) und spezielle Softwarelösungen (z. B. für die Dauer eines Projektes) mieten und von überall her darauf zugreifen. Die einzelnen Nutzer sind über einen leistungsfähigen Internetanschluss mit der Cloud verbunden.

Cloud-Dienste wie Dropbox, Microsoft Skydrive oder Apple iCloud bieten vor allem privaten Nutzern nach der Registrierung einen begrenzten Speicherplatz kostenlos an. In dem zur Verfügung gestellten Cloud-Verzeichnis können neue Ordner angelegt, gelöscht, umbenannt sowie Dateien abgelegt und bearbeitet werden. Außerdem können Daten automatisch synchronisiert werden. Dazu muss der Nutzer festlegen, ob und welche Ordner regelmäßig im Onlinespeicher gesichert sowie auf welchen Endgeräten synchronisiert werden sollen. Um anderen Personen Zugriff auf die Daten zu geben, kann der Link zu den entsprechenden Ordnern oder Dateien – nach Bedarf geschützt durch Passwort und Ablaufdatum – an sie verschickt werden.

Die mit Cloud-Computing verbundenen Gefahren sind jedoch nicht zu unterschätzen: Datenmissbrauch und Abhängigkeit vom Cloud-Anbieter könnten zukünftig zu Problemen führen. Deshalb wählen Unternehmen den Dienstleister sehr sorgfältig aus.

Beispiel

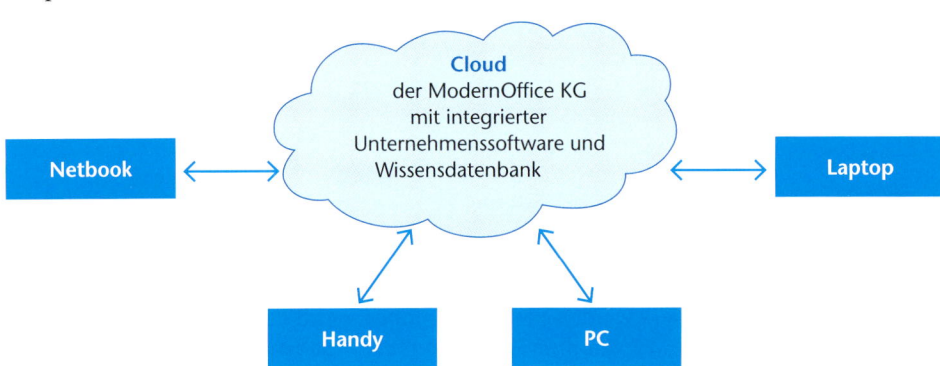

Auf den Punkt gebracht

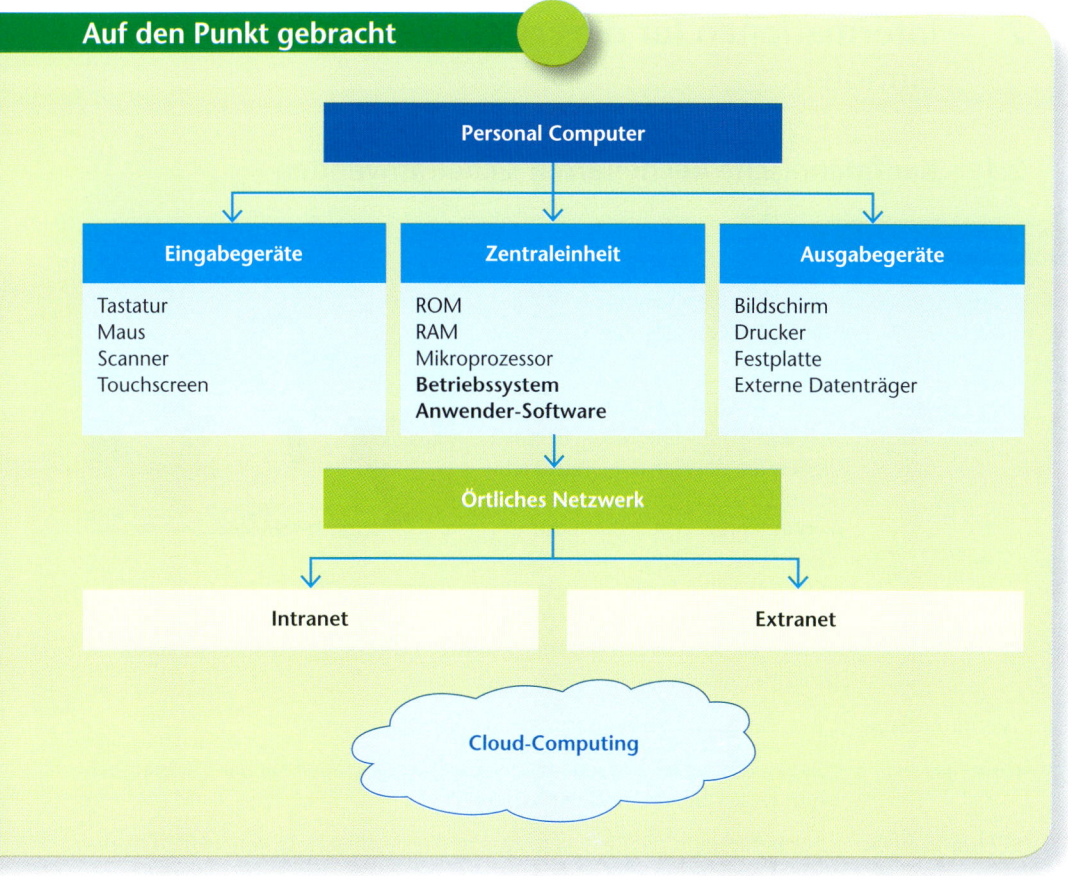

Nutzen Sie Ihr Wissen

1. Unterscheiden Sie
    a) Hardware – Software,
    b) ROM – RAM.

2. Sie wollen sich einen neuen PC kaufen.
    a) Unter welchen Ein- und Ausgabegeräten können Sie wählen?
    b) Welche Kriterien sind bei der Kaufentscheidung hinsichtlich der Zentraleinheit besonders wichtig?
    c) Worauf sollten Sie bei der Wahl des Bildschirms achten?

3. Beim Kauf eines PC ist auch die Wahl der richtigen Software entscheidend.
    a) Welche Aufgaben hat ein Betriebssystem?
    b) Nennen Sie einige Betriebssysteme.
    c) Was verstehen Sie unter einem Programm?
    d) Welche Software ist für die Arbeit im Büro geeignet?

4. Beschreiben Sie kurz, was Sie unter den Begriffen Intranet, Extranet und Cloud-Computing verstehen.

2 Informationen für die Erstellung von Angeboten einholen

2.1 Kaufmännische Rechenarten sicher anwenden

Lernsituation

Svenja Kolleck ist zurzeit in der Abteilung Verkauf eingesetzt. Es ergibt sich folgendes Gespräch mit Herrn Jörg Fischer.

Jörg Fischer: „Die Einkaufsabteilung hat mir soeben mitgeteilt, dass unserer Zulieferer des Schreibtischleuchtenmodells „Blee" den bisherigen Verkaufspreis von 29,00 Euro um 5 % erhöht hat. In den letzten Jahren hat der Zulieferer seine Preise immer wieder minimal erhöht. Bisher haben wir diese Preiserhöhungen des Listeneinkaufspreises nicht an unsere Kunden weitergegeben, sondern durch unseren einkalkulierten Gewinnanteil ausgeglichen."

Svenja Kolleck: „Wie viel Euro beträgt der neue Listeneinkaufspreis?"

Jörg Fischer: „Das ist eine ganz einfache Prozentrechnung. Haben Sie das Thema noch nicht in der Berufsschule behandelt?"

Svenja Kolleck: „Wir behandeln das Thema gerade in der Berufsschule. Ich weiß, dass der Grundwert immer 100 % entspricht. Jedoch habe ich manchmal Probleme zu erkennen, ob es sich um eine Prozentrechnung vom verminderten oder vermehrten Grundwert handelt."

Jörg Fischer: „Das ist eine reine Übungssache. Gerne können Sie zur Übung den neuen Listeneinkaufspreis berechnen. Zudem denke ich seit einiger Zeit darüber nach den Zulieferer zu wechseln, da dieser immer wieder Preisänderungen durchführt, die wir langfristig an unsere Kunden weitergeben müssen. Der Listeneinkaufspreis wurde bereits um 2 % und dann nochmals um 3 % erhöht. Ermitteln Sie zur Übung, wie hoch der ursprüngliche Listeneinkaufspreis war. Geben Sie dabei Ihren Rechenweg an, damit ich nachvollziehen kann, wo Ihr Verständnisproblem liegt. Gerne können wir die Ergebnisse dann gemeinsam besprechen. Ein kleiner Tipp: zum Verständnis war es für mich immer hilfreich bei der Berechnung den Dreisatz anzuwenden."

Svenja Kolleck: „Ich mach mich gleich an die Arbeit. Danke für Ihre Hilfe."

Jörg Fischer: „Sehr gerne. In unserem Beruf ist es sehr wichtig, dass Sie die kaufmännischen Rechenarten, wie Dreisatz- und Prozentrechnung, sicher anwenden können. Sie bilden die Basis für den qualifizierten Umgang mit dem Tabellenkalkulationsprogramm Excel."

- *Legen Sie im Plenum das Handlungsergebnis der Lernsituation fest. Was soll Svenja tun?*
- *Besprechen Sie im Plenum, welche Informationen Svenja benötigt, um den Arbeitsauftrag von Herrn Fischer erfolgreich auszuführen.*
- *Verwenden Sie als Informationsquelle das Lehrbuch.*
- *Führen Sie in Partnerarbeit die gewünschten Berechnungen durch.*
- *Wählen Sie im Plenum ein Partnerarbeitsteam aus, das sein Arbeitsergebnis präsentiert. Überprüfen Sie, ob der Arbeitsauftrag sach- und fachgerecht ausgeführt wurde. Nehmen Sie, falls notwendig, entsprechende Korrekturen und Ergänzungen vor.*
- *Besprechen Sie im Plenum, welche Probleme es bei der Umsetzung des Arbeitsauftrages gab. Leiten Sie daraus Merksätze ab, die Ihnen zukünftig zur richtigen Anwendung der Dreisatz- und Prozentrechnung verhelfen. Halten Sie diese schriftlich fest.*

Dreisatz sicher anwenden

Bei der Dreisatzrechnung werden im Prinzip Werte zugeordnet. Beim einfachen Dreisatz sind drei Werte bekannt, der vierte Wert soll ermittelt (zugeordnet) werden. Bei der Zuordnung der Werte unterscheidet man zwischen einer proportionalen (direkten) und einer antiproportionalen (indirekten) Zuordnung. Proportional ist eine Zuordnung dann, wenn sich bei Erhöhung der Ausgangsgröße um ein Vielfaches (Proportionalitätsfaktor) entsprechend auch die zugeordnete Größe um ein Vielfaches erhöht.

Diese Regel gilt auch bei Minderung der Ausgangsgröße. Wird zum Beispiel die Ausgangsgröße halbiert, dann muss sich auch die zugeordnete Größe halbieren.

Für eine proportionale Zuordnung gilt der Satz: „Je mehr desto mehr – je weniger desto weniger."

Wenn diese Aussage nicht gilt, liegt eine antiproportionale Zuordnung vor.

Proportionale (direkte) Zuordnung

Diese Zuordnung lässt sich in einer Wertetabelle darstellen.

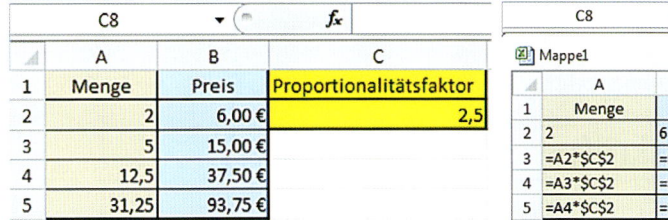

Der Menge 2 ist ein Wert von 6,00 € zugeordnet. Vervielfacht man nun die Menge mit dem Faktor 2,5, dann vervielfacht sich auch der zugeordnete Wert um 2,5.

Beispiel • *Bei der ModernOffice KG wird ein spezielles Reinigungsmittel zur Reinigung der Luftfilter in der Werkshalle I verwendet. Dieses Reinigungsmittel wird in 50-Liter-Kanistern gekauft. Der Preis für 5 Kanister beträgt 320,00 €. Um den Bestellrhythmus zu verlängern, möchte man nun die Bestellmenge auf 8 Kanister, das sind 400 Liter, erhöhen. Wie hoch ist der neue Rechnungsbetrag?*

Menge			Preis	
		250	320,00 €	
:250		1	1,28 €	:250
*400				*400
		400	512,00 €	

Lösung: Zur Ermittlung des neuen Rechnungsbetrages trägt man zunächst die Ausgangsgröße „Menge 250" in die linke Spalte der Tabelle ein. In die rechte Spalte schreibt man die Ausgangsgröße der später gesuchten Größe „**Preis**". Danach schließt man in der linken Spalte auf eine Einheit, indem man die Ausgangsgröße durch 250 teilt. Da die Zuordnung proportional ist, dividiert man auch auf der rechten Seite der Tabelle durch 250 und erhält auf diese Weise den Wert 1,28. Zuletzt schließt man auf die gesuchte Größe von 400 Litern, indem man erst die linke und dann die rechte Seite der Tabelle mit der gesuchten Größe multipliziert.

Ergebnis: Der neue Rechnungsbetrag beläuft sich auf 512,00 €.

Eine andere Darstellungsweise der Dreisatzrechnung, bezogen auf das Beispiel:

Bedingungssatz:	$250\ l \triangleq 320{,}00\ €$
Fragesatz:	$400\ l \triangleq \quad x\ €$
Bruchsatz:	$x = \dfrac{400 \cdot 320}{250} \qquad x = 512$

Auch hier wird zunächst auf die Größe 1 geschlossen, indem die zugeordnete Größe 320 durch 250 dividiert wird. Anschließend wird mit der neuen Literzahl von 400 multipliziert, um den gesuchten Wert zu erhalten.

Antiproportionale (indirekte) Zuordnung

Für eine antiproportionale Zuordnung gilt der Satz: „Je mehr desto weniger – je weniger desto mehr."

Beispiel • In der Werkshalle II der ModernOffice KG werden sowohl Schränke als auch Tische hergestellt. Wenn das Produktionsprogramm umgestellt wird, müssen die vollautomatischen Säge- und Fräsmaschinen neu eingestellt werden. Diese Umstellung führen 8 Mitarbeiter in 20 Minuten durch. Um den Umstellungsprozess zu beschleunigen, werden zwei weitere Mitarbeiter für diese Arbeit herangezogen. Wie lange dauert die Umstellung der Maschinen nun?

Arbeitskräfte			Minuten	
		8	20	
:8		1	160	*8
*10				:10
		10	16	

*Lösung: Zur Ermittlung der neuen Umrichtzeit trägt man zunächst die Ausgangsgröße „8 Mitarbeiter" wieder in die linke Spalte der Werttabelle ein, in die rechte Spalte schreibt man den Wert der später gesuchten Größe **„Minuten"**. Da es sich hier um eine antiproportionale Zuordnung handelt, schließt man in der linken Spalte auf den Wert 1, indem man durch 8 teilt. In der rechten Spalte wird jetzt aber mit der 8 multipliziert. Von dem Wert 1 schließt man jetzt auf die 10, indem man die 1 in der linken Spalte mit 10 multipliziert, in der rechten Spalte durch die 10 dividiert.*

Ergebnis: Die neue Umrichtzeit beträgt 16 Minuten.

Die andere Darstellungsweise der Dreisatzrechnung, bezogen auf das Beispiel:

Bedingungssatz: 8 Mitarbeiter ≙ 20 Minuten
Fragesatz: 10 Mitarbeiter ≙ x Minuten

Bruchsatz: $x = \dfrac{8 \cdot 20}{10}$ $x = 16$

Auch hier wird zunächst auf die Größe 1 geschlossen, indem die zugeordnete Größe 20 mit der 8 multipliziert wird. Ein Mitarbeiter würde für das Umrichten der Maschinen 160 Minuten benötigen. Anschließend wird mit der neuen Mitarbeiterzahl von 10 dividiert, um den gesuchten Wert zu erhalten.

Bedeutungen ⓘ   Nach oben

1. hundertster Teil, Hundertstel (Hinweis bei Zahlenangaben, die sich auf die Vergleichszahl 100 beziehen; Abkürzung: p. c., v. H. [= vom Hundert]); Zeichen: %

Quelle: http://www.duden.de/rechtschreibung/Prozent; Zugriff am 25.11.2013

Die Prozentrechnung dient dazu, das **Verhältnis zweier Größen** aufzuzeigen. So kann man beispielsweise den Anteil eines Artikels am Gesamtumsatz dieser Produktgruppe aufzeigen.

Grundlage der Prozentrechnung bilden die Begriffe **Grundwert**, **Prozentwert** und **Prozentsatz**, die in allen Rechenoperationen der Prozentrechnung vorkommen. Der Grundwert und der Prozentwert haben stets dieselbe Einheit angegeben, während es sich bei dem Prozentsatz immer um eine einfache Zahl handelt, die vor dem Prozentzeichen steht. Nachfolgend sehen Sie die drei Formeln, die bei der Prozentrechnung verwendet werden. Die zugeordneten Schaubilder verdeutlichen, dass mithilfe des Dreisatzes die jeweiligen Werte ermittelt werden können.

$$\text{Prozentsatz} = \frac{\text{Prozentwert}}{\text{Grundwert}}$$

	A	B	C	D
1		**Grundwert**	**Prozentsatz**	
2		560,00 €	100	
3	:560	1,00 €	0,18	:560
4	*84			*84
5		84,00 €	15,00	

$$\text{Grundwert} = \frac{\text{Prozentwert}}{\text{Prozentsatz}}$$

	A	B	C	D
1		Prozentsatz	Prozentwert	
2		15	84,00 €	
3	:15	1	5,60 €	:15
4	*100			*100
5		100	560,00 €	

$$\text{Prozentwert} = \text{Grundwert} \cdot \text{Prozentsatz}$$

	A	B	C	D
1		Prozentsatz	Grundwert	
2		100,00	560,00 €	
3	:100	1,00	5,60 €	:100
4	*15			*15
5		15,00	84,00 €	

Prozentsatz berechnen[1]

Beispiel • *Die neuen Umsatzzahlen für die Produktgruppe „Schränke" der ModernOffice KG liegen vor.*

Umsatzzahlen Schränke						
Art.-Nr.:	Artikelbezeichnung		Nettoverkaufspreis	Stück	Gesamt-umsatz	Prozentualer Anteil
401.100	MO Acta Classic Schiebetürschrank		372,47	78	29052,66	15,64%
401.101	MO Acta Classic Seitenrollschrank		552,16	69	38099,04	20,51%
401.102	MO Acta Classic Schiebetürschrank breit		505,7	65	32870,5	17,70%
401.103	MO Acta Classic Seitenrollschrank breit		610,47	32	19535,04	10,52%
401.104	MO Acta Classic Schiebetürschrank hoch		654,5	28	18326	9,87%
401.105	MO FERRO Stahlschrank		609,28	46	28026,88	15,09%
401.106	MO Acta Classic Seitenrollschrank hoch		902,02	22	19844,44	10,68%
Gesamt				340	185754,56	

Mithilfe der Prozentrechnung soll der jeweilige prozentuale Anteil der einzelnen Artikel am Gesamtumsatz errechnet werden.

---

1 *Bei den Taschenrechnern, die heute verwendet werden, kann das Prozentformat direkt eingegeben werden, deshalb die Angabe beider Möglichkeiten.*

Lösung: Bezogen auf den Artikel „ModernOffice KG Acta Classic Schiebetürschrank" mit der Artikelnummer 401.100 führt das zu folgender Berechnung:

$$\text{Prozentsatz} = \frac{\text{Prozentwert}}{\text{Grundwert}}$$

$$\text{Prozentsatz} = \frac{29.052,66}{185.754,56}$$

$$\text{Prozentsatz} = 15,64$$

Ergebnis: Der prozentuale Anteil des Artikels 401.100 am Gesamtumsatz des 1. Quartals macht 15,64 % aus.

Grundwert berechnen

Beispiel • Bei der ModernOffice KG ist Büromaterial eingetroffen. Die Frachtkosten für den Bereich „Verwaltung" betragen 84,00 €. Das sind 15 % der gesamten Frachtkosten für die gesamte Warenlieferung. Wie viel Euro betragen die gesamten Frachtkosten?

Lösung: Zur Ermittlung der gesamten Frachtkosten, die bei dieser Rechnung den Grundwert darstellen, benötigt man die Formel:

$$\text{Grundwert} = \frac{84,00}{15\ \%} \text{ oder}$$

$$\text{Grundwert} = \frac{84,00}{15} \cdot 100$$

$$\text{Grundwert} = 560,00$$

Ergebnis: Die gesamten Frachtkosten betragen demnach 560,00 €. Wenn der Prozentsatz nicht als Prozentzahl direkt eingegeben wird, muss das Ergebnis noch mit 100 multipliziert werden.

Prozentwert berechnen

Beispiel • Durch Tarifvertragsänderungen soll sich die Ausbildungsvergütung der Auszubildenden des Berufs „Kaufleute für Büromanagement" für alle Ausbildungsjahre generell um 4% erhöhen. Die zu erwartende Erhöhung der Ausbildungsvergütung der Auszubildenden der ModernOffice KG soll für das erste Ausbildungsjahr errechnet werden. Der Grundwert und der Prozentsatz sind in diesem Fall gegeben, gefragt ist der Prozentwert.

C10		f_x		
A	B	C	D	E
1				
2	alte	Erhöhung		neue
3		in %	in €	
4 1. Ausbildungsjahr	776,00 €	4%		
5 2. Ausbildungsjahr	811,00 €	4%		
6 3. Ausbildungsjahr	851,00 €	4%		
7 4. Ausbildungsjahr	898,00 €	4%		

Lösung: Die entsprechende Formel lautet:

Prozentwert = 776,00 · 4 % oder

$$\text{Prozentwert} = \frac{776,00 \cdot 4}{100}, \text{ wenn nicht direkt mit der Prozentzahl gerechnet wird.}$$

$$\text{Prozentwert} = 31,04$$

Ergebnis: Die prozentuale Erhöhung der Ausbildungsvergütung für das 1. Ausbildungsjahr beträgt 31,04 €.

Prozentrechnung und -formatierung mit dem Tabellenkalkulationsprogramm Excel

Die Prozentrechnung kann mit dem Tabellenkalkulationsprogramm Excel problemlos durchgeführt werden. Voraussetzung dafür ist allerdings, dass man genau weiß, was sich hinter einer Prozentzahl und somit auch hinter der Prozentrechnung verbirgt.

Beispiel • Ebru Celik, Auszubildende der ModernOffice KG im ersten Ausbildungsjahr, möchte ihre neue monatliche Ausbildungsvergütung ermitteln. Dazu hat sie eine Tabelle vorbereitet.

C10	f_x			
	A	B	C	D	E
1					
2		alte	Erhöhung		neue
3			in %	in €	
4	1. Ausbildungsjahr	776,00 €	4%		
5	2. Ausbildungsjahr	811,00 €	4%		
6	3. Ausbildungsjahr	851,00 €	4%		
7	4. Ausbildungsjahr	898,00 €	4%		

Wenn Ebru mit Excel arbeitet und folgende Rechenoperation in der Zelle >D4< eingibt: „B4*+C4", so erhält sie das Ergebnis = 77604 %.

Einen Prozentwert, wie den in der Zelle >C4<, gibt sie ein, indem sie sofort hinter der Ziffer 4 mit der Tastatur das Prozentzeichen mit eingibt. Würde sie nur die Ziffer 4 eingeben und anschließend die Zelle mit dem Prozentformat versehen, so erhielte sie als Ergebnis 400 %. Wenn sie also eine Zahl eingeben möchte und diese nachträglich in ein Prozentformat umwandeln will, dann muss Ebru diese Zahl schon vorher

D4	f_x =B4*C4			
	A	B	C	D	E
1					
2		alte	Erhöhung		neue
3			in %	in €	
4	1. Ausbildungsjahr	776,00 €	4%	31,04 €	
5	2. Ausbildungsjahr	811,00 €	4%		
6	3. Ausbildungsjahr	851,00 €	4%		
7	4. Ausbildungsjahr	898,00 €	4%		

E4	f_x =B4+D4			
	A	B	C	D	E
1					
2		alte	Erhöhung		neue
3			in %	in €	
4	1. Ausbildungsjahr	776,00 €	4%	31,04	807,04 €
5	2. Ausbildungsjahr	811,00 €	4%	32,44	843,44 €
6	3. Ausbildungsjahr	851,00 €	4%	34,04	885,04 €
7	4. Ausbildungsjahr	898,00 €	4%	35,92	933,92 €

gedanklich durch 100 teilen. Will man z. B. in der Zelle >C4< den Wert von 4 % verwenden, so gibt man 0,04 ein und formatiert danach die Zelle mit dem gewünschten Format.

Was bedeutet das nun für die Ermittlung der neuen Ausbildungsvergütung? Es reicht nicht aus, den Zellwert >B4< mit der Zelle >C4< zu addieren. Wenn Ebru die prozentuale Erhöhung in Euro ermitteln will, muss sie beide Werte miteinander multiplizieren.

Anschließend kann Ebru beide Werte der Zellen >B4< und >D4< addieren.

Auf den Punkt gebracht

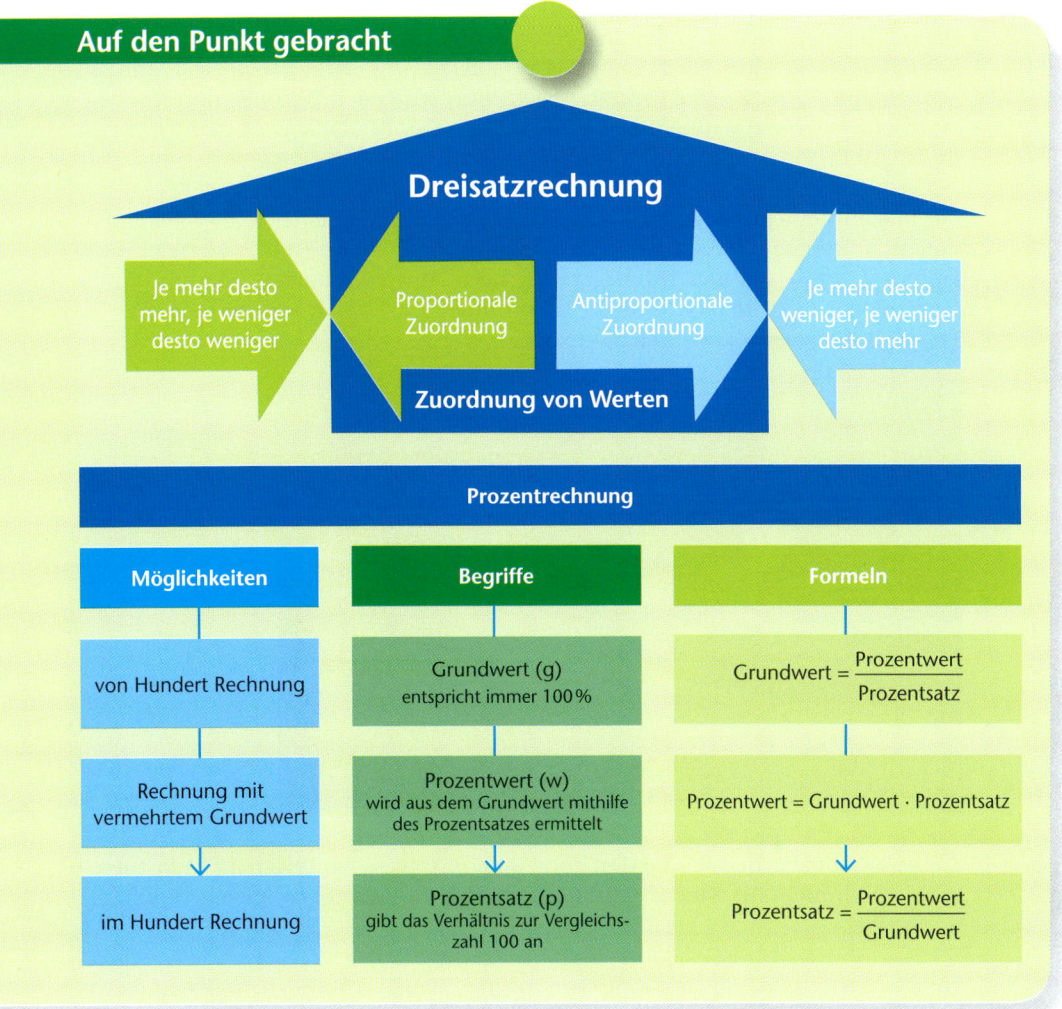

Nutzen Sie Ihr Wissen

Dreisatzrechnung

1. Ebru ist stolz auf ihren ersten Gebrauchtwagen, den sie sich von ihrer ersten Ausbildungsvergütung gekauft hat. Nach dem Kauf fährt sie sofort zu ihrer Oma, die sich an dem Kauf beteiligt hat. Vor dem Start tankt Ebru ihren Pkw voll und stellt den Kilometerzähler auf 0, da sie gleichzeitig den Verbrauch ihres Wagens ermitteln will. Bei der Oma angekommen, zeigt der Kilometerzähler auf 235 km, Ebru tankt ihren Wagen wieder voll. Von der Tankanzeige liest sie die Literzahl ab, es sind genau 15 l Benzin. Wie viel Liter Benzin verbraucht der Wagen auf 100 km?

2.   Die 22 Schülerinnen und Schüler einer Berufsschulklasse haben sich zu einem gemeinsamen Bowling am Nachmittag verabredet. Insgesamt haben sie 3 Stunden gespielt und dafür 127,60 € bezahlt. Abgerechnet wird nach Personen und Stunden. Wie viel werden die Schülerinnen und Schüler einer Parallelklasse bezahlen, wenn sie mit 19 Personen ebenfalls 3 Stunden spielen?

3.   Ein Pkw mit einem Benzinmotor verbraucht auf einer Teststrecke 66 l bei einem durchschnittlichen Verbrauch von 8,5 l Benzin pro 100 km. Welche Menge Diesel-kraftstoff würde ein gleichwertiger Pkw insgesamt verbrauchen, dessen durchschnittlicher Verbrauch auf 100 km 1,5 l geringer ist?

4.   Zur vollautomatischen Produktion von 200 Bohrspitzen benötigen 12 Industriero-boter 10 Minuten. In wie viel Minuten schaffen 15 Roboter die gleiche Produkti-onsmenge?

5.   Für das Verputzen einer Hauswand benötigen 5 Maurer 6 Stunden. Welche Arbeits-zeit muss einkalkuliert werden, wenn 2 Maurer weniger mitarbeiten?

6.   Eine Abfüllanlage für Flaschen füllt in einer Stunde 1.260 0,75-Liter-Flaschen mit Wasser. Wie viele 0,5-Liter-Flaschen kann die gleiche Anlage in einer Stunde füllen?

Prozentrechnung

7.   *„Wir reduzieren unsere Kombi-Flatrate um 15 %!"*
Mit dieser Information versucht ein Telekommunikationsanbieter, seine Kunden zu binden. Wie viel Euro spart ein Kunde, wenn er bisher für seine Flatrate monatlich 25,00 € bezahlt hat?

8.   Ein anderer Anbieter hat ebenfalls die Preise gesenkt. Die Kunden dieses Unterneh-mens zahlen nun monatlich 18,00 €. Das sind 20 % weniger als vor der Preisredu-zierung. Wie teuer ist die Flatrate vorher gewesen?

9.   Das Ladevolumen eines neu entwickelten Lkw-Anhängers ist von 120 m³ auf 135 m³ gesteigert worden. Wie hoch ist die prozentuale Steigerung?

10. Die Preise eines Speichermoduls änderten sich in den letzten drei Monaten folgendermaßen:
    Im Monat Januar stieg der Preis um 10 %, im Februar fiel er um 5 %, um letztlich im März wieder um 15 % zu steigen. Der Preis beträgt jetzt 52,00 €.
    Wie teuer war dieses Speichermodul im Dezember des Vorjahres?

11. In der Buchhaltung wird folgender Zahlungseingang gebucht: Bankgutschrift der AR 407, 5.270,50 €. Der Kunde hat den vereinbarten Skonto in Höhe von 3 % abgezogen. Wie hoch ist der Rechnungsbetrag brutto, wie hoch ist der Nettowarenwert?

12. Der Geschäftsführung der Zerba Möbel GmbH liegen die Quartalszahlen für das erste und zweite Quartal vor.
    a) Danach ist der Umsatz des Bereichs Büromöbel massiv im letzten Quartal von 25.253,50 € auf 28.975,20 € gestiegen. Wie hoch ist die prozentuale Steigerung?
    b) Die Entwicklung der Quartalszahlen für den Sektor „Alles rund um den PC" ist dagegen nicht so erfreulich. Der Umsatz ist hier im letzten Quartal um 5,6 % gefallen und beträgt im 2. Quartal 18.563,22 €. Wie hoch war der Umsatz im ersten Quartal?
    c) Bis zum Ende des 3. Quartals soll dieser Umsatz wieder um 8 % zunehmen. Welcher Umsatzhöhe entspricht diese Sollvorgabe?

2.2 Einfache Preisberechnungen durchführen

Lernsituation

Jörg Fischer zeigt Svenja Kolleck folgende Hausmitteilung:

Modern**Office.**

Hausmitteilung

Von	Abteilung
Walter Hüls	Verkauf
An	**Abteilung**
Jörg Fischer	Verkauf

Betrifft

Kalkulation neuer Verkaufspreise

Nachricht

Sehr geehrter Herr Fischer,

bitte veranlassen Sie bis zum 01.03.20.. die Kalkulation der Listenverkaufspreise für folgende Artikel:

Art.-Nr.: 201.108 Schreibtischleuchte „Light", Listeneinkaufspreis 62,00 €;
Art.-Nr.: 201.109 Schreibtischleuchte „RedZet", Listeneinkaufspreis 32,50 €;
Art.-Nr.: 201.110 Schreibtischleuchte „Guide", Listeneinkaufspreis 19,00 €.

Diese Artikel haben wir neu in das Sortiment aufgenommen. Die hier angegebenen Preise verstehen sich als Listeneinkaufspreise. Anbieter ist die Lumen OHG aus Flensburg. Der Anbieter gewährt einen Einführungsrabatt von 25 % auf alle Schreibtischleuchten seines Sortiments bei einer Abnahme ab 30 Mengeneinheiten pro Artikel. Die Beförderungskosten betragen pro Einheit 1,25 €.

Die Zahlungsbedingungen der Lumen OHG lauten wie folgt:

30 Tage netto Kasse, bei Zahlung innerhalb von 10 Tagen 3 % Skonto.

Gehen Sie bei der Kalkulation von einer Abnahmemenge von jeweils 50 Einheiten und Ausnutzung von Skonto aus.

Grundlage der Kalkulation bilden die üblichen Zuschlagssätze für Schreibtischleuchten.

Besondere Vermerke

Die drei Artikel mit den ermittelten Listenverkaufspreisen bitte in die Artikeldatei übernehmen.

Herr Fischer erläutert Svenja Kolleck, dass die Kalkulation neuer Artikel zu den alltäglichen Arbeitsaufgaben in der Abteilung Verkauf gehört.

Jörg Fischer:	„Die Kalkulation der Verkaufspreise ist nicht nur interessant, sie hat auch einen wesentlichen Einfluss auf den Verkaufserfolg unseres Unternehmens! Die ModernOffice KG möchte ihre Marktstellung beständig erweitern. Dazu bedarf es neben qualitativ hochwertigen Erzeugnissen auch Verkaufspreisen, die konkurrenzfähig sind. Genau diese Preise sollen Sie an dem Beispiel der drei neuen Schreibtischleuchten kalkulieren."
Svenja Kolleck:	„Ich habe eine derartige Kalkulation schon einmal in der Berufsschule durchgeführt. Dafür benötigt man doch verschiedene Kalkulationssätze, die kenne ich leider noch nicht."
Jörg Fischer:	„Alle für die Kalkulation notwendigen Bestimmungsgrößen erhalten Sie natürlich von mir. Heute möchten wir für unseren Kunden, Stadt Oberhausen, die Listenverkaufspreise für diese drei Schreibtischleuchten kalkulieren. In unserer Kundendatei finden Sie alle notwendigen Bestimmungsgrößen wie z. B. den Kundenrabatt in Höhe von 10 %. Der Handlungskostenzuschlagssatz liegt bei 38 %, der Gewinnzuschlag bei 8 % und die Vertreterprovision bei 5 %. Haben Sie die Kalkulation in der Berufsschule mit einem Tabellenkalkulationsprogramm durchgeführt?"
Svenja Kolleck:	„Nein, das haben wir mit dem Taschenrechner gemacht."
Jörg Fischer:	„Gut, dann kennen Sie schon einmal das Rechenschema. Die Kalkulation der Verkaufspreise sollen Sie hier mit dem Tabellenkalkulationsprogramm Excel durchführen. Haben Sie mit diesem Programm schon Erfahrungen gesammelt?"
Svenja Kolleck:	„Meine Erfahrungen mit Excel halten sich bisher in sehr engen Grenzen."
Jörg Fischer:	„Das macht gar nichts, dann werden Sie das Programm nun besser kennenlernen und zusätzlich Routine in der Kalkulation von Verkaufspreisen erlangen. Unser Handbuch „Grundlagen des Tabellenkalkulationsprogramms Excel" finden Sie im Intranet."

Artikel.-Nr.:	Artikelbezeichnung	Modell	Typ	Material	Listeneinkaufspreis
	Handelswaren: Schreibtischleuchten				
201.105	Schreibtischleuchte	Louis	Stand	Metall	49,00 €
201.106	Schreibtischleuchte	Temtom	Stand	Metall	18,00 €
201.107	Schreibtischleuchte	Class	Stand	Metall	28,95 €
201.108	Schreibtischleuchte	Light	Stand	Metall	62,00 €
201.109	Schreibtischleuchte	RedZet	Stand	Metall	32,50 €
201.110	Schreibtischleuchte	Guide	Stand	Metall	19,00 €
201.111	Schreibtischleuchte	Paddick	Stand	Metall	12,00 €
201.112	Schreibtischleuchte	Also	Stand	Metall	30,00 €

Jörg Fischer:	„Nun gehen wir folgendermaßen vor. Zunächst schreiben Sie das Kalkulationsschema auf ein Blatt Papier und führen das Kalkulationsschema mit dem Taschenrechner für die Schreibtischleuchte „Light" durch. An dieser Stelle können Sie gleich nochmals die Dreisatz- und Prozentrechnung üben. Anschließend übertragen wir das Kalkulationsschema in das Tabellenkalkulationsprogramm Excel und ermitteln mithilfe unseres Handbuches „Grundlagen des Tabellenkalkulationsprogramms Excel" die Listenverkaufspreise für alle drei Schreibtischleuchten."

- Legen Sie im Plenum die Handlungsergebnisse der Lernsituation fest. Was soll Svenja tun?
- Klären Sie im Plenum, bei welchen Abteilungen eines Unternehmens die benötigten Informationen zur Lösung des Arbeitsauftrages abgerufen werden können.
- Erstellen Sie, stellvertretend für Svenja, das Kalkulationsschema und berechnen Sie den Listenverkaufspreis für die Schreibtischleuchte „Light" mit dem Taschenrechner.
- Entscheiden Sie im Plenum, wer sein Ergebnis präsentiert. Nehmen Sie, falls notwendig, entsprechende Korrekturen vor.
- Reflektieren Sie in Einzelarbeit mögliche Fehler und notieren Sie, bei welcher Art der Prozentrechnung (vermehrter oder verminderter Grundwert) bei Ihnen noch Übungsbedarf besteht.
- Erstellen Sie am PC mithilfe des Tabellenkalkulationsprogramms Excel das Kalkulationsschema und führen Sie die Kalkulation durch. Nehmen Sie hierzu das Handbuch „Grundlagen des Tabellenkalkulationsprogramms Excel – am Beispiel der Vorwärtskalkulation" der ModernOffice KG zur Hilfe.
- Entscheiden Sie im Plenum, wer sein Arbeitsergebnis präsentiert.
- Kontrollieren Sie, ob der Arbeitsauftrag sach- und fachgerecht ausgeführt wurde. Vergleichen Sie Ihr Arbeitsergebnis und nehmen Sie, falls notwendig, entsprechende Korrekturen vor.
- Bewerten Sie im Plenum, weshalb einzelne Schüler bei der Umsetzung der Aufgabenstellung mithilfe des Tabellenkalkulationsprogramms erfolgreicher waren als andere.
- Notieren Sie mindestens zwei Entwicklungsaufgaben, die Sie bei der nächsten Arbeit mit dem Tabellenkalkulationsprogramm Excel berücksichtigen möchten.
- **Fortführung der Ausgangssituation:**
  Berechnen und erklären Sie, wie hoch der Listeneinkaufspreis der Schreibtischleuchte „Light" sein darf, wenn der Kunde höchstens bereit ist einen Preis von 88,00 Euro zu bezahlen, die zugrundeliegenden Prozentsätze aber beibehalten werden sollen.

Grundlagen Excel

Der Aufbau des Kalkulationsschemas

Der Kalkulation von Artikeln vom Listeneinkaufspreis bis zum Listenverkaufspreis liegt ein bestimmtes Kalkulationsschema zugrunde. Dieses Kalkulationsschema hat folgende Struktur:

Das Kalkulationsschema	
Listeneinkaufspreis	a
./. Liefererrabatt in %	b
= Zieleinkaufspreis	c
./. Liefererskonto in %	d
= Bareinkaufspreis	e
+ Bezugskosten	f
Bezugs-/Einstandspreis	g
+ Handlungskostenzuschlagssatz in %	h
= Selbstkostenpreis	i
+ Gewinnzuschlag in %	j
= Barverkaufspreis	k
+ Kundenskonto in %	l
+ Vertreterprovision in %	m
= Zielverkaufspreis	n
+ Kundenrabatt in %	o
Listenverkaufspreis	p

Bezugskalkulation: a–g
Verkaufskalkulation: h–p

1 Kalkulation von Handelswaren in Form der Vorwärts- und Rückwärtskalkulation mithilfe von Excel wird in Lernfeld 10 vertieft

a) Dieser Preis ist in der Liste des Lieferanten angegeben.

b) Das ist der von dem Lieferanten gewährte Rabatt (Preisnachlass). Es gibt verschiedene Rabattarten.

c) Dieser Preis ergibt sich aus der Differenz von Listeneinkaufspreis und Liefererrabatt.

d) Skonto ist ein Nachlass für vorzeitige Zahlung. Skonto wird von einem Lieferer gewährt, um den Kunden zu veranlassen, den Rechnungsbetrag schneller zu begleichen. Das hat für den Lieferer den Vorteil, dass er schneller wieder liquide ist und evtl. seinerseits Rechnungen begleichen kann.

Das Gewähren von Skonto durch den Lieferer und die Inanspruchnahme von Skonto durch den Kunden sind an mehrere Voraussetzungen geknüpft.

- Skonto darf vom Kunden nur abgezogen werden, wenn
  – in den Zahlungsbedingungen des Lieferers eine Skontoabrede getroffen wird,
  – innerhalb der vereinbarten Skontofrist der Rechnungsbetrag vom Kunden überwiesen wird. Dabei ist entscheidend, dass der Zahlungsbetrag innerhalb der gewährten Frist beim Lieferer eingeht.[1]
- Die Höhe des Skontosatzes muss eindeutig in den Zahlungsbedingungen angegeben sein.
- Die Zahlungsfrist muss berechenbar sein.

Beispiel • *Ein Blick in die Kundendatei der ModernOffice KG zeigt, dass die Zahlungsbedingungen – je nach Kunde – unterschiedlich vereinbart sind, wobei die Höhe des Skontosatzes und die Zahlungsfrist eindeutig sind.*

	A	B	C	D	E	F
1	• Auszug aus der Kundendatei (Debitoren)					
2	Kunden-Nr.	Konto-Nr.	Kunde	Bankverbindung	Ansprechpartner/-in	Konditionen	Umsatz in € (lfd. Jahr)
9	D 80002		International Air Cargo GmbH	Postbank Hamburg	Frau Hamida Pejanovic	frei Haus	1.500.000,00
10		2402	Flughafenstraße 1 – 3	Konto-Nr. 2479635001		30 Tage Ziel,
11			22335 Hamburg	BLZ 200 100 20		10 Tage 3 % Skonto
12			Tel. +49 (0) 40 5075-0	IBAN DE26 2001 0020 24796 3500 1		15 Rabatt
13			Fax +49 (0) 40 5075-15	SWIFT-BIC PBANK DE FF200		
14			service@aircorgo.com			
15	D 80003		Stadt Oberhausen	Stadtsparkasse Oberhausen	Frau Beigeordnete	frei Haus	280.000,00
16		2403	Rathaus Oberhausen	Konto-Nr. 10002000	Britta Schulze	30 Tage Ziel
17			Schwartzstraße 72	BLZ 365 500 00		7 Tage 3% Skonto
18			46045 Oberhausen	IBAN DE24 3655 0000 0010 0020 00		10 % Rabatt
19			Tel. +49 (0)208 825-10	SWIFT-BIC: WELA DE D1OBH		
20			Fax: +49 (0)208 825-50			

Dem Kunden „International Air Cargo GmbH" wird hier die Möglichkeit eingeräumt, eine Rechnung entweder innerhalb von 30 Tagen nach Rechnungseingang oder innerhalb von 10 Tagen nach Rechnungseingang unter Abzug von 3 % Skonto zu begleichen. Wenn der Kunde sich für eine frühe Zahlung entscheidet, muss der Betrag spätestens am zehnten Tag der Skontofrist bei einer der Hausbanken der ModernOffice KG eingegangen sein.

e) Der Bareinkaufspreis ergibt sich aus der Differenz von Zieleinkaufspreis und Liefererskonto.

f) Die Bezugskosten sind Teil der vertraglichen Vereinbarung. Wenn nichts geregelt ist, trägt der Kunde die Transportkosten.

g) Der Bezugs-/Einstandspreis ergibt sich aus der Summe von Bareinkaufspreis und Bezugskosten. Bis zum Bezugs-/Einstandspreis werden die Daten vom Lieferer vorgegeben.

h) Der Handlungskostenzuschlagssatz ergibt sich, wenn man den Wareneinsatz zu den Handlungskosten in Beziehung setzt.

i) Der Selbstkostenpreis ist der Preis, der alle bisher entstandenen Kosten für den Kauf einer Ware aus der Sicht des Käufers widerspiegelt. Er ergibt sich aus der Summe von Bezugs-/Einstandspreis und Handlungskostenzuschlag.

j) Der Gewinnzuschlagssatz wird auf den Selbstkostenpreis berechnet. Dieser Betrag fließt dem Unternehmen durch den Verkauf der Ware zu. Das bedeutet aber nicht automatisch, dass das Unternehmen am Jahresende einen Gewinn erzielt.

---

1 *Es reicht demnach nicht aus, den Betrag innerhalb der Frist bei seinem Kreditinstitut anzuweisen: Entscheidend ist der tatsächliche Zahlungseingang beim Lieferer.*

k) Der Barverkaufspreis ergibt sich aus der Summe von Selbstkostenpreis und Gewinnzuschlag.

l) Der Kundenskonto ist der Prozentsatz, der dem Kunden in der Ausgangsrechnung angeboten wird (Skontoabrede). Er wird vorher auf den Barverkaufspreis aufgeschlagen.

m) Die Vertreterprovision wird in den Listenverkaufspreis mit einkalkuliert, wenn der Verkauf der Waren ganz oder teilweise über Absatzmittler gesteuert wird.

n) Der Zielverkaufspreis ergibt sich aus der Summe von Barverkaufspreis, Kundenskonto und Vertreterprovision.

o) Der Kundenrabatt ist der Rabatt, welcher dem Kunden in der Ausgangsrechnung gewährt wird.

p) Der Listenverkaufspreis ist der Preis, zu dem die Ware angeboten wird.

Der Rechenweg bei der Vorwärtskalkulation

Bei der Vorwärtskalkulation werden die verschiedenen Werte mithilfe der Prozentrechnung ermittelt. Zu unterscheiden ist, je nach Position innerhalb des Kalkulationsschemas, zwischen vom-Hundert-Rechnung und im-Hundert-Rechnung.

Um den Liefererrabatt, der in dem folgenden Schaubild 20 % beträgt, ermitteln zu können, wird der Listeneinkaufspreis gleich 100 % gesetzt. Mithilfe des Dreisatzes wird nun ermittelt, wie viel Euro 20 % des Listeneinkaufspreises ausmachen.

Anders verhält es sich bei der Ermittlung des Kundenrabattes. In diesem Fall wird der Listenverkaufspreis gleich 100 % gesetzt. Ausgehend von dem Zielverkaufspreis, der sich bei einem Kundenrabatt von 10 % auf 90 % beläuft, wird ermittelt, wie viel 10 % des Zielverkaufspreises betragen. Das ausführliche Rechenschema ist beim folgenden Aufbau des Kalkulationsschemas unter Anwendung des Tabellenkalkulationsprogramms Excel zu sehen.

Das Kalkulationsschema		Prozentsätze	Prozentrechnung	
Listeneinkaufspreis		100 %	100	von Hundert Rechnung
./. Liefererrabatt in %	20 %	20 %		
= Zieleinkaufspreis		80 %	100	von Hundert Rechnung
./. Liefererskonto in %	3 %	3 %		
= Bareinkaufspreis		97 %		
+ Bezugskosten	€			
Bezugs-/Einstandspreis		100 %	100	von Hundert Rechnung
+ Handlungskostenzuschlagssatz in %	38 %	38 %		
= Selbstkostenpreis		138 %	100	von Hundert Rechnung
+ Gewinnzuschlag in %	8 %	8 %		
= Barverkaufspreis		108 %	92	im Hundert Rechnung
+ Kundenskonto in %	3 %	3 %		
+ Vertreterprovision in %	5 %	5 %		
= Zielverkaufspreis		100 %	90	im Hundert Rechnung
+ Kundenrabatt in %	10 %	10 %		
Listenverkaufspreis		100 %		

Die Rückwärtskalkulation mithilfe des Tabellenkalkulationsprogramms Excel

Häufig kommt es vor, dass ein Artikel rückwärts, also vom Listenverkaufspreis bis hin zum Listeneinkaufspreis, kalkuliert werden muss.

Die Rückwärtskalkulation – das Schema

			%		
Listeneinkaufspreis			100		
./. Liefererrabatt	25 %		25		im Hundert Rechnung
= Zieleinkaufspreis			100	75	
./. Liefererskonto	2 %		2		im Hundert Rechnung
= Bareinkaufspreis			100	98	
+ Bezugskosten	13,00 €				
Bezugs-/Einstandspreis			100		
+ Handlungskosten	40 %		40		vermehrter Grundwert
= Selbstkostenpreis			100	140	
+ Gewinn	12 %		12		vermehrter Grundwert
= Barverkaufspreis			94	112	
+ Kundenskonto	2 %		2		von Hundert Rechnung
+ Vertreterprovision	4 %		4		
= Zielverkaufspreis			85	100	
+ Kundenrabatt	15 %		15		von Hundert Rechnung
Listenverkaufspreis			100	100	

Beispiel • *Lorenz Manke, Mitarbeiter in der Beschaffung der ModernOffice KG, besucht einen Messe-stand bei einer Messe für Heimkino-Ausstatter. Dort findet er einen Beamer, der mit seiner technischen Ausstattung das Sortiment der ModernOffice KG bereichern könnte. Dieser Beamer bietet unter anderem eine 3D-Funktion, einen Kontrast von 10.000/1 und eine Auflösung von 1.920 x 1.080 Pixel. Aufgrund seiner Erfahrung und Marktkenntnis weiß Herr Manke, dass er diesen Beamer bei einem Listenverkaufs-preis von maximal 960,00 € konkurrenzgünstig am Markt platzieren könnte. Er rechnet nun aus, zu welchem Listeneinkaufspreis er dieses Gerät einkaufen kann, um seine Preisvorstellungen durchsetzen zu können. Die einzelnen Prozentsätze bei der Kalkulation von Beamern sind ihm bekannt.*

Das Schema als Exceltabelle: Bei der Rückwärtskalkulation wird das Schema der Vorwärtskalkulation weiter verwendet.

C17	▼	f_x	960

	A	B	C
1	**Rückwärtskalkulation**		
2	Listeneinkaufspreis		
3	- Liefererrabatt in %	25	
4	= Zieleinkaufspreis		
5	- Liefererskonto in %	2	
6	= Bareinkaufspreis		
7	+ Bezugskosten		
8	= Bezugs-/Einstandspreis		13,00
9	+ Handlungskostenzuschlagsatz in %	40	
10	= Selbstkostenpreis		
11	+ Gewinnzuschlag in %	12	
12	= Barverkaufspreis		
13	+ Kundenskonto in %	2	
14	+ Vertreterprovision	4	
15	= Zielverkaufspreis		
16	+ Kundenrabatt in %	15	
17	= Listenverkaufspreis		960,00

Die Rückwärtskalkulation beginnt bezüglich der Rechenoperationen mit der von-Hundert-Rechnung. Ausgehend vom Listenverkaufspreis, der gleich 100 % gesetzt wird, werden die 15 % Kundenrabatt ermittelt. Dieser Betrag wird vom Listenverkaufspreis abgezogen.

15	= Zielverkaufspreis		=Tabelle1!C17-C16
16	+ Kundenrabatt in %	15	=Tabelle1!C17*Tabelle1!B16/100
17	= Listenverkaufspreis		960

14	= Zielverkaufspreis		816,00
15	+ Kundenrabatt in %	15	144,00
16	= Listenverkaufspreis		960,00

Die Formel zur Ermittlung der Vertreterprovision ist so zu gestalten, dass man sie bei der Berechnung des Kundenskontos ohne Veränderung der Adressierung verwenden kann. Das funktioniert nur, wenn die Zelladressierung innerhalb der Formel korrekt ist.

12	= Barverkaufspreis		767,04
13	+ Kundenskonto in %	2	16,32
14	+ Vertreterprovision	4	32,64
15	= Zielverkaufspreis		816,00
16	+ Kundenrabatt in %	15	144,00
17	= Listenverkaufspreis		960,00

12	= Barverkaufspreis		=C15-C14-C13
13	+ Kundenskonto in %	2	=B13*$C$15/100
14	+ Vertreterprovision	4	=B14*$C$15/100
15	= Zielverkaufspreis		=Tabelle1!C17-C16

Die Rechenoperation zur Berechnung des Gewinnzuschlags basiert auf der Prozentrechnung „vom vermehrten Grundwert". Der Barverkaufspreis als Grundwert in Höhe von 100 % wird um den Prozentsatz erhöht, der für den Gewinnzuschlag festgelegt worden ist. Beträgt der Gewinnzuschlag 12 %, so wie im Beispiel, erhöht sich der Grundwert auf 112 %. Mithilfe des einfachen Dreisatzes lässt sich jetzt der Gewinn in EUR (x) errechnen:

$$x = \frac{\text{Gewinnzuschlag in \% · Barverkaufspreis}}{(100 + \text{Gewinnzuschlag in \%})}$$

Bezogen auf die Tabelle sieht die Formel unter Berücksichtigung der Zellbezüge folgendermaßen aus:

10	= Selbstkostenpreis		=C12-C11
11	+ Gewinnzuschlag in %	12	=B11*C12/(100+B11)
12	= Barverkaufspreis		=C15-C14-C13

Auch bei dieser Formel ist es wichtig, den Divisor[1] nicht als absolute Zahl einzugeben, da ansonsten eine erneute Kalkulation mit einem anderen Prozentsatz für den Gewinn unmöglich wäre. Außerdem ist es nun sinnvoll, die gesamte Formel in die Zelle >C9< zu kopieren. Die Zellbezüge passen sich, da relativ adressiert, der neuen Ergebniszelle an.

8	= Bezugs-/Einstandspreis		=C10-C9
9	+ Handlungskostenzuschlagsatz in %	40	=B9*C10/(100+B9)
10	= Selbstkostenpreis		=C12-C11

Die Bezugskosten liegen als Eurobetrag vor. Sie werden bei der Rückwärtskalkulation vom Bezugs-/Einstandspreis abgezogen, um den Bareinkaufspreis zu erhalten.

6	= Bareinkaufspreis		=C8-C7
7	+ Bezugskosten		13
8	= Bezugs-/Einstandspreis		=C10-C9

---

1 Die Zahl, mit der geteilt wird

Um bei der Rückwärtskalkulation, vom Bareinkaufspreis ausgehend, den Liefererskonto ermitteln zu können, muss man sich der im-Hundert-Rechnung bedienen. Der Bareinkaufspreis bildet den Grundwert, der um den Skontosatz für den Liefererskonto reduziert werden muss. Die Formel lautet entsprechend:

$$x = \frac{\text{Bareinkaufspreis} \cdot \text{Liefererskonto}}{(100 - \text{Liefererskonto})}$$

4	= Zieleinkaufspreis		=C6+C5
5	- Liefererskonto in %	2	=C6*B5/(100-B5)
6	= Bareinkaufspreis		=C8-C7

Da die Berechnung des Liefererrabatts auf der gleichen Rechenoperation basiert wie die Berechnung des Liefererskontos, kann diese Formel in die gewünschte Zelle >C3< kopiert werden.

2	Listeneinkaufspreis		=C4+C3
3	- Liefererrabatt in %	25	=C4*B3/(100-B3)
4	= Zieleinkaufspreis		=C6+C5

Ergebnis: Bei einem Listenverkaufspreis von 960,00 € beträgt der Listeneinkaufspreis 647,87 €, wenn man die festgelegten Prozentsätze und die Bezugskosten berücksichtigt.

	A	B	C
1	**Handelskalkulation**		
2	Listeneinkaufspreis		647,87
3	- Liefererrabatt in %	25	161,97
4	= Zieleinkaufspreis		485,90
5	- Liefererskonto in %	2	9,72
6	= Bareinkaufspreis		476,18
7	+ Bezugskosten		13,00
8	= Bezugs-/Einstandspreis		489,18
9	+ Handlungskostenzuschlagsatz in %	40	195,67
10	= Selbstkostenpreis		684,86
11	+ Gewinnzuschlag in %	12	82,18
12	= Barverkaufspreis		767,04
13	+ Kundenskonto in %	2	16,32
14	+ Vertreterprovision	4	32,64
15	= Zielverkaufspreis		816,00
16	+ Kundenrabatt in %	15	144,00
17	= Listenverkaufspreis		960,00

Die Differenzkalkulation mithilfe des Tabellenkalkulationsprogramms Excel

Neben Vorwärts- und Rückwärtskalkulation gibt es eine dritte Variante, und zwar die Differenzkalkulation.

Beispiel • *Jörg Fischer, Mitarbeiter in der Abteilung Verkauf der ModernOffice KG, erhält folgende Hausmitteilung:*

ModernOffice.

Hausmitteilung

Von	Abteilung
P. Feter	Einkauf

An	Abteilung
W. Hüls	**Verkauf**

Betrifft

Änderung des Listeneinkaufspreises bei Schreibtischleuchten des Lieferanten Steigel OHG

Nachricht

Der Lieferant für Schreibtischleuchten Steigel OHG hat seine Listeneinkaufspreise geändert. Betroffen ist der Artikel mit der Artikel-Nr.: 201.126 „Schreibtischleuchte 4You Stand Aluminium hochglanz". Der bisherige Listeneinkaufspreis in Höhe von 210,00 € ist auf 215,60 gestiegen. Der Liefererrabatt und
der Liefererskonto bleiben unverändert.

Ermitteln Sie bitte den sich für uns ändernden Gewinn, wenn wir diesen Artikel
weiterhin zu einem Listeneinkaufspreis von 320,39 € anbieten wollen. Alle bisher
festgelegten Prozentsätze bleiben unverändert.

Viele Grüße

Paul Feter

Eine Erhöhung von Listeneinkaufspreisen wird in der ModernOffice KG nicht immer direkt an die Kunden weitergegeben, da ein steigender Verkaufspreis die Umsatzzahlen negativ beeinflussen kann. Aus diesem Grund belässt man es in der ModernOffice KG zunächst bei dem einmal kalkulierten Verkaufspreis, wenn der Gewinn, der durch den Verkauf erzielt wird, als weiterhin ausreichend betrachtet wird.

In dem obigen Beispiel muss nun kalkuliert werden, ob sich der Verkauf der Schreibtischleuchten zu dem bisherigen Preis noch lohnt. Die Ermittlung des neuen Gewinns ist weder ausschließlich mit der Vorwärtskalkulation noch mit der Rückwärtskalkulation möglich. Daher benötigt man die Differenzkalkulation. Die Differenzkalkulation basiert auf dem Schema der Vorwärtskalkulation.

Bei der Berechnung der Beispielaufgabe werden die beiden Tabellen der Vorwärts- und Differenzkalkulation gegenübergestellt. In der linken Tabelle ist das Ergebnis der Vorwärtskalkulation mit den bisherigen Preisen dargestellt. Der neue Listeneinkaufspreis und der stabil bleibende Listenverkaufspreis sind schon eingetragen. Der bisherige Gewinnzuschlag in Höhe von 8 % wird sich nun verringern, da der erhöhte Listeneinkaufspreis den Selbstkostenpreis steigen lässt, wobei der Listenverkaufspreis stabil bleibt.

	A	B	C	D	E	F	G
1	**Handelskalkulation**	%	€		**Handelskalkulation**	%	€
2	Listeneinkaufspreis		210,00		Listeneinkaufspreis		215,60
3	- Liefererrabatt in %	15,00	31,50		- Liefererrabatt in %	15,00	
4	= Zieleinkaufspreis		178,50		= Zieleinkaufspreis		
5	- Liefererskonto in %	3,00	5,36		- Liefererskonto in %	3,00	
6	= Bareinkaufspreis		173,15		= Bareinkaufspreis		
7	+ Bezugskosten		4,85		+ Bezugskosten		
8	= Bezugs-/Einstandspreis		178,00		= Bezugs-/Einstandspreis		
9	+ Handlungskostenzuschlagsatz in %	38,00	67,64		+ Handlungskostenzuschlagsatz in %	38,00	
10	= Selbstkostenpreis		245,63		= Selbstkostenpreis		
11	+ Gewinnzuschlag in %	8,00	19,65		+ Gewinnzuschlag in %		
12	= Barverkaufspreis		265,28		= Barverkaufspreis		
13	+ Kundenskonto in %	3,00	8,65		+ Kundenskonto in %	3,00	
14	+ Vertreterprovision in %	5,00	14,42		+ Vertreterprovision in %	5,00	
15	= Zielverkaufspreis		288,35		= Zielverkaufspreis		
16	+ Kundenrabatt in %	10,00	32,04		+ Kundenrabatt in %	10,00	
17	= Listenverkaufspreis		320,39		= Listenverkaufspreis		320,39

Um den geänderten Gewinnzuschlag in Prozent und in Euro ermitteln zu können, muss zunächst, vom Listeneinkaufspreis ausgehend, bis zum Selbstkostenpreis vorwärts kalkuliert werden.

	A	B	C	D	E	F	G
1	**Handelskalkulation**	%	€		**Handelskalkulation**	%	€
2	Listeneinkaufspreis		210,00		Listeneinkaufspreis		215,60
3	- Liefererrabatt in %	15,00	31,50		- Liefererrabatt in %	15,00	32,34
4	= Zieleinkaufspreis		178,50		= Zieleinkaufspreis		183,26
5	- Liefererskonto in %	3,00	5,36		- Liefererskonto in %	3,00	5,50
6	= Bareinkaufspreis		173,15		= Bareinkaufspreis		177,76
7	+ Bezugskosten		4,85		+ Bezugskosten		4,85
8	= Bezugs-/Einstandspreis		178,00		= Bezugs-/Einstandspreis		182,61
9	+ Handlungskostenzuschlagsatz in %	38,00	67,64		+ Handlungskostenzuschlagsatz in %	38,00	69,39
10	= Selbstkostenpreis		245,63		= Selbstkostenpreis		252,00
11	+ Gewinnzuschlag in %	8,00	19,65		+ Gewinnzuschlag in %		
12	= Barverkaufspreis		265,28		= Barverkaufspreis		
13	+ Kundenskonto in %	3,00	8,65		+ Kundenskonto in %	3,00	
14	+ Vertreterprovision in %	5,00	14,42		+ Vertreterprovision in %	5,00	
15	= Zielverkaufspreis		288,35		= Zielverkaufspreis		
16	+ Kundenrabatt in %	10,00	32,04		+ Kundenrabatt in %	10,00	
17	= Listenverkaufspreis		320,39		= Listenverkaufspreis		320,39

Im Anschluss daran muss, vom Listenverkaufspreis ausgehend, rückwärts bis zum Barverkaufspreis kalkuliert werden.

	A	B	C	D	E	F	G
1	**Handelskalkulation**	%	€		**Handelskalkulation**	%	€
2	Listeneinkaufspreis		210,00		Listeneinkaufspreis		215,60
3	- Liefererrabatt in %	15,00	31,50		- Liefererrabatt in %	15,00	32,34
4	= Zieleinkaufspreis		178,50		= Zieleinkaufspreis		183,26
5	- Liefererskonto in %	3,00	5,36		- Liefererskonto in %	3,00	5,50
6	= Bareinkaufspreis		173,15		= Bareinkaufspreis		177,76
7	+ Bezugskosten		4,85		+ Bezugskosten		4,85
8	= Bezugs-/Einstandspreis		178,00		= Bezugs-/Einstandspreis		182,61
9	+ Handlungskostenzuschlagsatz in %	38,00	67,64		+ Handlungskostenzuschlagsatz in %	38,00	69,39
10	= Selbstkostenpreis		245,63		= Selbstkostenpreis		252,00
11	+ Gewinnzuschlag in %	8,00	19,65		+ Gewinnzuschlag in %		
12	= Barverkaufspreis		265,28		= Barverkaufspreis		265,28
13	+ Kundenskonto in %	3,00	8,65		+ Kundenskonto in %	3,00	8,65
14	+ Vertreterprovision in %	5,00	14,42		+ Vertreterprovision in %	5,00	14,42
15	= Zielverkaufspreis		288,35		= Zielverkaufspreis		288,35
16	+ Kundenrabatt in %	10,00	32,04		+ Kundenrabatt in %	10,00	32,04
17	= Listenverkaufspreis		320,39		= Listenverkaufspreis		320,39

Der Selbstkostenpreis hat sich auf 252,00 € erhöht, der Barverkaufspreis von 265,28 € bleibt unverändert. Der verbleibende Gewinn beträgt demnach 13,28 €. Um den neuen Gewinnzuschlag in Prozent ermitteln zu können, setzt man den Selbstkostenpreis gleich 100 % und errechnet dann, welchem Prozentsatz der Gewinn von 13,28 € entspricht.

	A	B	C	D	E	F	G
1	**Handelskalkulation**	%	€		**Handelskalkulation**	%	€
2	Listeneinkaufspreis		210,00		Listeneinkaufspreis		215,60
3	- Liefererrabatt in %	15,00	31,50		- Liefererrabatt in %	15,00	32,34
4	= Zieleinkaufspreis		178,50		= Zieleinkaufspreis		183,26
5	- Liefererskonto in %	3,00	5,36		- Liefererskonto in %	3,00	5,50
6	= Bareinkaufspreis		173,15		= Bareinkaufspreis		177,76
7	+ Bezugskosten		4,85		+ Bezugskosten		4,85
8	= Bezugs-/Einstandspreis		178,00		= Bezugs-/Einstandspreis		182,61
9	+ Handlungskostenzuschlagsatz in %	38,00	67,64		+ Handlungskostenzuschlagsatz in %	38,00	69,39
10	= Selbstkostenpreis		245,63		= Selbstkostenpreis		252,00
11	+ Gewinnzuschlag in %	8,00	19,65		+ Gewinnzuschlag in %	5,27	13,28
12	= Barverkaufspreis		265,28		= Barverkaufspreis		265,28
13	+ Kundenskonto in %	3,00	8,65		+ Kundenskonto in %	3,00	8,65
14	+ Vertreterprovision in %	5,00	14,42		+ Vertreterprovision in %	5,00	14,42
15	= Zielverkaufspreis		288,35		= Zielverkaufspreis		288,35
16	+ Kundenrabatt in %	10,00	32,04		+ Kundenrabatt in %	10,00	32,04
17	= Listenverkaufspreis		320,39		= Listenverkaufspreis		320,39

Ergebnis: *Die Erhöhung des Listeneinkaufspreises um 5,60 € hat dazu geführt, dass sich der Gewinn um 6,37 € oder um 2,73 Prozentpunkte verringert.*

Die Differenzkalkulation – das Schema

			%		
Listeneinkaufspreis			100		
./. Liefererrabatt	25 %		25		in Hundert Rechnung
= Zieleinkaufspreis			75	100	
./. Liefererskonto	2 %		2		in Hundert Rechnung
= Bareinkaufspreis			98	100	
+ Bezugskosten	13,00 €				
Bezugs-/Einstandspreis			100		
+ Handlungskosten	40 %		40		von Hundert Rechnung
= Selbstkostenpreis			140	100	
+ Gewinn	? %		?		
= Barverkaufspreis			94		
+ Kundenskonto	2 %		2		von Hundert Rechnung
+ Vertreterprovision	4 %		4		
= Zielverkaufspreis			85	100	
+ Kundenrabatt	15 %		15		von Hundert Rechnung
Listenverkaufspreis			100	100	

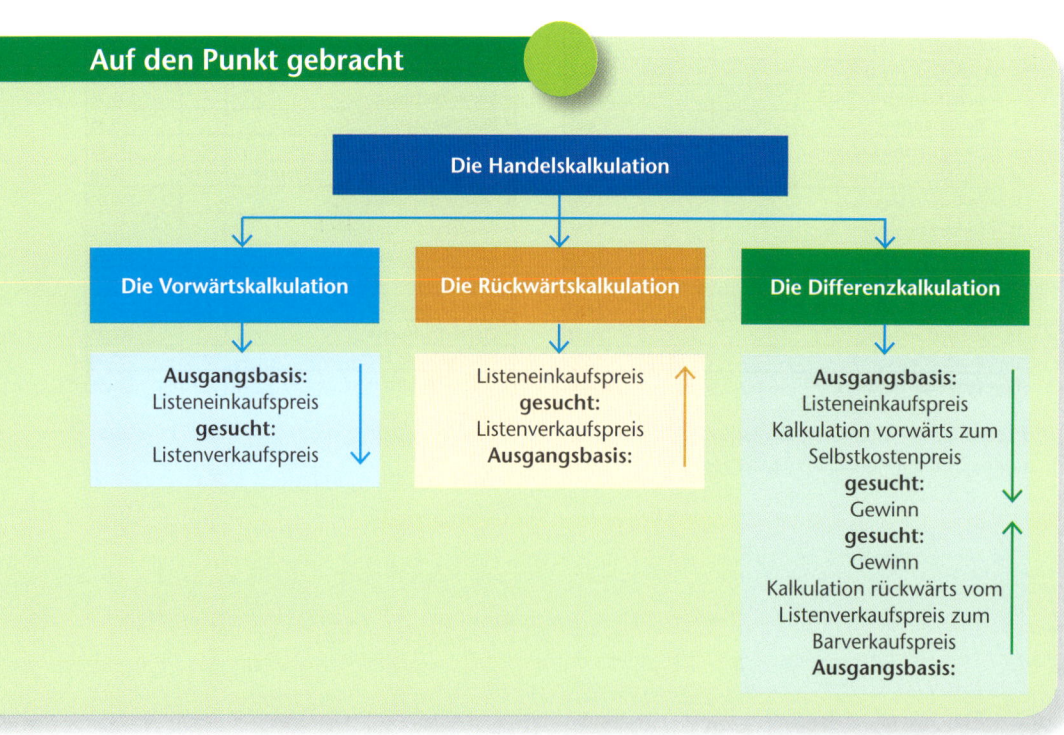

Auf den Punkt gebracht

Die Handelskalkulation

Die Vorwärtskalkulation

Ausgangsbasis:
Listeneinkaufspreis
gesucht:
Listenverkaufspreis

Die Rückwärtskalkulation

Listeneinkaufspreis
gesucht:
Listenverkaufspreis
Ausgangsbasis:

Die Differenzkalkulation

Ausgangsbasis:
Listeneinkaufspreis
Kalkulation vorwärts zum
Selbstkostenpreis
gesucht:
Gewinn
gesucht:
Gewinn
Kalkulation rückwärts vom
Listenverkaufspreis zum
Barverkaufspreis
Ausgangsbasis:

Nutzen Sie Ihr Wissen

1. Erstellen Sie mithilfe des Tabellenkalkulationsprogramms Excel ein Kalkulations-schema, welches Sie für alle drei Varianten der Handelskalkulation verwenden kön-nen. Kopieren Sie gegebenenfalls die Tabellenblätter. Achten Sie bei allen folgenden Aufgabenstellungen darauf, mögliche Zellbezüge so zu adressieren, dass Formeln bei Bedarf kopiert werden können. Erstellen Sie für jede Kalkulation einen Ergeb-nis- und einen Formelausdruck.

2. Für die geplante Sortimentserweiterung mit PC-Tischen sucht ein Großhändler für Büromöbel entsprechende Angebote. Ihm liegen nach intensiver Bezugsquellen-analyse und Versendung von Anfragen zwei Angebote vor, die er vergleichen möchte. Die Qualität der beiden Artikel ist als gleichwertig einzustufen.
   Anbieter A bietet den PC-Tisch für 149,50 (Listeneinkaufspreis) zu folgenden Kon-ditionen an: Liefererrabatt 20 %, Liefererskonto 2 %, Bezugskosten pro Stück 5,00 €.
   Anbieter B bietet den Artikel zu einem Listeneinkaufspreis von 160,00 € an. Seine Kon-ditionen lauten: Liefererrabatt 25 %, Liefererskonto 3 %, Die Lieferung erfolgt frei Haus.
   Der Großhändler kalkuliert mit folgenden Sätzen: Handlungskostenzuschlagsatz 35 %, Gewinnzuschlag 10 %, Kundenskonto 3 %, Vertreterprovision 5 %, Kundenra-batt 15 %. Ermitteln Sie den günstigeren Anbieter.

3. Führen Sie die Rückwärtskalkulation auf der Grundlage nachfolgender Werte durch.
   a) Ein Schreibtischstuhl wird auf einer Büromöbelmesse angeboten, die Konditio-nen lauten: Liefererrabatt 20 %, Liefererskonto 3 %, Bezugskosten pro Stück 15,00 €. Der Käufer kann diesen Stuhl zu einem Listenverkaufspreis von 465,00 € erfolgreich am Markt anbieten. Zu welchem Listeneinkaufspreis müsste er die-sen Stuhl erwerben, wenn er mit folgenden Sätzen kalkuliert: Handlungskosten-zuschlagsatz 50 %, Gewinnzuschlag 18 %, Kundenskonto 3 %, Vertreterprovi-sion 5 %, Kundenrabatt 13 %. Ermitteln Sie den Listeneinkaufspreis.
   b) Auf der gleichen Messe wird ein Beamer als Sonderangebot angepriesen. Es wer-den 15 % Sonderrabatt bei Abnahme von 10 Einheiten und 3 % Liefererskonto gewährt. die Lieferung erfolgt frei Haus. Ein interessierter Großhändler kalku-liert mit folgenden Prozentsätzen: Handlungskostenzuschlagsatz 30 %, Gewinnzuschlag 22 %, Kundenskonto 3 %, Kundenrabatt 12 %. Zu welchem Listeneinkaufspreis pro Stück muss der Großhändler bei einer Abnahme von 10 Beamern die Artikel erwerben, wenn er den Artikel zu einem Listenverkaufs-preis von 890,00 € pro Stück anbieten will?

4. Ein Großhändler für Sanitärausstattung hat eine Design-Wanne bisher zu einem Listenverkaufspreis von 1.125,00 € angeboten. Diesem Listenverkaufspreis lagen folgende Kalkulationsdaten zugrunde: Liefererrabatt 15 %, Liefererskonto 2 %, Bezugskosten pro Stück 89,00 €, Handlungskostenzuschlagsatz 46 %, Gewinnzu-schlag 39 %, Kundenskonto 3 %, Kundenrabatt 17 %.
   a) Zu welchem Listeneinkaufspreis hat der Großhändler die Design-Wanne bisher eingekauft?
   b) Um wie viel Euro müsste der Großhändler in Vertragsverhandlungen mit seinem Lieferanten den Listeneinkaufspreis senken, wenn er die Design-Wanne zu einem neuen Listenverkaufspreis von 1.050,00 € anbieten will, aber bei bleiben-den Prozentsätzen nicht den Gewinn reduzieren möchte?

5. Kalkulieren Sie die beiden Artikel 201.109 und 201.110 aus der Eingangssituation. Orientieren Sie sich dabei an den Prozentwerten, die die Grundlage der Kalkulation des Artikels 201.108 bildeten.

2.3   Kalkulationsvereinfachungen – Kalkulationszuschlagssatz, Kalkulationsfaktor, Handelsspanne

Karin Droste, Mitarbeiterin im Verkauf der ModernOffice KG, befindet sich zurzeit auf einer Messeveranstaltung in Frankfurt. Svenja Kolleck darf sie auf diesem Messebesuch begleiten, worüber sie sich sehr freut, denn es ist ihr erster. Karin Droste erläutert Svenja den Grund ihres gemeinsamen Messebesuchs.

Karin Droste: „Auf dieser Messe werden interaktive Tafeln und interaktive Whiteboards vorgestellt und verkauft. Die Erweiterung der Sparte Trading um eben diese neue Warengruppe bildet den wesentlichen Tagesordnungspunkt bei der nächsten Sitzung der Geschäftsführung. Diese wird in regelmäßigen Abständen durchgeführt. An ihr nehmen alle vier Hauptabteilungsleiterinnen und -abteilungsleiter teil. Meine Aufgabe besteht nun darin, auf dieser Messe eine repräsentative Liste dieser Warengruppe zu erstellen, um diese danach in der angesprochenen Sitzung vorstellen zu können. Neben den technischen Eigenschaften dieser Waren sollen vor allen Dingen die Listenverkaufspreise und Listeneinkaufspreise vorgestellt werden. Man möchte sich auf diese Weise einen ersten Überblick über mögliche Marktchancen verschaffen. Bei der Ermittlung der jeweiligen Preise soll ich mich an den Kalkulationssätzen für die Kalkulation von Beamern orientieren. Sie sind heute meine Partnerin, damit Sie mich bei der Kalkulation von Preisen tatkräftig unterstützen. Haben Sie schon einmal Listenverkaufspreise und Listeneinkaufspreise kalkuliert?

Svenja Kolleck: Ja, das habe ich, zusammen mit Herrn Fischer. Da müssen wir aber sehr viel rechnen, wenn wir mehrere Angebote durchkalkulieren wollen. Immerhin beinhaltet das komplette Schema der Handelskalkulation ja 16 Rechenoperationen. Diese Anzahl habe ich mir extra gemerkt, damit ich keinen vergesse.

Karin Droste: Wir werden uns bei der Kalkulation der Preise verschiedener Kalkulationsvereinfachungen bedienen. Für die Vorwärtskalkulation stehen uns der Kalkulationszuschlagsatz und der Kalkulationsfaktor zur Verfügung. Bei der Rückwärtskalkulation verwenden wir die Handelsspanne. Alle drei Rechenverfahren vereinfachen die Rechenoperation wesentlich. Dort am ersten Messestand A14B werden schon interaktive Whiteboards angeboten. Das erste Whiteboard mit der Bezeichnung „FXM837" ist mit 1.420,00 € ausgezeichnet. Dieser Preis stellt für uns den Bezugs- oder Einstandspreis dar. Sie dürfen zunächst einmal mit Ihrem Taschenrechner ausrechnen, zu welchem Listenverkaufspreis wir diesen Artikel anbieten können, wenn wir die Kalkulationssätze übernehmen, die wir bei der Kalkulation von Beamern verwenden. Berechnen Sie den Listenverkaufspreis bitte mithilfe des Kalkulationszuschlagsatzes.

- Fassen Sie die Handlungsergebnisse der Lernsituation zusammen. Welche Aufgabe soll Svenja übernehmen?
- Klären Sie, welche Informationen für die Erfüllung der Aufgabe notwendig sind und welche Abteilungen eines Unternehmens diese Informationen zur Verfügung stellen können.
- Erstellen Sie, stellvertretend für Svenja, das Kalkulationsschema, welches Sie zu der Ermittlung eines Kalkulationszuschlagsatzes verwenden.
- Entscheiden Sie, wer sein Ergebnis dem Plenum vorstellen soll. Nehmen Sie bei Bedarf die notwendigen Korrekturen vor.
- Reflektieren Sie Ihre Arbeitsergebnisse auf mögliche Fehlerquellen und entscheiden Sie, welche Bereiche der Handelskalkulation Sie noch einmal vertiefen sollten.
- Erstellen Sie am PC mithilfe des Tabellenkalkulationsprogramms Excel eine Tabelle, mit der der Kalkulationszuschlagsatz ermittelt werden kann. Nehmen Sie hierzu das Handbuch „Grundlagen des Tabellenkalkulationsprogramms Excel – am Beispiel der Vorwärtskalkulation" der ModernOffice KG zur Hilfe. Führen Sie im Anschluss daran die Kalkulation des interaktiven Whiteboards „FXM837" mithilfe der erstellten Tabelle durch. Entscheiden Sie im Plenum, wer sein Arbeitsergebnis präsentiert.
- Kontrollieren Sie den Arbeitsauftrag auf sachliche und fachliche Korrektheit. Vergleichen Sie das vorgestellte Ergebnis mit Ihrem und nehmen Sie bei Bedarf Korrekturen vor.
- Bewerten Sie im Plenum, warum sich das Arbeitsergebnis einzelner Schüler besonders hervorhebt.
- Notieren Sie mindestens zwei Entwicklungsaufgaben, die Sie bei der nächsten Arbeit mit dem Tabellenkalkulationsprogramm Excel durchführen möchten.
- Berechnen Sie, wie hoch der Bezugs-/Einstandspreis eines weiteren interaktiven Whiteboards des gleichen Anbieters mit der Bezeichnung „A13GB" maximal sein darf, wenn dieser Artikel zu einem Listenverkaufspreis von 2.118,60 € angeboten werden soll.

Kalkulationsvereinfachungen

Kalkulationszuschlagssatz und Kalkulationsfaktor

Nicht jeder Artikel, den ein Industriebetrieb oder ein Großhändler verkauft, wird einzeln auf der Grundlage spezieller Kalkulationssätze kalkuliert, die nur für diesen einen Artikel gelten. Vielmehr werden die Listenverkaufspreise kompletter **Produktgruppen** mit den gleichen Sätzen kalkuliert. Das hat den Vorteil, dass die Kalkulation dieser Produktgruppen zügig durchgeführt werden kann.

Beispiel • *Bei der ModernOffice KG werden im Bereich „Sparte Trading" Handelswaren verkauft, die nicht selbst hergestellt werden. Diese Handelswaren komplettieren das Angebot der ModernOffice KG als Bürodienstleister. Zur Sparte Trading gehören folgende Produktgruppen:*

Beamer	Flipcharts und Pinnwände	Beleuchtungssysteme
Projektionsleinwände	Lautsprechersysteme	Schreibtisch- und Stehleuchten

Dabei werden alle Produktgruppen, also die verschiedenen Beamer, Leuchten, Beleuchtungssysteme usw., mit den für die jeweilige Produktgruppe einmal festgelegten gleichen Prozentsätzen kalkuliert.

Die einmal festgelegten und für jeweils eine komplette Produktgruppe gültigen Prozentsätze ermöglichen die Verwendung **vereinfachter Kalkulationsverfahren**. Vereinfacht sind diese Verfahren, da nicht jeder Preis innerhalb des Kalkulationsschemas einzeln berechnet werden muss. Vielmehr ist es möglich, direkt vom Bezugs- oder Einstandspreis ausgehend den Listenverkaufspreis mit einer einzigen Rechnung zu ermitteln. Es gibt nur eine einzige Voraussetzung: ein Artikel dieser Produktgruppe muss einmal komplett vom Bezugs-/Einstandspreis bis hin zum Listenverkaufspreis kalkuliert werden. Wenn man danach den Bezugs-/Einstandspreis und den Listenverkaufspreis korrekt in Beziehung setzt, erhält man

- den Kalkulationszuschlagssatz oder
- den Kalkulationsfaktor.

Die verschiedenen Varianten der Kalkulationsvereinfachungen können nur dann verwendet werden, wenn immer mit den gleichen Kalkulationssätzen kalkuliert werden soll.

Beispiel • *Alle Artikel in der Produktgruppe „Schreibtisch- und Stehleuchten" der ModernOffice KG werden mit nachfolgenden Prozentsätzen kalkuliert:*

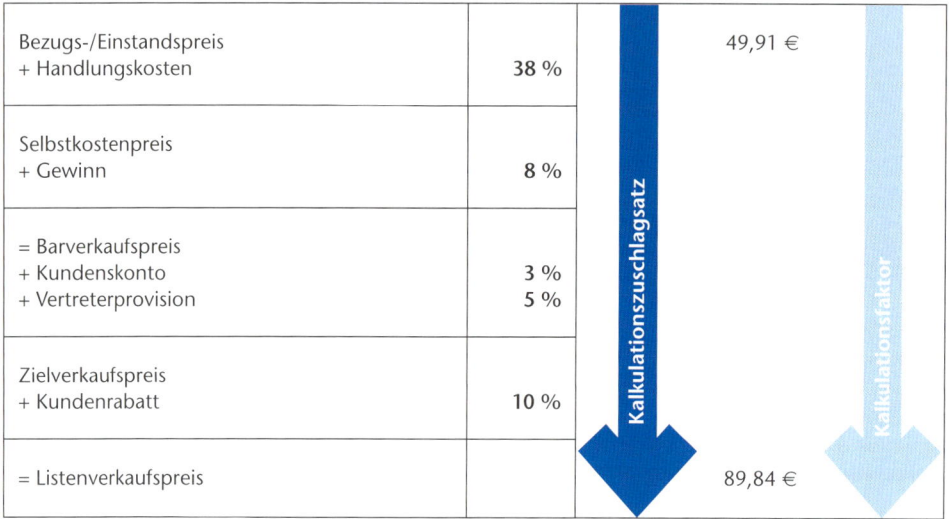

Bezugs-/Einstandspreis + Handlungskosten	38 %	49,91 €
Selbstkostenpreis + Gewinn	8 %	
= Barverkaufspreis + Kundenskonto + Vertreterprovision	3 % 5 %	
Zielverkaufspreis + Kundenrabatt	10 %	
= Listenverkaufspreis		89,84 €

Der Artikel 201.108 „Schreibtischleuchte Light Stand Metall" wird zu einem Listenverkaufspreis von 89,84 € angeboten, der Bezugs-/Einstandspreis beträgt 49,94 €. Der Bezugs-/Einstandspreis und der Listenverkaufspreis werden jetzt in Beziehung gesetzt, um einen Kalkulationszuschlagssatz zu erhalten, mit dem man dann alle Schreibtisch- und Stehleuchten kalkulieren kann, die sich im Angebot der ModernOffice KG befinden.

Der Rechenweg zur Ermittlung des Kalkulationszuschlagssatzes:

$$\text{Kalkulationszuschlagssatz} = \frac{(\text{Listenverkaufspreis} - \text{Einstandspreis}) \cdot 100}{\text{Einstandspreis}}$$

$$\text{Kalkulationszuschlagssatz} = 80{,}00 \ \%$$

Der Kalkulationszuschlagssatz für Schreibtisch- und Stehleuchten der ModernOffice KG beträgt demnach 80,00 %.[1]

---

1   *Es bietet sich an, mit wenigstens 3 Stellen hinter dem Komma zu rechnen, damit das Ergebnis genauer ist.*

Lösung der Beispielaufgabe: $49,91 + \dfrac{(49,91) \cdot 80}{100} = 89,84$

Alle Artikel der Produktgruppe „Schreibtisch- und Stehleuchten" müssen jetzt nur noch bis zum Bezugs-/ Einstandspreis Schritt für Schritt kalkuliert werden. Hat man den Bezugs-/Einstandspreis einmal ermittelt, kann man mithilfe des Kalkulationszuschlagssatzes direkt den Listenverkaufspreis berechnen.

Der Rechenweg zur Ermittlung des Kalkulationsfaktors:

$$\textbf{Kalkulationsfaktor} = \frac{\textbf{Listenverkaufspreis}}{\textbf{Einstandspreis}}$$

Kalkulationsfaktor = 1,8000[1]

Multipliziert man den Bezugs-/Einstandspreis mit dem Kalkulationsfaktor, erhält man direkt den Listenverkaufspreis.

Lösung der Beispielaufgabe: $49,91 \cdot 1,8000 = 89,94$ EUR

Kalkulationsvereinfachungen – die Handelsspanne

Mithilfe der Handelsspanne ist man in der Lage, mit einem einzigen Rechenschritt den Bezugs-/Einstandspreis, ausgehend vom Listenverkaufspreis, zu ermitteln.

Bezugs-/Einstandspreis + Handlungskosten	**40 %**	254,78 €
Selbstkostenpreis + Gewinn	**12 %**	
= Barverkaufspreis + Kundenskonto + Vertreterprovision	**2 %** **4 %**	
Zielverkaufspreis + Kundenrabatt	**15 %**	
= Listenverkaufspreis		500,00 €

Beispiel • *Lorenz Manke, Mitarbeiter in der Abteilung Beschaffung der ModernOffice KG, liegt als Ergebnis einer Bezugsquellenanalyse für neue Lieferanten von Beamern ein interessantes Angebot eines neuen Herstellers vor. Dieser Hersteller bietet Beamer der neuesten Generation an, mit folgenden technischen Daten:*

Full-HD Kontrast 10.000/1; Bilddiagonale 114 cm bis 762 cm; Projektorabstand 150 cm bis 760 cm; 3D-Wandler; Lebensdauer bis zu 7.000 Stunden; Startzeit 20 Sek.; Herunterfahren in 6 Sek.

---

1 *Den Kalkulationsfaktor immer mit 4 Stellen nach dem Komma ermitteln.*

Herr Manke ist von diesem Angebot überzeugt. Er geht davon aus, dass sich Beamer dieser technischen Ausstattung zu einem Listenverkaufspreis von 500,00 € erfolgreich am Markt behaupten werden. Mithilfe der Handelsspanne rechnet er jetzt aus, zu welchem Bezugs-/Einstandspreis er diesen Beamertyp einkaufen muss, um seinen geplanten Listenverkaufspreis halten zu können.

$$\text{Handelsspanne} = \frac{(\text{Listenverkaufspreis} - \text{Einstandspreis}) \cdot 100}{\text{Listenverkaufspreis}}$$

$$\text{Handelsspanne} = \frac{(500 - 254{,}78) \cdot 100}{500} = 49{,}043\ \%^{[1]}$$

Lösung der Beispielaufgabe: 500,00 − 500,00/100 · 49,043 = 254,78 EUR

Herr Manke muss den Beamertyp also für höchstens 254,78 € einkaufen, wenn er ihn zu seinem geplanten Listenverkaufspreis anbieten will.

Einfache Funktionen im Tabellenkalkulationsprogramm Excel

Funktionen unterscheiden sich von einer Formel, obwohl auch sie Bestandteil einer Formel sein können.

Funktionen sind **vorgefertigte Formeln**, die die Arbeit mit dem Tabellenkalkulationsprogramm Excel wesentlich vereinfachen. Bevor einzelne Funktionen vorgestellt werden, wird an dieser Stelle zunächst der allgemeine Aufbau einer Funktion erläutert.

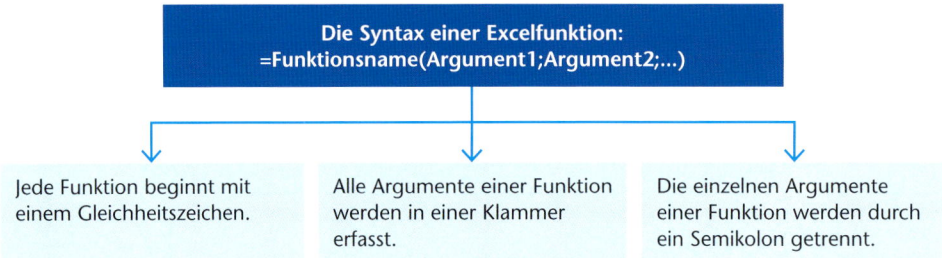

Die Syntax einer Excelfunktion:
=Funktionsname(Argument1;Argument2;...)

| Jede Funktion beginnt mit einem Gleichheitszeichen. | Alle Argumente einer Funktion werden in einer Klammer erfasst. | Die einzelnen Argumente einer Funktion werden durch ein Semikolon getrennt. |

Die Eingabe einer Funktion beginnt immer mit einem **Gleichheitszeichen**. Jede Funktion hat einen eigenen Funktionsnamen, der von Excel vorgegeben ist. Dieser Funktionsname ist häufig schon selbsterklärend. Wenn man sich die wohl am häufigsten verwendete Funktion „SUMME()" anschaut, so ist sofort verständlich, was diese Funktion zu leisten imstande ist.

Bis auf wenige Ausnahmen gehören zu jeder Funktion **Argumente**, die in eine Klammer gesetzt werden. Jede Funktion verlangt einen bestimmten Typus von Argumenten. Wird dieser gewählt, kann Excel mit der Funktion arbeiten und liefert die richtigen Ergebnisse. Dabei hängt die Anzahl der Argumente von der jeweiligen Funktion ab. Es gibt Funktionen,

- bei denen die Anzahl der Argumente genau festgelegt ist,
- bei denen die Anzahl optional ist,
- bei denen keine Argumente benötigt werden.

---

1 *Das exakte Ergebnis erzielt man, wenn man bei der Handelsspanne mit drei oder mehr Stellen hinter dem Komma rechnet.*

Die Argumente einer Funktion werden, wenn es sich um mehrere handelt, jeweils mit einem **Semikolon**[1] voneinander getrennt.

Den beschriebenen Aufbau einer Funktion, an den man sich genauestens halten muss, um Fehler zu vermeiden, bezeichnet man als **Syntax**.

Die Anzahl der Argumente innerhalb einer Funktion hängt von der jeweiligen Funktion ab.

Die Funktion „SUMME()"

Am Beispiel der Funktion „SUMME()" lässt sich die generelle Arbeitsweise mit Funktionen sehr gut veranschaulichen.

Beispiel • *Zum Ende des 1. Quartals sollen die Umsätze der Artikel 101.100 bis 101.115 in den vier Showrooms der ModernOffice KG ermittelt werden. Die Umsätze netto pro Artikel sind bereits errechnet. Mit der Funktion „SUMME()" sollen nun die Gesamtumsätze des ersten Quartals für die vier Showrooms ermittelt werden.*

ARBEITSTAG	▼ X ✔ fx	=SUMME(E4:E19)								
				Berlin		**Hamburg**		**Köln**		**München**
				1. Quartal		1. Quartal		1. Quartal		1. Quartal
Art.-Nr.:	Artikelbezeichnung	Nettopreis	Verkaufte Stückzahl	Erzielter Nettoumsatz	Verkaufte Stückzahl	Erzielter Nettoumsatz	Verkaufte Stückzahl	Erzielter Nettoumsatz	Verkaufte Stückzahl	Erzielter Nettoumsatz
101.100	MO AGENDA Drehstuhl	102,34 €	72	7.368,48 €	70	7.163,80 €	68	6.959,12 €	80	8.187,20 €
101.101	MO JET II Drehstuhl mit Netzrücken	198,73 €	83	16.494,59 €	85	16.892,05 €	90	17.885,70 €	102	20.270,46 €
101.102	MO Jet ONE Drehstuhl	249,90 €	94	23.490,60 €	96	23.990,40 €	88	21.991,20 €	81	20.241,90 €
101.103	MO Jet-N Drehstuhl	249,90 €	66	16.493,40 €	60	14.994,00 €	58	14.494,20 €	66	16.493,40 €
101.104	MO Jet-N Drehstuhl-Ausstellungsstück	299,88 €	52	15.593,76 €	59	17.692,92 €	60	17.992,80 €	67	20.091,96 €
101.105	MO Juventa Drehstuhl	343,91 €	66	22.698,06 €	62	21.322,42 €	55	18.915,05 €	66	22.698,06 €
101.106	MO KINETA Drehstuhl	377,63 €	43	16.238,09 €	50	18.881,50 €	48	18.126,24 €	54	20.392,02 €
101.107	MO Lamiga der ergonomische Chefsessel	398,10 €	49	19.506,90 €	58	23.089,80 €	52	20.701,20 €	59	23.487,90 €
101.108	MO Lamiga der ergonomische Chefsessel in Leder	439,04 €	38	16.683,52 €	42	18.439,68 €	44	19.317,76 €	42	18.439,68 €
101.109	MO Lamiga Drehstuhl	439,11 €	27	11.855,97 €	36	15.807,96 €	32	14.051,52 €	42	18.442,62 €
101.110	MO Okay Drehstuhl	440,30 €	22	9.686,60 €	18	7.925,40 €	26	11.447,80 €	32	14.089,60 €
101.111	MO SIGNETA Drehstuhl	449,27 €	36	16.173,72 €	25	11.231,75 €	30	13.478,10 €	40	17.970,80 €
101.112	MO SIGNETA Drehstuhl mit Netzrücken	462,67 €	20	9.253,40 €	42	19.432,14 €	35	16.193,45 €	40	18.506,80 €
101.113	MO SKYE Drehstuhl SKBDH117	469,74 €	32	15.031,68 €	33	15.501,42 €	37	17.380,38 €	35	16.440,90 €
101.114	MO TENSA S Drehstuhl	474,81 €	33	15.668,73 €	29	13.769,49 €	40	18.992,40 €	38	18.042,78 €
101.115	MO TENSA TS Drehstuhl	486,71 €	14	6.813,94 €	18	8.760,78 €	22	10.707,62 €	25	12.167,75 €
	Gesamt:			=SUMME(E4:E19)						

In der Bearbeitungsleiste sieht man die Syntax der benötigten Funktion „SUMME()". Die Funktion hat ein einziges Argument.

Zu sehen sind die beiden Zellen >E4< und >E19<. Zwischen diesen beiden Zellen steht ein **Doppelpunkt**.

Der Doppelpunkt steht bei dem Tabellenkalkulationsprogramm Excel für das „bis", **wenn Zellbereiche markiert sind.** Die Funktion „SUMME()" bezieht sich demnach auf den **Bereich der Zellen „>E4> bis >E19<".** Excel soll also die Inhalte der Zellen E4 bis E19 addieren. Würde man die Funktion „SUMME()" nicht verwenden, so müsste man alle einzelnen Zellen in einer Rechenoperation eingeben und mit dem „+"-Zeichen verbinden, was sehr viel aufwendiger wäre, nämlich:

=E4+E5+E6+E7+E8+E9+E10+E11+E12+E13+E14+E15+E16+E17+E18+E19

Ein **Zellbereich** besteht immer aus einer Anzahl zusammenhängender Zelladressen, die direkt untereinander, nebeneinander oder sowohl untereinander als auch nebeneinander liegen können. Zwischen diesen Zellen darf beim Markieren keine Lücke entstehen. Der Zellbereich wird immer von oben links nach unten rechts angegeben. In der Abbildung sollen die Zellinhalte der Zellen von „E4:E19" addiert werden. Diesen Bereich mar-

---

1 Strichpunkt

kiert man mit der linken Maustaste. Dabei ist es egal, ob man den Mauszeiger bei gedrückter Maustaste von oben links nach unten rechts oder umgekehrt bewegt. Excel zeigt bei einem markierten Bereich immer die oberste linke Zelladresse und die unterste rechte Zelladresse an. Sind die Zellen, die man mithilfe der Funktion „SUMME()" addieren möchte, nicht nebeneinander angeordnet, so muss man diese Zellen gezielt mit der Maustaste ansteuern, während man die Strg-Taste dabei gedrückt hält.

Einmal erstellte Funktionen können, die korrekte Adressierung der Zelladressen vorausgesetzt, bei Bedarf jederzeit kopiert werden. Dazu verwenden Sie entweder die Autoausfüllfunktion oder Sie benutzen die Befehle „Kopieren" und „Einfügen", wenn die Zellen nicht direkt nebeneinander oder untereinander liegen.

Es gibt verschiedene **Möglichkeiten, die Funktion „SUMME()" aufzurufen.**

1. Da die Funktion „SUMME()" die wohl am häufigsten verwendete Funktion ist, hat man auf der **Registerkarte „Start"** eine eigene Schaltfläche für diese Funktion eingerichtet. Sie finden diese im rechten Bereich der Registerkarte „Start". Wenn die Zelle >E20< aktiv ist und Sie auf die Schaltfläche „Auto-Summe" klicken, bietet Excel Ihnen schon den Bereich an, den Excel addieren würde. Sie können diesen Vorschlag annehmen, indem Sie die Return-Taste drücken. Falls Sie die Zellinhalte eines anderen Bereichs addieren möchten, können Sie diesen mit der linken Maustaste markieren. Solange die Zelladressen

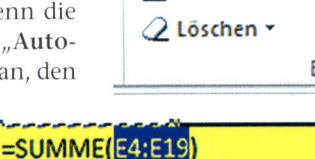

innerhalb der Funktion dunkel markiert sind, überschreibt Excel automatisch den vorher angebotenen Zellbereich. Sie müssen ihn also nicht erst löschen, bevor Sie den neuen Bereich markieren. Unterhalb der Funktion sehen Sie die allgemeine Syntax der Funktion „SUMME()". Dort wird angezeigt, dass die Funktion momentan aus einem Argument „Zahl1" besteht, was ja durchaus ausreicht.

2. Sie geben in der Bearbeitungsleiste das **Gleichheitszeichen** ein. Excel zeigt dann im Namensfeld den Funktionsnamen „Summe" an. Wenn Sie das Listenfeld durch Klick auf das **schwarze Dreieck** öffnen, sehen Sie die zehn zuletzt verwendeten Funktionen. Dort können Sie die Funktion „SUMME()" auswählen.

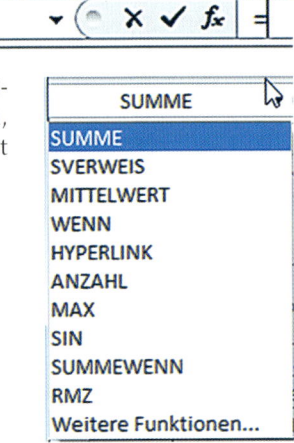

3. Sie schreiben die von Ihnen benötigte Funktion mithilfe der Tastatur. So sollten Sie aber erst dann vorgehen, wenn Sie mit dem Programm etwas vertraut sind.

4. Sie rufen den Funktionsassistenten auf, der sich ebenfalls in der Bearbeitungsleiste befindet.

Das sich daraufhin öffnende Dialogfeld enthält hilfreiche Informationen.

Im oberen Feld können Sie angeben, was Sie tun wollen. Excel macht Ihnen dann Vorschläge, welche Funktionen Ihnen bei Ihrem Vorhaben eventuell helfen können. Dieses Feld ist für diejenigen Anwender geeignet, die noch nicht wissen, welche Funktion sie wählen müssen. Die angebotenen Funktionen befinden sich in der **Kategorie „Empfohlen"**.

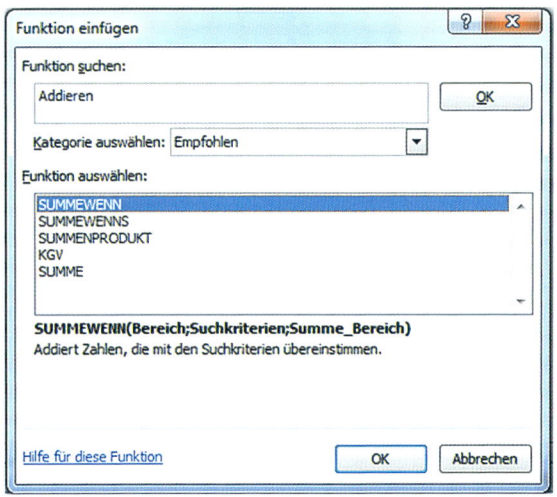

Beim Aufruf des Funktionsassistenten ist die **Kategorie „Zuletzt verwendet"** voreingestellt. Hier bietet Ihnen Excel die letzten zehn von Ihnen verwendeten Funktionen an.

Falls Sie nicht wissen, in welcher Kategorie sich die von Ihnen gesuchte Funktion befindet, wählen Sie die **Kategorie „Alle"** – Excel listet alle Funktionen alphabetisch auf – und geben Sie den Anfangsbuchstaben oder den kompletten Namen Ihrer gesuchten Funktion ein. Excel springt dann automatisch zu den Funktionen mit diesem Anfangsbuchstaben bzw. zu der gesuchten Funktion. Diese Variante erspart Zeit, da Sie nicht lange herunterscrollen müssen.

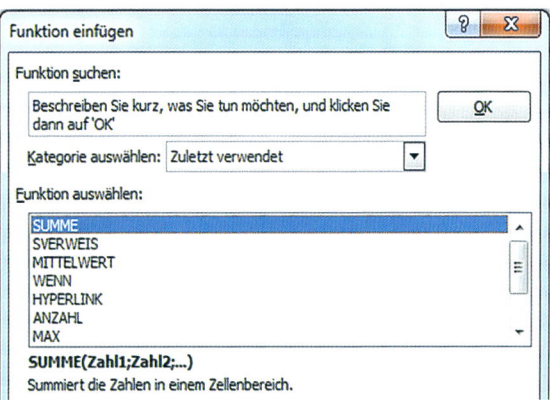

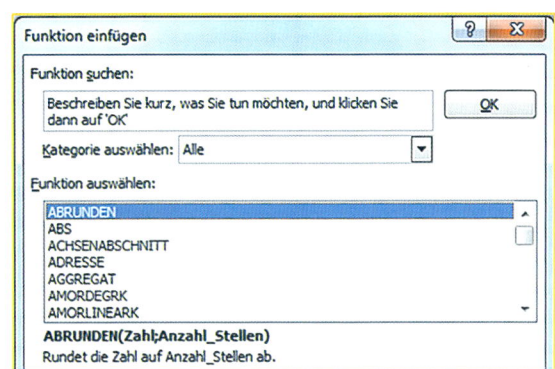

Wenn Sie Ihre Funktion gefunden haben, klicken Sie zweimal auf den Funktionsnamen oder bestätigen Sie Ihre Auswahl mit „OK". Sie gelangen dann zu dem nachfolgenden Dialogfeld.

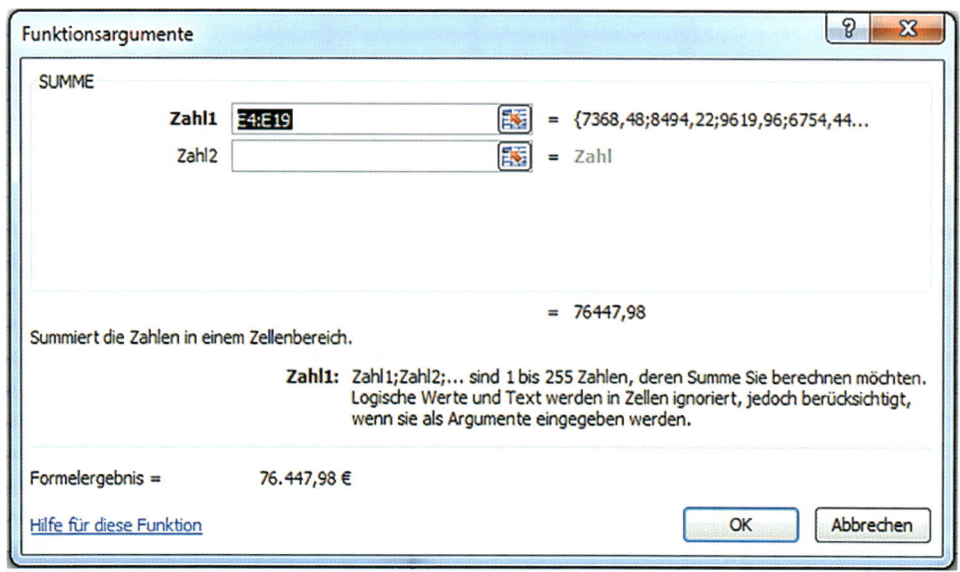

Das Dialogfeld zeigt im oberen Bereich an, welche Werte addiert werden. Es ist nicht genügend Platz vorhanden, um alle Werte anzuzeigen. Da alle zu addierenden Zellen untereinander liegen, ergibt sich ein einfach zu markierender Zellbereich „E4:E19" als einziges Argument.

Achten Sie darauf, dass Sie die Option **„Ohne Formatierung ausfüllen"** verwenden, wenn Sie die Funktion „SUMME()" nach unten kopieren. Excel soll ja nur die Funktion „SUMME()" nach unten kopieren, nicht das Format, welches der Zelle >L4< zugrunde liegt.

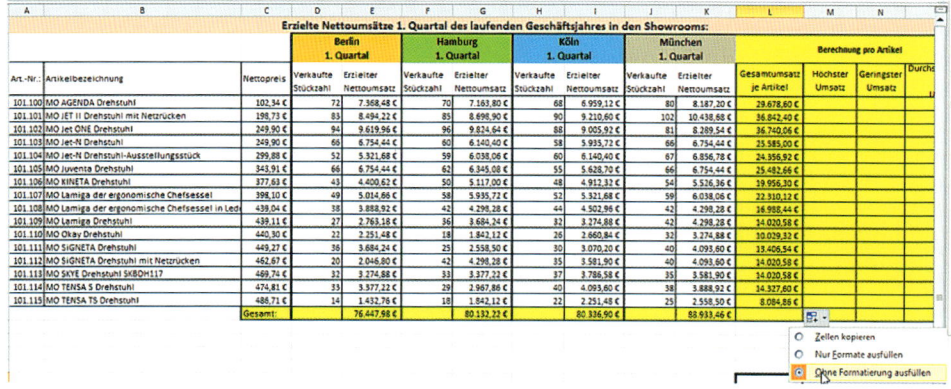

Anders sieht es aus, wenn die Zellen, deren Inhalte addiert werden sollen, nicht direkt neben- oder untereinander liegen.

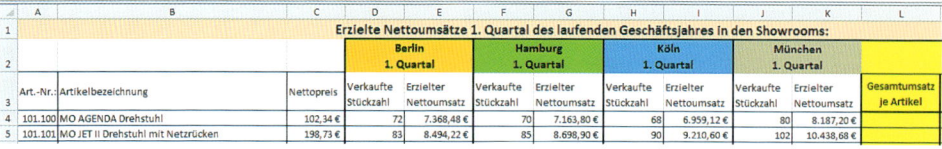

In dem Tabellenausschnitt, den Sie in der Abbildung sehen, sollen die Gesamtumsätze der beiden Artikel 101.100 und 101.101 mithilfe der Funktion „SUMME()" addiert werden. Die Umsätze der einzelnen Showrooms stehen nicht direkt nebeneinander. Es ist demnach nicht möglich, die benötigten Zellen mit der Maus in einem Zug zu markieren. Anderenfalls würden die Stückzahlen mitberechnet, was ja nicht geschehen soll.

In diesem Fall müssen die benötigten Zellen gezielt mit der Maus angeklickt werden. Dazu hält man die Strg-Taste gedrückt und klickt mit der Maus die gewünschten Zellen an.

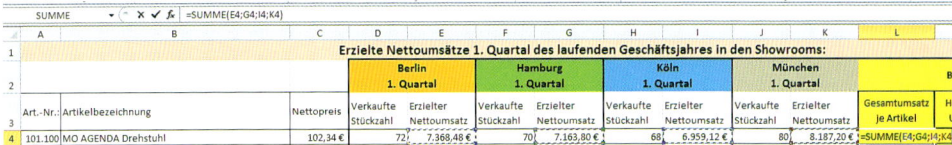

Excel trennt die einzelnen Zelladressen mit einem **Semikolon** voneinander, wie man in der Bearbeitungsleiste sehen kann.

Wie man deutlich sieht, besteht die Funktion „SUMME()" jetzt aus 4 Argumenten. In der Vorschau zeigt Excel das Ergebnis dieser Summe.

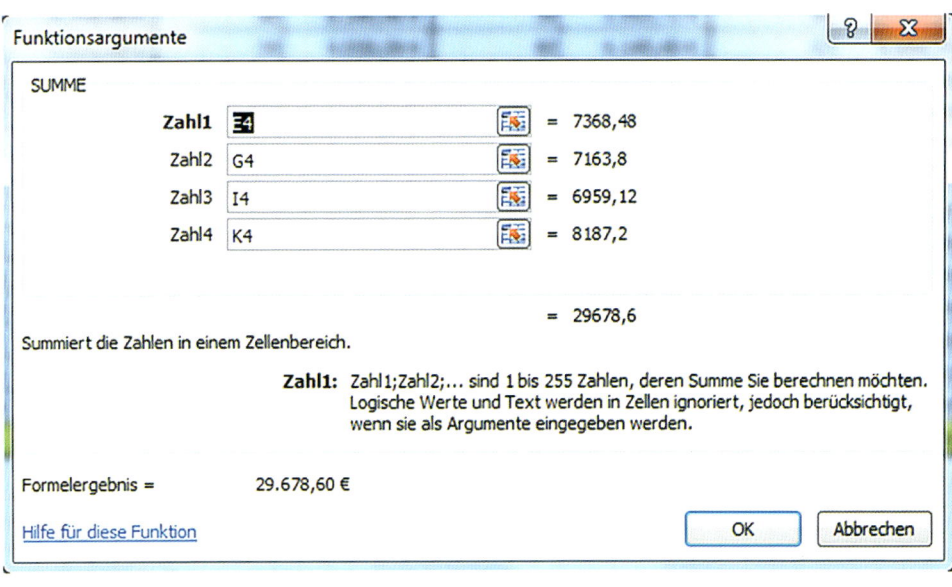

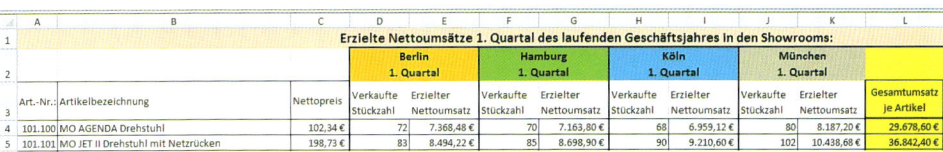

Man kann die einzelnen Zelladressen natürlich auch mit der Tastatur eingeben. Dabei müssen Sie aber darauf achten, jeweils ein Semikolon zwischen die einzelnen Zelladressen zu setzen.

Der Hinweis, dass Texte ignoriert werden, bedeutet, dass Excel auch dann den korrekten Wert ermittelt, wenn man aus Versehen die Zelle >B3< (Textzelle) mit markiert hätte.

Die Argumente einer Funktion können auch andere Funktionen sein, wenn der von der Funktion ermittelte Wert einem Typ entspricht, den die Funktion „SUMME()" erfordert. Natürlich können auch absolute Zahlen als Argument in einer Funktion „SUMME()" verwendet werden, folgende Funktion „SUMME()" würde ein korrektes Ergebnis liefern: „=Summe(5;6;89;101)".

Bei der Verwendung der Funktion „SUMME()" sollte man darauf achten, wirklich nur Zelladressen einzugeben, deren Inhalt **addiert** werden soll. Der Funktionsname sollte als Anweisung verstanden werden, den markierten Zellbereich entsprechend dieser Anweisung zu bearbeiten. Wenn mithilfe der Funktion „SUMME()" eine Multiplikation durchgeführt wird, liefert Excel zwar das korrekte Ergebnis, die Funktion ist jedoch falsch verwendet worden.

Die Funktion „MAX()"

Beispiel • *Die Gesamtumsätze wurden bereits mithilfe der Funktion „SUMME()" ermittelt. Nun soll Excel die höchsten Umsätze der jeweiligen Artikel für alle vier Standorte ermitteln.*

Art.-Nr.	Artikelbezeichnung	Nettopreis	Berlin 1. Quartal Verkaufte Stückzahl	Berlin 1. Quartal Erzielter Nettoumsatz	Hamburg 1. Quartal Verkaufte Stückzahl	Hamburg 1. Quartal Erzielter Nettoumsatz	Köln 1. Quartal Verkaufte Stückzahl	Köln 1. Quartal Erzielter Nettoumsatz	München 1. Quartal Verkaufte Stückzahl	München 1. Quartal Erzielter Nettoumsatz	Gesamtumsatz je Artikel	Höchster Umsatz
											Erzielte Nettoumsätze 1. Quartal des laufenden Geschäftsjahres in den Showrooms:	
101.100	MO AGENDA Drehstuhl	102,34 €	72	7.368,48 €	70	7.163,80 €	68	6.959,12 €	80	8.187,20 €	29.678,60 €	
101.101	MO JET II Drehstuhl mit Netzrücken	198,73 €	83	8.494,22 €	85	8.698,90 €	90	9.210,60 €	102	10.438,68 €	36.842,40 €	
101.102	MO Jet ONE Drehstuhl	249,90 €	94	9.619,95 €	96	9.824,64 €	88	9.005,92 €	81	8.289,54 €	36.740,06 €	
101.103	MO Jet-N Drehstuhl	249,90 €	66	6.754,44 €	60	6.140,40 €	58	5.935,72 €	66	6.754,44 €	25.585,00 €	
101.104	MO Jet-N Drehstuhl-Ausstellungsstück	299,88 €	52	5.321,68 €	59	6.038,06 €	60	6.140,40 €	67	6.856,78 €	24.356,92 €	
101.105	MO Juventa Drehstuhl	343,91 €	66	6.754,44 €	62	6.345,08 €	55	5.628,70 €	66	6.754,44 €	25.482,66 €	
101.106	MO KINETA Drehstuhl	377,63 €	43	4.400,62 €	50	5.117,00 €	48	4.912,32 €	54	5.526,36 €	19.956,30 €	
101.107	MO Lamiga der ergonomische Chefsessel	398,10 €	49	5.014,66 €	58	5.935,72 €	52	5.321,68 €	59	6.038,06 €	22.310,12 €	
101.108	MO Lamiga der ergonomische Chefsessel in Leder	439,04 €	38	3.888,92 €	42	4.298,28 €	44	4.502,96 €	42	4.298,28 €	16.988,44 €	
101.109	MO Lamiga Drehstuhl	439,11 €	27	2.763,18 €	36	3.684,24 €	32	3.274,88 €	42	4.298,28 €	14.020,58 €	
101.110	MO Okay Drehstuhl	440,30 €	22	2.251,48 €	18	1.842,12 €	26	2.660,84 €	32	3.274,88 €	10.029,32 €	
101.111	MO SiGNETA Drehstuhl	449,27 €	36	3.684,24 €	25	2.558,50 €	30	3.070,20 €	40	4.093,60 €	13.406,54 €	
101.112	MO SiGNETA Drehstuhl mit Netzrücken	462,67 €	20	2.046,80 €	42	4.298,28 €	35	3.581,90 €	40	4.093,60 €	14.020,58 €	
101.113	MO SKYE Drehstuhl SKBDH117	469,74 €	32	3.274,88 €	33	3.377,22 €	37	3.786,58 €	35	3.581,90 €	14.020,58 €	
101.114	MO TENSA S Drehstuhl	474,81 €	33	3.377,22 €	29	2.967,86 €	40	4.093,60 €	38	3.888,92 €	14.327,60 €	
101.115	MO TENSA TS Drehstuhl	486,71 €	14	1.432,76 €	18	1.842,12 €	22	2.251,48 €	25	2.558,50 €	8.084,86 €	
Gesamt:				76.447,98 €		80.132,22 €		80.336,90 €		88.933,46 €	325.850,56 €	

Rufen Sie wieder den Funktionsassistenten auf und geben Sie als Fragestellung „größte Zahl" ein[1]. Nachdem Sie mit „OK" bestätigt haben, werden Ihnen verschiedene Funktionen angeboten, die eventuell hilfreich sein könnten. Unter anderem finden Sie die Funktion „MAX()". Excel erläutert die Aufgabe dieser Funktion folgendermaßen:

> Gibt den größten Wert innerhalb einer Wertemenge zurück. Logische Werte und Textwerte werden ignoriert.

Bestätigen Sie die Auswahl mit einem Klick auf „OK", alternativ mit einem Doppelklick auf den Funktionsnamen. Markieren Sie im Anschluss daran die Zellen, die die Umsatzwerte des Artikels 101.100 enthalten. Denken Sie daran, die Strg-Taste gedrückt zu halten, da die gewünschten Zellen nicht direkt nebeneinander stehen.

Das Ergebnis können Sie mit der Autoausfüllfunktion nach unten kopieren.

---

1 Alle folgenden Funktionen werden direkt benannt.

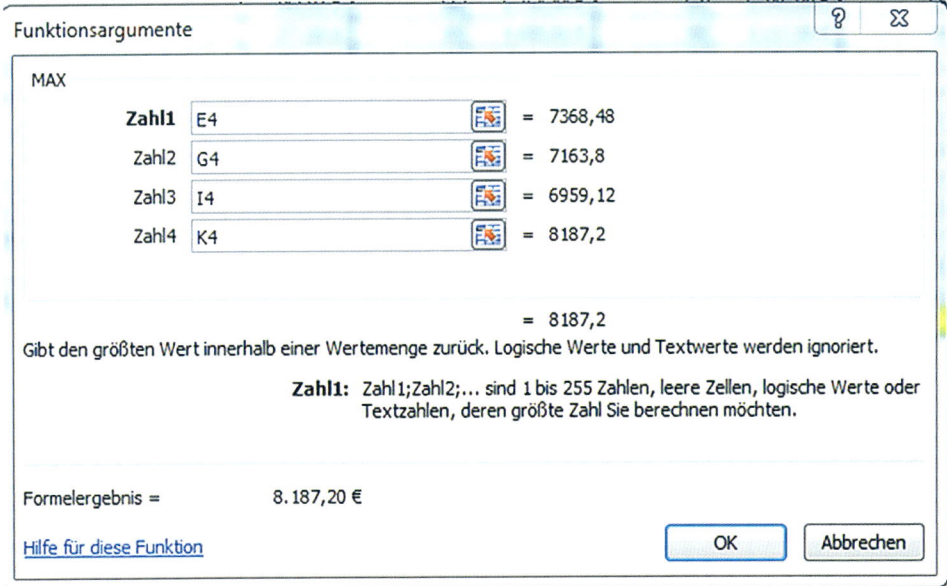

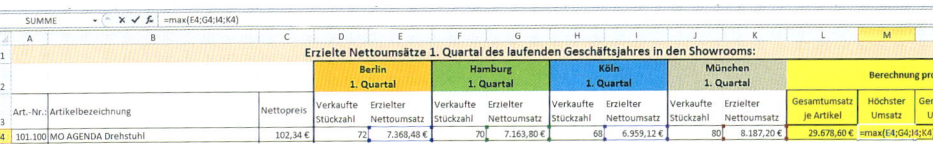

Das Ergebnis für alle Artikel:

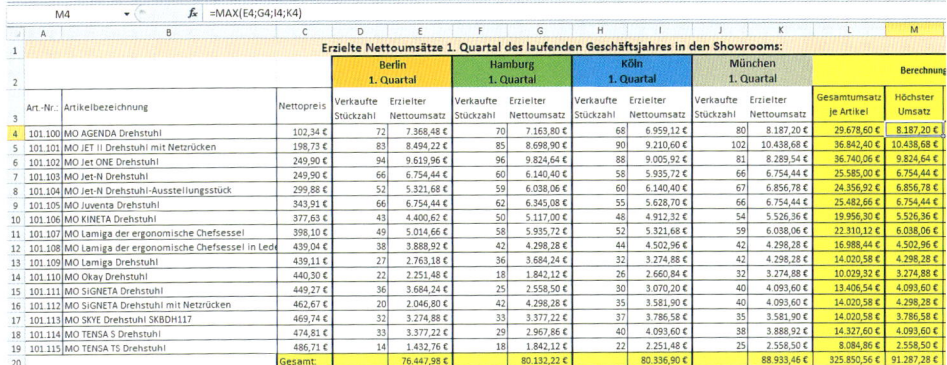

Die Funktionen „MIN()" und „MITTELWERT()"

Die Funktion, die **den geringsten Wert aus einer Auswahl** wiedergibt, trägt den Namen „MIN()".

Mithilfe der **Funktion „MITTELWERT()"** können Sie einen **Durchschnitt aus einem ausgewählten Zellbereich** errechnen.

Vervollständigen Sie bitte die Tabelle. Der Aufbau dieser beiden Funktionen ähnelt dem der Funktion „MAX()". Aus diesem Grunde werden hier nur Beispielbegriffe gezeigt, die man beim Aufruf des Funktionsassistenten eingeben kann, um die Funktion zu finden.

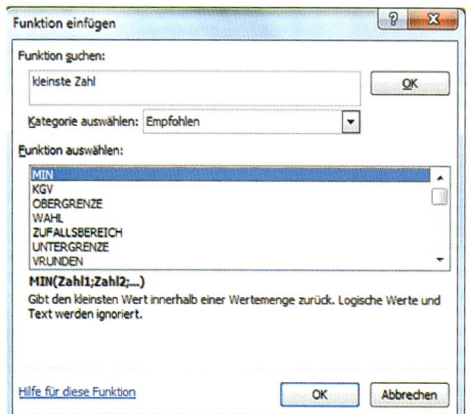 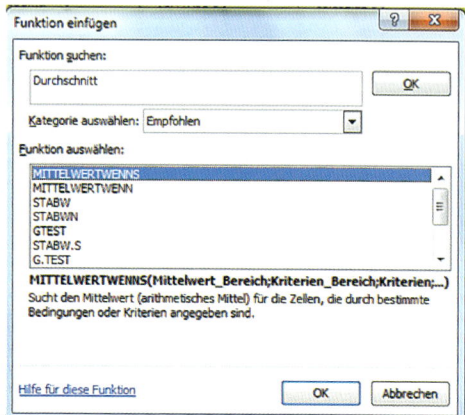

Das Ergebnis sollte der unten angezeigten Tabelle entsprechen.

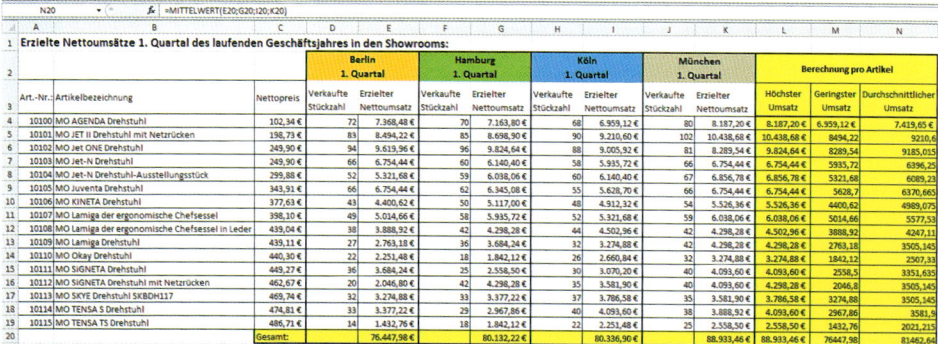

In der Formelansicht sieht man die Formeln der neuen Funktionen:

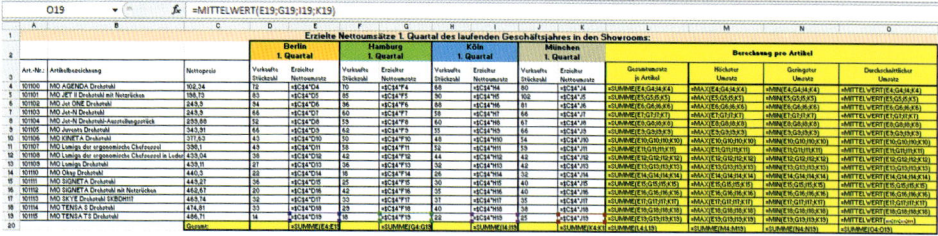

Die Funktion „RUNDEN()"
Diese Funktion wird benötigt, wenn die Ergebnisse von Rechenoperationen eine bestimmte Anzahl von Stellen hinter dem Komma gerundet werden sollen.

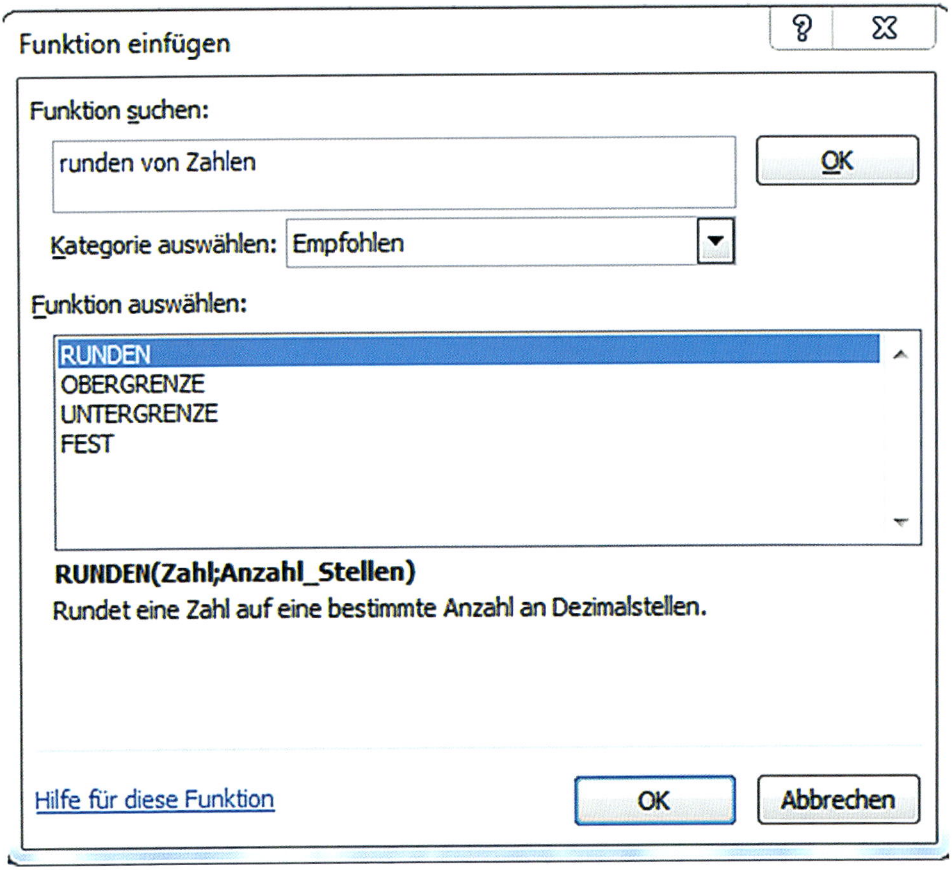

Funktion einfügen   ? ☒

Funktion suchen:

| runden von Zahlen | OK |

Kategorie auswählen: Empfohlen ▼

Funktion auswählen:

RUNDEN
OBERGRENZE
UNTERGRENZE
FEST

RUNDEN(Zahl;Anzahl_Stellen)
Rundet eine Zahl auf eine bestimmte Anzahl an Dezimalstellen.

Hilfe für diese Funktion   OK   Abbrechen

Nach der Wahl dieser Funktion öffnet sich nachfolgendes Dialogfeld:

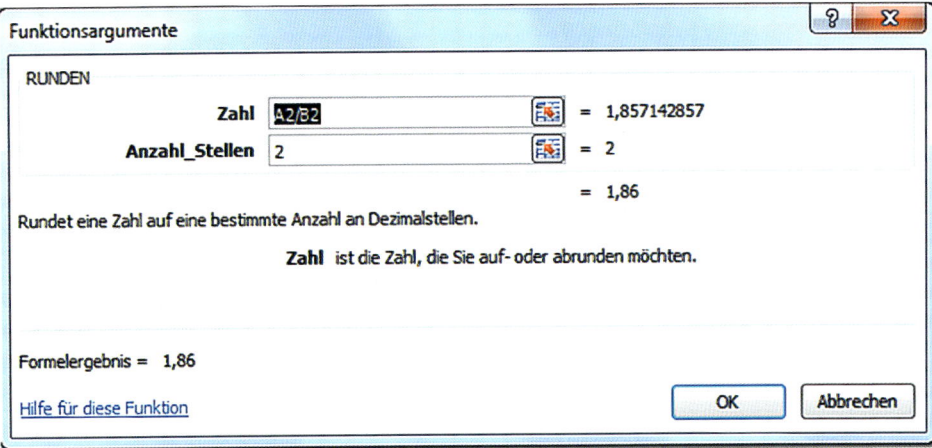

Funktionsargumente   ? ☒

RUNDEN

Zahl	A2/B2	📷	= 1,857142857
Anzahl_Stellen	2	📷	= 2
			= 1,86

Rundet eine Zahl auf eine bestimmte Anzahl an Dezimalstellen.

Zahl ist die Zahl, die Sie auf- oder abrunden möchten.

Formelergebnis = 1,86

Hilfe für diese Funktion   OK   Abbrechen

Im ersten Bereich wählen Sie die Rechenoperation aus, deren Ergebnis gerundet werden soll. Danach geben Sie an, auf wie viele Stellen nach dem Komma das Ergebnis gerundet werden soll.

Diese Funktion darf nicht mit der Möglichkeit verwechselt werden, Ergebnisse auf 2 Stellen nach dem Komma zu formatieren.

In der folgenden Tabelle ist die gleiche Aufgabenstellung auf unterschiedliche Weise gelöst worden. Excel soll den Zellinhalt der Zelle >A13< durch den Inhalt der Zelle >B13< dividieren. Die Formel in der Zelle >C2< ist noch um die Funktion „RUNDEN()" erweitert worden.

Das Ergebnis:

C2		f_x	=RUNDEN(A2/B2;2)		
	A	B	C	D	E
1	13	7	1,85714286		
2	13	7	1,86		

Die Formelansicht:

B1		f_x	7	
	A		B	C
1	13		7	=A1/B1
2	13		7	=RUNDEN(A2/B2;2)

Nach der Eingabe der Rechenoperation wird die Zelle >C2< auf 2 Stellen nach dem Komma formatiert.

E11		f_x	
	A	B	C
1	13	7	1,86
2	13	7	1,86

In beiden Ergebniszellen ist der Wert 1,86 sichtbar, beide Werte sehen entsprechend gleich aus. Excel arbeitet jedoch mit dem ungerundeten Wert der Zelle >C3< weiter, wie die nachfolgende Abbildung zeigt. Beide Ergebnisse werden zur Veranschaulichung mit dem Wert 5 multipliziert. Das Ergebnis zeigt den wesentlichen Unterschied.

E1		f_x	=D1*C1		
	A	B	C	D	E
1	13	7	1,86	5	9,28571429
2	13	7	1,86	5	9,30000000

Die Funktion „HEUTE()"

Beispiel • *Die ModernOffice KG überwacht die mit den Lieferanten vereinbarten Liefertermine mithilfe des Tabellenkalkulationsprogramms Excel. Dazu werden Tabellen erstellt, die jeden Tag neu ausgedruckt werden. In diesen Tabellen sind die vereinbarten Liefertermine eingetragen. In der Zelle >F1<, wenn man die Lieferterminliste des Showrooms Berlin betrachtet, wird das **aktuelle Tagesdatum** mithilfe der Funktion „HEUTE()" erstellt. Das hat den Vorteil, dass beim Öffnen der Datei immer das aktuelle Datum geladen wird.*

	F2	▼	fx			
⊿	A	B	C	D	E	F
1	**Lieferterminüberwachung**			**aktuelles Datum:**		**15.08.2014**
2	**Berlin**					
3	Auftrags-Nr.:	Artikel-Nr.:	Auftrag erteilt am:	vereinbarter Liefertermin	Restlaufzeit in Tagen	Meldungen
4	20142236	201117	41792	20.08.2014	5	
5	20142236	201118	41792	21.08.2014	6	
6	20142236	201119	41794	18.08.2014	3	
7	20142236	201120	41786	12.08.2014	-3	Liefertermin überschritten!
8	20142236	201121	41787	15.08.2014	0	Liefertermin heute!
9	20142236	202101	41765	30.08.2014	15	
10	20142236	202102	41765	14.08.2014	-1	Liefertermin überschritten!
11	20142236	203101	41798	15.08.2014	0	Liefertermin heute!
12	20142236	203103	41798	25.08.2014	10	
13	20142236	203104	41798	22.08.2014	7	

Die Syntax der Funktion „HEUTE()" enthält **keine Argumente**, daher wird das Dialogfeld, das bei Funktionen mit dazugehörigen Argumenten geöffnet wird, nicht benötigt.

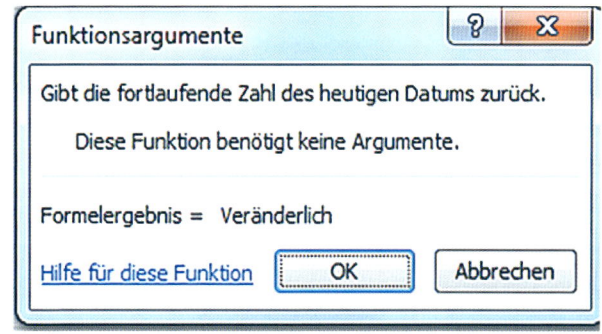

Gibt die fortlaufende Zahl des heutigen Datums zurück.

In Excel werden Datumsangaben als fortlaufende Zahlen gespeichert. Das schafft die Möglichkeit, mit ihnen Berechnungen vorzunehmen. Standardmäßig steht die fortlaufende Zahl 1 für den 01.01.1900. Die fortlaufende Zahl 42004 steht für den 31.12.2014, da es der 42004te Tag nach dem 01.01.1900 ist.

Auf den Punkt gebracht

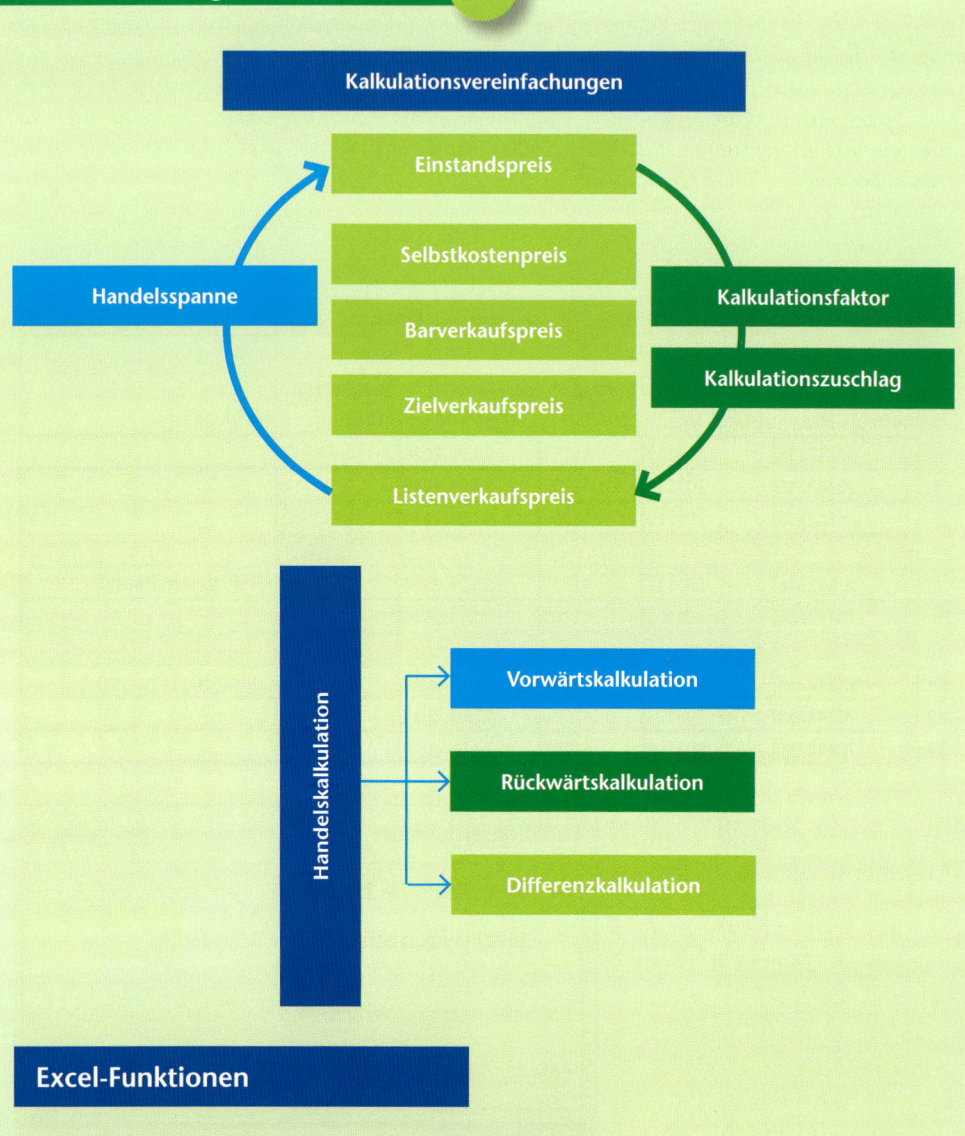

Kalkulationsvereinfachungen

Einstandspreis

Selbstkostenpreis

Barverkaufspreis

Zielverkaufspreis

Listenverkaufspreis

Handelsspanne

Kalkulationsfaktor

Kalkulationszuschlag

Handelskalkulation

Vorwärtskalkulation

Rückwärtskalkulation

Differenzkalkulation

Excel-Funktionen

haben eine festgelegte Syntax,

können miteinander verschachtelt werden,

haben je nach Funktion eine unterschiedliche Anzahl von Argumenten.

Nutzen Sie Ihr Wissen

Aufgaben zur Kalkulation

Erstellen Sie mithilfe des Tabellenkalkulationsprogramms Excel ein Kalkulationsschema, welches Sie für alle drei Varianten der Handelskalkulation verwenden können. Kopieren Sie gegebenenfalls die Tabellenblätter. Achten Sie bei allen folgenden Aufgabenstellungen darauf, mögliche Zellbezüge so zu adressieren, dass Formeln bei Bedarf kopiert werden können. Erstellen Sie für jede Kalkulation einen Ergebnis- und einen Formelausdruck.

Vorwärtskalkulation
Führen Sie die Vorwärtskalkulation auf der Grundlage nachfolgender Werte durch!

LF3
Aufgaben
Kalkula-
tion

1. Ein Lieferant für Schreibtischleuchten bietet folgende Artikel an:
   Schreibtischleuchte mit Standfuß, Aluminium, Listeneinkaufspreis 127,00 € je Einheit, Liefererrabatt 15 %, Lieferskonto 3 %, Bezugskosten pro Stück 3,55 €, Handlungskostenzuschlagssatz 42 %, Gewinnzuschlag 17 %, Kundenskonto 2 %, Vertreterprovision 5 %, Kundenrabatt 15 %.
   Berechnen Sie den Preis für eine Einheit.

2. Für die geplante Sortimentserweiterung mit PC-Tischen sucht ein Großhändler für Büromöbel entsprechende Angebote. Ihm liegen nach intensiver Bezugsquellenanalyse und Versendung von Anfragen zwei Angebote vor, die er vergleichen möchte. Die Qualität der beiden Artikel ist als gleichwertig einzustufen.
   - Anbieter A bietet einen PC-Tisch für 149,50 EUR (Listeneinkaufspreis) zu folgenden Konditionen an: Liefererrabatt 20 %, Lieferskonto 2 %, Bezugskosten pro Stück 5,00 EUR.
   - Anbieter B bietet den Artikel zu einem Listeneinkaufspreis von 160,00 EUR an. Seine Konditionen lauten: Liefererrabatt 25 %, Lieferskonto 3 %. Die Lieferung erfolgt frei Haus.
   Der Großhändler kalkuliert mit folgenden Sätzen: Handlungskostenzuschlagssatz 35 %, Gewinnzuschlag 10 %, Kundenskonto 3 %, Vertreterprovision 5 %, Kundenrabatt 15 %.
   Ermitteln Sie den günstigeren Anbieter.

Rückwärtskalkulation
Führen Sie die Rückwärtskalkulation auf der Grundlage nachfolgender Werte durch!

3. Ein Schreibtischstuhl wird auf einer Büromöbelmesse angeboten, die Konditionen lauten: Liefererrabatt 20 %, Lieferskonto 3 %, Bezugskosten pro Stück 15,00 €. Der Käufer kann diesen Stuhl zu einem Listenverkaufspreis von 465,00 € erfolgreich am Markt anbieten.
   a) Zu welchem Listeneinkaufspreis müsste der Käufer diesen Stuhl erwerben, wenn er mit folgenden Sätzen kalkuliert?
   Handlungskostenzuschlagssatz 50 %, Gewinnzuschlag 18 %, Kundenskonto 3 %, Vertreterprovision 5 %, Kundenrabatt 13 %.
   b) Ermitteln Sie den Listeneinkaufspreis zu obigen Konditionen.

4. Auf der gleichen Messe wird ein Beamer als Sonderangebot angepreist. Es werden 15 % Sonderrabatt bei Abnahme von 10 Einheiten und 3 % Lieferskonto gewährt.

Die Lieferung erfolgt frei Haus. Ein interessierter Großhändler kalkuliert mit folgenden Prozentsätzen: Handlungskostenzuschlagssatz 30 %, Gewinnzuschlag 22 %, Kundenskonto 3 %, Kundenrabatt 12 %.
Zu welchem Listeneinkaufspreis pro Stück muss der Großhändler bei einer Abnahme von 10 Beamern die Artikel erwerben, wenn er den Beamer zu einem Listenverkaufspreis von 890,00 € pro Stück anbieten will?

5. Kalkulieren Sie die beiden Artikel 201.109 und 201.110 aus der Eingangssituation. Orientieren Sie sich dabei an den Prozentwerten, die die Grundlage der Kalkulation des Artikels 201.108 bildeten.

Aufgaben zu den Kalkulationsvereinfachungen

6. Ermitteln Sie den Kalkulationszuschlagssatz:
Listeneinkaufspreis 785,50 €, Liefererrabatt 13 %, Liefererskonto 2 %, Bezugskosten 110,00 €, Handlungskostenzuschlagssatz 55 %, Gewinn 12 %, Kundenskonto 2 %, Vertreterprovision 2 %, Kundenrabatt 5 %.

7. Bei einem Einstandspreis von 280,00 € wird mit folgenden Zuschlagssätzen kalkuliert: Handlungskostenzuschlagssatz 40 %, Gewinn 15 %, Kundenskonto 2 %, Kundenrabatt 10 %. Ermitteln Sie den Listenverkaufspreis und den Kalkulationszuschlagssatz.

8. Mit welchem Gewinnzuschlag wird eine Ware kalkuliert, bei der, ausgehend von einem Einstandspreis in Höhe von 100,00 €, der Handlungskostenzuschlagssatz 35 %, der Kundenskonto 3 %, der Kundenrabatt 5 % und der Kalkulationszuschlagssatz 60,61 % ausmachen?

9. Herr Meinert, Mitarbeiter des Verkaufs, möchte mithilfe des Kalkulationsfaktors schnell den Listenverkaufspreis für drei verschiedene Artikel ermitteln, die Einstandspreise betragen bei Artikel A 200,00 €, Artikel B 450,55 € und Artikel C 720,48 €. Der Kalkulationsfaktor ist mit 1,8597 für alle gleich.

10. Welchem Kalkulationsfaktor entspricht ein Kalkulationszuschlagssatz von 75,07 %?

11. Der Einstandspreis eines Artikels liegt bei 5.566,01 €. Der Listenverkaufspreis beträgt 8.824,41 €. Mit welchem Kalkulationsfaktor ist der Artikel kalkuliert worden?

Aufgaben zu verschiedenen Excel-Funktionen

12. Erstellen Sie den nachfolgend abgebildeten Auszug aus der Artikeldatei der Modern-Office KG für Schreibtischleuchten.

13. Berechnen Sie mithilfe von Funktionen und unter Verwendung von Zellbezügen
a) die Summe aller Einstandspreise,
b) den Gesamtwert der aktuellen Lagerbestände pro Artikel und für alle Artikel zusammen,
c) den Gesamtwert des Höchstbestandes pro Artikel und für alle Artikel zusammen,
d) den durchschnittlichen Einstandspreis.

Alle Formeln sollen bei Bedarf kopierfähig gestaltet sein.

14. Ermitteln Sie anschließend mithilfe von Funktionen und unter Verwendung von Zellbezügen
    a) den Artikel mit dem niedrigsten Einstandspreis,
    b) den Artikel mit dem höchsten Einstandspreis.

Alle Formeln sollen bei Bedarf kopierfähig gestaltet sein.

	A	B	C	D	E	F	G	H	I
1			Handelswaren: Schreibtischleuchten						
2	Artikel.-Nr.:	Artikelbezeichnu	Modell	Typ	Einstandspreis	Akt. Lagerbestand	Höchst-bestand	Gesamtwert akt. Bestand	Gesamtwert Höchstbestand
27	201.127	Schreibtischleuchte	Prag	Stand	38,00 €	25	40		
28	201.127	Schreibtischleuchte	London	Stand	72,00 €	10	40		
29	201.127	Schreibtischleuchte	New York	Stand	44,00 €	14	40		
30	201.127	Schreibtischleuchte	Berlin	Stand	25,00 €	15	40		
31	201.127	Schreibtischleuchte	Paris	Stand	36,00 €	35	40		
32	201.127	Schreibtischleuchte	Rom	Stand	33,00 €	32	40		
33	201.127	Schreibtischleuchte	Dublin	Stand	74,00 €	38	40		
34	201.127	Schreibtischleuchte	Oslo	Stand	19,00 €	3	40		
35	202.101	LED-Schreibtischleuchte	TouchOne I	Stand	25,00 €	33	40		
36	202.102	LED-Schreibtischleuchte	TouchOne II	Stand	25,00 €	23	40		
37	202.103	LED-Schreibtischleuchte	TouchOne III	Stand	25,00 €	28	40		
38	202.104	LED-Schreibtischleuchte	Mini	Stand	65,00 €	25	40		
39	Gesamt:								
40									
41	Durchgschnittlicher Einstandspreis aller Schreibtischleuchten:								
42	Artikel, mit dem niedrigsten Einstandspreis:								
43	Artikel, mit dem höchsten Einstandspreis:								

2.4   Inhalte und rechtliche Wirkungen eines Angebots analysieren

Lernsituation

Ebru Celik ist seit fünf Wochen in der Abteilung „Verkauf" eingesetzt. Die Mitarbeiterin Karin Dorste hat ihr bereits in der ersten Woche erklärt, welche wesentlichen inhaltlichen Punkte ein Angebotsschreiben beinhalten muss und welche rechtlichen Wirkungen ein Angebot hat.

Heute erhält Ebru folgende E-Mail von Herrn Pesch:

An ...	ebru.celik@mo-modernoffice.com
Cc ...	
Bcc ...	
Betreff:	Angebotsformulierung

Guten Morgen, Frau Celik,

von Frau Dorste habe ich erfahren, dass Sie bereits mehrmals bei der Erstellung eines Angebots-schreiben zugesehen haben. Frau Dorste hat sich für die gesamte Woche krank gemeldet, daher bitte ich Sie, im Rahmen unserer Werbeaktion ein unverbindliches Angebot an unsere langjährigen Stammkunden bezüglich der unten aufgeführten Schreibstischleuchte zu formulieren. Anbei die wichtigsten Eckdaten:

– Artikelnummer: 201.126 Schreibtischleuchte Modell „All",
– Beschreibung: 1-flammig, 38 cm hoch, Material: Aluminium hochglanz,
– Preis: 185 Euro zzgl. 19 % Umsatzsteuer,
– Lieferung: 14 Tage nach Auftragseingang,
– Verpackungskosten übernehmen wir,
– Beförderungskosten übernehmen ebenfalls wir.
– Die Anzahl der Schreibtischleuchten für dieses Angebot begrenzt sich auf 600 Stück.

Beachten Sie, ein Angebot sollte so formuliert sein, dass der Kunde beim Kaufwunsch nur noch mit Ja antworten muss. Stellen Sie bitte das Angebotsschreiben bis 12 Uhr fertig und kommen Sie anschließend in mein Büro, damit wir Ihre Ausarbeitung des Angebotsschreiben besprechen können.

Mit freundlichem Gruß

Willy Pesch

Um ihre Arbeit gut und gewissenhaft erledigen zu können, notiert Ebru immer alle rele-vanten Informationen und Arbeitsschritte in ihrem Notizblock, wenn ihr eine neue Tätig-keit erklärt wird. Sie stellt jedoch fest, dass sie ihren Notizblock zu Hause vergessen hat.

Nach längerem Nachdenken entscheidet Ebru, ein vorhandenes Angebotsschreiben als Grundlage für die Erstellung des Angebots zu verwenden und darin die gewünschten inhaltlichen Angebotspunkte von Herrn Pesch zu ersetzen (Anlage 1).

Anlage 1: Vorlage für die Erstellung eines Angebotsschreibens

ModernOffice.

● ModernOffice KG · Industriestraße 10 – 14 · 72160 Neckar

Ihr Zeichen:
Ihre Nachricht vom:
Unser Zeichen:
Unsere Nachricht vom:

Allgemeine Versicherung AG
Herrn Lars Beckmann
Gereonshof 50 – 52
50670 Köln

Name: Willy Pesch
Telefon: 07451 801-0
Telefax: 07451 801-100
E-Mail: willy.pesch@mo-modernoffice.de

Datum:

Angebot über exklusive Schreibtischleuchte

Sehr geehrter Herr Beckmann,

kürzlich konnte unser Haus 600 hochwertige Tischleuchten zu besonders preiswerten Konditionen erwerben. Aufgrund unserer langjährigen und sehr guten Geschäftsbeziehung unterbreiten wir Ihnen heute nachfolgendes TOP-ANGEBOT.

1 Schreibtischleuchte, Modell „All" 1-flammig, 38 cm hoch, Stückpreis _____ , Material: Aluminium Hochglanz.

Sorgen Sie mit diesem günstigen Angebot für eine angenehme Arbeitsatmosphäre in Ihren Büroräumen. Im Folgenden unsere weiteren Konditionen:

Lieferzeit: ....
Versand: ....
Verpackungskosten: ....
Zahlung: ....

Bitte entscheiden Sie sich rasch.

Mit freundlichen Grüßen

ModernOffice KG
Industriestraße 10 – 14
72160 Horb am Neckar
Gesellschafter:
Dr. Anja Tischler
Dipl.-Kfm. Jens Tischler
Anton Tischler

Telefon: + 49 7451 801-0
Telefax: + 49 7451 801-100
E-Mail: info@mo-modernoffice.com

Internet: www.mo-modernoffice.com
Facebook: www.facebook.com/mo-modernoffice
Twitter: https://twitter.com/mo-modernoffice

Bankverbindungen:
Postbank Stuttgart
IBAN DE53 6001 0070 0813 6000 10
SWIFT-BIC PBNK DE FF 600
Kreissparkasse Freudenstadt
IBAN DE68 6425 1060 1701 8022 44
SWIFT-BIC SOLA DE S1FDS

Sitz: Horb am Neckar
USt-IdNr.: DE 258034416
Steuer-Nr.: 220/360/2842
HRA 722079
Amtsgericht Stuttgart
(Finanzamt Freudenstadt,
Außenstelle Horb)

Arbeitsblatt Angebot

- *Legen Sie im Plenum das Handlungsergebnis dieser Lernsituation fest.*
- *Besprechen Sie im Plenum, welche Informationen und Kenntnisse Sie benötigen, um den Arbeitsauftrag zu lösen.*
- *Welche Informationsquellen können zur Lösung des Arbeitsauftrages herangezogen werden?*
- *Überprüfen Sie mithilfe des Schulbuches, ob die wesentlichen Angebotsinhalte in Ebrus Vorlage (Seite 351) bereits enthalten sind. Markieren Sie diese im Angebotsschreiben und nehmen Sie die notwendigen Ergänzungen vor. Begründen Sie Ihre Markierungen und Ergänzungen stichwortartig für Ebru.*
- *Entscheiden Sie im Plenum, wer sein Arbeitsergebnis präsentiert.*
- *Kontrollieren Sie die Richtigkeit des präsentierten Angebotsschreibens und vergleichen Sie das Ergebnis mit Ihrem Arbeitsergebnis. Nehmen Sie, falls notwendig, entsprechende Korrekturen oder Ergänzungen vor.*
- *Reflektieren Sie im Plenum, weshalb einzelne Schüler/Arbeitsgruppen bei der Erstellung des Angebotsschreibens erfolgreich waren und andere weniger. Notieren Sie, welche persönlichen Erkenntnisse Sie daraus für Ihre weitere Arbeitsweise ziehen.*

Fortsetzung der Ausgangssituation:
- *Fünf Tage nach der Versendung des Angebotsschreibens erhält die ModernOffice KG eine Bestellung über 200 Schreibtischleuchten von Herrn Beckmann. Kommt durch diese Bestellung ein Kaufvertrag zwischen der ModernOffice KG und der Allgemeine Versicherung AG zustande?*

Wesen des Angebots – verbindlich und unverbindlich

Ein Angebot (engl. binding offer) stellt eine verbindliche Willenserklärung des Verkäufers gegenüber dem potenziellen Käufer dar. Hierbei verpflichtet sich der Verkäufer, die angebotene Ware oder Dienstleistung zu den genannten Angebotsbedingungen zu leisten (§ 145 BGB).

Die Bindung an ein Angebot kann der Anbieter durch die Verwendung einer **Freizeichnungsklausel** im Angebotsschreiben ausschließen (z. B. „unverbindlich", „freibleibend", „ohne Gewähr", „ohne Obligo") oder teilweise einschränken (z. B. „Preis freibleibend", „solange Vorrat reicht"). Man spricht dann von einem unverbindlichen Angebot (engl. offer without obligation).

Beispiel • Karin Dorste, Mitarbeiterin im Verkauf der ModernOffice KG, formuliert im Angebotsschreiben Folgendes: „Diese Waren sind in begrenzter Anzahl (200 Stück) vorhanden und nur lieferbar, solange der Vorrat reicht."
Somit hat der Kunde keinen Anspruch auf den angegebenen Preis, wenn die beschränkte Vorratsmenge von 200 Stück ausverkauft ist.

Die reine **Anpreisung** von Waren, wie beispielsweise im Schaufenster oder auf Werbeplakaten, gilt nicht als Angebot im rechtlichen Sinn. Dies ist darin begründet, dass die Anpreisung sich an die Allgemeinheit und nicht an eine bestimmte Person richtet. Vielmehr soll die Anpreisung den Kunden auffordern, einen Antrag abzugeben, welcher vom Verkäufer angenommen werden muss.

Beispiel • Tanja Friedrich entdeckt im Schaufenster des Showrooms der ModernOffice KG in München einen Drehstuhl. Der Drehstuhl „MO JET II Drehstuhl mit Netzrücken" ist mit 189,73 EUR ausgezeichnet. Tanja Friedrich beschließt, diesen Drehstuhl zu kaufen. An der Kasse stellt die Verkäu-

ferin fest, dass der Preis vom Auszubildenden falsch ausgezeichnet wurde. Der tatsächliche Preis des Drehstuhls beträgt 198,73 EUR. **Wie ist die Rechtslage?**

Der ausgezeichnete Preis im Schaufenster ist kein Angebot, da der Preis sich an die Allgemeinheit richtet. Frau Friedrich, die mit dem Drehstuhl zur Kasse geht, zeigt somit der Verkäuferin, dass sie den Drehstuhl zum angegebenen Kaufpreis kaufen möchte. Diese Handlung stellt einen Antrag dar.

Die Verkäuferin kann nun entscheiden, ob sie den Antrag annimmt oder ablehnt. Solange sie nicht mit dem Antrag von Frau Friedrich einverstanden ist, kommt kein Kaufvertrag zustande und Frau Friedrich kann auch nicht fordern, den Drehstuhl zum ausgezeichneten Preis zu erhalten.

Die Verkäuferin der ModernOffice KG entscheidet aus Kulanzgründen, den Drehstuhl zum ausgezeichneten Preis von 189,73 EUR zu verkaufen. Der Kaufvertrag kommt somit durch Antrag und Annahme zustande.

Zusammenhang zwischen Anfrage und Angebot

In der Praxis unterscheidet man zwischen **unverlangten und verlangten Angeboten**. Geht dem Angebot eine Anfrage voraus, so spricht man von einem verlangten Angebot (engl. solicited offer).

Anfragen sind immer unverbindlich und formfrei, d. h., sie können mündlich, telefonisch, schriftlich oder fernschriftlich (E-Mail, Fax) erfolgen.

Verlangt der Kunde in seiner Anfrage lediglich eine Preisliste, einen Werbekatalog oder ein Warenmuster, so spricht man von einer **allgemeinen Anfrage** (engl. general enquiry). Fordert er hingegen genaue Angaben über die Qualität und Beschaffenheit der Ware, über den Preis, die Mindestabnahmemengen oder die Liefer- und Zahlungsbedingungen, dann spricht man von einer **bestimmten Anfrage** (engl. specific enquiry).

Ein verlangtes Angebot bindet den Anbieter; d. h., er ist bei einer Bestellung verpflichtet, die Ware zu den genannten Angebotsbedingungen zu liefern.

Inhalte eines Angebots

Um Unklarheiten vorzubeugen und einen reibungslosen Geschäftsablauf zu gewährleisten, ist es für beide Seiten vorteilhaft, wenn folgende **Angaben im Angebotsschreiben** enthalten sind:

1. Art und Güte der Ware
2. Warenpreis und Preisnachlässe
3. Warenmenge
4. Lieferzeit
5. Zahlungsbedingungen
6. Verpackungskosten
7. Beförderungskosten
8. Erfüllungsort
9. Gerichtsstand

Sollte eine dieser Angaben im Angebotsschreiben fehlen oder unklar sein, dann gelten die entsprechenden gesetzlichen Regelungen des Bürgerlichen Gesetzbuches (BGB) bzw. des Handelsgesetzbuches (HGB). Viele Lieferanten verweisen in ihrem Angebotsschreiben auf ihre Allgemeinen Geschäftsbedingungen (AGB). Diese sind jedoch nur dann wirksam, wenn sie dem Käufer bekannt sind.

1. Art und Güte der Ware

Erklärung	Die **Art der Ware** bestimmt sich durch die handelsübliche Bezeichnung, wie beispielsweise Drehstuhl „MO AGENDA". Unter der **Güte der Ware** versteht man die Beschreibung der Qualitätsmerkmale, z. B. mithilfe von Qualitäts-/Formmuster, Gütezeichen, Handelsklassen oder Typen. Bei Gütezeichen wird in Wort und durch Abbildungen eine bestimmte Mindestqualität verbrieft, z. B. „echtes Leder". Handelsklassen finden z. B. bei landwirtschaftlichen Erzeugnissen Anwendung, etwa bei Eiern. Hier unterscheidet man zwischen Handelsklasse Extra = höchste Qualität, Handelsklasse I = gute Qualität und Handelsklasse II = mittlere Qualität. Ist im Angebot bezüglich Art und Güte nichts bestimmt, so greift die gesetzliche Regelung.
Gesetzliche Regelung	**§ 243 (1) BGB:** Wer eine nur der Gattung nach bestimmte Sache schuldet, hat eine Sache von mittlerer Art und Güte zu leisten. **§ 360 HGB:** Wird eine nur der Gattung nach bestimmte Ware geschuldet, so ist Handelsgut mittlerer Art und Güte zu leisten.
Besonderheiten	Die gesetzliche Regelung gilt nur für **Gattungswaren**, d. h. für Waren, die in genau gleicher Art und in großer Zahl vorhanden sind. Sie sind somit austauschbar. Der Gegenbegriff ist der Spezieskauf, d. h. der Kauf einer ganz bestimmten Ware, welche nicht austauschbar ist.

2. Warenpreis und Preisnachlässe

Erklärung	Nach der **Preisangabenverordnung (PAngV)** ist der Verkäufer gegenüber dem **Endverbraucher** verpflichtet, den Preis einschließlich Umsatzsteuer (Bruttopreis) anzugeben. Beim Verkauf von Waren an **Wiederverkäufer** (Großhändler) werden die Nettopreise (Listenpreise) im Angebot angegeben, da die Umsatzsteuer für sie nur einen durchlaufenden Posten[1] darstellt und somit bei der Angebotsentscheidung keine Rolle spielt.
Gesetzliche Regelung	**§ 1 (1) PAngV:** Wer Letztverbrauchern gewerbs- oder geschäftsmäßig oder regelmäßig in sonstiger Weise Waren oder Leistungen anbietet oder als Anbieter von Waren oder Leistungen gegenüber Letztverbrauchern unter Angabe von Preisen wirbt, hat die Preise anzugeben, die einschließlich der Umsatzsteuer und sonstiger Preisbestandteile zu zahlen sind (Endpreise). […]
Besonderheiten	**Preisnachlässe** ermäßigen den Verkaufspreis einer Ware oder Leistung. Folgende Preisnachlässe sind beispielsweise möglich: – **Skonto** wird gewährt, wenn der Kunde den Rechnungsbetrag innerhalb einer vorgeschriebenen Frist vor dem eigentlichen Zahlungstermin begleicht. – **Mengenrabatt** wird bei Abnahme einer größeren Menge gewährt. – **Treuerabatt** wird Stammkunden gewährt. – **Funktionsrabatt** wird dem Käufer (Händler) für die Übernahme von Distributionsaufgaben (z. B. Werbung) gewährt. – **Wiederverkäuferrabatt** wird dem Käufer (Händler) für Waren gewährt, die mit Preisempfehlungen ausgezeichnet sind.

---

1 Die Umsatzsteuer wird letztendlich an den Endverbraucher weitergegeben. Daher stellt sie für den Großhändler einen durchlaufenden Posten dar.

3. Warenmenge	
Erklärung	Die **Warenmenge** sollte in handelsüblichen Mengeneinheiten (z. B. Stück, Kiste, Karton, Dutzend) oder in gesetzlichen Einheiten (z. B. m, kg, l) angegeben werden.
Gesetzliche Regelung	**§ 1 (1) PAngV:** [...] Soweit es der allgemeinen Verkehrsauffassung entspricht, sind auch die Verkaufs- oder Leistungseinheit und die Gütebezeichnung anzugeben, auf die sich die Preise beziehen. [...] **§ 361 HGB:** Maß, Gewicht, Währung, Zeitrechnung und Entfernungen, die an dem Ort gelten, wo der Vertrag erfüllt werden soll, sind im Zweifel als die vertragsmäßigen zu betrachten.
Besonderheiten	Ohne Mengenangabe im Angebotsschreiben ist der Anbieter verpflichtet, die handelsübliche Menge zu liefern.

4. Lieferzeit	
Erklärung	Die Lieferzeit umfasst die Zeitspanne ab der Auftragserteilung durch den Käufer bis dieser die Ware zur Verfügung hat. Die Warenüberprüfung beim Wareneingang durch den Käufer ist hierbei inbegriffen. Ist nichts vereinbart, so kann der Käufer die sofortige Lieferung verlangen. In diesem Fall spricht man vom Sofortkauf.
Gesetzliche Regelung	**§ 271 (1) BGB:** Ist eine Zeit für die Leistung weder bestimmt noch aus den Umständen zu entnehmen, so kann der Gläubiger die Leistung sofort verlangen, der Schuldner sie sofort bewirken.
Besonderheiten	Nach der Lieferzeit lassen sich folgende **Kaufarten** unterscheiden: – **Fixkauf:** Der Lieferzeitpunkt ist kalendermäßig genau bestimmt, z. B. „Lieferung am 30. Mai fix". – **Terminkauf:** Lieferung innerhalb einer bestimmten Frist, z. B. „Lieferung innerhalb von 4 Wochen" oder „Lieferung Ende Juni". – **Kauf auf Abruf:** Der Käufer bestimmt den Liefertermin für die gesamte Lieferungsmenge oder für eine Teilmenge. Bei Bedarf ruft der Käufer die Ware ab.

5. Zahlungsbedingungen	
Erklärung	Vereinbarung zwischen Verkäufer und Käufer über den Zahlungsort und Zahlungszeitpunkt. Ist zwischen Verkäufer und Käufer nichts vereinbart, so sieht das Gesetz die sofortige Bezahlung der Ware bei Lieferung vor. Zudem trägt der Käufer die Kosten und die Gefahr der Geldübermittlung bis zum Wohnsitz des Verkäufers.
Gesetzliche Regelung	**§ 270 (1) BGB:** Geld hat der Schuldner im Zweifel auf seine Gefahr und seine Kosten dem Gläubiger an dessen Wohnsitz zu übermitteln. **§ 271 (1) BGB:** Ist eine Zeit für die Leistung weder bestimmt noch aus den Umständen zu entnehmen, so kann der Gläubiger die Leistung sofort verlangen, der Schuldner sie sofort bewirken.
Besonderheiten	Folgende Zahlungsbedingungen können zwischen Verkäufer und Käufer beispielsweise vereinbart werden: **Vorauszahlung:** Die teilweise oder gesamte Leistung des Rechnungsbetrages im Voraus, z. B. „Lieferung gegen Vorkasse/Anzahlung", „Zahlung im Voraus". Findet vor allem bei Neukunden oder schlecht zahlenden Kunden Anwendung.

5. Zahlungsbedingungen	
Besonderheiten	**Zahlung mit Zahlungsziel (Zielkauf):** Die Leistung des Rechnungsbetrages muss erst nach einer angegebenen Zeit nach der Warenlieferung erfolgen, z. B. „zahlbar innerhalb von 30 Tagen". In der Regel liefert der Verkäufer die Ware bei dieser Zahlungsbedingung **unter Eigentumsvorbehalt**, d. h. der Verkäufer bleibt bis zur Bezahlung des Rechnungsbetrages Eigentümer der Ware laut § 449 BGB.
	Ratenzahlung (Ratenkauf): Die Leistung des Rechnungsbetrages erfolgt in Teilbeträgen.
	Nach der Rechtsprechung des OLG Köln (12.03.2009 – 18 U 101/08) bestimmt sich die Rechtzeitigkeit einer Zahlung nach dem Zeitpunkt der Gutschrift beim Gläubiger.

6. Verpackungskosten	
Erklärung	Verpackungskosten sind die Kosten, die für die Verpackung einer Ware anfallen. Die Verpackungskosten werden unterteilt in Warenverkaufsverpackungskosten und Versandverpackungskosten. Nach dem Gesetz ist der Verkäufer verpflichtet, die Kosten für die Warenverkaufsverpackung zu übernehmen. Der Käufer trägt die Kosten der Versandverpackung, wenn vertraglich „Preis ausschließlich Verpackung" bzw. „Reingewicht ausschließlich Verpackung" vereinbart wird. Dies entspricht auch der gesetzlichen Regelung.
	Das Gewicht der Verpackung wird als **Tara** bezeichnet.
	### Rohgewicht der Ware – Tara = Reingewicht der Ware
	Das Rohgewicht der Ware (= **Bruttogewicht**) ist das Warengewicht einschließlich Verpackungsgewicht. Nach Abzug der Tara erhält man das Reingewicht (= **Nettogewicht**) der Ware, d. h. das reine Warengewicht.
Gesetzliche Regelung	**§ 448 (1) BGB:** Der Verkäufer trägt die Kosten der Übergabe der Sache, der Käufer die Kosten der Abnahme und der Versendung der Sache nach einem anderen Ort als dem Erfüllungsort.
	§ 380 (1) HGB: Ist der Kaufpreis nach dem Gewicht der Ware zu berechnen, so kommt das Gewicht der Verpackung (Taragewicht) in Abzug, wenn nicht aus dem Vertrag oder dem Handelsgebrauch des Ortes, an welchem der Verkäufer zu erfüllen hat, sich ein anderes ergibt.
Besonderheiten	Übernimmt der Verkäufer die kompletten Verpackungskosten (Warenverkaufsverpackungs- und Versandverpackungskosten), dann sind folgende Formulierungen üblich: „Preis einschließlich Verpackung", „Reingewicht einschließlich Verpackung", „Preis netto einschließlich Verpackung".

7. Beförderungskosten	
Erklärung	Als Beförderungskosten bezeichnet man alle Kosten, die mit der Beförderung der Ware vom Verkäufer zum Käufer verbunden sind. Hierzu zählen beispielsweise die Kosten für das Beförderungsmittel (Lkw, Bahn). Der Käufer trägt die Beförderungskosten ab der Betriebsstätte des Verkäufers. Diese Regelung gilt, wenn es sich um einen **Platzkauf** handelt, d. h. Käufer und Verkäufer haben ihren Geschäftssitz am selben Ort. Mithilfe der Klausel „**ab Werk**" oder „**ab Lager**" wird diese Regelung im Angebot kenntlich gemacht. Handelt es sich um einen **Versendungskauf**, d. h. die Firma des Käufers und die des Verkäufers befinden sich nicht am gleichen Ort, übernimmt der Verkäufer die Kosten bis zur Versandstation. Alle weiteren Kosten der Beförderung sind vom Käufer zu tragen laut § 448 (1) BGB. Die Klausel „**unfrei**" beschreibt diese Regelung.
Gesetzliche Regelung	**§ 448 (1) BGB:** Der Verkäufer trägt die Kosten der Übergabe der Sache, der Käufer die Kosten der Abnahme und der Versendung der Sache nach einem anderen Ort als dem Erfüllungsort.
Besonderheiten	Die Klauseln „**frei Haus**", „**frei Lager**" oder „**frei Werk**" im Angebot bedeuten, dass der Verkäufer, in Abweichung von der gesetzlichen Regelung, die gesamten Kosten übernimmt. Die Klauseln „**frachtfrei**", „**frei dort**" oder „**frei Bahnhof dort**" im Angebot bedeuten, dass der Verkäufer die Kosten bis zum Bestimmungsbahnhof trägt. Bei internationalen Verträgen finden die internationalen Handelsklauseln, die sogenannten **INCOTERMS**®[1] (International Commercial Terms) der Internationalen Handelskammer (ICC) Anwendung. Mithilfe der INCOTERMS®-Klauseln wird zwischen den Vertragspartnern festgelegt, wer die Beschaffung und Verantwortung der Waren- und Transportdokumente übernimmt. Zudem wird geregelt, wer die Transportversicherung und die anfallenden Kosten trägt sowie der Gefahrenübergang bestimmt. Im Folgenden werden die elf INCOTERMS®-Klauseln kurz dargestellt. Die Klauseln EXW, FCA, CPT, CIP, DAT, DAP, DDP können für alle Transportarten verwendet werden. Für den See- und Binnenschiffstransport sind ausschließlich die Klauseln FAS, FOB, CFR und CIF zu verwenden.

---

1 *Seit dem 01.01.2011 ist die Incoterms® 2010 gültig. Incoterms® ist ein eingetragenes Markenzeichen der Internationalen Handelskammer ICC – International Chamber of Commerce; www.icc-deutschland.de.*

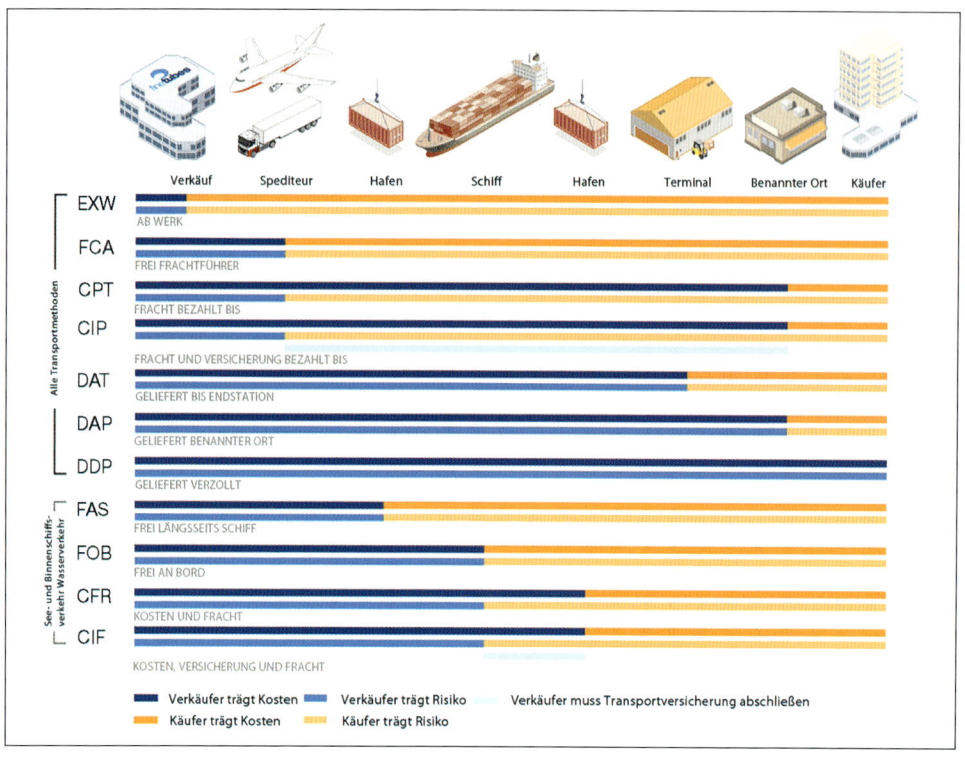

	Verkäuf	Spediteur	Hafen	Schiff	Hafen	Terminal	Benannter Ort	Käufer

EXW — AB WERK

FCA — FREI FRACHTFÜHRER

CPT — FRACHT BEZAHLT BIS

CIP — FRACHT UND VERSICHERUNG BEZAHLT BIS

DAT — GELIEFERT BIS ENDSTATION

DAP — GELIEFERT BENANNTER ORT

DDP — GELIEFERT VERZOLLT

Alle Transportmethoden

FAS — FREI LÄNGSSEITS SCHIFF

FOB — FREI AN BORD

CFR — KOSTEN UND FRACHT

CIF — KOSTEN, VERSICHERUNG UND FRACHT

See- und Binnenschiffsverkehr/Wasserverkehr

- Verkäufer trägt Kosten
- Verkäufer trägt Risiko
- Verkäufer muss Transportversicherung abschließen
- Käufer trägt Kosten
- Käufer trägt Risiko

8. Erfüllungsort

Erklärung	Der Erfüllungsort (Leistungsort) ist der Ort, an dem Verkäufer (Waren-schuldner) und Käufer (Geldschuldner) ihre jeweilige Leistung erfüllen. Ist vertraglich nichts festgelegt, so ist der jeweilige Wohn- bzw. Geschäftssitz der Schuldner der Erfüllungsort laut § 269 (1) BGB.
	Warenschulden sind Holschulden:
	Bei einem **Platzkauf**, d. h. Verkäufer und Käufer haben am selben Ort den Wohn- bzw. Geschäftssitz, muss der Verkäufer nach der gesetzlichen Regelung die Ware an seinem Wohn- bzw. Geschäftssitz bereitstellen. Mit der Übergabe der Ware an den Käufer, wenn dieser die Ware abholt, erfolgt der Gefahrenübergang. Die Gefahr der Beschädigung der Ware und die damit verbundenen Kosten trägt nun der Käufer.
	Bei einem **Versendungskauf** versendet der Verkäufer die Ware auf Wunsch des Käufers an einen anderen Ort als den Erfüllungsort.
	Handelt es sich bei dem **Käufer** um einen **Unternehmer**, so geht die Gefahr mit der Übergabe der Ware an das Transportunternehmen auf den Käufer über.
	Beispiel • *Die ModernOffice KG (Horb am Neckar) sendet 150 Bürostühle ihrem Kunden, der Bürowelt GmbH & Co. KG in Dresden, per Expressdienst zu. In diesem Fall liegt ein Versendungskauf vor. Die Gefahr bzw. das Transportrisiko geht mit der Übergabe der Ware an das Transportunternehmen auf die Bürowelt GmbH & Co. KG über. Der Fahrer des Transportunternehmens wird in einen Verkehrsunfall verwickelt, wobei die 150 Bürostühle beschädigt werden. Obwohl die Bürostühle nicht geliefert werden, kann die ModernOffice KG von der Bürowelt GmbH & Co. KG die Zahlung des Rechnungsbetrages verlangen.*

Erklärung	Anders ist der Fall zu beurteilen, wenn die ModernOffice KG die Büro-stühle mit eigenem Fahrzeug liefert. In diesem Fall hat die ModernOffice KG für Transportschäden oder Lieferungsverzögerungen aufzukommen. Handelt es sich bei dem **Käufer** um einen **Verbraucher** (Verbrauchsgüter-kauf), dann trägt der Verkäufer das Transportrisiko beim Versendungskauf. ***Beispiel*** • *Die ModernOffice KG (Horb am Neckar) sendet Herrn Koypers (Göppingen) eine Schreibtischleuchte per Expressdienst zu. Wird die Schreib-tischleuchte nun beim Transport beschädigt, so trägt die ModernOffice KG die Kosten und kann auch keine Zahlung von Herrn Koypers verlangen. Der Erfül-lungsort ist in diesem Fall der Ort der Übergabe an den Käufer, d. h. Göppingen.* In den meisten Fällen wird ein Transportrisiko jedoch durch eine Versicherung abgedeckt. **Geldschulden sind Bringschulden:** „Aufgrund der Entscheidung des Europäischen Gerichtshofs vom 03.04.2008 [...] sind die §§ 269, 270, 286 BGB [...] dahin auszulegen, dass es für die Rechtzeitigkeit einer Zah-lung durch Banküberweisung auf den Zeitpunkt der Gut-schrift auf dem Konto des Gläubigers ankommt."[1] „Geldschulden sind (...) als **modifizierte Bringschulden** zu behandeln. Ein Schuldner muss daher eine Zahlung nicht mehr nur bis zur vereinbarten Frist anweisen, sondern statt dessen dafür sorgen, dass die angewiesenen Gelder bis zur vereinbarten Frist der Hausbank des Gläubigers gutgeschrie-ben werden. Der Schuldner trägt die Verzögerungsgefahr."[2] Der Erfüllungsort für die Zahlung ist der Wohnsitz des Käufers (Geldschuldner) laut § 269 (1) BGB. Der Käufer trägt jedoch das Übermittlungsrisiko sowie die Übermittlungskosten (Überweisungskosten) der Geldschuld nach § 270 (1) BGB. Der Käufer hat dafür zu sorgen, dass die Geldschuld spätestens am Fälligkeitstag auf dem Konto des Verkäufers gutgeschrieben wird. Er hat seine Leistung erst mit dem fristgerechten Eingang der Geldschuld beim Verkäufer erfüllt.
Gesetzliche Regelung	**§ 269 (1) BGB:** Ist ein Ort für die Leistung weder bestimmt noch aus den Umständen, insbesondere aus der Natur des Schuldverhältnisses, zu entnehmen, so hat die Leistung an dem Ort zu erfolgen, an welchem der Schuldner zur Zeit der Entste-hung des Schuldverhältnisses seinen Wohnsitz hatte. **§ 270 (1) BGB:** Geld hat der Schuldner im Zweifel auf seine Gefahr und seine Kosten dem Gläubiger an dessen Wohnsitz zu übermitteln.
Besonderheiten	Neben der gesetzlichen Regelung können Geschäftspartner auch einen anderen Ort als Erfüllungsort vereinbaren.

---

1 *OpenJur e.V.: OLG Köln, Urteil vom 12. März 2009 – 18 U 101/08, 2009 abgerufen unter: http://openjur. de/u/135354.html (16.08.2013)*
2 *OpenJur e.V.: AG Kassel, Urteil vom 4. Januar 2010 – 453 C 4954/09, 2010, abgerufen unter: http:// openjur.de/u/305232.html (16.08.2013)*

9. Gerichtsstand	
Erklärung	Als Gerichtsstand bezeichnet man den **Ort des zuständigen Gerichts** bei Streitigkeiten zwischen Verkäufer und Käufer. Nach der gesetzlichen Regelung wird der Gerichtsstand durch den Wohn- bzw. Geschäftssitz des Beklagten (Schuldner) bestimmt. *Streitigkeiten bezüglich der Ware = Sitz des Verkäufers ist Gerichtsstand* *Streitigkeiten bezüglich der Zahlung = Sitz des Käufers ist Gerichtsstand*
Gesetzliche Regelung	**§ 29 (1) Zivilprozessordnung (ZPO):** Für Streitigkeiten aus einem Vertragsverhältnis und über dessen Bestehen ist das Gericht des Ortes zuständig, an dem die streitige Verpflichtung zu erfüllen ist.
Besonderheiten	Lediglich Kaufleute können einen von der gesetzlichen Regelung abweichenden Gerichtsstand vereinbaren. Für jeden Kaufmann ist es sinnvoll, den eigenen Geschäftssitz als Gerichtsstand festzulegen, da dadurch im Fall von Streitigkeiten Kosten gespart werden können.

Bindung eines Angebots

Das Gesetz sieht bezüglich der Bindung an ein **Angebot unter Abwesenden** folgende Regelung laut **§ 147 (2) BGB** vor:

> Der einem Abwesenden gemachte Antrag kann nur bis zu dem Zeitpunkt angenommen werden, in welchem der Antragende den Eingang der Antwort unter regelmäßigen Umständen erwarten darf.

Unter regelmäßigen Umständen bedeutet, dass der Anbieter (= Verkäufer) die Dauer für
- die Zustellung des Angebots,
- die Überprüfung und Bearbeitung des Angebots sowie
- die Zustellung der Bestellung

berücksichtigen muss. Der Anbieter kann hierbei davon ausgehen, dass der Kunde für seine Antwort denselben Kommunikationsweg verwendet.

§ 147 (1) BGB regelt die Bindung an ein **Angebot unter Anwesenden.** Hier heißt es:

> Der einem Anwesenden gemachte Antrag kann nur sofort angenommen werden. Dies gilt auch von einem mittels Fernsprechers oder einer sonstigen technischen Einrichtung von Person zu Person gemachten Antrag.

Der Verkäufer ist somit nur für die Dauer des Gespräches an sein mündliches Angebot gebunden. Zudem darf das Angebot vom Kunden nicht abgeändert werden. Die Abänderung stellt einen neuen Antrag seitens des Kunden dar nach § 150 (2) BGB.

Widerruf eines Angebots

Der Widerruf eines Angebots ist unter folgender Voraussetzung möglich:

> **§ 130 (1) BGB:** Eine Willenserklärung, die einem anderen gegenüber abzugeben ist, wird, wenn sie in dessen Abwesenheit abgegeben wird, in dem Zeitpunkt wirksam, in welchem sie ihm zugeht. Sie wird nicht wirksam, wenn dem anderen vorher oder gleichzeitig ein Widerruf zugeht.

Zustandekommen eines Kaufvertrags[1]

Bestellung

Die Bestellung (engl. order) ist eine empfangsbedürftige Willenserklärung*, d. h. sie muss dem Empfänger zugehen. Die Bestellung bringt den Willen des Käufers zum Ausdruck, das angebotene Produkt zu den angegebenen Angebotsbedingungen zu kaufen.*

Die Bestellung kann wie das Angebot widerrufen werden.

Bestellt der Kunde nach Eingang des Angebots fristgerecht und ohne Abänderung der einzelnen Angebotsinhalte, so kommt durch zwei inhaltlich übereinstimmende Willenserklärungen ein Kaufvertrag zwischen Anbieter und Kunde zustande.

Der Kaufvertrag ist laut **§ 433 BGB** mit **Pflichten für beide Vertragspartner** verbunden:

(1) Durch den Kaufvertrag wird der Verkäufer einer Sache verpflichtet, dem Käufer die Sache zu übergeben und das Eigentum an der Sache zu verschaffen. Der Verkäufer hat dem Käufer die Sache frei von Sach- und Rechtsmängeln zu verschaffen.
(2) Der Käufer ist verpflichtet, dem Verkäufer den vereinbarten Kaufpreis zu zahlen und die gekaufte Sache abzunehmen.

Der Abschluss des Kaufvertrages ist ein Verpflichtungsgeschäft, welchem ein Erfüllungsgeschäft folgt.

Beispiel •

verbindliches Angebot der ModernOffice KG über Bürostühle 1. Willenserklärung (Antrag)	**Kaufvertrag** = zwei inhaltlich übereinstimmende Willenserklärungen	Bestellung durch Bürowelt GmbH & Co. KG 2. Willenserklärung (Annahme)

Verpflichtungsgeschäft, § 433 BGB

– Die bestellten Bürostühle müssen mangelfrei und rechtzeitig übergeben werden. – Das Eigentum muss übertragen werden.	– Die Bürowelt GmbH & Co. KG muss die Bürostühle abnehmen. – Die Bürostühle müssen rechtzeitig bezahlt werden.

Erfüllungsgeschäft

Beide Vertragsparteien erfüllen ihre Pflichten.
Durch Einigung über die Eigentumsübertragung (Verpflichtungsgeschäft) und durch Übergabe der Bürostühle erwirbt die Bürowelt GmbH & Co. KG das rechtliche Eigentum.

Die Willenserklärung der Bürowelt GmbH & Co. KG ist im rechtlichen Sinne eine Annahme, da dieser Willenserklärung ein verbindliches Angebot vorausgeht.

---

1 *Das Thema „Verträge schließen" wird in Lernfeld 4 ausführlich behandelt*

Die Auftragsbestätigung

Beispiel: • *Ist der Bestellung der Bürowelt GmbH & Co. KG kein Angebot vorausgegangen, dann ist ihre Willenserklärung ein Antrag, welcher von der ModernOffice KG mithilfe einer **Auftragsbestätigung** (Annahme) angenommen werden kann. Mit der Auftragsbestätigung erklärt sich die ModernOffice KG bereit, die bestellten Bürostühle zu den angegebenen Bedingungen zu liefern.*

Eine Auftragsbestätigung (engl. acknowledgement of order) ist in folgenden weiteren Fällen zum Abschluss eines Kaufvertrags notwendig:
- Die Bestellung erfolgt aufgrund eines unverbindlichen Angebots (Freizeichnungsklausel),
- eine Bestellung auf ein Angebot erfolgt zu spät oder
- eine Bestellung weicht vom vorherigen Angebot ab.

Auf den Punkt gebracht

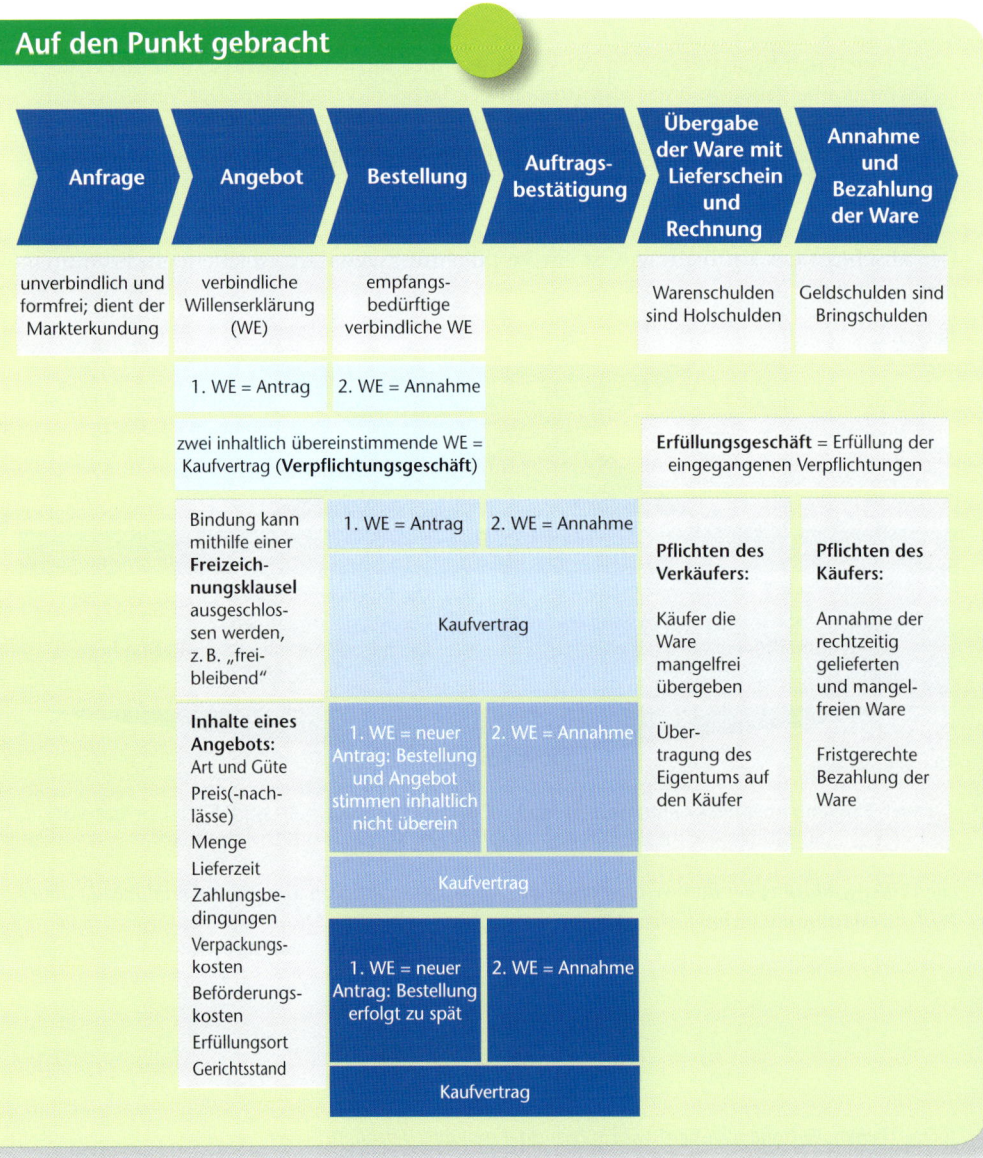

Nutzen Sie Ihr Wissen

1. Willy Pesch leitet Ebru Celik folgende E-Mail zur Bearbeitung weiter:

An ...	ebru.celik@modernoffice.com
Cc ...	
Bcc ...	
Betreff:	Enquiry

Dear Sir or Madam,

we found your address in the magazine „office furniture and fixtures".
We are a young and fast growing company specialized in office furniture.
Could you please let us have a brochure and a price list of your latest products?

We look forward to hearing from you soon.

Best regards

Jennifer Smith

a) Erklären Sie den Unterschied zwischen den zwei möglichen Anfragearten und begründen Sie, um welche Anfrageart es sich im vorliegenden Fall handelt.
b) Geben Sie an, ob die Anfrage für Frau Smith eine rechtliche Bedeutung hat.
c) Antworten Sie anstelle von Ebru Celik auf die vorliegende E-Mail.

2. Folgende Anfrage liegt der ModernOffice KG am 28.03.20.. vor:

An ...	willy.pesch@mo-modernofffice.com
Cc ...	
Bcc ...	
Betreff:	Enquiry

Dear Sir/Madam,

while searching for suppliers we came across your company´s website.
Please send us a quotation for 200 swivel chairs „Caspar Model swivel chair 263/7".
Please inform us about your export prices and possible quantity discounts as well as your terms of payment and delivery. We assume that you will be able to deliver from stock.

If your prices are competitive, we may be able to place substantial orders in the future.

Best regards

Jakob Waters
Purchasing Manager

WATERS Ltd.
56 Court Street
Nottingham
WQ1 6P0
UNITED KINGDOM

Phone:. 020 96753272
Fax: 020 96753273

Von Herrn Pesch erhalten Sie folgende Informationen:
- Stückpreis: 462,67 EUR
- Für Aufträge über mindestens 300 Stück: 10 % Mengenrabatt
- Lieferzeit: 4 Wochen
- Versand: ab Werk
- Verpackungskosten: übernimmt die ModernOffice KG
- Angebot gültig bis 15. April 20..

Verfassen Sie das Angebotsschreiben für die ModernOffice KG. Entscheiden Sie, welche Zahlungsbedingung Sie für den Kunden wählen. Legen Sie zudem den Erfüllungsort und den Gerichtsstand fest. Begründen Sie Ihre Entscheidungen schriftlich.

3.   Die ModernOffice KG hat am 09.11.20.. per Expressdienst ein verlangtes Angebot über 50 Schreibtische an die Wohntraum AG gesendet. Die Wohntraum AG bestellt am 09.12. 20.. die 50 Schreibtische. Erklären Sie, ob im vorliegenden Fall ein Kaufvertrag zustande kommt bzw. wie ein Kaufvertrag zustande kommen kann.

4.   Der Praktikantin Nicole Costa Rother ist der Unterschied zwischen Rabatt und Skonto unklar. Zudem fragt sie, welche Zielsetzung die ModernOffice KG bei der Vergabe von Rabatt und Skonto verfolgt. Beantworten Sie die Fragen von Frau Costa Rother.

5.   Erklären Sie Frau Costa Rother anhand von vier Praxisbeispielen, wie die Bindung an ein Angebot erlöschen kann.

6.   Erklären Sie, wie lange der Anbieter bei einem Angebot „unter Anwesenden" und bei einem Angebot „unter Abwesenden" an sein Angebot gebunden ist. Verdeutlichen Sie Ihre Erklärung mithilfe eines Praxisbeispiels.

7.   Begründen Sie, weshalb sich die meisten Lieferanten in ihren Angeboten bei der Bestimmung des Erfüllungsortes und Gerichtsstandes für ihren Geschäftssitz entscheiden.

8.   Erklären Sie die gesetzliche Regelung hinsichtlich der Übernahme der Beförderungskosten beim Versendungskauf. Geben Sie dabei den Fachbegriff der Klausel an, die diese Regelung beschreibt.

9.   Erklären Sie den Unterschied zwischen Termin- und Fixkauf.

3 Texte des internen und externen Schriftverkehrs formulieren und normgerecht gestalten

3.1 Grundoperationen des Textverarbeitungsprogramms einsetzen

Lernsituation

Die Mitarbeiterin Frau Summer bittet Ebru, ihr bei der Messenachbereitung zu helfen. Die ModernOffice KG hatte einen erfolgreichen Auftritt auf der ORGATEC in Köln. Einige Neu-kunden meldeten sich für eine Messeführung an, konnten aber nicht kommen. Um die Kun-denbeziehungen zu verbessern, verfasst Frau Summer heute einen Brief an diese Interessenten und Kunden. Da sie weiß, dass Ebru das Textverarbeitungsprogramm gut beherrscht, sendet Sie ihr folgende Aufgabe per E-Mail.:

Heute erhält Ebru folgende E-Mail von Frau Summer:

An ...	ebru.celik@mo-modernoffice.com
Cc ...	
Bcc ...	
Betreff ...	Bitte um Überarbeitung

Sehr geehrte Frau Celik,

Sie erhalten im Anhang einen Brieftext mit der Bitte um Überarbeitung. Senden Sie mir den Text bitte bis Donnerstag, 23. Mai 20.. zurück.

Vielen Dank.

Freundliche Grüße

ModernOffice KG

Lily Summer

E-Mail: lily.summer@mo-modernoffice.com
Internet: www.mo-modernoffice.com
Telefon: 07451 801-350
Telefax: 07451 801-100

Postanschrift: Postfach 10 15, 72160 Horb am Neckar
Hausanschrift/Sitz: Industriestraße 10 – 14, 72160 Horb am Neckar
Gesellschafter: Dr. Anja Tischler, Dipl.-Kfm. Jens Tischler
Handelsregister HRB 722079 beim Amtsgericht Stuttgart

Anhang	Brieftext-Messeführung.docx

Ebru öffnet die angehängte Datei und überlegt, welche Funktionen sie für die Überarbei-tung einsetzen kann.

- *Informieren Sie sich über die Grundoperationen Ihres Textverarbeitungsprogramms.*
- *Prüfen Sie, welche Funktionen für die Überarbeitung geeignet sind.*
- *Überarbeiten Sie das Dokument und speichern Sie es unter einem geeigneten Namen ab.*
- *Kontrollieren Sie, ob Sie alle Korrekturen norm- und sachgerecht erledigt haben.*
- *Vergleichen Sie Ihre Ergebnisse und nehmen Sie gegebenenfalls Korrekturen vor.*

Brieftext Messe- führung

Formatierungszeichen ein- und ausblenden	**Formatierungszeichen**
	Durch den Anschlag der Leertaste wird auf dem Bildschirm ein Leerzeichen erzeugt (• = Leerzeichen). Das Leerzeichen und viele andere Formatierungs- zeichen können bei Bedarf ein- und ausgeblendet werden. Wählen Sie die Registerkarte „Start", Gruppe „Absatz", Befehl „Absatzmarke und sonstige ausgeblendete Formatierungszeichen anzeigen".

Einfügen und Überschreiben	**Einfüge- und Überschreibmodus**
	Entf Löscht die Zeichen rechts neben dem Cursor oder in einem markierten Bereich. Einf Das Programm arbeitet im Einfügemodus, d. h., der folgende Text wird beim Einfügen von Zeichen nach rechts verschoben. Der Einfüge- und Überschreibmodus kann in der Statuszeile mit Klick auf die Schaltfläche Einfügen/Überschreiben ein- und ausgeschaltet werden.  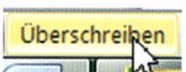

	Bereich	**Mausaktion**
Markieren	Markierungsspalte	Sie befindet sich links zwischen Text und Fensterrand. Wird der Mauszeiger in die Markierungsspalte gebracht, verändert er sich zu einem Pfeil.
	Wort	Doppelklick mit der linken Maustaste auf das Wort.
	Satz	Strg + Mausklick innerhalb des Satzes.
	Zeile	In der Markierungsspalte an der entsprechenden Position einen Mausklick vor die Zeile setzen.
	Absatz	Doppelklick links in der Markierungsspalte vor den Absatz setzen.
	Textblock	Linke Maustaste gedrückt nach unten ziehen. Alternativ kann die F8- oder UM-Taste eingesetzt werden.

Markieren	Datei	Strg + Mausklick in der Markierungsspalte.
	Nichtzusammen-hängender Text	Strg + Wörter, Zeilen und Absätze markieren und die Strg-Taste danach wieder loslassen.
	Tastatur	
	Die UM-Taste gedrückt halten und mit den Cursortasten über den zu markierenden Bereich fahren. Mit UM + Strg + ⇨ können Sie Wort für Wort hintereinander markieren.	

Kopieren, Ausschneiden und Einfügen	**Kopieren**	**Ausschneiden**	**Einfügen**
	Arbeitsablauf 1. Markieren Sie den gewünschten Text oder die Grafik. 2. Aktivieren Sie im Register „Start" die Gruppe „Zwischenablage" und klicken Sie auf den Befehl „Kopieren" oder verwenden Sie die Tastenkombination Strg + C. 3. Das kopierte Element wird in die Zwischenablage gelegt.	**Arbeitsablauf** 1. Markieren Sie den gewünschten Text oder die Grafik. 2. Aktivieren Sie im Register „Start", Gruppe „Zwischenablage" den Befehl „Ausschneiden" oder verwenden Sie die Tastenkombination Strg + X. 3. Das ausgeschnittene Element wird in die Zwischenablage gelegt.	**Arbeitsablauf** – Setzen Sie den Cursor an die Stelle, an der der kopierte Text eingefügt werden soll, und aktivieren Sie die Schaltfläche „Einfügen". – Alternativ können Sie auch die Tastenkombination Strg + V verwenden.

Suchen und Ersetzen	**Standardsuche**
	Mit der Funktion „Suchen" können Sie in umfangreichen Dokumenten nach einem bestimmten Text suchen.

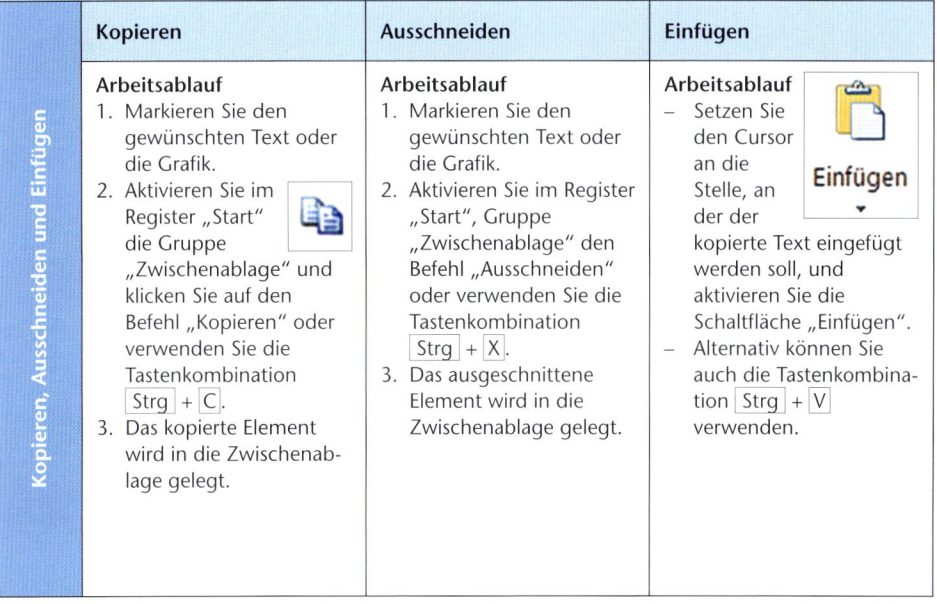

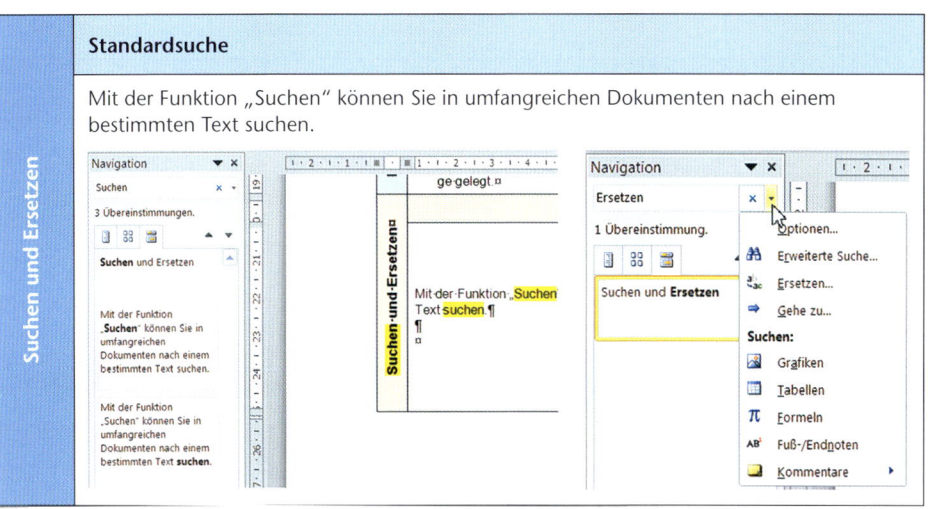

Suchen und Ersetzen

Arbeitsablauf

1. Wählen Sie das Register „Start". Klicken Sie dort in der Gruppe „Bearbeiten" auf den Befehl „Suchen" oder verwenden Sie die Tastenkombination Strg + F.
2. Geben Sie den Suchbegriff ein und bestätigen Sie mit „Return".
3. Das gesuchte Wort wird im Text farblich hervorgehoben, ebenso im Aufgabenbereich.
4. Über den Pfeil „Optionen" kann die Suche präzisiert werden.

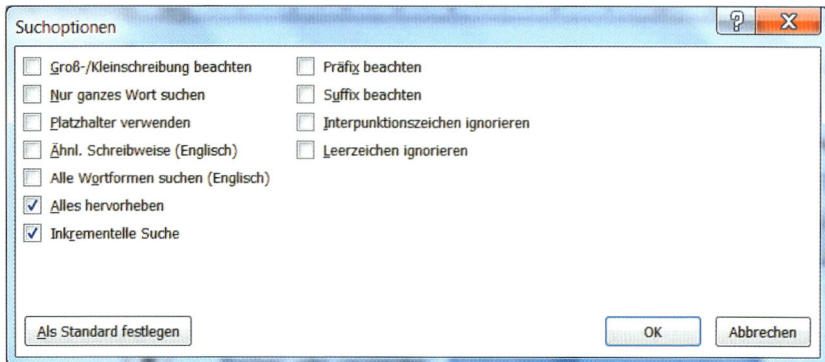

Erweiterte Suche

Noch genauer kann man über die Schaltfläche „Erweiterte Suche" suchen. Über die selbsterklärenden Optionen (Suchen in, Format, Sonderformat, Weitersuchen) können Sie z. B. den Suchbereich festlegen (Aktuelle Auswahl, Hauptdokument, Kopf- und Fußzeilen). Hier können Sie ebenfalls nach Tabstopps, Absatzmarken oder einer bestimmten Formatierung suchen.

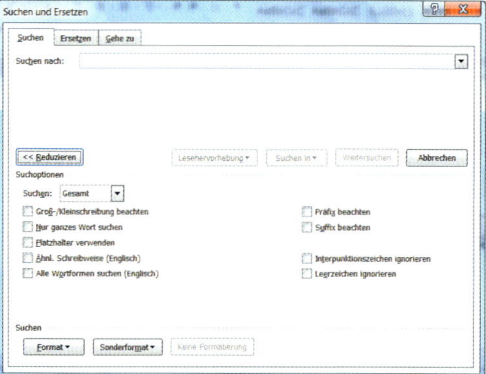

Text ersetzen

Arbeitsablauf

1. Wählen Sie im Register „Start", Gruppe „Bearbeiten", den Befehl „Ersetzen". Das Register wird bereits beim Suchvorgang „Erweiterte Suche" angezeigt und kann von dort aus ohne Umwege genutzt werden.
2. Geben Sie im Fenster „Ersetzen durch:" den Text ein, durch den die gesuchten Textstellen ersetzt werden sollen.
3. Nachdem alle Eingaben und alle gewünschten Optionsfelder gesetzt sind, kann die Suche gestartet werden. Über „Weitersuchen" wird die gesuchte Textstelle ange-zeigt, diese kann nach der Kontrolle über „Ersetzen" ersetzt werden. Die Option „Alles ersetzen" ersetzt alle im Dokument gefundenen Stellen sofort. Eine Kontrolle ist dann jedoch nicht mehr möglich.

	Änderungen verfolgen
Änderungen verfolgen	In einem Dokument können von einer oder mehreren Personen Änderungen vorgenommen und elektronisch verschickt werden. Diese Funktion befindet sich im Register „Überprüfen", Gruppe „Nachverfolgung". Die Schaltfläche „Änderungen nachverfolgen" muss aktiviert sein. Über „Markup anzeigen" stellt man durch die Häkchen sicher, dass alle Änderungen angezeigt werden, damit nichts vergessen wird. Änderungen können über die Schaltfläche „Annehmen" und „Ablehnen" bearbeitet werden.

	Seitenansicht
Seitenansicht	Gehen Sie auf den Listenpfeil der Symbolleiste für den Schnellzugriff. Aktivieren Sie die Option „Seitenansicht und Drucken", um die Schaltfläche „Seitenansicht" in die Symbolleiste zu integrieren. Aktivieren Sie die Schaltfläche, um in die Seiten- bzw. Druckansicht zu wechseln.

Auf den Punkt gebracht

Nutzen Sie Ihr Wissen

Miriam Ball, die Leiterin der Personalabteilung, legt Ebru Celik folgende Sprachdatei zum Thema E-Learning mit der Bitte um Bearbeitung ins Tauschverzeichnis.

E-Learning

E-Learning ist eine Form der Aus- und Weiterbildung, die wir in der ModernOffice KG in Zukunft zur Weiterbildung unserer Mitarbeiterinnen und Mitarbeiter einsetzen wollen. E-Learning ist mehr als das computerunterstützte Lernen über die CD-ROM (Computer-based Training, kurz: CBT). Im Internet gibt es eine Reihe von Lernportalen, die neben statischen Inhalten auch interaktive Inhalte, gekoppelt mit der Möglichkeit der direkten Kommunikation, anbieten. Virtuelle Seminare oder virtuelle Klassenzimmer finden live statt (Web-based Training, kurz: WBT). Mit einer entsprechenden multimedialen Ausstattung des PCs kann sich der Teilnehmer direkt mit dem Tutor oder anderen Teilnehmern austauschen. Multitasking heißt das Angebot: zuhören, zuschauen, sich mit anderen Seminarteilnehmern austauschen – und vieles davon gleichzeitig. Dies ist ein ganz wichtiger Aspekt, da diese Lernform eine hohe Motivation erfordert.

1. Schreiben Sie den Text.

2. Nutzen Sie dabei die Grundoperationen Ihres Textverarbeitungsprogramms.

3. Suchen Sie sich einen Partner/eine Partnerin und erklären Sie die Grundoperationen Ihres Textverarbeitungsprogramms.

3.2 Zeichen und Absätze normgerecht formatieren

Lernsituation

Ein neuer Arbeitskreis in der ModernOffice KG beschäftigt sich damit, wie die Werte aus dem Leitbild umgesetzt werden. Alina Blum, die Sekretärin von Frau Dr. Tischler, leitet den Arbeitskreis. Frau Blum hat ein Rundschreiben verfasst, das alle Mitarbeiterinnen und Mitarbeiter über die geprüften Maßnahmen und deren Auswirkungen informiert. Sie bittet Ebru Celik, den Entwurf zu schreiben und normgerecht zu formatieren.

Entwurf von Alina Blum:

Sehr geehrte Damen und Herren,
sehr geehrte Kolleginnen und Kollegen,

mit der Unterstützung von Frau Dr. Tischler und allen Abteilungsleitern erhielten wir die Möglichkeit, die in unserem Leitbild aufgeführten Werte aktiv in das Unternehmen einzubringen. Wir gründeten einen Arbeitskreis. Um die Werte tatkräftig umzusetzen, hat sich der Arbeitskreis zur Aufgabe gemacht, den Wiedererkennungswert der ModernOffice KG nicht nur im Schriftverkehr, sondern auch in der Unternehmenskommunikation zu steigern. Dazu haben wir Standards entwickelt. Diese Standards für den Schriftverkehr entsprechen den Regeln der DIN 5008. Zu den Standards verfassten wir einen Leitfaden, an den wir uns ab sofort halten werden. Bitte arbeiten Sie grundsätzlich mit den Formularen und Checklisten. Der Leitfaden wird kontinuierlich verbessert und an die unternehmensrelevanten Veränderungen angepasst. Gravierende Ergänzungen und/oder Änderungen werden grundsätzlich mit Frau Dr. Tischler und den Abteilungsleitern abgestimmt, bevor sie im Unternehmen bekannt gegeben werden. Bitte wenden Sie sich an die Hauptansprechpartnerinnen des Arbeitskreises, die Ihnen Ihre Fragen beantworten und Anregungen entgegennehmen: Beschaffung, Frau Karoline Weber, Telefon: 801-845, Herstellung, Frau Kathrin Keller, Telefon: 801-810, Verkauf, Frau Iris Seitz, Telefon 801-890, Verwaltung, Frau Bianca Melzer, Telefon: 801-880. Die Formularverwaltung hat hauptverantwortlich Frau Rita Schmidt (Telearbeitsplatz) 07451 802-7084 übernommen. Für Ihre Mitarbeit bedanken wir uns ganz herzlich. Freundliche Grüße Alina Blum stellvertretend für den Arbeitskreis

- *Schreiben Sie das Rundschreiben.*
- *Informieren Sie sich über normgerechte Zeichen- und Absatzformatierungen sowie über den Einsatz des Tabulators.*
- *Strukturieren Sie den Text in Absätze. Überlegen Sie, welche Formatierungen geeignet sind und wie Sie die Formatierungen rationell vornehmen können.*
- *Legen Sie die Formatierungen fest.*
- *Gestalten Sie das Dokument.*
- *Kontrollieren Sie, ob alle Formatierungen normgerecht umgesetzt worden sind.*
- *Nehmen Sie gegebenenfalls Verbesserungen vor.*

Zeichenformatierung (vertical sidebar)

Zeichenformatierungen

Die wichtigsten Zeichenformatierungen befinden sich im Register „Start", Gruppe „Schriftart". Über die Minisymbolleiste lassen sich die am häufigsten benutzten Formate zuweisen.

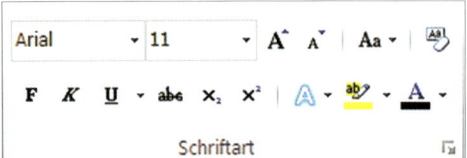 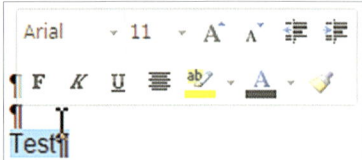

Für die Hervorhebungen Fett, Kursiv und Unterstreichen können auch folgende Shortcuts eingesetzt werden:

> **Fett = Strg + UM + F**
> **Kursiv = Strg + UM + K**
> **Unterstreichen = Strg + UM + U**

Weitere Formatierungsmöglichkeiten finden Sie im Dialogfeld 🔲 „Schriftart".

Über die Schaltfläche „Als Standard festlegen" können die gewählten Optionen (z. B. dem Corporate Design entsprechend) dauerhaft eingestellt werden.

Über das Symbol 🖌 „Formate übertragen" kann rationell formatiert werden.

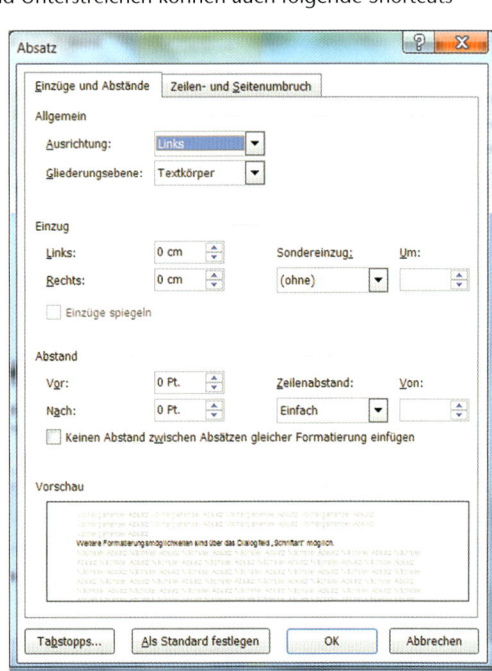

Regeln nach DIN 5008 zu Zeichenformatierungen

1. Wegen der besseren Lesbarkeit sind im fortlaufenden Text zu kleine Schriftgrößen (unter 10 Punkt) und ausgefallene Schriftarten und Schriftstile (z. B. Kapitälchen) zu vermeiden.

2. Die Formatierung der Zeichen, z. B. durch Fettschrift oder Farbe, beginnt mit dem ersten und endet mit dem letzten Zeichen des hervorzuhebenden Teils.

   Beispiele •
   Dies ist eine geeignete **Hervorhebung.**
   Die Fortbildung ist bereits *morgen*.

3. Bei längeren Texten sollte der gesamte Text in einer einheitlichen Schriftart formatiert werden. Die festgelegte Standardschriftgröße darf für Überschriften, Kopf- und Fußzeilen usw. verändert werden. Der Zeilenabstand sollte auf 1½ Zeilen oder auf ein anderes einheitliches Maß festgelegt werden. Überschriften sind vom vorausgehenden oder nachfolgenden Text durch einheitliche Abstände zu trennen.

Zeichenformatierung

Allgemeine Gestaltungsregeln zu Zeichenformatierungen

1. Falls die Schriftart nicht durch das Corporate Design des Unternehmens festgelegt ist, sind bei der Auswahl folgende Überlegungen anzustellen:
   - Lesbarkeit: Wie schnell lässt sich der Text mit der entsprechenden Formatierung lesen?
   - Zweckmäßigkeit: Welche Schrift/Schriftgröße passt zu welchem Zweck?
   - Zielgruppe: Wer liest den Text?
   - Textmenge: Wie viel Text muss z. B. auf einer Seite untergebracht werden?

2. Schriften mit Serifen sind eher für größere Textmengen (z. B. Bücher, Zeitungen) geeignet.

3. Serifenlose Schriften wirken sachlich, können auch für größere Textmengen verwendet werden und lassen sich am Bildschirm besonders gut lesen.

4. Als gut lesbar gelten Schriftgrößen zwischen 10 und 12 Punkt. Für Plakate oder Texte, mit denen eine optische Wirkung erzielt werden soll, sind Schriftgrößen ab 13 Punkt sinnvoll.

5. Im Fließtext sind folgende Auszeichnungen geeignet: Fett, *Kursiv*, Kapitälchen, GROSSBUCHSTABEN (aber: eher sparsam einsetzen).

6. Im Fließtext zu vermeiden ist: Unterstreichen (außer bei Links), S p e r r e n und Schriftwechsel.

7. Die Textgestaltung durch Schriftmischung ist gut geeignet zur Strukturierung von Informationen: Maximal drei Schriftarten verwenden, einen klaren Kontrast schaffen (z. B. serifenlose Schriften und Serifenschriften).

8. Farben sind Bedeutungsträger. Deshalb sollte auch die Farbsymbolik beachtet werden.

   Beispiele •
   Parteifarben; „rote" und „schwarze" Zahlen in der Finanzwelt; Rot = Liebe, Blut, Achtung; Grün = Natur, Hoffnung, Wachstum

9. Für Texte und Beschriftungen gelten die traditionellen Farben „Schwarz" und „Blau" – insgesamt nicht mehr als vier Farben verwenden.

10. Symbolschriften (z. B. Wingdings, Webdings) enthalten Piktogramme. Sie werden allgemein als Bildzeichen definiert, die über Sprach- und Kulturgrenzen hinweg international verständlich sind. Nach einheitlichen Gestaltungsregeln entwickelt, weisen sie uns im Alltag den Weg.

11. Rahmen und Schattierungen sind sparsam einzusetzen. Schattierte Textteile oder Textfelder sollten möglichst ohne Rahmen formatiert werden.

Absatzformatierungen

Die Absatzformatierungen befinden sich im Register „Start", Gruppe „Absatz".

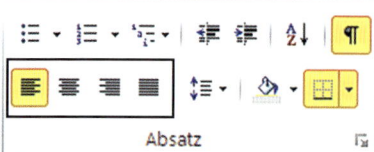

Über das Dialogfeld 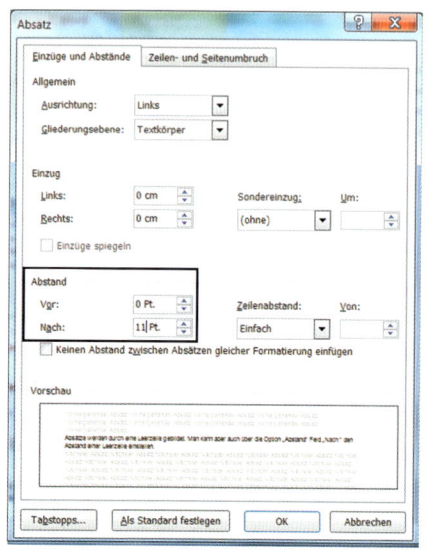 Absatz lassen sich weitere Absatzformatierungen vornehmen.

Absätze werden durch eine Leerzeile gebildet.

Alternativ kann man über die Option „Abstand" im Feld „Nach:" den Abstand einer Leerzeile einstellen.

Aufzählungen und Nummerierungen

Aufzählungen und Nummerierungen werden über die entsprechenden Symbole des Registers „Start", Gruppe „Absatz" zugewiesen.

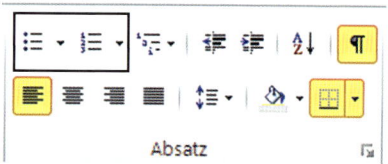

Aufzählungen und Nummerierungen beginnen an der Fluchtlinie = **Linienprinzip**.

```
1. → Adressieren¶
¶
    a) → Fensterbriefhüllen¶
    b) → Automatisches Adressieren¶
¶
2. → Zusammentragen¶
¶
    a) → Manuell¶
    b) → Maschinell¶
¶
3. → Falzen¶
¶
    a) → Falzarten¶
    b) → Falzmaschinen¶
```

Der·Posteingang·gliedert·sich·in·folgende·Arbeitsschritte:¶
¶
1. → Annahme·der·Eingangspost¶
2. → Öffnen·der·Briefe¶
3. → Kontrolle·des·Briefhülleninhaltes¶
4. → Stempeln·der·eingegangenen·Briefe¶
5. → Sortieren·der·Eingangspost¶
6. → Verteilen·der·Eingangspost¶

Mehrstufige Aufzählungen erhalten je Aufzählungsebene eine eigene Fluchtlinie = **Abstufungsprinzip**.

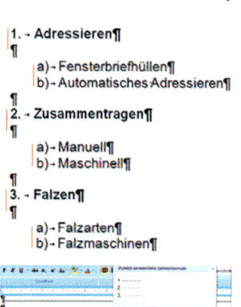

Nummerierung anpassen

1. Setzen Sie auf die Zahlen einen rechten Mausklick.
2. Wählen Sie die Option „Nummerierung".
3. Klicken Sie auf „Neues Zahlenformat definieren …".
4. Wählen Sie im Fenster „Ausrichtung" die Option „Rechts", um die ein- und zweistelligen Ordnungszahlen richtig anzuordnen.

Absatzformatierung

Regeln nach DIN 5008 zu Absatzformatierungen

1. Texte werden, wenn es nach ihrem Umfang und Inhalt zweckmäßig ist, in Absätze gegliedert. Absätze sind vom vorhergehenden und vom folgenden Text jeweils durch eine Leerzeile zu trennen.

Bei der Hervorhebung
·
Zentrieren
·
wird der Text in die Mitte der Zeile gesetzt.

2. Zentrierte Textteile werden vom vorausgehenden und vom folgenden Text durch je eine Leerzeile abgesetzt.

3. Der Beginn und das Ende einer Aufzählung/Nummerierung ist vom übrigen Text durch eine Leerzeile zu trennen.

4. Die einzelnen Aufzählungs-/Nummerierungsglieder dürfen auch durch Leerzeilen getrennt werden, insbesondere wenn sie mehrzeilig sind.

5. Die Aufzählungszeichen aus dem Textverarbeitungsprogramm dürfen angewendet werden.

6. Bei längeren Texten ist darauf zu achten, dass keine einzelne Zeile eines Absatzes auf einer neuen Seite erscheint bzw. keine erste Zeile eines Absatzes auf der vorherigen Seite. Neue Abschnitte oder Gliederungspunkte der obersten Ebene beginnen üblicherweise auf einer neuen Seite.

Absatzformatierung

Allgemeine Gestaltungsregeln zu Absatzformatierungen

1. Absätze können durch Aufzählungen und Nummerierungen inhaltlich strukturiert werden.

2. Wird eine Reihen- bzw. Rangfolge dokumentiert, ist das Format „Nummerierung" zu wählen.

3. Als Aufzählungszeichen können Punkte, Striche, Quadrate und Pfeile verwendet werden. Das ausgewählte Zeichen sollte zum Text passen und nicht zu groß formatiert sein.

4. Als angemessener Abstand zwischen Listenzeichen und Text gilt 0,7 cm – bei einer Schriftgröße von 11 pt/12 pt. Faustregel: Je größer die Schriftgröße im Text, umso größer der Abstand zwischen Text und Listenzeichen.

5. Aufzählungen und Nummerierungen beginnen in der Regel an der Fluchtlinie des linken Randes.

Formatvorlagen

Formatvorlagen

Formatvorlagen

Formatvorlagen enthalten Formatierungen wie bestimmte Zeichen- und Absatzformate, die gemeinsam gespeichert werden. Die Anzahl der Formatierungen wird beim Erstellen der Formatvorlage auf einen Befehl reduziert. Eine Formatvorlage speichert also die Zusammenfassung von Befehlen. Sie sorgt für ein einheitliches Aussehen eines Dokuments und beschleunigt die Gestaltung von Texten. Außerdem sind Formatvorlagen die Grundlage für viele automatische Funktionen, wie z. B. das Erstellen eines automatischen Inhaltsverzeichnisses.

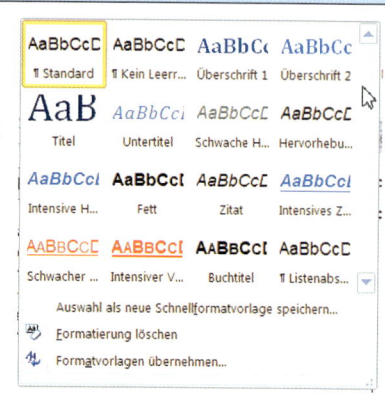

Formatvorlagen verwenden
1. Den gewünschten Text markieren.
2. Im Register „Start" die Gruppe „Formatvorlagen" wählen.
3. Im Fenster „Formatvorlagen" die gewünschte Vorlage auswählen.

Formatvorlagen anpassen
1. Nehmen Sie in dem Text die gewünschten Änderungen vor und markieren Sie den formatierten Text.
2. Klicken Sie mit der rechten Maustaste in den markierten Bereich.
3. Wählen Sie im Kontextmenü „Formatvorlagen".
4. Wählen Sie den Befehl „…aktualisieren", um die Auswahl anzupassen.
5. Die Änderungen werden übernommen.

Worttrennung

Worttrennung

Bei der linksbündigen Textformatierung wird durch die Worttrennung auch der rechte Rand gleichmäßiger. Bei späteren Absatzformatierungen im Blocksatz sollten Sie immer zuerst die Worttrennung durchführen, das verhindert große, störende Wortabstände.

Arbeitsablauf
1. Das Register „Seitenlayout" wählen.
2. In der Gruppe „Seite einrichten" den Befehl „Silbentrennung" öffnen.
3. Option „Automatisch" auswählen.
4. Bei Option „Manuell" kann jeder Trennvorschlag einzeln durch Bestätigen kontrolliert werden.

Silbentrennungsoptionen
– Die Option „Wörter in Großbuchstaben trennen" definiert, dass auch Wörter in Großbuchstaben, z. B. ADAC, getrennt werden dürfen.
– Mit der Silbentrennzone wird bestimmt, innerhalb welcher Grenzen getrennt wird. Der angegebene Wert gibt an, dass der Abstand zwischen dem rechten Rand und dem Zeilenende nach der Trennung nicht größer als 0,75 cm sein darf.

Tabulator

Standardtabulator

Tabulatoren helfen, Texte in einem Dokument exakt zu positionieren. Wird die Tabulatortaste gedrückt, wird standardmäßig alle 12,5 mm ein Tabstopp gesetzt. Das Tabulatorzeichen gehört zu den Formatierungszeichen, die ein- und ausgeblendet werden können.

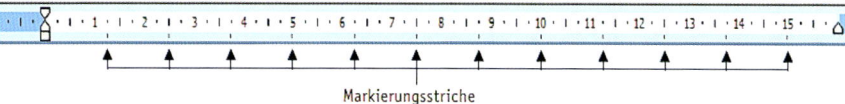

Markierungsstriche

Mit dem Einsatz des Standardtabulators erreicht man beim Untereinanderschreiben eine einheitliche Fluchtlinie.

Benutzerspezifische Tabstopps setzen

Folgende Ausrichtungen der Tabstopps sind möglich:

Links	Zentriert	Rechts	Dezimal
Links	Links	Links	555,00 €
Zentriert	Zentriert	Zentriert	5.890,00 €
Rechts	Rechts	Rechts	33,80 €
Dezimal	Dezimal	Dezimal	555.000,88 €

Vertikale Linie

Ausrichtung | Vertikale Linie ⟶ Der vertikale Tabulator fügt an der Tab-Position eine senkrechte Linie ein.

Tabstopps setzen

1. Positionieren Sie den Cursor in der Zeile, in der der Tabstopp zur Verfügung stehen soll, oder markieren Sie einen ganzen Textbereich.
2. Wählen Sie im Register „Start", Gruppe „Absatz", das Dialogfeld „Absatz", Schaltfläche „Tabstopps…"
3. Geben Sie den Wert in das Feld „Tabstopp-position:" ein.
4. Legen Sie die Ausrichtung fest.
5. Durch die Wahl eines Füllzeichen kann das Lesen von weit auseinander liegendenWerten (z. B. Preisliste) verbessert werden.
6. Klicken Sie auf die Schaltfläche „Festlegen" und bestätigen Sie mit OK.

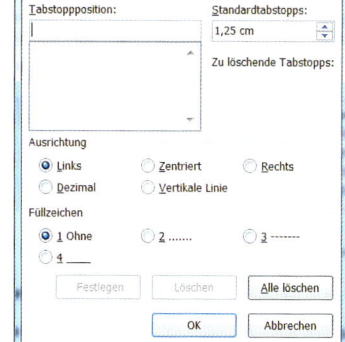

Tabulatorstopps über das Lineal setzen
Die gewünschte Ausrichtung wählen:

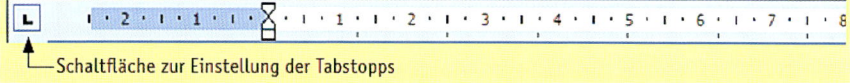

Schaltfläche zur Einstellung der Tabstopps

Klicken Sie im Lineal auf den gewünschten Wert.

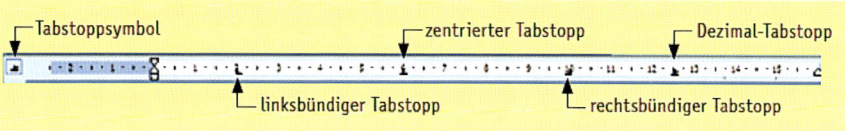

Tabstoppsymbol — zentrierter Tabstopp — Dezimal-Tabstopp

linksbündiger Tabstopp — rechtsbündiger Tabstopp

Auf den Punkt gebracht

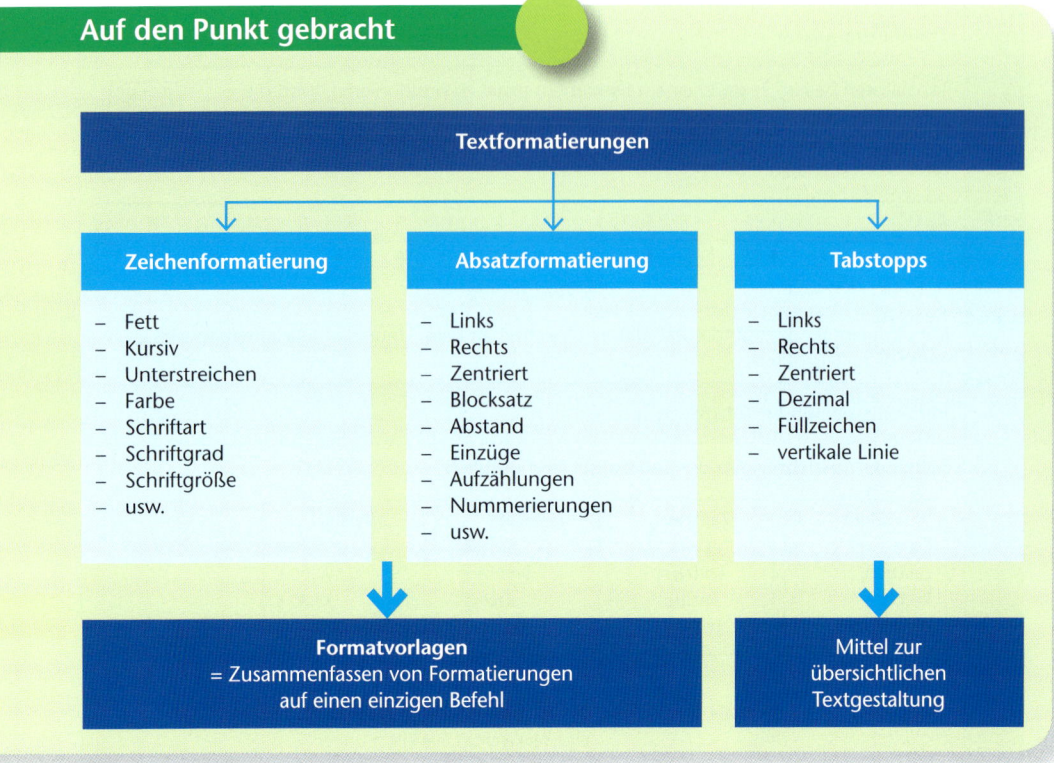

Nutzen Sie Ihr Wissen

In der ModernOffice KG ist es üblich, wichtige Termine am Informationsbrett auszuhängen. Dazu gehören auch die Geburtstage und Jubiläen der Mitarbeiterinnen und Mitarbeiter sowie Weiterbildungstermine, Mitarbeiterstammtische u. Ä. Für die Termine in den Monaten März, April und Mai soll Ebru Celik einen Aushang gestalten.

Inhalte:

Geburtstage: 25.03. Ebru Celik, 26.03. Dr. Inge Pohl, 21.04. Konstanze Freitag, 25.04. Renate Lorenz, 02.05. Sieglinde Krämer, 08.05. Frank Moser, 20.05. Tom Wildermuth, 28.05. Frank Hofer

Weiterbildungsangebote: 02.04. Textverarbeitung – Seriendruck, 18.05. Ausbildertreff, Horb am Neckar, 21.05. Seminar: Professionell telefonieren, 28.05. Seminar: Protokollieren leichtgemacht, 30.05. Seminar: Messe- und Veranstaltungsplanung

Mitarbeiterstammtisch: 28.03., 26.04. und 25.05. im Gasthaus „Zur alten Post"

1. Gestalten Sie das Informationsblatt unter Berücksichtigung des Corporate Designs.

2. Wählen Sie einen geeigneten Dateinamen nach der firmenintern festgelegten Regel.

3. Speichern Sie die Datei.

3.3 Tabellen normgerecht gestalten

Gaby Petzold, die Ergonomiebeauftragte in der ModernOffice KG, veranstaltet regelmäßig Ergonomieseminare im Unternehmen. Svenja Kolleck und Tom Wildermuth unterstützen Frau Petzold bei der Organisation dieser Seminare. Sie sollen nun eigenständig alle benötigten Organisationsmittel erstellen, wie z. B. Terminübersichten, Anmeldeformulare, Raumbelegungspläne, Teilnehmerlisten, Kostenaufstellungen und Checklisten. Tom und Svenja beratschlagen, wie sie die Organisationsmittel mit ihrem Textverarbeitungsprogramm effizient gestalten können.

- *Informieren Sie sich über die Einsatzmöglichkeiten der Tabellenfunktion. Wie werden Tabellen normgerecht gestaltet?*
- *Planen Sie den Aufbau der Organisationsmittel am Beispiel von Terminübersichten, Anmeldeformularen und Raumbelegungsplänen.*
- *Erstellen Sie diese Organisationsmittel.*
- *Kontrollieren Sie, ob die Inhalte vollständig und normgerecht formatiert sind.*
- *Präsentieren und vergleichen Sie Ihre Ergebnisse.*
- *Nehmen Sie gegebenenfalls Korrekturen oder Ergänzungen vor.*

Tabellenaufbau

Tabellenaufbau

Das Textverarbeitungsprogramm bietet mit der Tabellenfunktion die Möglichkeit, in einem vorgefertigten Raster zu arbeiten. Eine mit der Tabellenfunktion erstellte Tabelle enthält **Zeilen**, **Spalten** und **Zellen/Felder**. Die Zeilen und Spalten sind aus Zellen/Feldern aufgebaut. In den Zellen befinden sich der Tabelleninhalt wie Text, Berechnungen usw. Jede Zelle kann beliebig vergrößert oder verkleinert werden.

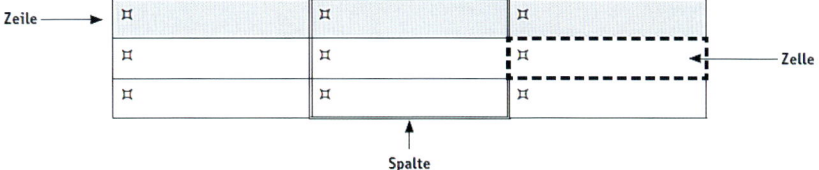

In jeder Zelle befindet sich ein Zellen-Ende-Zeichen. Es gehört zu den Formatierungszeichen. Standardmäßig zeigt das Programm die Tabelle in Gitternetzlinien an. Diese Linien können über **Tabellentools**, Register „Layout", Gruppe „Tabelle", Befehl „Rasterlinien anzeigen", ein- und ausgeblendet werden – vorausgesetzt, die Tabelle enthält keine Rahmenlinien. Im Programm wird die Tabelle standardmäßig mit der Rahmenlinie ½ pt angezeigt. Über die Tabellentools Register „Entwurf", Befehl „Rahmen", Option „Kein Rahmen" können die Rahmenlinien entfernt werden.

Tabelle

Tabelle einfügen

Arbeitsablauf
1. Wählen Sie im Register „Einfügen", Gruppe „Tabelle" den Befehl „Tabelle einfügen".
2. Fahren Sie mit Ihrer Maus über die gewünschte Anzahl der Spalten und Zeilen. Der Bereich wird markiert dargestellt.
3. Sobald Sie in die Markierung klicken, wird die Tabelle an der Cursorposition eingefügt.

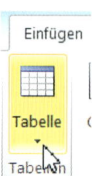

Tabelle

Tabellenelemente markieren

Ganze Tabelle markieren

Durch Klick auf den Vierfachpfeil in der linken oberen Ecke markieren Sie die ganze Tabelle.

Zellinhalt markieren

Die Markierung des Zellinhalts erfolgt wie die Markierung außerhalb einer Tabelle.

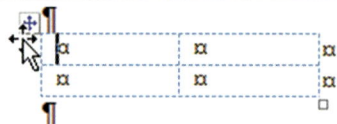

Ganze Zelle markieren

Der Cursor wird an den linken Zellenrand bewegt, bis er sich zu einem schräg nach oben weisenden Pfeil verwandelt. Ein Mausklick markiert die Zelle.

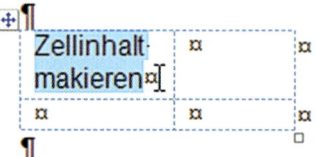

Spalte markieren

Der Cursor wird auf die oberste horizontale Linie der Spalte bewegt, bis er sich zu einem nach unten zeigenden Pfeil verwandelt. Ein Mausklick markiert die Spalte.

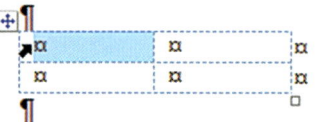

Zeile markieren

Der Cursor wird so lange nach links neben die Zeile bewegt, bis er sich zu einem schräg nach oben zeigenden Pfeil verwandelt. Ein Mausklick markiert die ganze Zeile.

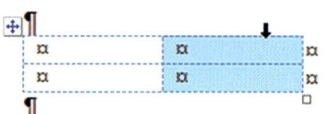

Spaltenbreite anpassen

Setzen Sie einen Doppelklick auf die senkrechte Linie der jeweiligen Spalte. Das Programm passt die Spaltenbreite automatisch an die längste Zeile der Spalte an.

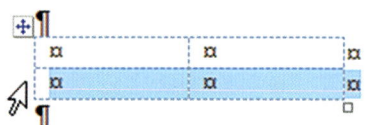

Die Spaltenbreite kann auch durch Klick auf den Doppelpfeil in die gewünschte Position gezogen werden.

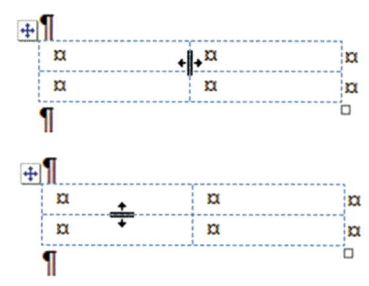

Tabelle

Tabelle bearbeiten

Sobald der Cursor in einer Tabelle steht, werden die **Tabellentools „Entwurf" und „Layout"** sichtbar. Die meisten Aktionen werden sofort in der Tabelle sichtbar. Die alten Einstellungen aus früheren Versionen stehen über die Gruppe „Tabelle", Befehl „Eigenschaften" zur Verfügung.

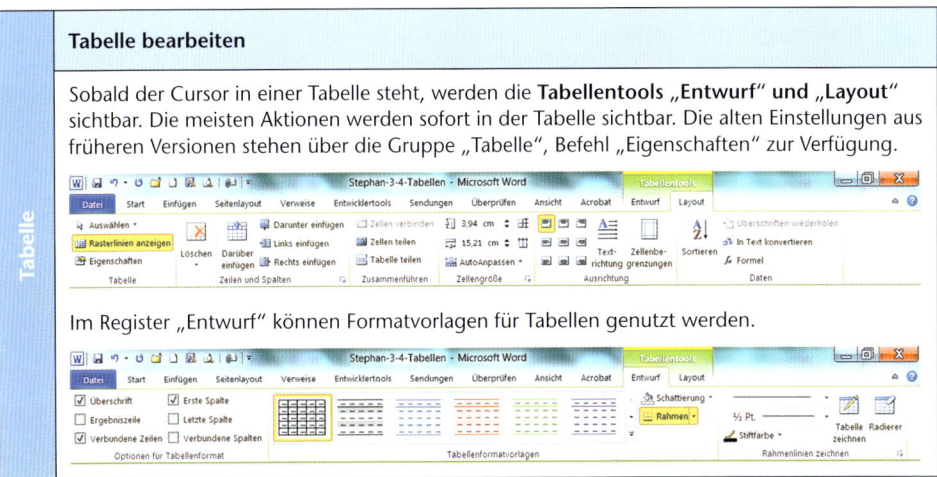

Im Register „Entwurf" können Formatvorlagen für Tabellen genutzt werden.

Tabelle

Regeln nach DIN 5008

Tabellen haben die Aufgabe, Inhalte übersichtlich anzuordnen und darzustellen. Eine Tabelle besteht in der Regel aus einer **Überschrift**, einem **Tabellenkopf**, einer **Vorspalte** und **Zellen**.

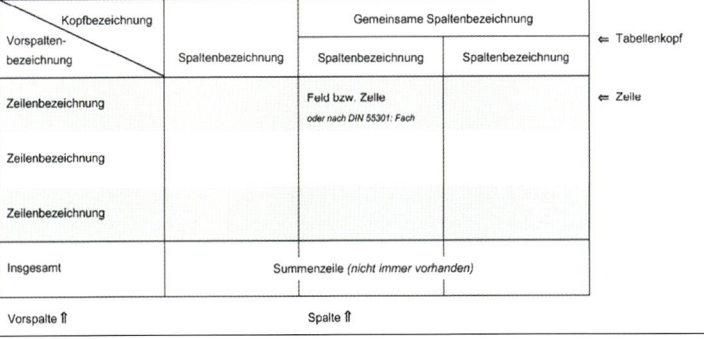

Positionierung
Tabellen sollen einschließlich ihres Rahmens **innerhalb der Seitenränder** stehen:

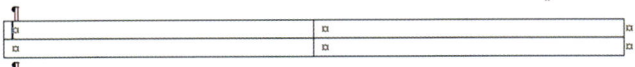

Hinweis:
Wird eine Tabelle eingefügt, hängt der Rahmen 0,19 cm über den linken Rand hinaus. Dies ist wie folgt zu korrigieren: Tabellentools, Register „Layout", Gruppe „Tabelle", Befehl „Eigenschaften", Register „Tabelle", Abschnitt „Ausrichtung", Einzug von links: 0,19 cm.

Tabellen sollen **zentriert** zwischen den Seitenrändern ausgerichtet werden.

Tabellen sollten mindestens mit einer Leerzeile vom vorangehenden und nachfolgenden Text getrennt werden.

Überschrift
Jede Tabelle sollte eine Überschrift haben. Sie darf auch in den Tabellenkopf integriert werden.

Tabellenkopf und Vorspalte
– Tabellenköpfe sind durch waagerechte und senkrechte Trennungslinien übersichtlich zu gliedern (in der Regel in gleicher Breite).

– Die Spaltenüberschriften im Tabellenkopf sollten zentriert werden. Die Vorspalte sollte linksbündig beschriftet werden.

– Bei mehrseitigen Tabellen wird der Tabellenkopf auf der bzw. den Folgeseite(n) wieder-holt.

Zellen/Felder
– Der Mindestabstand zur senkrechten Linie sollte in der Regel 1 mm betragen.

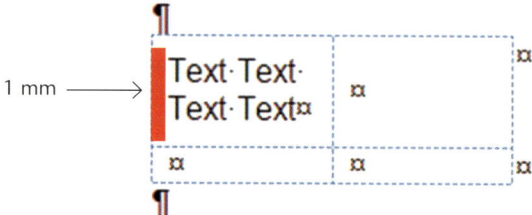

– Ein gleichmäßiger Abstand zwischen Text und Zellbegrenzung oben und unten sollte festgelegt werden.

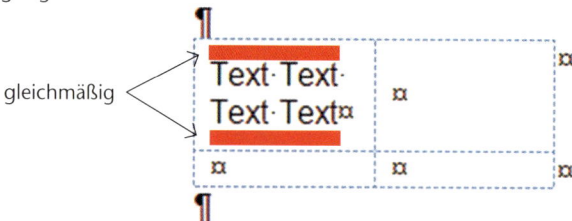

– Texte in Feldern sollten **linksbündig**, Zahlen in Feldern **rechtsbündig** ausgerichtet werden.

– Tabellen sind durch waagerechte und senkrechte Linien übersichtlich zu gliedern, dabei sollten waagerechte Linien nur über Summenzeilen und zur Gruppierung verwendet werden. Zur besseren Lesbarkeit (auch zur optischen Trennung von Zeilen) dürfen auch andere Formatierungsmöglichkeiten (z. B. Hintergrundschattierungen) eingesetzt werden.

Auf den Punkt gebracht

Tabellen gestalten

Tabellenaufbau	Tabellen normgerecht gestalten
– Zeile – Spalte – Zelle	– Aufbau – Positionierung – Überschrift – Tabellenkopf und Vorspalte – Zellen/Felder

Nutzen Sie Ihr Wissen

1. Gestalten Sie folgende Inhalte mithilfe der Tabellenfunktion in einer übersichtlich nummerierten Checkliste.

> Checkliste – Veranstaltungsraum, Termin, Veranstaltungsort
>
> Nr., Aktivität, Anmerkung, erledigt von
>
> Rednerpult bereitstellen, Ablagetisch bereitstellen, Anzahl der Sitzplätze kontrollieren, Sitzordnung festlegen, Namensschilder aufstellen, Stromanschlüsse überprüfen, Heizung überprüfen, Klimaanlage überprüfen, Beleuchtung und Verdunkelung testen, Dekorationen vornehmen, Technik überprüfen, Beleuchtung und Verdunkelung testen, Dekorationen vornehmen, Moderationsmaterial, Papier für Flipchart, Stifte ausreichend vorhanden, Wegbeschreibung zum Seminarraum anbringen, Hinweisschilder im Eingangsbereich aufstellen, Getränke und Gläser für Referenten bereitstellen, Unterlagen (Blöcke, Stifte, Tagesordnung, Teilnehmerverzeichnis) für die Teilnehmer verteilen.

2. Wählen Sie einen geeigneten Dateinamen nach der firmenintern festgelegten Regel.

3. Speichern Sie die Datei im entsprechenden Verzeichnis ab.

4. Präsentieren Sie Ihre Ergebnisse.

3.4 Dokumente formatieren

Lernsituation

Svenja, Tom und Ebru treffen sich regelmäßig mit Herrn Sander zu Ausbildungsgesprächen. Heute sprechen sie über das Berichtsheft.

Otto Sander	„Wir wollen zukünftig das Berichtsheft nur noch in elektronischer Form führen. Dazu sollten wir ein einheitliches Layout festlegen."
Svenja Kolleck:	„Dann sollten wir uns auf eine einheitliche Kopf- und Fußzeile einigen."
Ebru Celik:	„Nicht nur das. Schriftart, Schriftgröße und Zeilenabstände sind genauso wichtig."
Tom Wildermuth:	„Da können wir ja gleich eine Formatvorlage nutzen oder auf unsere Bedürfnisse ändern. Das fertig gestaltete Dokument können wir dann als Dokumentvorlage ablegen."
Otto Sander:	„Wie ich sehe, haben Sie gute Ideen. Ich denke, bis Freitag können Sie mir einen Gestaltungsvorschlag unterbreiten."

- *Informieren Sie sich über eine professionelle Dokumentgestaltung.*
- *Überlegen Sie, wie Sie das Berichtsheft aufbauen möchten.*
- *Analysieren Sie, welche Daten in die Kopf- und Fußzeile und auf das Titelblatt gehören und welche Formatvorlagen definiert werden sollen.*
- *Erstellen Sie eine passende Vorlage für ein Berichtsheft.*
- *Kontrollieren Sie, ob alle Inhalte in angemessener Form berücksichtigt wurden.*
- *Präsentieren Sie Ihr Ergebnis.*
- *Nehmen Sie gegebenenfalls Korrekturen vor.*

Satzspiegel

Seitenformatierung

Über die Seitenformatierung wird das Layout einer Seite bestimmt. Der **Satzspiegel** ist die Nutzfläche, die für die Beschriftung/Gestaltung eines Blattes zur Verfügung steht.

Für allgemeine Schriftstücke und Schriftstücke, die noch weiterverarbeitet werden, sind folgende Einstellungen zweckmäßig:

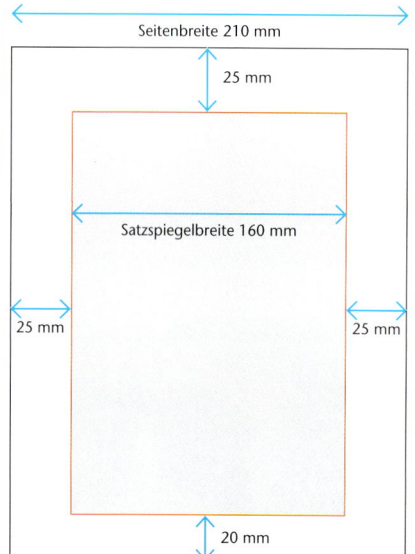

Seitenbreite 210 mm

25 mm

Satzspiegelbreite 160 mm

25 mm   25 mm

20 mm

– Linker Rand: 25 mm
– Rechter Rand: 25 mm
– Oberer Rand: 25 mm
– Unterer Rand: 20 mm

Durch diese Einstellungen ergibt sich eine Satzspiegelbreite von 160 mm.

Die Seitenränder sind dem Zweck des Schriftstücks anzupassen. Bei Schriftstücken mit Korrekturrand (z. B. Facharbeiten) kann außen ein Seitenrand von z. B. 50 mm eingerichtet werden.

(seitlich:) **Seitenformatierung**

Regeln nach DIN 5008

1. Die **Kopfzeile** enthält in der Regel die Titelzeile (Kolumnentitel) und rechtsbündig (bei beidseitigen Dokumenten außen) die Seitenzahl. Die Kopfzeile muss sich deutlich vom Text und von den Überschriften abheben.

2. **Seitenzahlen** dürfen alternativ auch in der Fußzeile aufgeführt werden – in der Regel rechtsbündig angeordnet (bei beidseitigen Dokumenten außen).

3. Die **Beschriftung** darf einseitig oder beidseitig erfolgen.

4. Die Seiten werden beginnend mit dem Titelblatt gezählt, aber dort nicht ausgewiesen.

Seitenformatierung

Allgemeine Gestaltungsregeln

Ist der **Abstand zum Seitenrand** auf allen vier Seiten gleich groß, wirkt der Satzspiegel optisch zu tief. Daher sollte man den Abstand zum unteren Seitenrand immer etwas größer wählen, um einen harmonischen Gesamteindruck zu erzielen.

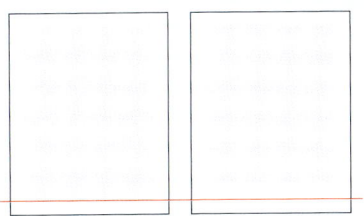

1. Die größte Aufmerksamkeit liegt beim Lesen auf den beiden oberen Ecken, der Mitte und der rechten unteren Ecke.

2. Die Anordnung und die Reihenfolge der einzelnen Elemente innerhalb des Satzspiegels signalisieren die Wichtigkeit der Information.

3. Berücksichtigen Sie dabei die üblichen Lesegewohnheiten: Die Blickfolge geht von links nach rechts und von oben nach unten.

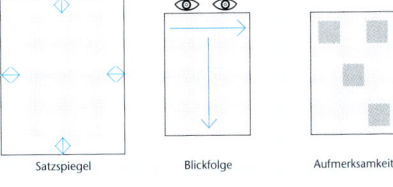

Satzspiegel   Blickfolge   Aufmerksamkeit

Beispiele für die innere Aufteilung des Satzspiegels:

4. **Kopf- und Fußzeilen** enthalten organisatorische Informationen und sind daher dezent zu gestalten. Die verwendete Schriftgröße fällt in der Fußzeile 2 pt kleiner als die gewählte Textschrift aus. Eine dunkelgraue Schriftfarbe in der Fußzeile unterstützt die dezente Wirkung. Die durch Tabstopps vorgegebene Einteilung

(links, zentriert, rechts) ist zweckmäßig, muss aber nicht eingehalten werden. Achten Sie bei der Anordnung der Elemente auf eine ausgewogene Gesamtwirkung.

Kopf- und Fußzeilen

Bei mehrseitigen Dokumenten empfiehlt es sich, eine Kopf- und/oder Fußzeile einzurichten. Die Kopf- und Fußzeilen befinden sich außerhalb des Satzspiegels, d. h., sie werden in den oberen und unteren Randbereich eines Blattes gesetzt.

Kopf- und Fußzeilen einfügen
1. Wählen Sie im Register „Einfügen", Gruppe „Kopf- und Fußzeile", den Befehl „Kopfzeile", „Fußzeile" oder „Seitenzahl".
2. Über die Option „Kopfzeile bearbeiten" oder „Fußzeile bearbeiten" kann der Bereich individuell gestaltet werden.
Die im Programm vorgeschlagenen Kopf- und Fußzeilen können übernommen oder individuell geändert werden.

Seitenformatierung

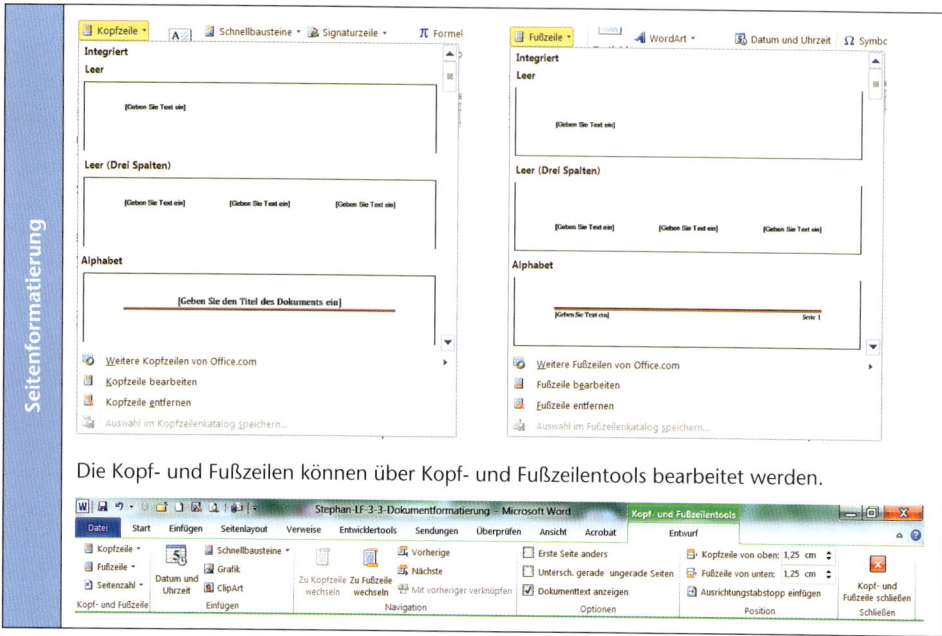

Die Kopf- und Fußzeilen können über Kopf- und Fußzeilentools bearbeitet werden.

Seitennummerierung

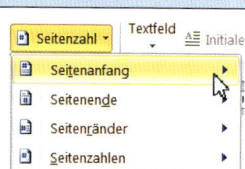

Seiten nummerieren

1. Wählen Sie das Register „Einfügen", Gruppe „Kopf- und Fußzeile", Befehl „Seitenzahl".
2. Über die entsprechenden Optionen können die Seitenzahlen oben, links, rechts oder unten im Dokumentbereich eingefügt werden.
3. Über die Option „Seitenzahlen formatieren…" können die Seitenzahlen individuell angepasst werden.

Titelblatt

Titelblatt einfügen

Ein Titelblatt ist ein gestalterisches Element eines mehrseitigen Dokuments. Es soll den Betrachter zum Lesen des Dokuments einladen.
Titelblätter sollen
– Interesse an den folgenden Seiten wecken,
– das Firmenlogo enthalten,
– nicht mit zu viel Text oder Grafiken überladen werden,
– ein gutes Foto und eine kurze Überschrift enthalten.

Titelblatt einfügen

1. Wählen Sie im Register „Einfügen", Gruppe „Seiten", den Befehl „Deckblatt".
2. Wählen Sie ein Deckblatt aus und passen Sie es Ihren Bedürfnissen an.

Titelblatt

Dokument als Vorlage speichern

Nachdem das Dokument mit allen individuellen Einstellungen und Gestaltungselementen erstellt wurde, kann es als Dokumentvorlage abgespeichert werden.

Eine **Dokumentvorlage** ist eine besondere Datei **(.dotx)** des Programms, die wie eine Schablone für andere Dokumente verwendet werden kann. Darin sind Einstellungen und Elemente gespeichert, die sonst bei jedem neuen Dokument vorgenommen werden müssten. Im Programm können auch fertige Vorlagen (Layouts) für Dokumente genutzt werden.

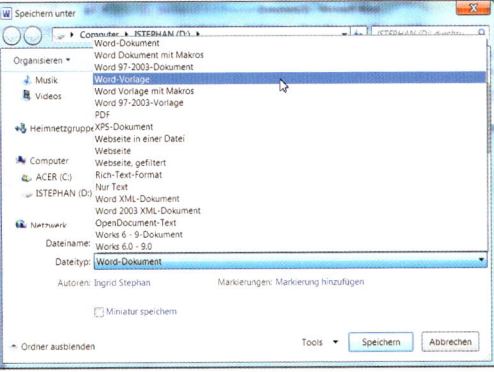

Arbeitsablauf

1. Wählen Sie das Register „Datei", Befehl „Speichern unter".
2. Klicken Sie auf den Listenpfeil im Feld „Dateityp" und wählen Sie aus der Liste „**Word-Vorlage**" aus.
3. Klicken Sie auf die Schaltfläche „Speichern".

Auf den Punkt gebracht

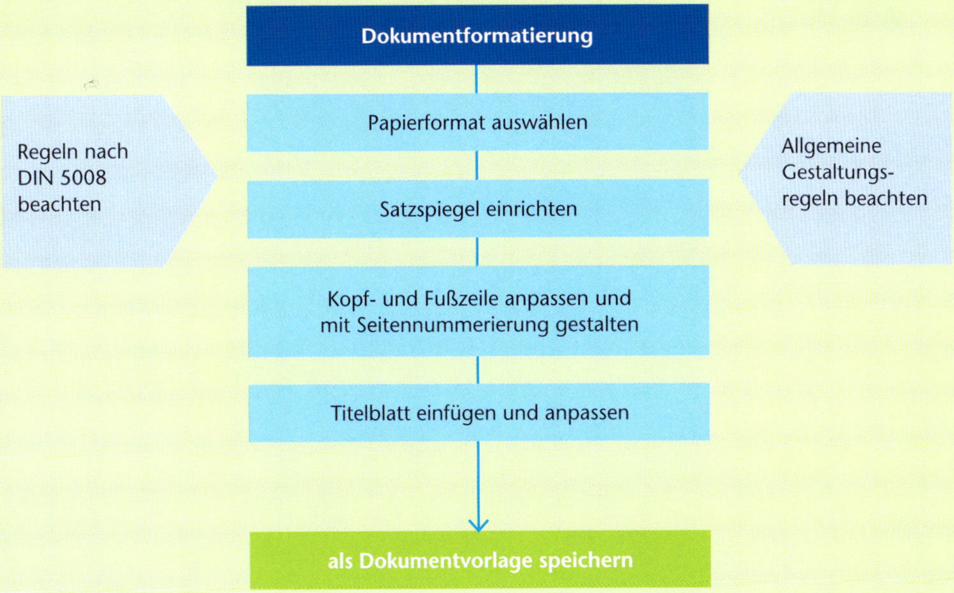

Dokumentformatierung
Papierformat auswählen
Satzspiegel einrichten
Kopf- und Fußzeile anpassen und mit Seitennummerierung gestalten
Titelblatt einfügen und anpassen
als Dokumentvorlage speichern

Regeln nach DIN 5008 beachten

Allgemeine Gestaltungs-regeln beachten

Nutzen Sie Ihr Wissen

1. Erstellen Sie eine neue Dokumentvorlage:
   a) Gestalten Sie eine Kopf- und Fußzeile mit Ihrem eigenen Namen.
   b) Fügen Sie an geeigneten Stellen folgende Metadaten ein: Datum, Uhrzeit, Dateiname, Seite X von X.
   c) Wählen Sie einen geeigneten Dateinamen nach der firmenintern festgelegten Regel.
   d) Speichern Sie die Datei in Ihrem persönlichen Verzeichnis.

2. Für die Kunden der ModernOffice KG soll ein Ergonomie-Leitfaden zu flexiblen Arbeitsplätzen erstellt werden. Ebru Celik soll eine Dokumentvorlage mit folgenden Angaben gestalten:
   Titelblatt: Flexible Arbeitswelten. Wie wird das Büro von morgen aussehen?
   Kopf- und Fußzeile: Flexible Arbeitswelten, ein passendes Bild, Seitennummerierung.
   a) Gestalten Sie die Dokumentvorlage.
   b) Speichern Sie die Datei im Vorlagenverzeichnis.
   c) Wählen Sie einen geeigneten Dateinamen nach der firmenintern festgelegten Regel.

3.5 Briefe zeitgemäß formulieren

Lernsituation

Die ModernOffice KG stellt alle zwei Jahre in Köln auf der ORGATEC, der internationalen Leitmesse für Büroeinrichtung, ihre neuen Produkte vor. Svenja Kolleck, die gerade in der Abteilung Werbung/Public Relations einen weiteren Ausbildungsabschnitt absolviert, unterstützt Lily Summer bei der Vorbereitung.

Lily Summer: „Frau Kolleck, alle Kunden sollen rechtzeitig eine Einladung zur Messe bekommen. Bitte formulieren Sie einen Vorschlag für ein Einladungsschreiben. Verfassen Sie bitte einen freundlichen Einstieg und einen passenden Schlusssatz. Den Briefinhalt formulieren Sie am besten nach meinen Stichpunkten, die ich Ihnen hier auf einem Zettel notiert habe. Bitte übersetzen Sie Ihren Vorschlag auch gleich ins Englische. Wir haben viele Kunden aus England, die uns gerne auf unserem Messestand besuchen."

- *Die ORGATEC findet vom 23.10. bis 27.10.20.. in Köln statt.*
- *Projektarbeit, Kommunikation und Flexibilität prägen den Arbeitsalltag von Menschen im Büro.*
- *Die innovativen Einrichtungskonzepte der ModernOffice KG sind die Hauptthemenbereiche auf der Messe.*
- *Bei der ModernOffice KG ist der direkte Kundenkontakt wichtig.*
- *Besuchstermine sind mit uns telefonisch zu vereinbaren.*

Svenja Kolleck: „Das ist der erste Brief, den ich hier im Betrieb komplett selbst formulieren soll. Kann ich mich irgendwo informieren, wie man gut und richtig formuliert?"

Lily Summer: „Ja, selbstverständlich. Im Intranet gibt es zur Formulierung von Geschäftsbriefen Hinweise im elektronischen Qualitätshandbuch. Das Corporate Wording spielt in der ModernOffice KG eine große Rolle. Jeder Brief, der unser Haus verlässt, repräsentiert ja immer unser Unternehmen."

Svenja Kolleck: „Vielen Dank für den Tipp! Damit kann ich bestimmt gut arbeiten."

- *Informieren Sie sich, wie zeitgemäße Geschäftsbriefe formuliert werden.*
- *Erstellen Sie einen Grobentwurf für das Einladungsschreiben in Deutsch und in Englisch.*
- *Tauschen Sie sich mit einer Partnerin/einem Partner aus und schreiben Sie gemeinsam die Einladung.*
- *Prüfen Sie, ob alle Inhaltspunkte berücksichtigt wurden, ob der Brief frei von Rechtschreib- und Grammatikfehlern sowie zeitgemäß formuliert ist.*
- *Besprechen Sie Ihr Ergebnis mit der für Sie im Betrieb zuständigen Person oder mit Ihrer Lehrkraft und arbeiten Sie nach dem Feedback eventuelle Korrekturen ein.*

Der französische Staatsmann Voltaire hat schon im Jahre 1737 Korrespondenten einen Rat gegeben, der heute noch aktuell ist: „Verwende nie ein Wort, sofern es nicht drei Eigenschaften besitzt: es muss **notwendig** sein, **verständlich** und **wohlklingend**.“

Geschäftsbriefe sind die Visitenkarte eines Unternehmens: Jeder Brief spiegelt die Corporate Identity eines Unternehmens wider. Neben der Einhaltung einiger Formalien muss ein Brief den Leser durch einen guten Sprachstil ansprechen. Eine frische, natürliche und der Situation angepasste Sprache weckt die Aufmerksamkeit des Lesers. Ein guter Brief kann viel bewirken.

Im Folgenden erhalten Sie grundlegende Tipps für die Erstellung und Formulierung empfängerorientierter Briefe.

Empfängeranschrift

Bei der Gestaltung des Anschriftfeldes ist zu beachten:
- Korrekte Gestaltung nach DIN 5008.
- Korrekte Schreibweise der Namen.
- Abgekürzte Vornamen, z. B. A. Müller, wirken unpersönlich. Versuchen Sie, den vollständigen Namen zu ermitteln.
- In einer Firmenanschrift sollte – sofern bekannt – der Name der Zielperson genannt werden.
- Akademische Grade (z. B. Prof., Dr., Dipl.-Ing.) stehen vor dem Namen. Bachelor- und Mastergrade (wie B. A., B. Sc., M. A., M. Sc., usw.) werden in der Regel hinter dem Namen geführt und dürfen nicht vergessen oder aus freien Stücken weggelassen werden.

Betreff

Der Betreff fasst den Inhalt eines Briefes zusammen. Ein gut formulierter Betreff erregt die Aufmerksamkeit des Empfängers.

Einen Betreff formulieren:
- Schreiben Sie nicht einfach „Angebot“, sondern bringen Sie den Nutzen des Angebots auf den Punkt.
- Nehmen Sie Bezug auf eine konkrete Anfrage oder auf ein Telefongespräch.
- Formulieren Sie den Betreff als Frage oder Aufforderung, das weckt beim Leser Interesse und motiviert zum Weiterlesen.
- Rücken Sie den positiven Aspekt Ihres Schreibens im Betreff ins Zentrum der Aufmerksamkeit.

Beispiele •
- *Geld gespart und Umwelt geschont!*
- *Wie aus Ihren Angeboten Aufträge werden!*
- *Ist Ihre EDV wie ein Fass ohne Boden?*
- *Lampen-Topseller reduziert*
- *Sitzen Sie gut?*

Anrede

Bei der Formulierung der Anrede sollten Sie folgende Gesichtspunkte berücksichtigen:
- Die Anrede „Sehr verehrte …“ ist altmodisch und klingt gekünstelt. Zeitgemäß sind Formulierungen wie „Sehr geehrte Frau …“ und „Sehr geehrte Damen und Herren“.

- Aktueller als die Schriftsprache ist die Wortsprache: „Guten Tag, Herr Winter" oder „Guten Morgen, Frau Sommer", klingt besonders in E-Mails flotter – im Gegensatz zu „Sehr geehrter Herr Winter" oder „Sehr geehrte Frau Sommer".
- Bei besonders exponierten Positionen wie Generaldirektor/-in, Senator/-in oder Vorstandsvorsitzenden verzichtet man bei der Anrede auf die Nennung des Familiennamens. Die Position ist so herausragend, dass daneben der Name unbedeutend erscheint.
- Die akademischen Grade Dr. und Prof. werden in der Anrede mitgenannt (z. B. Sehr geehrte Frau Dr. Fischer).
- Die Anrede „Liebe Frau ...," bzw. „Lieber Herr ...," kann im internen Briefverkehr ohne Bedenken verwendet werden. Bei der externen Korrespondenz ist diese Anrede nur bei gut bekannten Geschäftspartnern angesagt.

Briefinhalt

Der Briefinhalt wird dann optimal vermittelt, wenn man genau weiß, was man sagen will, und sich über den Empfänger und die jeweilige Kommunikationssituation vorab Gedanken gemacht hat. Standard- und Musterbriefe sind oft eine sinnvolle Grundlage, sie sollten aber so abgeändert werden, dass sich der Empfänger persönlich angesprochen fühlt.

Das Formulieren fällt leichter, wenn Sie folgende Fragen beantworten:
- Für wen schreibe ich?
- Was möchte ich bewirken?
- Was möchte ich mitteilen?
- Welchen Informationsstand hat der Empfänger?
- Welche Informationen benötigt er noch?
- Wird Bekanntes wiederholt?
- Welcher Stil ist angemessen?
- Ist die Kommunikationsebene umkehrbar?

Regeln zur Formulierung des Briefinhalts

- Formulieren Sie präzise, verständlich und freundlich. Wer sehr kompliziert formuliert, um sich besonders gewandt auszudrücken, erreicht damit das Gegenteil.
- Überfrachtete Sätze, Schachtelsätze und lange Einschübe erschweren das Verständnis. Dabei gelten folgende Erfahrungswerte:

Zahl der Wörter pro Satz	Wirkung
bis ca. 10	sehr leicht verständlich
bis ca. 15	leicht verständlich
bis ca. 20	verständlich
bis ca. 25	schwer verständlich
über 25	sehr schwer verständlich

- Jeder lange Satz lässt sich in mehrere Sätze aufteilen. So behält der Leser die Übersicht und weiß am Ende noch, was er am Anfang gelesen hat.
- Zwischenüberschriften/Teilbetreffe strukturieren einen mehrseitigen Brief.
- Verben prägen den Briefstil. Ausdrucksweisen wie „zum Verbleib" oder „zur Auslieferung bringen" sind unpersönlich, besser klingen die Verben „behalten" und „senden".

- Verwenden Sie möglichst keine Substantive mit den Endungen „-ung", „-heit", „-ion", „-ismus", „-schaft" und „-nahme".

  Beispiel •
  Statt: „Die Bezahlung kann erst in zehn Tagen erfolgen."
  „Wir können erst in zehn Tagen bezahlen."

- Vermeiden Sie hätte, könnte, würde, dürfte, das klingt verstaubt und umständlich. Schreiben Sie stattdessen im Indikativ (Wirklichkeitsform).

  Beispiel •
  Statt: „Wir würden uns freuen, wenn …"
  „Wir freuen uns, wenn …"

- Direkte Rede verwenden. Die indirekte Rede verlangt häufig den Konjunktiv (Möglichkeitsform), was zu umständlichen Formulierungen führt.

  Beispiel •
  Statt: „Frau Sorg erklärte, es dürfe nicht so weit kommen."
  Frau Sorg sagte: „Es darf nicht so weit kommen."

- Unerfreuliches positiv formulieren.

  Beispiel •
  Statt: „Leider müssen wir Ihre Bewerbung ablehnen."
  „Ihre Bewerbung hat uns gefallen. Wir haben einem anderen Bewerber nur deshalb den Vorzug gegeben, …"

- Vermeiden Sie Fremdwörter, wenn anzunehmen ist, dass der Empfänger sie nicht versteht.
- Verwenden Sie möglichst keine Abkürzungen, vor allem nicht solche, die der Empfänger eventuell nicht kennt. Abkürzungen, die Sie auf keinen Fall verwenden sollten: MfG, m. E., zzt., zzgl., Abt. usw. Tolerierbare Abkürzungen sind z. B. HGB, USA.
- Füllwörter wie „dann", „gar", „ja", „eben", „nun", „doch", „natürlich" usw. bitte sparsam verwenden.
- Adjektive überlegt einsetzen, sie blähen einen Brief unnötig auf. Kein überflüssiger Gebrauch von Adjektiven, wie beispielsweise „rotes Blut", „weißer Schimmel", „falsche Fehler", „volles Vertrauen".
- Wortungetüme wie „Rückantwort" oder „Antwortschreiben" sollten vermieden werden.

Briefschluss

Schlusssatz
Am Ende eines Briefes sollte immer etwas Positives oder Freundliches stehen. Bei häufig verwendeten Floskeln, wie „Für Rückfragen stehen wir Ihnen jederzeit von 08:00 bis 18:00 Uhr zur Verfügung", fühlt sich ein Empfänger nicht besonders angesprochen.

Folgende Formulierungen helfen Ihnen, einen Brief positiv zu beenden:
- Ich freue mich auf unser Treffen.
- Wir freuen uns auf Ihren Besuch.
- Ich freue mich auf unser Treffen am 30. Oktober 20..
- Ich freue mich auf das Gespräch mit Ihnen.
- Wir freuen uns auf Ihre Nachricht.
- Wir freuen uns, bald von Ihnen zu hören.
- Auf weiterhin gute Zusammenarbeit!

- Was halten Sie von unseren Anregungen? Gerne sprechen wir mit Ihnen darüber.
- Wir freuen uns auf Ihr Kommen und wünschen Ihnen eine gute Anreise.
- Wir freuen uns auf eine langfristige und vertrauensvolle Zusammenarbeit.
- Haben Sie noch Fragen? Bitte melden Sie sich kurz telefonisch. Wir rufen dann sofort zurück und erläutern mit Ihnen alle Details.
- Rufen Sie uns an, wenn Sie Fragen haben. Sie erreichen uns montags bis freitags von 08:00 bis 19:00 Uhr unter der Telefonnummer +49 (0)7451 801-117.

Grußformel

Mit einer passenden Grußformel zeigt der Briefschreiber im Rahmen der schriftlichen Kommunikation gute Manieren. Dabei sind aber die firmeninternen Regelungen zu beachten: Jedes Unternehmen legt selbst fest, wie es sich nach außen präsentiert. Ob eine bestimmte Grußformel verwendet wird, hängt von der Philosophie des einzelnen Unternehmens ab. Wichtig ist, dass sich alle Mitarbeiter/-innen an die getroffenen Regelungen halten.

Unterschreiben Sie Ihren Brief immer mit ausgeschriebenem Vor- und Zunamen. Fehlende oder abgekürzte Vornamen vermitteln einen antiquierten, verschlossenen und unfreundlichen Eindruck. Setzen Sie gegebenenfalls vor den Namen die korrekte Abkürzung für Einzelvollmacht (i. A.), Artvollmacht (i. V.) oder Prokura (ppa.).

Grußformeln in Geschäftsbriefen	Verwendung
Mit freundlichen Grüßen Freundliche Grüße Freundliche Grüße aus Horb Freundliche Grüße nach München Ein schönes Wochenende wünscht Ihnen Mit kollegialem Gruß	Akademiker (z. B. Anwälte, Ärzte) verwenden die Grußformel „Mit kollegialem Gruß" bei Berufskollegen.
Hochachtungsvoll Mit bester Empfehlung	Diese Grußformeln sind veraltet und sollten nicht mehr verwendet werden.

Individuelle Grußformeln	Verwendung
Bis nächste Woche in München, Ihre/Ihr Herzliche Grüße Mit herzlichen Grüßen Herzliche Grüße nach München Herzlichst, Ihre/Ihr Mit kulinarischem Gruß Die besten Grüße nach Karlsruhe Es grüßt Sie nach Köln Bis bald und viele Grüße In diesem Sinne herzliche Grüße nach Bonn	Je nach Grad der Vertraulichkeit oder Briefinhalt (Werbung, Einladung) können diese Grußformeln gewählt werden.

In den Schlusssatz eingebaute Grüße
Wir freuen uns auf Ihren Besuch und grüßen Sie bis dahin herzlich! Wir grüßen Sie herzlich und wünschen Ihnen einen guten Start in die neue Arbeitswoche! Wir freuen uns auf das Gespräch und wünschen Ihnen bis dahin viel Erfolg! Wir wünschen Ihnen einen erfolgreichen Messeauftritt! Wir freuen uns auf Ihren Besuch! Vielen Dank für Ihre großartige Hilfe!

Abschlusskontrolle

Jeder Brief sollte nach der Fertigstellung noch einmal kritisch durchgelesen werden. Überprüfen Sie folgende Punkte:
- Ist der Text vollständig?
- Ist der Brief verständlich und gut zu lesen?
- Steht der Inhalt in der richtigen Reihenfolge?
- Sind alle Daten, Zahlen, Namen und die Adresse richtig?
- Sind Rechtschreibung und Zeichensetzung korrekt?

Der Werbebrief

Werbebriefe sind wichtig, um neue Kunden zu gewinnen. Gute Werbebriefe zu texten, ist nicht ganz einfach. Anlässe, um mit einem Werbebrief auf die Produkte oder das Unternehmen aufmerksam zu machen, gibt es viele: Geschäftseröffnung, Jubiläum, Räumungsverkauf, Weihnachten, Ostern, Jahreszeiten u. Ä.

Am besten erstellen Sie einen Werbebrief nach dem **AIDA-Prinzip**.

A – Attention = Aufmerksamkeit erregen
I – Interest = Interesse wecken
D – Desire = Wunsch wecken
A – Action = Handlung auslösen

- Formulieren Sie kurze Sätze. Faustregel: Nur eine Information pro Satz.
- Sprechen Sie den Kunden mit „Sie" an. Vermeiden Sie das Wort „man".
- Gliedern Sie den Brief übersichtlich mit kurzen Sinnabsätzen.
- Argumentieren Sie aus der Sicht des Kunden. Stellen Sie Vorteile in den Vordergrund und geben Sie einen zusätzlichen Anreiz, schnell zu reagieren (z. B. zeitlich begrenzter günstiger Preis).
- Erleichtern Sie dem Empfänger eine schnelle Antwort durch Angabe der Telefonnummer einer Ansprechpartnerin/eines Ansprechpartners, durch vorbereitete Faxformulare oder Antwortkarten.

Die Anfrage

Mit einer Anfrage beginnt meistens eine neue Geschäftsbeziehung. Anfragen unterliegen keiner Formvorschrift und sind rechtlich gesehen immer unverbindlich. Es gibt in der Regel zwei Arten von Anfragen.

Allgemeine Anfrage: Die Anfrage bezieht sich nicht auf ein konkretes Produkt, sondern auf die ganze Produktpalette. Es werden Kataloge, Preislisten, Prospekte u. Ä. angefordert.

Spezielle Anfrage: Für ein bestimmtes Produkt wird gezielt nach Qualität, Preis, Lieferzeiten usw. nachgefragt.

Eine Anfrage formulieren:
- In der Einleitung kurz auf den Grund des Interesses eingehen, evtl. auf die Informationsquelle hinweisen;
- Bitte um ein kostenloses und unverbindliches Angebot, das für den Anbieter jedoch verbindlich ist;
- Telefonnummer der Kontaktperson für eventuelle Fragen angeben;
- die benötigte Ware/Dienstleistung genau beschreiben;
- gewünschte Menge anfordern;
- Lieferort und Liefertermine bestimmen;

- Garantie und sonstige Serviceleistungen erfragen;
- Einkaufsbedingungen anfragen (Skonto, Stornobedingungen u. Ä.);
- evtl. Sonderkonditionen erfragen, z. B. bei Abnahme von großen Mengen;
- das Angebot anfordern: Mitteilung, bis wann das Angebot erfolgen soll;
- Dank im Voraus.

Das Angebot

Zunächst ist zu klären, welche Art von Angebot geschrieben werden soll:
- unverbindliches Angebot,
- verbindliches Angebot, befristet, oder
- verbindliches Angebot, unbefristet.

Ein Angebot formulieren:
- Dank für die Anfrage;
- genaue Beschreibung der Ware/der Dienstleistung;
- Menge, Preis (Einzel- und Gesamtpreis, Mehrwertsteuer), Lieferungs- und Zahlungsbedingungen, Hinweise auf Rabatte, Allgemeine Geschäftsbedingungen (AGB) usw.;
- Gültigkeit des Angebots. Falls notwendig, Hinweis auf die Unverbindlichkeit des Angebots, z. B. „Dieses Angebot gilt, solange der Vorrat reicht!" oder „Wir bieten Ihnen unverbindlich an!";
- Abgrenzung des Unternehmens zur Konkurrenz;
- Werbung in eigener Sache;
- den Kunden zur Annahme des Angebots motivieren;
- Schlusssatz, wie z. B. „Wir freuen uns auf Ihren Auftrag.".

Der Auftrag/die Bestellung

Der Auftrag bzw. die Bestellung ist eine verbindliche Willenserklärung des Käufers an den Lieferanten.

Eine Bestellung formulieren:
- Dank für das Angebot;
- genaue Bezeichnungen, Mengen und Preise der Artikel;
- Lieferungs- und Zahlungsbedingungen;
- Liefertermin;
- Erwartung einer guten Zusammenarbeit formulieren.

Die Auftragsbestätigung

Eine Auftragsbestätigung nach einem Angebot ist nicht zwingend notwendig, verschafft aber Sicherheit bei Absender und Empfänger.

Eine Auftragsbestätigung formulieren:
- Dank für das Angebot;
- Bestätigung aller Punkte des Auftrags sowie sonstiger Vereinbarungen und Absprachen;
- Verweis auf die Allgemeinen Geschäftsbedingungen;
- Schlusssatz, wie z. B. „Vielen Dank für Ihr Vertrauen.".

Die Rechnung

Die Rechnung ist steuerrechtlich ein Beleg, mit dem ein Unternehmen über eine Lieferung oder Dienstleistung abrechnet.

Eine Rechnung erstellen:
- Bezug auf den ausgeführten Auftrag/Dienstleistung;
- Leistung mit dem Einzel- und dem Gesamtbetrag auflisten;
- zusätzliche Kosten (z. B. An- und Abfahrt);
- aufgeschlüsselter Rechnungsbetrag (Nettobetrag, Mehrwertsteuer, Mehrwertsteuerbetrag);
- kalendermäßig festgelegter Zahlungstermin;
- Dank für den Auftrag.

Auf den Punkt gebracht

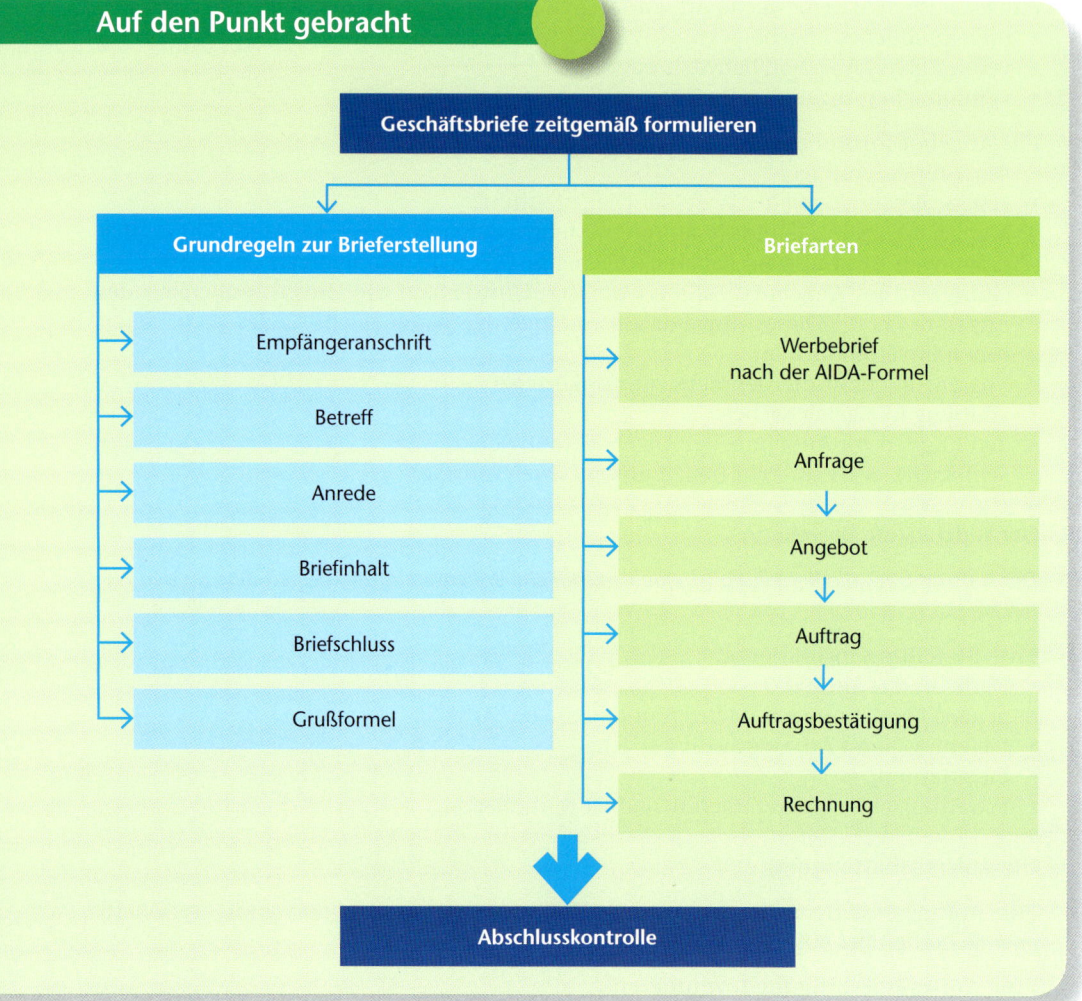

Nutzen Sie Ihr Wissen

1. Analysieren Sie die Briefe der Abteilung, in der Sie gerade arbeiten. Gehen Sie dabei wie folgt vor:
   - Sichten Sie die Korrespondenz.
   - Suchen Sie sich eine Partnerin/einen Partner. Analysieren und verbessern Sie gemeinsam die Briefe nach den Grundregeln.

- Fassen Sie Ihre Ergebnisse in folgender Tabelle zusammen:

Formulierung	Bewertung	Verbesserungsvorschlag
	☐ leicht verständlich ☐ zu lange Sätze ☐ schwer verständlich ☐ fehlende Angabe ☐ falsche Angabe	

2. Die ModernOffice KG hat an den Architekten Prof. Dr. Gerhard Müller einen neuen Bürostuhl geliefert. Sie schreiben die Rechnung. Wie sieht die korrekte Anrede im Anschriftfeld aus?

3. Sie sollen einen Werbebrief zu einem neuen Bürostuhl verfassen. Folgende Informationen haben Sie zum Produkt: JUVENTA, zeitgemäßer Bürostuhl, der alles bietet, was man sich wünscht; körpernaher Synchronablauf. Formulieren Sie eine Betreffangabe, die ins Auge fällt.

4. Wie lautet die korrekte Anrede im Angebotsschreiben, das an Dr. Rita Probst geht?

5. Erläutern Sie, wie Sie vorgehen, wenn Sie einen Brief formulieren.

6. Woran erkennt man einen leicht verständlichen Satz?

7. Sie kennen den Empfänger des Angebots, das Sie gerade schreiben, sehr gut. Welche Grußformel wählen Sie?

8. Sie haben gerade einen Brief formuliert. Beschreiben Sie kurz, wie Sie verhindern, dass sich Fehler einschleichen.

9. Sie sollen eine Anfrage an das Edelstahlwerk Witten AG schreiben. Erstellen Sie eine Liste, aus der hervorgeht, welche Inhaltspunkte in eine Anfrage gehören.

10. Formulieren Sie das Einladungsschreiben aus der Lernsituation in Deutsch und in Englisch.

3.6   Rechtliche Normen des kaufmännischen Schriftverkehrs und Gestaltungsaspekte des Corporate Designs beachten

Lernsituation

Die ModernOffice KG hat sich im Rahmen einer Qualitätsentwicklungsinitiative eine klare Corporate Identity zugelegt. Ausgewählte Mitarbeiterinnen und Mitarbeiter haben in vielen Projekten ein einheitliches Firmenprofil erarbeitet, das sich im Auftritt nach außen, in der gesamten Unternehmenspräsentation sowie in der internen und externen Kommunikation widerspiegelt. Ein wichtiger Bereich der Corporate Identity ist das Corporate Design. Es legt sowohl das Produktdesign als auch die Gestaltung aller Kommunikationsmittel fest.

In der ModernOffice KG ist Lily Summer zuständig für den Bereich „Corporate Design" des Qualitätshandbuchs. Sie erklärt Svenja Kolleck und Tom Wildermuth die Gestaltungselemente der Geschäftspapiere und bittet die beiden, eine Präsentation zu erstellen. Aus der Präsentation soll hervorgehen, wie eine Dokumentvorlage für den Geschäftsbrief korrekt nach DIN 5008 aufgebaut ist. Svenja und Tom sollen ihr Ergebnis bei der Einführung der neuen Auszubildenden präsentieren.

- *Informieren Sie sich über den Aufbau einer Dokumentvorlage für den Geschäftsbrief nach DIN 5008.*
- *Suchen Sie sich eine Partnerin/einen Partner und bereiten Sie gemeinsam eine dem Anlass gerechte Präsentation vor.*
- *Prüfen und entscheiden Sie, welche Präsentationsform und welches Medium für die Präsentation geeignet ist.*
- *Gestalten Sie die Präsentation nach inhaltlichen und gestalterischen Aspekten richtig.*
- *Vergleichen Sie Ihre Ergebnisse im Plenum. Legen Sie die gemeinsam erarbeiteten Kriterien zugrunde.*
- *Korrigieren Sie Ihre Präsentation ggf. nach dem Feedback.*

Vorlage für den Geschäftsbrief nach DIN 5008 nutzen

Die Geschäftspapiere sind das Aushängeschild und ein wichtiger Imageträger des Unternehmens. Ein DIN-gerechter Aufbau vermittelt den Empfängern einen Eindruck von Professionalität.

Zu den Geschäftspapieren eines Unternehmens gehören Briefbögen, Rechnungsvordrucke, Faxformulare u. Ä., mit denen das Unternehmen den Kontakt zu seinen Kunden pflegt.

Bei der Gestaltung sind folgende Regeln und Vorschriften zu beachten:

Corporate Design

Das visuelle Erscheinungsbild eines Unternehmens nach außen wird durch das Corporate Design geprägt.

Bei der Gestaltung von Geschäftspapieren sind folgende Faktoren zu beachten:

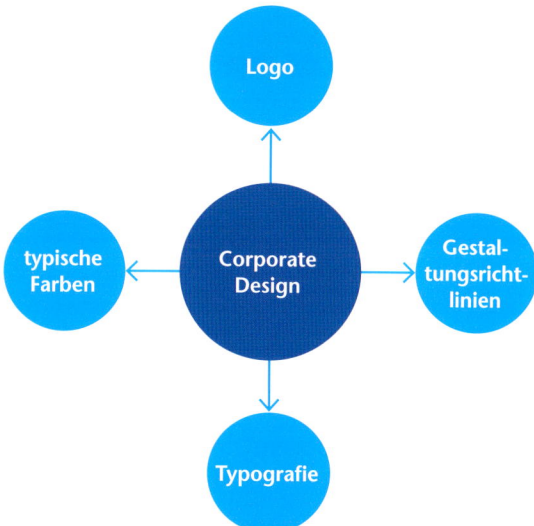

Firmenlogo

Das Logo ist das Gesicht eines Unternehmens. Es sollte so gestaltet sein, dass es in allen verschiedenen Medien gut zur Geltung kommt. Einige Logos haben es geschafft, dass man die Unternehmen sofort an ihren Zeichen erkennt und behält. Die Gestaltung eines Firmenlogos wird meistens an professionelle Dienstleister, wie z. B. Werbeagenturen, in Auftrag gegeben.

Typografie

In der Typografie unterscheidet man zwischen Makrotypografie und Mikrotypografie. Die **Makrotypografie** legt das Gesamterscheinungsbild eines Dokuments (z. B. das Layout) fest. Die **Mikrotypografie** umfasst die Detailarbeit an einem Dokument (z. B. Zeilen- und Wortabstände oder Farben).

Die **Hausschrift** ist die von einem Unternehmen bewusst gewählte Schrift. Es kann festgelegt werden, dass für die Korrespondenz eine ganz bestimmte Schriftart und Schriftgröße in einem bestimmten Buchstaben- und Zeilenabstand verwendet wird.

Farbe

Viele Unternehmen haben eine **Hausfarbe**, die durchgängig verwendet wird, z. B. für

- Geschäftspapiere,
- Raumgestaltung,
- Internetauftritt oder
- Kleidung.

In der Regel wird eine Firmenfarbe eigens für das Unternehmen kreiert und ist geschützt (z. B. Nivea: Blau; Telekom: Magenta).

Gestaltungsrichtlinien

Gestaltungsrichtlinien garantieren ein einheitliches Auftreten eines Unternehmens in allen Medien. Diese Richtlinien werden in Handreichungen dokumentiert und in Papierform, auf elektronischen Datenträgern oder im Intranet zur Verfügung gestellt. Sie sind für alle Mitarbeiter verbindlich.

Beispiel • *Faktoren des visuellen Erscheinungsbilds der ModernOffice KG:*

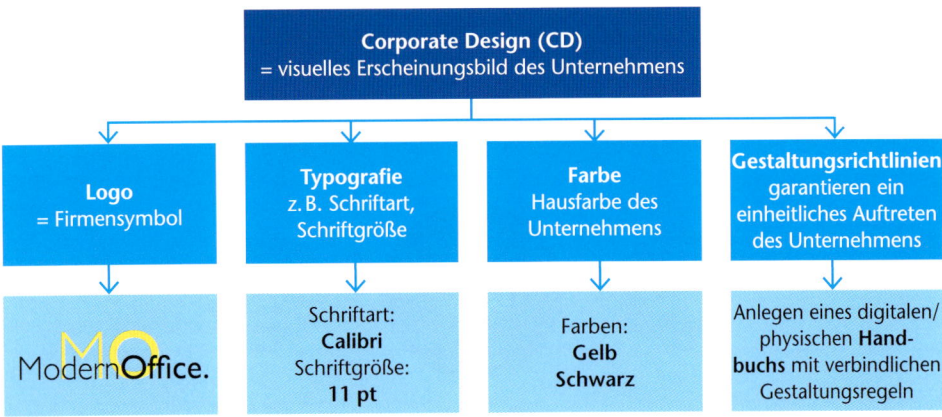

Für die grafische Gestaltung hat die ModernOffice KG eine Handreichung erstellt, die folgende Bereiche regelt:

- Logo und seine Anwendung
- Schriften
- Basiselemente: Farben, Grafiken, Tabellen, Linien, Coupons
- Anzeigen: in Zeitschriften, in Zeitungen
- Plakate
- Broschüren: Titelblatt, Innenseite, Paginierung
- Präsentationsfolien
- Messegestaltung: Banner, Aufsteller, Infotafeln

Normgerechte Gestaltung des Vordruckes für den Geschäftsbrief

Der in der Praxis wohl am meisten genutzte Vordruck ist der Geschäftsbrief. In der DIN 5008 sind die genauen Maße und Datenfelder festgelegt. Dabei wird zwischen zwei Formen unterschieden:

- hochgestelltes Anschriftfeld (Form A)
- tiefgestelltes Anschriftfeld (Form B)

In der Praxis wird überwiegend die Form B verwendet.

Form A

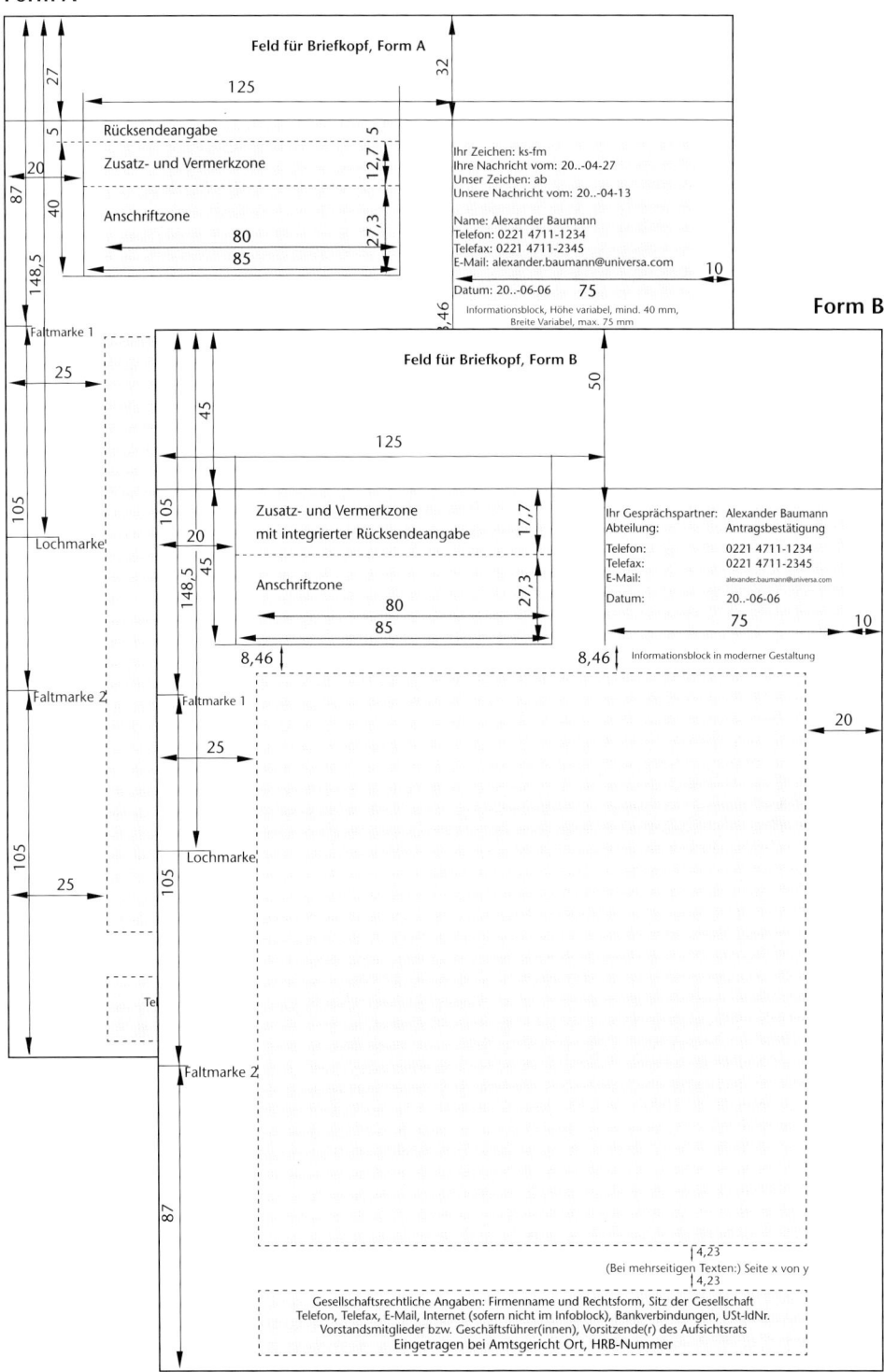

Feld für Briefkopf, Form A

Rücksendeangabe

Zusatz- und Vermerkzone

Anschriftzone

Ihr Zeichen: ks-fm
Ihre Nachricht vom: 20..-04-27
Unser Zeichen: ab
Unsere Nachricht vom: 20..-04-13

Name: Alexander Baumann
Telefon: 0221 4711-1234
Telefax: 0221 4711-2345
E-Mail: alexander.baumann@universa.com

Datum: 20..-06-06

Informationsblock, Höhe variabel, mind. 40 mm,
Breite Variabel, max. 75 mm

Form B

Feld für Briefkopf, Form B

Zusatz- und Vermerkzone
mit integrierter Rücksendeangabe

Anschriftzone

Ihr Gesprächspartner: Alexander Baumann
Abteilung: Antragsbestätigung

Telefon: 0221 4711-1234
Telefax: 0221 4711-2345
E-Mail: alexander.baumann@universa.com

Datum: 20..-06-06

Informationsblock in moderner Gestaltung

(Bei mehrseitigen Texten:) Seite x von y

Gesellschaftsrechtliche Angaben: Firmenname und Rechtsform, Sitz der Gesellschaft
Telefon, Telefax, E-Mail, Internet (sofern nicht im Infoblock), Bankverbindungen, USt-IdNr.
Vorstandsmitglieder bzw. Geschäftsführer(innen), Vorsitzende(r) des Aufsichtsrats
Eingetragen bei Amtsgericht Ort, HRB-Nummer

Faltmarke 1
Lochmarke
Faltmarke 2

Die Dokumentvorlage für den Geschäftsbrief nach DIN 5008

Grundlage für die Geschäftskorrespondenz ist die Dokumentvorlage für den Geschäftsbrief nach DIN 5008. Folgende Elemente sind Bestandteile der Dokumentvorlage:

Gesellschaftsrechtliche Angaben bei Kapitalgesellschaften

Unternehmen, die im Handelsregister eingetragen sind, müssen nach den gesetzlichen Vorschriften (z. B. §§ 37a, 125a, 177a HGB) auf bestimmten Geschäftspapieren Pflichtangaben machen. Die Angaben haben den Zweck, über die wesentlichen Verhältnisse eines Unternehmens zu informieren. Der Umfang der vorgeschriebenen Angaben richtet sich nach der Rechtsform des Unternehmens.

Zu den **Pflichtangaben des Absenders** zählen:

- die genaue Firmenbezeichnung
- der Firmenname
- die Bezeichnung der Rechtsform (z. B. GmbH, AG)
- der rechtliche Vertreter
- Sitz des Unternehmens (anzugeben ist der satzungsmäßige Hauptsitz)
- Registergericht
- Registernummer
- Steuernummer

Zu den **Geschäftsangaben des Absenders** zählen z. B.

- Angabe von Sprech- und Geschäftszeiten,
- Öffnungszeiten sowie
- Kontoverbindungen.

Beispiel • *Die Pflicht- und Geschäftsangaben der ModernOffice KG:*

| ModernOffice KG
Industriestraße 10 – 14
72160 Horb am Neckar

Gesellschafter:
Dr. Anja Tischler
Dipl.-Kfm. Jens Tischler
Anton Tischler | **Telefon:** + 49 7451 801-0
Telefax: + 49 7451 801-100
E-Mail: info@mo-modernoffice.com

Internet: www.mo-modernoffice.com
Facebook: www.facebook.com/mo-modernoffice
Twitter: https://twitter.com/mo-modernoffice | **Bankverbindungen:**

Postbank Stuttgart
IBAN DE53 6001 0070 0813 6000 10
SWIFT-BIC PBNK DE FF 600

Kreissparkasse Freudenstadt
IBAN DE68 6425 1060 1701 8022 44
SWIFT-BIC SOLA DE S1FDS | **Sitz:** Horb am Neckar
USt-IdNr.: DE 258034416
Steuer-Nr.: 220/360/2842

HRA 722079
Amtsgericht Stuttgart
(Finanzamt Freudenstadt,
Außenstelle Horb) |

rote Umrandung = Pflichtangaben   *blaue Umrandung = Geschäftsangaben*

Was ist eine Dokumentvorlage?

Eine Dokumentvorlage ist eine Datei des Programms, die wie eine Schablone für andere Dokumente verwendet werden kann. Darin sind Einstellungen und Elemente gespeichert, die sonst bei jedem neuen Dokument erneut vorgenommen werden müssten.

Folgende Elemente können enthalten sein:

- Texte und Grafiken
- Zeichen- und Absatzformatierungen
- Formatvorlagen
- Textbausteine
- Abschnittsumbrüche
- Makros
- Tastenbelegungen
- Anpassungen der Symbolleiste für den Schnellzugriff
- usw.

Textverarbeitungsprogramme stellen fertige Vorlagen für zahlreiche Dokumentenarten zur Verfügung, die aber nicht immer den Gestaltungskriterien der DIN 5008 und der Typografie entsprechen. Sie müssen entsprechend angepasst werden.

Beispiel • *Vorlagen in Word 2010*

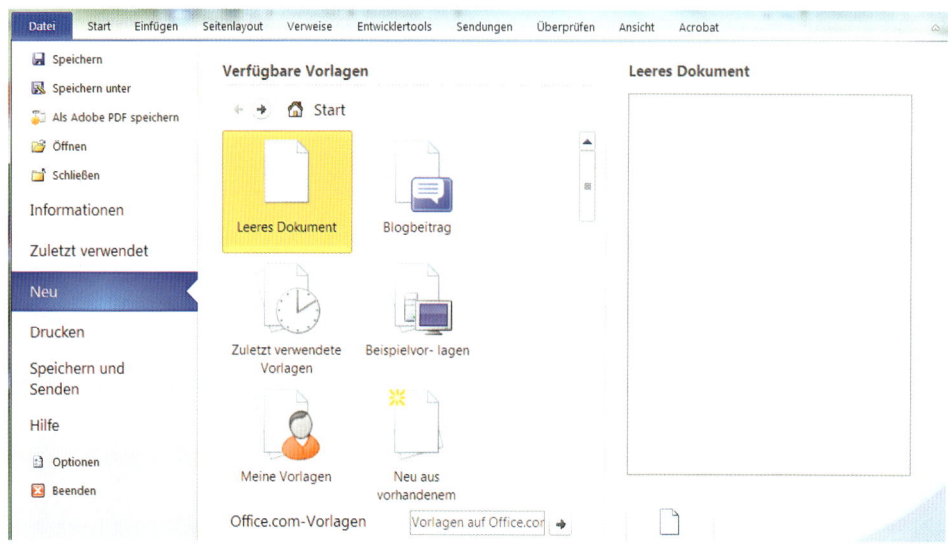

Bei der Verwendung von Dokumentvorlagen ist zu beachten:

- Dokumentvorlagen werden automatisch mit der Extension „.dotx" bzw. „.dotm" abgespeichert. Dokumentvorlagen, in denen Makros enthalten sein können, werden mit „.dotm" gekennzeichnet. Vorlagen mit der Erweiterung „.dotx" können keine Makros enthalten. Dies ist eine zusätzliche Sicherung gegen Makroviren.
- Standardmäßig wird einem Dokument eine globale Dokumentvorlage – die Normal. dotx – zugrunde gelegt. Dies ist eine „leere" Vorlage, die bei der Arbeit mit dem Programm routinemäßig geöffnet wird.

Dokumentvorlagen im Textverarbeitungsprogramm nutzen

Die normgerecht angelegten Vorlagen für die Geschäftspapiere befinden sich im Vorlagenverzeichnis des Programmes.

So gehen Sie vor:

1. Öffnen Sie die Backstage-Ansicht über die Registerkarte „Datei".

2. Wählen Sie den Befehl „Neu".

3. Klicken Sie im Bereich „Verfügbare Vorlagen" die Schaltfläche „Meine Vorlagen" an.

4. Klicken Sie auf die gewünschte Vorlage.

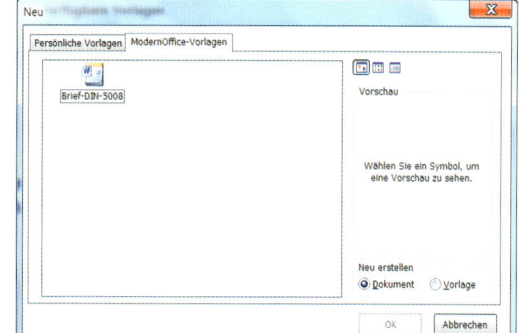

5. Wählen Sie im Feld „Neu erstellen" die Option „Dokument" und bestätigen Sie mit OK.

Die Vorlage wird geöffnet und kann wie ein normales Dokument bearbeitet und gespeichert werden.

Auf den Punkt gebracht

Vorlage für den Geschäftsbrief nach DIN 5008 nutzen

Gestaltungsregeln nach DIN 5008	Dokumentvorlagen des Unternehmens	Geschäftsbrief nach DIN 5008

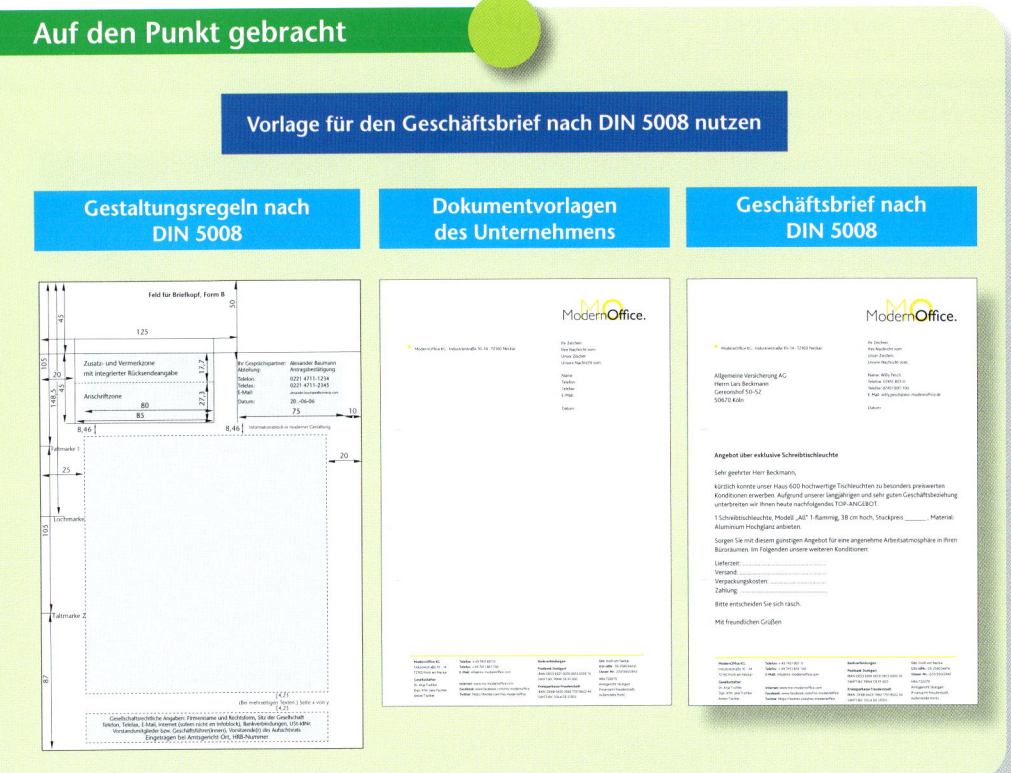

Nutzen Sie Ihr Wissen

1. Die ModernOffice KG beabsichtigt, ihre Geschäftspapiere neu zu gestalten.
   a) Klären Sie, welche Pflichtangaben die Geschäftspapiere enthalten müssen. Begründen Sie auch deren Notwendigkeit.
   b) Welche Gestaltungsvorgaben sind außerdem zu berücksichtigen? Beschreiben Sie die Bedeutung dieser Gestaltungsvorgaben.

2. Sie sollen eine Vorlage für eine Kurzmitteilung erstellen. Welche Faktoren des visuellen Erscheinungsbildes müssen Sie dabei beachten?

3. Was verstehen Sie unter Makrotypografie und Mikrotypografie?

4. Erläutern Sie den Aufbau einer Dokumentvorlage für den Geschäftsbrief nach DIN 5008.

3.7 Normgerechte Geschäftsbriefe schreiben

Lernsituation

Die ORGATEC war für die ModernOffice KG wieder ein voller Erfolg. Viele Kunden aus dem In- und Ausland besuchten den Stand. Da die Kundenpflege sehr wichtig ist, formuliert Frau Summer ein Dankschreiben an alle Interessierten, die auf der Messe ihre Visitenkarte mit der Bitte um Informationsmaterial hinterlassen haben. Sie gibt Tom Wildermuth den Entwurf.

Dankeschön

Guten Tag, Frau …

haben Sie herzlichen Dank für den Besuch auf der ORGATEC 20..! Wir hoffen, Sie konnten viele Anregungen und Ideen mitnehmen. Die überwältigenden Besucherzahlen und die durchweg positive Resonanz für unseren Bürostuhl SOLYA lassen diese Messe - zumindest aus unserer Sicht - zu einem vollen Erfolg werden. Mehrfach wurde uns bestätigt, wie wichtig heute die Themen Nachhaltigkeit und Flexibilität des Produktes sowie die Möglichkeiten unserer industriellen Manufaktur sind. Gern überreichen wir Ihnen mit diesem Schreiben die gewünschten Informationen und Unterlagen. Möchten Sie mehr über unser Unternehmen erfahren, dann schauen Sie bitte unter: www.mo-modernoffice.com.

Freundliche Grüße aus Horb

Lily Summer:	„Mit dem Dankschreiben bringen wir den Kunden eine besondere Wertschätzung entgegen. Es ist wichtig, dass der Brief einwandfrei und fehlerlos gestaltet ist. Denn ein guter Text in einer schlechten Verpackung würde mehr schaden, als nützen. Schaffen Sie das bis übermorgen?"
Tom Wildermuth runzelt die Stirn: „Ich werde mein Bestes geben."	
Lily Summer:	„Das freut mich. Wenn Sie fertig sind, gehen wir alles noch einmal gemeinsam durch. Mit der Zeit werden Sie Ihre Kenntnisse immer mehr verbessern!"

- *Informieren Sie sich über die normgerechte Gestaltung der einzelnen Teile eines Geschäftsbriefes und über die Erstellung von Dokumentvorlagen.*
- *Planen Sie mit einem Partner/einer Partnerin die Gestaltung des Briefes.*
- *Erstellen Sie eine normgerechte Dokumentvorlage und schreiben Sie den Brief an die Kunden im In- und Ausland.*
- *Kontrollieren und vergleichen Sie Ihre Ergebnisse.*
- *Nehmen Sie gegebenenfalls Korrekturen vor.*

Briefkommunikation

Trotz Telefon, Fax und E-Mail hat der Geschäftsbrief nicht an Bedeutung verloren. In der geschäftlichen Korrespondenz wird er insbesondere in folgenden Bereichen eingesetzt:

- Zur Übermittlung von Nachrichten mit persönlichem oder vertraulichem Inhalt,
- bei rechtsverbindlichen Anlässen wie z. B. Kündigung und Mahnung,
- wenn dem Empfänger eine besondere Wertschätzung entgegengebracht wird (z. B. Erstkontakte oder Gratulationen).

Vor- und Nachteile der Briefkommunikation

Vorteile	Nachteile
– hohes Maß an Verbindlichkeit – Wertschätzung und Vertraulichkeit – höhere Aufmerksamkeit beim Empfänger	– sehr langsam – im Vergleich zu E-Mail und Fax erfordert das Schreiben und Versenden erheblich mehr Aufwand

Bestandteile eines Geschäftsbriefs

Beispiel •

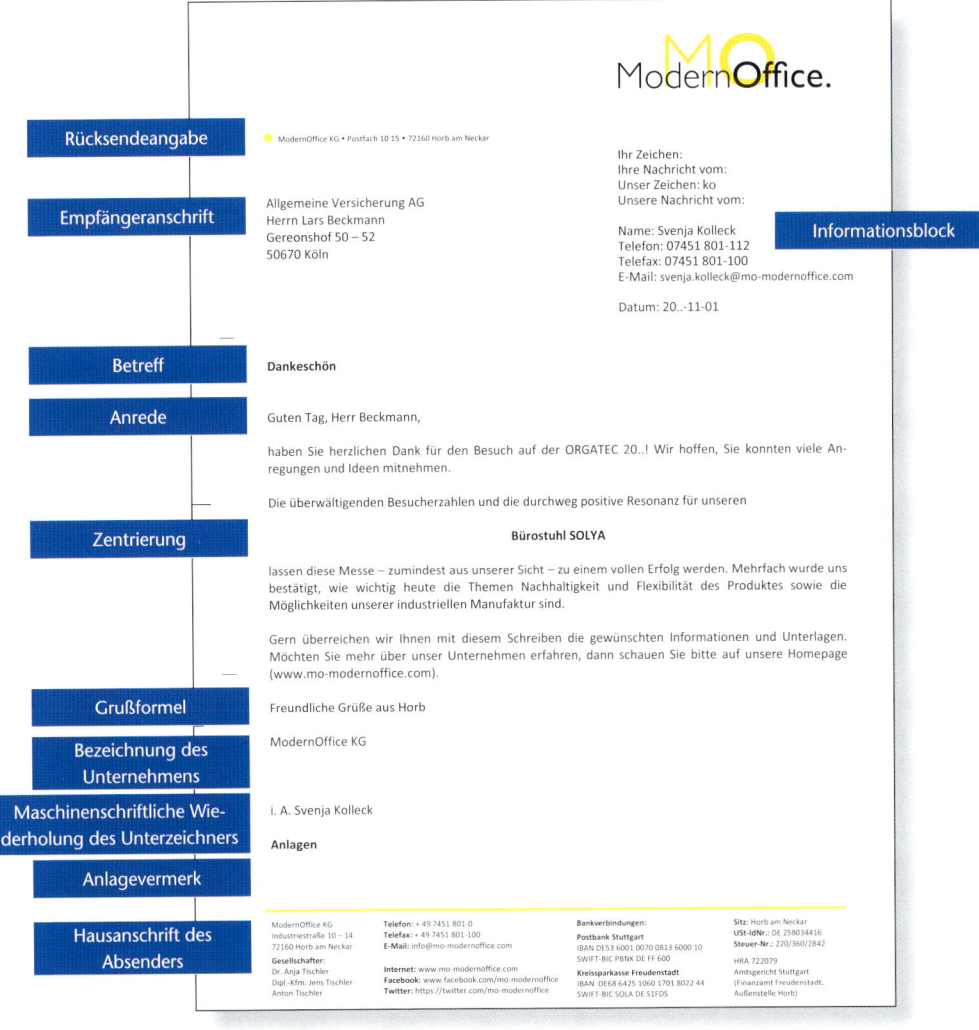

Das Anschriftfeld

Die richtige Aufteilung des Anschriftfeldes in bestimmte Zonen mit einer maschinell lesbaren Aufschrift ist ein wichtiges Kriterium bei der Briefbeförderung.

DIN-Regeln

* Das Anschriftfeld besteht aus 9 Zeilen. Es gliedert sich in die Zusatz- und Vermerkzone (3 Zeilen) und die Anschriftzone (6 Zeilen).
* Bei Platzmangel darf der Platz der jeweils anderen Zone mit genutzt werden.
* Inhalt des Anschriftfeldes ist die Aufschrift. Bestandteile der Aufschrift sind Zusätze und Vermerke (z. B. Einschreiben) sowie die Empfängerbezeichnung, Postfach mit Nummer (= Abholangabe) oder Straße und Hausnummer (= Zustellangabe).
* Die einzelnen Bestandteile der Aufschrift enthalten keine Leerzeilen. Auch zwischen der Zusatz- und Vermerkzone und der Anschriftzone darf keine Leerzeile stehen.
* Satzzeichen innerhalb der Anschrift werden geschrieben, jedoch nicht am Zeilenende. In der Zusatz- und Vermerkzone dürfen Satzzeichen am Zeilenende stehen.
* Laut DIN 5008 ergeben sich folgende Maße und Positionen im Anschriftfeld:

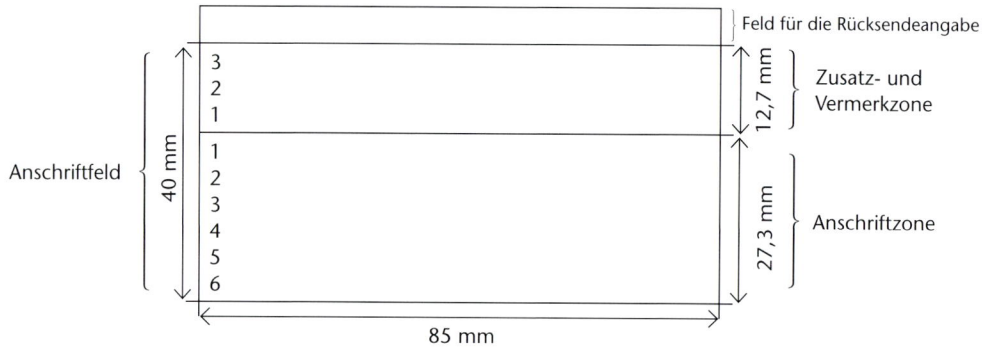

Gliederung des Anschriftfeldes ohne Rücksendeangabe

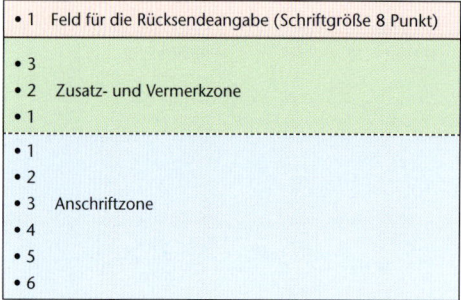

• 1 Feld für die Rücksendeangabe (Schriftgröße 8 Punkt)
• 3
• 2 Zusatz- und Vermerkzone
• 1
• 1
• 2
• 3 Anschriftzone
• 4
• 5
• 6

ModernOffice KG – Postfach 10 15 – 72160 Horb am Neckar

Infopost

Allgemeine Versicherung AG
Herrn Lars Beckmann
Gereonshof 50 – 52
50670 Köln

Zonen des Anschriftfeldes ohne Rücksendeangabe   *Aufschrift des Anschriftfeldes*

Für automationsfähige Briefsendungen darf die Zusatz- und Vermerkzone auch zu einer Zone zusammengeführt werden. Die Rücksendeangabe wird dann wie Zusätze und Vermerke behandelt. Die empfohlene Schriftgröße für die Zusatz- und Vermerkzone mit Rücksendeangabe ist 8 Punkt.

Gliederung des Anschriftfeldes mit Rücksendeangabe

• 5	
• 4	
• 3 Zusatz- und Vermerkzone mit Rücksendeangabe	
• 2	
• 1	
• 1	
• 2	
• 3 Anschriftzone	
• 4	
• 5	
• 6	

ModernOffice KG, Postfach 10 15, 72160 Horb am Neckar
Bei Umzug mit neuer Anschrift zurück!

Stadt Oberhausen
Rathaus Oberhausen
Schwartzstraße 72
46045 Oberhausen

Zonen des Anschriftfeldes mit Rücksendeangabe   *Aufschrift des Anschriftfeldes*

Die einfache Anschrift beginnt in der ersten Zeile der Anschriftzone. Die Anrede wird im Akkusativ (Wenfall) geschrieben: „Herrn" oder „Frau".	1	ModernOffice KG – Postfach 10 15 – 72160 Horb am Neckar
	3	
	2	
	1	
	1	Herrn
	2	Sven Schmidt
	3	Kesselgasse 35
	4	71522 Backnang
	5	
	6	

Akademische Grade wie **Diplom- und Doktortitel** (z. B. Dipl.-Kfm., Dipl.-Ing., Dr.) stehen unmittelbar vor dem Namen. **Bachelor- und Mastergrade** (wie B. A., B. Sc., M. A., M. Sc.) stehen hinter dem Namen. *Beispiele* • *Jana Müller B. A., Kim Becker M. Sc.*	1	ModernOffice KG – Postfach 10 15 – 72160 Horb am Neckar
	3	
	2	
	1	
	1	Frau Rechtsanwältin
	2	Dr. Selina Cramer
	3	Rotebühlstraße 183
	4	70124 Stuttgart
	5	
	6	

Da bei „**Professor**" nicht erkennbar ist, ob es sich um eine Amtsbezeichnung oder einen akademischen Grad handelt, sollte „Prof." unmittelbar vor dem Namen stehen.

Beispiele •
Prof. Stefan Walter, Prof. Dr. med. Fritz Lederer

Zusätze und Vermerke (Vorausverfügungen wie „Nicht nachsenden!", Produktbezeichnungen wie „Einschreiben" und elektronische Frankiervermerke) stehen in den Zeilen 1 – 3 der Zusatz- und Vermerkzone. Bei **Untermietern** muss der Name des Wohnungsinhabers unter den Namen des Empfängers geschrieben werden.	1	ModernOffice KG – Postfach 10 15 – 72160 Horb am Neckar
	3	
	2	
	1	Einschreiben
	1	Frau
	2	Franziska Mayer
	3	bei Julia Koch
	4	Lange Straße 10
	5	70124 Stuttgart
	6	

Bei der **Zustellangabe** (Straße und Hausnummer) darf zusätzlich der **Gebäudeteil**, das **Stockwerk** oder die **Wohnungsnummer**, abgetrennt durch **zwei Schrägstriche** angegeben werden. Vor und nach den zwei Schrägstrichen ist jeweils ein Leerzeichen zu schreiben.

Einzelunternehmen, die ins Handelsregister eingetragen sind, erhalten den Zusatz e. K. (eingetragene Kauffrau/eingetragener Kaufmann) bzw. e. Kffr. oder e. Kfm. (eingetragene Kauffrau/eingetragener Kaufmann).	1	ModernOffice KG – Postfach 10 15 – 72160 Horb am Neckar
	3	
	2	
	1	
	1	Uhrmachermeister
	2	Jan Strohäcker e. K.
	3	Hauptstraße 16
	4	72160 Horb am Neckar
	5	
	6	

Ortsteilnamen dürfen in einer besonderen Zeile oberhalb der Zustell- oder Abholangabe ohne Postleitzahl vermerkt werden – nicht aber der Zusatz zum Bestimmungsort. **Hausnummern** folgen der Straßenbezeichnung nach einem Leerschritt. Nachfolgende Buchstaben werden von den Hausnummern durch ein Leerzeichen getrennt; der Buchstabe darf **klein- oder großgeschrieben** werden.	1	ModernOffice KG – Postfach 10 15 – 72160 Horb am Neckar
	3	
	2	
	1	
	1	Vermessungsbüro
	2	Martin Felsenheim e. K.
	3	Sachsenweiler
	4	Stuttgarter Straße 18 A
	5	72160 Horb am Neckar
	6	

	1	ModernOffice KG – Postfach 10 15 – 72160 Horb am Neckar
	3	
	2	
Wird der Brief an eine bestimmte Person im Unternehmen gerichtet, steht der Name unter dem Firmennamen, aber ohne den Zusatz z. H. (zu Händen).	1	
	1	Roth & Farber GmbH
	2	Herrn Ron Liebermann
	3	Kurze Straße 18
	4	70124 Stuttgart
	5	
	6	

Persönliche Briefe dürfen in der Posteingangsstelle nicht geöffnet werden. Dies ergibt sich durch die Zusätze „Persönlich/ Vertraulich", durch die Reihenfolge (Personenname vor Firmenname) oder durch die betriebliche Postordnung. Die **Abholangabe** (Postfach mit Nummer) kann **anstelle** der **Zustellangabe** (Straße und Hausnummer) verwendet werden. Da Postfächer meist mehrmals am Tag geleert werden, gelangen Briefe mit Abholangabe schneller an den Adressaten. Postfachnummern werden von rechts nach links in Zweiergruppen gegliedert.	1	ModernOffice KG – Postfach 10 15 – 72160 Horb am Neckar
	3	
	2	Einschreiben
	1	Persönlich/Vertraulich
	1	Herrn
	2	Dipl.-Ing. Manfred Kirschbaum
	3	Frey & Wollner AG
	4	Personalabteilung
	5	Postfach 11 22
	6	70138 Stuttgart

Empfängerbezeichnungen werden sinngemäß in Zeilen aufgeteilt. Firmen oder Behörden mit großem Postaufkommen haben eine Großkunden-Postleitzahl. Die Beförderung wird dadurch beschleunigt. Bei Großempfängeranschriften dürfen weder Postfach noch Straße und Hausnummer angegeben werden.	1	ModernOffice KG – Postfach 10 15 – 72160 Horb am Neckar
	3	
	2	
	1	
	1	Landesamt
	2	für Besoldung und Versorgung
	3	Abteilung Beihilfe
	4	70333 Stuttgart
	5	
	6	

In die Zusatz- und Vermerkzone dürfen auch **Ordnungsbezeichnungen** des Absenders aufgenommen werden. **Zusammengesetzte Hausnummern** werden mit dem „bis"-Zeichen oder mit Schrägstrich geschrieben. Vor und nach dem „bis"-Zeichen steht ein Leerzeichen. *Beispiele* *Waldstraße 98 – 100, Waldstraße 98/100*	1	ModernOffice KG – Postfach 10 15 – 72160 Horb am Neckar
	3	
	2	01103988/999/2014
	1	Nicht nachsenden!
	1	Frau Direktorin
	2	Sonja Sacher M. A.
	3	Stuttgarter Straße 112 – 114
	4	71332 Waiblingen
	5	
	6	

Die Felder für die Rücksendeangabe und die Zusatz- und Vermerkzone dürfen auch zu einer Zone zusammengeführt werden.	5	
	4	
	3	
	2	ModernOffice KG – Postfach 10 15 – 72160 Horb am Neckar
	1	Büchersendung
	1	Eheleute
	2	Petra und Willy Fehrenbach
	3	8949988
	4	Packstation 85
	5	71638 Ludwigsburg
	6	

Auslandsanschriften

- Die Anschriften müssen grundsätzlich in lateinischer Schrift und arabischen Ziffern geschrieben werden.
- Bestimmungsort und Bestimmungsland müssen in Großbuchstaben geschrieben werden.
- Im Idealfall können Sie die Anordnung der Bestandteile der Anschrift aus der Absenderangabe eines erhaltenen Briefes entnehmen.
- Der Bestimmungsort ist möglichst in der Sprache des Bestimmungslandes anzugeben (z. B. Nizza = Nice).
- Das Bestimmungsland wird in deutscher Sprache angegeben und steht in der letzten Zeile der Anschrift.
- Es steht keine Leerzeile zwischen Land und Ort.

Beispiele •

ModernOffice KG – Postfach 10 15 – 72160 Horb am Neckar	
Messrs. Robertson & Ling 5, Oxford Street NW 20 8AG LONDON GROSSBRITANNIEN	

ModernOffice KG – Postfach 10 15 – 72160 Horb am Neckar Vorab per Telefax	
Monsieur René Lacroix 6 rue du Fest-Noz 06200 NICE FRANKREICH	

Der Informationsblock

Leitwörter (z. B. Abteilung, Ihr Gesprächspartner), Bezugszeichen (z. B. Unser Zeichen, Unsere Nachricht vom) und Kommunikationsmöglichkeiten (z. B. Telefon, Telefax, E-Mail) stehen in Form eines Informationsblocks rechts neben dem Feld für die Anschrift des Empfängers. Diese Darstellung sollte verwendet werden, da auf diese Weise vielfältige Angaben in übersichtlicher Form wiedergegeben werden können.

Es wird zwischen Standardinformationsblock und gestaltetem Informationsblock unterschieden.

Beispiele •

Standardinformationsblock
Ihr Zeichen: ke
Ihre Nachricht vom: 20..-05-25
Unser Zeichen: su-wi
Unsere Nachricht vom:
Name: Tom Wildermuth
Telefon: 07451 801-113
Telefax: 07451 801-100
E-Mail: tom.wildermuth@mo-modernoffice.de
Datum: 20..-00-00

Gestalteter Informationsblock	
Ihr Gesprächspartner:	Tom Wildermuth
Abteilung:	Marketing
Telefon:	07451 801-113
Telefax:	07451 801-100
E-Mail:	tom.wildermuth@mo-modernoffice.com
Datum:	20..-00-00

Rote Schriftfarbe = variable Elemente des Geschäftsbriefes

Beim **Standardinformationsblock** erfolgen die Angaben unmittelbar hinter dem Leitwort in der im Brief verwendeten Schriftart und -größe. Die angegebene Reihenfolge der Leitwörter (Ihr Zeichen, Ihre Nachricht vom, Unser Zeichen, Unsere Nachricht vom, Name, Telefon, Telefax, E-Mail, Datum) ist einzuhalten. Zwischen den Bezugszeichen und dem Leitwort „Name" sowie den Kommunikationsmöglichkeiten und dem Leitwort „Datum" sollte je eine Leerzeile vorgesehen werden.

Beim **gestalteten Informationsblock** sollten die Angaben ausgehend vom längsten Leitwort – mit angemessenem Abstand, mindestens ein Leerzeichen – an einer neuen Fluchtlinie beginnend geschrieben werden. Die Angaben zu den Leitwörtern erfolgen in der im Brief verwendeten Schriftart und -größe. Grundsätzlich dürfen die Leitwörter in der Vorlage ergänzt, weggelassen oder verändert werden. Die Angaben sollten mit Leerzeilen gruppiert werden.

Einzelne **Angaben**, z. B. E-Mail-Adresse oder Internetadresse, dürfen notfalls auch in kleinerer Schriftgröße geschrieben werden, mindestens jedoch 8 Punkt.

Die Betreffangabe

Der Betreff gibt stichwortartig den Inhalt des Briefes an und wird ohne Schlusspunkt geschrieben. Er darf durch Fettschrift oder Farbe hervorgehoben werden. Bei längeren Betreffangaben ist der Text sinngemäß auf mehrere Zeilen zu verteilen. Vor und nach dem Wortlaut des Betreffs folgen jeweils zwei Leerzeilen.

Der Brieftext

Der Brieftext fasst das Anliegen des Anschreibens in einer sachgerichteten und ansprechenden Form zusammen. Gerade in der Geschäftskorrespondenz sollte auf die Anwendung der DIN besonders geachtet werden:

- Im fortlaufenden Text sind zu kleine Schriftgrößen (unter 10 Punkt) und ausgefallene Schriftarten (z. B. Schreibschrift) und Schriftstile (Kapitälchen) zu vermeiden. In der Praxis haben sich die Schriften Times New Roman (12 pt) und Arial (11 pt) als zweckmäßig erwiesen.
- Der Brieftext wird im Zeilenabstand 1 geschrieben.
- Zwischen Anrede und Brieftext steht eine Leerzeile.
- Die Absätze im Brieftext sind durch je eine Leerzeile zu gliedern.
- Der Brieftext wird in Sinnabsätze gegliedert.
- Als Hervorhebung von Textteilen eignen sich Zentrierung und Einrückung.

Zentrierung	Einrückung
– Geeignet für kurze einzeilige Hervorhebungen oder mehrere kurze Zeilen untereinander. – Nicht geeignet für Absätze mit Aufzählungen und Nummerierungen.	– Geeignet für mehrzeilige Texte/Absätze, Aufstellungen und Absätze mit Nummerierungen oder Aufzählungen. – Nicht geeignet für kurze Zeilen.

- Eingerückte und zentrierte Textteile werden vom vorausgehenden und vom folgenden Text durch je eine Leerzeile abgesetzt.
- Eine Einrückung beginnt auf 2,5 cm.
- Eine Einrückung oder Zentrierung kann zusätzlich durch Fettschrift hervorgehoben werden.

Beispiele •

Zentrierung

Wir zeigen Ihnen die innovativen Variierungsmöglichkeiten unserer neuen Büromöbelserie „SOLYA" auf der ORGATEC am Stand und in einem virtuellen Rundgang:

•

vom 23.10. bis zum 27.10.20..
jeweils von 10:00 bis 11:00 Uhr
Halle 8, Stand L 123

•

Unsere Mitarbeiterinnen und Mitarbeiter am Stand beraten Sie gerne. Bitte vereinbaren Sie …

Einrückung

Leider praktizieren etliche Unternehmen Corporate Identity als oberflächliche Kosmetik des Images in der Öffentlichkeit. Unternehmensinterne Belange bleiben oft ausgeklammert. So kommt die anspruchsvolle, humane und ergonomische Gestaltung der Mitarbeiterbüros bei vielen Corporate-Identity-Strategien zu kurz.

•

> **Unsere Broschüre beleuchtet alle wichtigen Aspekte zu diesem Thema,**
> **beschreibt die Probleme und ihre Lösungen.**

•

Sie haben noch Fragen? Dann rufen Sie uns einfach an! Telefon 07451 801-113. Ihr Ansprechpartner, Herr Tom Wildermuth, hilft Ihnen gern weiter.

Der Briefschluss

Der Briefschluss beginnt mit der Grußformel. Zwischen der letzten Zeile des Brieftextes und der Grußformel steht eine Leerzeile.

Zwischen der Grußformel und der Bezeichnung des Unternehmens, der Behörde u. Ä. steht eine Leerzeile. Die Anzahl der Leerzeilen bis zur maschinenschriftlichen Wiederholung des Namens richtet sich nach der Notwendigkeit. Unterschreibt jemand sehr groß, muss die Anzahl der Leerzeilen entsprechend erhöht werden. In der Regel reichen aber drei Leerzeilen aus.

•
Mit freundlichen Grüßen
•
ModernOffice KG
•
•
•
Tom Wildermuth

Längere Firmennamen können auf zwei Zeilen sinngemäß aufgeteilt werden. Wird der Brief in Vollmacht unterschrieben, kann die Abkürzung „i. V." vor den Namen des Unterzeichners gesetzt werden. Das Gleiche gilt für „ppa." (per procura), i. A. (im Auftrag) usw.

•	•	•
Mit freundlichen Grüßen nach Hamburg	Freundliche Grüße nach München	Freundliche Grüße
•	•	•
Aluminium- und Edelwerkstoffe Sommer & Wagner GmbH	ModernOffice KG	ModernOffice KG
•	•	•
•	•	•
•	•	•
i. A. Kim Stephan	i. V. Lea Groß	ppa. Sabine Müller

Die **Einzelvollmacht** gilt für einmalige Handlungen und wird durch den Zusatz i. A. (im Auftrag) gekennzeichnet. Sie muss nicht schriftlich erteilt werden.

Die **Artvollmacht** gilt bis auf Widerruf für den Abschluss von Geschäften. Sie muss durch den Zusatz i. V. (in Vollmacht) gekennzeichnet werden. Die Artvollmacht muss schriftlich erteilt werden.

Eine **Prokura** wird schriftlich erteilt und muss ins Handelsregister eingetragen werden. Die Abkürzung ppa. (per procura) steht vor dem Namen.

Unterschreiben zwei Personen einen Brief, werden die Namen nebeneinander angeordnet. Dabei ist genügend Platz für die handschriftlichen Unterschriften freizulassen.

• Freundliche Grüße • ModernOffice KG • • • ppa. Sabine Müller   i. V. Tom Wildermuth

Anlagen- und Verteilvermerk

Werden einem Brief **Anlagen** beigefügt, folgt der Anlagenvermerk im Abstand von einer Leerzeile nach der maschinenschriftlichen Namenswiederholung.

Die im Text genannten Anlagen müssen nicht einzeln aufgeführt werden. Es genügt das Wort „Anlagen".

Das Wort Anlage(n) darf durch Fettschrift hervorgehoben werden.

• Freundliche Grüße • ModernOffice KG • • • Tom Wildermuth • **Anlagen**

Bekommt eine weitere Person eine Kopie des Schriftstücks, ist dies im **Verteilvermerk** zu berücksichtigen. Das Wort „Verteiler" darf durch Fettschrift hervorgehoben werden.

Der Verteilvermerk folgt dem Anlagenvermerk nach einer Leerzeile. Bei Platzmangel darf die Leerzeile entfallen.

• Freundliche Grüße • ModernOffice KG • • • Tom Wildermuth • **Anlagen** 1 Scheck • **Verteiler** Herrn Tischler

Der Anlagen- und Verteilvermerk darf rechts neben dem Gruß bei 10 cm (vom linken Rand) angeordnet werden.

• Freundliche Grüße • ModernOffice KG • • • ppa. Lea Groß	**Anlagen** 1 Prospekt • **Verteiler** Herrn Tischler

Werbliche Elemente

Werbliche Elemente wie „PS" oder „Übrigens" können mit mindestens einer Zeile Abstand am Ende des Briefes aufgeführt werden.

Auf den Punkt gebracht

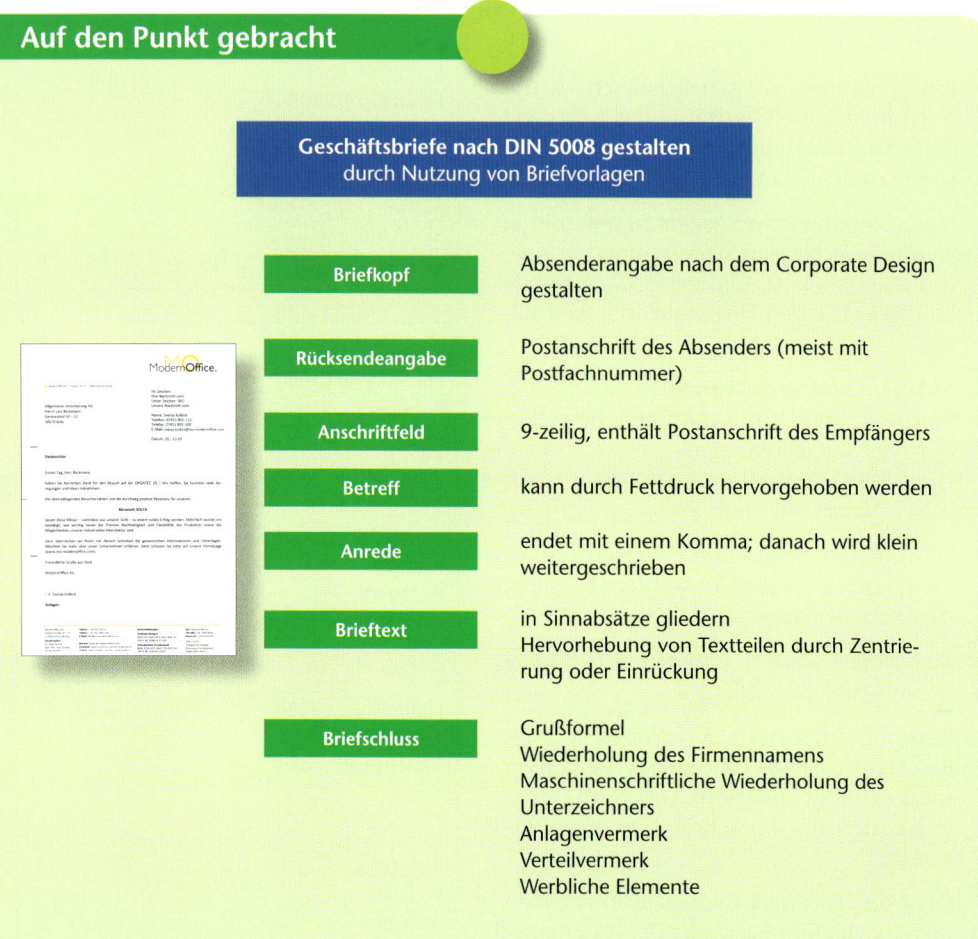

Geschäftsbriefe nach DIN 5008 gestalten
durch Nutzung von Briefvorlagen

Briefkopf	Absenderangabe nach dem Corporate Design gestalten
Rücksendeangabe	Postanschrift des Absenders (meist mit Postfachnummer)
Anschriftfeld	9-zeilig, enthält Postanschrift des Empfängers
Betreff	kann durch Fettdruck hervorgehoben werden
Anrede	endet mit einem Komma; danach wird klein weitergeschrieben
Brieftext	in Sinnabsätze gliedern Hervorhebung von Textteilen durch Zentrierung oder Einrückung
Briefschluss	Grußformel Wiederholung des Firmennamens Maschinenschriftliche Wiederholung des Unterzeichners Anlagenvermerk Verteilvermerk Werbliche Elemente

Nutzen Sie Ihr Wissen

1. In der Abteilung Beschaffung soll Tom Wildermuth an verschiedene Lieferanten eine Anfrage schreiben.
    a) Erstellen Sie eine Tabelle mit zwei Spalten und fünf Zeilen. Jede Zelle hat neun Zeilen.
    b) Schreiben Sie die Anschriften in die linke Spalte.
    c) Formulieren Sie in der rechten Spalte die Gestaltungsregeln.
    d) Kennzeichnen Sie die Leerzeilen am Anfang mit einem Sternchen.
    e) **Gestalten Sie die Anschriften der folgenden Lieferanten:**
    *   Holzwerkstoffe Gaildorf GmbH, Abteilung Rechnungswesen, Frau Sabine Kaufmann, Aalener Straße 100, 74405 Gaildorf-Bröckingen
    *   Edelstahlwerk Witten AG, Abteilung Entwicklung, Herrn Dipl.-Ing. Frank Wassermann, Hans-Böckler-Straße 15 – 19, 58455 Witten

- Schraubentechnik KG, Abteilung Verkauf, Frau Konstanze Feldler, Postfach 20 50, 74665 Ingelfingen
- Kunststofftechnik GmbH, Herrn Carl Crämer, Otto-Hahn-Straße 50, 34253 Lohfelden
- Luxo Lichtdesign AG, Frau Songül Zilan, Von-Thünen-Straße 28, 28307 Bremen

2. Svenja Kolleck unterstützt zurzeit die Abteilung Verkauf. Heute soll sie Angebote an verschiedene Kunden der ModernOffice KG schreiben.
   a) Erstellen Sie eine Tabelle mit zwei Spalten und fünf Zeilen. Jede Zelle hat neun Zeilen.
   b) Schreiben Sie die Anschriften in die linke Spalte.
   c) Formulieren Sie in der rechten Spalte die Gestaltungsregeln.
   d) Kennzeichnen Sie die Leerzeilen am Anfang mit einem Sternchen.
   e) **Gestalten Sie die Anschriften der folgenden Kunden:**
      - Allgemeine Versicherung AG, Frau Dr. Karla Leistner, Gereonshof 50 – 52, 50670 Köln
      - International Air Cargo GmbH, Frau Hamida Pejanovic, Flughafenstraße 1 – 3, 22335 Hamburg
      - Herrn Rechtsanwalt Dr. Klaus Mayer, Webergasse 8, 70124 Stuttgart
      - Stadt Oberhausen, Rathaus Oberhausen, Frau Amtsrätin Susanne Weber, Schwartzstraße 72, 46045 Oberhausen
      - Frau Susanne Blockhaus bei Liane Sommerfeld, Hohe Straße 8, 70124 Stuttgart
      - Möbelgroßhandlung Bürowelt GmbH & Co. KG, Herrn Adam Nowak, Loschwitzer Straße 66 – 68, 01309 Dresden
      - office4you OHG, Frau Zümra Canavar, Landsberger Straße 161, 80687 München

3. Zum 1. September 20.. hat die ModernOffice KG einen Ausbildungsplatz zur Kauffrau/zum Kaufmann für Büromanagement zu besetzen. Es sind 34 Bewerbungen eingegangen. Nach Prüfung der Unterlagen beschließen die Personalverantwortlichen, die Bewerberin Stefanie Weber, Hauptstraße 18, 72160 Horb am Neckar, zum Eignungstest einzuladen. Miriam Ball beauftragt Tom Wildermuth, die Einladung zu schreiben.

MO-Dokument-vorlage

Brieftext

vielen Dank für Ihre Bewerbungsunterlagen. Die Ausbildung zur Kauffrau für Büromanagement wird Ihnen sicherlich gefallen. Sie bietet Ihnen später viele attraktive und unterschiedliche berufliche Möglichkeiten. Die Ausbildung junger Menschen bedeutet für uns nicht nur die Vermittlung fachlicher Kenntnisse. Es geht uns auch darum, dass Sie langfristig mit Ihrem Beruf zufrieden sind. Dies hängt vor allem von Ihren Interessen und persönlichen Stärken ab. Darum laden wir Sie zunächst für einen Tag zu verschiedenen theoretischen und praktischen Tests ein. Bitte nehmen Sie sich am Montag, 24. Mai 20.. von 09:00 bis 17:00 Uhr Zeit. Wir erwarten Sie in unserem Schulungsgebäude in der Waldstraße 18 A. Melden Sie sich bitte am Empfang, wir werden Sie dort abholen. Freundliche Grüße

Arbeitsanweisungen

a) Gestalten Sie die Bezugszeichen, Namen, Kommunikationsangaben, das Datum, die Anrede und den Briefschluss gemäß der Eingangssituation. Tom Wildermuth hat die Telefonnummer 07451 801-113, die Telefaxnummer 07451 801-100 und die E-Mail-Adresse tom.wildermuth@mo-modernoffice.com.
b) Formulieren Sie den Betreff.
c) Gestalten Sie den Brieftext in Sinnabsätzen.

d) Heben Sie den Textteil „Montag, 24. Mai 20.. von 09:00 bis 17:00 Uhr" in einer zweizeiligen Einrückung hervor.
e) Führen Sie die Worttrennung durch.
f) Formatieren Sie den rechten Rand mit Blocksatz.
g) Wählen Sie einen geeigneten Dateinamen mit angehängtem Speicherdatum.
h) Speichern Sie die Datei.
i) Kontrollieren Sie Ihr Ergebnis.
j) Präsentieren und vergleichen Sie Ihre Ergebnisse.
k) Verbessern Sie gegebenenfalls Fehler.

4. Die ModernOffice KG hat für ihre Kunden eine Broschüre zum Thema Corporate Identity erstellt. In einigen Zeitungsannoncen wird auf die Broschüre aufmerksam gemacht. Katharina Seiler ist Marketingleiterin der Cramer & Kreis GmbH, eines langjährigen Kunden der ModernOffice KG. Frau Seiler bittet am 25. Mai 20.. um Zusendung eines Exemplars. Svenja Kolleck bearbeitet die Anfrage.

Brieftext

Vielen Dank für Ihr Interesse an unserer Broschüre „Corporate Identity im Büro". Sie dient als Werkzeug für Abteilungsleiter, Planer, Organisatoren, Architekten, Manager und Unternehmer. Das Unternehmen mit Stil ist das Ziel vieler kostspieliger und ausgedehnter Corporate-Identity-Strategien. Ein stilvolles Unternehmen formt sich aber erst, wenn Erscheinungsbild, Kommunikation und Verhalten gegenüber Mitarbeitern und Öffentlichkeit übereinstimmen. Leider praktizieren etliche Unternehmen Corporate Identity lediglich als oberflächliche Kosmetik des Images in der Öffentlichkeit. Unternehmensinterne Belange bleiben oft ausgeklammert. So kommt die anspruchsvolle, humane und ergonomische Gestaltung der Mitarbeiterbüros bei vielen Corporate-Identity-Strategien zu kurz. Unsere Broschüre beleuchtet alle wichtigen Aspekte zu diesem Thema, beschreibt die Probleme und ihre Lösungen. Sie haben noch Fragen? Dann rufen Sie uns einfach an. Gerne helfen wir Ihnen weiter. Freundliche Grüße

Arbeitsanweisungen

a) Schreiben Sie den Brief an Frau Seiler.
b) Gestalten Sie die Bezugszeichen, den Namen, die Kommunikationsangaben, das Datum, die Anrede und den Briefschluss gemäß der Eingangssituation. Svenja Kolleck hat die Telefonnummer 07451 801-114, die Telefaxnummer 07451 801-100 und die E-Mail-Adresse svenja.kolleck@mo-modernoffice.com.
c) Formulieren Sie eine passende Betreffangabe.
d) Gestalten Sie den Brieftext in sinnvollen Absätzen.
e) Heben Sie den Textteil „Das Unternehmen mit Stil … Mitarbeiter und Öffentlichkeit übereinstimmen." durch Einrückung hervor.
f) Führen Sie die Worttrennung durch.
g) Formatieren Sie den rechten Rand mit Blocksatz.
h) Erstellen Sie folgendes werbliches Element am Ende des Briefes: PS: Besuchen Sie uns auf der ORGATEC in Köln und lernen Sie unsere neuen Produkte kennen.
i) Wählen Sie einen geeigneten Dateinamen mit angehängtem Speicherdatum.
j) Speichern Sie die Datei.
k) Kontrollieren Sie Ihr Ergebnis.
l) Präsentieren Sie den Brief im Plenum.
m) Verbessern Sie gegebenenfalls Fehler.

3.8   Geschäftsbriefe mit Teilbetreff und Fortsetzungsblatt gestalten

Lernsituation

Svenja Kolleck sichtet ihren Posteingangskorb. Neben einigen Informationsschreiben findet sie Unterlagen von Frau Summer. Es handelt sich um zwei Briefe, die geschrieben und normgerecht gestaltet werden sollen. Frau Summer hat dazu auch Arbeitsaufträge vermerkt.

Bitte den Brief an den entsprechenden Stellen mit Teilbetreff gestalten.	*Unbedingt auf zwei Seiten aufteilen.*

Svenja fragt Tom:	„Weißt Du, wie man einen Teilbetreff und einen mehrseitigen Brief normgerecht verfasst? Frau Summer hat mir zwei Texte gegeben, die ich entsprechend gestalten soll."
Tom Wildermuth:	„Bis jetzt habe ich nur normale Geschäftsbriefe geschrieben. Wir können ja in unserem elektronischen Qualitätshandbuch nachsehen, ob dort etwas hinterlegt ist."

- *Informieren Sie sich, wie Teilbetreffe und mehrseitige Briefe normgerecht gestaltet werden.*
- *Verwenden Sie die entsprechenden Dokumentvorlagen.*
- *Gestalten Sie die Briefe normgerecht.*
- *Kontrollieren Sie Ihre Ergebnisse.*
- *Präsentieren und vergleichen Sie Ihre Ergebnisse.*
- *Verbessern Sie gegebenenfalls die Fehler.*

Der Teilbetreff

- Der Teilbetreff ist eine **stichwortartige Inhaltsangabe eines Briefteils**.
- Ein Teilbetreff beginnt immer an der Fluchtlinie. Er endet mit einem Punkt und darf durch Fettschrift und/oder Farbe hervorgehoben werden.
- Der nachfolgende Text wird nach einem Leerzeichen direkt nach dem Punkt angeschlossen.

Beispiel •

•   **Catering.** Da wir unsere Mitarbeiterinnen und Mitarbeiter entlasten wollen, machen Sie uns bitte außerdem ein Angebot über eine Bewirtung an 5 Tagen. Wir benötigen eine Servicekraft zwei Stunden pro Tag.   •

Teilbetreffe können auch durchnummeriert werden, wenn dies der Übersichtlichkeit dient.

Beispiel •

•

1. **Corporate Identity.** Das Unternehmen mit Stil ist das Ziel vieler kostspieliger und ausgedehnter Corporate-Identity-Strategien. Ein stilvolles Unternehmen formt sich aber erst, wenn Erscheinungsbild, Kommunikation und Verhalten gegenüber Mitarbeitern und Öffentlichkeit übereinstimmen.

•

2. **Ergonomie am Arbeitsplatz.** Leider praktizieren etliche Unternehmen Corporate Identity lediglich als oberflächliche Kosmetik des Images in der Öffentlichkeit. Unternehmensinterne Belange bleiben oft ausgeklammert. So kommt die anspruchsvolle, humane und ergonomische Gestaltung der Mitarbeiterbüros bei vielen Corporate-Identity-Strategien zu kurz.

•

Modern**Office.**

ModernOffice KG • Postfach 10 15 • 72160 Horb am Neckar

Messebaugesellschaft
Konrad Herzig & Wirth GmbH
Frau Karina Weber
Bornstraße 12
22555 Hamburg

Ihr Zeichen:
Ihre Nachricht vom:
Unser Zeichen: LSU
Unsere Nachricht vom:

Name: Lily Summer
Telefon: 07451 801-210
Telefax: 07451 801-219
E-Mail: lily.summer@mo-modernoffice.com

Datum: 20..-01-25

Planung und Aufbau unseres Messestandes

Sehr geehrte Frau Weber,

wir wollen auf der ORGATEC 20.. mit einem neuen Messestand teilnehmen. Da Sie als Messebauer einen sehr guten Ruf als zuverlässiger Partner haben, würden wir gerne mit Ihnen zusammenarbeiten. Bitte machen Sie uns ein Komplettangebot über:

- Eckstand – zwei Seiten offen, Standfläche 120 m²
- kunststoffbeschichtete Wände, weiß, 250 cm hoch
- Stromanschluss
- Beleuchtung
- tägliche Standreinigung und Müllentsorgung
- Parkausweise für 8 Fahrzeuge
- komplette Planung und Organisation des Auf- und Abbaus.

Das Mobiliar ist vorhanden und muss in die Gesamtkonzeption eingeplant werden. Die grafischen Daten für das Layout und die Werbeschriftzüge erhalten Sie in digitaler Form von unserer Grafikabteilung.

Catering. Da wir unsere Mitarbeiterinnen und Mitarbeiter entlasten wollen, machen Sie uns bitte außerdem ein Angebot über eine Bewirtung an 5 Tagen. Wir benötigen eine Servicekraft jeweils zwei Stunden pro Tag.

Ich freue mich auf Ihr Angebot bis zum 15. März 20.. Bitte machen Sie mir einen Terminvorschlag, um die Details des Auftrags persönlich zu besprechen, falls mir Ihr Angebot zusagt.

Freundliche Grüße aus Horb

ModernOffice KG

Lily Summer M. A.

ModernOffice KG	**Telefon:** + 49 7451 801-0	**Bankverbindungen:**	**Sitz:** Horb am Neckar
Industriestraße 10 – 14	**Telefax:** + 49 7451 801-100	**Postbank Stuttgart**	**USt-IdNr.:** DE 258034416
72160 Horb am Neckar	**E-Mail:** info@mo-modernoffice.com	IBAN DE53 6001 0070 0813 6000 10	**Steuer-Nr.:** 220/360/2842
Gesellschafter:		SWIFT-BIC PBNK DE FF 600	HRA 722079
Dr. Anja Tischler	**Internet:** www.mo-modernoffice.com	**Kreissparkasse Freudenstadt**	Amtsgericht Stuttgart
Dipl.-Kfm. Jens Tischler	**Facebook:** www.facebook.com/mo-modernoffice	IBAN DE68 6425 1060 1701 8022 44	(Finanzamt Freudenstadt,
Anton Tischler	**Twitter:** https://twitter.com/mo-modernoffice	SWIFT-BIC SOLA DE S1FDS	Außenstelle Horb)

Mehrseitiger Geschäftsbrief

Bei der Gestaltung von mehrseitigen Geschäftsbriefen ist zu beachten:

- Geschäftsbriefe, die am PC geschrieben werden, sind grundsätzlich auf einem weiteren Blatt fortzusetzen. Die Rückseite eines Briefes sollte nicht beschriftet werden.
- Der Briefkopf des Geschäftsbriefes kann auf dem Fortsetzungsblatt wiederholt werden.
- Passt der Briefschluss nicht mehr auf das erste Blatt, sollten mindestens zwei Zeilen mit Text auf die Folgeseite übernommen werden.

Seitennummerierung

- Die Seitenkennzeichnung ist vom Text durch mindestens eine Leerzeile zu trennen.
- Die Seiten eines Geschäftsbriefes sind von der zweiten Seite an fortlaufend zu nummerieren.
- Die Seitennummerierung in der Form von „ – X – " sollte vorzugsweise zentriert in der Kopfzeile stehen. Bei dieser Variante wird in der Fußzeile auf der ersten Seite durch „…" auf die Folgeseiten hingewiesen.
- Eine Seitennummerierung in der Form „Seite X von Y" sollte vorzugsweise rechtsbündig in der Fußzeile stehen.

Beispiel 1 •

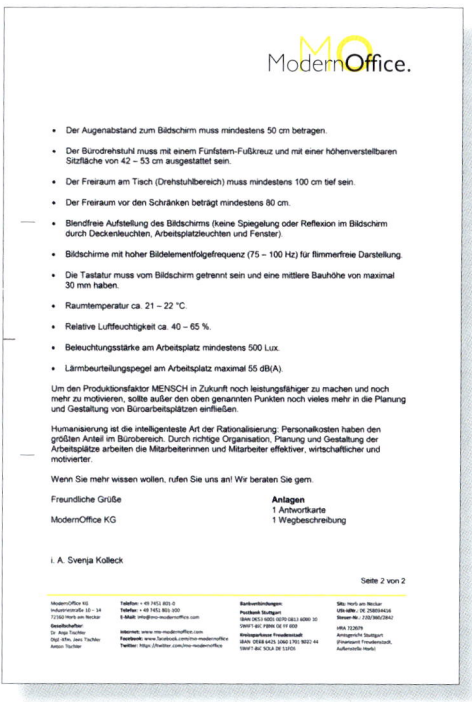

Beispiel 2 •

- Ist der Bildschirm-Arbeitstisch nicht höhenverstellbar, muss er 750 mm hoch sein.

- Ideal ist ein höhenverstellbarer Arbeitstisch, wobei der Verstellbereich zwischen 680 mm und 760 mm liegen sollte.

...

ModernOffice KG
Industriestraße 10 – 14
72160 Horb am Neckar

Telefon: + 49 7451 801-0
Telefax: + 49 7451 801-100
E-Mail: info@mo-modernoffice.com

Bankverbindungen:
Postbank Stuttgart
IBAN DE53 6001 0070 0813 6000 10
SWIFT-BIC PBNK DE FF 600

Sitz: Horb am Neckar
USt-IdNr.: DE 258034416
Steuer-Nr.: 220/360/2842

Gesellschafter:
Dr. Anja Tischler
Dipl.-Kfm. Jens Tischler
Anton Tischler

Internet: www.mo-modernoffice.com
Facebook: www.facebook.com/mo-modernoffice
Twitter: https://twitter.com/mo-modernoffice

Kreissparkasse Freudenstadt
IBAN DE68 6425 1060 1701 8022 44
SWIFT-BIC SOLA DE S1FDS

HRA 722079
Amtsgericht Stuttgart
(Finanzamt Freudenstadt,
Außenstelle Horb)

- 2 -

- Der Augenabstand zum Bildschirm muss mindestens 50 cm betragen.

- Der Bürodrehstuhl muss mit einem Fünfstern-Fußkreuz und mit einer höhenverstellbaren Sitzfläche von 42 – 53 cm ausgestattet sein.

Auf den Punkt gebracht

Geschäftsbriefe nach DIN 5008	
mit Teilbetreff	**mehrseitig**
– Inhaltsangabe eines Briefteils – endet mit Punkt – kann mit Fettschrift formatiert werden	– Seitennummerierung in Form von: ... – 2 – oder – Seitennummerierung in Form von: Seite X von Y

Nutzen Sie Ihr Wissen

1. Die Marketingabteilung der ModernOffice KG hat unter Mitarbeit von Medizinern eine Broschüre zur Arbeitsplatzanalyse erstellt. An die langjährigen Kunden wurde bereits ein Exemplar verschickt. Sobald ein neuer Kunde registriert wird, soll Svenja Kolleck den Kunden anschreiben und über die Broschüre informieren.
Die Firma Neumann & Gern KG, Rheinhafenstraße 122, 76185 Karlsruhe, bestellt zum ersten Mal Bürostühle. Svenja schreibt am 25. Oktober 20.. die Firma an und informiert über die Broschüre. Svenja hat die Telefonnummer 07451 801-345, die Telefaxnummer 07451 801-340 und die E-Mail-Adresse svenja.kolleck@mo-modern-office.com.

Brieftext

Ergonomie am Arbeitsplatz
nach dem Arbeitsschutzgesetz ist jeder Arbeitgeber verpflichtet, eine Beurteilung von Arbeitsplätzen durchzuführen und dies zu dokumentieren. Dabei müssen festgestellte Mängel, die eine Gesundheitsgefährdung darstellen, unverzüglich beseitigt werden. Unser Team hat für Sie zu diesem Themenkomplex die umfassende Broschüre „Die Arbeitsplatzanalyse" erstellt. In diesem Nachschlagewerk finden Sie alle relevanten Informationen über Verordnungen und Vorschriften. Sie können die Broschüre über unseren Kundenservice, Telefon 07451 801-500, kostenlos beziehen. Um Ihnen die Beurteilung ihrer Büroarbeitsplätze so leicht wie möglich zu machen, haben wir für Sie eine einfache, aber völlig ausreichende Checkliste erarbeitet. Die 10-seitige Büroarbeitsplatzbewertung schafft Klarheit, zeigt eventuellen Handlungsbedarf auf und ist gleichzeitig ein Beleg für die gesetzlich vorgeschriebene, dokumentierte Arbeitsplatzbeurteilung. Außerdem dient sie zur Vorlage bei möglichen Überprüfungen durch die Gewerbeaufsichtsämter bzw. durch die Berufsgenossenschaften. Für Fragen, zur Beratung sowie für individuelle Lösungsvorschläge stehen wir Ihnen gerne zur Verfügung. Rufen Sie uns an und vereinbaren Sie einen Termin. Freundliche Grüße

Arbeitsanweisungen

a) Gestalten Sie die Bezugszeichen, Name, Kommunikationsangaben, Datum, Anrede und den Briefschluss gemäß der Eingangssituation.
b) Formatieren Sie für den zweiten und dritten Absatz einen passenden Teilbetreff.
c) Führen Sie die Worttrennung durch.
d) Formatieren Sie den rechten Rand im Blocksatz.
e) Wählen Sie einen geeigneten Dateinamen mit angehängtem Speicherdatum.
f) Kontrollieren Sie Ihr Ergebnis.
g) Präsentieren Sie den Brief im Plenum.
h) Verbessern Sie gegebenenfalls Fehler.

2. Durch einen ausführlichen Brief sollen die Kunden über die EU-Richtlinien für Bildschirmarbeitsplätze informiert werden. Lily Summer formuliert dazu einen Brieftext, den Svenja DIN-gerecht gestaltet.

Brieftext

als Ihr Partner fürs Büro ist es für uns eine Verpflichtung, Sie über die EU-Richtlinien für Bildschirmarbeitsplätze zu informieren. Denn die EU-Richtlinien betreffen die Arbeitsplätze und Mitarbeiter in Ihrem Unternehmen und sind vom Arbeitgeber zu berücksichtigen. Die Bildschirmarbeitsplätze müssen den Bestimmungen der

Bildschirmarbeitsverordnung entsprechen. Zahlreiche deutsche Arbeitssicherheitsgesetze wurden in die Bildschirmarbeitsverordnung eingebaut. Die EU-Richtlinie wurde in nationales Gesetz umgewandelt oder in eine Unfallverhütungsvorschrift der Berufsgenossenschaften übernommen. Die Fraunhofer-Gesellschaft für Arbeitswirtschaft und Organisation bietet Ihnen – in Zusammenarbeit mit uns – die Möglichkeit, sich persönlich an einem Fachseminar über alle wesentlichen Punkte in Kurzform zu informieren. Die Informationsveranstaltung findet am 25. September 20.. von 14:00 bis 18:00 Uhr statt. Eine Antwortkarte und eine Wegskizze sind beigefügt. Vorab informieren wir Sie über die wichtigsten Mindestanforderungen an einen Bildschirmarbeitsplatz auszugsweise: Die Tischfläche eines Bildschirmarbeitsplatzes muss mindestens 1.600 mm x 800 mm groß sein und eine reflexionsarme Oberfläche haben. Ist der Bildschirm-Arbeitstisch nicht höhenverstellbar, muss er 750 mm hoch sein. Ideal ist ein höhenverstellbarer Arbeitstisch, wobei der Verstellbereich zwischen 680 mm und 760 mm liegen sollte. Der Augenabstand zum Bildschirm muss mindestens 50 cm betragen. Der Bürodrehstuhl muss mit einem Fünfstern-Fußkreuz und mit einer höhenverstellbaren Sitzfläche von 42 – 53 cm ausgestattet sein. Der Freiraum am Tisch (Drehstuhlbereich) muss mindestens 100 cm tief sein. Der Freiraum vor den Schränken beträgt mindestens 80 cm. Blendfreie Aufstellung des Bildschirms (keine Spiegelung oder Reflexion im Bildschirm durch Deckenleuchten, Arbeitsplatzleuchten und Fenster). Bildschirme mit hoher Bildelementfolgefrequenz (75 – 100 Hz) für flimmerfreie Darstellung. Die Tastatur muss vom Bildschirm getrennt sein und eine mittlere Bauhöhe von maximal 30 mm haben. Raumtemperatur von 21 – 22 °C. Relative Luftfeuchtigkeit von 40 – 65 %. Beleuchtungsstärke am Arbeitsplatz mindestens 500 Lux. Lärmbeurteilungspegel am Arbeitsplatz maximal 55 dB(A). Um den Produktionsfaktor MENSCH in Zukunft noch leistungsfähiger zu machen und noch mehr zu motivieren, sollte außer den oben genannten Punkten noch vieles mehr in die Planung und Gestaltung von Büroarbeitsplätzen einfließen. Humanisierung ist die intelligenteste Art der Rationalisierung; Personalkosten haben den größten Anteil im Bürobereich. Durch richtige Organisation, Planung und Gestaltung der Arbeitsplätze arbeiten die Mitarbeiterinnen und Mitarbeiter effektiver, wirtschaftlicher und motivierter. Wenn Sie mehr wissen wollen, rufen Sie uns an! Wir beraten Sie gern. Freundliche Grüße, Anlagen 1 Antwortkarte, 1 Wegbeschreibung

Arbeitsanweisungen

a) Gestalten Sie die Bezugszeichen, den Namen, die Kommunikationsangaben, das Datum, die Anrede und den Briefschluss gemäß der Eingangssituation. Svenja hat die Telefondurchwahl 07451 801-345, die Telefaxdurchwahl 07451 801-340 und die E-Mail-Adresse svenja.kolleck@mo-modernoffice.com.
b) Gestalten Sie den Brieftext in Sinnabsätzen.
c) Zentrieren Sie „25. September 20.. von 14:00 bis 18:00 Uhr" und formatieren Sie den Text fett.
d) Versehen Sie geeignete Textpassagen mit Aufzählungszeichen.
e) Führen Sie die Worttrennung durch.
f) Formatieren Sie den rechten Rand mit Blocksatz.
g) Wählen Sie einen geeigneten Dateinamen mit angehängtem Speicherdatum.
h) Speichern Sie Ihr Ergebnis.
i) Kontrollieren Sie Ihr Ergebnis.
j) Präsentieren Sie Ihre Briefe im Plenum.
k) Nehmen Sie gegebenenfalls Verbesserungen vor.

3.9 Textbausteine erstellen, organisieren und verwenden

Lernsituation

Svenja Kolleck beginnt heute ihren neuen Ausbildungsabschnitt in der Verkaufsabteilung. Ebru Celik, die dort bereits seit drei Wochen ihre Ausbildung absolviert, soll Svenja einarbeiten. Ebru führt Svenja in die Abläufe der Auftragsverarbeitung ein und zeigt ihr einige Briefe, die sie geschrieben hat.

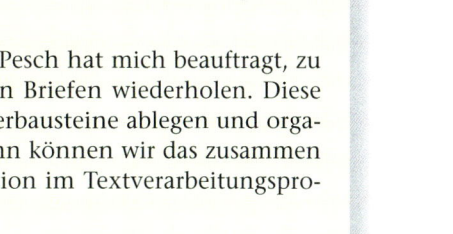

Svenja Kolleck: „In den Briefen steht ja oft der gleiche Text!"

Ebru Celik: „Ja, das ist mir auch schon aufgefallen."

Svenja Kolleck: „Schreibst Du den Text jedes Mal neu oder machst Du Copy-and-paste?"

Ebru Celik: „Das wäre natürlich möglich. Aber Herr Pesch hat mich beauftragt, zu analysieren, welche Textteile sich in den Briefen wiederholen. Diese Textteile soll ich dann als Schnellspeicherbausteine ablegen und organisieren. Gut, dass Du jetzt hier bist, dann können wir das zusammen machen. Kennst Du Dich mit der Funktion im Textverarbeitungsprogramm aus?"

Svenja Kolleck: „Ich habe schon mal ein paar Sachen als Schnellbaustein abgespeichert. Aber so richtig professionell bin ich damit noch nicht umgegangen."

- *Informieren Sie sich darüber, wie Sie Textbausteine in Ihrem Textverarbeitungsprogramm erstellen und organisieren.*
- *Nach der Textanalyse wurden Textteile für die Bausteinsammlung ausgewählt.*
- *Prüfen Sie, welche Kategorien Sie für die Textbausteinsammlung benötigen.*
- *Erstellen Sie die Textbausteinsammlung und speichern Sie diese unter dem Namen **Angebot** ab.*
- *Kontrollieren Sie, ob Ihre Sammlung vollständig und gut organisiert ist.*
- *Präsentieren Sie Ihre Bausteinsammlung im Plenum.*
- *Nehmen Sie gegebenenfalls Korrekturen oder Ergänzungen vor.*

Ergebni der Text analyse

Einsatz von Textbausteinen

In vielen Schriftstücken wiederholen sich einzelne Textabschnitte. Früher mussten diese Abschnitte jedes Mal zeitraubend neu geschrieben werden. Heute lassen sich einzelne Sätze oder ganze Textteile mit der entsprechenden Funktion des Textverarbeitungsprogramms speichern und bei Bedarf in ein Dokument einfügen.

Textbausteine für Geschäftsbriefe werden durch eine vorausgegangene **Textanalyse nach Sachgebieten** (Angebote, Antwort auf Bewerbungsschreiben usw.) geordnet, abgespeichert und im **Texthandbuch** gesammelt. Dort sind die Textbausteine mit einem

Selektionsbegriff und einem aussagefähigen **Kurztext** zusammengefasst und in einer dem Thema entsprechenden Vorlage (z. B. Angebot, Mahnung) gespeichert.

Im Texthandbuch sind die Bausteine in **Teilgebiete** (Betreff, Anrede, Einleitung usw.) gegliedert. Wird aus jedem Teilgebiet ein Satz ausgewählt, ist sichergestellt, dass der fertige Brief logisch aufgebaut und sachlich richtig ist.

Textbausteine können einzelne Wörter, Sätze, Absätze oder Grafiken sein. Ständig wechselnde Bezeichnungen (z. B. Datum, Preise, Werte) werden durch eine **Variable** ersetzt. Bei der Erfassung der Textbausteine in einem Textverarbeitungsprogramm werden an den variablen Stellen **Platzhalter** (z. B. Steuerelemente) eingefügt.

Bei der Texteingabe kann jeder Textbaustein an jeder beliebigen Stelle eines Schriftstücks eingelesen werden. Ist die Bausteinsammlung im Intranet gespeichert, können alle Mitarbeiter/-innen auf die Textbausteine zugreifen.

Individuelle Briefe

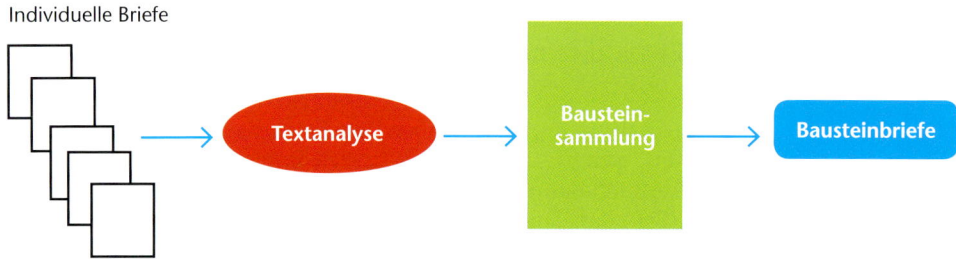

Beim Einsatz von Textbausteinen ergeben sich folgende Vorteile:

- Die Mitarbeiterinnen und Mitarbeiter werden entlastet, da wiederholtes Formulieren und Schreiben von Texten entfallen.
- Die Texte sind stilistisch, sachlich und juristisch einwandfrei formuliert und stehen bei Bedarf fehlerfrei geschrieben zur Verfügung.
- Durch das Einfügen von Variablen ist der Text inhaltlich auf den jeweiligen Anwendungsfall abgestimmt und wirkt individuell.
- In bestimmten Fällen können Briefe, die aus Textbausteinen zusammengesetzt werden, eine auf den jeweiligen Empfänger bezogene individuelle Formulierung enthalten.
- Gespeicherte Texte können lange Zeit verwendet werden. Durch Änderungen und Ergänzungen wird der Stil der Korrespondenz ständig verbessert und der Inhalt aktualisiert.

Beispiel • *Bausteinsammlung „Angebot" der ModernOffice KG*

Textbaustein		Nr.	Kurztext
Betreff	Ihre Anfrage vom °°°°°	1	Betreff-1
	Angebot über °°°°°	2	Betreff-2
	ModernOffice KG – die Garantie zum Wohlfühlen	3	Betreff-3
	Nutzen Sie unser günstiges Angebot	4	Betreff-4
Anrede	Sehr geehrte Damen und Herren,	5	Anrede-1
	Sehr geehrte Frau °°°°°,	6	Anrede-2
	Sehr geehrter Herr °°°°°,	7	Anrede-3
Einleitung	vielen Dank für Ihre Anfrage vom °°°°°.	8	Einleitung-1
	vielen Dank, dass Sie uns die Möglichkeit geben, Ihr Büro einzurichten. Wir revanchieren uns und bieten Ihnen die Büromöbel zu besonders günstigen Konditionen an:	9	Einleitung-2
	wir freuen uns, dass Ihnen die Qualität und das Design unserer Büromöbel gefallen.	10	Einleitung-3
	mit ergonomischen Büromöbeln verbessern Sie die Gesundheit und das Wohlbefinden der Mitarbeiterinnen und Mitarbeiter.	11	Einleitung-4
	über Ihr Interesse an unseren Büromöbeln freuen wir uns.	12	Einleitung-5
Angebot	Hier das gewünschte Angebot:	13	Angebot-1
	Wir bieten Ihnen an:	14	Angebot-2
	Hier unser Angebot:	15	Angebot-3
Qualität	Unsere Büromöbel zeichnen sich durch die natürlichen Materialien, das futuristische Design und die besondere Qualität aus. Ihre Entscheidung für diese ergonomischen Möbelstücke wird Sie täglich aufs Neue begeistern. Und die 10-jährige Garantie auf alle Möbelstücke bietet Ihnen die Sicherheit, die Sie erwarten.	16	Qualität-1
	Obwohl wir zu den Innovatoren unserer Branche gehören, achten wir als mittelständisches Familienunternehmen nach wie vor auf traditionelle Werte. Ganz nach der seit Jahrzehnten geltenden Maxime der ModernOffice KG: „Qualität ist durch nichts zu ersetzen!"	17	Qualität-2

Konditionen	Bei Aufträgen über mindestens °°°°° € liefern wir frei Haus.	18	Konditionen-1
	Die Preise für °°°°° entnehmen Sie bitte der beiliegenden Preisliste.	19	Konditionen-2
	Die Lieferung der Büromöbel erfolgt vier Wochen nach Ihrer Bestellung. Den genauen Liefertermin sprechen wir mit Ihnen telefonisch ab.	20	Konditionen-3
	Zahlungen erwarten wir spätestens 30 Tage nach Lieferung und Rechnungsdatum.	21	Konditionen-4
	Unsere Rechnungen sind zahlbar innerhalb von 30 Tagen. Bei Zahlung innerhalb von °°°°° gewähren wir °°°°° % Skonto.	22	Konditionen-5
	Dieses Angebot gilt bis zum °°°°°. Bis zu diesem Zeitpunkt bieten wir Ihnen eine verbindliche Option auf die Büromöbel.	23	Konditionen-6
Schlusssatz	Wir sichern Ihnen eine sach- und fachgerechte Auftragsdurchführung zu und freuen uns auf Ihren Auftrag.	24	Schluss-1
	Wir führen den Auftrag zu Ihrer vollsten Zufriedenheit aus. Bitte beziehen Sie sich bei Ihrem Auftrag auf dieses Angebot.	25	Schluss-2
	Wir freuen uns auf Ihre Bestellung.	26	Schluss-3
	Wir freuen uns auf Ihren Auftrag. Bitte bestellen Sie rechtzeitig.	27	Schluss-4
Gruß	Freundliche Grüße ModernOffice KG Dr. Anja Tischler	28	Gruß-1
	Freundliche Grüße aus Horb am Neckar ModernOffice KG i. A. Ebru Celik	29	Gruß-2
	Freundliche Grüße ModernOffice KG °°°°°	30	Gruß-3
Anlage	**Anlage**	31	Anlage-1
	Anlagen	32	Anlage-2
	Anlage 1 Prospekt	33	Anlage-3

Beispiel • *Schreibauftrag der ModernOffice KG*

Schreibauftrag

Vorlage:	Angebot
Anschrift:	Herrn Rechtsanwalt Dr. Jens Müller, Marktstraße 10, 71522 Backnang
Ihr Zeichen:	mü-so
Ihre Nachricht vom:	20..-10-10
Unser Zeichen:	pe-..
Unsere Nachricht vom:	-
Durchwahl:	801-115
Bearbeiter:	Ebru Celik
Datum:	20..-10-15
Textbaustein	**Variable**
3	-
7	Dr. Müller
9	1 Schreibtisch „Conline" mit integriertem Elektrifizierungsset Preis: 1.458,00 € 1 Drehstuhl „Sky", Preis: 1.120,00 € 1 Rollcontainer 850,00 € 1 Schrank 620,00 €
16	-
20	-
21	-
26	-
29	-
33	-

Beispiel • *Bausteinbrief der ModernOffice KG*

Textbausteine im Textverarbeitungsprogramm Word anlegen

Im Programm können Textbausteine über die **Funktion „Schnellbausteine"** erstellt werden. Die „Schnellbausteine" in Word 2010 sind die Weiterentwicklung der „AutoTexte" aus früheren Versionen. „AutoTexte" konnten früher nur mithilfe von Formatvorlagen organisiert werden. Die „Schnellbausteine" in Word 2010 können problemlos in verschiedenen Kategorien gespeichert werden.

Bei der Erstellung von Textbausteinen ist zu beachten:
- Jeder Textbaustein kann beliebig lang sein.
- Komplett formatierte Textteile oder längere Texte können als Baustein gespeichert werden. Wird ein kompletter Absatz als Baustein angelegt, ist es sinnvoll, den Absatz zusammen mit der Leerzeile, die nach dem Absatz folgt, zu speichern.
- Der Name eines Bausteins kann aus beliebigen Zeichenfolgen (auch Leerzeilen) bestehen. Empfehlenswert sind einprägsame, kurze Bezeichnungen oder Kürzel.
- Textbausteine werden immer in einer **Dokumentvorlage** gespeichert. Steht der Textbaustein in der Normal.dotx, so kann jederzeit auf den Textbaustein zugegriffen werden. Wird der Baustein in einer speziellen Vorlage gespeichert, steht er nur in den Dokumenten zur Verfügung, die auf dieser Vorlage basieren.

Textbausteine erstellen

Häufig genutzte Texte können global als Textbaustein in der **Normal.dotx** gespeichert werden. Im Programm wird diese Funktion von den Schnellbausteinen übernommen.

Arbeitsablauf:
1. Erstellen Sie den Text, der als Baustein gespeichert werden soll.
2. Markieren Sie den gesamten Text.
3. Wählen Sie die Registerkarte „Einfügen", Gruppe „Text – Schnellbausteine", Auswahl im Schnellbausteinkatalog.

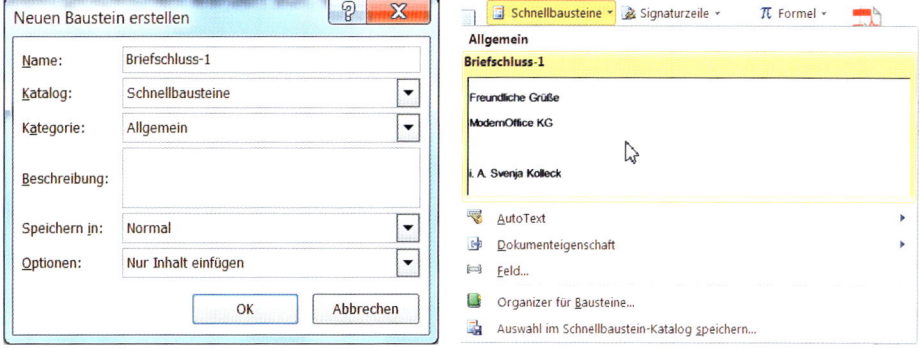

4. Geben Sie im Eingabefeld „Name" des Dialogfeldes „Neuen Baustein erstellen" eine treffende Kurzbezeichnung ein.
5. Durch die Bestätigung mit „OK" wird der Textbaustein in der Dokumentvorlage „Normal.dotx" gespeichert und ist in allen Dokumenten, die im Programm erstellt werden, verfügbar.

Beispiel • *Neuer Textbaustein „Briefschluss-1":*

```
¶
Freundliche·Grüße¶
¶
ModernOffice·KG¶
¶
¶
¶
i.·A.·Svenja·Kolleck¶
¶
```

Textbausteine einfügen

Arbeitsablauf:
- Setzen Sie den Cursor an die Stelle der Datei, an der der Textbaustein eingefügt werden soll.
- Wählen Sie die Registerkarte „Einfügen", Gruppe „Text – Schnellbausteine".
- Klicken Sie den Eintrag „Briefschluss-1" an.
- Der Baustein wird eingefügt.

Mit der **F3-Taste** können Sie einen Baustein wesentlich schneller abrufen als über das Menü, vorausgesetzt, Sie wissen die Bezeichnung für den benötigten Textbaustein auswendig. Dazu geben Sie die Bezeichnung des Textbausteins an der gewünschten Stelle ein und drücken anschließend die F3-Taste.

Textbausteine in einer speziellen Dokumentvorlage speichern

Nicht immer ist es vorteilhaft, Textbausteine in der Normal.dotx zu speichern. Dies gilt besonders dann, wenn dort viele Bausteine zu unterschiedlichen Sachgebieten abgespeichert wurden. Um die Organisation der Textbausteine übersichtlicher zu gestalten, ist es angebracht, für jedes Sachgebiet eine eigene Dokumentvorlage zu erstellen.

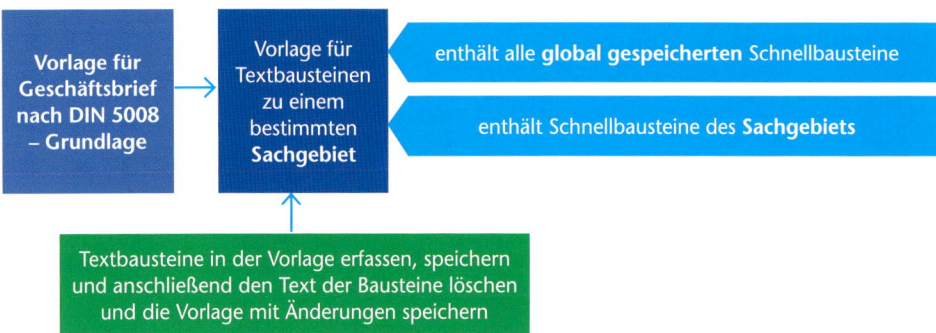

Arbeitsablauf:
1. Wählen Sie „Datei – Neu – Meine Vorlagen…".
2. Klicken Sie auf die Vorlage für den Geschäftsbrief der ModernOffice KG.

*Geschäfts-
brief-MO-
Vorlage*

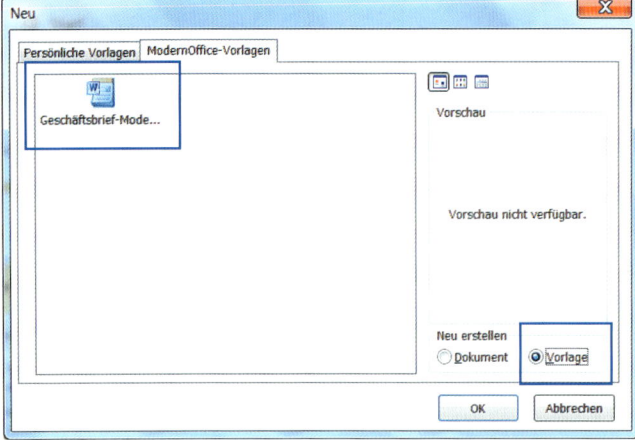

3. Aktivieren Sie rechts im Bereich „Neu erstellen" die Option „Vorlage".

4. Erfassen Sie im ungeschützten Bereich die Textbausteine und speichern Sie sie ab. Wählen Sie dazu den Befehl „Auswahl im Schnellbaustein-Katalog speichern".

5. Im Dialogfeld „Neuen Baustein erstellen" können Sie folgende Eintragungen vornehmen:

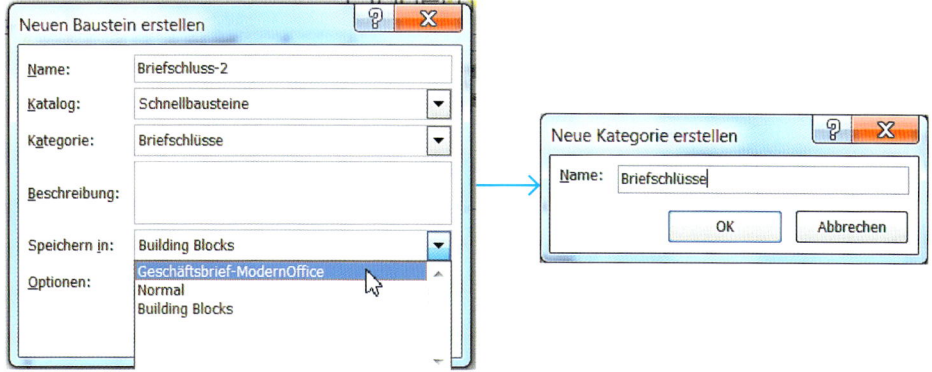

 – Geben Sie im Feld „Name" eine treffende Bezeichnung ein.
 – Die Option „Schnellbausteine" unter Katalog ist sinnvoll, wenn wenige Textbausteine gespeichert werden. Anderenfalls ist die Option „AutoText" zu wählen. Die als AutoText gespeicherten Textbausteine werden in den Organizer für Bausteine aufgenommen und können dort verwaltet werden.
 – Erstellen Sie unter Bereich „Kategorie" die neue Kategorie „Briefschlüsse", damit Sie die von Ihnen angelegten Textbausteine besser von den im Programm bereits vorhandenen unterscheiden können.
 – Wählen Sie unter „Optionen" die Dokumentvorlage aus, in der Sie die Textbausteine speichern möchten. In unserem Beispiel ist es die Vorlage „Geschäftsbrief-ModernOffice".

6. Nachdem alle Bausteine gespeichert wurden, schließen Sie die Dokumentvorlage.

Textbausteine verwalten

Die erstellten Textbausteine werden im Programm zentral im „Organizer für Bausteine" verwaltet. Dort können die Textbausteine organisiert, geändert oder gelöscht werden. Der „Organizer für Bausteine" zeigt, in welchen Kategorien und Katalogen die Bausteine organisiert sind.

Er wird über die Registerkarte „Einfügen – Schnellbausteine – Organizer für Bausteine" aufgerufen.

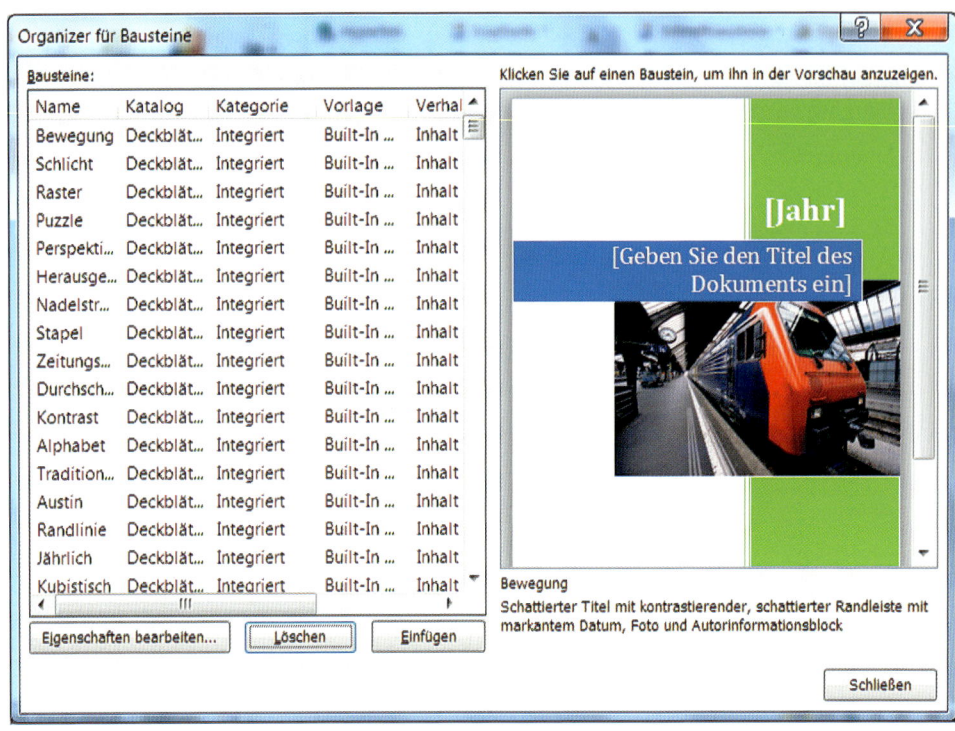

Über die Schaltfläche „Eigenschaften bearbeiten…" können Sie die Bausteine neu organisieren und definieren. Dafür stehen die Optionen „Name:", „Katalog:", „Kategorie:", „Beschreibung:", „Speichern in:" und „Optionen" zur Verfügung.

Nutzen Sie Ihr Wissen

1. Die Kaufmännische Schule Stuttgart (Waldallee 111, 70199 Stuttgart) will eine Übungsfirma einrichten und bittet die ModernOffice KG am 12. Januar 20.. um ein Angebot für Büromöbel. Herr Pesch beauftragt Ebru Celik am 14. Januar, der Kaufmännischen Schule ein Angebot zu erstellen.
Ebru bedankt sich für das Interesse und bietet die gewünschten Artikel wie folgt an: 8 Schreibtische zu je 700,00 €, 5 Aktenschränke zu je 400,00 €, 8 Stehpulte zu je 375,00 €; 1 Besprechungstisch zu 925,00 €, 8 Bürodrehstühle zu je 280,00 € und 8 Bürostühle zu je 90,00 €. Im Brief weist sie auf die Vorteile der ModernOffice KG hin. In der Regel erfolgt die Lieferung vier Wochen nach der Bestellung, wobei der genaue Liefertermin mit den Kunden abgesprochen wird. Die Kaufmännische Schule hat den Gesamtbetrag innerhalb von 30 Tagen zu bezahlen. Sollte sie jedoch innerhalb von 14 Tagen die Rechnung begleichen, wird ein Abzug von 3 % Skonto gewährt. Für Fragen gibt Ebru Celik die Telefondurchwahl 801-115, die Telefaxdurchwahl 801-100 und die E-Mail-Adresse ebru.celik@mo-modernoffice.com an. Ebru verschickt zusammen mit dem Angebot den aktuellen Prospekt.

Arbeitsanweisungen

a) Verwenden Sie die Vorlage **Angebot** mit der Bausteinsammlung und schreiben Sie das Angebot an die Kaufmännische Schule Stuttgart.
b) Gestalten Sie die angebotenen Artikel tabellarisch und weisen Sie jeweils den Gesamtbetrag aus.
c) Bilden Sie passende Sinnabsätze.
d) Führen Sie die Worttrennung durch.
e) Formatieren Sie den rechten Rand mit Blocksatz.
f) Kontrollieren Sie Ihr Ergebnis.
g) Präsentieren Sie den Brief.
h) Verbessern Sie gegebenenfalls Fehler.

2. Miriam Ball, Leiterin der Personalabteilung der ModernOffice KG, bittet Svenja Kolleck, eine Bausteinsammlung für die Einladung zum Vorstellungsgespräch zu erstellen. Die folgenden Standardbriefe soll Svenja analysieren und die entsprechenden Textteile als Bausteine in einer Sammlung speichern.

Sehr geehrte	Sehr geehrte
•	•
Ihre Bewerbung hat uns gefallen. Jetzt wollen wir Sie gern persönlich kennenlernen.	wir haben Ihre Bewerbung mit Interesse gelesen und wollen Sie nun gern auch persönlich kennenlernen.
•	
Wir schlagen Ihnen vor, am 15. April 20.. um 09:00 Uhr zu uns zu kommen. Bitte sprechen Sie den Termin mit Frau Ross, Durchwahl -112 ab. Ihre Reise- und Verpflegungskosten erstatten wir Ihnen selbstverständlich.	•
	Kommen Sie bitte am 28. April 20.. um 09:00 Uhr zu uns. Sollte Ihnen dieser Tag nicht passen, vereinbaren Sie bitte mit Frau Ross, Durchwahl -112, einen anderen Termin.
•	
Die günstigsten Anfahrtswege haben wir für Sie auf dem beigefügten Plan zusammengestellt.	•
	Ihre Reisekosten übernehmen wir. Bitte bringen Sie den beigefügten Personalbogen ausgefüllt zu unserem Gespräch mit.
•	
Wir freuen uns auf das Gespräch, in dem wir uns kennenlernen und unsere Vorstellungen austauschen können.	•
	Wir freuen uns auf Ihren Besuch und wünschen Ihnen eine gute Anreise.
•	•
Mit freundlichen Grüßen	Mit freundlichen Grüßen

Sehr geehrter	Sehr geehrter
•	•
vielen Dank für Ihre Bewerbung. Die Vorauswahl haben wir nun getroffen und wollen mit Ihnen und zwei Ihrer Mitbewerber persönlich sprechen.	Ihre Bewerbung hat uns gefallen. Jetzt möchten wir Sie gern auch persönlich kennenlernen.
•	•
Bitte geben SIe mit Bescheid, ob Sie am 8. Mai 20.. um 09:30 Uhr zu uns kommen können. Wir können auch einen anderen Termin vereinbaren, wenn Ihnen dieser nicht passt.	Kommen Sie bitte am 5. Mai 20.. um 09:30 Uhr zu uns. Sollte Ihnen dieser Tag nicht passen, vereinbaren Sie bitte mit Frau Ross, Durchwahl -112, einen anderen Termin.
•	•
Ihre Reise- und Verpflegungskosten erstatten wir Ihnen selbstverständlich. Bitte bringen Sie den beigefügten Personalbogen ausgefüllt zu unserem Gespräch mit.	Ihre Reise- und Verpflegungskosten erstatten wir Ihnen selbstverständlich. Damit Sie sich auf dem Weg zu uns nicht verirren (wir sind nicht ganz leicht zu finden), legen wir Ihnen eine Anfahrtsskizze bei.
•	•
Wir freuen uns auf das Gespräch, in dem wir uns kennenlernen und unsere Vorstellungen austauschen können.	Wir freuen uns auf Ihren Besuch und wünschen Ihnen eine gute Anreise.
•	•
Mit freundlichen Grüßen	Mit freundlichen Grüßen

Arbeitsanweisungen

a) Informieren Sie sich über die Erstellung von Textbausteinen.
b) Analysieren Sie die Standardbriefe nach standardisierten Textstellen.
c) Überlegen Sie, in welche Kategorien Sie die Textbausteine logisch zusammenfassen können.
d) Erstellen Sie die Bausteinsammlung und stellen Sie in einer Tabelle den Auszug aus dem Texthandbuch dar.
e) Speichern Sie die Bausteinsammlung in einer Dokumentvorlage unter dem Namen „Bewerbung-Einladung".
f) Kontrollieren Sie Ihre Bausteinsammlung.
g) Verbessern Sie gegebenenfalls Fehler.

3.   Für alle in der ModernOffice KG stattfindenden Besprechungen, Sitzungen und Konferenzen sollen den Protokollanten verschiedene Möglichkeiten zur Gestaltung des Protokollrahmens zur Verfügung gestellt werden. Svenja Kolleck soll die bisher eingesetzten Gestaltungsmöglichkeiten überarbeiten und eine übersichtliche Textbausteinsammlung für die einzelnen Protokollarten erstellen.

Protokoll mit Deckblatt
Das Deckblatt enthält folgende Angaben:
Firmenlogo und -anschrift,
Überschrift: Protokoll über °°°°°
Leitwörter: Leitung, Teilnehmer, Entschuldigt, Ort, Tag, Zeit, Verteiler, Tagesordnung

Kurzprotokoll
Firmenlogo und -anschrift,
Überschrift: Protokoll der °°°°°
Leitwörter: Datum, Ort, Dauer, Teilnehmer, Entschuldigt, Verteiler, Tagesordnung, Verteilte Unterlagen
Leitwörter für die Tabelle zur Darstellung der Inhalte: Tagesordnungspunkt, Beschluss, Aktion, Wer, Termin

---

Ergebnisprotokoll

Firmenlogo und -anschrift

Überschrift: Protokoll der °°°°°

Leitwörter: Datum, Ort, Dauer, Teilnehmer, Entschuldigt, Verteiler, Tagesordnung, Verteilte Unterlagen

Leitwörter für die Tabelle zur Darstellung der Inhalte: Tagesordnungspunkt, Wer, Was, Bis wann

Weitere Variante für die Darstellung der Inhalte: Ergebnis zu TOP, Termin, Verantwortlicher

Abschluss

Horb, aktuelles Datum (Feldfunktion einsetzen), Sitzungsleitung, Protokollführer/-in

---

Arbeitsanweisungen

a) Welche Textbausteine werden für Protokolle benötigt?
b) Überlegen Sie, wie Sie die Bausteine für das Protokoll sinnvoll gestalten.
c) Entscheiden Sie sich für ein Layout.
d) Erstellen und gestalten Sie die Bausteinsammlung.
e) Kontrollieren Sie Ihre Ergebnisse.
f) Präsentieren Sie Ihre Bausteinsammlung und den Auszug aus dem Texthandbuch.
g) Verbessern Sie gegebenenfalls Fehler.

4. Für die Abwesenheitsmeldung soll Svenja Kolleck jeweils einen Textbaustein in Deutsch und Englisch erstellen. Der Textbaustein soll dann bei Bedarf in Outlook eingefügt werden.

Svenja hat zunächst folgenden Text formuliert:

Guten Tag, Danke für Ihre Nachricht. Ab dem °°°°° bin ich wieder im Büro. Bitte beachten Sie, dass Ihre Nachricht nicht automatisch weitergeleitet wird. Bei Fragen können Sie sich gerne an °°°°°, Telefon °°°°° wenden. Gerne beantworte ich Ihre Nachricht gleich nach meiner Rückkehr. Freundliche Grüße
Bei Bedarf kann folgender Satz hinzugefügt werden: Bei Bedarf können Sie mich unter der Nummer °°°°° erreichen, oder wenden Sie sich bitte an: °°°°°.

Diesen Text hat Svenja ins Englische übersetzt:

Dear sender, thank you for your message. I will be back in the office on °°°°°. Please note that your e-mail will not be forwarded automatically. In case of any questions please contact °°°°°. I look forward to answering your e-mail as soon as I am back. Kind regards
Bei Bedarf kann folgender Satz hinzugefügt werden: In case of any questions you can reach me by my mobile °°°°° or you can contact °°°°°.

Arbeitsanweisungen

a) Überlegen Sie, wie Sie die Bausteine DIN-gerecht gestalten können.
b) Entscheiden Sie, wo die Bausteine gespeichert werden.
c) Erstellen Sie die Bausteine in einer entsprechenden Kategorie und wählen Sie treffende Kurznamen.
d) Kontrollieren und vergleichen Sie Ihre Ergebnisse.
e) Präsentieren Sie Ihre Bausteine.
f) Nehmen Sie gegebenenfalls Verbesserungen vor.

4 Formulare entwickeln und erstellen

Lernsituation

Tom Wildermuth unterstützt zurzeit Herrn Sander in der Verwaltung bei der Reorganisation des kaufmännischen Schriftverkehrs. In einem Qualitätsteam hat Herr Sander mit einigen Kollegen das Formularwesen unter die Lupe genommen und festgestellt, dass einige wichtige Formulare fehlen und vorhandene Vordrucke dringend überarbeitet werden müssen.

Otto Sander: „Herr Wildermuth, wir brauchen dringend ein neues Formular für Kurzmitteilungen. Kennen Sie sich mit den entsprechenden Funktionen in Word aus?"

Tom Wildermuth: „Einigermaßen. Ich mache mich aber direkt kundig und erarbeite einen Gestaltungsvorschlag!"

Otto Sander: „Gut! Die Inhalte für das Formular hat die Arbeitsgruppe bereits festgelegt. Legen Sie für die Gestaltung bitte die Vorlage für den Geschäftsbrief nach DIN 5008 zugrunde."

Herr Sander gibt Tom einen Zettel mit folgenden Angaben:

Inhalte in Anlehnung an den Geschäftsbrief nach DIN 5008:

Firmenlogo, Rücksendeangabe, Anschriftfeld

Leitwörter: Ihr Zeichen, Unser Zeichen, Name, Telefon 07451 801-…, Telefax 07451 801-100, E-Mail, Datum

Kontrollkästchen: Mit der Bitte um: Kenntnisnahme, Rücksprache, Prüfung, Ergänzung, Erledigung, Weitergabe, Zur Erinnerung, Genehmigung

Beigefügte Unterlagen erhalten Sie zu Ihrer Orientierung, zum Verbleib, mit Dank zurück, zur Bestätigung Nachricht

Anlage(n): Rechnung, Einzugsermächtigung, Kopien, Prospekte

- *Informieren Sie sich über die Grundsätze der Formulargestaltung und die Funktionen zur Erstellung von Formularen in Ihrem Textverarbeitungsprogramm.*
- *Machen Sie eine Grobplanung, wie Sie die Inhalte nach den Gestaltungskriterien für Formulare anordnen und gestalten.*
- *Erstellen Sie das Formular für eine Kurzmitteilung in Anlehnung an den Geschäftsbrief nach DIN 5008 als Online- und Offline-Formular.*
- *Kontrollieren Sie, ob das Formular von jedem Nutzer problemlos ausgefüllt werden kann.*
- *Präsentieren und vergleichen Sie Ihre Ergebnisse.*
- *Nehmen Sie gegebenenfalls Änderungen vor.*

Was ist ein Formular?

Formulare (Vordrucke) sind als Informationsträger für eine rationelle Abwicklung des inner- und außerbetrieblichen Informationsflusses von besonderer Bedeutung. Durch die Verwendung von Formularen soll sichergestellt werden, dass die standardisierte Informationsverarbeitung vereinfacht und beschleunigt wird, insbesondere bei gleichartigen und häufig wiederkehrenden Vorgängen.

Nach DIN 32754 ist ein Formular ein Papier eines bestimmten Formats mit Aufdruck zur ergänzenden Beschriftung (Ausfüllen, Ankreuzen oder Durchstreichen).

Beispiele •
- *In der Schule: Anmeldeformulare, Zeugnisse*
- *In Unternehmen: Geschäftsbriefe, Kurzmitteilungen, Telefonnotizen*
- *Formulare der Banken, der Versicherungen, der Post usw.*

Die Vorteile bei der Verwendung von gut gestalteten Formularen sind:
- Die Bearbeitung läuft nach einem vorgegebenen Schema ab.
- Die gleiche Reihenfolge der Angaben ermöglicht ein schnelles Ausfüllen.
- Beim Erfassen der Daten kann nichts vergessen werden.
- Schwierige Arbeitsvorgänge werden in einzelne Schritte zerlegt und damit überschaubar.
- Schreibarbeit wird eingespart, da das bereits Vorgedruckte nicht jedes Mal geschrieben werden muss.
- Formulare vereinfachen den Austausch von Informationen.

Formulararten

Online-Formulare	Offline-Formulare
Sie werden direkt am PC ausgefüllt und weiterverarbeitet. Im Unternehmen werden Online-Formulare im Intranet in einem für alle zugänglichen Verzeichnis abgelegt.	Sie werden ausgedruckt und von Hand ausgefüllt. Die eingesetzten Formulare sollten in einem Folienordner gesammelt und regelmäßig auf ihre Aktualität geprüft werden.

Beispiele • *Telefonnotiz der ModernOffice KG*
als Online-Formular   *als Offline-Formular*

MO
Modern**Office**.

Telefonnotiz

Anruf für:	Abteilung:	
Anruf von:	Datum:	Uhrzeit:
Firma:	Rückruf-Nr.:	

☐ hat angerufen   ☐ ruft wieder an   ☐ schickt Brief/E-Mail
☐ hat zurückgerufen   ☐ bittet um Rückruf   ☐ möchte Sie treffen

Nachricht:

| Aufgenommen von: | Datum: | Uhrzeit: |

| Weitere Bearbeitung | | |
| Erledigt am: | Delegiert am: | Wiedervorlage am: |

MO
Modern**Office**.

Telefonnotiz

Anruf für:	Abteilung:	
Anruf von:	Datum:	Uhrzeit:
Firma:	Rückruf-Nr.:	

☐ hat angerufen   ☐ ruft wieder an   ☐ schickt Brief/E-Mail
☐ hat zurückgerufen   ☐ bittet um Rückruf   ☐ möchte Sie treffen

Nachricht:

| Aufgenommen von: | Datum: | Uhrzeit: |

| Weitere Bearbeitung | | |
| Erledigt am: | Delegiert am: | Wiedervorlage am: |

Bei der Nutzung von Online-Formularen ergeben sich folgende Vorteile:
- Das Ausfüllen am Bildschirm geht wesentlich schneller als von Hand.
- Die Zeit- und damit Kosteneinsparung gegenüber der herkömmlichen Arbeitsweise beträgt bis zu 80 %.
- Das Formular lässt sich bei Bedarf schnell verändern bzw. aktualisieren.
- Das Formular kann als E-Mail verschickt oder ins Internet gestellt werden.

Entwicklung und Gestaltung von Formularen

Beim Entwurf eines neuen Formulars sind folgende Vorüberlegungen erforderlich:
- Wozu wird das Formular verwendet? (Formularbenennung)
- Welche Daten sollen erfasst werden? (z. B. Name, Wohnort, Geburtstag, Familienstand usw.)
- In welcher Reihenfolge sollen die Daten erfasst werden? (Arbeitsablauf)
- Wie soll das Formular ausgefüllt werden? (Von Hand oder am PC?)
- Wie sollen die Daten erfasst werden? (Durch Eintragen eines Textes und/oder mit der Ankreuzmethode?)
- Wer soll mit dem Formular arbeiten?
- Welches DIN-Format soll für das Formular verwendet werden?

Gestalten Sie ein Formular immer ...

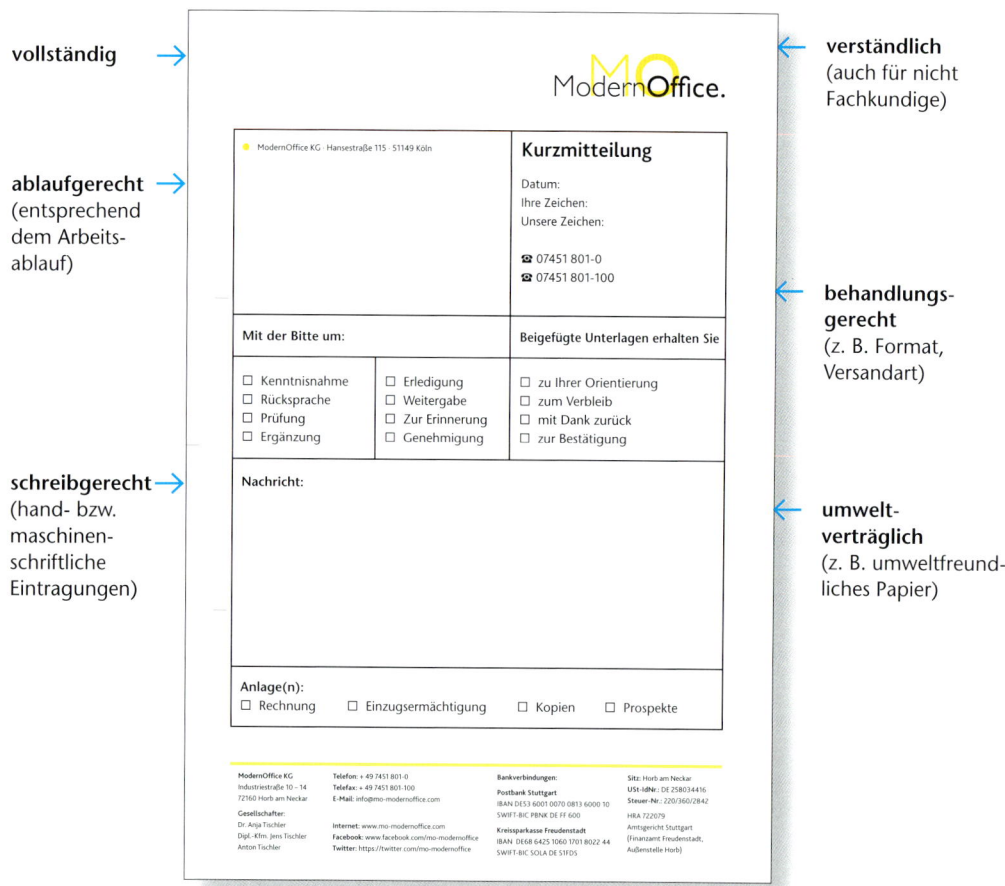

Folgende Grundregeln sind besonders zu beachten:

- Bei der Gestaltung der Datenfelder ist von dem Grundsatz „Leittext über Schreibtext" auszugehen (OLE-Prinzip: Leittext gehört in die obere linke Ecke).

- Der Leittext (Leitwort) ist eindeutig zu formulieren. Schwierige Fragen und Fachausdrücke sind zu erläutern. Abkürzungen, die nicht allgemein bekannt sind, sollten vermieden werden.

- Die Datenfelder für den Schreibtext müssen ausreichend lang und hoch sein, d. h., sie richten sich in der Regel nach der längsten Eintragung. Sie können noch mit Ziffern gekennzeichnet werden, damit beim Diktat oder in den Erläuterungen auf das betreffende Feld hingewiesen werden kann.

Nicht so:

Name . . . . Vorname . . . .

Straße und Hausnummer . . . .

Wohnort . . . .

Sondern so:

Name, Vorname
Straße, Hausnummer
PLZ, Wohnort

Oder so:

Vor- und Zuname:	
Straße und Hausnummer:	
PLZ und Wohnort:	

- Punktierte Linien sind zu vermeiden, da sie oft störend wirken und das Ausfüllen erschweren.

- Der Schreibfluss soll möglichst wenig unterbrochen werden, um Leerzeichen und Zeilenschaltungen beim Ausfüllen zu vermeiden.

- Schriftarten, -größen und -stärken sollten sparsam eingesetzt werden.

- Ausfüllanweisungen und Bearbeitungsvermerke sollten so angeordnet werden, dass sie während des Beschriftens gelesen werden können.

- Bei Auswahlantworten sind Kontrollkästchen voranzustellen. Die zutreffende Antwort wird durch Ankreuzen gekennzeichnet. Auswahlantworten mit dem Hinweis „Nichtzutreffendes streichen" sind veraltet.

- Formulare, die für eine Ablage vorgesehen sind, sollten Loch- und Falzmarkierungen aufweisen oder vorgelocht werden.

Vorhandene Formulare sind ständig auf Verbesserungsmöglichkeiten zu überprüfen (innerbetriebliches Vorschlagswesen). Vor jeder Neuauflage ist festzustellen, ob Änderungen vorzunehmen sind.

Bevor Sie ein Formular gestalten, sollte das Papierformat festgelegt werden. Im geschäftlichen Bereich ist das Format A4 am zweckmäßigsten. Bei der Gestaltung von Plakaten, Flyern, Handzetteln u. Ä. sind auch größere oder kleinere Formate möglich.

Die DIN EN ISO 216 legt die Standardgrößen für Papierformate fest. Ausgangsformat für die Hauptreihe (A-Reihe) ist A0 mit den Seitenmaßen 841 x 1.189 mm und einem Flächeninhalt von 1 m². Durch Halbieren der längeren Seite entsteht das nächstkleinere Format:

- A0 halbiert ergibt A1
- A1 halbiert ergibt A2
- A4 halbiert ergibt A5

usw.

Anwendungsbeispiele der A-Reihe:

A0	Plakate
A1	Landkarten
A2	Poster, Zeitungen
A3	Zeichnungen
A4	Briefpapiere, große Hefte
A5	normale Hefte
A6	Postkarten, Schecks
A7	Aufkleber

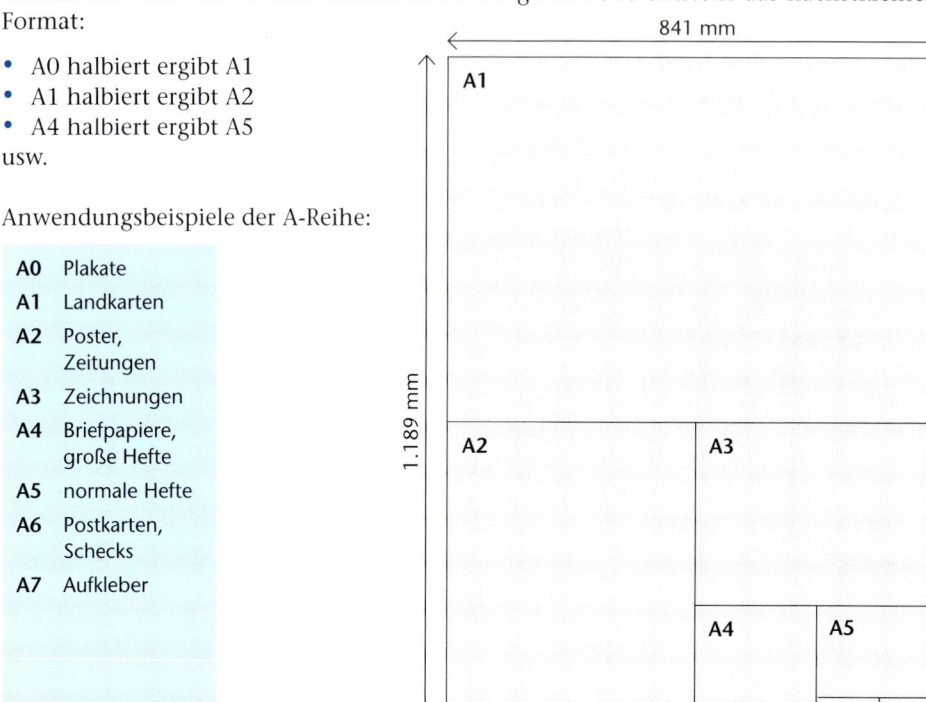

Neben der A-Reihe für Schreib- und Druckpapier gibt es für Briefhüllen, Mappen usw. die Zusatzreihen B und C. Die DIN 476-2:2008-2 Papier-Endformate – C-Reihe legt die Standardgrößen für die Papierformate der C-Reihe fest. Dabei sind folgende Größenverhältnisse zu berücksichtigen:

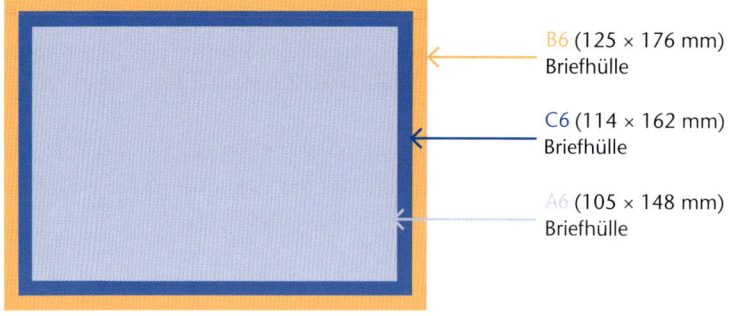

B6 (125 × 176 mm) Briefhülle

C6 (114 × 162 mm) Briefhülle

A6 (105 × 148 mm) Briefhülle

Die wichtigsten Papierformate:

Hauptreihe		Zusatzreihen			
A-Reihe		**B-Reihe**		**C-Reihe**	
DIN A0	841 × 1.189 mm	DIN B0	1.000 × 1.414 mm	DIN C0	917 × 1.297 mm
DIN A1	594 × 841 mm	DIN B1	707 × 1.000 mm	DIN C1	648 × 917 mm
DIN A2	420 × 594 mm	DIN B2	500 × 707 mm	DIN C2	458 × 648 mm
DIN A3	297 × 420 mm	DIN B3	353 × 500 mm	DIN C3	324 × 458 mm
DIN A4	210 × 297 mm	DIN B4	250 × 353 mm	DIN C4	229 × 324 mm
DIN A5	148 × 210 mm	DIN B5	176 × 250 mm	DIN C5	162 × 229 mm
DIN A6	105 × 148 mm	DIN B6	125 × 176 mm	DIN C6	114 × 162 mm
DIN A7	74 × 105 mm	DIN B7	88 × 125 mm	DIN C7	81 × 114 mm
DIN A8	52 × 74 mm	DIN B8	62 × 88 mm	DIN C8	57 × 81 mm

A-Reihe passt in C-Reihe — C-Reihe passt in B-Reihe

Formulare im Textverarbeitungsprogramm Word 2010 erstellen

Formulare werden mithilfe der Tabellenfunktion und Formularfeldern erstellt. Um mit Formularfeldern arbeiten zu können, muss die Registerkarte „Entwicklertools" aktiviert werden.

Aktivieren Sie über die Registerkarte „Datei" – Befehl: „Optionen" – „Menüband anpassen" das Kontrollkästchen „Entwicklertools" und schließen Sie das Fenster mit OK.

Formularfelder sind fest positionierte Eingabefelder, die in ein Formular/Dokument eingefügt werden. Da Online-Formulare direkt am PC ausgefüllt werden, ist die Gefahr, ein Feld durch unbeabsichtigtes Überschreiben zu löschen, groß. Deshalb sollte der feststehende Teil des Online-Formulars durch einen **Dokumentschutz** geschützt werden.

Formularfelder einfügen

1. Setzen Sie den Cursor an die Stelle, an der das Formularfeld eingefügt werden soll.

2. Wählen Sie die Registerkarte „Entwicklertools" – Gruppe „Steuerelemente".

3. Aus dem Listenfeld „Vorversionstools" wählen Sie das gewünschte Formularfeld aus.

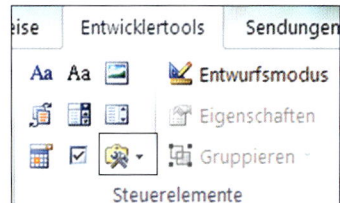

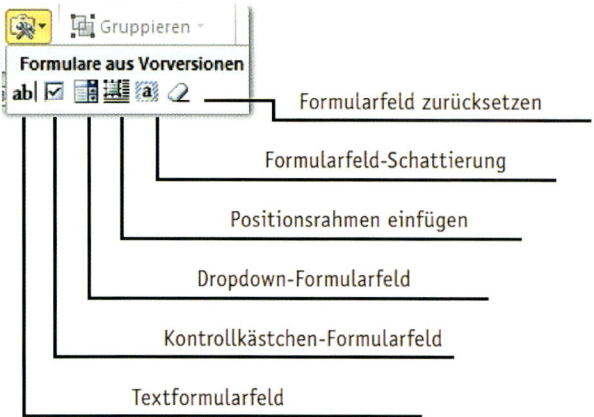

Textformularfeld

In einem Textformularfeld kann beliebiger Text, der aus Zeichen und Zahlen besteht, eingegeben werden. Durch Doppelklick auf das Textformularfeld öffnen sich verschiedene Optionen.

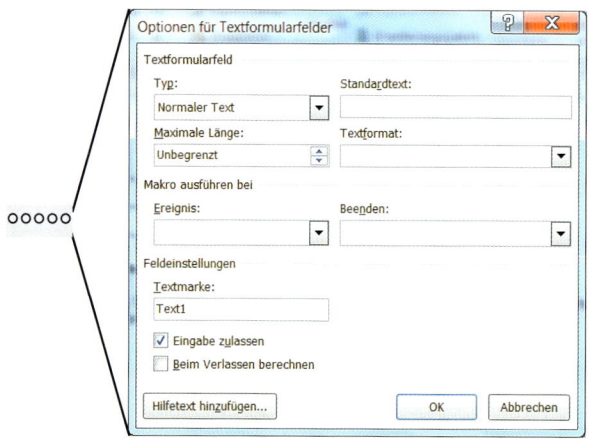

Typ: Im Feld Typ kann man neben normalem Text festlegen, dass in das Textfeld z. B. nur ein Datum eingetragen werden darf.

Standardtext: Für das Textformularfeld kann hier ein Text eingetragen werden, der standardmäßig beim Anspringen des Formularfeldes vorgegeben wird. Der Standardtext kann jederzeit durch eine eigene Eingabe überschrieben werden.

Textformat: Unter Textformat können Sie z. B. bestimmen, ob die Eingabe in Klein- oder Großbuchstaben erfolgen soll. Bei Datumsformat ist die zulässige Schreibweise des Datums auszuwählen. Nach Auswahl des gewünschten Datumsformats kann in das Feld nur ein in dieser Schreibweise festgelegtes Datum eingegeben werden.

Maximale Länge: Standardmäßig ist die Option „Unbegrenzt" eingestellt. Über das Rollfeld kann die Anzahl maximal einzugebender Zeichen begrenzt werden.

Beispiel •

Name, Vorname:	Geburtsdatum:
○○○○○	○○○○○
Straße, Hausnummer:	PLZ, Wohnort:
○○○○○	○○○○○

Kontrollkästchenformularfeld

Angaben, die in Formularen nur durch Ankreuzen ausgewählt werden, können rationell mit einem Kontrollkästchen-Formularfeld gestaltet werden.

Durch Doppelklick auf das Kontrollkästchen eröffnen sich folgende Optionen:

Automatisch: Die Größe wird automatisch an die Schriftgröße angepasst. Bei „Genau" kann ein exaktes Maß in pt eingegeben werden.

Deaktiviert: Das Kontrollkästchen ist leer. Beim Ausfüllen von Online-Formularen kann hier durch Mausklick auf das Kontrollkästchen das Ankreuzen erfolgen.

Aktiviert: Das Kontrollkästchen ist/wird angekreuzt.

Beispiel •

> Beigefügte Unterlagen erhalten Sie
>
> ☐ zu Ihrer Orientierung
>
> ☐ mit Dank zurück
>
> ☐ zum Verbleib
>
> ☐ zur Bestätigung

Dropdown-Formularfeld

Ein Dropdown-Formularfeld wird immer dann eingefügt, wenn mehrere bereits feststehende Einträge möglich sind. Soll in einem Anmeldeformular für die Berufsschule z. B. der bisherige Schulabschluss eingetragen werden, können bestimmte Optionen zur Auswahl gestellt werden. Durch Doppelklick auf das Dropdown-Formularfeld können die Dropdown-Elemente eingegeben werden. Der Listenpfeil ist erst sichtbar, wenn der Dokumentschutz gesetzt ist.

Beispiel •

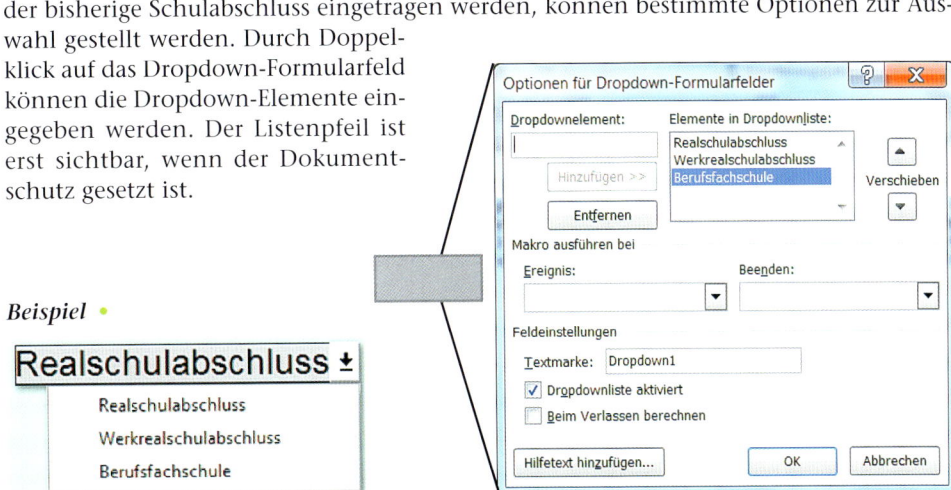

Dokumentschutz

Der Dokumentschutz verhindert, dass ein Formular beim Ausfüllen – außer an den dafür vorgesehenen Stellen – verändert oder zerstört wird. Der Formulartext und die Formatierungen können damit nicht verändert werden, deshalb stehen auch viele Menübefehle nicht zur Verfügung. Für ein rasches Arbeiten bewegt man den Cursor mit der Tab-Taste im ungeschützten Dokument von Formularfeld zu Formularfeld.

1. Wählen Sie die Registerkarte „Entwicklertools" – Gruppe „Schützen" – Befehl: „Bearbeitung einschränken".
2. Unter „2. Bearbeitungsbeschränkungen" aktivieren Sie das Kontrollkästchen „Nur diese Bearbeitung im Dokument zulassen: Ausfüllen von Formularen".
3. Wählen Sie unter „Abschnitte auswählen": „1. Abschnitt".
4. Wählen Sie unter „3. Schutz anwenden: Einstellung über die Schaltfläche:" „Ja, Schutz jetzt anwenden" und bestätigen Sie mit OK.

Abschnittsweiser Dokumentschutz

Sollen nur bestimmte Teile eines Formulars geschützt werden, muss das Dokument in mehrere Abschnitte unterteilt werden. So können Teile eines Formulars, die auf keinen Fall geändert werden dürfen, geschützt werden. In den nicht geschützten Abschnitten können Änderungen vorgenommen werden, sodass dort alle Befehle zur Verfügung stehen.

1. Positionieren Sie den Cursor an der Stelle des Formulars, an der ein Abschnitt eingefügt werden soll.
2. Wählen Sie die Registerkarte „Seitenlayout" – Gruppe „Seite einrichten".
3. Gehen Sie auf die Schaltfläche „Umbrüche" und wählen Sie unter Abschnittsumbrüche die Option „Fortlaufend".
4. Bestätigen Sie mit OK – ein Abschnittswechsel wird eingefügt:

———————————————— **Abschnittswechsel (fortlaufend)** ————————————————

Vorlage für den Geschäftsbrief nach DIN 5008 erstellen

Der wichtigste Vordruck ist der Geschäftsbrief. In der DIN 5008 sind die genauen Maße und Datenfelder festgelegt. Dabei wird zwischen zwei Formen unterschieden:
- hochgestelltes Anschriftfeld (Form A)
- tiefgestelltes Anschriftfeld (Form B)

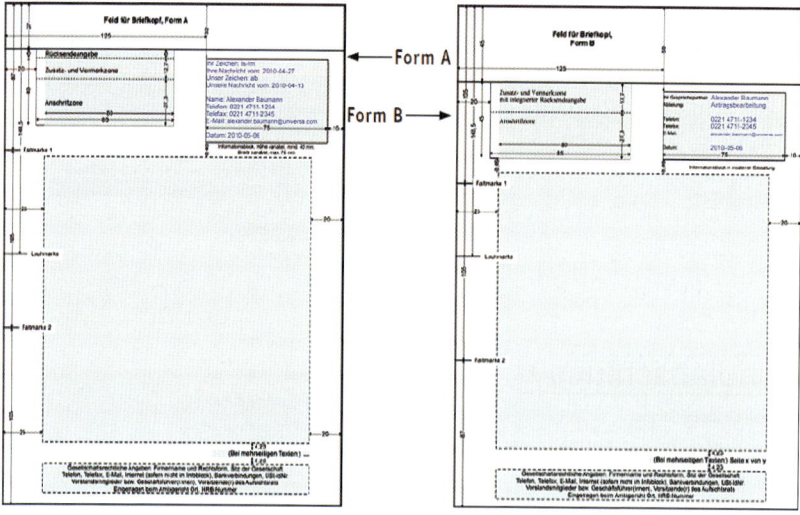

Vorlage definieren
1. Wählen Sie „Datei – Neu – Meine Vorlagen".
2. Im Fenster „Neu", Bereich „Vorlage erstellen" aktivieren Sie die Option „Vorlage" und bestätigen das Fenster mit OK.

Seitenränder festlegen

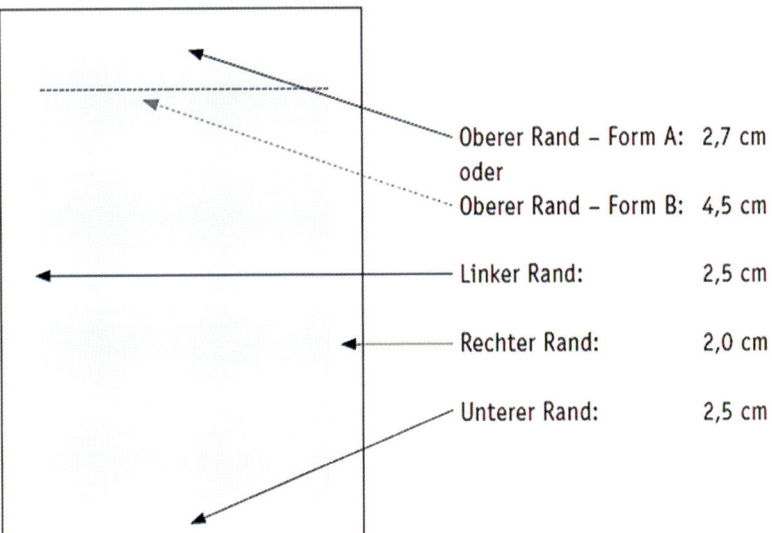

Oberer Rand – Form A: 2,7 cm
oder
Oberer Rand – Form B: 4,5 cm

Linker Rand: 2,5 cm

Rechter Rand: 2,0 cm

Unterer Rand: 2,5 cm

1. Wählen Sie das Register „Seitenlayout", Gruppe „Seite einrichten" und ganz unten den Befehl: „Benutzerdefinierte Seitenränder …".

2. Geben Sie folgende Werte ein und schließen Sie das Fenster mit OK:

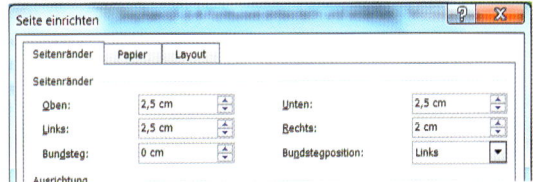

Gestaltung der Kopf- und Fußzeilen mit Logo und Geschäftsangaben
Geschäftsbriefe werden in der Regel sowohl mit einem Firmenlogo als auch mit den Pflicht- und Geschäftsangaben des Unternehmens versehen. Das **Logo** wird ebenso wie die Falz- und Lochmarken des Vordrucks über die **Kopfzeile** eingefügt. Die **Pflicht- und Geschäftsangaben** stehen in der **Fußzeile**.

Die DIN 5008 sieht für die obere Randeinstellung des Briefblattes A4 die **Form B** mit 4,5 cm vor. Für die untere Randeinstellung wird ein Abstand von 2,5 cm empfohlen. Die Gestaltung erfolgt über die **Kopf- und Fußzeile**.

Das **Firmenlogo** wird in der Kopfzeile über das Register „Einfügen", Gruppe „Illustrationen", Befehl „Grafik" eingefügt. Die Grafikdatei wird aus dem entspre-

chenden Verzeichnis ausgewählt und eingefügt. Die Bildgröße wird über die „Bildtools",
Gruppe „Größe" auf die richtige Größe eingestellt: Höhe 2,5 cm; Breite 8 cm.

Beispiel •

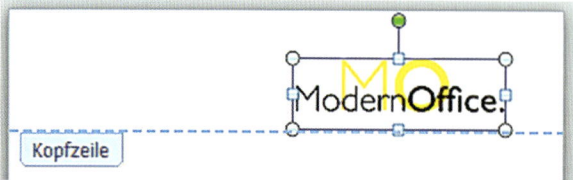

Die Fußzeile mit den Pflicht- und Geschäftsangaben wird mithilfe der Tabellenfunktion
gestaltet.

Beispiel •

ModernOffice KG	**Telefon:** + 49 7451 801-0	**Bankverbindungen:**	**Sitz:** Horb am Neckar
Industriestraße 10 – 14	**Telefax:** + 49 7451 801-100	**Postbank Stuttgart**	**USt-IdNr.:** DE 258034416
72160 Horb am Neckar	**E-Mail:** info@mo-modernoffice.com	IBAN DE53 6001 0070 0813 6000 10	**Steuer-Nr.:** 220/360/2842
Gesellschafter:		SWIFT-BIC PBNK DE FF 600	HRA 722079
Dr. Anja Tischler	**Internet:** www.mo-modernoffice.com	**Kreissparkasse Freudenstadt**	Amtsgericht Stuttgart
Dipl.-Kfm. Jens Tischler	**Facebook:** www.facebook.com/mo-modernoffice	IBAN DE68 6425 1060 1701 8022 44	(Finanzamt Freudenstadt,
Anton Tischler	**Twitter:** https://twitter.com/mo-modernoffice	SWIFT-BIC SOLA DE S1FDS	Außenstelle Horb)

Gestaltung der Falz- und Lochmarken

Die waagerechte Linie für die Falz- und Lochmarken ziehen Sie über das Register „Einfügen", Gruppe „Illustrationen", Befehl: „Formen" auf. Formatieren Sie wie folgt:

Länge der Falzmarken: Setzen Sie einen Rechtsklick auf die Linie und wählen Sie den
Befehl „Weitere Layoutoptionen …". Legen Sie im Fenster über das Register „Größe" die
Breite unter „Absolut:" auf 0,3 cm fest.

Länge der Lochmarke: Setzen Sie einen Rechtsklick auf die Linie und wählen Sie den
Befehl „Weitere Layoutoptionen …". Legen Sie im Fenster über das Register „Größe" die
Breite unter „Absolut:" auf 0,5 cm fest.

Die Position der Falz- und Lochmarken ist wie in der nachfolgenden Tabelle gezeigt festzulegen.

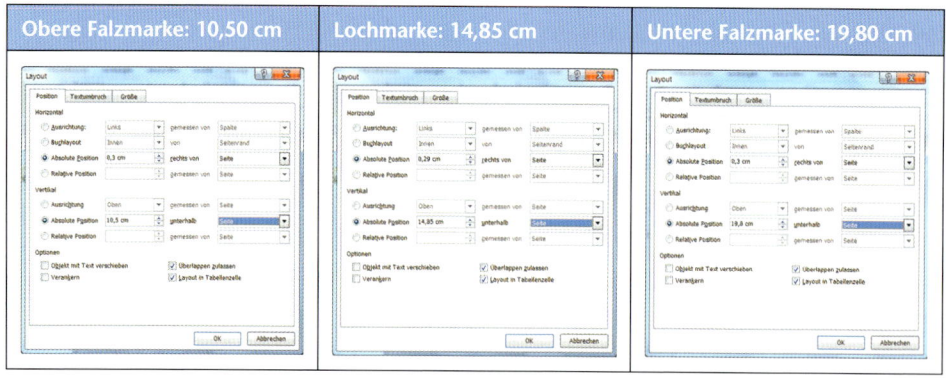

Gestaltung von Anschriftfeld, Informationsblock und Betreff

Zur weiteren Gestaltung des Geschäftsbriefvordruckes wird die Tabellen- und Formularfunktion des Programms gebraucht. Hier lassen sich die Positionen des Anschriftfelds, des Informationsblocks sowie des Betreffs und der Anrede im Dokument genau festlegen.

1. Fügen Sie eine Tabelle mit 3 Zeilen und 3 Spalten gleich nach der Kopfzeile ein.

2. Formatieren Sie die erste Zeile mit Schriftgröße 8 pt, Zellenhöhe 0,5 cm und Ausrichtung: „Mitte links".

3. Formatieren Sie die Breite der ersten Spalten über die Tabellentools – Layout – „Zeilengröße" mit 8 cm.

4. Definieren Sie den Bereich der Zusatz- und Vermerkzone mit einer Zellenhöhe von 1,27 cm/Genau. Fügen Sie ein Textformularfeld ein und formatieren Sie die Ausrichtung unten/links.

5. Formatieren Sie die Anschriftzone mit einer Höhe von 2,75 cm/Genau und fügen Sie sechs Textformularfelder ein.

6. Formatieren Sie die Breite der zweiten Spalten mit 2 cm und verbinden Sie die Zellen.

7. Definieren Sie die Breite der dritten Spalte mit 7,5 cm und gestalten Sie die Leitwörter und Textformularfelder nach folgendem Beispiel.

Beispiel •   8,0 cm   2,0 cm   7,5 cm

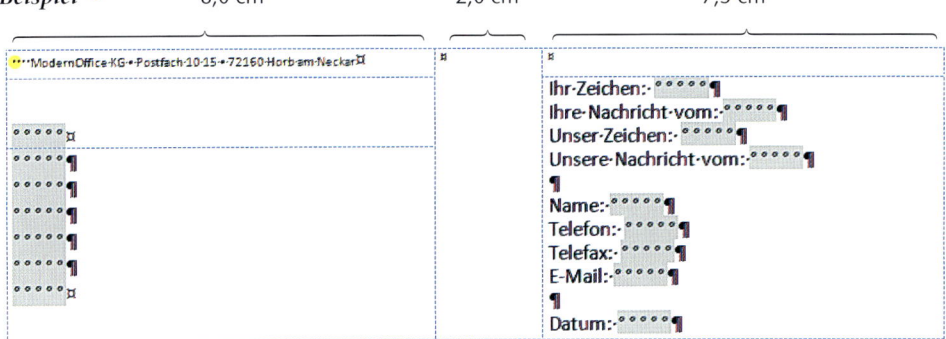

Nach dem Informationsblock sind immer zwei Zeilen freizulassen. Danach folgt der **Betreff**, für den ein Textformularfeld eingefügt wird.

Formatieren Sie das Textformularfeld für den Betreff mit Fettschrift. Zwei Zeilen nach der Betreffangabe folgt ein Textformularfeld für die **Anrede**. Zwischen Anrede und Text steht eine Leerzeile.

Damit sich die Ausfüllpositionen nicht versehentlich verschieben, fügen Sie nun über das Register „Seitenlayout", Gruppe „Seite einrichten", „Umbrüche", Bereich „Abschnittsumbrüche – Fortlaufend" einen Abschnittswechsel ein. Schützen Sie den ersten Abschnitt über das Register „Entwicklertools", Gruppe „Schützen", Befehl „Bearbeitung einschränken". Aktivieren Sie im Abschnitt „2. Bearbeitungseinschränkungen" das Kontrollkästchen „Nur diese Bearbeitung im Dokument aktivieren".

Wählen Sie anschließend die Option „Ausfüllen von Formularen", „Abschnitte auswählen:" und aktivieren Sie im Fenster unter „Geschützte Abschnitte" das Kontrollkästchen „1. Abschnitt". Bestätigen Sie mit OK und klicken Sie auf die Schaltfläche „Ja, Schutz jetzt anwenden".

Beispiel • *Vorlage der ModernOffice KG für den Geschäftsbrief nach DIN 5008*

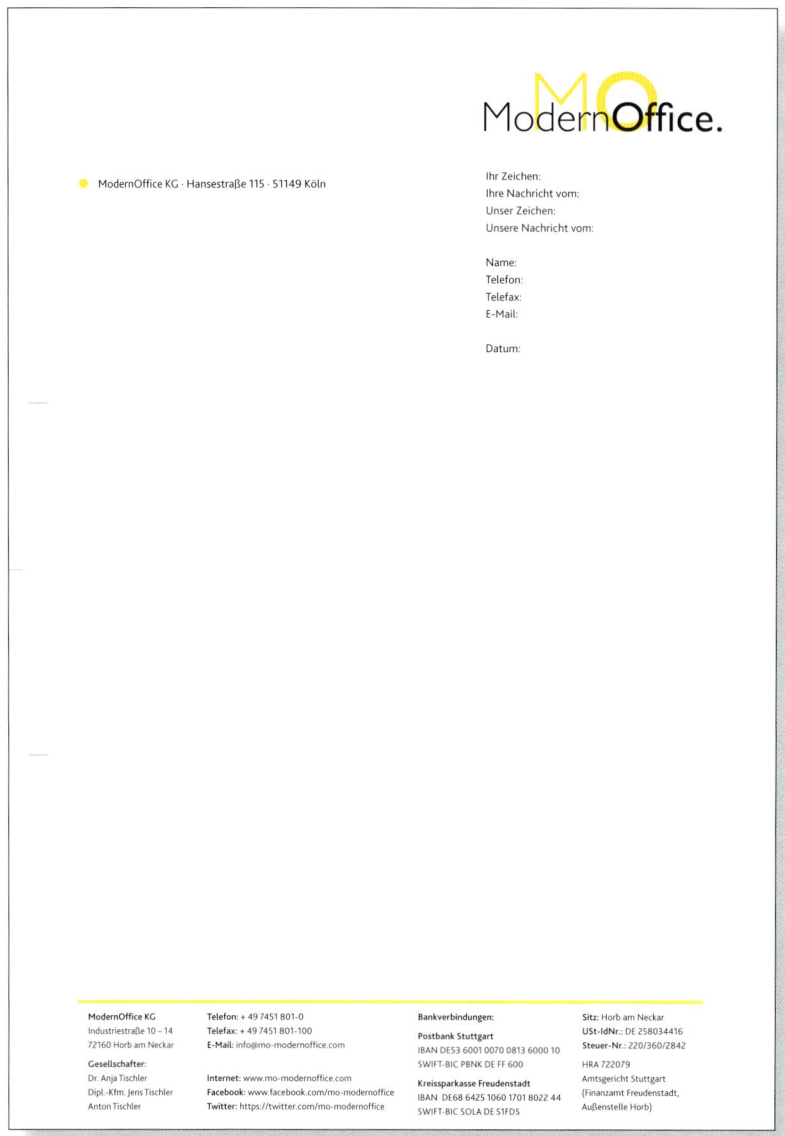

Auftragsbestätigungen, Lieferscheine und Rechnungen

Auch weitere Formulare, wie Auftragsbestätigungen, Lieferscheine und Rechnungen, werden in Anlehnung an den Geschäftsbrief nach DIN 5008 gestaltet.

Für die automatische Berechnung werden die Felder in der Tabelle entsprechend formatiert. Die Zellen in der Tabelle sind wie in Excel entsprechend nummeriert.

	A	B	C	D	E	F
1	A1	B1	C1	D1	E1	F1
2	A2	B2	C2	D2	E2	F2
3	A3	B3	C3	D3	E3	F3

Jede Zelle hat ihre eigene Adresse. Im Beispiel sind es die Spalten A bis F und die Zeilen 1 bis 11.

Menge und Einzelpreis

1. Fügen Sie ein Textformularfeld ein.

2. Setzen Sie einen Doppelklick auf das Textformularfeld.

3. Wählen Sie im Dialogfeld „Optionen für Textformularfelder" unter Typ: „Zahl".

4. Aktivieren Sie das Kontrollkästchen ☑ „Beim Verlassen berechnen".

Optionen für Textformularfelder

Textformularfeld

Typ: Zahl

Vorgabezahl:

Maximale Länge: Unbegrenzt

Zahlenformat: #.##0

Makro ausführen bei

Ereignis:

Beenden:

Feldeinstellungen

Textmarke: Text36

☑ Eingabe zulassen
☑ Beim Verlassen berechnen

Hilfetext hinzufügen...   OK   Abbrechen

Beispiel • *Auftragsbestätigung der ModernOffice KG*

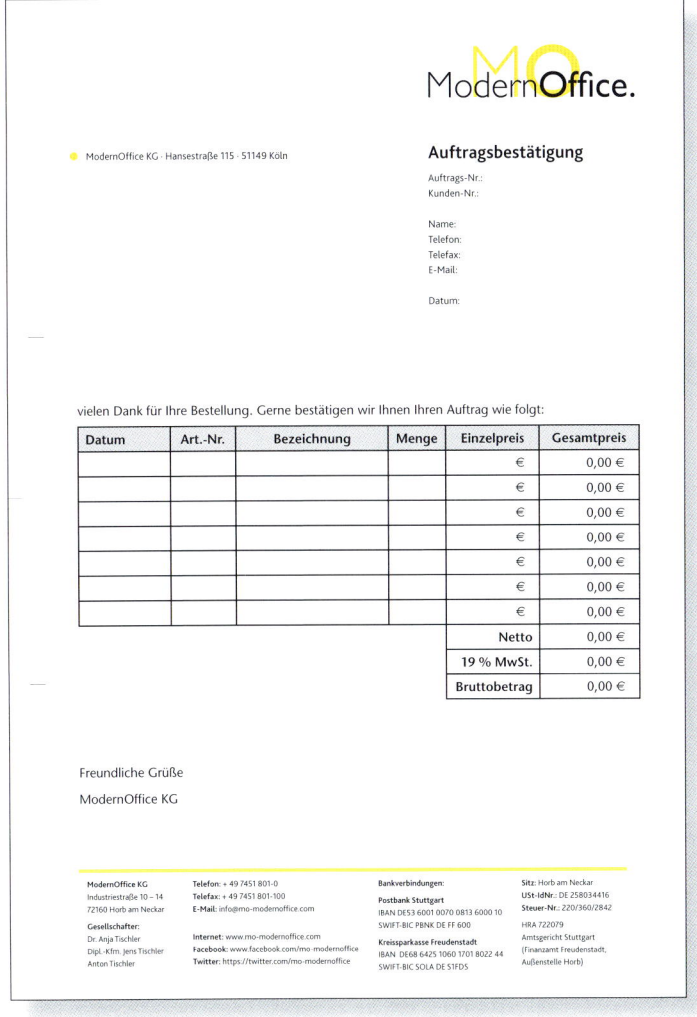

ModernOffice.

ModernOffice KG · Hansestraße 115 · 51149 Köln

Auftragsbestätigung

Auftrags-Nr.:
Kunden-Nr.:

Name:
Telefon:
Telefax:
E-Mail:

Datum:

vielen Dank für Ihre Bestellung. Gerne bestätigen wir Ihnen Ihren Auftrag wie folgt:

Datum	Art.-Nr.	Bezeichnung	Menge	Einzelpreis	Gesamtpreis
				€	0,00 €
				€	0,00 €
				€	0,00 €
				€	0,00 €
				€	0,00 €
				€	0,00 €
				€	0,00 €
				Netto	0,00 €
				19 % MwSt.	0,00 €
				Bruttobetrag	0,00 €

Freundliche Grüße

ModernOffice KG

ModernOffice KG
Industriestraße 10 – 14
72160 Horb am Neckar

Telefon: + 49 7451 801-0
Telefax: + 49 7451 801-100
E-Mail: info@mo-modernoffice.com

Gesellschafter:
Dr. Anja Tischler
Dipl.-Kfm. Jens Tischler
Anton Tischler

Internet: www.mo-modernoffice.com
Facebook: www.facebook.com/mo-modernoffice
Twitter: https://twitter.com/mo-modernoffice

Bankverbindungen:
Postbank Stuttgart
IBAN DE53 6001 0070 0813 6000 10
SWIFT-BIC PBNK DE FF 600

Kreissparkasse Freudenstadt
IBAN DE68 6425 1060 1701 8022 44
SWIFT-BIC SOLA DE S1FDS

Sitz: Horb am Neckar
USt-IdNr.: DE 258034416
Steuer-Nr.: 220/360/2842

HRA 722079
Amtsgericht Stuttgart
(Finanzamt Freudenstadt,
Außenstelle Horb)

Gesamtpreis

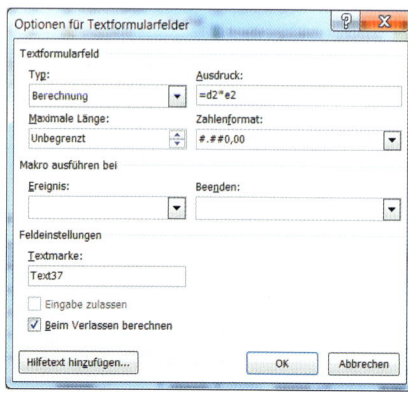

1. Fügen Sie ein Textformularfeld ein.

2. Setzen Sie einen Doppelklick auf das Textfeld.

3. Wählen Sie im Dialogfeld „Optionen für
Textformularfelder" unter Typ: „Berechnung".

4. Wählen Sie im Bereich Zahlformat: #.##0,00

5. Aktivieren Sie das Kontrollkästchen ☑ „Beim
Verlassen berechnen".

Nettobetrag	Mehrwertsteuer	Bruttobetrag
Formularfeld für den Nettobetrag wie folgt formatieren:	Textformularfeld für die 19 % MwSt. wie folgt formatieren:	Textformularfeld für den Bruttobetrag wie folgt formatieren:

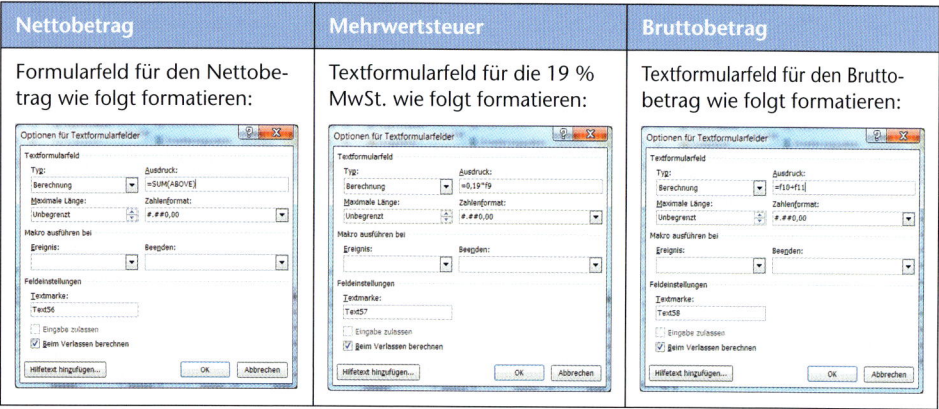

Beispiele •

Lieferschein der ModernOffice KG

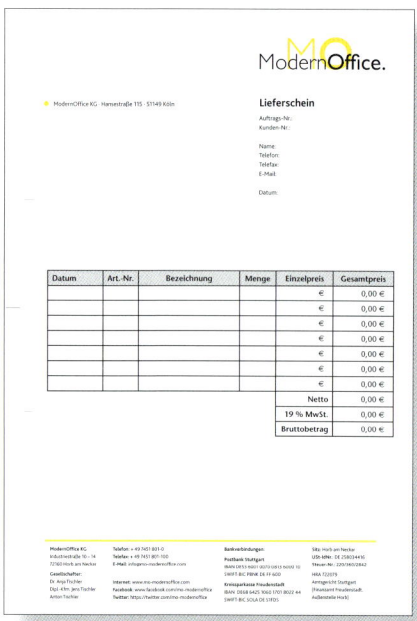

Rechnung der ModernOffice KG

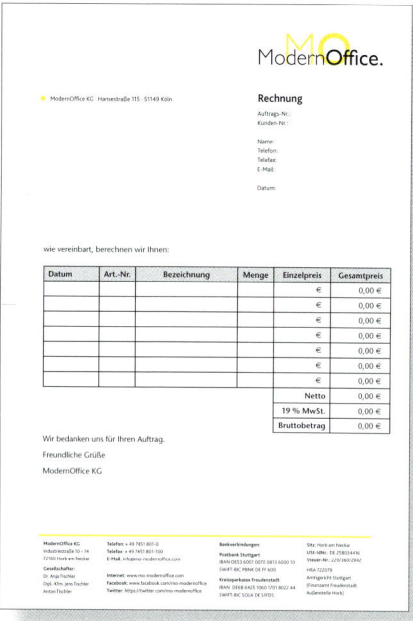

Auf den Punkt gebracht

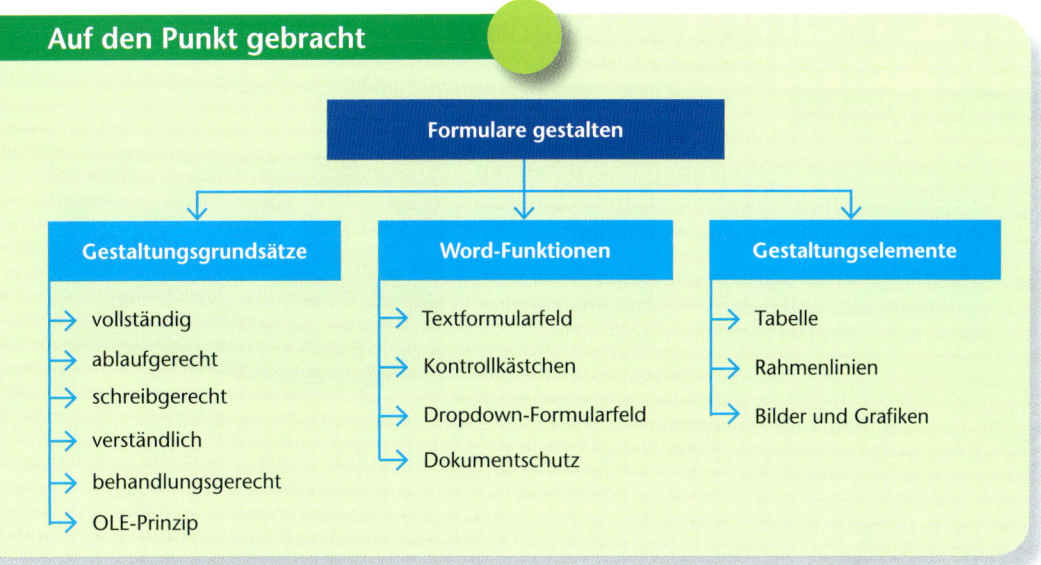

Formulare gestalten

Gestaltungsgrundsätze	Word-Funktionen	Gestaltungselemente
→ vollständig	→ Textformularfeld	→ Tabelle
→ ablaufgerecht	→ Kontrollkästchen	→ Rahmenlinien
→ schreibgerecht	→ Dropdown-Formularfeld	→ Bilder und Grafiken
→ verständlich	→ Dokumentschutz	
→ behandlungsgerecht		
→ OLE-Prinzip		

Nutzen Sie Ihr Wissen

1. Während der Abwesenheit von Mitarbeiterinnen und Mitarbeitern gehen in der ModernOffice KG Nachrichten ein, die in strukturierter Form von den Kolleginnen und Kollegen aufgenommen und weitergegeben werden sollen. Deshalb bittet Herr Sander Tom Wildermuth, ein Formular mit der Bezeichnung „Was war inzwischen?" zu entwerfen.

   Das Formular soll folgende Leitwörter enthalten: An, Anruf, Besuch, Name, Firma, Anschrift, ruft wieder an, um … Uhr, kommt wieder am … um … Uhr, bittet um Rückruf unter der Telefonnummer …, Nachricht, aufgenommen von …

   a) Informieren Sie sich über die Erstellung eines norm- und sachgerechten Formulars.
   b) Planen Sie die Aufteilung der Inhalte sinnvoll.
   c) Verwenden Sie für die variablen Stellen passende Formularfelder.
   d) Erstellen Sie das Formular als Online- und Offline-Version.
   e) Kontrollieren Sie, ob Sie alle Regeln und Normen berücksichtigt haben.
   f) Präsentieren und vergleichen Sie Ihre Ergebnisse.
   g) Nehmen Sie gegebenenfalls Korrekturen vor.

2. Um den innerbetrieblichen Schriftverkehr zu verbessern, soll zukünftig ein Formular für eine Hausmitteilung im Vorlagenverzeichnis des Intranets zur Verfügung stehen. Herr Sander bittet Svenja Kolleck, einen Gestaltungsvorschlag mit folgenden Inhalten zu erarbeiten:

   Hausmitteilung – Von, Abteilung, An, Abteilung, Betrifft, Nachricht, Besondere Vermerke, Datum, Anlagen, Unterschrift, Verteiler

   a) Planen Sie die Aufteilung der Inhalte sinnvoll.
   b) Verwenden Sie für die variablen Stellen passende Formularfelder.
   c) Erstellen Sie die Hausmitteilung als Online- und Offline-Formular.
   d) Kontrollieren Sie, ob Sie alle Regeln und Normen berücksichtigt haben.
   e) Präsentieren und vergleichen Sie Ihre Ergebnisse.
   f) Nehmen Sie gegebenenfalls Korrekturen vor.

5 Schriftstücke vervielfältigen

Lernsituation

Tom Wildermuth kommt morgens an seinen Arbeitsplatz und findet einige Papierstapel mit Arbeitsaufträgen auf seinem Schreibtisch vor.

Auf dem ersten Stapel liegt ein Zettel von Herrn Sander mit der Bitte, alle Unterlagen sortiert, geheftet und mit Deckblättern (diese in Farbe) zu kopieren. Daneben befindet sich ein weiterer Stapel mit Einzelblättern, gebundenen Broschüren und Fotografien zum Einscannen von Frau Dr. Pohl. Dann entdeckt Tom in einem verschlossenen Umschlag einen USB-Stick von Miriam Ball mit der Notiz „Bitte die Dateien ausdrucken und mir in einem verschlossenen Umschlag auf den Schreibtisch legen".

Tom weiß, dass nach den Unternehmensstandards Kopien und Ausdrucke immer unter dem Gesichtspunkt der Minimierung der Umweltbelastung und der Kosten durchzuführen sind.

Bitte alle Unterlagen sortiert, geheftet und mit Deckblättern zwischen den einzelnen Kapiteln (in Farbe) kopieren. Danke!

Otto Sander
12. Mai 20..

Bitte einscannen und im JPG-Format abspeichern.
Gruß,
Dr. Inge Pohl
12.05.20..

Könnten Sie diese Dateien bitte ausdrucken und in einem verschlossenen Umschlag auf meinen Schreibtisch legen?

Vielen Dank!

Miriam Ball
12. Mai 20..

- *Informieren Sie sich über die verschiedenen Druckerarten und Kopierer sowie das Arbeiten mit unterschiedlichen Dateiformaten und die Auswirkungen auf die Umwelt.*
- *Überlegen Sie, wie Tom die Arbeitsaufträge zur Zufriedenheit der Auftraggeber erledigen kann.*
- *Wählen Sie die jeweils geeignete Vorgehensweise.*
- *Erstellen Sie einen Leitfaden über die Funktionen der in Ihrem Unternehmen genutzten Kopierer, Drucker und Scanner.*
- *Überprüfen Sie, ob Sie alle wesentlichen Punkte berücksichtigt haben.*
- *Präsentieren und vergleichen Sie Ihre Ergebnisse.*
- *Nehmen Sie gegebenenfalls Verbesserungen vor.*

Kopieren

Früher mussten die Vorlagen erst am PC erstellt, dann ausgedruckt und danach zum Kopierer gebracht werden. Heute werden fast ausschließlich multifunktionale, digitale Kopiergeräte in Büros eingesetzt. Über das Netzwerk sind die PCs mit dem Kopierer verbunden. Jeder Nutzer kann seinen Druckauftrag direkt vom Arbeitsplatz aus abschicken. Die meisten digitalen Kopierer sind so konzipiert, dass sie für den zentralen Einsatz in einem Netzwerk geeignet sind und nicht nur kopieren, sondern auch drucken, faxen und scannen können.

Die Geräte werden in **Modulen** angeboten, sodass je nach Bedarf das eigene Kopiersystem zusammengestellt werden kann:

- **Druckmodul.** Durch das Druckmodul wird der Kopierer zu einem leistungsfähigen Netzwerkdrucker, der den gewöhnlichen Laserdruckern weit überlegen ist. Komplette Druckaufträge lassen sich direkt von jedem angeschlossenen PC starten.
- **Dokumentenserver.** Mit dem Dokumentenserver, ausgestattet mit einer leistungsfähigen Festplatte und der entsprechenden Software, lassen sich Arbeitsprozesse von jedem persönlichen Arbeitsplatz aus optimal gestalten:
  - Das Verwalten aller abgelegten Dokumente.
  - Das Ablegen, Speichern, Vervielfältigen, erneut Drucken, Suchen, Löschen und Übertragen von Dateien und Dokumenten.
  - Das Kombinieren bzw. Mischen von verschiedenen Dateien oder Dateiformaten untereinander zu einem Druckauftrag – gleichgültig, ob es Bilddateien, Textdokumente, Kalkulationen oder Präsentationen sind.
- **Scannermodul.** Erweitert durch das Scannermodul verfügt das Kopiersystem über einen Netzwerk-Scanner. Über das Vorlagenglas oder den Originaleinzug können bis zu 90 Seiten pro Minute eingescannt, in digitaler Form – optimal auch als E-Mail – über das Netzwerk versendet oder auf dem Dokumentenserver für den späteren Gebrauch gespeichert werden. Das **Dateiformat** lässt sich an vielen Geräten direkt bestimmen, sodass eine weitere Bearbeitung der gescannten Unterlagen am PC nicht mehr nötig ist.
- **Faxmodul.** Das Faxmodul bietet mit seinen Funktionen eine effiziente Faxkommunikation für die Arbeitsgruppe:
  - Faxnachrichten können empfangen werden.
  - Während einer Übertragung aus dem Speicher können Sie gleichzeitig eine weitere Nachricht mit Direktübertragung versenden.
  - Sofort senden, später senden, vertrauliches Senden und Empfangen, Buchfax und doppelseitige Übermittlung sowie integrierte Telefonbuchfunktionen sind die wichtigsten Funktionen eines Faxmoduls.

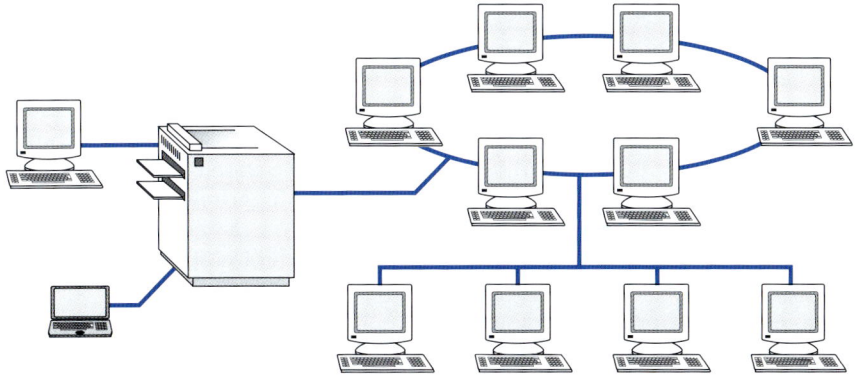

Datensicherheit

Viele multifunktionale Geräte verfügen über eine integrierte Festplatte, die es erlaubt, temporäre Daten bei Druck- und Kopiervorgängen zwischenzuspeichern. Dahinter verbirgt sich jedoch ein hohes Sicherheitsrisiko, da sich die Daten rekonstruieren lassen. Deshalb verfügen viele Geräte über einen zusätzlichen **Sicherheitsmodus**: Unmittelbar nach dem Druck- oder Kopiergang werden die Daten vor dem endgültigen Löschen mit einem Zufallscode überschrieben. Eine Rückgewinnung der Daten durch Dritte ist dann nicht mehr möglich.

Kopierfunktionen

Das digitale Kopieren bietet weitere Funktionen. Hier die wichtigsten:

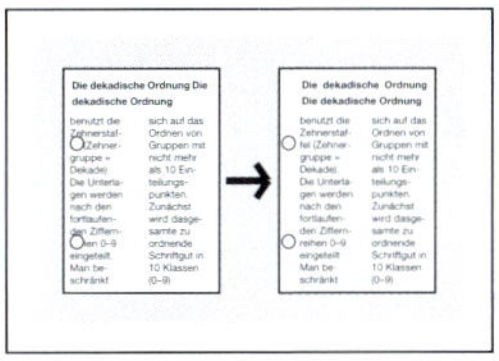	Mithilfe der Bildverschiebung kann der zu kopierende Bereich nach links oder rechts verschoben werden.
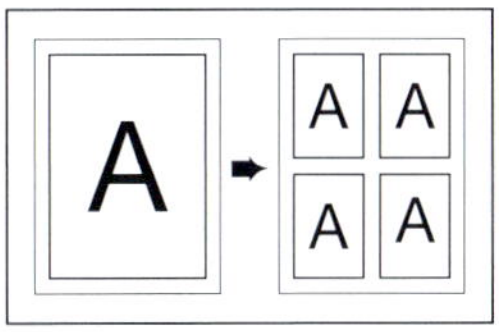	Mit der Funktion Multibild können mehrere kleine Kopien von einer Vorlage erstellt werden.
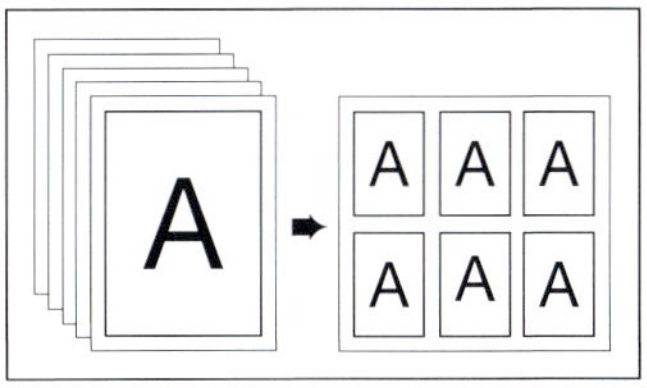	Mehrfachnutzen Bei der Funktion Mehrfachnutzen können mehrere unterschiedliche Seiten verkleinert (in der Regel bis zu sechs Seiten) auf eine Seite kopiert werden.
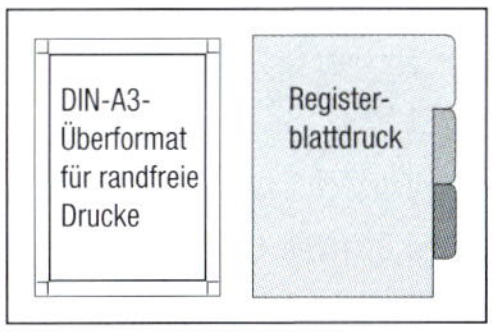	Registerblätter Das automatische Einfügen von Registerblättern – in unterschiedlichen Papierstärken – ermöglicht in einem Arbeitsgang eine übersichtliche Anordnung
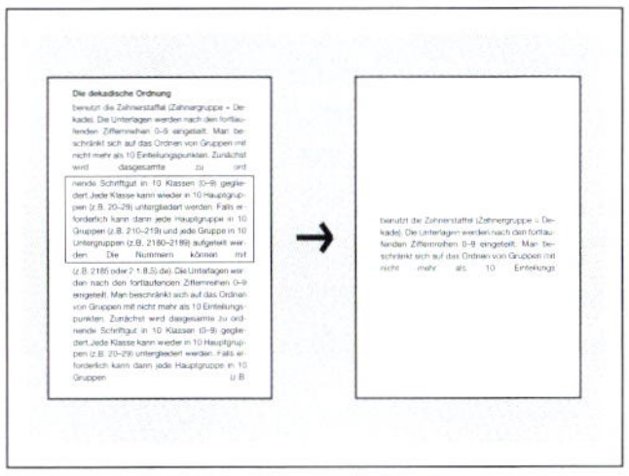	Ein bestimmter Teil einer Vorlage kann ohne umständliches Schneiden und Kleben ausschnittsweise kopiert werden.

Besondere Effekte erzielen Sie durch die Funktionen **Negativ-positiv-Umkehrung**, **Spiegelbild** und **Schrägbild**.

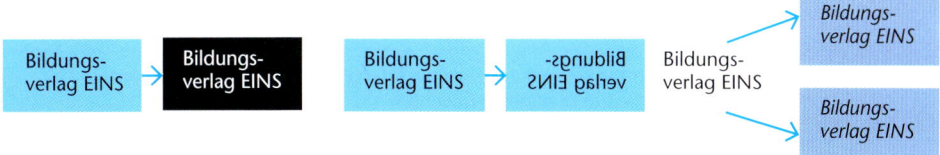

Das elektronische **Sortieren** macht das mechanische Sortieren in Sortierfächer bzw. das manuelle Einlegen von Deck- und Trennblättern überflüssig. Entweder wird das Papier in verschiedenen Kassetten bereitgehalten, wobei Deck- und Trennblätter automatisch eingelegt werden, oder die Kopiersätze werden mittels einer Wechselfunktion sortiert und der Länge und Breite nach abgelegt.

Leistungsmerkmale von Kopierern

Beim Kaufen oder Mieten eines Kopiergeräts können folgende Leistungsmerkmale entscheidend sein:

Anwärmzeit	Zeit vom Einschalten des Geräts bis zur Betriebsbereitschaft
Papierzuführung	Lose Blätter aus einem oder mehreren Papierbehältern
Vorlagen-zuführung	Manuell oder automatisch
Vorlagenformat	B6 bis A3
Kopierformat	A5 bis A3
Format-bestimmung (Zoom-Technik)	Verkleinerungen und Vergrößerungen der Vorlage sind je nach Gerät von 25 – 800 % in 1%-Schritten möglich.
Papierstärken	Druckmaterial bis zu einem Papiergewicht von 250 g/m² kann in der Regel verarbeitet werden.
Automatisches Verkleinern/ Vergrößern	Die Kopie wird automatisch an das Format des Druckpapiers in der ausgewählten Zuführung angepasst.
Wendeautomatik	Eine zweiseitige Vorlage wird automatisch gewendet und beide Seiten (Vorder- und Rückseite) kopiert.
Duplexfunktion	In einem Durchgang werden Vorder- und Rückseite eines Blattes bedruckt. Das Blatt muss nicht gewendet oder neu eingelegt werden.
Kopienqualität	Regulierung des Toners durch Kontraststufen (schwache Linien verstärken, farbigen Hintergrund unterdrücken).
Randlöschung	Vorlagen mit ausgefransten Rändern, Heftklammerspuren oder Lochungen werden automatisch „gesäubert".
Kopier-geschwindigkeit	Die Druckgeschwindigkeit wird meistens in ppm (pages per minute = Seite pro Minute) angegeben. Farbkopierer haben einen Wert bis zu 28 ppm und Schwarz-Weiß-Kopierer bis zu 120 ppm.
Farbige Kopien	Von Schwarz-Weiß-Vorlagen können einfarbige Kopien, von farbigen Vorlagen (auch Fotos) originalgetreue (mehrfarbige) Kopien erstellt werden.
Programmier-möglichkeit	Über Tasten, Touchscreen (Berührungsfelder auf dem Bildschirm) oder mit der Maus lassen sich verschiedene Funktionen vorwählen und steuern: Kopienzahl, zweiseitiges Kopieren, Tonereinstellung, Formatbestimmung, Wahl der gewünschten Papierkassette u. Ä.
Vorausprogram-mierung	Kopieraufträge können auch bei noch laufendem Druckbetrieb bereits programmiert und eingelesen werden.
Warteschlangen-management	Übersichtliche Anzeige der Kopieraufträge im System. Es können Aufträge vorgezogen, gelöscht oder angehalten werden.

Auftragsunterbrechung	Der laufende Auftrag kann unterbrochen werden, um einen dringenderen Auftrag dazwischenzuschieben.
Speichern und Abrufen von Kopieraufträgen	Ermöglicht das schnelle Abrufen der Programmierung für häufig verwendete Kopieraufträge.
Display (Leuchtanzeige)	Bedienungshinweise und Fehleranzeige
Chipkarten	Kopieren kann nur, wer eine entsprechende Karte besitzt.
Kostenzähler	Bei Bedarf kann die Kopiernutzung überwacht bzw. geregelt werden.
Sorter	Unterschiedlich viele Fächer für Kopiensätze
Hefter	Heftet sortierte Kopien zusammen.
Locheinheit	Eine 2-fache oder 4-fache Lochung der Kopien ist möglich.
Broschürenerstellung	Erstellen von Broschüren mit Faltung und Heftung mit automatischer Anordnung der Seiten.
Textfeld-Stamping	Kopien können mit Anmerkungen, Datumsangaben, Seitennummern oder Nummern versehen werden.
Einfügen von Deckblättern	Erste und letzte Seite können aus einem Materialfach automatisch zugeführt werden.
Folien-Trennblätter	Einfügen leerer oder bedruckter Folientrennblätter.
USB-Schnittstelle	Über eine USB-Schnittstelle können USB-Sticks und externe Festplatten direkt mit dem Kopierer verbunden und Dateien gedruckt werden.

Farbkopierer verfügen über weitere Leistungsmerkmale, wie z. B.
- mehrseitige Vergrößerungen wie Poster und Landkarten erstellen,
- Farben gegeneinander austauschen, verstärken oder abschwächen,
- eine Hintergrundfarbe festlegen,
- Kopien von Filmnegativen und Dias erstellen.

Arbeitsplatzkopierer

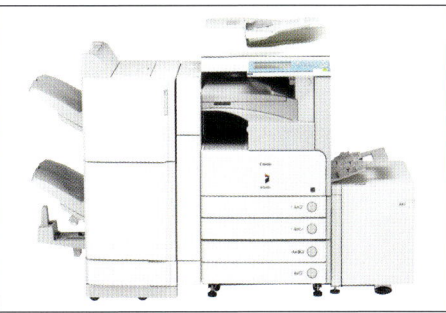

Abteilungskopierer

PC-Drucker

Druckerart	Vorteile	Nachteile	Einsatz
Laserdrucker	– hohe Druckgeschwindigkeit (20–30 Seiten Text/Min.; Farbdruck pro Seite 30–60 Sek.) – hohe Druckqualität (Text und Grafiken) – Druck auf Normalpapier – die Folgekosten liegen deutlich unter denen des Tintenstrahldruckers – robustes Verhalten bei mittlerem bis hohem Druckvolumen	– teuer in der Anschaffung – in der Regel groß, schwer und laut – schlecht beim Druck von Farbfotos (zunehmend besser) – hoher Stromverbrauch	– professioneller Gebrauch in Büros – geeignet für hohes Druckvolumen
Tintenstrahl-drucker	– niedriger Anschaffungspreis – klein und leicht – Ausdruck in guter bis sehr guter Qualität – gutes Ergebnis beim Druck von Farbfotos – je nach Ausführung Direktdruck von der Digitalkamera möglich – Papier sparende Duplexeinheit oft serienmäßig – unterschiedliche Medien können bedruckt werden	– hohe Folgekosten – bei seltener Benutzung können Druckdüsen verstopfen – langsamer Druck (2–8 Textseiten/ Min.; Fotodruck pro Seite 1–6 Min.) – für ein sehr gutes Druckergebnis wird Spezialpapier benötigt	– überwiegend privater Gebrauch – bei geringem Druckvolumen – anspruchsvolle Farb- und Fotodrucke
Matrixdrucker	– gleichzeitiger Mehrfachdruck (durch den Druck auf das Papier) möglich – verarbeitet bis zu sechslagige Formulare (ein Original und fünf Kopien) – Verwendung von Endlospapieren durch Zugtraktoren möglich – geringe Folgekosten	– relativ hohe Geräuschentwicklung beim Drucken – langsamer Druck – keine repräsentativen Drucke – kein/bzw. schlechter Farbdruck – nicht geeignet zum Druck von Fotos	– Groß- und Einzelhandel (z. B. Formulare, Rechnungen, Lieferscheine) – Arztpraxen (z. B. Rezepte) – Reise- und Ticketbüros (z. B. Tickets) – Lagerhäuser (z. B. Formulare, Etiketten, Barcodes) – Speditionen – Banken und Sparkassen (z. B. Sparbücher, Belege)
Thermo-sublimations-drucker Thermo-Direkt-Drucker	– klein und handlich – ideal für die spezielle Anwendung – brillanter Fotodruck	– relativ hohe Anschaffungskosten – zum Ausdruck von Fotos ist Spezialpapier erforderlich – langsamer Druck – nicht flexibel einsetzbar	– Einzel-Etiketten – Endlos-Etiketten – Adressieren und Frankieren im Postausgang

Dateiformat PDF

Das Dateiformat PDF ist für den sicheren Datenaustausch digitaler Dokumente und für den Druck der Daten auf unterschiedlichen Ausgabegeräten (Kopierer, Drucker) besonders geeignet. Die Konvertierung ist problemlos und lässt sich ab Word 2007 bereits beim Abspeichern als Speicherformat wählen.

Die Darstellung und das Aussehen eines PDF-Dokuments sind im Gegensatz zu Textdateien an jedem Computer identisch. Schriftarten, Layouts und Seitenumbrüche sehen auf jedem Rechner gleich aus.

Für die Datenweitergabe und den Datenaustausch ist das systemübergreifende PDF-Format heute nicht mehr wegzudenken. Mittlerweile gibt es viele Programme, die Dokumente in das universelle Format konvertieren. Sie unterscheiden sich durch Funktionen, die ein differenziertes Abstufen von Sicherheit und Qualität ermöglichen.

Verwendung	Anforderungen
– Dokumente zur **Veröffentlichung im Internet**	– kleine Dateigröße – schnell herunterladbar
– Dokumente zum **professionellen Druck**	– höchste optische Genauigkeit – Farbtreue
– **vertrauliche und sensible** Geschäftsdokumente	– Kontrolle über Zugriff – Schutz vor Manipulationen

Der Verfasser sollte durch entsprechende Optionen bestimmen können, wer seine Dokumente auf welche Weise verwendet.

Beispiele •
• *Das Dokument kann nur gelesen, aber nicht gedruckt werden.*
• *Inhalte des Dokuments dürfen kopiert/nicht kopiert werden.*
• *Zum Öffnen des Dokuments ist ein Passwort/kein Passwort notwendig.*
• *Das Einfügen eines Wasserzeichens erhöht die Sicherheit.*

Umweltfaktoren beim Drucken und Kopieren

Kopierer und Drucker können in unterschiedlicher Weise zur Umweltbelastung beitragen. Umweltbelastend können nicht nur die verwendeten Materialien sein, sondern auch Geräuschentwicklungen, Ausblasluft und die zum Betrieb notwendigen Mittel.

• **Emissionen:** Beim normalen Betrieb von Kopiergeräten kann es zu verschiedenen Arten von Emissionen kommen. Kopierer und Drucker emittieren Geräusche, Licht und Ozon, daneben Staub und Wärme.
• **Toner:** Fast jeder Hersteller von Kopierern nimmt den Resttoner und die Walzen zurück und sorgt für eine fachgerechte und zentrale Entsorgung.
• **Entwicklungseinheiten:** Die Verschleißteile der heute weitverbreiteten Kopierverfahren wie Fotohalbleiter, Entwickler, Reinigungseinheit, Dichtfolie und Resttoner werden von den meisten Herstellern als Modul angeboten und nach Beendigung der Lebensdauer vollständig ausgetauscht. Die Teile werden gesammelt, aufbereitet und entweder wieder verwendet oder getrennt entsorgt.
• **Kopierpapier:** Es gibt Papiersorten, die als umweltfreundlich ausgewiesen sind, aber nicht der DIN-Norm entsprechen oder Mängel aufweisen. Dadurch können Verschleißteile von Kopiergeräten in Mitleidenschaft gezogen werden.

Tragen Sie zum Umweltschutz durch Ihr eigenes Verhalten bei!

- **Druckoptionen:** Durch das Bedrucken von Vorder- und Rückseite (z. B. bei internen Schreiben) und Verkleinerungen (mehrere Seiten auf einem Blatt) kann Papier gespart werden.
- **Datenaustausch:** Direkter Austausch von Daten ohne Medienbruch – also Ausdrucken und Einscannen im PDF-Format.

Scanner

Die am häufigsten im Büro eingesetzten Scanner sind:

- **Einzugscanner.** Ihr Aussehen ähnelt den Faxgeräten. Beim Scannen wird nicht die Leseeinheit über die Vorlage geführt, sondern die Vorlage über eine Walzenmechanik an den Sensoren entlangbewegt. Es können nur einzelne Blätter, keine Bücher, Zeitungen oder Kataloge gescannt werden.
- **Flachbettscanner.** Dies sind kleine Tischgeräte, die einem Kopierer ähneln. Die Vorlage wird auf eine Glasplatte gelegt und vom System abgetastet. Flachbettscanner sind in der Regel nicht zum Scannen von dicken Büchern geeignet. Beim Scannen kann der störende Lichteinfall durch einen höhenverstellbaren Deckel vermieden werden.
- **Buchscanner.** Hierbei handelt es sich um Scanner, die eine andere Bauform haben und für diejenigen geeignet sind, die häufig gebundene Vorlagen scannen müssen. Ein weiteres Leistungsmerkmal eines Buchscanners ist die Möglichkeit, DIN-A3- oder DIN-A4-Vorlagen gleichzeitig einzuscannen.

Leistungsmerkmale von Scannern
- Integrierter automatischer **Vorlageneinzug.**
- **Netzwerkfähigkeit** für den Einsatz in Arbeitsgruppen.
- Unbegrenzte **Auflösung** für maximale Bildqualität.
- Scannen großer **Vorlagenformate.**
- **Scangeschwindigkeit**
- Gescannte Informationen können direkt an Textverarbeitungs- und Grafikprogramme geschickt werden.
- **OCR (Optical Character Recognition).** Mit dem Texterkennungsprogramm können die eingescannten Texte problemlos in einem Textverarbeitungsprogramm geändert und weiterverarbeitet werden. Damit erspart man sich die Erfassung von Texten über die Tastatur.
- **Tiefenschärfe.** Stark konturierte Gegenstände (z. B. Münzen mit starker Prägung) können bis zu drei Millimeter Tiefe scharf gescannt werden.
- **Automatische Bildretusche.** Während des Scanvorgangs werden z. B. verblichene Farben aufgefrischt, die Körnigkeit reduziert oder eine Gegenlichtkorrektur ausgeführt.
- **Einknopfbedienung.** Durch Knopfdruck wird ein hochauflösender Scan (z. B. Bild für Fotoalbum) oder ein „schlanker" Scan (z. B. Bild für Internet) erstellt.
- **Durchlichteinheit.** Mithilfe der Durchlichteinheit kann ein Scanner Filmmaterial wie Dias und Negative digitalisieren. Bei vielen Modellen ist die Durchlichteinheit direkt im Deckel angebracht.
- **Scan-to-PDF.** Mit einer speziellen Software werden eingescannte Dokumente direkt in das PDF-Format konvertiert.
- **Imprinter.** Durch einen Imprinter können gescannten Vorlagen Informationen wie Scan-Datum, Uhrzeit, Name der Person, die das Dokument gescannt hat, sowie Bitmap-Bilder (Unterschriften und Logos) in Farbe hinzugefügt werden. Sämtliche gescannten Dokumente können vollständig verfolgt und authentifiziert werden.

Geeignete Grafikformate

Grafikformate gibt es viele, doch nur wenige eignen sich für die Weiterverarbeitung. Die Formate **.bmp**, **.wmf** und **.tif** sind nur für den internen Gebrauch am PC tauglich. Durch ihre Größe ist ein Transport über Datenleitungen nur schwer möglich.

.gif	Das **GIF-Format (Graphics Interchange Format)** reduziert die Anzahl der Farben in einer Grafik. Die kleinen Dateien sind vom Original kaum zu unterscheiden. GIF-Dateien enthalten auch kleine Animationen (spielende Katzen, blinkende Briefkästen usw.), wie sie häufig auf Internetseiten gesehen werden.
.jpg	**JPEG (Joint Photographic Experts Group)** rechnet die Bildinformationen herunter. Dies macht die Dateien kleiner, hat aber Einbußen in der Qualität zur Folge. Es eignet sich vor allem für farbenreiche Fotografien.
.png	**Das Format PNG (Portable Network Graphics)** vereinigt die Vorteile von GIF und JPEG. PNG komprimiert ohne Verluste, aber noch mit einer relativ hohen Dateigröße.
.svg	**SVG (Scalable Vector Graphics)** arbeitet mithilfe einer Vektorgrafik, die beliebig skalierbar ist (stufenloses Vergrößern und Verkleinern), ohne auch nur den geringsten Qualitätsverlust in Kauf nehmen zu müssen.

Multifunktionale Geräte

Der Trend auf dem Markt geht hin zu multifunktionalen Geräten. So bieten viele Hersteller Geräte an, die alle drei Funktionen **Drucken, Kopieren und Scannen** in einem Gerät vereinigen. Manche Geräte verfügen außerdem über eine Fax- und E-Mail-Funktion sowie einen Speicherkartensteckplatz, über den digitale Fotos eingelesen und farbig ausgedruckt werden können.

Die Vorteile liegen auf der Hand:
- geringer Platzbedarf,
- günstiger Kaufpreis und geringe Kosten pro gedruckter Seite, die weit unter den Gesamtkosten von Einzelgeräten bleiben,
- Reduzierung der Stromkosten bis zu 90 Prozent.

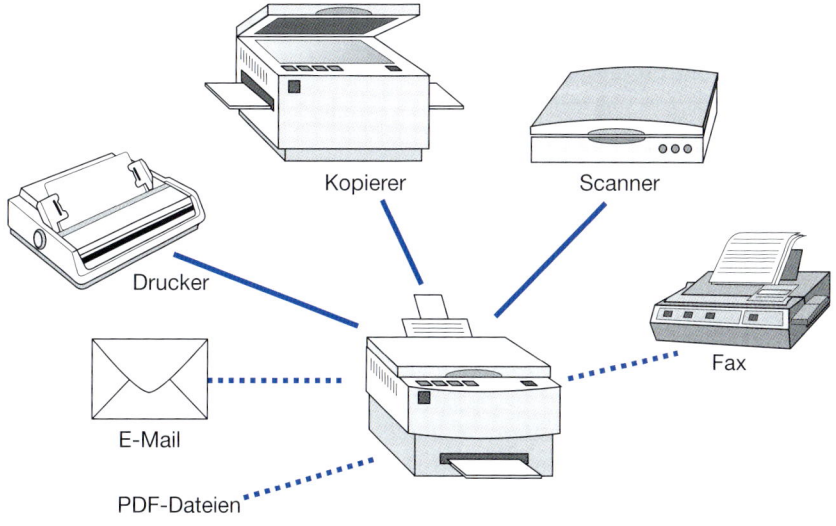

Auf den Punkt gebracht

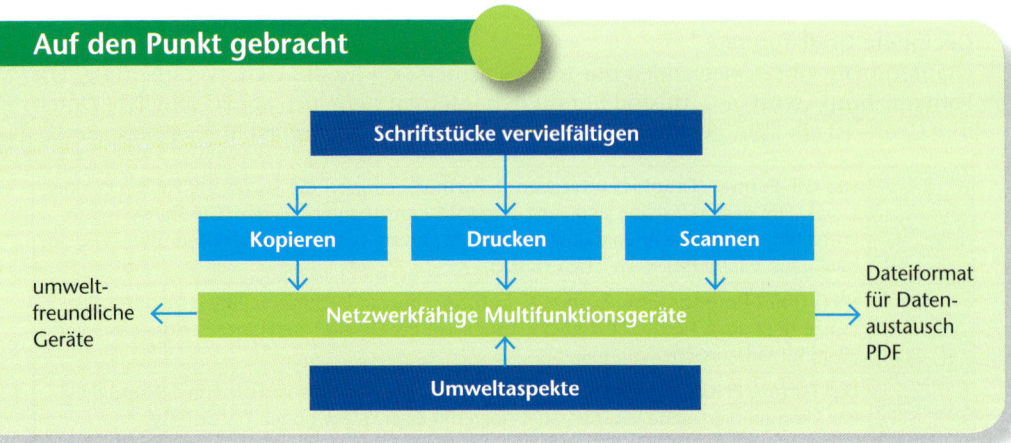

Nutzen Sie Ihr Wissen

1. Beim Kauf eines PCs werden Ihnen verschiedene Drucker angeboten.
    a) Durch welche Drucktechnik unterscheiden sie sich?
    b) Welche Kriterien sind bei der Wahl eines Druckers entscheidend?
    c) Sie entscheiden sich schließlich für einen Laserdrucker. Welche Kaufgründe waren ausschlaggebend?

2. Zur Erstellung von Kopien wird in der Abteilung Einkauf der ModernOffice KG ein älteres Kopiergerät genutzt. Da dieses Gerät inzwischen sehr reparaturanfällig ist, wird eine Neuanschaffung in Erwägung gezogen. Erläutern Sie die Konsequenzen und die Vorteile der Anschaffung eines Multifunktionsgerätes.

3. Auch in Ihrem Betrieb befinden sich bestimmt Kopierer und Drucker.
    a) Informieren Sie sich über die Leistungsmerkmale der Geräte.
    b) Bereiten Sie die Informationen so auf, dass die Geräte in einer Tabelle mit Vor- und Nachteilen übersichtlich dargestellt werden.
    c) Erstellen Sie die Tabelle normgerecht in Ihrem Textverarbeitungsprogramm und setzen Sie die entsprechenden Funktionen ein.
    d) Kontrollieren Sie, ob alle wichtigen Aspekte berücksichtigt wurden.
    e) Präsentieren Sie Ihre Ergebnisse.

4. Sie nutzen in Ihrem Betrieb häufig Drucker, Kopierer und Scanner.
    a) Informieren Sie sich, wie Sie durch Ihr Verhalten einen Beitrag zum Umweltschutz leisten können.
    b) Suchen Sie sich eine Partnerin/einen Partner und bereiten Sie gemeinsam die Informationen für eine Präsentation auf. Achten Sie bei der Präsentation auf wenig Text und aussagekräftige Bilder.
    c) Tauschen Sie sich mit einem weiteren Paar aus.
    d) Entscheiden Sie sich gemeinsam für ein geeignetes Präsentationsmittel.
    e) Erstellen Sie die Präsentation.
    f) Kontrollieren Sie, ob Ihre Präsentation aussagekräftig ist und den norm- und typografischen Regeln entspricht.
    g) Präsentieren Sie gemeinsam Ihre Ergebnisse.
    h) Nehmen Sie gegebenenfalls Änderungen vor.

6 Kommunikationsmittel situationsgerecht nutzen

6.1 E-Mails sach- und adressatengerecht erstellen und nutzen

Lernsituation

In der ModernOffice KG ist die E-Mail das Kommunikationsmittel Nummer eins. Gerade durch die räumliche Trennung verschiedener Gebäude wird das Medium auch sehr gerne für die innerbetriebliche Kommunikation verwendet. Tom Wildermuth schreibt heute Frau Ball folgende E-Mail:

Hi, Frau Ball,

super, dass Sie uns gestern noch mal durch den Betrieb geführt haben. Das war echt krass☺. Gerade hat mir Herr Sander gesagt, dass Sie mit mir ein Ausbildungsgespräch führen möchten. Wann findet das statt?

MFG
Tom Wildermuth

Wenig später klingelt Toms Telefon. Frau Ball ist am Apparat.

Miriam Ball:	„Guten Tag, Herr Wildermuth. Ihre E-Mail ist gerade bei mir angekommen und ich bin schon sehr erstaunt über Ihren Schreibstil! So können Sie vielleicht mit Ihren Freunden korrespondieren, aber bestimmt nicht im Rahmen von betrieblichen E-Mails. Es wäre eine Katastrophe, wenn Sie einem unserer Kunden so eine E-Mail senden würden!"
Tom Wildermuth:	„Das tut mir leid. Es war nicht meine Absicht, Sie unhöflich zu behandeln! Das wird also nicht wieder vorkommen, Sie können sich auf mich verlassen."
Miriam Ball:	„Ihre Einsicht freut mich. Schauen Sie doch mal in unser Qualitätshandbuch. Dort finden Sie Anregungen, wie Sie E-Mails professionell verfassen und was Sie dabei zu beachten haben. Wir sehen uns dann beim Ausbildungsgespräch. Bis dahin bitte ich Sie, eine Checkliste zum Thema ,Die E-Mail in der geschäftlichen Korrespondenz' zu erstellen. Darüber werden wir am besten gleich zu Beginn sprechen."

- *Informieren Sie sich, wie Sie das Medium E-Mail professionell nutzen.*
- *Analysieren Sie, was Tom falsch gemacht hat.*
- *Wie muss eine E-Mail in der Geschäftskorrespondenz aufgebaut sein?*
- *Gestalten Sie eine Checkliste für die Erstellung einer professionellen E-Mail.*
- *Kontrollieren Sie, ob Ihre Checkliste alle Punkte beinhaltet.*
- *Präsentieren Sie Ihre Ergebnisse.*
- *Nehmen Sie gegebenenfalls Korrekturen oder Ergänzungen vor.*

Die E-Mail hat sich in vielen Bereichen durchgesetzt, auch als Ersatz für den klassischen Geschäftsbrief. Die Merkmale schnell, persönlich, direkt, mobil und international werden dabei besonders geschätzt (wobei hinter „vertraulich" ein dickes Fragezeichen gesetzt werden muss!).

Vorteile	Nachteile
– Schneller, weltweiter Nachrichtenaustausch. – Die elektronische Post ist preisgünstig und zeitsparend: Ausdrucken, Kuvertieren und Frankieren entfallen. – Der Versand von E-Mails ist zu jeder Tages- und Nachtzeit möglich. – Gleichzeitiges Versenden an mehrere Empfänger (Verteilerliste) möglich. – Der Empfänger kann den Zeitpunkt der Bearbeitung selbst bestimmen.	– Elektronischer Werbemüll und unnötige E-Mails. – Computerviren werden eingeschleppt. – Abhängigkeit von der Technik. – Fehlen von Unterschriften. – Vertraulichkeit ist nur durch Verschlüsselung gewährleistet.

Aufbau einer E-Mail nach DIN 5008

An …	tom.wildermuth@mo-modernoffice.com	
Cc …	otto.sander@mo-modernoffice.com	**E-Mail-Kopf**
Bcc …		
Betreff:	Ausbildungsgespräch	

Guten Tag, Herr Wildermuth,

wie bereits mündlich verabredet, erinnere ich Sie an unser nächstes Ausbildungsgespräch am

Donnerstag, 18. September 20..
14:00 – 15:30 Uhr
Raum 117

Bitte bringen Sie die notwendigen Unterlagen mit und bereiten Sie sich – wie besprochen – auf das Gespräch vor, damit wir die vorgesehene Zeit effektiv nutzen können.

Vielen Dank.

Freundliche Grüße

ModernOffice KG

Miriam Ball

E-Mail-Hauptteil

E-Mail: miriam.ball@mo-modernoffice.com
Internet: www.mo-modernoffice.com
Telefon: 07451 801-310
Telefax: 07451 801-100
•
Postanschrift: Postfach 10 15, 72160 Horb am Neckar
Hausanschrift/Sitz: Industriestraße 10 – 14, 72160 Horb am Neckar
Gesellschafter: Dr. Anja Tischler, Dipl.-Kfm. Jens Tischler
Handelsregister HRB 722079 beim Amtsgericht Stuttgart

E-Mail-Schluss

Anhang:	Agenda-20..-09-18

Anschrift

Bei der Verwendung der E-Mail als Geschäftsbrief ist eine eindeutige E-Mail-Adresse zu nutzen.

Beispiel •

tom.wildermuth@mo-modernoffice.com

Vorname   Nachname   Mailserver   Land

Das Zeichen für @ erzeugen Sie mit der Tastenkombination „Alt Gr + Q".

Möglicher Aufbau einer E-Mail-Adresse: *Beispiele* •

Empfängerbezeichnung@Anbieter.de   *Muster-GmbH@abc.de*
Vorname.Name@Anbieter.de   *Renate.Muster@web.de*

Verteiler

- Als Verteiler können weitere E-Mail-Adressen in eines der elektronischen Verteilfelder eingetragen werden.
- Je nachdem, ob diese Adressen für die einzelnen Empfänger sichtbar sein sollen, sind sie in dem entsprechenden Verteilerfeld Cc (sichtbar) oder Bcc (unsichtbar) einzutragen.
- Für die Adressierung an mehrere Empfänger dürfen auch Verteilergruppen genutzt werden.

Betreff

Der Betreff ist eine stichwortartige Inhaltsangabe im E-Mail-Kopf. Da der Betreff für die Bearbeitung und die Verwaltung von E-Mails eine zentrale Bedeutung hat, ist diese Angabe zwingend erforderlich. Bei Sendungen in das Ausland sollte auf sprachliche Besonderheiten, wie Umlaute und ß, verzichtet werden.

Anrede

Die Anrede ist fester Bestandteil einer E-Mail. Die Anrede beginnt an der Fluchtlinie und wird durch eine Leerzeile vom folgenden Text getrennt.

Text

Der Text ist als Fließtext ohne Worttrennungen zu verfassen, weil der Umbruch durch die Software des Empfängers gesteuert und der jeweiligen Fenstergröße angepasst wird. Der Zeilenabstand 1 (einzeilig) ist einzuhalten.

Absätze sind vom folgenden Text jeweils durch eine Leerzeile zu trennen. Zur weiteren Gliederung und Kennzeichnung von E-Mail-Texten gelten die gleichen Regeln wie beim Geschäftsbrief.

Abschluss

Der Abschluss wird einer E-Mail in der Regel als elektronischer Textbaustein zugesteuert. Er enthält den Gruß sowie die Kommunikations- und Geschäftsangaben. Zwingend sollte er auch die E-Mail-Adresse und/oder die Internetadresse enthalten.

Um nicht zwischen Geschäftsbriefen an bestimmte Empfänger und z. B. Werbesendungen unterscheiden zu müssen, sind die gesetzlich vorgeschriebenen Angaben nach HGB, GmbHG bzw. AktG grundsätzlich in den Abschluss aufzunehmen.[1]

---

1 DIN 5008, Schreib- und Gestaltungsregeln für die Textverarbeitung

Innerbetrieblich könnten die Angaben theoretisch auf die Kommunikationsangaben beschränkt werden. Dies würde aber bedeuten, dass bei jeder E-Mail erneut der entsprechende Textbaustein zugesteuert werden müsste, also entweder die interne oder die externe Signatur.

Beispiele •

Interne Signatur	Externe Signatur
Freundliche Grüße	Freundliche Grüße
ModernOffice KG	ModernOffice KG
Miriam Ball	Miriam Ball
E-Mail: miriam.ball@mo-modernoffice.com Internet: www.mo-modernoffice.com Telefon: 07451 801-310 Telefax: 07451 801-100	E-Mail: miriam.ball@mo-modernoffice.com Internet: www.mo-modernoffice.com Telefon: 07451 801-310 Telefax: 07451 801-100 • Postanschrift: Postfach 10 15, 72160 Horb am Neckar Hausanschrift/Sitz: Industriestraße 10 – 14, 72160 Horb am Neckar Gesellschafter: Dr. Anja Tischler, Dipl.-Kfm. Jens Tischler Handelsregister HRB 722079 beim Amtsgericht Stuttgart

Die elektronische Signatur bzw. Verschlüsselung

Unter Signatur versteht man die Absender- und Kontaktangaben am Ende einer E-Mail. Das ist lediglich ein einfacher Text, der im Zweifelsfall auch gefälscht sein könnte. Ganz anders bei der elektronischen Signatur: Über komplexe Authentisierungsverfahren können Mails den gleichen Rechtsstatus wie mit einer persönlichen Unterschrift erlangen.

Mit dem Signaturgesetz (SigG) sollen Geschäfte im Internet sicherer werden. Durch die elektronische Signatur soll sichergestellt werden, dass
- die Identität der Kommunikationspartner stimmt,
- die Inhalte der übermittelten Daten ungefälscht bei beiden Partnern ankommen,
- kein Dritter Einblick nehmen kann.

Die elektronische Signatur ist eine Art Siegel für elektronische Daten. Sie ist nur rechtsverbindlich, wenn sie fälschungssicher ist und eine unbemerkte Datenmanipulation ausgeschlossen werden kann. Das Signaturgesetz regelt die Unterschriftenproblematik auf mathematische Weise: Die Methode der elektronischen Signatur verknüpft jeden Text mit einem persönlichen, geheimen Schlüssel, ähnlich der PIN-Nummer auf Kreditkarten. Die Empfänger können damit die Unterschriften prüfen und die Echtheit des Absenders sowie die Unverfälschtheit der übertragenen Daten feststellen, sofern beide Partner an eine Zertifizierungsstelle (Trustcenter) angeschlossen sind.

Elektronische Signatur	– Kennzeichnet den Urheber – Unverschlüsselt – Nicht vertraulich
Fortgeschrittene elektronische Signatur	– Verschlüsselt – Empfänger muss den Nachweis eines sicheren Zertifikats erbringen
Qualifizierte elektronische Signatur	– Urheber wird durch qualifiziertes Zertifikat nachgewiesen – Ist einer natürlichen Person zuzuordnen – Ist einer handschriftlichen Unterschrift gleichgestellt

Adressatengerecht kommunizieren

Die Empfänger

Bei den Feldern An ..., Cc ... und Bcc ... ist Folgendes zu beachten:

An ...	max.meier@ikws.com	
Cc ...		Fragen Sie sich immer, wer Interesse an dem Inhalt Ihrer Mail hat – oder haben muss.
Bcc ...		
Betreff:		

An ...	max.meier@ikws.com; kathrin.sasse@columbia.de; sabrina.hess@akhk.de	
Cc ...		Alle Empfänger sind gleichberechtigt und von allen wird eine Handlung erwartet.
Bcc ...		
Betreff:		

An ...	max.meier@ikws.com	
Cc ...	kathrin.sasse@columbia.de; sabrina.hess@akhk.de	
Bcc ...		– Eine Aktion wird nur von Herrn Maier erwartet.
Betreff:		– Die Cc-Empfänger werden informiert, es wird keine Handlung erwartet. – Die Empfänger erfahren durch diese Liste, welche Adressen eine Kopie der E-Mail erhalten haben.

An ...	max.meier@ikws.com	
Cc ...	kathrin.sasse@columbia.de; sabrina.hess@akhk.de	
Bcc ...	robin.sackmann@sws.de	
Betreff:		Mit der Bcc-Kopie wird sozusagen etwas hinter dem Rücken der anderen gesagt und birgt Gefahren, z. B. wenn per „Alle antworten" ein Kommentar abgegeben wird.

An ...	max.meier@ikws.com	
Cc ...		
Bcc ...		
Betreff:	Die letzten Informationen zur Fachtagung am 20. April 20..	

– Die Betreffzeile entscheidet – neben dem Absender – ganz wesentlich darüber, ob und wann die E-Mail gelesen wird.
– Der Betreff-Text sollte so kurz wie möglich und so lang wie nötig sein – maximal 10 Wörter.
– Der Nutzen für den Leser muss klar dargestellt werden.
– Verdichten Sie den Inhalt auf wenige aussagefähige Stichpunkte.
– Der Empfänger muss die Mail einem Thema zuordnen können.

Verteilerlisten	Umgang mit Verteilerlisten
Die Verteilerlisten werden – vom Anwender selbst erstellt oder – vom Unternehmen bereitgestellt.	Sie sollten sicher sein, – dass Sie wirklich die richtige Liste nutzen, – dass diese aktuell ist, – dass wirklich alle in der Liste aufgeführten Personen diese E-Mail erhalten sollten.

Der Betreff

Im Feld Betreff: sollten Sie immer einen kurzen und dennoch aussagekräftigen, konkreten und eindeutigen Text eintragen.

Bei der Beantwortung von E-Mails sollte der Betreff immer aktualisiert werden, damit der Bezug zum Inhalt gewährleistet bleibt. Produzieren Sie keine endlosen Rückmails!

Beispiel • *Hier wird der gleiche Betreff jeweils durch „Anfrage", „Zusage" und „Bewirtung" ergänzt. Würde nur „Buchung des Veranstaltungsraums …" im Betreff stehen, könnte man den Stand der Buchung nicht erkennen.*
Betreff: *Anfrage – Buchung des Veranstaltungsraums Zeppelin-Saal für den 31. März 20..*
Betreff: *Zusage – Buchung des Veranstaltungsraums Zeppelin-Saal für den 31. März 20..*
Betreff: *Bewirtung – Veranstaltung am 31. März 20.. im Zeppelin-Saal*

Die Anrede

In einer geschäftlichen E-Mail ist eine passende Anrede zu wählen. Prüfen Sie, in welcher Beziehung Sie mit Ihrem Kommunikationspartner stehen, und formulieren Sie dementsprechend die Anrede!

Anrede	Bemerkung
Sehr geehrte Frau …, Sehr geehrter Herr …,	– Passende Anrede an höhergestellte Personen. – Wirkt steif und distanziert, wenn der Kontakt länger dauert.
Liebe Frau …, Lieber Herr …,	– Geeignete Anrede an nahestehende Personen. – Wenn sich die Kommunikationspartner nicht kennen, besteht die Gefahr, dass diese Anrede zu nahe wirkt.
Guten Tag, Frau …, Guten Tag, Herr …,	– Diese Anrede passt immer. – Besonders geeignet, wenn man den Kommunikationspartner nicht persönlich kennt.
Hallo Frau …, Hallo Herr …,	– Lockere Anrede zwischen Gleichgestellten. – Sollte bei höhergestellten Personen nicht gewählt werden.

Der Nachrichtentext

Der Nachrichtentext muss – egal, wie lang die Nachricht ist – immer folgende Elemente enthalten:

Freundlicher Einleitungssatz
z. B. „Vielen Dank für die schnelle Erledigung unseres Auftrags."

Hauptteil:
- Formulieren Sie vollständige, kurze Sätze.
- Vermeiden Sie zu viel Text mit zu wenig Aussage.
- Achten Sie auf korrekte Rechtschreibung, einwandfreie Grammatik und Interpunktion.
- Reduzieren Sie Abkürzungen und Kunstworte (Akronyme).
- Smileys – auch Emoticons genannt – gehören nicht in eine geschäftliche E-Mail.
- Wörter in Großbuchstaben sind tabu. Sie werden häufig zum Ausdruck von Ärger und Aggression verwendet.

Folgende Inhalte gehören nicht in eine E-Mail:
- Kritik an einer Person,
- dringende Angelegenheiten,
- persönliche Streitigkeiten.

Freundlicher Schlusssatz
z. B. „Wir freuen uns auf das Treffen
und wünschen Ihnen eine gute Anreise."

Die Grußformel

Eine passende Grußformel zu wählen, ist nicht immer ganz leicht. Die folgende Tabelle stellt die Beziehung zum Kommunikationspartner in den Vordergrund und bietet eine Auswahl an möglichen Grußformeln.

Grußformel	Bemerkung
Mit freundlichen Grüßen	Wirkt bei formellen E-Mails neutral und ist immer anwendbar. Bei informellen Nachrichten besteht die Gefahr, dass diese Grußformel zu steif wirkt.
Mit freundlichem Gruß	Wirkt etwas distanzierter als „Mit freundlichen Grüßen".
Mit besten Grüßen nach …	Drückt etwas mehr Verbindlichkeit aus und ist moderner.
Mit bester Empfehlung	Wirkt neutral und kann gut in E-Mails mit werblichem Charakter eingesetzt werden.
Mit sonnigen Grüßen	Eine neutrale, moderne Grußformel, die aber nur bei schönem Wetter die beabsichtigte Wirkung erzielt.
Viele Grüße	Diese Grußformel ist eine Alternative zu „Mit freundlichen Grüßen", kann aber langweilig wirken.
Schöne Grüße	Eine moderne, verbindliche Grußformel, wenn man den Kommunikationspartner gut kennt.
Liebe Grüße	Diese Grußformel ist nur bei einem engen Kontakt mit dem Kommunikationspartner angebracht.

Der E-Mail-Abschluss

Ein gelungener und rechtssicherer E-Mail-Abschluss beinhaltet folgende Elemente:
- Vor- und Zuname sowie Funktion des Versenders
- Post- und Hausanschrift des Unternehmens

- Telefonnummer und Telefaxnummer des Versenders/Unternehmens
- E-Mail- und Internetadresse des Versenders/Unternehmens
- Pflichtangaben: HRB-Nummer, zuständiges Registergericht, Rechtsform und Sitz des Unternehmens, Name des Geschäftsführers/Aufsichtsratsvorsitzenden (je nach Unternehmensform unterscheiden sich die Pflichtangaben)
- evtl. eine Sicherheitsklausel

  Beispiel • *„Der Inhalt dieser E-Mail (einschließlich etwaiger beigefügter Dateien) ist vertraulich und nur für den Empfänger bestimmt. Sollten Sie nicht der bestimmungsgemäße Empfänger sein, ist Ihnen jegliche Offenlegung, Vervielfältigung, Weitergabe und Nutzung des Inhalts untersagt. Bitte informieren Sie in diesem Fall unverzüglich den Absender und löschen Sie die E-Mail (einschließlich etwaiger beigefügter Dateien). Vielen Dank."*

Beispiel •

E-Mail-Abschluss der ModernOffice KG
¶ Freundliche Grüße ¶ ¶ ModernOffice KG ¶ ¶ Miriam Ball ¶ ¶ E-Mail: miriam.ball@mo-modernoffice.com ¶ Internet: www.mo-modernoffice.com ¶ Telefon: 07451 801-310 ¶ Telefax: 07451 801-100 ¶ ¶ Postanschrift: Postfach 10 15, 72160 Horb am Neckar ¶ Hausanschrift/Sitz: Industriestraße 10 – 14, 72160 Horb am Neckar ¶ Gesellschafter: Dr. Anja Tischler, Dipl.-Kfm. Jens Tischler ¶ Handelsregister HRB 722079 beim Amtsgericht Stuttgart ¶

Anhänge

E-Mail-Anhänge	
Größere E-Mail-Anhänge können die noch zur Verfügung stehende Kapazität einer Mailbox schnell überschreiten. Durch **Pack- und Komprimierungsprogramme** wird der Speicherplatzbedarf stark reduziert. Die gängigsten Archivformen sind „zip" und „rar".	**Außerdem ist auf Folgendes zu achten:** – Kann der Empfänger das Dateiformat weiterverarbeiten? – Hat der Empfänger das notwendige Programm in der richtigen Version? – Befinden sich im Anhang Makros oder andere ausführbare Programme? – Ist der Inhalt der Anhänge vertraulich? – Hat der Empfänger Zugriff auf einen gemeinsamen Speicherort? Dann kann in die E-Mail ein Link zu diesem Speicherort gesetzt werden.

Zustelloptionen	Wirkung auf Empfänger
Lesebestätigungen oder Vermerke wie „dringend", „eilt" sollten Sie äußerst sparsam einsetzen.	Empfänger fühlt sich schnell belästigt und kontrolliert. Zusätzlicher Zeit- und Arbeitsaufwand für den Versender und den Empfänger.

Auf den Punkt gebracht

Die E-Mail in der Geschäftskorrespondenz

Aufbau nach DIN 5008	Umgang mit E-Mails
E-Mail-Kopf An … Cc … Bcc … Betreff:	– Ist die E-Mail notwendig? – Ist evtl. ein anderes Medium besser geeignet? – Von wem wird eine Handlung erwartet? – Welche Gefahren birgt Bcc …? – Ist die Betreffangabe kurz und eindeutig? – Wurde bei einem Antwortschreiben der Betreff aktualisiert? – Wird die richtige und aktuelle Verteilerliste verwendet?
E-Mail-Hauptteil – passende Anrede – kurzer und fehlerfrei – formulierter Nachrichtentext	– Beginnt die E-Mail mit einem freundlichen Einleitungssatz? – Ist der Hauptteil gut gegliedert? – Werden keine geheimen oder vertraulichen Informationen (z. B. Kreditkartennummer) genannt oder weitergeleitet? – Endet die E-Mail mit einem freundlichen Schlusssatz?
E-Mail-Abschluss – Grußformel – Kommunikationsangaben – Pflichtangaben – Elektronische Signatur	– Wurde eine passende Grußformel gewählt? – Sind die angegebenen Kommunikationsdaten richtig? – Werden alle Pflichtangaben gemacht? – Sind die angehängten Dateien für den Versand geeignet?

Nutzen Sie Ihr Wissen

1. Beschreiben Sie, welche Regeln Sie in der E-Mail-Korrespondenz nach DIN 5008 berücksichtigen müssen.

2. Nennen und erläutern Sie die Regeln zu folgenden E-Mail-Teilen neben der DIN 5008:
   - E-Mail-Adresse
   - An-Feld
   - Cc-Feld
   - Bcc-Feld
   - Verteilerlisten
   - Betreff-Feld
   - Nachrichtentext
   - Signatur und elektronische Signatur
   - Fußleistenpflicht
   - Archivierungspflicht
   - E-Mail-Anhänge

3. Die ModernOffice KG möchte mit weiteren Maßnahmen die Kundenbindung stärken. Im Zuge dieser Maßnahmen sollen donnerstags die Öffnungszeiten für den Werksverkauf bis 22:00 Uhr verlängert werden. Herr Sander bittet Tom Wildermuth, die Kunden per E-Mail vorab darüber zu informieren.
   a) Informieren Sie sich, wie eine E-Mail in der Geschäftskorrespondenz korrekt formuliert und gestaltet wird.
   b) Planen Sie, welche Inhalte in den E-Mail-Kopf, den E-Mail-Hauptteil und den E-Mail-Schluss gehören.

c) Entwerfen Sie einen Nachrichtentext.

d) Kontrollieren Sie, ob Sie alles berücksichtigt haben.

e) Präsentieren und vergleichen Sie Ihre Ergebnisse.

f) Verbessern Sie gegebenenfalls Fehler.

4. In der Personalabteilung der ModernOffice KG sind auf eine Stellenanzeige für einen Ausbildungsplatz zur Kauffrau/zum Kaufmann für Büromanagement 34 Bewerbungen eingegangen, die nicht gleichzeitig bearbeitet werden können. Deshalb bittet Frau Ball Svenja Kolleck, einen Zwischenbescheid zu schreiben.

a) Planen Sie, welche Inhalte in den E-Mail-Kopf, den E-Mail-Hauptteil und den E-Mail-Schluss gehören.

b) Entwerfen Sie einen Nachrichtentext.

c) Kontrollieren Sie, ob Sie alles berücksichtigt haben.

d) Präsentieren und vergleichen Sie Ihre Ergebnisse im Plenum.

e) Verbessern Sie gegebenenfalls Fehler.

6.2   Faxmitteilungen gestalten und situationsgerecht einsetzen

Lernsituation

Ebru Celik absolviert zurzeit einen Ausbildungsabschnitt in der Abteilung Verkauf. Der Abteilungsleiter Walter Hüls ist häufig bei wichtigen Kunden unterwegs. Heute besucht er die International Air Cargo GmbH, um Verträge für das kommende Jahr auszuhandeln.

Als das Telefon klingelt, nimmt Ebru das Gespräch an. Herr Hüls ist am Apparat.

Walter Hüls: „Frau Celik, ich bin gerade bei der Firma International Air Cargo GmbH in Hamburg und finde in meinen Unterlagen die letzte Seite des Vertragsentwurfes nicht. Ein Exemplar des Vertrages liegt in der entsprechenden Hängemappe in meinem Schreibtisch. Können Sie mir den bitte irgendwie ganz schnell zukommen lassen?"

Ebru Celik: „Ja, Herr Hüls, Sie können sich auf mich verlassen. Sie haben den Vertrag innerhalb von fünf Minuten!"

Ebru überlegt, wie sie Herrn Hüls die Unterlagen so schnell wie möglich in Papierform zukommen lassen kann.

- *Überlegen Sie, warum gerade das Fax für einen schnellen Austausch in Papierform geeignet ist.*
- *Informieren Sie sich über Anforderungen an Faxgeräte und die anlassgerechte Faxkommunikation.*
- *Gestalten Sie eine Faxmitteilung.*
- *Kontrollieren Sie, ob Ihr Ergebnis norm- und sachgerecht ist.*
- *Präsentieren Sie Ihr Ergebnis.*
- *Nehmen Sie gegebenenfalls Korrekturen vor.*

Faxgeräte

Das Wort „Telefax" entstand aus dem Lateinischen „fac simile", was übersetzt so viel wie „mach ein Gleiches" bedeutet. Per Telefax können Text- und Bildvorlagen, die hand- oder maschinenschriftlich erstellt worden sind, originalgetreu übermittelt werden. Trotz der Konkurrenz durch E-Mail wird das Faxgerät daher für den schnellen Dokumenten- austausch in den Unternehmen gern eingesetzt.

Faxgeräte können gekauft oder gemietet werden. Mit einem modernen Faxgerät kann ein Standardbrief innerhalb von drei Sekunden verschickt werden. Allerdings muss die Gegenstelle auch eine hohe Transferrate bieten. Anderenfalls müssen sich beide Faxge- räte auf die größte gemeinsame Geschwindigkeitsstufe verständigen.

Je nach Gerätetyp werden unterschiedliche Kopier- und Druckverfahren angewandt. Danach richten sich das Kopiermaterial und die Kopierqualität.

Faxgeräte können nach der verwendeten **Drucktechnologie** in drei Klassen eingeteilt werden:

Thermodruck- verfahren	Die älteren und günstigeren Faxgeräte benötigen das teure, umweltbe- denkliche und umständlich zu handhabende Thermopapier.
Tintenstrahl- druckwerk	Beim Faxgerät mit Tintenstrahldruckwerk sind die Anschaffungskosten meist gering, die Materialkosten (Tintenpatronen) aber hoch. Tintenstrah- ler haben den Vorteil, dass auch farbige Faxe möglich sind. Dank eines einheitlichen Standards (ITU-T30E) können beim Faxen von farbigen Vorlagen Geräte unterschiedlicher Hersteller miteinander kommunizieren.
Laserdruckwerk	Moderne Laserfaxgeräte bringen es auf eine Auflösung von 600 dpi und ermöglichen damit hochwertige Ausdrucke. Integrierte Speicher können Nachrichten empfangen, während das Faxgerät noch andere Nachrichten empfängt oder sendet (wie z. B. beim Verschicken von Rundschreiben an mehrere Empfänger oder beim zeitversetzten Senden).

Multifunktionsgeräte gibt es überwiegend in folgenden Ausführungen:
* Telefax mit integriertem Telefon
* Telefax mit integriertem Telefon und Anrufbeantworter
* Telefax mit Scanner, Drucker und Kopierer

Beim Kauf eines Faxgerätes ist zu beachten:
* Übertragungsgeschwindigkeit
* Speicherkapazität
* Bedienungsmöglichkeiten entsprechend den Anfor- derungen
* Netzwerktauglichkeit
* multifunktionale Nutzung

Leistungsmerkmale von Faxgeräten

Ziel- und Kurzwahl, Wahlwiederholung	Gleiche Funktionen wie beim Telefon.
Automatische Betriebsweise	Faxgeräte mit automatischer Betriebsweise können rund um die Uhr Nachrichten senden und empfangen.
Zeitversetztes Senden	Aus dem Speicher können Vorlagen selbstständig zu einer vorprogrammierten Zeit übertragen werden. So können kostengünstige Billigtarife bei nicht eiligen Nachrichten ausgenutzt werden.
Rundsenden oder Gruppenwahl	Durch das vorherige Eingeben von mehreren Fax-Empfängernummern können Dokumente aus dem Speicher an verschiedene Telefaxteilnehmer gesendet werden.
Fax-Polling	Eingelegte Vorlagen können vom Empfänger auf dessen Kosten abgerufen werden. Bei diesem sog. freien Polling kann jeder Teilnehmer auf abrufbereite Originale zugreifen. Beim geschützten Polling ist der Abruf nur über einen persönlichen Code möglich.
Fax-on-Demand	„Fax-on-Demand" heißt „Fax auf Abfrage". So wird der Faxabruf mit einer sprachgeführten Faxdatenbank genannt. Das Fax-on-Demand-System reagiert auf die Stimme oder auf die Tastenwahl des Telefons des Anrufers. Per Tastenwahl kann der Anrufer die Nummer des gewünschten Dokuments auswählen und an sein Faxgerät übermitteln lassen.
Expressmodus	Die Weißanteile eines Dokuments (z. B. Leerzeichen) werden mit einer extrem hohen Geschwindigkeit übersprungen. Damit verringern sich die Übertragungsdauer und die Kosten.
Graustufenübertragung	Sie ermöglicht die Wiedergabe von Vorlagen mit Grau- oder Halbtönen.
Fehlerkorrektur	Übertragungsfehler werden automatisch erkannt.
Automatischer Vorlageneinzug	Vorlagen werden in einen sogenannten Stapelanleger gegeben, aus dem das Faxgerät automatisch einzieht und überträgt.
Blockübertragung	Einzelne Abschnitte einer Vorlage können isoliert übertragen werden.
Vorlagenformat	Manche Faxgeräte nehmen auch B4-Vorlagen an und übertragen sie verkleinert an den Empfänger.

Der Einsatz von Faxgeräten bringt folgende Vorteile:

- Durch die direkte Verbindung zum Empfängergerät entfallen die herkömmlichen Arbeiten im Posteingang und -ausgang.
- Betriebliche Verbindungen ersparen Botengänge.
- Weltweite Übermittlung von originalgetreuen Texten, handschriftlichen Mitteilungen, Stempelabdrücken, Skizzen und Grafiken.
- Anschluss und Bedienung sind sehr einfach.
- Automatisches Senden und Empfangen möglich.

PC-Fax

Mit einer Faxkarte und der dazugehörigen Software kann direkt mit dem PC gefaxt werden. Die Fax-Software lässt sich über die Windows-Oberfläche einfach bedienen. Texte und Grafiken, die zuvor im entsprechenden Programm am PC erstellt worden sind, werden als Dokument mit der jeweiligen Option über die Telefonleitung an die gewünschte Adresse übermittelt. Damit erspart man sich den Umweg, die Vorlage auszudrucken.

Internet-Fax

Faxgeräte mit dem Leistungsmerkmal Internetfaxen können Faxdokumente in digitaler Form an ein anderes kompatibles Gerät schicken, ebenso empfangen. Die Dokumente können auch über das Netz auf den PC gesendet werden. Man legt dazu das zu übermittelnde Dokument in das Fax ein und versendet es als E-Mail-Anhang.

Die Faxkommunikation

Für die Faxkommunikation gelten die gleichen Regeln bezüglich Sprache, Aufbau, Höflichkeit und Grußformeln wie bei Geschäftsbriefen und E-Mails. Belege und kurze Informationen lassen sich per Fax schnell übermitteln. Das können auch mal handgeschriebene Notizen auf dem erhaltenen Brief sein sowie Anfragen, Angebote oder Auftragsbestätigungen, die beim Empfänger schnell in gedruckter Form vorliegen sollen.

Vor- und Nachteile der Faxkommunikation

Vorteile	Nachteile
– schnell – kostengünstig – Verteiler möglich	– Gefahr von Irrläufern bei gemeinsamer Nutzung eines Faxgerätes – langsam bei großen Text-/Datenmengen

Richtig per Fax kommunizieren:

- Faxen Sie nur kurze und eilige Informationen.
- Mitteilungen mit vertraulichem Inhalt sollten nicht gefaxt werden.
- Werbebriefe per Fax können den Kunden verärgern und wirken unpersönlich – es sei denn, der Kunde wünscht diese Versendungsart ausdrücklich.
- Telefaxe sind juristisch gesehen bedenklich: Rechtsungültig sind Bürgschaftsverpflichtungen, Vollmachtsurkunden oder Steuererklärungen per Telefax.
- Der OK-Sendevermerk beweist nicht, dass der Empfänger das Faxschreiben auch erhalten hat. Dies ist besonders wichtig, wenn es um die Einhaltung von Fristen geht.
- Kondolenzbriefe, offizielle Einladungen und geschäftliche Erstkontakte sollten nicht per Fax verschickt werden.
- Bei zentral aufgestellten Faxgeräten muss die schnelle Verteilung der eingehenden Faxe an die zuständigen Mitarbeiter gewährleistet sein.
- Damit man ein Originalfax von einer Kopie unterscheiden kann, sollten eingehende Faxe auf farbigem Papier gedruckt werden. Geeignet ist z. B. hellgelbes Papier, da es ohne Schatten kopiert werden kann.

Vordruck für eine Faxmitteilung

Faxmitteilungen sollten angelehnt an den Geschäftsbrief folgende Elemente enthalten:

- Firmennamen (Firmenlogo) des Absenders
- Absender- und Empfängeranschrift
- die Gesamtzahl der übermittelten Seiten
- Absendedatum
- Platz für hand- und maschinenschriftlichen Text
- evtl. Stichworte zum Ankreuzen

Beispiel •

ModernOffice KG · Hansestraße 115 · 51149 Köln

Empfängerangaben

Unser Zeichen:

Name:
Telefon:
Telefax:
E-Mail:
Seitenzahl:

Datum:

□ zur Information   □ zur Erledigung   □ Bitte um Rücksprache

Betreff

Anrede

Text

Faxmitteilung Faxmitteilung Faxmitteilung Faxmitteilung

ModernOffice KG
Industriestraße 10 – 14
72160 Horb am Neckar

Gesellschafter:
Dr. Anja Tischler
Dipl.-Kfm. Jens Tischler
Anton Tischler

Telefon: + 49 7451 801-0
Telefax: + 49 7451 801-100
E-Mail: info@mo-modernoffice.com

Internet: www.mo-modernoffice.com
Facebook: www.facebook.com/mo-modernoffice
Twitter: https://twitter.com/mo-modernoffice

Bankverbindungen:

Postbank Stuttgart
IBAN DE53 6001 0070 0813 6000 10
SWIFT-BIC PBNK DE FF 600

Kreissparkasse Freudenstadt
IBAN DE68 6425 1060 1701 8022 44
SWIFT-BIC SOLA DE S1FDS

Sitz: Horb am Neckar
USt-IdNr.: DE 258034416
Steuer-Nr.: 220/360/2842

HRA 722079
Amtsgericht Stuttgart
(Finanzamt Freudenstadt,
Außenstelle Horb)

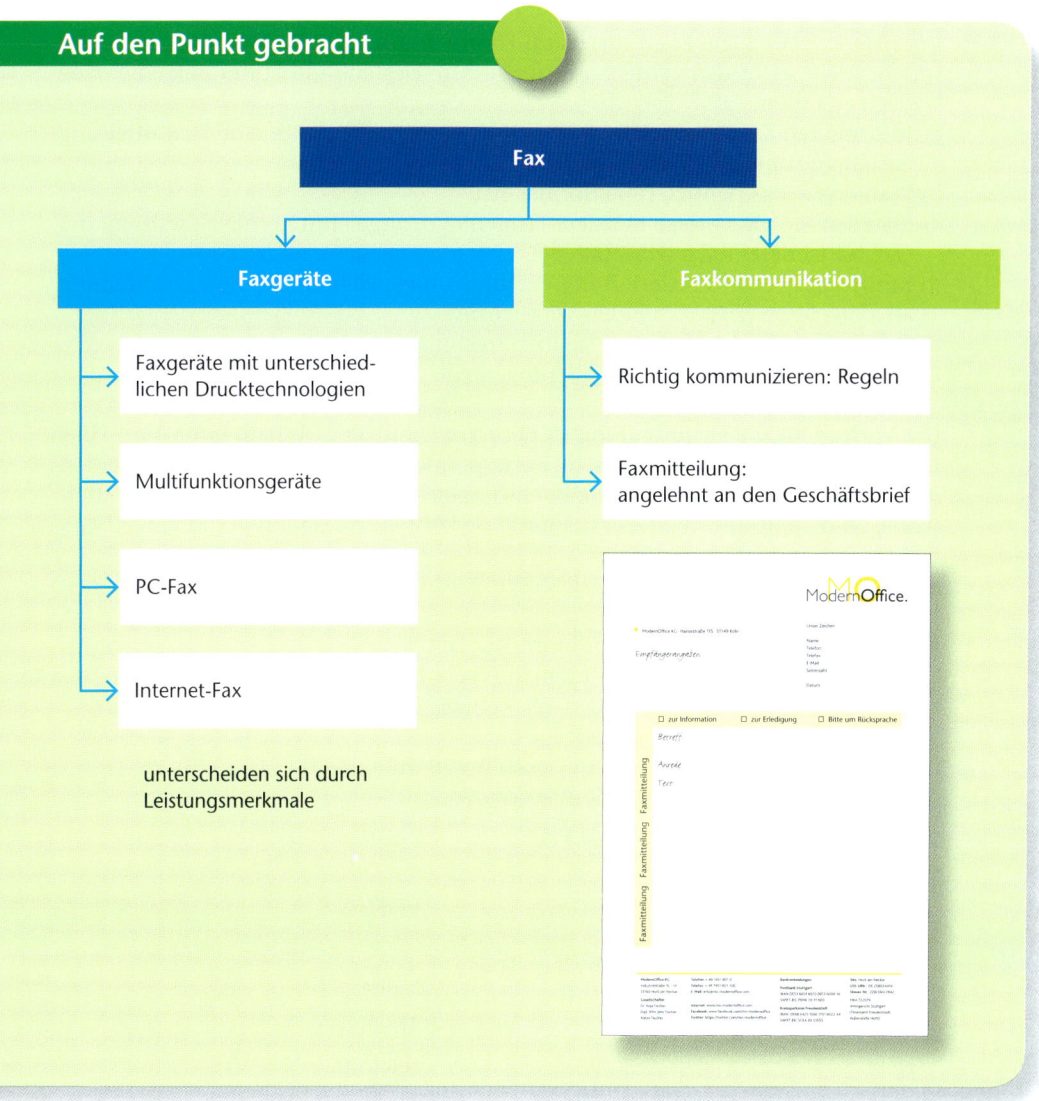

Auf den Punkt gebracht

Fax

Faxgeräte
- Faxgeräte mit unterschiedlichen Drucktechnologien
- Multifunktionsgeräte
- PC-Fax
- Internet-Fax

unterscheiden sich durch Leistungsmerkmale

Faxkommunikation
- Richtig kommunizieren: Regeln
- Faxmitteilung: angelehnt an den Geschäftsbrief

Nutzen Sie Ihr Wissen

1. Für die Abteilung Verkauf in der ModernOffice KG soll ein neues Faxgerät angeschafft werden. Herr Hüls bittet Ebru Celik, sich darum zu kümmern.
   a) Informieren Sie sich mithilfe von Internet und Prospektmaterial über Faxgeräte.
   b) Bestimmen Sie die Kriterien, nach denen Sie das neue Faxgerät aussuchen.
   c) Erstellen Sie eine Tabelle mit den entsprechenden Kriterien und vergleichen Sie mithilfe dieser Tabelle mindestens drei Geräte.
   d) Überprüfen Sie, ob Ihre Tabelle alle notwendigen Angaben für einen sinnvollen Vergleich enthält.
   e) Präsentieren Sie Ihre Ergebnisse.
   f) Nehmen Sie gegebenenfalls Änderungen vor.

2. Der bisher verwendete Faxvordruck im Formularordner der ModernOffice KG entspricht nicht mehr den aktuellen Bedürfnissen. Deshalb soll Ebru Celik eine neue Vorlage gestalten.
    a) Informieren Sie sich, welche fixen und variablen Elemente eine Faxmitteilung enthalten sollte.
    b) Wählen Sie das richtige Papierformat aus.
    c) Erstellen Sie die Vorlage mit dem Firmenlogo, angelehnt an die Gestaltung des Geschäftsbriefes nach DIN 5008.
    d) Kontrollieren Sie das Gestaltungsergebnis und speichern Sie die Faxmitteilung als Vorlage im entsprechenden Verzeichnis.
    e) Präsentieren und reflektieren Sie Ihre Ergebnisse.
    f) Nehmen Sie gegebenenfalls Änderungen vor.

3. Die Vorlage für die Faxmitteilung ist Ebru gut gelungen. Deshalb bittet Herr Hüls Ebru, für die deutsche und englische Korrespondenz folgende Faxköpfe zu gestalten und als Textbausteine im Texthandbuch zu speichern. Die Faxköpfe sind eine Alternative zu der allgemeinen Faxmitteilung, sie können im Hauptteil individuell von den Verfassern ergänzt werden.
    a) Informieren Sie sich über die Erstellung von Formularen und Textbausteinen (siehe Kapitel 3.9 und 4).
    b) Planen Sie eine sinnvolle Anordnung der Leitwörter.
    c) Erstellen Sie die Faxköpfe in Ihrem Textverarbeitungsprogramm. Setzen Sie zur Formulargestaltung die üblichen Werkzeuge ein.
    d) Kontrollieren Sie Ihre Ergebnisse.
    e) Präsentieren Sie die Faxköpfe in Deutsch und in Englisch.
    f) Nehmen Sie gegebenenfalls Korrekturen vor.

Kopfzeile: Logo der ModernOffice KG
Überschrift: Faxmitteilung

AN	VON
Firma:	
Name:	Name:
Abteilung:	Abteilung:
Telefax:	Telefon:
Seiten:	Telefax:
Datum:	E-Mail:

Kopfzeile: Logo der ModernOffice KG
Überschrift: Fax message

TO	FROM
Company:	
Name:	Name:
Department:	Department:
Fax:	Telephone:
Pages:	Fax:
Date:	e-mail:

6.3 Ziel- und kundenorientiert Telefonieren

Lernsituation

Svenja Kolleck wechselt heute von der Poststelle zur Werbeabteilung. Die Abteilungsleiterin Lily Summer zeigt Svenja ihren Arbeitsplatz und bittet sie, zunächst überwiegend das Telefon zu bedienen. Die ModernOffice KG hat in den örtlichen Tageszeitungen Anzeigen für einen Sonderverkauf geschaltet, die heute erschienen sind. Daher ist damit zu rechnen, dass sich viele Kunden melden.

Svenja Kolleck: „In der Poststelle habe ich ja überwiegend die ein- und ausgehende Post bearbeitet. Am Telefon musste ich bisher noch nicht so oft Auskunft geben."

Lily Summer: „Kommen Sie doch nachher kurz in mein Büro, dann briefe ich Sie. Das kriegen Sie schon hin!"

Trotz des Briefings ist Svenja immer noch unsicher und überlegt, was sie tun könnte. Als sie am Schwarzen Brett vorbeikommt, sieht Svenja dort einen neuen Aushang. Das könnte doch die Lösung sein!

Modern**Office**.

An alle Auszubildenden

**Einladung
zum
Telefonseminar**

Wollen Sie am Telefon sicherer werden und Ihr Verhalten verbessern? Dann melden Sie sich zum Telefonseminar an. Das Seminar findet am

1. Oktober 20..
von 09:00 bis 16:00 Uhr
in Raum 138

statt. Bitte melden Sie sich beim Seminarleiter, Herrn Sonntag, Telefon 801-810, an.

Wir freuen uns auf Ihr Kommen.

Miriam Ball

- *Informieren Sie sich über die richtige Bedienung eines Komforttelefons.*
- *Informieren Sie sich über das richtige Verhalten am Telefon.*
- *Analysieren Sie die Faktoren eines kundenfreundlichen Verhaltens am Telefon.*
- *Erstellen Sie dazu eine Präsentation.*
- *Überprüfen Sie, ob Ihre Präsentation alle wesentlichen Punkte berücksichtigt.*
- *Präsentieren und vergleichen Sie Ihre Ergebnisse.*
- *Nehmen Sie gegebenenfalls Korrekturen vor.*

Zur Corporate Identity eines Betriebes gehört auch ein einheitliches Verhalten am Telefon. Deshalb sollten Sie sich zu Beginn Ihrer Ausbildung mit den betriebsinternen Verhaltensregeln am Telefon vertraut machen.

Wo steht das Telefon?

Das Telefon steht bei Rechtshändern auf der linken Seite und wird mit der linken Hand abgenommen. Dadurch ist die rechte Hand frei, um Notizen zu machen.

Vieltelefonierer, z. B. im Callcenter, verfügen über ein Headset. Dadurch sind beide Hände frei, um gleichzeitig die Tastatur zu bedienen.

Die Meldeformel

Melden Sie sich am Telefon immer mit einer Begrüßung (z. B. „Guten Tag"), mit Ihrem Vor- und Zunamen sowie dem Firmennamen. Nur der Firmenname oder ein einfaches „Ja" verunsichert den Anrufer.

In welcher Reihenfolge Sie sich am Telefon melden, hängt von der Corporate Identity des jeweiligen Unternehmens ab.

Die Meldeformel sollte
* nicht zu lang sein,
* in der Firma einheitlich verwendet werden,
* authentisch vorgetragen und nicht heruntergeleiert werden.

Beispiel •
* *ModernOffice KG, Horb am Neckar,*
* *Vorname und Nachname – den Anrufenden sprechen lassen –*
* *Guten Tag, Herr/Frau …!*
* *Den Anrufenden mit Namen ansprechen – auch immer wieder während des Gesprächs.*

Richtiges Verhalten am Telefon

* Bevor Sie ein ankommendes Telefongespräch annehmen, sollten Sie sich einige Sekunden Zeit nehmen, um sich innerlich von der aktuellen Aufgabe zu lösen und auf die Telefonkommunikation einzustimmen.
* Das Telefon sollte möglichst nach zwei- bis dreimaligem Läuten abgenommen werden.
* Bei der Nennung Ihres Vor- und Zunamens können Sie nach dem Zunamen eine kleine Pause machen und die Stimme bei der letzten Silbe in der Betonung anheben.
* Ruft man selbst jemanden an, sollte man dem Angerufenen genügend Zeit geben, um zu verstehen, wer gerade aus welchem Grund anruft.
* Der Telefonhörer ist entsprechend weit vom Mund weg zu halten, damit man gut verstanden wird und unnötige Geräusche, z. B. durch Atmen, vermieden werden.
* Sobald der Telefonhörer abgenommen wird, konzentriert man sich auf den Anrufer. Nebengeräusche sind auszuschalten und Nebenbeschäftigungen zu vermeiden.
* Auch die Körpersprache ist wichtig: Experten haben herausgefunden, dass unsere Körpersprache am Telefon hörbar ist. Lächeln und entspannte Gesichtszüge beim Telefonieren lassen die Stimme freundlicher klingen. Aufrechtes Sitzen oder Stehen hilft, wenn man energischer auftreten möchte.

- Mithilfe eines Spiegels können Sie Ihre Körpersprache am Telefon kontrollieren.
- Gesprächsunterbrechungen sollte man kommentieren.
  Beispiele • *interne Rückfragen, Hörer aus der Hand legen, weiterverbinden*
- Schwer verständliche Namen oder Sachbezeichnungen sollten nach der Amtlichen Buchstabiertafel buchstabiert werden. Bei

Ferngesprächen setzt man die für das jeweilige Land gültige Buchstabiertafel ein.
- Telefongespräche sind immer ruhig und freundlich zu beenden. Dabei sollte der Gesprächsinhalt noch einmal kurz zusammengefasst werden. Bedanken Sie sich für das Gespräch, nennen Sie dabei auch den Namen Ihres Gesprächspartners.
- Nach der Verabschiedung sollte der Hörer erst dann aufgelegt werden, nachdem der Gesprächspartner aus der Leitung ist.

| \multicolumn{5}{l}{**Telefongespräch annehmen**} |
Nr.	Teilprozess		Hilfsmittel	Bemerkung
1	Telefon klingelt			
2	Hintergrundgeräusche minimieren ← maximal dreimal klingeln lassen		Standards	
3	Telefon ist links auf dem Schreibtisch positioniert ← Telefonhörer mit der linken Hand abnehmen → Lächeln		Spiegel	
4	einheitliche Meldeformel authentisch vortragen		Standards	
5	Gesprächsverlauf und -steuerung → Notizen		Standards: Phasen der Gesprächsführung	Bürohandbuch: Vorlage
6	Telefonhörer auflegen			
7	Gespräch nachbereiten → Telefonnotiz		Standard: Telefonnotiz	

Beispiele •

Leitfaden für unsere Standards

ModernOffice.

Telefon

1. Bis zu 90 % wird der erste Eindruck am Telefon durch die Art und Weise, wie etwas gesagt wird, geprägt. Deshalb achten wir besonders auf:

- unsere Stimme,
- die Begrüßung und
- die Körperhaltung.

2. Wir verwenden die einheitliche Meldeformel unseres Unternehmens. Sie lautet:

ModernOffice KG, Horb am Neckar,

Vor- und Nachname

     – den Anrufenden sprechen lassen –

Guten Tag, Herr/Frau ...!

Den Anrufenden mit Namen ansprechen – auch immer wieder während des Gesprächs.

3. Wir nehmen die Gespräche von Kolleginnen und Kollegen bei deren Abwesenheit entgegen.

4. Wir garantieren jedem Anrufer einen persönlichen Ansprechpartner. Deshalb schalten wir nur selten den Anrufbeantworter ein.

5. Wir kennen die Funktionen des Telefons und setzen diese professionell ein.

Erstellt 20..-00-00   Seite 1 von 2

Leitfaden für unsere Standards

Wir buchstabieren richtig.

Buchstabieren Sie den Namen „Grevenbroich" nach der deutschen Buchstabiertafel richtig!

Nicht: Gustav, Richard, Emil, Viktor, Emil, Nordpol, Berta, Richard, Otto, Ida, Cäsar, Heinrich

Sondern:		
G	wie	Gustav
R	wie	Richard
E	wie	Emil
V	wie	Viktor
E	wie	Emil
N	wie	Nordpol
B	wie	Berta
R	wie	Richard
O	wie	Otto
I	wie	Ida
C	wie	Cäsar
H	wie	Heinrich

Buchstabiertafeln

Deutschland und Österreich

A	Anton	G	Gustav	O	Otto	T	Theodor
Ä	Ärger	H	Heinrich	Ö	Ökonom	U	Ulrich
B	Berta	I	Ida	P	Paula	Ü	Übermut
C	Cäsar	J	Julius	Q	Quelle	V	Viktor
CH	Charlotte	K	Kaufmann	R	Richard	W	Wilhelm
D	Dora	L	Ludwig	S	Samuel	X	Xanthippe
E	Emil	M	Martha	Sch	Schule	Y	Ypsilon
F	Friedrich	N	Nordpol	ß	Eszett	Z	Zacharias

Englisch

A	Andrew	H	Harry	O	Oliver	V	Victor
B	Benjamin	I	Isaak	P	Peter	W	William
C	Charlie	J	Jack	Q	Queen	X	X-Mas
D	David	K	King	R	Robert	Y	Yellow
E	Edward	L	London	S	Sugar	Z	Zebra
F	Frederic	M	Mary	T	Tommy		
G	George	N	Nelli	U	Uncle		

International

A	Amsterdam	H	Havanna	O	Oslo	V	Valencia
B	Baltimore	I	Italia	P	Paris	W	Washington
C	Casablanca	J	Jerusalem	Q	Quebec	X	Xanthippe
D	Denmark	K	Kilogram	R	Roma	Y	Yokohama
E	Edison	L	Liverpool	S	Santiago	Z	Zürich
F	Florida	M	Madagaskar	T	Tripoli		
G	Gallipoli	N	New York	U	Uppsala		

Die Telefonnotiz

Handelt es sich um ein wichtiges Gespräch, dann machen Sie sich direkt während des Telefonats Notizen!

Eine Telefonnotiz beinhaltet folgende Punkte:

- Datum und Uhrzeit des Anrufs
- Name des Gesprächspartners
- Telefonnummer des Gesprächspartners
- Erreichbarkeit des Gesprächspartners (wann und wo)
- kurze Inhaltsangabe des Gesprächs
- Festhalten von Vereinbarungen und Ergebnissen
- Erledigungsvermerk
- Handzeichen des Bearbeitenden

Beispiel • *Telefonnotiz der ModernOffice KG*

Modern**Office**.

Telefonnotiz

Datum:	Uhrzeit:
Aufgenommen von:	Für:
Name des Anrufers:	Telefonnummer des Anrufers:
☐ Ruft selbst wieder an	Bitte: ☐ **dringend** ☐ **gelegentlich** um Rückruf
Gesprächsinhalt:	Vereinbarungen/Ergebnisse:
Unterschrift:	Weitergeleitet an:

Leistungsmerkmale eines Komforttelefons

Vor dem Telefonieren	Während des Telefonats
– Telefonnummern speichern, ändern und löschen – Rufnummern aus Wahlwiederholspeicher oder Anrufliste speichern – Rufnummern auf einer Zielwahltaste speichern – Taste zum Weiterverbinden – Direktruf (durch Drücken einer beliebigen Taste wird die eingespeicherte Direktrufnummer gewählt)	– Umschalten vom Hörerbetrieb auf Freisprechen, mit Lautstärkeregulierung – Einheiten-/Entgeltzählung – Gesprächsdaueranzeige – Wahlsperre (z. B. keine Amtsgespräche möglich)

Rufnummernübermittlung/-anzeige

Die Rufnummer, der Name und die Verbindungsart werden vom Anrufer zum Angerufenen auf das Telefondisplay übermittelt. Umgekehrt kann die Rufnummer des Angerufenen zurück zum Anrufer übertragen werden.

Vorteile:

• Der Angerufene kann entscheiden, ob er das Gespräch annehmen möchte.
• Man kann nach Abwesenheit auf Knopfdruck überprüfen, wer in der Zwischenzeit angerufen hat.

Der Anrufer kann die Übermittlung seiner Rufnummer auch unterdrücken.

Beispiel •

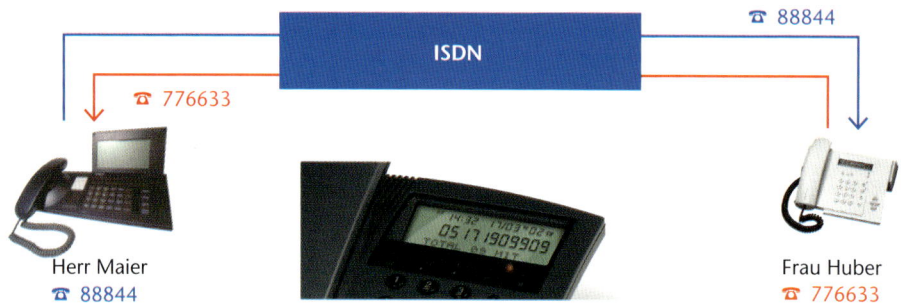

Rückruf bei Besetzt/Nichtmelden

Bei besetztem Anschluss muss nicht immer wieder neu gewählt werden, wenn Sie die Rückruf-Funktion aktivieren. Sobald der Anschluss frei geworden ist, kündigt dies ein Signalton an und der Anruf wird automatisch wiederholt.

Dieses Leistungsmerkmal funktioniert nicht bei Servicenummern (z. B. 0180 oder 0900) oder wenn bereits andere Anrufer beim Angerufenen „warten".

Meldet sich der Teilnehmer nicht, kann man sich signalisieren lassen, wenn er wieder telefoniert. Sobald er sein Gespräch beendet hat, wird der Signalton gesendet.

Beispiel •

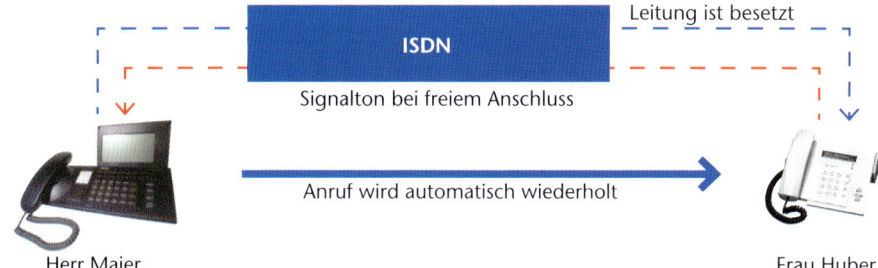

Anrufweiterschaltung

Eine bekannte Situation: Man erwartet jeden Augenblick einen wichtigen Anruf, müsste aber schon längst ganz woanders sein. Ankommende Anrufe können weltweit weitergeleitet werden. Die Anrufweiterschaltung wird jeweils am eigenen Telefon eingeschaltet. Dabei unterscheidet man vier Arten der Anrufweiterschaltung.

1. **Direkte Anrufweiterschaltung:** Anrufe werden sofort weitergeleitet.

2. **Anrufweiterschaltung bei Nichtsenden:** Anrufe werden erst nach 15 Sekunden weitergeschaltet.

3. **Anrufweiterschaltung bei besetztem Anschluss.**

4. **Selektive Anrufweiterschaltung:** Durch Einspeichern der entsprechenden Rufnummer kann bestimmt werden, für wen man erreichbar sein möchte.

Dreierkonferenz

Die Telefonkonferenz ist eine Zusammenschaltung mehrerer Telefonanschlüsse. Jeder Teilnehmer kann hören, was der andere sagt, und sich selbst am Gespräch beteiligen. Die Teilnehmer können also während des Telefongesprächs gleichzeitig miteinander sprechen.

Beispiel •

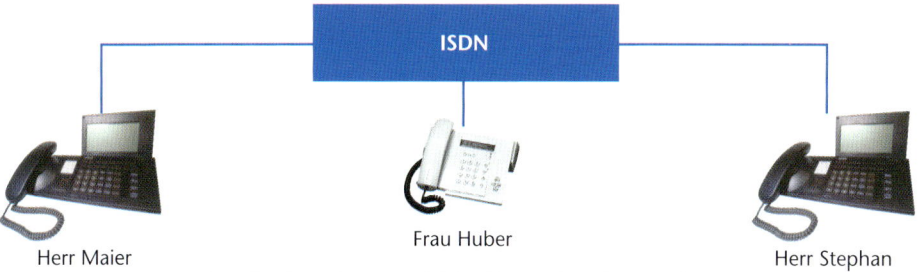

Die Teilnehmer können gleichzeitig miteinander sprechen.

Makeln

Während eines Telefongesprächs kann ein weiterer Anruf getätigt werden, wenn das erste Gespräch in den sogenannten Haltezustand gebracht wird. So kann man mit dem zweiten Anrufer kurz sprechen und danach die erste Verbindung wieder aktivieren. Zwischen beiden Verbindungen kann gemakelt werden. Beim Makeln können maximal zwei Gesprächspartner in der Leitung gehalten werden, wobei man abwechselnd mit den Teilnehmern sprechen kann.

Beispiel •

①

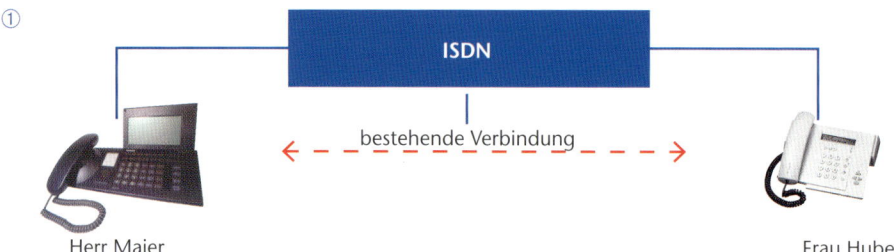

②

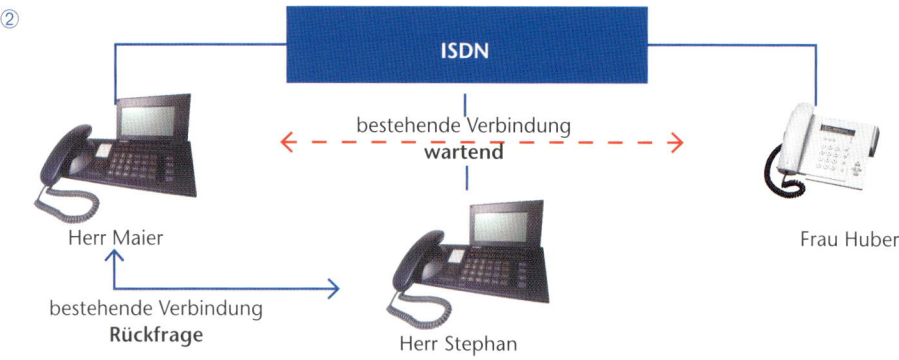

③

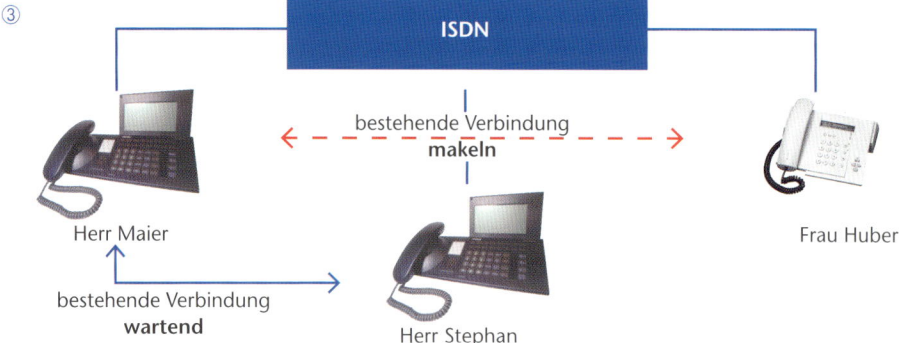

Anklopfen

Während eines Telefonats kann der Anruf eines Dritten optisch und akustisch signalisiert werden. Der angerufene Teilnehmer kann das Gespräch unterbrechen, Rücksprache mit dem Anklopfenden halten und anschließend das erste Gespräch fortsetzen.

Beispiel •

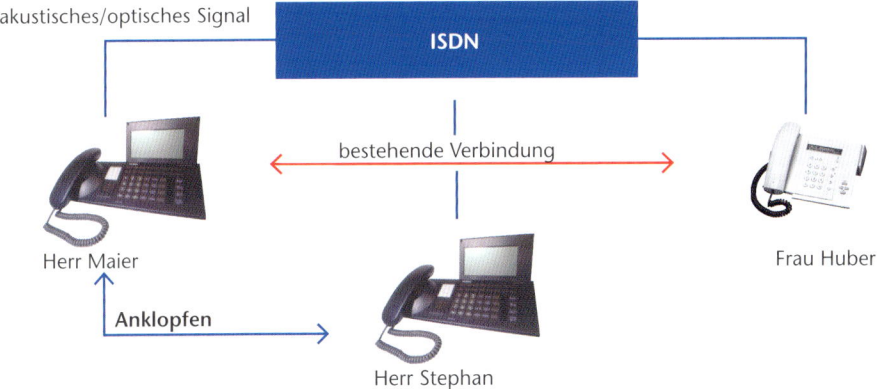

akustisches/optisches Signal

ISDN

bestehende Verbindung

Herr Maier

Frau Huber

Anklopfen

Herr Stephan

Anschlusssperre

Über die Anschlusssperre können abgehende Gespräche eingeschränkt werden. Dabei gibt es verschiedene Möglichkeiten:

* Alle abgehenden Gespräche außer Notrufe sind gesperrt.
* Außer den kostenpflichtigen Servicenummern (z. B. 0800er-Nummern) sind alle abgehenden Gespräche möglich.
* Auslands- und Interkontinentalverbindungen können nur mit Eingabe einer PIN geführt werden.
* Grundsätzlich ist für abgehende Gespräche eine PIN notwendig.

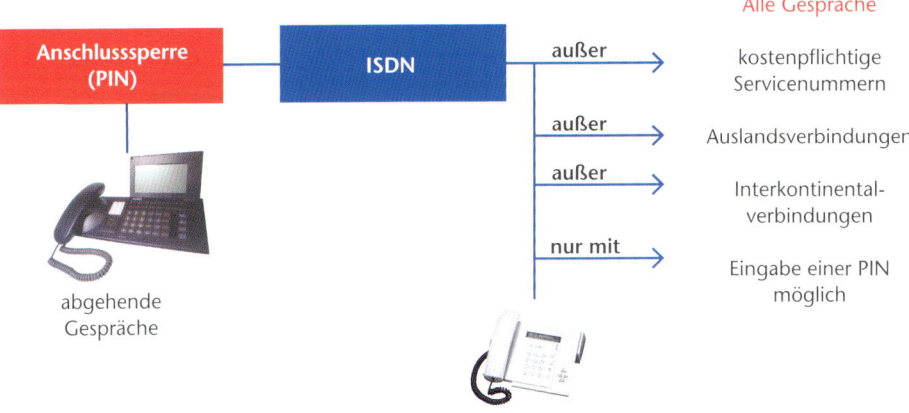

Alle Gespräche

Anschlusssperre (PIN)

ISDN

außer → kostenpflichtige Servicenummern

außer → Auslandsverbindungen

außer → Interkontinental-verbindungen

nur mit → Eingabe einer PIN möglich

abgehende Gespräche

Rufnummernsperre

Durch die Rufnummernsperre kann gezielt verhindert werden, dass bestimmte Rufnummern/Rufnummerngruppen angerufen werden. Die Aufhebung dieser Sperrung ist jederzeit möglich.

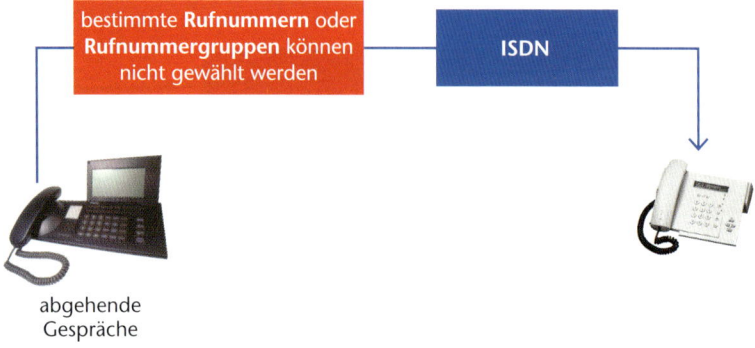

Abweisen unerwünschter Anrufe

Am Telefonapparat können bis zu 20 unerwünschte Rufnummern eingegeben werden. Das Abweisen erfolgt je nach Bedarf durch Ein- oder Ausschalten der Funktion am Gerät.

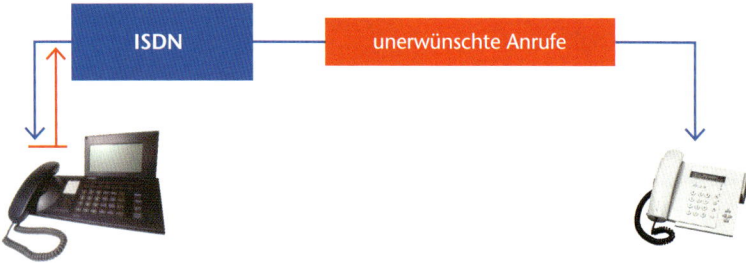

Annahme erwünschter Anrufe

Der Nutzer kann bis zu 30 Rufnummern festlegen, die er annehmen möchte. Ist diese Funktion aktiviert, werden alle anderen Telefongespräche abgewiesen.

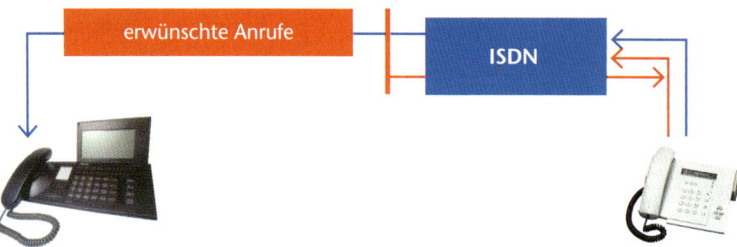

Parallelruf

Eingehende Anrufe werden gleichzeitig an zwei Geräten signalisiert. Je nach Programmierung klingelt es z. B. nicht nur am Telefon im Festnetz, sondern auch auf dem Handy oder im Büro. Wird das Gespräch an einem der Anschlüsse angenommen, ist der andere Anschluss wieder frei.

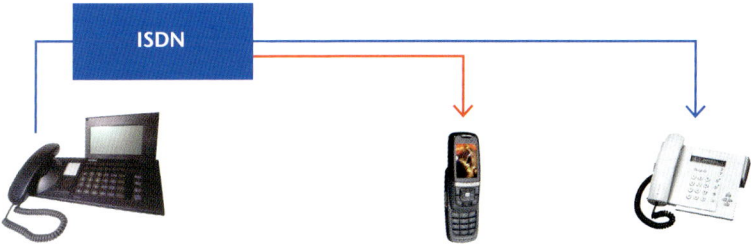

Sprachbox (Anrufbeantworter)

Die meisten Netzbetreiber bieten ihren Kunden einen digitalen Anrufbeantworter in Form einer Sprachbox an. Dieser Service ist sowohl im Mobilfunk- als auch im Festnetz nutzbar. Der Anrufer kann über die Sprachbox eine Nachricht hinterlassen.

Vorteile:
- Der Nutzer benötigt kein zusätzliches Gerät.
- Einfache Bedienung.
- Während telefoniert wird, können Nachrichten gespeichert werden.
- Die Sprachbox kann weltweit von jedem beliebigen Telefon abgefragt werden.
- Der Nutzer wird über eingehende Nachrichten informiert.
- Zugangssicherung durch PIN möglich.

In einem Unternehmen sollten die Mitarbeiterinnen und Mitarbeiter jedoch für ihre Kunden erreichbar sein, also nur im äußersten Notfall die Sprachbox aktivieren.

Beispiel • *„Guten Tag! Vielen Dank für Ihren Anruf. In dringenden Fällen erreichen Sie meine Vertretung, Frau Summer, unter der Telefonnummer 07451 801-580. Gerne rufe ich Sie auch zurück. Hinterlassen Sie mir bitte Ihren Namen und Ihre Telefonnummer. Vielen Dank. Auf Wiederhören!"*

Telefonkonferenzen

Bei einer Telefonkonferenz wählen sich die Teilnehmer nach und nach in die Konferenz ein und werden in einem virtuellen Konferenzraum zusammengeschaltet.

Für Telefonkonferenzen können mehrere Medien genutzt werden.

Medium	Beschreibung	Merkmale	Einsatzmöglichkeiten
Telefon-anlage	Über das Telefon eines Teilnehmers wird die Telefonkonferenz aufgebaut. Jeder Konferenzteilnehmer wird angerufen und zur Konferenz dazugeschaltet.	– Schnell einsetzbar. – Der Initiator trägt alle Kosten. – Maximal fünf bis zehn Teilnehmer.	– Ad-hoc-Telefonkon-ferenzen mit wenigen Teilneh-mern – schnelle Klärung von Fragen
Dial-in-Konferenz-systeme	– Jeder Teilnehmer bekommt eine Einladung und wählt sich selbst zum vereinbarten Termin in das System (Dienstleister für Telefonkonferenzen) ein. – Zur Sicherung der Vertrau-lichkeit erhält jeder Teil-nehmer eine Einwahlnum-mer und eine persönliche Identifikationsnummer.	– Die Gesprächskosten werden in der Regel von jedem Teilnehmer selbst übernommen. – Große Teilnehmerzahl möglich. – Besonders für die Zuschaltung von Handys geeignet.	– Teambesprechun-gen – Problembespre-chungen
Dial-out-Konferenz-systeme	– Die Telefonnummern der Konferenzteilnehmer werden dem Operator (Dienstleister) mitgeteilt. – Die Teilnehmer werden zum vereinbarten Termin vom Operator angerufen und zu einer Telefonkon-ferenz zusammengeschal-tet.	– Die Kosten trägt der Einladende. – In der Regel eine moderierte Konferenz. – Die meisten Dienstleister bieten ihren Kunden einen Gesprächsmit-schnitt in Form einer WAV-Datei oder eines Tonbandes an, sodass ein Protokoll von der Telefonkonferenz angefertigt werden kann.	– Ad-hoc-Telefonkon-ferenzen – Ergebnispräsenta-tion für eine große Gruppe
Internet	– Mithilfe eines PCs/ Notebooks mit Mikrofon und Lautsprecher findet die Telefonkonferenz statt. – Die Bildschirme der Teilnehmer können für andere freigeschaltet werden, um gemeinsame Tools zu nutzen, z. B. um Präsentationen zu zeigen.	– Geringe Kosten. – Teilnehmer wählen sich selbst ein oder können angewählt werden. – Visualisierung über den PC möglich.	– Projektgespräche, bei denen eine Visualisierung notwendig ist – Telefonkonferen-zen, bei denen etwas gemeinsam erarbeitet wird

Video- und Desktopkonferenzen

Die Videokommunikation über den PC wird auch Desktopkonferenz genannt. Sie findet ihren Einsatz vor allem bei der arbeitsplatzbezogenen Kommunikation.

Neben einem leistungsfähigen PC benötigt man weiteres Zubehör:
• Kopfhörer und Mikrofon,
• Software zur Konferenzsteuerung.

Vorteile:
- Verringerung der Reisekosten,
- Zeitgewinn durch Wegfall der Reisezeit,
- umweltfreundlich durch Vermeidung unnötigen Verkehrs,
- kurze Entscheidungsprozesse durch direkte Klärung und Abstimmung,
- schneller Informationsfluss,
- bessere Zusammenarbeit durch den engen persönlichen Kontakt.

Auf den Punkt gebracht

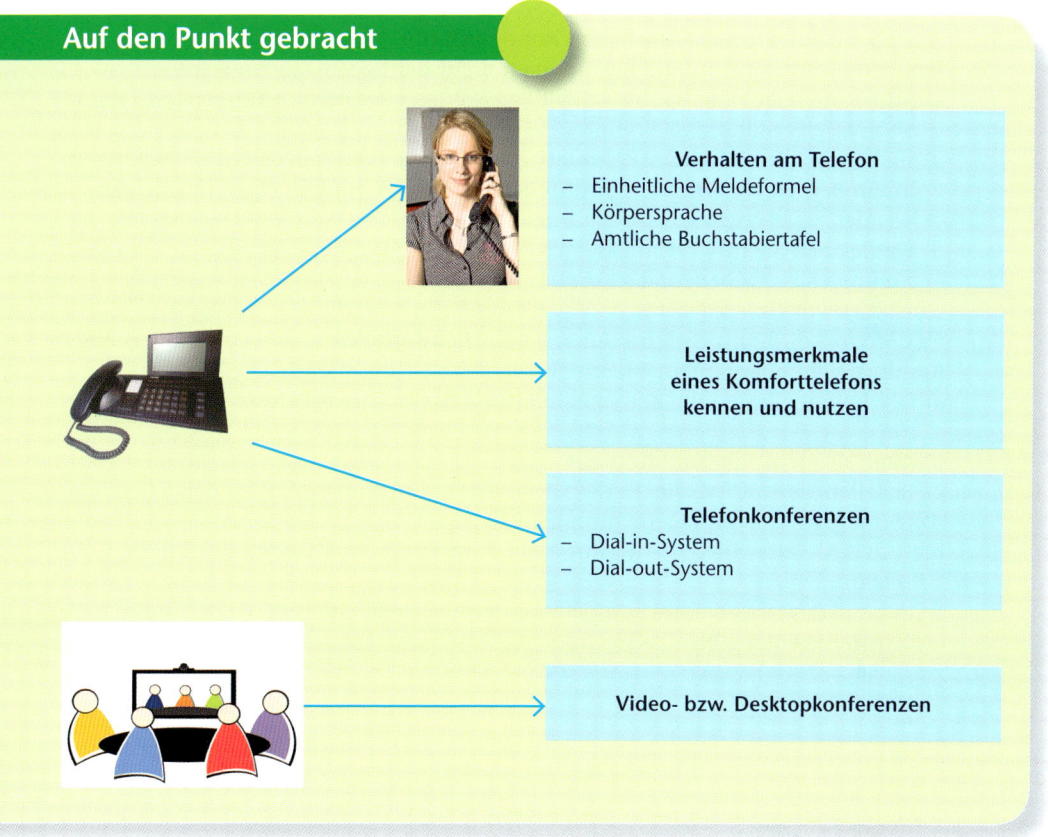

Verhalten am Telefon
- Einheitliche Meldeformel
- Körpersprache
- Amtliche Buchstabiertafel

Leistungsmerkmale eines Komforttelefons kennen und nutzen

Telefonkonferenzen
- Dial-in-System
- Dial-out-System

Video- bzw. Desktopkonferenzen

Nutzen Sie Ihr Wissen

1. Sie beginnen heute Ihre Ausbildung in einer neuen Abteilung. Zu Ihren Aufgaben gehört es auch, das Telefon zu bedienen. Sie sind noch unsicher und überlegen, wie Sie sich richtig am Telefon melden.
   a) Informieren Sie sich darüber, wie Sie sich in Ihrem Unternehmen richtig am Telefon melden.
   b) Erfassen Sie den Ablauf in einer Tabelle.
   c) Üben Sie mit einer Partnerin/einem Partner den Einsatz am Telefon.
   d) Reflektieren Sie anschließend und nehmen Sie gegebenenfalls Korrekturen vor.

2. Zum Corporate Identity Ihres Betriebes gehört es auch, sich am Telefon angemessen zu verhalten.
   a) Informieren Sie sich in Ihrem Ausbildungsbetrieb über die Verhaltensregeln am Telefon.
   b) Listen Sie die wesentlichen Punkte in einer schlüssigen Reihenfolge auf.
   c) Erstellen Sie eine Checkliste.
   d) Vergleichen Sie die Checkliste mit einem Partner/einer Partnerin.
   e) Nehmen Sie gegebenenfalls Korrekturen oder Ergänzungen vor.

3. Sie haben häufig mit ausländischen Kunden zu tun. Manchmal kommt es vor, dass Produktbezeichnungen oder Eigennamen nicht richtig verstanden werden.
   a) Informieren Sie sich, wie Sie schwierige Namen oder Bezeichnungen am Telefon ohne Missverständnisse kommunizieren können.
   b) Suchen Sie fünf Beispiele (Produktbezeichnungen oder schwierige Namen, die in Ihrem Betrieb vorkommen) und stellen Sie diese Begriffe in einer Tabelle dar.
   c) Wenden Sie jeweils die deutsche, englische und internationale Buchstabiertafel an.
   d) Vergleichen Sie Ihre Ergebnisse mit einer Partnerin/einem Partner.
   e) Nehmen Sie gegebenenfalls Korrekturen vor.

4. Das Telefon in Ihrem Unternehmen ist ein Komforttelefon. Die Funktionen eines Komforttelefons sind meist in einer Bedieneranleitung erklärt.
   a) Beschaffen Sie sich die Bedieneranleitung des in Ihrem Betrieb genutzten Telefons.
   b) Analysieren Sie die Funktionen.
   c) Erstellen Sie eine Tabelle, in der Sie die Funktionen übersichtlich darstellen.
   d) Formatieren Sie die Tabelle normgerecht.
   e) Testen Sie mit einer Partnerin/einem Partner die wichtigsten Funktionen am Telefon.
   f) Lassen Sie sich von einer kompetenten Person helfen, falls es bei der Umsetzung Schwierigkeiten gibt.

Sachgüter und Dienstleistungen beschaffen und Verträge schließen

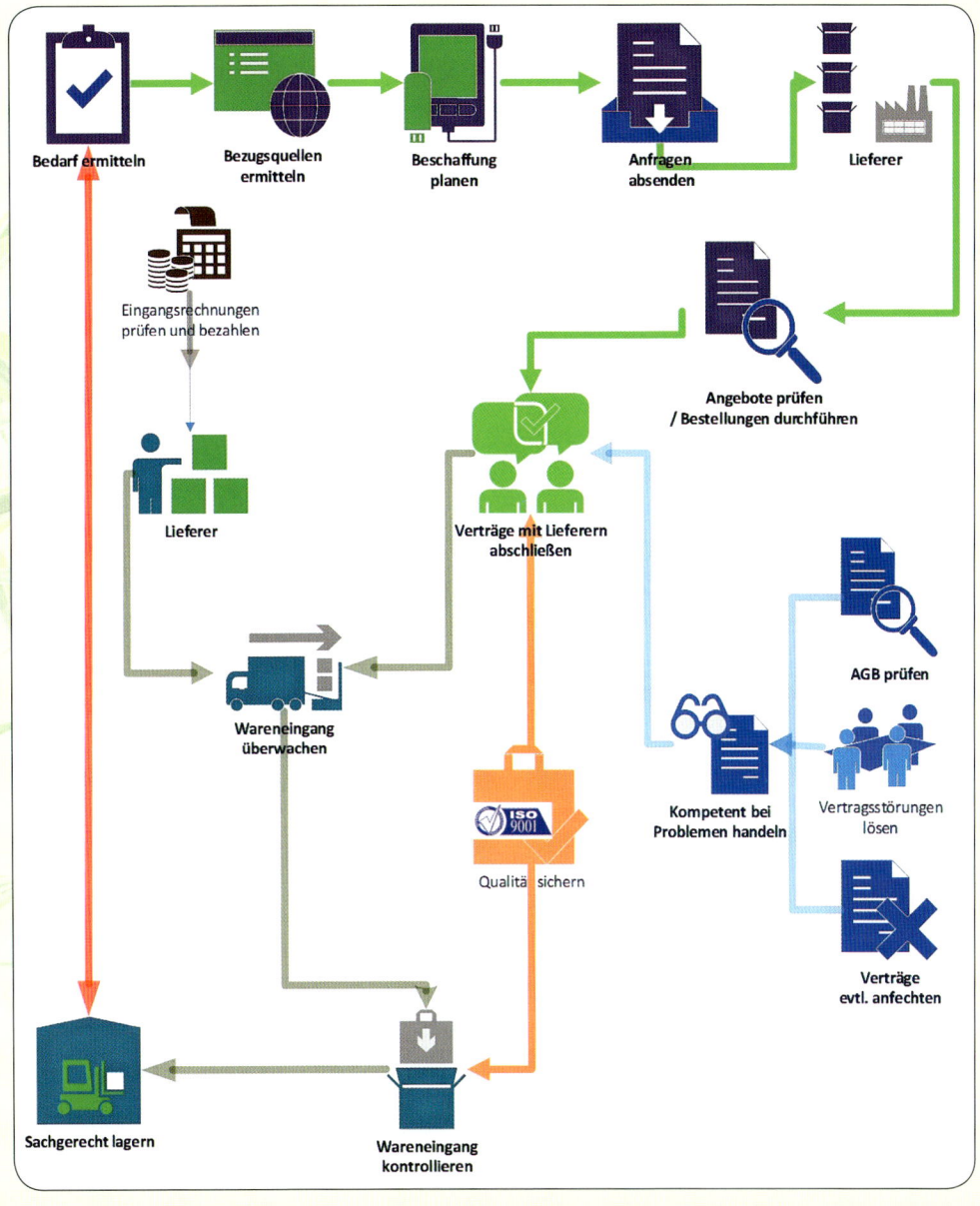

Bedarf ermitteln

Bezugsquellen ermitteln

Beschaffung planen

Anfragen absenden

Lieferer

Eingangsrechnungen prüfen und bezahlen

Lieferer

Angebote prüfen / Bestellungen durchführen

Verträge mit Lieferern abschließen

AGB prüfen

Wareneingang überwachen

Kompetent bei Problemen handeln

Vertragsstörungen lösen

Qualität sichern

Verträge evtl. anfechten

Sachgerecht lagern

Wareneingang kontrollieren

1   Informationen für Beschaffungsprozesse einholen

1.1   Den Bedarf an betriebsnotwendigen Gütern unter Beachtung des ökonomischen Prinzips und der Nachhaltigkeit ermitteln

Lernsituation

Es ist der erste Arbeitstag der Auszubildenden Ebru Celik in der Abteilung „Beschaffung Hölzer" der ModernOffice KG. Lea Groß, mit der Ebru Celik in den nächsten Wochen eng zusammenarbeiten wird, begrüßt Ebru freundlich und zeigt ihr ihren Arbeitsplatz. Bei der Begrüßung gibt Frau Groß Ebru einen ersten allgemeinen Überblick über die Funktion der Abteilung Beschaffung, in der sie gemeinsam in den nächsten Wochen arbeiten werden.

Lea Groß: „Wenn die ModernOffice KG alle ihre produzierten Sachgüter und Dienstleistungen sowie die Handelswaren dauerhaft und erfolgreich am Markt anbieten und verkaufen will, muss garantiert sein, dass die entsprechenden Güter in den notwendigen Mengen immer zur Verfügung stehen."

Ebru Celik: „Das bedeutet doch dann, dass wir im gesamten Bereich Beschaffung dafür verantwortlich sind, dass alles in ausreichender Menge und zum richtigen Zeitpunkt vorhanden ist, nicht wahr?"

Lea Groß: „So könnte man es vereinfacht formulieren. Um der von Ihnen gerade angedeuteten Verantwortung gerecht zu werden, benötigen wir eine Vielzahl an Informationen, die wir jetzt gemeinsam beschaffen werden."

- *Informieren Sie sich über das komplette Angebotsportfolio der ModernOffice KG.*
- *Analysieren Sie das Angebotsportfolio hinsichtlich der Fragestellung, aus welchen Bereichen der ModernOffice KG den verschiedenen Abteilungen der „Beschaffung" Bedarfsmeldungen nach erfolgter Bedarfsplanung vorliegen werden.*
- *Begründen Sie, warum sich die Bedarfsplanung sowohl auf Güter als auch auf Dienstleistungen erstreckt.*
- *Erstellen Sie eine Checkliste, aus der deutlich hervorgeht, welche Kriterien die Bedarfsplanung direkt beeinflussen.*
- *Sammeln Sie Argumente, die einen Zusammenhang zwischen der Bedarfsplanung, der Lagerhaltung und dem ökonomischen Prinzip verdeutlichen.*
- *Entwickeln Sie zusammen mit Ihrem Sitznachbarn einen Ablaufplan zur Ermittlung eines vorhandenen Bedarfs.*
- *Stellen Sie das Ergebnis im Plenum zur Diskussion und überarbeiten Sie bei Bedarf Ihren Ablaufplan.*
- *Bewerten Sie die Bedeutung einer präzisen Bedarfsplanung.*

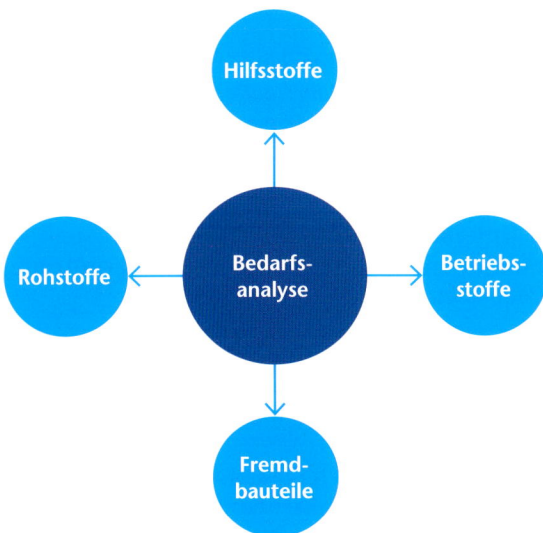

Das Angebotsportfolio jedes Unternehmens bedarf einer genauen Analyse hinsichtlich der Bedarfsplanung und der Beschaffung.

Beispiel: • *Die Sparte „Factory" der ModernOffice KG umfasst fünf verschiedene Produktionsgruppen. In den Produktionsstätten in Horb, Bielefeld und Gotha werden Sachgüter hergestellt, beginnend mit Schreibtischen bis hin zu Trennwänden, alle Produkte in verschiedenen Design-Linien. Für die Herstellung dieser Produkte werden Rohstoffe, Hilfsstoffe, Betriebsstoffe und Fremdbauteile benötigt. Diese müssen bei verschiedenen Lieferanten bestellt und von diesen termingerecht in der vereinbarten Qualität und in der benötigten Menge geliefert werden.*

Beispiel: • *In der Abbildung sehen Sie den Konferenztisch „MO Absolut", Artikel-Nr. 301.100, aus der Produktgruppe 3, wie er im Werk in Horb hergestellt wird. Für die Produktion der Tischplatte wird, je nach Ausführung, folgendes Material verwendet:*

- *eine MDF-Platte,*
- *Echtholzfurnier,*
- *Beizen oder Lasuren,*
- *Leime,*
- *diverse Aluminiumwerkstoffe.*

Das Tischgestell ist aus Aluminium gefertigt. Es wird mittels eines speziellen Stecksystems mit der Tischplatte verbunden, die automatisch höhenverstellbar ist. Dazu bedarf es einiger Fremdbauteile, wie elektronisch zu steuernde Gasdruckfedern. Betriebsstoffe, die nicht in das Endprodukt eingehen, werden bei der Produktion ebenfalls gebraucht. Diese aufgelisteten Werkstoffe müssen bei der Produktion dieses Artikels immer in ausreichender Menge vorhanden sein, damit es nicht zu Produktionsstörungen kommt.

Der bestehende Bedarf an Gütern hängt natürlich von dem jeweiligen aktuellen Bestand dieser Güter ab. Dabei gibt es zwei Möglichkeiten, den aktuellen Bestand festzuhalten:
- in Papierform und
- in digitaler Form.

Welche Variante bevorzugt wird, hängt von den jeweiligen Gütern und der technischen Ausstattung der verschiedenen Unternehmen ab.

Beispiel: • Bei der ModernOffice KG werden die Lagerbestände der einzelnen Werkstoffe und Handelswaren in digitalisierter Form festgehalten und fortgeschrieben. Der Bestand an Büromaterial wird zwar auch in digitalisierter Form erfasst, aber auf eine konstante Fortschreibung des aktuellen Bestands wird verzichtet. Das bedeutet, dass z. B. nicht jede Ausgabe eines Bleistiftes vom Programm erfasst wird. Regelmäßige Sichtkontrollen in den Vorratsschränken ersetzen die permanente softwaregestützte Erfassung.

Die Menge, die ein Unternehmen bei den Zulieferern bestellt, bezeichnet man als **Bestellmenge**. Sie muss genauestens geplant werden. Die **Ermittlung der Mengenangaben** ist ein Ziel der Bedarfsanalyse.

Ziel der Bedarfsanalyse ist die Ermittlung und Festlegung der jeweils benötigten Mengeneinheiten an Werkstoffen für die einzelnen Produktionsbereiche. Dabei wird stets neben der Quantität auch die Qualität der benötigten Werkstoffe berücksichtigt.

Das Ziel der Bedarfsplanung ist demnach die stets ausreichende Versorgung der verschiedenen Produktionsstätten mit den gewünschten Werkstoffen. Die Bedarfsplanung ist bei der industriellen Fertigung an das jeweilige Produktionsprogramm gebunden. Sie ist der erste Schritt der betrieblichen Leistungserstellung und von mehreren Faktoren abhängig:

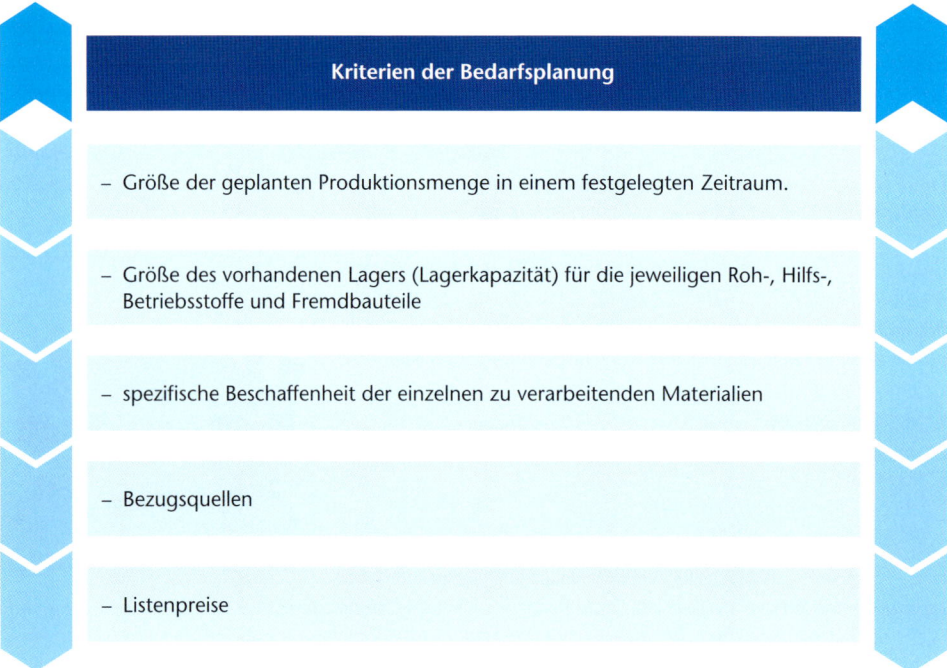

Kriterien der Bedarfsplanung

– Größe der geplanten Produktionsmenge in einem festgelegten Zeitraum.

– Größe des vorhandenen Lagers (Lagerkapazität) für die jeweiligen Roh-, Hilfs-, Betriebsstoffe und Fremdbauteile

– spezifische Beschaffenheit der einzelnen zu verarbeitenden Materialien

– Bezugsquellen

– Listenpreise

Beispiel: • In der Sparte „Trading" werden Handelswaren von der ModernOffice KG verkauft, die zuvor bei den verschiedenen Zulieferern eingekauft werden. Die Handelswaren durchlaufen bei der ModernOffice KG keinen Produktions- oder Veredelungsprozess.

Die Bedarfsplanung erscheint hier wesentlich einfacher als im Bereich der industriellen Fertigung. Dennoch ist sie von gleichartigen Faktoren abhängig. Grundlage der Bedarfsplanung sind in diesem Bereich die in einem festgelegten Zeitraum geplanten Verkaufsmengen.

Die Sparte „Service" mit ihren jeweiligen Dienstleistungen bedarf einer spezifischen Bedarfsplanung, die sich von den anderen beiden Varianten in einigen Bereichen unterscheidet:

Bedarf entsteht hier nicht nur bei der eigentlichen Produktion. Die Verwaltung eines Unternehmens ist an der Produktion von Gütern und Dienstleistungen nicht beteiligt. Doch auch hier entsteht Bedarf, der konkret geplant werden muss.

Beispiel: •
Auszug aus dem Organigramm der ModernOffice KG:

Beschaffung Dipl.-Volksw. Sabine Müller HAL	Herstellung Dr. Ing. Marie Hüls HAL	Verkauf Dipl.-Ök. Walter Hüls HAL	Verwaltung Otto Sander HAL

Der Auszug aus dem Organigramm der ModernOffice KG zeigt die vier Abteilungen Beschaffung, Herstellung, Verkauf *und* Verwaltung. *In allen vier Abteilungen entsteht Bedarf, der geplant werden muss. Die Bedarfsplanung bei der Herstellung konzentriert sich auf die Werkstoffe, die verarbeitet werden sollen. In der Abteilung Verkauf müssen z. B. Computer für die Mitarbeiterinnen und Mitarbeiter angeschafft werden. Außerdem muss genügend Büromaterial zur Verfügung stehen. In den verschiedenen Showrooms der ModernOffice KG arbeiten die Mitarbeiterinnen und Mitarbeiter mit unterschiedlichsten Präsentationsmedien. Auch diese müssen beschafft werden.*

Nach erfolgter Bedarfsanalyse liegen die Daten vor, die im Rahmen der Beschaffungsplanung die Grundlage der Bezugsquellenanalyse bilden.

Grundvoraussetzung für eine erfolgreiche Beschaffung ist eine möglichst umfangreiche Kenntnis des Beschaffungsmarktes. Diese Kenntnis erlangt man durch eine kontinuierliche Analyse des Beschaffungsmarktes, auch in den Zeiträumen, in denen eventuell kein konkreter Bedarf nach Werkstoffen besteht.

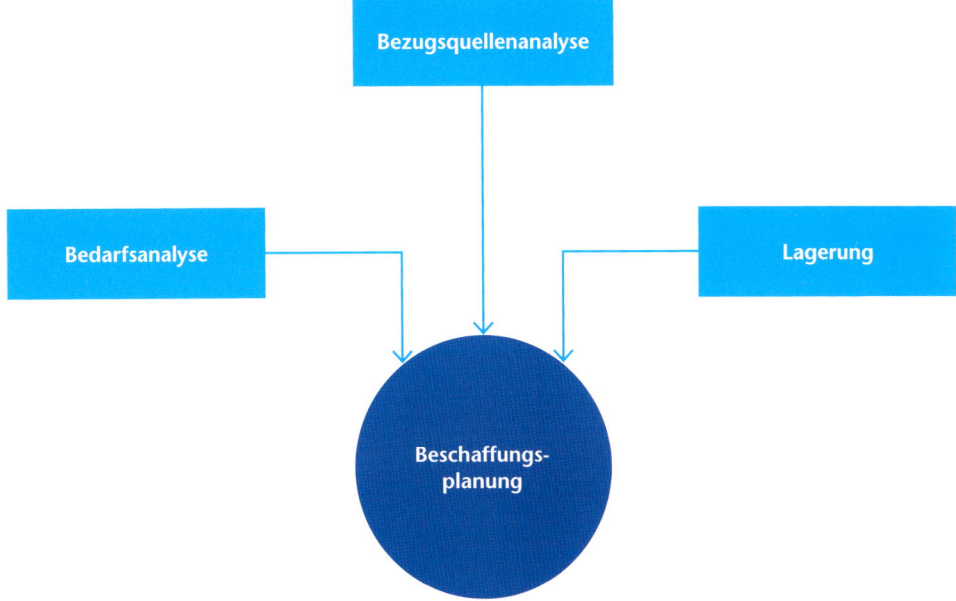

Beispiel: • *Die Tischplatte des Artikels „MO Absolut" aus der Produktgruppe 3, der Ihnen schon bekannt ist, besteht aus einer MDF-Platte. Sie ist der Hauptbestandteil (Rohstoff) des späteren Produktes. Diese MDF-Platte wird in verschiedenen Produktionsgängen im Werk Horb bearbeitet. Zuerst wird die Platte auf die gewünschte Form zugeschnitten. Danach erhält sie ein ausgesuchtes Holzfurnier, bevor sie zum Schluss eine spezielle Oberflächenbehandlung erfährt. Damit die Bearbeitung reibungslos funktioniert, muss der verwendete Rohstoff verschiedenen Kriterien entsprechen, z. B. in Bezug auf die Belastbarkeit, Stärke und Dichte des Materials. Dementsprechend gilt es, einen oder mehrere Lieferanten zu finden, die den gewünschten Rohstoff in der geforderten Qualität anbieten.*

Auf den Punkt gebracht

Nutzen Sie Ihr Wissen

1. Für die Produktion von Schränken werden Spanplatten unterschiedlichster Größe benötigt. Nach dem Abschluss der Bezugsquellenanalyse stehen drei Lieferanten zur Auswahl, die sich bei ungefähr gleichen Bezugspreisen bei den Lieferbedingungen wesentlich unterscheiden.
   Lieferant A liefert die Spanplatten auf Paletten. Die Paletten werden mit einer Kunststofffolie ummantelt, damit die Spanplatten vor Beschädigungen geschützt sind.
   Lieferant B liefert ebenfalls auf Paletten, verzichtet jedoch auf jegliche Verpackung.
   Lieferant C verpackt die Paletten mit Kartonage. Diese Verpackung nimmt er bei der nächsten Lieferung kostenlos wieder zurück, um sie wiederverwenden zu können.
   Entscheiden Sie sich für einen Lieferanten unter ökologischen Gesichtspunkten. Begründen Sie Ihre Entscheidung.

2. Erstellen Sie eine Liste, aus der deutlich hervorgeht, welche Vorteile eine softwareunterstützte Bestandsfortschreibung bietet. Präsentieren Sie Ihre Ergebnisse mithilfe einer PowerPoint Animation.

1.2   Bezugsquellen recherchieren

Lernsituation

Ebru Celik erhält von Frau Groß den Auftrag, zusätzlich zu den schon vorhandenen Lieferanten für MDF-Platten neue Bezugsquellen zu analysieren. Dazu stellt ihr Frau Groß verschiedene Informationsquellen zur Verfügung.

- *Informieren Sie sich über die Möglichkeiten der Datenbeschaffung als ersten Schritt der Bezugsquellenanalyse.*
- *Entwerfen Sie eine Checkliste, anhand derer eine Bezugsquellenanalyse durchgeführt werden kann.*
- *Führen Sie für einen Rohstoff oder eine Handelsware, die in Ihrem Unternehmen verwendet wird, eine Bezugsquellenanalyse durch. Passen Sie den Kriterienkatalog an die Bedürfnisse Ihres Unternehmens an.*
- *Skizzieren Sie Ihre Vorgehensweise und stellen Sie sie im Plenum vor.*
- *Vergleichen Sie die von Ihnen erzielten Ergebnisse mit denen Ihrer Mitschülerinnen und Mitschüler und überarbeiten Sie – falls erforderlich – Ihre Durchführung.*
- *Bewerten Sie die von Ihnen verwendeten Informationsquellen bezüglich ihrer Brauchbarkeit für eine Erfolg versprechende Bezugsquellenanalyse.*

Die Funktion der Bezugsquellenanalyse besteht darin, Lieferanten zu ermitteln, die die benötigten Werkstoffe liefern können.

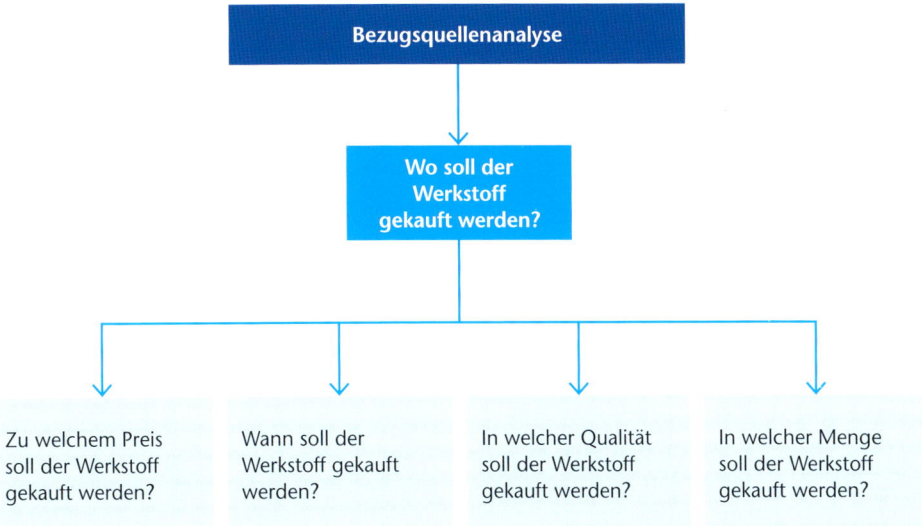

Beispiel • *Die ModernOffice KG kann auf eine schon bestehende umfangreiche Lieferantendatei zurückgreifen. In dieser Datei sind alle Lieferanten abgespeichert, zu denen die ModernOffice KG Geschäftsbeziehungen unterhält.*

Eine bereits vorhandene Lieferantendatei ist sicherlich die bedeutendste Informationsquelle bei der Suche nach einem Lieferanten. Wenn eine Lieferantendatei sowohl nach dem Lieferantennamen als auch nach den jeweils angebotenen Produkten sortiert werden kann, bedarf es nur eines kurzen Zeitraums, um den oder die passenden Lieferanten für gesuchte Güter zu finden. Die vorhandene Lieferantendatei ersetzt aber nicht die Suche nach neuen Zulieferern. Nur eine kontinuierliche Pflege der vorhandenen Lieferantendaten durch laufend durchgeführte Bezugsquellenanalysen ist Garant für eine erfolgreiche Beschaffung von Werkstoffen.

Beispiel: • *Bei der ModernOffice KG liegen alle Lieferantendaten in digitalisierter Form vor.*

Lieferer-Nr.	Lieferer	Bankverbindung	Produkte	Konditionen	Umsatz in €
Konto-Nr.					(Vorjahr)
K 50001	Holzwerkstoffe Gaildorf GmbH	Sparkasse Schwäbisch Hall	Holzwerkstoffe:	frei Haus	1.200.000,00
4410	Aalener Straße 100	Konto-Nr. 608050444	Massivholzplatten	netto Kasse	
	74405 Gaildorf-Bröckingen	BLZ 622 500 30	Spanplatten		
	Tel. +49 (0)7971 555-50	IBAN DE23 6225 0030 0608 0604 44	Furnierholzplatten Holzfaserprodukte		
	Fax +49 (0)7971 555-99	SWIFT-BIC SOLA DE S1SHA	Akustikelemente		
K 50002	Edelstahlwerk Witten AG	Deutsche Bank AG Witten	Aluminium- und Edelstahlwerkstoffe:	ab Werk	2.500.000,00
4411	Hans-Böckler-Straße 15 – 19	Konto-Nr. 2002500566	Edelstahlbleche	30 Tage Ziel,	
	58455 Witten	BLZ 430 700 61	Aluminiumstangen, -rohre	10 Tage 3 % Skonto	
	Tel. +49 (0)2302 30-0	IBAN DE89 4307 0061 2002 5005 66	Aluminiumprofile		
	Fax +49 (0)2302 30-4000	SWIFT-BIC DEUT DE DE431			

In regelmäßigen Abständen werden Abfragen durchgeführt, die die vorhandenen Daten analysieren sollen. Mit dieser Abfrage werden verschiedene Ziele verfolgt:

* *es soll festgestellt werden, mit welchen Lieferanten schon seit mehr als zwei Monaten kein Geschäftskontakt mehr besteht,*

* *die Ursachen für den nicht bestehenden Geschäftskontakt sollen analysiert werden,*

* *Lieferanten, zu denen keine Geschäftskontakte mehr geknüpft werden sollen, werden aus der Datei gelöscht,*

* *es soll die Anzahl der vorhandenen Lieferanten – bezogen auf festgelegte Werkstoffe – aufgelistet werden,*

* *ein eventueller Bedarf an neuen Bezugsquellen – wiederum bezogen auf festgelegte Werkstoffe – soll bestimmt werden.*

Die permanent durchgeführten Abfragen gewährleisten eine immer aktuelle Lieferantendatei als effiziente Grundlage einer Bezugsquellenanalyse.

Zusätzlich zu der Lieferantendatei gibt es eine Fülle anderer Informationsquellen. Das Internet bietet die wohl umfangreichste und schnellste Möglichkeit, Informationen über mögliche neue Lieferanten zu erhalten. Wenn Sie eine gezielte Internetrecherche durchführen, gelangen Sie unter anderem zu digitalisierten Nachschlageverzeichnissen. Unter der Internetadresse „www.wlw.de" (Wer liefert was?) hat man z. B. die Möglichkeit, gezielt nach Lieferanten oder nach Produkten zu suchen. Trotz dieser komfortablen Informationsquelle darf man die anderen Informationsquellen jedoch nicht gänzlich vernachlässigen.

Bevor man sich der verschiedenen Informationsquellen bedient, um mögliche neue Lieferanten zu finden, sollte man einen ersten Katalog aufstellen, der Kriterien enthält, nach denen man neue Lieferanten sucht. Dadurch wird die Suche wesentlich effizienter.

vorhandene Lieferantendatei

Branchenverzeichnisse

Fachzeitschriften

Fachmessen

Gelbe Seiten

Nachschlageverzeichnisse

Internetrecherche

Verbandszeitschriften

Informationsquellen

Beispiel • *Bei der Recherche nach neuen Lieferanten liegt der Internetauftritt eines möglichen Kandidaten vor.*
Die Homepage ist in zehn verschiedene Rubriken untergliedert, die ihrerseits wieder Unterrubriken enthalten. Es liegt eine erhebliche Datenfülle vor, die man nun gezielt analysieren will. Dazu dient ein Kriterienkatalog, so wie er in abgewandelter Form bei der ModernOffice KG verwendet wird. So findet man relativ schnell die Informationen, die man benötigt. Bei diesem Lieferanten sind wichtige Informationen unter der Rubrik „Service" abgelegt, die hier in Auszügen vorgestellt werden:
- *Wir versprechen absolute Termintreue.*
- *Die Lieferung erfolgt umgehend. Dafür sorgt unser Lagersystem. Auch große Bestellmengen bereiten keine Probleme.*
- *Wir be- oder verarbeiten den Werkstoff genau nach Ihren Angaben und nehmen Ihnen dadurch Produktionsschritte ab und senken so Ihre Kosten.*
- *Wir haben einen europaweiten Kundendienst, damit auch einen Ansprechpartner für Sie vor Ort.*
- *Unsere jahrzehntelange Erfahrung bei der Produktion von Holzwerkstoffen kommt Ihnen zugute. Sonderanfertigungen bereiten uns keinerlei Probleme.*
- *Wir stehen für nachhaltige Waldwirtschaft, unsere Zertifikate bezeugen das.*

Das Schaubild verdeutlicht einen möglichen Kriterienkatalog für die gezielte Bezugsquellenanalyse. Die angegebenen Kriterien sind anhängig von den Sachgütern oder Dienstleistungen, für die eine Bezugsquellenanalyse durchgeführt wird.

Beispiel

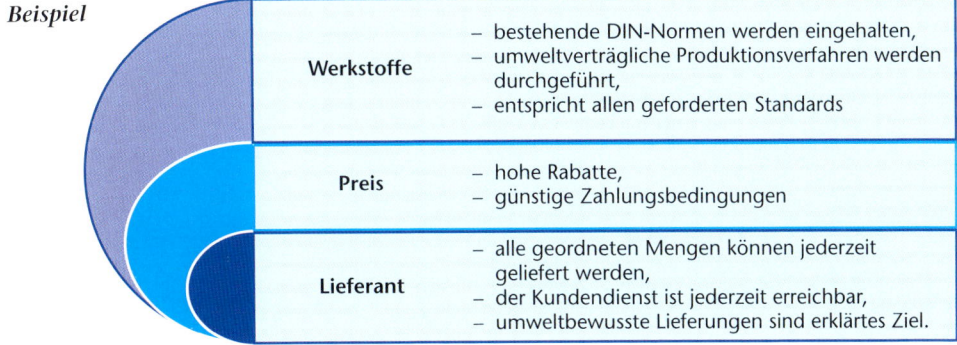

Werkstoffe	– bestehende DIN-Normen werden eingehalten, – umweltverträgliche Produktionsverfahren werden durchgeführt, – entspricht allen geforderten Standards
Preis	– hohe Rabatte, – günstige Zahlungsbedingungen
Lieferant	– alle geordneten Mengen können jederzeit geliefert werden, – der Kundendienst ist jederzeit erreichbar, – umweltbewusste Lieferungen sind erklärtes Ziel.

Auf den Punkt gebracht

ZIEL:
Verkauf aller produzierten Sachgüter,
Dienstleistungen und Handelswaren am Markt

3. Arbeitsschritt:

Bezugsquellen
werden ermittelt,
vorhandene
aktualisiert.

Voraussetzung:
Bereitstellung von
– Werkstoffen für
  die Produktion
– Handelswaren
  für den Verkauf

2. Arbeitsschritt:

Die Beschaffung
wird geplant.

1. Arbeitsschritt:

Erforderlicher
Bedarf wird
ermittelt.

Nutzen Sie Ihr Wissen

1. Führen Sie auf der Grundlage des Datenmaterials der ModernOffice KG eine Bezugsquellenanalyse für ein Schienensystem durch, welches bei der Produktion von Hängeregistraturschränken verwendet werden kann. Konzentrieren Sie sich bei der Durchführung auf zwei unterschiedliche Informationsquellen.

2. Listen Sie die Arbeitsschritte auf, die sich bei einer Bezugsquellenrecherche immer gleichen, unabhängig davon, ob mögliche neue Lieferanten für Güter oder Dienstleistungen gesucht werden.

3. Erstellen Sie mithilfe des Tabellenkalkulationsprogramms Excel eine Tabelle, die Ihnen bei der Bezugsquellenrecherche hilfreich sein kann. Diese Tabelle sollte als Spaltenüberschriften diejenigen Aspekte enthalten, die Sie für Ihre Bezugsquellenrecherche als wichtig erachten. Zu diesen Aspekten könnten unter anderem gehören:

   - **Informationsquelle** (Internetseite, Branchenbuch …),
   - **Produktpalette** (von – bis),
   - **Name** des Lieferanten,
   - **Geschäftssitz**,
   - u. v. m.

2 Beschaffungsprozesse planen

2.1 Bestellzeitpunkte und Lieferzeitpunkte bestimmen

Lernsituation

Lea Groß teilt Ebru Celik mit, dass sie gemeinsam in den nächsten Tagen verschiedene Werkstoffe bestellen werden. Bis es jedoch so weit ist, müssen noch mehrere Informationen beschafft und entsprechend bearbeitet werden. Frau Groß bittet Ebru, zunächst alle Informationen zusammenzufassen, die ihnen beiden aufgrund der bisherigen Arbeit vorliegen, da sie die Grundlage der weiteren Planung bilden.

Ebru Celik:	„Aus unserer bisherigen Arbeit liegen folgende Informationen vor: Wir wissen erstens, wie groß der Bedarf an verschiedenen Gütern ist, und zweitens, welche Lieferanten für eine etwaige Bestellung infrage kommen."
Lea Groß:	„Genau so ist es."
Ebru Celik:	„Dann können wir doch jetzt bestellen, oder?"
Lea Groß:	„Vorher müssen wir noch den Zeitpunkt ermitteln, wann bestellt und wann geliefert werden soll. Wir werden bei dieser Arbeit häufig das Tabellenkalkulationsprogramm Excel verwenden und mit diesem Programm verschiedene Tabellen und Diagramme erstellen. Haben Sie schon einmal mit dem Tabellenkalkulationsprogramm Excel Diagramme erstellt?"
Ebru Celik:	„Nein, mit Excel habe ich bisher noch nicht gearbeitet."

- *Informieren Sie sich über die verschiedenen Verfahren zur Festlegung des Bestellzeitpunktes.*
- *Entwickeln Sie eine Liste, aus der deutlich wird, mit welchen Vor- und Nachteilen die verschiedenen Systeme behaftet sind.*
- *Informieren Sie sich über die Funktion von Diagrammen und die Möglichkeiten, Diagramme mit dem Tabellenkalkulationsprogramm Excel zu entwickeln.*
- *Erstellen Sie mithilfe des Tabellenkalkulationsprogramms Excel ein Diagramm, welches das Bestellpunktverfahren „Bestellung bei Erreichen eines Meldebestandes" veranschaulicht.*
- *Stellen Sie Ihr Diagramm im Plenum vor und erläutern Sie Ihre Vorgehensweise.*
- *Entscheiden Sie sich für das Bestellzeitpunktsystem, welches sich Ihrer Ansicht nach für Ihr eigenes Unternehmen anbietet. Begründen Sie Ihre Auswahl.*
- *Kontrollieren Sie Ihre Ergebnisse und bewerten Sie das von Ihnen durchgeführte Verfahren.*

Bestellzeitpunkte bestimmen

```
                    ┌──────────────────┐
                    │ Möglichkeiten zur│
                    │  Bestmmung des   │
                    │ Bestellzeitpunktes│
                    └──────────────────┘
          ┌────────────────┴────────────────┐
          ▼                                  ▼
┌──────────────────────┐        ┌──────────────────────┐
│ Bestellrhythmusverfahren│     │ Bestellzeitpunktverfahren│
└──────────────────────┘        └──────────────────────┘
```

Man unterscheidet generell zwei unterschiedliche Bestellzeitpunktsysteme, wobei Mischformen durchaus möglich sind:

1. das Bestellrhythmussystem und
2. das Bestellzeitpunktsystem.

Das Bestellrhythmussystem

Die Bestellung erfolgt immer in gleichen Zeitabständen		
Bestellt wird nach einem festgelegten Rhythmus.	**Voraussetzung:** Der Verbrauch von Werkstoffen oder Handelswaren ist über einen längeren Zeitraum konstant.	**Risiko groß:** Störungen auf Seiten der Produktion oder Lieferung führen zu Fehlmengen oder nicht geplanten Lagerbeständen.

Bei diesem System wird ein bestimmter Bestellrhythmus festgelegt. Die Bestellung erfolgt in immer gleichen Zeitabständen, bestellt wird immer die gleiche Menge. Dieses System kann nur dann funktionieren, wenn der Verbrauch von Werkstoffen oder der Verkauf von Handelswaren über einen langen Zeitraum konstant ist. Kommt es zu Unregelmäßigkeiten in der Produktion oder im Verkauf, sind Fehlmengen oder ungeplante Lagerbestände unvermeidlich.

Das Bestellzeitpunktsystem

Es gibt mehrere Möglichkeiten, den Zeitpunkt der Bestellung festzulegen. Das Risiko, dass es aufgrund von Lieferungsverzögerungen zu Produktionsstörungen kommt, ist je nach Wahl unterschiedlich hoch.

A) Die Bestellung erfolgt erst nach komplettem Verbrauch		
Bestellt wird erst, wenn alles verbraucht ist.	**Voraussetzung:** Der Lieferer kann direkt nach Bestellung liefern. Räumliche Nähe zwischen Zulieferer und Kunde ist notwendig.	**Risiko groß:** Lieferungsverzögerungen führen direkt zu Produktionsstörungen.

B) Die Bestellung erfolgt bei Erreichen eines Sicherheitsbestandes		
Bestellt wird erst, wenn ein festgelegter Sicherheitsbestand erreicht ist.	**Voraussetzung:** Der Verbrauch bleibt immer konstant.	**Risiko mittel:** Lieferungsverzögerungen, führen zu Produktionsstörungen, wenn der Sicherheitsbestand verbraucht ist.

C) Die Bestellung erfolgt bei Erreichen eines Meldebestandes. Dieser liegt über dem Sicherheitsbestand		
Bestellt wird, wenn ein Meldebestand erreicht ist.	**Voraussetzung:** Der Verbrauch bleibt nahezu konstant	**Risiko gering:** Lieferungsverzögerungen führen erst dann zu Produktionsstörungen, wenn die Lieferungsverzögerung über die berechnete Lieferzeit hinaus geht **und** der Sicherheitsbestand auch aufgebraucht ist.

Bestellung nach komplettem Verbrauch

Das Risiko eines Produktionsausfalls oder einer Umsatzeinbuße ist relativ hoch, da die benötigten Werkstoffe oder Handelswaren erst zum Zeitpunkt des Verbrauchs bestellt werden. Dieses System kann nur funktionieren, wenn die Zulieferer in unmittelbarer Nähe angesiedelt sind und sehr flexibel liefern können.

Bestellung bei Erreichen eines Sicherheitsbestandes

Diese Variante der Bestellung hat gegenüber der Variante „Bestellung nach komplettem Verbrauch" den Vorteil, dass zur Absicherung ein Sicherheitsbestand gehalten wird. Dieser Sicherheitsbestand ist jedoch nicht sehr umfangreich, da ein großer Sicherheitsbestand zu erhöhten Lagerkosten führt. Kommt es zu kurzfristigen Verzögerungen bei der Lieferung, kann dieser verwendet werden. Die Lieferungsverzögerung darf den relativ knapp bemessenen Sicherheitsbestand jedoch nicht überschreiten.

Bestellung bei Erreichen eines Meldebestandes

Hier ist das Risiko von Produktionsstörungen oder Umsatzeinbußen aufgrund nicht rechtzeitig erfolgter Lieferung relativ gering. Bei diesem Bestellpunktsystem geht man von folgenden Größen aus:

- **Sicherheitsbestand:** Dieser Bestand ist als eiserne Reserve gedacht und sollte nur in absoluten Notfällen angegriffen werden.
- **Meldebestand:** Ist dieser Bestand erreicht, geht eine Meldung an den Lieferanten heraus, neue Werkstoffe oder Handelswaren werden bestellt.
- **Höchstbestand:** Dieser Bestand ist dann gegeben, wenn die Bestellung eintrifft.
- **Lieferbare Menge:** die Menge, die bestellt und geliefert wird.

Mithilfe des Tabellenkalkulationsprogramms Excel lässt sich das Bestellpunktsystem, welches die Bestellung bei Erreichen eines Meldebestandes auslöst, sehr gut grafisch darstellen. Bevor das Diagramm zum Bestellzeitpunktsystem hier entwickelt wird, soll zunächst die Funktion allgemein erläutert werden.

Eine Vorauswahl mithilfe von Excel ermöglichen

Der Funktionsumfang des Tabellenkalkulationsprogramms Excel ist immens. Mit diesem Programm lassen sich Daten unterschiedlicher Art komfortabel be- und verarbeiten. Dabei reicht der Funktionsumfang des Programms von der Durchführung einfacher Grundrechenarten bis hin zu Berechnungen, die an komplexe Bedingungen geknüpft sein können. Darüber hinaus ist das Programm in der Lage, einmal ermittelte Zahlen mithilfe verschiedenster Grafiken zu visualisieren. Damit gibt Excel dem Anwender die Möglichkeit, einen schnellen Überblick über Umsatzverläufe oder Ähnliches zu erhalten. Die Erstellung derartiger Grafiken geschieht in kürzester Zeit.

Mithilfe vorhandener Formatierungsschritte, an die auch Bedingungen geknüpft sein können, lassen sich übersichtliche Tabellen, Formulare, Abrechnungsmuster und Ähnliches erstellen, die immer wieder aktualisiert werden können. Eine einmal erstellte Tabelle kann jederzeit wieder aufgerufen werden, um die vorhandenen Daten bei Bedarf zu ändern. Das Schaubild gibt nur einen groben Überblick über die Funktionen des Programms. Hervorgehoben sind hier beispielhaft Funktionen, die **in der kaufmännischen Verwaltung** häufig verwendet werden. Dabei bietet Excel dem Anfänger viele Funktionsassistenten an, die den Einstieg in das Programm wesentlich erleichtern.

Funktionen von Excel

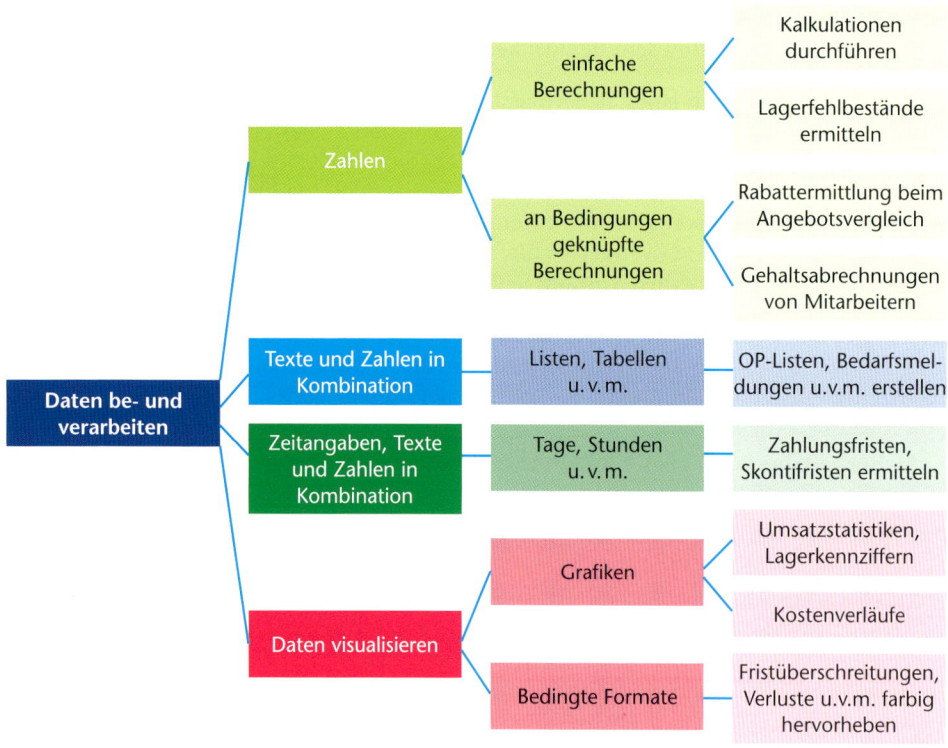

Eine übersichtliche Tabelle gestalten

Das Tabellenkalkulationsprogramm Excel bietet ein umfangreiches Spektrum an Funktionen, derer man sich bedienen kann, um Datenmaterial zu bearbeiten. Die Qualität der zu erzielenden Ergebnisse hängt aber nicht nur von der richtigen Verwendung dieser Funktionen ab. Das übersichtlich gestaltete Layout einer Tabelle bildet die Grundlage für ein qualitativ hochwertiges Ergebnis.

So muss zum Beispiel darauf geachtet werden, dass **gleiche Daten** immer **untereinander oder nebeneinander** stehen, damit der Betrachter auf den ersten Blick Zusammenhänge erkennen kann.

Beispiel • *Ebru Celik legt Frau Groß eine von ihr erstellte Tabelle vor, die die Grundlage einer Vorauswahl an Lieferanten bilden soll. Verglichen werden verschiedene Anbieter von MDF-Platten, einem Rohstoff, der bei der ModernOffice KG häufig verarbeitet wird. Ebru berücksichtigt bei dieser Tabelle alle Informationen, die sie von den potenziellen Lieferanten vorliegen hat.*

— Auflistung möglicher neuer Lieferanten für MDF-Platten														
Nr.:	Lieferant				Qualität der Werkstoffe		Preis/Zahlungsbedingungen						Lieferanteneigenschaften		
	Name	PLZ	Ort	neu	DIN Norm: ISO 9001	Zertifizierung FSC, PEFC	Bestellmenge in m³	Größe L (m) * B (m) * Stärke (mm)	Listenpreis pro m³	Rabatt	Skonto	Listenpreis gesamt	Skonto-frist in Tagen	Zahlungs-ziel in Tagen	Mengen variabel	Kundendienst 24 Std.	umweltbewusste Lieferung

Die obige Tabelle vermittelt auf den ersten Blick eine **deutliche Struktur**. In der Überschrift ist die Funktion dieser Aufstellung zu sehen. Die ausgewählten Lieferanten werden untereinander aufgelistet. In der Zeile 2 des Arbeitsblattes stehen alle Kriterien, die man nun den Lieferanten zuordnen kann. Diese Art der Tabellenstruktur vereinfacht die Analyse der verschiedenen Kandidaten.

Die farbliche Gestaltung unterstützt den Tabellenaufbau zusätzlich. Diese Tabelle kann man zur Vorbereitung jeglicher Angebotsvergleiche verwenden. Durch einige Änderungen in der Zeile 2 kann die Tabelle auf spezifische Gegebenheiten anderer Lieferer und anderer Sachgüter angepasst werden.

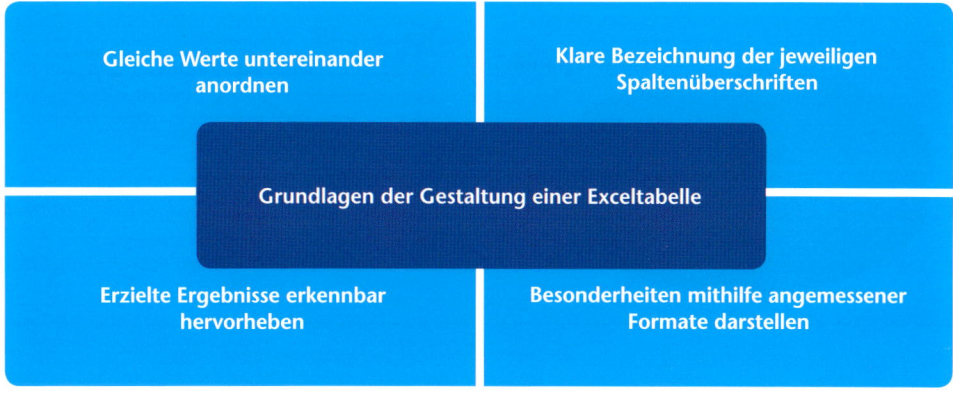

Gleiche Werte untereinander anordnen

Klare Bezeichnung der jeweiligen Spaltenüberschriften

Grundlagen der Gestaltung einer Exceltabelle

Erzielte Ergebnisse erkennbar hervorheben

Besonderheiten mithilfe angemessener Formate darstellen

Die Funktion von Diagrammen

Das Erstellen von Diagrammen mit Excel ist sehr einfach und führt schnell zu einem gewünschten Erfolg. Das liegt an den verschiedenen Assistenten mit den dazugehörigen Dialogfeldern, die beim Aufbau von Diagrammen sehr hilfreich sind.

Diagrammtyp	Zahlenmaterial, welches veranschaulicht werden soll	Beispiele
Liniendiagramm	Entwicklung von Werten	*Kostenverläufe*
Säulendiagramm Balkendiagramm	Gegenüberstellung von Werten	*Umsatzzahlen bei mehreren Filialen*
Kreisdiagramm	Darstellung von Anteilen an einem Gesamtwert	*Anteil verschiedener Artikel am Gesamtumsatz*

Diagramme werden erstellt, um **Zahlenmaterial zu visualisieren**. Der Betrachter eines Diagramms soll auf den ersten Blick das zugrunde liegende Zahlenmaterial bezüglich seiner Aussagekraft deuten können, um Entscheidungen besser und schneller treffen zu können. Diagramme können diese Funktion nur dann erfüllen, wenn der gewählte **Diagrammtyp** zu dem Zahlenmaterial passt, welches veranschaulicht werden soll. Folgende Aufstellung zur Wahl des passenden Diagrammtyps bietet eine Orientierungshilfe:

Die vier Diagrammgrundtypen

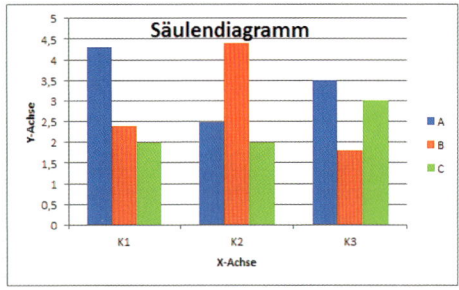

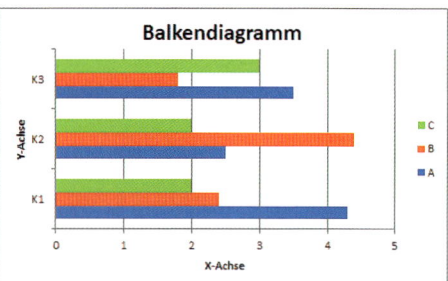

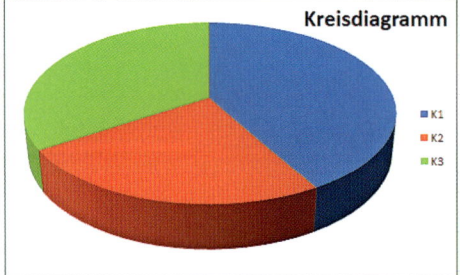

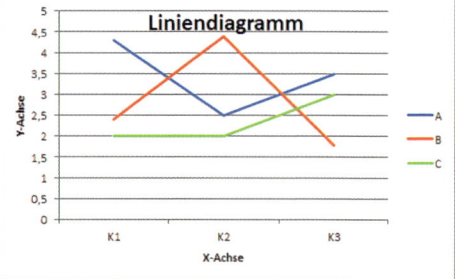

Diagramm erstellen

In der **Registerkarte „Einfügen"** sind die verschiedenen Diagrammgrundtypen als Gruppen gelistet.

Zur Darstellung des Bestellzeitpunktverfahrens „Bestellung bei Erreichen eines Meldebestandes" bietet sich der **Diagrammtyp „Liniendiagramm"** an, da mit diesem Diagramm der Verlauf von Lagerbeständen bzw. der Verbrauch von Werkstoffen dargestellt werden soll.

Das folgende Beispiel verdeutlicht den Aufbau eines Liniendiagramms. Die Entwicklung des Diagramms mithilfe des Tabellenkalkulationsprogramms Excel wird im Anschluss an das Beispiel erläutert.

Beispiel • *Für die Produktion des Artikels „401.102 MO Acta Classic Schiebetürschrank breit" werden bei der ModernOffice KG „Alu Bodenträgerschienen" verwendet. Diese werden vom Lieferer Edelstahlwerk Witten AG, Geschäftssitz in Witten, bezogen. Der tägliche Verbrauch liegt bei 200 Mengeneinheiten (ME).*

Bei der ModernOffice KG wird an sieben Tagen in der Woche produziert. Als Sicherheitsbestand sind 1.000 ME festgelegt worden. Das entspricht einem Verbrauch von fünf Tagen. Die Lieferzeit dieses Fremdbauteils beträgt vier Tage, die bestellbare Menge umfasst 3.200 ME. Ausgehend von diesen Größen ergibt sich ein Meldebestand von 1.800 ME. Bei Erreichen dieses Bestandes wird neu bestellt.

Bis die Fremdbauteile angeliefert werden, vergehen vier Tage. In diesen vier Tagen werden 800 ME durch die Produktion verbraucht. Der aktuelle Bestand reduziert sich entsprechend auf 1.000 ME, was dem Sicherheitsbestand entspricht. Genau an dem Tag, an dem der Sicherheitsbestand erreicht ist, kommt die Lieferung von 3.200 ME an, der Lagerbestand erhöht sich auf 4.200 ME.

Nachfolgende Grafik, mit Excel erstellt, veranschaulicht diesen Sachverhalt. Die Meldung „Meldebestand erreicht" wird mithilfe der Funktion „WENN()" erzielt.

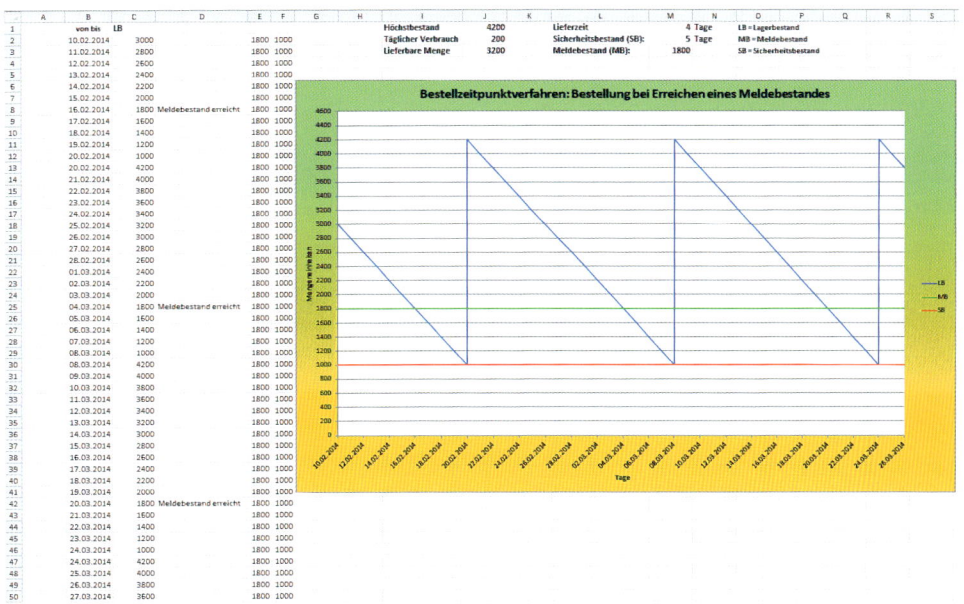

Erläuterungen zur Entwicklung des Diagramms aus dem Beispiel

Grundlage jedes Diagramms sind **Daten**, die durch das Diagramm veranschaulicht werden sollen. Deshalb muss hier zunächst der **Zeitraum** eingegeben werden (Spalte B), der bei der Diagrammerstellung berücksichtigt werden soll.

Geben Sie dazu das Startdatum „10.02.2014" ein. Anschließend geben Sie bitte die Daten ein, die sich in dem Zellbereich „I1 bis N3" befinden. Der aktuelle Lagerbestand in der Zelle „C2" soll 3.000 Einheiten betragen. Dieser Bestand ist willkürlich festgesetzt und kann bei Bedarf abgeändert werden.

Bei der Durchführung des Bestellzeitpunktverfahrens wird davon ausgegangen, dass an sieben Tagen in der Woche produziert wird.

Mithilfe der **Autoausfüllfunktion** können Sie Excel veranlassen, beginnend mit dem Startdatum in der Zelle „B2", die Datenreihe bis zum 27.03.2014 auszufüllen.

Mit Hilfe der Ausfüllfunktion lassen sich in Excel Zellinhalte schneller in benachbarte Zellen kopieren. Dabei ist auf eine korrekte Adressierung der Zellinhalte zu achten. Außerdem bietet die Ausfüllfunktion die Möglichkeit, Zahlenreihen, Wochentage u. v. m. schnell und komfortabel zu gestalten.

Es ergibt sich nur ein Problem: An dem Tag, an welchem der Sicherheitsbestand (1.000 Mengeneinheiten [ME]) erreicht wird und die neue Lieferung (3.200 ME) entsprechend eintrifft, soll das Programm **zwei Größen** (den Lagerbestand **vor und nach** der Lieferung) darstellen.

Damit dieses möglich ist, muss dieser Tag jeweils zweimal dargestellt werden. Fügen Sie also an diesen Tagen eine neue Zeile ein und geben Sie den Tag der Lieferung zweimal ein.

Wenn Sie schon ausreichende Kenntnisse im Tabellenkalkulationsprogramm Excel besitzen, können Sie Excel mit der logischen **Funktion „WENN()"** veranlassen, diesen Tag jeweils doppelt darzustellen.

In der Zelle „C2" steht bisher der aktuelle Lagerbestand in Höhe von 3.000 ME. Pro Tag werden 200 ME verbraucht. Führen Sie die Aufstellung des aktuellen Lagerbestandes zunächst bis zur Zelle „C12" durch. Verwenden Sie eine einfache Rechenoperation unter Bezugnahme auf den Zellinhalt der Zelle „J2".

Wenn der Lagerbestand von 1.000 ME erreicht ist, trifft die neue Lieferung ein. Dieser Tag wird in der Spalte B jeweils doppelt angezeigt. Geben Sie an dem zweiten Tag als Lagerbestand dementsprechend die Summe aus Sicherheitsbestand und lieferbarer Menge ein. In unserem Beispiel entspricht das 4.200 ME.

Beziehen Sie sich dabei auf die benötigten Zellen aus dem Zellbereich „I3 bis N3". Achten Sie auf eine korrekte Adressierung der Zelladressen! Danach können Sie die Entwicklung des aktuellen Lagerbestandes weiter fortführen.

Wenn Sie bereits umfassende Kenntnisse im Tabellenkalkulationsprogramm Excel besitzen, können Sie mithilfe der logischen **Funktion „WENN()"** Excel veranlassen, den aktuellen Lagerbestand vom Beginn bis zum Ende des eingestellten Zeitraumes zu ermitteln.

Die Meldung „Meldebestand erreicht" benötigt man zur Erstellung des Diagramms nicht, sie bietet lediglich eine Orientierungshilfe.

In die Zelle „E2" übernehmen Sie mittels Zellbezug auf die Zelle „M3" den Meldebestand, den Sie dann bis in die Zelle „E50" kopieren.

Der Sicherheitsbestand, der in der Zelle „F2" stehen soll, ergibt sich aus der Multiplikation des täglichen Verbrauchs mit dem Sicherheitsbestand in Tagen. Achten Sie darauf, dass Sie die Zellen, auf die Sie sich beziehen, korrekt adressieren, bevor Sie sie bis in die Zeile 50 mithilfe der Autoausfüllfunktion kopieren.

Um das Diagramm nun zu erstellen, **markieren** Sie die Zellbereiche „B1 bis C50" und „M1 bis N50". Denken Sie bitte daran, dass Sie die **STRG-Taste** verwenden, da sich die Zellbereiche nicht direkt nebeneinander befinden.

Wählen Sie die **Registerkarte „Einfügen"** und klicken Sie auf die Schaltfläche „**Linie**".

Es öffnet sich das rechte Dialogfeld:

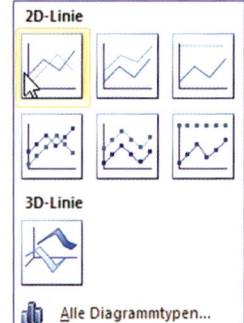

Wählen Sie den **Diagrammtyp „2D-Linie"** oben links.

Ihr Diagramm müsste jetzt dem nachfolgenden gleichen.

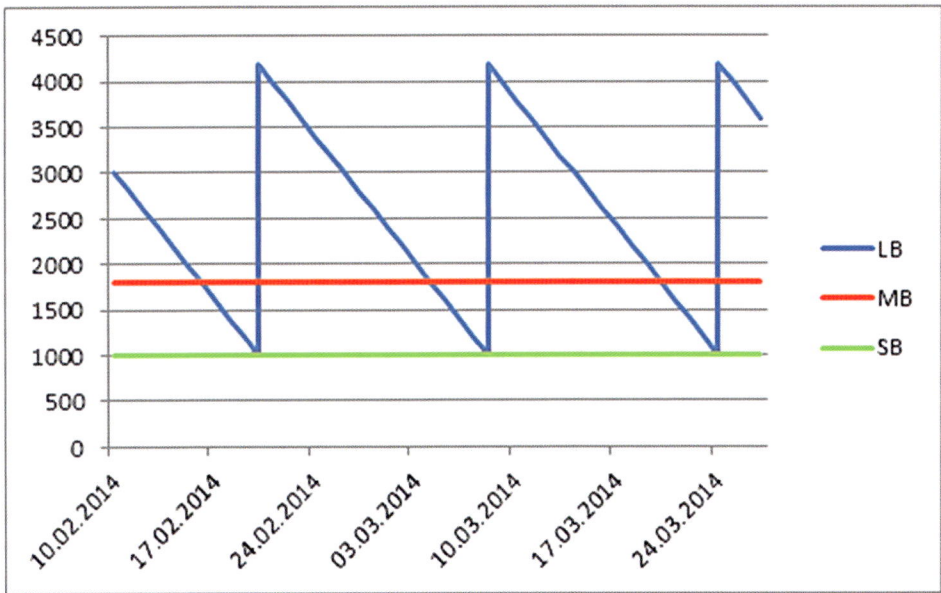

Dieses Diagramm zeigt schon starke Ähnlichkeiten, was den Verlauf der einzelnen Graphen betrifft. Wenn Sie das Diagramm vergrößern, indem Sie es mit der Maus an einer Ecke „anfassen" und mit gedrückter Maustaste aufziehen, werden Sie sehen, dass die x-Achsenbeschriftung bisher lediglich aufgrund von Platzmangel nicht komplett angezeigt wird.

Formatierung der Y-Achse

In einem nächsten Arbeitsschritt soll die Y-Achse formatiert werden. Es gilt bei der Erstellung von Diagrammen immer der Grundsatz, dass der Bereich, der bearbeitet werden soll, zunächst angeklickt werden muss.

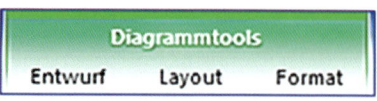

Wenn Sie die Daten der Y-Achse durch Mausklick darauf ausgewählt haben, sehen Sie am oberen Rand der Registerkarten die drei Diagrammtools. Wählen Sie zuerst die **Option „Layout"**, anschließend „**Auswahl formatieren**", welche sich im äußersten linken Bereich der Registerkarte befindet.

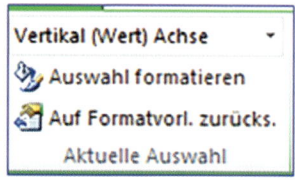

Bestimmen Sie jetzt im Bereich der Achsenoptionen die Werte:
- Minimum,
- Maximum,
- Hauptintervall,
- Hilfsintervall.

Dazu müssen Sie zunächst die **Optionsfelder „Fest"** anklicken. Bestätigen Sie Ihre Eingabe durch Klick auf die Schaltfläche „**Schließen**".

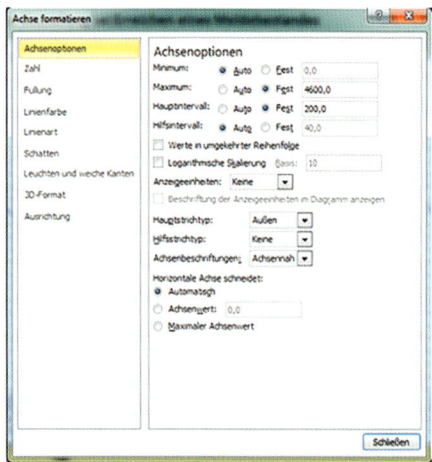
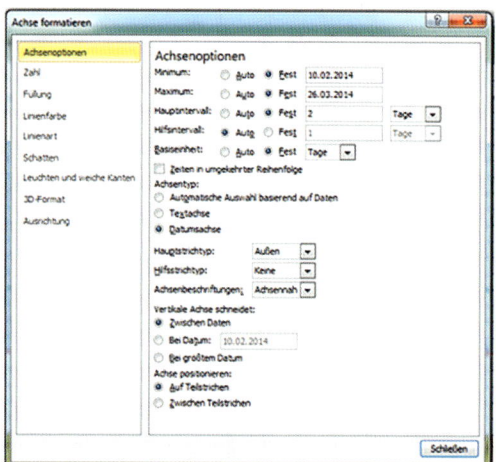

Auch bei der X-Achse muss die Formatierung noch leicht verändert werden:

Wenn man das Diagramm genau betrachtet, stellt man fest, dass alle drei Graphen die Y-Achse nicht berühren. Um das zu ändern, rufen Sie bitte das **Dialogfeld „Achsenoptionen"** für die X-Achse auf. Dort müssen Sie im unteren Bereich das Optionsfeld des Bereichs „Achse positionieren" „**Auf Teilstrichen**" wählen.

Was Ihrem Diagramm nun noch fehlt, ist der **Diagrammtitel** und die **Hintergrundfarbe**.

Hintergrundfarbe

Über das **Kontextmenü** haben Sie die Möglichkeit, eine Hintergrundfarbe auszusuchen. Bei dem Beispieldiagramm ist als Füllung ein **Farbverlauf** zu sehen, den Sie mit der gleichnamigen Option erstellen können.

Eingabe des Diagrammtitels

Um einen Diagrammtitel einzufügen, verbleiben Sie bitte im Diagrammtool „Layout"
und wählen Sie die Option „Diagrammtitel".

Je nach Wunsch können Sie einen Diagrammtitel erstellen, der das Diagramm überlagert
oder oberhalb des Diagramms angezeigt wird.

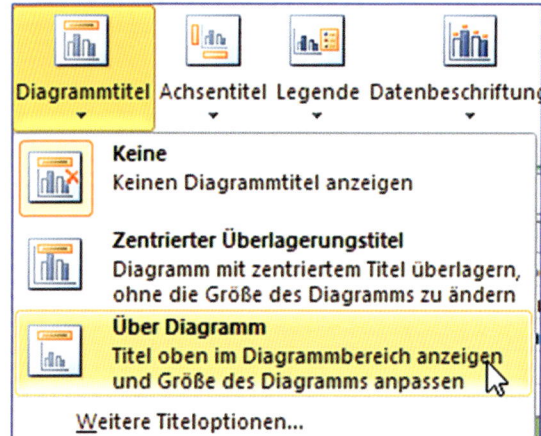

Ihr Diagramm entspricht jetzt der Vorgabe durch das Beispiel. Das fertige Diagramm
können Sie in dem Tabellenblatt einbetten, in welchem sich die Daten befinden.

Es ist aber auch möglich, ein eigenes Tabellenblatt nur für dieses Diagramm zu erstellen.
Beide Varianten bietet das Kontextmenü unter der Option „Diagramm verschieben".

Das fertige Diagramm könnte man noch etwas professioneller gestalten, indem man die
Daten zum Meldebestand und Sicherheitsbestand in dem Zellbereich „E1" bis „F50" ver-
deckt. Die Werte ändern sich während des gesamten Zeitraumes nicht, man benötigt sie
nur für die Darstellung der entsprechenden Graphen „Sicherheitsbestand" und „Meldebestand".

Um eingegebene Daten „unsichtbar" zu gestalten, gibt es mehrere Möglichkeiten. Am
einfachsten ist es, die Schriftfarbe der Daten der Farbe des Tabellenblattes anzupassen.

Man sieht die Daten
dann nicht mehr,
obwohl sie vorhan-
den sind. Das Tabel-
lenblatt müsste dann
so aussehen wie das
vorherige Schaubild.

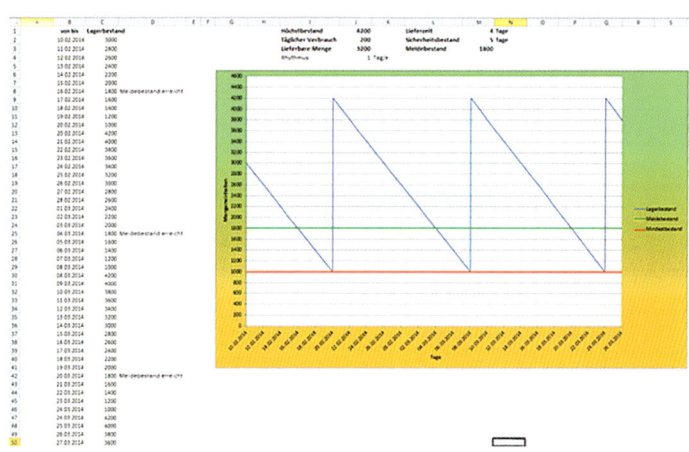

Beispiele • *für den Einsatz von Geschäftsgrafiken bei der ModernOffice KG*

1. *Die nachfolgende Grafik verdeutlicht den Anteil der Umsätze der verschiedenen Artikel in den vier Showrooms, bezogen auf einen festgelegten Zeitraum.*

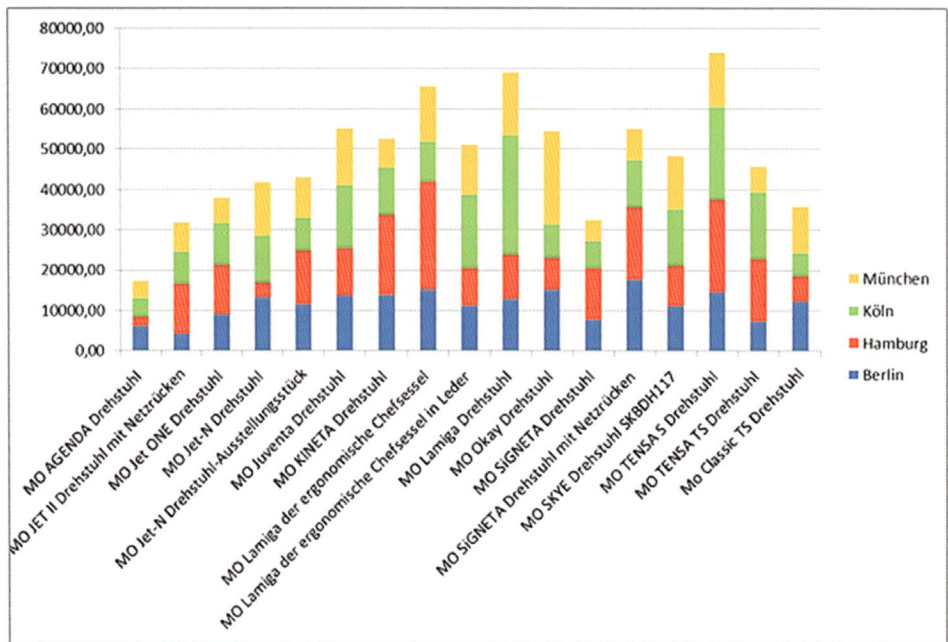

2. *Die folgende Grafik zeigt die prozentualen Anteile am Quartalsumsatz im 1. Quartal, bezogen auf die vier Showrooms.*

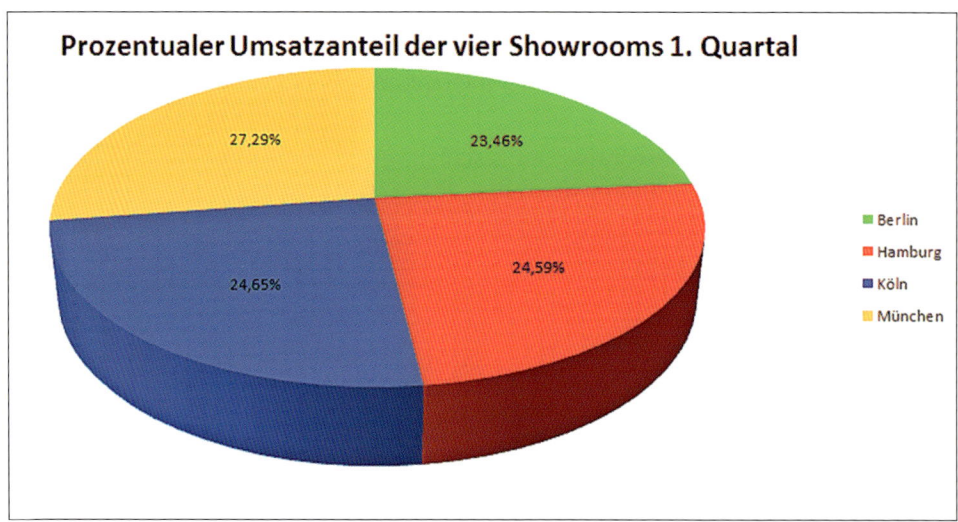

Liefertermine überwachen

Wenn eine Bestellung an den Lieferanten gesendet wird, muss darauf geachtet werden, dass der Lieferant die vereinbarte Lieferzeit einhält und die Werkstoffe oder Handelswaren pünktlich liefert, damit es zu keinen Störungen in der Produktion oder im Verkauf kommt.

Für die Überwachung von Lieferterminen kann das Tabellenkalkulationsprogramm Excel ebenfalls sehr gut verwendet werden.

Beispiel •

*Im Showroom in Köln wird die Lieferterminüberwachung mithilfe des Tabellenkalkulationsprogramms Excel durchgeführt. Ausgehend vom aktuellen Tagesdatum, welches mit der **Funktion „HEUTE()"** erstellt wird, werden die Restlauftage bis zur Lieferung angezeigt.*

Da sich bei Excel hinter jedem Tagesdatum eine serielle Zahl verbirgt, ist es möglich, mit Tagesdaten zu rechnen. In der vorliegenden Tabelle wird das aktuelle Tagesdatum vom Datum des Liefertermins abgezogen. Die logische Funktion „WENN()" ist so aufgebaut, dass sie zwei Meldungen anzeigt:

1. „Liefertermin heute!", wenn der Liefertermin dem aktuellen Tagesdatum entspricht, und
2. „Liefertermin überschritten!", wenn dieser überschritten ist.

	A	B	C	D	E	F
1	Lieferterminüberwachung			aktuelles Datum:		16.06.2014
2	Köln					
3	Auftrags-Nr.:	Artikel-Nr.:	Auftrag erteilt	vereinbarter Liefertermin	Restlaufzeit in Tagen	Meldungen
4	20140655	201117	02.06.2014	20.06.2014	4	
5	20140656	201118	02.06.2014	20.06.2014	4	
6	20140657	201119	04.06.2014	19.06.2014	3	
7	20140658	201120	27.05.2014	16.06.2014	0	Liefertermin heute!
8	20140659	201121	28.05.2014	13.06.2014	-3	Liefertermin überschritten!
9	20140660	202101	06.05.2014	17.06.2014	1	
10	20140661	202102	06.05.2014	17.06.2014	1	
11	20140662	203101	08.06.2014	01.07.2014	15	
12	20140663	203103	08.06.2014	01.07.2014	15	
13	20140664	203104	08.06.2014	01.07.2014	15	

*Mithilfe der „**Bedingten Formatierung**" ist es möglich, verschiedene Zellinhalte hervorzuheben. In der nachfolgenden Tabelle ist die „Bedingte Formatierung" so eingestellt, dass*
* *bei Übereinstimmung von Liefertermin und aktuellem Datum der Hintergrund der Zellen gelb gefärbt wird,*
* *bei überschrittenem Liefertermin der Hintergrund der Zellen rot eingefärbt wird und die Schriftfarbe weiß ist.*

Dadurch werden kritische Termine noch deutlicher sichtbar.

	A	B	C	D	E	F
1	Lieferterminüberwachung			aktuelles Datum:		16.06.2014
2	Köln					
3	Auftrags-Nr.:	Artikel-Nr.:	Auftrag erteilt am:	vereinbarter Liefertermin	Restlaufzeit in Tagen	Meldungen
4	20140655	201117	41792	41810	4	
5	20140656	201118	41792	41810	4	
6	20140657	201119	41794	41809	3	
7	20140658	201120	41786	41806	0	Liefertermin heute!
8	20140659	201121	41787	41803	-3	Liefertermin überschritten!
9	20140660	202101	41765	41807	1	
10	20140661	202102	41765	41807	1	
11	20140662	203101	41798	41821	15	
12	20140663	203103	41798	41821	15	
13	20140664	203104	41798	41821	15	

Die folgende Abbildung zeigt die **Regeln zur Bedingten Formatierung**.

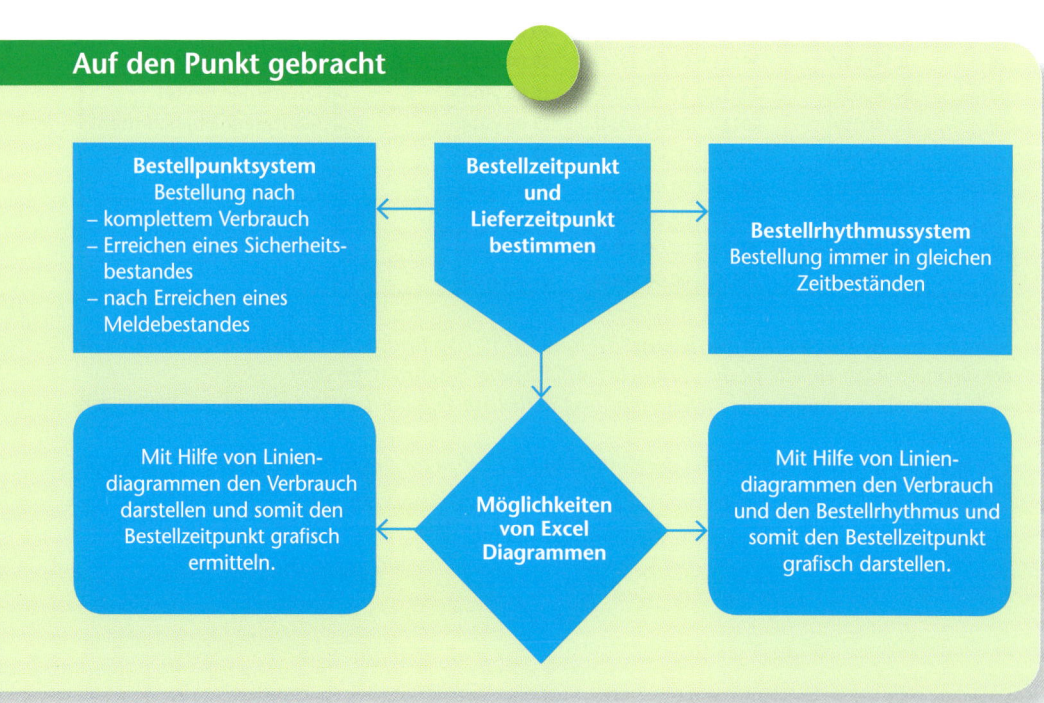

Auf den Punkt gebracht

Bestellpunktsystem
Bestellung nach
– komplettem Verbrauch
– Erreichen eines Sicherheitsbestandes
– nach Erreichen eines Meldebestandes

Bestellzeitpunkt und Lieferzeitpunkt bestimmen

Bestellrhythmussystem
Bestellung immer in gleichen Zeitbeständen

Mit Hilfe von Liniendiagrammen den Verbrauch darstellen und somit den Bestellzeitpunkt grafisch ermitteln.

Möglichkeiten von Excel Diagrammen

Mit Hilfe von Liniendiagrammen den Verbrauch und den Bestellrhythmus und somit den Bestellzeitpunkt grafisch darstellen.

Nutzen Sie Ihr Wissen

1. Erstellen Sie ein Diagramm zum Bestellzeitpunktverfahren „Bestellung bei Erreichen eines Meldebestandes". Gehen Sie dabei von folgenden Daten aus:

I	J	K	L	M	N	O	P
Höchstbestand	5000		Lieferzeit		5 Tage	LB = Lagerbestand	
Täglicher Verbrauch	250		Sicherheitsbestand (SB):		4 Tage	MB = Meldebestand	
Lieferbare Menge	4000		Meldebestand (MB):		2250	SB = Sicherheitsbestand	

Erstellen Sie das Diagramm über einen Zeitraum vom 10.03.2014 bis 25.04.2014 bei sieben Arbeitstagen in der Woche. Der erste Tag soll der Tag sein, an welchem die Lieferung eintrifft. Der Höchstbestand ist demnach erreicht. Fügen Sie zusätzlich den Wochentag in die Spalte A ein.

Folgende Formatierungen sind zu beachten:
- Graphen: LB Farbe Schwarz, MB Farbe Gelb, SB Farbe Blau
- X-Achse: Ausrichtung der Tagesdaten senkrecht, Schriftart Arial, Größe 11 pt
- Y-Achse: Skalierung: Maximum 5.250, Hauptintervall 250.

2. Bei einer Produktion werden täglich 500 Einheiten eines Bauteils in das Endprodukt eingebaut. Als Sicherheitsbestand wird der Verbrauch von drei Tagen festgelegt. Es wird an sieben Tagen in der Woche produziert.
Die Lieferzeit beträgt sechs Tage. Bestellt werden 10.500 ME.
   a) Ermitteln Sie den Meldebestand, den Höchstbestand und den Sicherheitsbestand.
   b) Erstellen Sie mithilfe des Tabellenkalkulationsprogramms Excel eine Tabelle, die den Verbrauch über sechs Wochen darstellt. Mithilfe der Funktion „WENN()" soll die Meldung „Meldebestand erreicht" erzeugt werden.
   c) Entwickeln Sie eine Grafik, die den Verbrauch veranschaulicht. Orientieren Sie sich an dem Beispiel im Kapitel. Beginnen Sie bei einem aktuellen Lagerbestand von 2.500 ME. Verwenden Sie eine sinnvolle Skalierung der Y-Achse.

3. Erstellen Sie ein Diagramm zum Bestellzeitpunktverfahren „Bestellung bei Erreichen eines Meldebestandes". Gehen Sie dabei von folgenden Daten aus:

Höchstbestand	15.000 ME	Lieferzeit	6 Tage
Täglicher Verbrauch	500 ME	Sicherheitsbestand	3 Tage
Lieferbare Menge	13.000 ME	Meldebestand	4.500 ME

Erstellen sie das Diagramm über einen Zeitraum von 6 Wochen bei sieben Arbeitstagen in der Woche. Das Startdatum können Sie bestimmen. Der erste Tag soll durch einen aktuellen Lagerbestand von 2.500 Einheiten gekennzeichnet sein.

Folgende Formatierungen sind zu beachten:
- Y-Achse: Skalierung: Maximum 15.500; Hauptintervall 500
- X-Achse: Skalierung entsprechend Ihrer Datenwahl. Textausrichtung senkrecht.
- Graphen wie in Aufgabe 1.

2.2.   Optimale Bestellmenge ermitteln

Lernsituation

Lea Groß informiert Ebru Celik darüber, dass es jetzt ihre gemeinsame Aufgabe sein wird, optimale Bestellmengen für verschiedene Werkstoffe zu bestimmen. In diesem Zusammenhang möchte Frau Groß wissen, was Ebru sich unter einer optimalen Bestellmenge vorstellt. Ebru Celik überlegt: „Optimal ist für mich eine Bestellmenge, wenn ich immer so viel bestelle, dass ich auf jeden Fall genügend Werkstoffe vorrätig habe. Natürlich möchte ich immer zu einem günstigen Preis einkaufen. Dabei sollte das Lager aber nicht überquellen, da das sicherlich die Lagerkosten in die Höhe treiben würde."

- *Informieren Sie sich über die Bestimmungsgrößen und Voraussetzungen zur Festlegung einer optimalen Bestellmenge.*
- *Entwerfen Sie ein Schaubild zu dieser Thematik. Listen Sie in diesem Schaubild alle Bestimmungsgrößen zur Ermittlung der optimalen Bestellmenge auf und erläutern Sie diese im Plenum.*
- *Begründen Sie anhand eines Beispiels, warum keine der von Ihnen aufgelisteten Bedingungen unberücksichtigt bleiben darf.*
- *Erläutern Sie den Konflikt, der sich zwischen der Höhe der Lagerkosten und der Bezugskosten bei der Ermittlung der optimalen Bestellmenge ergibt.*
- *Entwerfen Sie ein Modell zur Ermittlung einer optimalen Bestellmenge, welches die speziellen Gegebenheiten Ihres Unternehmens berücksichtigt.*
- *Ermitteln Sie mithilfe des Tabellenkalkulationsprogramms Excel grafisch die optimale Bestellmenge für ein Gut, welches in Ihrem Unternehmen als Rohstoff oder Handelsware eingekauft wird. Verwenden Sie in dem Tabellenblatt ein Textfeld, um die erzielten Ergebnisse zu interpretieren.*
- *Stellen Sie Ihr Ergebnis in Form eines Kurzreferates vor und begründen Sie Ihre Vorgehensweise beim Aufbau des Tabellenblattes mit dem dazugehörigen Diagramm.*

In welcher Menge Werkstoffe oder Handelswaren bei Lieferanten bestellt werden, hängt von mehreren Faktoren ab. Die Bedarfsanalyse allein ist dabei nur eine Bestimmungsgröße.

Eine **Veränderung der Bestellmenge** kann positive Auswirkungen auf den **Einkaufspreis** haben. So kann man eventuell durch die erhöhte Bestellmenge Mengenrabatte in Anspruch nehmen. Dieser Kostenvorteil kann sich im Verkaufspreis widerspiegeln. Die Folge kann sein, dass die nun im Verkaufspreis gesenkten Produkte konkurrenzfähiger werden und der Umsatz entsprechend steigt.

Auf der anderen Seite führt eine erhöhte Bestellmenge zu einer Steigerung der **Lagerhaltungskosten**. So muss bei erhöhter Bestellmenge die Lagerfläche erweitert werden, es wird mehr Kapital gebunden, etwaige Versicherungsbeiträge steigen, usw. Die gestiegenen Kosten erhöhen dann möglicherweise die Verkaufspreise.

Beispiel: Im Kölner Showroom werden von dem Artikel „Schreibtischleuchte Ecoform" mit der Artikelnummer 701.125 pro Woche fünf Einheiten verkauft. Pro Woche entsteht demnach ein Bedarf von fünf Schreibtischleuchten dieses Typs.

Es ist jetzt einerseits möglich, jede Woche fünf Schreibtischleuchten beim Lieferanten zu bestellen, wenn dieser innerhalb von einer Woche liefern kann. Andererseits kann man aber auch direkt 60 Einheiten beim Lieferanten bestellen, dann hat man einen Vorrat für ein ganzes Quartal. Auch eine Bestellmenge für einen Monat ist durchaus denkbar.

Das Wissen um den Bedarf für einen festgelegten Zeitraum ist zwar eine wichtige Größe, aber eben nicht die alleinige, wenn die Bestellmenge festgelegt werden soll. Andere Bestimmungsfaktoren müssen mitberücksichtigt werden.

Die Festlegung der Bestellmenge von Werkstoffen oder Handelswaren wird von mehreren Faktoren beeinflusst. Diese können sein:

- die vorhandenen Lagerkapazitäten;
- die Art der Werkstoffe oder Handelswaren: Sind diese Stoffe z. B. verderblich, dann können nur bestimmte Mengen bestellt werden, um der Gefahr des Verderbens und damit des Verlustes vorzubeugen;
- der Einstandspreis: Je höher der Einstandspreis ist, desto mehr Kapital wird durch den Einkauf gebunden;
- die Lieferanten: Die Lieferanten müssen in der Lage sein, jede gewünschte Menge zu liefern;
- die Bestellkosten: Jede Bestellung verursacht Kosten. Die Höhe der Bestellmenge und die damit verbundene Anzahl an Bestellungen beeinflussen diese;
- gesetzliche Bestimmungen: Je nach Beschaffenheit der Werkstoffe oder Handelswaren müssen evtl. gesetzliche Bestimmungen beachtet werden. Das ist vor allem bei der Lagerung von Gefahrgutstoffen der Fall.

Voraussetzungen zur Ermittlung der optimalen Bestellmenge

Das oberste Ziel der Bedarfsplanung ist die Beschaffung aller notwendigen Werkstoffe oder Handelswaren in der festgelegten Qualität, zum gewünschten Zeitpunkt und in der benötigten Menge. Dabei sollen die anfallenden Kosten so gering wie möglich sein.

Ermittelt werden kann eine optimale Bestellmenge nur, wenn
- nur ein Werkstoff oder eine Handelsware betrachtet wird;
- es keine Bestelldauer gibt;
- die gesamte Menge, die in einem Zeitraum benötigt und damit auch bestellt wird, bekannt ist;
- die Einstandspreise und die Kosten der Bestellung unverändert bleiben;
- sich der Verbrauch von Werkstoffen durch die Produktion oder der Umsatz von Handelswaren durch den Verkauf innerhalb des festgelegten Zeitraums nicht verändert;
- eine Bevorratung von Werkstoffen oder Handelswaren beabsichtigt ist (Just-in-time-Lieferungen sind demnach nicht möglich);
- die Lagerhaltungskosten bei zunehmend größeren Bestellmengen linear steigen bzw. bei geringeren Bestellmengen linear fallen;
- es keine Einschränkungen hinsichtlich der Bestell- und Lagermenge gibt.

Die optimale Bestellmenge berechnet sich aus der Beziehung zwischen den Bestellkosten und den Lagerhaltungskosten.

Der sich ergebende Zielkonflikt zwischen hohen Lagerhaltungskosten auf der einen und hohen Bestellkosten auf der anderen Seite soll durch die Ermittlung einer optimalen Bestellmenge minimiert werden. Der Zielkonflikt ist durch folgenden Sachverhalt gekennzeichnet:

Werden häufig kleine Einheiten eines Werkstoffes bestellt, dann sind die Bestellkosten hoch, die Lagerhaltungskosten niedrig. Geht die Bestellhäufigkeit bei diesem Werkstoff zurück, weil größere Mengen bestellt werden, dann sinken zwar die Bestellkosten, aber die Lagerhaltungskosten steigen.

Gegeben ist die optimale Bestellmenge dann, wenn die Summe aus den Bestellkosten und den Lagerhaltungskosten am niedrigsten ist.

Um die optimale Bestellmenge ermitteln zu können, müssen
1. die Bestellkosten und
2. der Lagerhaltungskostensatz
bekannt sein.

Die Bestellkosten

Zu den Bestellkosten zählen **alle Kosten, die durch die Bestellung anfallen.**

Bestelkosten: dazu zählen → – der entstehende Verwaltungsaufwand

→ – Material, welches verbraucht wird

→ – Kosten für die Kommunikation mit dem Lieferanten

Zu den Lagerkosten gehören die Kosten für:

- Personal
- Versicherungen
- Abschreibung
- Instandhaltung
- Energie
- Schwund, Diebstahl
- Zinsen
- Miete

Der Lagerhaltungskostensatz

Der **Lagerhaltungskostensatz** ergibt sich aus der Summe von:

1. Lagerkosten, die ins Verhältnis zum Wert der durchschnittlich gelagerten Ware gesetzt werden. Der Lagerkostensatz wird in Prozent angegeben.

2. Dem kalkulatorischen Zinssatz.

Lagerhaltungskostensatz = Lagerkostensatz + kalkulatorischer Zinssatz

Die grafische Ermittlung der optimalen Bestellmenge

Bei der grafischen Ermittlung einer optimalen Bestellmenge sollen **drei Kostenverläufe** miteinander in Beziehung gesetzt werden:
1. die Bestellkosten,
2. die Lagerhaltungskosten,
3. die sich als Summe ergebenden Gesamtkosten.

Der Begriff „Kostenverlauf" deutet schon darauf hin, dass zur Darstellung der einzelnen Kostenentwicklungen ein Diagrammtyp notwendig ist, mit dessen Hilfe die unterschiedlich verlaufenden Werteveränderungen veranschaulicht werden können. Es ist außerdem davon auszugehen, dass sich die Werte der einzelnen Kostengrößen teilweise überschneiden könnten.

Für die Darstellung der optimalen Bestellmenge bietet sich daher der **Diagrammtyp „Liniendiagramm"** an.

Beispiel •

Im Showroom in Köln werden Handelswaren angeboten, die das Sortiment der ModernOffice KG sinnvoll ergänzen. Unter den angebotenen Handelswaren befinden sich Schreibtischleuchten von unterschiedlichen Herstellern. Zu einem echten Verkaufsschlager hat sich die Schreibtischleuchte „Montreux" entwickelt, die von einem Hersteller aus Norddeutschland bezogen wird. Diese Schreibtischleuchte wird in zwei unterschiedlichen Designs angeboten:

1. Material Aluminium satiniert

2. Material Aluminium hochglanzpoliert

Die ModernOffice KG bezieht diesen Lampentyp zu einem Einstandspreis von 45,00 € pro Stück. Der Preis gilt für beide Typen. Bei der Ermittlung der optimalen Bestellmenge wird von einem jeweiligen Jahresumsatz von 600 Stück ausgegangen. Ein Sicherheitsbestand bleibt bei der Ermittlung der optimalen Bestellmenge unberücksichtigt. Alle notwendigen Daten sind in der Tabelle erfasst.

	A	B	C	D	E
1	Jahresbedarf/Stück:	600		Schreibtischleuchte Modell:	Montreux
2	Einstandspreis /Stück	45,00 €		Material:	Aluminium satiniert
3	Bestellkosten/Bestellung	30,00 €		Farbe:	silber
4	Lagerhaltungs- und Zinskosten			max Höhe:	60 cm
5	(=Lagerhaltungskostensatz):	12,00%		Art.-Nr.:	201.101

Grundlage der Berechnung der einzelnen Kostenverläufe ist eine gestaffelte Anzahl von Bestellungen innerhalb eines Jahres. Diese reicht von einer einmaligen jährlichen bis zu einer monatlichen Bestellung. Es ergeben sich die Werte der nachfolgenden Tabelle:

	A	B	C	D	E	F
1	Artikel-Nr.:	201.101	Schreibtischlampe		Montreux	
2	Bestellmenge	Bestellhäufigk	Ø Lagerbestand	Bestellkosten	Lagerhaltungskosten	Gesamt
3	50	12	25,00	360,00 €	135,00 €	495,00 €
4	55	11	27,50	330,00 €	148,50 €	478,50 €
5	60	10	30,00	300,00 €	162,00 €	462,00 €
6	67	9	33,50	270,00 €	180,90 €	450,90 €
7	75	8	37,50	240,00 €	202,50 €	442,50 €
8	86	7	43,00	210,00 €	232,20 €	442,20 €
9	100	6	50,00	180,00 €	270,00 €	450,00 €
10	120	5	60,00	150,00 €	324,00 €	474,00 €
11	150	4	75,00	120,00 €	405,00 €	525,00 €
12	200	3	100,00	90,00 €	540,00 €	630,00 €
13	300	2	150,00	60,00 €	810,00 €	870,00 €
14	600	1	300,00	30,00 €	1.620,00 €	1.650,00 €

Das Ergebnis:

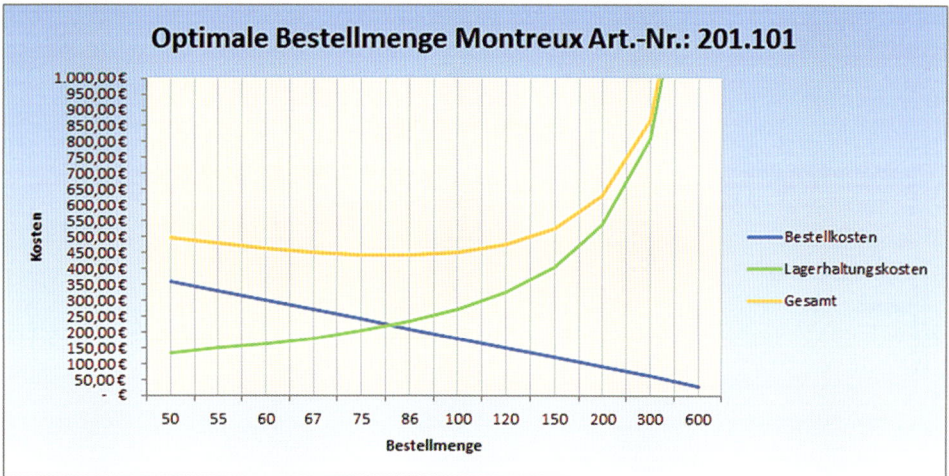

Erläuterungen zum Diagramm

Bevor der gewünschte Diagrammtyp ausgewählt wird, müssen die Werte in der Tabelle eingegeben und markiert sein, die in dem späteren Diagramm dargestellt werden sollen, hier im Beispiel also die Werte des Zellbereichs „D2 bis F14".

An dieser Stelle soll eine Besonderheit des fertigen Diagramms erläutert werden. Wenn die zugrunde liegenden Daten markiert sind und der korrekte Diagrammtyp ausgewählt ist, zeigt Excel auf der X-Achse lediglich eine Zahlenreihe von 1 bis 12 an. Das entspricht den zwölf Zeilen der Tabelle, die Werte enthalten.

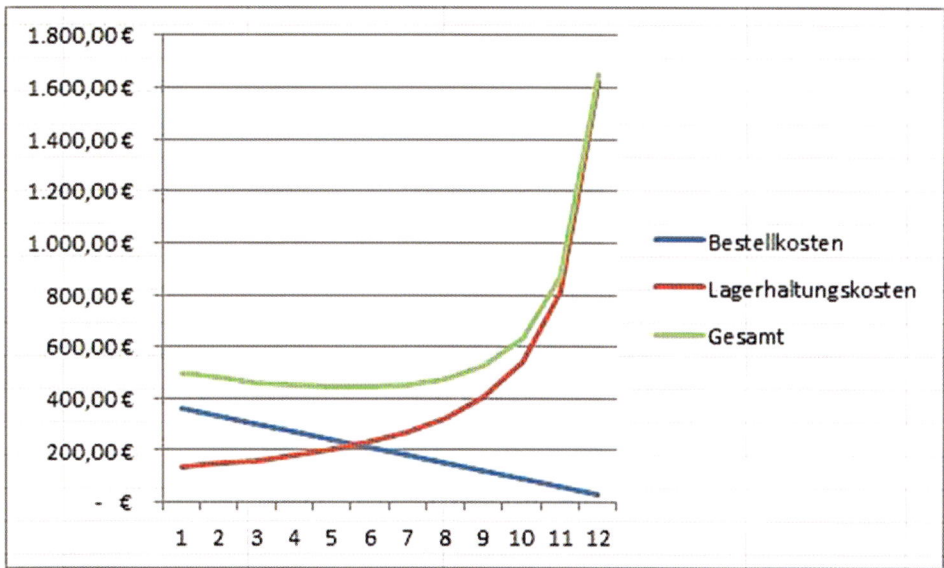

Um die x-Achsenbeschriftung verändern zu können, muss das **Kontextmenü** aufgerufen und in diesem die Befehlsoption „**Daten auswählen**" angeklickt werden. Es öffnet sich unten angezeigtes Dialogfeld.

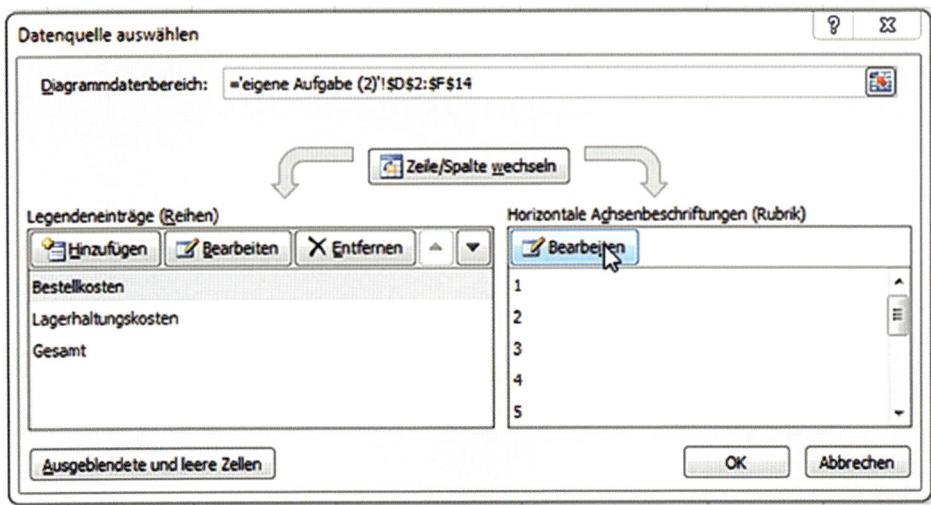

Betätigt man in diesem Dialogfeld die Schaltfläche „Bearbeiten", gelangt man zu dem Dialogfeld, in welchem man den Bereich markieren kann, der Grundlage der X-Achsenbeschriftung sein soll. Die Auswahl ist – wie jede andere auch – mit „OK" zu bestätigen.

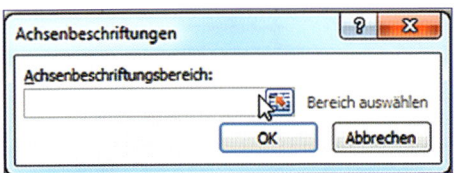 

Einfügen von Textfeldern
Die Schaltfläche für das Einfügen von Textfeldern in Tabellenblätter befindet sich in der Registerkarte „Einfügen".

Einen aktuellen Lagerbestand mit Excel ermitteln in Euro berechnen

Bevor Bestell- und Lieferzeitpunkte festgelegt werden können, muss der aktuelle Lagerbestand bekannt sein oder kurzfristig ermittelt werden können.

Den Bestand an Werkstoffen und Handelswaren kann man mittels einer körperlichen Inventur erfassen, die jedoch einigen Arbeitsaufwand erfordert. Wenn die gesamte Lagerhaltung softwareunterstützt durchgeführt wird, kann man mit dem PC jederzeit den aktuellen Buchbestand abrufen.

Excel bietet für diese Aufgabenstellung die **Funktion „SUMMEWENN()"** an. Mit dieser Funktion ist es möglich, Zellinhalte zu addieren, die die man mithilfe der drei Argumente genau festlegt.

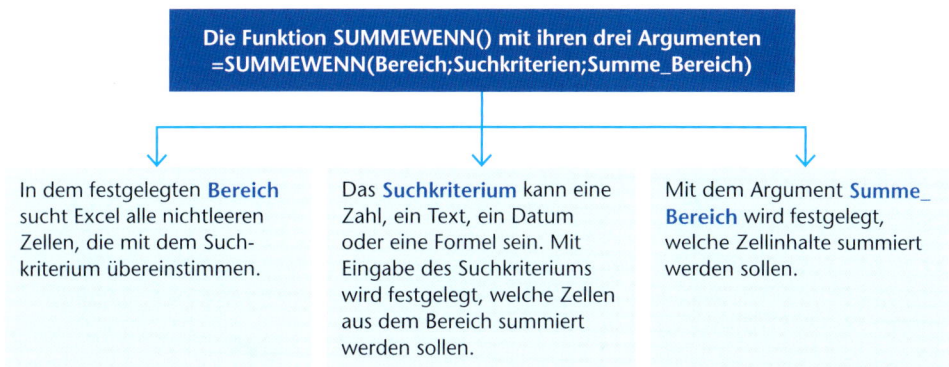

Die Funktion SUMMEWENN() mit ihren drei Argumenten
=SUMMEWENN(Bereich;Suchkriterien;Summe_Bereich)

In dem festgelegten **Bereich** sucht Excel alle nichtleeren Zellen, die mit dem Suchkriterium übereinstimmen.

Das **Suchkriterium** kann eine Zahl, ein Text, ein Datum oder eine Formel sein. Mit Eingabe des Suchkriteriums wird festgelegt, welche Zellen aus dem Bereich summiert werden sollen.

Mit dem Argument **Summe_ Bereich** wird festgelegt, welche Zellinhalte summiert werden sollen.

Mit dem **ersten Argument** wird der **Bereich** erfasst, in welchem sich das Suchkriterium befindet. Bei der Festlegung dieses Bereiches muss darauf geachtet werden, dass wirklich nur die **eine** Spalte markiert wird, in der sich das Suchkriterium, welches im zweiten Argument festgelegt wird, befindet.

Mit dem **zweiten Argument** legt man das **Suchkriterium** fest. Entweder bezieht man sich dabei auf eine Zelle, die dieses Suchkriterium beinhaltet, oder man gibt dieses Suchkriterium in das Dialogfeld ein. Excel setzt das eingegebene Suchkriterium automatisch in Anführungszeichen, wenn es sich um einen Text handelt. Diesen muss man selbst einfügen, wenn man sich nicht des Dialogfeldes bedient.

Mit dem **dritten Argument** legt man den **Bereich** fest, aus dem die **Zellinhalte addiert** werden sollen.

Wenn man mit dem Programm noch nicht sehr vertraut ist, sollte man sich immer des **Funktionsassistenten** bedienen:[1]

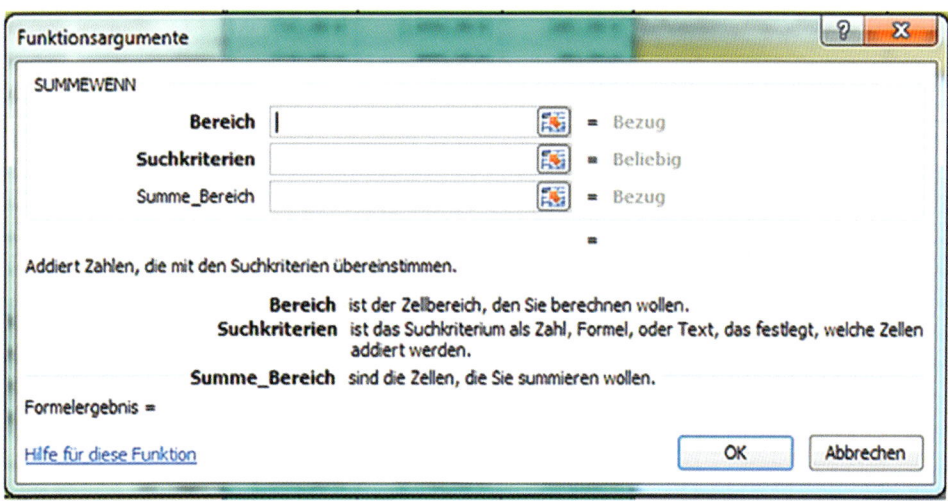

---

1 Die Erläuterungen zu den einzelnen Argumenten in der Abbildung zusammengefasst worden.

Beispiel •

Im Showroom in Köln wird der aktuelle Lagerbestand an Schreibtischleuchten ermittelt. Dabei wird zwischen verschiedenen Modellen unterschieden:

1. *Schreibtischleuchten mit Standfuß,*

2. *Schreibtischleuchten mit Klemmfunktion,*

3. *LED-Schreibtischleuchten.*

Der aktuelle Lagerbestand wird täglich aktualisiert und ist jederzeit in der Tabelle abzulesen. Eine automatische Unterscheidung in die drei gewünschten Typen von Schreibtischleuchten ist mithilfe der Funktion „SUMMEWENN()" möglich.

Handelswaren: Schreibtischleuchten

Artikel-Nr.	Artikelbezeichnung	Modell	Typ	Material	Einstandspreis	Abs. Lagerbestand	Höchstbestand	Meldebestand	Mindestbestand	Meldebestand erreicht in
201.101	Schreibtischleuchte	Montreux	Stand	Aluminium satiniert	45,00 €	32	50	15	5	17 Tagen
201.102	Schreibtischleuchte	Montreux	Stand	Aluminium hochglanz	45,00 €	33	50	15	5	18 Tagen
201.104	Schreibtischleuchte	Mali	Stand	Metall	18,00 €	20	50	15	5	5 Tagen
201.105	Schreibtischleuchte	Atensis	Stand	Messing	210,00 €	15	50	15	5	Meldeb. erreicht
201.106	Schreibtischleuchte	Louis	Stand	Metall	49,00 €	15	50	15	5	Meldeb. erreicht
201.107	Schreibtischleuchte	Temtom	Stand	Metall	18,00 €	12	50	15	5	Meldeb. unterschritten
201.108	Schreibtischleuchte	Class	Stand	Metall	28,95 €	11	50	15	5	Meldeb. unterschritten
201.109	Schreibtischleuchte	Light	Stand	Metall	62,00 €	30	50	15	5	15 Tagen
201.112	Schreibtischleuchte	RedZet	Stand	Metall	32,50 €	42	50	15	5	27 Tagen
201.116	Schreibtischleuchte	Guide	Stand	Metall	19,00 €	41	50	15	5	26 Tagen
201.117	Schreibtischleuchte	Paddick	Stand	Metall	12,00 €	18	50	15	5	3 Tagen
201.118	Schreibtischleuchte	Also	Stand	Metall	30,00 €	40	50	15	5	25 Tagen
201.119	Schreibtischleuchte	Sonel	Stand	Metall	35,00 €	17	50	15	5	2 Tagen
201.120	Schreibtischleuchte	Marmi	Stand	Metall	88,00 €	10	50	15	5	Meldeb. unterschritten
201.121	Schreibtischleuchte	Tock	Stand	Metall	32,00 €	11	50	15	5	Meldeb. unterschritten
201.122	Schreibtischleuchte	Blee	Stand	Metall	29,00 €	11	50	15	5	Meldeb. unterschritten
201.123	Schreibtischleuchte	Star	Stand	Metall	60,00 €	13	50	15	5	Meldeb. unterschritten
201.124	Schreibtischleuchte	Aven	Stand	Messing	120,00 €	20	50	15	5	5 Tagen
201.125	Schreibtischleuchte	Ecoform	Stand	Aluminium satiniert	55,00 €	25	50	15	5	10 Tagen
201.126	Schreibtischleuchte	Brasso	Stand	Aluminium hochglanz	213,00 €	31	50	15	5	16 Tagen
201.126	Schreibtischleuchte	4You	Stand	Aluminium hochglanz	178,00 €	23	50	15	5	8 Tagen
201.126	Schreibtischleuchte	Time	Stand	Aluminium hochglanz	162,00 €	25	50	15	5	10 Tagen
201.126	Schreibtischleuchte	All	Stand	Aluminium hochglanz	151,00 €	26	40	14	4	12 Tagen
201.127	Schreibtischleuchte	Trouble In	Stand	Metall	42,00 €	22	40	14	4	8 Tagen
201.127	Schreibtischleuchte	Prag	Stand	Metall	38,00 €	25	40	14	4	11 Tagen
201.127	Schreibtischleuchte	London	Stand	Metall	72,00 €	10	40	14	4	Meldeb. unterschritten
201.127	Schreibtischleuchte	New York	Stand	Metall	44,00 €	14	40	14	4	Meldeb. erreicht
201.127	Schreibtischleuchte	Berlin	Stand	Metall	25,00 €	15	40	14	4	1 Tagen
201.127	Schreibtischleuchte	Paris	Stand	Metall	36,00 €	35	40	14	4	21 Tagen
201.127	Schreibtischleuchte	Rom	Stand	Metall	33,00 €	32	40	14	4	18 Tagen
201.127	Schreibtischleuchte	Dublin	Stand	Metall	74,00 €	38	40	14	4	24 Tagen
201.127	Schreibtischleuchte	Oslo	Stand	Metall	19,00 €	3	40	13	4	Meldeb. unterschritten
202.101	LED-Schreibtischleuchte	TouchOne I	Stand	Metall	25,00 €	33	40	13	4	20 Tagen
202.102	LED-Schreibtischleuchte	TouchOne II	Stand	Metall	25,00 €	23	40	13	4	10 Tagen
202.103	LED-Schreibtischleuchte	TouchOne III	Stand	Metall	25,00 €	28	40	13	4	15 Tagen
202.104	LED-Schreibtischleuchte	Mini	Stand	Metall	65,00 €	25	40	13	4	12 Tagen
202.105	LED-Schreibtischleuchte	Torno	Stand	Aluminium satiniert	90,00 €	28	40	13	4	15 Tagen
202.106	LED-Schreibtischleuchte	Arena	Stand	Aluminium satiniert	75,00 €	23	30	13	3	10 Tagen
202.107	LED-Schreibtischleuchte	Mona	Stand	Aluminium satiniert	75,00 €	20	30	13	3	7 Tagen
202.108	LED-Schreibtischleuchte	Stara	Stand	Aluminium satiniert	75,00 €	10	30	13	3	Meldeb. unterschritten
202.109	LED-Schreibtischleuchte	Aila	Stand	Aluminium satiniert	75,00 €	9	30	13	3	Meldeb. unterschritten
202.110	LED-Schreibtischleuchte	Beha	Stand	Aluminium hochglanz	75,00 €	8	30	10	3	Meldeb. unterschritten
202.111	LED-Schreibtischleuchte	Nala	Stand	Aluminium hochglanz	75,00 €	17	30	10	3	7 Tagen
202.112	LED-Schreibtischleuchte	Socca	Stand	Metall	80,00 €	15	30	10	3	5 Tagen
202.121	LED-Schreibtischleuchte	WorksII	Stand	Metall	31,00 €	13	30	10	3	3 Tagen
202.122	LED-Schreibtischleuchte	Milou	Stand	Metall	70,00 €	12	30	10	3	2 Tagen
203.101	Schreibtischleuchte Kl.	Staab	Klemm	Metall	15,00 €	19	30	10	3	9 Tagen
203.103	Schreibtischleuchte Kl.	Trohr	Klemm	Metall	15,00 €	26	30	10	3	16 Tagen
203.104	Schreibtischleuchte Kl.	Works	Klemm	Metall	18,00 €	26	30	10	3	16 Tagen

Die Auswertung gibt zu allen drei Artikeln den aktuellen Lagerbestand an.

Auswertung	
Artikel	aktueller Lagerbestand
Schreibtischleuchte	715
LED-Schreibtischleuchte	264
Schreibtischleuchte Kl.	71
	1050

In der Spalte „F" der obigen Tabelle ist der Einstandspreis aller Artikel abzulesen. Erweitert man die Tabelle, so ist man in der Lage, die jeweiligen Lagerbestände zu den Einstandspreisen zu bewerten.

Die nachfolgende Auswertung zeigt das Ergebnis.

	Gesamtwert		
Artikel	akt. Bestand	Höchstbestand	Mindestbestand
Schreibtischleuchte	47.268,45 €	98.432,50 €	9.843,25 €
LED-Schreibtischleuchte	15.213,00 €	28.130,00 €	2.813,00 €
Schreibtischleuchte Kl.	1.143,00 €	1.440,00 €	144,00 €
	63.624,45 €	128.002,50 €	12.800,25 €

Auf den Punkt gebracht

Bestellmenge festlegen → Optimale Bestellmenge ermitteln → Bestell-zeitpunkt festlegen → Bestellung durchführen → Liefertermin überwachen

Nutzen Sie Ihr Wissen

1. Ermitteln Sie den Istbestand an Gasdruckfedern und an Gaszugfedern mit einer Druck-/Zugkraft ab 5.000 Newton mithilfe der Funktion „SUMMEWENN()" unter Verwendung der nachfolgenden Tabelle „Fremdbauteile".

	A	B	C	D	E	F	G	H	I
1	**Fremdbauteile**						**ModernOffice KG**		
2	**Bezeichnung**			**Gasdruck- und Gaszugfedern**					
3							**Lagerbestand**		
4	FB-Art-Nr.:	Typen	Hersteller		Antrieb	bis Newton	Ist	Soll Max	LEP/Stück
5	700.100	T6	MTechnik KG	Gasdruckfedern	Kurbel	750	453	1200	22,71 €
6	700.101	T6	MTechnik KG	Gasdruckfedern	Kurbel	1150	601	1200	23,85 €
7	700.102	T6	MTechnik KG	Gasdruckfedern	Kurbel	2000	780	1200	25,04 €
8	700.103	T6	MTechnik KG	Gasdruckfedern	Kurbel	2100	220	1200	26,29 €
9	700.104	T6	MTechnik KG	Gasdruckfedern	Kurbel	3300	561	1200	27,60 €
10	700.105	T6	MTechnik KG	Gasdruckfedern	Kurbel	5000	454	1200	28,98 €
11	700.106	T8	MTechnik KG	Gasdruckfedern	Kurbel	800	1001	1500	43,48 €
12	700.107	T8	MTechnik KG	Gasdruckfedern	Kurbel	1100	1100	1500	45,65 €
13	700.108	T8	MTechnik KG	Gasdruckfedern	Kurbel	1500	980	1500	47,93 €
14	700.109	T8	MTechnik KG	Gasdruckfedern	Kurbel	1850	789	1500	50,33 €
15	700.110	T8	MTechnik KG	Gasdruckfedern	Kurbel	2250	991	1500	52,85 €
16	700.111	T8	MTechnik KG	Gasdruckfedern	Kurbel	3000	1000	1500	55,49 €
17	700.112	T6/T8	MTechnik KG	Gasdruckfedern	Kurbel	800	600	2500	24,98 €
18	700.113	T6/T8	MTechnik KG	Gasdruckfedern	Kurbel	1100	568	2500	27,48 €
19	700.114	T6/T8	MTechnik KG	Gasdruckfedern	Kurbel	1500	465	2500	30,23 €
20	700.115	T6/T8	MTechnik KG	Gasdruckfedern	Kurbel	1850	569	2500	33,25 €
21	700.116	T6/T8	MTechnik KG	Gasdruckfedern	Kurbel	2250	662	2500	36,57 €
22	700.117	T6/T8	MTechnik KG	Gasdruckfedern	Kurbel	3000	802	2500	40,23 €
23	700.118	T6/T8	MTechnik KG	Gasdruckfedern	Kurbel	900	700	2500	44,26 €
24	700.119	T6/T8	MTechnik KG	Gasdruckfedern	Kurbel	1800	803	2500	48,68 €
25	700.120	T6/T8	MTechnik KG	Gasdruckfedern	Kurbel	2700	880	2500	53,55 €
26	700.121	T10	MTechnik KG	Gaszugfedern	E. Antrieb	3600	189	300	43,15 €
27	700.122	T10	MTechnik KG	Gaszugfedern	E. Antrieb	4500	215	500	51,78 €
28	700.123	T10	MTechnik KG	Gaszugfedern	E. Antrieb	5000	301	600	54,37 €
29	700.124	T10	MTechnik KG	Gaszugfedern	E. Antrieb	6000	201	550	57,09 €
30	700.125	T10	MTechnik KG	Gaszugfedern	E. Antrieb	8000	330	600	59,94 €
31	700.126	T10	MTechnik KG	Gaszugfedern	E. Antrieb	8000	302	600	62,94 €
32	700.127	T10	MTechnik KG	Gaszugfedern	E. Antrieb	1000	186	400	66,08 €
33	700.128	T10	MTechnik KG	Gaszugfedern	E. Antrieb	12000	89	200	69,39 €
34	700.129	T10	MTechnik KG	Gaszugfedern	E. Antrieb	12000	78	200	72,86 €
35	700.130	T10	MTechnik KG	Gaszugfedern	E. Antrieb	17500	65	150	76,50 €
36	700.131	T10	MTechnik KG	Gaszugfedern	E. Antrieb	17500	78	150	80,33 €
37	700.132	T10	MTechnik KG	Gaszugfedern	E. Antrieb	17500	71	150	84,34 €
38	700.133	T17	Stomex OHG	Gaszugfedern	E. Antrieb	6000	46	100	64,32 €
39	700.134	T18	Stomex OHG	Gaszugfedern	E. Antrieb	6100	19	100	68,18 €
40	700.135	T19	Stomex OHG	Gaszugfedern	E. Antrieb	6200	22	100	72,27 €
41	700.136	T20	Stomex OHG	Gaszugfedern	E. Antrieb	6300	80	100	76,61 €
42	700.137	T21	Stomex OHG	Gaszugfedern	E. Antrieb	6400	30	100	81,20 €
43	700.138	T22	Stomex OHG	Gaszugfedern	E. Antrieb	6500	30	100	86,07 €
44	700.139	T23	Stomex OHG	Gaszugfedern	E. Antrieb	6600	12	100	91,24 €

2. a) Erstellen Sie die beiden Tabellen, wie Sie sie in dem Beispiel zur grafischen Ermittlung einer optimalen Bestellmenge sehen. Denken Sie daran, dass die Ergebnisse der Spalten „D" bis „F" Ergebnisse von Rechenoperationen sind, die Sie bitte durchführen.

   b) Zeichnen Sie im Anschluss daran das Diagramm mit dem Tabellenkalkulationsprogramm Excel.

   c) Ermitteln Sie mithilfe der „Bedingten Formatierung" die optimale Bestellmenge in der Spalte „F". Die Zeile, in der sich die niedrigsten Gesamtkosten befinden, soll gelb hinterlegt werden.

2.3 Anfragen norm- und sachgerecht schreiben

Lernsituation

Svenja Kolleck wird seit drei Wochen in der Beschaffungsgruppe „Material Metalle" ausgebildet. Der Gruppenleiter Simon Schmitz ist mit ihrem Ausbildungsstand sehr zufrieden und erteilt ihr den folgenden betrieblichen Auftrag.

Hausmitteilung

Von	Abteilung
Simon Schmitz, GL	Material Metalle

An	Abteilung
Svenja Kolleck, Auszubildende	Material Metalle

Betrifft

Alternative Beschaffung von Gasdruck- und Gaszugfedern

Nachricht

Die Werksleiter in Horb und Bielefeld weisen in den letzten drei Monaten wiederholt auf eine nachlassende Qualität der Gasdruck- und Gaszugfedern des Lieferers MTechnik KG hin.

Die Werksleiter empfehlen dringend, alternative Bezugsmöglichkeiten zu ermitteln. Sie schlagen vor, von fünf anderen Herstellern je zwei Musterfedern anzufordern. Diese sollen in den beiden Werken einer Qualitätskontrolle unterzogen werden.

Durch eine Bezugsquellenanalyse sind folgende potenzielle Lieferer ermittelt worden:

Federtechnik OHG, Lönsstraße 17, 46147 Oberhausen
Mertens GmbH, Industriepark 12, 39126 Magdeburg
Drucktech GmbH, Koblenzer Straße 5, 70376 Stuttgart

Auftrag: Verfassen Sie eine entsprechende Anfrage an diese Hersteller. Legen Sie die Anfragen unterschriftsfertig bis zum 27.05.20.. vor.

Besondere Vermerke

Eilt

Datum	Anlagen
25.05.20..	Artikeldatei Fremdbauteile

Unterschrift	Verteiler
S. Schmitz	

- *Analysieren Sie diesen betrieblichen Auftrag. Stellen Sie sich dazu z. B. folgende Fragen:*
  - *Warum hat der Gruppenleiter in der Hausmitteilung den besonderen Vermerk „eilt" vorgenommen? Welche Probleme können sich für die ModernOffice KG ergeben, wenn nicht schnell agiert wird?*
  - *Welche weiteren Informationen sind für die Bearbeitung dieses Auftrags erforderlich? Welche betriebsinternen Informationsquellen stehen zur Verfügung?*
  - *Welche inhaltlichen Einzelaspekte müssen im Kontakt mit den potenziellen Lieferern angesprochen werden?*
  - *Wie kann die ModernOffice KG für die potenziellen Lieferer als attraktiver zukünftiger Vertragspartner dargestellt werden?*
  - *Welche Informationsquellen stehen für die Ermittlung weiterer potenzieller Hersteller zur Verfügung?*
  - *Soll die Kontaktaufnahme mit den potenziellen Lieferern telefonisch, elektronisch (E-Mail) oder schriftlich (Geschäftsbrief) erfolgen? Welche Vor- und Nachteile sind jeweils gegeben?*
- *Informieren Sie sich über die Anfrage als Informationsinstrument im Beschaffungsprozess.*
- *Verfassen Sie für Svenja Kolleck eine norm- und sachgerechte schriftliche Anfrage.*

Sachliche Aspekte einer Anfrage

Ziele und Arten von Anfragen

Die Anfrage ist ein zentrales Informationsinstrument im Beschaffungsprozess. Ihr können unterschiedliche Intentionen (Zielsetzungen) zugrunde liegen:

- Ermittlung der wirtschaftlichsten Bezugsmöglichkeit für einen konkret vorliegenden Bedarfsfall
- Allgemeine Recherche der Bezugsmöglichkeiten im Rahmen einer kontinuierlichen Beobachtung des Beschaffungsmarktes
- Überprüfung des Preis-Leistungs-Verhältnisses bestehender Liefererverbindungen durch den Vergleich mit möglichen Alternativen

In Abhängigkeit von der Zielsetzung sind verschiedene Arten von Anfragen zu unterscheiden.

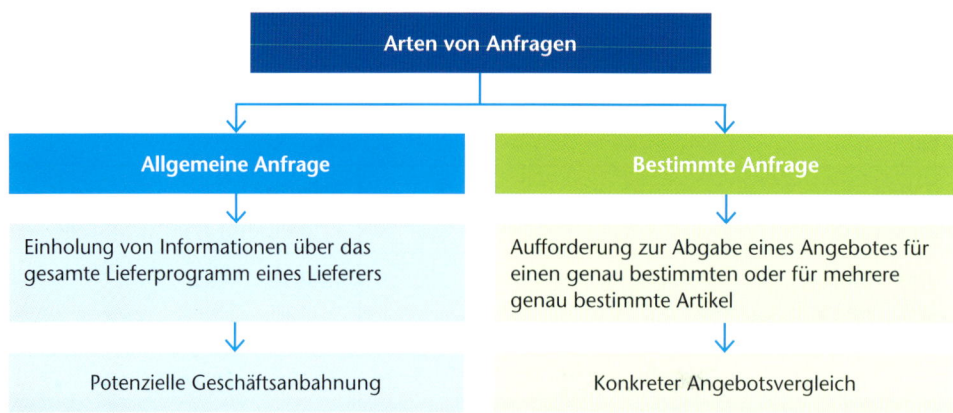

Inhaltliche Struktur einer Anfrage

Wie jeder Text ist eine Anfrage klar zu strukturieren. Im Hauptteil unterscheiden sich allgemeine und bestimmte Anfragen angesichts der unterschiedlichen Zielsetzung deutlich.

	Allgemeine Anfrage	Bestimmte Anfrage
Einleitung	– kurzer Hinweis auf die Informationsquelle (Wie ist der Anfragende auf den Lieferer aufmerksam geworden?) und/oder – kurze Darstellung des Sachziels des eigenen Unternehmens und sich daraus ergebender allgemeiner Bedarfe	kurzer Hinweis auf evtl. bestehende oder zurückliegende Geschäftsbeziehungen und/oder kurze Darstellung des konkreten Bedarfs
Hauptteil	Bitte um Informationen über das Gesamtangebot: – Anforderung eines Katalogs – Bitte um den Besuch eines Vertreters – Bitte um Zusendung von Mustern oder Proben – u. Ä.	Einholen konkreter Informationen: – genaue Bezeichnung/Beschreibung der angefragten Ware – Angabe der geplanten Bezugsmenge – Anforderung konkreter Angaben zu Preisen, Preisnachlässen, Lieferterminen, Lieferungs- und Zahlungsbedingungen – u. Ä.
Schluss	– Bitte um zeitnahe Antwort und/oder – positiver Ausblick auf eine evtl. mögliche zukünftige Geschäftsbeziehung	– Bitte um zeitnahe Antwort und/oder – Auftragsankündigung (in Abhängigkeit vom Ergebnis eines Angebotsvergleichs)

Form der Anfrage

Eine Anfrage ist **formfrei**. Sie kann schriftlich, mündlich, telefonisch oder elektronisch (per E-Mail) durchgeführt werden.

Die **telefonische oder mündliche Form** bietet sich aus Kostengründen an, wenn aufgrund bereits bestehender Geschäftsverbindungen konkrete Ansprechpartner bekannt sind. Für die **schriftliche Form** spricht die Möglichkeit, das eigene Unternehmen und die angefragten Interessen nachhaltiger darstellen zu können. Insbesondere bei neu angebahnten Geschäftsbeziehungen ist das ein Vorteil.

Rechtliche Wirkung der Anfrage

Eine Anfrage ist **unverbindlich.** *Sie stellt keine Willenserklärung im rechtlichen Sinne dar. Für den Anfragenden löst sie keine Rechtsfolgen aus. Das heißt, ein auf die Anfrage folgendes Angebot eines Lieferers muss nicht angenommen werden.*

Formale Aspekte einer Anfrage

Im Falle der Schriftform werden Anfragen unter **Einhaltung der Schreib- und Gestaltungsregeln (DIN 5008)** mit einem Textverarbeitungsprogramm erstellt. Bei gleichlautenden Anfragen an mehrere Anbieter ist die Serienbrieffunktion zu nutzen. Das folgende Beispiel veranschaulicht eine sach- und normgerecht verfasste Anfrage.

Vergleichbares gilt für die elektronische Versendung einer Anfrage. In diesem Fall sind die **Vorschriften für die Gestaltung einer E-Mail** zu beachten.

Beispielbrief

ModernOffice KG · Industriestraße 10 – 14 · 72160 Neckar

Bürogroßhandlung
Saalfeld GmbH
Ilmenauer Straße 40
98527 Suhl

Ihr Zeichen:
Ihre Nachricht vom:
Unser Zeichen: mü
Unsere Nachricht vom:

Name: Sabine Müller
Telefon: 07451 801-50
Telefax: 07451 801-500
E-Mail: s.mueller@mo-modernoffice.de

Datum: 12.03.20..

Anfrage nach Büromaterial

Sehr geehrte Damen und Herren,

in der Fachzeitschrift „Büro aktuell" haben wir Ihre Anzeige gelesen.

Wir sind einer der führenden Komplettanbieter für die Herstellung von Büromöbeln sowie für die Planung ganzheitlicher Bürokonzepte mit mehreren Standorten im In- und Ausland.

Zur Deckung unseres unternehmensinternen Bedarfs an Verbrauchsmaterialien, z. B. Papiere, Briefhüllen, Etiketten, Tonerkassetten, suchen wir eine neue Bezugsquelle.

Bitte senden Sie uns Ihren Gesamtkatalog sowie Ihre aktuelle Preisliste.

Auch Ihre Lieferungs- und Zahlungsbedingungen sind für uns ein wichtiges Entscheidungskriterium. Welche Mengenrabatte gewähren Sie bei Erreichen bestimmter Auftragssummen?

Ihrem Angebot sehen wir mit Interesse entgegen.

Mit freundlichem Gruß

ModernOffice KG
Beschaffung

Sabine Müller

Sabine Müller

ModernOffice KG
Industriestraße 10 – 14
72160 Horb am Neckar

Gesellschafter:
Dr. Anja Tischler
Dipl.-Kfm. Jens Tischler
Anton Tischler

Telefon: + 49 7451 801-0
Telefax: + 49 7451 801-100
E-Mail: info@mo-modernoffice.com

Internet: www.mo-modernoffice.com
Facebook: www.facebook.com/mo-modernoffice
Twitter: https://twitter.com/mo-modernoffice

Bankverbindungen:
Postbank Stuttgart
IBAN DE53 6001 0070 0813 6000 10
SWIFT-BIC PBNK DE FF 600

Kreissparkasse Freudenstadt
IBAN DE68 6425 1060 1701 8022 44
SWIFT-BIC SOLA DE S1FDS

Sitz: Horb am Neckar
USt-IdNr.: DE 258034416
Steuer-Nr.: 220/360/2842

HRA 722079
Amtsgericht Stuttgart
(Finanzamt Freudenstadt,
Außenstelle Horb)

Auf den Punkt gebracht

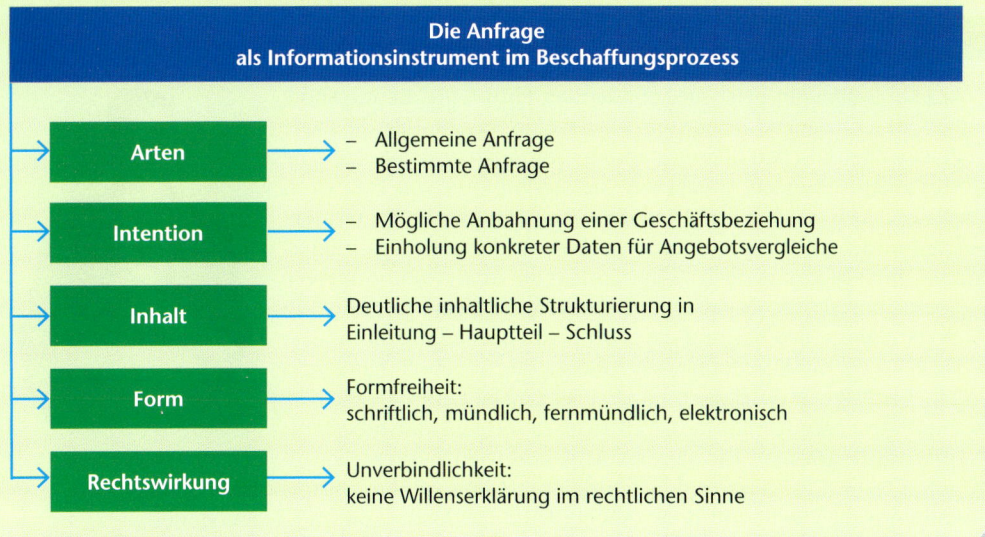

Die Anfrage als Informationsinstrument im Beschaffungsprozess

Arten	– Allgemeine Anfrage – Bestimmte Anfrage
Intention	– Mögliche Anbahnung einer Geschäftsbeziehung – Einholung konkreter Daten für Angebotsvergleiche
Inhalt	Deutliche inhaltliche Strukturierung in Einleitung – Hauptteil – Schluss
Form	Formfreiheit: schriftlich, mündlich, fernmündlich, elektronisch
Rechtswirkung	Unverbindlichkeit: keine Willenserklärung im rechtlichen Sinne

Nutzen Sie Ihr Wissen

1. In der einleitenden Handlungssituation dieses Kapitels verfasst die Auszubildende Svenja Kolleck Anfragen an Lieferer.
   a) Erklären Sie die zwei Arten von Anfragen.
   b) Welche Art von Anfrage schreibt Svenja Kolleck? Begründen Sie Ihre Entscheidung.

2. Anfragen sind im rechtlichen Sinne unverbindlich.
   a) Erläutern Sie die Zielsetzungen, die mit einer Anfrage verbunden sein können.
   b) Begründen Sie aufgrund dieser Zielsetzung, warum die Unverbindlichkeit sinnvoll ist.

3. Recherchieren Sie in der Beschaffungsabteilung Ihres Ausbildungsbetriebs, ob, in welchen Situationen, wie und von wem Anfragen durchgeführt werden. Stellen Sie das Ergebnis Ihrer Informationsrecherche in einem Kurzbericht dar.

4. Verfassen Sie für die ModernOffice KG
   • eine allgemeine Anfrage oder
   • eine bestimmte Anfrage.
   Die angefragten Waren (Materialien, Bauteile, Handelswaren) sowie den Adressaten der Anfrage bestimmen Sie bitte nach eigener Wahl. Sie können sich dabei am Angebotsportfolio sowie am Auszug aus der Liefererdatei der ModernOffice KG orientieren.

3   Im Beschaffungsprozess entscheiden

3.1   Eingehende Angebote vergleichen

Lernsituation

Lea Groß übergibt ihrer Auszubildenden Ebru Celik die Angebote von verschiedenen Lieferanten. Ebru ist überrascht über die kurze Zeitspanne zwischen dem Versand der Anfragen und dem Eingang von entsprechenden Angeboten. Sie möchte nun von Frau Groß wissen, nach welchen Kriterien diese Angebote analysiert werden. Die nun folgende Analyse der Angebote findet Ebru sehr interessant. Ihrer Meinung nach stellt nämlich die Analyse der Angebote doch ein wesentliches Zwischenergebnis ihrer bisherigen Arbeit in der Abteilung Beschaffung dar. Von Frau Groß erfährt Ebru, dass sie auch bei der jetzt folgenden Analyse der Angebote häufig das Tabellenkalkulationsprogramm Excel einsetzen wird.

Frau Groß erläutert Ebru, dass ihre erste Aufgabe darin besteht, alle Informationen, die sie den Angeboten entnehmen kann, aufzulisten. Eine derartige Liste erleichtert den späteren Angebotsvergleich. Diese Liste soll Ebru als Tabelle mit dem Tabellenkalkulationsprogramm Excel erstellen.

- *Informieren Sie sich in Ihrem Unternehmen darüber,*
  - *in welcher Abteilung die Analyse der eingehenden Angebote durchgeführt wird,*
  - *welche Software dabei verwendet wird,*
  - *ob es vorgefertigte Kriterienkataloge in Form von Tabellen gibt, die für Angebotsvergleiche herangezogen werden,*
  - *nach welchen Kriterien diese vorhandenen Kataloge aufgestellt worden sind.*
- *Informieren Sie sich über die Möglichkeiten, die Ihnen Excel bietet,*
  - *eine übersichtliche Tabellenstruktur zu entwickeln,*
  - *eine Bezugs- und Verkaufskalkulation durchzuführen.*
- *Entwickeln Sie Kriterien für den Aufbau einer übersichtlichen Tabelle, die Ihnen hilft, eingehende Angebote zu vergleichen, eine Nutzwertanalyse vorzubereiten.*
- *Entwickeln Sie einen Kriterienkatalog, mit dessen Hilfe Sie einen Angebotsvergleich durchführen können. Gehen Sie bei dem Aufbau dieses Kataloges von einem Angebotsvergleich aus, der sich auf den möglichen Kauf von Bürodrehstühlen beschränkt.*
- *Entwerfen Sie daraufhin eine Exceltabelle, in die Sie alle notwendigen Daten eingeben und die Ihnen das gewünschte Ergebnis eines Angebotsvergleichs liefert.*
- *Führen Sie mithilfe Ihres Kriterienkataloges und der vorbereiteten Exceltabelle einen Angebotsvergleich für Bürodrehstühle durch.*
- *Analysieren Sie die erzielten Ergebnisse. Ändern oder ergänzen Sie bei Bedarf Ihre Exceltabelle. Stellen Sie die Exceltabelle und die mit ihr erzielten Ergebnisse im Plenum zur Diskussion.*
- *Begründen Sie, weshalb eine durchdachte Tabellenstruktur die Be- und Verarbeitung von Daten erheblich vereinfachen kann.*
- *Überlegen Sie, inwiefern Sie die Struktur Ihrer Exceltabelle überarbeiten müssten, wenn Sie einen Angebotsvergleich auf der Grundlage der Nutzwertanalyse durchführen wollen.*

Anfragen werden dazu verwendet, die gesamte Produktpalette eines möglichen Lieferers kennenzulernen. Die **Abgabe von Anfragen und Angeboten** dient dazu, neue Geschäftsbeziehungen zwischen Lieferanten und Käufern zu knüpfen oder schon bestehende weiter zu pflegen.

Beispiel • *Die ModernOffice KG versendet in regelmäßigen Abständen Angebote an ausgewählte Kunden. Auf diese Weise werden die Kunden immer über die aktuellen Produkte informiert. Natürlich wird jede eingehende Anfrage von den Mitarbeiterinnen und Mitarbeitern der Abteilung Verkauf direkt bearbeitet. Jeder Kunde der ModernOffice KG hat darüber hinaus die Möglichkeit, sich in die Empfängerliste des monatlichen Newsletters eintragen zu lassen. Diese Newsletter werden per E-Mail versandt. Durch diesen Service werden die Kunden zusätzlich auf spezielle Angebote hingewiesen.*

Kriterien des Angebotsvergleichs

Ziel eines Angebotsvergleichs ist es, den Lieferanten herauszufiltern, der die Sachgüter oder Dienstleistungen anbietet, die man für die Produktion oder den Verkauf benötigt. Dabei soll dieser Lieferant mit seinem Angebot bestimmte Kriterien erfüllen, die – je nach nachgefragtem Sachgut oder nachgefragter Dienstleistung – unterschiedlich sein können.

Jeder Kauf von Sachgütern oder Dienstleistungen stellt für ein Unternehmen einen wesentlichen Aufwandsposten dar. Dieser Aufwand sollte so gering wie möglich gehalten werden. Nur dann ist es möglich, die eigenen Produkte oder Handelswaren konkurrenzfähig am Markt zu platzieren. Daher sollte die Analyse eingehender Angebote umfassend und strukturiert durchgeführt werden.

Bei einem Angebotsvergleich lassen sich **quantitative und qualitative Kriterien** anführen, die die Auswahl eines Lieferanten nach seinem vorliegenden Angebot beeinflussen.

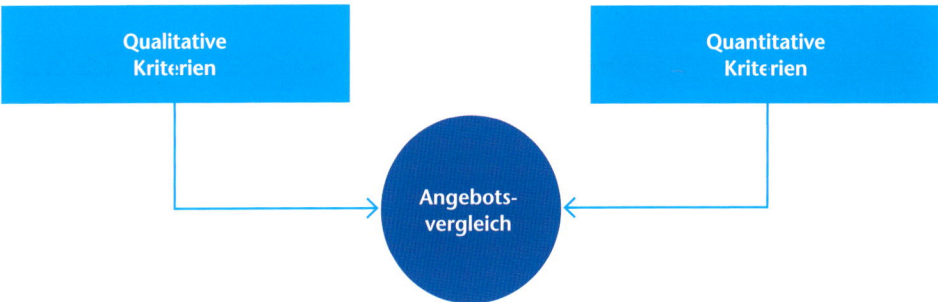

Zu den **quantitativen Kriterien** gehören alle diejenigen Angebotsinhalte, die man direkt messen und in Geld bewerten kann.

Diese quantitativen Kriterien werden vom Lieferanten angegeben. Dazu gehören:
- der Listeneinkaufspreis,
- der Rabatt,
- der Skonto,
- die Transportkosten.

Die **qualitativen Kriterien** lassen sich nicht direkt in Geld bewerten. Inwieweit diese qualitativen Kriterien bei einem Angebotsvergleich berücksichtigt werden, hängt von den Sachgütern oder den Dienstleistungen ab, die man erwerben möchte.

Einige dieser Kriterien stellen außerdem Erfahrungswerte dar, die erst bei einer längerfristigen Geschäftsbeziehung bestätigt werden.

Beispiel • *Die ModernOffice KG erhält von einem möglichen neuen Zulieferer für Hilfsstoffe ein Angebot über diverse Holzlacke. In seinem Angebot wirbt der Lieferer damit, innerhalb von 24 Stunden nach Bestellungseingang in jeder gewünschten Menge liefern zu können. Da es sich um einen neuen Lieferer handelt, können diese Aussagen weder widerlegt noch bestätigt werden.*

Zu den qualitativen Kriterien, die eine Lieferantenauswahl beeinflussen, gehören:
- die Qualität der Ware,
- die Termintreue,
- der Kundenservice,
- die Zuverlässigkeit,
- das Umweltbewusstsein,
- das vorhandene technische Know-how,
- die Vertragsabwicklung,
- die Flexibilität bei auftretenden Schwierigkeiten,
- die Lieferungs- und Zahlungsbedingungen.

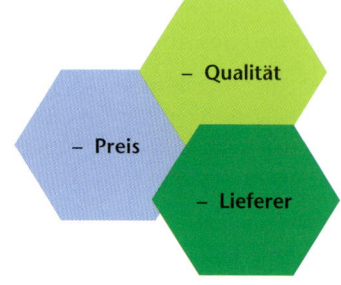

Kriterien des Angebotsvergleich

– Qualität

– Preis

– Lieferer

Angebote mithilfe einer Exceltabelle vergleichen

Mithilfe des Tabellenkalkulationsprogramms Excel lassen sich Tabellen erstellen, die für die Durchführung von Angebotsvergleichen ideal sind.

Beispiel • *Ebru Celik hat nun eine ausgefüllte Tabelle, die eine Vorauswahl an Lieferanten zeigt. Die von ihr eingegebenen 30 m³ als Bestellmenge dienen lediglich als Grundlage der Vorauswahl und haben mit einer späteren Bestellmenge nichts zu tun.*

		Lieferant			Qualität der Werkstoffe				Preis/Zahlungsbedingungen						Lieferanteneigenschaften		
Nr.	Name	PLZ	Ort	neu	DIN Norm: ISO 9001	Zertifizierung FSC, PEFC	Bestellmenge in m³	Größe L(m)*B(m)* Stärke (mm)	Listenpreis s pro m³	Rabatt	Skonto	Listenpreis s gesamt	Skonto-frist in Tagen	Zahlungs-ziel in Tagen	Mengen variabel	Kundendienst 24 Std.	umweltbewusste Lieferung
1	Normatex	33100	Paderborn	x	x	x	30	3*2,5*4	225,00 €	10,00%	2,00%	5.953,50 €	10	40	x	x	x
2	Stebel	38110	Braunschwei	x			30	3*2,5*5	212,00 €	10%	1,00%	5.666,76 €	12	40	x		
3	Platex	79100	Freiburg	x			30	3*2,5*6	198,00 €	7%	3,00%	5.358,47 €	10	40		x	
4	Semmer	54290	Trier	x			30	3*2,5*7	235,60 €	8,50%	2,00%	6.337,88 €	10				x
5	Salzach	30419	Hannover	x	x	x	30	3*2,5*8	258,50 €	8%	2,00%	6.991,91 €	12	40	x	x	
6	Komtel	83026	Rosenheim	x	x	x	30	3*2,5*9	240,22 €	13%	3,00%	6.081,65 €	10	40	x		
7	Gerinka	46487	Wesel	x			30	3*2,5*10	210,30 €	8%	1,00%	5.746,24 €	12	30	x		
8	Kurzen	69126	Heidelberg	x			30	3*2,5*11	230,30 €	10%	1,50%	6.124,83 €	10	30		x	x
9	Mergel	02827	Görlitz	x	x	x	30	3*2,5*12	217,95 €	5%	2,00%	6.087,34 €	10	30	x		x
10	Berber	95448	Bayreuth	x	x	x	30	3*2,5*13	222,50 €	8%	2,00%	6.018,18 €	10	40		x	

Für einen Angebotsvergleich bieten sich die beiden Funktionen „WENN()" und „SVERWEIS()" an.

Die Funktion „WENN()"

Die Wenn()-Funktion mit ihren drei Argumenten
=WENN(Wahrheitsprüfung;Dann_Wert;Sonst_Wert)

Formulierung einer **AUSSAGE** (Bedingung), die Excel auf den Wahrheits-wert prüft.

Excel prüft die Aussage auf ihren Wahrheitsgehalt hin. Der **Dann_Wert** ist das Resultat der Prüfung, falls die Aussage wahr ist.

Excel prüft die Aussage auf ihren Wahrheitsgehalt hin. Der **Sonst_Wert** ist das Resultat der Prüfung, falls die Aussage falsch ist.

Eine **AUSSAGE** besteht aus dem **VERGLEICH** zweier Daten vom gleichen Datentyp.

Der **Dann-Wert** ist der Wert, der zurückgegeben werden soll. Das kann ein Text; eine Zahl, eine weitere Funktion, ein Datum u. w. m. sein.

Der **Sonst_Wert** ist der Wert, der zurückgegeben werden soll. Das kann ein Text; eine Zahl, eine weitere Funktion, ein Datum u. w. m. sein.

Zum **VERGLEICH** verwendet man Vergleichsoperatoren, wie:
> größer	<= kleiner gleich
< kleiner	= gleich
>= größer gleich	<> ungleich

Mit der Funktion „WENN()" bietet Excel eine Funktion an, mit der sich **Bedingungen formulieren** lassen, nach denen Rechenoperationen o. Ä. durchgeführt werden sollen. Bei korrekter Zelladressierung lässt sich die Funktion kopieren.

Die Funktion „WENN()" untergliedert sich in **drei Argumente**:
- die Wahrheitsprüfung,
- der Dann_Wert,
- der Sonst_Wert.

Wenn man mit dieser Funktion arbeiten möchte, gibt man sie entweder mit der Tastatur ein, oder man verwendet den **Funktionsassistenten**. Wie bei allen Funktionen werden die Argumente jeweils mit einem **Semikolon** voneinander getrennt.

Texte müssen in Anführungsstriche gesetzt werden, wenn man nicht den Funktionsassistenten benutzt, der diese automatisch setzt. Die Namen der einzelnen Argumente dürfen nicht mit eingegeben werden.

Das erste Argument dient dazu, eine **Aussage** zu formulieren, die Excel auf den Wahrheitsgehalt hin untersucht. Eine derartige Aussage ist nichts anderes als der Vergleich zweier Daten. Diese Daten müssen den gleichen Datentyp besitzen, da sonst kein Vergleich möglich ist. Excel kann z. B. keinen Zellinhalt, der aus einem Text besteht, mit einer Zelle vergleichen, deren Inhalt eine Zahl ist. Zum Vergleich der beiden ausgewählten Zellen verwendet man einen Vergleichsoperator. Die verschiedenen Operatoren sieht man in dem oben stehenden Schaubild.

Excel prüft nun diesen Vergleich auf seinen **Wahrheitsgehalt** hin, daher der Name dieses Argumentes. Wenn Excel nach der Prüfung der Aussage zu dem Ergebnis kommt, dass der gewählte Vergleich stimmt, sprich **wahr** ist, greift Excel auf das **Argument „Dann_Wert"** zu. Dieses Argument gibt dem Anwender die Möglichkeit, jeden beliebigen Datentyp einzugeben. Es ist auch möglich, als „Dann_Wert" eine weitere Funktion einzugeben.

Wenn Excel nach der Prüfung der Aussage zu dem Ergebnis kommt, dass der gewählte Vergleich **falsch** ist, greift Excel auf den „Sonst_Wert" zu. Das **Argument „Sonst_Wert"** bietet die gleichen Eingabemöglichkeiten wie das Argument „Dann_Wert". Falls bei dem Aufbau der Funktion „WENN()" die Eingabe des Argumentes „Sonst_Wert" versäumt wird und Excel als Prüfungsergebnis „**falsch**" zurückgibt, erhält man als Ergebnis den Begriff „Falsch". Dabei handelt es sich um keine Fehlermeldung!

Seit der Excel-Version 2007 ist es möglich, die Funktion „WENN()" 64-mal miteinander zu verschachteln.

Die Funktion „SVERWEIS()"

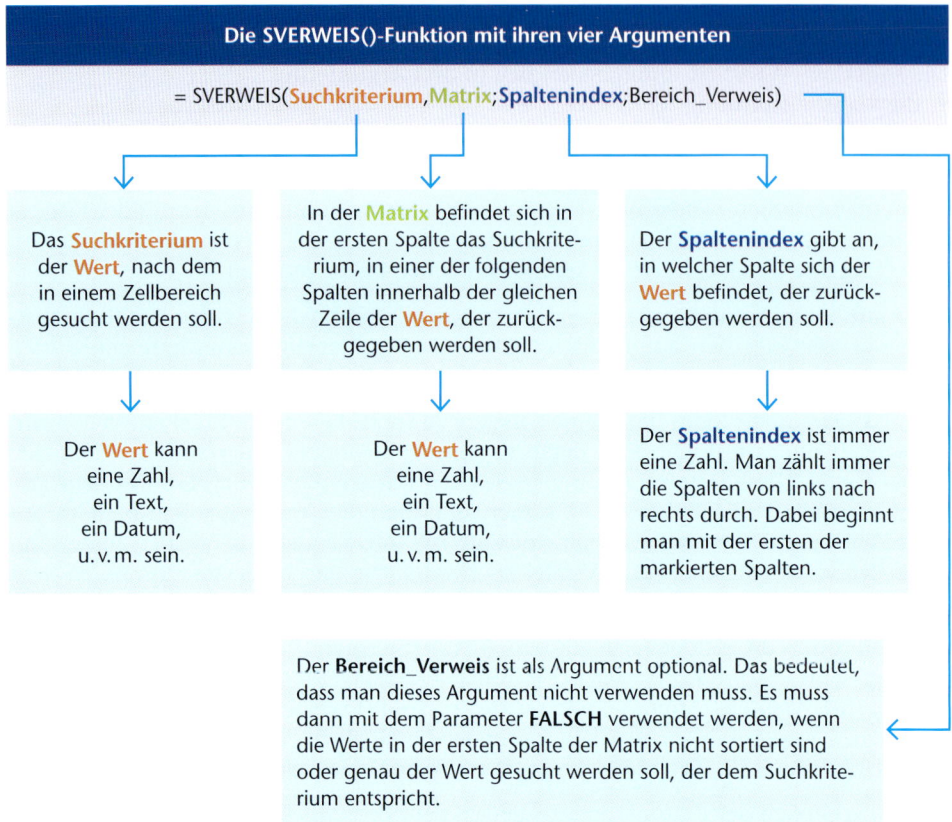

Die Funktion „SVERWEIS()" wird auch als **Suchfunktion** bezeichnet. Mit ihrer Hilfe ist man in der Lage, **gezielt Daten aus einer Tabelle zu suchen**. Das ist dann von Vorteil, wenn mehrere Anbieter miteinander verglichen werden sollen und man zum Beispiel die Rabattstaffelung eines ausgewählten Anbieters in die Berechnung mit einbeziehen will. Die Funktion liefert bei korrekter Eingabe das gewünschte Ergebnis. Dieses kann dann verwendet werden, wenn der Bezugspreis einer Ware ermittelt werden soll. Auch diese Funktion lässt sich bei korrekter Adressierung problemlos kopieren.

Der **Aufbau der Funktion „SVERWEIS()"** ist leicht verständlich:

Mit dem **ersten Argument (Suchkriterium)** wählt man einen Zellinhalt aus, nach dem Excel in einem gesonderten Zellbereich suchen soll. Der Datentyp ist frei wählbar. Wichtig ist nur, dass sich dieser Datentyp auch in dem gesonderten Zellbereich befindet, der als Matrix festgelegt wird. Als Suchkriterium darf immer nur **ein Zellinhalt** ausgesucht werden. In dieser Zelle kann ruhig eine weitere Funktion eingegeben worden sein. Wichtig ist nur, dass diese Funktion dann einen Wert zurückgibt. Es ist nicht möglich, ganze Zellbereiche als Suchkriterium zu markieren.

Das **Argument „Matrix"** verwendet man dazu, einen Zellbereich festzulegen, in welchem Excel das festgelegte Suchkriterium finden und den gewünschten Wert wiedergeben soll. Wichtig dabei ist, dass sich das Suchkriterium in der ersten der markierten

Spalten des Matrixbereiches befindet. Mit dem Spaltenindex bestimmt man, in welcher der markierten Spalten des Zellbereiches sich der Wert befindet, der von Excel zurückgegeben werden soll.

Das vierte Argument der Funktion „SVERWEIS()" sollte man nur sehr sparsam einsetzen. Es wird dann benötigt, wenn in der ersten Spalte der Matrix die Werte nicht der Größe nach geordnet sind. In diesem Fall verwendet man das vierte Argument mit dem Parameter „FALSCH" (die Eingabe der Ziffer 0 ist auch möglich).

Bei der Anwendung der Funktionen gilt immer der Grundsatz, dass noch unerfahrene Anwender den **Funktionsassistenten** benutzen sollten. Bei der Verschachtelung von Funktionen kann aber nur die erste Funktion mithilfe des Funktionsassistenten erstellt werden. Die anderen Funktionen müssen mit der Tastatur eingegeben werden.

Einen Angebotsvergleich mithilfe von Excel durchführen, bei dem die quantitativen Kriterien überwiegen

Beispiel • *Bei der ModernOffice KG werden verschiedene Tabellen verwendet, mit deren Hilfe man Angebotsvergleiche durchführen kann. Ein Angebotsvergleich von MDF-Platten ist etwas anders strukturiert als der von vielen Fremdbauteilen oder Handelswaren:*

MDF-Platten oder Spanplatten werden in m³ angeboten und berechnet. Bei Fremdbauteilen oder Handelswaren sind die gewünschten Mengeneinheiten Grundlage der Angebotsvergleiche.

Die erste Tabelle wird bei Rohstoffen, also auch bei MDF-Platten, verwendet. Grundlage der Berechnung des Einzelpreises bilden hier die angegebenen m³ und die Stärke der jeweiligen Platten.

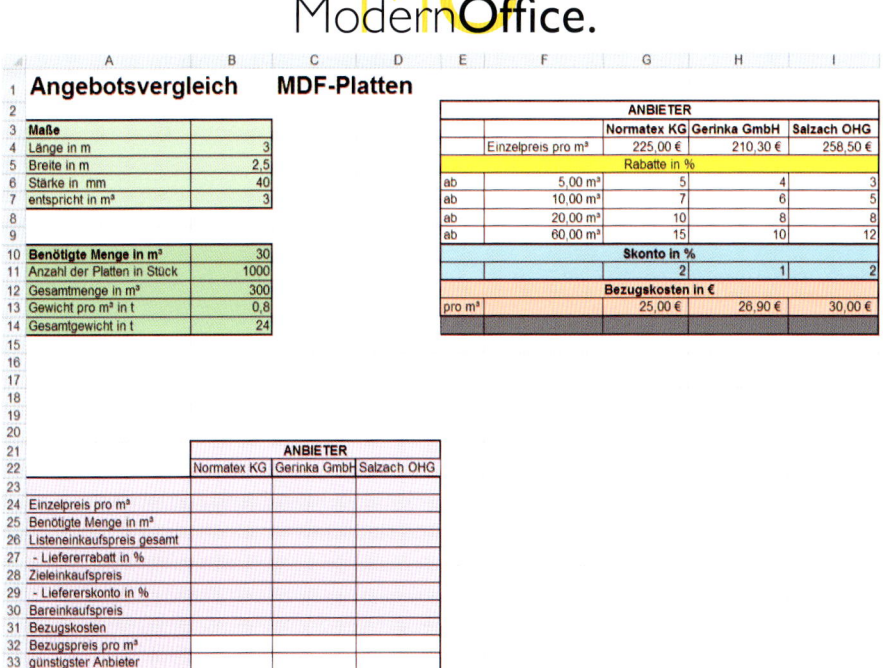

Die Zellen mit dem grünen Hintergrund dienen dazu, die Bestellmengen in den gewählten Spezifikationen zu erfassen. Dieser Bereich hat noch keinen direkten Einfluss auf die spätere Lieferantenauswahl. Im oberen rechten Bereich sind die ausgesuchten Lieferanten gelistet. Ab der Zeile 20 beginnt der eigentliche Angebotsvergleich, was die Preisgestaltung der einzelnen Anbieter betrifft. Die Funktion „SVERWEIS()" benötigt man zur Ermittlung

- *der benötigten Menge sowie*
- *des Mengenrabattes.*

Bei der ersten Funktion „SVERWEIS()" muss das Suchkriterium entsprechend der Angabe in der Klammer („$A25") adressiert sein. Sonst ist die Funktion nicht kopierfähig. Die zweite Funktion „SVERWEIS()" muss relativ adressiert sein, um kopierfähig zu sein. Der Liefererskonto und die Bezugskosten pro m³ werden mittels Zellbezug in das Kalkulationsschema übernommen. Die Tabelle ist so aufgebaut, dass Excel direkt den günstigsten Anbieter anzeigt (siehe den Zellbereich B33 bis D33). Dazu bedarf es einer Verschachtelung der Funktion „WENN()" mit der Funktion „Min()". In der Zeile 22 wird der günstigste Anbieter gleichzeitig mithilfe der „Bedingten Formatierung" mit einem grünen Hintergrund unterlegt. Die entsprechende Regel sieht man in der Abbildung.

21			**ANBIETER**	
22		Normatex KG	Gerinka GmbH	Salzach OHG
23				
24	Einzelpreis pro m³	225,00 €	210,30 €	258,50 €
25	Benötigte Menge in m³	30,00 €	30,00 €	30,00 €
26	Listeneinkaufspreis gesamt	6.750,00 €	6.309,00 €	7.755,00 €
27	- Lieferrabatt in %	10	8	8
28	Zieleinkaufspreis	6.075,00 €	5.804,28 €	7.134,60 €
29	- Liefererskonto in %	2	1	2
30	Bareinkaufspreis	5.953,50 €	5.746,24 €	6.991,91 €
31	Bezugskosten	750,00 €	807,00 €	900,00 €
32	Bezugspreis gesamt	6.703,50 €	6.553,24 €	7.891,91 €
33	Bezugspreis pro m³	223,45 €	218,44 €	263,06 €
34	günstigster Anbieter		Gerinka GmbH	

Die Formelansicht verdeutlicht die verschiedenen Rechenoperationen.

21			**ANBIETER**	
22		=G3	=H3	=I3
23				
24	Einzelpreis pro m³	=G4	=H4	=I4
25	Benötigte Menge in m³	=SVERWEIS($A25;$A$10:$B$14;2)	=SVERWEIS($A25;$A$10:$B$14;2)	=SVERWEIS($A25;$A$10:$B$14;2)
26	Listeneinkaufspreis gesamt	=B25*B24	=C25*C24	=D25*D24
27	- Lieferrabatt in %	=SVERWEIS($B$10;$F$6:$I$9;2)	=SVERWEIS($B$10;$F$6:$I$9;3)	=SVERWEIS($B$10;$F$6:$I$9;4)
28	Zieleinkaufspreis	=B26-B26/100*B27	=C26-C26/100*C27	=D26-D26/100*D27
29	- Liefererskonto in %	=G11	=H11	=I11
30	Bareinkaufspreis	=B28-B28/100*B29	=C28-C28/100*C29	=D28-D28/100*D29
31	Bezugskosten	=$B$10*G13	=$B$10*H13	=$B$10*I13
32	Bezugspreis gesamt	=SUMME(B30:B31)	=SUMME(C30:C31)	=SUMME(D30:D31)
33	Bezugspreis pro m³	=(B31+B30)/$B$10	=(C31+C30)/$B$10	=(D31+D30)/$B$10
34	günstigster Anbieter	=WENN(MIN($B$33:$D$33)=B33;B22;"")	=WENN(MIN($B$33:$D$33)=C33;C22;"")	=WENN(MIN($B$33:$D$33)=D33;D22;"")

Ergebnis: *Der Anbieter Gerinka GmbH ist bei der gewünschten Liefermenge der günstigste Anbieter, wenn man nur die quantitativen Kriterien eines Angebotsvergleichs zugrunde legt.*

Einen Angebotsvergleich in Form einer Nutzwertanalyse mithilfe von Excel durchführen, bei dem die qualitativen Kriterien überwiegen

Ein Angebotsvergleich, der die qualitativen Kriterien stärker in den Blickpunkt rückt, ist von seiner Struktur her anders aufgebaut. Natürlich bleiben die quantitativ messbaren Bezugsgrößen weiter von Bedeutung. Bei der Entscheidungsfindung, welches Angebot das für ein Unternehmen günstigste ist, erhalten qualitative Aspekte des Angebots jedoch eine viel **stärkere Gewichtung**.

Eine Faustregel, welche qualitativen Kriterien das beste Angebot bestimmen, gibt es nicht. Die Gewichtung der einzelnen Kriterien hängt von den jeweiligen Sachgütern oder Dienstleistungen ab, die man beziehen möchte. So wird z. B. ein 24-Stunden-Reparaturservice sehr hoch bewertet werden, wenn man einen Anbieter für die Netzwerkbetreuung sucht. Dieser Reparaturservice wird bei dem Bezug von Kabelkanälen, die in Büromöbel eingebaut werden, hingegen eine untergeordnete Rolle spielen.

Eine Exceltabelle muss also derart aufgebaut sein, dass **die Wertigkeit der einzelnen Kriterien** von Angebot zu Angebot verändert werden kann, ohne dass die gesamte Tabelle neu erstellt werden muss.

Beispiel • *Bei der ModernOffice KG werden für sehr viele Angebotsvergleiche Nutzwertanalysetabellen verwendet. Diese Tabellen sind inhaltlich so gestaltet, dass sie jederzeit in Abhängigkeit zum durchzuführenden Angebotsvergleich erweitert oder abgeändert werden können. Die Abbildung zeigt den Ausschnitt einer derartigen Nutzwertanalyse.*

In der Spalte A werden die Kriterien erfasst, auf die bei dieser Analyse ein besonders großer Wert gelegt wird. Der Listenpreis bleibt ein wichtiges Kriterium des Angebotsvergleiches, auch bei einer Nutzwertanalyse.

Die verschiedenen Kriterien erhalten in der Spalte B unterschiedliche Wertpunkte. Die Gestaltung dieser Wertpunkte kann jederzeit geändert werden. Diese Wertpunkte werden mit den Punkten der Gewichtung multipliziert. Welchen Gewichtungsfaktor ein Anbieter erhält, hängt von seinem Angebot ab. In dieser Tabelle sind maximal 172 Punkte für einen Anbieter zu erreichen.

Kriterien	Wertpunkte	Gewichtung	Anbieter A Pkt.	Gesamt	Anbieter B Pkt.	Gesamt	Anbieter C Pkt.	Gesamt	Anbieter D Pkt.	Gesamt	Anbieter E Pkt.	Gesamt	Anbieter F Pkt.	Gesamt
Listenpreis	6	4												
Qualität der Werkstoffe	10	5												
Mengen variabel	4	4												
Nähe zum Werk in Horb	6	5												
Kundendienst 24 Std.	3	4												
umweltbewusst	8	5												
Gesamtpunktzahl	172			0		0		0		0		0		0

Die beiden nachfolgenden Tabellen verdeutlichen einen konkreten Angebotsvergleich bei der Modern-Office KG. Verglichen werden hier Anbieter von MDF-Platten. Die ModernOffice KG vereinbart mit den Zulieferern für Rohstoffe eine vertragliche Regelung, die das Just-in-time-Verfahren bei der Lagerhaltung ermöglicht. Bei der Auswahl möglicher neuer Lieferanten werden die räumliche Nähe zur eigenen Produktionsstätte und die Flexibilität der Lieferanten entsprechend hoch gewichtet.

Auflistung möglicher neuer Lieferanten für MDF Platten

Nr.	Name	PLZ	Ort	neu	DIN Norm: ISO 9001	Zertifizierung FSC PEFC	Bestellmenge in m²	Größe L(m)*B(m)*Stärke(mm)	Listenpreis pro m²	Rabatt	Skonto	Bezugskosten	Listenpreis gesamt	Listenpreis m²/Stück	Skontofrist in Tagen	Zahlungsziel in Tagen	Mengen variabel	Kundendienst 24 Std.	umweltbewusste Lieferung
1	Normatex KG	33100	Paderborn	nein	x	x	30	3*2,5*4	225,00 €	10,00%	2,00%	750,00 €	6.703,50 €	223,45 €	10	40			x
2	Stebel KG	38110	Braunschweig	ja	x		30	3*2,5*5	212,00 €	10%	1,00%	880,00 €	6.556,76 €	218,56 €	12	40	x		x
3	Platex GmbH	79100	Freiburg	ja	x	x	30	3*2,5*6	198,00 €	7%	3,00%	912,00 €	6.270,67 €	209,02 €	10	40			x
4	Semmer OHG	54290	Trier	ja	x		30	3*2,5*7	285,60 €	8,50%	2,00%	789,01 €	7.126,68 €	237,56 €	30	40			
5	Salzach OHG	30419	Hannover	ja	x	x	30	3*2,5*8	258,50 €	8%	2,00%	900,00 €	7.891,91 €	263,06 €	12	40	x		
6	Komtel AG	83026	Rosenheim	ja	x		30	3*2,5*9	248,22 €	13%	3,00%	885,00 €	6.966,55 €	232,22 €	10	40			x
7	Gerinka GmbH	46487	Wesel	ja			30	3*3,5*10	210,30 €	8%	1,00%	887,30 €	6.553,24 €	218,44 €	12	30			x
8	Kurzen AG	69126	Heidelberg	ja	x		30	3*2,5*11	290,30 €	10%	1,50%	1.000,00 €	7.124,83 €	237,49 €	10	30	x	x	x
9	Mergel KG	02827	Görlitz	ja	x	x	30	3*2,5*12	217,95 €	7%	2,00%	920,00 €	7.019,94 €	233,98 €	10	40			x
10	Berber KG	95448	Bayreuth	ja	x	x	30	3*2,5*13	239,00 €	8%	2,00%	910,00 €	7.374,47 €	245,82 €	10	40	x		

Kriterien	Wertpunkte	Gewichtung	Normatex KG Pkt.	Gesamt	Stebel KG Pkt.	Gesamt	Platex GmbH Pkt.	Gesamt	Semmer OHG Pkt.	Gesamt	Salzach OHG Pkt.	Gesamt	Komtel AG Pkt.	Gesamt	Gerinka GmbH Pkt.	Gesamt	Kurzen AG Pkt.	Gesamt	Mergel KG Pkt.	Gesamt	Berber KG Pkt.	Gesamt
Listenpreis	6	4	4	16	5	20	6	24	3	12	1	4			5	20			1	4	1	4
Qualität der Werkstoffe	10	5	10	50	8	40	10	50	10	50	8	40			8	40	10	50	10	50
Mengen variabel	4	4	4	16	4	16			4	16	4	16			4	16	4	16	4	16
Nähe zum Werk in Horb	6	5	3	15	2		6	30			4	20	3	15			3	15	1	5
Kundendienst 24 Std.	3	4			1	4			1	4			6	24			6	24	2	8
umweltbewusst	8	5	8	40			8	40	8	40	8	40			8	40	8	40		
Gesamtpunktzahl	172			161		120		154		134		144		126		145 Bester Anbieter		164		147		138

Die Kriterien „Listenpreis", „Qualität der Werkstoffe", „Nähe zum Werk in Horb" und „umweltbewusst" sind mit den meisten Wertpunkten ausgestattet.

Beim „Listenpreis" erhält die „Platex GmbH" die meisten Punkte, da ihr Preis der niedrigste ist. Die Höchstpunktzahl bei der Qualität der Werkstoffe wird an mehrere Anbieter vergeben. Da die „Platex GmbH" ihren Geschäftssitz in Freiburg hat, erhält das Unternehmen auch hier die höchste Punktzahl. Umweltbewusste Produktion und Verpackung ist ein Kriterium, welches fast alle Lieferanten erfüllen. Das verdeutlicht das umweltpolitische Denken in der Möbelherstellung.

Die Formeln in der Tabelle sind so erstellt, dass der Anbieter mit der höchsten Gesamtpunktzahl als bester Anbieter gekennzeichnet wird. Eine Verschachtelung der Funktion „WENN()" mit der Funktion „MAX()" macht das möglich. Die Farbe der Tabelle entspricht der Farbe der Artikeldatei für Rohstoffe.

Interessant ist das Ergebnis der drei Anbieter „Normatex KG", „Gerinka GmbH" und „Salzach OHG". Bei dem ersten Angebotsvergleich, bei dem der Schwerpunkt ausschließlich am Bezugspreis ausgerichtet ist, liegt der Anbieter „Gerinka GmbH" vor der „Normatex KG". Erweitert man den Angebotsvergleich in Form einer Nutzwertanalyse, ändert sich das Ergebnis: Die „Normatex KG" liegt vor der „Gerinka GmbH".

Natürlich ist es auch bei dieser Tabelle möglich, den besten Anbieter mithilfe der Bedingten Formatierung farblich hervorzuheben.

Ein Handelskalkulationsschema mithilfe von Excel erstellen

Mit dem Tabellenkalkulationsprogramm Excel hat man auch die Möglichkeit, ein Kalkulationsschema zu erstellen, mit welchem man die **gesamte Handelskalkulation vom Listeneinkaufspreis bis zum Listenverkaufspreis** durchführen kann.

Beispiel • *Bei der ModernOffice KG werden eingehende Angebotspreise neuer Lieferanten für Handelswaren häufig bis zum Listenverkaufspreis durchkalkuliert. So ist schnell ersichtlich, ob sich ein Artikel am Markt zum kalkulierten Listenverkaufspreis durchsetzen kann. In der vorbereiteten Tabelle müssen lediglich die spezifischen Daten eines Angebotes, wie der Listeneinkaufspreis und die Konditionen des Anbieters eingegeben werden, um direkt den ermittelten Listenverkaufspreis errechnen zu können.*

	A	B	C	D	E
1	Artikel-Nr.:	Artikelbezeichnung	Modell	Typ	Material
2	neu	Schreibtischleuchte	Malibu	Stand	Metall
3	Anbieter	Konditionen			
4	Lichtland KG	Rabatt		Skonto	Lieferung
5			15%		3% frei Haus
6	Listeneinkaufspreis				
7	15,60 €				
8					
9	**Handelskalkulation**				
10		%	Euro		
11	Listeneinkaufspreis		15,60 €		
12	Liefererrabatt	15%	2,34 €		
13	Zieleinkaufspreis		13,26 €		
14	Liefererskonto	3%	0,33 €		
15	Bareinkaufspreis		12,93 €		
16	Bezugskosten		0,00 €		
17	Einstandspreis		12,93 €		
18	Handlungskostenzuschlagssatz	62%	8,02 €		
19	Selbstkosten		20,95 €		
20	Gewinn	8,50%	1,78 €		
21	Barverkaufspreis		22,73 €		
22	Kundenskonto	2,0%	0,47 €		
23	Vertreterprovision	2,0%	0,47 €		
24	Zielverkaufspreis		23,67 €		
25	Kundenrabatt	5%	1,25 €		
26	Listenverkaufspreis		24,92 €		

Auf den Punkt gebracht

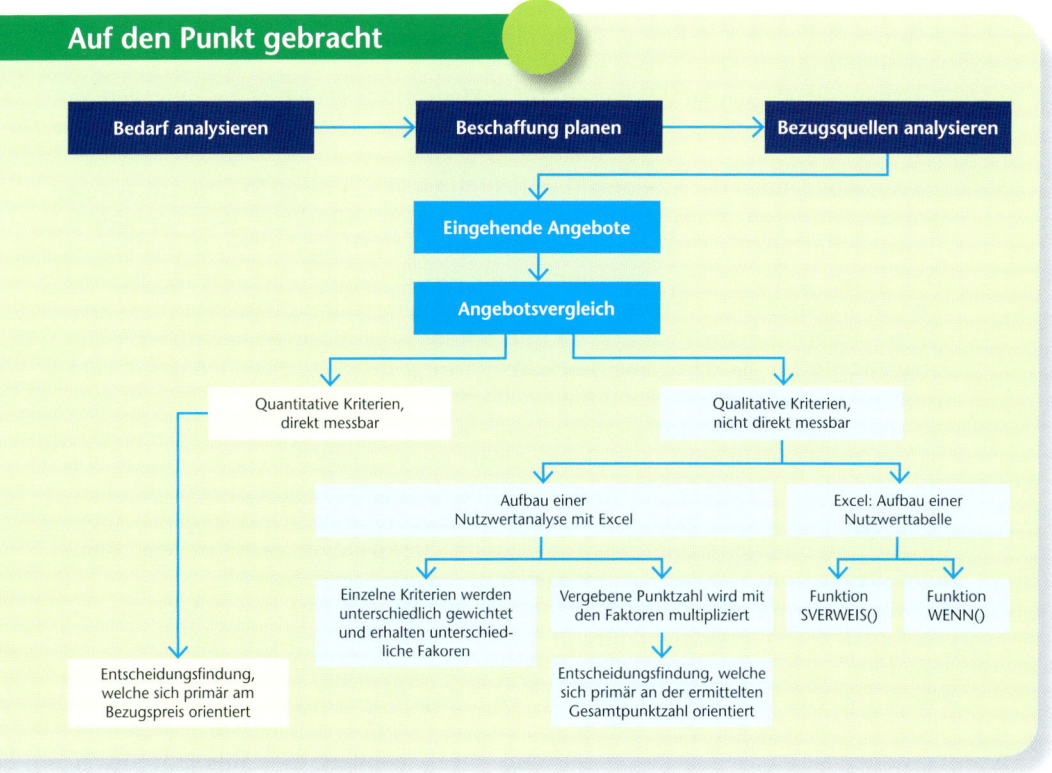

Nutzen Sie Ihr Wissen

1. Erstellen Sie die gleiche Tabelle wie die in der Ausgangssituation „Angebotsvergleich MDF Platten". Erhöhen Sie die Bestellmenge auf 50 Platten. Führen Sie alle Berechnungen durch.

2. Informieren Sie sich in Ihrem Unternehmen über die Durchführung von Angebotsvergleichen.
   a) Erstellen Sie eine Tabelle, die die Gewichtung einzelner Faktoren bei der Auswahl von potenziellen Lieferanten ermöglicht. Orientieren Sie sich bei der Wahl der Faktoren und deren Gewichtung an Ihrem Unternehmen.
   b) Stellen Sie Ihre Ergebnisse in der Klasse vor und begründen Sie Ihre Auswahl.

3. Erstellen Sie die Tabelle „Auflistung möglicher neuer Lieferanten für MDF Platten" aus dem obigen Beispiel.
   Die Zahlen in den Spalten „I", „N" und „O" sind das Ergebnis von Rechenoperationen. Führen Sie diese Rechenoperationen ebenfalls durch.

4. Erstellen Sie die Tabelle „Nutzwertanalyse", wie sie oben dargestellt ist.
   a) Geben Sie die Wertpunkte und die Gewichtung für jeden Lieferanten ein.
   b) Ermitteln Sie für alle Kriterien die jeweilige Gesamtpunktzahl und die Gesamtpunktzahl insgesamt.
   c) Ermitteln Sie in Zeile 24 mithilfe der Funktion „WENN()" den besten Anbieter.

d) Ändern Sie die Gewichtung für die einzelnen Kriterien wie folgt ab und ermitteln Sie dann den besten Anbieter:
Listenpreis 2; Qualität der Werkstoffe 5; Mengen variabel 4; Nähe zum Werk in Horb 3; Kundendienst 24 Std. 6; Umweltbewusst 2.

5. Die Auszubildenden der ModernOffice KG führen jedes Jahr zu Weihnachten eine Spendenaktion innerhalb der Belegschaft durch. Den Erlös dieser Aktion ermitteln die Auszubildenden gemeinsam jedes Jahr neu. Der Verlauf der Spendenaktion ist dabei genau geregelt: Zunächst sammeln die Auszubildenden gegenseitig Spenden unter allen Auszubildenden der drei Ausbildungsjahre. Dann nehmen sie das Organigramm der ModernOffice KG vor und sammeln „von unten nach oben". Der letzte Weg führt sie dann zur Geschäftsführung, die diese Spendenaktion sehr begrüßt und auch entsprechend finanziell unterstützt. Die jeweiligen Spendengelder werden in einer Tabelle festgehalten, die mit dem Tabellenkalkulationsprogramm Excel erstellt wird. Aus dieser Tabelle soll ersichtlich werden, wie viel die Mitarbeiterinnen und Mitarbeiter jeder Ebene des Organigramms gespendet haben. Außerdem weisen die Auszubildenden die Durchschnittsspendenbeträge pro Abteilung aus. Sie erhoffen sich dadurch eine zusätzliche Spendenmotivation. Die Abteilung „Beschaffung" ist der „Spendengewinner" des letzten Jahres.
Entwerfen Sie mit dem Tabellenkalkulationsprogramm Excel eine Tabelle, die die Auszubildenden der ModernOffice KG für ihre Spendenaktion verwenden können. Orientieren Sie sich dabei an dem Organigramm der ModernOffice KG. Alternativ können Sie eine derartige Tabelle auf der Grundlage Ihres Unternehmens entwerfen.

6. Entwerfen Sie zu der Tabelle „Vorauswahl von Lieferanten" eine alternative Exceltabelle, die zu einer Vorauswahl von Lieferanten verwendet werden könnte. Orientieren Sie sich dabei an den für Ihr Unternehmen typischen Lieferanten. Begründen Sie den von Ihnen gewählten Aufbau.

7. Entwerfen Sie eine Exceltabelle für einen Angebotsvergleich, der sich auf ein Sachgut bezieht, welches in Ihrem Unternehmen häufig gekauft wird.

8. Fertigen Sie eine Tabelle nach dem folgenden Muster an und ermitteln Sie den günstigsten Anbieter bei Abnahme von 25 Einheiten

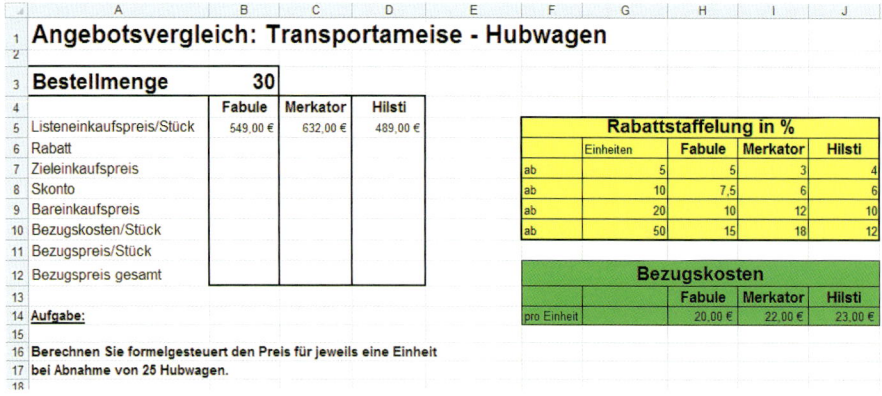

9. Sie sind Mitarbeiterin/Mitarbeiter eines großen Dienstleistungsunternehmens mit allein 500 Mitarbeitern in der Geschäftszentrale. Bisher sind alle Toiletten für die Mitarbeiterinnen und Mitarbeiter mit Papierhandtüchern ausgestattet. Die Überlegungen der Geschäftsleitung gehen dahin, diese Papierhandtücher durch Stoffhandtücher zu ersetzen. Der Betriebsrat unterstützt dieses Vorhaben, obwohl Studien zufolge die Verwendung von Stoffhandtüchern nicht unbedingt umweltfreundlicher sein soll als die von Papierhandtüchern. Der entscheidende Punkt sei die Verbrauchsmenge, nicht das Händetrocknungssystem.

Ergebnis

Das ETS [European Tissue Symposium] bestätigt, basierend auf den oben genannten Untersuchungen und Prüfungen, dass kein Händetrocknungssystem die Umwelt mehr oder weniger belastet oder im Vergleich als besonders umweltschonend hervorzuheben ist.

Für die Umweltverträglichkeit des einen oder anderen Systems ist maßgeblich der Verbrauch verantwortlich. Das bedeutet, dass eine Vermeidung von Mehrverbrauch den meisten Einfluss auf die Umwelt hat und somit der wichtigste Faktor im Hinblick auf die Umweltverträglichkeit von Händetrocknungssystemen darstellt.[1]

Quelle: http://www.wepa-professional.de/de/haendehygiene/Die-Umweltverträglichkeit.php; abgerufen am 02.09.2013

Sie werden beauftragt, einen Angebotsvergleich vorzunehmen. Insgesamt sind 30 Toiletten mit den neuen Handtuchsystemen auszustatten. Bei dem Vergleich soll gegebenenfalls die Montage der neuen Handtuchhalter berücksichtigt werden. Die Demontage der alten Systeme wird hausintern vorgenommen. Gehen Sie bei Ihren Berechnungen davon aus, dass im Durchschnitt täglich eine Handtuchrolle pro Toilette verbraucht wird. Der Monat hat 25 Arbeitstage. Es werden die weißen Handtuchrollen bevorzugt.

a) Erstellen Sie mit Hilfe des Tabellenkalkulationsprogramms Excel eine Tabelle zur Durchführung eines Angebotsvergleichs. Berechnen Sie auf der Grundlage der erstellten Tabelle die Kosten für ein Geschäftsjahr und für drei Geschäftsjahre bei monatlichem Austausch der benutzten Handtücher. Verteilen Sie die Kosten der Montage jeweils auf ein Jahr oder auf drei Jahre. Lassen Sie die minimalen Größenunterschiede der Handtücher außer Acht.

b) Entscheiden Sie sich für ein Angebot und begründen Sie Ihre Entscheidung bei einer Mietdauer von einem Jahr und drei Jahren.

Ihnen liegen die Auszüge folgender Angebote vor:

1. Anbieter Stenmax:

„Stoffhandtuchrollen weiß, Maße je Einheit: Länge 35 m, Breite 0,21 m. Die Handtücher werden monatlich abgeholt und durch saubere ersetzt. Preis pro Rolle 1,95 €, bei Abnahme von mehr als 250 Rollen monatlich gewähren wir 10 % Rabatt auf den Preis der Handtuchrollen. Für die Montage der benötigten Handtuchhalter berechnen wir einmalig pro Einheit 20,00 €. Die Miete der Handtuchhalter beläuft sich auf 2,50 € pro Einheit bei einer Mietdauer von jeweils einem Monat."

2. Anbieter Bloman:

„Handtuchrollen aus Baumwolle, Maße/Stück: Länge 35 m, Breite 0,25 m. Preis pro Handtuchrolle 1,80 €. Bei einer Mindestabnahme von monatlich 400 Handtuchrollen gewähren wir Ihnen 12 % Rabatt auf den Preis der Handtuchrollen. Die einmaligen Montagekosten pro Handtuchhalter betragen 17,50 €. Die Handtuchhalter werden in den ersten 3 Monaten kostenlos zur Verfügung gestellt. Danach beträgt die monatliche Miete 2,60 €. Der Austausch der benutzten Handtücher durch gewaschene wird monatlich durchgeführt und ist im Preis der Handtuchrollen enthalten."

3. Anbieter Clean:

„Wir bieten Ihnen Stoffhandtuchrollen mit Baumwollhandtüchern. Diese Handtücher besitzen eine starke Saugkraft. Sie können zwischen blauen und weißen Handtüchern wählen. Der Preis für die weißen Handtuchrollen beträgt 2,00 € pro Stück, der der blauen 2,40 €. Bei einer Abnahmemenge von mindestens 500 Handtuchrollen monatlich gewähren wir Ihnen einen Rabatt von 15 % auf den Preis der Handtuchrollen. Die erforderlichen Handtuchhalter liefern wir gleich mit und montieren diese kostenlos. Diese überlassen wir Ihnen mietfrei. Der monatliche Austausch der benutzten Handtuchrollen durch frisch gewaschene ist kostenlos."

3.2 Bei ausgewählten Lieferern Sachgüter und Dienstleistungen bestellen

Lernsituation

Ebru Celik wird sechs Wochen lang in der Hauptabteilung „Beschaffung" ausgebildet. Der Sachbearbeiter Dieter Hügele ist in dieser Abteilung zuständig für den Einkauf von Verbrauchsmaterial für die interne Verwaltung der ModernOffice KG. Herr Hügele erteilt Ebru Celik den Auftrag, entsprechend dem vorliegenden Angebot eine schriftliche Bestellung zu verfassen und diese zur Unterschrift vorzulegen. Bestellt werden sollen folgende Positionen. Die Artikel-Nr., die
Bezeichnungen und die Einzelpreise sind dem Gesamtkatalog und der Preisliste des folgenden Angebotes entnommen worden.

Artikel-Nr.	Bezeichnung	Menge	Einzelpreis	Gesamtwert
1005	Druckertrommel DR 7000	10	175,90	1.759,00
1055	Toner-Kartuschen TN 1015	30	73,90	2.217,00
4015	Rex Kopierpapier, DIN A4, 80 g, 500 Blatt	100	4,50	450,00
4025	Rex Druckerpapier, DIN A4, 90 g, hochweiß, 500 Blatt	10	6,50	85,00
5015	Polstertaschen, 15 x 21,5, PE-Luftpolsterfolie, weiß, 10 Stück	50	1,55	77,50

SAALFELD GMBH

Ihr Zeichen: mü
Ihre Nachricht vom: 12.03.20..
Unser Zeichen: be
Unsere Nachricht vom:

■ Saalfeld GmbH · Schützenstraße 5 · 98527 Suhl

Name: Karl Beckmann
Telefon: 03681 5002010-5
Telefax: 03681 5002010-8
E-Mail: beckmann@saalfeld-gmbh.de

ModernOffice KG
Frau Sabine Müller
Industriestraße 10 – 14
72160 Horb am Neckar

Datum: 15.03.20..

Angebot von Büromaterial

Sehr geehrte Frau Müller,

für Ihre Anfrage vom 12.03.20.. danken wir sehr herzlich. Wir freuen uns über Ihr Interesse an unserem Gesamtsortiment.

Gerne senden wir Ihnen den gewünschten Gesamtkatalog mit der aktuellen Preisliste. Sie werden feststellen, dass wir bei allen Artikeln unseres Sortiments ein sehr attraktives Preis-Leistungs-Verhältnis anbieten.

Bitte beachten Sie auch unsere günstigen Lieferungs- und Zahlungsbedingungen: Wir liefern frei Haus, in der Regel innerhalb von 24 Stunden nach Eingang der Bestellung durch unseren Express-Zustelldienst. Sie haben die Möglichkeit, ein Zahlungsziel von 30 Tagen nach Rechnungsdatum in Anspruch nehmen. Bei Zahlung innerhalb von 10 Tagen können Sie 3 % Skonto abziehen. Die Ware bleibt bis zur vollständigen Bezahlung unser Eigentum.

Ab einer Auftragssumme von 5.000,00 EUR (Nettowarenwert) erhalten Sie einen Mengenrabatt von 10 % vom reinen Warenwert.

Bitte nehmen Sie auch unser B2B-Online-Portal zur Kenntnis: www.alles-fuer-bueroarbeit-saalfeld.de. Alle Artikel unseres Sortiments können Sie über dieses Portal ordern. Wir freuen uns, wenn Sie sich unverbindlich registrieren lassen.

Sie können versichert sein, dass wir alle Aufträge gemäß unseren Allgemeinen Geschäftsbedingungen sorgfältig und fristgerecht ausführen werden. Überzeugen Sie sich selbst durch eine Bestellung von unserer Leistungsfähigkeit.

Mit freundlichem Gruß

Saalfeld GmbH

K. Beckmann

Karl Beckmann

- *Analysieren Sie den Arbeitsauftrag an Ebru Celik.*
  - *Fallen Ihnen Aspekte auf, die aus Sicht der ModernOffice KG problematisch sein könnten und die Ebru Celik noch einmal gegenüber Herrn Hügele ansprechen sollte?*
  - *Gibt es eine Alternative zu einer schriftlichen Bestellung per Brief? Welche Argumente sprechen für und gegen diese Alternative?*
- *Informieren Sie sich über die rechtlichen, inhaltlichen und formalen Aspekte einer Bestellung.*
- *Verfassen Sie für Ebru Celik eine norm- und sachgerechte schriftliche Bestellung.*
- *Informieren Sie sich darüber, ob und ggf. welche E-Commerce-Aktivitäten Ihr Ausbildungsunternehmen praktiziert. Verfassen Sie dazu einen Kurzbericht. Beachten Sie dabei jedoch die Bestimmungen des Datenschutzes.*

Sachliche Aspekte einer Bestellung

Rechtscharakter einer Bestellung

Eine Bestellung ist eine **verbindliche Willenserklärung** des Käufers. Sie kann einen Kaufvertrag begründen.

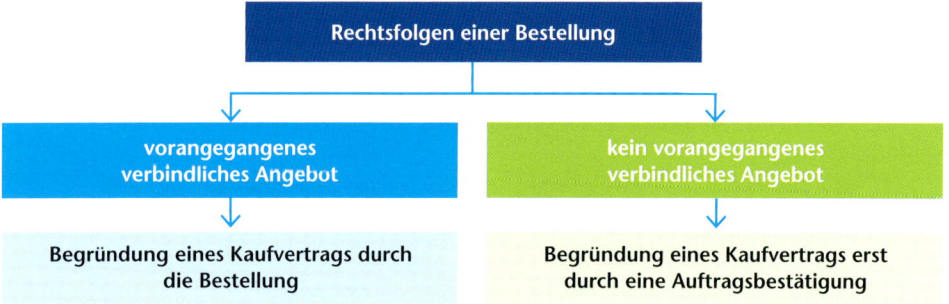

Bestellungen können **widerrufen** werden. Der Widerruf muss jedoch vor oder spätestens gleichzeitig mit der Bestellung beim Lieferer eintreffen.

Inhaltliche Struktur einer Bestellung

Wie jeder Text ist auch eine Bestellung klar zu strukturieren.

	Möglicher Inhalt
Einleitung	z. B. Bezug auf ein Angebot, eine Preisliste, eine Anzeige, eine Empfehlung o. Ä.
Hauptteil	– Genaue Bezeichnung der Ware (z. B. durch Artikel-Nummer, durch Angabe der Art, Güte, Beschaffenheit oder der vorgesehenen Verwendung) – Bestellmenge – Einzelpreis – Lieferungs- und Zahlungsbedingungen – Sonderwünsche
Schluss	z. B. Bitte um ordnungsgemäße Abwicklung

In vielen Beschaffungssituationen liegt ein ausführliches Angebot vor. Oder die Angebotsbedingungen stehen aufgrund einer bereits bestehenden Geschäftsverbindung eindeutig fest. In diesen Fällen erübrigt sich im Text der Bestellung eine ausführliche Wiederholung der einzelnen Vertragsbedingungen.

Beispiel • *Das Texthandbuch für Bestellungen der ModernOffice KG sieht für diese Fälle folgende Textbausteine vor: „Aufgrund Ihres vorliegenden Angebotes bestellen wir …", „Entsprechend Ihrer Lieferungs- und Zahlungsbedingungen bestellen wir …".*

Form einer Bestellung

Eine Bestellung ist **formfrei**. Sie kann schriftlich, mündlich, telefonisch oder elektronisch (per E-Mail) durchgeführt werden. Die telefonische oder mündliche Form bietet sich aus Kostengründen an, wenn aufgrund bereits bestehender Geschäftsverbindungen konkrete Ansprechpartner bekannt sind.

Um Irrtümer, Missverständnisse und daraus resultierende Erfüllungsstörungen zu vermeiden, empfiehlt sich bei mündlichen und fernmündlichen Bestellungen eine **schriftliche Bestätigung**, z. B. per Fax. Dies gilt insbesondere bei inhaltlich komplexen Bestellungen, z. B. mit Angabe von technischen Details.

Formale Aspekte einer Bestellung

Im Falle der Schriftform werden Bestellungen unter **Einhaltung der Schreib- und Gestaltungsregeln (DIN 5008)** mit einem Textverarbeitungsprogramm erstellt. Das Beispiel auf der folgenden Seite veranschaulicht eine sach- und normgerecht verfasste Bestellung.

Vergleichbares gilt für die elektronische Versendung einer Bestellung. In diesem Fall sind die **Vorschriften für die Gestaltung von E-Mails** zu beachten.

An …	verkauf@mtechnik.com
Cc …	b.schneider@mo-modernoffice.com
Bcc …	
Betreff:	Bestellung von Grasdruckfedern

Sehr geehrte Frau Holzschlag,

auf der Basis des bestehenden Rahmenvertrags rufen wir die Lieferung verschiedener Modelle von Gasdruckfedern ab. Die genauen Artikel-Nummern sowie die jeweiligen Bestellmengen entnehmen Sie bitte der Übersicht in der Anlage.

Wir weisen ausdrücklich auf die Lieferungs- und Zahlungsbedingungen des zugrunde liegenden Rahmenvertrags hin:

Die Lieferung erfolgt frei Haus, das Zahlungsziel beträgt 30 Tage, bei Zahlung innerhalb von 10 Tagen gewähren Sie 2 % Skonto.

Bitte liefern Sie innerhalb von 14 Tagen an unser Werk in Horb, Industriestraße 10 – 14, 72160 Horb am Neckar.

Mit freundlichem Gruß

ModernOffice KG
Beschaffung Material Metalle

Sabine Müller

E-Mail: s.mueller@mo-modernoffice.com
Internet: www.mo-modernoffice.com
Telefon: +49 7451 801-558
Telefax: +49 7451 801-500

Postanschrift: Postfach 10 15, 72160 Horb am Neckar
Hausanschrift/Sitz: Industriestraße 10 – 14, 72160 Horb am Neckar
Gesellschafter: Dr. Anja Tischler, Dipl.-Kfm. Jens Tischler
Handelsregister HRB 722079 beim Amtsgericht Stuttgart

Beispiel •

Modern**Office**.

ModernOffice KG · Industriestraße 10 – 14 · 72160 Neckar

Ihr Zeichen: me
Ihre Nachricht vom: 15.05.20..
Unser Zeicher: il
Unsere Nachricht vom: 10.05.20..

Leuchtenfabrik
Weber GmbH
Herrn Peter Neumann
Marktstraße 28
07545 Gera

Name: Sedar Ildym
Telefon: 07451 801-15
Telefax: 07451 801-150
E-Mail: s.ildym@mo-modernoffice.de

Datum: 17.05.20..

Bestellung von Tisch- und Stehleuchten

Sehr geehrter Herr Neumann,

Ihr Angebot haben wir heute erhalten. Entsprechend Ihren Lieferungs- und
Zahlungsbedingungen bestellen wir

> 130 Stehleuchten, Nr. 1050, 180,00 EUR je Stück,
> 140 Tischleuchten, Nr. 4030, 230,00 EUR je Stück.

Lieferanschrift ist unser Showroom in 10117 Berlin, Friedrichstraße 98.

Wir weisen noch einmal darauf hin, dass die Leuchten für eine Sonderaktion benötigt
werden. Es ist deshalb sehr wichtig, dass Sie die zugesagte Lieferzeit von 14 Tagen nach
Bestelldatum einhalten.

Mit freundlichem Gruß

ModernOffice KG
Beschaffung Handelswaren

Sedar Ildym

Sedar Ildym

ModernOffice KG
Industriestraße 10 – 14
72160 Horb am Neckar

Gesellschafter:
Dr. Anja Tischler
Dipl.-Kfm. Jens Tischler
Anton Tischler

Telefon: + 49 7451 801-0
Telefax: + 49 7451 801-100
E-Mail: info@mo-modernoffice.com

Internet: www.mo-modernoffice.com
Facebook: www.facebook.com/mo-modernoffice
Twitter: https://twitter.com/mo-modernoffice

Bankverbindungen:
Postbank Stuttgart
IBAN DE53 6001 0070 0813 6000 10
SWIFT-BIC PBNK DE FF 600

Kreissparkasse Freudenstadt
IBAN DE68 6425 1060 1701 8022 44
SWIFT-BIC SOLA DE S1FDS

Sitz: Horb am Neckar
USt-IdNr.: DE 258034416
Steuer-Nr.: 220/360/2842

HRA 722079
Amtsgericht Stuttgart
(Finanzamt Freudenstadt,
Außenstelle Horb)

Onlinebestellung von Sachgütern und Dienstleistungen

In Verbindung mit den neuen Informations- und Kommunikationstechnologien gewinnt der **elektronische Handel** (Internethandel) zunehmend an Bedeutung.

Elektronischer Handel = Kaufabwicklung per Datenfernübertragung

Der elektronische Handel lässt sich **nach Art der Teilnehmer** in verschiedene Klassen einteilen, z. B.:

- **C2C:** Consumer-to-Consumer (Verbraucher an Verbraucher), z. B. Auktionshandel eBay
- **B2C:** Business-to-Consumer (Unternehmen an Verbraucher), z. B. Online-Versandhandel Amazon
- **B2B:** Business-to-Business (Unternehmen an Unternehmen), z. B. Handel zwischen Unternehmen und Lieferern
- **B2A:** Business-to-Administration (Unternehmen an öffentliche Verwaltung), z. B. elektronische Steuererklärungen, elektronische Bewerbung um öffentliche Aufträge

Für den elektronischen Handel richten Unternehmen u. a. Onlineshops ein. Im **Online-shop** präsentiert ein Händler oder Hersteller seine Waren oder Dienstleistungen. Diese **Produktpräsentation** wird zunehmend perfektioniert. Neben fotografischen Abbildungen, beschreibenden Texten und technischen Daten kommen zunehmend dreidimensionale Produktabbildungen und Videos zum Einsatz. In bestimmten Fällen können Kunden das gewünschte Produkt in Farbe, Ausstattung und Design individuell konfigurieren.

Neben der Produktpräsentation wird im Onlineshop auch der **Bestell- und Kaufvorgang** abgewickelt. Der Kunde gibt alle für die Erfüllung des Kaufvertrags erforderlichen Daten (Rechnungsempfänger, Lieferanschrift, Angaben zur Zahlungsabwicklung) im „Kassenbereich" des Onlineshops ein.

Die Kommunikation zwischen Anbieter und Kaufinteressent erfolgt zunehmend über das Internet. Mittels Shopping-Apps werden Onlineshops auch auf Smartphones oder Tablet-PC zugänglich gemacht **(Mobile Shopping)**.

Beispiel • *Die ModernOffice KG entscheidet sich für die Bestellung von Verbrauchsmaterialien im Onlineshop eines Internetfachhändlers.*

In Onlineshops abgeschlossene Verträge zählen zu den sogenannten **Fernabsatzverträgen**. In § 312b BGB finden sich konkrete gesetzliche Bestimmungen zu diesen besonderen Verträgen. Diese Bestimmungen legen u. a. fest, wann ein **Fernabsatzvertrag** vorliegt, und schreiben umfassende Informationspflichten für den Händler vor. Kunden, die Verbraucher sind, haben ein **Widerrufs- bzw. Rückgaberecht**.

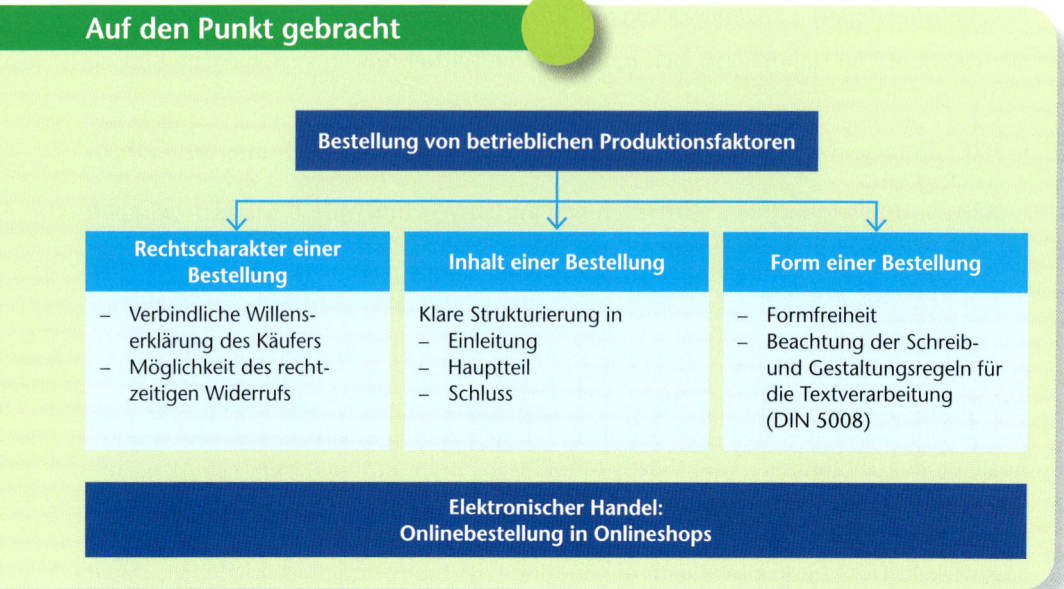

Nutzen Sie Ihr Wissen

1. Erklären Sie, welche rechtlichen Wirkungen von einer Bestellung ausgehen können.

2. Informieren Sie sich darüber, wie in Ihrem Ausbildungsunternehmen Bestellungen zur Beschaffung betrieblicher Produktionsfaktoren abgewickelt werden. Fassen Sie das Ergebnis Ihrer Recherche in einem Kurzbericht zusammen.

3. Im Werk Bielefeld der ModernOffice KG ist unerwartet ein Elektromotor in der Teilezurichtung ausgefallen. Eine zeitnahe Reparatur ist wegen wichtiger Aufträge zwingend erforderlich. Ein Ersatzmotor ist nicht einsetzbar. Die Motorenwerke Hannover GmbH (weitere Angaben nach eigener Wahl) werden mit der Reparatur beauftragt. Der schadhafte Motor wird vom Instandsetzungsteam der ModernOffice KG ausgebaut und durch den Fuhrpark der ModernOffice KG nach Hannover transportiert. Schreiben Sie sach- und normgerecht die Bestellung für den Abschluss dieses Vertrags.

4. Recherchieren Sie im Internet Onlineshops zur Beschaffung von Büromaterialien.
   • Nennen Sie drei verschiedene Webadressen, die Ihnen besonders geeignet erscheinen. Begründen Sie Ihre Wahl.
   • Beschreiben Sie die Abwicklung von Bestellungen in diesen ausgewählten Onlineshops.

5. Erläutern Sie allgemein die Vor- und Nachteile elektronischer Handelsbeziehungen zu Lieferern.

4   Im Beschaffungsprozess Rechtsnormen beachten

4.1   Verschiedene Arten von Verträgen mit Lieferern abschließen

Ebru Celik wird gemäß betrieblichem Ausbildungsplan in der Beschaffungsgruppe „Material Kunststoffe" ausgebildet. Vom Gruppenleiter Eric Schuhmann erhält sie den Auftrag, zentral eingegangene E-Mails zu sichten und an die jeweils zuständigen Sachbearbeiter der Gruppe weiterzuleiten. Sie findet folgende Nachricht vor:

An ...	beschaffung@mo-modernoffice.com
Cc ...	
Bcc ...	
Betreff:	Auftragsbestätigung / Ihre Bestellung vom 12.03.2014

Sehr geehrte Frau Schmitz,

wir danken für Ihren Auftrag. Gerne liefern wir

100 Sichtschutzblenden, Katalog-Nr. 350, Einzelpreis 25,00 EUR
100 Sichtschutzblenden, Katalog-Nr. 450, Einzelpreis 30,00 EUR

Die genannten Preise gelten für Blenden in der im Katalog angegebenen Standardgröße. In Ihrer Bestellung geben Sie von dieser Standardgröße abweichende Sondermaße an. Mit einem Sonderanfertigungsaufschlag von nur 10 % auf den jeweiligen Katalogpreis können wir die Blenden auch in der von Ihnen gewünschten Größe liefern. Sind Sie damit einverstanden?

Bitte berücksichtigen Sie auch, dass wir allen Aufträgen unsere Allgemeinen Geschäftsbedingungen zugrunde legen.

Sie können versichert sein, dass wir Ihren Auftrag sorgfältig und fristgerecht ausführen.

Mit freundlichem Gruß

Kunststoffe Schneider GmbH
Abteilung Verkauf

Sabine Schaller

E-Mail: verkauf@schneider-gmbh.de
Internet: www.kunststoffe.de
Telefon: + 49 (0)228 350172-20
Telefax: + 49 (0)228 350172-50

Postanschrift: 75 75, 53225 Bonn
Hausanschrift/Sitz: Kautexstraße 22 – 24, 53229 Bonn
Geschäftsführer: Dipl.-Ing. Karl Buschfeld, Dipl.-Kffr. Marlies Schommer
Handelsregister HRB 554413 beim Amtsgericht Bonn

Anhang

- *Analysieren Sie den Inhalt dieser E-Mail. Stellen Sie sich dazu z. B. folgende Fragen:*
  - *Welche wichtigen Informationen enthält diese Nachricht für den zuständigen Sachbearbeiter?*
  - *Welche Inhalte der Mail könnten aus Sicht der ModernOffice KG problematisch sein?*
  - *Welche Handlungsbedarfe/Klärungsbedarfe ergeben sich für den zuständigen Sachbearbeiter?*
  - *Welche Alternativen ergeben sich aus Sicht der ModernOffice KG durch diese E-Mail?*
  - *Welche Folgeprobleme könnten für die ModernOffice KG eintreten, wenn diese E-Mail nicht sorgfältig bearbeitet wird?*
- *Im Lernfeld 3 haben Sie bereits das Zustandekommen eines Kaufvertrages kennengelernt. Ist zwischen der ModernOffice KG und der Kunststoffe Schneider GmbH ein Kaufvertrag zustande gekommen? Begründen Sie Ihre Entscheidung.*
- *Der Klärungsprozess des zuständigen Sachbearbeiters ergibt, dass die Sichtschutzblenden in den Sondermaßen von der Kunststoffe Schneider GmbH bezogen werden sollen. Verfassen Sie für diesen Fall eine sach- und normgerechte E-Mail an die Verkaufsabteilung der Kunststoffe Schneider GmbH.*

Verträge als zwei- oder mehrseitige Rechtsgeschäfte

Willenserklärungen

Geschäftsfähige Personen nehmen durch Willenserklärungen am Geschäftsverkehr teil.

Willenserklärung = Kundgabe des Willens einer Person, verbunden mit der Absicht, eine Rechtsfolge zu bewirken.

Rechtsgeschäfte

Willenserklärungen sind die Basis von Rechtsgeschäften. Es ist zwischen einseitigen und mehrseitigen Rechtsgeschäften zu unterscheiden. Zwei- bzw. mehrseitige Rechtsgeschäfte heißen **Verträge**.

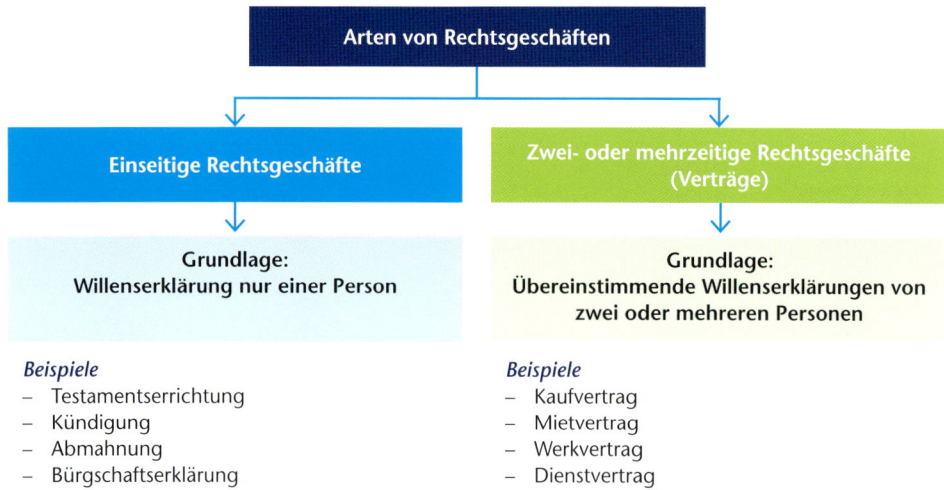

Jeder Vertrag kommt durch mindestens zwei **übereinstimmende Willenserklärungen** zustande. Diese werden als **Antrag** (erste Willenserklärung) und **Annahme** (zweite Wil-

lenserklärung) bezeichnet. Stimmen sie überein, entstehen für die beteiligten Vertragspartner bestimmte Rechtsfolgen in Form von Rechten und Pflichten.

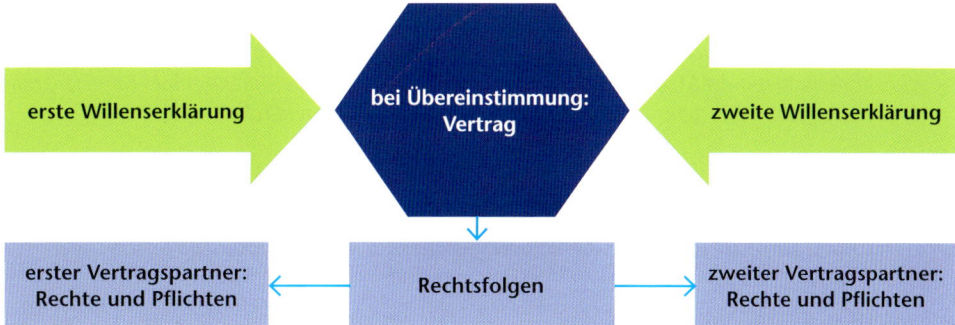

Im Beschaffungsprozess ist der **Kaufvertrag** von besonderer Bedeutung. Bei der Beschaffung der Betriebsmittel (Maschinen, Werkzeuge, Fahrzeuge, Gegenstände der Betriebs-
und Geschäftsausstattung) und der Werkstoffe (Roh-, Hilfs- und Betriebsstoffe, Fremdbauteile) werden mit den Lieferern in der Regel Kaufverträge abgeschlossen.

Unternehmen setzen aber auch vielfältige **Dienstleistungen** als betriebliche Produktionsfaktoren ein. Bei der Beschaffung dieser Dienstleistungen kommt es oft zum Abschluss
anderer Vertragsarten, z. B. Werkverträge.

Beispiel • *Die ModernOffice KG lässt die Fahrzeuge des Fuhrparks im Werk Gotha von einer ansässigen Kfz-Werkstatt warten und bei Bedarf instand setzen. In diesem Fall schließen die ModernOffice
KG und die Carservice GmbH einen* **Werkvertrag.**

Abschluss von Verträgen zur Beschaffung von Dienstleistungen

Neben dem **Kaufvertrag** kommt den folgenden drei Vertragsarten im Beschaffungsprozess eine besondere Bedeutung zu.

Mietvertrag
*Der Mietvertrag ist eine Vereinbarung über die zeitweise Überlassung einer beweglichen oder
unbeweglichen Sache zum Gebrauch gegen Entgelt. Die Vertragspartner werden als* **Vermieter**
und **Mieter** *bezeichnet.*

Vertragspflichten des Vermieters:
• Überlassung der Mietsache zum Gebrauch während der Mietzeit
• Erhaltung der Mietsache in vertragsgemäßem Zustand

Vertragspflichten des Mieters:
• Zahlung der vereinbarten Miete
• Ausschließlich vereinbarungsgemäßer Gebrauch der Mietsache
• Rückgabe der Mietsache zum Ende der Mietzeit

Beispiele •
• *Durch Steinschlag ist die Windschutzscheibe am betrieblichen Pkw von Jens Tischler, Geschäftsführer der ModernOffice KG, beschädigt worden. Die Scheibe muss ausgetauscht werden, die Repa-
raturzeit beträgt drei Werktage. Herr Tischler muss in dieser Zeit zahlreiche auswärtige Termine
wahrnehmen. Deshalb schließt die ModernOffice KG mit einem Autovermieter einen Mietvertrag
ab. Das Mietfahrzeug ist eine* **bewegliche Mietsache.**

- *Die Orgatec in Köln ist für die ModernOffice KG eine wichtige Messe. Regelmäßig können beachtliche Aufträge hereingeholt werden. Zur diesjährigen Messe haben sich sogenannte „Entscheider" von fünf Großunternehmen (Versicherungskonzernen, Automobilunternehmen u. Ä.) zu einem Besuch des Ausstellungsstands der ModernOffice KG angekündigt. Die Geschäftsführung will diese wichtigen Gespräche nicht in der Öffentlichkeit des Messestands führen. Die ModernOffice KG schließt deshalb mit der Messegesellschaft einen Mietvertrag über die Nutzung eines Konferenzraumes ab. Der gewerblich genutzte Raum ist eine **unbewegliche Mietsache**.*

Werkvertrag

Der Werkvertrag ist eine Vereinbarung über die Herstellung eines Werkes gegen Zahlung einer Vergütung (Werklohn). Die Vertragspartner werden als Werkunternehmer *und* Werkbesteller *bezeichnet. Das herzustellende Werk können materielle oder immaterielle Sachen sein:*

- Unbewegliche Sachen, z. B. Bauwerke
- Bewegliche Sachen, z. B. Möbel
- Immaterielle Sachen, z. B. Software, Baupläne, Gutachten
- Erfolgsergebnisse einer Dienstleistung, z. B. Wartungs-, Installations- und Reparaturarbeiten, Transportleistungen

Vertragspflichten des Werkunternehmers:
- Herstellung des Werkes (fristgemäß, mängelfrei)
- Übertragung von Besitz und Eigentum an den Werkbesteller

Der Werkunternehmer muss einen ganz bestimmten Erfolg herbeiführen, nämlich genau das in Auftrag gegebene Werk erstellen.

Vertragspflichten des Werkbestellers:
- Annahme des Werkes
- Zahlung der vereinbarten Vergütung

Beispiele •
- *Die Nachfrage nach Raumsystemen ist stark angestiegen. Die erforderlichen Trennwände werden im Werk Gotha produziert. Dieses Werk hat mittlerweile seine Kapazitätsgrenze erreicht. Die ModernOffice KG schließt daher mit der Industriebau AG einen Werkvertrag über die Errichtung einer zusätzlichen Werkshalle auf dem Gelände des Werkes in Gotha ab.*
- *Auch die Nachfrage nach der Planung von ganzheitlichen Büroraumkonzepten hat stark zugenommen. Die Ingenieure der Entwicklungsabteilung „Raum, Licht, Akustik" können aus Zeitgründen nicht alle Planungen rechtzeitig erstellen. Die ModernOffice KG schließt mit dem Architekturbüro Gebhardt einen Werkvertrag über die Herstellung der Akustik- und Lichtplanung für das Büroraumkonzept der Hauptverwaltung einer Versicherung ab.*

Dienstvertrag

Der Dienstvertrag ist eine Vereinbarung über die Leistung von bestimmten Diensten gegen Zahlung einer Vergütung. Die Vertragspartner werden als Dienstverpflichteter *(Schuldner der Dienstleistung) und* Dienstberechtigter *(Gläubiger der Dienstleistung) bezeichnet.*

Vertragspflicht des Dienstverpflichteten:
- Leistung der versprochenen Dienste

Im Gegensatz zum Werkvertrag schuldet der Dienstverpflichtete ein sorgfältiges Leistungsbemühen, aber keinen Erfolg.

Vertragspflicht des Dienstberechtigten:
- Entrichtung der vereinbarten Vergütung

Eine Sonderform des Dienstvertrages ist der **Arbeitsvertrag**. Beim Arbeitsvertrag leistet der Dienstverpflichtete (Arbeitnehmer) unselbstständige Dienste, das heißt, er ist an Weisungen des Dienstberechtigten (Arbeitgeber) gebunden. Im Unterschied zu einem „normalen" Dienstvertrag enthält ein Arbeitsvertrag auch weitergehende gegenseitige Rechte und Pflichten, z. B. Entgeltfortzahlung im Krankheitsfall, Urlaubsanspruch, Treue- und Fürsorgepflichten.

Beispiel • *Die Bürodrehstühle der Design-Linie „Thonet" sind mit einer innovativen Höhenverstellung ausgestattet. Diese neuartige Technik hat sich die ModernOffice KG patentieren lassen. Ein Mitbewerber bietet seit einiger Zeit Bürodrehstühle mit einer nachgeahmten Technik an. Ein Rechtsstreit ist leider nicht zu vermeiden gewesen. Wegen der speziellen Thematik empfiehlt Dr. Ilse Bach, Leiterin der Rechtsabteilung der ModernOffice KG, die Einschaltung eines Fachanwalts für Patentrecht. Die ModernOffice KG schließt deshalb mit der Rechtsanwaltskanzlei Dr. Dietrich Hülsemann einen Mandatsvertrag ab. Dieser Mandatsvertrag ist ein typischer Dienstvertrag. Dr. Dietrich Hülsemann schuldet den Dienst, die ModernOffice KG in dem Patentstreit vor dem Landgericht zu vertreten. Er schuldet aber nur ein sorgfältiges Leistungsbemühen und keinen Erfolg. Das heißt, auch wenn er für die ModernOffice KG den Prozess nicht gewinnt, hat er seine Vertragspflicht erfüllt.*

Auf den Punkt gebracht

Vertragsarten

Kaufvertrag	Mietvertrag	Werkvertrag	Dienstvertrag
Verschaffung einer Sache gegen Entgelt	zeitweise Überlassung einer Sache zum Gebrauch gegen Entgelt	Herstellung eines Werkes gegen Zahlung einer Vergütung	Erbringung von Diensten gegen Zahlung einer Vergütung

Nutzen Sie Ihr Wissen

1. In der Sparte Service bietet die BüroAkademie der ModernOffice KG Seminare und Schulungen zu aktuellen Themengebieten an. Zum Programm gehört auch das Tagesseminar „Moderne Präsentationstechniken teilnehmerorientiert einsetzen". Mit der Durchführung dieses Seminars wird der freiberufliche Dozent Karl Wolters beauftragt. Nach einer ersten Veranstaltung fällt die Evaluation des Seminars durch die Teilnehmer negativ aus. Zahlreiche Teilnehmerinnen und Teilnehmer bringen zwar zum Ausdruck, dass der Dozent sehr gut vorbereitet gewesen sei. Er habe aber sein Wissen sehr monoton und ermüdend dargeboten. Einige Teilnehmer beschweren sich sogar bei Stefan Ott, dem Leiter der BüroAkademie, und verlangen die Erstattung eines Teils der Teilnahmegebühren.

    a) Welche Art von Vertrag hat die ModernOffice KG mit dem Dozenten Karl Wolters abgeschlossen? Erklären Sie diese Vertragsart.

    b) Der Leiter der BüroAkademie überlegt, ob er dem Dozenten das vereinbarte Honorar kürzen kann. Ist diese Möglichkeit gegeben? Begründen Sie Ihre Entscheidung.

c) Ist die ModernOffice KG zur Erstattung eines Teils der Gebühren an die Teilnehmer verpflichtet? Begründen Sie Ihre Auffassung. Aus welchem Grund könnte die ModernOffice KG Gebühren erstatten, selbst wenn sie dazu nicht verpflichtet ist?

d) Eigentlich ist eine Wiederholung des Seminars im zweiten Halbjahr geplant gewesen. Nach der ersten Erfahrung mit dem Dozenten wird das Seminar aber aus dem Programm der BüroAkademie genommen. Der Dozent wird schriftlich über diese Entscheidung informiert. Verfassen Sie dieses Schreiben sach- und normgerecht. Achten Sie insbesondere trotz der Problematik auf eine wertschätzende Kommunikation.

2. Im Werk Bielefeld der ModernOffice KG muss eine maschinelle Anlage repariert werden. Die ModernOffice KG schließt dazu mit der Maschinentechnik OHG einen Vertrag ab. Bestandteil dieses Vertrages ist u. a. auch ein Kostenvoranschlag.
   a) Welche Vertragsart ist in diesem Fall gegeben? Erklären Sie diese Vertragsart.
   b) Erläutern Sie, was in diesem Zusammenhang unter einem Kostenvoranschlag zu verstehen ist. Informieren Sie sich bei Bedarf, z. B. mithilfe einer Internetrecherche. Warum hat die ModernOffice KG einen Kostenvoranschlag in den Vertrag aufgenommen?

3. Mehrere Fahrzeuge im Fuhrpark des Werkes in Gotha sind ausgefallen. Die ModernOffice KG beauftragt die Spedition Waltermann GmbH mit der Auslieferung von Aktenschränken, Containern und Racks an die Kunden. Erläutern Sie, welche Art von Vertrag zwischen der ModernOffice KG und der Spedition Waltermann GmbH abgeschlossen wird.

4. Um die Wirtschaftlichkeit der ModernOffice KG zu steigern, beauftragt die Geschäftsführung eine Unternehmensberatung mit der Erstellung eines Gutachtens über die Geschäftsprozesse im Unternehmen. Das Gutachten der Beratungsgesellschaft Coopers SA soll auch Vorschläge enthalten, wie die Wirtschaftlichkeit verbessert werden kann.

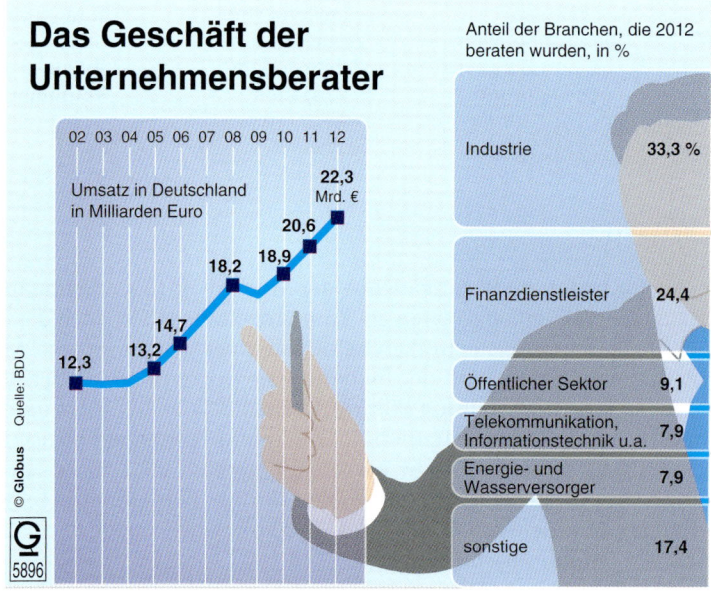

a) Welche Art von Vertrag schließen die ModernOffice KG und die Beratungsgesellschaft Coopers SA ab? Begründen Sie Ihre Entscheidung.

b) Fassen Sie die Informationen der obigen Grafik in einem Kurzbericht zusammen.

4.2 In Fällen der Nichtigkeit und Anfechtbarkeit von Verträgen kompetent handeln

Lernsituation

Tom Wildermuth, Auszubildender der ModernOffice KG am Standort Horb, wird gemäß betrieblichem Ausbildungsplan vier Wochen in der Hauptabteilung „Beschaffung" ausgebildet. Diese Hauptabteilung ist u. a. für den Zentraleinkauf aller Büromaterialien zuständig. Mit der Papiergroßhandlung Jansen GmbH hat die ModernOffice KG einen Rahmenvertrag zur Lieferung von Kopierpapier abgeschlossen.

Nach Anweisung von Katja Geling, Sachbearbeiterin in der Beschaffung, soll Tom Wildermuth bei der Papiergroßhandlung 500.000 Blatt Kopierpapier per E-Mail bestellen. Auf seine Bestellung erhält Tom Wildermuth folgende Antwort-Mail:

An ...	beschaffung@mo-modernoffice.com
Cc ...	
Bcc ...	
Betreff:	Auftragsbestätigung / Ihre Bestellung von Kopierpapier

Sehr geehrter Herr Wildermuth,

vielen Dank für Ihre Bestellung von 5 000 000 Blatt Kopierpapier.

Wir liefern gemäß Rahmenvertrag an Ihren Geschäftssitz in 72160 Horb, Industriestraße 10 – 14. Die Lieferung erfolgt innerhalb von drei Tagen.

Freundliche Grüße

Papiergroßhandlung Jansen GmbH

Zu seinem Entsetzen stellt Tom Wildermuth fest, dass ihm bei seiner Bestellung ein Schreibfehler unterlaufen ist: Statt 500.000 Blatt hat er 5.000.000 Blatt Papier geordert.

- *Analysieren Sie die rechtliche Problematik dieser Situation. Stellen Sie sich dazu z. B. folgende Fragen:*
  - *Liegen die Voraussetzungen für den Abschluss eines Kaufvertrages vor?*
  - *Kann ein Auszubildender für sein Ausbildungsunternehmen Verträge abschließen?*
  - *Ist eine Bestellung per E-Mail überhaupt gültig?*
  - *Kann man abgegebene Erklärungen im Rechtsverkehr rückgängig machen?*
- *Informieren Sie sich mithilfe der folgenden Ausführungen über die Wirkung von Willenserklärungen. Ziehen Sie bei Bedarf weitere Informationsquellen hinzu, z. B. durch Internetrecherche.*
- *Welche Lösungsmöglichkeiten sind, bezogen auf die obige Situation, grundsätzlich denkbar? Entscheiden Sie sich für eine Vorgehensweise. Begründen Sie Ihre Entscheidung.*
- *Verfassen Sie entsprechend Ihrer Entscheidung eine schriftliche Mitteilung an die Papiergroßhandlung Jansen GmbH (E-Mail oder Geschäftsbrief als Fax). Beachtung Sie bei der inhaltlichen und sprachlichen Gestaltung Ihres Textes ausgewogen die Interessen der ModernOffice KG, aber auch die der Papiergroßhandlung.*
- *Erstellen Sie eine Liste von Verhaltensregeln zur Vermeidung ähnlicher Problemsituationen in der Zukunft.*

Arten von Willenserklärungen

Es sind zwei Arten von Willenserklärungen zu unterscheiden.

- **Nicht empfangsbedürftige Willenserklärung:** Im Moment der Abgabe ist die Willenserklärung rechtswirksam. Die Wahrnehmung der Willenserklärung durch eine andere Person ist für die Wirksamkeit nicht erforderlich. Ein Beispiel für diese Art von Willenserklärung ist das **Testament**. Es wird wirksam, wenn es handschriftlich verfasst und unterschrieben worden ist.
- **Empfangsbedürftige Willenserklärung:** Sie ist gegenüber einer anderen Person abzugeben und erst in dem Moment wirksam, in dem die Willenserklärung dem anderen zugeht. Das heißt, für die Wirksamkeit ist neben der Abgabe noch der Zugang erforderlich. Eine per Brief abgegebene Willenserklärung gilt z. B. mit dem Einwurf in den Briefkasten des Empfängers als zugegangen.

  Die Person, die die Willenserklärung abgibt, muss den Zugang beweisen (**Beweislast**). Einfache Briefe und E-Mails haben keinen Beweiswert. Bei der Zustellung per Fax kann der Zugang mit dem OK-Vermerk auf dem Sendebericht bewiesen werden.

Beispiel • Tom Wildermuth hat eine Willenserklärung gegenüber der Papiergroßhandlung Jansen GmbH abgegeben. Die Willenserklärung ist empfangsbedürftig. Sie wird im Moment des Zugangs der E-Mail bei der Papiergroßhandlung wirksam. Tom Wildermuth hat diese Erklärung für die ModernOffice KG abgegeben und diese damit verpflichtet. Er ist dazu durch die Sachbearbeiterin Katja Geling bevollmächtigt worden (Einzelvollmacht). Beabsichtigte Rechtsfolgen für die ModernOffice KG sind die Pflicht zur Annahme des bestellten Kopierpapiers und die Pflicht zur Zahlung des vereinbarten Preises.

Form von Willenserklärungen

Grundsatz der Formfreiheit
Willenserklärungen können grundsätzlich in beliebiger Form abgegeben werden (Formfreiheit).

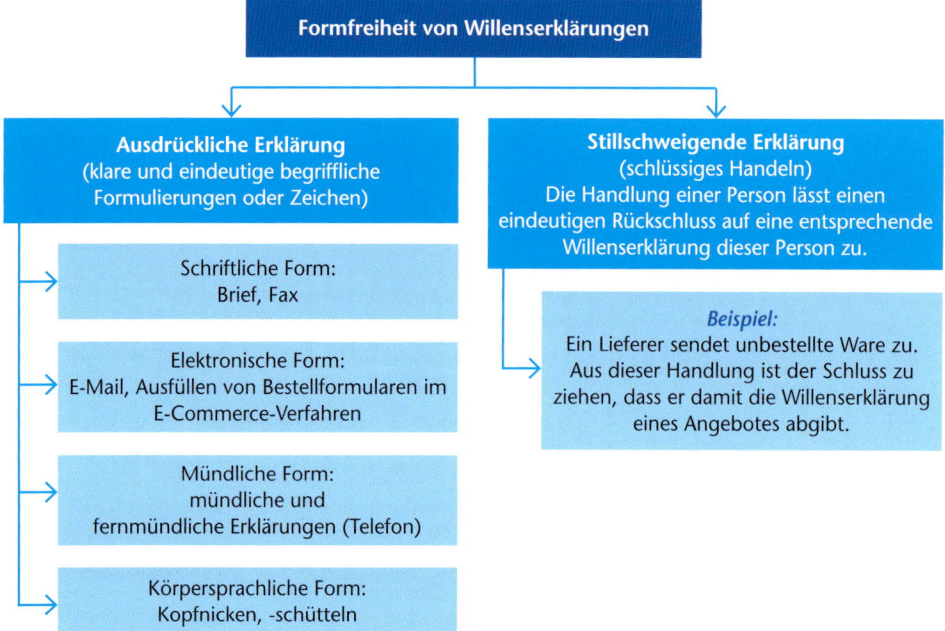

Beispiel ● *Tom Wildermuth bestellt bei der Papiergroßhandlung in elektronischer Form per E-Mail. Für eine Bestellung schreibt das Gesetz keine besondere Form vor. Die Willenserklärung ist damit wirksam. Mit der Antwort-Mail der Papiergroßhandlung werden die Rechtsfolgen für die ModernOffice KG (Annahme des Kopierpapiers und Zahlung des vereinbarten Kaufpreises) ausgelöst.*

Gesetzlicher Formzwang bei bestimmten Sachverhalten

Für bestimmte Willenserklärungen schreibt das Gesetz eine besondere Form vor. Der Erklärende soll wegen der besonderen Risiken des Geschäfts vor übereilten rechtlichen Bindungen geschützt werden (Warnfunktion). Oder die besondere Form soll beweiskräftig klarstellen, ob und mit welchem Inhalt ein Rechtsgeschäft zustande gekommen ist (Beweis- und Klarstellungsfunktion).

- **Einfache Schriftform:** Sie ist z. B. bei Bürgschaftserklärungen von Nichtkaufleuten, bei Wohnungsmietverträgen mit einer Dauer von über einem Jahr oder bei Verbraucherkrediten vorgeschrieben.

- **Öffentliche Beglaubigung:** Die Unterschrift unter einer schriftlich abgefassten Willenserklärung wird in Gegenwart eines Notars vollzogen. Im Beglaubigungsvermerk bestätigt der Notar, dass die im Vermerk genannte Person die Unterschrift geleistet hat. Damit bezieht sich die Beglaubigung nur auf die Echtheit der Unterschrift, nicht aber auf die Richtigkeit des Inhaltes der Erklärung. Anträge zur Eintragung von Sachverhalten in öffentliche Verzeichnisse (z. B. Handelsregister, Grundbuch) sind öffentlich zu beglaubigen.

- **Öffentliche Beurkundung:** Das Schriftstück mit der Willenserklärung wird von einem Notar verfasst. Er liest diese Niederschrift den Beteiligten vor, diese genehmigen die Erklärung und unterzeichnen die Niederschrift eigenhändig in Anwesenheit des Notars. In dem Beurkundungsvermerk bestätigt der Notar die Richtigkeit des Inhalts der Erklärung und der Unterschriften. Kaufverträge über Grundstücke bedürfen z. B. der öffentlichen Beurkundung.

Ist für eine Willenserklärung die einfache Schriftform vorgeschrieben, kann diese durch die elektronische Form ersetzt werden.

> **BGB § 126a Elektronische Form**
> (1) Soll die gesetzlich vorgeschriebene schriftliche Form durch die elektronische Form ersetzt werden, so muss der Aussteller der Erklärung dieser seinen Namen hinzufügen und das elektronische Dokument mit einer qualifizierten elektronischen Signatur nach dem Signaturgesetz versehen.
> (2) Bei einem Vertrag müssen die Parteien jeweils ein gleichlautendes Dokument in der in Absatz 1 bezeichneten Weise elektronisch signieren.

Bei der Erstellung einer **elektronischen Signatur** werden elektronische Dokumente (z. B. Dateien, E-Mails) mit elektronischen Daten des Signaturerstellers verknüpft. Diese elektronischen Daten identifizieren den Signaturersteller. Die elektronische Signatur erfüllt damit den gleichen Zweck wie eine eigenhändige Unterschrift auf Papierdokumenten. Elektronische Signaturen gewährleisten die Rechtssicherheit im internetbasierten Geschäftsverkehr (E-Commerce) sowie im elektronischen Verkehr mit öffentlichen Verwaltungsstellen (E-Government).

Das Signaturgesetz (SigG 2001) und die zugehörige Signaturverordnung (SigV) legen u. a. die Anforderungen an elektronische Signaturen fest. Das SigG 2001 unterscheidet verschiedene Arten elektronischer Signaturen. Aber nur bei Verwendung einer sogenannten „qualifizierten elektronischen Signatur" kann die elektronische Form die gesetzlich vorgeschriebene Schriftform ersetzen.

Nichtigkeit von Rechtsgeschäften

Durch Willenserklärungen entstehen Rechtsgeschäfte. Willenserklärungen oder Rechtsgeschäfte können so schwere Mängel aufweisen, dass das Gesetz von Anfang an keine Rechtsfolgen entstehen lässt.

Nichtig sind Rechtsakte, wenn sie von Anfang an keinerlei Rechtswirkung entfalten.

Das Rechtsgeschäft ist so anzusehen, als wäre es gar nicht vorgenommen worden. Die Nichtigkeit besteht unabhängig vom Willen der Beteiligten und wirkt gegen jedermann.

Ursachen für die Nichtigkeit

Der schwerwiegende Rechtsmangel kann in der Person, in der Form oder im Inhalt begründet sein.

Mangel in der Person

> **BGB § 105 Nichtigkeit der Willenserklärung**
> (1) Die Willenserklärung eines Geschäftsunfähigen ist nichtig.
> (2) Nichtig ist auch eine Willenserklärung, die im Zustand der Bewusstlosigkeit oder vorübergehender Störung der Geistestätigkeit abgegeben wird.

Durch diese gesetzliche Vorschrift sollen die betroffenen Personen geschützt werden.

Beispiel • *Emma Wildermuth, die fünfjährige Schwester von Tom Wildermuth, erhält von ihrer Großmutter 5,00 EUR für das Sparschwein. Völlig eigenständig kauft Emma von dem Geld Süßigkeiten im nahe gelegenen Lebensmittelgeschäft und verzehrt diese mit ihren Freundinnen. Emmas Eltern sind verärgert und verlangen vom Geschäftsinhaber die Erstattung des Geldbetrags. Der Anspruch ist berechtigt: Emmas Willenserklärung („Ich möchte für 5,00 EUR Süßigkeiten kaufen!") ist nichtig. Ein Vertrag mit Rechtsfolgen ist von Anfang an nicht zustande gekommen, da Emma noch nicht geschäftsfähig ist. Folglich hat der Händler keinen Rechtsanspruch auf den Kaufpreis.*

Im Vergleich dazu sind die Rechtsgeschäfte von **beschränkt geschäftsfähigen Personen** in der Regel **schwebend unwirksam**, wenn sie nicht mit Einwilligung des gesetzlichen Vertreters (z. B. Eltern) geschlossen werden. Die schwebende Unwirksamkeit ist ein vorübergehender Zustand. Der gesetzliche Vertreter kann das Rechtsgeschäft nachträglich genehmigen. Durch die Genehmigung wird das Rechtsgeschäft wirksam. Bleibt die Genehmigung aus, ist das Rechtsgeschäft unwirksam.

Mangel in der Form

> **BGB § 125 Nichtigkeit wegen Formmangels**
> Ein Rechtsgeschäft, welches der durch Gesetz vorgeschriebenen Form ermangelt, ist nichtig. [...]

Beispiel • *Nele Haber, eine Freundin von Tom Wildermuth, leiht sich von ihrer Tante 2.000,00 EUR. Bei der Übergabe des Geldes versichert Tom Neles Tante mündlich, dass er die Schuld zurückzahlt, wenn seine Freundin nicht zahlen kann. Als dieser Fall eintritt, verlangt die Tante von Tom die Rückzahlung. Der Anspruch der Tante gegen Tom besteht nicht. Die mündliche Erklärung verstößt gegen die gesetzlich vorgeschriebene Schriftform bei Bürgschaftserklärungen von Nichtkaufleuten. Die Bürgschaftserklärung von Tom ist damit nichtig.*

Mangel im Inhalt
1. Das Rechtsgeschäft verstößt gegen ein gesetzliches Verbot

> **BGB § 134 Gesetzliches Verbot**
> Ein Rechtsgeschäft, das gegen ein gesetzliches Verbot verstößt, ist nichtig [...]

Der gesamte Vertragsinhalt oder einzelne Vertragspassagen können gegen ein gesetzliches Verbot verstoßen, z. B. bei Rechtsgeschäften im Zusammenhang mit Rauschgifthandel oder Schwarzarbeit.

Beispiel • *Die Lumitech GmbH beliefert die ModernOffice KG mit Beamern, die diese als Handelsware im Sortiment führt. Seit Neuestem ist in den Vertragsbedingungen des Lieferers eine besondere Klausel enthalten. Diese Klausel verpflichtet die ModernOffice KG, die Geräte zu einem von der Lumitech GmbH vorgeschriebenen Preis zu verkaufen. Obwohl die ModernOffice KG diese Preisbindungsklausel akzeptiert hat, veräußert sie die Beamer an ihre Kunden zu einem niedrigeren Preis. Die Lumitech GmbH verlangt daraufhin von der ModernOffice KG die Zahlung von Schadenersatz. Dieser Anspruch gegen die ModernOffice KG besteht jedoch nicht: § 1 GWB (Gesetz gegen Wettbewerbsbeschränkungen) verbietet diese Preisbindung. Die Preisbindung verstößt damit gegen ein Gesetz, die zugrunde liegenden Willenserklärungen sind nichtig.*

2. Das Rechtsgeschäft verstößt gegen die guten Sitten

> **BGB § 138 Sittenwidriges Rechtsgeschäft; Wucher**
> (1) Ein Rechtsgeschäft, das gegen die guten Sitten verstößt, ist nichtig.

Ein Verstoß gegen die guten Sitten liegt vor, wenn das Anstandsgefühl aller angemessen und gerecht denkenden Personen verletzt wird. Dies ist z. B. der Fall, wenn eine Notlage, eine Unerfahrenheit, ein mangelndes Urteilsvermögen oder eine erhebliche Willensschwäche ausgenutzt wird.

Beispiel • *Ein Onkel von Tom Wildermuth verursacht schuldhaft einen Verkehrsunfall. Die Teilkaskoversicherung ersetzt nicht den Totalschaden am eigenen Fahrzeug. Toms Onkel ist beruflich dringend auf einen Pkw angewiesen. Den Kreditrahmen bei seiner Hausbank hat er bereits ausgeschöpft. In einer Kleinanzeige einer Zeitschrift wird ein angeblich günstiger Kredit ohne besondere Sicherheiten angeboten. In seiner Not schließt Toms Onkel mit der Kreditagentur einen Vertrag. Nach Vertragsabschluss erkennt er, dass der Kredit extrem überteuert ist. Der verlangte Zins beträgt mehr als das Dreifache des marktüblichen Zinssatzes. Wegen Wucher ist der Kreditvertrag nichtig. Toms Onkel ist an keinerlei Verpflichtungen gebunden.*

3. Das Rechtsgeschäft ist ein Scheingeschäft

BGB § 117 Scheingeschäft
(1) Wird eine Willenserklärung, die einem anderen gegenüber abzugeben ist, mit dessen Einverständnis nur zum Schein abgegeben, so ist sie nichtig.

Bei einem Scheingeschäft (simuliertes Geschäft) wollen die Vertragspartner einvernehmlich nur den äußeren Schein des Abschlusses eines Rechtsgeschäftes hervorrufen. Sie geben zwar die entsprechenden Willenserklärungen ab, sind sich aber gleichzeitig darüber einig, dass die Rechtsfolgen nicht eintreten sollen.

4. Das Rechtsgeschäft ist ein Scherzgeschäft

BGB § 118 Mangel der Ernstlichkeit
Eine nicht ernstlich gemeinte Willenserklärung, die in der Erwartung abgegeben wird, der Mangel der Ernstlichkeit werde nicht verkannt werden, ist nichtig.

Sobald der Erklärende erkennt, dass ein anderer die Scherzerklärung als ernst gemeinten Wunsch aufgefasst hat, ist er zur Aufklärung verpflichtet. Anderenfalls ist die Willenserklärung als wirksam anzusehen und der Erklärende ist an die Rechtsfolgen gebunden.

Beispiel • *An einem heißen Sommertag erklärt Tom Wildermuth gegenüber einem Sachbearbeiter der Abteilung Beschaffung: „1.000,00 EUR gäbe ich jetzt für eine frische Cola." Daraufhin begibt sich der Mitarbeiter zum Getränkeautomaten im Sozialraum und kehrt mit einer gekühlten Flasche Cola zurück. Tom ist jedoch nicht zur Zahlung des Geldes verpflichtet: Tom kann erwarten, dass der andere die fehlende Ernsthaftigkeit erkennt.*

Anfechtbarkeit von Willenserklärungen (§ 142 BGB)

Von der Nichtigkeit zu unterscheiden ist die Anfechtung einer Willenserklärung. Durch zwei übereinstimmende Willenserklärungen ist ein gültiges Rechtsgeschäft zustande gekommen. Im Nachhinein stellt sich jedoch heraus, dass eine zugrunde liegende Willenserklärung dieses Rechtsgeschäfts fehlerhaft ist.

Durch eine besondere Erklärung gegenüber dem Vertragspartner wird die fehlerhafte Willenserklärung rückwirkend beseitigt. Diese Erklärung wird als Anfechtung bezeichnet.

Das Rechtsgeschäft, das auf dieser fehlerhaften Willenserklärung beruht, wird rückwirkend „vernichtet". Es ist damit von Anfang an als nichtig anzusehen.

Eine Anfechtung wird wirksam ausgeübt, wenn der zur Anfechtung Berechtigte
* einen **Anfechtungsgrund** hat und
* die Anfechtungserklärung innerhalb der **Anfechtungsfrist** abgibt.

Anfechtungsgründe

Drei Arten von Gründen berechtigen zur Anfechtung einer Willenserklärung.

Irrtum als Anfechtungsgrund
Das Gesetz unterscheidet verschiedene Arten von Irrtum.

* **Irrtum in der Erklärung (§ 119 Abs. 1 BGB):** Eine Willenserklärung hat zwei Bestandteile, den **Willen** und die **Erklärung**. In der Regel stimmt das Gewollte mit dem Erklärten überein. Bei einem Erklärungsirrtum ist das nicht der Fall. Die Person, die die Willenserklärung abgibt, will etwas anderes, als sie erklärt.

  Beispiel • *Tom Wildermuth **will 500 000** Blatt Kopierpapier bestellen **(Wille)**. Er vertippt sich beim Schreiben der E-Mail und **erklärt** eine Bestellung von 5 000 000 Blatt **(Erklärung)**. Es liegt ein Irrtum in der Erklärung vor.*

* **Irrtum in der Übermittlung (§ 120 BGB):** Zu einem Übermittlungsirrtum kann es kommen, wenn die Willenserklärung durch einen Boten oder ein Dienstleistungsunternehmen (Post, Telekommunikationsunternehmen) übermittelt wird. Auf dem Weg zum Empfänger der Willenserklärung kommt es zu einem Irrtum.

  Beispiel • *Dr. Anja Tischler, Geschäftsführerin der ModernOffice KG, und Walter Hüls, Hauptabteilungsleiter im Verkauf, reisen zu einem Meeting im Showroom Berlin. Tom Wildermuth ist mit der Organisation dieser Geschäftsreise beauftragt. Er bestellt bei einer Agentur für Geschäftsreisen telefonisch **zwei** Flugtickets von Stuttgart nach Berlin. Aufgrund der schlechten Telekommunikationsverbindung versteht die Sachbearbeiterin der Agentur **drei** Tickets.*

* **Irrtum über wesentliche Eigenschaften (§ 119 Abs. 2 BGB):** Willenserklärungen beziehen sich immer auf ein sogenanntes Erklärungsobjekt. Das kann eine Person, eine Sache oder ein Recht sein. Bei der Abgabe der Willenserklärung kann man im Irrtum über wesentliche Eigenschaften dieses Objektes sein, auf das sich die Willenserklärung bezieht.

  Beispiel • *Für den Fuhrpark in Horb ist ein neuer Kfz-Mechatroniker eingestellt worden. Miriam Ball, Abteilungsleiterin Personal, hat für die ModernOffice KG das Einstellungsverfahren abgewickelt. Ein Tätigkeitsschwerpunkt der neuen Fachkraft ist die Wartung von Fahrzeugen der EG-Fahrzeugklasse M (Elektromotorantrieb). In den Bewerbungsunterlagen und im Bewerbungsgespräch hat der neue Mitarbeiter stets auf seine besondere Fachkompetenz in diesem Technologiebereich hingewiesen. Nach Ablauf der Probezeit müssen die ersten Fahrzeuge mit Elektromotor gewartet werden. Dabei stellt sich schnell heraus, dass die spezifische Fachkompetenz bei dem eingestellten Mitarbeiter überhaupt nicht gegeben ist. Bei der Abgabe der Willenserklärung zum Arbeitsvertrag ist die ModernOffice KG im Irrtum über eine wesentliche Eigenschaft dieser Person gewesen.*

* **Wichtig: keine Anfechtung bei Motivirrtum**
  Wenn man eine Willenserklärung abgibt, dann hat man dafür einen Grund (Motiv). Man erwartet, dass, bedingt durch die Willenserklärung, zukünftig bestimmte Folgen eintreten. In diesem Beweggrund kann man sich irren, die beabsichtigten Folgen treten nicht wie erwartet ein.

Dieser Motivirrtum ist kein Anfechtungsgrund.

Beispiel • *Jens Becker, ein ehemaliger Schulfreund von Tom Wildermuth, erbt 10.000,00 EUR von seinem Großvater. Mit diesem Geld kauft Jens Becker an der Börse 500 Aktien der NetWork AG zu einem Kurs (Stückpreis) von 20,00 EUR. Von einem Bekannten hat Jens Becker die Information erhalten, dass dieses junge Start-up-Unternehmen zurzeit eine innovative Software entwickle und deshalb an der Börse ein „Geheimtipp" sei. Jens Becker erwartet deshalb, dass der Kurs innerhalb eines Monats auf 30,00 EUR steigt und er die 500 Aktien wieder zum Gesamtwert von 15.000,00 EUR verkaufen kann. Aus diesem Grund (Motiv) gibt er die Willenserklärung zum Kauf der Aktien ab. Nach drei Monaten stellt Jens Becker fest, dass er sich in seinem Kaufmotiv geirrt hat: Die erwarteten Folgen sind nicht eingetreten. Im Gegenteil, der Kurs ist auf 10,00 EUR gefallen, die 500 Aktien haben nur noch einen Gesamtwert von 5.000,00 EUR. Dieser Motivirrtum ist aber kein Anfechtungsgrund. Jens Becker kann seine Kaufentscheidung nicht anfechten.*

Anfechtung wegen arglistiger Täuschung (§ 123 BGB)

Bei arglistiger Täuschung erklärt der Täuschende vorsätzlich falsche Tatsachen über eine Person oder eine Sache. Durch diese Vorspiegelung falscher Tatsachen will er einen Vertragspartner zur Abgabe einer Willenserklärung veranlassen, die dieser nicht abgegeben hätte, wenn er die wahren Tatsachen gekannt hätte.

Beispiel • *Michael Küpper, Gruppenleiter Fuhrpark im Werk Horb, kauft für die ModernOffice KG bei einem Fachhändler einen gebrauchten Lieferwagen. Das Fahrzeug wird ausdrücklich als unfallfreies Gebrauchtfahrzeug angeboten. Zusätzlich wird diese Eigenschaft im Kaufvertrag vermerkt. Einen Monat nach Übergabe des Fahrzeugs erfährt Michael Küpper von dem Inhaber einer Fachwerkstatt, dass dieser Lieferwagen im vergangenen Jahr nach einem Unfall zur Reparatur in der Fachwerkstatt gewesen ist.*

Anfechtung wegen widerrechtlicher Drohung (§ 123 BGB)

Widerrechtliche Drohung: Jemand droht gesetzeswidrig einem anderen ein zukünftiges Unheil an und gibt dabei vor, dass es in seiner Macht steht, ob dieses Unheil eintritt oder aufgehalten wird.

Beispiel • *Ein neuer Lieferer für Holzwerkstoffe verhandelt mit der Geschäftsführung der ModernOffice KG über einen Rahmenvertrag. In einem vertraulichen Gespräch mit Dr. Anja Tischler weist er darauf hin, dass er über brisante Informationen verfüge. Danach soll die ModernOffice KG noch bis zum Jahr 2012 widerrechtlich Lackierabwässer ungeklärt in die öffentliche Kanalisation entsorgt haben. Bei Abschluss des Rahmenvertrages mit ihm als Lieferer werde er natürlich auf eine Weitergabe dieser Informationen an die Umweltbehörden verzichten.*
Falls die ModernOffice KG den Rahmenvertrag mit diesem Lieferer abschließen sollte, ist sie an ihn zunächst gebunden, kann ihn aber anfechten.

Anfechtungsfristen (§ 124 BGB)

Die Anfechtungserklärung muss innerhalb der Anfechtungsfrist abgegeben werden. Diese Frist hängt vom Anfechtungsgrund ab.

- **Irrtum als Anfechtungsgrund**: Die Anfechtung muss unverzüglich (das heißt, so schnell wie möglich) nach Entdecken des Irrtums erklärt werden.
- **Arglistige Täuschung als Anfechtungsgrund**: Die Anfechtung muss innerhalb eines Jahres erfolgen. Die Frist beginnt mit dem Zeitpunkt, in dem der Anfechtungsberechtigte die Täuschung entdeckt.
- **Widerrechtliche Drohung als Anfechtungsgrund**: Die Anfechtungsfrist beträgt ebenfalls ein Jahr. Sie beginnt mit dem Zeitpunkt, in dem die Zwangslage aufhört.

Wird die jeweilige Frist nicht eingehalten, wird das Rechtsgeschäft endgültig. Zehn Jahre nach Abgabe einer Willenserklärung ist jegliche Anfechtung ausgeschlossen.

Verantwortliche Kommunikation gegenüber dem Vertragspartner

Jeder Unternehmer ist daran interessiert, von seinen Lieferern als verlässlicher Vertragspartner angesehen zu werden. Nur dann kann er von seinen Lieferern ebenfalls ein zuverlässiges Verhalten erwarten. Wiederholte Irrtums-Anfechtungen lassen Zweifel an der Verlässlichkeit aufkommen und beeinträchtigen den guten Ruf.

Vergleichbares gilt im Hinblick auf die Nichtigkeit von Rechtsgeschäften. In diesem Zusammenhang kommt es insbesondere auf eine sorgfältige Beachtung der Formvorschriften für bestimmte Willenserklärungen an. Soll die einfache Schriftform durch die elektronische Form ersetzt werden, sind die Bestimmungen des SigG zu beachten. Im Falle der Formfreiheit von Willenserklärungen ist aus Klarstellungs- und Beweisgründen oft die Schriftform sinnvoll.

Aus all diesen Gründen sollte die Abgabe von Willenserklärungen stets gut vorbereitet und sorgfältig abgewickelt werden, um Anfechtungen oder die Ungültigkeit von Verträgen von vornherein zu vermeiden.

Sollte eine Anfechtung dennoch ausnahmsweise erforderlich sein, ist eine verantwortungsvolle Kommunikation mit dem Vertragspartner erforderlich. Es kommt darauf an, durch ein angemessenes sprachliches Verhalten den Vertrauensschaden so gering wie möglich zu halten und die positive Geschäftsbeziehung aufrecht zu erhalten.

Zwar stellt die Anfechtung einen Rechtsanspruch dar, dem sich der Vertragspartner nicht entziehen kann. Es kann aber dennoch sein, dass der Anfechtungsberechtigte auch auf die Kulanz (Entgegenkommen) des anderen angewiesen ist, z. B. wenn dieser einen Anspruch auf den Ersatz des Schadens hat, der ihm entstanden ist, weil er auf die Wirksamkeit des Rechtsgeschäftes vertraut hat.

Beispiel • *Tom Wildermuth informiert die zuständige Sachbearbeiterin der Papiergroßhandlung Jansen GmbH unverzüglich telefonisch über seinen Irrtum. In diesem Telefonat bittet er um Entschuldigung und Verständnis. Er weist auf die langjährige Geschäftsbeziehung hin und stellt zukünftige Folgeaufträge in Aussicht. Abschließend bedankt er sich für das verständnisvolle Entgegenkommen.*

Auf den Punkt gebracht

Nichtigkeit und Anfechtung von Willenserklärungen

Nichtigkeit	Anfechtung
Wegen schwerwiegender Rechtsmängel entsteht keine Rechtswirkung.	Eine fehlerhafte Willenserklärung wird rückwirkend beseitigt.

Ursachen

Gründe und Fristen

Mangel in der Person
(Geschäftsunfähige, beschränkt Geschäftsfähige)

Mangel in der Form
(Verstoß gegen eine gesetzliche Formvorschrift)

Mangel im Inhalt
(verbotenes oder sittenwidriges Rechtsgeschäft, Scherzgeschäft, Scheingeschäft)

Gründe:
– **Irrtum**
  - in der Erklärung
  - in der Übermittlung
  - über wesentliche Eigenschaften
– **Arglistige Täuschung**
– **Widerrechtliche Drohung**

Fristen:
– Irrtum: **unverzüglich** nach Entdeckung des Irrtums
– Arglistige Täuschung: **ein Jahr nach Entdeckung**
– Widerrechtliche Drohung: **ein Jahr nach Beendigung der Zwangslage**

Nutzen Sie Ihr Wissen

1. Erklären Sie den Grundsatz der Formfreiheit von Willenserklärungen.

2. Machen Sie sich darüber sachkundig, ob in Ihrem Ausbildungsbetrieb elektronische Signaturen verwendet werden. Beschreiben Sie den Ablauf bei der Verwendung dieser Signaturen.

3. Erklären Sie, was unter einer öffentlichen Beglaubigung und unter einer öffentlichen Beurkundung zu verstehen ist.

4. Erläutern Sie, inwiefern sich Nichtigkeit und Anfechtung grundsätzlich unterscheiden. Nennen Sie dabei auch die Ursachen für die Nichtigkeit einer Willenserklärung und die Gründe, die zur Anfechtung berechtigen.

5. Die folgenden Aufgaben beziehen sich auf die Handlungssituation zu Beginn dieses Kapitels.
   a) Muss Tom Wildermuth bei der Anfechtung seiner Willenserklärung eine Frist einhalten? Begründen Sie Ihre Antwort.

b) Tom Wildermuth entscheidet sich, seine Anfechtungserklärung per E-Mail an die Papiergroßhandlung Jansen GmbH zu versenden. Beurteilen Sie, ob diese Form rechtlich zulässig und wirtschaftlich sinnvoll ist.

c) Bei Vorliegen eines Grundes stellt die Anfechtung einen Rechtsanspruch dar. Dennoch sollte bei der Formulierung der Anfechtungserklärung auch auf die Interessen des Vertragspartners angemessen Rücksicht genommen werden. Begründen Sie diese Anforderung an die Kommunikation mit dem Vertragspartner.

d) Tom Wildermuth hat seine Bestellung gegenüber der Papiergroßhandlung Jansen GmbH angefochten. Zur Sicherheit will er zu dem gesamten Vorgang eine Aktennotiz erstellen. Verfassen Sie diese Aktennotiz.

6. Erklären Sie, was unter einem Motivirrtum zu verstehen ist. Begründen Sie, warum ein Motivirrtum keinen Anfechtungsgrund darstellt.

7.
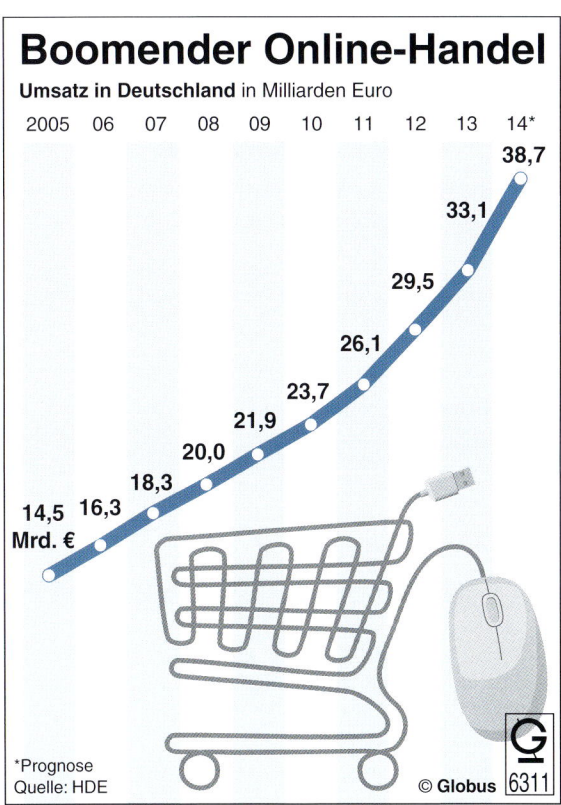

Boomender Online-Handel

Umsatz in Deutschland in Milliarden Euro

2005 06 07 08 09 10 11 12 13 14*

38,7
33,1
29,5
26,1
23,7
21,9
20,0
18,3
14,5 16,3
Mrd. €

*Prognose
Quelle: HDE
© Globus 6311

a) Fassen Sie die in der obigen Grafik veranschaulichten Informationen in einer Beschreibung zusammen.

b) Erklären Sie B2B und B2C als Varianten des internetbasierten Geschäftsverkehrs (E-Commerce).

c) Erklären Sie, was unter einer elektronischen Signatur zu verstehen ist.

d) Nehmen Sie begründet zu folgender Aussage Stellung: „Im internetbasierten Geschäftsverkehr abgeschlossene Verträge sind nur rechtsverbindlich, wenn die in elektronischer Form abgegebenen Willenserklärungen mit einer elektronischen Signatur versehen sind.“

4.3 Die Bedeutung von Besitz und Eigentum in Einkaufsprozessen zutreffend einschätzen

Lernsituation

Tom Wildermuth ist Auszubildender der ModernOffice KG am Hauptsitz in Horb. Gemäß betrieblichem Ausbildungsplan soll er u. a. lernen, in Beschaffungsprozessen die Angebote von Lieferern zu prüfen. Mit dieser Zielsetzung wird er seit drei Wochen in der Abteilung „Beschaffung Material Hölzer" ausgebildet.

Die Gruppenleiterin Lea Groß stellt Tom einen Auszug aus den Allgemeinen Geschäftsbedingungen der Lohmann Holzwerkstoffe GmbH zur Verfügung. Mit diesem Lieferer steht die ModernOffice KG zurzeit in Vertragsverhandlungen: Die Lohmann Holzwerkstoffe GmbH soll die ModernOffice KG zukünftig mit hochwertigen Holzfaserplatten beliefern.

Frau Groß erteilt Tom folgenden Prüfauftrag: Sind die Vertragsbedingungen für die ModernOffice KG akzeptabel?

Allgemeine Geschäftsbedingungen

Wir liefern nur auf der Basis des nachstehend näher geschilderten Eigentumsvorbehaltes.

1. Wir behalten uns das Eigentum an der gelieferten Sache bis zur vollständigen Zahlung sämtlicher Forderungen aus dem Liefervertrag vor. Wir sind berechtigt, die Kaufsache zurückzunehmen, wenn der Käufer sich vertragswidrig verhält.

2. Der Käufer ist verpflichtet, solange das Eigentum noch nicht auf ihn übergegangen ist, die Kaufsache pfleglich zu behandeln.

3. Der Käufer ist zur Weiterveräußerung der Vorbehaltsware im normalen Geschäftsverkehr berechtigt. Die Forderungen des Abnehmers aus der Weiterveräußerung der Vorbehaltsware tritt der Käufer schon jetzt an uns in Höhe des mit uns vereinbarten Faktura-Endbetrages (einschließlich Mehrwertsteuer) ab.

4. Die Be- und Verarbeitung oder Umbildung der Kaufsache durch den Käufer erfolgt stets namens und im Auftrag für uns. Sofern die Kaufsache mit anderen, uns nicht gehörenden Gegenständen verarbeitet wird, erwerben wir das Miteigentum an der neuen Sache im Verhältnis des objektiven Wertes unserer Kaufsache zu den anderen bearbeiteten Gegenständen zur Zeit der Verarbeitung.

[...]

- *Analysieren Sie die Auszüge aus den Allgemeinen Geschäftsbedingungen der Lohmann Holz-werkstoffe GmbH:*
  - *Kann der Lieferer gelieferte Holzfaserplatten zurückfordern?*
  - *Darf die ModernOffice KG gelieferte Platten verarbeiten oder weiterverkaufen?*
  - *Wem gehört ein aus den Holzfaserplatten hergestellter Aktenschrank?*
  - *Welche weiteren Auswirkungen hat es für die ModernOffice KG, wenn sie diese Bedingungen akzeptiert?*
- *Informieren Sie sich mithilfe dieses Lehrbuchs über die Begriffe „Eigentum" und „Besitz" sowie über den „Eigentumsvorbehalt". Ziehen Sie bei Bedarf auch andere Informationsquellen hinzu, z. B. Internetrecherche.*
- *Entscheiden Sie begründet, ob die obigen Vertragsbedingungen für die ModernOffice KG akzeptabel sind.*
- *Informieren Sie, stellvertretend für Tom Wildermuth, die Gruppenleiterin Lea Groß per E-Mail über Ihre Entscheidung und die zugrunde liegenden Begründungen.*

Besitz und Eigentum als Sachenrechte

Besitz und Eigentum sind zwei wichtige Rechte an Sachen. Sie haben im geschäftlichen Alltag auch eine besondere Bedeutung.

Besitz ist die tatsächliche Herrschaft einer Person über eine Sache.

> **BGB § 854 Erwerb des Besitzes**
> (1) Der Besitz einer Sache wird durch die Erlangung der tatsächlichen Gewalt über die Sache erworben.

Eigentum ist die rechtliche Herrschaft einer Person über eine Sache.

> **BGB § 903 Befugnisse des Eigentümers**
> Der Eigentümer einer Sache kann, soweit nicht das Gesetz oder Rechte Dritter entgegenstehen, mit der Sache nach Belieben verfahren und andere von jeder Einwirkung ausschließen. [...]

Besitz und Eigentum können, müssen aber nicht in einer Person vereinigt sein.

Beispiel • Die ModernOffice KG erneuert die Fahrzeugflotte im Fuhrpark ihres Werkes in Bielefeld. Die Geschäftsführung entscheidet, sechs neue Lastkraftwagen nicht zu kaufen, sondern zu leasen (mieten). Als Leasingnehmer (Mieter) kann die ModernOffice KG tatsächlich über die Fahrzeuge verfügen. Sie ist im Besitz der Fahrzeuge. Eigentümer und rechtlicher Herrscher der Fahrzeuge ist dagegen der Leasinggeber (Vermieter).

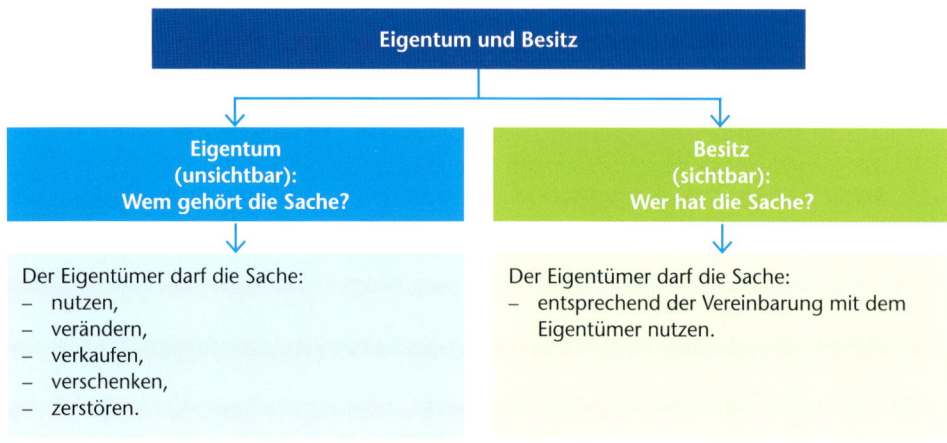

Eigentumsübertragung

Das Eigentum an einer Sache kann von einer Person auf eine andere Person übertragen werden.

Eigentumsübertragung an einer beweglichen Sache (Mobilie)

Die Eigentumsübertragung erfolgt durch Übergabe und Einigung.

Die Einigung ist dabei die Willensübereinstimmung der beiden Personen über den Eigentumswechsel. Für die Einigung ist keine besondere Form vorgeschrieben. Die zugrunde liegenden Willenserklärungen können schriftlich, mündlich oder stillschweigend erfolgen.

> **BGB § 929 Einigung und Übergabe**
> Zur Übertragung des Eigentums an einer beweglichen Sache ist erforderlich, dass der Eigentümer die Sache dem Erwerber übergibt und beide darüber einig sind, dass das Eigentum übergehen soll. Ist der Erwerber im Besitz der Sache, so genügt die Einigung über den Übergang des Eigentums.

Beispiel • *In den Abteilungen der ModernOffice KG am Standort Horb benötigen die Mitarbeiterinnen und Mitarbeiter immer wieder verschiedene Fachliteratur. Die Geschäftsführung der ModernOffice KG unterstützt den örtlichen Einzelhandel. Der Bezug sämtlicher Fachliteratur wird deshalb über eine nahe gelegene Fachbuchhandlung abgewickelt.*

Frau Dr. Bach, die Leiterin der Rechtsabteilung der ModernOffice KG, beauftragt Tom Wildermuth, in der Buchhandlung ein bestelltes Fachbuch zum Vertragsrecht abzuholen. Die Buchhändlerin überreicht Tom Wildermuth das Buch **(Übergabe)***. Beide Personen, die Buchhändlerin und Tom Wildermuth als Bevollmächtigter der ModernOffice KG, sind sich stillschweigend darüber einig, dass die ModernOffice KG Eigentümerin des Buches werden soll* **(Einigung)***.*

Eigentumsübertragung an einer unbeweglichen Sache (Immobilie)
Eine unbewegliche Sache, z. B. ein Grundstück, kann nicht einfach übergeben werden.

Die Eigentumsübertragung erfolgt daher durch Einigung und Eintragung ins Grundbuch. Die Einigung wird auch als **Auflassung** *bezeichnet.*

Die Einigung (Auflassung) Sie muss durch einen Notar beurkundet werden. Die **Eintragung des Eigentumsübergangs ins Grundbuch** hat bei unbeweglichen Sachen dieselbe Bedeutung wie die Übergabe einer beweglichen Sache.

Das Grundbuch ist ein öffentliches Verzeichnis der Grundstücke, die im Bezirk eines Amtsgerichts liegen. Im Grundbuch sind die Eigentumsverhältnisse, mit dem Grundstück verbundene Rechte und auf ihm liegende Lasten eingetragen.

BGB § 873 Erwerb durch Einigung und Eintragung
(1) Zur Übertragung des Eigentums an einem Grundstück [...] ist die Einigung des Berechtigten und des anderen Teils über den Eintritt der Rechtsänderung und die Eintragung der Rechtsänderung in das Grundbuch erforderlich, [...]
(2) Vor der Eintragung sind die Beteiligten an die Einigung nur gebunden, wenn die Erklärungen notariell beurkundet [...] sind [...]

BGB § 925 Auflassung
(1) Die zur Übertragung des Eigentums an einem Grundstück nach § 873 erforderliche Einigung des Veräußerers und des Erwerbers (Auflassung) muss bei gleichzeitiger Anwesenheit beider Teile vor einer zuständigen Stelle erklärt werden. Zur Entgegennahme der Auflassung ist, unbeschadet der Zuständigkeit weiterer Stellen, jeder Notar zuständig. [...]

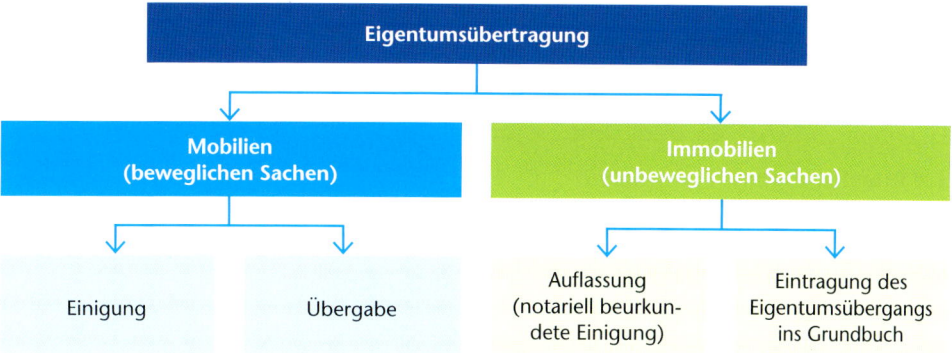

Gutgläubiger Eigentumserwerb
Grundsätzlich kann nur der Eigentümer sein Eigentum an eine andere Person übertragen. Er allein hat das Recht und ist folglich befugt, es einem anderen zu überlassen. Im Ausnahmefall kann man an beweglichen Sachen das Eigentum auch von einem Nichtberechtigten (z. B. Mieter) erwerben. Voraussetzung dafür ist, dass der Erwerber gutgläubig ist.

Gutgläubig ist ein Erwerber, wenn ihm nicht bekannt ist und auch nicht bekannt sein muss, dass der Veräußerer nicht der Eigentümer ist.

Gutgläubiger Eigentumserwerb ist allerdings nicht möglich, wenn dem Eigentümer die Sache abhandengekommen ist, z. B. bei
- verlorenen Sachen,
- gestohlenen Sachen.

Eigentumsvorbehalt

Liefererkredite als wichtiges Finanzierungsinstrument

Im Geschäftsverkehr zwischen Unternehmern ist es üblich und erforderlich, dass Lieferer ihren Abnehmern Kredit gewähren.

Bei einem Kredit überlässt der Kreditgeber (Gläubiger) dem Kreditnehmer (Schuldner) Geldkapital für einen vereinbarten Zeitraum. Nach Ablauf der Zeit zahlt der Kreditnehmer das überlassene Geldkapital zurück (Tilgung). Als Entgelt (Preis) für diese Dienstleistung der Kapitalüberlassung werden in der Regel Zinsen in Rechnung gestellt.

Wichtige Voraussetzung für einen Kredit ist die Kreditwürdigkeit des Schuldners. Der Kreditgeber wird auch als Gläubiger bezeichnet, weil er dem Schuldner vertraut und im Sinne der Kreditwürdigkeit an ihn glaubt.

Beispiel • *Zum Zeitpunkt der Lieferung der Rohstoffe kann die ModernOffice KG das fällige Geld evtl. nicht im direkten Gegenzug an den Lieferer, die Lohmann Holzwerkstoffe GmbH, übergeben: Die Materialien müssen erst zu Büromöbeln verarbeitet und an Kunden verkauft werden. Erst mit den dann zufließenden Umsatzerlösen verfügt die ModernOffice KG über Geldmittel zur Begleichung der Rohstoffrechnung.*

Weil auch der Lieferer ein wirtschaftliches Interesse an einem Vertrag mit der ModernOffice KG hat, gewährt er einen Liefererkredit.

Der Lieferer übergibt der ModernOffice KG die Materialien. Das eigentlich fällige Geldkapital überlässt er der ModernOffice KG aber noch für eine bestimmte Zeit. Die vertraglich vereinbarte Zahlungsbedingung lautet: „Der Rechnungsbetrag ist zahlbar innerhalb von 60 Tagen ohne Abzug." Nach Ablauf der 60 Tage tilgt die ModernOffice KG aus den zwischenzeitlich erzielten Umsatzerlösen den Kredit und begleicht die Rechnung des Lieferers.

Eigentumsvorbehalt als Kreditsicherungsmittel

1. Einfacher Eigentumsvorbehalt

Ein Lieferer verliert sein Eigentumsrecht an der gelieferten Ware mit der Eigentumsübertragung an den Abnehmer. Das ist für den Lieferer unproblematisch, wenn im Augenblick der Eigentumsübereignung gleichzeitig die Geldübergabe erfolgt.

Im Falle eines Liefererkredits ist es für den Lieferer aber problematisch, wenn im Moment der Warenübergabe gleichzeitig auch die Einigung über den Eigentumswechsel erfolgt. Der Abnehmer ist dann Eigentümer der Ware, ohne diese bezahlt zu haben. Sollte er seinen Zahlungsverpflichtungen nicht nachkommen, kann der Lieferer die Ware nicht mehr zurückverlangen.

Der Lieferer sichert seinen Kredit deshalb oft durch eine „**Lieferung unter Eigentumsvorbehalt**" ab.

Beim Eigentumsvorbehalt vereinbaren Verkäufer und Käufer, dass das Eigentum nicht mit der Übergabe der Ware, sondern erst zu einem späteren Zeitpunkt auf den Käufer übergehen soll, wenn eine bestimmte Bedingung erfüllt ist.

Die Bedingung ist dabei die vollständige Zahlung des vereinbarten Kaufpreises. Solange diese Bedingung nicht erfüllt ist, bleibt der Lieferer Eigentümer der Ware. Danach fällt das Eigentum an der gekauften Sache automatisch an den Abnehmer.

Beispiel •

Lieferung unter Eigentumsvorbehalt

Lieferer Lohmann Holzwerkstoffe GmbH	Übergabe unter Eigentumsvorbehalt	Abnehmer ModernOffice KG
bleibt bis zur vollständigen Bezahlung des Kaufpreises Eigentümer der Rohstoffe		wird durch die Übergabe der Rohstoffe zunächst nur Besitzer

Sollte der Abnehmer mit der Zahlung in Verzug geraten, kann der Lieferer vom Vertrag zurücktreten und die Rückgabe der Ware sowie Schadenersatz fordern.

2. Verlängerter Eigentumsvorbehalt und Verarbeitungsvorbehalt

In folgenden Fällen ist der einfache Eigentumsvorbehalt für den Lieferer nutzlos:

• Der Abnehmer verkauft die Ware als Händler weiter.

• Der Abnehmer verarbeitet die Ware (z. B. Rohstoffe) zu einem Erzeugnis weiter.

Im Falle des Weiterverkaufs verliert der Lieferer sein Eigentum an einen Dritten, denn dieser erwirbt oft gutgläubig das Eigentum. Bei der Weiterverarbeitung geht mit der Verarbeitung der Rohstoffe das Eigentum des Lieferers an diesen Rohstoffen unter.

Im geschäftlichen Alltag wird deshalb meist ein verlängerter Eigentumsvorbehalt vereinbart.

Der Abnehmer darf die gelieferte Sache weiterverkaufen oder verarbeiten. Als Ersatz für das verlorene oder untergegangene Eigentum erhält der Lieferer den Anspruch auf den Weiterverkaufserlös oder das Eigentum an dem hergestellten Gegenstand.

Beispiel • *Gemäß ihren Vertragsbedingungen liefert die Lohmann Holzwerkstoffe GmbH Holzfaserplatten an die ModernOffice KG und gewährt einen Liefererkredit von 60 Tagen. Die ModernOffice KG verarbeitet die Rohstoffe zu Büromöbeln. Aufgrund des vereinbarten verlängerten Eigentumsvorbehalts ist die Lohmann Holzwerkstoffe GmbH Miteigentümer der fertigen Büromöbel, solange die ModernOffice KG die Rohstoffrechnung noch nicht vollständig beglichen hat.*

Auf den Punkt gebracht

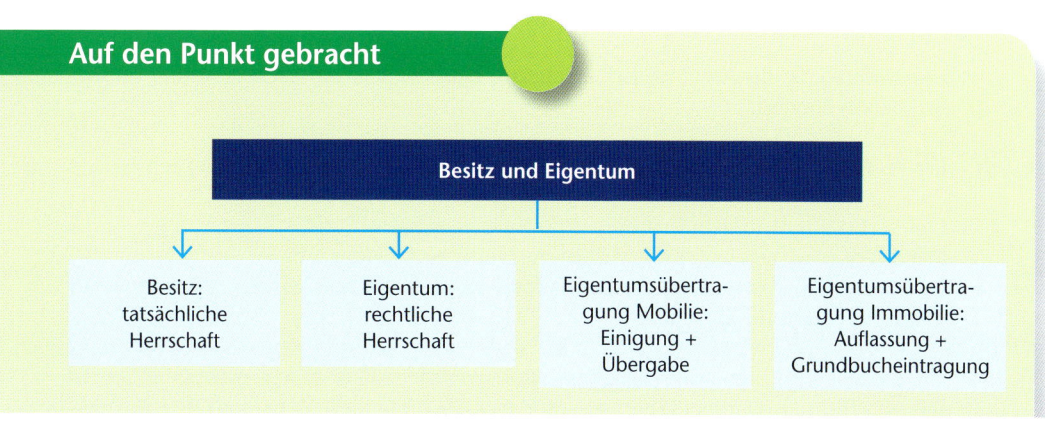

Besitz und Eigentum

Besitz: tatsächliche Herrschaft	Eigentum: rechtliche Herrschaft	Eigentumsübertragung Mobilie: Einigung + Übergabe	Eigentumsübertragung Immobilie: Auflassung + Grundbucheintragung

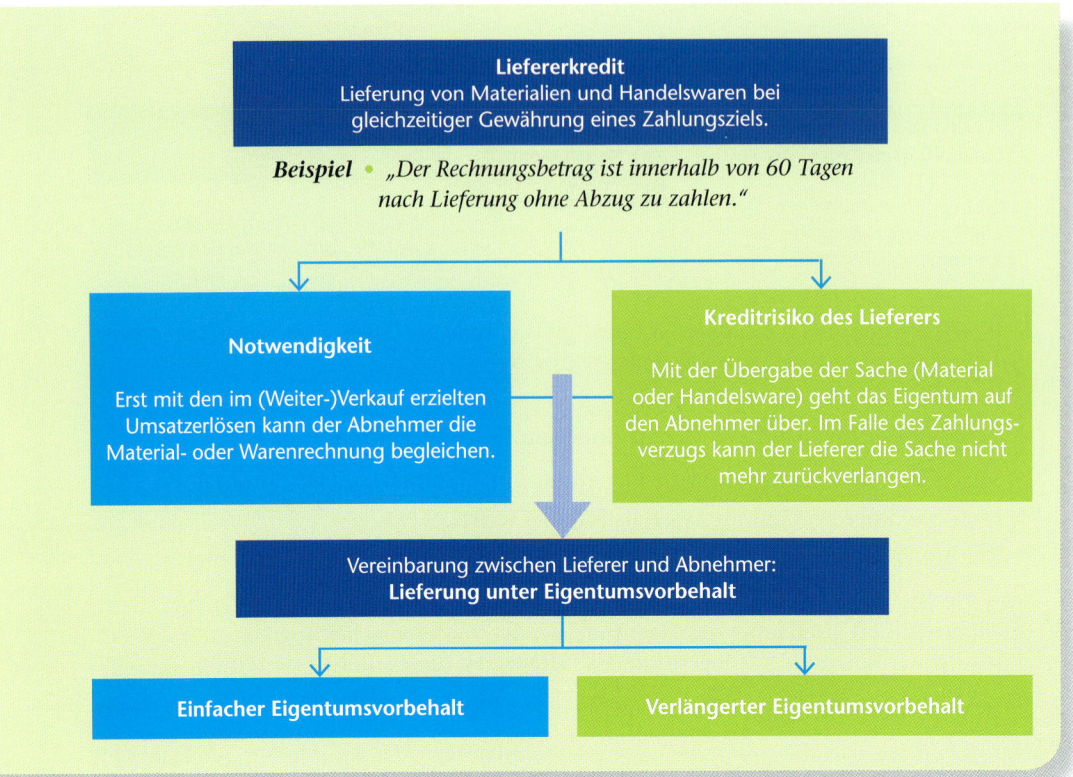

Nutzen Sie Ihr Wissen

1. Erläutern Sie, wie sich Eigentum und Besitz unterscheiden.

2. Beschreiben Sie die Eigentumsübertragung bei beweglichen Sachen und bei unbeweglichen Sachen.

3. Erläutern Sie, was unter einem gutgläubigen Eigentumserwerb zu verstehen ist.

4. Liefererkredite sind gebräuchliche Praxis im Geschäftsalltag.
   a) Erklären Sie, was unter einem Liefererkredit zu verstehen ist.
   b) Erläutern Sie, inwiefern sowohl Lieferer als auch Abnehmer oft ein Interesse an einem Liefererkredit haben.

5. Die Luxo Lichtdesign AG beliefert die ModernOffice KG u. a. mit Arbeitsplatzleuchten. Als Handelsware veräußert die ModernOffice KG diese Artikel an ihre Kunden

weiter. In den Allgemeinen Geschäftsbedingungen der Luxo Lichtdesign AG findet sich folgende Klausel:

> Die gelieferte Ware bleibt bis zur vollständigen Bezahlung unser Eigentum. Der Besteller tritt bereits jetzt seine Forderung aus dem Weiterverkauf der Vorbehaltsware in Höhe des Lieferpreises zuzüglich 10 % Inkassozuschlag zur Sicherheit an uns ab, wenn er vor der Zahlung des Lieferpreises die Ware veräußert.

a) Welche Absicherung des Liefererkredits liegt in diesem Fall vor? Erklären Sie dieses Kreditsicherungsmittel.
b) Welches Recht hat die Luxo Lichtdesign AG, wenn die ModernOffice KG die Liefererrechnung nicht ordnungsgemäß begleicht?

6. Analysieren Sie von drei Lieferern Ihres Ausbildungsbetriebs die jeweiligen Vertragsbedingungen. Erklären Sie die in diesen Vertragsbedingungen enthaltenen Vorbehaltsklauseln zum Eigentumsübergang.

7.

a) Fassen Sie die in der Grafik dargestellten Informationen in einem Fachbericht zusammen.
b) Erklären Sie, was unter „geistigem Eigentum" zu verstehen ist.

4.4 Allgemeine Geschäftsbedingungen eines Lieferers prüfen

Lernsituation

Die ModernOffice KG versteht sich als Komplettanbieter für den Arbeits- und Lebens-raum „Büro". Büromöbel produziert die ModernOffice KG selbst (Sparte Factory). Auch vielfältige büronahe Dienstleistungen erstellt die ModernOffice KG in eigener Regie (Sparte Service).

Abgerundet wird das Gesamtangebot durch weitere Einrichtungselemente: Beamer und Projektionsleinwände, Lampen, Beleuchtungs- und Lautsprechersysteme, Flipcharts, Pinnwände u. Ä. (Sparte Trading). Diese Handelswaren werden bei Herstellern oder Fach-händlern bezogen und an die Kunden der ModernOffice KG weiterverkauft.

Im Rahmen ihrer Ausbildung ist Ebru Celik zurzeit in der Abteilung Handelswaren einge-setzt. Von der Gruppenleiterin Sedar Ildym erhält Ebru einen betriebsinternen Arbeits-auftrag.

Hausmitteilung

Von	Abteilung
Sedar Ildym, GL	Beschaffung Handelswaren

An	Abteilung
Ebru Celik, Auszubildende	Beschaffung Handelswaren

Betrifft

Prüfung der AGB eines potenziellen Lieferanten

Nachricht

Hallo Frau Celik,

Die ModernOffice KG steht zurzeit in Verhandlungen mit der Activ-Lightning GmbH, einem Hersteller moderner Leuchtsysteme. Es ist geplant, Leuchten dieses Herstellers als Handelswaren ins Sortiment aufzunehmen. In diesem Zusammenhang prüfen wir die Allgemeinen Geschäftsbedingungen (AGB) der Activ-Lightning GmbH. Die fraglichen Auszüge aus diesen AGB finden Sie in der Anlage.

Sind diese AGB für uns akzeptabel? Wenn nein, warum nicht?

Bitte informieren Sie mich per E-Mail über Ihre Einschätzung bis zum 24.07.20..

Es grüßt Sie

Sedar Ildym

Besondere Vermerke

Datum	Anlagen
21.07.20..	AGB der Activ-Lightning GmbH

Unterschrift	Verteiler
gez. S. Ildym	

Allgemeine Geschäftsbedingungen
Alle Bestellungen nehmen wir unter ausschließlicher Geltung unserer Liefer- und Zahlungsbedingungen an.

§ 1 Geltungsbereich
Diese Verkaufsbedingungen gelten ausschließlich gegenüber Unternehmern. Von unseren Verkaufsbedingungen abweichende Bedingungen des Bestellers erkennen wir nur an, wenn wir ausdrücklich schriftlich der Geltung zustimmen.
[…]

§ 4 Preise und Zahlung
1. Sofern nichts Gegenteiliges schriftlich vereinbart wird, gelten unsere Preise ab Werk ausschließlich Verpackung und zuzüglich Mehrwertsteuer in jeweils gültiger Höhe.
2. Die Zahlung des Kaufpreises hat ausschließlich auf das in der Rechnung genannte Konto zu erfolgen. Der Abzug von Skonto ist nur bei schriftlicher besonderer Vereinbarung zulässig.
3. Angemessene Preisänderungen wegen veränderter Kosten behalten wir uns vor.
[…]

§ 8 Eigentumsvorbehalt
Wir behalten uns das Eigentum an der gelieferten Sache bis zur vollständigen Zahlung sämtlicher Forderungen aus dem Liefervertrag vor.
[…]

§ 9 Gewährleistung und Mängelrüge sowie Rückgriff/Herstellerregress
1. Mängel jeder Art müssen uns innerhalb von 6 Monaten nach Lieferung der Ware angezeigt werden.
2. Bei rechtzeitiger Mängelanzeige kann der Käufer bei einer mangelhaften Sache nach seiner Wahl die Beseitigung des Mangels oder die Lieferung einer mangelfreien Sache verlangen. Darüber hinausgehende Ansprüche sind ausgeschlossen.
3. Die zum Zwecke der Nachbesserung erforderlichen Aufwendungen (z. B. Transport-, Wege-, Arbeits- und Materialkosten) trägt der Käufer.
[…]

§ 10 Sonstiges
Erfüllungsort und ausschließlicher Gerichtsstand für alle Streitigkeiten aus diesem Vertrag ist unser Geschäftssitz.

- *Analysieren Sie die Allgemeinen Geschäftsbedingungen der Activ-Lightning GmbH. Welche Bestimmungen könnten für die ModernOffice KG problematisch sein?*
- *Informieren Sie sich mithilfe dieses Lehrbuchs über das Wesen der Allgemeinen Geschäftsbedingungen (AGB). Ziehen Sie bei Bedarf auch andere Informationsquellen hinzu, z. B. Internetrecherche.*
- *Prüfen Sie mit diesem Wissen die Allgemeinen Geschäftsbedingungen der Activ-Lightning GmbH:*
  - *Welche Bedingungen weichen von der gesetzlichen Regelung ab?*
  - *Welche Absicht verfolgt die Activ-Lightning GmbH mit der abweichenden Regelung?*
  - *Ist die Abweichung für die ModernOffice KG akzeptabel? Begründen Sie Ihre Entscheidung.*
  - *Erfüllen die Bedingungen die Anforderungen des Gesetzgebers an Allgemeine Geschäftsbedingungen (§§ 305 bis 310 BGB)?*
  - *Welche Folge hat es, wenn dies nicht der Fall ist?*
- *Fassen Sie, stellvertretend für Ebru Celik, Ihre Prüfergebnisse in einer Antwortmail an die Gruppenleiterin Handelswaren zusammen. Geben Sie dabei Empfehlungen für die Verhandlungen mit der Activ-Lightning GmbH.*

Rechtsordnung eines Staates

Das geordnete Zusammenleben in einer Gemeinschaft erfordert Regeln. Neben Sitten, Gebräuchen und Gewohnheiten regeln staatliche Rechtsnormen (Gesetze, Verordnungen) das Zusammenleben.

Die Gesamtheit aller Regeln und Rechtsvorschriften bildet die Rechtsordnung eines Staates.

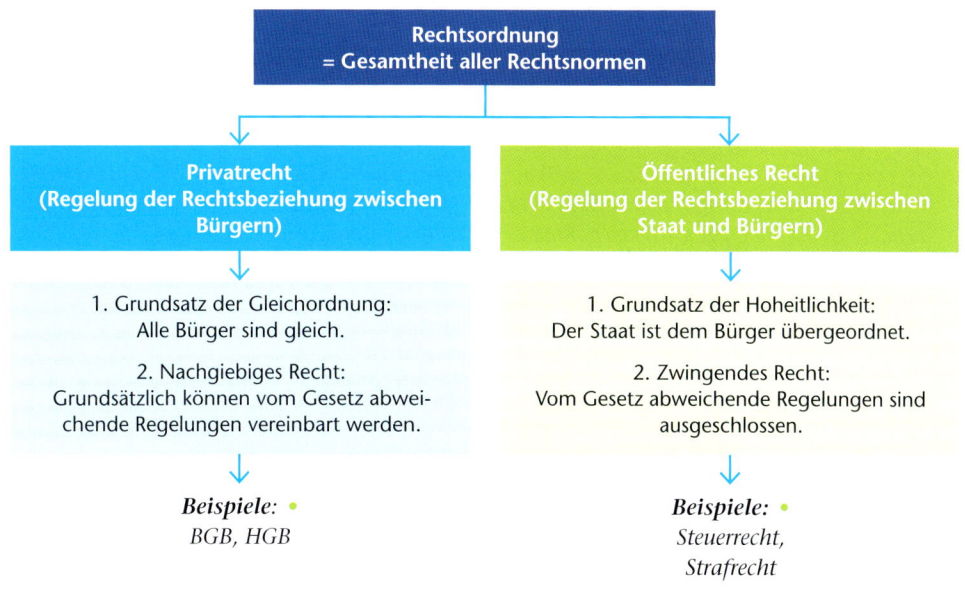

Rechtsnormen zur Regelung von Rechtsgeschäften

Das Privatrecht enthält zahlreiche Vorschriften zu den Rechtsgeschäften. In Abhängigkeit von den Vertragspartnern sind verschiedene Arten von Rechtsgeschäften zu unterscheiden.

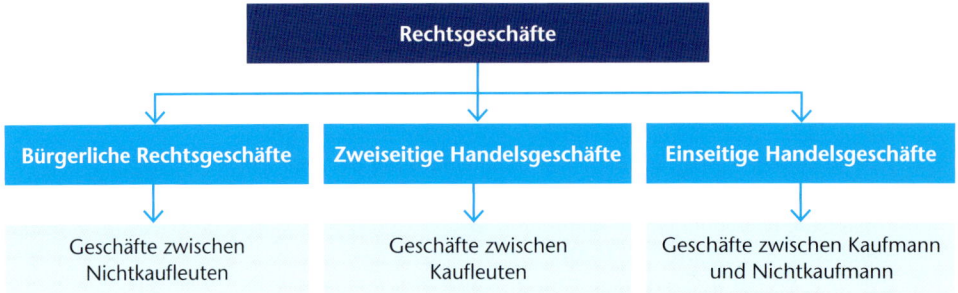

Bürgerliche Rechtsgeschäfte

Für die Rechtsgeschäfte von Nichtkaufleuten gelten die Vorschriften des **Bürgerlichen Gesetzbuches (BGB)**.

Handelsgeschäfte

Von Kaufleuten als Profis im Geschäftsverkehr kann man eine besondere Fachkenntnis, Flexibilität und Sorgfalt erwarten. Dieser Professionalität trägt das **Handelsgesetzbuch (HGB)** Rechnung. Als Spezialrecht für Kaufleute regelt es bestimmte Sachverhalte anders als das BGB. Kaufleute unterliegen damit sowohl den Regelungen des HGB (vorrangig) als auch des BGB.

Beispiele •

- *Ebru Celik, Auszubildende der ModernOffice KG, kauft im Oktober in einem Textilfachgeschäft einen Pullover als Weihnachtsgeschenk für ihren Freund. Erst bei der Geschenkübergabe am 25. Dezember fällt auf, dass der Pullover einen Webfehler aufweist. Ebru muss als Nichtkauffrau die Vorschriften des BGB beachten. § 438 BGB schreibt vor, dass Mängel innerhalb von zwei Jahren angezeigt werden müssen. Ebrus Reklamation nach den Feiertagen erfolgt damit rechtzeitig.*
- *Die ModernOffice KG schließt mit der Activ-Lightning GmbH einen Kaufvertrag über die Lieferung von 100 Arbeitsplatzleuchten. Erst 10 Tage nach der Lieferung fällt bei der Warenprüfung auf, dass alle Leuchten deutlich sichtbare Kratzer aufweisen. Von einem Unternehmer kann man eine umgehende und sorgfältige Warenprüfung erwarten. Abweichend vom BGB schreibt § 377 HGB vor, dass Kaufleute erkennbare Mängel unverzüglich nach der Warenübergabe beim Verkäufer anzeigen müssen. Die Reklamation nach 10 Tagen erfolgt damit nicht rechtzeitig. Die ModernOffice KG hat keine Rechtsansprüche mehr, sie ist auf ein Entgegenkommen (Kulanz) der Activ-Lightning GmbH angewiesen.*

Wesensmerkmale des Privatrechts

Nachgiebiges Recht und Vertragsfreiheit

Das Privatrecht ist ein sogenanntes **nachgiebiges Recht**. Das heißt, zahlreiche Rechtsnormen sind nicht zwingend vorgeschrieben. Im gegenseitigen Einvernehmen können die Vertragspartner vom Gesetz abweichende Regelungen vereinbaren.

Die rechtlichen Regelungen des Privatrechts sind in vielen Fällen nur Vorschläge des Gesetzgebers. Sie können durch vertragliche Vereinbarung geändert werden. Sie gelten ersatzweise für den Fall, dass es keine vertraglichen Regelungen gibt oder dass diese missverständlich sind.

Dies entspricht dem Grundsatz der **Vertragsfreiheit** unserer Rechtsordnung. Dabei sind vier Gesichtspunkte der Vertragsfreiheit zu unterscheiden.

* **Vertragseingehungsfreiheit:** Jeder hat das Recht, frei zu entscheiden, ob er einen Vertrag schließt oder nicht.
* **Vertragsgestaltungsfreiheit:** Die beteiligten Personen können den Inhalt der vertraglichen Regelungen frei bestimmen.
* **Formfreiheit:** Verträge können grundsätzlich in beliebiger Form (mündlich, schriftlich, stillschweigend) abgeschlossen werden.
* **Aufhebungsfreiheit:** Im Einvernehmen können sich die Vertragspartner auch wieder vom Vertrag lösen.

Gleichordnungsgrundsatz

Im Privatrecht gilt der Grundsatz der Gleichordnung, alle Bürger sind vor dem Gesetz gleich. Dies schlägt sich in den Rechtsnormen des Privatrechts nieder. Die staatlichen Vorschriften und Regeln sind ausgewogen gestaltet und berücksichtigen möglichst gleichgewichtig die unterschiedlichen Interessen aller Beteiligten.

Beispiel • Sedar Ildym, Gruppenleiterin der ModernOffice KG, veranschaulicht der Auszubildenden Ebru Celik den Gleichordnungsgrundsatz des Privatrechts am Beispiel des § 448 BGB. Der Gesetzgeber nimmt eine ausgewogene Verteilung der Kosten vor, wenn die Ware versendet werden muss.

BGB § 448 Kosten der Übergabe und vergleichbare Kosten
(1) Der Verkäufer trägt die Kosten der Übergabe der Sache, der Käufer die Kosten der Abnahme und der Versendung der Sache nach einem anderen Ort als dem Erfüllungsort. [...]

Allgemeine Geschäftsbedingungen

Nur bei bestimmten Sachverhalten sind die gesetzlichen Regeln des Privatrechts zwingend vorgeschrieben. Generell können die Vertragspartner vom Gesetz abweichende oder ergänzende Regelungen vereinbaren (Vertragsfreiheit). Unternehmer verwenden deshalb oft sogenannte **Allgemeine Geschäftsbedingungen (AGB)**.

Allgemeine Geschäftsbedingungen (AGB) sind vorformulierte Vertragsbedingungen. Der Verwender legt diese Bedingungen allen seinen Vertragspartnern vor. Unter diesen Bedingungen schließt er alle seine Verträge ab.

Zielsetzung Allgemeiner Geschäftsbedingungen (AGB)
Mit der Verwendung Allgemeiner Geschäftsbedingungen sind bestimmte Vorteile verbunden:

* Durch vorformulierte vertragliche Regelungen wird der Vertragsabschluss vereinfacht und beschleunigt.
* Entsprechend dem Grundsatz der Gleichordnung berücksichtigen die gesetzlichen Regelungen ausgewogen die Interessen aller Vertragspartner. Durch die Verwendung Allgemeiner Geschäftsbedingungen können Rechtsansprüche, Pflichten, Risikoverteilung und Haftung zugunsten des Verwenders der AGB verändert werden.

Missbrauchsgefahr
Verwender von Allgemeinen Geschäftsbedingungen sind in der Regel Unternehmer. Diese sind geschäftlich erfahren und verfügen oft über wirtschaftliche Macht und Ver-

handlungsstärke. Nicht selten können sie sich bei der Ausarbeitung ihrer Allgemeinen Geschäftsbedingungen von Fachanwälten beraten lassen.

Allgemeine Geschäftsbedingungen bergen deshalb eine Gefahr. Der Verwender setzt mit ihnen zu einseitig seine Interessen zulasten der Vertragspartner durch. Diese werden unangemessen benachteiligt. Gegen den Gleichordnungsgrundsatz des Privatrechts wird somit stark verstoßen.

Gesetzliche Kontrolle der Verwendung von AGB
Diesen möglichen Missbrauch verhindern die §§ 305 bis 310 des Bürgerlichen Gesetzbuches (BGB). Mit ihnen wird die Wirksamkeit von Bestimmungen in AGB in drei Schritten überprüft.

1. Schritt: § 309 BGB – Klauselverbote ohne Wertungsmöglichkeit

In diesem Paragrafen werden Bestimmungen aufgelistet, die auf jeden Fall, also ohne Wertungsmöglichkeit, unwirksam sind. **Unwirksam** sind z. B. folgende Klauseln:

Der Verwender der AGB ...
– behält sich kurzfristige Preiserhöhungen nach Vertragsabschluss vor.
– verbietet die Aufrechnung mit einer unbestrittenen oder rechtskräftig festgestellten Forderung des Vertragspartners.
– legt eine Vertragsstrafe für den Fall der Annahmeverweigerung, des Zahlungsverzugs oder der Vertragsauflösung fest.
– schließt seine Haftung für Schäden völlig aus.
– schließt Ansprüche des Vertragspartners bei mangelhafter Lieferung aus.

– beschränkt die Ansprüche des Vertragspartners bei mangelhafter Lieferung auf den Nacherfüllungsanspruch.
– verpflichtet den Vertragspartner, die Kosten einer erforderlichen Nachbesserung zu tragen.
– bestimmt, dass bei Kauf-, Dienst- oder Werkverträgen ein Dritter anstelle des Verwenders nach Vertragsabschluss die Pflichten aus dem Vertrag übernimmt.
– kehrt die Beweislast zuungunsten des Vertragspartners um.
– verpflichtet den Vertragspartner, für erforderliche Anzeigen (z. B. Mängelrüge) eine besondere Schriftform zu wählen.

2. Schritt: § 308 BGB – Klauselverbote mit Wertungsmöglichkeit

In diesem Paragrafen werden Bestimmungen aufgelistet, die unwirksam sein können, aber nicht zwingend unwirksam sein müssen. Es muss eine **Abwägung** der besonderen Umstände des Einzelfalls erfolgen. Diese Abwägungsnotwendigkeit ergibt sich aus der Verwendung bestimmter Begriffe im Gesetzestext. Ob etwas z. B. „unangemessen" oder „unzumutbar" ist, kann nur im konkreten Einzelfall entschieden werden. Eine Wertungsmöglichkeit besteht u. a. bei folgenden Klauseln:

Der Verwender der AGB …

– darf sich keine unangemessen lange Zeit zur Vertragsannahme bzw. zur Lieferung vorbehalten.
– darf sich keine unangemessen lange oder gar unbestimmte Nachfrist für die Erbringung einer Leistung vorbehalten.
– darf sich kein Rücktrittsrecht vom Vertrag ohne sachlichen Grund vorbehalten.
– darf die zugesagte Leistung nicht ändern, wenn dies für den Vertragspartner unzumutbar ist.
– darf nicht bestimmen, dass er bei Vertragsrücktritt durch eine Partei eine unangemessen hohe Nutzungsvergütung oder einen unangemessen hohen Aufwendungsersatz verlangen kann.

3. Schritt: § 307 BGB – Generelle Anforderung an AGB

Liegt kein Verstoß gegen die §§ 309 und 308 BGB vor, ist noch zu prüfen, ob die generelle Anforderung an AGB erfüllt ist. Nach der **Generalklausel in § 307 BGB** sind Bestimmungen in Allgemeinen Geschäftsbedingungen unwirksam, wenn sie den Vertragspartner **unangemessen benachteiligen**.

Dies ist z. B. in folgenden Fällen gegeben:

– Eine Bestimmung ist nicht klar und verständlich.
– Eine Bestimmung ist mit wesentlichen Grundgedanken der gesetzlichen Regelung, von der abgewichen wird, nicht zu vereinbaren.
– Rechte und Pflichten werden so stark eingeschränkt, dass der eigentliche Vertragszweck gefährdet ist.

4. Ergänzend: § 305b – Vorrang der Individualabrede

Letztlich haben individuelle Vertragsabreden Vorrang vor anderslautenden Allgemeinen Geschäftsbedingungen.

Beispiel • *Die ModernOffice KG schließt mit einem Lieferer einen Kaufvertrag über die Lieferung von Bezugsstoffen. Im Vertrag wird eine Lieferzeit von zwei Wochen vereinbart. In den AGB des Lieferers ist dagegen eine Klausel enthalten, dass die Lieferzeit sechs Wochen beträgt.*
Hier gilt die individuelle Vereinbarung im Vertrag (zwei Wochen), die AGB-Klausel ist nicht Vertragsbestandteil.

Folgen der Unwirksamkeit von AGB-Bestimmungen

Eine AGB-Klausel, die gegen die §§ 309, 308 und 307 des BGB verstößt, ist unwirksam. Der Vertrag im Übrigen bleibt jedoch wirksam. Anstelle der unwirksamen Klausel gelten dann grundsätzlich die gesetzlichen Regelungen.

Strenge Anforderungen an AGB gegenüber Verbrauchern

Besondere Missbrauchsgefahr besteht bei der Verwendung von Allgemeinen Geschäftsbedingungen in Verträgen, die Unternehmer mit Verbrauchern abschließen. Viele Verbraucher sind juristische Laien und können den Inhalt der AGB-Klauseln oft nicht nachvollziehen. In der Regel haben sie auch keine Möglichkeit der Einflussnahme.

Häufig werden in den standardisierten Vertragsformularen die AGB-Passagen in deutlich kleinerer Schriftgröße gedruckt. Die AGB-Bestimmungen sind dadurch schwerer lesbar. Außerdem wird beim Kunden der Eindruck erweckt, diese Passagen seien weniger wichtig als der übrige Vertragstext. In der Umgangssprache werden AGB gegenüber Verbrauchern daher als **„Kleingedrucktes"** bezeichnet.

Der Gesetzgeber betrachtet Verbraucher aus diesen Gründen als besonders schutzwürdig. Deshalb werden AGB gegenüber Verbrauchern gemäß § 305 BGB nur dann Bestandteil des Vertrages, wenn drei Bedingungen erfüllt sind.

• Der Unternehmer weist bei Vertragsabschluss ausdrücklich auf die AGB hin. In Verkaufsgeschäften kann dieser Hinweis durch deutlich sichtbaren Aushang der AGB am Ort des Vertragsabschlusses (z. B. im Kassenbereich) erfolgen.
• Der Verbraucher hat die Möglichkeit, in zumutbarer Weise vom Inhalt der AGB Kenntnis zu nehmen.
• Der Verbraucher erklärt sich mit den AGB einverstanden.

Beispiel • Die ModernOffice KG verkauft in ihren Showrooms bestimmte Artikel des Sortiments direkt an Verbraucher. In allen Kaufverträgen mit diesen Kunden legt sie ihre Allgemeinen Geschäftsbedingungen zugrunde. Bei der Bestellung unterschreiben Verbraucher folgende Textpassage im schriftlichen Kaufvertrag:

„Ich bin ausdrücklich darauf hingewiesen worden, dass die Allgemeinen Vertragsbedingungen der ModernOffice KG Bestandteil des Vertrages sind. Ich hatte die Möglichkeit, diese Vertragsbedingungen vor Vertragsabschluss in zumutbarer Weise zur Kenntnis zu nehmen, und erkläre mein Einverständnis mit ihrer Geltung."

Auf den Punkt gebracht

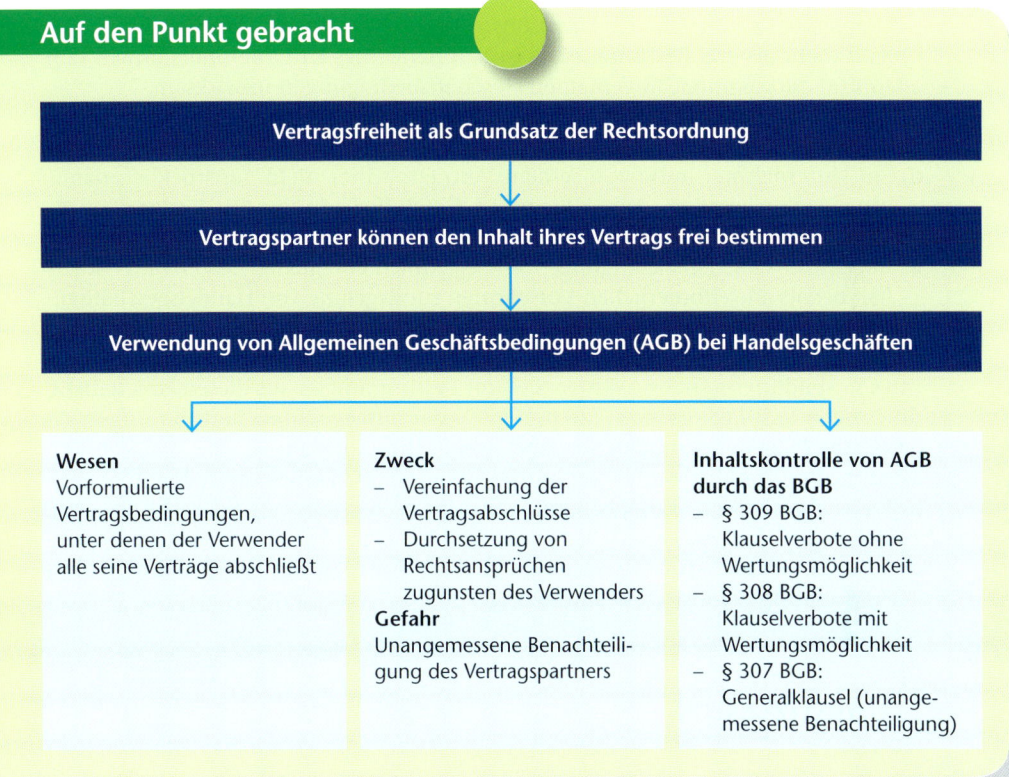

Vertragsfreiheit als Grundsatz der Rechtsordnung

Vertragspartner können den Inhalt ihres Vertrags frei bestimmen

Verwendung von Allgemeinen Geschäftsbedingungen (AGB) bei Handelsgeschäften

Wesen	Zweck	Inhaltskontrolle von AGB durch das BGB
Vorformulierte Vertragsbedingungen, unter denen der Verwender alle seine Verträge abschließt	– Vereinfachung der Vertragsabschlüsse – Durchsetzung von Rechtsansprüchen zugunsten des Verwenders **Gefahr** Unangemessene Benachteiligung des Vertragspartners	– § 309 BGB: Klauselverbote ohne Wertungsmöglichkeit – § 308 BGB: Klauselverbote mit Wertungsmöglichkeit – § 307 BGB: Generalklausel (unangemessene Benachteiligung)

Nutzen Sie Ihr Wissen

1. Erklären Sie, was unter Allgemeinen Geschäftsbedingungen zu verstehen ist. Gehen Sie dabei auch darauf ein, warum Unternehmer Allgemeine Geschäftsbedingungen zur Vertragsgrundlage machen. Welche grundsätzliche Problematik ist mit Allgemeinen Geschäftsbedingungen verbunden?

2. Erläutern Sie den generellen Zusammenhang zwischen dem Rechtsgrundsatz der Vertragsfreiheit und der Verwendung Allgemeiner Geschäftsbedingungen.

3. Bei einseitigen Handelsgeschäften werden Allgemeine Geschäftsbedingungen gegenüber Verbrauchern nur unter bestimmten Bedingungen Vertragsbestandteil. Erklären Sie diese Voraussetzungen.

4.   Die §§ 309, 308 und 307 BGB beinhalten Vorschriften zur Inhaltskontrolle von Allgemeinen Geschäftsbedingungen. Erläutern Sie, warum der Gesetzgeber diese Inhaltskontrolle vorsieht.

5.   Begründen Sie, warum im Einzelfall ausgehandelte vertragliche Vereinbarungen Vorrang vor den Allgemeinen Geschäftsbedingungen haben.

6.   Nehmen Sie Stellung zu folgenden Aussagen:
   a) In seinen Allgemeinen Geschäftsbedingungen kann ein Verkäufer bei Sonderangeboten das gesetzliche Reklamationsrecht des Kunden ausschließen.
   b) Sind mehr als drei Bestimmungen in den AGB eines Unternehmers unwirksam, so sind die gesamten Allgemeinen Geschäftsbedingungen unwirksam.
   c) Wenn die Allgemeinen Geschäftsbedingungen eines Unternehmers gemäß § 307 BGB unwirksam sind, dann kann der Vertragspartner vom Vertrag zurücktreten.
   d) Ein Unternehmer muss von seinem Vertragspartner nicht ausdrücklich darauf hingewiesen werden, dass Allgemeine Geschäftsbedingungen Bestandteil des Vertrages werden.
   e) Allgemeine Geschäftsbedingungen sind eigentlich überflüssig. Das Privatrecht enthält bereits alle erforderlichen Vorschriften zur Regelung von Handelsgeschäften.

7.   Verschaffen Sie sich die Allgemeinen Geschäftsbedingungen eines Vertragspartners Ihres Ausbildungsbetriebs. Wählen Sie fünf Bestimmungen aus diesen Geschäftsbedingungen aus. Beantworten Sie bezüglich der ausgewählten Bestimmungen die folgenden Fragen. Begründen Sie dabei jeweils Ihre Antwort.
   a) Ist die Bestimmung gemäß der §§ 309, 308 und 307 BGB wirksam?
   b) Welche gesetzliche Regelung gilt, wenn diese Bestimmung nicht in den AGB steht?
   c) Sind die wirtschaftlichen Interessen Ihres Ausbildungsbetriebs durch diese Bestimmung wesentlich beeinträchtigt?

8.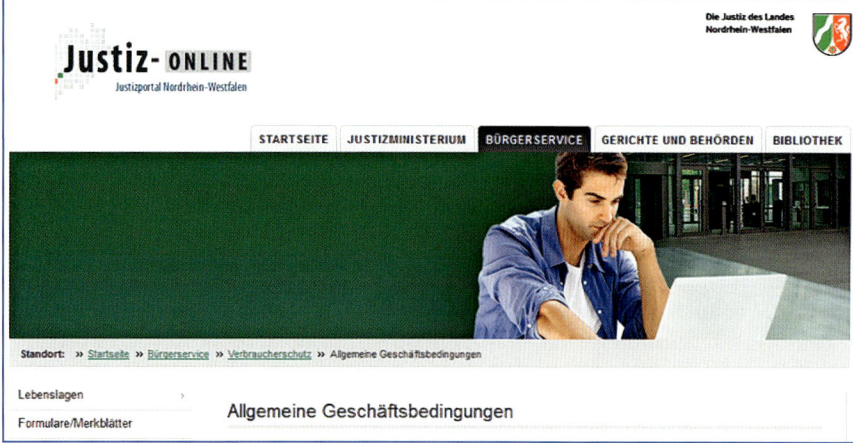

Als Verbraucher werden Sie oft mit Allgemeinen Geschäftsbedingungen von Händlern konfrontiert.
   a) Beschreiben Sie Ihre Erfahrungen als Verbraucher mit Allgemeinen Geschäftsbedingungen von Händlern.

b) Informieren Sie sich über relevante Sachverhalte für Verbraucher zu Allgemeinen Geschäftsbedingungen, z. B. unter
http://www.jm.nrw.de/BS/Verbraucherschutz/AGB/index.php#5

c) Fragen Sie bei einem Fachhändler Ihrer Wahl nach dessen Allgemeinen Geschäftsbedingungen. Wählen Sie drei Bestimmungen aus diesen Geschäftsbedingungen aus. Beantworten Sie bezüglich der ausgewählten Bestimmungen folgende Fragen. Begründen Sie dabei jeweils Ihre Antwort.

– Ist die Bestimmung gemäß der §§ 309, 308 und 307 BGB wirksam?
– Welche gesetzliche Regelung gilt, wenn diese Bestimmung nicht in den AGB steht?
– Beurteilen Sie, ob die Klausel für Sie nachteilig ist.

9.

a) Fassen Sie die Informationen der obigen Grafik in einem Kurzbericht zusammen.
b) Wie hätten Sie persönlich auf diese Fragen geantwortet?

5 Den Beschaffungsprozess ausführen

5.1 Den Wareneingang prüfen und überwachen

Lernsituation

Ebru Celik und Svenja Kolleck gehen in der Mittagspause gemeinsam in die Kantine. Beim Essen unterhalten sie sich über ihre gesammelten Erfahrungen in den Abteilungen, in denen sie seit ihrem Ausbildungsbeginn abwechselnd tätig sind.

Ebru Celik: „Ab Morgen wechsele ich in das Lager hier im Werk Horb. Weißt du schon irgend etwas über diese Abteilung?"

Svenja Kolleck: „Nein, im Lager war ich noch nicht. Ich stelle mir die Arbeit im Lager allerdings ziemlich monoton vor."

Ebru Celik: „Warum denn?"

Svenja Kolleck: „Ja, was soll dort denn schon passieren? Ware kommt herein, dann geht sie wieder heraus, und das täglich. Was gibt es da Spannendes?"

Ebru Celik: „Ich arbeite ja gerade in der Abteilung Beschaffung Hölzer. Dort begleite ich den gesamten Prozess von der Bedarfsanalyse bis zur Bestellung. Deswegen bin ich natürlich gespannt darauf, welche Arbeiten danach anfallen, wenn die bestellte Ware bei uns angeliefert wird. Ich weiß auch gar nicht so genau, worauf man bei der Annahme der Ware besonders achten muss."

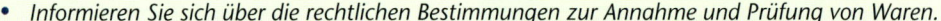

- *Informieren Sie sich über die rechtlichen Bestimmungen zur Annahme und Prüfung von Waren.*
- *Begleiten Sie einmal die Arbeiten beim Wareneingang in Ihrem Unternehmen. Stellen Sie diesen Arbeitsprozess in der Klasse vor.*
- *Entwerfen Sie zusammen mit Ihrem Sitznachbarn ein Ablaufschema, welches die Reihenfolge der Arbeitsschritte bei der Warenannahme verdeutlicht. Vergleichen Sie Ihr Schema mit denen Ihrer Klassenkameraden.*
- *Bewerten Sie die verschiedenen Prozesse im Plenum und entscheiden Sie sich für ein Verfahren. Begründen Sie, warum **alle** Arbeitsschritte der Warenannahme sorgfältig durchgeführt werden müssen, damit es nicht zu Qualitätsverlusten kommt.*
- *Kontrollieren Sie Ihre Planung bezüglich der rechtlichen Bestimmungen, die bei der Warenannahme berücksichtigt werden müssen.*
- *Bewerten Sie abschließend Ihr Konzept unter dem Gesichtspunkt der Optimierungsmöglichkeit. Berücksichtigen Sie dabei auch ökonomische und ökologische Aspekte.*

Die Lieferung von Werkstoffen oder Handelswaren basiert immer auf einer Bestellung als dem eigentlichen Abschluss des Beschaffungsvorganges. Bei der Bestellung werden die Anzahl und der Liefertermin bestimmt. Zu diesem vereinbarten Liefertermin werden die Werkstoffe oder Handelswaren angeliefert. Jeder Transport vom Lieferer zum Kunden beinhaltet

- ein Transportgut, welches geliefert werden soll,
- ein Transportmittel, welches das Transportgut befördert,
- einen Transportprozess, welcher die Beförderung vom Lieferer zum Kunden organisiert.

Der Vorgang der **Warenannahme** ist durch folgende Arbeitsschritte gekennzeichnet:

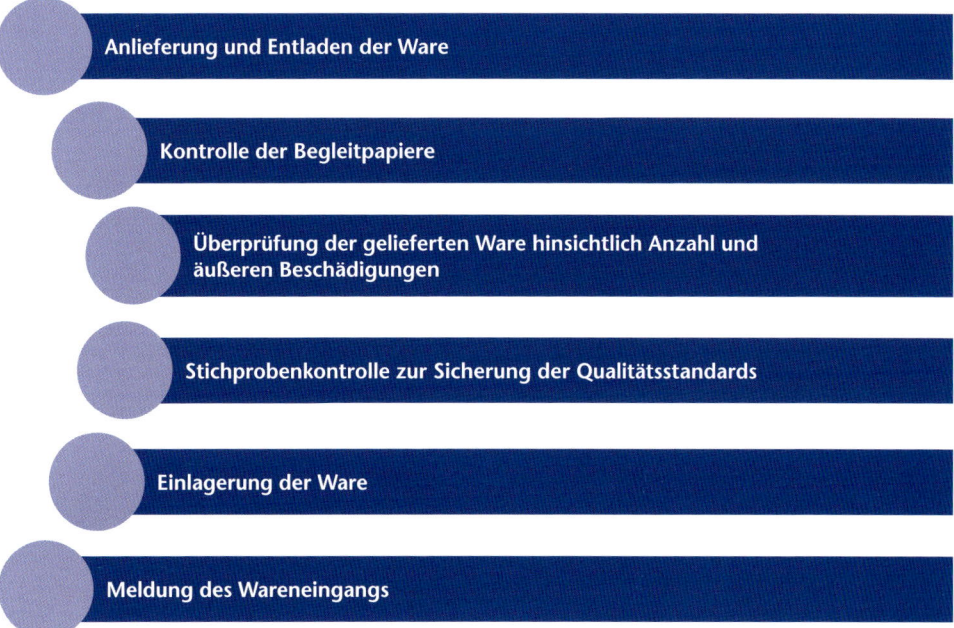

Anlieferung und Entladen der Ware

Kontrolle der Begleitpapiere

Überprüfung der gelieferten Ware hinsichtlich Anzahl und äußeren Beschädigungen

Stichprobenkontrolle zur Sicherung der Qualitätsstandards

Einlagerung der Ware

Meldung des Wareneingangs

Der § 412 HGB gibt Auskunft darüber, wer für das Abladen der gelieferten Ware zuständig ist.

HGB § 412 Verladen und Entladen. Verordnungsermächtigung
(1) Soweit sich aus den Umständen oder der Verkehrssitte nicht etwas anderes ergibt, hat der Absender das Gut beförderungssicher zu laden, zu stauen und zu befestigen (verladen) sowie zu entladen. Der Frachtführer hat für die betriebssichere Verladung zu sorgen.
(2) Für die Lade- und Entladezeit, die sich mangels abweichender Vereinbarung nach einer den Umständen des Falles angemessenen Frist bemisst, kann keine besondere Vergütung erlangt werden.

Welche Bedeutung die nach dem Abladen zu erfolgende **Wareneingangskontrolle** für beide Vertragsparteien hat, ist in § 377 HGB geregelt.

HGB § 377

(1) Ist der Kauf für beide Teile ein Handelsgeschäft, so hat der Käufer die Ware unverzüglich nach der Ablieferung durch den Verkäufer, soweit dies nach ordnungsmäßigem Geschäftsgang tunlich ist, zu untersuchen und, wenn sich ein Mangel zeigt, dem Verkäufer unverzüglich Anzeige zu machen.

(2) Unterlässt der Käufer die Anzeige, so gilt die Ware als genehmigt, es sei denn, dass es sich um einen Mangel handelt, der bei der Untersuchung nicht erkennbar war.

(3) Zeigt sich später ein solcher Mangel, so muss die Anzeige unverzüglich nach der Entdeckung gemacht werden; anderenfalls gilt die Ware auch in Ansehung dieses Mangels als genehmigt.

(4) Zur Erhaltung der Rechte des Käufers genügt die rechtzeitige Absendung der Anzeige.

(5) Hat der Verkäufer den Mangel arglistig verschwiegen, so kann er sich auf diese Vorschriften nicht berufen.

§ 377 HGB legt fest, dass eine Wareneingangskontrolle **unverzüglich** stattzufinden hat. Wie der Begriff der Unverzüglichkeit zu verstehen ist, erläutert nachfolgendes Zitat:[1]

Unverzüglich

Handlung, die ohne schuldhaftes Zögern erfolgt ist.

Die in § 121 Absatz 1 Satz 1 des Bürgerlichen Gesetzbuches (BGB) vorgenommene Legaldefinition des Begriffes gilt für das gesamte deutsche Recht.

Sie ist im Zweifel auch dann gültig, wenn der Begriff in einem Vertrag (z. B. Tarifvertrag, Allgemeine Geschäftsbedingungen) verwandt wird.

Entscheidend für die Unverzüglichkeit ist nicht die objektive, sondern die subjektive Zumutbarkeit des alsbaldigen Handelns.

Nicht erforderlich ist, dass die Handlung sofort vorgenommen wird. Dem Handelnden steht eine angemessene Überlegungsfrist zu. […]

An den Begriff sind eine Reihe von Handlungen geknüpft, deren Rechtsfolgen von der Unverzüglichkeit abhängen.

Beispiele:
Anfechtung von Willenserklärungen ab Kenntnis des Anfechtungsgrundes (§ 121 Absatz 1 BGB)
Untersuchung und Rüge der mangelhaften Ware beim Handelskauf (§ 377 Absatz 1 Handelsgesetzbuch, HGB) […]

Bei Feststellung von Mängeln sind diese unverzüglich anzuzeigen, damit keine Widerrufsrechte erlöschen. Durch diese gesetzlichen Regelungen sollen die Lieferanten vor unangemessenen Forderungen der Käufer geschützt werden.

---

1 *http://www.rechtslexikon-online.de/Unverzueglich.html, Zugriff am 28.10.2013*

Um den gesetzlichen Bestimmungen gerecht zu werden, sind sofort bei der Anlieferung im Beisein des Frachtführers folgende Punkte zu kontrollieren:

- Datum, Zeitpunkt und Menge der Lieferung,
- Anzahl der gelieferten Mengeneinheiten,
- äußere, sichtbare Beschädigungen.

Etwaige Beschädigungen oder Fehlmengen sind vom Frachtführer direkt bestätigen zu lassen, bevor der Lieferschein unterschrieben wird.

Mit der Prüfung der Ware auf äußerlich sichtbare Beschädigungen ist die Wareneingangskontrolle jedoch noch nicht beendet. Vielmehr ist der Käufer verpflichtet, die eingegangene Ware auf Mängel zu prüfen. Diese Prüfung kann **in Stichproben** erfolgen. Die intensive Prüfung jedes eingegangenen Werkstoffes oder jeder einzelnen Handelsware wäre sehr zeit- und damit kostenintensiv und wird vom Gesetzgeber auch nicht ausnahmslos gefordert.

Beispiel: • *Die ModernOffice KG schließt mit allen Zulieferern Qualitätssicherungsvereinbarungen (QSV) ab. Auf der Grundlage dieser QSV, die vertraglich verankert sind, werden zu eventuell vorhandenen Mängeln Regelungen zwischen den Vertragsparteien getroffen.*
Bei der eigentlichen Wareneingangskontrolle wird ein Formular eingesetzt, welches hilft, die Kontrolle zu standardisieren. Dadurch wird erreicht, dass kein Arbeitsschritt bei der Wareneingangskontrolle vergessen wird und die Wareneingangskontrolle zügig durchgeführt werden kann. Besonders bei den Werkstoffen, die just in time geliefert werden, muss die Wareneingangskontrolle schnell durchgeführt werden, damit es nicht zu Verzögerungen bei der Produktion kommt.
Das Protokoll wird jedem Lieferschein beigeheftet.

Modern**Office**.

Wareneingangsprotokoll

Datum:	Uhrzeit:		Bestell-Nr.:		Bestellung vom:

Lieferer:			**Äußere Verpackung**		

Nr.	Artikelbezeichnung	Anzahl	zu viel	zu wenig	Zustand	Anzahl	Erläuterungen zu den festgestellten Schäden
1.					beschädigt		
2.					stark		
3.					mittel		
4.					gering		
5.					einwandfrei		
					Ort:	Datum:	Geprüft von:

Zusätzliche Informationen:
....
....
....

Datum:	Unterschrift des Frachtführers:

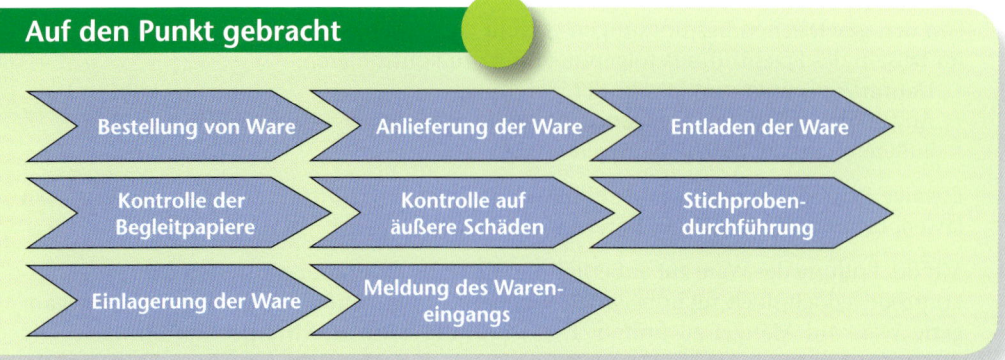

Auf den Punkt gebracht

Bestellung von Ware → Anlieferung der Ware → Entladen der Ware

Kontrolle der Begleitpapiere → Kontrolle auf äußere Schäden → Stichprobendurchführung

Einlagerung der Ware → Meldung des Wareneingangs

Nutzen Sie Ihr Wissen

1. Der Bauunternehmer Steinke erhält fristgerecht die von ihm bestellten 200 Wohnungstüren geliefert. Da der für die Wareneingangskontrolle zuständige Mitarbeiter derzeit drei Wochen Urlaub hat, bittet Herr Steinke den Frachtführer, die Türen an einer von ihm gekennzeichneten Stelle im Lager abzustellen. Die Frachtpapiere unterschreibt er selbst. Diese 200 Türen baut die Bauunternehmung drei Tage später in einer Neubausiedlung ein. Nach zwei Wochen treffen Beschwerden ein, dass der Lack der Wohnungstüren einer Reinigung mit einfachen Reinigungsmitteln nicht standhält, sondern sich auflöst. Bewerten Sie auf der Grundlage der durchgeführten Warenannahme, ob der Bauunternehmer Steinke mit einer Mängelrüge bei seinem Zulieferer Erfolg haben wird.

2. Erläutern Sie, inwiefern sich eine Wareneingangskontrolle bei der Lieferung von Rohstoffen, wie beispielsweise Spanplatten von der bei einer Lieferung einer Fräsmaschine unterscheiden wird.

3. Erstellen Sie eine Tabelle. Listen Sie in dieser die Vorteile eines zentralen und eines dezentralen Wareneingangs auf.

Wareneingang	
zentral	dezentral

4. Bringen Sie die Tätigkeiten bei der Warenannahme und Wareneingangskontrolle in die korrekte Reihenfolge.
   - Überprüfung der Stückzahl und der äußerlichen Unversehrtheit des Transportgutes, Feststellung von Transportschäden und Transportmengenabweichungen mithilfe des Lieferscheins und der Bestellung
   - Kontrolle der Lieferanzeige (Lieferschein – Frachtbrief) in Hinsicht auf Absender und Empfänger
   - Quittierung der Frachtpapiere
   - Abladen des Transportgutes
   - Stichprobenentnahme für die Qualitätssicherung
   - Bereitstellung der Ware durch den Lieferanten
   - Mängelfeststellung und Quittierung aller Artikel und Positionen
   - Erstellung einer Wareneingangsanzeige

5.2 Waren sachgerecht einlagern

Lernsituation

Der Gruppenleiter Ben Schneider unterstützt alle Auszubildenden während ihrer Tätigkeit im Lager. An ihrem ersten Tag im Lager begrüßt er auch Ebru Celik: „Guten Morgen, Frau Celik. Ich begrüße Sie recht herzlich in meiner Abteilung. In der Regel handhabe ich es so, dass ich die Auszubildenden, die mit uns hier im Lager zusammenarbeiten, zunächst einmal durch das gesamte Lager führe. Das müssen wir im Moment verschieben, da gerade ein großer Posten an Spanplatten angeliefert wird. Nach der Wareneingangskontrolle werden die Spanplatten direkt eingelagert. Dabei können Sie mich gerne begleiten. Auf diese Weise sehen Sie schon einmal den Lagerbereich, in welchem wir die Werkstoffe lagern!"

- *Informieren Sie sich über die Lagerhaltung in Ihrem Unternehmen. Arbeiten Sie die Besonderheiten und die Vorteile Ihrer Lagerhaltung heraus.*
- *Stellen Sie die Lagerhaltung Ihres Unternehmens vor Ihrer Klasse vor.*
- *Kennzeichnen Sie Unterschiede und Gemeinsamkeiten mit den Formen der Lagerhaltung, über die Ihre Mitschülerinnen und Mitschüler referieren.*
- *Informieren Sie sich über die verschiedenen Lagerarten und Lagersysteme.*
- *Entwickeln Sie mit Ihrem Sitznachbarn ein Lagerhaltungskonzept für Handelswaren, die ein Unternehmen, wie z. B. die ModernOffice KG, in seinem Sortiment führt. Berücksichtigen Sie in diesem Zusammenhang die Vor- und Nachteile eines zentralen Lagers.*
- *Geben Sie Gründe an, die das Führen eines hohen Lagerbestandes unterstützen bzw. diesem widersprechen. Entwickeln Sie ein Schaubild, welches die Risiken zu gering gehaltener Lagerbestände verdeutlicht. Verwenden Sie dazu nach Möglichkeit das Programm PowerPoint.*
- *Recherchieren Sie die Entwicklung des Just-in-time-Verfahrens von ihren Anfängen bis heute. Entwerfen Sie eine Liste von Voraussetzungen, die gegeben sein müssen, damit dieses Verfahren auch von reinen Handelsunternehmen eingesetzt werden kann.*
- *Entwickeln Sie ein Schaubild, welches den Prozess des Just-in-time-Verfahrens – von der Bestellung bis zum Transport in die Produktionsstätte – verdeutlicht.*
- *Belegen Sie mit Argumenten, dass das Just-in-time-Verfahren auch problemlos bei dem Einkauf und Verkauf von Handelswaren funktionieren kann.*

Grundlegende Funktionen der Lagerhaltung

Hochregallager

Die Lagerung von Werkstoffen und Handelswaren erfolgt auf unterschiedlichste Art und Weise. Sie wird bestimmt durch:
- die spezifische Beschaffenheit der zu lagernden Werkstoffe und Handelswaren,
- das jeweilige Gewerbe, welches ein Unternehmen ausführt.

Daher sind die Funktionen, die ein Lager übernehmen soll, nicht bei allen Unternehmen die gleichen. Die Reihenfolge der hier aufgelisteten Funktionen stellt somit auch keine Wertigkeit dar.

Funktionen der Lagerhaltung	
Veredelungsfunktion	Durch die Lagerung werden die Güter veredelt. Beispiele: Wein, Zigarren, Käse
Überbrückungsfunktion	Die Zeit zwischen der Entnahme und dem Wareneingang wird überbrückt. Beispiel: Pro Tag werden 10 Einheiten entnommen. Neue Einheiten werden alle zwei Wochen geliefert.
Sicherungsfunktion	Sicherung der Produktion durch vorhandene Lagerbestände bei Lieferungsverzögerungen. Beispiel: Aufgrund höherer Gewalt (z. B. Hochwasser) verzögert sich eine Lieferung um zwei Tage.
Spekulationsfunktion	Bei Werkstoffen oder Handelswaren, die erheblichen Preisschwankungen unterliegen, gewinnt diese Funktion an Bedeutung. Beispiele: Hardwarekomponenten der Computertechnik, Rohöl

Zentrales – dezentrales Lager

Die Frage einer zentralen oder dezentralen Lagerhaltung ergibt sich in der Regel bei Unternehmen mit mehreren Produktions- und/oder Verkaufsstätten. Da beide Varianten Vor- und Nachteile besitzen, sollen hier nur einige Kriterien dieser beiden Lagerarten aufgezeigt werden.

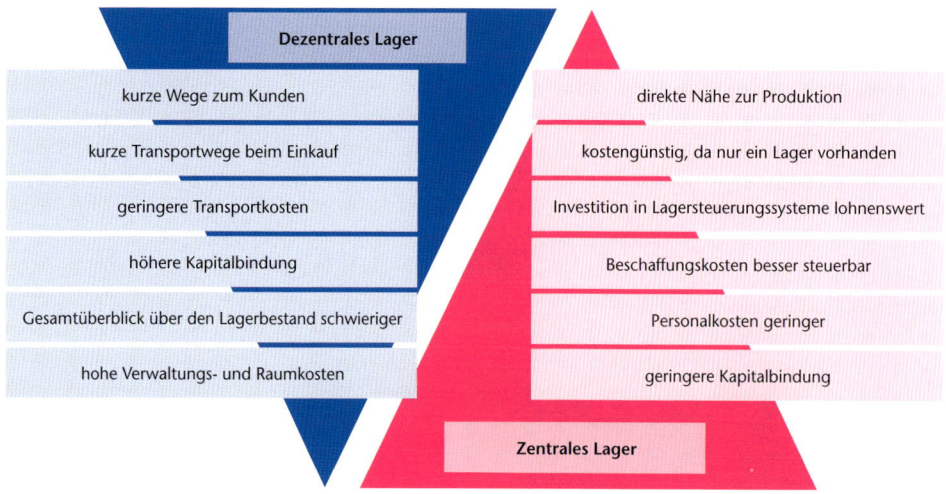

Dezentrales Lager:
- kurze Wege zum Kunden
- kurze Transportwege beim Einkauf
- geringere Transportkosten
- höhere Kapitalbindung
- Gesamtüberblick über den Lagerbestand schwieriger
- hohe Verwaltungs- und Raumkosten

Zentrales Lager:
- direkte Nähe zur Produktion
- kostengünstig, da nur ein Lager vorhanden
- Investition in Lagersteuerungssysteme lohnenswert
- Beschaffungskosten besser steuerbar
- Personalkosten geringer
- geringere Kapitalbindung

Eigenlager – Fremdlager

Bei der **Fremdlagerung** werden alle Werkstoffe und Handelswaren außerhalb des Unternehmens gelagert. Ein **Eigenlager** liegt dann vor, wenn ein eigenes Lagerhaus zur Verfügung steht.

Mit der Wahl eines eigenen Lagers oder eines Fremdlagers verhält es sich genauso wie bei der Frage, ob man zentral oder dezentral lagern möchte: Letztlich muss jedes Unternehmen selbst bestimmen, welche Variante es bevorzugt. Es lassen sich verschiedene Argumente für oder gegen ein eigenes Lager anführen. Das folgende Schaubild verdeutlicht wesentliche Kriterien des Eigen- und Fremdlagers.

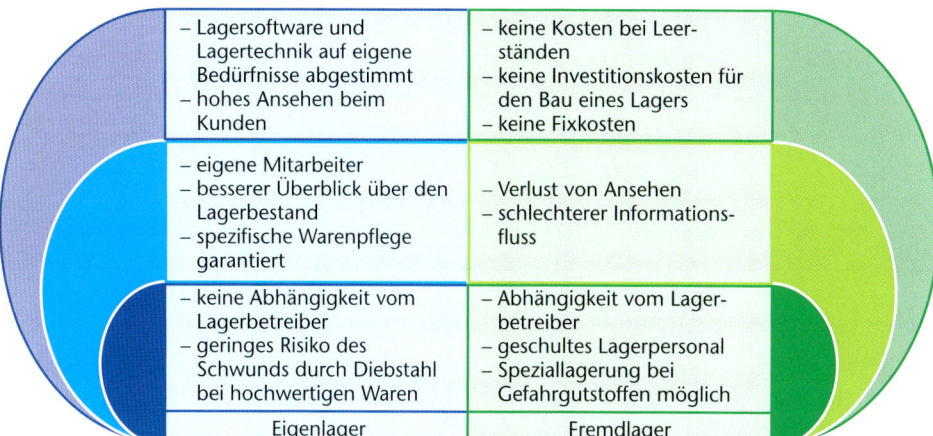

Eine rein rechnerische oder grafische Lösung, ob es sich lohnt, eine Handelsware in einem fremden Lager zu lagern oder nicht, ist möglich, wenn verschiedene Werte vorliegen:
- die Fixkosten bei einer Lagerung im eigenen Lager,
- die variablen Kosten pro Einheit bei einer Lagerung im eigenen Lager,
- die variablen Kosten pro Einheit bei einer Fremdlagerung.

Beispiel • Im Showroom Berlin soll das Sortiment um neue Schreibtische erweitert werden. Die Lagerfläche müsste entsprechend ausgebaut werden. Alternativ könnte man für diese Schreibtische in einem nahe gelegenen Lagerhaus Lagerfläche anmieten.
Die fixen Kosten für die Lagerung im eigenen Lager betragen 6.000,00 €. An variablen Kosten für die Lagerung im erweiterten Lager fallen pro Schreibtisch 15,00 € an.
Bei einer Fremdlagerung entstehen variable Kosten in Höhe von 30,00 € pro Einheit.
Es stellt sich nun die Frage, ab welcher Stückzahl eine Eigenlagerung kostengünstiger ist.
Die rechnerische Lösung ist folgende:

K_f = Fixkosten   Kv entspricht den variablen Kosten
eigene Lagerung   Fremdlagerung
$K_f + 6.000 + K_v\ 15x =$ $K_v\ 30x$
$\quad 6.000 = 30x - 15x$
$\quad 6.000 = 15x$
$\quad\quad 400 = x$

Ab einer Stückzahl von mehr als 400 Schreibtischen ist eine Eigenlagerung kostengünstiger.
Die Grafik veranschaulicht den Sachverhalt. Der Schnittpunkt der beiden Geraden (Kf + Kv Eigenlagerung und Kv Fremdlagerung) zeigt die Menge an, ab der eine Eigenlagerung kostengünstiger ist.

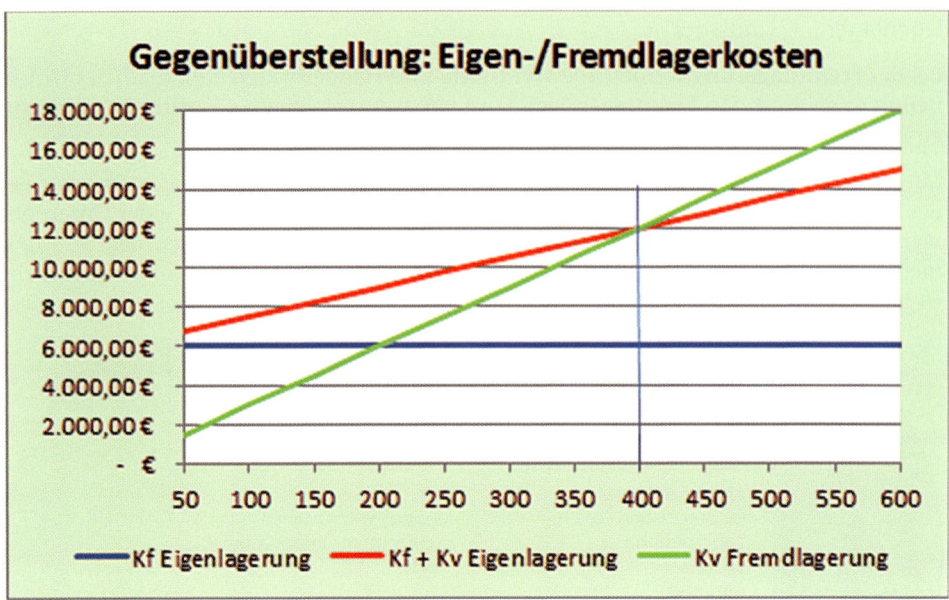

Hoher Lagerbestand – geringer Lagerbestand

Bevor Bestellungen an die verschiedenen Lieferanten versendet werden, muss überlegt werden, in welcher Höhe der jeweilige Lagerbestand an Werkstoffen oder Handelswaren geführt werden soll.

Dabei gibt es eine Anzahl an Argumenten, die für einen hohen Lagerbestand sprechen, aber auch das Führen kleiner Lagerbestände bringt Vorteile mit sich.

Für Unternehmen können sich Konflikte bei zu geringen Lagerbeständen ergeben: Schließlich muss gewährleistet sein, dass keine Produktionsstörungen auftreten, weil die notwendigen Werkstoffe fehlen. Auch möchte man keine Kunden verlieren, weil die gewünschten Handelswaren nicht zur Verfügung stehen. Auf der anderen Seite darf aber nicht zu viel Kapital durch hohe Lagerbestände gebunden werden. Letztendlich wird jedes Unternehmen bestrebt sein, einen für das Unternehmen optimalen Lagerbestand zu führen. Dabei helfen sicherlich auch Erfahrungen, die man im Laufe der Zeit sammelt.

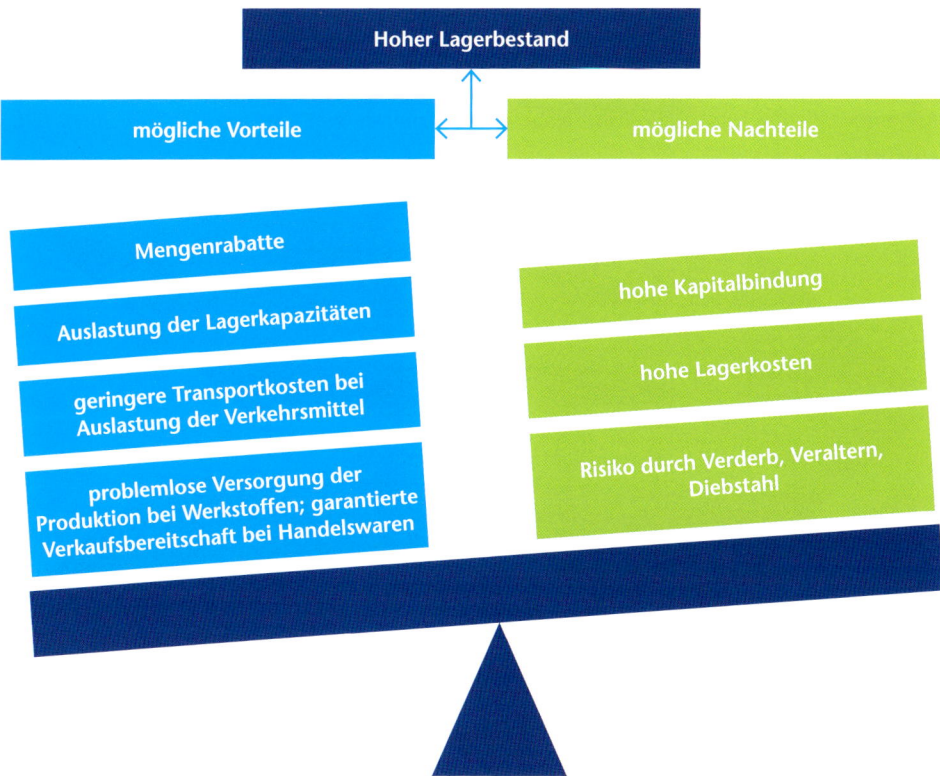

Lagerordnungssysteme

Prinzipiell lassen sich zwei unterschiedliche Lagerordnungssysteme unterscheiden:
- das Festplatzsystem und
- das Freiplatzsystem

wobei Mischformen zwischen beiden Systemen durchaus üblich sind.

Das Festplatzsystem

Beim Festplatzsystem werden alle Werkstoffe oder Handelswaren bestimmten festen Plätzen innerhalb eines Lagers zugewiesen und dort auch immer gelagert. Das erleichtert die Einlagerung der Artikel und die Kommissionierung, da die Mitarbeiterinnen und Mitarbeiter im Lager mit den Lagerorten bestens vertraut sind. Sie müssen sich nicht erst erkundigen, an welchen Lagerorten einzulagernde Artikel platziert werden sollen. Eine Lagerverwaltungssoftware, die das Lagern und spätere Auffinden der verschiedenen Artikel vereinfacht, wird daher nicht unbedingt benötigt.

Beispiel • Die MTechnik KG ist ein Zulieferer von Gasdruck- und Gaszugfedern der ModernOffice KG. Diese Federn werden bei der ModernOffice KG als Fremdbauteile in Stühle und teilweise auch in Tische eingebaut. Mit ihrer Hilfe ist es möglich, die Höhe der Stühle und Tische stufenlos zu verstellen. Die Produktpalette der MTechnik KG umfasst 50 verschiedene Gasdruck- und Gaszugfedern mit jeweils unterschiedlicher Federkraft. Insgesamt gibt es 200 verschiedene Gasdruck- oder Gaszugfedern. Die MTechnik KG lädt ihre Kunden häufig zu Betriebsbesichtigungen ein. Die Führung durch das Lager ist Bestandteil dieser Besichtigung. Die Gasdruckfedern, die ja für die MTechnik KG Fertig-produkte darstellen, werden in einem Festplatzsystem gelagert. Wichtigster Grund für dieses Lager-

ordnungssystem ist nach Aussage des für diesen Bereich zuständigen Ingenieurs die leichte Verwechselbarkeit der Fertigprodukte. Für einen Fremden sehen viele Produkte gleich aus. Sie unterschieden sich nicht im Design, lediglich die innewohnende Technik ist unterschiedlich. Damit es bei der Kommissionierung keine unbeabsichtigten Verwechselungen gibt, hat jede Gasfeder ihren festen Lagerplatz.

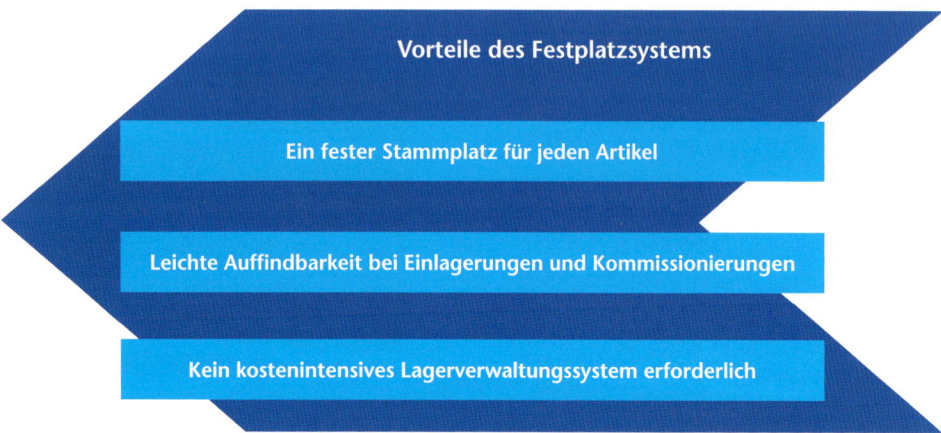

Vorteile des Festplatzsystems

Ein fester Stammplatz für jeden Artikel

Leichte Auffindbarkeit bei Einlagerungen und Kommissionierungen

Kein kostenintensives Lagerverwaltungssystem erforderlich

Das Freiplatzsystem

So ungeordnet, wie es die Bezeichnung zunächst vermuten lässt, ist dieses System nicht. Die grundlegende Idee des Systems ist folgende: „Warum sollen eingegangene Artikel im hinteren Bereich des Lagers platziert werden, wenn ganz vorn Lagerflächen freistehen?" Es geht im Prinzip darum, vorhandene Lagerflächen optimal auszunutzen, indem Leerräume möglichst vermieden werden. Dieses System ist dabei von verschiedenen Voraussetzungen anhängig:

- Die eingelagerten Artikel müssen bezüglich der Größe und ihres Gewichts ungefähr gleich sein.
- Es darf keine gesetzlichen Beschränkungen hinsichtlich der Lagerung geben. Bei Gefahrgutstoffen gibt es beispielsweise Bestimmungen, die vorschreiben, welche Stoffe nicht nebeneinander gelagert werden dürfen.
- Eine softwaregestützte Lagerverwaltung muss eingerichtet sein, damit eine Lagerhaltung im Freiplatzsystem überhaupt möglich ist.

Das Freiplatzsystem bietet eine Reihe von Vorteilen, wenn die notwendigen Voraussetzungen gegeben sind. Die Software, die die Lagerverwaltung steuert, sucht bei einem neu einzulagernden Artikel immer den am nächsten liegenden freien Lagerplatz. Wird der Artikel am vom Programm vorgeschlagenen Ort gelagert, wird dieser Lagerort vom Programm erfasst.

Durch dieses System der Lagerorganisation wird weniger Lagerfläche benötigt, da keine Leerräume für bestimmte Artikel freigehalten werden, so wie es beim Festplatzsystem der Fall ist. Weniger Lagerfläche reduziert die Lagerkosten. Durch die computergestützte Steuerung des gesamten Lagerprozesses kann es keine Fehlablagen geben. Das Programm gibt immer genau die Lagerposition an, an der ein Artikel gelagert werden soll. Das Auffinden der gesuchten Artikel ist aus diesem Grund auch nahezu fehlerfrei. Sollen mehrere Artikel kommissioniert werden, errechnet der Computer den optimalen Weg zu den einzelnen Lagerplätzen. Das erspart den Lagermitarbeitern Zeit und senkt so die Kosten. Es ist natürlich auch möglich, dass die Kommissionierung automatisch durchgeführt wird. Auch hier plant das Lagerverwaltungsprogramm den optimalen Weg des fahrerlosen Transportsystems.

In der Praxis werden die eingehenden Artikel häufig mit Barcodes versehen. Diese Barcodes werden beim Wareneingang gescannt. Auf diese Weise wird jeder Artikel von der Lagersoftware erfasst.

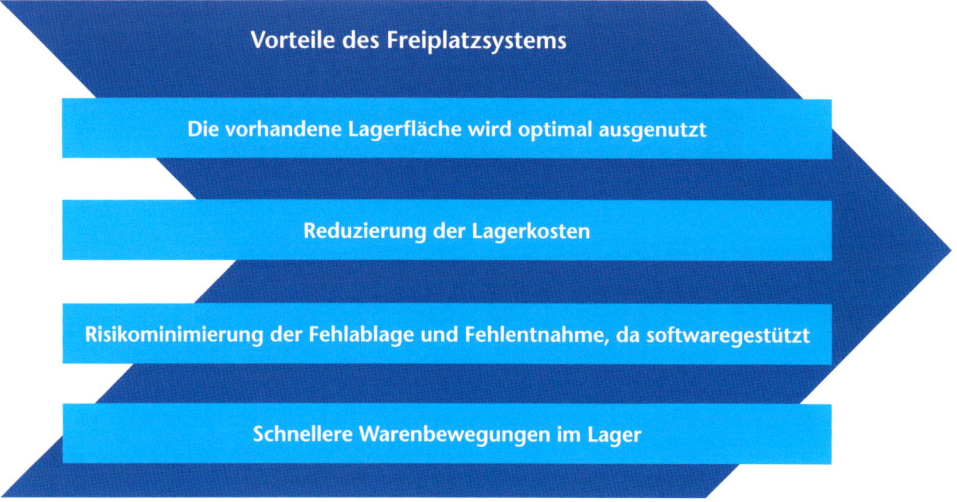

Just-in-time-Lieferung

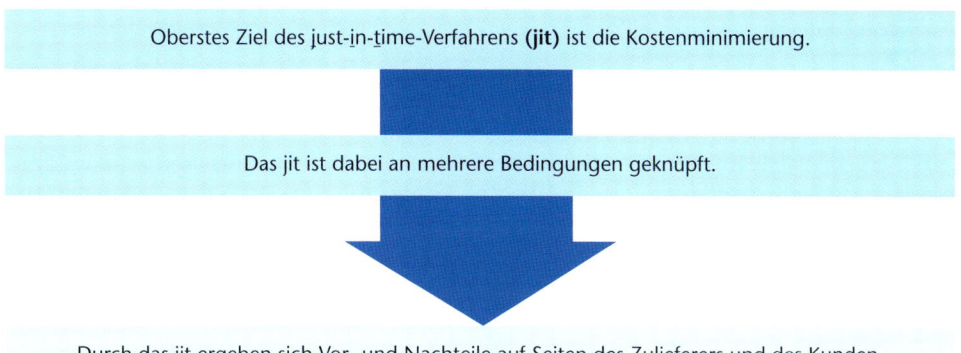

Jede Art der Bevorratung von Werkstoffen oder Handelswaren erzeugt Lagerkosten, ganz gleich, welches System der Lagerorganisation bevorzugt wird. Das Just-in-time-Verfahren, welches seinen Ursprung in der industriellen Autoproduktion in Japan hat, ist genau aus diesem Grunde entwickelt worden: Mithilfe des Just-in-time-Verfahrens sollen die Lagerkosten minimiert werden.

„Just in time" bedeutet zunächst einmal **„gerade rechtzeitig"**. Werkstoffe werden gerade dann rechtzeitig geliefert, wenn sie für den Produktionsprozess benötigt werden. Eine Zwischenlagerung der Werkstoffe ist nicht vorgesehen.

Diese Art der Lieferung ist an verschiedene **Bedingungen** geknüpft:
Es muss sichergestellt sein, dass die Anlieferung von Werkstoffen exakt zu dem Zeitpunkt abgeschlossen ist, zu dem die gelieferten Werkstoffe für die Produktion gebraucht werden. Das setzt einen gut funktionierenden Datenaustausch zwischen dem Zulieferer und dem Kunden voraus. Ein permanenter IT-Datenaustausch zwischen dem Lieferer und dem Kunden ist unverzichtbar. Die verschiedenen Zulieferer sollten möglichst in der Nähe des Kunden angesiedelt sein, damit es nicht, bedingt durch Lieferungsverzögerungen, zu Produktionsausfällen kommt. Die Qualität der gelieferten Werkstoffe muss konstant den vertraglich geregelten Standards entsprechen. Eine exakte Wareneingangskontrolle bei jeder Anlieferung würde einen erheblichen Zeitaufwand nach sich ziehen, was zu Störungen bei der Produktion führen könnte.

Beispiel • *Das Just-in-time-Verfahren ist bei der ModernOffice KG gängige Praxis. So werden z. B. MDF- und Spanplatten, Hauptrohstoffe bei vielen Produkten, täglich von den Zulieferern angeliefert. Die ModernOffice KG hat für beide Rohstoffe mehrere Lieferanten, damit Produktionsstörungen aufgrund von Lieferschwierigkeiten ausgeschlossen sind. Mit einem Zulieferer von Spanplatten haben Mitarbeiter der ModernOffice KG eine gemeinsame IT-Struktur entwickelt. Mit ihrer Hilfe besitzt der Zulieferer nun die Möglichkeit, den Verbrauch der Spanplatten bei der Produktion von Büromöbeln in dem Hauptwerk der ModernOffice KG jederzeit am PC zu verfolgen. Er kann seine eigene Produktion an die seines Kunden anpassen und dadurch seine Lieferungen entsprechend genau durchführen.*

Vorteile des Just-in-time-Verfahrens

Durch die produktionssynchrone Lieferung von benötigten Werkstoffen oder Handelswaren ergeben sich **für den Kunden** Kostenvorteile. Zunächst einmal verliert das Lager durch die tägliche Anlieferung seine Überbrückungsfunktion. Das führt zu **Kosteneinsparungen**
- beim Personal,
- bei der Lagermiete,
- bei den Lagerzinsen,
- bei sonstigen Lagerkosten, wie Versicherungen, Energie u. v. m.

Darüber hinaus entfallen die Kosten der Einlagerung, Umlagerung und Auslagerung von Werkstoffen. Durch die Minimierung der Lagerbestände wird weniger Kapital gebunden, dieses steht dem Unternehmen für andere Zwecke zur Verfügung.

Die Vorteile des Just-in-time-Verfahrens liegen aber auch auf der Seite des **Zulieferers**. Dieser kann die **Kosten der Endlagerung** minimieren, da die Fertigprodukte direkt nach der Produktion verladen und zum Kunden transportiert werden. Es entfällt das sonst benötigte Lager für Fertigprodukte. Außerdem ist bei diesem logistisch aufwendigen Verfahren davon auszugehen, dass die Geschäftsbeziehungen zwischen beiden Vertragspartnern langfristig angelegt sind.

Nachteile des Just-in-time-Verfahrens

Für beide Geschäftspartner kann das Just-in-time-Verfahren mit Nachteilen verbunden sein. Der Lieferant begibt sich durch diese Form der Lieferung in eine große **Abhängigkeit** vom Kunden. Außerdem muss er mit hohen Vertragsstrafen rechnen, wenn seine Lieferungen sich verzögern, da dies zu Produktionsstörungen beim Kunden führen wird. Mit diesem **Risiko der verzögerten Lieferung** muss natürlich auch der Kunde jederzeit rechnen, selbst wenn vertragliche Regelungen gelten, die den Zulieferer mit Strafen belegen. Außerdem begibt sich der Kunde ebenfalls in eine Abhängigkeit vom Zulieferer. Auch der hohe, aber notwendige Planungsaufwand gilt für beide Geschäftspartner und stellt gleichermaßen einen Nachteil für beide Geschäftspartner dar.

Ökologisch betrachtet ist dieses Verfahren mit einem erheblichen Verkehrsaufkommen verbunden, da es zu mehr Energieverbrauch führt und die Umwelt entsprechend stärker belastet.

Just in sequence

„Just in sequence" bezeichnet ein Verfahren, welches als Weiterentwicklung des Just-in-time-Verfahrens bezeichnet werden kann. Bereits beim Beladen des Lkw achtet der Zulieferer darauf, dass die Werkstoffe oder Handelswaren, die zum Kunden geliefert werden, genau in der Reihenfolge auf den Lkw geladen werden, in der sie der Kunde benötigt. Die zuerst in der Produktion beim Kunden zu verarbeitenden Werkstoffe werden also zuletzt auf den Lkw geladen. Am Bestimmungsort des Kunden können sie dann als Erste entladen und der Produktion zugeführt werden. Es ergibt sich dadurch eine Zeitersparnis beim Entladen der Lkw.

Beispiel *Die ModernOffice KG bezieht Spanplatten und MDF-Platten von einem Lieferer just in time. Die Spanplatten werden beim Lieferer schon exakt auf die Größen zugeschnitten, die bei der ModernOffice KG im Produktionsprozess verwendet werden. Das senkt die Kosten für die ModernOffice KG.*
Die Tagesproduktion im Werk Horb beginnt mit der Verarbeitung der Spanplatten in der Größe 2,5 m x 2,0 m. Insgesamt werden 200 Spanplatten verarbeitet. Es folgt die Produktion, bei der die größeren Spanplatten verarbeitet werden, Maße 3,5 m x 2,5 m, 100 Stück. Beim dritten Produktionsprozess werden die gelieferten MDF-Platten benötigt. Der Zulieferer belädt seine Lkw also in umgekehrter Reihenfolge: Zunächst die MDF-Platten, danach die großen Spanplatten und zum Schluss die kleineren Spanplatten.

Analyse von Lagerbeständen mithilfe von Excel

Mithilfe des Tabellenkalkulationsprogramms Excel ist es möglich, den vorhandenen Lagerbestand unter verschiedensten Aspekten zu analysieren. Die **Funktion** „ZÄHLEN-WENN()" gibt einen Wert wieder, der von den festgelegten Bedingungen abhängt, nach denen gezählt werden soll.

Beispiel • *Ben Schneider, Gruppenleiter im Lager Horb der ModernOffice KG, möchte im Lagerabschnitt „Fremdbauteile" feststellen, wie viele verschiedene* **Typen** *an Gasdruck- und Gaszugfedern eingelagert sind, deren Kraft über 5 000 Newton liegt. Derartige Stichproben führt er mehrmals im Jahr durch, um sicherzustellen, dass die Angaben in den vorhandenen Listen korrekt sind. Diese Listen, mit dem Tabellenkalkulationsprogramm Excel erstellt, beinhalten den gesamten Lagerbestand an Fremdbauteilen. Mithilfe des Tabellenkalkulationsprogramms Excel und der Funktion „ZÄHLENWENN()" ist Herr Schneider jetzt in der Lage, den gesamten Bestand an Gasdruck- und Gaszugfedern unter der Suchoption „Newtonangabe über 5 000" zu analysieren.*

FB-Art-Nr.:	Typen	Hersteller		Antrieb	bis Newton	Ist	Soll Max	LEP/Stück
						Lagerbestand		
700.100	T6	MTechnik KG	Gasdruckfedern	Kurbel	750	453	1200	22,71 €
700.101	T6	MTechnik KG	Gasdruckfedern	Kurbel	1150	601	1200	23,85 €
700.102	T6	MTechnik KG	Gasdruckfedern	Kurbel	2000	780	1200	25,04 €
700.103	T6	MTechnik KG	Gasdruckfedern	Kurbel	2100	220	1200	26,29 €
700.104	T6	MTechnik KG	Gasdruckfedern	Kurbel	3300	561	1200	27,60 €
700.105	T6	MTechnik KG	Gasdruckfedern	Kurbel	5000	454	1200	28,98 €
700.106	T8	MTechnik KG	Gasdruckfedern	Kurbel	800	1001	1500	43,48 €
700.107	T8	MTechnik KG	Gasdruckfedern	Kurbel	1100	1100	1500	45,65 €
700.108	T8	MTechnik KG	Gasdruckfedern	Kurbel	1500	980	1500	47,93 €
700.109	T8	MTechnik KG	Gasdruckfedern	Kurbel	1850	789	1500	50,33 €
700.110	T8	MTechnik KG	Gasdruckfedern	Kurbel	2250	991	1500	52,85 €
700.111	T8	MTechnik KG	Gasdruckfedern	Kurbel	3000	1000	1500	55,49 €
700.112	T6/T8	MTechnik KG	Gasdruckfedern	Kurbel	800	600	2500	24,98 €
700.113	T6/T8	MTechnik KG	Gasdruckfedern	Kurbel	1100	568	2500	27,48 €
700.114	T6/T8	MTechnik KG	Gasdruckfedern	Kurbel	1500	465	2500	30,23 €
700.115	T6/T8	MTechnik KG	Gasdruckfedern	Kurbel	1850	569	2500	33,25 €
700.116	T6/T8	MTechnik KG	Gasdruckfedern	Kurbel	2250	662	2500	36,57 €
700.117	T6/T8	MTechnik KG	Gasdruckfedern	Kurbel	3000	802	2500	40,23 €
700.118	T6/T8	MTechnik KG	Gasdruckfedern	Kurbel	900	700	2500	44,26 €
700.119	T6/T8	MTechnik KG	Gasdruckfedern	Kurbel	1800	803	2500	48,68 €
700.120	T6/T8	MTechnik KG	Gasdruckfedern	Kurbel	2700	880	2500	53,55 €
700.121	T10	MTechnik KG	Gaszugfedern	E. Antrieb	3600	189	300	43,15 €
700.122	T10	MTechnik KG	Gaszugfedern	E. Antrieb	4500	215	500	51,78 €
700.123	T10	MTechnik KG	Gaszugfedern	E. Antrieb	5000	301	600	54,37 €
700.124	T10	MTechnik KG	Gaszugfedern	E. Antrieb	6000	201	550	57,09 €
700.125	T10	MTechnik KG	Gaszugfedern	E. Antrieb	8000	330	600	59,94 €
700.126	T10	MTechnik KG	Gaszugfedern	E. Antrieb	8000	302	600	62,94 €
700.127	T10	MTechnik KG	Gaszugfedern	E. Antrieb	1000	186	400	66,08 €
700.128	T10	MTechnik KG	Gaszugfedern	E. Antrieb	12000	89	200	69,39 €
700.129	T10	MTechnik KG	Gaszugfedern	E. Antrieb	12000	78	200	72,86 €
700.130	T10	MTechnik KG	Gaszugfedern	E. Antrieb	17500	65	150	76,50 €
700.131	T10	MTechnik KG	Gaszugfedern	E. Antrieb	17500	78	150	80,33 €
700.132	T10	MTechnik KG	Gaszugfedern	E. Antrieb	17500	71	150	84,34 €
700.133	T17	Stomex OHG	Gaszugfedern	E. Antrieb	6000	46	100	64,32 €
700.134	T18	Stomex OHG	Gaszugfedern	E. Antrieb	6100	19	100	68,18 €
700.135	T19	Stomex OHG	Gaszugfedern	E. Antrieb	6200	22	100	72,27 €
700.136	T20	Stomex OHG	Gaszugfedern	E. Antrieb	6300	80	100	76,61 €
700.137	T21	Stomex OHG	Gaszugfedern	E. Antrieb	6400	30	100	81,20 €
700.138	T22	Stomex OHG	Gaszugfedern	E. Antrieb	6500	30	100	86,07 €
700.139	T23	Stomex OHG	Gaszugfedern	E. Antrieb	6600	12	100	91,24 €
Gaszug- und Gasdruckfedern > 5000 N								
15								

Header (oben): **Fremdbauteile** — **ModernOffice KG** — **Bezeichnung** — **Gasdruck- und Gaszugfedern**

Ein anderes Beispiel verdeutlicht den Verwendungszweck der Funktion „ZÄHLEN-WENN()".

Beispiel • *Svenja Kolleck hat den Auftrag erhalten, alle Mitarbeiterinnen und Mitarbeiter herauszusuchen, die am einmal jährlich stattfindenden Hallenfußballturnier teilnehmen können. Einzige Teilnahmevoraussetzung ist das Alter: Die Spielerinnen und Spieler dürfen höchstens 30 Jahre alt sein. Es sollen zwei Mannschaften aus jeweils 6 Spielerinnen und Spielern gebildet werden, wobei eine gemischte Mannschaft mit jeweils drei Spielerinnen und drei Spielern Pflicht ist. Dieses Hallenfußballturnier hat schon Tradition, der Spielort wechselt jedes Jahr. Dieses Jahr ist die Zweigniederlassung Bielefeld der Veranstalter. In den Zweigniederlassungen und den Showrooms werden ebenfalls Mannschaften gebildet. Horb ist Titelverteidiger, auch Svenja spielt in der gemischten Mannschaft mit. Am PC hat sie eine Tabelle mit allen Mitarbeiterinnen und Mitarbeitern der ModernOffice KG geladen, die mit dem Tabellenkalkulationsprogramm Excel erstellt worden ist. Mithilfe der Funktion „ZÄHLEN-WENN()" kann Svenja schnell die Anzahl der Mitarbeiterinnen und Mitarbeiter ermitteln, die das dreißigste Lebensjahr noch nicht vollendet haben.*

Pers.-Nr.:	Nachname	Vorname	Namenszusatz	Geschlecht	Alter	PLZ	Ort	Straße	Nr.	Bereich	Betriebsort
								Mitarbeiter			
5003	Kolleck	Svenja		w	19	72336	Balingen	Mozartstraße	38	Auszubildende	Horb am Neckar
5004	Celik	Ebru		w	19	72401	Haigerloch	Desiderius-Lenz-Str.	74	Auszubildende	Horb am Neckar
5005	Wildermuth	Tom		m	20	72401	Haigerloch	Dietenbachhof	56	Auszubildender	Horb am Neckar
5006	Endele	Martin		m	22	72401	Haigerloch	Drosselweg	2	Auszubildender	Horb am Neckar
5101	Summer	Lily		w	36	72160	Horb am Neckar	Forchenhain	2	Werbung Public Relation	Horb am Neckar
5102	Groß	Lea		w	41	72202	Nagold	Moltkestraße	24	Material Hölzer	Horb am Neckar
5103	Schuhmann	Eric		m	42	72160	Horb am Neckar	Dießener Straße	130	Material Kunststoffe	Horb am Neckar
5104	Geling	Lea		w	38	72160	Horb am Neckar	Am Barbelberg	11	Beschaffung	Horb am Neckar
5105	Schmitz	Simon		m	40	72189	Vöhringen	Tonaustraße	64	Material Metalle	Horb am Neckar
5106	Ildym	Sedar		m	60	72172	Sulz am Neckar	Spätengarten	25	Handelswaren	Horb am Neckar
5107	Blum	Alina		w	35	72293	Glatten	Sonnenhalde	12	Sekretariat Geschäftsführung	Horb am Neckar
5108	Bach	Ilse		w	50	72172	Sulz am Neckar	Ahlenweg	4	Rechtsabteilung	Horb am Neckar
5109	Hüls	Marie	Dr.	w	44	72401	Haigerloch	Reiserweg	8	Herstellung	Horb am Neckar
5110	Hüls	Walter		m	40	72160	Horb am Neckar	Eibenweg	5	Verkauf	Horb am Neckar
5111	Sander	Otto		m	56	72181	Starzach	Albstraße	19	Verwaltung	Horb am Neckar
5112	Klein	Ute		w	38	72184	Eutingen im Gäu	Stuttgarter Straße	147	Entwicklung	Horb am Neckar
5113	Mai	Utz		m	45	72178	Waldachtal	Tannenwinkel	10	Werk Horb	Horb am Neckar
5114	Wohle	Tim		m	39	72285	Pfalzgrafenweiler	Vorbacher Straße	172	Werk Bielefeld	Horb am Neckar
5115	Gynar	Onur		m	55	72297	Seewald	Rotlengasse	31	Werk Gotha	Horb am Neckar
5116	Droste	Karin		w	63	78554	Aldingen	Jahnstraße	25	Verkauf	Horb am Neckar
5117	Pohl	Inge	Dr.	w	46	72401	Haigerloch	Im Haag	16	Rechnungswesen, Steuern	Horb am Neckar
5118	Holl	Lucas		m	35	72172	Sulz am Neckar	Paul-Kälberer-Weg	2	Büromöbel	Horb am Neckar
5119	Schneider	Ben		m	41	71101	Schönaich	Rosenstraße	10	Lager	Horb am Neckar
5120	Tabibi	Hamid		m	44	72275	Alpirsbach	Reutiner Steige	101	Lager	Horb am Neckar
5121	Wilke	Karin		w	29	72178	Waldachtal	Kiefernweg	7	Lager	Horb am Neckar
5122	Pesch	Willy		m	42	72184	Eutingen im Gäu	Ringbühl	15	Showroom Horb	Horb am Neckar
5123	Mende	Tom		m	33	72290	Loßburg	Römerstraße	20	Kosten- und Leistungsrechnung	Horb am Neckar
5124	Kolbe	Anna		w	27	72213	Altensteig	Karl-Wald-Straße	54	Verwaltung	Horb am Neckar
5125	Hehl	Lisa		w	30	72293	Glatten	Im Gries	47	Raum, Licht, Akustik	Horb am Neckar
5126	Stolz	Sabine		w	42	72181	Starzach	Holzwiesenstraße	71	Energieversorgung	Horb am Neckar
5127	Thelen	Lars		m	49	78727	Oberndorf am Neckar	Sulzbachstraße	90	Energieversorgung	Horb am Neckar
5128	Zimmer	Hans		m	46	71111	Waldenbuch	Brahmsweg	9	Energieversorgung	Horb am Neckar
5129	Cramer	Olivia		w	40	81739	München	Brockesstraße	7	Showrooms, Köln, München	München
5130	Ball	Miriam		w	39	72172	Sulz am Neckar	Kreuzweg	13	Personal	Horb am Neckar
5131	Müller	Sabine		w	43	78713	Schramberg	Mariazeller Straße	122	Beschaffung	Horb am Neckar
5132	Ott	Stefan		m	38	72336	Balingen	Egenbolstraße	3	BüroAkademie	Horb am Neckar
5133	Marot	Julia		w	47	72401	Haigerloch	Reuteweg	29	Produktgruppe (1)	Horb am Neckar
5134	Wessing	Heinz		m	49	72160	Horb am Neckar	Längental	125	Produktgruppe (2)	Horb am Neckar
5135	Hammer	Inis		w	40	71159	Mötzingen	Lilienstraße	1	Produktgruppe (4)	Horb am Neckar
5136	Kessel	Konrad	Dr.	m	52	12623	Berlin	Theodorstraße	41	Showrooms Berlin und Hamburg	Berlin
5137	Cameron	David		m	51	71088	Holzgerlingen	Wilhelmstraße	17	Finanzierung und Investition	Horb am Neckar
5138	Müller	David		m	35	72293	Glatten	Talstraße	14	Material Gläser	Horb am Neckar
5139	Schulz	Jana		w	39	72108	Rottenburg am Neckar	Auberlinstraße	74	Umweltmanagement	Horb am Neckar
5140	Yildiz	Baran	Dr.	m	41	72108	Rottenburg am Neckar	Lehmgrube	5	Produktgruppe (2)	Horb am Neckar
5141	Müller	Nena		w	33	78655	Dunningen	Beethovenstraße	8	Produktgruppe (3)	Horb am Neckar
5142	Sömez	Hakan		m	61	72172	Sulz am Neckar	Meboldstraße	20	Produktgruppe (5)	Horb am Neckar
5143	Smith	Amy		w	38	72293	Glatten	Rinkwasen	8	Kunden International	Horb am Neckar
5144	Nabil	Ahmed		m	40	72160	Horb am Neckar	Hauserhalde	11	Organisation und EDV	Horb am Neckar
5145	Küpper	Michael		m	62	71083	Herrenberg	Lessingstraße	20	Fuhrpark und Versand	Horb am Neckar
5146	Meier	Leonie		w	38	72108	Rottenburg am Neckar	Waldstraße	33	Fuhrpark und Versand	Horb am Neckar
5147	Wolf	Jana		w	53	72172	Sulz am Neckar	Freudenstädter Straße	201	Fuhrpark und Versand	Horb am Neckar
5148	Steinbach	Melanie		w	47	72290	Loßburg	Keplerstraße	2	Verkauf	Horb am Neckar
5149	Zerbe	Volker		m	40	72184	Eutingen im Gäu	Finkenweg	17	Rechnungswesen, Steuern	Horb am Neckar
5150	Kruse	Miroslav		m	53	71149	Bondorf	Speckgasse	46	Rechnungswesen, Steuern	Horb am Neckar
5151	Italien	Jörg		m	31	72469	Meßstetten	Am Berg	5	Rechnungswesen, Steuern	Horb am Neckar
5152	Bruns	Mechtild		w	26	72379	Hechingen	Zollernstraße	13	Kunden International	Horb am Neckar
5153	Klopf	Doris		w	28	72108	Rottenburg am Neckar	Scharfenweg	2	Verwaltung	Horb am Neckar
5154	Finke	Sarah		w	34	72175	Dornhan	Horber Straße	165	Verwaltung	Horb am Neckar
5155	Kaiser	Hans		m	36	72160	Horb am Neckar	Am Fulmbach	17	Produktgruppe (1)	Horb am Neckar
5156	Neugebauer	Günther		m	60	72160	Horb am Neckar	Steger Weg	7	Produktgruppe (1)	Horb am Neckar
5157	Stenge	Jacqueline		w	38	72172	Sulz am Neckar	Goethestraße	121	Produktgruppe (1)	Horb am Neckar
5158	Schöffgen	Jennifer		w	27	72401	Haigerloch	Ackergasse	80	Produktgruppe (1)	Horb am Neckar
5159	Wend	Christian		m	30	72108	Rottenburg am Neckar	Luisengasse	72	Produktgruppe (2)	Horb am Neckar
5160	Lusit	Florian		m	24	72172	Sulz am Neckar	Im Schuben	10	Produktgruppe (2)	Horb am Neckar
5161	Schein	Sascha		m	43	72293	Glatten	Drosselweg	17	Produktgruppe (2)	Horb am Neckar
5162	Destl	Jorg		m	22	72160	Horb am Neckar	Sonnenstraße	66	Produktgruppe (3)	Horb am Neckar
5163	Stenge	Arthur		m	49	72172	Sulz am Neckar	Goethestraße	122	Produktgruppe (3)	Horb am Neckar
5164	Engelkes	Anna		w	26	72184	Eutingen im Gäu	Grundstraße	101	Produktgruppe (3)	Horb am Neckar
5165	Kertes	Melanie		w	40	72184	Eutingen im Gäu	Stellplatz	89	Produktgruppe (3)	Horb am Neckar
5166	Zikla	Marco		m	28	72108	Rottenburg am Neckar	Schottstraße	12	Produktgruppe (4)	Horb am Neckar
5167	Lauter	Lisa		w	28	72108	Rottenburg am Neckar	Luisengasse	20	Produktgruppe (4)	Horb am Neckar
5168	Holbrich	Stefanie		w	33	72172	Sulz am Neckar	Grüner Weg	91	Produktgruppe (4)	Horb am Neckar
5169	Hildebrand	Verena		w	32	72178	Waldachtal	Zum Schloßchen	55	Produktgruppe (4)	Horb am Neckar
5170	Yildiz	Burhan		m	21	72160	Horb am Neckar	Berg	12	Produktgruppe (5)	Horb am Neckar
5171	Zikla	Linda		w	25	72108	Rottenburg am Neckar	Schottstraße	13	Produktgruppe (5)	Horb am Neckar
5172	Michel	Titus		m	25	72172	Sulz am Neckar	Salzweg	23	Produktgruppe (5)	Horb am Neckar
5173	Folter	Nicolas		m	42	72293	Glatten	Amselweg	9	Produktgruppe (5)	Horb am Neckar
5174	Fether	Gina		w	20	72172	Sulz am Neckar	Hauptstraße	203	Verkauf	Horb am Neckar
5175	Fether	Peter		m	44	72175	Dornhan	Klappsteg	79	Beschaffung	Horb am Neckar
5176	Sömnez	Ebru		w	30	72175	Dornhan	Klappsteg	80	Verkauf	Horb am Neckar
5177	Fischer	Marcel		m	44	72178	Waldachtal	Zum Schlößchen	3	Verkauf	Horb am Neckar
5178	Kehl	Nina		w	39	72401	Haigerloch	Bergstraße	78	Werbung Public Relation	Horb am Neckar
5179	Vuko	Julia		w	25	78727	Oberndorf am Neckar	Pfefferstraße	70	Beschaffung	Horb am Neckar
5180	Slomian	Mirco		m	52	78728	Oberndorf am Neckar	Blumenwiese	3	BüroAkademie	Horb am Neckar
5181	Gerges	Dennis		m	53	78729	Oberndorf am Neckar	Teichweg	23	Werbung Public Relation	Horb am Neckar
5182	Manke	Maik		m	30	72293	Glatten	Kiebitzstraße	64	Beschaffung	Horb am Neckar
5183	Domian	Kamilla		w	28	72184	Eutingen im Gäu	Im Süden	60	BüroAkademie	Horb am Neckar
5184	Ehrmann	Günther		m	42	72401	Haigerloch	Dahlienweg	13	Lager	Horb am Neckar
5187	Gerstmayer	Nina		w	30	72401	Haigerloch	Dorfplatz	122	Verkauf/Inklusionsbeauftragte	Horb am Neckar
5284	Geisinger	Anton		m	38	71083	Herrenberg	Achalmstr.	14	WerbungPR/Datenschutzbeauftra	Horb am Neckar

Der Auszug aus der Mitarbeiterdatei zeigt, dass im Stammsitz in Horb die beiden Mannschaften aus 25 Mitarbeiterinnen und Mitarbeitern gebildet werden können.

Bei der Verwendung der Funktion „ZÄHLENWENN()" muss darauf geachtet werden, dass man **das Suchkriterium in Anführungszeichen setzt**, wenn man sich nicht des Funktionsassistenten bedient oder als Suchkriterium einen Zellbezug zu einem Zellinhalt herstellt.

Excel zählt bei der korrekten Eingabe der beiden Argumente alle Zellinhalte, die dem eingegebenen Suchkriterium entsprechen.

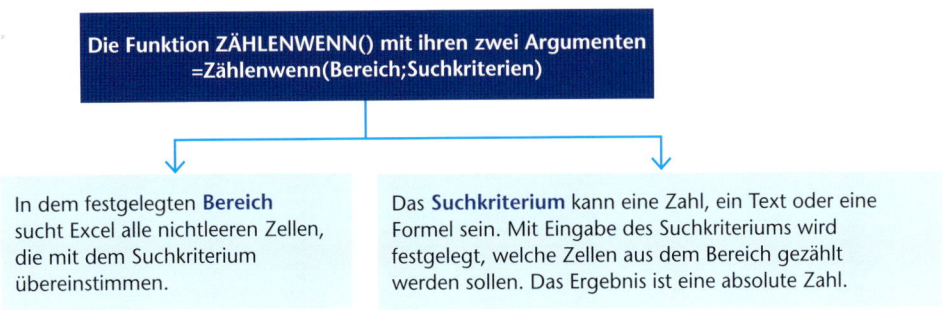

Die Funktion ZÄHLENWENN() mit ihren zwei Argumenten
=Zählenwenn(Bereich;Suchkriterien)

In dem festgelegten **Bereich** sucht Excel alle nichtleeren Zellen, die mit dem Suchkriterium übereinstimmen.

Das **Suchkriterium** kann eine Zahl, ein Text oder eine Formel sein. Mit Eingabe des Suchkriteriums wird festgelegt, welche Zellen aus dem Bereich gezählt werden sollen. Das Ergebnis ist eine absolute Zahl.

Lagerkennziffern

Im Bereich der Lagerhaltung kommt den Lagerkennziffern eine wesentliche Bedeutung zu. Mit ihrer Hilfe ist es möglich, betriebswirtschaftliche Sachverhalte zu erschließen, die dabei helfen, die Kosten der Lagerhaltung zu senken.

$$\text{Ø Lagerbestand} = \frac{\text{Anfangsbestand} + \text{Endbestand}}{2}$$

$$\text{Ø Lagerbestand} = \frac{\text{Anfangsbestand} + 12 \text{ Endbestände}}{13}$$

Erläuterung: Der durchschnittliche Lagerbestand gibt an, wie hoch die Stückzahl an Werkstoffen oder Handelswaren ist, die sich im Lager befindet. Je mehr Bestände bei der Berechnung berücksichtigt werden, desto genauer ist das Ergebnis.

$$\text{Umschlagshäufigkeit} = \frac{\text{Wareneinsatz}}{\text{Ø Lagerbestand}}$$

Erläuterung: Die Umschlagshäufigkeit gibt an, wie oft ein Werkstoff eingelagert wird und dann wieder für die Produktion entnommen wird. Bei Handelswaren gibt die Kennzahl an, wie oft ein Artikel eingekauft, gelagert und dann wieder verkauft wird.

$$\text{Ø Lagerdauer} = \frac{360}{\text{Lagerumschlagshäufigkeit}}$$

Erläuterung: Die Lagerdauer gibt an, wie lange ein Werkstoff oder eine Handelsware durchschnittlich eingelagert ist.

$$\text{Ø Lagerwert} = \text{Ø Lagerbestand} \cdot \text{Einstandspreis}$$

Erläuterung: Die Lagerwert gibt an, welchem Eurobetrag der durchschnittliche Lagerbestand entspricht, wenn man die gelagerten Werkstoffe oder Handelswaren mit ihrem Einstandspreis multipliziert.

$$\text{Lagerzinssatz} = \frac{\text{Zinssatz (p. a.)} \cdot \varnothing \text{ Lagerdauer (in Tagen)}}{360 \text{ Tage}}$$

Erläuterung: Der Lagerzinssatz gibt an, wie viel Prozent Zinsen das durch den durchschnittlichen Lagerbestand auf der Grundlage der durchschnittlichen Lagerdauer gebundene Kapital kostet.

$$\text{Lagerzinsen} = \frac{\varnothing \text{ Lagerbestand} \cdot \text{Lagerzinssatz (\%)}}{100 \, \%}$$

Erläuterung: Der Lagerzins gibt an, wie viel das im durchschnittlichen Lagerbestand gebundene Kapital auf der Grundlage eines durchschnittlichen Lagerbestandes kostet.

$$\text{Lagerkostensatz} = \frac{\text{Lagerkosten}}{\varnothing \text{ Lagerwert}} \cdot 100$$

Erläuterung: Der Lagerkostensatz ergibt sich, wenn man die gesamten Lagerkosten in das Verhältnis zum durchschnittlichen Lagerwert setzt.

Lagerhaltungskostensatz = Lagerkostensatz + kalkulatorischer Zinssatz

Erläuterung: Der Lagerhaltungskostensatz gibt an, wie hoch die Kosten der Lagerhaltung sind. Er wird auf der Grundlage des Wertes der im Lager befindlichen Werkstoffe und/oder Handelswaren berechnet.

Auf den Punkt gebracht

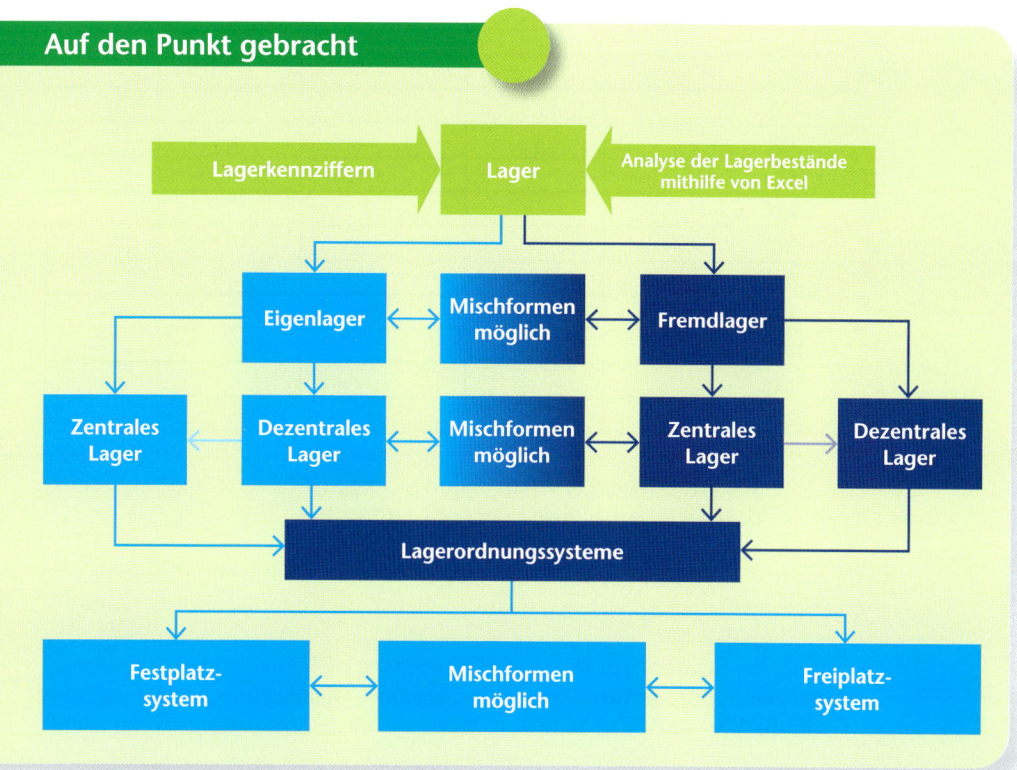

Nutzen Sie Ihr Wissen

1. Erstellen Sie die oben abgebildete Mustertabelle für Fremdbauteile „Gasdruck- und Gaszugfedern". Verwenden Sie dabei die Kopier- und Autoausfüllfunktion.
   a) Wie viele verschiedene Gasdruck- und Gaszugfedern sind in dem Sortiment, deren Kraft maximal 2.000 Newton ausmacht? Ermitteln Sie das Ergebnis mithilfe der Funktion „ZÄHLENWENN()".
   b) Ermitteln Sie den gesamten Lagerbestand an Gasdruck- und Gaszugfedern, deren Kraft über 4.000 Newton liegt. Bedienen Sie sich dabei der Funktion „SUMMEWENN()".

2. Erstellen Sie eine Tabelle nach dem hier vorgegebenen Muster.
   a) Errechnen Sie die Kosten der beiden Lagerorte.
   b) Ermitteln Sie mithilfe der Funktion „WENN()" in Spalte „F", welche Variante jeweils die kostengünstigere ist. Als Meldung soll entweder „Fremdlagerung" oder „Eigenlagerung" erscheinen.
   c) Erstellen Sie im Anschluss daran eine Liniengrafik, die Ihr Ergebnis veranschaulicht.

	A	B	C	D	E	F
1	Eigenlagerung		Fremdlagerung			
2	Kf	8.000,00 €	Kv	28,00 €		
3	Kv	20,00 €				
4						
5						
6	Stück	K_f Eigenlagerung	K_v Eigenlagerung	$K_f + K_v$ Eigenlagerung	K_v Fremdlagerung	kostengünstig
7	100					
8	200					
9	300					
10	400					
11	500					
12	600					
13	700					
14	800					
15	900					
16	1000					
17	1100					
18	1200					

3. Nehmen Sie zu folgender These kritisch Stellung: „Das Just-in-time-Verfahren senkt die Kosten der Unternehmen zulasten der Umwelt!"

4. Erkundigen Sie sich in Ihrem Unternehmen, ob dort auch Lieferungen just in time vorgenommen werden, und aus welchen Gründen diese Entscheidung getroffen wurde.

5. Entwerfen Sie ein Konzept zur Just-in-time-Lieferung bei einem reinen Handelsgewerbe (Großhandel) Ihrer Wahl. Zeigen Sie dabei auf, inwieweit sich die Voraussetzungen und die Vor- und Nachteile von denen bei einem Industriegewerbe unterscheiden.

6. Folgende Situation ist gegeben:

Ein Industrieunternehmen führt ein abgetrenntes Lager für Betriebsstoffe nach
A dem Festplatzsystem,
B dem Freiplatzsystem.

Beide Lager sind gleich groß (28 Stellplätze) und mit der identischen Anzahl an
Betriebsstoffen gefüllt. Jedes Rechteck spiegelt einen Palettenstellplatz für jeweils einen
Betriebsstoff wider. Es gibt insgesamt sechs verschiedene Betriebsstoffe, die auf Paletten
gelagert sind. Bei der Belegung der einzelnen Lagerorte unterscheidet man zwischen:

A belegte Plätze **A0** = belegt   B leere, aber reservierte Plätze **A0** = reserviert

A Festplatzsystem   B Freiplatzsystem

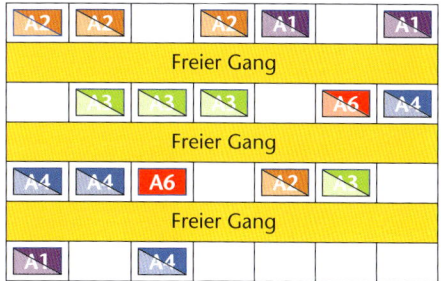

Aufgrund einer Produktionsstörung werden zwei Einheiten des Betriebsstoffs **A2**
nicht dem Produktionsprozess zugeführt. Der Wareneingang des aktuellen Tages
umfasst unter anderem drei neue Einheiten dieses Betriebsstoffes. Dieser soll nun
gelagert werden.

a) Bewerten Sie die beschriebene Situation unter Berücksichtigung der beiden
Lagerhaltungssysteme.
b) Entwickeln Sie vor dem Hintergrund des Festplatzsystems einen kurzfristigen
Lösungsvorschlag zu der aktuellen Problematik.
c) Entwerfen Sie ein Konzept, welches, unter Beibehaltung des Festplatzsystems
und bei gleichbleibendem Verbrauch an Werkstoffen, oben beschriebene Problematik zukünftig vermeidet.

7. Begründen Sie, weshalb das Freiplatzsystem auch mit Nachteilen verbunden sein kann.

8. Entwickeln Sie unter Berücksichtigung Ihres Ausbildungsbetriebes eine neue Form der
Lagerorganisation, die sich der Vorteile beider Lagerorganisationssysteme bedient.

9. Beziehen Sie sich erneut auf die Mustertabelle für Fremdbauteile „Gasdruck- und
Gaszugfedern". Ermitteln Sie mithilfe der Funktion „ZÄHLENWENN()" die Anzahl
der Gasdruck- und Gaszugfedertypen, deren Listeneinkaufspreis (LEP) pro Stück
unter 45,00 € liegt. Speichern Sie die Tabelle unter dem Dateinamen „Fremdbauteile Federn.xlsx" ab.

10. In welchem Verhältnis steht
a) der durchschnittliche Lagerbestand zum Lagerhaltungskostensatz?
b) die Umschlagshäufigkeit zur durchschnittlichen Lagerdauer?
c) der durchschnittliche Lagerwert zum durchschnittlichen Lagerbestand?
d) der bankenübliche Zinssatz zum Lagerzinssatz?
e) der Lagerkostensatz zum durchschnittlichen Lagerwert?

5.3 Eingangsrechnungen situationsgerecht bearbeiten

5.3.1 Eingangsrechnungen kontrollieren

Lernsituation

Svenja Kolleck wird gemäß dem betrieblichen Ausbildungsplan zurzeit in der Abteilung Beschaffung ausgebildet. Seit drei Wochen ist sie in der Gruppe „Handelswaren" einge-setzt. Sedar Ildym, Leiterin dieser Gruppe, übergibt Svenja u. a. folgende Eingangsrech-nung (Auszug) und beauftragt sie mit der Rechnungsprüfung.

entsprechend Ihrer Bestellung berechnen wir gemäß unseren Lieferungs- und Zahlungsbedingungen:

Art-Nr.	Bezeichnung	Menge	Einzelpreis	Gesamtpreis
102 145	Schreibtischleuchte, Paris, Stand, Metall	40	36,00	1.440,00
102 155	Schreibtischleuchte, Rom, Stand, Metall	10	33,00	330,00
102 165	Schreibtischleuchte, Dublin, Stand, Metall	20	74,00	1.840,00
205 110	LED-Schreibtischleuchte, TouchOne I, Stand, Metall	50	25,00	1.250,00
205 120	LED-Schreibtischleuchte, TouchOne II, Stand, Metall	20	25,00	500,00
205 320	LED-Schreibtischleuchte, Torno, Alu satiniert	10	90,00	900,00
			gesamt	6.260,00
			15 % Rabatt	876,40
			netto	**5.383,60**
			19 % USt	1.022,88
			brutto	**6.406,48**

Wir danken für Ihren Auftrag.

Mit freundlichen Grüßen

Luxo Lichtdesign AG

- *Analysieren Sie den Arbeitsauftrag. Beantworten Sie dazu z. B. folgende Fragen:*
  - *Welche weiteren Informationen und welche zusätzlichen Unterlagen werden für die Rech-nungsprüfung benötigt?*
  - *Wie können diese Informationen/Unterlagen bei Bedarf verfügbar gemacht werden?*
  - *Welche Einzelaspekte müssen bei der Rechnungskontrolle überprüft werden?*
  - *Welche Arbeitsmittel (Hilfsmittel) müssen für die Prüfung bereitgelegt werden?*
  - *Welche Arbeitsschritte sind nach der Prüfung in Abhängigkeit vom Prüfergebnis einzuleiten?*
- *Informieren Sie sich anhand des Auszugs aus der Liefererdatei der ModernOffice KG über den Aussteller der Rechnung.*
- *Informieren Sie sich mithilfe dieses Lehrbuches über den Arbeitsprozess einer Rechnungsprüfung.*
- *Führen Sie die Rechnungsprüfung durch. Ermitteln Sie den Betrag, der zu überweisen ist. An welchem Tag soll die Rechnung überwiesen werden?*
- *Schreiben Sie per E-Mail, stellvertretend für Svenja Kolleck, einen kurzen Prüfbericht an die Gruppenleiterin. Schlagen Sie in dieser E-Mail auch vor, welche weiteren Maßnahmen bezüglich der Rechnung erfolgen sollen.*
- *Erstellen Sie ein Ablaufdiagramm zur Beschreibung des Arbeitsablaufs bei einer Rechnungsprüfung.*

Eingangsrechnungen und Ausgangsrechnungen

Jedes Unternehmen steht mit einem Beschaffungsmarkt und mit einem Absatzmarkt in Kontakt. In der Folge sind Eingangsrechnungen und Ausgangsrechnungen zu unterscheiden.

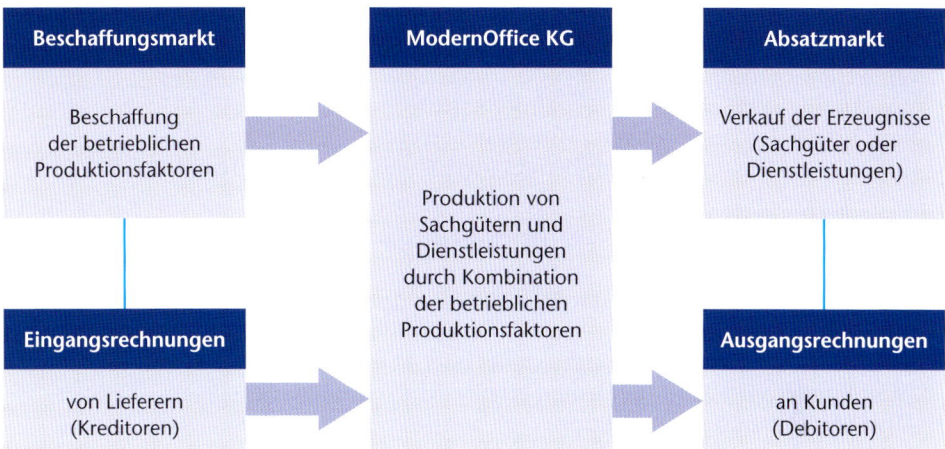

Nur bei einem Bargeschäft erfolgt die Bezahlung Zug um Zug mit der Übergabe der Ware bzw. der Erbringung der Leistung. Sobald es an dieser sofortigen Bezahlung des Kaufpreises fehlt, entsteht für den Lieferer bzw. Leistungserbringer ein Risiko. Als Kreditgeber (Kreditor) glaubt er an die spätere Bezahlung seiner Rechnung durch den Abnehmer. Dieser muss als Schuldner (Debitor) seinen Zahlungsverpflichtungen nachkommen.

Aspekte der Rechnungsprüfung

Jede Eingangsrechnung ist beim Posteingang eindeutig zu **kennzeichnen**. Dazu werden ihr insbesondere folgende Daten zugeordnet:
- Eingangsdatum
- Belegnummer
- Lieferernummer

Nach dieser Kennzeichnung ist die Eingangsrechnung auf ihre sachliche, rechnerische und formale Richtigkeit zu prüfen.

Sachliche Rechnungsprüfung
Die sachliche Prüfung erfolgt durch den Vergleich der Eingangsrechnung mit dem Duplikat der Bestellung und mit dem Lieferschein. Der Lieferschein ist schon bei der Warenannahme kontrolliert worden. Abweichungen zwischen den Angaben im Lieferschein und der tatsächlich übergebenen Ware sind auf ihm bereits vermerkt.

Stimmen folgende Sachverhalte der Rechnung mit den Daten der Bestellung bzw. des Lieferscheins überein?
- Art und Güte der Ware/Leistung
- Menge
- Einzelpreis
- Rabattsatz
- Umsatzsteuersatz (Regelsatz von 19 % oder ermäßigter Steuersatz von 7 %)
- Lieferungsbedingungen (Verpackungs-, Transport-, Versicherungskosten)
- Zahlungsbedingungen (Skontosatz, Zahlungstermin)

Rechnerische Rechnungsprüfung

Die Rechnung ist auf Rechenfehler zu prüfen. Sind die folgenden Rechenoperationen richtig ausgeführt worden?

- Multiplikation der Menge der einzelnen Rechnungsposition mit dem zugehörigen Einzelpreis
- Addition aller Rechnungspositionen zum Gesamtrechnungsbetrag (netto, das heißt ohne Umsatzsteuer)
- Berechnung und Subtraktion gewährter Rabatte
- Berechnung des ausgewiesenen Umsatzsteuerbetrags
- Addition des Gesamtrechnungsbetrags (netto) und des Umsatzsteuerbetrags

Formale Rechnungsprüfung

Gemäß § 14 (2) Umsatzsteuergesetz (UStG) muss eine Rechnung folgende Angaben enthalten:

- Vollständiger Name und vollständige Anschrift des leistenden Unternehmers und des Leistungsempfängers
- Steuernummer (vom Finanzamt erteilt) oder Umsatzsteuer-Identifikationsnummer (vom Bundeszentralamt für Steuern erteilt) des Rechnungsausstellers
- Ausstellungsdatum der Rechnung
- Fortlaufende Rechnungsnummer
- Menge und Art (handelsübliche Bezeichnung) der gelieferten Gegenstände oder Umfang und Art der sonstigen Leistung
- Zeitpunkt der Lieferung oder der sonstigen Leistung
- Entgelt für die Lieferung oder für die sonstige Leistung sowie jede im Voraus vereinbarte Minderung des Entgelts
- Anzuwendender Steuersatz und Steuerbetrag

Bei der Rechnungsprüfung festgestellte Fehler werden dem Aussteller der Rechnung unverzüglich mitgeteilt. In direkter Kommunikation ist mit ihm eine Klärung des Sachverhaltes herbeizuführen. Bei einvernehmlich festgestelltem Korrekturbedarf erstellt der Rechnungsaussteller zu seiner Rechnung eine Gutschrift. Unter Berücksichtigung des Gutschriftbetrags erfolgt dann die Zahlungsanweisung.

Anweisung zur Zahlung

Wenn keine Fehler festgestellt werden, wird die Rechnung zur Zahlung angewiesen. Dabei sind der Zahlungsbetrag und der Zahlungstermin eindeutig anzugeben.

Anweisung des Zahlungsbetrags unter Berücksichtigung von Skonto

Zur Zahlung angewiesen wird grundsätzlich der geprüfte Bruttorechnungsbetrag. Es sei denn, dass in den Zahlungsbedingungen der Abzug von Skonto vereinbart worden ist. In diesem Fall wird der um den Skontoabzug geminderte Rechnungsbetrag zur Zahlung angewiesen.

Der Skontosatz ist der Zinssatz, den der Lieferer für einen gewährten Liefererkredit in Rechnung stellt.

Ein Liefererkredit ist in der Regel ein sehr teurer Kredit. Es ist daher immer wirtschaftlicher, einen alternativen Bankkredit in Anspruch zu nehmen. Das heißt, Liefererrechnungen werden grundsätzlich unter Abzug von Skonto beglichen.

Beispiel • *Die ModernOffice KG vereinbart mit dem Lieferer Edelstahlwerk Witten AG folgende Zahlungsbedingung:*

„Die Zahlung muss innerhalb von 30 Tagen nach Lieferung erfolgen, bei Zahlung innerhalb von 10 Tagen werden 3 % Skonto gewährt."

Im Zeitpunkt der Übergabe des bestellten Materials verlangt die Edelstahlwerk Witten AG nicht im unmittelbaren Gegenzug die Übergabe des Kaufpreises. Der Lieferer überlässt der ModernOffice KG das Geld für eine bestimmte Zeit. Das bedeutet, er gewährt der ModernOffice KG einen Kredit. Die Laufzeit des Liefererkredits beträgt im vorliegenden Fall maximal 30 Tage.

Die folgende Darstellung veranschaulicht die alternativen Zahlungsbeträge und Zahlungstermine bei einem Rechnungsbetrag von 100.000,00 €.

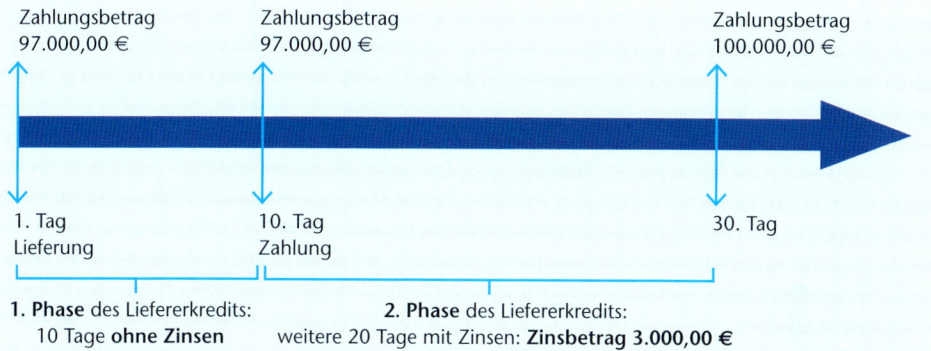

Der Zeitstrahl macht Folgendes deutlich:

- Der Lieferer gewährt in den ersten 10 Tagen einen zinslosen Kredit. Diese erste Kreditphase nimmt die ModernOffice KG auf jeden Fall in Anspruch. Selbst wenn sie bereits am 1. Tag über 97.000,00 € verfügen sollte, zahlt sie erst am 10. Tag und legt das Geld 10 Tage lang zinsbringend an.
- Der Rechnungsbetrag von 100.000,00 € setzt sich aus zwei Bestandteilen zusammen: 97.000,00 € Entgelt für das gelieferte Material und 3.000,00 € Zinsen für die zweite Phase des Liefererkredits ab dem 10. Tag. Nimmt die ModernOffice KG die zweite Kreditphase nicht in Anspruch (Zahlung am 10. Tag), muss sie nur das Entgelt für die Ware zahlen.
- Nach den ersten 10 Tagen ist der Lieferer weiterhin bereit, Kredit zu gewähren. Er überlässt das Entgelt für das Material (97.000.00 €) für weitere 20 Tage (vom 10. bis zum 30. Tag). Allerdings verlangt er für diese zweite Kreditphase 3.000,00 € Zinsen.

Angenommen, die ModernOffice KG verfügt am 10. Tag nicht über 97.000,00 € liquide Mittel (Bargeld oder Bankguthaben). Sie kann aber in Absprache mit ihrer Hausbank ihr Konto zu einem Zinssatz von 12 % überziehen (Kontokorrentkredit). Trotz des relativ hohen Zinssatzes von 12 % ist der Bankkredit die kostengünstigere Alternative für die zweite Phase des Liefererkredits.

Berechnung der Zinsen für den Bankkredit (Alternative für die zweite Phase des Liefererkredits):

Kreditbetrag (Kontoüberziehung bei Zahlung am 10. Tag)	97.000,00 €
Zinssatz	12 %
Kreditlaufzeit (10. Tag bis zum 30. Tag)	20 Tage

$$\text{Zinsen} = \frac{K \cdot p \cdot t}{100 \cdot 360} = \frac{97.000 \cdot 12 \cdot 20}{100 \cdot 360} = 646,67$$

Im Vergleich zu 3.000,00 € Zinsen für die zweite Phase des Liefererkredits ist der Bankkredit wesentlich kostengünstiger. Die ModernOffice KG wird deshalb ihr Konto überziehen, um die Liefererrechnung unter Abzug von Skonto begleichen zu können.

Im Rahmen der Rechnungsprüfung werden 97.000,00 € zur Zahlung am 10. Tag angewiesen.

Anweisung des Zahlungstermins

Die Zahlung ist zu dem Termin anzuweisen, an dem sie fällig ist. Eine vorzeitige Zahlung ist nicht rentabel. Evtl. vorzeitig verfügbare Gelder sind bis zum Fälligkeitstermin zinsbringend anzulegen. Eine verspätete Zahlung dagegen kann zum Zahlungsverzug und zu Schadensersatzleistungen (z. B. Verzugszinsen) führen.

Beispiel • *Die Rechnung der Edelstahlwerk Witten AG wird am 10. Tag zur Zahlung angewiesen. Bei einer Zahlung vor diesem Termin geht ein möglicher Zinsertrag verloren. Bei einer Zahlung ab dem 11. Tag sind zusätzlich zum Kaufpreis für das Material 3.000,00 € Zinsen für den Liefererkredit zu zahlen.*

Archivierung der Eingangsrechnungen

Ein Unternehmer muss alle Eingangsrechnungen zehn Jahre aufbewahren. Die Rechnungen müssen für den gesamten Zeitraum lesbar sein. Nachträgliche Ergänzungen oder Änderungen sind unzulässig. Die Aufbewahrungsfrist beginnt mit dem Schluss des Kalenderjahres, in dem die Rechnung ausgestellt worden ist. Dasselbe gilt für die Duplikate der Ausgangsrechnungen.

Auf den Punkt gebracht

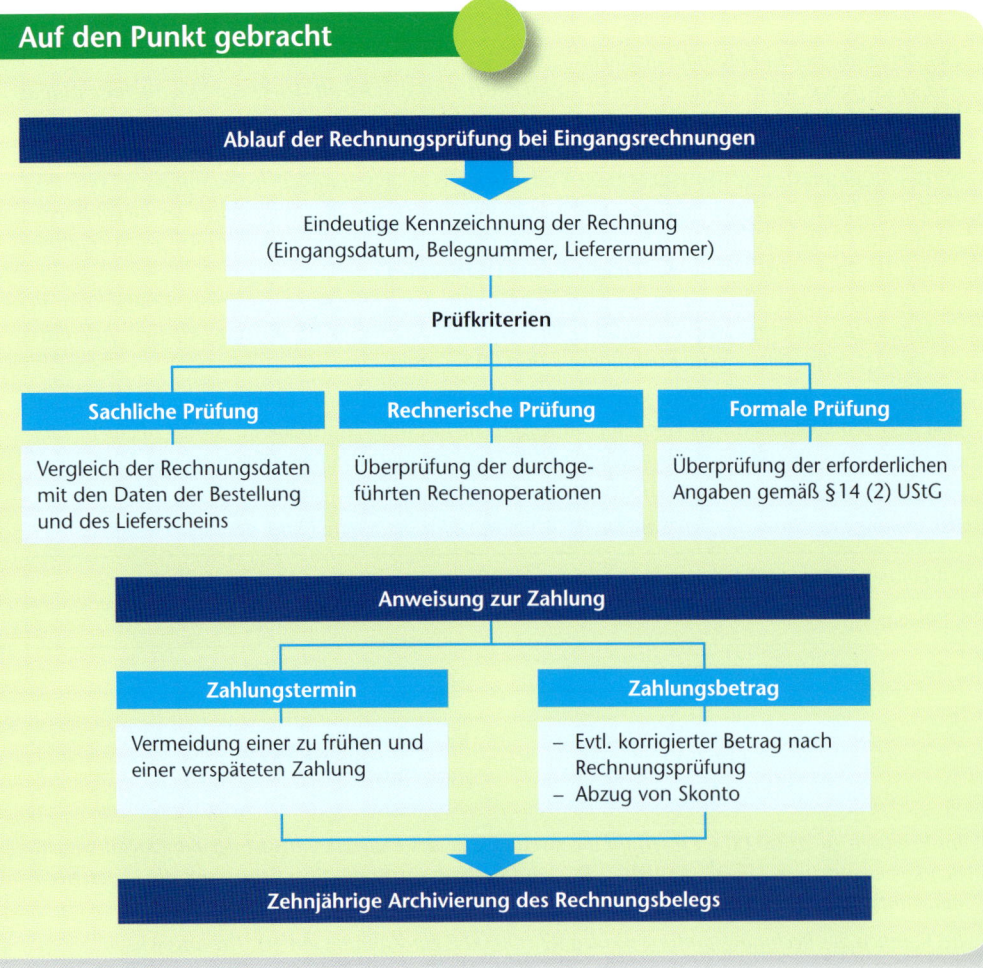

Nutzen Sie Ihr Wissen

1. Bei der Prüfung einer Eingangsrechnung haben Sie Fehler festgestellt.
   a) Erklären Sie die drei Kategorien von Fehlern, die denkbar sind.
   b) Denken Sie sich je Fehlerkategorie nach Ihrer Wahl einen konkreten Fehler aus. Orientieren Sie sich dabei an den Eingangsrechnungen Ihres Ausbildungsunternehmens. Klären Sie diese festgestellten Unstimmigkeiten mit dem Aussteller der Rechnung.
   - Sie entscheiden sich für das Telefonat mit der in der Rechnung genannten Ansprechpartnerin. Bereiten Sie dieses Telefongespräch vor. Legen Sie dazu eine Checkliste der Besprechungspunkte an. Planen Sie auch den Beginn und den Abschluss des Gespräches.
   - Trotz mehrmaliger Versuche können Sie die Sachbearbeiterin telefonisch nicht erreichen. Verfassen Sie eine E-Mail an den Rechnungsaussteller. Informieren Sie in dieser E-Mail über die festgestellten Unstimmigkeiten und machen Sie Vorschläge zum weiteren Vorgehen.

2. Informieren Sie sich, z. B. mithilfe einer Internetrecherche, über sogenannte Kleinbetragsrechnungen. Erläutern Sie, unter welcher Voraussetzung diese Art von Rechnung zulässig ist und wie sie sich von einer normalen Rechnung unterscheidet.

3. Die Kunststofftechnik GmbH liefert am 02.10.20.. Kunststoffbauteile für 25.000,00 € an die ModernOffice KG. Als Zahlungsbedingung ist vereinbart worden: 30 Tage Ziel, 10 Tage 2 % Skonto. Bei Bedarf kann die ModernOffice KG bei der Kreissparkasse Freudenstadt einen Kontokorrentkredit zum Zinssatz von 10 % in Anspruch nehmen.
   a) Erläutern Sie, was unter einem Liefererkredit zu verstehen ist.
   b) Weisen Sie an diesem Beispiel nach, dass eine Eingangsrechnung stets unter Abzug von Skonto zur Zahlung angewiesen wird.
   c) Nehmen Sie Stellung zu folgender Aussage: „Ein Unternehmer, der Eingangsrechnungen nicht unter Abzug von Skonto begleicht, gefährdet in der Wahrnehmung der Geschäftspartner seine Kreditwürdigkeit."

5.3.2 Die Bezahlung von Eingangsrechnungen veranlassen

Lernsituation

Tom Wildermuth wird gemäß betrieblichem Ausbildungsplan sechs Wochen in der Abteilung „Rechnungswesen/Steuern" ausgebildet. Anna Kolbe, Sachbearbeiterin in der Buchhaltung, beauftragt ihn, die Bezahlung von Eingangsrechnungen zu veranlassen. Tom Wildermuth findet u. a. folgende Rechnungsbelege vor. Die Rechnungen sind bereits geprüft und zur sofortigen Zahlung angewiesen.

1. Rechnung der Kfz-Werkstatt Carservice GmbH über die durchgeführte Instandsetzung an einem Lieferfahrzeug der ModernOffice KG. Der Rechnungsbeleg enthält den Hinweis: „Diese Rechnung ist sofort und ohne Abzug zahlbar. Berechtigte Reklamationen werden auch nach der Zahlung anerkannt und ausgeglichen."
2. Jährliche Beitragsrechnung der „Württembergische Versicherung AG" über die Gebäudeversicherung der Immobilien am Standort Horb. Die Rechnung ist mit dem Hinweis „Den Betrag buchen wir bei Fälligkeit von Ihrem Konto IBAN DE53 6001 0070 0813 6000 10 ab." versehen.
3. Monatliche Abrechnungen von 21 Beschäftigten der ModernOffice KG (Mitarbeiterinnen und Mitarbeiter der Showrooms) über getätigte Aufwendungen (Tankquittungen, Parkgebühren, Hotelrechnungen u. Ä.). Die jeweilige Gesamtsumme ist dem betreffenden Mitarbeiter zu erstatten.

- *Analysieren Sie die oben genannten drei Fälle. Welche Unterschiede weisen diese drei Situationen aus Sicht der ModernOffice KG auf? Welche Zahlungsmöglichkeit bietet sich aus Sicht der ModernOffice KG in diesen drei Situationen an? Begründen Sie Ihre Entscheidung.*
- *Informieren Sie sich über die Zahlungsarten, mit denen Eingangsrechnungen beglichen werden können. Erstellen Sie eine Übersicht, die die jeweiligen Vor- und Nachteile aus Sicht der ModernOffice KG gegenüberstellt. Nennen Sie in Ihrer Übersicht für jede Zahlungsart auch eine konkrete betriebliche Zahlungssituation, für die die jeweilige Zahlungsart besonders geeignet ist.*
- *Überprüfen Sie mit Ihrem Wissen über verschiedene Zahlungsarten die Zahlungsabwicklung in den obigen Zahlungssituationen. Gibt es Alternativen? Welche Vor- und Nachteile sprechen für diese Alternativen?*
- *In einer der drei Situationen soll die Zahlungsabwicklung entsprechend Ihrem Alternativvorschlag geändert werden. Informieren Sie darüber den jeweiligen Zahlungsempfänger. Verfassen Sie sach- und normgerecht die entsprechende schriftliche Mitteilung (Brief, E-Mail oder Hausmitteilung). Begründen Sie Ihre Entscheidung für die von Ihnen gewählte Form der Mitteilung.*

Zahlungsmittel

Euro-Bargeld als gesetzliches Zahlungsmittel und alternative Zahlungsmittel

Im Euro-Währungsraum ist Euro-Bargeld das gesetzliche Zahlungsmittel. Das heißt, durch die Übergabe von Bargeld wird eine Geldschuld rechtswirksam getilgt. Der Gläubiger ist grundsätzlich verpflichtet, Bargeld zur Schuldentilgung anzunehmen. Im geschäftlichen Verkehr hat das Bargeld als Zahlungsmittel aber nur noch eine untergeordnete Bedeutung.

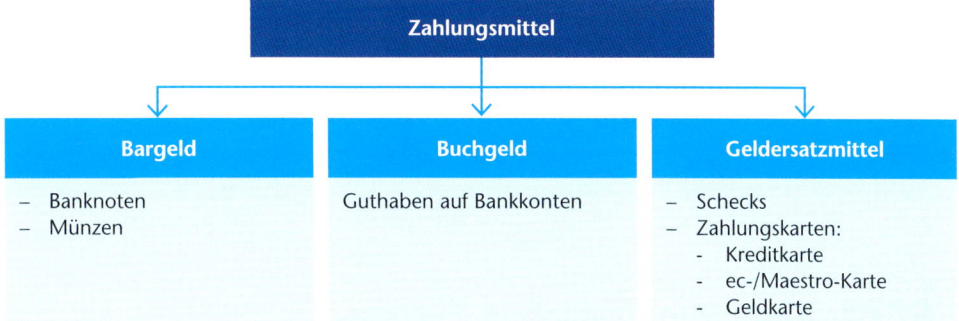

Wesen des Buchgeldes

Dem Buchgeld kommt als Zahlungsmittel eine besondere Bedeutung zu. Buchgeld ist durch folgende Aspekte gekennzeichnet:
- **Entstehung**: Buchgeld entsteht durch Einzahlung von Bargeld auf ein Bankkonto.
- **Rechtsanspruch des Kontoinhabers**: Er kann von der Bank die Auszahlung des Bargelds verlangen.

Buchgeld ist ein Anspruch auf Bargeld, den der Kontoinhaber gegenüber der kontoführenden Bank besitzt.

- **Buchgeld als Zahlungsmittel**: Buchgeld kann als Zahlungsmittel eingesetzt werden. Der Kontoinhaber überträgt in diesem Fall seinen Bargeldanspruch auf den Inhaber eines anderen Bankkontos.

Beispiel • *Die ModernOffice KG begleicht eine Eingangsrechnung der Kunststofftechnik GmbH über 5.000,00 EUR mit dem Zahlungsmittel Buchgeld.*

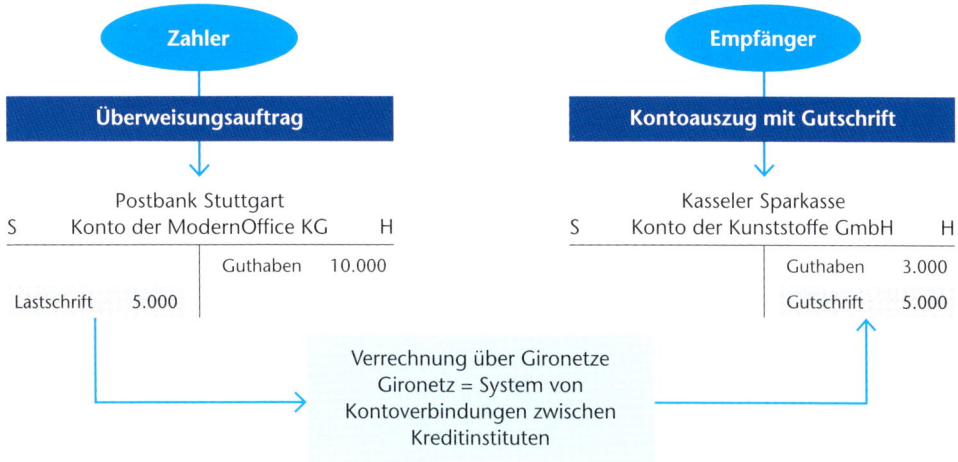

Vereinheitlichung der Zahlungsabwicklung in Europa

SEPA (**S**ingle **E**uro **P**ayments **A**rea) ist die Bezeichnung für einen einheitlichen Euro-Zahlungsverkehrsraum. Er umfasst die Länder der Europäischen Union und die Staaten Island, Liechtenstein, Norwegen und Schweiz. In diesem Gebiet ist die Abwicklung des Zahlungsverkehrs durch die SEPA-Zahlungsinstrumente (SEPA-Überweisung, SEPA-Lastschrift, SEPA-Kartenzahlungen) vereinheitlicht. Kreditinstitute dürfen für SEPA-Auslandszahlungen keine höheren Gebühren berechnen als für Inlandszahlungen.

Zur rationellen Abwicklung der SEPA-Zahlungen ist in den Zahlungsaufträgen die **IBAN** (**I**nternational **B**ank **A**ccount **N**umber) anzugeben. Dies ist eine weltweit gültige Kontonummer. Sie identifiziert im internationalen Zahlungsverkehr den Empfänger eindeutig.

Beispiel • *Die IBAN der ModernOffice KG lautet: DE53 6001 0070 0813 6000 10*

Ländercode	Prüfziffer	Bankleitzahl	Kontonummer
DE	53	600 100 70	0813600010

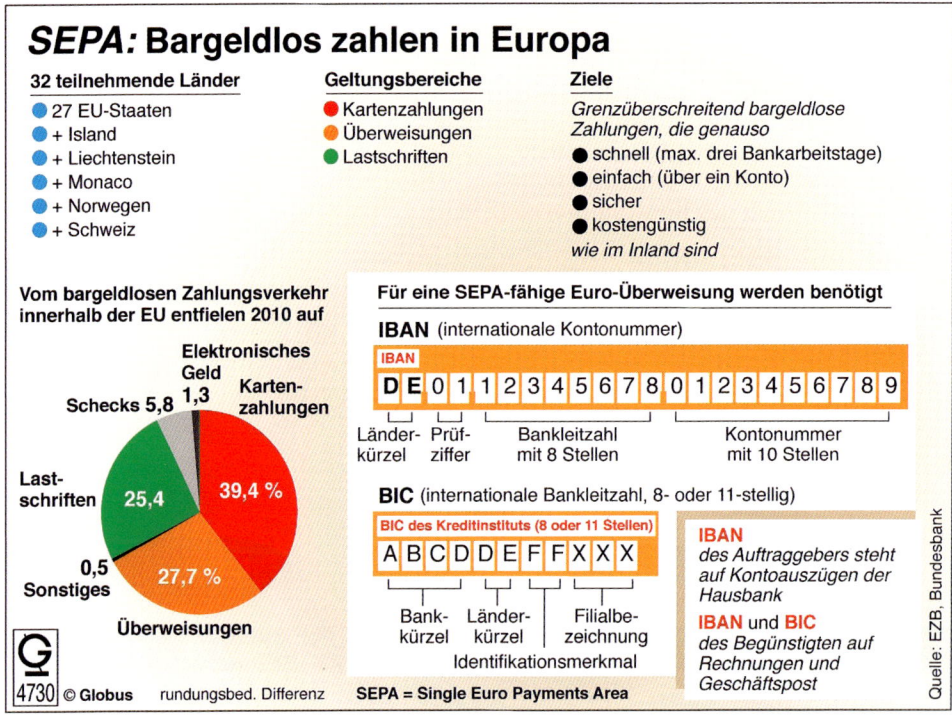

Zahlungsarten in Abhängigkeit vom Zahlungsmittel

In Abhängigkeit vom eingesetzten Zahlungsmittel sind drei grundsätzliche Zahlungsarten zu unterscheiden.

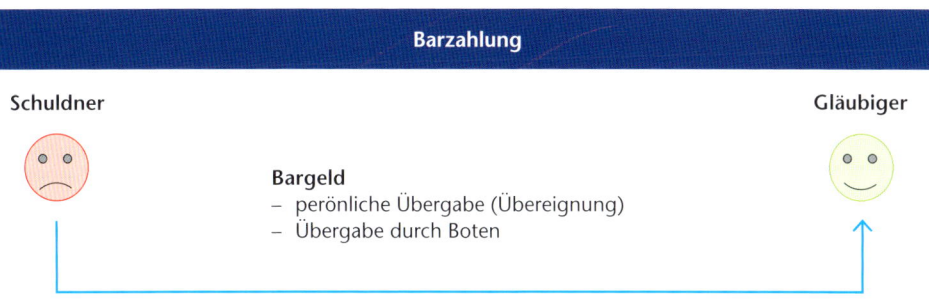

Barzahlung

Schuldner

Gläubiger

Bargeld
– perönliche Übergabe (Übereignung)
– Übergabe durch Boten

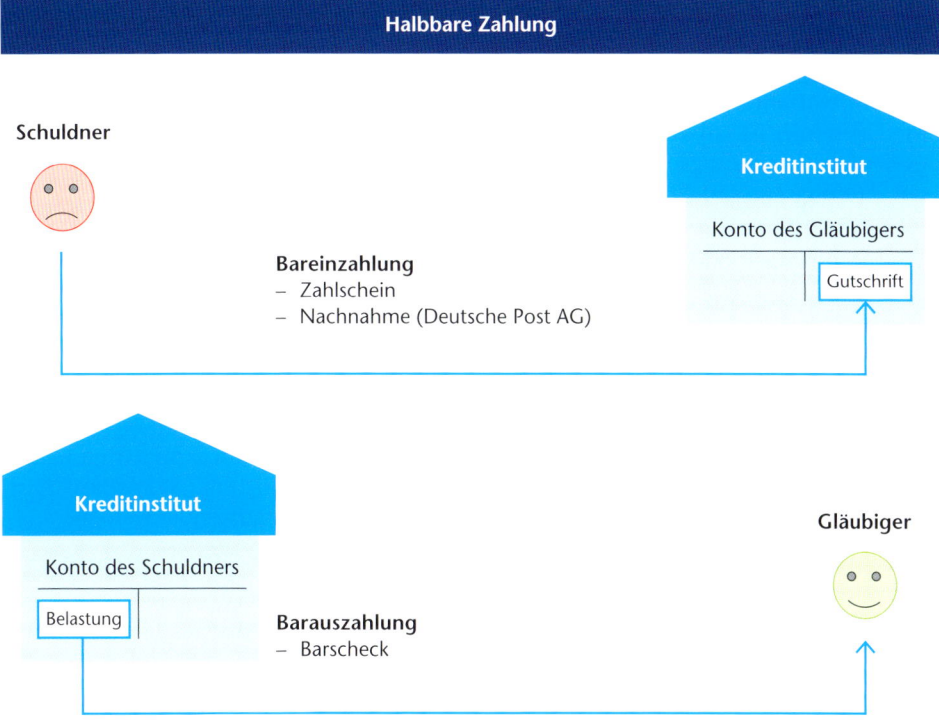

Halbbare Zahlung

Schuldner

Kreditinstitut

Konto des Gläubigers

Gutschrift

Bareinzahlung
– Zahlschein
– Nachnahme (Deutsche Post AG)

Kreditinstitut

Konto des Schuldners

Belastung

Gläubiger

Barauszahlung
– Barscheck

Bargeldlose Zahlung

Kreditinstitut

Konto des Schuldners

Belastung

– Überweisung
– Verrechnungs-
  scheck
– Lastschrift

– Electronic Cash
– ELV
– Geldkarte
– Kreditkarte

Kreditinstitut

Konto des Gläubigers

Gutschrift

Sonderformen der Überweisung

Neben der Einzelüberweisung werden im geschäftlichen Zahlungsverkehr wegen ihrer besonderen Vorteile einige Sonderformen der Überweisung genutzt.

Dauerauftrag

Der Kontoinhaber beauftragt sein Kreditinstitut, jeweils

- zu einem wiederkehrenden Termin
- einen gleichbleibenden Geldbetrag
- auf das Konto desselben Zahlungsempfängers

zu überweisen. Diese Sonderform der Überweisung eignet sich für regelmäßig wiederkehrende und in ihrer Höhe gleichbleibende Zahlungen, z. B. Mieten, Beiträge, Abschlagszahlungen auf Energierechnungen.

Lastschriftverfahren

Eine Lastschrift ist ein vom Zahlungsempfänger ausgelöster Zahlungsvorgang zulasten des Kontos des Zahlungspflichtigen. Dabei wird die Höhe des jeweiligen Zahlungsbetrags vom Zahlungsempfänger angegeben. Das Lastschriftverfahren eignet sich zum Einzug von Forderungen, die

- in regelmäßigen oder unregelmäßigen Zeitabständen,
- in gleicher oder wechselnder Höhe,
- gegenüber einem bestimmten Schuldner fortlaufend entstehen.

Diese Sonderform der Überweisung eignet sich für Zahlungen mit wechselnden Zahlungsbeträgen, z. B. Telekommunikationsgebühren.

Voraussetzung für das Lastschriftverfahren ist eine entsprechende Ermächtigung des Zahlungsempfängers. Seit dem 01.02.2014 können dazu nur noch das **SEPA-Basis-Lastschriftverfahren** und das **SEPA-Firmen-Lastschriftverfahren** verwendet werden.

Der Zahlungspflichtige erteilt dem Zahlungsempfänger ein **SEPA-Basis-Lastschriftmandat**. Es hat folgenden Inhalt:

- **Ermächtigung des Zahlungsempfängers**, Zahlungen vom Konto des Zahlungspflichtigen mittels Lastschrift einzuziehen
- **Weisung an das Kreditinstitut** des Zahlungspflichtigen, die vom Zahlungsempfänger vorgelegten Lastschriften einzulösen
- Hinweis auf den **Erstattungsanspruch** (der Zahlungspflichtige kann innerhalb **von acht Wochen** ab dem Zeitpunkt der Kontobelastung eine Erstattung des belasteten Betrags verlangen)
- **Name und Anschrift** des Zahlungsempfängers und des Zahlungspflichtigen
- **Gläubiger-Identifikationsnummer** (Gläubiger-ID) und **Mandatsreferenz** zur eindeutigen Identifizierung des Mandats
- **Datum** des Mandats
- **Unterschrift** des Zahlungspflichtigen

Das **SEPA-Firmen-Lastschriftverfahren** *kann nur mit Zahlungspflichtigen, die keine Verbraucher sind, vereinbart werden. Im Unterschied zum SEPA-Basis-Lastschriftverfahren hat der Zahlungspflichtige nach Einlösung einer Lastschrift keinen Erstattungsanspruch. Damit hat der Zahlungsempfänger nach Einlösung einer Lastschrift eine Zahlungssicherheit.*

Vor- und Nachteile des Lastschriftverfahrens	
Zahlungspflichtiger	**Zahlungsempfänger**
Vorteile: – keine Terminüberwachung – keine Anfertigung von Zahlungsbelegen – automatische Information über durchge- führte Zahlung durch Text im Kontoauszug Nachteile: – Notwendigkeit der Sicherstellung der Kontodeckung zu den Fälligkeitsterminen – hohe Kosten für Überziehungskredite im Falle der Kontounterdeckung	– Auslösung des Zahlungsvorgangs – Bestimmung des Zahlungszeitpunkts – gute Planbarkeit der eigenen Liquidität (Zahlungsfähigkeit) – Zinsvorteile durch pünktlichen Zahlungsein- gang – Entlastung der Debitorenbuchhaltung – Vereinfachung des Mahnwesens – kostengünstige Möglichkeit des Einzugs von Forderungen durch DV-Einsatz (insbesondere im beleglosen Massenlastschriftverkehr)

Sammelüberweisung

Bei einer Sammelüberweisung werden mehrere einzelne Überweisungsaufträge an verschiedene Zahlungsempfänger listenmäßig für einen Sammelüberweisungsauftrag
erfasst. Nur der Sammelüberweisungsauftrag ist vom Zahlungspflichtigen zu unterschreiben. Neben dieser Arbeitsersparnis können Buchungsgebühren gespart werden. Denn
auf dem Konto des Zahlungspflichtigen erfolgt ausschließlich die Lastschrift des Gesamt-
betrages. Für die Abwicklung der Sammelüberweisung stellen die Kreditinstitute ihren
Kunden Überweisungsvordrucke als Endlosformulare zur Verfügung.

Beispiel • *Die ModernOffice KG nutzt die Sammelüberweisung zum Monatsende für die Zahlung der
Arbeitsentgelte an ihre Mitarbeiterinnen und Mitarbeiter.*

Elektronischer Zahlungsverkehr für Individualüberweisungen (EZÜ)

Um den Zahlungsverkehr zu rationalisieren, können die Auftragsdaten für Überweisungen bereits beim Zahlungspflichtigen als elektronische Datensätze erstellt werden. Der
einzelne Datensatz tritt dann an die Stelle des Überweisungsformulars aus Papier.

Die Weiterleitung der elektronischen Datensätze an das Kreditinstitut kann auf zweierlei
Weise durchgeführt werden:

* **Belegloser Datenträgeraustausch** (Weitergabe eines elektronischen Datenträgers,
z. B. CD-ROM, USB-Stick)
* **Datenfernübertragung** (Electronic Banking via elektronischer Leitungsverbindung)

Der Zahlungspflichtige autorisiert den elektronischen Auftrag an sein Kreditinstitut
nicht durch Unterschrift auf einem Überweisungsformular, sondern durch ein Authenti-
fizierungsinstrument (z. B. Passwort, TAN).

*Die Ausführung eines Überweisungsauftrags über die Gironetze des Bankensystems erfolgt
immer auf elektronischem Weg. Mit Papierformular erteilte Aufträge werden dazu nach dem
EZÜ-Abkommen bei den Kreditinstituten in elektronische Datensätze umgewandelt.*

Beispiel • *Die ModernOffice KG übergibt ihrer Hausbank (Kreissparkasse Freudenstadt) eine Daten-
CD. Darauf sind alle auszuführenden Überweisungen als elektronische Datensätze abgespeichert.
Umgekehrt erhält sie von der Kreissparkasse eine CD mit den Datensätzen aller Zahlungseingänge der
zurückliegenden Periode. Mit einem Datenerfassungsprogramm kann die Buchhaltung der ModernOffice KG diese Datensätze automatisch verarbeiten.*

Electronic Banking

Internetbanking, Telefonbanking und Zahlung mit der Bankkarte (Girocard) sind verbreitete Formen von Electronic Banking.

Internetbanking

Unter Nutzung eines PC ist der Zahlungspflichtige über ein öffentliches Kommunikationsnetz (z. B. DSL) online mit dem Internetdienst seines Kreditinstituts verbunden. Dieser Dienst ermöglicht dem Bankkunden den Zugriff auf sein Konto. Vielfältige Arten von Bankgeschäften sind möglich:

- Abfrage des aktuellen Kontostands
- Abrufung zurückliegender Buchungen
- Suche nach bestimmten Buchungsvorgängen
- Beauftragung von Einzel- und Sammelüberweisungen
- Einrichtung, Widerruf, Änderung von Daueraufträgen und Lastschriften
- Bestellung von Zahlungskarten
- Verwaltung eines Wertpapierdepots

Der Zugang zum Konto erfolgt über eine gesicherte Leitung. Zum Einloggen ist die Eingabe der Kontonummer und der **PIN** (**P**ersönliche **I**dentifikations-**N**ummer) erforderlich. Die Ausführung einer Aktion bedarf der Eingabe einer **TAN** (**T**ransaktionsnummer), die dem Kontoinhaber ebenfalls auf einem gesicherten Kommunikationsweg zugänglich gemacht wird. Internetbanking ist flexibel nutzbar und kostengünstig.

Beispiel •

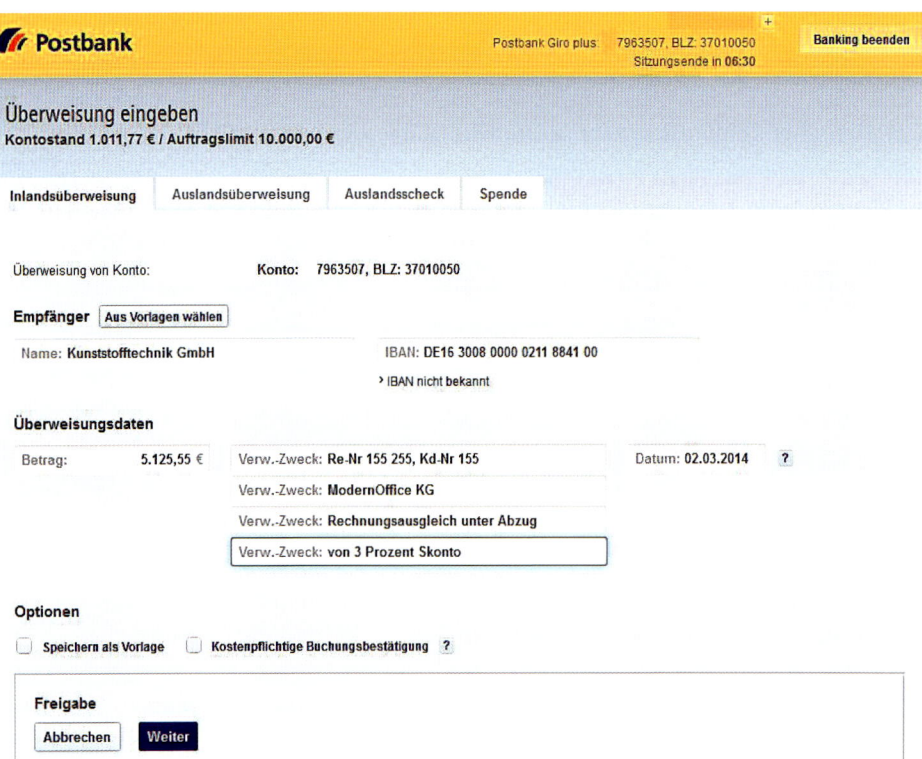

Telefonbanking
Der Bankkunde wickelt über einen telefonischen Kontakt mit Mitarbeitern seines Kreditinstituts oder mit einem Sprachcomputer bestimmte Bankgeschäfte ab. Mit einer persönlichen Telefonge-heimzahl hat er zu jeder Zeit und von jedem Ort aus Zugriff auf sein Konto.

Bankkarte: Electronic Cash und Elektronisches Lastschriftverfahren (ELV)
Kreditinstitute geben an Kunden Bankkarten (Girocard) aus. Mit Bankkarten können auch Zahlungen elektronisch abgewickelt werden. Bei Einsatz der Karte wird das Konto des Karten-inhabers unmittelbar belastet.

Beim **Electronic Cash (Point-of-Sale-Banking)** bestätigt der Karteninhaber die Zahlung durch Eingabe seiner PIN. Es besteht eine Onlineverbindung zwischen der Verkaufsstelle und einer Autorisierungsstelle. Letztere prüft das Vorliegen einer Kartensperre und die finanzielle Verfügungsmöglichkeit. Bei positiver Rückmeldung an die Verkaufsstelle hat der Händler eine Zahlungsgarantie. Dafür fallen Kosten für die Verbindung zur Autorisie-rungsstelle und eine Bankprovision für die Zahlungsgarantie an.

Beim **Elektronischen Lastschriftverfahren (ELV)** wird die PIN-Eingabe durch die Unter-schrift des Zahlungspflichtigen ersetzt. Mit ihr ermächtigt er den Zahlungsempfänger mit-tels einer automatisch erstellten Ermächtigung zur Belastung seines Kontos. In diesem Fall hat der Händler keine Zahlungsgarantie. Der Zahlungspflichtige kann die Lastschrift wider-rufen oder die kontoführende Bank gibt die Lastschrift mangels Kontodeckung zurück. Der Händler kann bei der Bank nur Namen und Anschrift des Zahlungspflichtigen erfragen. Mit dieser Weitergabe hat sich der Zahlungspflichtige mit seiner Unterschrift ebenfalls einver-standen erklärt. Beim ELV entstehen aber keine Kosten für eine Bankprovision.

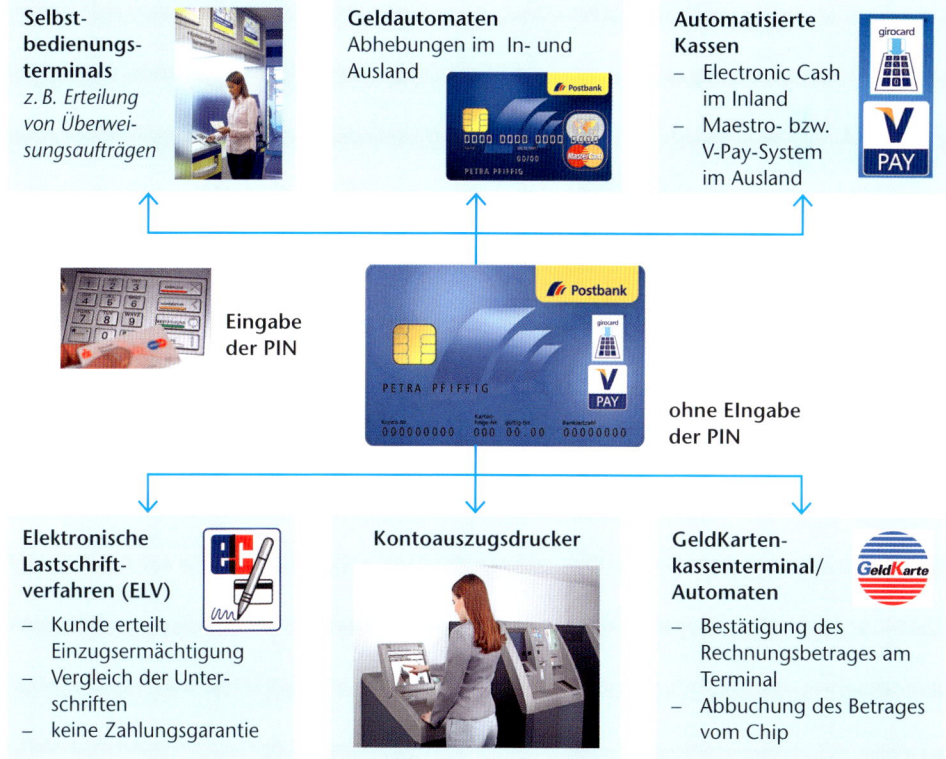

| Selbst-bedienungs-terminals z. B. Erteilung von Überwei-sungsaufträgen | Geldautomaten Abhebungen im In- und Ausland | Automatisierte Kassen – Electronic Cash im Inland – Maestro- bzw. V-Pay-System im Ausland |

Eingabe der PIN

ohne EIngabe der PIN

| Elektronische Lastschrift-verfahren (ELV) – Kunde erteilt Einzugsermächtigung – Vergleich der Unter-schriften – keine Zahlungsgarantie | Kontoauszugsdrucker | GeldKarten-kassenterminal/ Automaten – Bestätigung des Rechnungsbetrages am Terminal – Abbuchung des Betrages vom Chip |

Kreditkartenzahlung

International verbreitet sind die Kreditkarten von folgenden Kreditkartengesellschaften: MasterCard, VISA, American Express, Diners Club.

Kreditkarte = Ausweiskarte, die dazu berechtigt, bei bestimmten Unternehmen (Hotels, Tankstellen, Händlern usw.) Leistungen ohne Bargeldzahlung gegen Vorlage der Kreditkarte und Unterschrift auf dem Leistungsbeleg zu erhalten.

Vertragliche Beziehungen bei Kreditkarten

Kreditinstitute oder andere Organisationen (z. B. ADAC, Versicherungsgesellschaften) geben an ihre Kunden Kreditkarten aus. Dies erfolgt in Kooperation mit der jeweiligen Kreditkartengesellschaft. Die folgende Übersicht informiert über die zugrunde liegenden vertraglichen Beziehungen.

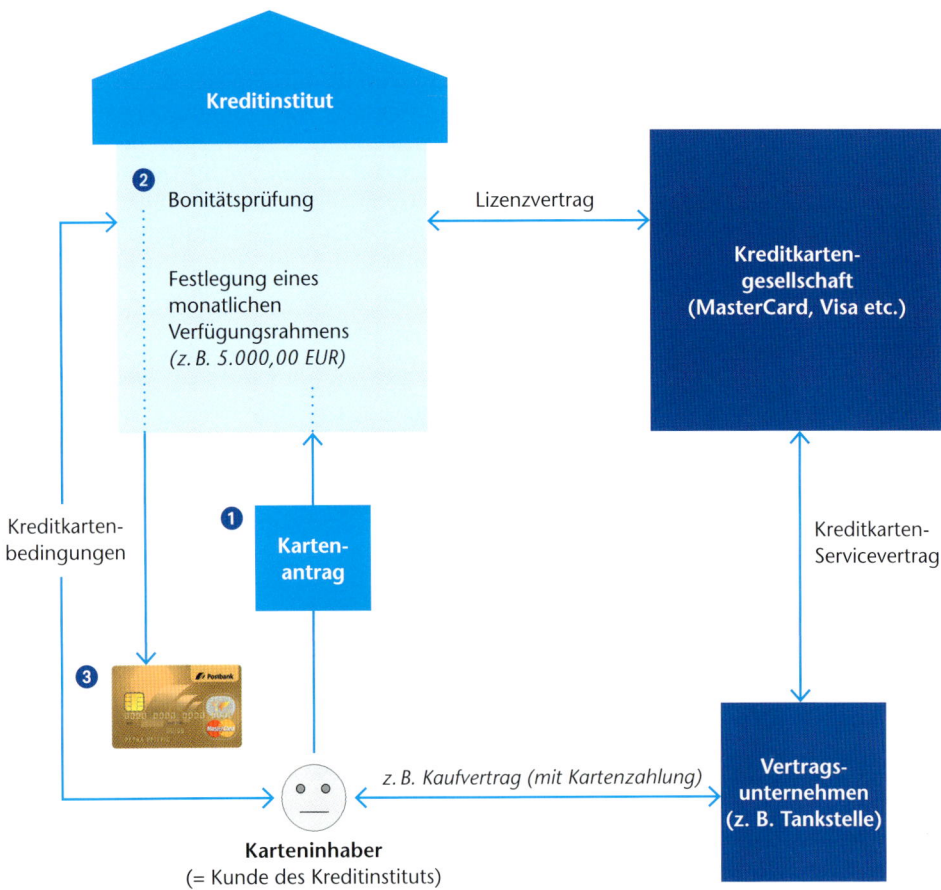

Das Kreditinstitut übernimmt das Risiko der Zahlungsunfähigkeit des Karteninhabers. Dafür erhält es vom Karteninhaber die Jahresgebühr und von den Akzeptanzstellen (Vertragspartner) bei jedem Karteneinsatz eine Provision (Abzug vom Rechnungsbetrag).

Die Kreditkartengesellschaft schließt die Verträge mit den Akzeptanzstellen und führt die Kartenabrechnungen für die Karteninhaber durch. Dafür erhält sie von dem Kreditinstitut eine Vergütung.

Einsatzmöglichkeiten der Kreditkarte

Der Karteninhaber kann eine Kreditkarte mit unterschiedlicher Funktion einsetzen.

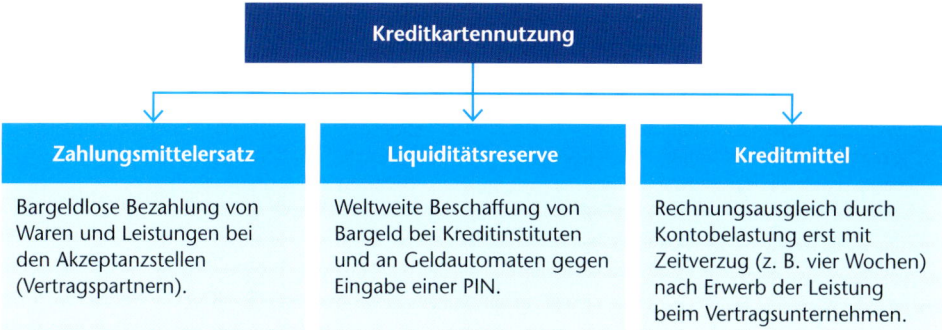

Kreditkartennutzung		
Zahlungsmittelersatz	**Liquiditätsreserve**	**Kreditmittel**
Bargeldlose Bezahlung von Waren und Leistungen bei den Akzeptanzstellen (Vertragspartnern).	Weltweite Beschaffung von Bargeld bei Kreditinstituten und an Geldautomaten gegen Eingabe einer PIN.	Rechnungsausgleich durch Kontobelastung erst mit Zeitverzug (z. B. vier Wochen) nach Erwerb der Leistung beim Vertragsunternehmen.

Zahlungsabwicklung bei Kreditkartenzahlungen

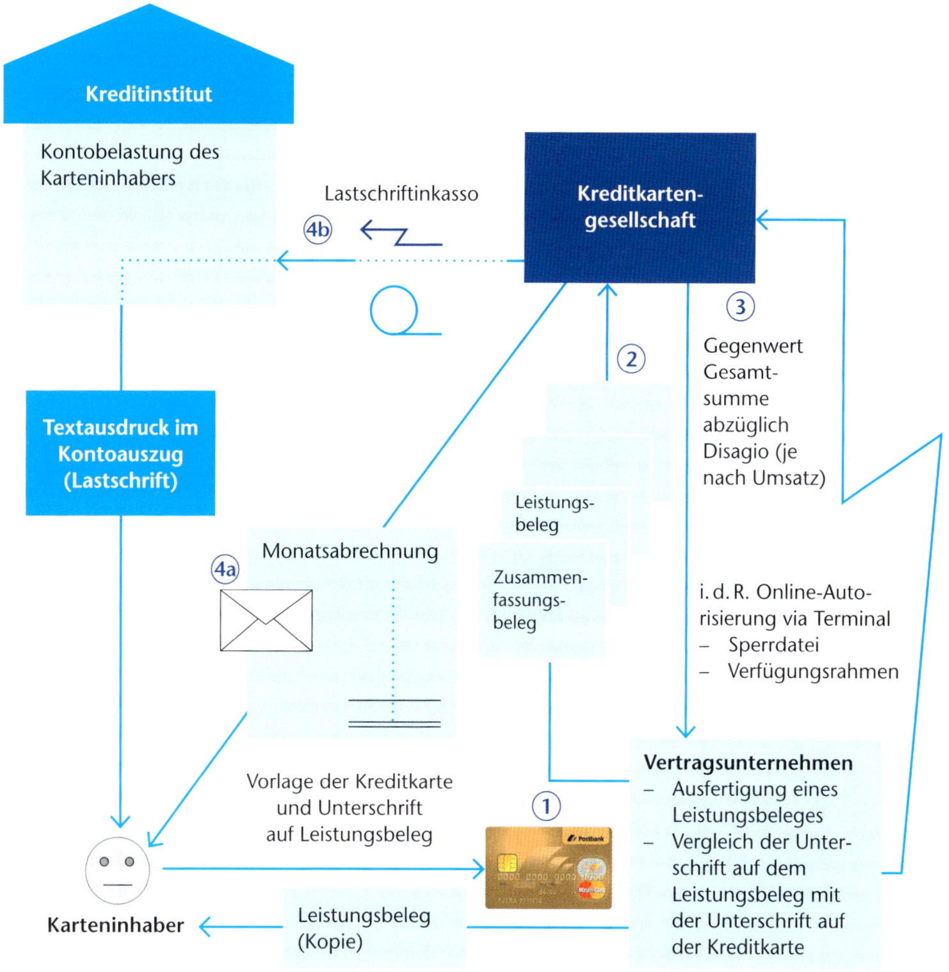

Kreditinstitut

Kontobelastung des Karteninhabers

Lastschriftinkasso

④b

Kreditkarten-gesellschaft

③

② Gegenwert Gesamt-summe abzüglich Disagio (je nach Umsatz)

Textausdruck im Kontoauszug (Lastschrift)

Leistungs-beleg

Monatsabrechnung

④a

Zusammen-fassungs-beleg

i. d. R. Online-Auto-risierung via Terminal
– Sperrdatei
– Verfügungsrahmen

Vorlage der Kreditkarte und Unterschrift auf Leistungsbeleg

①

Vertragsunternehmen
– Ausfertigung eines Leistungsbeleges
– Vergleich der Unter-schrift auf dem Leistungsbeleg mit der Unterschrift auf der Kreditkarte

Karteninhaber

Leistungsbeleg (Kopie)

Beurteilung der Kreditkartenzahlung

Vorteile für den Karteninhaber	Nachteile für den Karteninhaber
– kein Bargeldrisiko (Verlust, Diebstahl) – bequeme Zahlungsabwicklung beim Kauf von Leistungen oder Produkten – hohe Flexibilität – weltweite Bargeldbeschaffung – übersichtliche Abrechnung aller Karteneinsätze durch die Kartenorganisation – zinsfreier Kredit bis zur monatlichen Abrechnung und Kontobelastung – Versicherung gegen Kartenverlust	– Kosten durch Jahresgebühr – Verwendungsmöglichkeit als Zahlungsmittelersatz nur bei bestimmten Unternehmen (Akzeptanzstellen) – eingeschränkter Überblick über die aktuelle finanzielle Situation – Verleitung zu Mehrausgaben – Gefahr der Verschuldung

Auf den Punkt gebracht

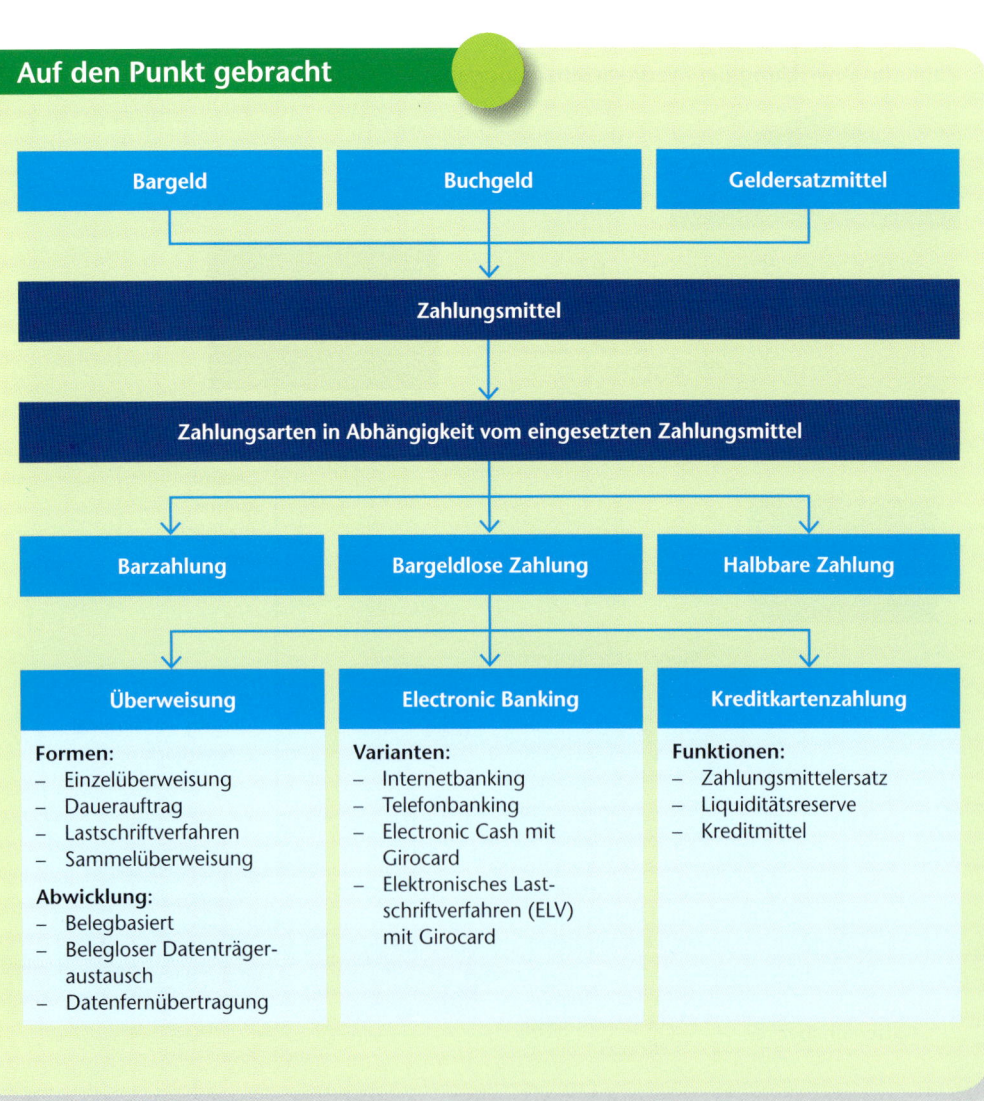

Nutzen Sie Ihr Wissen

1. Nennen Sie Situationen, in denen in Ihrem Ausbildungsunternehmen Güter und Dienstleistungen gegen Barzahlungen beschafft werden.
    a) Welche Vor- und Nachteile sind mit der Barzahlung aus Käufersicht verbunden?
    b) Analysieren Sie ein Quittungsformular Ihres Ausbildungsunternehmens. Nennen Sie die Bestandteile einer Quittung.

2. Erläutern Sie, was unter einer Nachnahme (Dienstleistungsangebot der Deutschen Post AG) zu verstehen ist. Welche Vor- und Nachteile sind aus Käufersicht mit einer Nachnahme verbunden?

3. Die ModernOffice KG begleicht eine Eingangsrechnung der Holzwerkstoffe Gaildorf GmbH per Einzelüberweisung (weitere Informationen siehe Auszug aus der Liefererdatei, vgl. Seite 19):
    *   Rechnungs-Nr.: 222636
    *   Rechnungsdatum: 10.03.20..
    *   Zahlungsbedingung: bei Zahlung innerhalb von 10 Tagen nach Rechnungsdatum gewähren wir 3 % Skonto
    *   Rechnungsbetrag: 16.732,50 EUR
    a) Beschaffen Sie sich einen Überweisungsvordruck und füllen Sie den Vordruck normgerecht aus.
    b) Welche Vor- und Nachteile sind aus Sicht der ModernOffice KG mit einer Einzelüberweisung verbunden?
    c) Welche Alternativen zur beleggestützten Einzelüberweisung stehen der ModernOffice KG zur Verfügung? Welche Vor- und Nachteile weisen diese Alternativen auf?

4. Die ModernOffice KG muss täglich im Durchschnitt 85 Eingangsrechnungen durch Überweisung begleichen.
    a) Welche Sonderform der Überweisung kann dazu genutzt werden? Erläutern Sie diese Sonderform.
    b) Welche Vor- und Nachteile sind aus Sicht der ModernOffice KG mit dieser Sonderform verbunden?

5. Durch Schaffung eines vereinheitlichten Zahlungsverkehrsraums wird die Zahlungsabwicklung rationalisiert.
    a) Erklären Sie, was unter SEPA zu verstehen ist.
    b) Erklären Sie IBAN und BIC.
    c) Erklären Sie die zwei zulässigen SEPA-Lastschriftverfahren.
    d) Erläutern Sie die Vor- und Nachteile für die ModernOffice KG, wenn sie einem Lieferer ein SEPA-Firmen-Lastschriftmandat erteilt.

6. Erläutern Sie die verschiedenen Varianten von Electronic Banking. Beschreiben Sie Beschaffungssituationen, in denen diese Varianten des Electronic Banking aus Sicht der ModernOffice KG jeweils sinnvoll sind.

7. Erstellen Sie eine Übersicht, die über die Kreditkartenzahlung informiert. Berücksichtigen Sie in Ihrer Übersicht folgende Aspekte: Vertragsgrundlagen, Funktionen der Kreditkarte für den Karteninhaber, Prozess der Zahlungsabwicklung, Vor- und Nachteile für den Karteninhaber.

8. Fassen Sie die Informationen der folgenden Grafik in einem Kurzbericht zusammen.

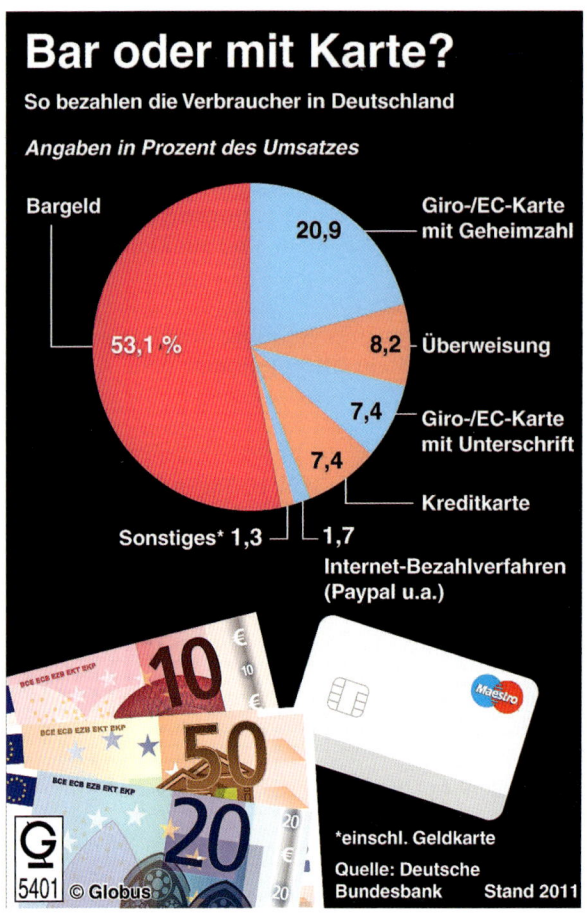

9. Erklären Sie die Vor- und Nachteile der Barzahlung aus Sicht eines Käufers.

6 Im Beschaffungsprozess Lösungen für Vertragsstörungen entwickeln und umsetzen

6.1 Bei Schlechtleistung eines Lieferers rechtliche und ökonomische Handlungsspielräume nutzen

Lernsituation

Sedar Ildym, Leiterin der Beschaffungsgruppe „Handelswaren", ist mit dem Ausbildungsstand von Svenja Kolleck sehr zufrieden. Die Auszubildende hat sich bei der Bearbeitung betrieblicher Aufträge (z. B. Prüfung von Eingangsrechnungen) sehr bewährt. Deshalb wird Svenja Kolleck von der Gruppenleiterin beauftragt, die kurzzeitig erkrankte Sachbearbeiterin Sabine Müller zu vertreten. Sabine Müller ist u. a. zuständig für den Einkauf von Schreibtischleuchten. Im Rahmen dieser Vertretung erhält Svenja Kolleck folgende Mitteilung.

Hausmitteilung

Von	**Beschaffungsgruppe**
Sedar Ildym, GL	Handelswaren
An	**Beschaffungsgruppe**
Svenja Kolleck, Auszubildende	Handelswaren

Betrifft
Mangelhafte Lieferung von Schreibtischleuchten

Kurz vor Geschäftsschluss traf gestern eine Lieferung der Luxo Lichtdesign AG ein. Bei der heute durchgeführten Wareneingangskontrolle sind an den gelieferten Schreibtischleuchten verschiedene Mängel festgestellt worden. Das Mängelprotokoll finden Sie in der Anlage.

Bitte prüfen Sie die Rechtslage. Welche weitere Vorgehensweise empfehlen Sie?

Besondere Vermerke

Datum	**Anlagen**
03.07.20..	Mängelprotokoll
Unterschrift	**Verteiler**
gez. S. Ildym	

Tabellarisches Mängelprotokoll:

Artikel-Nr.	Modell	Einstands-preis	Bestell-menge	Mangel	Bemerkungen
201.105	Atensis	210,00	40	tiefe Kratzer am Leuchtenschirm, unverkäuflich	Mindestbestand bereits erreicht
201.123	Star	60,00	40	geliefert wurde Modell Brasso (201.126)	Mindestbestand bei 201.123 bald erreicht, Meldebestand bei 201.126 wird in 16 Tagen erreicht
201.107	Temtom	32,00	45	leichte Kratzspuren auf der Unterseite des Leuchtenfußes	Mindestbestand bereits erreicht

Der Liefererdatei kann Svenja Kolleck die Zusatzinformation entnehmen, dass die Luxo Lichtdesign AG ein zuverlässiger Lieferer ist. Seit vielen Jahren besteht zu diesem Unternehmen eine sehr gute Geschäftsbeziehung.

- *Analysieren Sie diese betriebliche Aufgabenstellung: Inwiefern ist die obige Situation für die ModernOffice KG problematisch?*
- *Informieren Sie sich über den Sachverhalt der Schlechtleistung. Erstellen Sie eine Übersicht, die über die rechtlichen Aspekte dieser Pflichtverletzung informiert.*
- *Vertiefen Sie mit diesem Wissen die Analyse der obigen Aufgabenstellung. Gehen Sie dabei z. B. auf folgende Fragen ein:*
  - *Welche Arten von Mängeln liegen vor?*
  - *Ist die ModernOffice KG ihren Pflichten nachgekommen? Welche Pflichten muss sie gegebenenfalls noch erfüllen?*
  - *Welche Lösungsmöglichkeiten sind zur Bewältigung der oben geschilderten Problemsituation grundsätzlich denkbar? Gibt es Lösungsmöglichkeiten, die angesichts der guten Geschäftsbeziehung auch dem Lieferer entgegenkommen?*
- *Entscheiden Sie sich, welche Rechtsansprüche Sie geltend machen bzw. welche Lösungen Sie dem Lieferer vorschlagen. Begründen Sie Ihre Entscheidung unter rechtlichen und wirtschaftlichen Aspekten.*
- *Entwerfen Sie, stellvertretend für Svenja Kolleck, den Text für ein Fax an die Luxo Lichtdesign AG. Zeigen Sie in diesem Fax dem Lieferer die Mängel an und vertreten Sie angemessen die Interessen der ModernOffice KG.*

Die Schlechtleistung des Lieferers als Erfüllungsstörung

Mit dem Abschluss des Kaufvertrags gehen die Vertragspartner rechtliche Verpflichtungen ein. Wenn die Vertragspartner ihre Verpflichtungen nicht vertragsgemäß erfüllen, liegt eine Pflichtverletzung vor. Die Erfüllung des Kaufvertrags ist gestört.

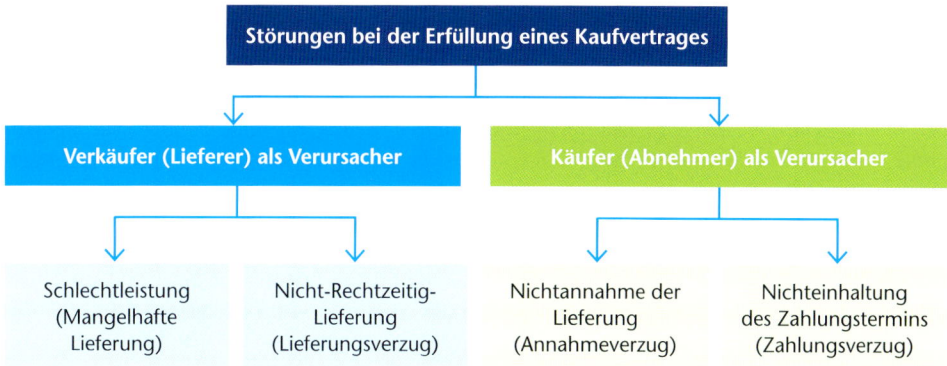

Erkennen des rechtlichen Handlungsspielraums

Unterscheidung der Arten von Sachmängeln

Mit Abschluss des Kaufvertrags entsteht für den Verkäufer die Pflicht, die Kaufsache frei von Sachmängeln zu liefern. § 434 BGB unterscheidet sieben Arten von Sachmängeln.

1. Die Sache hat nicht die vereinbarte Beschaffenheit.

Eine hohe Qualität der Fertigerzeugnisse setzt eine hohe Qualität der eingesetzten Roh- und Hilfsstoffe sowie Fremdbauteile voraus. Produzenten vereinbaren deshalb mit ihren Lieferern sehr genau, welche Eigenschaften die zu liefernden Materialien aufweisen müssen. Es können alle denkbaren Eigenschaften vereinbart werden, z. B. Größe, Gewicht, Farbe, Material, Güteklasse, technische Leistungsdaten.

Ein Sachmangel *liegt vor, wenn der tatsächliche Zustand der gelieferten Sache von den im Vertrag vereinbarten Eigenschaften abweicht.*

Beispiel • *Die ModernOffice KG bestellt bei einem Lieferer Massivholzplatten, geliefert werden Furnierholzplatten.*

2. Die Sache eignet sich nicht zum vertraglich vorausgesetzten Gebrauch.

Anstelle bestimmter Merkmale über die Beschaffenheit kann im Vertrag die Eignung der Sache für eine ganz bestimmte Verwendung vereinbart werden.

In diesem Fall liegt ein Sachmangel vor, wenn die gelieferte Sache die für diesen Zweck notwendigen Eigenschaften nicht aufweist.

3. Die Sache eignet sich nicht zum gewöhnlichen Gebrauch.

Sind weder eine bestimmte Beschaffenheit noch ein bestimmter Gebrauch vereinbart worden, muss sich die Sache für ihre gewöhnliche Verwendung eignen.

Das heißt, sie muss die für derartige Waren übliche Beschaffenheit aufweisen, die von einem Durchschnittskäufer erwartet wird. Andernfalls liegt ein Sachmangel vor.

Oft werden der Kaufsache in der Werbung oder in Verkaufsgesprächen bestimmte Eigenschaften oder Einsatzmöglichkeiten zugesprochen. Erfüllt die Sache diese zugesicherten Anforderungen nicht, liegt ebenfalls ein Sachmangel vor.

4. Es erfolgt eine unsachgemäße Montage.

Manchmal wird beim Kauf einer Sache die Montage durch den Verkäufer mit vereinbart. In diesem Fall stellt ein Montagefehler einen Sachmangel dar.

Der Käufer kann damit gegen den Verkäufer nicht nur wegen der mangelhaften Montage (Werkvertrag) vorgehen. Sondern er hat wegen einer insgesamt mangelhaften Kaufsache einen Gewährleistungsanspruch. Zu einer Montage gehören alle Handlungen, die den Gebrauch der Sache durch den Verkäufer ermöglichen sollen.

Beispiel • *Die ModernOffice KG bestellt bei einem Kfz-Zulieferer Anhängerkupplungen einschließlich Montage für ihre Fahrzeuge. Die Anhängerkupplungen werden fehlerhaft montiert. Die Modern-Office KG hat damit dieselben Gewährleistungsansprüche wie bei Lieferung fehlerhafter Kupplungen.*

5. Die Montageanleitung ist mangelhaft.

Manchmal muss die Kaufsache noch aus ihren Einzelteilen zusammengebaut werden. Es kann auch eine besondere Aufstellung, ein spezieller Einbau oder ein bestimmter Anschluss erforderlich sein. Um Kosten zu sparen, kann der Verkäufer im Kaufvertrag durchsetzen, dass der Käufer diese Montage anhand einer Montageanleitung selbst durchzuführen hat.

Ist diese Montageanleitung mangelhaft, liegt ebenfalls ein Sachmangel vor.

Beispiel • *Die ModernOffice KG beschafft derartige Bausätze selten. Svenja Kolleck erinnert sich in diesem Zusammenhang aber an einen privaten Kauf: In einer Möbelhandlung hat sie eine Schrankwand zum Selbstaufbau erworben. Der Aufbau ist anhand der beiliegenden Aufbauanleitung nicht möglich gewesen. Die Anweisungen wären sogar für einen Fachmann sehr missverständlich gewesen und bezogen sich teilweise auf eine andere Art von Schrankwand des Herstellers. Svenja Kolleck hat deswegen entsprechende Reklamationsansprüche wegen eines Sachmangels durchsetzen können.*

6. Es wird eine andere Sache geliefert.

Eine Falschlieferung ist einem Sachmangel gleichgestellt.

Beispiel • *Für ihre Sparte Trading bestellt die ModernOffice KG 100 Flipcharts. Geliefert werden jedoch 100 Pinnwände.*

7. Es wird eine zu geringe Menge geliefert.

Auch bei Lieferung einer Mindermenge ist ein Sachmangel anzunehmen.

Es kann nämlich für den Käufer wichtig sein, dass er die gesamte Lieferung aus einer Partie erhält. Deshalb muss es für ihn möglich sein, den erhaltenen Teil zurückgeben zu können und vollständige Neulieferung zu verlangen.

Beispiel • *Beim Einkauf von Massivholzplatten ist es für die ModernOffice KG sehr wichtig, dass die bestellten Platten aus einer Produktionsserie geliefert werden. Andernfalls können bei den aus den Holzplatten hergestellten Büromöbeln Farbabweichungen auftreten. Svenja Kolleck erinnert sich an einen entsprechenden Sachverhalt während ihrer Ausbildung in der Einkaufsgruppe „Material Hölzer". Statt der bestellten 400 Platten lieferte die Holzwerkstoffe Gaildorf GmbH nur 350 Platten. Nach Anzeige der Minderlieferung durch die ModernOffice KG hat der Lieferer die Nachlieferung von 50 Platten in zwei Wochen angeboten. Die Gruppenleiterin Lea Groß lehnte diese Nacherfüllung ab. Sie bestand auf Rücknahme der gelieferten 350 Platten und auf Neulieferung von 400 Platten aus einer Partie.*

Unterscheidung von Sachmängeln nach ihrer Erkennbarkeit

In Abhängigkeit von ihrer Erkennbarkeit können Sachmängel offene, versteckte oder arglistig verschwiegene Mängel sein.

- **Offener Mangel**

Ein offener Mangel ist bereits bei Übergabe der Sache vorhanden und für jedermann erkennbar.

Beispiel • *Von der Holzwerkstoffe Gaildorf GmbH an die ModernOffice KG gelieferte Akustikelemente weisen 2 mm starke Risse auf.*

- Versteckter Mangel

Ein versteckter Mangel ist zwar bereits bei Übergabe der Sache vorhanden, aber nicht erkennbar.

Beispiel • *Von der Edelstahlwerk Witten AG an die ModernOffice KG gelieferte rostfreie Edelstahlbleche weisen vier Monate nach der Lieferung erste Rostspuren auf.*

- Arglistig verschwiegener Mangel

Ein arglistig verschwiegener Mangel ist ein versteckter Mangel, der dem Verkäufer bei Übergabe der Sache bekannt ist. Er verschweigt ihn aber absichtlich, um sich einen Vorteil zu „erschleichen".

Beispiel • *Die ModernOffice KG erwirbt von einem Autohaus einen gebrauchten Transporter. Gemäß Kaufvertrag sichert der Verkäufer zu, dass das Fahrzeug unfallfrei ist. Acht Monate nach Übergabe des Transporters müssen die Bremsen routinemäßig erneuert werden. Anlässlich dieser Reparatur erfährt Michael Küpper, Gruppenleiter des Fuhrparks, von dem Kfz-Meister der beauftragten Reparaturwerkstatt, dass dieses Fahrzeug vor ca. zwölf Monaten zwecks Beseitigung eines Unfallschadens in seiner Werkstatt gewesen ist.*

Pflichten des Käufers bei Schlechtleistung des Verkäufers

Im Falle der Schlechtleistung verstößt der Verkäufer gegen seine vertraglichen Pflichten. In der Folge stehen dem Käufer bestimmte Rechte zu. Diese Ansprüche kann er jedoch nur geltend machen, wenn er zuvor bestimmten Pflichten nachkommt:

- Prüfpflicht
- Rügepflicht
- Einstweilige Aufbewahrungspflicht

Bei diesen Pflichten ist zu unterscheiden, ob der Käufer bei Abschluss des Kaufvertrags als Unternehmer (zweiseitiger Handelskauf) oder als privater Verbraucher (einseitiger Handelskauf) gehandelt hat.

Pflichten des Käufers	Käufer handelt als Unternehmer	Käufer handelt als Verbraucher
Prüfpflicht	Der Käufer muss die Sache **unverzüglich** nach Übergabe durch den Verkäufer auf Mängel prüfen.	Die unverzügliche Prüfpflicht besteht für den Verbraucher nicht.
Rügepflicht	**Offener Mangel:** Stellt der Käufer bei der Prüfung einen offenen Mangel fest, muss er diesen **unverzüglich** dem Verkäufer anzeigen. **Versteckter Mangel:** Einen versteckten Mangel muss der Käufer **unverzüglich nach Entdeckung** anzeigen; **spätestens** jedoch **innerhalb** der gesetzlichen Gewährleistungsfrist **von zwei Jahren**. **Arglistig verschwiegene Mängel:** Sie sind innerhalb der **dreijährigen regelmäßigen Verjährungsfrist** anzuzeigen.	Es wird nicht zwischen offenen und versteckten Mängeln unterschieden. Der Käufer muss einen Mangel **innerhalb der gesetzlichen Gewährleistungsfrist von zwei Jahren anzeigen.** Bei einer Mängelanzeige **innerhalb von sechs Monaten** wird unterstellt, dass die Sache bereits bei Übergabe mangelhaft gewesen ist. Es kommt damit zur **Beweislastumkehr**. Das heißt, der Verkäufer muss beweisen, dass die Sache bei Übergabe mangelfrei gewesen ist.
Einstweilige Aufbewahrungspflicht	Der Käufer muss die beanstandete Sache zunächst aufbewahren. Bei verderblichen Waren kann er einen sogenannten „Notverkauf" vornehmen.	Es besteht keine besondere Aufbewahrungspflicht.

Rechtsfolgen bei Schlechtleistung des Verkäufers

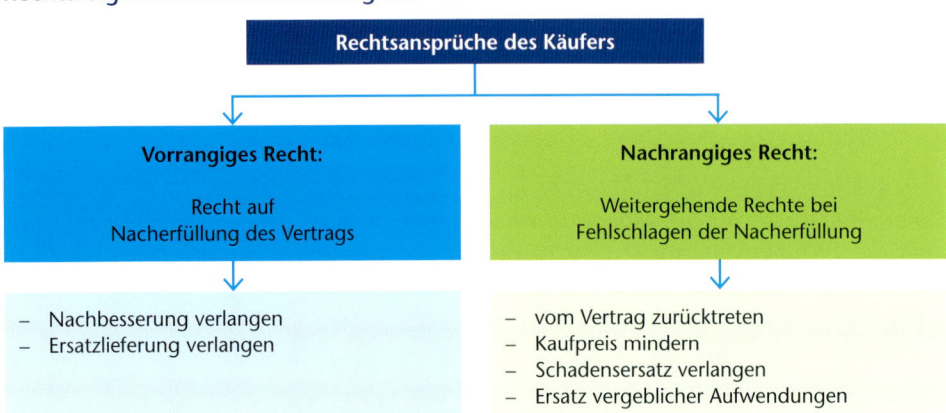

Vorrangiger Anspruch auf Nacherfüllung des Vertrags

Der Verkäufer hat dem Käufer die Sache frei von Sachmängeln zu verschaffen. Verletzt der Verkäufer diese Pflicht, hat der Käufer die Wahl zwischen Nachbesserung *der mangelhaften Sache oder* Neulieferung *einer mangelfreien Sache. Sowohl für eine Nachbesserung als auch für eine Ersatzlieferung sollte der Käufer dem Verkäufer eine Frist setzen.*

Dem Verkäufer muss nicht eine bestimmte Anzahl von Nachbesserungsversuchen eingeräumt werden. Vielmehr kann der Käufer nach erfolglosem Ablauf der Frist sofort seine nachrangigen Rechte geltend machen. Hat der Verkäufer jedoch innerhalb der gesetzten Nachfrist zwei Mal erfolglos die Nachbesserung versucht, kann der Käufer ohne weiteres Abwarten des Fristablaufs seine weitergehenden Rechte in Anspruch nehmen.

Der Verkäufer muss die zum Zwecke der Nacherfüllung erforderlichen Aufwendungen, insbesondere Transport-, Wege-, Arbeits- und Materialkosten übernehmen. Sollte die Ware in der Zwischenzeit teurer geworden sein, kann der Verkäufer im Falle der Ersatzlieferung keinen Aufpreis verlangen.

Sekundäransprüche bei Fehlschlagen der Nacherfüllung
Rücktritt vom Vertrag: *Verweigert der Verkäufer die Nacherfüllung oder ist diese fehlgeschlagen, hat der Käufer das Recht zum sofortigen Rücktritt vom Vertrag. In diesem Fall erhält der Käufer gegen Rückgabe der fehlerhaften Ware sein Geld zurück.* Er muss nicht die Entgegennahme eines Gutscheins akzeptieren. Auch muss die Ware nicht im Originalzustand zurückgegeben werden, sondern sie kann verändert worden sein oder sie ist evtl. gar nicht mehr vorhanden.

Beispiel • *Die ModernOffice KG kauft für den Innenanstrich der Lagerräume wasserfeste Latexfarbe. Nach Ausführung des Anstrichs stellt sich heraus, dass die gelieferte Farbe nicht wasserfest ist. Da der Lieferer der Farbe die Nacherfüllung verweigert, tritt die ModernOffice KG vom Vertrag zurück. Sie hat Anspruch auf Erstattung des Kaufpreises, obwohl die Farbe nicht mehr zurückgegeben werden kann.*

Minderung des Kaufpreises: *Statt des Rücktritts kann der Käufer auch eine Herabsetzung des Kaufpreises wählen.* Können sich Käufer und Verkäufer über die Höhe des Preisnachlasses nicht einig werden, ist ein Sachverständiger hinzuziehen.

Schadensersatz: *Bei Schlechtleistung verletzt der Verkäufer seine Pflichten aus dem Kaufvertrag. Dadurch kann dem Käufer ein Schaden entstehen. Hat der Verkäufer seine Pflichtverlet-*

zung zu vertreten (Verschulden), steht dem Käufer ein Anspruch auf Ersatz des entstandenen Schadens zu.

- Schadensersatz neben der Leistung

  Beispiel • *Die ModernOffice KG kauft für die Geschäftsführerin Dr. Anja Tischler ein neues Geschäftsfahrzeug. Bei der ersten Fahrt stellt sich heraus, dass die Start-Stopp-Automatik defekt ist. Das Fahrzeug muss zur Nachbesserung (Reparatur der Automatik) in die Werkstatt. Wegen eines fehlenden Ersatzteils dauert die Reparatur drei Werktage. In dieser Zeit muss sich die Geschäftsführerin ein Mietfahrzeug nehmen. Die ModernOffice KG hat neben der Leistung (Übergabe eines reparierten Fahrzeugs) Anspruch auf Ersatz des Schadens, der durch die mangelhafte Lieferung verursacht worden ist (Kosten für den Mietwagen).*

- Schadensersatz statt der Leistung

  Beispiel • *Die ModernOffice KG kauft bei einem Hersteller Rollen für die Produktion von Bürodrehstühlen. Entgegen der Vereinbarung im Kaufvertrag sind die Rollen nicht für den Einsatz auf Parkettböden geeignet. Eine Ersatzlieferung oder eine Nachbesserung ist dem Lieferer nicht möglich. Die ModernOffice KG tritt vom Vertrag zurück und beschafft die geeigneten Rollen bei einem alternativen Hersteller zu einem höheren Preis. Statt der Leistung (Lieferung von Rollen) hat die ModernOffice KG Anspruch auf den Ersatz des Schadens, der durch die mangelhaften Rollen verursacht worden ist (Mehrkosten der Ersatzbeschaffung).*

Ersatz vergeblicher Aufwendungen statt der Leistung: *Anstelle des Schadensersatzes statt der Leistung kann der Käufer den Ersatz der Aufwendungen verlangen, die er im Vertrauen auf den Erhalt einwandfreier Ware gemacht hat.* Derartige Aufwendungen können z. B. das Mieten von Gewerberäumen oder die Kosten für Planungen sein.

Beispiel • *Die ModernOffice KG plant im Showroom München eine Sonderausstellung zu innovativen Büroleuchten der Luxo Lichtdesign AG. Bestimmte Bereiche des Showrooms werden für diese Aktion aufwendig hergerichtet (Freiräumen der Ausstellungsfläche, Aufstellen von Präsentationsmobiliar usw.). Zur Akquise von Ausstellungsbesuchern ist bei einer Druckerei ein Flyer in Auftrag gegeben worden. Bei der Lieferung der bestellten Büroleuchten stellt sich aber heraus, dass die zugesagten innovativen Leuchteffekte nicht erreicht werden. Die Luxo Lichtdesign AG ist nicht in der Lage, die gelieferten Leuchten nachzubessern oder entsprechende Ersatzleuchten zu liefern. Die ModernOffice KG tritt vom Vertrag zurück und sieht sich gezwungen, die Sonderausstellung abzusetzen. Sie verlangt daher den Ersatz ihrer vergeblichen Aufwendungen (Herrichten des Ausstellungsbereichs, Kosten für die Flyer), die sie im Vertrauen auf die innovativen Eigenschaften der Büroleuchten getätigt hat.*

Erkennen des ökonomischen Handlungsspielraums

Im Falle einer mangelhaften Lieferung muss der Käufer sein weiteres Vorgehen gegen den Verkäufer gut durchdenken. Nur dann ist sichergestellt, dass er im Rahmen seiner rechtlichen Möglichkeiten die für ihn wirtschaftlich sinnvollste Lösung anstrebt. Folgende Fragen sollten bei der Planung der Vorgehensweise berücksichtigt werden:

- Sind die Voraussetzungen für eine Schlechtleistung erfüllt?
- Sind die Käuferpflichten (z. B. Prüf- und Rügepflicht) fristgerecht und ordnungsgemäß erfüllt worden?
- Ist im konkreten Fall eine Ersatzlieferung fehlerfreier Ware oder eine Nachbesserung der mangelhaften Ware wirtschaftlich sinnvoller?
- Welche Nachfrist für eine Ersatzlieferung oder Nachbesserung ist im konkreten Fall angemessen und aus Käufersicht wirtschaftlich vertretbar?
- Welche Argumente sprechen bei Fehlschlagen der Nacherfüllung für den Vertragsrücktritt, welche für die Minderung des Kaufpreises?

- Kann ein durch die Schlechtleistung verursachter Schaden konkret nachgewiesen werden, sodass er im Zweifelsfall einklagbar ist?
- Sind vergebliche Aufwendungen angefallen? Können diese gegenüber dem Vertragspartner durchgesetzt werden?
- Ist eine gütliche Einigung mit dem Vertragspartner möglich und sinnvoll?
- Welche gütlichen Lösungsmöglichkeiten sind aus Käufersicht akzeptabel?
- Mit welcher grundsätzlichen Intention (Zielsetzung) nehme ich die Kommunikation mit dem Vertragspartner auf?
- Wie zuverlässig ist der Lieferer in der Vergangenheit gewesen?
- Wie ist die zurückliegende Geschäftsbeziehung mit dem Lieferer generell zu beurteilen?
- Wie ist die wirtschaftliche Situation des Lieferers einzuschätzen?
- Wer ist in der stärkeren wirtschaftlichen Position? Bin ich als Käufer eher auf den Lieferer angewiesen (z. B. Alleinanbieter der erforderlichen Qualitäten, kostengünstigster Anbieter) oder gilt der umgekehrte Fall?

Kommunikation der Problemlösung mit dem Vertragspartner

Die Abwägung aller rechtlichen und wirtschaftlichen Aspekte führt beim Käufer letztlich zu einer Entscheidung, wie er im Falle der Schlechtleistung agiert. Diese Entscheidung ist mit dem Lieferer sach- und normgerecht zu kommunizieren. Nach evtl. telefonisch geführten Gesprächen zur Klärung des Sachverhaltes wird dem Lieferer eine **schriftliche Mängelrüge** zugestellt. Diese Mitteilung muss insbesondere folgende Inhalte aufweisen:

- genaue Beschreibung der Mängel
- Hinweis auf die ordnungsgemäße und fristgerechte Wahrnehmung der Prüf- und Rügepflichten
- Geltendmachung eines vorrangigen Rechtsanspruchs (Ersatzlieferung oder Nachbesserung)
- Setzen einer Nachfrist für die Nacherfüllung
- evtl. Vorschlag über die Modalitäten der Rücksendung der fehlerhaften Ware
- evtl. alternativer Vorschlag einer gütlichen Einigungsmöglichkeit
- evtl. Ankündigung der Geltendmachung nachrangiger Rechte bei Fehlschlagen der Nacherfüllung

Die Mängelrüge ist sachlich korrekt, der Situation angemessen und dem Vertragspartner gegenüber wertschätzend zu formulieren. Bei Bedarf sollte eine Versendungsform gewählt werden, mit der die Rechtzeitigkeit der Mängelrüge nachgewiesen werden kann (z. B. Faxzustellung).

Beispiel •

ModernOffice KG · Industriestraße 10 – 14 · 72160 Horb am Neckar

Ihr Zeichen: he
Ihre Nachricht vom: 19.05.20..
Unser Zeichen: gro
Unsere Nachricht vom: 17.05.20..

Holzwerkstoffe Gaildorf GmbH
Frau Stephanie Haller
Aalener Straße 100
74405 Gaildorf-Bröckingen

Name: Lea Groß
Telefon: 07451 801-33
Telefax: 07451 801-130
E-Mail: l.gross@mo-modernoffice.de

Datum: 31.05.20..

Beanstandung der gelieferten Akustikelemente

Sehr geehrte Frau Hellmann,

die am 19.05.20.. bestellten Akustikelemente sind heute fristgerecht eingetroffen. Wie vorab per Fax bereits mitgeteilt, mussten wir bei der unverzüglich durchgeführten Warenprüfung bei zwei Positionen leider folgende Sachmängel feststellen:

Position115510. Statt der bestellten Platten mit der Dämmstufe 3 sind Elemente mit der Dämmstufe 2 geliefert worden. Diese niedrigere Dämmstufe reicht für die vorgesehene Verwendung nicht aus.

Position115518. Bei allen 200 Platten überlappen die Falzkanten an den Seitenrändern nicht exakt. Außerdem sind an diesen Kantenstellen teilweise Leimreste erkennbar.

Bitte liefern Sie für die fehlerhaften Platten einen mangelfreien Ersatz. Da wir die Platten in der Produktion dringend benötigen, muss diese Ersatzlieferung bis zum 10.06.20.. eintreffen.

Die fehlerhaften Platten stehen bei uns zu Ihrer Verfügung bereit. Bitte informieren Sie uns darüber, wie die Rücksendung abgewickelt werden soll. Wir schlagen den Rücktransport im Zusammenhang mit der Ersatzlieferung vor.

Hinsichtlich der Position 115518 unterbreiten wir folgenden Alternativvorschlag. Da die Platten trotz der beschriebenen Mängel noch zu verarbeiten sind, können wir uns auch mit einem Preisnachlass von 10 % einverstanden erklären. Bitte teilen Sie uns umgehend Ihre Entscheidung mit.

Informieren Sie uns bitte auch unverzüglich, falls Sie die gesetzte Nachfrist nicht einhalten können.

Freundliche Grüße

ModernOffice KG
Beschaffung Material Hölzer

Lea Groß

Lea Groß

ModernOffice KG
Industriestraße 10 – 14
72160 Horb am Neckar

Gesellschafter:
Dr. Anja Tischler
Dipl.-Kfm. Jens Tischler
Anton Tischler

Telefon: + 49 7451 801-0
Telefax: + 49 7451 801-100
E-Mail: info@mo-modernoffice.com

Internet: www.mo-modernoffice.com
Facebook: www.facebook.com/mo-modernoffice
Twitter: https://twitter.com/mo-modernoffice

Bankverbindungen:
Postbank Stuttgart
IBAN DE53 6001 0070 0813 6000 10
SWIFT-BIC PBNK DE FF 600

Kreissparkasse Freudenstadt
IBAN DE68 6425 1060 1701 8022 44
SWIFT-BIC SOLA DE S1FDS

Sitz: Horb am Neckar
USt-IdNr.: DE 258034416
Steuer-Nr.: 220/360/2842

HRA 722079
Amtsgericht Stuttgart
(Finanzamt Freudenstadt,
Außenstelle Horb)

Auf den Punkt gebracht

Schlechtleistung
Erfüllungsstörung durch den Verkäufer (Lieferer)

Beachtung rechtlicher Aspekte	Beachtung wirtschaftlicher Aspekte

Eindeutige Identifizierung des Mangels

1. Art des Sachmangels
   – Mangel in der Beschaffenheit
   – Mangel in der Verwendung
   – Mangel in der Montage oder Montageanleitung
   – Falschlieferung
   – Minderlieferung

2. Erkennbarkeit des Mangels
   – offener Mangel
   – versteckter Mangel
   – arglistig verschwiegener Mangel

Pflichten des Käufers beim zweiseitigen Handelskauf

1. Prüfpflicht (unverzüglich)

2. Rügepflicht (unverzüglich bzw. unverzüglich nach Entdeckung)

3. Aufbewahrungspflicht

Rechte des Käufers

1. Vorrangiges Recht
   – Nachbesserung
   – Ersatzlieferung

2. Nachrangiges Recht
   – Rücktritt vom Vertrag
   – Minderung des Kaufpreises
   – Schadensersatz
   – Ersatz vergeblicher Aufwendungen

Ausgewogene Vorgehensweise unter Berücksichtigung wirtschaftlicher Kriterien

– wirtschaftlich begründete Entscheidung zwischen Nachbesserung oder Ersatzlieferung
– wirtschaftlich begründete Entscheidung zwischen Vertragsrücktritt oder Preisminderung
– wirtschaftlich begründete Entscheidung für oder gegen die Geltendmachung von Ersatzansprüchen (Schadensersatz, Ersatz vergeblicher Aufwendungen)
– Berücksichtigung der allgemeinen Zuverlässigkeit des Lieferers
– Berücksichtigung der Dauer und Qualität der Geschäftsbeziehung zum Lieferer
– Berücksichtigung der wirtschaftlichen Situation und Macht des Lieferers
– u. a.

Sach- und normgerechte Kommunikation mit dem Vertragspartner

1. (Telefonische) Klärung des Sachverhalts

2. Schriftliche Mängelrüge
   – genaue Mängelbeschreibung
   – Geltendmachung eines vorrangigen Rechts
   – Nachfristsetzung

Nutzen Sie Ihr Wissen

1. Bei der Wareneingangsprüfung im Lager am Standort Horb stellen die Mitarbeiterinnen und Mitarbeiter der ModernOffice KG folgende Sachverhalte fest:
   - 20 Edelstahlrohre haben nicht die bestellte Länge von 60 cm, sondern nur von 55 cm.
   - Einige Bezugsstoffe für die Herstellung von Bürodrehstühlen weisen Webfehler auf.
   - Statt der georderten Furnierholzplatten sind Platten mit Kunststoffbeschichtung geliefert worden.
   - Statt der bestellten Schreibtischleuchten werden Standleuchten geliefert.
   - Rollen für die Produktion von Bürodrehstühlen sind nur für den Einsatz auf Kunststoffböden geeignet. Bestellt wurden Rollen, die bei Holzböden genutzt werden können.
   - Statt der bestellten 500 Einheiten Stuhlverbindungen sind nur 50 Einheiten eingetroffen.
   a) Erklären Sie allgemein die sieben Arten von Sachmängeln, die zu unterscheiden sind.
   b) Entscheiden Sie begründet, welche Mängelart in den oben genannten Fällen jeweils vorliegt.
   c) Welches vorrangige Recht sollte die ModernOffice KG in den obigen Fällen in Anspruch nehmen? Begründen Sie jeweils Ihre Entscheidung.

2. Im Werk Bielefeld der ModernOffice KG wird bei der Wareneingangskontrolle folgender Sachverhalt festgestellt: Statt der bestellten 15 Rollen Bezugsstoffe (Farbnummer 125) sind nur 13 Rollen geliefert worden. Nach erfolgter Mängelrüge teilt der Lieferer mit, dass er die fehlenden 2 Rollen in 14 Tagen aus einer neuen Produktionsserie nachliefern werde. Hamid Tabibi, Lagerleiter in Bielefeld, lehnt diesen Vorschlag ab und besteht auf Ersatzlieferung von 15 Rollen.
   Welcher Grund ist für diese Entscheidung des Lagerleiters denkbar? Kann Herr Tabibi seinen Anspruch rechtlich durchsetzen? Begründen Sie Ihre Entscheidung.

3. Die Auszubildenden der ModernOffice KG werden auch in der Warenannahme geschult. In diesem Zusammenhang ist es wichtig, dass sie über die Pflichten des Käufers im Falle einer Schlechtleistung des Verkäufers informiert sind.
   Erstellen Sie einen Informationstext, mit dessen Hilfe sich die Auszubildenden informieren können. Berücksichtigen Sie dabei insbesondere die unterschiedliche Erkennbarkeit von Mängeln sowie die zu beachtenden Fristen. Gehen Sie auch darauf ein, inwiefern ein Unternehmer als Käufer (zweiseitiger Handelskauf) besondere Anforderungen zu beachten hat.

4. Im Lager des Werkes in Gotha geht am Freitag, 15. Juli, 17:45 Uhr, eine Sendung der Schraubentechnik KG ein. Die Warenannahme kann noch ordnungsgemäß durchgeführt werden, die im Lieferschein vermerkten fünf Packstücke weisen keine äußeren Beschädigungen auf und werden ordnungsgemäß angenommen. Für die eigentliche Warenkontrolle reicht die Zeit bis zum Betriebsschluss um 18:00 Uhr jedoch nicht mehr aus. Nach dem Wochenende beginnen am darauffolgenden Montag die dreiwöchigen Betriebsferien.
   Am ersten Arbeitstag nach den Betriebsferien werden bei der Warenprüfung erhebliche Sachmängel festgestellt. Auf die unverzüglich erstattete Mängelanzeige antwortet der Lieferer, dass er die Reklamation nicht mehr akzeptieren könne: Über drei Wochen nach der Übergabe der Ware könne er keine Gewährleistungshaftung mehr übernehmen.
   a) Erläutern Sie die Rechtslage. Gehen Sie dabei insbesondere auf die rechtliche Bedeutung des Begriffs „unverzüglich" ein.

b) Verfassen Sie einen Geschäftsbrief an die Schraubentechnik KG. Stellen Sie die Rechtslage dar und vertreten Sie angemessen die vorrangigen Rechtsansprüche der ModernOffice KG. Berücksichtigen Sie bei der Gestaltung Ihres Textes, dass die Schraubentechnik KG in der jüngeren Vergangenheit wiederholt schlecht geleistet hat. Weitere Informationen (z. B. Anschrift, gelieferte Produkte) entnehmen Sie bitte dem Auszug aus der Liefererdatei oder ergänzen Sie sie nach eigener Wahl (z. B. festgestellte Sachmängel).

5. Informieren Sie sich, z. B. mithilfe einer Internetrecherche, darüber, was unter „Garantie" und „Kulanz" zu verstehen ist. Erklären Sie diese beiden Sachverhalte. Gehen Sie dabei auch darauf ein, inwiefern sich die gesetzliche Gewährleistungshaftung bei Schlechtleistung von diesen beiden Sachverhalten unterscheidet.

6. Im Lager am Standort Horb geht eine Lieferung der Kunststofftechnik GmbH ein. Bei der unverzüglich durchgeführten Wareneingangskontrolle werden folgende Sachverhalte festgestellt.

Artikel-Nr.	Artikel	Bestell-menge	Liefer-menge	Mangel	Bemerkungen
301.25	Kanten-schutz	50 m	50 m	Bestellt: PVC-freier Kunststoff Geliefert: PVC-haltiger Kunststoff	Das Leitbild der Modern-Office KG verpflichtet zur Verwendung PVC-freier Werkstoffe.
301.75	Stuhl-Rollen	1 000 Rollen	1 000 Rollen	10 Packeinheiten mit je 40 Rollen: schleifende Rollen	Der Mindestbestand sichert die Produktion noch für 3 Tage.
301.88	Tisch-verbin-dungen	300 Einheiten	0 Einheiten	Lieferung von 300 Einheiten Stuhlverbindungen	Der Mindestbestand von Tischverbindungen sichert die Produktion noch für 5 Tage. Bei Stuhlverbindungen wird der Meldebestand in 10 Tagen erreicht.

a) Erklären Sie allgemein, welche vorrangigen und nachrangigen Rechte die Modern-Office KG bei Schlechtleistung eines Lieferers geltend machen kann.

b) Erläutern Sie allgemein, inwiefern nicht nur rechtliche, sondern auch wirtschaftliche Aspekte zu berücksichtigen sind, wenn über die Geltendmachung von Rechten gegenüber einem Lieferer zu entscheiden ist.

c) Verfassen Sie die Mängelrüge an die Kunststofftechnik GmbH (weitere Daten entnehmen Sie bitte dem Auszug aus der Liefererdatei). Unterstellen Sie bei Ihrer Mängelrüge wahlweise einen der beiden folgenden Kontexte:
  • Die Kunststofftechnik GmbH ist ein sehr zuverlässiger Geschäftspartner. Auftretende Probleme konnten stets in guter Kooperation gelöst werden. Die Qualität der Produkte ist sehr hoch, das Preis-Leistungs-Verhältnis ist ebenfalls gut.
  • Die Kunststofftechnik GmbH hat in der Vergangenheit wiederholt schlecht geleistet. Die Abwicklung der Reklamationen ist immer sehr schwierig gewesen, mehrmals hat der Lieferer versucht, berechtigte Ansprüche abzuweisen. Die Einkaufsabteilung hat deshalb bereits eine Bezugsquellenanalyse durchgeführt und verschiedene alternative Lieferer ermittelt.

6.2 Die Nicht-Rechtzeitig-Lieferung in Kommunikation mit dem Vertragspartner ökonomisch sinnvoll regeln

Lernsituation

Ebru Celik wird zurzeit in der Beschaffungsabteilung „Material Metalle" ausgebildet. Sabine Müller, Sachbearbeiterin in dieser Abteilung, leitet ihr am 24.07. folgende interne E-Mail weiter.

An ...	e.celik@mo-modernoffice.com
Cc ...	b.schneider@mo-modernoffice.com
Bcc ...	
Betreff:	Lieferungsverzug MTechnik KG, Bauteil Gasdruckfedern

Sehr geehrte Frau Celik,

bitte übernehmen Sie die Bearbeitung des Sachverhaltes. Unsere Bestellung finden Sie in der Anlage. Zu Ihrer Information: Die MTechnik KG hat bisher die Termine stets eingehalten.

Herzliche Grüße

Beschaffung
Material Metalle

Sabine Müller

E-Mail: s.mueller@mo-modernoffice.com
Internet: www.mo-modernoffice.com
Telefon: 07451 801-558
Telefax: 07451 801-500

Postanschrift: Postfach 10 15, 72160 Horb am Neckar
Hausanschrift/Sitz: Industriestraße 10 – 14, 72160 Horb am Neckar
Gesellschafter: Dr. Anja Tischler, Dipl.-Kfm. Jens Tischler
Handelsregister HRB 722079 beim Amtsgericht Stuttgart

Liebe Frau Kollegin Müller,

am 10.07. sind Sie darüber informiert worden, dass die Bestellmengen bei verschiedenen Typen Gasdruckfedern erreicht worden sind. In Abhängigkeit vom jeweiligen Lagerhöchstbestand hat das System automatisch Bestellvorschläge generiert. Diese sind ebenfalls an Sie übermittelt worden.

Ich gehe davon aus, dass Sie die Bestellung bei der MTechnik KG rechtzeitig in Auftrag gegeben haben. Die Nachlieferung ist jedoch bis heute nicht eingetroffen. Der Sicherheitsbestand sichert die Produktion noch für 5 Tage.

Bitte gehen Sie dem Sachverhalt nach. Für eine kurze Rückmeldung bin ich Ihnen dankbar.

Freundliche Grüße

Modern Office KG
Werk Horb – Lager

Ben Schneider B. Sc.

Anhang 10.07.20.._Bestellung_Gasdruckfedern_MTechnik_KG

In der Anlage zur E-Mail findet Ebru Celik die folgende Bestellung.

ModernOffice KG · Industriestraße 10–14 · 72160 Horb am Neckar

MTechnik KG	Ihr Zeichen:
Abteilung Verkauf	Ihre Nachricht vom:
Frau Linda Binder	Unser Zeichen: mue
Industrieweg 12	Unsere Nachricht vom:
88045 Friedrichshafen	

Name: Sabine Müller
Telefon: 07451 801-558
Telefax: 07451 801-500
E-Mail: s.mueller@mo-modernoffice.de

Datum: 10.07.20..

Bestellung Gasdruckfedern / Zustellung per Fax an 07547 203-17

Sehr geehrte Frau Binder,

gemäß Rahmenvertrag bestellen wir folgende Stückzahlen:

Bestellmenge	Nr.	Artikelbezeichnung	Modell	Stückpreis
2 100	700 150	Gasdruckfeder	T6	25,00 €
1 680	700 111	Gasdruckfeder	T8	51,00 €
1 400	700 121	Gasdruckfeder	T10	41,00 €

Die Preise gelten ab Lager. Auf unsere Rechnung geben Sie den Versand bei der Spedition Nagel GmbH in Auftrag.

Die Lieferung erfolgt innerhalb von 5 Tagen nach Bestellung.

Im Übrigen gelten die Lieferungs- und Zahlungsbedingungen des Rahmenvertrages.

Mit freundlichem Gruß

ModernOffice KG
Beschaffung Material Metalle

Sabine Müller

Sabine Müller

ModernOffice KG
Industriestraße 10 – 14
72160 Horb am Neckar

Gesellschafter:
Dr. Anja Tischler
Dipl.-Kfm. Jens Tischler
Anton Tischler

Telefon: + 49 7451 801-0
Telefax: + 49 7451 801-100
E-Mail: info@mo-modernoffice.com

Internet: www.mo-modernoffice.com
Facebook: www.facebook.com/mo-modernoffice
Twitter: https://twitter.com/mo-modernoffice

Bankverbindungen:
Postbank Stuttgart
IBAN DE53 6001 0070 0813 6000 10
SWIFT-BIC PBNK DE FF 600
Kreissparkasse Freudenstadt
IBAN DE68 6425 1060 1701 8022 44
SWIFT-BIC SOLA DE S1FDS

Sitz: Horb am Neckar
USt-IdNr.: DE 258034416
Steuer-Nr.: 220/360/2842
HRA 722079
Amtsgericht Stuttgart
(Finanzamt Freudenstadt,
Außenstelle Horb)

Ebru Celik telefoniert sofort mit Linda Binder, der zuständigen Mitarbeiterin der MTechnik KG. Frau Binder teilt ihr mit, dass sich die Lieferung ausnahmsweise noch etwas verzögern werde: Ein Zulieferer der Kunststoffprofile für die Gasdruckfedern sei ausgefallen. In der Folge sei bei der MTechnik KG ein Produktionsstau entstanden. Dieser werde so schnell es geht abgearbeitet. Man bitte um etwas Geduld und Verständnis.

- *Analysieren Sie diese betriebliche Problemsituation. Stellen Sie sich dabei z. B. folgende Fragen:*
  - *Welche Folgen hat es für die ModernOffice KG, wenn die Produktion von Bürodrehstühlen wegen fehlender Gasdruckfedern eingestellt werden muss?*
  - *Wie ist die rechtliche Situation? Muss die ModernOffice KG eine verzögerte Lieferung akzeptieren?*
  - *Wie ist das Verhältnis zwischen der ModernOffice KG und der MTechnik KG in wirtschaftlicher Hinsicht einzuschätzen? Ist die ModernOffice KG von der MTechnik KG abhängig oder umgekehrt?*
- *Informieren Sie sich über den Sachverhalt der Nicht-Rechtzeitig-Lieferung. Erstellen Sie eine Übersicht, die über die rechtlichen Aspekte dieser Vertragsstörung informiert.*
- *Welche Lösungsmöglichkeiten sind zur Bewältigung der oben geschilderten Problemsituation grundsätzlich denkbar?*
- *Entscheiden Sie sich für eine Möglichkeit. Begründen Sie Ihre Entscheidung unter rechtlichen und wirtschaftlichen Aspekten.*
- *Entwerfen Sie den Text für eine E-Mail an die MTechnik KG, mit der Sie den Lieferer über Ihre Entscheidung informieren. Vertreten Sie in diesem Text angemessen die Interessen der ModernOffice KG. Legen Sie diesen Textentwurf, stellvertretend für Ebru Celik, der Sachbearbeiterin Sabine Müller vor.*

Erkennen des rechtlichen Handlungsspielraums

Die Rechtsvorschriften zur Nicht-Rechtzeitig-Lieferung finden sich vor allem in den §§ 276, 280, 286, 323 und 433 BGB.

Voraussetzungen für die Nicht-Rechtzeitig-Lieferung
Grundsätzlich müssen drei Bedingungen erfüllt sein, damit die Nicht-Rechtzeitig-Lieferung gegeben ist.
- **Fälligkeit:** Der Liefertermin ist eingetreten bzw. überschritten.
- **Mahnung:** Nach Eintritt der Fälligkeit muss der Käufer die Lieferung anmahnen, das heißt, er muss den Verkäufer zur Lieferung auffordern. Diese Mahnung setzt den Verkäufer in Lieferungsverzug. Der Verzug beginnt mit dem Tag der Zustellung der Mahnung.
- **Verschulden:** Der Verkäufer muss schuld an der Verzögerung sein, das heißt, er selbst verursacht vorsätzlich oder fahrlässig den Verzug. Ist die Ursache auf höhere Gewalt (z. B. Naturkatastrophe, Brand, Streik, Krieg) zurückzuführen, trägt er keine Schuld.

In zahlreichen Situationen des geschäftlichen Alltags ist eine Mahnung jedoch nicht mehr erforderlich. Der Verkäufer gerät allein durch die Fälligkeit der Leistung und durch sein Verschulden in Lieferungsverzug.

Die **Mahnung kann** in folgenden Fällen **entfallen**:
- **Der Liefertermin ist kalendermäßig genau bestimmt.** Für die Leistung (Lieferung) ist im Vertrag ein genaues Kalenderdatum vereinbart worden, z. B. „Lieferung am 10.06.", „Lieferung im Juni". In diesen beiden Fällen ist der Termin am 11.06. bzw. am 01.07. überschritten.

- Auch beim **Fixkauf** ist der Liefertermin nach dem Kalender genau bestimmt. Beim Fixkauf vereinbaren die Vertragspartner, dass die Lieferung exakt zu einem bestimmten Zeitpunkt oder exakt innerhalb einer bestimmten Frist erfolgen muss. Erforderlich ist dazu eine eindeutige Fixklausel im Vertrag, z. B. „Lieferung am 25.06. fix", „Lieferung bis 25.06., spätestens bis 15:00 Uhr".

Bei einem kalendermäßig genau bestimmten Liefertermin erinnert und „mahnt" der Kalender den Verkäufer zur Einhaltung des Termins. Insofern ist eine zusätzliche Mahnung des Käufers nicht mehr erforderlich.

- **Der Liefertermin lässt sich kalendermäßig ab einem vorausgehenden Ereignis genau berechnen.** Beispiele für dieses vorangehende Ereignis können z. B. die Bestellung oder eine Anzahlung sein. Übliche Vertragsklauseln sind in diesem Fall „Lieferung 14 Tage nach Bestelldatum" bzw. „Lieferung acht Tage nach Anzahlung".
- **Der Verkäufer verweigert endgültig die Leistung.** Dies ist z. B. der Fall, wenn der Lieferer erklärt, dass er nicht liefern wird **(Selbstinverzugsetzung)**.
- **Der sofortige Verzug ohne Mahnung ist aus besonderen Gründen gerechtfertigt.** Das ist z. B. bei einem sogenannten **Zweckkauf** der Fall: Bei verspäteter Lieferung erfüllt der Kauf für den Käufer keinen Zweck mehr. Beispielsweise ist die Lieferung von Weihnachtsartikeln nach dem 24.12. sinnlos.

Rechte des Käufers bei Nicht-Rechtzeitig-Lieferung

Bei der Nicht-Rechtzeitig-Lieferung verstößt der Verkäufer gegen seine vertraglichen Pflichten. In dieser Situation muss dem Käufer „geholfen" werden. Ihm stehen deshalb bestimmte Rechte zu. Diese Rechte hängen davon ab, ob der Käufer dem Verkäufer noch eine **angemessene Nachfrist** für die Lieferung setzt oder nicht. Eine Nachfrist ist angemessen, wenn der Verkäufer noch die Möglichkeit hat, nachträglich zu liefern, ohne die Ware erst beschaffen oder produzieren zu müssen.

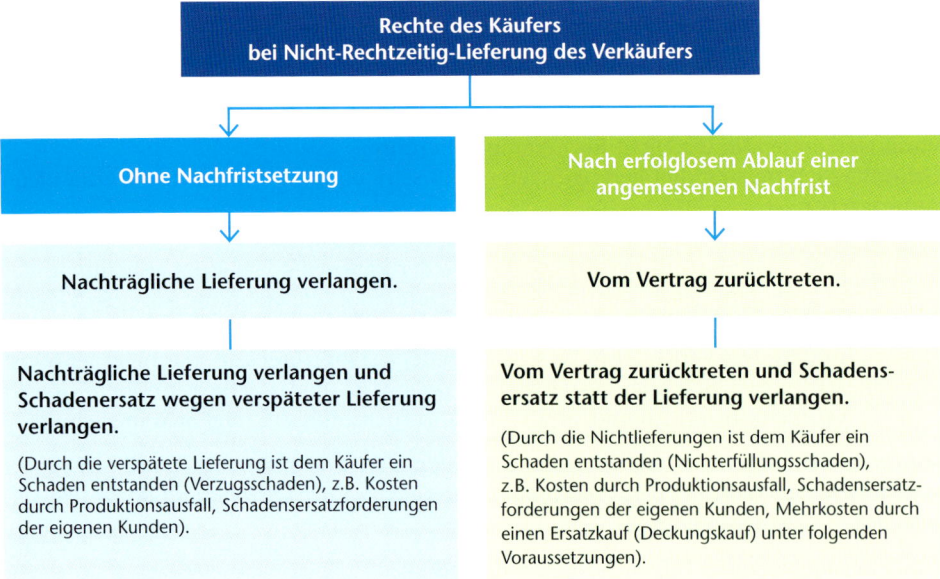

In bestimmten Fällen kann der Käufer sofort mit Eintritt des Verzugs vom Vertrag zurücktreten und evtl. Schadensersatz wegen Nichtlieferung verlangen. Eine Nachfristsetzung ist unter folgenden Voraussetzungen entbehrlich:
- Es liegt ein Fixkauf vor.
- Der Verkäufer verweigert endgültig die Lieferung (Selbstinverzugsetzung).
- Besondere Umstände rechtfertigen den sofortigen Rücktritt, z. B. beim Zweckkauf.

Erkennen des ökonomischen Handlungsspielraums

Entscheidungskriterien für die Vorgehensweise des Käufers

Der Käufer muss entscheiden, welches Recht er geltend macht. Seine Entscheidung wird er unter Abwägung aller Umstände der konkreten Situation treffen. Letztlich wird er sich für die Vorgehensweise entscheiden, die für ihn unter wirtschaftlichen Gesichtspunkten am sinnvollsten ist. Folgende Aspekte muss er in seinem Entscheidungsprozess berücksichtigen:

- Wie dringlich ist die Lieferung?
- Um welche Art von Kaufgegenstand handelt es sich? Sind andere Waren oder Materialien als Ersatz verfügbar und einsetzbar?
- Können die Waren oder Materialien kurzfristig bei einem anderen Lieferer bezogen werden?
- Welche Qualitäten und welche Preise bieten alternative Lieferer an?
- Welcher Schaden droht bei einer verspäteten Lieferung oder bei einer Nichtlieferung?
- Kann dieser Schaden konkret nachgewiesen werden, sodass er im Zweifelsfall auch einklagbar ist?
- Ist im Vertrag mit dem Lieferer eine Konventionalstrafe für den Fall des Verzugs vereinbart worden?
- Wie zuverlässig ist der Lieferer in der Vergangenheit gewesen?
- Wie ist die zurückliegende Geschäftsbeziehung mit dem Lieferer generell zu beurteilen?
- Wie ist die wirtschaftliche Situation des Lieferers einzuschätzen?
- Wer ist in der stärkeren wirtschaftlichen Position? Bin ich als Käufer eher auf den Lieferer angewiesen (z. B. Alleinanbieter der erforderlichen Qualitäten, kostengünstigster Anbieter) oder gilt der umgekehrte Fall?

Beispiel • *Unter Berücksichtigung wirtschaftlicher Kriterien macht die ModernOffice KG in Abhängigkeit von der konkreten Situation unterschiedliche Rechtsansprüche geltend.*

In Anspruch genommenes Recht	Wirtschaftliche Entscheidungskriterien
Nachträgliche Lieferung verlangen.	– Der Lieferer ist der kostengünstigste Anbieter. – Der Lieferer garantiert als Alleinanbieter die erforderliche Qualität. – Der Lieferer ist eigentlich zuverlässig. – Es besteht eine langfristige positive Geschäftsbeziehung. – Der Lieferer ist in einer starken wirtschaftlichen Position.
Nachträgliche Lieferung und Schadensersatz verlangen.	– Der Lieferer ist kurzfristig nicht ersetzbar. Langfristig können aber alternative Bezugsquellen erschlossen werden. – In der Vergangenheit ist es wiederholt zu Vertragsstörungen gekommen. – Der Schadensersatzanspruch ist ohne großen Aufwand durchsetzbar (z. B. wegen Vereinbarung einer Konventionalstrafe im Kaufvertrag). – Der Lieferer ist nicht in einer übermächtigen wirtschaftlichen Position.
Vom Vertrag zurücktreten.	– Der Kaufgegenstand wird nicht mehr benötigt. – Der Kaufgegenstand kann kurzfristig bei einem alternativen Lieferer zu denselben Konditionen und Qualitäten bezogen werden. – Die Preise sind nach Vertragsabschluss gefallen, der Kaufgegenstand kann zwischenzeitlich kostengünstiger bezogen werden.

In Anspruch genommenes Recht	Wirtschaftliche Entscheidungskriterien
Vom Vertrag zurücktreten und Schadensersatz verlangen.	– Der Kaufgegenstand wird zeitnah benötigt und kann kurzfristig nur zu höheren Kosten bei einem alternativen Lieferer bezogen werden. – Der Schadensersatzanspruch ist ohne großen Aufwand durchsetzbar (z. B. wegen Vereinbarung einer Konventionalstrafe im Kaufvertrag). – Der Lieferer ist nicht in einer übermächtigen wirtschaftlichen Situation.

Konventionalstrafe als „Vorsorgeinstrument"

Im Geschäftsverkehr kann die Nicht-Rechtzeitig-Lieferung zu einer Konfliktsituation mit dem Verkäufer führen. Zu streitigen Auseinandersetzungen kommt es insbesondere, wenn Schadensersatzansprüche gegen den Lieferer geltend gemacht werden. In diesem Fall trägt der Käufer die sogenannte **Beweislast**. Er muss sowohl die Höhe des Schadens als auch die Tatsache beweisen, dass der eingetretene Schaden durch den Verzug des Lieferers verursacht worden ist. In diesem Zusammenhang sind zwei Arten von Schäden zu unterscheiden.

- **Konkreter Schaden:** Der Schaden ist anhand tatsächlich entstandener Aufwendungen nachweisbar. Dies ist z. B. beim **Deckungskauf** der Fall. Nach Ablauf der Nachfrist ordert der Käufer die dringend benötigte Sache bei einem anderen Lieferer zu einem höheren Preis. Der Schaden ergibt sich aus dem gezahlten Mehrpreis.
- **Abstrakter Schaden:** Ein gewerblicher Käufer (Unternehmer) kann einen Schaden erleiden, ohne dass ihm tatsächliche Geldausgaben entstehen. Der Schaden besteht vielmehr in dem entgangenen Gewinn oder dem Imageverlust, den er bei seinen Kunden erleidet. Diese Negativfolgen können eintreten, weil der Lieferer des Unternehmers Waren oder Materialien nicht rechtzeitig geliefert hat. Dieser Schaden lässt sich nicht exakt ermitteln und beweisen, er kann nur angenommen werden.

Zur Vermeidung von Streitigkeiten über die Höhe des Schadensersatzes (insbesondere bei abstrakten Schäden) kann im Kaufvertrag eine **Konventionalstrafe** *vereinbart werden. Der Käufer muss diese Strafe automatisch ohne Schadensnachweis zahlen, wenn er in Verzug gerät.*

Ein Käufer, der in einer wirtschaftlich starken Verhandlungsposition ist, wird diese Strafe im Rahmen der Vertragsverhandlungen durchsetzen können. Nach einem Gerichtsurteil muss die Vertragsstrafe jedoch in einem vernünftigen Rahmen bleiben, das sind 0,1 bis 0,3 Prozent der Vertragssumme je Tag.

Beispiel • *Die ModernOffice KG ist Großabnehmer der Holzwerkstoffe Gaildorf GmbH. Die Aufträge der ModernOffice KG lasten die Kapazität dieses Lieferers von Akustikelementen zu 90 % aus. Mit anderen Worten, die Holzwerkstoffe Gaildorf GmbH ist auf die ModernOffice KG als Kunden angewiesen. Bedingt durch diese Verhandlungsmacht hat die ModernOffice KG im Just-in-time-Rahmenvertrag mit diesem Lieferer folgende Konventionalstrafe durchsetzen können: „Auch ohne Verschulden des Lieferers ist für jeden Tag der Verspätung eine Vertragsstrafe von 0,25 % des Auftragswerts zu zahlen." Mit dieser Strafe sichert die ModernOffice KG ihr Just-in-time-Konzept ab. Um Lagerkosten zu sparen, wird nur geringer „eiserner Bestand" an Akustikelementen gelagert. Die Elemente werden in den erforderlichen Mengen genau in dem Moment geliefert, in dem sie in der Produktion benötigt werden. Die ModernOffice KG ist damit auf die absolute Zuverlässigkeit des Lieferers angewiesen. Die Konventionalstrafe soll die Wichtigkeit dieser Zuverlässigkeit zusätzlich untermauern.*

Kommunikation der Problemlösung mit dem Vertragspartner

Die Abwägung aller rechtlichen und wirtschaftlichen Aspekte führt beim Käufer letztlich zu einer Entscheidung, wie er gegen den in Verzug geratenen Lieferer vorgeht. Diese Entscheidung ist mit dem Lieferer sach- und normgerecht zu kommunizieren. Nach evtl. telefonisch geführten Gesprächen zur Klärung des Sachverhaltes wird dem Lieferer die Entscheidung über den geltend gemachten Anspruch schriftlich mitgeteilt.

Beispiel •

ModernOffice KG · Industriestraße 10 – 14 · 72160 Horb am Neckar

Ihr Zeichen: he
Ihre Nachricht vom: 10.06.20..
Unser Zeichen: gro
Unsere Nachricht vom: 08.06.20..

Holzwerkstoffe Gaildorf GmbH
Frau Stephanie Haller
Aalener Straße 100
74405 Gaildorf-Bröckingen

Name: Lea Groß
Telefon: 07451 801-32
Telefax: 07451 801-130
E-Mail: l.gross@mo-modernoffice.de

Datum: 18.06.20..

Nicht-Rechtzeitig-Lieferung

Sehr geehrte Frau Haller,

am 08.06.20.. bestellten wir bei Ihnen 500 Stück Furnierholzplatten sowie 1 000 Stück Spanholzplatten unterschiedlicher Abmessungen. In Ihrer Auftragsbestätigung vom 10.06.20.. sagten Sie die Lieferung bis zum 17.06.20.. zu.

Leider sind die Werkstoffe bis heute noch nicht eingetroffen.

Wir benötigen die Holzwerkstoffe jedoch dringend. Unsere „eiserne Reserve" reicht nur noch für ca. 6 Tage. Danach drohen wegen des Materialengpasses Produktionseinschränkungen. In der Folge werden wir unseren Kundenaufträgen nicht rechtzeitig nachkommen können.

Wir fordern Sie deshalb auf, die bestellten Furnierholz- und Spanholzplatten bis zum 22.06.20.. zu liefern. Sollten Sie diese Frist nicht einhalten, werden wir die Werkstoffe kurzfristig anderweitig beziehen.

Bedenken Sie bitte, dass in diesem Fall erhebliche Kosten auf Sie zukommen. Unsere erhöhten Aufwendungen für den Deckungskauf und evtl. Zusatzkosten durch Produktionsausfälle werden wir als Schadensersatzanspruch gegen Sie geltend machen.

Wir hoffen deshalb, dass Sie innerhalb der gesetzten Nachfrist Ihren vertraglichen Verpflichtungen nachkommen.

Freundliche Grüße

ModernOffice KG
Beschaffung Material Hölzer

Lea Groß

Lea Groß

ModernOffice KG
Industriestraße 10 – 14
72160 Horb am Neckar

Gesellschafter:
Dr. Anja Tischler
Dipl.-Kfm. Jens Tischler
Anton Tischler

Telefon: + 49 7451 801-0
Telefax: + 49 7451 801-100
E-Mail: info@mo-modernoffice.com

Internet: www.mo-modernoffice.com
Facebook: www.facebook.com/mo-modernoffice
Twitter: https://twitter.com/mo-modernoffice

Bankverbindungen:
Postbank Stuttgart
IBAN DE53 6001 0070 0813 6000 10
SWIFT-BIC PBNK DE FF 600

Kreissparkasse Freudenstadt
IBAN DE68 6425 1060 1701 8022 44
SWIFT-BIC SOLA DE S1FDS

Sitz: Horb am Neckar
USt-IdNr.: DE 258034416
Steuer-Nr.: 220/360/2842

HRA 722079
Amtsgericht Stuttgart
(Finanzamt Freudenstadt,
Außenstelle Horb)

Auf den Punkt gebracht

Nicht-Rechtzeitig-Lieferung
Erfüllungsstörung durch den Verkäufer (Lieferer)

Beachtung rechtlicher Aspekte

Voraussetzungen

1. Fälligkeit der Lieferung
2. Mahnung durch den Käufer
3. Verschulden des Verkäufers

Rechte des Käufers

1. Ohne Nachfrist
   – **Lieferung**

   oder

   – **Lieferung und Schadensersatz**
     wegen verspäteter Lieferung

2. Mit Nachfrist
   – **Rücktritt vom Vertrag**

   oder

   – **Rücktritt vom Vertrag und
     Schadensersatz** statt der
     Lieferung

Beachtung wirtschaftlicher Aspekte

**Ausgewogene Vorgehensweise
unter Berücksichtigung
wirtschaftlicher Kriterien**

– Art des Kaufgegenstands
– Dringlichkeit der Lieferung
– kurzfristige Verfügbarkeit alternativer
  Bezugsquellen
– allgemeine Zuverlässigkeit des
  Lieferers
– Dauer und Qualität der Geschäftsbeziehung zum Lieferer
– wirtschaftliche Situation des Lieferers
– wirtschaftliche Macht des Lieferers
– Schadenshöhe
– vereinbarte Konventionalstrafen

**Sach- und normgerechte
Kommunikation mit dem
Vertragspartner**

1. (Telefonische) Klärung des Sachverhalts

2. Schriftliche Mitteilung des geltend
   gemachten Anspruchs

Nutzen Sie Ihr Wissen

1. Die ModernOffice KG hat bei verschiedenen Lieferern Materialien und Handelswaren bestellt. In den jeweiligen Verträgen sind folgende Vereinbarungen hinsichtlich des Liefertermins getroffen worden:
   - Lieferung bis 17. Januar 20..
   - Lieferung am 25. Juni 20.. fix
   - Lieferung im März 20..
   - Lieferung am 21. Dezember 20..
   - Lieferung ab Mitte April 20..
   - Lieferung frühestens 10. September 20..
   - Lieferung innerhalb von 5 Tagen nach Auftragseingang
   a) Bei welchen Vereinbarungen gerät der Lieferer erst mit Zugang einer Mahnung in Verzug? Begründen Sie jeweils Ihre Entscheidung.
   b) Bestimmen Sie jeweils den Tag, an dem der Lieferer bei Nichtlieferung in Verzug gerät. Erläutern Sie dabei kurz Ihre Entscheidung.

2. Erklären Sie, was unter einem Fixkauf und unter einem Zweckkauf zu verstehen ist. Begründen Sie, warum der Käufer bei diesen beiden Vertragsarten im Falle der Nicht-Rechtzeitig-Lieferung nicht mahnen muss und auch keine Nachfrist setzen muss.

3. Sie sollen die kaufmännischen Auszubildenden der ModernOffice KG über die Rechtsansprüche eines Käufers im Falle des Lieferungsverzugs des Verkäufers informieren. Dabei sollen Sie auch deutlich machen, dass die Entscheidung für einen bestimmten rechtlichen Anspruch von wirtschaftlichen Kriterien abhängt.
   a) Bereiten Sie dieses Briefing (mündliches Informationsgespräch) vor. Entwerfen Sie dazu ein Stichwortkarten-Manuskript. Bereiten Sie für Ihren Vortrag auch zwei bis drei PowerPoint-Folien vor.
   b) Führen Sie dieses Briefing vor den Auszubildenden Ihrer Berufsschulklasse durch.

4. Ist ein Käufer in der stärkeren Verhandlungsposition, kann er im Kaufvertrag die Vereinbarung einer Konventionalstrafe durchsetzen.
   a) Erklären Sie im Zusammenhang mit der Nicht-Rechtzeitig-Lieferung, was unter einem konkreten und unter einem abstrakten Schaden zu verstehen ist.
   b) Erklären Sie, was unter einer Konventionalstrafe zu verstehen ist. Begründen Sie, warum ein Käufer Interesse an der Vereinbarung einer Konventionalstrafe hat.
   c) Erklären Sie das Beschaffungskonzept „just in time". Begründen Sie, warum Unternehmen, die dieses Konzept realisieren, in den Verträgen mit ihren Lieferern meist Konventionalstrafen vereinbaren.

5. Die ModernOffice KG hat einen Lieferer von Handelswaren mit einer Mahnung in Verzug gesetzt. Diese Mahnung ist dem Lieferer am 15.10.20.. zugegangen. In dem Mahnschreiben setzt die ModernOffice KG gleichzeitig eine Nachfrist von 10 Tagen. Der Lieferer teilt daraufhin mit, dass diese Nachfrist zu kurz sei. Er müsse die Ware erst beim Hersteller ordern, dieser habe selbst schon eine Lieferzeit von 10 Tagen.
   a) Muss die ModernOffice KG eine längere Nachfrist einräumen? Begründen Sie Ihre Entscheidung.
   b) Welche Rechte stehen der ModernOffice KG zu, falls die Lieferung nach Ablauf der Nachfrist noch nicht erfolgt ist?

6.   Die ModernOffice KG hat bei der Schraubentechnik KG (nähere Angaben siehe Auszug aus der Liefererdatei) Kunststoffverschraubungen bestellt. Als Liefertermin ist im Vertrag der 15. November 20.. vereinbart worden. Am 16. November ist die Lieferung noch nicht eingetroffen. Der eiserne Bestand dieses Hilfsstoffes reicht für sechs Tage, danach besteht die Gefahr von Produktionsstockungen.

     a) Die Kunststoffverschraubungen können kurzfristig auch bei einem anderen Lieferer bezogen werden, dieser hat eine Lieferzeit von drei Tagen nach Eingang der Bestellung. Allerdings sind die Verschraubungen bei diesem alternativen Lieferer nur zu wesentlich höheren Einstandspreisen beziehbar.

     b) Analysieren Sie diese Problemsituation nach rechtlichen und nach wirtschaftlichen Kriterien.

     c) Welche Rechtsansprüche sollte die ModernOffice KG geltend machen? Begründen Sie Ihre Entscheidung.

     d) Verfassen Sie eine E-Mail an die Schraubentechnik KG und nehmen Sie in dieser Mail sach- und normgerecht die Rechte für die ModernOffice KG wahr.

Bildquellenverzeichnis

Fotos

BildungsverlagEINS GmbH, Köln: S. 127.1, 482, 484, 495.1

bso Verband Büro, -Sitz- und Objektmöbel e. V., Wiesbaden: S. 121.3

Bundesministerium des Inneren, Berlin: S. 253

Canon Deutschland GmbH, Krefeld: S. 289.2, 290, 459.2

conference-tv GmbH & Co. KG, Hamburg: S. 494

Dell GmbH, Frankfurt a. M.: S. 165.1

Deutsche Energie Agentur GmbH, Berlin: S. 157.4

Deutsche Gesetzliche Unfallversicherung e.V., Berlin: S. 157.2, 157.3

Deutsche Post AG, Bonn: S. 218, 230.1, 230.4, 230.6, 230.7, 230.8, 230.11, 231.1, 231.2, 231.3, 231.5, 240.1, 241, 243, 246, 247, 252.1

Deutsche Post DHL/Börsen-Zeitung, Frankfurt a. M.: S. 252.2

Deutsche Postbank AG, Bonn: S. 626, 627, 628, 629

Deutsche Telekom AG, Bonn: S. 495.2

DGE e. V., Bonn: S. 184

DHL Vertriebs GmbH & Co. OHG, Bonn: S. 244

dpa Picture-alliance GmbH, Frankfurt a. M.: S. 110.3, 607

EASY SOFTWARE AG, Mülheim a. d. Ruhr: S. 279.2

Egon Heimann GmbH, Marquartstein: S. 130.1

EICHNER Organisation GmbH & Co. KG, Coburg: S. 288.6, 289.1

ELO Digital Office GmbH, Stuttgart: S. 280

Epson Deutschland GmbH, Meerbusch: S. 21

Esselte Leitz GmbH & Co KG, Stuttgart: S. 130.4, 131.1, 134.1, 136, 137.1

Fotolia Deutschland GmbH, Berlin: S. 12.1; 474; 498; 507; 538 (Karin & Uwe Annas), 12.2 (Daniel Ernst), 12.3; 21.3; 21.6; 70; 90; 121.17; 306.1; 379; 425 (contrastwerkstatt), 21.2 (Butch), 21.5; 300.1 (auremar), 21.7 (Trischberger), 21.8; 219.12 (Robert Kneschke), 21.9 (Ralf Kleemann), 21.10 (Coloures-Pic), 21.11 (bilderzwerg), 21.12 (Ideenkoch), 21.13 (Supertrooper), 21.14; 299.8, 221.18 (momius), 21.15 (alphaspiri), 21.18; 299.4 (Orlando Florin Rosu), 21.20 (Viktor Cap), 41 (Николай Григорьев), 52; 557 (goodluz), 57.1 (Picture-Factory), 57.2 (apops), 62; 550 (pressmaster), 95 (WavebreakmediaMicro), 110.1 (aerogondo), 121.2 (PhotographyByMK), 121.4 (victor zastol'skiy), 121.7 (Sergii Shalimov 2009), 121.12 (digitalefotografien), 121.13 (vector_master), 121.14 (Serghei Velusceac), 121.16; 296 (eyeQ), 121.18 (fotokalle), 121.19 (dimedrol68), 121.20 (blue-design), 121.21 (almebwaster), 121.22 (yanlev), 130.3 (You can more), 130.5; 130.6; 131.2; 131.3; 131.10; 131.11 (3ddock), 130.7 (Detlef), 130.8 (doris_bredow), 130.9 (Africa Studio), 130.10 (mbongo), 131.5; 131.8 (Sport Moments), 131.6 (Tsiumpa), 131.7; 131.9 (Jakob Kjerumgaard), 137.2 (Forgiss), 138 (Elenathewise), 139.1, 139.2 (lucato), 166.2 (Kaulitzki), 177 (bsilvia), 180 (Tyler Olson), 230.2; 230.5; 231.4 (Jürgen Fälchle), 230.3 (Klaus Eppele), 288.5 (Otmar Smit), 299.1 (trueffelpix), 299.2 (teracreonte), 299.5 (felinda), 299.6 (nyul), 299.9 (Himmelssturm), 299.11; 299.16 (Andrey Ospishchev), 299.13 (JENS), 299.14 (Maryna Pleshkun/Stauke/momius), 299.15 (degaraj photography), 299.17 (Stauke), 299.19 (Birgit Reitz-Hofmann), 299.20 (Jan Engel/Przemyslaw Koch), 314 (msc@msc-web.de), 315 (Christopher Elwell), 383 (Kzenon9), 398 (bonnin-turina), 434 (arturaliev), 454 (lagom), 495.3 (Amathieu), 499; 502 (nao5970), 566 (Peter Baxter), 571 (michaeljung), 574 (lenets_tan), 584 (eccolo), 590 (Denis Junker), 594 (Photographee.eu), 599 (industrieblick), 619 (gunnar3000), 620 (Ressort), 633; 640 (Monkey Business)

Francotyp-Postalia Holding AG, Birkenwerder: S. 121.15, 232.1
Frithjof Stephan, Backnang: S. 112
FSC Arbeitsgruppe Deutschland e.V., Freiburg: S. 156.2
Gabriela Schneider-Albert, Hennef: S. 230.10, 299.3
GfK GeoMarketing GmbH, Waghäusel: S. 225
Hewlett-Packard GmbH, Böblingen: S. 165.2
IHK Bonn/Rhein-Sieg, Bonn: S. 24
IMATION Europe B.V., Schiphol-Rijk, Niederlande: S. 287.2
ITyX Solutions AG, Köln: S. 217.1
Koelnmesse GmbH, Köln: S. 389
König+Neurath AG, Karben: S.9, 10, 16.4, 21.1, 121.10, 144.1, 149.1, 149.2, 160.1, 160.2, 582
KYOCERA Fineceramics GmbH, Esslingen: S. 456, 459.1, 463.1
MEV Verlag GmbH, Augsburg: S. 121.1, 121.9, 173, 488.3, 489.2, 489.5, 490.2, 490.5, 490.8, 491.3, 491.5, 492.2, 492.4, 492.6, 493.3
Neopost GmbH & Co. KG, Olching: S. 216.2, 219, 220, 221, 222, 227.2, 227.3, 229, 230.9, 232.2, 233
Nordic Ecolabelling, Brüssel, Belgien: S. 157.8
NUTEK, Raamsdonksveer, Niederlande: 157.5
Pending Manufaktur GmbH & Co.KG, Waldershof: S. 160.3
Postmaster-Magazin, Wuppertal: S. 238
Project Photos GmbH & Co. KG, Augsburg: S. 103
RAL gemeinnützige GmbH, Sankt Augustin: S. 156.1, 157.7
Samsung Electronics GmbH, Schwalbach i. T.: 299.10
SanDisk Corporation, Milpitas, USA: S. 288.1, 288.2, 288.3, 288.4
Sedus Stoll AG, Waldshut: S. 109.1, 121.6, 149.3, 149.4, 162, 163
SGA Internationale Spedition GmbH, Mönchengladbach: S. 358
Siemens AG, München: S. 300.2
Tiptel.com GmbH Business Solutions, Ratingen: S. 130.2
VBG Verwaltungs- Berufsgenossenschaft, Hamburg: S. 169.5
Verband der TÜV e. V., Berlin: S. 156.3, 156.4
Werner Dorsch GmbH, Münster bei Dieburg: S. 240.2

Grafiken und Zeichnungen

Bergmoser+Höller Verlag AG, Aachen : S. 32, 42
BildungsverlagEINS GmbH, Köln/Bildredaktion1.de/JH, Hennef: S. 13
BITCOM Bundesverband Informationswirtschaft Telekommunikation und neue Medien e. V., Berlin: S. 121.8, 162.1
bso Verband Büro, -Sitz- und Objektmöbel e. V., Wiesbaden: S. 143.1, 144.2
dpa Infografik GmbH, Hamburg: S. 31, 61, 63, 67, 68, 74, 76, 77, 79, 82, 84, 86, 88, 286, 562, 573, 581, 593, 622, 632
Elisabeth Galas, Bad Breisig: S. 142, 143.2, 182, 186, 187, 262
Rudolf Schuppler, Mistelbach, Österreich: S. 588

Sachwortverzeichnis